W. Göpel/Chr. Ziegler

Struktur der Materie: Grundlagen, Mikroskopie und Spektroskopie

Struktur der Materie: Grundlagen, Mikroskopie und Spektroskopie

Von Prof. Dr. rer. nat. Wolfgang Göpel
und Dr. rer. nat. Christiane Ziegler
Universität Tübingen

B. G. Teubner Verlagsgesellschaft
Stuttgart · Leipzig 1994

Prof. Dr. rer. nat. Wolfgang Göpel

Geboren 1943 in Weimar, Thüringen. Physikstudium und Habilitation in Physikalischer Chemie an der Universität Hannover. In den Jahren 1978 bis 1981 Gastwissenschaftler beim Xerox Palo Alto Research Center und Stanford Synchrotron Radiation Center (CA, USA), Xerox Webster Research Center (NY, USA) und IBM T. J. Watson Research Center (NY, USA). Von 1981 bis 1983 Full Professor of Physics und Leiter des „Center of Surface Science and Submicron Analysis" (MT, USA). Seit 1983 Direktor des Instituts für Physikalische und Theoretische Chemie an der Universität Tübingen.

Dr. rer. nat. Christiane Ziegler

Geboren 1964 in Tübingen, Baden-Württemberg. Studium der Chemie in Tübingen, Promotion in Physikalischer Chemie in Tübingen. 1992 Gastwissenschaftlerin in Linköping, Schweden. Seit 1991 Wissenschaftliche Assistentin im Institut für Physikalische und Theoretische Chemie der Universität Tübingen.

Die Deutsche Bibliothek – CIP-Einheitsaufnahme

Göpel, Wolfgang:
Struktur der Materie : Grundlagen, Mikroskopie und Spektroskopie /
von Wolfgang Göpel und Christiane Ziegler. -
Stuttgart ; Leipzig : Teubner, 1994
ISBN 978-3-8154-2110-9 ISBN 978-3-322-99522-3 (eBook)
DOI 10.1007/978-3-322-99522-3

NE: Ziegler, Christiane:

Umschlaggestaltung: E. Kretschmer, Leipzig

Vorwort

„Interdisziplinäre Ausbildung und Forschung“ gilt als zeitgemäß. In den Naturwissenschaften lösen sich traditionelle Grenzen zwischen Physik, Chemie, Biologie und Ingenieurwissenschaften insbesondere dann auf, wenn es sich um die Entwicklung, Charakterisierung und Optimierung „neuer Materialien“ handelt. Die Entwicklung wohlgeordneter Strukturen von Materialien mit besonderen Eigenschaften wird beispielsweise mit modischen Stichwörtern wie Hochleistungskeramiken, Nanostrukturen, intelligente Materialien („smart materials“) oder Mikrosystemtechnik charakterisiert. In diesen Bereichen sollten interdisziplinär arbeitende „Materialwissenschaftler“ über Grundlagen der klassischen Studiengängen der Physik, Chemie, Biologie und Ingenieurwissenschaften verfügen. Nur so lassen sich beispielsweise die praktischen und theoretischen Aufgaben lösen beim Herstellen neuer Materialien mit extremen thermischen, mechanischen, elektrischen, dielektrischen oder magnetischen Eigenschaften, beim Miniaturisieren von elektronischen und optischen Bauelementen („Top-down Approach“), beim Synthetisieren neuer organischer Strukturen („Bottom-up Approach“), beim Simulieren biomolekularer Funktionseinheiten oder beim Aufbau von Hybridsystemen in Mikro- oder Nanometerdimensionen mit einer Kombination aus Halbleiter-Bauelementen und organischen oder biologischen Funktionseinheiten.

Im Gegensatz zu den USA, wo es schon lange eigene Lehrstühle und Studiengänge für Materialwissenschaften gibt, werden in Deutschland die Studenten mit Interesse an diesem Gebiet überwiegend in einem der o.g. klassischen Studiengänge ausgebildet.
Die physikalisch-chemische Grundausbildung deckt dabei i.allg. den für das Verständnis zentralen Bereich ab, Spezialvorlesungen konzentrieren sich auf Teilaspekte.

Aus der Idee, erstmalig einen systematischen Einstieg in die Materialwissenschaften mit einem Schwerpunkt auf den physikalisch-chemischen Grundlagen in Buchform zu veröffentlichen, entstanden zwei aufeinander abgestimmte Monographien.

- In der hier vorliegenden ersten Monographie werden die klassischen physikalisch-chemischen Themenbereiche „Aufbau der Materie“ und „Mikroskopie und Spektroskopie“ in sich geschlossen behandelt. Sie kann als Lehrbuch und Grundlage beispielsweise in der Ausbildung der Chemiker oder Physiker eingesetzt werden.
- Die zweite Monographie mit dem Titel „Einführung in die Materialwissenschaften: physikalisch-chemische Grundlagen und Anwendungen“ behandelt phänomenologische thermische, mechanische, elektrische, dielektrische und magnetische Eigenschaften. Dazu werden zahlreiche ausgewählte Anwendungsbeispiele vorgestellt, in denen diese Eigenschaften entweder empirisch oder auf mikroskopischer Ebene systematisch optimiert werden. Dieser Stoff kann in der Ingenieurausbildung eingesetzt oder als Vertiefung der ersten Monographie für Spezialvorlesungen oder Wahlpflichtfächer verwendet werden.

Beide Bände können sowohl als Lehrbücher als auch als Nachschlagewerke eingesetzt werden und geben gemeinsam einen systematischen Einstieg in die heutigen Materialwissenschaften mit dem Schwerpunkt auf ihrem atomistischen Verständnis als wesentliche Voraussetzung für die Entwicklung „neuer Materialien“. Dieser methodische Zugang charakterisiert einen deutlichen Trend: Die für den Praktiker wichtigen phänomenologischen Eigenschaften von Materialien werden nicht mehr rein empirisch optimiert, sondern oft über die Kontrolle atomarer Strukturen „ingenieurgemäß“ (über „atomic engineering“) ganz gezielt eingestellt.

Die vorliegende Stoffauswahl ist aus zahlreichen Vorlesungs- und Seminarunterlagen entstanden, die unter sehr verschiedenen Randbedingungen erarbeitet wurden: Dazu gehören Skripten von Fortbildungskursen der Gesellschaft Deutscher Chemiker, des Verbands Deutscher Ingenieure oder verschiedener Technischer Akademien, Skripten von Vorlesungen im Rahmen der Weiterbildung von Chemikern, Physikern und Ingenieuren an einem Forschungszentrum (Center of Surface Science and Submicron Analysis, Montana State University, USA), Skripten von Vorlesungen im Rahmen der physikalisch-chemischen Grundausbildung von Chemikern, Physikern und Biochemikern an Hochschulen (Universitäten Hannover und Tübingen) sowie Skripten zu Vorlesungen im Rahmen der wissenschaftlichen Weiterbildung mit dem Ziel eines europäischen Diploms in „Materials Science“.

Die Erfahrungen bei diesen unterschiedlichen Veranstaltungen zeigten, daß Teilbereiche der Materialwissenschaften als Stoff von Grundvorlesungen in unterschiedlichen Studiengängen häufig ohne Querverweise angeboten werden. So besteht ein großer Bedarf für eine zusammenfassende Monographie, um diese Querbezüge unterschiedlicher methodischer Ansätze der Materialwissenschaften kennenzulernen, um interdisziplinäre Probleme lösen zu lernen und um dieses Wissen an Beispielen zur Lösung neuer Aufgaben zu trainieren.

Bei dem erforderlichen Stoffumfang dieser Monographie erschien uns eine Wertung der verschiedenen Inhalte hilfreich. Die für das physikalisch-chemische Verständnis der heutigen Materialwissenschaften entscheidenden Formeln sind dazu mit fetten, die weiterführenden, für das allgemeine Verständnis nützlichen Formeln mit normalen und die lediglich für das vertiefte Verständnis erforderlichen Formeln mit kursiven Gleichungsnummern versehen. Wichtige Abbildungen und Tabellen sind durch fette Nummern gekennzeichnet. Ergänzende Inhalte finden sich im Anhang. Auf weiterführende Spezialliteratur wird gesondert hingewiesen.

Keine Monographie ist auf Anhieb perfekt, v.a. wenn sie ein weites Gebiet umfaßt. Wir sind deshalb dankbar für jede Hilfe, Kritik, Anregung und Korrektur.

Zum Schluß möchten wir uns für die zahlreichen Anregungen und Diskussionen bei Kollegen, Mitarbeitern und Studenten bedanken. Stellvertretend erwähnen möchten wir vor allem die Mitautoren früherer Auflagen eines Vorlesungsskripts an der Universität Tübingen: Dr. Uwe Vohrer, Dr. Matthias Schreck, Dr. Michael Abraham und Dipl.-Chem. Gerolf Kraus. Danken für kritische Durchsicht, Anregungen, Ergänzungen möchten wir vor allem den Dozenten der Physikalischen Chemie an der Universität Tübingen: Prof. Günther Gauglitz, Prof. Volker Hoffmann, Prof. Heinz Oberhammer, Prof. Dieter Oelkrug, Priv.Doz. Dines Christen und Priv.Doz. Hans-Dieter Wiemhöfer. Danken möchten wir schließlich den unentbehrlichen Helfern beim Abfassen des umfangreichen Manuskripts: Dr. Christine Stadler und Christine Schierbaum.

Tübingen, August 1993

Wolfgang Göpel
Christiane Ziegler

Inhalt

Symbolverzeichnis

$\underline{\underline{a}}$	Hyperfeinkopplungstensor
$\underline{a}$	Beschleunigung
$\underline{a}_i$	Netzvektor, Basisvektor
$\underline{a}_i^*$	reziproker Basisvektor
a	Gitterkonstante
a	(magnetische) Kopplungskonstante
a	Absorptionskoeffizient
a	Länge eines eindimensionalen Potentialtopfs
a	Aktivität
a_0	Bohrscher Radius
$[\hat{A}, \hat{B}]$	Kommutator der Operatoren $\hat{A}$ und $\hat{B}$
A	Fläche
A	(parallele) Rotationskonstante
A	freie Energie, Helmholtzenergie
$A_\square$	Fläche
A_{if}	Einsteinkoeffizient der spontanen Emission
$\underline{b}$	Netzvektor
b	Covolumen
$\underline{B}$	magnetische Induktion
B	Virialkoeffizient
B	Rotationskonstante
B_{fi}	Einsteinkoeffizient der induzierten Absorption
B_{if}	Einsteinkoeffizient der induzierten Emission
c	Lichtgeschwindigkeit
c	Konzentration
c_i	Variationsparameter
C	Kapazität
C	Wärmekapazität
d	Abstand
$\underline{\underline{D}}$	Elektronenspin-Kopplungskonstante
$\underline{D}$	dielektrische Verschiebung
D	Zentrifugalverzerrungskonstante
D	Debyelänge
D_0	thermodynamisch meßbare Dissoziationsenergie
D_e	Dissoziationsenergie
$D(x)$	Zustandsdichte
$D(E_A)$	Empfindlichkeit des Detektors
e	Elektron
e	Elementarladung
$e\Delta V_s$	Bandverbiegung
$\mathcal{E}$	elektrisches Feld in Abschn. 2.6
$\underline{\underline{E}}$	Einheitsmatrix
$\underline{E}$	el. Feldstärke
E	Energie
E_a	Atomniveau
E_A	Aktivierungsenergie
E_b	Bindungsenergie
E_b^F	auf das Ferminiveau bezogene Bindungsenergie
E_b^V	auf das Vakuumniveau bezogene Bindungsenergie
E_C	Energie an der Leitungsbandunterkante
E_C	Coulomb-Energie
E_F	Fermi-Energie

E_g Energie der Bandlücke
E_{HFS} Hyperfeinstrukturwechselwirkungsenergie
E_i Eigenleitungsniveau
E_{kin} kinetische Energie, gleichbedeutend mit T
E_{Mad} Madelung-Energie
E_o Energie an der Bandoberkante
E_{pot} potentielle Energie, gleichbedeutend mit V
E_r Relaxationsenergie
E_u Energie an der Bandunterkante
E_V Energie an der Valenzbandoberkante
E_{vac} Energie des Vakuumniveaus
$E(\nu)$ dekadische Extinktion
EN Elektronegativität
$\underline{\underline{f}}$ Kraftkonstantenmatrix
f differentielle Ionisierungswahrscheinlichkeit
$f(E)$ Fermifunktion
$f(x)$ Ortsfunktion
$f(\vartheta)$ Streuamplitude
$\underline{F}$ Gesamtdrehimpuls (Kern + Elektronen)
$\underline{F}$ Kraft
$\underline{F}_C$ Coulombkraft
$\underline{F}_L$ Lorentzkraft
$\underline{F}_Z$ Zentrifugalkraft
F Faradaysche Konstante
F Strukturamplitude
F_{rot} Rotationsterm
$F(k)$ Fouriertransformierte
g Erdbeschleunigung
g Entartungsgrad
g gerade
g_i g-Faktor zur Quantenzahl i
$g(r)$ Paarkorrelationsfunktion, radiale Verteilungsfunktion
$\underline{G}$ reziproker Gittervektor
G freie Enthalpie, Gibbsenergie
G Gitteramplitude
G_{vib} Schwingungsterm
h Höhe
h Loch
h Plancksches Wirkungsquantum
$\hbar$ $h/2\pi$
h_i Millerscher Index
$\hat{H}$ Hamiltonoperator
$\hat{H}'$ Störoperator
$\underline{H}$ Magnetfeld
H Enthalpie
i imaginäre Einheit
I Stromstärke
I Intensität
I Trägheitsmoment
I Kernspinquantenzahl
I Ionisierungsenergie
IP minimales Ionisierungspotential
$\underline{j}$ Gesamtdrehimpuls im Einelektronensystem
$\underline{j}$ Stromdichte
$\underline{j}_s$ Sättigungsstromdichte
$\underline{\underline{J}}_{AX}$ Kernspinkopplungstensor (in Hz)
$\underline{\underline{J}}^*_{AX}$ Kernspinkopplungstensor (in J)
$\underline{J}$ Gesamtdrehimpuls im Mehrelektronensystem
J Bahnquantenzahl
J Rotationsquantenzahl
$\underline{k}$ Wellenvektor der gestreuten Welle
$\underline{k}_0$ Wellenvektor der einfallenden Welle
k Boltzmannkonstante
k Kraftkonstante
k Betrag Wellen(zahl)vektor
k Geschwindigkeitskonstante
k_0 Arrheniusfaktor
$k(\lambda)$ molarer Absorptionskoeffizient
$\underline{K}$ Streuvektor
K Projektionsquantenzahl

$\underline{l}$	Bahndrehimpuls
l	Länge
l	Drehimpulsquantenzahl eines Einelektronensystems
$\underline{L}$	Gesamtbahndrehimpuls
L	Induktivität
L	Leckrate
m	Masse
m	Reaktionsordnung
m_e^*	effektive Elektronenmasse
m_h^*	effektive Masse eines Lochs
m_i	magnetische Quantenzahl bezüglich der Quantenzahl i
$\underline{M}$	magnetisches Gesamtdipolmoment
$\underline{M}_{(v)}$	Magnetisierung
M	Molekül
M^*	angeregtes Molekül
M_x	magnetische Quantenzahl zur Quantenzahl x
$\underline{n}$	Normalenvektor
n	Brechungsindex
n	Hauptquantenzahl Quantenzahl der Translation
n	Molzahl
N	Anzahl, meist Anzahl von Teilchen
N_L	Avogadrokonstante
$\underline{p}$	Impuls
p	Druck
$\underline{P}$	Polarisation
P	Leistung
P	Wahrscheinlichkeit
P_O	Orientierungspolarisation
P_V	Verschiebungspolarisation
$P_{ij}(r)$	Abstandsverteilung
q	Ladung eines Teilchens
q	Streuquerschnitt, Wirkungsquerschnitt
q_k	massegewichtete kartesische Verschiebungskoordinaten
q_p	effektive Paulingsche Ladung
Q	Ladung
Q	Wärmemenge
Q_i	Normalkoordinaten
$Q_{(s)ss}$	Oberflächenladungsdichte
$Q_{(s)sc}$	Ladungsdichte in der Raumladungsschicht
$\tilde{r}$	Fresnelkoeffizient
r	Radius
r_{12}	Streudurchmesser (auch σ)
$\underline{R}$	Gittervektor
$\underline{R}_{fi}$	Übergangsmoment
R	Reflektivität
R	Rate
R	Atomabstand
R	Widerstand
R	Dämpfungskonstante
R	allgemeine Gaskonstante
R_{ads}	Adsorptionsrate
R_{des}	Desorptionsrate
R_H	Rydbergkonstante
$\underline{s}$	Eigendrehimpuls
s	Spinquantenzahl eines Einelektronensystems
s	differentielle Ionisierungswahrscheinlichkeit
s	Abstand
$\underline{S}$	Gesamtspin
$\underline{S}$	Pointingvektor
S	Überlappungsintegral
S	Haftkoeffizient
S	Gesamtstrahlungsflußdichte
S	Entropie
S_i	Singulettzustand i
S_P	Pumpgeschwindigkeit
S^2	Franck-Condon-Faktor
t	Zeit
$t_{\frac{1}{2}}$	Halbwertszeit
t_{mono}	Zeit für die Ausbildung einer Monolage
t_R	Retentionszeit

$\underline{T}$ Drehmoment
T absolute Temperatur
T Periode einer Schwingung
T kinetische Energie, gleichbedeutend mit E_{kin}, vor allem in quantenmechanischen Gleichungen verwendet
T Term für Schwingung und Rotation
T_1 longitudinale (Spin-Gitter-) Relaxationszeit
T_2 transversale (Spin-Spin-) Relaxationszeit
T_2^* effektive transversale Relaxationszeit
T_c Sprungtemperatur bei Supraleitern
T_{el} Elektronenterm
T_i Triplettzustand i
T_{Peak} Temperatur beim Peakmaximum
$T(E_A)$ Transmissionsfunktion
$\underline{\underline{u}}$ Beweglichkeit
u ungerade
u Auslenkung
$u_{(v)}(\nu, T)$ spektrale Strahlungsenergiedichte
U Spannung, gleichbedeutend mit V
U innere Energie
$\underline{v}$ Geschwindigkeit
v Quantenzahl der Vibration
V Volumen
V potentielle Energie, gleichbedeutend mit E_{pot}, vor allem in quantenmechanischen Gleichungen verwendet
V Spannung, gleichbedeutend mit U
V Leerstelle
V_{Bias} Biasspannung
W Arbeit
x Ortskoordinate
x Molenbruch
x_e Anharmonizitätskonstante
y Ortskoordinate
$Y_{J,m}$ Kugelflächenfunktionen
z Ortskoordinate
z Zahl von Elementarladungen
z Wertigkeit eines Atoms, Kernladung, Ordnungszahl
z Abstand von der Oberfläche
z Einteilchenzustandssumme
Z Zustandssumme
$Z_{(s)}$ Stoßzahl
$\underline{\underline{\alpha}}$ Polarisierbarkeit
α Spin parallel zum B_0-Feld orientiert
α Kernspinwellenfunktion
α Coulombintegral
α Madelung-Konstante
α_c kritischer Winkel der Totalreflexion
α_j doppelte Phasenverschiebung (EXAFS)
β Kernspinwellenfunktion
β Winkelbeschleunigung
β Resonanzintegral
β Spin antiparallel zum B_0-Feld orientiert
γ magnetogyrisches Verhältnis
γ Grenzflächenenergiedichte, Grenzflächenspannung, Oberflächenspannung
δ Ionencharakter
δ NMR-Verschiebung (einheitenlos)
δ^* NMR-Verschiebung (in ppm)
δ_{mn} Kroneckerdelta
Δ ellipsometrischer Winkel
Δ Laplace-Operator
Δ Differenz

ΔE_{chem} chemische Verschiebung bei XPS
$\Delta \nu_{\text{chem}}$ chemische Verschiebung bei NMR
$\underline{\underline{\varepsilon}}_r$ Dielektrizitätstensor
$\tilde{\varepsilon}_r$ relative Dielektrizitätskonstante
ε Einteilchenenergie
ε_0 el. Feldkonstante
ε'_r Realteil von $\tilde{\varepsilon}_r$
ε''_r Imaginärteil von $\tilde{\varepsilon}_r$
$\varepsilon(\tilde{\nu})$ molarer dekadischer Absorptionskoeffizient
η elektrochemisches Potential
ϑ Winkel
ϑ Streuwinkel
θ Winkel
θ Benetzungswinkel
Θ Bedeckungsgrad
Θ Winkel
Θ reduzierte Temperatur
Θ_D Debyetemperatur
κ Transmissionskoeffizient
λ Wellenlänge
λ Bahndrehimpuls eines Einelektronenmolekülorbitals
λ Eigenwert
λ_c Comptonwellenlänge
Λ Bahndrehimpuls eines Mehrelektronenmolekülorbitals
Λ mittlere freie Weglänge
Λ_M Maxwellsche mittlere freie Weglänge
$\underline{\underline{\mu}}$ Permeabilitätstensor
$\underline{\mu}$ Dipolmoment
$\underline{\mu}_{\text{el}}$ elektrisches Dipolmoment
$\underline{\mu}_i$ magnetisches Moment zur Quantenzahl i
$\underline{\mu}_m$ magnetisches Dipolmoment
μ Absorptionskoeffizient
μ reduzierte Masse
μ chemisches Potential
μ Permeabilitätskonstante
μ_0 magnetische Feldkonstante
μ_B Bohrsches Magneton
μ_N Kernmagneton
μ_r relative Permeabilitätszahl
$\tilde{\nu}$ Wellenzahl
ν Frequenz
ν Stöchiometriefaktor
ϱ Ladungsdichte
ϱ spezifischer Widerstand
ϱ Dichte
$\underline{\sigma}$ spezifische Leitfähigkeit
σ minimaler Abstand zwischen Teilchen, Streudurchmesser (auch r_{12})
σ Abschirmkonstante bei NMR
$\sigma_\square$ Flächenleitfähigkeit
σ_e elektrischer Feldeffekt auf Abschirmkonstante bei NMR
σ_m Anisotropie-Effekt auf Abschirmkonstante bei NMR
σ_r Ringstromeffekt auf Abschirmkonstante bei NMR
σ_s Solvens- bzw. Mediumeffekt auf Abschirmkonstante bei NMR
τ Zeitkonstante
τ Lebensdauer
τ mittlere Verweilzeit
$\tau_{\frac{1}{2}}$ mittlere Lebensdauer
τ_p Pulsdauer
τ_r Repetitionszeit
φ Spreitungsdruck, zweidimensionaler Druck
φ Phase
φ elektrisches Potential
φ Winkel
φ Azimutwinkel
φ_a äußeres elektrisches Potential, Voltapotential

φ_i	inneres elektrisches Potential, Galvanipotential
φ_i	Basisfunktion
Φ	Austrittsarbeit
Φ	molare Rotation
$\underline{\underline{\chi}}_{el}$	dielektrische Suszeptibilität
$\underline{\underline{\chi}}_m$	magnetische Suszeptibilität
χ	Volumensuszeptibilität
χ	Elektronenaffinität
$\chi(k)$	relative Änderung des Absorptionskoeffizienten
ψ	Einelektronenwellenfunktion
ψ	Kontaktpotential, Oberflächenpotential
Ψ_0	Wellenamplitude
Ψ	Wellenfunktion
Ψ	ellipsometrischer Winkel
Ψ^*	komplex konjugierte Funktion zur Wellenfunktion Ψ
ω	Winkelgeschwindigkeit
ω_0	Larmorfrequenz
Ω	Raumwinkel
$\square$	freier Platz
$\underline{\nabla}$	Nabla-Operator
(111)	Bezeichnung einer Fläche
[111]	Bezeichnung einer Normalen
$<X>$	Erwartungswert
$\underline{\underline{X}}$	Matrix oder Tensor
$\underline{X}$	vektorielle Größe
$\tilde{X}$	komplexe Zahl
$\hat{X}$	Einheitsvektor
$\hat{X}$	Operator
$\bar{X}$	Mittelwert bzw. Erwartungswert
$X^{\cdot}$	positiv geladener Punktdefekt
X'	negativ geladener Punktdefekt
$X^{\times}$	neutraler Punktdefekt
$X_{\perp}$	senkrecht
$X_{\parallel}$	parallel
X_a	außen
X^{ad}	Größe der Adsorptionsphase
X_{ads}	Adsorptions-
X_{attr}	Anziehungs-
X_A	Akzeptor-
X_b	Volumen-
X^b	Größe der Volumenphase
X_c	Austausch-
X_c	kritische Größe
X_{chem}	chemisch
X_{chem}	Chemisorptions-
X^{chem}	Größe der Chemisorptionsphase
X_{coll}	bezüglich Stoßprozesse
X_C	Coulomb-
X_d	direkt
X_{des}	Desorptions-
X_{dia}	diamagnetisch
X_{diff}	Diffusions-
X_{diss}	Dissoziations-
X^{diss}	Größe im dissoziierten Zustand
X_D	Donator-
X_D	Debye-
X_e	Elektronen- (oder X_n)
X_e	Gleichgewichts-
X_{eff}	effektive Größe
X_{el}	elektrisch
X_{end}	End-
X^{exc}	Exzeß-
X_{ext}	äußere Größe
X_f	Endzustands-
X_{FE}	Feldeffekt-
X^g	Größe der Gasphase
X_g	gerade Symmetrie
X_{ges}	Gesamt-
X_{gr}	Gruppen-
X_{grenz}	Grenz-
X_h	Löcher- (oder X_p)
X_{HFS}	Hyperfeinstruktur-
X_i	Anfangszustands-
X_i	Zwischengitter-
X_i	Einfalls-

X_i innen
X_{id} indirekt
X_{in} innere Größe
X_{in} influenziert
X_{ind} induziert
X_{ion} Ionen-
X_{kin} kinetisch
X_{kond} Kondensations-
X_K Kanten-
X_K Kathoden-
X^l Größe der flüssigen Phase
X_{li} links
X_{loc} lokale Größe
X^{OF} an der Oberfläche
X_m magnetisch
X_m molare Größe
X_{max} maximal
$X_{\mathrm{me\beta}}$ Meß-
X_{mod} moduliert
X_n Elektronen- (oder X_e)
X_n Kern- (Ausnahme: μ_N)
X_{nat} natürliche
X_N bei konstanter Teilchenzahl
X_p Protonen-
X_p Löcher- (oder X_h)
X_p bei konstantem Druck
X_{para} paramagnetisch
X_{perm} permanent
X_{ph} Phasen-
X_{photo} bezüglich photochemische Reaktionen
X_{phys} Physisorptions-
X^{phys} Größe der Physisorptionsphase
X_{pot} potentiell
X_P Plasmonen-
X_{Pr} Proben-
X_r Reflexions-. Ausfall-
X_{re} rechts
X_{ref} Referenz-
X_{rep} Abstoßungs-
X_{rot} Rotations-
X_{rt} bezüglich strahlungslose Übergänge
X_R Reaktions-
X^s Größe der festen Phase
X_s Spin-
X_s Oberflächen-
X_s Sättigungs-
X_{seg} Segregations-
X_{stat} statisch
$X_{(s)}$ auf die Oberfläche bezogene Größe X/A
X_S Schwerpunkts-
X_{Sp} Spektrometer-
X_{Standard} Standard-
X_t Transmissions-
X_t Übergangs-
X_{tot} Gesamt-
X^{tot} Größe des Gesamtsystems
X_{trans} Translations-
X_T bei konstanter Temperatur
X_{Teilchen} Teilchen-
X_u ungerade Symmetrie
X_v Versuchs-
X_{vac} Vakuum-
X_{verd} Verdampfungs-
X_{vib} Vibrations-
$X_{(v)}$ auf das Volumen bezogene Größe X/V
X_V bei konstantem Volumen
X_Z Zentripetal-

1 Aufbau der Materie im Überblick

In diesem Einführungskapitel wird, ausgehend von klassischen Experimenten zum Aufbau der Materie, das heutige Verständnis der Struktur von Gasen, Flüssigkeiten, Festkörpern und Grenzflächen im ersten Überblick dargestellt. Die physikalisch-chemischen Ansätze der Thermodynamik, Kinetik, Theorie der chemischen Bindung und statistischen Thermodynamik werden kurz charakterisiert. Anschließend wird die Gliederung des folgenden Stoffs vorgestellt.

1.1 Atomarer Aufbau und Energiequantelung

Um den Aufbau der Materie studieren zu können, möchte man mit möglichst atomarer Auflösung „sehen" können. Dies ist entweder durch direkte Abbildung oder durch Beugungsmethoden möglich.

Häufig verwendete Geräte mit direkten Abbildungsverfahren sind das Transmissionselektronenmikroskop (TEM) (Abb. 1.1.1), das Rasterelektronenmikroskop (REM, SEM) (Abb. 1.1.2) und das Rastertunnelmikroskop (STM) (Abb. 1.1.2). Das verbreitetste Beugungsverfahren ist die Röntgenbeugung (Abb. 1.1.3 und 1.1.4).

Die einzelnen Atome sind aus Atomkernen und Elektronenhülle aufgebaut. Die Kerne sind in erster Näherung aus Protonen und Neutronen zusammengesetzt und konzentrieren in sich nahezu die gesamte Masse des Atoms. Die Elektronenhülle bestimmt die chemischen Eigenschaften und die Größe der Atome (Abb. 1.1.5).

Neben diesen *statischen Aspekten* der Atome im energetischen Grundzustand sind auch die dynamischen Effekte von großer Wichtigkeit. Möchte man auch *Bewegungen* und energetisch angeregte Zustände atomarer Objekte physikalisch beschreiben, so stellt man fest, daß man die klassische Mechanik hierauf nicht anwenden darf, sondern daß diese durch die Quantenmechanik ersetzt werden muß (Abschn. 1.2 und Kap. 2). Man stellt insbesondere fest, daß alle Energieformen gequantelt sind. Dies ist in Abb. 1.1.6 anhand der Energieniveaus des freien CO-Moleküls beispielhaft gezeigt. Die

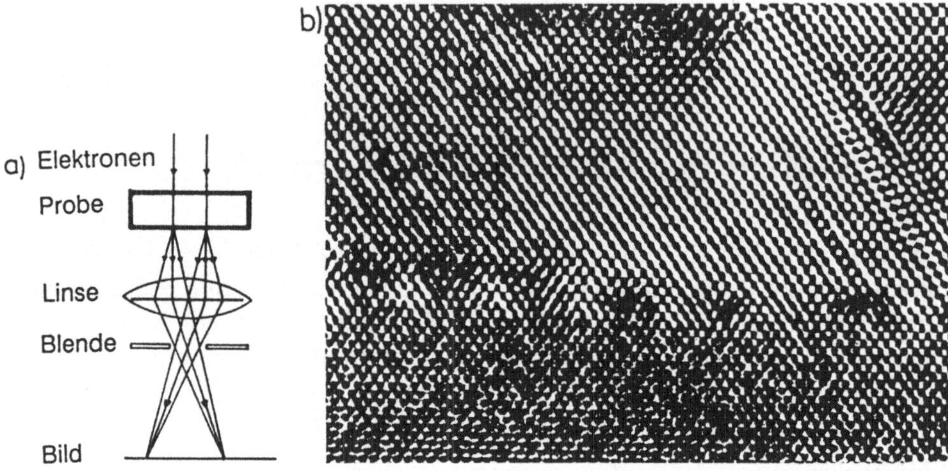

Abb. **1.1.1**
Direkte Abbildung: Transmissionselektronenmikroskop (TEM):
a) Schematischer Aufbau eines Transmissionselektronenmikroskops: Die sehr dünne Probe (10–100 nm) wird mit Elektronen einer Energie zwischen 100 und 1000 keV durchschossen. Die an der Unterseite der Probe austretenden Elektronen erzeugen ein Kontrastbild auf einem Leuchtschirm.
b) Transmissionselektronenmikroskop-Aufnahme der Grenzfläche zwischen Galliumarsenid (oben) und Cadmiumtellurid (unten). Einzelatome sowie Grenzflächendefekte sind deutlich sichtbar (Vergrößerung $5 \cdot 10^6$) [Lie 86].

Gesamtenergie setzt sich dabei in erster Näherung additiv aus verschiedenen Beiträgen der Elektronen, Schwingungen, Rotationen und Translation zusammen.

Um die verschiedenen charakteristischen Energieniveaus zu studieren, kann man die Materie mit unterschiedlichen Sonden untersuchen und dabei Übergänge zwischen verschiedenen zeitlich stationären Energie-Zuständen erzeugen. Dazu werden entweder Veränderungen der Eigenschaften der verwendeten Sonden nach Wechselwirkung mit der Materie oder die durch die Sonden in der Materie ausgelösten Teilchen detektiert. Mögliche Sonden sind in Abb. 1.1.7 dargestellt.

Häufig werden Photonen als Sonden eingesetzt. In Abb. 1.1.8 sind das Spektrum elektromagnetischer Strahlung und die damit studierbaren Prozesse schematisch dargestellt. Die ebenfalls in der Abbildung angegebenen Untersuchungsmethoden werden in Kap. 3 behandelt.

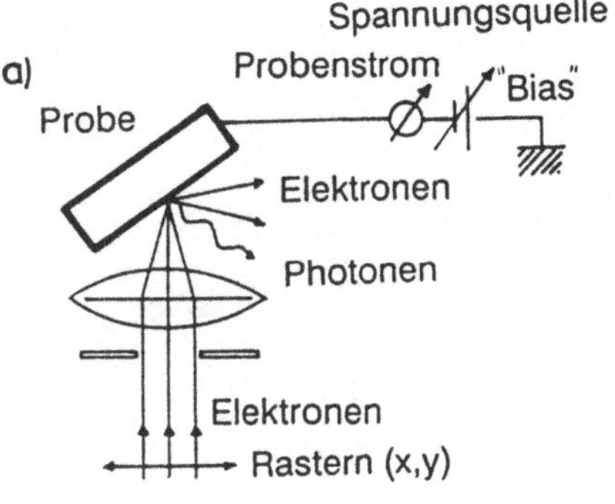

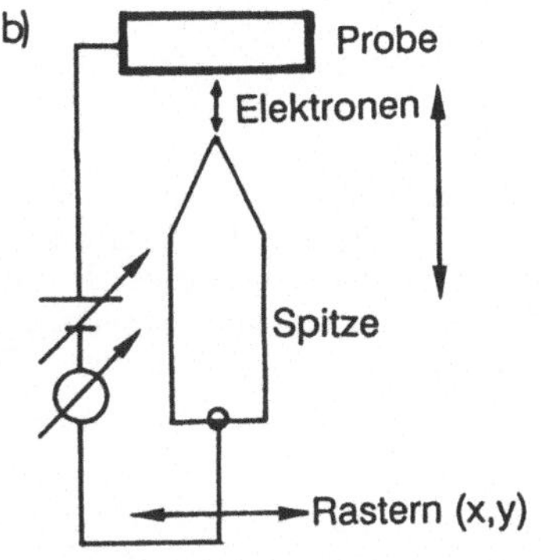

Abb. 1.1.2
Direkte Abbildung im Rasterbetrieb: Sekundärelektronen- (SEM) und Rastertunnelmikroskop (STM)
a) Schematischer Aufbau eines Sekundärelektronenmikroskops. Der fokussierte Elektronenstrahl wird in x, y-Richtung über die Oberfläche gerastert. Bilder lassen sich beispielsweise erzielen über ortsabhängige Messungen des Probenstroms, über charakteristische Emission aller Elektronen („Scanning" Sekundärelektronenmikroskopie, SEM, vgl. Abschn. 3.3.2.1), bestimmter („Auger"-) Elektronen mit elementspezifischer Energie („Scanning" Augermikroskopie, SAM, vgl. Abschn. 3.4.4) oder über elementcharakteristische Röntgenemission (EDX, vgl. Abschn. 3.4.4, sowohl in Transmission als auch — wie hier gezeigt — in Reflexion). Mit diesen Methoden läßt sich wegen des relativ großen Durchmessers des Primärstrahls keine atomare Auflösung erzielen.
b) Schematischer Aufbau eines Tunnelmikroskops (vgl. Abschn. 3.3.2.2): Eine sehr fein ausgezogene Spitze rastert mit elektrisch ausgelenkten Piezokeramiken die Probe ab. Der Abstand zur Probenoberfläche ist so klein ($\leq$ 1 nm), daß Elektronen zwischen Probe und Spitze tunneln können. Da der Tunnelstrom stark vom Abstand abhängt, erhält man beim Rastern durch Konstanthalten des Stroms eine Konturlinie der Oberfläche in extrem hoher Ortsauflösung.
c) Rastertunnelmikroskop-Aufnahme einer Silicium-einkristall-Oberfläche (Si(111) mit 7×7 Überstruktur, zur Nomenklatur s. Abschn. 2.6.1.2.2) und Domänengrenze zwischen zwei einkristallinen Bereichen [Hen 91]

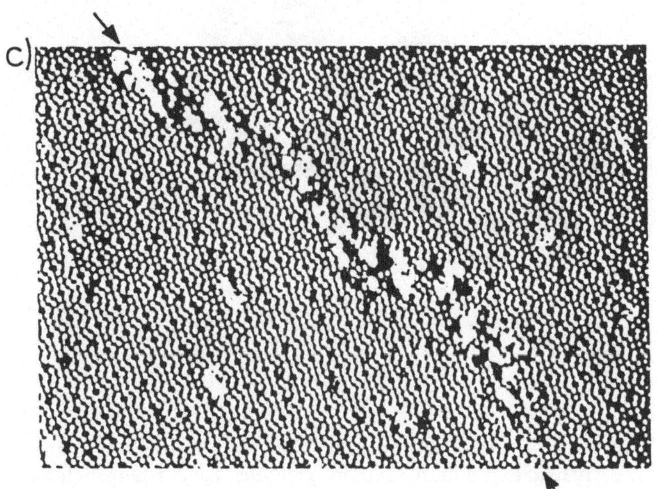

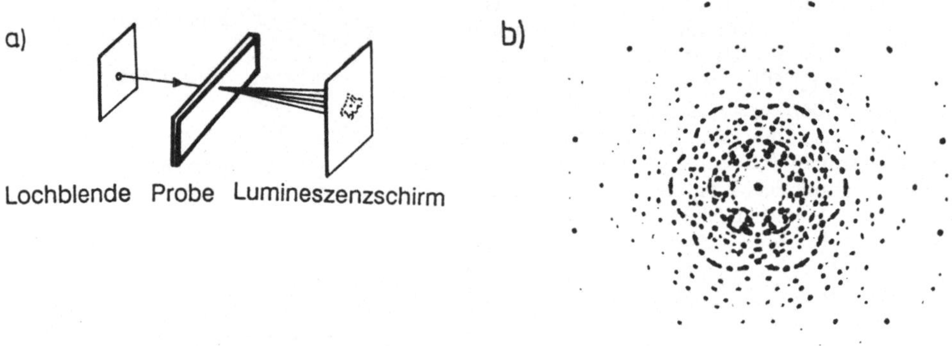

Abb. **1.1.3**
Beugung:
a) Schematische klassische Anordnung von Laue, Friedrich und Knipping zur Erzeugung von Kristallinterferenzen durch Bestrahlung mit Röntgenlicht.
b) Laue-Interferenzen eines Beryllium-Kristalls [Hel 88]. Gut zu sehen ist die sechszählige Symmetrie des Kristalls (Symmetrie D_{6h}, zur Symmetriebezeichnung s. Anhang 5.4.2).

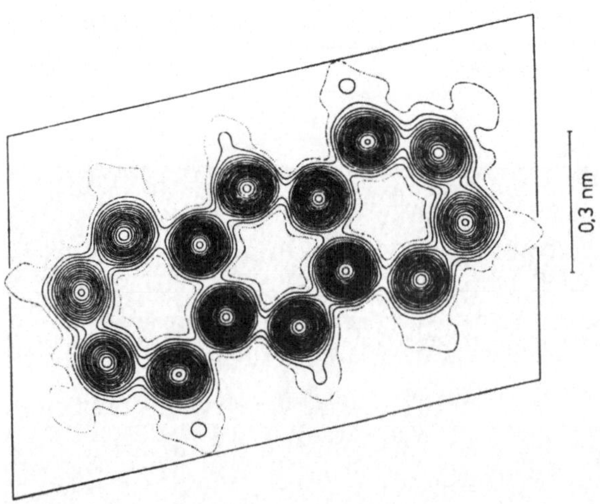

Abb. 1.1.4
Quantitative Auswertung von Röntgenbeugungsintensitäten: Elektronendichteverteilung im Anthrazenmolekül. Linien gleicher Elektronendichten wurden aus Intensitäten von Röntgenbeugungsreflexen eines Einkristalls über Fourieranalyse ermittelt (vgl. Anhang 5.1.7) [Sin 50].

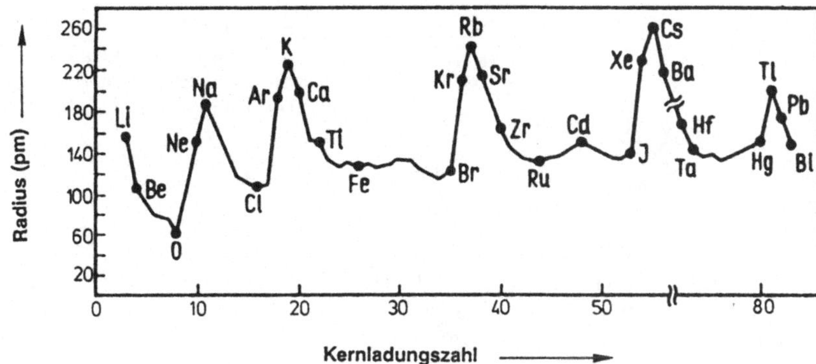

Abb. 1.1.5
Atomradien (aus Kristalldaten der Röntgenbeugungs-Analyse) [May 80]

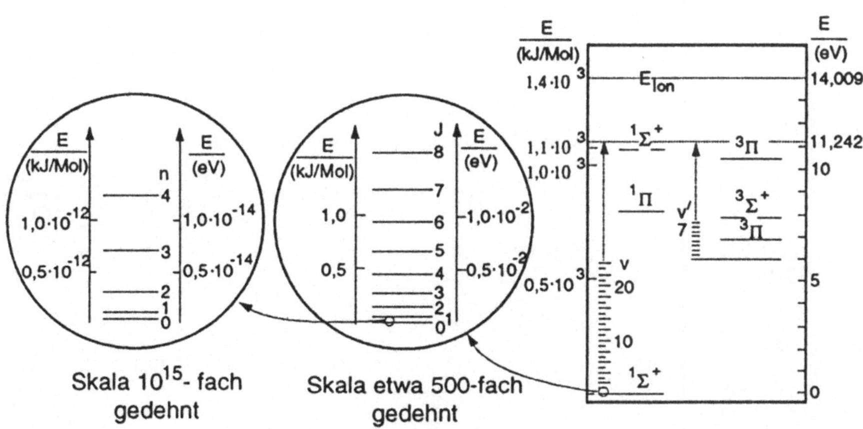

Abb. **1.1.6**
Gequantelte Energieniveaus im Molekül und Darstellung der Größenordnungen am Beispiel des CO-Moleküls (nach [Moo 90]). Rechts im Bild sind die elektronischen und die Schwingungsniveaus gezeigt. $^1\Sigma^+$, $^1\Pi$ ... sind die gruppentheoretischen Bezeichnungen der elektronischen Zustände (vgl. Abschn. 2.4.2), während die Schwingungszustände mit Schwingungsquantenzahlen v und v' gekennzeichnet sind (vgl. Abschn. 2.2.4). In der Mitte gezeigt sind die mit dem niedrigsten Schwingungsniveau verknüpften Rotationszustände, charakterisiert durch die Rotationsquantenzahl J (vgl. Abschn. 2.2.5). Der linke Ausschnitt zeigt die Translationsniveaus, gekennzeichnet durch die Hauptquantenzahl n, wenn man als Volumen 1 dm^3 wählt (vgl. Abschn. 2.2.2).

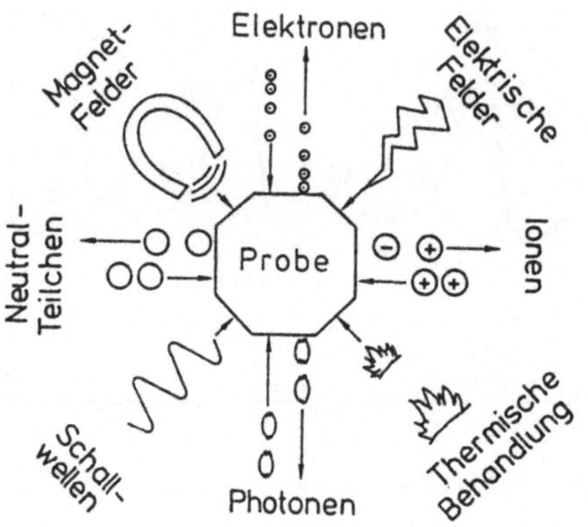

Abb. **1.1.7**
Schematische Darstellung von Sonden, die zum Studium des Aufbaus der Materie eingesetzt werden können

Elektromagnetische Strahlung	Wellenlänge (nm)	Frequenz (s^{-1})	Wellenzahl (cm^{-1})	Energie ($kcal \cdot mol^{-1}$)	($kJ \cdot mol^{-1}$)	(eV)	Wechselwirkungsart
Kernresonanz * 0,1–10 m	10^{10}	$3 \cdot 10^{7}$	10^{-3}	$3 \cdot 10^{-6}$	$1{,}2 \cdot 10^{-5}$	$1.2 \cdot 10^{-7}$	Anregung von magnetischen Übergängen der Atomkerne
ESR 0,1–10 cm *	10^{8}	$3 \cdot 10^{9}$	10^{-1}	$3 \cdot 10^{-4}$	$1{,}2 \cdot 10^{-3}$	$1{,}2 \cdot 10^{-5}$	Anregung ungepaarter Elektronen
Mikrowellen 0,1–10 cm	10^{6}	$3 \cdot 10^{11}$	10	$3 \cdot 10^{-2}$	$1{,}2 \cdot 10^{-1}$	$1{,}2 \cdot 10^{-3}$	Rotationen von Molekülen
IR 0,78–10^{3} µm IR C 3000–10^{6} nm IR B 1400–3000 nm IR A 780–1400 nm	10^{4}	$3 \cdot 10^{13}$	10^{3}	3	12	$1{,}2 \cdot 10^{-1}$	Raman Anregung von Molekülschwingungen
VIS 380–780 nm UV 200–400 nm UV A 315–400 nm UV B 280–315 nm UV C 200–280 nm VUV 100–200 nm	10^{2}	$3 \cdot 10^{15}$	10^{5}	$3 \cdot 10^{2}$	$1{,}2 \cdot 10^{3}$	12,4	Anregung von Elektronenübergängen, Emission, Flammen-AA, PAS
Röntgenstrahlung 0,01–10 nm	1	$3 \cdot 10^{17}$	10^{7}	$3 \cdot 10^{4}$	$1{,}2 \cdot 10^{5}$	$1.2 \cdot 10^{3}$	Entfernung der Elektronen aus inneren Energieniveaus
Mössbauer 100 keV γ-Absorption	10^{-2}	$3 \cdot 10^{19}$	10^{9}	$3 \cdot 10^{6}$	$1{,}2 \cdot 10^{7}$	$1{,}2 \cdot 10^{5}$	Resonanzabsorption der Kerne
γ-Strahlung $>$ 1 MeV	10^{-4}	$3 \cdot 10^{21}$	10^{11}	$3 \cdot 10^{8}$	$1{,}2 \cdot 10^{9}$	$1{,}2 \cdot 10^{7}$	Kernumwandlungen

* nur mit zusätzlichem Magnetfeld

1.2 Teilchen-Welle-Dualismus

Das Verständnis der meisten Untersuchungsmethoden setzt quantenmechanische Grundlagen voraus. Dies kann beispielhaft an der historischen Entwicklung aufgezeigt werden. Um die Jahrhundertwende wurde eine Reihe von Experimenten durchgeführt, die mit der klassischen Physik nicht erklärt werden konnten (vgl. auch Abschn. 2.1). Zwei konkrete Beispiele sollen dies erläutern.

- Ein entscheidendes Experiment wurde von Einstein als äußerer Photoeffekt gedeutet. Es handelt sich dabei um die Ablösung von Elektronen aus einem Metall bei Bestrahlung mit Licht. Klassisch würde man erwarten, daß mit steigender Lichtintensität auch die kinetische Energie der Photoelektronen zunimmt. Stattdessen findet man, daß ihre Energie nicht von der Lichtintensität, sondern nur von der Frequenz abhängt. Die Anzahl der emittierten Elektronen wird dagegen durch die Lichtintensität bestimmt. Dies kann nur dadurch erklärt werden, daß die Elektronen die Energie aus dem Licht nur in diskreten Werten der Größe $h\nu$ entnehmen können. Dieses Experiment zeigte als erstes den *Teilchencharakter von elektromagnetischer Strahlung*, nachdem der Wellencharakter beispielsweise aus Beugungsexperimenten bekannt war (vgl. Abb. 1.1.3). Eine genauere Beschreibung des Effekts wird in Abschn. 2.1.1.1 gegeben.
- Trifft eine elektromagnetische Welle auf eine Kante, ein Gitter oder eine dreidimensionale periodische Struktur, wie z.B. einen Kristall mit Gitterabständen in der Größenordnung der Wellenlänge, so treten Beugungs- und Interferenzeffekte auf (vgl. Abschn. 3.3.3.2). Verwendet man statt elektromagnetischer Wellen Elektronenstrahlen, so lassen sich völlig analoge Effekte beobachten, die sich nur dadurch erklären lassen, daß man den Elektronen oder allgemeiner den *Teilchen* auch *Welleneigenschaften* zuschreibt (vgl. Abb. 1.2.1).

Für das Verständnis der in Abschn. 1.1 beschriebenen Abbildungsverfahren ist es wichtig, daß die Wellenlängen bei direkter Abbildung kleiner sind als die minimal aufgelösten Konturen und daß die Wellenlängen bei Beu-

---

Abb. 1.1.8
Einteilung des Spektrums elektromagnetischer Strahlung in Spektralbereiche, zugehörige Wellenlängen, Frequenzen, Wellenzahlen und Energien sowie Formen der Wechselwirkung [Gau 86]. (ESR = Elektronenspinresonanzspektroskopie, IR = Infrarotlicht, VIS = sichtbares Licht, UV = Ultraviolettlicht, VUV = Vakuum UV, AA = Atomabsorptionsspektroskopie, PAS = Photoakustische Spektroskopie)

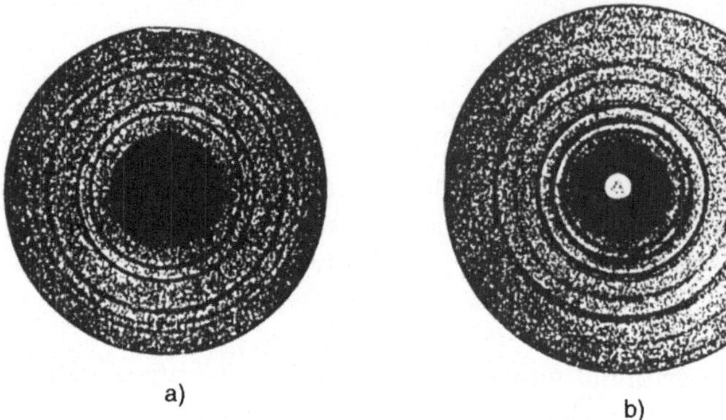

Abb. 1.2.1
Vergleich der Beugung an dünnen polykristallinen Goldfolien in Transmission [Fin 67]
a) mit Röntgenstrahlung
b) mit Elektronen.
Entsprechende Ergebnisse erhält man bei der Beugung an freien Molekülen in der Gasphase. Bei Proben mit teilweiser Orientierung der Kristallite treten periodische Intensitätsmodulationen auf den jeweiligen Ringen für bestimmte Beugungswinkel auf. Bei einkristallinen Proben treten einzelne Reflexpunkte auf (vgl. Abschn. 3.3.3.2).

gungsexperimenten in der gleichen Größenordnung sind wie die aufgelösten Konturen.

1.3 Temperatur

In Abschn. 1.1 haben wir verschiedene *mögliche* Energieniveaus kennengelernt, haben dabei aber nicht diskutiert, ob diese Niveaus besetzt sind oder nicht. Im Gleichgewicht wird ihre Besetzungswahrscheinlichkeit durch die Temperatur geregelt. Ein Niveau kann nur dann thermisch besetzt werden, wenn der Energieunterschied zum Grundzustand nicht wesentlich höher ist als die „thermische Energie" kT mit k als der sogenannten Boltzmannkonstante. Diese thermische Energie ist bei Raumtemperatur bezogen auf ein Teilchen (kT) 0,025 eV oder auf ein Mol Teilchen ($kN_LT = RT$) 3 kJ·mol^{-1}. Quantitativ beschrieben wird die relative Besetzungswahrscheinlichkeit dieser Niveaus im thermischen Gleichgewicht über das Boltzmannsche Verteilungsgesetz, das das Verhältnis der Anzahl N der Atome mit den Energien E_i und E_j angibt:

$$\frac{N_i}{N_j} = e^{-(E_i - E_j)/kT} \tag{1.3.1}$$

(Diese Boltzmann-Statistik ist der klassische Grenzfall der Bose-Einstein-Statistik von Teilchen mit ganzzahligem Spin und der Fermi-Dirac-Statistik von Teilchen mit halbzahligem Spin für die Situation, bei der ein System von Teilchen wesentlich mehr Energieniveaus erreichbar hat, als Teilchen vorliegen.) Die Berechnung von Besetzungswahrscheinlichkeiten und daraus Gesamtenergien ist Gegenstand der *statistischen Thermodynamik.* In Abb. 1.3.1 ist als Beispiel die Temperaturabhängigkeit der Besetzung von Schwingungsniveaus eines Moleküls gezeigt. Dabei ist rechts gezeigt, daß unter bestimmten Bedingungen auch höhere Schwingungsniveaus stärker besetzt sein können als tiefere. Dies entspricht formal negativen Temperaturen und läßt sich im thermischen Gleichgewicht nicht realisieren. Wir werden auf Experimente zur Besetzungsumkehr im Zusammenhang mit dem Laser (Abschn. 3.5.4.3.1) und der Puls-Kernspinresonanz-Spektroskopie (Abschn. 3.6.2.3) zurückkommen.

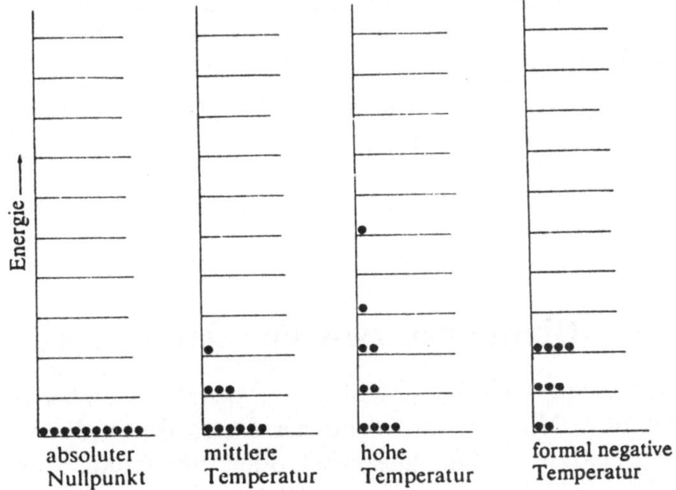

Abb. **1.3.1**
Temperatur-Abhängigkeit der Besetzung von Schwingungsniveaus eines Moleküls (nach [Atk 90])

Die innere Energie U eines Systems läßt sich einerseits dadurch verändern, daß man die Besetzung der vorhandenen Energieniveaus durch Zu- oder Abfuhr von Wärme Q verändert. Eine andere Möglichkeit besteht darin, die Systemdimensionen wie das Volumen V und damit die möglichen Translations-Energieniveaus der Teilchen zu ändern. Letzteres ist durch äußere Volumenarbeit beim Druck p möglich. Beides ist schematisch für Gasmoleküle in Abb. 1.3.2 gezeigt und wird sowohl formal in der phänomenologischen als

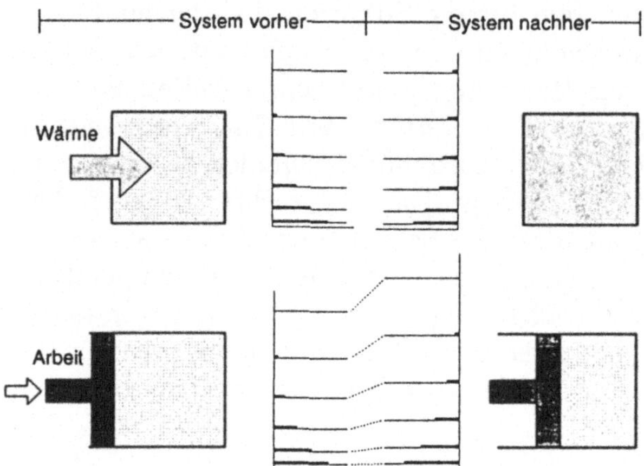

Abb. **1.3.2**
Der Unterschied zwischen Auswirkungen von Wärme und Arbeit auf Position und Besetzungswahrscheinlichkeiten der gequantelten Translationsniveaus eines Idealgases bei der Erhöhung der inneren Energie (nach [Har 85])

auch atomistisch in der statistischen Thermodynamik quantitativ über den ersten Hauptsatz beschrieben:

$$dU = \delta Q - pdV \qquad \textbf{(1.3.2)}$$

1.4 Bindungen zwischen Atomen und Molekülen

Fragt man nach den Triebkräften, durch die sich aus Atomen Moleküle bilden oder Moleküle in Atome zersetzen, durch die Materie in kondensierten Aggregatzuständen vorkommt oder, allgemein, durch die Reaktionen ablaufen, so stellt man zwei Optimierungskriterien fest: Einerseits strebt das Gesamtsystem einem *Minimum der Gesamtenergie* und andererseits einem *Maximum der Gesamtentropie* („Unordnung") zu. Der Gleichgewichtszustand beschreibt den Kompromiß zwischen diesen beiden Forderungen, seine Berechnung ist Gegenstand der *Thermodynamik*. Bei gegebener Temperatur und gegebenem Druck gilt beispielsweise

$$G = H - T \cdot S \stackrel{!}{=} \min \qquad \textbf{(1.4.1)}$$

mit G als freier Enthalpie, $H = U + pV$ als Enthalpie (mit p als Druck und V als Volumen) sowie S als Entropie.

Die Enthalpie enthält die innere Energie U mit ihren Anteilen aus der potentiellen Energie E_{pot} am absoluten Nullpunkt und aus temperaturabhängigen

Anteilen der Bewegungszustände des Moleküls. Dazu kommt der Anteil aus der Volumenarbeit pV.

In Abb. 1.4.1 ist die potentielle (elektronische) Energie $E_{\text{pot}} = E$ für das einfache Beispiel des H_2-Moleküls als Funktion des Abstandes der H-*Atome* gezeigt. Der Gleichgewichtsabstand ist bei $T = 0$ K durch das Energieminimum gegeben. Berechnungen dieser Energien als Funktion der Atomabstände in Molekülen oder auch Festkörpern und Berechnungen der zugehörigen Elektronendichteverteilungen in verschiedenen Elektronenniveaus sind Gegenstand der *quantenmechanischen Theorie des Aufbaus der Materie.*

Betrachtet man die Wechselwirkungsenergie zwischen zwei H_2-*Molekülen* als Funktion ihres Abstandes voneinander, so stellt man einen qualitativ ähnlichen Verlauf fest: Bei Annäherung der Teilchen erfolgt zuerst eine anziehende Wechselwirkung (Energieabsenkung bis zum Gleichgewichtsabstand), während bei weiterer Annäherung starke Abstoßungskräfte wirksam werden. Die Absolutwerte der Wechselwirkungsenergien sind hier um Zehnerpotenzen kleiner als zwischen zwei chemisch gebundenen Atomen, und die Minima

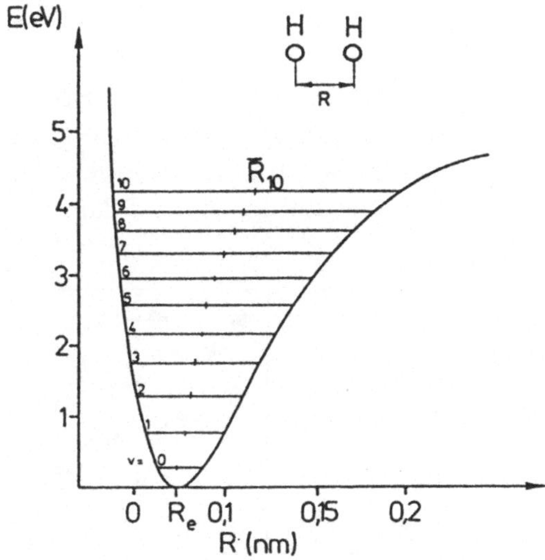

Abb. **1.4.1**
Schematische Darstellung der Energie eines H_2-Moleküls als Funktion des Abstandes R der H-Atome voneinander („Morse-Potential", vgl. Abschn. 3.5.2.1.2). Ebenfalls gezeigt sind die mit $v = 0 - 10$ numerierten Schwingungsenergieniveaus und der klassische Gleichgewichtsabstand R_e. Die Striche deuten den mittleren Abstand $\overline{R}$ an, der mit steigender Schwingungsanregung stark zunimmt und bei der Dissoziationsgrenze gegen unendlich geht (nicht gezeigt).

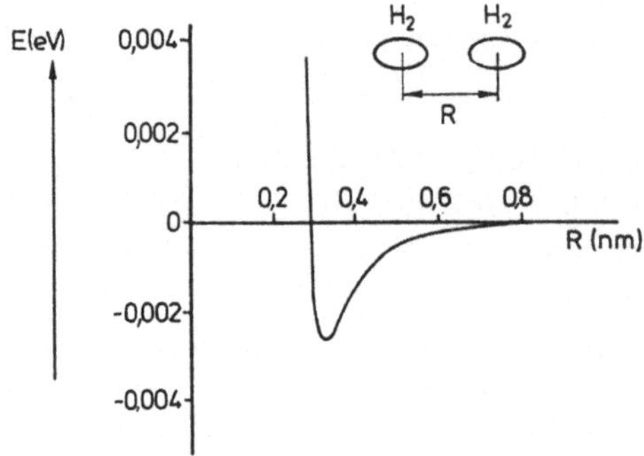

Abb. **1.4.2**
Schematische Darstellung der Wechselwirkungsenergie zwischen zwei H_2-Molekülen in der Gasphase als Funktion des Abstandes R („Lennard-Jones-Potential", vgl. Abschn. 2.5.1.1). Für größere Moleküle ist die Energieabsenkung im Minimum ca. eine Zehnerpotenz größer.

liegen bei höheren Abständen (vgl. Skalen der Abb. 1.4.1 und 1.4.2). Berechnungen dieser intermolekularen Kräfte erfolgen mit Näherungsmethoden der Quantenmechanik oder mit einfachen *Modellen der intermolekularen Kräfte*. Letztere berücksichtigen effektive Größen von Molekülen und Ladungsdichteverteilungen in Molekülen.

Wenn Atome oder Moleküle eine chemische Bindung eingehen können, ist die Reaktion im Gleichgewicht (d.h. nach langer Zeit) durch definierte Konzentrationen von Ausgangs- und Produktteilchen bestimmt, die durch den Kompromiß minimaler Gesamtenergie und maximaler Gesamtentropie festgelegt sind. Dies wird im Rahmen der Thermodynamik beschrieben. Bei konstantem Gesamtdruck und konstanter Temperatur gilt beispielsweise Gl. (1.4.1).

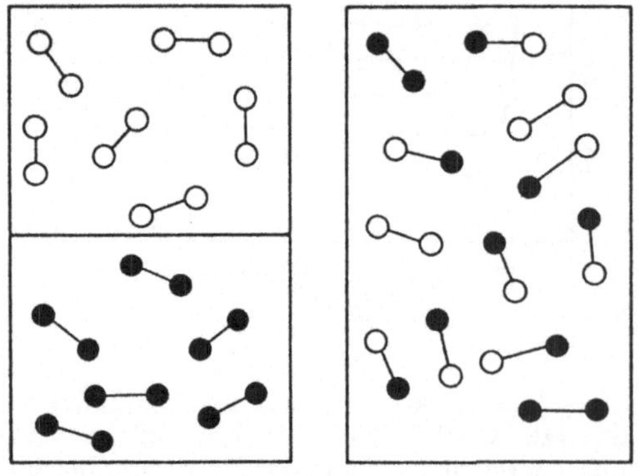

Abb. 1.4.3
Schematische Darstellung der Reaktion zweier Moleküle in der Gasphase nach Entfernung der Zwischenwand

Die Gleichgewichtseinstellung erfolgt dabei mit charakteristischen Reaktionsgeschwindigkeiten, die im Rahmen der *Kinetik* durch Geschwindigkeitskonstanten mit charakteristischen Aktivierungsenergien der Reaktion beschrieben werden. Zur Illustration der energetischen Verhältnisse ist in dem einfachen Beispiel der Abb. 1.4.4 die potentielle Energie in einem Drei-Teilchen-System ABC als Funktion der Abstände AB und BC gezeigt. Eine Reaktion kann nur dann stattfinden, wenn die Energie des Gesamtsystems ausreicht, um mit der Aktivierungsenergie von einem Energieminimum über den Sattelpunkt in das andere zu kommen.

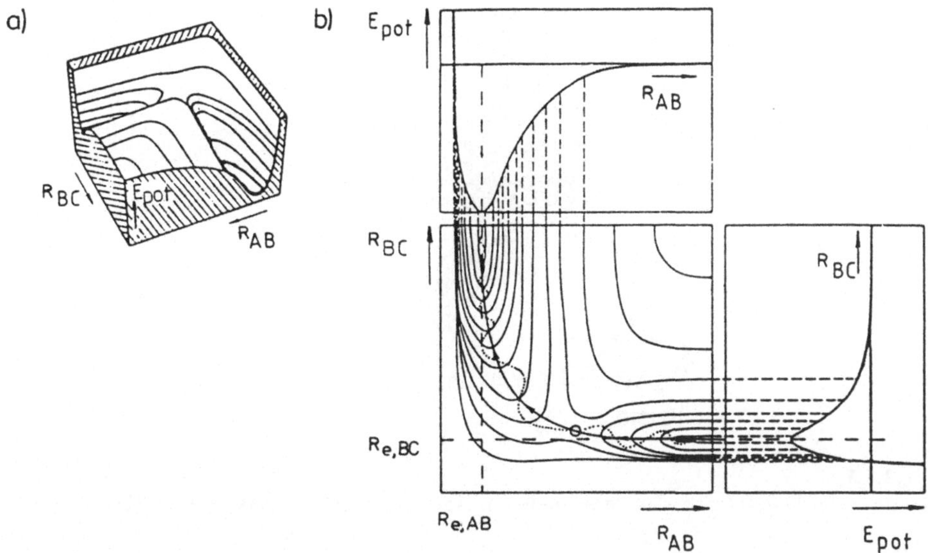

Abb. **1.4.4**
a) Schrägsicht und b) Aufsicht auf die Energiehyperfläche für die einfache Zentralstoß-Reaktion AB + C $\rightleftharpoons$ A + BC mit Äquipotentiallinien und der mit Pfeilen gekennzeichneten Reaktionskoordinate entlang des relativen Minimums. R_{AB} bzw. R_{BC} bezeichnen Abstände zwischen den Atommittelpunkten, $R_{e,AB}$ bzw. $R_{e,BC}$ sind Gleichgewichtsabstände [Wed 87].

1.5 Aggregatzustände und Grenzflächen

Wie schon im letzten Abschnitt in Gl. (1.4.1) gezeigt, wird der Zustand der Materie durch Energie- und Entropieanteile bestimmt. Bei sehr hohen Temperaturen überwiegt der Entropieterm, so daß Aggregatzustände mit zwar energetisch ungünstigen Verhältnissen, aber hoher Unordnung („Entropie") von nicht gebundenen chemischen Teilchen bevorzugt sind. Dies ist schematisch in Abb. 1.5.1 für Festkörper-, Flüssigkeits-, Gas- und Plasmazustände

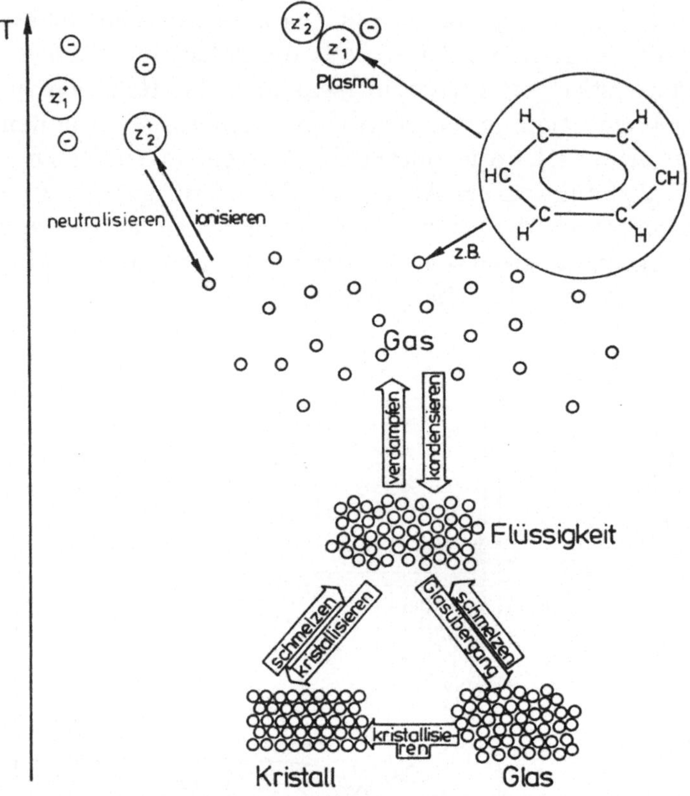

Abb. **1.5.1**
Schematische Darstellung der verschiedenen Aggregatzustände (nach [Cot 85])

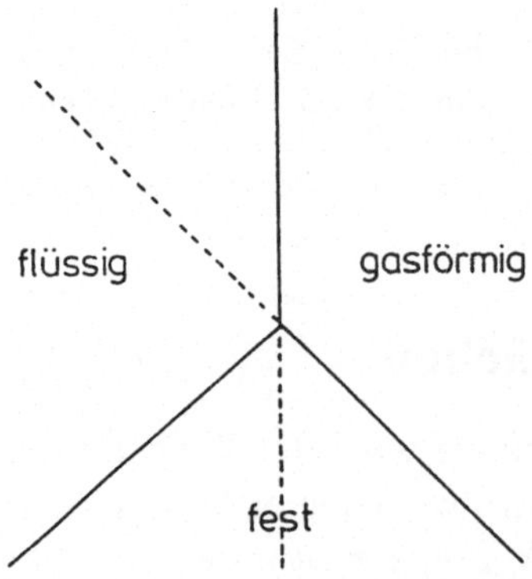

Abb. **1.5.2**
Schematische Darstellung von Phasen in drei verschiedenen Aggregatzuständen und von Grenzflächen zwischen diesen Phasen

der Materie gezeigt. In letzteren treten Ionen und Elektronen als separate Teilchen auf. Die intermolekularen Wechselwirkungen bestimmen dabei Temperatur- und Druckbereiche für die Existenz von Gasen, Flüssigkeiten und Festkörpern, die inneratomaren Wechselwirkungen die Existenzbereiche des Plasmazustandes.

Wenn Materie in verschiedenen Aggregatzuständen nebeneinander vorliegt, so werden diese durch Grenzflächen getrennt. Diese können auch zwischen nicht-mischbaren Flüssigkeits- oder Festkörperphasen auftreten. Dies ist schematisch in Abb. 1.5.2 gezeigt.

Aus Abb. 1.5.3 wird deutlich, daß der relative Anteil der Oberflächenatome

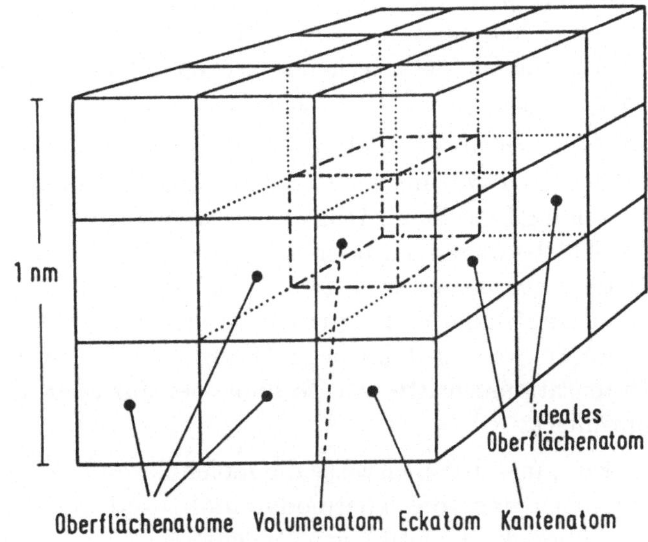

Kantenlänge		1 nm	1 μm	1 mm
Volumenatome	N_b	1	$2,7 \times 10^{10}$	$2,7 \times 10^{19}$
Oberflächenatome	N_s	26	$5,4 \times 10^{7}$	$5,4 \times 10^{13}$
Kantenatome	N_K	12	$3,6 \times 10^{4}$	$3,6 \times 10^{7}$
Eckatome	N_E	8	8	8
$\dfrac{N_S}{N_S + N_b}$		0,96	2×10^{-3}	2×10^{-6}

Abb. **1.5.3**
Anzahl N_i von Oberflächen- und Volumenatomen in würfelförmigen Teilchen unterschiedlicher Kantenlängen unter der Annahme, daß ein Atom die in der Tabelle angegebenen Dimensionen hat [Hen 91]

und somit ihr Einfluß auf die Eigenschaften eines Festkörpers mit abnehmender Teilchengröße stark zunimmt. Da die Bindungsverhältnisse von Atomen an Oberflächen oder Grenzflächen von denen des Volumens abweichen, können bei mikro- oder nanostrukturierten Materialien (z.B. bei Katalysatoren oder Halbleiterbauelementen) völlig neue Phänomene auftreten, die bei makroskopischen Teilchendimensionen nicht beobachtet werden.

1.6 Auswahl und Gliederung des folgenden Stoffs

Die oben ausgewählten Beispiele charakterisieren physikalisch-chemische Grundlagen für den Aufbau der Materie aus Atomen oder Molekülen in Gasen, Flüssigkeiten oder Festkörpern. Dieses Verständnis ist eine Voraussetzung für entsprechende Grundlagenforschung, beispielsweise für die zunehmend an Bedeutung gewinnenden Materialwissenschaften.

Auch in vielen Anwendungsbereichen wird heute neben der traditionellen empirischen Optimierung von Materialien zunehmend mehr systematische Forschung betrieben. Häufig wird dabei angestrebt, Strukturen unter Gleichgewichtsbedingungen oder unter Reaktionsbedingungen in Gasen, Flüssigkeiten oder an und in festen Stoffen atomistisch über spektroskopische Methoden aufzuklären und daraus physikalische Modelle herzuleiten. Mit dieser Kenntnis werden dann neue Materialien und Materialkombinationen bzw. Präparationsschritte von Technologien für spezifische Anwendungsbereiche optimiert.

So kann man beispielsweise die molekularen Ursachen für „Triebkräfte“ (beschrieben über die Thermodynamik) und „Geschwindigkeiten“ (beschrieben über die Kinetik) von Teilchen/Festkörper-Wechselwirkungen sowohl für erwünschte Reaktionen (z.B. beim chemischen Sensor oder Katalysator) als auch für unerwünschte Reaktionen (z.B. bei Langzeitdrifts an elektrischen Kontakten oder bei Korrosionsschichten) erkennen. Diese Erkenntnis ermöglicht es dann, durch gezielte Änderungen die in der Praxis gewünschten Eigenschaften systematisch zu verbessern.

In Abb. 1.6.1 sind die beiden komplementären Optimierungsprozesse in den Materialwissenschaften („Forschung und Empirie“) schematisch für einige typische Anwendungsbereiche aufgezeigt.

- In der Grundlagenforschung versucht man dabei, an möglichst definierten Proben unter definierten Randbedingungen überschaubare Teilaspekte von den wesentlich komplexeren Vorgängen zu verstehen, die im praktischen Einsatz ablaufen. Die dazu erforderlichen theoretischen

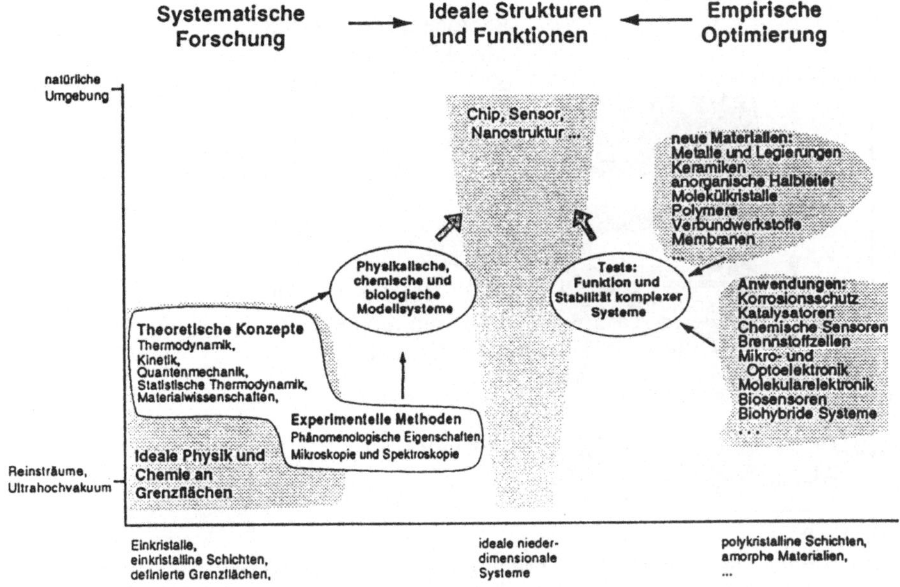

Abb. 1.6.1
Schematische Darstellung des Zusammenhangs zwischen Grundlagenforschung und praktischem Einsatz neuer Materialien

Konzepte sowie die experimentellen mikroskopischen und spektroskopischen Methoden werden in den Grunddisziplinen der physikalischen Chemie erarbeitet und sind Gegenstand der vorliegenden Monographie.

- Auf der anderen Seite steht die empirische Optimierung von phänomenologischen Eigenschaften. Dazu gehören thermische, chemische, mechanische, elektrische oder magnetische Eigenschaften von Materialien als makroskopische Mittelwerte über viele Einzelteilchen. Die phänomenologische Beschreibung, technologischen Aspekte sowie Anwendungsbeispiele sind in einer zweiten Monographie „Einführung in die Materialwissenschaften: physikalisch-chemische Grundlagen und Anwendungen" zusammengefaßt. Verweise darauf sind mit [Göp 94] gekennzeichnet.

Von zunehmendem Interesse sind Strukturen im Nanometerbereich, die entweder über Miniaturisierung makroskopischer Bauelemente („Top-down Approach") oder über chemische Synthesen („Bottom-up Approach") definiert hergestellt, untersucht und eingesetzt werden. Dazu ist u.a. ein atomistisches Verständnis der phänomenologischen Eigenschaften erforderlich, wie dies schematisch am Beispiel molekularer Sonden in Abb. 1.6.2 gezeigt ist.

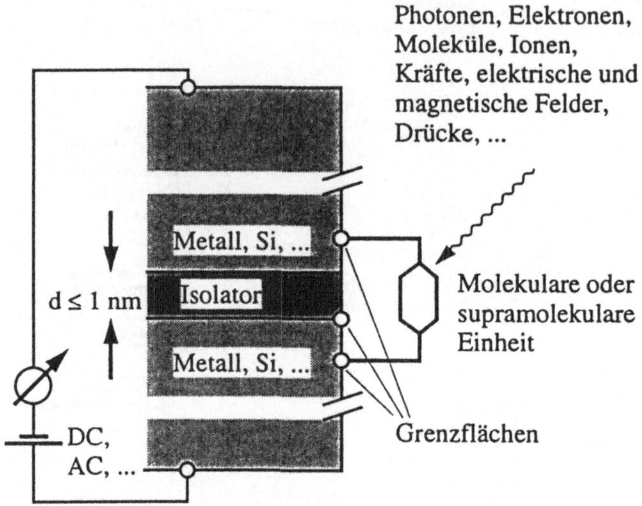

Abb. 1.6.2
Schematische Darstellung der Verknüpfung von „Top-down"-Strukturen (links) und „Bottom-up"-Strukturen (rechts) zur Herstellung eines (fiktiven) molekularelektronischen Bauelements, mit dem z.B. als „Sensor" physikalische und chemische Größen erfaßt werden sollen. Technologische und prinzipielle Details (z.B. gezielte kovalente Ankopplung und Nachweis der Leitfähigkeiten in Einzelmolekülen) sind Gegenstand aktueller Forschungsarbeiten und noch nicht gelöst.

Da auch biologische Funktionseinheiten wie Zellmembranen, Photosynthesezentren oder Transportproteine Nanometerdimensionen haben, sind Fortschritte im Bereich der „Nanotechnologie" von besonderer Bedeutung für interdisziplinäre Materialforschung unter Einbeziehung biologischer Systeme. Auf Teilaspekte wird in der vorliegenden Monographie in Abschn. 3.3.2.2 eingegangen. Anwendungen u.a. im Bereich der Nanokristalle, Sensorik, molekularen Elektronik oder Membranen werden in der zweiten Monographie [Göp 94] vorgestellt.

In einer Übersicht faßt Abb. 1.6.3 wichtige Parameter der allgemeinen Materialwissenschaften und die Schwerpunkte der vorliegenden Monographie in einer neundimensionalen Matrix zusammen. Darin ist einerseits auf Inhalte der folgenden Kapitel 2 und 3 verwiesen. Die nicht gekennzeichneten Bereiche beziehen sich auf Schwerpunkte, die Gegenstand der o.g. zweiten Monographie sind. Querbezüge zwischen den Inhalten beider Monographien ergeben sich aus Resultaten mikroskopischer und spektroskopischer Untersuchungen an Modellsystemen, bei denen ein atomistisches Verständnis für Eigenschaften praktisch relevanter Materialien schon heute erzielt werden konnte.

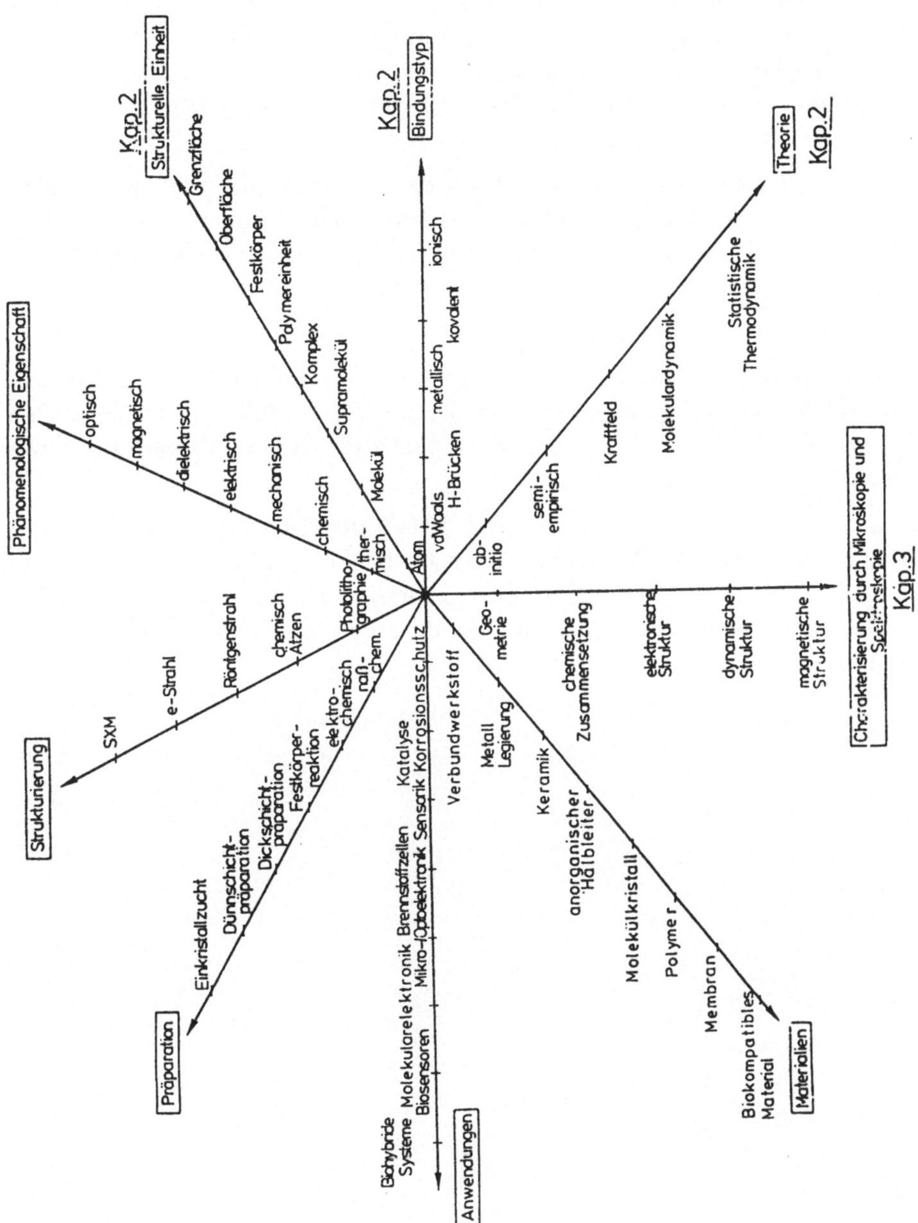

Abb. 1.6.3
Verschiedene Aspekte der Materialwissenschaften

Zusammenfassend ergibt sich diese Gliederung für den folgenden Stoff:

Kapitel 2 behandelt *quantenmechanische Grundlagen* zum Verständnis des Aufbaus der Materie mit ihren gequantelten Energiezuständen sowie Näherungsmethoden und *modellmäßige Beschreibungen komplexer Systeme*. Behandelt werden Atome, Moleküle, intermolekulare Kräfte, Festkörper, Flüssigkeiten und Grenzflächen.

Kapitel 3 stellt *experimentelle Methoden* der Mikroskopie und Spektroskopie sowie daraus gewonnene typische Ergebnisse zu geometrischen, elektronischen, dynamischen und magnetischen Strukturen sowie chemischen Zusammensetzungen von Prototypmaterialien vor.

Kapitel 4 enthält eine *Literaturübersicht.*

Kapitel 5 enthält als Anhang die wichtigsten *Grundlagen aus Mathematik, klassischer Physik und Quantenmechanik* zum Verständnis des vorliegenden Textes, *ausgewählte Probleme aus der Spektroskopie* zur Vertiefung sowie *Tabellen.*

Im Text ist bei Formeln durch den Schrifttyp der Gleichungsnummer eine Wertung vorgenommen, durch die die wesentlichen Grundlagen fett, darauf aufbauende normal und weiterführende in kursivem Schriftbild gekennzeichnet sind. Analog werden wesentliche Abbildungen und Tabellen durch fette Nummern hervorgehoben.

2 Quantenmechanik und Aufbau der Materie

Die mikroskopische Struktur der Materie läßt sich prinzipiell mit der *Schrödingergleichung* beschreiben.

Für freie Atome und Moleküle mit definierten geometrischen Atomanordnungen führen Lösungen dieser Differentialgleichung im Gleichgewicht abhängig von den Randbedingungen zu Gesamtenergien, die sich im einfachsten Fall additiv aus gequantelten Energiezuständen der Elektronen, Translation und bei Molekülen zusätzlich der Rotationen und Schwingungen zusammensetzen. Dieses Konzept läßt sich formal auch auf Festkörper und Flüssigkeiten übertragen, wenn diese als Riesenmoleküle aufgefaßt werden. Exakte Bestimmungen der geometrischen und elektronischen Struktur sind für Gleichgewichtszustände der Materie allerdings nur für ganz einfache Systeme möglich (für bis zu ca. 25 Nicht-Wasserstoff-Atome mit nicht zu hohen Kernladungszahlen in sog. *Ab-initio-Rechnungen*).

Strukturen vieler praktisch interessierender Moleküle, Festkörper oder Flüssigkeiten sind daher nur über Näherungslösungen zugänglich ((quantenmechanische) *semiempirische Methoden*, (klassische) *Kraftfeld-Methoden*). Intermolekulare Wechselwirkungen als entscheidende Kräfte in Flüssigkeiten und Gasen werden im allgemeinen nur klassisch oder halbklassisch beschrieben.

Ein besonderes Problem ist die genaue Beschreibung geometrischer Atomanordnungen in Makromolekülen, Flüssigkeiten und Gasen, weil diese starken zeitlichen Fluktuationen unterworfen sind. In dem Zusammenhang ist es sinnvoll, Mittelwerte für Verteilungen von Orts- und Impulskoordinaten über sogenannte *Korrelationsfunktionen* einzuführen. Damit können statische sowie dynamische Aspekte zur Beschreibung der Struktur erfaßt werden.

Gesamtenergien von idealen Festkörpern lassen sich im einfachsten Fall analog zu den Molekülen additiv aus Beiträgen von Elektronen und von gequantelten kollektiven Anregungen wie z.B. von Phononen oder Plasmonen zusammensetzen.

An Grenzflächen und Oberflächen treten in der theoretischen Behandlung Besonderheiten auf, die alternativ aus der Sicht der Festkörper- oder der Molekülphysik behandelt werden können. Dazu können einerseits kollektive delokalisierte elektronische Niveaus über *Festkörperbandstrukturen* („bands") und andererseits lokalisierte Zustände über *Molekülorbitale* („bonds") geeignet gewählter Grenzflächen-Molekül-Komplexe („Cluster") berechnet werden.

Von besonderer Bedeutung bei allen theoretischen Modellen ist die Berechnung von experimentell einfach und direkt zugänglichen Parametern, die die strukturellen, spektroskopischen oder phänomenologischen Eigenschaften der Materie bestimmen. Dazu gehören Energieniveaus im elektromagnetischen Strahlungsspektrum, optische und elektrische Eigenschaften oder thermische und kalorische Zustandsfunktionen.

Das Kapitel 2 ist wie folgt gegliedert:

- Wir werden als Einstieg im folgenden zunächst die für das allgemeine Verständnis wichtigen historischen Experimente und Grenzen der klassischen Physik aufzeigen. Daraus ergibt sich u.a. ein prinzipielles Verständnis einerseits für die Schrödingergleichung zur Berechnung von Energiezuständen unter Berücksichtigung des Teilchen-Welle-Dualismus sowie andererseits für die wichtigsten mikroskopischen und spektroskopischen Methoden (Abschn. 2.1).
- Danach werden einfache Lösungen der Schrödingergleichung vorgestellt, die häufig als Modelle zur Beschreibung der Quantenstruktur der Materie verwendet werden, ohne auf Details der chemischen Zusammensetzung einzugehen. Dazu gehört beispielsweise die Beschreibung von gebundenen Teilchen in Potentialtöpfen oder deren Durchtunneln von Potentialbarrieren (Abschn. 2.2).
- Darauf erfolgt die Beschreibung von Atomen und des Aufbaus des Periodensystems (Abschn. 2.3).
- Anschließend werden einfache Moleküle behandelt. Ausgehend von kleinen Molekülen mit relativ exakter theoretischer Beschreibung ihrer Struktur werden für komplexere Moleküle zunehmend gröbere Näherungsverfahren zur Berechnung der Geometrie, elektronischen Struktur und anschließend der dynamischen Zustände eingesetzt (Abschn. 2.4).
- Im folgenden Abschnitt werden dann theoretisch noch schwieriger zu erfassende Systeme vorgestellt, bei denen anstelle der Schrödingergleichung einfachere Modellannahmen zur Parametrisierung von Moleküleigenschaften erforderlich sind, um zumindest die Geometrie im Gleichgewicht mit ihrer minimalen Gesamtenergie zu berechnen. Dazu gehören einerseits intermolekulare Wechselwirkungen zwischen freien, chemisch

nicht reaktiven Teilchen, und andererseits Wechselwirkungen in und zwischen Makromolekülen. Bei letzteren kann die Gesamtenergie über Summation der Wechselwirkungen zwischen einzelnen Punktzentren abgeschätzt werden. Eine Besonderheit sind schwache Wechselwirkungen zwischen komplementären Makromolekülen oder zwischen Makromolekülen und kleineren Molekülen, die bei sogenannten Supramolekülen auftreten. Bei großen Molekülen ist insbesondere die zeitliche Fluktuation der geometrischen Anordnung zur Beschreibung der „Struktur“ wichtig (Abschn. 2.5).

- Anschließend werden ideale Festkörper und Oberflächen mit zunächst exakt periodischer Anordnung der Bausteine bei unendlicher Ausdehnung vorgestellt. Aufgrund der periodischen Anordung von Atomen sind Lösungen der Schrödingergleichung zur Berechnung von elektronischen oder vibronischen Zuständen im Vergleich zu Makromolekülen relativ einfach möglich. Ausgangspunkt dafür ist zunächst die Systematik zur Beschreibung geometrischer Strukturen von idealen Festkörpern. Danach werden die entsprechenden elektronischen Strukturen im Volumen und an der Oberfläche vorgestellt. Auch hier erfolgt anschließend die Beschreibung dynamischer Strukturen (Abschn. 2.6).
- In einem letzten Abschnitt wird gezeigt, wie aus der Kenntnis der gequantelten Energiezustände ein Verständnis für chemische und thermische Eigenschaften als Mittelwerte über die möglichen Anregungszustände gewonnen werden kann. Dies ist das Konzept der statistischen Thermodynamik. Aus der Kenntnis aller Energiezustände eines Systems folgt dessen chemisches und thermisches Verhalten, das alternativ ohne Kenntnis dieser Energiezustände empirisch über Stoffkonstanten der klassischen Thermodynamik beschrieben werden kann (Abschn. 2.7).

2.1 Grenzen der klassischen Physik

Um die Jahrhundertwende konnten erstmalig Experimente durchgeführt werden, die mit den Gesetzen der klassischen Physik nicht erklärbar waren. Sie führten u.a. zur Entwicklung der Quantenmechanik. Ein wesentlicher Schritt war dabei die Erkenntnis, daß Elementarteilchen sowohl Teilchen- als auch Wellencharakter besitzen. Einige historisch wichtige Experimente und die sich daraus ergebenden Eigenschaften von Elementarteilchen wie Elektronen, Protonen, Neutronen und Photonen werden zusammenfassend dargestellt.

2.1.1 Teilchen-Welle-Dualismus

2.1.1.1 Äußerer Photoeffekt

Einstein konnte 1905 den sog. lichtelektrischen Effekt oder äußeren Photoeffekt erklären, indem er für Lichtstrahlung eine quantenhafte Natur, d.h. einen Teilchencharakter postulierte.

Beim lichtelektrischen Effekt handelt es sich um die Ablösung von Elektronen aus einem Festkörper (am einfachsten einer Metallkathode) bei Bestrahlung mit Licht (vgl. Abb. 2.1.1). Die kinetische Energie E_{kin} der austretenden Elektronen kann gemessen werden, indem man sie ein elektrisches Feld an einer Metallanode aufbauen läßt und stromlos die Bremsspannung bestimmt, bei der weitere Elektronen die dem Metall gegenüberliegende Elektrode nicht mehr erreichen können:

$$E_{\text{kin}} = eU_{\text{max}} \tag{2.1.1}$$

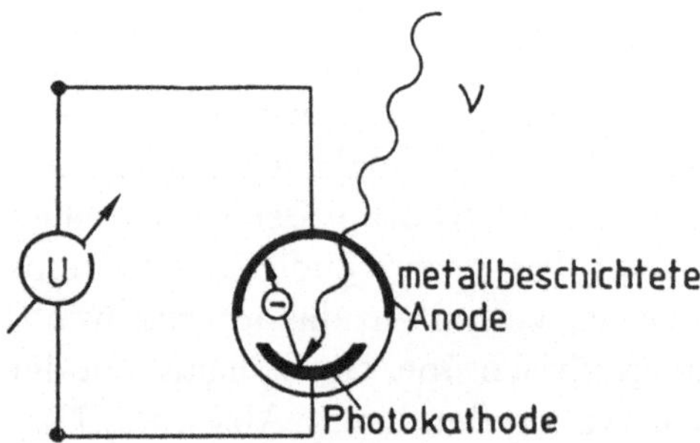

Abb. 2.1.1
Anordnung zur Messung des äußeren Photoeffekts

Klassisch würde man erwarten, daß mit steigender Lichtintensität auch die kinetische Energie der Photoelektronen zunehmen sollte. Stattdessen findet man, daß ihre Energie nicht von der Lichtintensität, sondern von der Lichtfrequenz abhängt (Abb. 2.1.2). Die Anzahl der emittierten Elektronen wird dagegen durch die Lichtintensität bei fester Frequenz ν bestimmt.

Dies kann dadurch erklärt werden, daß die Elektronen die Energie aus dem Lichtfeld nur in diskreten Werten der Größe $h\nu$ entnehmen können. Sind diese Energiebeträge kleiner als die elektronische Austrittsarbeit Φ (vgl. Abschn. 2.6.4.2), die jedes Elektron aufbringen muß, um das Metall

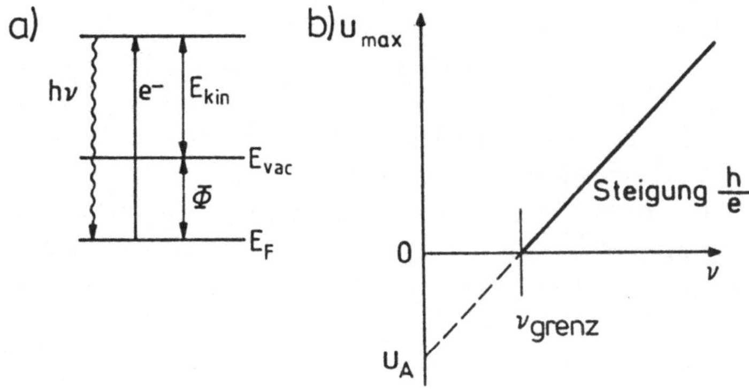

Abb. 2.1.2
a) Schematische Darstellung der Anregung eines Photoelektrons mit der Energie E_{kin} durch Einstrahlen der Photonenenergie $h\nu$ auf einen metallischen Festkörper mit der elektronischen Austrittsarbeit Φ
b) Maximale Bremsspannung $U_{\max}$ als Funktion der Frequenz ν der eingestrahlten Photonen

verlassen zu können, so treten keine Photoelektronen aus. Es existiert also bei Metallen eine Grenzfrequenz mit $h\nu_{\text{grenz}} = \Phi$ (Abb. 2.1.2b), oberhalb derer die kinetische Energie der Photoelektronen linear mit der Frequenz ansteigt. (Bei Halbleitern oder Isolatoren muß die Ionisierungsenergie aufgebracht werden, es gilt also $h\nu_{\text{grenz}} = I$.) Aus der gemessenen Steigung der Geraden h/e berechnet man über die bekannte Elementarladung $e = 1,602 \cdot 10^{-19}$ C eine Naturkonstante, das sogenannte Plancksche Wirkungsquantum $h = 6,626 \cdot 10^{-34}$ Js.

Die Energiebilanz ergibt für Metalle

$$h\nu = \frac{m}{2}v^2 + \Phi = e \cdot U_{\max} + \Phi \ . \tag{2.1.2}$$

Bei der Photoelektronenspektroskopie (UPS, XPS) wird der Photoeffekt heute auch von Elektronen aus tieferliegenden Orbitalen mit höheren Ablöseenergien als Φ ausgenutzt, um Informationen über elektronische Zustände in Materie zu erhalten (vgl. Abschn. 3.4.3 und 3.5.5).

2.1.1.2 Schwarzer Strahler

Die Quantelung der Energie bei der Wechselwirkung von Licht und Materie wurde von Planck im Jahre 1900 bei der theoretischen Analyse der experimentell ermittelten spektralen Verteilung der von einem schwarzen Strahler ausgesandten elektromagnetischen Strahlung (Temperaturstrahlung) postuliert.

Ein heißer Körper sendet abhängig von der Temperatur ein charakteristisches Strahlungsspektrum aus. Unter einem schwarzen Strahler versteht man einen Körper, der bei der Temperatur T im thermischen Gleichgewicht mit seinem Strahlungsfeld steht. Seine spektrale Strahlungsenergiedichte $u_{(v)}(\nu, T)$ [Energie · Volumen^{-1} · Frequenz^{-1}] kann als Funktion der Temperatur und der Frequenz bestimmt werden, indem man die aus einer kleinen Öffnung austretende Strahlungsleistung mißt (vgl. Abb. 2.1.3), wobei das Gleichgewicht im Innern durch diesen Energieverlust nicht merklich gestört werden darf.

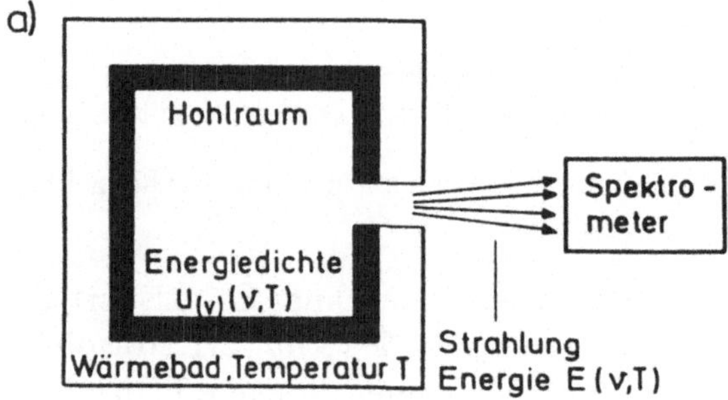

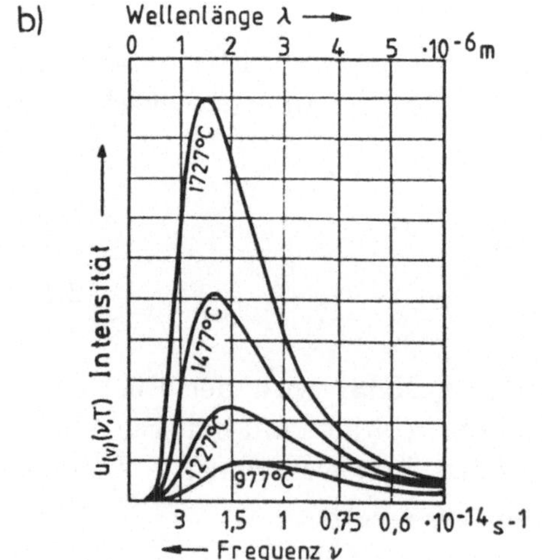

Abb. **2.1.3**
a) Schematische Darstellung des Hohlraumstrahlers
b) Experimentell gemessene spektrale Energiedichte $u_{(v)}(\nu, T)$ für verschiedene Temperaturen T [Hak 90]

Wichtig sind die folgenden Teilergebnisse:

- Die spektrale Energieverteilung ist bei höheren Temperaturen nur eine Funktion der Temperatur und unabhängig von Eigenschaften des Hohlraums (Form, Material).
- Die Gesamtstrahlungsflußdichte S, die man z.B. mit dem Spektrometer

in Abb. 2.1.3a mißt, ist eine einfache Funktion der Temperatur (Stefan-Boltzmann-Gesetz)

$$S = \sigma T^4 \tag{2.1.3}$$

mit $\sigma = 5,6697 \cdot 10^{-8}$ Wm^{-2}K^{-4}.

Die abgestrahlte Leistung ist durch die Fläche unter den Kurven in Abb. 2.1.3b charakterisiert.

- Das Maximum der spektralen Verteilung verschiebt sich zu kürzeren Wellenlängen bei höherer Temperatur (Wiensches Verschiebungsgesetz):

$$\lambda_{\max} T = \text{const} = 0,29\,\text{cm}\,\text{K} \tag{2.1.4}$$

- Für niedrige Frequenzen ist die Strahlungsdichte $\sim \nu^2$ (Rayleigh-Jeans-Gesetz):

$$u_{(v)}(\nu, T) = \frac{8\pi\nu^2}{c^3} kT \tag{2.1.5}$$

Diese Gleichung läßt sich schon im Rahmen der klassischen Elektrodynamik und Thermodynamik ableiten (s. z.B. [Hak 90]).

Die spektrale Strahlungsdichte würde danach allerdings für wachsende Frequenzen $\sim \nu^2$ zunehmen und dürfte kein Maximum zeigen (Ultraviolett-Katastrophe).

- Im Einklang mit allen Experimenten ergibt sich quantenmechanisch die Plancksche Strahlungsformel

$$u_{(v)}(\nu, T) = \frac{8\pi h\nu^3}{c^3} \cdot \frac{1}{e^{\frac{h\nu}{kT}} - 1} \tag{2.1.6}$$

für die spektrale Strahlungsdichte im Hohlraum, die über den gesamten Frequenzbereich gültig ist (h = Plancksches Wirkungsquantum, ν = Frequenz, c = Vakuumlichtgeschwindigkeit).

Sie berücksichtigt, daß die Wechselwirkung zwischen Festkörper und Hohlraumstrahlungsfeld über die Atome des Hohlraums stattfindet, die sich wie elektromagnetische Oszillatoren verhalten, deren Energiewerte nicht kontinuierlich sind, sondern die die diskreten Energiewerte

$$E_v = (v + \frac{1}{2})h\nu \tag{2.1.7}$$

annehmen können. Dabei ist $\frac{1}{2}h\nu$ die sogenannte Nullpunktsenergie (vgl. Abschn. 2.2.4). Man kann dann die Photonen als Teilchen mit der Energie $h\nu$ betrachten. Die Photonendichte wird durch die Zahl möglicher Energiezustände mit der Zustandsdichte $D(\nu)$ und deren Besetzungswahrscheinlichkeit $f(\nu)$ bestimmt (vgl. [Göp xx]). Deren Zustandsdichte (im dreidimensionalen Ortsraum) wächst mit ν^2 (vgl. Phononen in Abschn. 2.6.5). Die Besetzungswahrscheinlichkeit für Photonen als Bosonen-Teilchen (vgl. Abschn. 1.3) wird durch die Bose-Einstein-Statistik geregelt mit $f(\nu) = 1/(e^{\frac{h\nu}{kT}} - 1)$. Da die spektrale Strahlungsdichte als Energiedichte pro Frequenz- und Volumeneinheit definiert ist, muß man die Anzahl der Photonen mit ihrer Energie $h\nu$ multiplizieren, um auf Gl. (2.1.6) zu kommen.

2.1.1.3 Compton-Effekt

Trifft eine Lichtwelle auf Materie, so kann sie die Elektronen zu erzwungenen Schwingungen anregen (vgl. auch Abschn. 3.1.2.4). Diese mikroskopischen „Hertzschen Dipole“ senden ihrerseits Strahlung mit der Frequenz der anregenden Strahlung aus („elastische Streuung“). Daneben beobachtete Compton bei der Streuung von Röntgenstrahlen an Materie eine spektral verschobene Komponente („inelastische Streuung“) (Abb. 2.1.4).

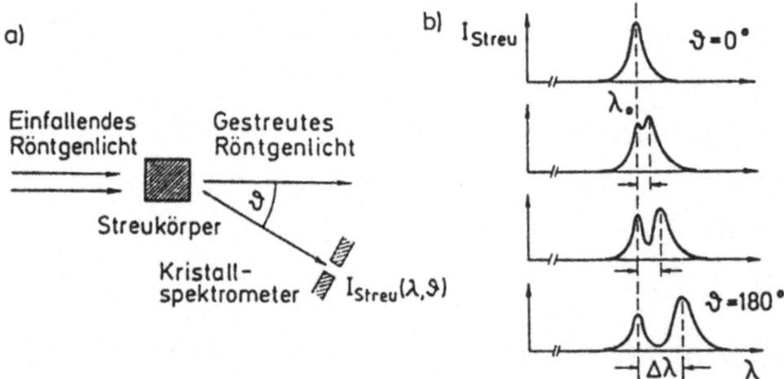

Abb. 2.1.4
Comptoneffekt [Hak 90]
a) Meßanordnung
b) gemessene Streustrahlung für verschiedene Streuwinkel

Zwischen der Wellenlängenverschiebung und dem Streuwinkel fand er einen einfachen Zusammenhang, der unabhängig vom Material und der Primärwellenlänge ist:

$$\Delta\lambda = \lambda_c(1 - \cos\vartheta) \tag{2.1.8}$$

mit $\lambda_c = 2,4$ pm als Comptonwellenlänge und ϑ als Streuwinkel.

Die Erklärung dieses Experiments ist im Wellenbild des Lichts nicht möglich. Unter Annahme gequantelter Photonen läßt es sich folgendermaßen beschreiben:

Ein Photon trifft auf ein Elektron. Es kommt zu einem elastischen Stoß, bei dem Impuls und Energie übertragen werden. Nimmt man an, daß das Elektron im Festkörper als „frei" betrachtet werden kann, so sind an dem Prozeß nur diese beiden Teilchen beteiligt, für die die Gesamtenergie und der Gesamtimpuls erhalten bleiben müssen (Abb. 2.1.5).

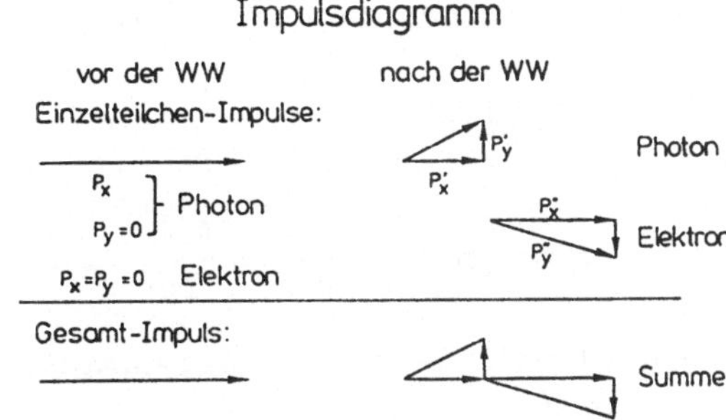

Abb. 2.1.5
Impulsdiagramm der Comptonstreuung

Wegen der Impuls- und Energieerhaltung gilt:

$$p_x = \frac{h\nu}{c} = p_x' + p_x'' = \frac{h\nu' \cos\vartheta}{c} + m \cdot v \cdot \cos\varphi \qquad (2.1.9)$$

$$p_y = 0 = p_y' + p_y'' = mv \cdot \sin\varphi - \frac{h\nu'}{c} \sin\vartheta \qquad (2.1.10)$$

$$E = h\nu = h\nu' + \frac{1}{2}mv^2 + \Phi \qquad (2.1.11)$$

Φ ist die Austrittsarbeit des Elektrons (vgl. Abschn. 2.6.4.2). Die anderen Größen ergeben sich aus Abb. 2.1.5. Berechnet man aus den Gl. (2.1.9)–(2.1.11) unter Berücksichtigung von $c = \lambda \cdot \nu$ die relative Wellenlängenänderung $\frac{\Delta\lambda}{\lambda}$, so ergibt sich Gl. (2.1.8). Daraus folgt, daß bei konstantem $\Delta\lambda$ die Änderung umso stärker ins Gewicht fällt, je kleiner λ, d.h. je größer die Photonenenergie ist. Zur experimentellen Beobachtung des Comptoneffekts verwendet man deshalb Röntgenstrahlen.

2.1.1.4 Das Elektron als Welle: de Broglie-Beziehung

Bereits in Abschn. 1.2 haben wir gesehen, daß bei Elektronenstrahlen, die auf ein Gitter oder einen Kristall fallen, Beugungseffekte auftreten. Die Erklärung der Beugung (vgl. Abschn. 3.3.3) ist nur im Wellenbild möglich, so daß man den Elektronen Welleneigenschaften zuschreiben muß. Während Teilcheneigenschaften durch die Größen Energie E und Impuls $\underline{p}$ beschrieben werden, sind es für Wellen die charakteristischen Größen *Kreisfrequenz* $\omega = 2\pi\nu$ bzw. *Frequenz* ν und *Wellenvektor* $k = \frac{2\pi}{\lambda}$ bzw. die *Wellenlänge* λ.

Die de Broglie-Beziehung für Materiewellen freier Teilchen stellt eine Verknüpfung zwischen diesen Größen her:

$$p = \hbar k = \frac{h}{2\pi} \cdot \frac{2\pi}{\lambda} = \frac{h}{\lambda} = m \cdot v \qquad (2.1.12)$$

$$E = \frac{1}{2}mv^2 = \frac{p^2}{2m} = \frac{\hbar^2 k^2}{2m} = \hbar\omega = h\nu \qquad (2.1.13)$$

Für die Elektronenwellen folgt daraus im nichtrelativistischen Fall ($v \ll c$, $m_e = \text{const.}$):

$$\lambda = \frac{2\pi}{k} = \frac{h}{p} = \frac{h}{m_e v} = \frac{h}{\sqrt{2m_e qU}} = \frac{h}{\sqrt{2m_e eU}} = \frac{h}{\sqrt{2m_e E_{\text{kin}}}} \qquad (2.1.14)$$

Die letzten drei Umformungen gelten für den Fall, daß die Elektronen in einem elektrischen Feld mit der Spannung U auf die kinetische Energie $E_{\text{kin}} = \frac{1}{2}mv^2 = e \cdot U$ beschleunigt wurden (vgl. Gl. (5.2.50) im Anhang 5.2.2.3). Wählt man beispielsweise eine Beschleunigungsspannung U von 150 V, so ergibt sich für Elektronen eine Wellenlänge in der Größenordnung von Atomabständen ($\lambda = 10^{-10}$ m).

In Tab. 2.1.1 sind de Broglie-Wellenlängen λ verschiedener Materieteilchen zusammengestellt.

Man erkennt, daß bei makroskopischen Teilchen schon sehr kleine Geschwindigkeiten mit extrem kleinen Wellenlängen verbunden sind und dabei experimentell keine Welleneigenschaften beobachtet werden können.

2.1.1.5 Wellenpakete, Wahrscheinlichkeitsdeutung

In den vorhergehenden Kapiteln wurde gezeigt, daß Licht neben der Wellennatur auch Teilchencharakter besitzt und andererseits Elektronen – oder allgemein Materieteilchen – neben den Teilcheneigenschaften auch Welleneigenschaften haben. Eine Möglichkeit, das Wellenbild mit der Vorstellung

Tab. 2.1.1
De Broglie-Wellenlänge λ verschiedener Materieteilchen bei verschiedenen Geschwindigkeiten [Moo 86]

Teilchen	Masse m (kg)	Geschwindigkeit v ($\mathrm{m\,s^{-1}}$)	Wellenlänge λ nm
Elektron, 1 V	$9,1 \cdot 10^{-31}$	$5,9 \cdot 10^{5}$	$1,2$
Elektron, 100 V	$9,1 \cdot 10^{-31}$	$5,9 \cdot 10^{6}$	$0,12$
Proton, 100 V	$1,7 \cdot 10^{-27}$	$1,4 \cdot 10^{5}$	$2,9 \cdot 10^{-3}$
H_2-Molekül bei 200 °C	$3,3 \cdot 10^{-27}$	$2,4 \cdot 10^{3}$	$8,2 \cdot 10^{-2}$
Golfball	$4,5 \cdot 10^{-2}$	$3,2 \cdot 10^{1}$	$4,9 \cdot 10^{-25}$
Schnecke	$1,0 \cdot 10^{-2}$	$1,0 \cdot 10^{-3}$	$6,6 \cdot 10^{-20}$

von lokalisierten Massepunkten zu verknüpfen, besteht darin, sogenannte Wellenpakete zu beschreiben, bei denen die Amplitude nur in einem kleinen Raumbereich wesentlich von null verschieden ist.

Konstruiert man durch Überlagerung mehrerer Wellen mit etwas unterschiedlicher Frequenz bzw. durch ein schmales kontinuierliches Intervall von Frequenzen eine Wellengruppe, so kann man zwei charakteristische Geschwindigkeiten, die Phasen- und die Gruppengeschwindigkeit, unterscheiden. Als einfachstes Modell einer Wellengruppe betrachten wir zunächst die Schwebungsgruppe, die durch Überlagerung zweier Wellen gleicher Ausbreitungsrichtung und Amplitude mit den Frequenzen ω_1 und ω_2 entsteht (Abb. 2.1.6).

Die Wellengruppe wird durch die Funktion

$$\Psi(x,t) = 2\Psi_0 \cos\left(\frac{\omega_2 - \omega_1}{2}t - \frac{k_2 - k_1}{2}x\right) e^{i\left(\frac{\omega_1+\omega_2}{2}t - \frac{k_1+k_2}{2}x\right)} \tag{2.1.15}$$

beschrieben. Sie läßt sich in zwei Teile zerlegen:

1) $e^{i(\frac{\omega_1+\omega_2}{2}t - \frac{k_1+k_2}{2}x)}$ entspricht einer ebenen, in x-y-Richtung unendlich ausgedehnten Welle (zur Def. vgl. Anhang 5.2.1.4) mit der mittleren Kreisfrequenz $\overline{\omega} = \frac{\omega_1+\omega_2}{2}$ und dem mittleren Wellenvektor $\overline{k} = \frac{k_1+k_2}{2}$. Die Phasengeschwindigkeit v_{ph} wird dabei definiert als

$$v_{\mathrm{ph}} = \frac{\overline{\omega}}{\overline{k}} \,. \tag{2.1.16}$$

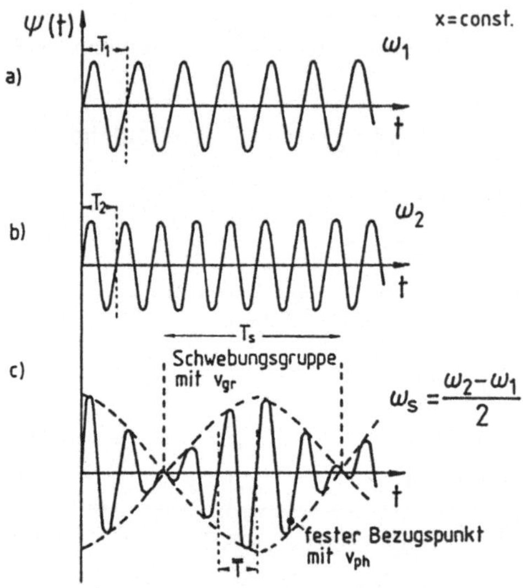

Abb. 2.1.6
Einfaches Beispiel für eine Wellengruppe: Überlagerung (c) zweier Wellen mit den Frequenzen ω_1 (a) und ω_2 (b) bzw. mit den Wellenvektoren k_1 und k_2 mit zeitabhängigen Amplituden bei $x = \text{const}$. (Das analoge Beispiel für ortsabhängige Amplituden bei $t = \text{const}$. ist im Anhang in Abb. 5.1.5 gezeigt.)

Sie ist anschaulich die Geschwindigkeit eines festen Bezugspunktes auf der Welle von konstanter Phase: Man setzt sich z.B. auf einen „Wellenberg" und beobachtet dessen Ausbreitungsgeschwindigkeit.

2) Die Amplitudenfunktion

$$2\Psi_0 \cos\left(\frac{\omega_2 - \omega_1}{2}t - \frac{k_2 - k_1}{2}x\right) \tag{2.1.17}$$

entspricht der Hüllkurve in Abb. 2.1.6. Für das Maximum der Amplitudenfunktion ist das Argument der cos-Funktion 0 oder ein Vielfaches von π:

$$\frac{\omega_2 - \omega_1}{2}t - \frac{k_2 - k_1}{2}x = 0 \tag{2.1.18}$$

Daraus erhält man die Gruppengeschwindigkeit:

$$v_{\text{gr}} = \frac{x}{t} = \frac{\omega_2 - \omega_1}{k_2 - k_1} = \frac{\Delta\omega}{\Delta k} \tag{2.1.19}$$

Für ein Wellenpaket, bestehend aus einem schmalen kontinuierlichen Spektrum von Frequenzen, gilt die allgemeine Beziehung:

$$v_{\mathrm{gr}} = \frac{d\omega}{dk} = \frac{d(\hbar\omega)}{d(\hbar k)} = \frac{dE}{dp} = \frac{d(p^2/2m)}{dp} = \frac{p}{m} = v_{\mathrm{Teilchen}} \quad \textbf{(2.1.20)}$$

Bei dieser Ableitung wurde die nichtrelativistische kinetische Energie des Teilchens verwendet. Dies gilt für Teilchen mit $v \ll c$.

Dispersion liegt dann vor, wenn der Zusammenhang zwischen ω und k nichtlinear ist und sich v_{ph} und v_{gr} dadurch unterscheiden.

In Abb. 2.1.7 ist als Beispiel der Dispersion die Funktion $E(p)$ (entspricht der häufig auch verwendeten Funktion $\omega(k)$) für Materieteilchen im Vergleich zu Photonen gezeigt. Für erstere gilt $E = \frac{p^2}{2m} + E_0$, d.h. nach Gl. (2.1.20) $\omega \sim k^2$.

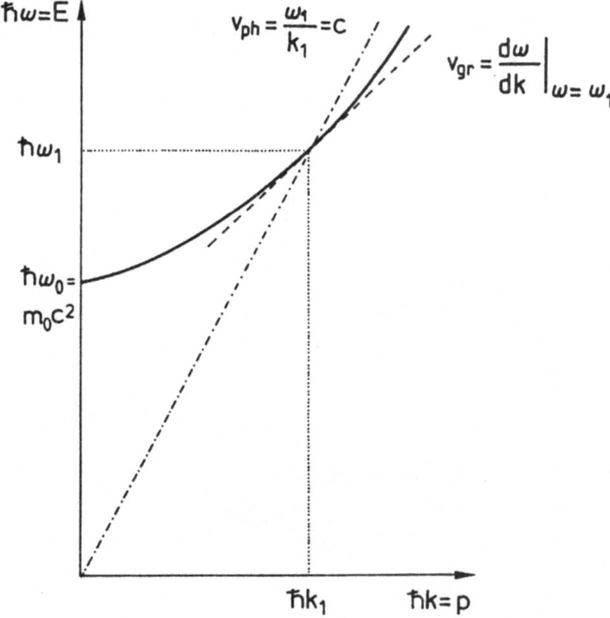

Abb. 2.1.7
Gruppengeschwindigkeit v_{gr} und Phasengeschwindigkeit v_{ph} für Materieteilchen (dicke Linie) im Vergleich zu Photonen (strichpunktierte Linie) mit $v_{\mathrm{gr}} = v_{\mathrm{ph}} = c$ im Diagramm Energie $\hbar\omega$ (mit der Frequenz ω) gegen Impuls $\hbar k$ (mit der Wellenzahl k). $E_0 = m_0c^2$ ist die Nullpunktsenergie von Materieteilchen (vgl. Tab. 2.1.2 weiter unten), die in dieser Abbildung stark verkleinert dargestellt wurde: Normalerweise würde die Phasengeschwindigkeit einen nahezu senkrechten Verlauf zeigen. Die Werte $\hbar\omega_1$ bzw. $\hbar k_1$ sind für beide (Teilchen und Wellen) gleich, ebenso die Phasengeschwindigkeiten, nicht jedoch die Gruppengeschwindigkeiten.

Man kann daraus erkennen, daß $v_{\text{ph}} > v_{\text{gr}}$ ist. Dies ist allgemein für Materieteilchen gültig. Der Zusammenhang von ω und k für Photonen im Vakuum ist linear. Dies läßt sich aus der Beziehung

$$c = \lambda \cdot \nu = \frac{2\pi}{k} \cdot \frac{\omega}{2\pi} = \text{const}\,. \qquad \textbf{(2.1.21)}$$

erkennen. Es tritt also keine Dispersion auf, und $v_{\text{ph}} = v_{\text{gr}}$.

Die Bedeutung der Dispersion für den räumlichen und zeitlichen Verlauf eines Wellenpakets mit gaußförmiger Orts- (und damit auch Impuls-) Verteilung der Intensitäten ist in Abb. 2.1.8 gezeigt.

Man sieht, daß bei quadratischer Dispersion die Wellen mit zunehmender Zeit räumlich auseinanderlaufen. Dies gilt nicht nur für Materieteilchen, sondern auch für Photonen in einem Medium mit frequenzabhängigem Brechungsindex und damit Lichtgeschwindigkeit. Die Theorie der Dispersion werden wir in Abschn. 3.1.2.4 besprechen.

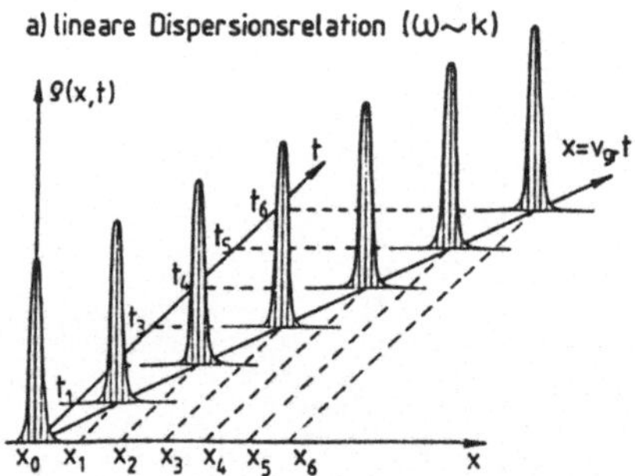

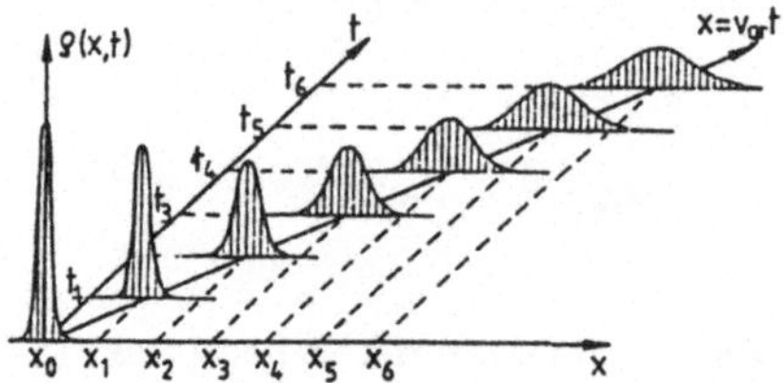

Abb. 2.1.8
Räumlicher und zeitlicher Verlauf der Intensität $\varrho(x,t) = \Psi^2(x,t)$ eines Wellenpakets mit gaußförmiger Orts- und damit auch gaußförmiger Impulsverteilung für (a) lineare Dispersion (z.B. Photonen im Vakuum) und (b) quadratische Dispersion (z.B. Elektronen) [Hub 83]

In Anhang 5.1.7 ist gezeigt, daß Wellen im Ortsraum durch Fouriertransformation im Impulsraum (k-Raum) dargestellt werden können und umgekehrt. Aus Abb. 2.1.9 kann man eine allgemeine Eigenschaft von Fouriertransformierten erkennen: Eine starke Lokalisierung im Ortsraum ist zwingend mit einer breiten Verteilung im k-Raum verknüpft und umgekehrt.

Außerdem hat ein breiter Bereich von k-Werten, wie er zum Aufbau eines im Ortsraum schmalen Wellenpakets notwendig ist, und die damit verbundenen Unterschiede der Phasengeschwindigkeiten bei Materieteilchen ein rasches Zerfließen zur Folge.

Den Schlüssel zum Verständnis des Dualismus Welle-Teilchen liefert die Statistik: Das Maximum des Wellenpakets ist nicht mit dem klassisch exakt definierten Ort des Materieteilchens zu identifizieren, sondern ist lediglich die Stelle, an der man bei einem Experiment mit vielen Teilchen (Teilchenstrahl) Teilchen mit der größten Wahrscheinlichkeit findet. Die analoge Aussage für die Verteilung im k-Raum lautet: Die Welle k mit der größten Amplitude $F(k)$ entspricht dem Impuls $\hbar k$, der sich bei einer Impulsmessung mit der größten Wahrscheinlichkeit ergibt. Genauer gesagt ist die Wahrscheinlichkeit für das Auffinden eines bestimmten Wertes proportional zum Amplitudenquadrat der Welle (vgl. Anhang 5.3.2).

Wir können schon qualitativ aus Abb. 2.1.9 die sog. Heisenbergsche Unschärferelation ableiten, nach der Ort und Impuls eines Teilchens nicht gleichzeitig beliebig genau angebbar sind. Quantitativ läßt sich diese beispielsweise wie folgt herleiten:

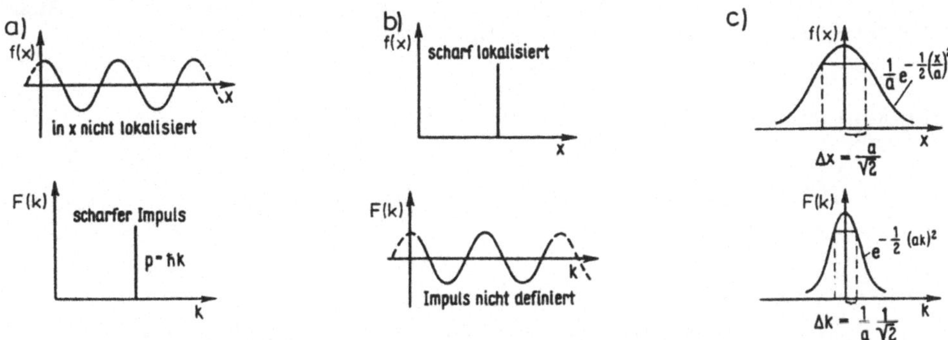

Abb. 2.1.9
Beispiele für Ortsfunktionen $f(x)$ und die Fouriertransformierten $F(k)$ im Impuls- bzw. Wellenzahlraum [May 80]. (Weitere Beispiele finden sich im Anhang 5.1.7, Abb. 5.1.6.)
a) scharfer Impuls
b) scharfer Ort
c) Gaußfunktion

Man betrachtet die Beugung von einem Elektron an einem Spalt (Abb. 2.1.10).

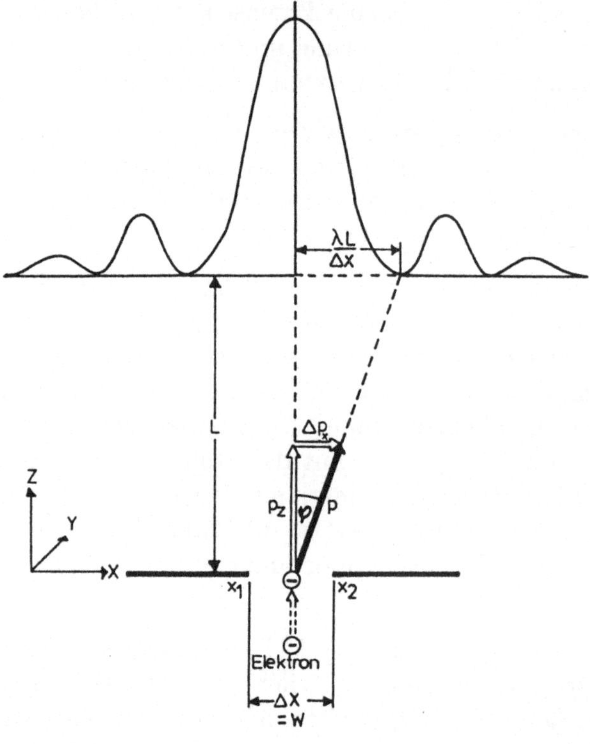

Abb. 2.1.10
Beugung von Elektronen an einem Spalt: Heisenbergsche Unschärferelation. Die Breite des ersten Beugungsmaximums ist $\frac{2\lambda L}{\Delta x}$, s. z.B. [Ger 77].

Man kann aus Abb. 2.1.10 entnehmen, daß

$$\frac{\Delta p_x}{p_z} = \frac{\lambda L}{\Delta x L} \tag{2.1.22}$$

gilt.

Ist der Beobachtungsschirm weit entfernt, gilt $p_z \approx p = \frac{h}{\lambda}$ und damit

$$\Delta p_x \cdot \Delta x = h \ . \tag{2.1.23}$$

Δp_x und Δx sind dabei gerade die Schwankungsbereiche für den Impuls bzw. den Ort.

Berücksichtigt man außerdem, daß auch die Nebenmaxima zur Impulsunschärfe beitragen, so gilt die Ungleichung:

$$\Delta p_x \Delta x \geq \frac{\hbar}{2} \qquad \textbf{(2.1.24)}$$

Diese Beziehung läßt sich auch direkt aus der Fouriertransformation einer Gaußkurve ableiten, da die Gaußverteilung die statistische Abweichung von Meßwerten vom Mittelwert beschreibt. Aus Abb. 2.1.9c kann man entnehmen, daß $\Delta x \cdot \Delta p = \Delta x \cdot \Delta k\hbar = \frac{a}{\sqrt{2}} \cdot \frac{1}{a\sqrt{2}} \cdot \hbar = \frac{\hbar}{2}$ gilt.

In einer verallgemeinerten Betrachtung der Heisenbergschen Unschärferelation werden auch Energie-Zeit-Beziehungen einbezogen. Betrachtet man Wellenpakete, die zeitlich zerfließen, so muß man als Folge der Energie-Zeit-Unschärfe ausreichend lange messen, um eine Energie hinreichend genau zu bestimmen: Beträgt die Meßzeit Δt, so ist die Messung von E mit einer prinzipiellen Unschärfe ΔE behaftet (vgl. Abschn. 3.1.2.3.1):

$$\Delta E \Delta t \geq \frac{\hbar}{2} \qquad \textbf{(2.1.25)}$$

2.1.2 Atombau

2.1.2.1 Bohrsches Modell ungestörter Atome

Das Bohrsche Atommodell lieferte historisch gesehen die erste quantitative Abschätzung von erlaubten Energieniveaus für Elektronen im Atom und von Energieübergängen durch Absorption und Emission von Photonen. Dabei wird eine erstaunlich gute Übereinstimmung mit Resultaten aus exakten Lösungen der Schrödingergleichung gefunden. Die ist allerdings nur möglich durch Einführung von nicht weiter begründeten sog. Bohrschen Postulaten:

1) Das Elektron bewegt sich strahlungslos (im Widerspruch zur klassischen Elektrodynamik) auf festen Bahnen um den positiven Atomkern.
2) Diese Bahnen werden durch die Forderung festgelegt, daß der Bahndrehimpuls des Elektrons

$$|\underline{l}| = |\underline{r} \times \underline{p}| = n\hbar \qquad (2.1.26)$$

mit $n = 1, 2, 3 \ldots$ gequantelt ist.
3) Bei Übergängen des Elektrons zwischen zwei Bahnen n und n' wird ein Lichtquant der Frequenz ν mit

$$h\nu = E_n - E_{n'} \qquad \textbf{(2.1.27)}$$

emittiert.

Im Rahmen dieses Modells lassen sich mit Hilfe der klassischen Elektrodynamik die Energiewerte für die diskreten Bahnen eines einzelnen Elektrons im Feld eines Kerns der Ladung ze berechnen. Man geht dabei von einem Kräftegleichgewicht zwischen anziehender Coulombkraft F_C und der Zentrifugalkraft F_Z aus (vgl. Gl. (5.2.43) und (5.2.24)):

$$F_C = \frac{ze^2}{4\pi\varepsilon_0 r_n^2} = \frac{m_0 v^2}{r_n} = F_Z \tag{2.1.28}$$

mit r_n als Bahnradius, m_0 als Ruhemasse des Elektrons und v als Geschwindigkeit des Elektrons.

Unter Verwendung des 2. Bohrschen Postulats erhält man die möglichen Bahnradien r_n:

$$r_n = \frac{n^2 \hbar^2 4\pi\varepsilon_0}{ze^2 m_0} \tag{2.1.29}$$

Durch diese Bahnradien sind bestimmte Werte für die potentielle Energie des Elektrons im Feld des Kerns und die kinetische Energie des Elektrons auf einer Kreisbahn um den Kern festgelegt. Die Summe aus beiden ergibt die möglichen Energiewerte:

$$E_n = -\frac{z^2 e^4 m_0}{32\pi^2 \varepsilon_0^2 \hbar^2} \frac{1}{n^2} \sim \frac{1}{n^2} \tag{\textbf{2.1.30}}$$

Die Quantenzahl n entspricht dabei genau der Laufzahl, die Balmer für die Interpretation der optischen Spektren des Wasserstoffs (Abb. 2.1.11) eingeführt hat:

$$\tilde{\nu} = \frac{1}{\lambda} = \frac{E_n - E_{n'}}{hc} = R_H \left(\frac{1}{(n')^2} - \frac{1}{n^2} \right) \tag{2.1.31}$$

mit R_H als Rydbergkonstante. Für $n' = 2$ ergibt sich z.B. die Balmerserie. Die gleichen Ergebnisse der Gln. (2.1.30) und (2.1.31) ergeben sich auch aus quantenmechanischen Rechnungen (Abschn. 2.2.6).

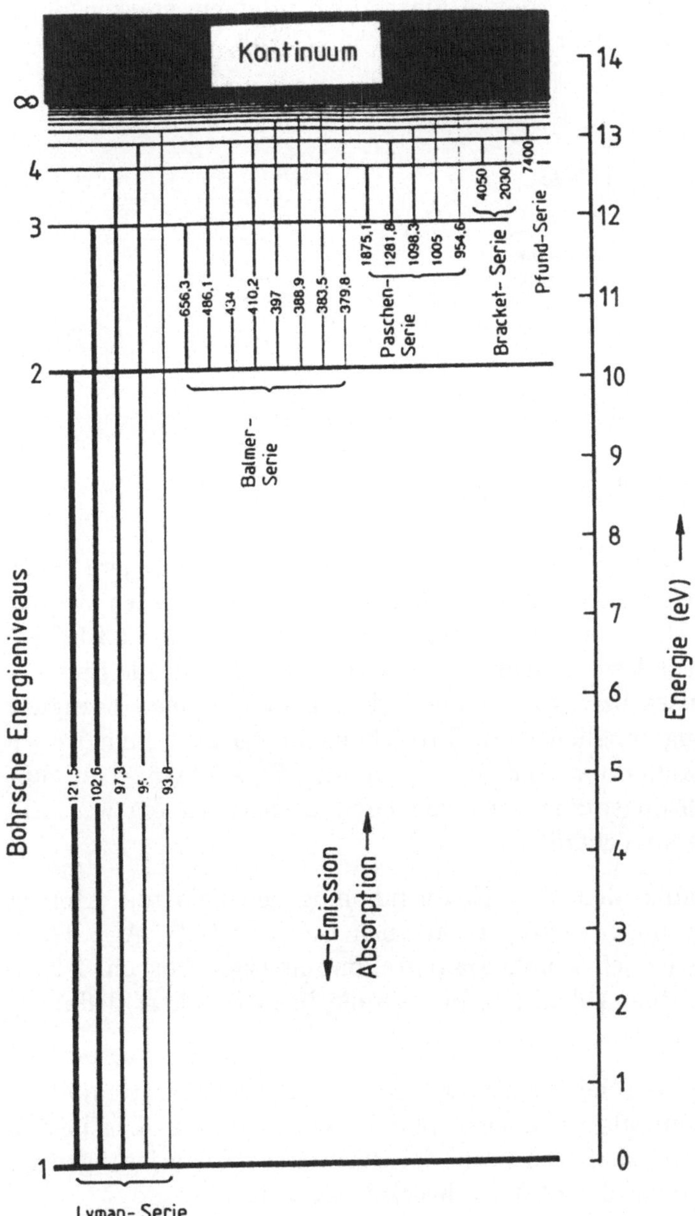

Abb. 2.1.11
Termschema für die Linien im Wasserstoff und die Serieneinteilung

2.1.2.2 Atome im magnetischen und elektrischen Feld

Beim Stern-Gerlach-Versuch werden Atomstrahlen in einem starken, inhomogenen Magnetfeld ausgerichtet und abgelenkt (s. Abb. 2.1.12).

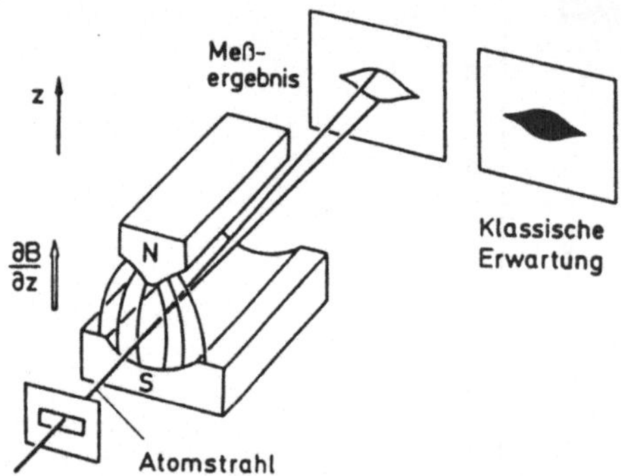

Abb. 2.1.12
Stern-Gerlach-Versuch (schematisch) [Hak 90]

Wir haben bereits im vorigen Abschn. 2.1.2.1 gesehen, daß nach dem Bohrschen Atommodell Elektronen auf festen Bahnen um den Atomkern kreisen. Dies entspricht klassisch einem Kreisstrom und bewirkt nach Gl. (2.3.12) ein magnetisches Moment. Klassisch würde man nun erwarten, daß alle Einstellwinkel des Drehimpulses bzw. des magnetischen Dipolmoments bezüglich der Magnetfeldrichtung möglich sind. Tatsächlich beobachtet man jedoch diskrete Linien, die andeuten, daß nur bestimmte Einstellwinkel erlaubt sind. Auch diese Richtungsquantelung von Drehimpulsen ist ein wesentlicher Inhalt der Quantenmechanik.

Stern und Gerlach haben den Versuch im inhomogenen Feld mit Atomen durchgeführt, die nur ungepaarte s-Elektronen besitzen (z.B. Ag). Diese s-Elektronen besitzen jedoch keinen Bahndrehimpuls (vgl. Abschn. 2.2.6). Dennoch konnten sie eine Ablenkung der Atome in zwei scharf definierte Ablenkrichtungen feststellen.

Dies führte dazu, daß man den Elektronen zusätzlich zum Bahndrehimpuls auch einen Eigendrehimpuls zusprechen mußte, den sog. Spin. Die beiden Ablenkrichtungen entsprechen den unterschiedlichen Spinorientierungen im Feld. Dies wird in Abschn. 2.3.2.2 ausführlich behandelt.

Die Richtungsquantelung kann man auch in homogenen Magnetfeldern nachweisen. Mißt man, wie im vorigen Abschn. 2.1.2.1 angedeutet, optische Spektren an Atomen ohne und anschließend mit Magnetfeld, so erwartet man klassisch keine zusätzlichen Übergänge, sondern höchstens eine Energieverschiebung sowie eine Verbreiterung der Linien, da die magnetischen Momente eine Wechselwirkungsenergie mit dem Magnetfeld besitzen (vgl. Tab. 5.2.3 in Anhang 5.2.2.10):

$$E = -\underline{\mu}\,\underline{B} \tag{2.1.32}$$

Eine Energieverschiebung erwartet man, wenn die magnetischen Momente von Elektronen mit verschiedenen Energieniveaus („Schalen") unterschiedlich mit dem Feld wechselwirken. Auch bei gleicher Wechselwirkung erwartet man aufgrund beliebiger Einstellrichtungen von $\underline{\mu}$ gegenüber $\underline{B}$ eine Verbreiterung der Linien im Magnetfeld, da Übergänge bei verschiedenen Anregungsenergien stattfinden können. Tatsächlich beobachtet man jedoch eine Aufspaltung der ursprünglichen Linien in mehrere diskrete neue Linien. Dies ist nur bei diskreten Energiewerten und damit Einstellwinkeln der magnetischen Momente im Magnetfeld erklärbar (Zeeman-Effekt).

Es exisitiert auch eine entsprechende Aufspaltung im elektrischen Feld, die auf den sog. Stark-Effekt zurückzuführen ist.

2.1.3 Eigenschaften von Elementarteilchen

Wir haben bereits in den letzten beiden Abschnitten gesehen, daß einige Eigenschaften von Elementarteilchen nicht klassisch erklärbar sind. Bevor wir uns nun in den nächsten Abschnitten mit der quantenmechanischen Behandlung befassen, wollen wir die wichtigsten Eigenschaften von Elementarteilchen (Photonen und Materieteilchen) in Tab. 2.1.2 zusammenfassen.

Die Phasengeschwindigkeit ist bei Materiewellen immer größer als die Lichtgeschwindigkeit. Da die beobachtbare Teilchengeschwindigkeit der Gruppengeschwindigkeit entspricht, ist dies kein Widerspruch zur Relativitätstheorie, nach der $v > c$ nicht auftreten kann.

In Tab. 2.1.3 sind die wichtigsten Eigenschaften einfacher Elementarteilchen zusammengefaßt, die zum Verständnis des Aufbaus der Materie wichtig sind. Die Comptonwellenlänge beschreibt dabei Wellenlängenverschiebungen von Röntgenstrahlen beim Stoß auf die jeweiligen Teilchen (vgl. Gl. (2.1.8)).

Tab. **2.1.2**
Vergleich zwischen Photonen und Materieteilchen

	Teilchen der Ruhemasse null (Photonen, Phononen, Neutrinos)	Materiewellen (Neutronen-, Elektronenwellen)
Ruhemasse m_0	$m_0 = 0$	$m_0 > 0$
Masse m	$m = \frac{h\nu}{c^2}$	$m = m_0 \left(1 - \frac{v^2}{c_2}\right)^{-\frac{1}{2}}$
Gruppen-geschwindigkeit $v_{gr} = \frac{d\omega}{dk}$	$v_{gr} = \frac{d\omega}{dk}$	$v_{gr} = v_{Teilchen} = \frac{d\omega}{dk}$
Phasen-geschwindigkeit $v_{ph} = \frac{\omega}{k}$	$v_{ph} = c = \frac{\omega}{k}$	$v_{ph} = \frac{\omega}{k} = \frac{E}{p} = \frac{mc^2}{mv_{Teilchen}}$ $= \frac{c^2}{v_{Teilchen}} \geq c$
Impuls	$\underline{p} = \hbar\underline{k} = m\underline{c} = \frac{h\nu}{c^2}\underline{c}$ $\lvert\underline{p}\rvert = p = \frac{h}{\lambda}$	$\underline{p} = \hbar\underline{k} = m\underline{v}$ $\lvert\underline{p}\rvert = p = \frac{h}{\lambda}$
Energie	$E = mc^2 = \hbar\omega$ $= h\nu = \frac{h}{\lambda} \cdot c = p \cdot c$ $E \sim p \sim k$	$E = mc^2$ $E = m_0c^2 + \frac{1}{2}m_0v^2$ $= m_0c^2 + \frac{p^2}{2m_0}$ für $v \ll c$ $E_{kin} \sim p^2 \sim k^2$
Wellenlänge	$\lambda = \frac{c}{\nu}$	$\lambda = \frac{h}{mv} = \frac{h}{p}$

Tab. 2.1.3
Ausgewählte Eigenschaften wichtiger Elementarteilchen

		Elektron	Proton	Neutron	Photon
Ruhemasse	(kg)	$0{,}9109534 \cdot 10^{-30}$	$1{,}6726485 \cdot 10^{-27}$	$1{,}6749543 \cdot 10^{-27}$	0
Ladung	(C)	$1{,}6021892 \cdot 10^{-19}$	$1{,}6021892 \cdot 10^{-19}$	0	0
magn. Moment	(Am^2)	$9{,}284832 \cdot 10^{-34}$	$1{,}4106171 \cdot 10^{-26}$	$0{,}966326 \cdot 10^{-26}$	0
Spin		$\frac{1}{2}\hbar$	$\frac{1}{2}\hbar$	$\frac{1}{2}\hbar$	$\hbar$
Compton-Wellenlänge	(m)	$2{,}4263089 \cdot 10^{-12}$	$1{,}3214099 \cdot 10^{-15}$	$1{,}3195909 \cdot 10^{-15}$	—

2.2 Einfache Lösungen der Schrödingergleichung

Der formale Zusammenhang zwischen klassischer Wellengleichung und Schrödingergleichung sowie Begriffe und Definitionen der Quantenmechanik finden sich in Anhang 5.3. Hier setzen wir diese Kenntnisse voraus und wenden sie auf einfache Probleme an, die insbesondere für die spektroskopische Bestimmung gequantelter Bewegungszustände von entscheidender Bedeutung sind.

2.2.1 Freies Teilchen

Die zeitunabhängige Schrödingergleichung (vgl. Gl. (5.3.15)) für ein freies Teilchen ($V(r) = 0$) im eindimensionalen Fall besitzt die Form:

$$\hat{H}\Psi = (\hat{T} + V)\Psi = (\frac{\hat{p}^2}{2m} + V)\Psi = -\frac{\hbar^2}{2m}\frac{\partial^2}{\partial x^2}\Psi = E\Psi \tag{2.2.1}$$

Die allgemeine Lösung lautet

$$\Psi(x) = A \sin kx + B \cos kx \tag{2.2.2a}$$

bzw.

$$\Psi(x) = A' e^{ikx} + B' e^{-ikx} \tag{2.2.2b}$$

mit

$$k = \frac{\sqrt{2mE}}{\hbar} \tag{2.2.3}$$

(vgl. Gl. (2.1.13)).

Für die Interpretation dieser Wellenfunktion soll der Impulsoperator $\hat{p}$ auf die beiden Teillösungen angewendet werden, die sich für $A = 0$ bzw. $B = 0$ ergeben (vgl. Tab. 5.3.1 im Anhang).

1.Teillösung: $B = 0$,

$$\begin{aligned} \Psi &= A \sin kx \\ \hat{p}\Psi &= -i\hbar\frac{d}{dx}A \sin kx = \hbar k A \sin kx = \hbar k \Psi = p\Psi \end{aligned} \tag{2.2.4}$$

Die Lösung beschreibt ein Teilchen, das sich mit dem Impuls $p = \hbar k$ in x-Richtung bewegt.

2. Teillösung: $A = 0$

$$\Psi = B \cos kx$$
$$\hat{p}\Psi = -i\hbar \frac{d}{dx} B \cos kx = -\hbar k \Psi = -p\Psi \tag{2.2.5}$$

Diese Lösung beschreibt ein Teilchen, das sich mit dem Impuls $p = -\hbar k$ in x-Richtung bewegt. Es sind hierbei alle beliebigen Werte für Impuls und Energie möglich, sie sind also *nicht gequantelt*.

Die Eigenlösungen der Schrödingergleichung für ein freies Teilchen sind gleichzeitig auch Eigenlösungen zum Impulsoperator. Das Teilchen besitzt folglich einen definierten Impuls, dafür ist seine Ortsunschärfe unendlich groß und die Wellenfunktion dadurch nicht normierbar. Ein solcher konstanter Teilchenstrom entspricht einer ebenen Welle (vgl. Abschn. 5.2.1.4).

2.2.2 Teilchen im Kasten

Während für den Impuls und die Energie eines freien Teilchens jeder beliebige Wert möglich ist, ergeben sich aus den Randbedingungen für die Wellenfunktion eines gebundenen Teilchens *Quantisierungsbedingungen* für die Energie. Ein Modell mit einfachen Lösungen für die Wellenfunktion stellt der Kasten mit unendlich hohen Wänden dar.

Eindimensionaler Kasten

Abb. 2.2.1 zeigt einen eindimensionalen Kasten.

Die Bereiche innerhalb und außerhalb des Kastens müssen zur Berechnung der erlaubten Energiezustände getrennt betrachtet werden:

a) außerhalb: Das Teilchen kann sich hier nicht aufhalten $\rightarrow \Psi = 0$

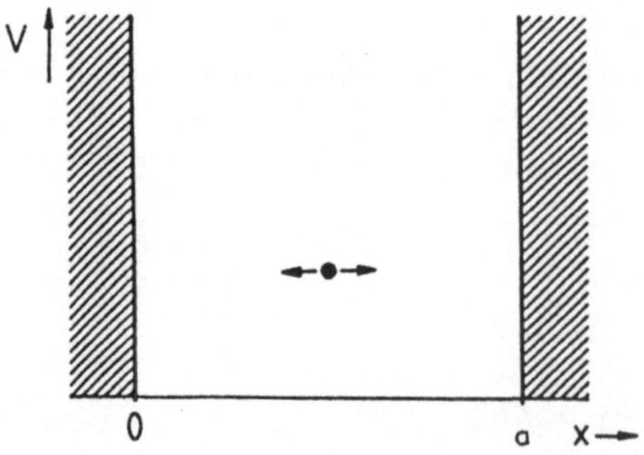

Abb. 2.2.1
Eindimensionaler Kasten: $V = \infty$ für $x < 0$ und $x > a$, $V = 0$ für $0 \leq x \leq a$

b) innerhalb: $V = 0$, das Teilchen kann (klassisch gesehen) eindimensionale Translationsbewegungen ausführen und besitzt nur die (klassische) kinetische Energie $\frac{1}{2}mv^2 = \frac{p^2}{2m}$.

Quantenmechanisch ersetzt man den klassischen Impuls p durch den Impulsoperator $\hat{p}$ und formuliert damit die Schrödingergleichung für dieses Problem:

$$\hat{H}\Psi = \frac{\hat{p}^2}{2m}\Psi = -\frac{\hbar^2}{2m}\frac{\partial^2\Psi}{\partial x^2} = E\Psi \qquad \textbf{(2.2.6)}$$

Als Lösungsansatz wählt man Gl. (2.2.2a) mit der Randbedingung $\Psi = 0$ bei $x = 0$ und bei $x = a$. Bei $x = 0$ ergibt sich

$$\Psi(0) = B = 0 \qquad \textbf{(2.2.7)}$$

und damit als Lösung von Gl. (2.2.6)

$$\Psi(x) = A \sin kx \; . \qquad \textbf{(2.2.8)}$$

Zur Berechnung erlaubter Werte von k betrachten wir die Randbedingung $x = a$ mit

$$\Psi(a) = A \sin ka = 0 \; . \qquad \textbf{(2.2.9)}$$

Für $A = 0$ wäre $\Psi(x)$ überall null, das Teilchen würde sich also nirgendwo befinden, was physikalisch nicht sinnvoll ist. Also muß $ka = n\pi$ sein. Damit gilt

$$\Psi(x) = A \sin \frac{n\pi x}{a} \qquad \textbf{(2.2.10)}$$

mit $n = 1, 2, \ldots$. Der Wert $n = 0$ ist nicht möglich, da sonst $k = 0$ und damit $\Psi = 0$ folgen würde.
Mit Gl. (2.2.3) gilt:

$$E_{\text{trans}} = \frac{\hbar^2 k^2}{2m} = \frac{n^2\pi^2\hbar^2}{2ma^2} = \frac{n^2h^2}{8ma^2} \quad , \quad n = 1, 2, \ldots \qquad \textbf{(2.2.11)}$$

Wegen $n \neq 0$ besitzt ein Teilchen im eindimensionalen Kasten eine Energie, die auch am absoluten Nullpunkt der Temperatur erhalten bleibt, die sogenannte Nullpunktsenergie. Die Normierungskonstante A erhalten wir aus der Normierung (vgl. Abschn. 5.3.2)

$$1 = \int_{-\infty}^{\infty} \Psi^* \Psi dx = A^2 \int_0^a \sin^2 kx dx = A^2 \frac{a}{2} . \tag{2.2.12}$$

Daraus folgt

$$A = \left(\frac{2}{a}\right)^{\frac{1}{2}} \tag{2.2.13}$$

und

$$\Psi_{\text{trans}}(x) = \left(\frac{2}{a}\right)^{\frac{1}{2}} \sin\left(\frac{n\pi x}{a}\right) = \sqrt{\frac{2}{a}} \sin(kx) . \tag{\textbf{2.2.14}}$$

Die Lösungen sind in Abb. 2.2.2 dargestellt.

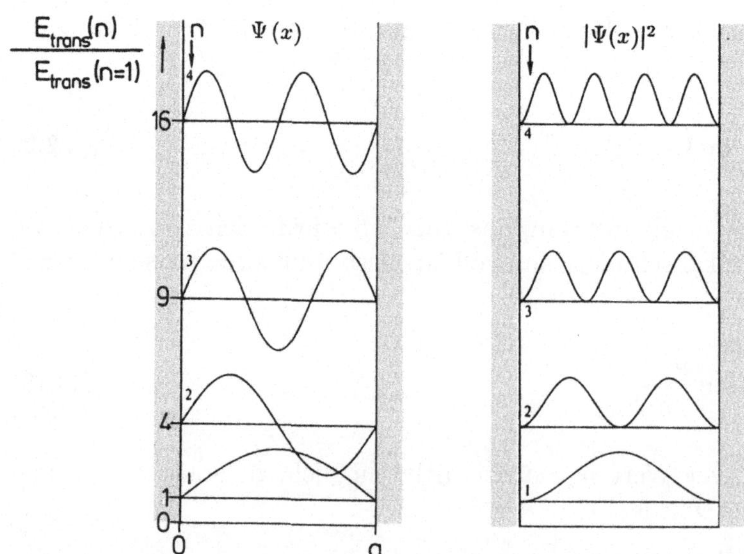

Abb. 2.2.2
Wellenfunktionen Ψ und Aufenthaltswahrscheinlichkeiten Ψ^2 eines Teilchens im Kasten mit unendlich hohen Wänden für verschiedene Quantenzahlen n

Man erkennt, daß $\Psi(x)$ auch innerhalb des Kastens den Wert null besitzen kann. Solche Stellen nennt man Knoten. Vernachlässigt man die Knoten am Kastenanfang und -ende, so ergeben sich $n-1$ Knoten der Wellenfunktion. Man sieht, daß die Energie mit steigender Knotenzahl zunimmt („Knotensatz").

Dreidimensionaler Kasten mit unendlich hohen Wänden

$$V(x,y,z)=\begin{cases}0 & \text{für } 0<x\le a,\ 0\le y\le b,\ 0<z\le c\\ \infty & \text{sonst}\end{cases}$$

Wie beim eindimensionalen Kasten verschwindet die Lösung von Ψ außerhalb des Topfs. Innerhalb gilt die dreidimensionale Schrödingergleichung für Teilchen, die nur kinetische Energie besitzen:

$$-\frac{\hbar^2}{2m}\left(\frac{\partial^2\Psi}{\partial x^2}+\frac{\partial^2\Psi}{\partial y^2}+\frac{\partial^2\Psi}{\partial z^2}\right)=E\Psi \tag{2.2.15}$$

Mit Hilfe des Produktansatzes $\Psi(\underline{r})=X(x)Y(y)Z(z)$ ist eine Separation der Variablen für diese partielle Differentialgleichung möglich (vgl. Abschn. 5.3.2).

Lösung:

$$\begin{aligned}\Psi(\underline{r})&=\sqrt{\frac{8}{a\cdot b\cdot c}}\sin\left(\frac{n_x\pi x}{a}\right)\sin\left(\frac{n_y\pi y}{b}\right)\sin\left(\frac{n_z\pi z}{c}\right)\\&=\sqrt{\frac{8}{a\cdot b\cdot c}}\sin(k_x\cdot x)\sin(k_y\cdot y)\sin(k_z\cdot z)\\&=X_{n_x}Y_{n_y}Z_{n_z}\end{aligned} \tag{2.2.16}$$

Die Lösungen besitzen die drei Quantenzahlen n_x, n_y, n_z als Parameter. Für die Energieeigenwerte folgt:

$$E_{\text{trans}}=\frac{h^2}{8m}\left(\frac{n_x^2}{a^2}+\frac{n_y^2}{b^2}+\frac{n_z^2}{c^2}\right)=\frac{\hbar^2}{2m}(k_x^2+k_y^2+k_z^2) \tag{2.2.17}$$

Läßt sich die Größe $k^2=k_x^2+k_y^2+k_z^2$ durch mehrere verschiedene Kombinationen von n_x, n_y, n_z verwirklichen, so liegt *Entartung* vor.

Die Anzahl möglicher Kombinationen n_x, n_y, n_z zur Darstellung eines Energiewerts $E=\frac{\hbar^2}{2m}k^2$ nennt man den *Entartungsgrad* g_n und ist damit die *Zahl der erlaubten Translationszustände* für Teilchen im Volumen V im Intervall E bis $E+dE$. Diesen Entartungsgrad muß man von der sog. *Zustandsdichte*

$D(E)$ unterscheiden, die die Anzahl von Energieniveaus pro Energieintervall dE beschreibt:

$$D(E) = \frac{dN(E)}{dE} \tag{2.2.18}$$

Für $D(E)$ gilt mit $V = a^3$ für $a = b = c$ in Gl. (2.2.17) (vgl. [Göp xx]):

$$D(E) = 4\sqrt{2}\,\pi \frac{V}{h^3} E^{\frac{1}{2}} m^{\frac{3}{2}} \sim E^{\frac{1}{2}} \tag{2.2.19}$$

Für den eindimensionalen Fall ergibt sich entsprechend

$$D(E) = 2\sqrt{2}\frac{a}{h} E^{-\frac{1}{2}} m^{\frac{1}{2}} \sim E^{-\frac{1}{2}} \tag{2.2.20}$$

und für den zweidimensionalen Fall (mit $a = b$ in Gl. (2.2.17))

$$D(E) = 8\frac{a^2}{h^2} m \neq f(E)\,. \tag{2.2.21}$$

Diese Zusammenhänge sind in Abb. 2.2.3 dargestellt.

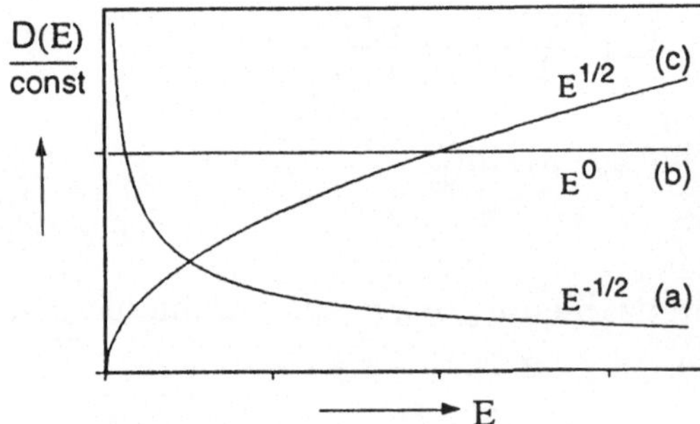

Abb. **2.2.3**
Ein- (a), zwei- (b) und dreidimensionale (c) Zustandsdichte $D(E)$ in Abhängigkeit von der Energie

2.2.3 Endliche Potentialbarrieren: Tunneleffekt

Im folgenden wollen wir den Fall besprechen, daß ein Teilchen auf eine endliche Potentialbarriere trifft (Abb. 2.2.4). Vor und nach der Barriere soll das Potential $V = 0$ herrschen. Das Teilchen ist dort frei. Die Potentialbarriere ist V_0.

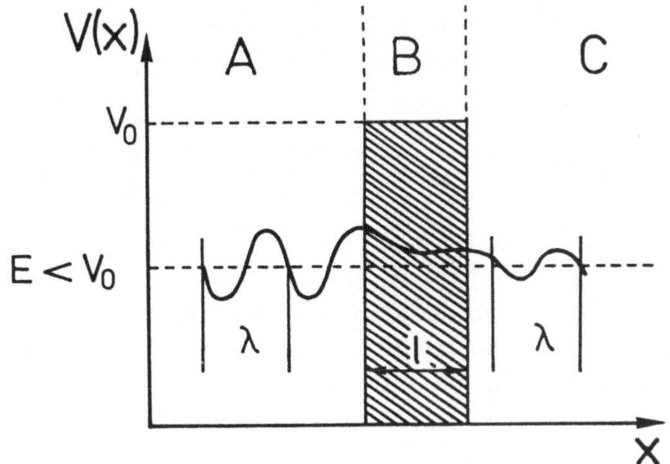

Abb. 2.2.4
Endliche Potentialbarriere: A: $V(x) = 0$, B: $V(x) = V_0$, C: $V(x) = 0$

Die Schrödingergleichung für ein Teilchen besitzt die folgenden Teillösungen in den Bereichen A, B und C aus Abb. 2.2.4:

$$\text{A:} \quad \Psi_A = Ae^{ikx} + Be^{-ikx} \quad , \quad k = \sqrt{\frac{2mE}{\hbar^2}} \tag{2.2.22}$$

$$\text{B:} \quad \Psi_B = A'e^{ik'x} + B'e^{-ik'x} \quad , \quad k' = \sqrt{\frac{2m(E - V_0)}{\hbar^2}} \tag{2.2.23}$$

$$\text{C:} \quad \Psi_C = A''e^{ikx} + B''e^{-ikx} \quad , \quad k = \sqrt{\frac{2mE}{\hbar^2}} \tag{2.2.24}$$

Gl. (2.2.22) und (2.2.24) sind die Lösungen für ein freies Teilchen (vgl. Gl. (2.2.2)).

Betrachten wir nun den Fall, daß im Beispiel von Abb. 2.2.4 ein Teilchen mit der Energie $E < V_0$ von links gegen die Barriere fliegt. An den Lösungen für den Bereich A wird sich dadurch nichts ändern, das Teilchen kann sowohl gegen die Barriere als auch (nach Reflexion) von ihr weg nach links fliegen. Im Bereich C wird das Teilchen nur von links nach rechts fliegen, da es nirgends reflektiert werden kann, B'' ist also null. Man erkennt aus Abb. 2.2.4, daß die Energie des Teilchens (ausgedrückt über seine Wellenlänge) konstant bleibt, daß aber die Amplitude geschwächt wird. (Ein (klassisches) Analogon sind Schallwellen, die durch eine Wand dringen — man hört die gleiche Stimmlage, aber sehr viel leiser.) Der interessante Bereich ist die Barriere selbst, da klassisch gesehen ein Teilchen diese Barriere nicht überwinden kann. k' ist deshalb eine imaginäre Größe. Mit $k' = ik''$ erhalten wir deshalb

$$\Psi_B = A'e^{-k''x} + B'e^{k''x} \quad ; \quad k'' = \sqrt{\frac{2m(V_0 - E)}{\hbar^2}} \,. \tag{2.2.25}$$

Ψ_B enthält damit Anteile einer anwachsenden und einer abfallenden Exponentialfunktion. Nimmt man an, daß die Barriere unendlich breit ist, dann muß der Term mit der anwachsenden Exponentialfunktion null sein, da sonst die Aufenthaltswahrscheinlichkeit unendlich groß würde. Die Lösung für den Bereich B lautet deshalb

$$\Psi_B = A'e^{-k''x} \,. \tag{2.2.26}$$

Es herrscht also eine endliche Wahrscheinlichkeit dafür, daß das Teilchen die Potentialbarriere „durchtunneln" kann. Bei einer endlichen Breite des Walls müssen die Wellenfunktionen an den Wallgrenzen stetig ineinander übergehen, so daß sich zusätzliche Randbedingungen ergeben. Wir interessieren uns aber im Prinzip nur dafür, wieviele von den gegen den Wall fliegenden Teilchen durch ihn durchtreten können. Der sogenannte Transmissionskoeffizient κ ist für $x = l$ definiert über

$$\kappa = \left|\frac{A''}{A}\right|^2 = \frac{1}{1 + \frac{(e^{k''l} - e^{-k''l})^2}{4(E/V_0)(1-(E/V_0))}} = \frac{1}{1+G} \,. \tag{2.2.27}$$

Für eine hohe, breite Barriere und damit $k''l \ll 1$ ist $e^{k''l}$ wesentlich größer als $e^{-k''l}$ und $\kappa \approx \frac{1}{G}$:

$$\kappa \sim e^{-2l\sqrt{2m(V_0-E)}} \tag{2.2.28}$$

In Abb. 2.2.5 erkennt man die folgenden Unterschiede zwischen einem klassischen und einem quantenmechanischen Teilchen:

Fall 1: $E < V_0$

Klassisch würde das Teilchen mit der Wahrscheinlichkeit 1 reflektiert, quantenmechanisch kann es mit endlicher Wahrscheinlichkeit den Potentialwall *durchtunneln*.

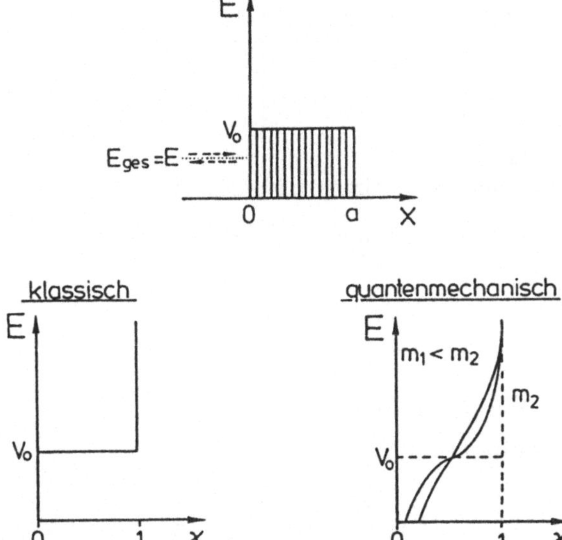

Abb. **2.2.5**
Klassischer und quantenmechanischer Transmissionskoeffizient κ in Abhängigkeit von der Energie E des Teilchens

Fall 2: $E > V_0$

Klassisch würde man erwarten, daß das Teilchen durch den Potentialwall nicht gestört wird und mit $\kappa = 1$ in positiver Richtung weiterläuft. Quantenmechanisch treten jedoch Resonanzeffekte auf, die zu einer Modulation von κ führen. (Passen ganzzahlige Vielfache der halben Wellenlänge $\lambda/2$ des Teilchens in den Potentialwall, so treten gerade Maxima von κ auf.)

Praktische Bedeutung hat der Tunneleffekt u.a. im Tunnelmikroskop (s. Abschn. 3.3.2.2). Dort wird allerdings kein einfaches Rechteckpotential zwischen zwei Festkörpern durchtunnelt, sondern ein modifiziertes Potential, das näherungsweise als Trapezpotential beschrieben werden kann.

2.2.4 Zweiatomiger harmonischer Oszillator

Zwei Massen m_1 und m_2 (entspricht beispielsweise einem zweiatomigen Molekül) sind durch eine Feder mit der Federkonstanten k gekoppelt. Die Anteile der potentiellen und kinetischen Schwingungsenergie der beiden Massen um den gemeinsamen Schwerpunkt (der fest bleibt) können exakt als Schwingung eines einzigen Teilchens mit der reduzierten Masse $\mu = \frac{m_1 \cdot m_2}{m_1 + m_2}$ mit der gleichen Kraftkonstanten k beschrieben werden (Abb. 2.2.6).

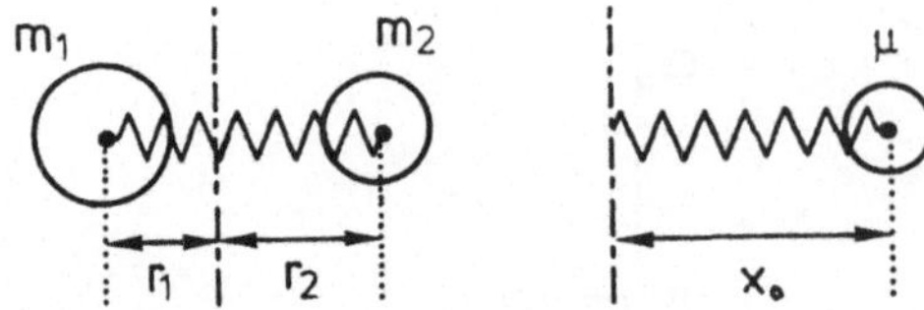

Abb. **2.2.6**
Einführung der reduzierten Masse μ am Beispiel eines zweiatomigen Moleküls, $x_0 = r_1 + r_2$

Die klassische kinetische Energie ist dann

$$E_{\text{kin}} = T = \frac{p^2}{2\mu} . \qquad \textbf{(2.2.29)}$$

Für die potentielle Energie V gilt mit der Frequenz $\omega = \sqrt{\frac{k}{\mu}}$ (vgl. Gl. 5.2.28 in Anhang 5.2.1.3)

$$V(x) = \frac{1}{2}kx^2 = \frac{1}{2}\mu\omega^2 x^2 \quad , \qquad \textbf{(2.2.30)}$$

wenn der Gleichgewichtsabstand $x_0 = 0$ gesetzt wird.

Damit gilt für die Schrödingergleichung (5.3.15), in die nun die kinetische und potentielle Energie eingehen,

$$\left[-\frac{\hbar^2}{2\mu}\frac{d^2}{dx^2} + \frac{\mu}{2}\omega^2 x^2\right]\Psi(x) = E\Psi(x) . \qquad (2.2.31)$$

Lösungen sind (vgl. z.B. [Atk 90]):

$$\Psi_{\text{vib}}(y) = N_{\text{vib}} \cdot e^{-\frac{1}{2}y^2} H_{\text{vib}}(y) \qquad (2.2.32)$$

Dabei ist

$$y = \sqrt{\alpha}x = \sqrt{\frac{\mu\omega}{\hbar}}x \qquad (2.2.33)$$

und die Normierungskonstante N_{vib}

$$N_{\text{vib}} = \sqrt{\sqrt{\frac{\alpha}{\pi}}\frac{1}{2^v v!}} . \qquad (2.2.34)$$

$H_{\text{vib}}(y)$ sind sog. hermitesche Polynome. Als Beispiele sind in Tab. 2.2.1 die hermiteschen Polynome für die ersten fünf Eigenlösungen des harmonischen Oszillators angegeben.

Tab. 2.2.1
Hermitesche Polynome

v	$H_{\text{vib}}(y) = H_{\text{vib}}(\sqrt{\alpha}x)$
0	1
1	$2y$
2	$4y^2 - 2$
3	$8y^3 - 12y$
4	$16y^4 - 48y^2 + 12$

Als Energieeigenwerte ergeben sich (vgl. Abb. 2.2.7):

$$E_{\text{vib}} = h\nu\left(v + \frac{1}{2}\right) \quad \textbf{(2.2.35)}$$

v ist die Quantenzahl der Schwingung mit $v = 0, 1, 2, \ldots$.
Es liegt keine Entartung vor:

$$g_{\text{vib}} = 1 \quad \textbf{(2.2.36)}$$

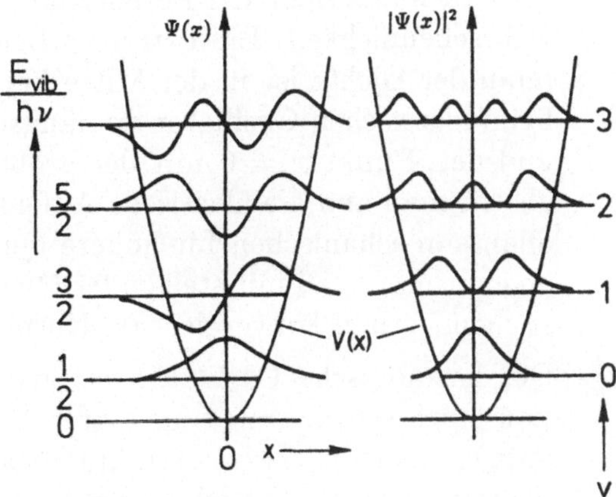

Abb. **2.2.7**
Wellenfunktionen Ψ und Aufenthaltswahrscheinlichkeiten Ψ^2 für den harmonischen Oszillator

Anmerkungen:

1) Vergleicht man Abb. 2.2.2 und Abb. 2.2.7, so zeigt sich anschaulich der Einfluß des Potentials auf die Verteilung der möglichen Energiezustände:
Kastenpotential: $E \sim n^2$
Die Abstände zwischen den Energieniveaus werden mit steigender Quantenzahl immer größer.
Parabelpotential: $E \sim v$
Die Niveaus sind äquidistant.

2) $E_0 = \frac{1}{2}h\nu$, E_0 ist die Nullpunktsenergie. Eine Energie $E = 0$ würde bedeuten, daß sich das Teilchen exakt im Minimum der Potentialkurve befindet ($x = 0$) und keinerlei kinetische Energie besitzt (Impuls = 0). Damit liegen Orts- und Impulskoordinaten exakt fest — im Widerspruch zur Unschärferelation. Die Nullpunktsenergie ist damit Folge der Heisenbergschen Unschärferelation (vgl. Abschn. 2.1.1.5).

3) $|\Psi(x)|^2$ in Abb. 2.2.7 gibt die Aufenthaltswahrscheinlichkeit des Teilchens im Potential $V(x)$ wieder. Im Gegensatz zum klassischen Oszillator, bei dem die Aufenthaltenswahrscheinlichkeit an der Potentialkurve auf null zurückgeht, besitzt das quantenmechanische Teilchen außerhalb der Potentialkurve eine zwar rasch abnehmende, aber doch endliche Aufenthaltswahrscheinlichkeit, wobei es außerhalb den klassischen Energieerhaltungssatz verletzt (s. Tunneleffekt, Abschn. 2.2.3).

4) Die Dichtefunktion $|\Psi(x)|^2$ unterscheidet sich nicht nur außerhalb, sondern auch innerhalb der Potentialkurve von der klassischen Aufenthaltswahrscheinlichkeit. Ein extremes Beispiel ist $|\Psi|^2$ für $v = 0$. Das Maximum der Dichte ist in der Mitte bei $x = 0$, während sich das Teilchen beim klassischen Oszillator am längsten in den Umkehrpunkten aufhält und den Punkt $x = 0$ mit der größten Geschwindigkeit passiert. Vergleicht man nun die klassische Aufenthaltswahrscheinlichkeiten mit den quantenmechanischen für höhere Quantenzahlen v (s. Abb. 2.2.13), so erkennt man, daß mit steigender Quantenzahl v $|\Psi(x)|^2$ gegen den klassischen Verlauf konvergiert (s. Korrespondenzprinzip, Abschn. 2.2.7).

5) Der harmonische Oszillator ist eine Näherung, die z.B. die Dissoziation stark schwingungsangeregter Moleküle nicht erklären kann. Dazu müssen in einem erweiterten Modell auch anharmonische Terme berücksichtigt werden (Abflachen der Potentialkurve; endliche Dissoziationsenergie). Dies ist in Abschn. 3.5.2.1.2 beschrieben.

2.2.5 Zweiatomiger starrer Rotator

Zwei Massepunkte m_A und m_B im festen Abstand r voneinander dienen als Modell zur Beschreibung der Rotationsbewegung eines starren zweiatomigen Moleküls.

Der Schwerpunkt des Rotators soll im Nullpunkt des Koordinatensystems liegen. Das Trägheitsmoment I bezüglich einer Achse durch den Schwerpunkt, die senkrecht zu r steht, ergibt sich zu (vgl. Gl. (5.2.22) in Anhang 5.2.1.2)

$$I = \sum m_i r_i^2 = m_A r_A^2 + m_B r_B^2 = \frac{m_A \cdot m_B}{m_A + m_B} r^2 = \mu r^2 \qquad \textbf{(2.2.37)}$$

mit μ als reduzierter Masse des Systems (vgl. Abb. 2.2.6).

Für die Behandlung dieses Problems ist es günstiger, Kugelkoordinaten zu verwenden. Für $V(r) = 0$ ergibt sich der Hamiltonoperator mit Gl. (5.3.12b) zu

$$\hat{H} = \frac{\hat{p}^2}{2\mu} = -\frac{\hbar^2}{2\mu}\nabla^2 = -\frac{\hbar^2}{2\mu}\Delta = -\frac{\hbar^2}{2\mu}\left[\frac{1}{r^2}\frac{\partial}{\partial r}\left(r^2\frac{\partial}{\partial r}\right)\right.$$
$$\left. + \frac{1}{r^2 \sin\vartheta}\frac{\partial}{\partial\vartheta}\left(\sin\vartheta\frac{\partial}{\partial\vartheta}\right) + \frac{1}{r^2\sin^2\vartheta}\frac{\partial^2}{\partial\varphi^2}\right]. \qquad (2.2.38)$$

Als Lösungsansatz separiert man die Variablen (vgl. Anhang 5.3.2):

$$\Psi(\vartheta, \varphi) = \Theta(\vartheta)\,\Phi(\varphi) = Y_{J,m}(\vartheta, \varphi) \qquad \textbf{(2.2.39)}$$

Als Lösungen erhält man (s. z.B. [Atk 90]):

$$\Phi = A e^{im\varphi} \qquad (2.2.40)$$
$$\Theta = P_{J,m}(\cos\vartheta) \qquad (2.2.41)$$

$P_{J,m}$ sind die Legendre-Polynome ($m_J = 0$) bzw. die assoziierten Legendre Polynome ($m \neq 0$).
Die Gesamtlösungen heißen Kugelflächenfunktionen $Y_{J,m}(\vartheta, \varphi)$ und werden durch die beiden Quantenzahlen J und m_J charakterisiert (für mehratomige Moleküle durch die beiden Quantenzahlen l und m_l). Für sie gelten die folgenden Einschränkungen:
$J = 0, 1, 2, \ldots$; $|m_J| \leq J \rightarrow m_J : -J, -J+1, \ldots, J$, d.h. m_J hat $(2J+1)$ Werte. Sie sind in Tab. 2.2.2 und Abb. 2.2.8 dargestellt.

Tab. 2.2.2
Kugelflächenfunktionen $Y_{J,m}$

	J	m_J	$Y_{J,m}$
s-Funktionen	0	0	$\frac{1}{\sqrt{4\pi}}$
p-Funktionen	1	0	$\sqrt{\frac{3}{4\pi}}\cos\vartheta$
	1	± 1	$\sqrt{\frac{3}{8\pi}}\sin\vartheta e^{\pm i\varphi}$
	2	0	$\sqrt{\frac{5}{16\pi}}(3\cos^2\vartheta - 1)$
d-Funktionen	2	± 1	$\sqrt{\frac{15}{8\pi}}\cos\vartheta\sin\vartheta e^{\pm i\varphi}$
	2	± 2	$\sqrt{\frac{15}{32\pi}}\sin^2\vartheta e^{\pm 2i\varphi}$

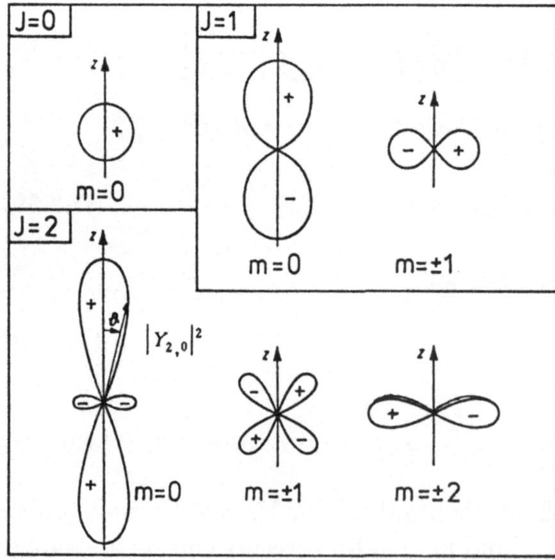

Abb. **2.2.8**
Veranschaulichung von Vorzeichen und Quadraten $|Y_{J,m}|^2$ der Kugelflächenfunktionen. Die Länge des Radiusvektors im Winkel ϑ zur z-Achse gibt die Wahrscheinlichkeit an, daß die Achse des Rotators in die entsprechende Richtung zeigt.

Als Energieeigenwerte ergeben sich

$$E_{\text{rot}} = \frac{\hbar^2}{2\mu r^2} J(J+1) = \frac{\hbar^2}{2I} J(J+1) = hcBJ(J+1) \qquad \textbf{(2.2.42)}$$

mit $I = \mu r^2$ als Trägheitsmoment, $B = \frac{h}{8\pi^2 cI}$ als Rotationskonstante.

Zu jedem Wert von E_{rot} gibt es $2J+1$ Eigenfunktionen, die sich alle in m_J unterscheiden. Der Entartungsgrad ist deshalb

$$g_J = 2J + 1 \; . \qquad \textbf{(2.2.43)}$$

Anmerkungen:

1) Es gibt keine Nullpunktsenergie.
2) Klassisch ist der Drehimpuls über $\underline{l} = \underline{r} \times \underline{p}$ definiert (vgl. Gl. (5.2.23)). Der Drehimpulsoperator ist entsprechend $\hat{l} = \frac{\hbar}{i}(\underline{r} \times \underline{\nabla})$. Wendet man den quadrierten Drehimpulsoperator auf die Kugelflächenfunktionen an, so stellt man fest, daß die Kugelflächenfunktionen nicht nur Eigenfunktionen zu $\hat{H}$, sondern auch zu $\hat{l}^2$ sind, d.h. sie lösen die Schrödingergleichung für den Drehimpuls:

$$\hat{l}^2\Psi = \hat{l}^2 Y_{J,m}(\vartheta, \varphi) = \hbar^2 J(J+1) Y_{J,m}(\vartheta, \varphi) \qquad (2.2.44)$$

$$|\underline{l}| = \hbar\sqrt{J(J+1)} \qquad \textbf{(2.2.45)}$$

Der Betrag $|\underline{l}|$ des Drehimpulses ist ebenso wie E quantisiert.

2.2.6 Wasserstoffatome und verwandte Ionen

Die in den vorigen Abschnitten behandelten einfachen Lösungen der Schrödingergleichung beschreiben die verschiedenen Bewegungsformen von Atomen, Molekülen oder Ionen als Teilchen mit einer bestimmten Translations-, Rotations- oder Schwingungsenergie ohne Berücksichtigung der möglichen Energiezustände ihrer Elektronen. Der einfachste Fall für die Berechnung von Elektronenzuständen soll nun vorgestellt werden. Dazu berechnen wir die Energiezustände eines einzelnen Elektrons im Potential eines Kerns mit der Ladung $z \cdot e$, d.h. von H, He^+, Li^{2+}.... Die Translationsbewegung des ganzen Atoms oder Ions wird weiterhin durch die in Abschn. 2.2.2 besprochenen Gleichungen beschrieben. Dort brauchten keine speziellen Annahmen für die Struktur des Teilchens gemacht zu werden. Als Koordinatenursprung wählen wir den Kern und separieren damit Translations- von inneren Bewegungen (Born-Oppenheimer-Näherung, vgl. Abschn. 2.4.1.1). Für das Potential des Elektrons im Kernfeld gilt das Coulombgesetz (vgl. Gl. (5.2.43)):

$$V = -\frac{ze^2}{4\pi\varepsilon_0 r} \qquad \textbf{(2.2.46)}$$

Zur Berücksichtigung der (geringen) Kernmitbewegung wird anstelle der Elektronenmasse die reduzierte Masse μ eingeführt, wie dies zur Berechnung von Rotationsenergien in Abschn. 2.2.5 für zwei beliebige Massen erfolgte (vgl. Gl. (2.2.38)). Der Hamiltonoperator für das Elektron im Kernfeld besitzt damit die Form

$$\begin{aligned} \hat{H} &= \hat{T} + V = \frac{\hat{p}^2}{2\mu} - \frac{ze^2}{4\pi\varepsilon_0 r} \\ &= -\frac{\hbar^2}{2\mu}\nabla^2 - \frac{ze^2}{4\pi\varepsilon_0 r} \qquad \text{(2.2.47a)} \\ \hat{H} &= -\frac{\hbar^2}{2\mu}\frac{1}{r^2}\left[\frac{\partial}{\partial r}\left(r^2\frac{\partial}{\partial r}\right) + \frac{1}{\sin\vartheta}\frac{\partial}{\partial\vartheta}\left(\sin\vartheta\frac{\partial}{\partial\vartheta}\right) \right. \\ &\quad \left. + \frac{1}{\sin^2\vartheta}\frac{\partial^2}{\partial\varphi^2}\right] - \frac{ze^2}{4\pi\varepsilon_0 r} \\ &= -\frac{\hbar^2}{2\mu r^2}\left[\frac{\partial}{\partial r}\left(r^2\frac{\partial}{\partial r}\right) + \hat{\Lambda}\right] - \frac{ze^2}{4\pi\varepsilon_0 r} \qquad \textit{(2.2.47a)} \end{aligned}$$

mit der reduzierten Masse $\mu = \frac{m_e m_n}{m_e + m_n}$, m_e als Elektronenmasse und m_n als Masse des Kerns. $\hat{\Lambda}$ erfaßt den winkelabhängigen Teil.

Die Lösung der zeitunabhängigen Schrödingergleichung $\hat{H}\Psi = E\Psi$ kann wiederum mit Hilfe eines Produktansatzes erfolgen:

$$\Psi(r, \vartheta, \varphi) = R(r)\Theta(\vartheta)\Phi(\varphi) \qquad \textbf{(2.2.48)}$$

Ψ wird auch *Orbital* genannt.

Der winkelabhängige Teil $\Theta(\vartheta)\Phi(\varphi)$ ist vom starren Rotator her schon bekannt. Er ist bei kugelsymmmetrischen Problemen unabhängig von der Form des Potentials (keine r-Abhängigkeit) und kann deshalb vorab bestimmt werden.

Die Lösungen für den Radialanteil der Schrödingergleichung mit Coulombpotential lassen sich mit Hilfe der Laguerreschen Polynome L_{n+l}^{2l+1} folgendermaßen angeben (vgl. [Atk 90]):

$$R_{n,l}(r) = -\frac{2z}{na}\frac{(n-l-1)!}{2n[(n+l)!]^3}\varrho^l L_{n+l}^{2l+1}(\varrho)e^{-\frac{\varrho}{2}} \qquad (2.2.49)$$

Dabei ist $\varrho = \left(\frac{2z}{na}\right) r$ und $a_0 = \frac{4\pi\varepsilon_0\hbar^2}{\mu e^2}$ der Bohrsche Radius a_0 für $\mu = m_0$. Damit ergeben sich die Werte der Tab. 2.2.3.

Tab. 2.2.3
Laguerrsche Polynome $R_{n,l}$

n	l	$R_{n,l}(\varrho)$
1	0(1s)	$(Z/a)^{\frac{3}{2}}2e^{-\varrho/2}$
2	0(2s)	$(Z/a)^{\frac{3}{2}}(1/2\sqrt{2})(2-\varrho)e^{-\varrho/2}$
	1(2p)	$(Z/a)^{\frac{3}{2}}(1/2\sqrt{6})\varrho e^{-\varrho/2}$
3	0(3s)	$(Z/a)^{\frac{3}{2}}(1/9\sqrt{3})(6-6\varrho+\varrho^2)e^{-\varrho/2}$
	1(3p)	$(Z/a)^{\frac{3}{2}}(1/9\sqrt{6})(4-\varrho)e^{-\varrho/2}$
	2(3d)	$(Z/a)^{\frac{3}{2}}(1/9\sqrt{30})\varrho^2 e^{-\varrho/2}$

Als Energieeigenwerte ergeben sich (s. Abb. 2.2.9):

$$E_n = -\frac{\mu e^4 z^2}{32\pi^2\varepsilon_0^2\hbar^2}\frac{1}{n^2} \sim \frac{1}{n^2} \qquad \mathbf{(2.2.50)}$$

$n = 1,2,3$ heißt Hauptquantenzahl, l mit $0 \leq l \leq n-1$ Drehimpulsquantenzahl, m mit $-l \leq m \leq l$ magnetische Quantenzahl. (Wir haben hier nun l statt J als Drehimpulsquantenzahl gewählt, da es sich bei allgemeinen Atomen (vgl. Abschn. 2.3) nicht mehr um Zweikörperprobleme handelt.)

Gl. (2.2.50) zeigt, daß die Energiewerte nur von n abhängen, d.h. es liegt Entartung bezüglich l und m_l vor.

Anmerkungen:

1) Die l-Entartung ist eine spezifische Eigenart des Coulombpotentials und wird durch die spezielle r-Abhängigkeit ($\sim \frac{1}{r}$) verursacht. Wird diese r-Abhängigkeit modifiziert, so führt dies zu einer Aufhebung der

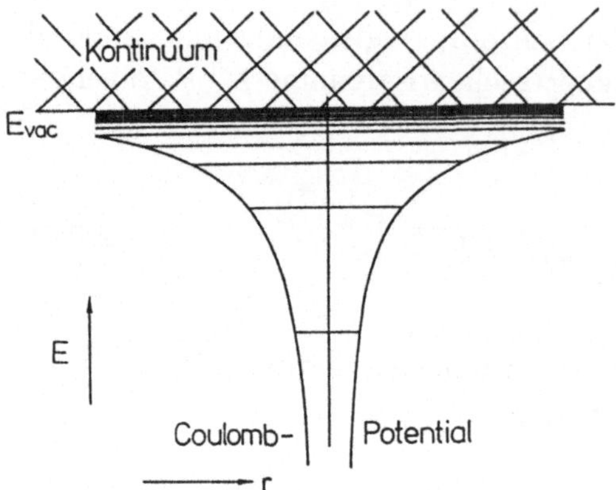

Abb. **2.2.9**
Energieeigenwerte des Wasserstoffatoms

l-Entartung. (Diese Modifikation der $\frac{1}{r}$-Abhängigkeit ergibt sich bei einer relativistischen Behandlung des Problems sowie bei der Einführung eines effektiven Potentials für Mehrelektronensysteme.)

2) Die Quantenzahl m_l heißt magnetische Quantenzahl. Sie ist verbunden mit der Komponente des Drehimpulses entlang einer Vorzugsrichtung

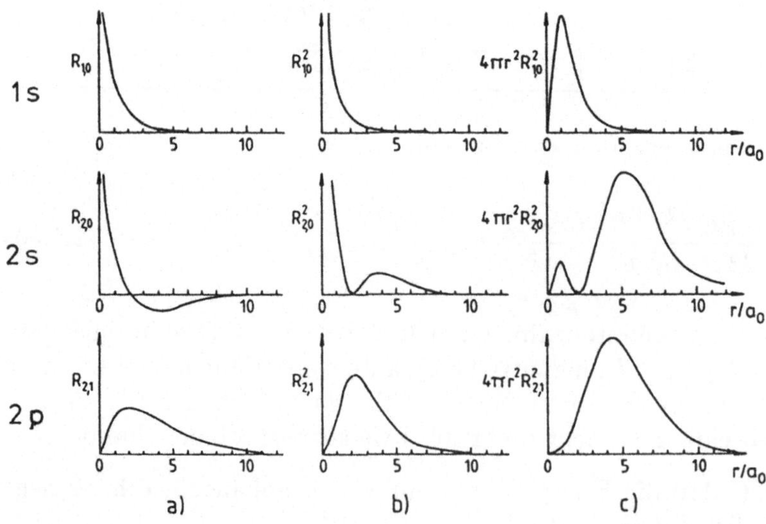

Abb. 2.2.10
Darstellung von
a) der Radialwellenfunktion $R_{n,l}$,
b) der radialen Wahrscheinlichkeitsdichte $R_{n,l}^2$,
c) der radialen Verteilungsfunktion (Integral über Kugelschale) bzw. radialen Dichteverteilung $4\pi r^2 R_{n,l}^2$

des Atoms, gewöhnlich z-Achse genannt. Zu jedem Zustand l gibt es $2l + 1$ verschiedene Werte von m_l, die zunächst energetisch entartet sind. Wird dem kugelsymmetrischen Potential eine nichtkugelsymmetrische Störung überlagert (elektrisches Feld → Stark Effekt, magnetisches Feld → Zeeman-Effekt, vgl. Abschn. 2.1.2.2), so führt dies zu einer Aufhebung der m_l-Entartung.

3) Der Entartungsgrad des n-ten Niveaus ergibt sich aus der Summe über alle möglichen Werte von l, zu denen jeweils $2l + 1$ verschiedene Werte von m_l gehören:

$$g_n = \sum_{l=0}^{n-1} 2l + 1 = n^2 \qquad \textbf{(2.2.51)}$$

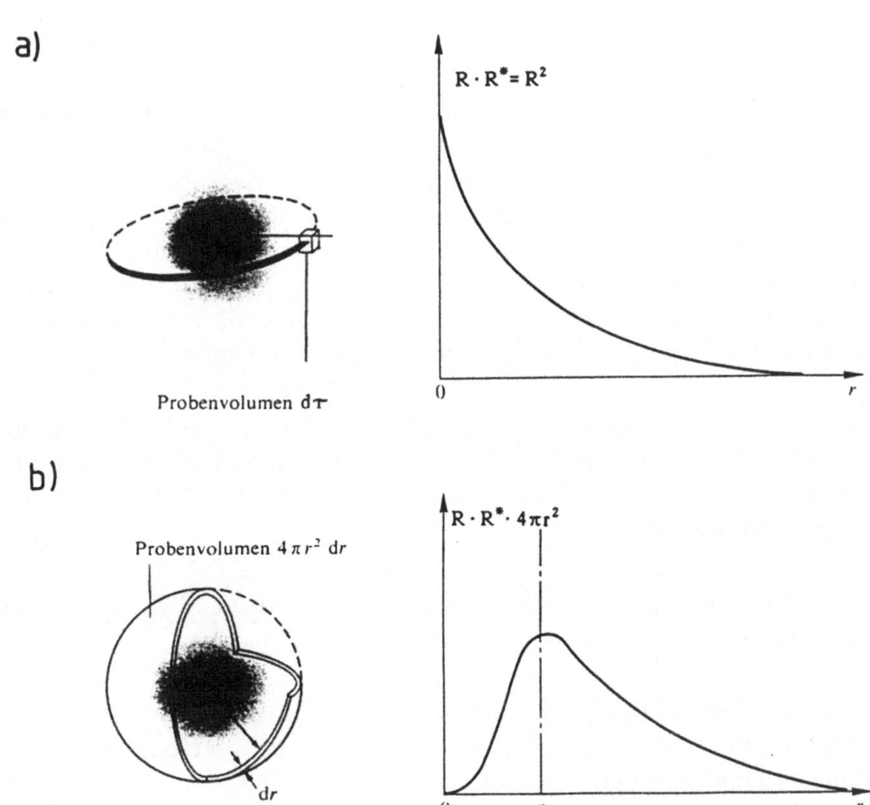

Abb. 2.2.11
Zur Erläuterung der radialen Wahrscheinlichkeitsdichte a) und der radialen Verteilungsfunktion b) aus Abb. 2.2.10 [Atk 90]

4) Der beobachtete Entartungsgrad ist $2n^2$. Dies ist eine Folge der Existenz einer Spinvariablen mit den beiden möglichen Werten $s_z = +\frac{1}{2}\hbar$ und $s_z = -\frac{1}{2}\hbar$ (vgl. auch Abschn. 2.1.2.2 und 2.3.2.2).

In Abb. 2.2.10b ist die Wahrscheinlichkeit aufgetragen, das Elektron in einem infinitesimal kleinen Volumen $d\tau$ im Raum zu finden. Abb. 2.2.10c zeigt dagegen die Wahrscheinlichkeit, das Elektron irgendwo in einer Kugelschale des Volumens $2\pi r^2 dr$ im Abstand r vom Kern zu finden. Ein 1s-Elektron befindet sich dabei am häufigsten im Abstand a_0 vom Kern, wobei a_0 dem Bohrschen Radius entspricht (vgl. Abschn. 2.1.2.1). Dies wird in Abb. 2.2.11 nochmals verdeutlicht.

2.2.7 Korrespondenzprinzip

Die Gesetze der klassischen Physik haben sich bei der Beschreibung vieler Phänomene im mikroskopischen Bereich als untauglich erwiesen. Die Quantenmechanik stellt nun die allgemeine Theorie dar, die zum einen die mikroskopischen (Quanten-) Effekte richtig beschreibt, zum anderen aber im Grenzfall hoher Quantenzahlen Resultate der klassischen Theorie liefert, denn diese muß im makroskopischen Bereich weiterhin ihre Gültigkeit behalten. Dieser Übergang von der Quantenmechanik zur klassischen Physik wird als *Korrespondenzprinzip* (Bohr 1923) bezeichnet.

Als Beispiele dafür sind in Abb. 2.2.12 und 2.2.13 die Aufenthaltswahrscheinlichkeiten für ein Teilchen im Kasten und für einen harmonischen Oszillator jeweils für niedrige und hohe Quantenzahlen sowie für die klassische Beschreibung gezeigt.

In beiden Fällen nähern sich die Einhüllenden von $\Psi\Psi^*$ der klassischen Aufenthaltswahrscheinlichkeit für große Quantenzahlen an.

Nach der Bohrschen Theorie ist die Abstrahlung von Licht durch ein Elektron in einem Atom mit einem Übergang des Elektrons von einer festen Bahn in eine tieferliegende Bahn mit niedrigerer Quantenzahl n verbunden (vgl. Abschn. 2.1.2.1). Man kann nun die Frequenzen des Lichts, die sich einmal aus der Balmerformel und zum anderen aus einer klassischen Beschreibung (Elektron auf der n-ten Bahn = schwingender Dipol) ergeben, für hohe Quantenzahlen n und $\Delta n = 1$ miteinander vergleichen:

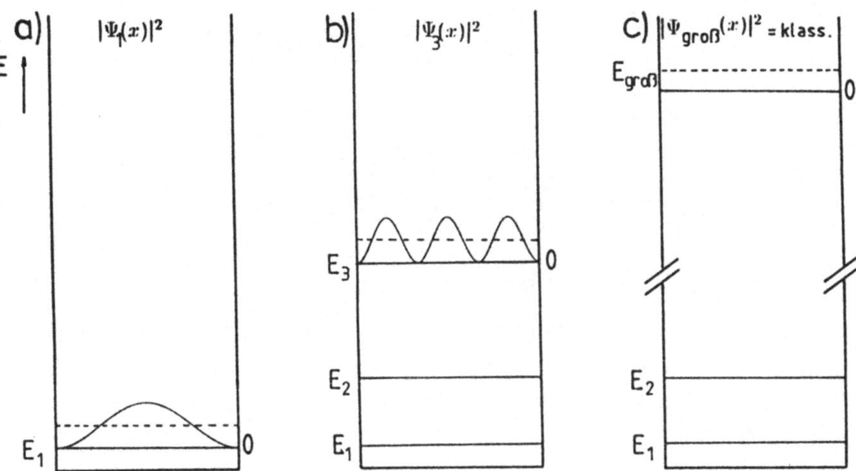

Abb. **2.2.12**
Aufenthaltswahrscheinlichkeit Ψ^2 eines Teilchens im Kasten
a) für niedrige Quantenzahlen,
b) für hohe Quantenzahlen,
c) klassisch

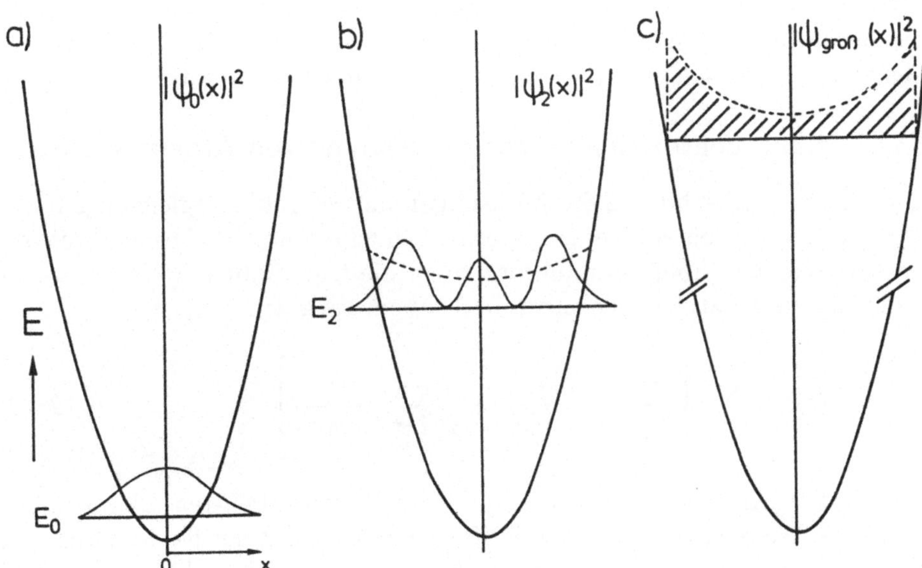

Abb. **2.2.13**
Aufenthaltswahrscheinlichkeit Ψ^2 für einen harmonischen Oszillator
a) für niedrige Quantenzahlen,
b) für hohe Quantenzahlen,
c) klassisch

$$\nu_{n,n+\Delta n} = cR_H z^2 \left(\frac{1}{n^2} - \frac{1}{(n+\Delta n)^2} \right) \approx 2\Delta n \frac{cR_H z^2}{n^3} \qquad (2.2.52)$$

(aus der Balmerformel)

$$\nu_n = \frac{1}{2\pi(4\pi\varepsilon_0)^2} \frac{z^2 e^4 m_0}{\hbar^3} \frac{1}{n^3} = 2cR_H z^2 \frac{1}{n^3} \qquad (2.2.53)$$

(klassische Elektrodynamik)

Für große Quantenzahlen und $\Delta n = 1$ geht die quantenmechanisch bestimmte Kreisfrequenz in die klassische Lichtfrequenz über. Für $n > 100$ ist die Differenz zwischen quantenmechanischer und klassischer Rechnung kleiner als 1%.

2.3 Atome

Nach einer Einführung in wichtige Näherungsverfahren zur Berechnung von Atomen mit mehreren Elektronen wird insbesondere auf die magnetischen Eigenschaften von Atomen eingegangen. Diese spielen bei der Kern- und Elektronenspinresonanz-Spektroskopie eine entscheidende Rolle.

2.3.1 Näherungsmethoden zur Berechnung von Atomzuständen

Wir haben in Abschn. 2.2.6 die Lösungen der Schrödingergleichung für das Wasserstoffatom bereits kennengelernt. Geht man nun zu Atomen mit mehreren Elektronen über, so muß man auch die Coulombwechselwirkung zwischen diesen negativen Ladungen berechnen. Es gilt:

$$\hat{H}\Psi = \sum_{i=1}^{n} \left[\frac{\hat{p}_i^2}{2m_e} - \frac{ze^2}{4\pi\varepsilon_0 r_i} + \frac{1}{2} \sum_{j \neq i} \frac{e^2}{4\pi\varepsilon_0 r_{ij}} \right] \qquad (2.3.1a)$$

Der erste Term beschreibt die kinetische Energie des i-ten Elektrons, der zweite die Wechselwirkungsenergie Kern-Elektron mit der Kernladung z und der dritte die Elektron-Elektron-Wechselwirkung (Coulombabstoßung).

Um die Schrödingergleichung möglichst übersichtlich zu gestalten und die Zahl an Konstanten, die immer wieder geschrieben werden müssen, möglichst klein zu halten, ist es üblich, *atomare Einheiten* zu verwenden:

- Naturkonstanten $(\hbar, m_e, e, 4\pi\varepsilon_0)$: dimensionslos eins gesetzt

- atomare Energieeinheit: 1H (Hartree) = 4,36 $\cdot 10^{-18}$J = 27,209 eV = Betrag der doppelten Bindungsenergie $-2E_H = 1$ H von Wasserstoff 1s Elektronen
- atomare Längeneinheit: $a_0 = 0,529 \cdot 10^{-10}$ m = Bohrscher Radius

Mit Hilfe dieser Abkürzungen schreibt sich die Schrödingergleichung für n Elektronen um einen Kern folgendermaßen:

$$\hat{H}\Psi = \sum_{j=1}^{n} \left[-\frac{\hat{p}_i^2}{2} - \frac{z}{r_i} + \frac{1}{2} \sum_{j \neq i}^{n} \frac{1}{r_{ij}} \right] \Psi = E\Psi \qquad \textbf{(2.3.1b)}$$

Die problematischen Terme für die Lösung dieser Gleichung sind die Elektron-Elektron-Wechselwirkungsterme, da sie vom Differenzvektor $\underline{r}_{ij} = \underline{r}_j - \underline{r}_i$ abhängen. Es ist dadurch nicht mehr möglich, das Problem in Einelektronenprobleme zu separieren. Selbst für den einfachsten Fall, das Heliumatom mit 2 Elektronen, findet man keine analytische Lösung mehr, da die Elektron-Elektron-Wechselwirkung nicht radialsymmetrisch um den Kern ist. Mit Hilfe von numerischen Verfahren lassen sich jedoch durch erhöhten Rechnereinsatz gute Näherungen berechnen. Dies soll für einfache Fälle im folgenden erläutert werden.

2.3.1.1 Self-consistent-field-Nährung

Der Self-consistent-field-(SCF-)Näherung liegt die Idee Hartrees zugrunde, aus obiger Schrödingergleichung ein Quasi-Einelektronenproblem abzuleiten. Dazu werden die Abstoßungskräfte, die ein Elektron i durch alle anderen Elektronen j erfährt, zu einem eigenen radialsymmetrischen Potentialterm $V(r_i)$ zusammengefaßt und die zugehörige Schrödingergleichung numerisch integriert. In diesem Potentialterm $V(r_i)$ sind im Idealfall die Lösungen für alle anderen Elektronenorbitale $j \neq i$ schon enthalten.

Dies ist im allgemeinen zunächst nicht der Fall, und so gibt man sich in einem ersten Schritt „sinnvolle“ Wellenfunktionen vor und berechnet mit ihrer Hilfe ein effektives Potential $V(r_i)$, das Grundlage für eine verbesserte Lösung der Schrödingergleichung für das Elektron i darstellt. Mit Hilfe dieser verbesserten Wellenfunktion berechnet man das effektive Potential für ein weiteres Elektron und löst die zugehörige Schrödingergleichung. Dies führt man nacheinander für alle Elektronen durch, wobei man jeweils die neuen verbesserten Wellenfunktionen für die Berechnung des effektiven Potentials verwendet. Am Ende beginnt man wieder mit dem ersten Elektron (mit dem verbesserten Potential) und wiederholt diesen Zyklus, bis sich die Lösungen nur noch unwesentlich verändern. Die so gefundenen Orbitale und Energien heißen selbst-konsistent (self-consistent).

Ausgangspunkt ist ein Produktansatz für die Wellenfunktion Ψ, die aus den Einelektronenwellenfunktionen $\psi_k(i)$ eines Elektrons i in einem bestimmten Orbital ψ_k aufgebaut wird:

$$\Psi = \psi_a(1)\psi_b(2)\psi_c(3)\ldots\psi_n(N) = \prod_i^n \psi_k(i) \tag{2.3.2}$$

$k = a, b, c\ldots$ bezeichnet dabei die Orbitale, $i = 1, 2, 3\ldots$ die Elektronen.

Ohne Berücksichtigung der Elektronenabstoßung zerfällt die Schrödingergleichung in einzelne Gleichungen für jedes Elektron:

$$\hat{H}_j\psi_k(i) = E_j\psi_k(i) \tag{2.3.3}$$

Mit den Lösungen dieser Gleichungen startet das Iterationsverfahren nach Hartree. Das Verfahren hat allerdings noch einen gravierenden Fehler: Die Nichtunterscheidbarkeit der Elektronen und damit das Pauliprinzip ist nicht berücksichtigt, nach dem die Gesamtwellenfunktion antisymmetrisch sein muß. Diese Forderung kann jedoch erfüllt werden, wenn man für die Elektronenwellenfunktion Summen aus Produktansätzen verwendet. Für die Elektronen (1,2,3) kann man beispielsweise ansetzen:

$$\begin{aligned}\psi(1,2,3) = \frac{1}{\sqrt{6}}(&\psi_a(1)\psi_b(2)\psi_c(3) - \psi_a(1)\psi_c(2)\psi_b(3) - \psi_b(1)\psi_a(2)\psi_c(3)\\ &- \psi_c(1)\psi_b(2)\psi_a(3) + \psi_c(1)\psi_a(2)\psi_b(3) + \psi_b(1)\psi_c(2)\psi_a(3))\ ,\end{aligned} \tag{2.3.4}$$

wobei der Faktor $1/\sqrt{6}$ für richtige Normierung sorgt, wenn die drei Funktionen ψ_a, ψ_b und ψ_c untereinander orthonormiert sind. Im allgemeinen N-Elektronen-Fall sorgt für die Nichtunterscheidbarkeit und die Antisymmetrie die sogenannte *Slater-Determinante* zur Beschreibung der Wellenfunktion

$$\psi(1,2,\ldots N) = \frac{1}{\sqrt{N!}}\begin{vmatrix} \psi_a(1) & \psi_b(1) & \ldots & \psi_n(1) \\ \psi_a(2) & \psi_b(2) & \ldots & \psi_n(2) \\ \vdots & \vdots & & \vdots \\ \psi_a(N) & \psi_b(N) & \ldots & \psi_n(N) \end{vmatrix}\ . \tag{2.3.5}$$

Als Folge dieses Ansatzes taucht in den Lösungen der Schrödingergleichung gegenüber den Lösungen mit Gl. (2.3.2) ein zusätzlicher Energieterm auf, der die quantenmechanische *Austauschwechselwirkung* beschreibt. Abb. 2.3.1 zeigt Beispiele für so berechnete Energieniveaus von Atomorbitalen.

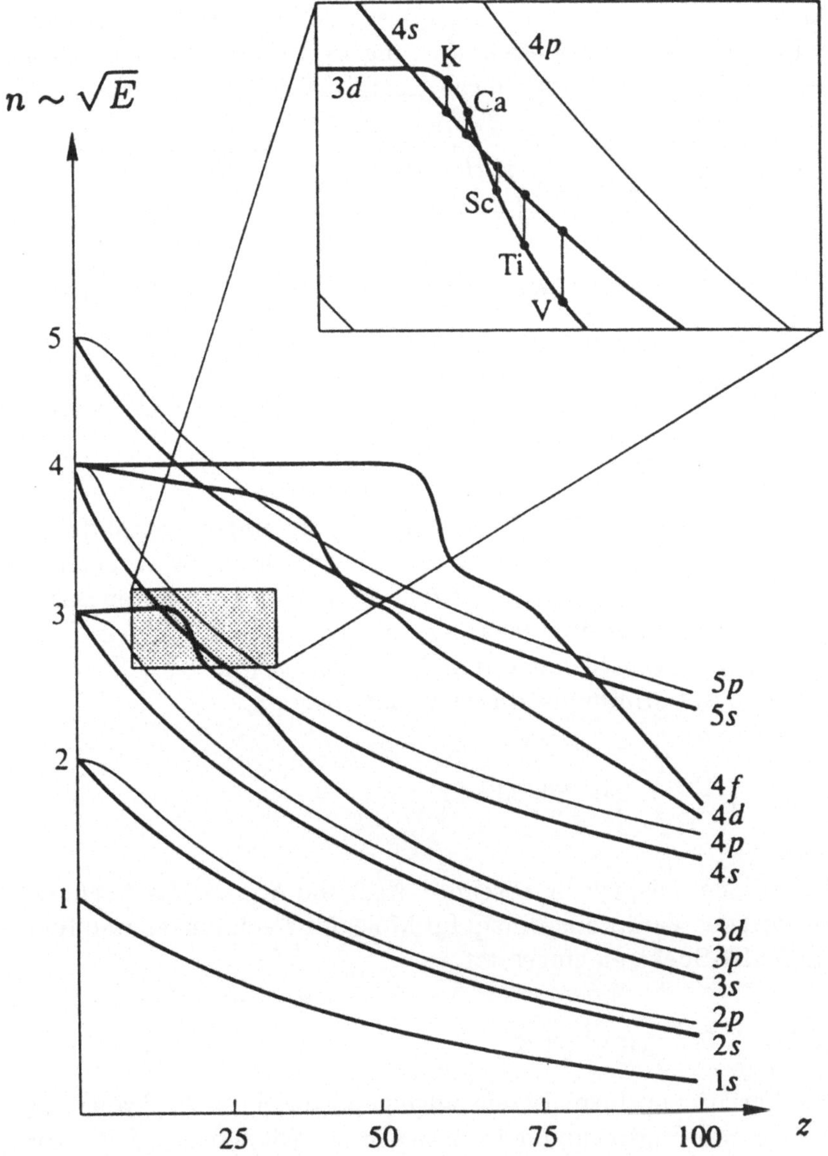

Abb. 2.3.1
SCF-berechnete Energieniveaus von Atomorbitalen als Funktion der Kernladungszahl z. Die gewählte Energieskala steigt bei $z = 1$ (Wasserstoff) linear mit der Hauptquantenzahl $n \sim \sqrt{E}$ (s. Gl. (2.2.17)) [Atk 91].

2.3.1.2 Variationsprinzip

Grundlage wichtiger Näherungsmethoden in der Quantenmechanik ist das Ritzsche Variationsverfahren. Es besagt, daß bei Wahl einer beliebigen Wellenfunktion der berechnete Erwartungswert $E_v = < \hat{H} >$ der Energie niemals kleiner wird als die tatsächliche Energie E_0:

$$< \hat{H} >= E_v = \frac{\int \phi_v^* \hat{H} \phi_v d\tau}{\int \phi_v^* \phi_v d\tau} \geq E_0 \tag{2.3.6}$$

$d\tau$ ist das Volumenelement $dxdydz$, der Index v steht für *Versuchs*funktion.

Man setzt letztere in einfachen Fällen als Summe

$$\phi_v = \sum_i c_i \varphi_i \tag{2.3.7}$$

an, wobei die φ_i als Basisfunktionen (häufig einfache Atomfunktionen) und die c_i als Variationsparameter bezeichnet werden. Man beschränkt sich in der Regel auf eine endliche Anzahl geeigneter normierter Basisfunktionen, die jedoch nicht notwendigerweise orthogonal sein müssen. Den besten Erwartungswert erhält man durch Ableitung nach den Koeffizienten unter Berechnung des Minimums durch Variation der c_i:

$$\left(\frac{\partial E_v}{\partial c_i}\right) = 0 \quad \text{für alle } c_i \tag{2.3.8}$$

Wir werden Beispiele in Abschn. 2.4.1.2 und Anhang 5.4.4 kennenlernen. Dabei wird das Variationsprinzip für Molekülberechnungen und für die Analyse von NMR-Spektren eingesetzt.

2.3.1.3 Störungsrechnung

Das Variationsprinzip ist ein allgemein anwendbares Näherungsverfahren. Die sog. Störungsrechnung kann relativ schnell zum Ziel führen, wenn exakte Lösungen der Schrödingergleichung für ein ähnliches System bekannt sind.

Bei der Störungsrechnung geht man davon aus, daß man ein dem eigentlichen System ähnliches Problem bereits gelöst hat. Den Unterschied berücksichtigt man als kleine Korrektur, die sog. Störung. Der Hamiltonoperator setzt sich dann aus dem Operator $\hat{H}_0$ des ungestörten Systems sowie Operatoren $\hat{H}'_i$, den sog. Störoperatoren i-ter Ordnung zusammen:

$$\hat{H} = \hat{H}_0 + \sum_{i=1}^{n} \hat{H}'_i \qquad \textbf{(2.3.9)}$$

Die Energien und Wellenfunktionen ergeben sich danach additiv aus

$$E = E_0 + \sum_{i=1}^{n} E_i \qquad (2.3.10)$$

$$\Psi = \Psi_0 + \sum_{i=1}^{n} \Psi_i \; . \qquad (2.3.11)$$

Die Ψ_0- und Ψ_i-Funktionen sind dabei so zu wählen, daß Ψ normiert ist. Diese Störung kann dabei sowohl auf die zeitunabhängige als auch auf die zeitabhängige Schrödingergleichung wirken (vgl. Gl. (5.3.15) und (5.3.12)). Im ersten Fall werden die stationären Energieniveaus verschoben, wie wir das z.B. in einem statischen elektrischen oder magnetischen Feld sehen (Stark- bzw. Zeeman-Effekt, vgl. Abschn. 2.1.2.2). Andererseits werden wir in Abschn. 3.1.2.2.2 bzw. im Anhang 5.4.1 sehen, daß sich die Störungsrechnung auch dazu eignet, zeitabhängige Energiezustände von Atomen oder Molekülen unter dem zeitlich veränderlichen Einfluß eines schwachen elektrischen oder magnetischen Wechselfeldes zu beschreiben.

2.3.2 Spins und magnetische Eigenschaften von Atomen

2.3.2.1 Magnetisches Moment der Bahnbewegung

Ein Elektron, das auf einer Kreisbahn umläuft, ist klassisch einem elektrischen Kreisstrom äquivalent. Aus der klassischen Elektrodynamik ist bekannt, daß mit diesem Kreisstrom ein magnetisches Dipolmoment $\underline{\mu}_{m,l}$ verknüpft ist (Abb. 2.3.2):

$$\underline{\mu}_{m,l} = \underline{\mu}_l = I A \underline{n} = q \nu A \underline{n} = \frac{q\omega}{2\pi} A \underline{n} \qquad (2.3.12)$$

mit I als Stromstärke, A als Kreisfläche, die vom Strom umrandet wird, und $\underline{n}$ als Normalenvektor der Fläche A ($\underline{A} = A \cdot \underline{n}$).

(Wir lassen im folgenden zur Vereinfachung den Index „m“ zur Unterscheidung zwischen magnetischem und elektrischem Dipolmoment weg.) Schreibt man dies betragsmäßig, so ergibt sich

$$|\underline{\mu}_l| = \frac{q\omega}{2\pi} A = \frac{q\omega}{2\pi} \pi r^2 = \frac{q}{2m} m\omega r^2 \ . \qquad (2.3.13)$$

Der klassische Bahndrehimpuls für die Bewegung dieses Elektrons ist (vgl. Gl. (5.2.22) und (5.2.23))

$$|\underline{l}| = m\omega r^2 \ . \qquad (2.3.14)$$

Aus Gl. (2.3.12)–Gl. (2.3.14) ergibt sich eine Verknüpfung zwischen $\underline{l}$ und $\underline{\mu}_l$:

$$\underline{\mu}_l = \frac{q}{2m} \underline{l} \qquad (2.3.15)$$

Bei einer positiven Ladung sind $\underline{\mu}_l$ und $\underline{l}$ gleichgerichtet, beim Elektron dagegen antiparallel; in jedem Fall sind sie jedoch zueinander proportional (*magnetomechanischer Parallelismus*) (Abb. 2.3.2).

Die Proportionalitätskonstante ist γ_l, das *magnetogyrische Verhältnis:*

$$\gamma_l = \frac{|\underline{\mu}_l|}{|\underline{l}|} = \frac{q}{2m} \qquad \textbf{(2.3.16)}$$

γ_l ist < 0, wenn $\underline{\mu}_l$ und $\underline{l}$ antiparallel sind.

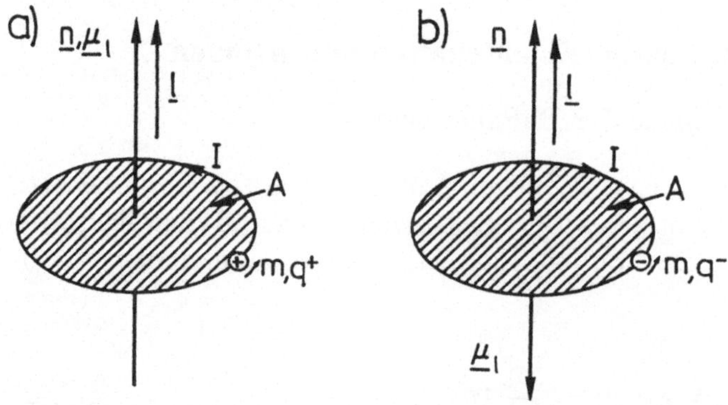

Abb. **2.3.2**
Schematische Darstellung der Verknüpfung von $\underline{\mu}_l$ und $\underline{l}$ für
a) ein Teilchen der Masse m und positiver Ladung q^+
b) ein Teilchen der Masse m und negativer Ladung q^-

Das *Bohrsche Magneton* μ_B entspricht per Definition dem magnetischen Moment eines Elektrons mit Bahndrehimpuls $l = \hbar$. Damit ergibt sich aus Gl. (2.3.15)

$$\mu_B = \frac{e}{2m_e}\hbar = 9,273 \cdot 10^{-24}\mathrm{Am}^2 \ . \tag{2.3.17}$$

Es stellt eine gebräuchliche Einheit für das magnetische Moment im atomaren Bereich dar. Es entspricht dem magnetischen Moment für ein Elektron auf der ersten Bohrschen Bahn nach der Bohrschen Theorie (vgl. Abschn. 2.1.2.1). Mit Hilfe dieser Einheit läßt sich eine Größe g_l (g-Faktor) definieren, die wie das magnetogyrische Verhältnis γ_l das Verhältnis zwischen $|\underline{\mu}_l|$ und $|\underline{l}|$ angibt, wobei allerdings $|\underline{\mu}_l|$ in Einheiten von μ_B und $|\underline{l}|$ in Einheiten von $\hbar$ gemessen ist. g_l ist damit eine dimensionslose Zahl:

$$g_l = \frac{|\underline{\mu}_l|/\mu_B}{|\underline{l}|/\hbar} = \frac{\gamma_l \cdot \hbar}{\mu_B} \tag{\textbf{2.3.18}}$$

Im Fall der reinen Bahnbewegung ohne Spin ist $g_l = 1$.
Damit ergibt sich für $\underline{\mu}_l$ bzw. dessen Betrag:

$$\underline{\mu}_l = -\frac{\mu_B}{\hbar}\underline{l} \ ; \quad |\underline{\mu}_l| = \sqrt{l(l+1)}\mu_B \ ; \quad g_l = 1 \tag{2.3.19}$$

Wir haben schon in Abschn. 2.1.5 gesehen, daß der Bahndrehimpuls gequantelt ist:

$$|\underline{l}| = \hbar\sqrt{l(l+1)} \tag{\textbf{2.3.20}}$$

Dabei haben wir hier die Quantenzahl l statt J gewählt. Die Richtungsquantelung führt dazu, daß die z-Komponente l_z und damit verknüpft $\mu_{l,z}$ nur bestimmte diskrete Werte annehmen können (vgl. dazu auch Abschn. 2.1.2.2):

$$l_z = m_l\hbar \quad , \quad -l \leq m_l \leq l \tag{\textbf{2.3.21}}$$

$$\mu_{l,z} = -g_l m_l \mu_B \tag{2.3.22}$$

2.3.2.2 Spin und magnetisches Moment des freien Elektrons

Viele experimentelle Ergebnisse wie der Stern-Gerlach Versuch (vgl. Abschn. 2.1.2.2), die Feinstruktur der Atomspektren sowie der Zeeman-Effekt (vgl. Abschn. 2.1.2.2) lassen sich nur erklären, wenn man dem Elektron einen zusätzlichen inneren Freiheitsgrad, den Spin zuschreibt. Der Spin ist in der Schrödingergleichung a priori nicht enthalten, sondern wird nur in der relativistischen Quantenmechanik explizit berücksichtigt. Für Einelektronenprobleme kann man den Elektronenspin in erster Näherung vernachlässigen, da die Spinkräfte von relativistischer Größenordnung sind und bei nicht zu schweren Atomen nur relativ kleine Korrekturen für die Energieeigenwerte liefern. Bei Mehrelektronensystemen spielt der Spin jedoch eine bedeutende Rolle, da er die Symmetrieeigenschaften von Eigenfunktionen entscheidend mitbestimmt, selbst wenn der Einfluß auf die Absolutwerte der Energie gering ist. Um dennoch den Spin auch bei nicht-relativistischer Betrachtung, d.h. bei Lösen der Schrödingergleichung mitzuberücksichtigen, führt man den Spin nachträglich in die Schrödingergleichung ein. Dazu geht man zunächst davon aus, daß die Lösungen der Schrödingergleichung ohne Spin und die Spinwellenfunktion voneinander separierbar sind, d.h. multiplikativ miteinander verknüpft werden können (vgl. Anhang 5.3.2 bzw. zur Definition der expliziten Spinwellenfunktionen Anhang 5.4.4). Man geht dabei davon aus, daß der Eigendrehimpuls quantenmechanisch wie der Bahndrehimpuls beschrieben werden kann. Dieser Eigendrehimpuls $\underline{s}$ besitzt die Quantenzahl $s = \frac{1}{2}$, den Betrag $|\underline{s}| = \hbar\sqrt{s(s+1)}$ und ist mit einem magnetischen Moment $\underline{\mu}_s$ verknüpft. Im Unterschied zum Bahndrehimpuls $\underline{l}$ ist der g-Faktor des Elektrons jedoch von 1 verschieden *(magnetomechanische Anomalie)*:

$$g_s = \frac{|\underline{\mu}_s|/\mu_B}{|\underline{s}|/\hbar} = \frac{\gamma_s \hbar}{\mu_B} = 2,0023 \tag{2.3.23}$$

$$\gamma_s = 1,00116\frac{e}{m} \tag{2.3.24}$$

Das zur Spinquantenzahl $s = \frac{1}{2}$ gehörende magnetische Eigenmoment ist demnach etwa so groß wie das zur Bahndrehimpulsquantenzahl $l = 1$ gehörende magnetische Moment, nämlich gleich dem Bohrschen Magneton.

Für $\underline{\mu}_s$ bzw. $|\underline{\mu}_s|$ ergibt sich:

$$\underline{\mu}_s = -2\frac{\mu_B}{\hbar}\underline{s}\ ; \quad |\underline{\mu}_s| = 2\sqrt{s(s+1)}\mu_B\ ; \quad g_s \approx 2 \tag{2.3.25}$$

Ebenso wie der Bahndrehimpuls und seine z-Komponente gequantelt sind (Gl. (2.3.20) und (2.3.21)), sind auch der Spindrehimpuls und seine z-Komponente sowie damit verknüpft $\mu_{s,z}$ gequantelt:

$$|\underline{s}| = \hbar\sqrt{s(s+1)} = \hbar\frac{\sqrt{3}}{2} \tag{2.3.26}$$

$$s_z = m_s\hbar \quad , \quad -\frac{1}{2} \leq m_s \leq \frac{1}{2} \tag{2.3.27}$$

$$\mu_{s,z} = -g_s m_s \mu_B \tag{2.3.28}$$

2.3.2.3 Kopplung von Spin und Bahnmoment

2.3.2.3.1 Einelektronensystem: magnetische Eigenschaften

Der Spin und der Bahndrehimpuls des Elektrons treten über ihre magnetischen Momente miteinander in Wechselwirkung (*Spin-Bahn-Kopplung*). Als Folge davon wird die Entartung von Zuständen mit unterschiedlicher Spinquantenzahl m_s aufgehoben, und man beobachtet eine Feinstruktur in den optischen Spektren (Dupletts). Die Spin-Bahn-Kopplung kann man sich vereinfacht als eine Ausrichtung des magnetischen Moments des Spins im Magnetfeld des Bahnmoments vorstellen.

Für ein Einelektronensystem setzen sich die beiden Drehimpulse $\underline{s}$ und $\underline{l}$ zu einem Gesamtdrehimpuls $\underline{j}$ zusammen:

$$\underline{j} = \underline{l} + \underline{s} \tag{2.3.29}$$

Es gilt (vgl. Gl. (2.3.20), (2.3.26), (2.3.21) und (2.3.27)):

$$|\underline{j}| = \hbar\sqrt{j(j+1)} \tag{2.3.30}$$

und

$$j_z = m_j\hbar \quad , \quad -j \leq m_j \leq j \tag{2.3.31}$$

Zur Bezeichnung von Einelektronenzuständen verwendet man eine Termsymbolik:

$$nl_j \tag{2.3.32}$$

Für den Bahndrehimpuls l wählt man dabei nicht den Zahlenwert, sondern kleine Buchstaben: $l = 0 \hat{=} s$, $l = 1 \hat{=} p$, $l = 2 \hat{=} d$ und $l = 3 \hat{=} f$. Der Zustand 3 $\mathrm{p}_{1/2}$ entspricht daher dem p-Elektron in der dritten Schale mit

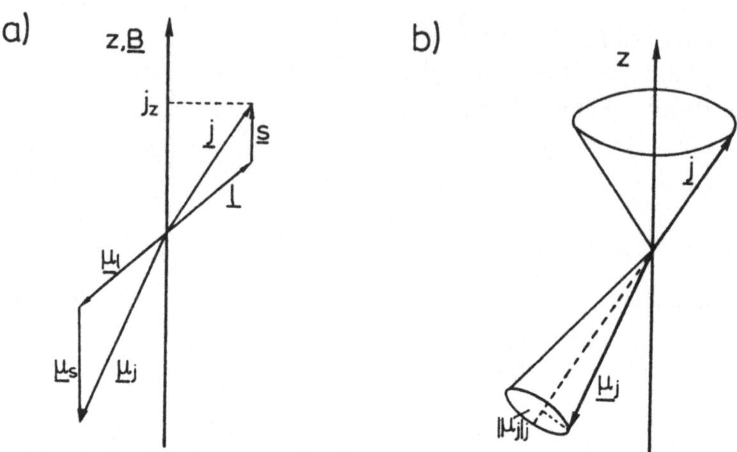

Abb. 2.3.3
a) Magnetisches Moment und mechanische Drehimpulse eines Atoms mit Bahn- und Spinmagnetismus. Da wegen des g-Faktors des Elektrons der Spinvektor $\underline{s}$ mit dem Faktor 2 zu $\underline{\mu}_s$ beiträgt, fallen Gesamtdrehimpuls und das resultierende magnetische Moment nicht zusammen.
b) Schnelle Präzession des magnetischen Moments $\underline{\mu}_j$ um die (gestrichelt gezeichnete) Richtung des resultierenden Drehimpulses $\underline{j}$, der langsam um die z-Achse präzessiert. Nur die j-Komponente von $\underline{\mu}_j$ wird wirksam. Die Präzession folgt aus der Wechselwirkung des dem Drehimpuls zugeordneten $\underline{B}$-Feldes mit dem magnetischen Moment.

Spinorientierung antiparallel zur z-Komponente des Bahndrehimpulses mit $l_z = 1\hbar$.

Für den g-Faktor g_j, der das magnetische Moment eines Atoms mit dem Gesamtdrehimpuls verknüpft, erwartet man weder den g-Faktor der Bahnbewegung noch den g-Faktor für den Elektronenspin, sondern eine „Mischung" aus beiden.
Es gilt:

$$\underline{\mu}_j = \underline{\mu}_l + \underline{\mu}_s = -\frac{\mu_B}{\hbar}(\underline{l} + 2\underline{s}) \; ; \quad \underline{j} = \underline{l} + \underline{s} \qquad \textbf{(2.3.33)}$$

Aus Gl. (2.3.33) erkennt man, daß $\underline{j}$ und $\underline{\mu}_j$ nicht parallel sind (Abb. 2.3.3). $\underline{\mu}_j$ präzessiert dabei schnell um die Richtung von $\underline{j}$, das vergleichsweise nur sehr langsam um die z-Achse präzessiert (Abb. 2.3.3b). Man kann deswegen im Zeitmittel die Projektion von $\underline{\mu}_j$ auf $\underline{j}$ beobachten:

$$|\mu_j|_j = g_j \mu_B \sqrt{j(j+1)} = \gamma_j \hbar \sqrt{j(j+1)} \qquad (2.3.34)$$

$$g_j = f(j, l, s) = \frac{3j(j+1) + s(s+1) - l(l+1)}{2j(j+1)} \qquad (2.3.35)$$

Der so definierte *Landéfaktor* g_j verknüpft den Gesamtdrehimpuls $\underline{j}$ mit der Projektion von $\underline{\mu}_j$ auf die Richtung $\underline{j}$.

Bringt man ein magnetisches Moment in ein statisches Magnetfeld, so beträgt die Wechselwirkungsenergie für $B \parallel z$:

$$E = -\mu_{j,z} B = m_j g_j \mu_B B = m_j \gamma_j \hbar B \qquad \textbf{(2.3.36)}$$

mit

$$\mu_{j,z} = -g_j \mu_B m_j \qquad \textbf{(2.3.37)}$$

Die Energieniveaus mit gleichem j sind folglich aufgespalten, die $(2j+1)$-fache Entartung ist aufgehoben. Dies haben wir bereits in Abschn. 2.1.2.2 als Zeeman-Effekt kennengelernt.

2.3.2.3.2 Mehrelektronensystem: Grundzustände der Atome

Wir wollen nun noch die Kopplung von Spin- und Bahndrehimpuls bei Mehrelektronensystemen betrachten.

Es gibt dabei zwei verschiedene *Kopplungstypen*:

a) $j - j$-Kopplung für schwere Atome mit Kernladungszahl > 40.
Bei den schweren Atomen mit starker Spin-Bahn-Kopplung addieren sich zunächst Spin und Bahndrehimpuls für jedes Elektron separat.

$$\underline{j}_i = \underline{l}_i + \underline{s}_i \qquad \textbf{(2.3.38)}$$

Erst in zweiter Linie wechselwirken die Elektronen untereinander, und die Einzeldrehimpulse $\underline{j}_i$ addieren sich zum Gesamtdrehimpuls des Atoms:

$$\underline{J} = \sum_i \underline{j}_i \qquad \textbf{(2.3.39)}$$

Der resultierende Gesamtdrehimpuls $\underline{J}$ ist ebenfalls gequantelt. Sein Betrag ist

$$|\underline{J}| = \hbar\sqrt{J(J+1)} \qquad \textbf{(2.3.40)}$$

mit der Gesamtdrehimpulsquantenzahl J.

b) Russell-Saunders-Kopplung ($L-S$-Kopplung)
Bei den leichten Atomen addieren sich zunächst alle Spins $\underline{s}_i$ zum Gesamtspin $\underline{S}$ und alle Bahndrehimpulse $\underline{l}_i$ zum Gesamtbahndrehimpuls $\underline{L}$, die sich danach zum Gesamtdrehimpuls $\underline{J}$ addieren:

$$\underline{S} = \sum_i \underline{s}_i \quad ; \quad \underline{L} = \sum_i \underline{l}_i \tag{2.3.41}$$

$$\underline{J} = \underline{L} + \underline{S} \tag{2.3.42}$$

Für die Beträge gilt:

$$|\underline{S}| = \hbar\sqrt{S(S+1)} \quad ; \quad |\underline{L}| = \hbar\sqrt{L(L+1)} \tag{2.3.43}$$

mit den Quantenzahlen S und L.

Beispiel für die L-S-Kopplung von 2 Elektronen:

1) Spin: Möglichkeiten bei $s_1 = s_2 = \frac{1}{2}$

$s_1 s_2$	$s_1 s_2$
↑↓	↑↑
$S = 0$	$S = 1$

Die Gesamtspinquantenzahl M_S ist

$$M_S = \sum_i m_{si} \qquad M_S = -S \ldots + S\ . \tag{2.3.44}$$

Die Anzahl der möglichen Orientierungen, die sog. Multiplizität, ist $2S + 1$ (hier: 1 bzw. 3).

2) Bahn: Möglichkeiten bei $l_1 = l_2 = 1$

$l_1 l_2$	$l_1 l_2$	$l_1 l_2$
↑↓	↖↗	↑↑
$L = 0$	$L = 1$	$L = 2$

Die magnetische Quantenzahl ergibt sich wiederum zu

$$M_L = \sum_i m_{li} \qquad M_L = -L \ldots + L\ . \tag{2.3.45}$$

Die Multiplizität, d.h. die Anzahl der Orientierungen, ist $2L + 1$ (hier: 1 bzw. 3 bzw. 5).

3) Kopplung $\underline{J} = \underline{S} + \underline{L}$
Für J sind folgende Werte möglich (Clebsch-Gordan-Reihe):

$$J = L - S, L - S + 1, \ldots, L + S \quad (L \geq S) \tag{2.3.46a}$$
$$J = S - L, S - L + 1, \ldots, S + L \quad (S > L) \tag{2.3.46b}$$

Für $L < S$ existieren $2L + 1$ verschiedene Werte von $\underline{J}$, die sich aus der vektoriellen Addition von $\underline{S}$ und $\underline{L}$ ergeben, für $L \geq S$ sind es $2S + 1$ mögliche Kombinationen (Multiplizität).

Um nun die *Mehrelektronenzustände* eines bestimmten Elements zu bestimmen, baut man alle Elektronen (ihre Zahl ist durch die Ordnungszahl des Elements gegeben) sukzessive in die zur Verfügung stehenden Orbitale ein, wobei die folgenden Regeln zu beachten sind:

1) Es sind immer zuerst die energetisch tiefstliegenden Zustände zu besetzen. Die Reihenfolge wird für niedrige Ordnungszahlen z durch die Energiesequenz

$$1\mathrm{s} < 2\mathrm{s} < 2\mathrm{p} < 3\mathrm{s} < 3\mathrm{p} \ldots$$

festgelegt. Ab der 4s-Unterschale tritt das Phänomen auf, daß Niveaus mit höherer Hauptquantenzahl n energetisch tiefer liegen können als solche mit kleinerem n und somit früher zu besetzen sind ($\rightarrow$ nicht aufgefüllte innere Schalen, vgl. Abb. 2.3.1).

2) Das *Pauliprinzip* verbietet es, daß sich zwei Elektronen als Fermionen in Zuständen befinden, die in allen Quantenzahlen übereinstimmen. Daraus resultieren mit den obigen Regeln für die Quantenzahlen die folgenden maximalen Besetzungszahlen der einzelnen Schalen:

K-Schale	$(n = 1)$:	2 Elektronen
L-Schale	$(n = 2)$:	8 Elektronen
M-Schale	$(n = 3)$:	18 Elektronen

Für Kohlenstoff als Beispiel ergibt sich damit die sog. Konfiguration mit zu Gruppen zusammengefaßten Elektronen gleicher Haupt- und Nebenquantenzahl:
Kohlenstoff C: $(1\mathrm{s}^2)\ (2\mathrm{s}^2)\ (2\mathrm{p}^2)$
Der obere Index ist dabei die Zahl der Elektronen im Orbital.

Mit der obigen Elektronenkonfiguration kennt man aber erst die Verteilung der Elektronen hinsichtlich der Quantenzahlen n und l.

Die energetische Reihenfolge der Zustände mit unterschiedlichen Werten von m_l und m_s sowie die Zusammmensetzung der Drehimpulse der Einzelelektronen zum Gesamtdrehimpuls des Atoms müssen ebenfalls berücksichtigt werden.

Die *Termsymbolik* für Mehrelektronen- ist dabei analog der der Einelektronensysteme:

$$n^{2S+1}L_J \tag{2.3.47}$$

Das Symbol für $L = |\sum \underline{l}_i|$ (Gl. 2.3.41) wird entsprechend zu l gewählt (vgl. Gl. (2.3.32)), nur als Großbuchstabe, J wie Gl. (2.3.39) oder (2.3.46).

Die Ermittlung sämtlicher Terme eines Mehrelektronen-Systems gelingt nur mit Hilfe der sog. Mikrozustandskarte (M_L/M_S-Karte). Für das Aufstellen einer solchen Tabelle werden nur die nach dem Pauli-Prinzip erlaubten Kombinationen von m_l und m_s aller Elektronen berücksichtigt. Dabei werden die m_l-Werte als ganze Zahlen und die m_s-Werte mit $\pm$-Zeichen gekennzeichnet. Da volle Schalen und Unterschalen nichts zum Gesamtdrehimpuls beitragen, können sie vernachlässigt werden. Als Beispiel wollen wir die p^2-Konfiguration des C-Atoms besprechen.

Es gilt:
$l = 1$; $m_l = \pm 1, 0$; mögliche M_L-Werte : $\pm 2, \pm 1, 0$
$s = 1/2$; $m_s = \pm 1/2$; mögliche M_S-Werte : $\pm 1, 0$

$M_L \backslash M_S$	1	0	−1
2		$(\overset{+}{1},\overset{-}{1})$	
1	$(\overset{+}{1},\overset{+}{0})$	$(\overset{+}{1},\overset{-}{0})(\overset{-}{1},\overset{+}{0})$	$(\overset{-}{1},\overset{-}{0})$
0	$(\overset{+}{1},\overset{+}{-1})$	$(\overset{+}{1},\overset{-}{-1})(\overset{-}{1},\overset{+}{-1})(\overset{+}{0},\overset{-}{0})$	$(\overset{-}{1},\overset{-}{-1})$
−1	$(\overset{+}{-1},\overset{+}{0})$	$(\overset{+}{-1},\overset{-}{0})(\overset{-}{-1},\overset{+}{0})$	$(\overset{-}{-1},\overset{-}{0})$
−2		$(\overset{+}{-1},\overset{-}{-1})$	

Man greift nun eine periphere Kombination, z.B. $M_L = 1$ und $M_S = 1$ $(\overset{+}{1},\overset{+}{0})$, heraus. Sie muß laut Definition zu einem Term mit $L = 1$ und $S = 1$ gehören, d.h. zum ^3P-Term. Zu diesem Term gehören auch die Werte für $M_L = \pm 1, 0$ und für $M_S = \pm 1, 0$. Wir erhalten somit 9 m_l/m_s-Kombinationen (sog. Mikrozustände), d.h. ^3P ist neunfach entartet, d.h. für den Entartungsgrad gilt $g_{\text{el}} = 9$.

Es bleiben noch 6 m_l/m_s-Mikrozustände übrig: Wird nun der oberste mit $M_L = 2$ und $M_S = 0$ $(\overset{+}{1}, \overset{-}{1})$ herausgegriffen, so muß er zu einem Term mit $L = 2$ und $S = 0$, d.h. dem ^1D-Term gehören. Dieser schließt wieder sämtliche Werte für $M_L = \pm 2, \pm 1, 0$ und $M_S = 0$, also insgesamt 5 Mikrozustände ein, er ist fünffach entartet.

Somit bleibt nur die Kombination mit $M_L = 0$ und $M_S = 0$ übrig. Die zugehörigen Werte für L und S können ebenfalls nur 0 sein. Es resultiert der ^1S-Term, er ist nicht entartet.

Dabei ist wichtig:

a) Die Entartung eines Terms wird durch die Zahl der Mikrozustände angegeben.

b) Sind mehrere m_l/m_s-Kombinationen in einem M_L/M_S-Kästchen vorhanden, so sind sie untereinander entartet.

c) Aus einer m_l/m_s-Kombination im inneren Bereich der M_L/M_S-Karte kann nicht mit Sicherheit auf einen gültigen Term geschlossen werden.

Der *Grundzustand* für eine gegebene Konfiguration wird bei L-S-Kopplung durch die Hundschen Regeln festgelegt.

Diese besagen:

1) Äquivalente Elektronen (das sind Elektronen mit gleichem l) werden im Grundzustand so eingebaut, daß der Gesamtspin $\underline{S}$ maximal wird (höchste Spinmultiplizität wird verwirklicht).
   $\rightarrow$ Triplettzustände liegen energetisch tiefer als Singulettzustände.
   Anschauliche Erklärung am Beispiel der p-Elektronen:
   Die drei ersten p-Elektronen mit parallelen Spins besetzen je einen p_x, p_y, p_z-Zustand. Sie besitzen somit maximalen Abstand zueinander (minimale Überlappung der Ψ-Funktionen). Als Folge davon ist die Coulombabstoßung am geringsten und die Bindungsenergie am größten.

2) Von den Termen mit maximaler Spinmultiplizität liegt der mit dem größten Wert von $\underline{L}$ energetisch am tiefsten.
   Anschauliche Erklärung (klassisch):
   Elektronen mit gleichgerichtetem Drehimpuls, d.h. gleichem Umlaufsinn treffen sich seltener und wechselwirken somit schwächer als Elektronen mit entgegengesetztem Umlaufsinn. Bei großem Drehimpuls $\underline{L}$ ist folglich die Abstoßungsenergie geringer.

3) Bei Berücksichtigung der Spin-Bahn-Kopplung (L-S-Kopplung) ist eine Unterscheidung zwischen „normalen“ und „invertierten“ Multipletts notwendig.

Normales Multiplett (Teilschale höchstens halbgefüllt): $J = L - S$
Invertiertes Multiplett (Teilschale mehr als halbgefüllt): $J = L + S$

Beim normalen Multiplett ist die Antiparallelstellung von $\underline{L}$ und $\underline{S}$ energetisch am günstigsten ($P_{\frac{1}{2}}$ liegt tiefer als $P_{\frac{3}{2}}$).

Das invertierte Multiplett kann man sich aus einer vollbesetzten Teilschale entstanden denken, aus der Elektronen weggenommen wurden. Einem weggenommenen Elektron (Loch) ist nun ein Elektron mit positiver Ladung äquivalent. Das Vorzeichen des internen Magnetfelds ändert

Tab. 2.3.1
Beispiele für elektronische Zustände isolierter Atome. Die Energie wird vom jeweiligen elektronischen Grundzustand gerechnet. I ist die Ionisierungsenergie.

Atom	Term	Energie (eV)	I	L	S	J	g_{el}
H	$^2S_{1/2}$	0	13,598	0	1/2	1/2	2
	$^2S_{1/2}$	10,20		0	1/2	1/2	2
Li	$^2S_{1/2}$	0	5,391	0	1/2	1/2	2
	$^2P_{1/2}$	1,848		1	1/2	1/2	2
	$^2P_{3/2}$	1,848		1	1/2	3/2	4
C	$^3P_0$	0	11,259	1	1	0	1
	$^3P_1$	0,002		1	1	1	3
	$^3P_2$	0,005		1	1	2	5
	$^1D_2$	1,26		2	0	2	5
	$^1S_0$			0	0	0	1
N	$^4S_{3/2}$	0	14,548	0	3/2	3/2	4
	$^2D_{3/2}$	2,38		2	1/2	3/2	4
	$^2D_{5/2}$	2,384		2	1/2	5/2	6
O	$^3P_2$	0	13,617	1	1	2	5
	$^3P_1$	0,02		1	1	1	3
	$^3P_0$	0,03		1	1	0	1
	$^1D_2$	1,97		2	0	2	5
	$^1S_0$			0	0	0	1
F	$^2P_{3/2}$	0	17,422	1	1/2	3/2	4
	$^2P_{1/2}$	0,05		1	1/2	1/2	2
	$^4P_{5/2}$	12,7		1	3/2	5/2	6
	$^4P_{3/2}$	12,73		1	3/2	3/2	4
	$^4P_{1/2}$	12,75		1	3/2	1/2	2

	Grundkonfiguration	Grundzustand
1) H:	$1s^1$	$1\,^2S_{1/2}$
2) Li:	$1s^2$ $2s^1$	$2\,^2S_{1/2}$
3) C:	$1s^2$ $2s^2$ $2p^2$	$2\,^3P_0$
	Normales Multiplett: $J = L - S = 1 - 1 = 0$	
4) F:	$1s^2$ $2s^2$ $2p^5$	$2\,^2P_{3/2}$
	Invertiertes Multiplett: $J = L + S = 1 + 1/2 = 3/2$	

Abb. 2.3.4
Grundkonfiguration und Termsymbole für die Grundzustände einiger Atome

sich, und der Zustand mit dem größtem J liegt energetisch am tiefsten. Abb. 2.3.4 und Tab. 2.3.1 zeigen einige Beispiele.

2.3.2.4 Kernspin und Hyperfeinstruktur

Zahlreiche Kerne haben eine endliche Kernspinquantenzahl $I \neq 0$ und damit verbunden einen Drehimpuls $\underline{I}$ mit

$$|\underline{I}| = \hbar\sqrt{I(I+1)}\ . \qquad \textbf{(2.3.48)}$$

Solche Kerne zeigen analog dem Zeeman-Effekt (Abschn. 2.1.2.2) eine Aufspaltung der Kernzustände im externen Magnetfeld. In Tab. 2.3.2 sind typische Kernspins von Elementen gezeigt, die insbesondere in der kernmagnetischen Resonanzspektroskopie (NMR, s. Abschn. 3.6.2) eine Rolle spielen.

Obwohl man den genauen Betrag eines Kernspins beliebiger Kerne nicht theoretisch voraussagen kann, gibt es einige allgemeine Prinzipien:

- Sind sowohl die Protonen- als auch die Neutronenzahl gerade, so ist $I = 0$ (z.B. ^{12}C, ^{16}O).
- Ist eine der beiden Zahlen gerade, die andere ungerade, so findet man halbzahlige Werte von I (z.B. ^{1}H, ^{13}C, ^{15}N, ^{19}F, ^{31}P).
- Sind beide ungerade, so findet man ganzzahlige I-Werte (z.B. $I = 1$ für ^{2}H, ^{14}N).

Analog zu den Verhältnissen beim Elektron läßt sich ein Kernmagneton

$$\mu_N = \frac{e}{2m_p}\hbar \qquad \textbf{(2.3.49)}$$

Tab. 2.3.2
Eigenschaften von Kernspins häufig untersuchter Kerne

Isotop	Spin I	Natürliches Vorkommen c/%	Magnetisches Moment μ/μ_N	Magnetogyrisches Verhältnis $\gamma/10^7$ rad $T^{-1}s^{-1}$
Elektron	1/2	—	$-3{,}18392\times10^3$	$-1{,}76084\times10^4$
Neutron	1/2	—	−3,31362	−18,3257
^1H	1/2	99,985	4,83724	26,7519
^2H	1	0,015	1,2126	4,1066
^3H	1/2	—	5,1596	28,535
^7Li	3/2	92,58	4,20394	10.3975
^{11}B	3/2	80,42	3,4708	8,5843
^{13}C	1/2	1,108	1,2166	6,7283
^{14}N	1	99,63	0,57099	1,9338
^{15}N	1/2	0,37	−0,4903	− 2,712
^{17}O	5/2	0,037	−2,2407	− 3,6279
^{19}F	1/2	100	4,5532	25,181
^{23}Na	3/2	100	2,86265	7,08013
^{27}Al	5/2	100	4,3084	6,9760
^{29}Si	1/2	4,70	−0,96174	− 5,3188
^{31}P	1/2	100	1,9602	10,841
^{59}Co	7/2	100	5,234	6,317
^{77}Se	1/2	7,58	0,925	5,12
^{113}Cd	1/2	12,26	−1,0768	− 5,9550
^{119}Sn	1/2	8,58	−1,8119	−10,021
^{195}Pt	1/2	33.8	1,043	5.768

(um den Faktor $\frac{m_p}{m_e} = 1836$ kleiner als das Bohrsche Magneton), das magnetogyrische Verhältnis

$$\gamma_I = \frac{|\underline{\mu}_I|}{|\underline{I}|} \tag{2.3.50}$$

und ein Kern-g-Faktor

$$g_I = \frac{\gamma_I \hbar}{\mu_N} \tag{2.3.51}$$

definieren.
Die Größen g_I bzw. γ_I lassen sich beispielsweise mit Hilfe der Kernresonanz bestimmen (vgl. Abschn. 3.6.2).

Die Kernmomente sind wegen der Massenverhältnisse um ca. 3 Zehnerpotenzen kleiner als die entsprechenden magnetischen Momente des Elektrons. Entsprechend klein sind deren Wechselwirkungsenergien mit äußeren Magnetfeldern.
Die sogenannte Hyperfeinstrukturwechselwirkung kommt dadurch zustande, daß das interne magnetische Feld $\underline{B}_J$, herrührend von den Elektronen der Hülle, am Ort des Kerns zu einer Ausrichtung von Kernspin und magnetischem Moment des Kerns führt.
Der Gesamtdrehimpuls ergibt sich zu

$$\underline{F} = \underline{I} + \underline{J} \,, \qquad F = J - I, (J - I + 1)\,, \ldots, J + I \,. \tag{2.3.52}$$

Für die Kombination von $\underline{I}$ und $\underline{J}$ zu $\underline{F}$ existieren $(2I + 1)$ bzw. $(2J + 1)$ Möglichkeiten, je nachdem ob $I < J$ oder $I > J$.

$$|\underline{F}| = \hbar\sqrt{F(F+1)} \tag{2.3.53}$$

Für die Wechselwirkungsenergie gilt:

$$\begin{aligned} E_{\mathrm{HFS}} &= -\underline{\mu}_I \underline{B}_J \\ &= \frac{a}{2}\left[F(F+1) - I(I+1) - J(I+1)\right] \end{aligned} \tag{2.3.54}$$

(Der Index „HFS“ steht für Hyperfeinstruktur.)
Die Stärke der Wechselwirkung wird wiederum durch eine Kopplungskonstante a, die Feinstrukturkonstante beschrieben, die wesentlich vom Magnetfeld B_J am Kernort abhängt und im allgemeinen Fall ein Tensor ist.

Wir haben in unterschiedlichen Zusammenhängen festgestellt, daß die Energiezustände von isolierten Atomen durch Wechselwirkungsprozesse verändert werden. Dies soll in der folgenden Abb. 2.3.5 zusammenfassend dargestellt werden. Ebenfalls angedeutet sind die Veränderungen, die sich durch eine Verfeinerung des Näherungsverfahrens gegenüber dem einfachsten Modell ergeben. Dabei sind hier nur Veränderungen, die durch die Wechselwirkung mit internen Magnetfeldern auftreten, gezeigt. Die Aufspaltung durch ein externes Feld, die in der NMR- und ESR-Spektroskopie (Abschn. 3.6.2 und 3.6.3) eine große Rolle spielt, ist nicht aufgenommen.

In Tab. 2.3.3 sind die in diesem Abschnitt eingeführten Symbole und Gleichungen nochmals zusammengefaßt.

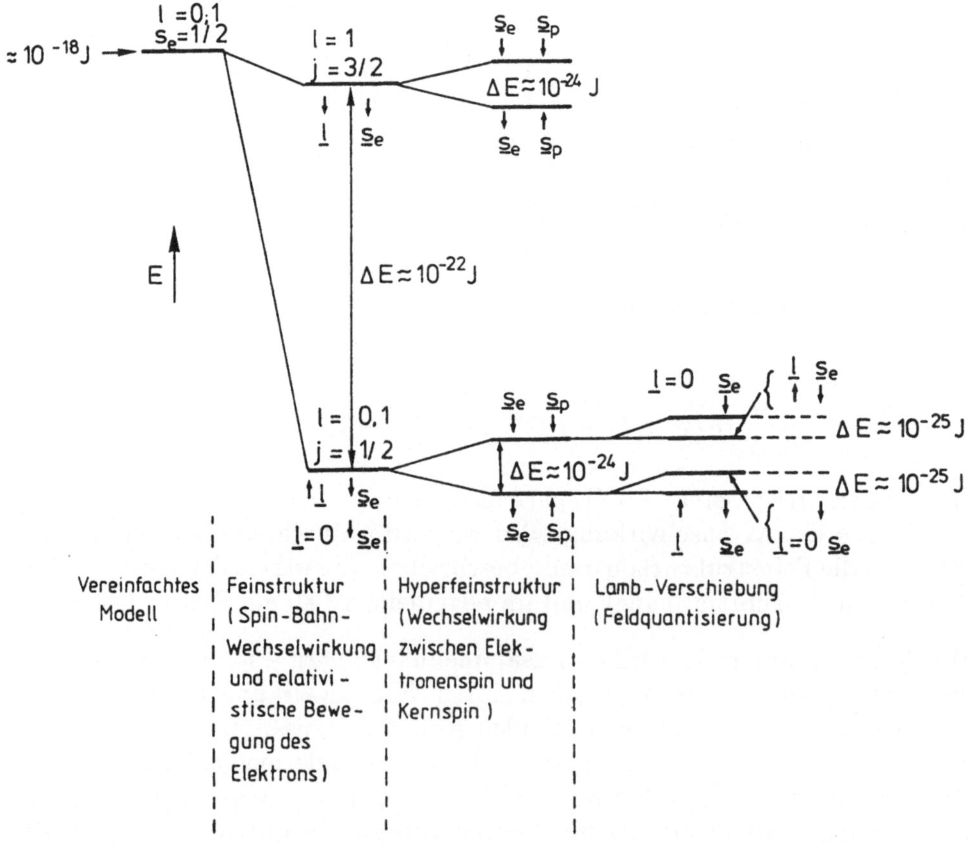

Abb. 2.3.5
Fein- und Hyperfeinstruktur der n=2-Energiezustände des Wasserstoffatoms. Die Energieskala ist dabei nicht maßstabsgerecht. Die zusätzliche Energieabsenkung bei der Feinstrukturaufspaltung resultiert aus der Berücksichtigung der relativistischen Massenänderung des Elektrons. Die Lamb-Verschiebung tritt bei der Behandlung des Problems im Rahmen der Quantenelektrodynamik auf [Sti 89].

Tab. **2.3.3**
Drehimpulse und magnetische Momente: Definitionen und Symbole

	Drehmoment	Betrag Drehimpuls	z-Komponente Drehimpuls	magnet. Moment	z-Komponente magnet. Moment	g-Faktor	γ
Bahn	$\underline{l}$	$\lvert\underline{l}\rvert = \hbar\sqrt{l(l+1)}$	$l_z = m_l\hbar$ $= \pm l\hbar$	$\underline{\mu}_l = -\gamma_l \underline{l}$ $= -g_l\mu_B\underline{l}/\hbar$	$\mu_{l,z} = -m_l g_l \mu_B$	$g_l = \frac{\lvert\underline{\mu}_l\rvert/\mu_B}{\lvert\underline{l}\rvert/\hbar}$ $= \frac{\gamma_l\hbar}{\mu_B}$	$\gamma_l = \frac{\lvert\underline{\mu}_l\rvert}{\lvert\underline{l}\rvert} = \frac{q}{2m}$
freies Elektron	$\underline{s}$	$\lvert\underline{s}\rvert = \hbar\sqrt{s(s+1)}$	$s_z = m_s\hbar$ $= \pm s\hbar$	$\underline{\mu}_s = -\gamma_s \underline{s}$ $= -g_s\mu_B\underline{s}/\hbar$	$\mu_{s,z} = -m_s g_s \mu_B$	$g_s = \frac{\lvert\underline{\mu}_s\rvert/\mu_B}{\lvert\underline{s}\rvert/\hbar}$ $= \frac{\gamma_s\hbar}{\mu_B}$	$\gamma_s = \frac{\lvert\underline{\mu}_s\rvert}{\lvert\underline{s}\rvert}$
Einelektronen-AO, -MO	$\underline{j} = \underline{l} + \underline{s}$	$\lvert\underline{j}\rvert = \hbar\sqrt{j(j+1)}$	$j_z = m_j\hbar$ $= \pm j\hbar$	$\underline{\mu}_j = \underline{\mu}_l + \underline{\mu}_s$ $= -\frac{\mu_B}{\hbar}(\underline{l} + 2\underline{s})$	$\mu_{j,z} = -g_j\mu_B m_j$	$g_j = \frac{3j(j+1) + s(s+1) - l(l+1)}{2j(j+1)}$	$\gamma_j = \frac{\lvert\underline{\mu}_j\rvert}{\lvert\underline{j}\rvert}$
Mehrelektronen-AO, -MO	$\underline{J} = \sum_i j$ oder $\underline{J} = \underline{L} + \underline{S}$	$\lvert\underline{J}\rvert = \hbar\sqrt{J(J+1)}$	$J_z = m_J\hbar$ $= \pm J\hbar$				
„freier" Kern	$\underline{I}$	$\lvert\underline{I}\rvert = \hbar\sqrt{I(I+1)}$	$I_z = m_I\hbar$ $= \pm I\hbar$	$\underline{\mu}_I = -\gamma_I \underline{I}$	$\mu_{I,z} = g_I\mu_N m_I$	$g_I = \frac{\gamma_I\hbar}{\mu_N}$	$\gamma_I = \frac{\lvert\underline{\mu}_I\rvert}{\lvert\underline{I}\rvert}$
Kern mit Elektronenkopplung	$\underline{F} = \underline{I} + \underline{J}$	$\lvert\underline{F}\rvert = \hbar\sqrt{F(F+1)}$	$F_z = m_F\hbar$ $= \pm F\hbar$				

2.4 Einfache Moleküle

Wie im vorangehenden Kapitel für Atomstrukturen behandeln wir zuerst allgemeine theoretische Konzepte der Näherungsverfahren zur Berechnung von Molekülstrukturen. Anschließend behandeln wir die Ergebnisse zu Energieniveaus in zwei- und polyatomaren Molekülen sowie ihre Darstellung in sogenannten MO-Schemata. Komplexere Moleküle werden in Abschn. 2.5 besprochen.

2.4.1 Näherungsmethoden zur Berechnung einfacher Molekülstrukturen

Das einfachste Molekül ist das Wasserstoffmolekülion H_2^+. Obwohl es nur aus drei Teilchen (2 Protonen und 1 Elektron) besteht, läßt sich die Schrödingergleichung selbst für dieses einfache System nicht exakt lösen. Um dennoch Moleküle quantenmechanisch berechnen zu können, muß man über die bei den Atomen gemachten Näherungen hinaus noch weitere Näherungen durchführen.

In der ersten wichtigen Näherung werden Kern- und Elektronenbewegungen voneinander getrennt (*Born-Oppenheimer-Näherung*, Abschn. 2.4.1.1). Die Begründung liegt darin, daß die Elektronen wesentlich leichter sind als die Kerne und damit bei gleichen Kräften wesentlich schnellere Bewegungsänderungen auftreten.

In einer weiteren Näherung setzt man häufig voraus, daß sich die *Gesamtenergie* eines Moleküls aus einzelnen Energiebeiträgen der Translation, Schwingung, Rotation, Elektronen und Kerne *additiv* zusammensetzt:

$$E_{\text{tot}} = E_{\text{trans}} + E_{\text{vib}} + E_{\text{rot}} + E_{\text{el}} + E_{\text{n}} \qquad \textbf{(2.4.1)}$$

Damit ist der Hamiltonoperator additiv

$$\hat{H}_{\text{tot}} = \sum_i \hat{H}_i \qquad \textbf{(2.4.2)}$$

und die Wellenfunktion multiplikativ zusammengesetzt

$$\Psi_{\text{tot}} = \prod_i \Psi_i \,. \qquad \textbf{(2.4.3)}$$

Die ersten drei Energieterme haben wir bereits in Abschn. 2.2 für einfache ein- bzw. zweiatomige Teilchen eingeführt. Kompliziertere Molekülbewegungen werden in Abschn. 2.4.4 behandelt. In erster Näherung interessiert man sich bei Molekülen häufig für deren geometrische Struktur und elektronische Energieniveaus. Damit beschäftigen sich die Ergebnisse der Abschnitte 2.4.2 und 2.4.3, die mit Näherungen berechnet werden, die in den Abschnitten 2.4.1.1–2.4.1.5 beschrieben sind.

Die Separation der Gesamtenergie entsprechend Gl. (2.4.1) gilt nur bei kleinen Molekülen und auch hier nur in erster Näherung. Bei größeren Molekülen ist diese Separation im allgemeinen nicht möglich. Sie versagt insbesondere für Polymere. Bei großen Systemen kann die Separation jedoch wieder möglich werden, wenn ideal periodische Anordnungen in ein-, zwei- oder dreidimensionalen Festkörpern vorliegen. Darauf wird in Abschn. 2.6 eingegangen. Wir werden dort sehen, daß an die Stelle der diskreten Bindungsenergien von Elektronen in Molekülen („bonds") die breiten Energiebänder („bands") der Elektronen treten. Analoges gilt für die Schwingungen. Dazu kommen andere kollektive Anregungen im Festkörper, die in Molekülen nicht auftreten.

Im folgenden werden zunächst quantenmechanisch berechnete Atomabstände und Elektronenenergien vorgestellt, die sich in einfachen Fällen aus Ab-initio-Rechnungen und bei großen Molekülen durch semiempirische Methoden ergeben.

Unter *Ab-initio-Rechnungen* versteht man dabei Rechnungen, die mit rein quantentheoretischen Verfahren auskommen. Alle Integrale, Matrixelemente oder anderen mathematischen Ausdrücke werden explizit berechnet, die durch die Theorie, d.h. die Variationsrechnung oder Störungstheorie (vgl. Abschn. 2.3.1) vorgegeben werden. Nahezu alle Ab-initio-Methoden beruhen dabei auf der in Abschn. 2.3.1.1 bereits beschriebenen SCF-Methode. Unterschiede ergeben sich durch die Wahl des Basissatzes, mit dem die Elektronenverteilung angesetzt wird (vgl. Gl. (2.3.2)) und insbesondere durch den Grad, mit dem Korrelationen der Elektronen untereinander berücksichtigt werden. Darauf können wir hier nicht näher eingehen (vgl. z.B. [Sch 87] oder [Lip 90]).

Bei *semiempirischen Methoden* werden bestimmte Integrale vernachlässigt, wobei die dadurch auftretenden Fehler durch Anpassung an Ab initio-Rechnungen oder an experimentelle Daten minimiert werden. Als ein Beispiel wird in Abschn. 2.4.1.4 die Hückel-Methode vorgestellt, Abschn. 2.4.1.5 gibt eine kurze Übersicht über weitere semiempirische Verfahren.

Bei sehr großen Molekülen kann man wegen des erforderlichen Rechenaufwandes selbst die elektronischen Anteile nicht berechnen. Hier helfen dann *Kraftfeldrechnungen* auf klassischer Basis, um zunächst die geometrische

Konformation mit minimaler Gesamtenergie des Moleküls zu bestimmen. Dies wird in Abschn. 2.5.2 näher besprochen.

2.4.1.1 Born-Oppenheimer-Näherung

Für ein zweiatomiges Molekül AB mit n Elektronen lautet der vollständige Hamiltonoperator

$$\hat{H} = \left[\frac{\hat{p}_A^2}{2m_A} + \frac{\hat{p}_B^2}{2m_B}\right] + \sum_{i=1}^{n} \frac{\hat{p}_i^2}{2m_e} + \frac{e^2}{4\pi\varepsilon_0}\left(-\sum_{i=1}^{n}\left[\frac{z_A}{r_{Ai}} + \frac{z_B}{r_{Bi}}\right] + \frac{1}{2}\sum_{i=1}^{n}\sum_{j\neq i}\frac{1}{r_{ij}} + \frac{z_A z_B}{R}\right) \quad (2.2.4a)$$

oder mit den in Abschn. 2.3.1 eingeführten atomaren Einheiten

$$\hat{H} = \left[\frac{\hat{p}_A^2}{2m_A} + \frac{\hat{p}_B^2}{2m_B}\right] + \sum_{i=1}^{n} \frac{\hat{p}_i^2}{2} \quad (2.4.1)$$

$$+ \left(-\sum_{i=1}^{n}\left[\frac{z_A}{r_{Ai}} + \frac{z_B}{r_{Bi}}\right] + \frac{1}{2}\sum_{i=1}^{n}\sum_{j\neq i}\frac{1}{r_{ij}} + \frac{z_A z_B}{R}\right) . \quad (2.2.4b)$$

Die Koordinaten r_{ij} und R sind in Abb. 2.4.1 erläutert.

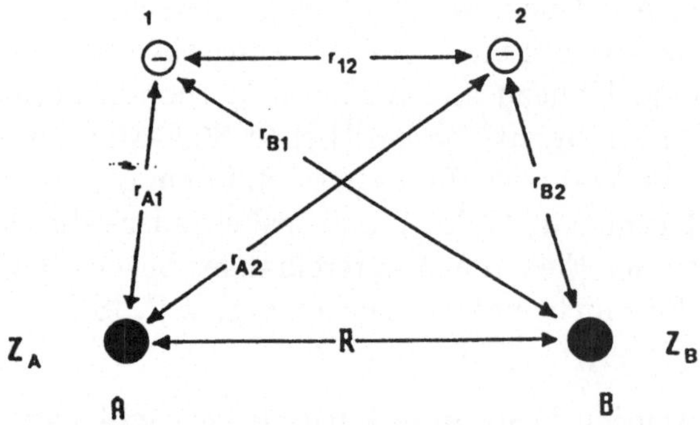

Abb. 2.4.1
Koordinaten eines zweiatomigen Moleküls AB mit zwei Elektronen 1 und 2

Die Terme in der 1. Klammer in Gl. (2.4.4) beinhalten die kinetische Energie der Kerne. Die anderen Terme sind Ausdrücke für die kinetische Energie der Elektronen, für die Anziehung zwischen einem Elektron i und den Kernen und für die Abstoßung der Elektronen bzw. Kerne untereinander. Die Näherung von Born und Oppenheimer berücksichtigt die Tatsache, daß die Kerne sehr viel schwerer sind als die Elektronen und sich deshalb wesentlich langsamer bewegen als diese. Daher folgen die Elektronen den Kernbewegungen nahezu trägheitslos. Diese Annahme wird auch beim Franck-Condon-Prinzip (vgl. Abschn. 3.5.4.1.4) gemacht. Dort findet man die spektroskopische Bestätigung für die Gültigkeit der Born-Oppenheimer-Näherung.

Man kann also in guter Näherung die Kerne als ruhend betrachten und löst die Schrödingergleichung für sich bewegende Elektronen in einem stationären Kernfeld. In Gl. (2.4.4) fallen dabei die Terme in der 1. Klammer weg. Da ruhende Kerne einen definierten Abstand voneinander besitzen (bei mehratomigen spricht man von einer bestimmten molekularen Konformation), ist der Abstoßungsterm der Kerne untereinander eine Konstante.

Durch diese Näherung in der molekularen Wellenfunktion Ψ als Lösung der Schrödingergleichung kann man die Kern-(n)- und Elektronen-(el)-Bewegung getrennt behandeln:

$$\Psi(\underline{r}, \underline{R}) = \Psi_{\mathrm{n}}(\underline{R})\Psi_{\mathrm{el}}(\underline{r}, \underline{R}) \qquad \textbf{(2.4.5)}$$

Für den im weiteren nur noch interessierenden elektronischen Anteil gilt:

$$\hat{H}_{\mathrm{el}}\Psi_{\mathrm{el}}(\underline{r}, \underline{R}) = E(\underline{r}, \underline{R}) \cdot \Psi_{\mathrm{el}}(\underline{r}, \underline{R}) \qquad \textbf{(2.4.6)}$$

Schon für das einfache H_2^+-Ion ist diese Gleichung nicht exakt lösbar. Die Lösungen der Schrödingergleichung für Moleküle beschreiben Molekülorbitale in Analogie zu den Atomorbitalen bei Atomen. Abb. 2.4.2a,b zeigt die Elektronendichtediagramme der beiden energetisch am tiefsten liegenden MOs für das H_2^+-Molekül. Die Gesamtenergie des H_2^+-Moleküls setzt sich aus der mit Gl. (2.4.6) berechneten Energie eines Elektrons im Feld zweier Protonen mit festem Abstand R zueinander und der elektrostatischen Kernabstoßung zusammen. Variiert man den Kernabstand (bei komplexeren Molekülen auch die Winkel) kontinuierlich, so erhält man für zweiatomige Moleküle Energiekurven wie die in Abb. 2.4.2c gezeigte, während für größere Moleküle Energie-Hyperflächen als Funktion der verschiedenen freien Molekülgeometrieparameter auftreten. Der Abstand im Minimum der Potentialkurve entspricht dem Gleichgewichtsabstand R_e, die Tiefe des Minimums ist die Dissoziationsenergie D_e.

Das energetisch tiefer liegende MO ohne Knotenebene besitzt nach Abb. 2.4.2c eine niedrigere Energie als die getrennten Teilchen H und H^+, es heißt deshalb bindendes MO. Das MO mit Knotenebene wird dementsprechend als antibindend bezeichnet.

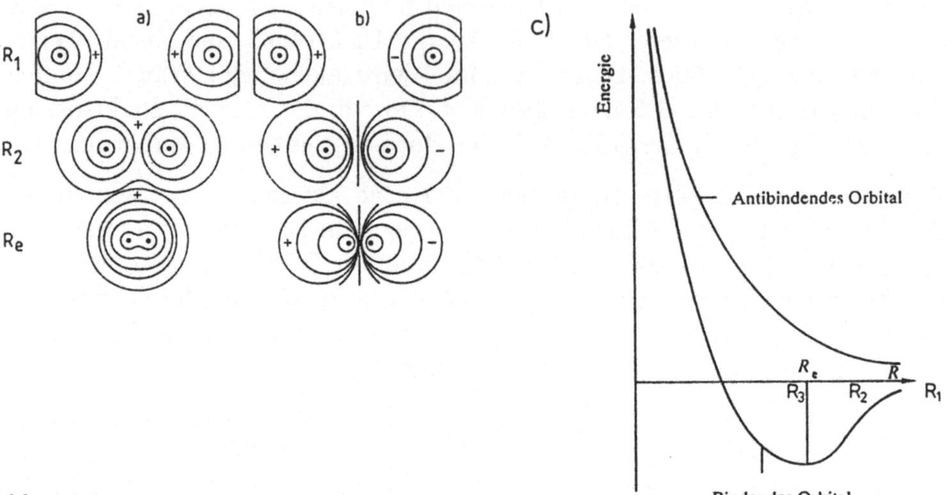

Abb. **2.4.2**
Elektronendichtediagramm des
a) bindenden bzw. b) antibindenden MOs des H_2^+-Molekülions.
+, − entspricht dem Vorzeichen der Ψ-Funktion, die Konturlinien gleicher Dichte beschreiben von innen nach außen niedrigere Gesamtwerte. Die drei Darstellungen entsprechen drei verschiedenen Kern/Kern-Abständen: R_1, R_2 sowie $R_3 = R_e$ als Gleichgewichtsabstand
c) Zugehöriges Energiediagramm in Abhängigkeit vom Kernabstand R [Atk 83]

Vor allem für kompliziertere Moleküle als das H_2^+-Ion ist die durch die Born-Oppenheimer-Näherung vereinfachte Schrödingergleichung nicht exakt lösbar, und es müssen weitere Näherungen vorgenommen werden.

2.4.1.2 Heitler-London (HL)- oder Valence Bond (VB)-Methode

Die VB-Methode ist dem Chemiker (u.U. unbewußt) geläufig, der eine kovalente Bindung durch einen Strich zwischen den Bindungspartnern ausdrückt. Diese Methode geht von getrennten Atomen A und B aus, die nicht in Wechselwirkung stehen. Ihre Wellenfunktionen seien mit

$$\varphi_A(1) \quad \text{und} \quad \varphi_B(2)\,, \qquad \mathbf{(2.4.7)}$$

die Eigenwertgleichungen mit

$$\hat{H}_1 \cdot \varphi_A(1) = E_1 \cdot \varphi_A(1) \quad \text{und} \quad \hat{H}_2 \cdot \varphi_B(2) = E_2 \cdot \varphi_B(2) \qquad (2.4.8)$$

bezeichnet. Solange keine Wechselwirkung besteht, ist der Gesamt-Hamilton-Operator des Systems

$$\hat{H} = \hat{H}_1 + \hat{H}_2. \qquad (2.4.9)$$

Der Eigenwertgleichung

$$\hat{H}\Psi = E\Psi \tag{2.4.10}$$

entspricht dann die Gesamtwellenfunktion

$$\Psi_{(1,2)} = c \cdot (\varphi_A(1) \cdot \varphi_B(2)) \tag{2.4.11}$$

mit der Normierungskonstanten c.

Die Energie der beiden nicht wechselwirkenden Atome ergibt sich zu

$$E = E_1 + E_2. \tag{2.4.12}$$

Bei Wechselwirkung der Atome und dabei geringerem Abstand der Kerne gilt $E < E_1 + E_2$. Die Berechnung von E erfolgt z.B. aus dem Variationsprinzip (s. Abschn. 2.3.1.2). Wegen der Nichtunterscheidbarkeit der Elektronen ist für zwei benachbarte Atome die durch Elektronenaustausch entstehende Wellenfunktion

$$\Psi_{2,1} = c \cdot (\varphi_A(2) \cdot \varphi_B(1)) \tag{2.4.13}$$

gleich wahrscheinlich.

Heitler und London wählten deshalb unter Berücksichtigung der gegenseitigen Störung und des Elektronenaustauschs als angenäherte Gesamtwellenfunktion den Ansatz (vgl. Slater Determinante in Gl. (2.3.5))

$$\Psi_{VB}(1,2) = c \cdot (\varphi_A(1) \cdot \varphi_B(2) + \varphi_A(2) \cdot \varphi_B(1)) \ . \tag{2.4.14}$$

2.4.1.3 LCAO-MO-Methode (Linear Combination of Atomic Orbitals)

Bei der MO-Methode geht man von folgender Vereinfachung aus: Wenn sich ein Elektron in der Nähe eines bestimmten Kerns befindet, so wird es sich in erster Näherung so verhalten, als ob keine anderen Kerne vorhanden wären. Die Lösung der Schrödingergleichung ist dabei ein Atomorbital. Um ein Elektron in Wechselwirkung mit mehreren Kernen zu beschreiben, ordnet man dem Elektron eine Wellenfunktion zu, die sich aus einer Linearkombination aller Atomorbitale φ der beteiligten Kerne ergibt

$$\Psi = \sum_i c_i \varphi_i \ , \tag{2.4.15}$$

wobei die Koeffizienten c_i so gewählt werden, daß die Energie minimal wird. Die Bestimmung dieser Koeffizienten erfolgt über das Variationsprinzip, das wir in Abschn 2.3.1.2 kennengelernt haben (s.u). Für ein System mit zwei Kernen A und B und zwei Elektronen (1) und (2) gilt für das erste Elektron

$$\Psi(1) = c_1\varphi_A(1) + c_2\varphi_B(1) \qquad \textbf{(2.4.16)}$$

und analog für das zweite Elektron

$$\Psi(2) = c_1\varphi_A(2) + c_2\varphi_B(2) \ . \qquad \textbf{(2.4.17)}$$

Die Großbuchstaben A, B stehen dabei für die Kerne, die Zahlen 1,2 für die Elektronen. Die kombinierte Wellenfunktion für zwei Elektronen und zwei Kerne lautet:

$$\begin{aligned}\Psi_{MO}(1,2) = \Psi(1)\Psi(2) &= c_1^2\varphi_A(1)\varphi_A(2) + c_2^2\varphi_B(1)\varphi_B(2)\\ &+ c_1c_2\left[\varphi_A(1)\varphi_B(2) + \varphi_B(1)\varphi_A(2)\right]\end{aligned} \qquad \textbf{(2.4.18)}$$

Der erste Term entspricht dabei der ionischen Struktur A^-B^+, der zweite der Struktur A^+B^-, der dritte beschreibt den kovalenten Charakter der Bindung.

Vergleicht man Gl. (2.4.14) mit Gl. (2.4.18), so sieht man, daß der letzte Klammerausdruck der MO-Beschreibung der VB-Beschreibung entspricht. Der Unterschied zwischen den beiden Methoden liegt also in der Nichtberücksichtigung ionischer Strukturen bei der VB-Methode.

Wir wollen nun das Variationsprinzip anwenden und wählen als Beispiel eine Testfunktion, mit der z.B. das H_2^+ Molekül beschreibbar ist:

$$\phi_v = \sum c_i\varphi_i = c_1\varphi_A + c_2\varphi_B \qquad (2.4.19)$$

Damit ergibt sich:

$$E_v = \frac{\int(c_1\varphi_A^* + c_2\varphi_B^*)\hat{H}(c_1\varphi_A + c_2\varphi_B)d\tau}{\int(c_1\varphi_A^* + c_2\varphi_B^*)(c_1\varphi_A + c_2\varphi_B)d\tau}$$

$$E_v = \frac{\int(c_1^2\varphi_A^*\hat{H}\varphi_A + c_1c_2\varphi_A^*\hat{H}\varphi_B + c_1c_2\varphi_B^*\hat{H}\varphi_A + c_2^2\varphi_B^*\hat{H}\varphi_B)d\tau}{\int(c_1^2\varphi_A^*\varphi_A + c_1c_2\varphi_A^*\varphi_B + c_1c_2\varphi_B^*\varphi_A + c_2^2\varphi_B^*\varphi_B)d\tau} \qquad (2.4.20)$$

Sind die Basisfunktionen normiert, so gilt (Normierungsbedingung):

$$\int \varphi_A^* \cdot \varphi_A d\tau = \int \varphi_B^* \cdot \varphi_B d\tau = 1 \qquad \textbf{(2.4.21)}$$

$\hat{H}$ ist ein hermitescher Operator (vgl. Abschn. 5.3.2 im Anhang). Es gilt:

$$\int \varphi_A^* \hat{H} \varphi_B d\tau = H_{12} = H_{21} = \int \varphi_B^* \hat{H} \varphi_A d\tau = \beta \qquad \textbf{(2.4.22)}$$

H_{12} bzw. H_{21} wird Austausch- oder Resonanzintegral genannt und als β bezeichnet. β ist ein Maß für die Stärke der Bindung. Es berücksichtigt die Energie, die gewonnen wird, wenn ein Elektron zwischen verschiedenen Atomorbitalen hin- und herwechseln kann. β ist normalerweise bei Gleichgewichtsabstand negativ und um so größer, je besser die Delokalisation des Elektrons ist (vgl. Abschn. 2.4.3.2). Tritt keine Überlappung der AOs auf, so ist $\beta = 0$.

Die Integrale

$$\int \varphi_A^* \hat{H} \varphi_A d\tau = H_{11} = \alpha_A \quad \text{und} \quad \int \varphi_B^* \hat{H} \varphi_B d\tau = H_{22} = \alpha_B \qquad \textbf{(2.4.23)}$$

heißen Coulombintegrale und werden im folgenden mit α bezeichnet. α ist bei gebundenen Elektronen negativ und ist die Energie, die ein Elektron im Orbital am Kern A (α_A) bzw. B (α_B) besitzt. In homonuklearen Molekülen ist $\alpha_A = \alpha_B$.

Als letztes ist noch das Überlappungsintegral als

$$S = \int \varphi_A^* \varphi_B d\tau = \int \varphi_B^* \varphi_A d\tau \qquad \textbf{(2.4.24)}$$

definiert. Es ist ein Maß für den Grad der Überlappung der Orbitale 1 und 2. Wenn beide Atomorbitale identisch sind, so ist $S = 1$. Tritt keine Überlappung auf (oder positive und negative Überlappungsregionen sind gleich groß, vgl. Abb. 2.4.3c), dann ist $S = 0$.

Aus den Gl. (2.4.20)–(2.4.24) ergibt sich:

$$E_v = \frac{c_1^2 H_{11} + 2c_1c_2H_{12} + c_2^2 H_{22}}{c_1^2 + 2c_1c_2S_{12} + c_2^2} \qquad (2.4.25)$$

Für ein Minimum muß gelten $(\frac{\partial E_v}{\partial c_1})_{c_2} = 0$ und $(\frac{\partial E_v}{\partial c_2})_{c_1} = 0$. Nach entsprechender Ableitung und algebraischen Umformungen erhält man die beiden Säkulargleichungen

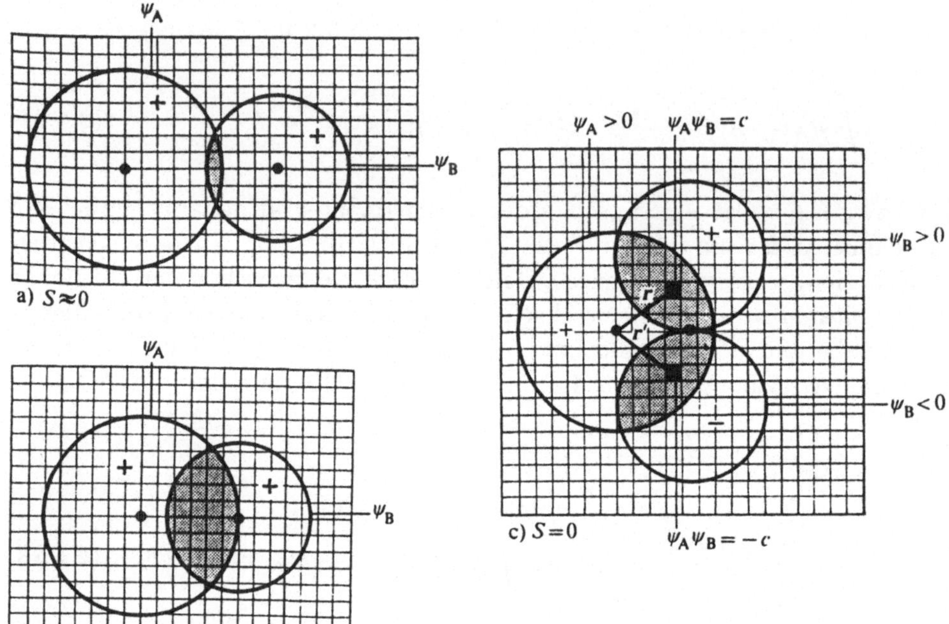

Abb. 2.4.3
Schematische Darstellung verschiedener Überlappungen von Atomwellenfunktionen (d.h. $\Psi_A = \varphi_A$) (grauer Bereich), die zu bestimmten Werten der Überlappungsintegrale S führen; +, − entspricht dem Vorzeichen der Atomwellenfunktionen Ψ_A bzw. Ψ_B [Atk 90]

$$c_1(H_{11} - E_v) + c_2(H_{12} - E_v S_{12}) = 0 \qquad (2.4.26)$$

$$c_1(H_{12} - E_v S_{12}) + c_2(H_{22} - E_v) = 0\,. \qquad (2.4.27)$$

Zwei Werte für $E_v \neq 0$ lassen sich nun aus der Säkulardeterminante bestimmen:

$$\begin{vmatrix} H_{11} - E_v & H_{12} - E_v S_{12} \\ H_{12} - E_v S_{12} & H_{22} - E_v \end{vmatrix} = 0 \qquad (2.4.28)$$

Bei homonuklearen Molekülen, wie in unserem Fall H_2^+, gilt für das Coulombintegral $H_{11} = H_{22} = \alpha$ und für das Resonanzintegral $H_{12} = \beta$. Damit folgt:

$$\begin{vmatrix} \alpha - E_v & \beta - E_v S_{12} \\ \beta - E_v S_{12} & \alpha - E_v \end{vmatrix} = 0 \qquad (2.4.29)$$

$$(\alpha - E_v)^2 - (\beta - E_v S_{12})^2 = 0 \qquad (2.4.30)$$

$$E_{v+} = \frac{\alpha + \beta}{1 + S_{12}} \tag{2.4.31}$$

$$E_{v-} = \frac{\alpha - \beta}{1 - S_{12}} \tag{2.4.32}$$

Gl. (2.4.31) steht dabei für das bindende, Gl. (2.4.32) für das antibindende MO. In Abb. 2.4.4 und Tab. 2.4.1 erkennen wir, daß diese einfache LCAO-MO-Methode zwar qualitative, aber noch keine exakten quantitativen Ergebnisse für das H_2^+-Molekülion liefert.

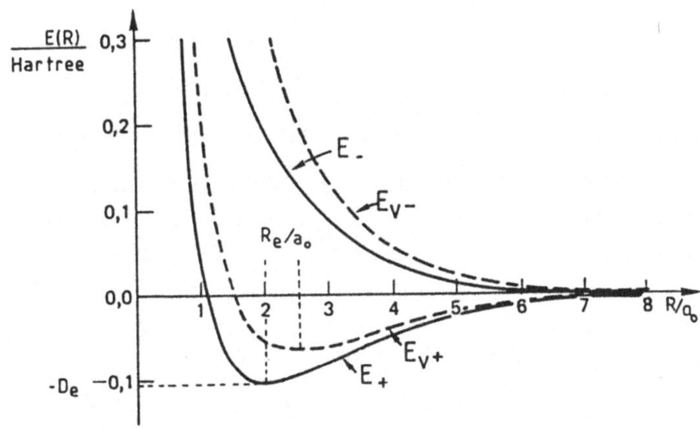

Abb. **2.4.4**
Energiekurven der beiden niedrigsten MOs von H_2^+ als Funktion des Kernabstandes R, gemessen in Bohrschen Radien $a_0 = 0,529 \cdot 10^{-10}$ m
— „exakte“ Lösung mit Born-Oppenheimer-Näherung
- - - LCAO-MO-Näherung
R_e ist der Gleichgewichtsabstand. Die Energie ist in Hartree (1 H = 27,206 eV) angegeben.

Tab. 2.4.1
Werte zu Abb. 2.4.4

Vergleich	„exakte“ Lösung	LCAO-MO-Näherung
Gleichgewichtsabstand R_e	106 pm	132 pm
Dissoziationsenergie D_e	$-0,103$ Hartree = $-2,79$ eV	$-0,065$ Hartree = $-1,78$ eV

2.4.1.4 Hückelnäherung

Die Hückelnäherung basiert auf der LCAO-MO-Methode (siehe Abschn. 2.4.1.3). Sie ist ein semi-empirisches Verfahren und macht die folgenden weiteren vereinfachenden Annahmen, die eine einfache Berechnung von π-Elektronensystemen in organischen Molekülen erlauben:

a) σ- und π-Orbitale werden völlig getrennt behandelt; die σ-Orbitale werden ausschließlich zur Festlegung der Molekülgeometrie verwendet.

b) Alle C-Atome sind gleich (und damit alle Coulombintegrale α, s. Abschn. 2.4.1.3). Damit ist diese Näherung für zyklische Homoaromaten am besten gültig.

c) Alle Überlappungsintegrale sind null.

d) Alle Resonanzintegrale zwischen nichtbenachbarten Atomen sind null.

e) Alle übrigen Resonanzintegrale sind identisch.

Für Ethen ergibt sich damit beispielsweise die zu Gl. (2.4.29) analoge Säkulardeterminante, da wir hier ebenfalls zwei Atome vorliegen haben. (Die Wasserstoffatome spielen wegen der Annahme a) keine Rolle.)

$$\begin{vmatrix} \alpha - E & \beta - ES \\ \beta - ES & \alpha - E \end{vmatrix} = \begin{vmatrix} \alpha - E & \beta \\ \beta & \alpha - E \end{vmatrix} = 0 \qquad (2.4.33)$$

Die Lösung ist

$$E = \alpha \pm \beta \,. \qquad (2.4.34)$$

Da β negativ ist, entspricht $\alpha + \beta$ dem bindenden Orbital.

Abb. 2.4.5 zeigt das MO-Schema für Ethen.

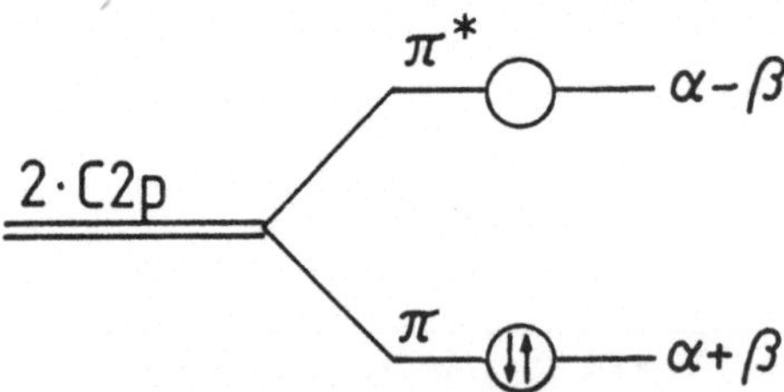

Abb. 2.4.5
Hückel-MO-Energiediagramm für Ethen

Wir werden in Abschn. 2.4.3.2 sehen, daß man durch Hückelrechnungen sehr einfach die Stabilität aromatischer Verbindungen erklären kann.

2.4.1.5 Weitere semiempirische Näherungsverfahren

Wir haben schon in der Einleitung zu Abschn. 2.4.1 erwähnt, daß es drei verschiedene Klassen quantenmechanischer Rechnungen gibt. Die semiempirischen Methoden nahmen dort einen Platz zwischen den „exakten" Ab-initio-Rechnungen und den erst in Abschn. 2.5.2 zu besprechenden Kraftfeldmethoden ein. Kraftfeldmethoden liefern prinzipiell keine Energieniveaus, so daß sie zur Berechnung von Molekülorbitalen nicht eingesetzt werden können. Ab-initio-Methoden, die den Vorteil haben, zumindest bei Berücksichtigung von Korrelationen sehr genaue Werte zu liefern, haben den Nachteil, daß der Rechenaufwand mit der vierten Potenz der Anzahl der Atome wächst. Dies bedeutet, daß für größere Moleküle Ab-initio-Rechnungen wegen des enormen Rechenzeitaufwandes nicht möglich sind. Bei semiempirischen Methoden vermindert sich der Rechenaufwand drastisch, da er nur noch mit der zweiten Potenz der Atomzahl ansteigt.

Im folgenden können wir nur einen Überblick über einige gängige semiempirischen Methoden geben. Dabei werden kurz die prinzipiellen Näherungen dargestellt. Außerdem wird in einer kurzen Übersicht auf Stärken und Schwächen von einigen Methoden eingegangen, die in quantenchemischen Computerprogrammpaketen häufig implementiert sind. Für ausführlichere Darstellungen sei auf die Review-Artikel in [Lip 90] und [Lip 91] sowie die Programmbeschreibungen z.B. von Hyperchem oder MOPAC 6.0 verwiesen, für die älteren Methoden s. auch [Sch 87].

Tab. 2.4.2 gibt einen Überblick über einige wichtige Ab-initio- und semiempirische Verfahren. Sie sind in zwei prinzipielle Kategorien eingeteilt. In der ersten sind Methoden, die auf der SCF-Methode beruhen und damit iterativ vorgehen, aufgeführt. In der zweiten Klasse wird nur eine einzige Rechnung, also keine Optimierung durchgeführt. Weiterhin ist die Tabelle eingeteilt in Methoden, die alle Elektronen berücksichtigen (nur Ab-initio-Methoden) sowie semiempirische Methoden, die entweder alle Valenzelektronen oder nur π-Elektronen berücksichtigen.

Auf die Hückelmethode sind wir bereits im vorigen Abschn. 2.4.1.4 eingegangen. Die Pariser-Parr-Pople-Theorie geht ebenfalls von der Hückeltheorie aus, berücksichtigt jedoch Mehrelektronenwechselwirkungen explizit. In der erweiterten Hückeltheorie wird auf die Separation der σ- und π-Elektronensysteme verzichtet und alle Valenzelektronen berücksichtigt. Außerdem entfallen die Näherungen c und d aus Abschn. 2.4.1.4.

Wir wollen nun auf die weitverbreiteten ZDO-Methoden eingehen.

Tab. 2.4.2
Einteilung von typischen semiempirischen und Ab-initio-Methoden (nach [And 91])

berücksichtigte Elektronen	nicht-selbstkonsistente Methoden	selbstkonsistente Methoden
π-Elektronen	Hückel (HMO)	Pariser-Parr-Pople (PPP)
alle Valenzelektronen ($\sigma + \pi$)	Extended Hückel (EH) Valence Effective Hamiltonian (VEH)	Zero Differential Overlap (ZDO) CNDO, INDO, MINDO NDDO, MNDO, AM1, PM3
alle Elektronen		Ab initio IBMOL GAUSSIAN HONDO

In der ZDO- (**Z**ero **D**ifferential **O**verlap-) Näherung werden sämtliche Mehrelektronenintegrale, die eine Überlappungsdichte eines Elektrons zwischen zwei Atomorbitalen enthalten, vernachlässigt. Eine Ausnahme ist nur das Hückelsche Resonanzintegral (vgl. Gl. (2.4.22)), da es eine entscheidende Rolle bei der Bindungsbildung spielt. Die einzelnen ZDO-Methoden wenden nun diese Näherung mehr oder weniger konsequent an. Die größten Näherungen werden im CNDO- (**C**omplete **N**eglect of **D**ifferential **O**verlap-) Verfahren gemacht. Es wendet die ZDO-Näherung auf alle Orbitalpaare des Basissatzes an. Damit verschwinden sämtliche Überlappungsintegrale sowie alle Zweielektronenintegrale, die Überlappungsdichte zwischen verschiedenen Orbitalen enthalten, selbst wenn diese an das gleiche Atomzentrum gebunden sind. Nur die Resonanzintegrale werden beibehalten. Die Kern-Kern-Abstoßung wird nur dadurch berücksichtigt, daß die Ladung der Kerne durch die Zahl der Rumpfelektronen abgeschirmt wird. Beim INDO- (**I**ntermediate **N**eglect of **D**ifferential **O**verlap-) Verfahren werden im Gegensatz zum CNDO-Verfahren Überlappungsdichten für Orbitale an einem Zentrum berücksichtigt. Im NDDO- (**N**eglect of **D**iatomic **D**ifferential **O**verlap-) Verfahren wird die ZDO-Näherung nur auf Atomorbitale an verschiedenen Atomen angewandt. Bei den drei beschriebenen Methoden, die insbesondere von der Gruppe um Pople entwickelt wurden, werden Parameter für einzelne Atome so angepaßt („Parametrisierung"), daß die Fehler, die durch die Nichtberücksichtigung der entsprechenden Integrale gemacht werden, gegenüber Ab-initio-Rechnungen der gleichen Moleküle minimiert werden (sog. approximative Methoden).

Im Gegensatz dazu wurde von der Gruppe um Dewar versucht, Parameter zu finden, die experimentelle Gegebenheiten möglichst gut wiedergeben. Daher der Name semiempirische Methoden, wobei im allg. Sprachgebrauch meist nicht zwischen den approximativen und den rein semiempirischen Methoden unterschieden wird, insbesondere auch deshalb, weil es viele Mischformen gibt. Von Dewar wurden die Methoden MINDO und MNDO entwickelt, die von ihren Näherungen INDO und NDDO entsprechen, jedoch andere Parametersätze enthalten (daher der Name **M**odified INDO bzw. **M**odified ND(D)O, da der Parametersatz modifiziert wurde). Ab MINDO/3 (dem 3. MINDO-Parametersatz) wird die Kernabstoßung in der potentiellen Energie als parametrisierter Term berücksichtigt. Dieser Term kompensiert den Fehler, den man bei der ausschließlichen Berücksichtigung von Valenzelektronen im elektronischen Anteil der Schrödingergleichung macht. Die neueren Methoden AM1 und PM3 sind MNDO-abgeleitete Verfahren, die jedoch wieder andere Parameter enthalten (s.u). Je nach gewähltem Parametersatz lassen sich bestimmte Experimente besonders gut oder besonders schlecht wiedergeben. Die Wahl der richtigen Methode und des richtigen Parametersatzes ist deswegen ein entscheidendes Kriterium für die Güte der erhaltenen semiempirischen Ergebnisse. Allen Methoden gemeinsam ist jedoch die Tatsache, daß nur Elemente der ersten beiden Reihen parametrisiert sind, also insbesondere keine Verbindungen mit Metallen mit d-Elektronen berechenbar sind. In den Tabellen 2.4.3 und 2.4.4 sind die am besten einsetzbaren Methoden für bestimmte Probleme (Tab. 2.4.3) bzw. die Vor- und Nachteile häufig eingesetzter semiempirischer Methoden (Tab. 2.4.4) dargestellt. Dies kann allerdings nur als erste Näherung angesehen werden, und der passende Parametersatz muß für jedes neu anzupassende Experiment bzw. für jede neue Molekülgruppe neu evaluiert werden. Dies ist nur mit viel Erfahrung möglich.

Auf die Vor- und Nachteile der heute häufig eingesetzten Methoden MNDO, AM1 und PM3 soll etwas ausführlicher eingegangen werden. Alle drei Methoden haben den Vorteil gegenüber den anderen in Tab. 2.4.4 genannten, daß sie Moleküle mit Heteroatomen besser beschreiben. Probleme, die bei MNDO auftreten, sind:

- Sterisch überladene Moleküle wie z.B. Neopentan werden zu instabil berechnet.
- Vierringe wie Cuban werden zu stabil berechnet.
- Wasserstoffbrückenbindungen existieren praktisch nicht.
- Hypervalente Verbindungen, d.h. Moleküle, die mehr Bindungen ausbilden, als sie eigentlich freie Valenzen haben (z.B. durch Beteiligung von d-Orbitalen), wie z.B. die Schwefelsäure, sind zu instabil.

Tab. 2.4.3
Bewährte Methoden zur Lösung spezifischer Fragestellungen [Zie 84]. Die nach den Kürzeln angegebenen Zahlen /X (1,3) geben den X-ten Parametersatz an, /S heißt angepaßt für spektroskopische Daten durch begrenzte Berücksichtigung angeregter Zustände, UHF „Unrestricted Hartree Fock", das offenschalige Systeme besser beschreibt

Strukturen:	Kraftfeldprogramme (vgl. Abschn. 2.5.2), MINDO/3 (für Kohlenwasserstoffe), MNDO (für Moleküle mit Heteroatomen)
Ladungsdichten:	(zur Untersuchung von Struktur/Wirkungsbeziehungen) EH (für große Moleküle), MINDO/3, MNDO
Ionisierungspotentiale:	SPINDO/1 (nur Kohlenwasserstoffe!), MINDO/3, EH (nur relative Werte)
Elektronenspektren:	(UV/VIS): CNDO/S, PPP und andere Verfahren, die jedoch unbedingt Konfigurationswechselwirkung berücksichtigen müssen!
ESR-Spektroskopie:	(Spindichten): INDO, MINDO/3-UHF
Infrarot-Spektroskopie:	Kraftfeldmethoden (vgl. Abschn. 2.5.2), MINDO/3, MNDO
Korrelationsdiagramme:	(Woodward-Hoffmann-Regeln etc.): EH, HMO, CNDO

- Aktivierungsbarrieren sind generell zu hoch.
- Nicht-klassische Strukturen wie das Ethylradikal sind zu instabil im Vergleich zu klassischen Strukturen.
- Sauerstoffhaltige Substituenten an aromatischen Ringen wie z.B. in Nitrobenzol sind aus der Konjugationsebene gedreht.
- Peroxidbindungen sind systematisch um ca. 1,7 Å zu kurz.
- Der C-O-C-Winkel in Ethern ist ca. 9° zu groß.

AM1 wurde entwickelt, um bei diesen Punkten eine größere Genauigkeit zu erreichen. Insbesondere werden Wasserstoffbrückenbindungen mit 23,03 J/mol gut wiedergegeben, Aktivierungsbarrieren werden deutlich genauer berechnet, hypervalente Phosphorverbindungen sind wesentlich besser als in MNDO, und prinzipiell sind Fehler in Bildungsenthalpien um ca. 40% geringer als mit MNDO. Dafür ergeben sich andere Probleme:

Tab. 2.4.4
Die wichtigsten ZDO-Verfahren und ihre Leistungsfähigkeit [Sch 87]

Verfahren	Systeme	Ergebnisse	
		Erfolge	Mißerfolge
CNDO/2	Kleine Moleküle (AB_2, AB_3)	Ladungsdichten	Bildungswärmen
	Kohlenwasserstoffe	Bindungswinkel und Bindungslängen	Ionisierungspotentiale Elektronenaffinitäten
	Organische Verbindungen mit Heteroatomen	Dipolmomente	Elektronenübergänge
	Heterozyklen	NMR-Spektren	
	Substituierte Aromaten	(evtl. Kraftkonstanten)	
CNDO/S	Aromaten (auch substituierte)	Elektronenspektren konjugierter Systeme	Bildungswärmen
	Heterozyklen		Molekülgeometrien
INDO	Kleine Moleküle (AB_2, AB_3)	Bindungswinkel und Bindungslängen	Bildungswärmen Ionisierungspotentiale
	Organische Verbindungen mit Heteroatomen	Spindichten	Elektronenaffinitäten
	Freie Radikale	Hyperfeinkopplungskonstanten, ESR-Spektren	
MINDO/3	Kohlenwasserstoffe	Bildungswärmen Bindungswinkel und Bindungslängen Kraftkonstanten Ionisierungspotentiale	Elektronenübergänge
MNDO, AM1, PM3		s. Text	

- Phosphor ist in AM1 so parametrisiert, daß symmetrische Geometrien häufig völlig verzerrt werden.
- Bei Alkylgruppen tritt ein systematischer Fehler auf, da die Bildungsenthalpie des CH_2-Fragments um ca. 8,4 J/mol zu negativ ist.

- Nitroverbindungen sind zwar gegenüber MNDO verbessert, jedoch trotzdem zu positiv in der Energie.
- Die Peroxidbindung ist weiterhin um ca. 1,7 Å zu kurz.

PM3 ist eine neuere Methode. Sie bringt Verbesserungen dadurch, daß hypervalente Verbindungen besser wiedergegeben werden und Fehler in Bildungsenthalpien um weitere 40% gegenüber AM1 vermindert sind. Da PM3 erst sehr kurz benutzt wird, sind kaum Schwächen dieser Parametrisierung bekannt. Dies sollte jedoch nicht zu dem Schluß verleiten, daß dieser Parametersatz den anderen in allen Fällen überlegen ist.

2.4.2 Zweiatomige Moleküle

2.4.2.1 Termsymbolik

Ähnlich wie die Atomorbitale werden auch die Molekülorbitale linearer Moleküle durch die z-Komponente des Bahndrehimpulses gekennzeichnet oder, anders ausgedrückt, durch die Anzahl der Knotenebenen auf der Kernverbindungslinie. Für Einelektronen-MOs gilt:

$$\lambda_z = m_\lambda \hbar \quad \text{mit} \quad m_\lambda = 0, \pm 1, \pm 2 \tag{2.4.35}$$

Dabei ist λ der Bahndrehimpuls um die intermolekulare Achse. Für mehrere Elektronen gilt:

$$\Lambda_z = M_\Lambda \hbar \quad \text{mit} \quad M_\Lambda = \sum_i m_{\lambda_i} \tag{2.4.36}$$

In Tab. 2.4.5 wird die Symbolik für AOs (vgl. Abschn. 2.2.5) und MOs gegenübergestellt.

In Abb. 2.4.6 sind die verschiedenen Orbitaltypen schematisch gezeigt.

Tab. 2.4.5
Vergleich der Nomenklatur von AOs und MOs

Einelektronen-AOs		Einelektronen-MOs		Mehrelektronen-MOs	
m_l	Bezeichnung	m_λ	Bez.	M_Λ	Bez.
0	s, p_z, d_{z^2}	0	σ	0	Σ
± 1	p_x, p_y d_{xz}, d_{yz}	± 1	π	± 1	Π
± 2	$d_{xy}, d_{x^2-y^2}$	± 2	δ	± 2	Δ

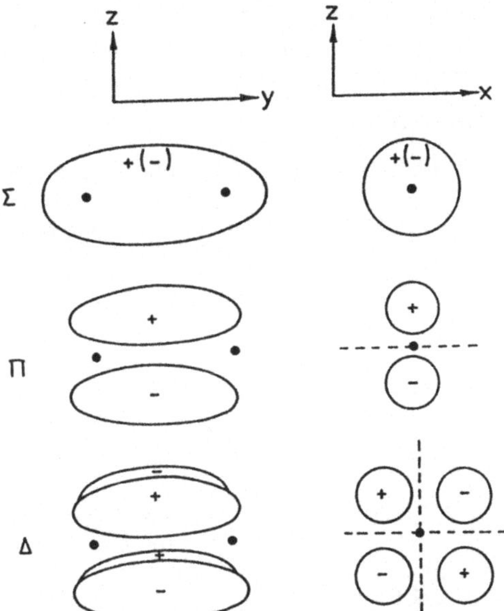

Abb. 2.4.6
Schematische Darstellung verschiedener Orbitaltypen, links Perspektive aus der x-Richtung, rechts aus der y-Richtung

Wie bei der Termsymbolik von Atomorbitalen (vgl. Abschn. 2.3.2.3) wird bei Mehrelektronen-MOs die Spinmultiplizität oben links angefügt. Zur vollständigen Bezeichnung gehört noch das Symmetrieverhalten (vgl. Anhang 5.4.2) gegenüber einem evtl. vorhandenen Inversionszentrum (g für gerades, u für ungerades Verhalten) und bei Σ-Orbitalen das Symmetrieverhalten gegenüber einer Spiegelebene, die die Kerne enthält (vgl. Abb. 2.4.7). Dabei haben nur rotationssymmetrisch um die Kernverbindungslinie angeordnete Orbitale (d.h. σ-Orbitale oder abgeschlossene Schalen) +-Symmetrie, da es unendlich viele Spiegelebenen durch die Kernverbindungslinie gibt.

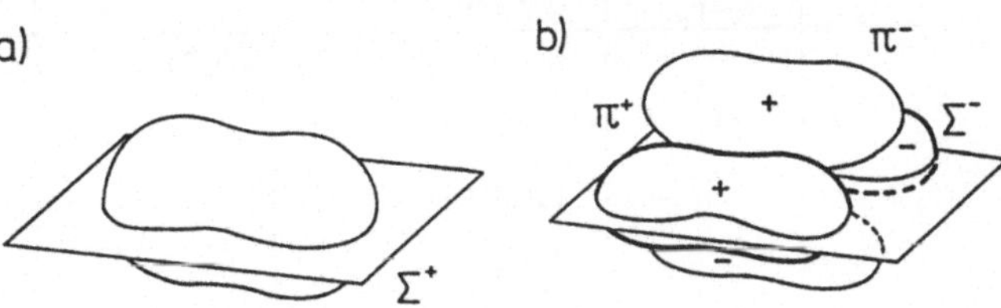

Abb. 2.4.7
Erklärung der ±-Symmetrie [Atk 91]
a) σ-Orbital, +-Symmetrie
b) 2 π-Orbitale, eines mit +-Symmetrie (fette Linien), eines mit −-Symmetrie; −-Symmetrie des Produkts

Da abgeschlossene Schalen immer +-Symmetrie besitzen, sind nur die außerhalb der Schalen liegenden obersten MOs entscheidend. Gibt es mehrere (z.B. die beiden obersten π-Orbitale in O_2), so muß man das Produkt aus beiden bilden.

Als Bezeichnung für Einelektronen-MOs erhält man z.B.

Spinorientierung (hier: -z-Richtung)

↓

MO-Typ (hier: π-Orbital) ⟶ $\bar{\pi}_{-1}$ ⟵ Bahndrehimpulsorientierung (hier: y-Richtung)

und für Mehrelektronen-MOs z.B.

Spinmultiplizität $2S+1$ (hier: $S=0$) ⟶ $^1\Sigma_g^-$ ⟵ Symmetrie i.B.a. Spiegelebene; ⟵ Parität der Wellenfunktion (hier: gerade)

↑

Gesamtdrehimpuls (hier: 0)

Tab. 2.4.6
Elektronische Zustände und zugehörige Termsymbole für einige ausgewählte zweiatomige Moleküle

Molekül	Term	Energie (eV)	Molekül	Term	Energie (eV)
F_2	$^1\Sigma_g^+$	0	N_2	$^1\Sigma_g^+$	0
	$^1\Pi_u$	4,278		$^3\Sigma_u^+$	6,226
Cl_2	$^1\Sigma_g^+$	0		$^1\Pi_g$	8,592
	$^3\Pi_{0u^+}$	2,270		$^1\Sigma_u^+$	12,317
	$^3\Sigma_{1u}^+$	7,192	O_2	$^3\Sigma_g^-$	0
Br_2	$^1\Sigma_g^+$	0		$^1\Delta_g$	0,982
	$^3\Pi_{1u}$	1,712		$^1\Sigma_g^+$	1,636
	$^3\Pi_{0u^+}$	1,970		$^3\Sigma_u^+$	4,476
	$^3\Sigma_{1u}^+$	5,828		$^3\Sigma_u^-$	6,175
I_2	$^1\Sigma_g^+$	0	NO	$^2\Pi_{1/2}$	0
	$^3\Pi_{1u}$	1,474		$^2\Pi_{3/2}$	0,015
	$^3\Pi_{0u^+}$	1,939		$^2\Sigma^+$	5,45
	$^1\Sigma_u^+$	4,184	CO	$^1\Sigma^+$	0
	$^3\Sigma_{1u}^+$	5,575		$^1\Pi$	8,07
H_2	$^1\Sigma_g^+$	0		$^1\Sigma^+$	10,78
	$^1\Sigma_u^+$	11,37		$^1\Sigma^+$	11,40
	$^1\Pi_u$	12,405			

Beispiele finden sich in Tab. 2.4.6. Die Termsymbolik für nichtlineare mehratomige Moleküle wird im Anhang 5.4.2 kurz angesprochen.

2.4.2.2 MO-Schemata homonuklearer zweiatomiger Moleküle

In Abschn. 2.4.1.3 haben wir gesehen, daß sich durch Linearkombination von zwei Atomorbitalen (AOs) zwei Molekülorbitale ergeben, von denen eines energetisch günstiger, das andere dagegen ungünstiger gegenüber den AOs liegt. Man kann dies in einem sogenannten MO-Schema vereinfacht darstellen, das für den Gleichgewichtsabstand der Atome im Molekül gilt. Abb. 2.4.8 zeigt als Beispiel das MO-Schema von H_2.

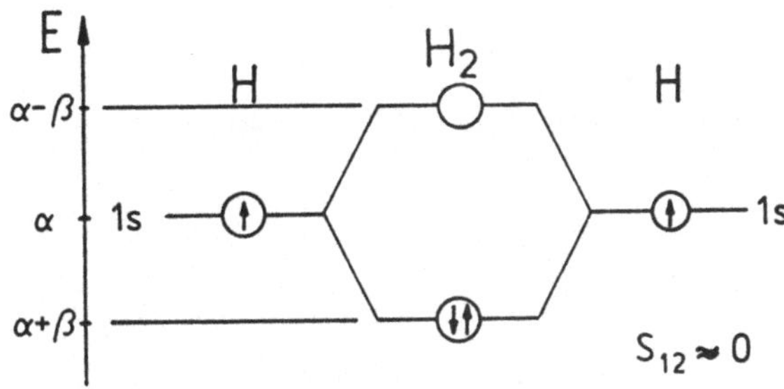

Abb. **2.4.8**
MO-Schema von H_2

Für Moleküle, bei denen mehrere Orbitale an der Bindung beteiligt sind, ergeben sich kompliziertere MO-Schemata, die nach folgendem Prinzip konstruiert werden:

a) Aus n Atomorbitalen werden n Molekülorbitale.

b) Die Elektronen werden paarweise von — energetisch gesehen — unten nach oben auf die einzelnen MOs verteilt (Beachtung des Pauli-Prinzips, s. Abschn. 2.3.2.3.2).

c) Sind zwei MOs energetisch entartet, so wird jedes zuerst einfach besetzt, wobei parallele Spinanordnung bevorzugt ist (Hundsche Regel, s. Abschn. 2.3.2.3.2).

Ein Beispiel zeigt Abb. 2.4.9.

Eine andere Art der MO-Darstellung sind sogenannte Korrelationsdiagramme. Bei ihrer Konstruktion geht man davon aus, daß der zu beschreibende elektronische Molekül-Zustand immer zwischen zwei Extremfällen liegt.

Das eine Extrem ist der Fall getrennter Atome, das andere die Kernfusion. Im Korrelationsdiagramm stehen also auf der einen Seite die AOs des

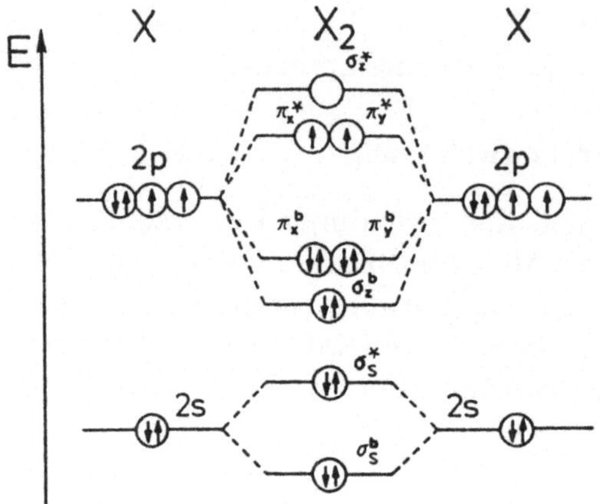

Abb. **2.4.9**
MO-Schema von O_2 (oder F_2, wenn zwei weitere 2p-Elektronen vorhanden sind)

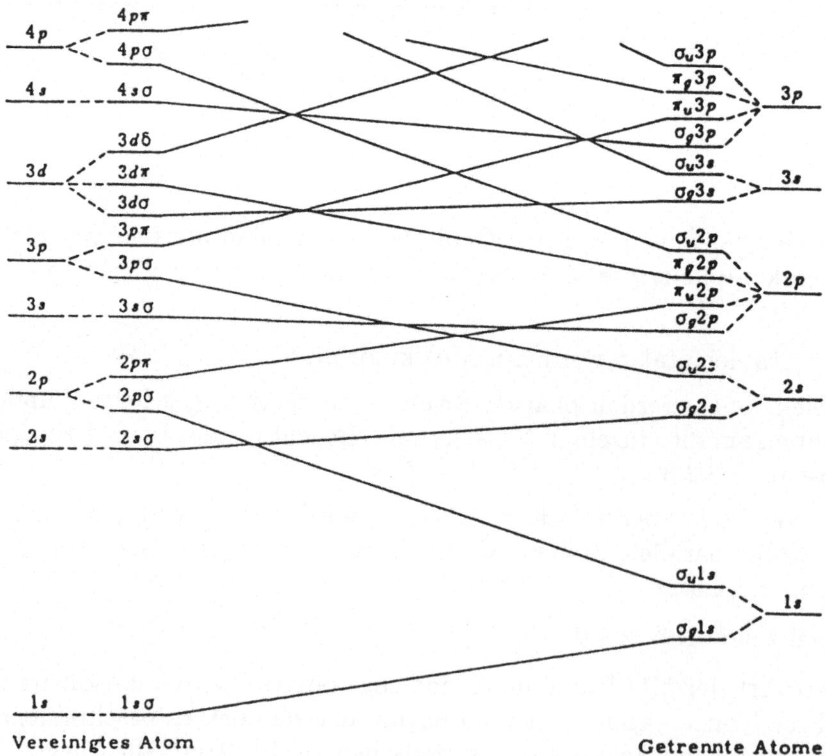

Abb. 2.4.10
Korrelationsdiagramm

Einzelatoms, auf der anderen Seite die AOs desjenigen Atoms, das durch Kernverschmelzung entstehen würde. Anschließend werden Orbitale gleicher Symmetrie durch Linien miteinander verbunden. (Zur Symmetriebetrachtung von Korrelationen s. Anhang 5.4.2.) Dabei dürfen sich aber Linien, die zur gleichen Symmetrie gehören, nicht überschneiden. Die tatsächlichen MOs liegen zwischen den beiden Extremfällen (Abb. 2.4.10).

Die genaue energetische Lage der MOs als Funktion des Atom-Atom-Abstandes folgt aus quantenmechanischen Rechnungen und differiert dabei von Näherungsmethode zu Näherungsmethode. Experimentell kann man die besetzten Niveaus z.B. aus UPS-Spektren entnehmen (s. Abschn. 3.5.5).

Man kann Korrelationsdiagramme auch dazu verwenden, qualitative Angaben zur Gestalt von Molekülorbitalen zu machen. Dies ist in Abb 2.4.11 gezeigt.

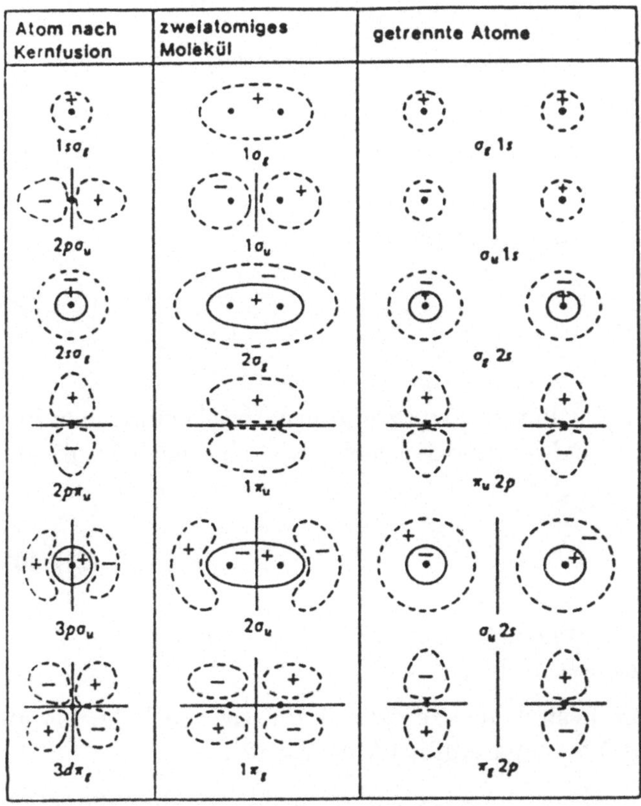

Abb. 2.4.11
Korrelation der Gestalt von Orbitalen

2.4.2.3 MO-Schemata heteronuklearer zweiatomiger Moleküle

Die MO-Schemata heteronuklearer Moleküle werden genauso konstruiert wie die von homonuklearen. Während aber dort die Atomorbitale gleiche Energie hatten, ist dies bei heteronuklearen Molekülen nicht der Fall. Bei letzteren ist die Elektronenladung nicht gleichmäßig verteilt. Die Elektronen halten sich i.allg. bevorzugt bei einem Atom, dem sog. elektronegativeren Atom auf. Die Elektronegativität ist dabei nach Pauling über

$$EN_A - EN_B = \sqrt{D_{AB} - \sqrt{D_{AA} \cdot D_{BB}}} \qquad \textbf{(2.4.37)}$$

mit D_{IJ} als Dissoziationsenergien in eV als relative Größe definiert. Bezugspunkt ist Fluor mit $EN_{\mathrm{F}} = 4$.

Als Konvention werden die Elektronegativitäten dimensionslos gesetzt.

Man kann mit den Elektronegativitäten den Ionencharakter δ von A in der Einzelbindung AB über

$$\delta_{AB} = 1 - e^{-\frac{(EN_A - EN_B)^2}{4}} \qquad (2.4.38)$$

berechnen.

Das Dipolmoment (vgl. Gl. (5.2.51)) ist dann über

$$\mu_{\mathrm{el}} = d_{AB} \cdot \delta_{AB} \cdot e \qquad (2.4.39)$$

gegeben.

Neben der Paulingschen Definition gibt es zwei alternative Definitionen der Elektronegativität, eine nach Allred und Rochow sowie eine nach Mullikan, für die

$$EN = \frac{1}{2}(I + \chi) \qquad \textbf{(2.4.40)}$$

gilt mit I als minimalem Ionisierungspotential und χ als maximaler Elektronenaffinität, beide angegeben in eV.

Das elektronegativere Atom besitzt die energetisch günstigeren AOs, so daß sich ein asymmetrisches MO-Schema ergibt (Abb. 2.4.12).

Wie man aus Abb. 2.4.12 erkennt, wechselwirken nicht nur die s-Orbitale untereinander, sondern auch das H1s- mit dem Li2p-Orbital. Dies soll in Abschn. 2.4.2.4 näher erklärt werden.

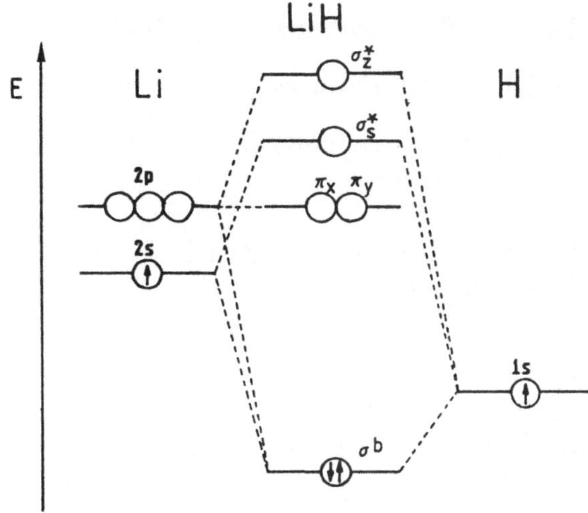

Abb. **2.4.12**
MO-Schema von LiH. Li 1s-Elektronen sind nicht eingezeichnet, da sie an der Bindung nicht beteiligt sind.

2.4.2.4 Hybridisierung

Normalerweise wird sich ein AO des einen Atoms mit dem energetisch am nächsten liegenden AO des anderen Atoms zu einem MO kombinieren. Liegen aber verschiedene AOs energetisch nicht zu weit auseinander (wie das 2s- und das 2p-Orbitale des Lithiums in Abb. 2.4.12), so kann das AO des anderen Atoms mit beiden wechselwirken. Die Berücksichtigung solcher Drei-Orbital-Bindungen ist in der MO-Theorie sehr einfach (es wird für die Energiekalkulation eine Linearkombination von drei Orbitalen gewählt). In den MO-Schemata wird die Wechselwirkung durch die entsprechenden Verbindungslinien zwischen den AOs und MOs gekennzeichnet.

Man kann diese Bindungssituation aber auch anders beschreiben: Man bildet zuerst durch Linearkombination des 2s- und 2p-Orbitals des Lithiums sogenannte sp-Hybridorbitale und läßt diese mit dem 1s-Orbital des Wasserstoffs überlappen. Im Gegensatz zu MOs, die aus AOs *verschiedener* Atome entstehen, werden also Hybridorbitale aus AOs *eines* Atoms gebildet. Die anschauliche Erklärung vieler Bindungswinkel und Molekülgeometrien ist oft schwierig, wenn man sich Bindungen als Überlagerung reiner s-, p- oder d-Orbitale vorstellt und man nicht gleich von geeigneten Hybridorbitalen ausgeht.

2.4.3 Polyatomare Moleküle

2.4.3.1 MO-Schemata polyatomarer Moleküle

Die MO-Schemata einfacher polyatomarer Moleküle unterscheiden sich nicht wesentlich von denen der zweiatomigen. Wegen der zweidimensionalen Darstellung ergibt sich ein Unterschied: Auf der einen Seite des Schemas stehen wie bisher die AOs des Zentralatoms, auf der anderen die AOs *aller* daran gebundenen Liganden. Als Beispiel soll in Abb. 2.4.13 das CO_2 dienen. Ebenfalls dargestellt ist die Gestalt der Molekülorbitale.

In Abb. 2.4.14 ist das MO-Schema eines anorganischen Komplexes dargestellt. Links sind die AOs von Ti als Zentralatom dargestellt. Rechts sind der Übersichtlichkeit wegen nur die an der Bindung beteiligten σ-Orbitale von H_2O (also je ein besetztes freies Elektronenpaar am Sauerstoff) gezeigt.

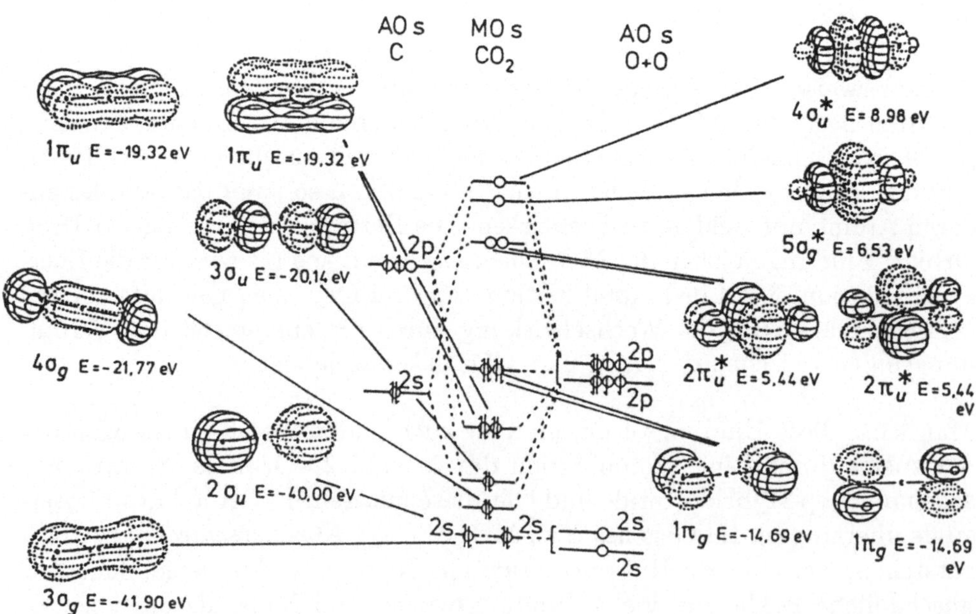

Abb. 2.4.13
MO-Schema von CO_2 mit Darstellung der Molekülorbitale (nach [Jor 74])

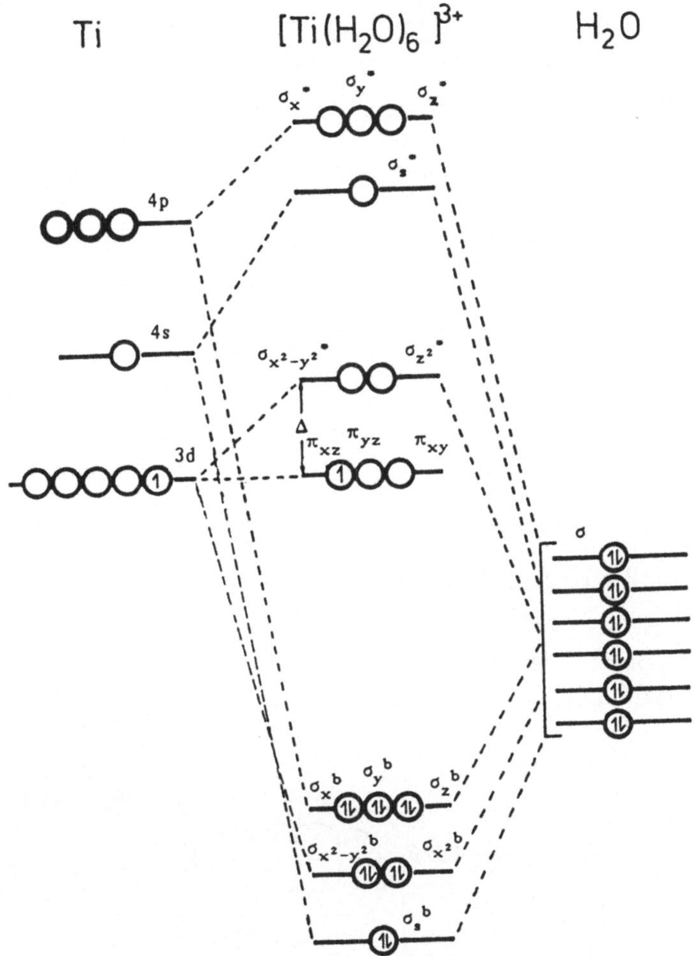

Abb. 2.4.14
MO-Schema des Komplexes $[Ti(H_2O)_6]^{3+}$

2.4.3.2 Konjugierte π-Systeme

Wir haben bereits in Abschn. 2.4.1.4 die Hückelnäherung zur Berechnung von π-Systemen besprochen. Wir wollen nun als erstes Beispiel die Bindungsenergie von Butadien berechnen. Als Determinante erhält man jetzt eine entsprechend der vier Kohlenstoffatome auf eine 4×4-Matrix erweiterte Gl. (2.4.29) (zu Details vgl. [Sch 87]:

$$\begin{vmatrix} \alpha - E & \beta & 0 & 0 \\ \beta & \alpha - E & \beta & 0 \\ 0 & \beta & \alpha - E & \beta \\ 0 & 0 & \beta & \alpha - E \end{vmatrix} = 0$$

Die zu lösende Gleichung lautet

$$x^2 - 3x + 1 = 0 \quad \text{mit} \quad x = (\alpha - E)^2/\beta^2,$$

die Lösung ist

$$x_1 = 2,62; \quad x_2 = 0,38.$$

Für die Energien ergibt sich damit:

$$E_{1,4} = \alpha \pm 1,62\,\beta; \quad E_{2,3} = \alpha \pm 0,62\,\beta$$

Abb. 2.4.15 zeigt das Ergebnis graphisch.

Im Ethen (vgl. Abschn. 2.4.1.4) ist die Gesamtenergie $2(\alpha + \beta) = 2\alpha + 2\beta$ (Besetzung des bindenden MOs mit zwei Elektronen), während sie im Butadien $2(\alpha+1,62\beta)+2(\alpha+0,62\beta) = 4\alpha+4,48\beta$ beträgt. Im Vergleich zu

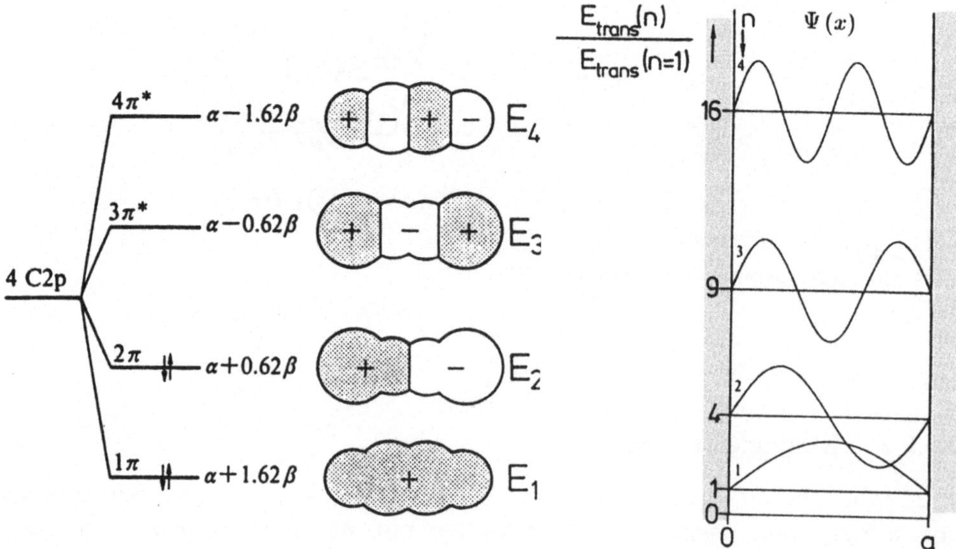

Abb. 2.4.15
Hückel MO-Energiediagramm für Butadien (links) [Atk 90], Vergleich mit Teilchen im Kasten (rechts)

zwei isolierten Doppelbindungen ist also das Butadien um die Energie $0,48\beta$ stabilisiert. Diese Energie heißt Delokalisierungs- oder Resonanzenergie.

Als weiteres Beispiel soll der Aromat Benzol behandelt werden. Benzol besitzt sechs sp^2-hybridisierte C-Atome, die einen praktisch spannungsfreien Sechsring bilden. Die sechs p-Orbitale sind über den ganzen Ring delokalisiert. Entsprechend erhält man die Säkulardeterminante

$$\begin{vmatrix} \alpha - E & \beta & 0 & 0 & 0 & \beta \\ \beta & \alpha - E & \beta & 0 & 0 & 0 \\ 0 & \beta & \alpha - E & \beta & 0 & 0 \\ 0 & 0 & \beta & \alpha - E & \beta & 0 \\ 0 & 0 & 0 & \beta & \alpha - E & \beta \\ \beta & 0 & 0 & 0 & \beta & \alpha - E \end{vmatrix} = 0$$

und daraus

$$E_{1-6} = \alpha \pm 2\beta\,, \quad \alpha \pm \beta\,, \quad \alpha \pm \beta\,.$$

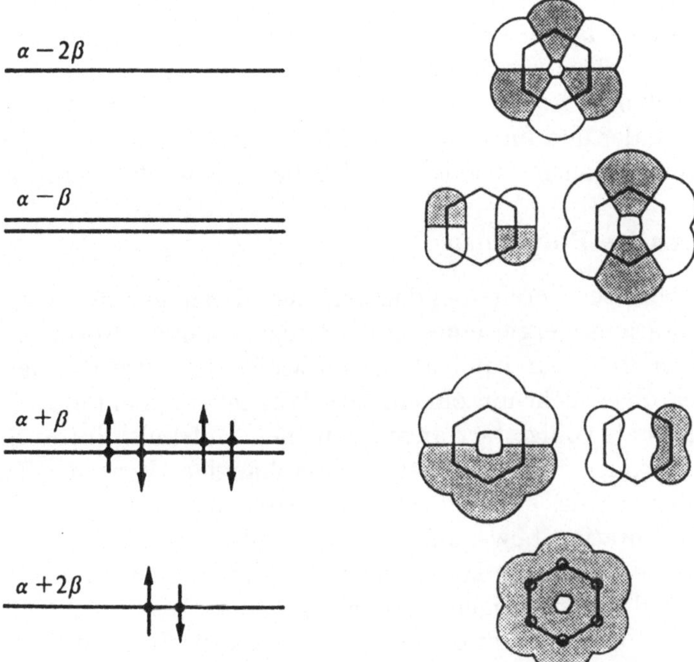

Abb. 2.4.16
Hückel-MO-Energiediagramm für Benzol [Atk 90]

Abb. 2.4.16 zeigt, daß nur bindende MOs besetzt werden. Die π-Bindungs-Energie beträgt $2(\alpha+2\beta)+4(\alpha+\beta) = 6\alpha+8\beta$. Drei isolierte Doppelbindungen hätten die π-Bindungsenergie $3(2\alpha+2\beta) = 6\alpha+6\beta$. Die Resonanzenergie beträgt damit $2\beta = -150\frac{\text{kJ}}{\text{Mol}}$, also einen im Vergleich zum Butadien sehr hohen Wert. Diese starke Stabilisierung, die bei allen Kohlenstoffringsystemen mit $4N + 2$ π-Elektronen auftritt, heißt Aromatizität.

2.4.4 Dynamische Molekülstrukturen

Die Moleküldynamik wird im einfachsten Fall bei als völlig starr angenommenen Molekülen durch deren Translation und Rotation bestimmt. Dazu kommen in nächster Näherung die innermolekularen Schwingungen als Folge der Relativbewegungen der Kerne. Bei größeren Molekülen bietet es sich in nächster Näherung oft an, Bewegungen von Teilgruppen über gehinderte oder freie Rotationen zu beschreiben. Bei schwachen Wechselwirkungen zwischen komplementären Strukturen in Supramolekülen (vgl. Abschn. 2.5.1.4) können die Bewegungszustände des Gesamtassoziats vom Assoziations- und Dissoziationsprozeß bei der molekularen Erkennung separiert werden. In noch komplizierteren Systemen wie beispielsweise Makromolekülen und Polymeren lassen sich allgemeine Bewegungszustände nur noch über statistische Näherungsmethoden der molekularen Dynamik beschreiben. Daraus ergeben sich zeitliche Mittelwerte für bestimmte Abstände der Atome voneinander und für bestimmte Molekülkonfigurationen, die beispielsweise über Korrelationsfunktionen beschrieben werden können (vgl. Abschn. 2.5.3).

2.4.4.1 Rotationen

Wir haben bereits bei den einfachen Lösungen der Schrödingergleichung die Rotationsenergie eines zweiatomigen starren Rotators kennengelernt (Abschn. 2.2.5). Bei polyatomaren Molekülen wird die Berechnung komplizierter, da es nicht nur ein einziges Trägheitsmoment gibt. Im allgemeinsten Fall eines als völlig starr angenommenen Moleküls gibt es drei bzw. bei linearen Molekülen zwei voneinander unabhängige Werte des Trägheitsmoments. Es gibt für jedes starre nichtlineare Molekül drei Orientierungen für unabhängige Rotationsbewegungen, für die das Trägheitsmoment unterschiedliche Werte annehmen kann. Diese Richtungen nennt man Hauptträgheitsachsen und die zugehörigen Trägheitsmomente Hauptträgheitsmomente I_a, I_b, I_c, wobei als Konvention mit I_a das kleinste und mit I_c das größte bezeichnet wird.

Eine Darstellung der Rotationen um beliebige Achsen mit ihren komponentenweisen Anteilen von den drei Hauptachsen ermöglicht die Auftragung sogenannter Trägheitsellipsoide, deren Oberfläche durch eine konstante Rotationsenergie gegeben ist (Abb. 2.4.17).

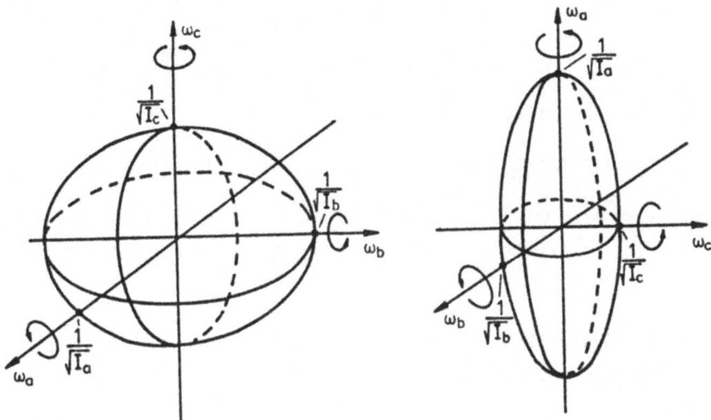

Abb. 2.4.17
Hauptrotationsachsen für — (a) einen oblaten symmetrischen Kreisel — (b) einen prolaten symmetrischen Kreisel (zur Bezeichnung s. Text). Die jeweiligen Rotationsfrequenzen bei konstanter Gesamtenergie sind entlang der Hauptachsen proportional zu $1/\sqrt{I_i}$ und setzen sich für beliebige Rotationen aus den Koordinaten der Duchstoßungspunkte $(\omega_a, \omega_b, \omega_c)$ der $\underline{\omega}$-Richtung zusammen [Ste 84].

Nach Gl. (5.2.26) gilt im klassischen Fall für konstante kinetische Energie:

$$E_{\text{rot}} = \frac{1}{2}(I_a\omega_a^2 + I_b\omega_b^2 + I_c\omega_c^2) = \text{const}\,. \tag{2.4.41}$$

Die mathematische Gleichung für ein Ellipsoid lautet:

$$\frac{x^2}{a^2} + \frac{y^2}{b^2} + \frac{z^2}{c^2} = 1 = \text{const}\,. \tag{2.4.42}$$

Im Koordinatensystem xyz erhält man dann ein Ellipsoid, dessen Schnittpunkte mit den Achsen den Wert a, b und c haben. Für Gl. (2.4.41) erhält man Ellipsoide in einem Koordinatensystem $\omega_a\,\omega_b\,\omega_c$ mit den Achsenabschnitten $\frac{1}{\sqrt{I_a}}$, $\frac{1}{\sqrt{I_b}}$ und $\frac{1}{\sqrt{I_c}}$ (Abb. 2.4.17). Das Koordinatensystem $\omega_a\omega_b\omega_c$ stimmt im allgemeinen Fall nicht mit dem kartesischen Koordinatensystem xyz überein. Dies kann man jedoch durch eine Drehung des Koordinatensystems erreichen (vgl. z.B. [Zac 81]).

Wir wollen nun die sich für verschiedene Werte von I_a, I_b und I_c ergebenden Kreiseltypen besprechen.

Sind alle Trägheitsmomente gleich, spricht man von einem

sphärischen (Kugel-) Kreisel $I_a = I_b = I_c$ (z.B. CH_4, SF_6).

Sind zwei Trägheitsmomente gleich, liegt ein *symmetrischer* Kreisel vor, wobei man folgende Unterteilung trifft:

oblater symmetrischer Kreisel $I_a = I_b < I_c$ (z.B. C_6H_6)

prolater symmetrischer Kreisel $I_a < I_b = I_c$ (z.B. NH_3, CH_3Cl)

Der allgemeinste Fall ist der

asymmetrische Kreisel $I_a \neq I_b \neq I_c$,

bei dem alle drei Trägheitsmomente verschieden sind. Der Unterschied zwischen einem oblaten und einem prolaten symmetrischen Kreisel wurde schon in Abb. 2.4.17 gezeigt.

Bei nichtlinearen Molekülen werden die mathematischen Beziehungen für die Rotationsenergieniveaus z.T. komplizierter als in Abschn. 2.2.5:

a) Starrer sphärischer Kreisel

Für den starren sphärischen Kugelkreisel ergeben sich die gleichen Energieeigenwerte wie für den linearen Rotator:

$$E_{\text{rot}} = hcBJ(J+1) \text{ cm}^{-1} \quad ; \quad J = 0, 1, 2, \ldots \tag{2.4.43}$$

b) Symmetrischer Kreisel

Beim symmetrischen Kreiselmolekül haben wir zwei unterschiedliche Rotationsrichtungen, um die Rotationen angeregt werden können. Betrachten wir das in Abb. 2.4.18 abgebildete Methylchlorid, so haben wir eine Hauptträgheitsachse $I_a = I_\parallel$ entlang der dreizähligen (C_3) Drehachse (vgl. Anhang 5.4.2) und zwei darauf senkrecht stehende Hauptträgheitsachsen $I_\perp = I_b = I_c$, die das gleiche Trägheitsmoment besitzen.

Klassisch hat der symmetrische Kreisel die Energie

$$\begin{aligned} E_{\text{rot,klass}} &= \frac{1}{2I_\perp}(J_b^2 + J_c^2) + \left(\frac{1}{2I_\parallel}\right) J_a^2 \\ &= \frac{1}{2I_\perp}(J_a^2 + J_b^2 + J_c^2) - \left(\frac{1}{2I_\perp}\right) J_a^2 + \left(\frac{1}{2I_\parallel}\right) J_a^2 \\ &= \frac{1}{2I_\perp} J^2 + \left\{ \left(\frac{1}{2I_\parallel}\right) - \left(\frac{1}{2I_\perp}\right) \right\} J_a^2 \end{aligned} \tag{2.4.44}$$

mit $J^2 = J_a^2 + J_b^2 + J_c^2$ als *klassischem* Gesamtdrehimpuls. Die quantenmechanische Beschreibung erhalten wir, wenn J durch $\hbar\sqrt{J(J+1)}$ ersetzt wird (vgl. Abschn. 2.2.5).

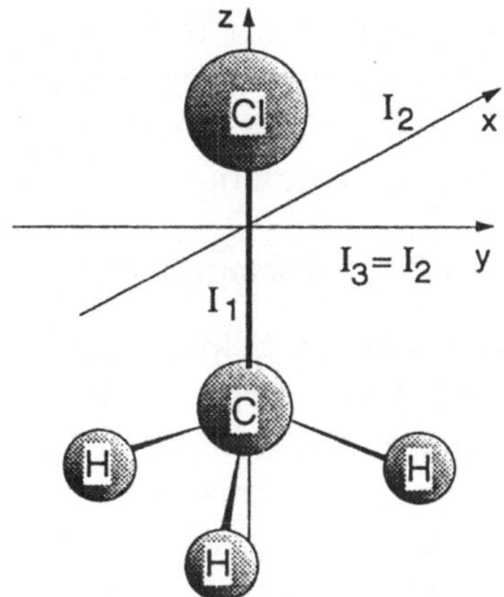

Abb. 2.4.18
Methylchlorid als Beispiel für einen prolaten symmetrischen Kreisel

Zur Beschreibung der Rotation benötigen wir nun zwei Quantenzahlen. Die Quantenzahl J beschreibt den Gesamtdrehimpuls $\underline{J}$, während K die Quantenzahl der Komponenten von $\underline{J}$ in Richtung der Kreiselachse (z-Achse) darstellt (Projektionsquantenzahl). Das heißt, wir betrachten mit K eine Quantelung in bezug auf eine Molekülachse und nicht in bezug auf eine äußere, raumfeste „Laborachse". Damit gilt

$$J_a = \hbar K \,. \tag{2.4.45}$$

K kann dabei Werte von J bis $-J$ annehmen. Für die Energieeigenwerte des symmetrischen Rotators ergibt sich dann nach Gl. (2.4.44) die Beziehung

$$\begin{aligned} E_{\text{rot}} &= \frac{\hbar^2}{2I_\perp} J(J+1) + \frac{\hbar^2}{2}\left(\frac{1}{I_\parallel} - \frac{1}{I_\perp}\right) K^2 \\ &= \frac{h^2}{8\pi^2 I_\perp} J(J+1) + \frac{h^2}{8\pi^2}\left(\frac{1}{I_\parallel} - \frac{1}{I_\perp}\right) K^2 \,. \end{aligned} \tag{2.4.46}$$

Mit $\frac{h}{8\pi^2 c I_\parallel} = A$ und $\frac{h}{8\pi^2 c I_\perp} = B$ folgt:

$$E_{\text{rot}} = hcBJ(J+1) + hc(A-B)K^2 \tag{2.4.47}$$

c) Asymmetrischer Kreisel

Sind bei einem Molekül alle drei Trägheitsmomente verschieden, liegt also ein asymmetrisches Kreiselmolekül vor, dann lassen sich die Energieeigenwerte nicht mehr geschlossen darstellen. Insbesondere gibt es keine den Gleichungen (2.2.42) oder (2.4.47) entsprechende Gleichung.

Im allgemeinen Fall bewegen sich reale Moleküle nicht wie starre Rotatoren. Die zu berücksichtigende Zentrifugalverzerrung wird erst in Abschn. 3.5.1.2 besprochen. Die Problematik innerer Bewegungen werden wir in Abschn. 2.4.4.3 behandeln.

2.4.4.2 Schwingungen

Auch bei den Schwingungen haben wir uns in Abschn. 2.2.4 auf die Berechnung zweiatomiger Moleküle beschränkt. Das Schwingungsverhalten mehratomiger Moleküle ist wesentlich komplizierter, da auch gekoppelte Schwingungen mit gemischten Kraftkonstanten auftreten können, die den Einfluß der Änderung einer Koordinate auf die rücktreibende Kraft in Richtung der anderen Koordinate beschreiben.

Man kann aber das Schwingungsverhalten auch durch $3N-6$ ($3N-5$ bei linearen Molekülen) voneinander unabhängigen Schwingungen beschreiben, die dadurch charakterisiert sind, daß alle Atome mit der gleichen Frequenz schwingen und gleichzeitig die Gleichgewichtsposition durchlaufen. Damit treten nur Kraftkonstanten auf, die denen zweiatomiger Oszillatoren entsprechen. Solche Schwingungen heißen Normalschwingungen. Abb. 2.4.19 zeigt schematisch solche Normalschwingungen für H_2O und CO_2.

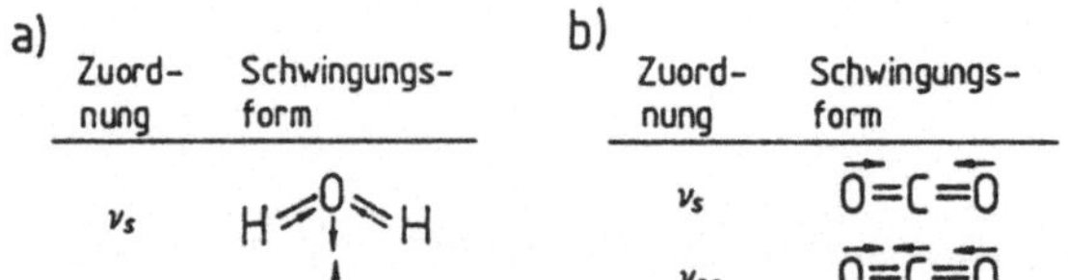

a)

Zuordnung	Schwingungsform
ν_s	H–O–H
δ	H–O–H
ν_{as}	H–O–H

b)

Zuordnung	Schwingungsform
ν_s	O=C=O
ν_{as}	O=C=O
δ	O=C=O
δ	O=C=O

+,- Schwingungen ⊥ zur Papierebene

Abb. 2.4.19
Normalschwingungen von H_2O (a) und CO_2 (b), ν bezeichnet Streck-, δ Beugeschwingungen. Der Index „s“ steht für symmetrische, „as“ für asymmetrische Schwingungen.

Mathematisch werden diese Schwingungen über die sogenannte Normalkoordinatenanalyse bestimmt, die im Anhang 5.4.3 vorgestellt wird. Abweichungen vom harmonischen Verhalten werden in Abschn. 3.5.2.1.2 besprochen.

2.4.4.3 Konformationen

Wir haben in den beiden vorangehenden Abschnitten nur Bewegungen des Moleküls als Ganzes und freie innere Bewegungen (Schwingungen) betrachtet. Es gibt jedoch auch sehr viele Moleküle, in denen innere Bewegungen nur gehemmt auftreten. Beispiele sind innere Umlagerungen. Ein Beispiel für ein Molekül mit innerer Rotation ist das Ethanmolekül, bei dem eine CH_3-Gruppe um die andere rotiert. Bei tiefen Temperaturen treten für $E_{\text{kin}} \ll kT$ Torsionsschwingungen auf. Das Energieschema ist in Abb. 2.4.20 gezeigt.

Das NH_3-Molekül zeigt ebenfalls innere Umlagerungen. Das Stickstoffatom kann aus der Gleichgewichtslage auf der einen Seite einer durch die Wasserstoffatome gelegten Ebene in eine Gleichgewichtslage auf der anderen Seite schwingen.

In Tab. 2.4.7 sind mögliche Klassifizierungen mehratomiger Moleküle nach ihren inneren Bewegungen in einer groben Übersicht angegeben. Die Beispiele setzen jeweils eine bestimmte mittlere Temperatur voraus, da alle Rotationen bei tiefen Temperaturen einfrieren.

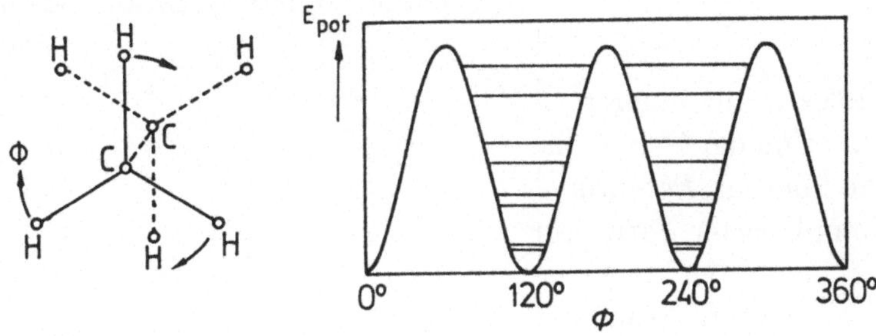

Abb. 2.4.20
Energie E_{pot} der inneren Rotation von Ethan als Funktion des Drehwinkels ϕ. Ebenfalls gezeigt sind gequantelte Energieniveaus einer möglichen Torsionsschwingung bei $E_{\text{kin}} < E_{\text{pot,max}}$. Die Aufspaltung der Niveaus in jeweils zwei läßt sich dadurch erklären, daß es drei Konformationen gleicher Energie gibt, die man als ein einziges System behandeln muß. Aus den drei Niveaus der drei Konformationen ergeben sich ein zweifach entartetes und ein nichtentartetes Niveau.

Tab. 2.4.7
Einfache Beispiele für eine mögliche Klassifizierung von mehratomigen Molekülen nach ihren inneren Bewegungen [God 63]

Charakteristik der Molekülklasse	Charakteristik der Unterklasse	Beispiele
quasistarre Moleküle	– zweiatomige Moleküle	
	– lineare mehratomige Moleküle	CO_2, Acetylen
	– mehratomige Moleküle vom Typ sphärischer Kreisel	CH_4, SF_6
	– mehratomige Moleküle vom Typ symmetrischer Kreisel	CH_3Cl
	– mehratomige Moleküle vom Typ asymmetrischer Kreisel	C_2H_4
Moleküle mit inneren Umlagerungen vom Schwingungstyp mit großer Amplitude		NH_3
Moleküle, bestehend aus einem Rumpf mit symmetrischen Kreiseln	– praktisch freie innere Rotation	Dimethylacetylen
	– gehemmte innere Rotation	Ethan, Propan, Aceton
Molekül mit innerer Rotation der Gruppen, die über ein Potential komplizierter Form mit mehreren stark ausgeprägten Minima verschiedener Tiefe zusammenhängen		1,2–Dichlorethan, $CF_2Br{\cdot}CF_2Br$, Divinyl
Moleküle mit inneren Bewegungen komplizierter Art		

2.5 Klassische und halbklassische Verfahren zur Berechnung von großen Molekülen, intermolekularen Wechselwirkungen und Aggregatzuständen

In den vorangehenden Abschnitten haben wir uns zuerst mit den Eigenschaften isolierter Atome und anschließend mit aus mehreren Atomen aufgebauten einfachen Molekülen beschäftigt. Dabei wurde erwähnt, daß man bei großen Molekülen häufig nur noch die geometrische Konformation mit der günstigsten Gesamtenergie des Moleküls über Kraftfeldrechnungen bestimmen kann. Dies wird in Abschn. 2.5.2 näher besprochen. In Abschn. 2.5.1 werden wir die dazu nötigen (klassischen) Wechselwirkungen zwischen zwei Teilchen besprechen. Diese finden nicht nur zwischen (als Punktzentren gedachten) Teilen *eines* Moleküls statt, sondern insbesondere auch zwischen *zwei* (gleichen oder verschiedenen) Molekülen.

Das Verhalten von Realgasen und die Bildung von Flüssigkeiten und Festkörpern läßt sich nur über diese zwischenmolekularen Kräfte erklären. Diese lassen sich einerseits über empirisch bestimmte Zweiteilchenpotentiale beschreiben, andererseits auch über verschiedene Anteile von Anziehungs- und Abstoßungskräften physikalisch erklären und berechnen. Sie bestimmen u.a. Realgasverhalten, Gasviskositäten oder Kräfte in Flüssigkeiten und in Molekülkristallen. Diese Kräfte verhalten sich in Vielteilchensystemen i.allg. nicht wie additive Zweiteilchenkräfte. Die räumliche Struktur von Teilchen in molekularen Systemen läßt sich für alle Aggregatzustände formal über (Orts-) Korrelationsfunktionen erfassen, die dynamische Struktur über (Zeit-) Korrelationsfunktionen, die über molekulardynamische Rechnungen zugänglich sind (Abschn. 2.5.3).

2.5.1 Intermolekulare Wechselwirkungen

Wir wollen in diesem Abschnitt nur auf Wechselwirkungen zwischen zwei Teilchen eingehen. (Klassische) Vielteilchenwechselwirkungen in Festkörpern werden in Abschn. 2.6.2.1, Wechselwirkungen zwischen einem Gasteilchen und einer Oberfläche in Abschn. 2.6.4.4 besprochen.

2.5.1.1 Empirische Zweiteilchenpotentiale

In diesem Abschnitt werden die wichtigsten formalen Ansätze zur Beschreibung von Zweiteilchenpotentialen vorgestellt. Sie sind in Abb. 2.5.1 zusammenfassend dargestellt.

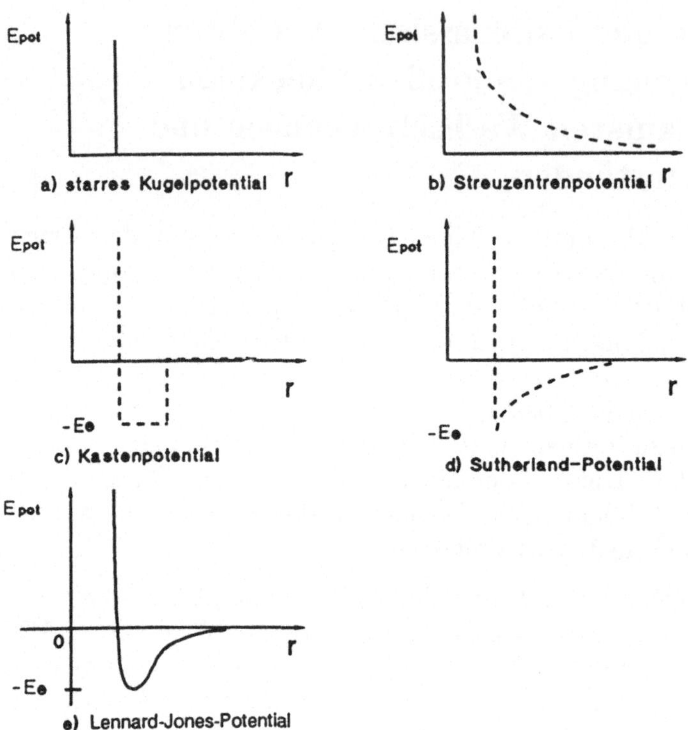

Abb. **2.5.1**
Empirische Zweiteilchenpotentiale

Das einfachste Modell, das Potential starrer Kugeln (Abb. 2.5.1a), geht davon aus, daß sich die Teilchen nicht beeinflussen, wenn ihr Abstand größer als der Minimalabstand $r_{12} = \sigma$ ist. Das Rechteckpotential berücksichtigt eine Anziehung im Bereich σ bis $\gamma\sigma$, wobei γ ein empirischer Faktor ist. Die Anziehungskraft ist in diesem Bereich konstant. Realistischer ist das sogenannte Sutherland-Potential, das die Abstandsabhängigkeit der Anziehungsenergie berücksichtigt.

Es gilt:

$$E_{\text{pot}}(r) = -E_e \left(\frac{\sigma}{r}\right)^6 \qquad \text{für} \quad r > \sigma \qquad \textbf{(2.5.1)}$$

$-E_e$ ist die Energie im Gleichgewicht.
Für $r \leq \sigma$ wird E_{pot} unendlich groß. Dies entspricht nicht ganz der Realität, in der häufig eine Abstoßung proportional zu e^{-r/r_0} oder annähernd

proportional zu r^{-12} gefunden wird. Letzteres wird im sogenannten Lennard-Jones-Potential berücksichtigt:

$$E_{\text{pot}}(r) = 4E_e \left[\left(\frac{\sigma}{r}\right)^{12} - \left(\frac{\sigma}{r}\right)^{6} \right] \tag{2.5.2}$$

Das Lennard-Jones-Potential gibt den experimentell gefundenen Verlauf von Zweiteilchenpotentialen am besten wieder. Dieser folgt beispielsweise aus dem Realgasverhalten oder aus der Gasviskosität [Göp xx]. Wir haben bereits in Abschn. 1.4 gesehen, daß das Wechselwirkungspotential bei der Bildung eines zweiatomigen Moleküls einen sehr ähnlichen Verlauf als Funktion des Abstandes besitzt (vgl. auch Abschn. 3.5.2.1.2, anharmonischer Oszillator). Die Wechselwirkungsenergie bei der Bildung kovalenter Bindungen ist jedoch um etwa zwei Zehnerpotenzen größer als bei den schwachen intermolekularen Kräften zwischen Molekülen und hat andere physikalische Ursachen.

2.5.1.2 Einfache Modelle zur Zweiteilchenwechselwirkung in der Gasphase

2.5.1.2.1 Attraktionskräfte

Bei den Attraktionskräften unterscheidet man Orientierungskräfte, Induktionskräfte und Dispersionskräfte.

Unter *Orientierungskräften* versteht man dabei Wechselwirkungen zwischen geladenen bzw. permanent polarisierten Teilchen (Ionen, Dipole, Multipole ...). Für zwei Punktladungen q_1 und q_2 mit unterschiedlichem Vorzeichen im Abstand r gilt das Coulombgesetz (vgl. Gl. (5.2.43))

$$E_{\text{attr1}} = \frac{1}{4\pi\varepsilon_0} \frac{q_1 q_2}{r} \,. \tag{2.5.3}$$

Bei der Wechselwirkung zwischen einer Punktladung und einem Dipol muß auch die Orientierung der beiden zueinander berücksichtigt werden (Abb. 2.5.2):

$$E_{\text{attr2}} = -\frac{1}{4\pi\varepsilon_0} \frac{q\mu}{r^2} \cos\vartheta \tag{2.5.4}$$

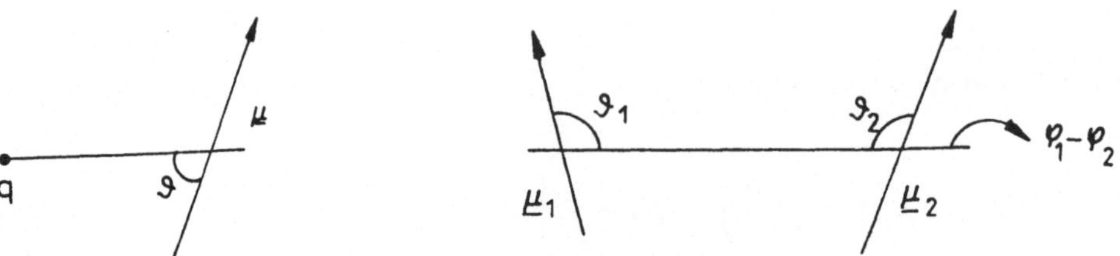

Abb. 2.5.2
Zur Ladungs-Dipol-Wechselwirkung

Abb. 2.5.3
Zur Dipol-Dipol-Wechselwirkung

Bei der Dipol-Dipol-Wechselwirkung muß die gegenseitige Orientierung der Dipole zueinander berücksichtigt werden (Abb. 2.5.3):

$$E_{\mathrm{attr3}} = -\frac{1}{4\pi\varepsilon_0}\frac{\mu_1\mu_2}{r^3}\left[2\cos\vartheta_1\cos\vartheta_2 - \sin\vartheta_1\sin\vartheta_2\cos(\varphi_1-\varphi_2)\right] \qquad (2.5.5)$$

Mittelt man bei einer gegebenen Temperatur über alle möglichen Orientierungen, so ergibt sich für die häufig beobachtete mittlere Wechselwirkungsenergie durch Integration über alle möglichen Orientierungen mit der Energie E mit ihrem statistischen Gewicht $f(E) = e^{-E/kT}$ [Göp xx]:

$$\overline{E(r)} = \frac{\int E(r,\vartheta_i,\varphi_i)e^{-\frac{E(r,\vartheta_i,\varphi_i)}{kT}} r^2 \sin\vartheta d\vartheta_i d\varphi_i}{\int e^{-\frac{E(r,\vartheta_i,\varphi_i)}{kT}} r^2 \sin\vartheta d\vartheta_i d\varphi_i} \qquad (2.5.6)$$

Dabei wurde die Gleichung $\bar{x} = \frac{\int x f(x)dx}{\int f(x)dx}$ zur Mittelwertbildung zugrunde gelegt, wobei die Wechselwirkungsenergie E über alle Orientierungen gemittelt und dazu als Funktion der Polarkoordinaten r, ϑ_i und φ_i angegeben wurde (vgl. Abschn. 5.1.1).

Für $E_{\mathrm{attr}} \ll kT$ gilt:

$$\overline{E_{\mathrm{attr1}}} = E_{\mathrm{attr1}} = \frac{1}{4\pi\varepsilon_0}\frac{q_1q_2}{r} \neq f(T) \qquad (2.5.7)$$

$$\overline{E_{\mathrm{attr2}}} = -\frac{1}{4\pi\varepsilon_0}\frac{1}{3kT}\frac{q^2\mu^2}{r^4} = f(T) \qquad (2.5.8)$$

$$\overline{E_{\mathrm{attr3}}} = -\frac{1}{4\pi\varepsilon_0}\frac{2}{3kT}\frac{\mu_1^2\mu_2^2}{r^6} = f(T) \qquad (\mathbf{2.5.9})$$

Zu den *Induktionskräften* zählt man Kräfte zwischen permanenten Ladungen oder Multipolen und durch sie induzierte Ladungen oder Multipole. Für die Wechselwirkung Monopol/induzierter Dipol gilt:

$$E_{\mathrm{attr4}} = -\frac{1}{4\pi\varepsilon_0}\frac{q^2\alpha}{r^4} \qquad (2.5.10)$$

α ist die Polarisierbarkeit des Teilchens mit induzierter Ladung.

Bei der Wechselwirkung zwischen Dipol und induziertem Dipol gilt:

$$E_{\mathrm{attr5}} = -\frac{1}{4\pi\varepsilon_0}\frac{\mu_1^2\alpha_2(3\cos\vartheta + 1)}{2r^6} \tag{2.5.11}$$

Die Mittelung über alle Werte von ϑ ergibt:

$$\overline{E_{\mathrm{attr5}}} = -\frac{1}{4\pi\varepsilon_0}\frac{\mu_1^2\alpha_2}{r^6} \neq f(T) \tag{2.5.12}$$

In diesem Fall erhält man also trotz der Winkelabhängigkeit von E_{attr} keine Temperaturabhängigkeit, da der zweite Dipol erst durch den ersten induziert wird, er also keine von diesem unabhängige Orientierung einnehmen kann, die durch die Temperaturbewegung gestört werden könnte.

Dispersionskräfte (London-Kräfte) treten auch auf, wenn zwei unpolare Moleküle wechselwirken. Unpolare Moleküle besitzen nur im Zeitmittel kein Dipolmoment. Die fluktuierenden Ladungen können aber spontan Dipole bilden, die im Nachbarmolekül einen Dipol induzieren und damit die Gesamtenergie absenken. Es gilt (s. z.B. [Hir 64]):

$$E_{\mathrm{attr6}} = -\frac{1}{4\pi\varepsilon_0}\frac{3}{2}\frac{I_1 \cdot I_2}{I_1 + I_2}\frac{\alpha_1\alpha_2}{r^6} \sim \frac{\alpha_1\alpha_2}{r^6} \tag{2.5.13}$$

I_i entspricht den Ionisierungsenergien der Moleküle 1 und 2 ($I_1 = I_2$ und $\alpha_1 = \alpha_2$ bei gleichen Molekülen).

2.5.1.2.2 Abstoßungskräfte

Physikalische Ursache für Abstoßungskräfte ist das Pauli-Prinzip, wonach an einem Ort nicht zwei Elektronen existieren dürfen, die in allen Quantenzahlen übereinstimmen. Daher ist bei Annäherung von zwei Molekülen mit besetzten MOs eine Durchdringung der Elektronenwolke nicht bzw. nur unter Aufbringung der Anregungsenergie für ein Elektron in ein höheres Niveau möglich. Es wird deshalb wegen des Verlaufs der Elektronendichte mit dem Abstand häufig die empirische Formel

$$E_{\mathrm{rep}} = A \cdot e^{-\frac{r}{B}} \tag{2.5.14}$$

oder näherungsweise

$$E_{\mathrm{rep}} = \frac{C}{r^m} \tag{2.5.15}$$

angewendet. Für $m = 12$ entspricht Gl. (2.5.15) dem Abstoßungsterm im Lennard-Jones-Potential (Gl. (2.5.2)).

2.5.1.3 Reale Gase

Zwischenmolekulare Kräfte lassen sich experimentell am einfachsten aus Messungen der thermischen Zustandsgleichung von Realgasen (p, V, T-Messungen) abschätzen. Aus der phänomenologischen Thermodynamik ist bekannt, daß dabei reale Gase in guter Näherung über die Van der Waals-Gleichung

$$\left(p - \frac{N^2 a}{V^2}\right)(V - Nb) = NkT \tag{2.5.16}$$

beschrieben werden können. $\frac{N^2 a}{V^2}$ ist dabei der durch die Attraktionskräfte hervorgerufene „Binnendruck", während Nb das „Eigenvolumen" als Folge der Abstoßungskräfte beschreibt, das für starre Kugeln im Sutherland-Potential (Gl. (2.5.1)) gegeben ist durch $N\frac{2\pi}{3}\sigma^3$. Analog berechnet sich der Parameter E_e dieses Potentials aus a.

Man kann die thermische Zustandsgleichung realer Gase alternativ auch über eine Potenzreihe darstellen (sog. Virialentwicklung):

$$pV = NkT + B_2(T)p + B_3(T)p^2 + \ldots \tag{2.5.17}$$

B_2 ist der zweite, B_3 der dritte Virialkoeffizient.

Für $B_2(T)$ gilt (s. z.B. [MCl 73]):

$$B_2(T) = -2\pi \int_0^\infty \left[e^{-\frac{E_{\text{pot}}(r)}{kT}} - 1\right] r^2 dr \tag{2.5.18}$$

Über Gl. (2.5.18) kann man aus dem $B_2(T)$-Verhalten die Wechselwirkungsenergie $E_{\text{pot}}(r)$ berechnen oder die oben berechneten Wechselwirkungsenergien einsetzen und so das $B_2(T)$-Verhalten für die Realgase voraussagen.

2.5.1.4 Supramoleküle

Supramoleküle sind Einheiten, die aus zwei oder mehreren Molekülen durch Zusammenlagerung entstehen, ohne daß kovalente Bindungen geknüpft werden. Der Zusammenhalt wird also durch die in Abschn. 2.5.1.2 besprochenen

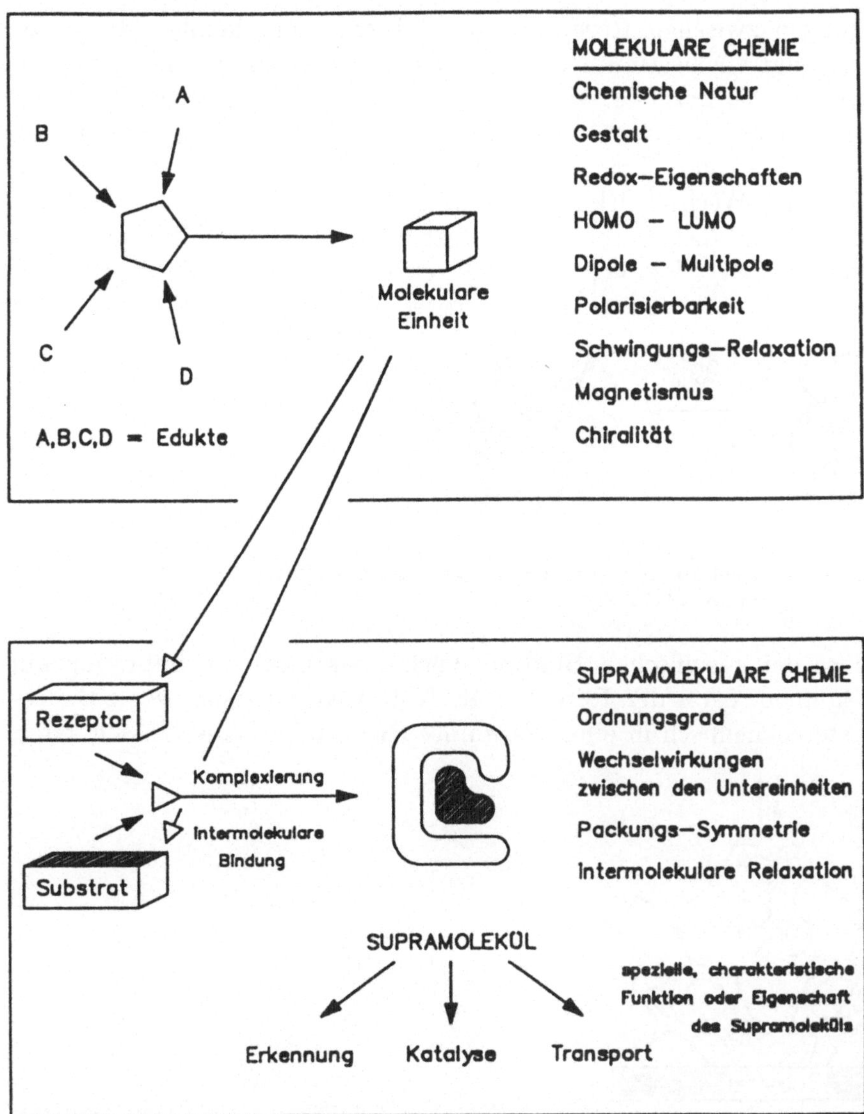

Abb. 2.5.4
Schematische Erläuterung des Zusammenhangs zwischen molekularer und supramolekularer Chemie [Vög 89]

Kräfte bewirkt. Die Partner des Supramoleküls werden als molekularer Rezeptor und Substrat bezeichnet, wobei das Substrat meist das kleinere der beiden Moleküle ist.

In Abb. 2.5.4 ist der Zusammenhang zwischen molekularer und supramolekularer Chemie gezeigt.

Die Bindungen zwischen Rezeptor und Substrat sind häufig sehr spezifisch, so daß nur ein bestimmtes Substrat vom Rezeptor gebunden werden kann. Dies ist z.B. der Fall, wenn der Rezeptor ein Käfigmolekül mit einem Innenraum bestimmter Größe ist. Eine wichtige Funktion der Supramoleküle ist die molekulare Erkennung, die v.a. in biologischen Systemen (z.B. Enzym/Substrat-Wechselwirkungen) eine große Rolle spielt. In Abb. 2.5.5 ist als Beispiel für einen Rezeptor-Substrat-Komplex die K^+-Bindung eines Kronenethers gezeigt. Weitere Beispiele werden in [Göp 94] vorgestellt.

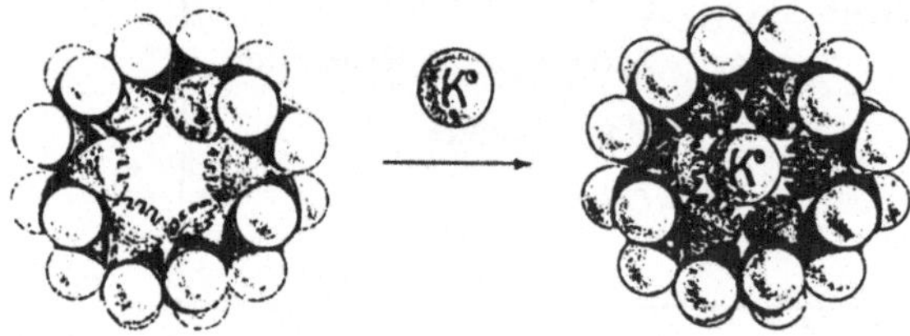

Abb. 2.5.5
Kronenether als Beispiel für ein supramolekulares System: Kalottenmodell der [18] Krone-6 und ihres K^+-Komplexes [Vög 89]

Wenn außer der spezifischen Bindung auch Reaktionen im Supramolekül ablaufen können, kann der Rezeptor als Katalysator wirken, der z.B. Reaktionen stereochemisch in eine bestimmte Richtung ablaufen lassen kann.

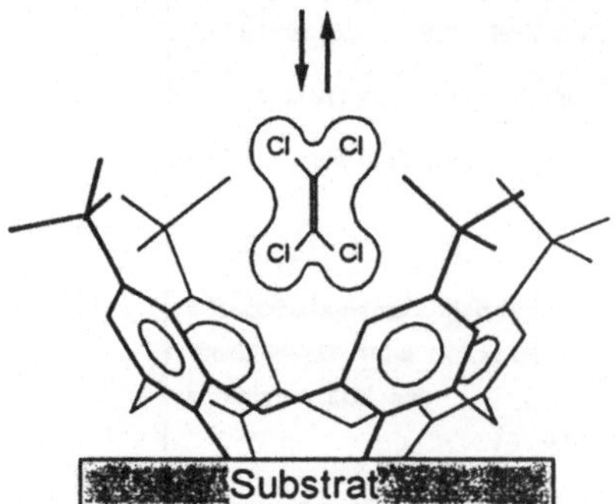

Abb. 2.5.6
Perchlorethylenmolekül C_2Cl_4, in einem Cyclodextrinkäfig gebunden. Diese supramolekulare Wechselwirkung kann zum selektiven Nachweis von Perchlorethylen in Luft ausgenutzt werden (vgl. auch [Göp 94]) [Sch 92].

Außerdem kann der Rezeptor andere Löslichkeitseigenschaften als das Substrat besitzen und so als Trägermolekül („Carrier“) z.B. in Membranen wirken.

Das Gebiet der supramolekularen Chemie erfährt zur Zeit einen großen Aufschwung, da auf chemisch synthetischer Route („biomimetisch“) in überschaubarer Weise komplexe biologische Vorgänge nachvollzogen werden können. Daneben können die Rezeptoren auch als spezifische chemische Sensoren und Katalysatoren eingesetzt werden. Abb. 2.5.6 zeigt ein Beispiel. Für einen Überblick sei auf Spezialliteratur verwiesen [Leh 88], [Vög 89].

2.5.2 Kraftfeldrechnungen

Die Berechnung elektronischer Niveaus von sehr großen Molekülen ist auch mit den in Abschn. 2.4.1 eingeführten Näherungsmethoden aufgrund des großen Rechenaufwandes heute oft noch nicht möglich. Wenn jedoch nur die räumliche Gestalt des Moleküls interessiert, was bei Polymeren und Biopolymeren häufig der Fall ist, so kann man hierfür Kraftfeldrechnungen einsetzen. Sie gehen von den im Abschn. 2.5.1 eingeführten klassischen Zweiteilchenwechselwirkungen aus. Die Gesamtbindungsenergie E_{tot} setzt sich dabei in erster Näherung additiv aus den einzelnen lokalen Wechselwirkungen zwischen geeignet gewählten Kraftzentren der Moleküle (meistens deren Atome) zusammmen (vgl. Tab. 2.5.1 und Abb. 2.5.7).

Tab. **2.5.1**
Kraftfeld: Beiträge V_i zur potentiellen Gesamtenergie $V = \sum V_i$

V_i	Koordinate	Parameter ermittelt aus
$V_1 = \frac{1}{2}\sum k_R(R - R_e)^2$	Bindungslänge	Streckschwingung
$V_2 = \frac{1}{2}\sum k_\Theta(\Theta - \Theta_0)^2$	Bindungswinkel	Deformationsschwingung
$V_3 = \frac{1}{2}\sum V_n[1 + \cos(n\Phi - \Phi_0)]$	Diederwinkel	Torsionsschwingung
$V_4 = \frac{1}{2}\sum \left(\frac{A}{r^{12}} - \frac{C}{r^6}\right)$	Abstand	Van der Waals- (Lennard-Jones-) Potential (vgl. Gl. (2.5.2))
$V_5 = \frac{1}{2}\sum \left(\frac{q_1 q_2}{4\pi\varepsilon_0 r}\right)$	Abstand	Coulombpotential (vgl. Gl. (5.2.43))
$V_6 = \frac{1}{2}\sum \left(\frac{A}{r^{12}} - \frac{D}{r^{10}}\right)$	Abstand	Wasserstoffbrückenbindung

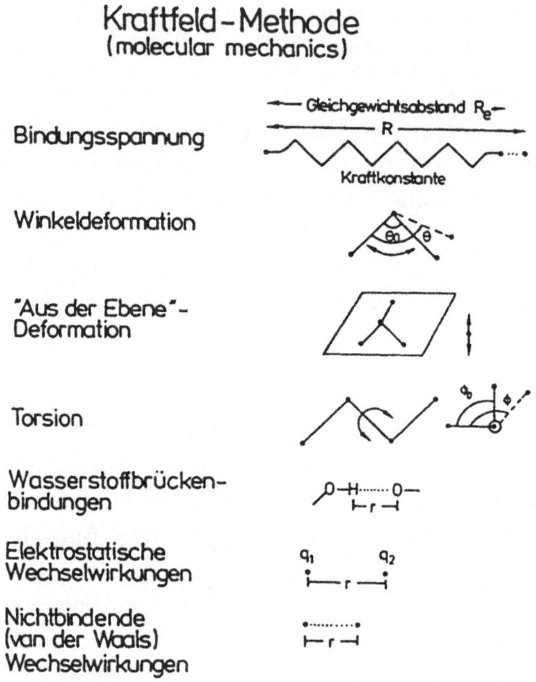

Kraftfeld-Methode
(molecular mechanics)

Bindungsspannung — Gleichgewichtsabstand R_e, R, Kraftkonstante

Winkeldeformation — θ_0, θ

"Aus der Ebene"-Deformation

Torsion — ϕ_0, ϕ

Wasserstoffbrückenbindungen — O–H……O, r

Elektrostatische Wechselwirkungen — q_1, q_2, r

Nichtbindende (van der Waals) Wechselwirkungen — r

Abb. **2.5.7**
Zur Erläuterung von Tab. 2.5.1

Nach Aufstellung der „Gesamtenergie" als Summe der Anteile von Kraftzentren führt man Energieminimierungsrechnungen für verschiedene Konformationen durch. Dabei erhält man nicht die tatsächliche Gesamtenergie des Moleküls. Man kann jedoch Energien von mit der gleichen Methode berechneten Konformationen untereinander vergleichen. In Kraftfeld-Computerprogramme werden dazu empirisch bestimmte Parametersätze für die Kraftkonstanten und die anderen Parameter aus Tab. 2.5.1 eingesetzt. Im Gegensatz zu semiempirischen Methoden werden dazu nicht spezifische Parameter für einzelne Atome, sondern für sogenannte „Atomtypen" gewählt. Während es bei semiempirischen Methoden z.B. für Sauerstoff nur einen Parametersatz gibt, werden am Beispiel des Kraftfeldes AMBER fünf „Atomtypen" für Sauerstoff definiert. Dieses Kraftfeld unterscheidet zwischen Carbonylsauerstoff, Hydroxyl- (alkoholischem) Sauerstoff, Carboxylat- bzw. Phosphatsauerstoff, Ester- bzw. Ethersauerstoff und Sauerstoff in Wasser. Da es eine Vielzahl solcher „Atomtypen" gibt, fehlen bei großen Moleküle häufig genaue Parameter für bestimmte Atomtypen, die dann nur approximiert angesetzt werden können. Dies schränkt die Genauigkeit von Kraftfeldrechnungen für bisher unbekannte Molekülklassen stark ein. Auf der anderen Seite sind Kraftfeldrechnungen extrem schnell und können große Systeme bearbeiten. Außerdem sind die Ergebnisse für manche Klassen wie z.B. die Kohlenwasserstoffe sehr genau. Ein Nachteil liegt darin, daß die meisten Kraftfelder nur für Grundzustandssysteme parametrisiert sind, so daß damit keine Geometrien ermittelt werden können, die von der Startgeometrie dadurch abweichen, daß Bindungen gebrochen und neue Bindungen geknüpft werden. Im Gegensatz dazu werden Bindungen bei semiempirischen Rechnungen von vornherein nicht explizit vorgegeben. Sie sind daher frei berechenbar.

Ein weiteres Problem bei Kraftfeldrechnungen ist, daß man sehr sorgfältig evaluieren muß, ob bei einer bestimmten Konfiguration nur ein lokales Energieminimum oder das globale Energieminimum gefunden wurde. Außerdem stellt man fest, daß es bei großen Molekülen normalerweise sehr viele Konformationen mit fast gleicher Energie gibt. Die Energiebarrieren zwischen den Konformationen sind häufig sehr niedrig, so daß aufgrund leichter thermischer Anregung das Molekül zeitlich fluktuierende räumliche Strukturen besitzt. Auf die Simulation der Dynamik solcher Systeme wird im nächsten Abschnitt eingegangen.

2.5.3 Ordnung in Raum und Zeit

2.5.3.1 Molekulardynamik

Mit molekulardynamischen Methoden ist es prinzipiell möglich, die zeitlichen Fluktuationen der Gesamtenergie von komplexen Molekülen abzuschätzen. Dazu wird vorausgesetzt, daß die Hyperfläche der potentiellen Energie bereits aus Kraftfeld- oder semiempirische Rechnungen bekannt ist (vgl. Abschn. 2.5.2 bzw. 2.4.1.5). Für eine Dynamik ist dabei zusätzlich zur potentiellen Energie auch die kinetische Energie zu berücksichtigen, die dem Molekül als Wärme zugeführt wird. In der Näherung der Molekulardynamik wird dabei die kinetische Energie als Summe aus Translations- und Rotationsenergie im Molekül gespeichert, wobei Schwingungen vernachlässigt werden. Die Temperatur des Systems wird in Molekulardynamikrechnungen nur durch die mittlere Translationsenergie über $\overline{E}_{\text{trans}} = 3/2NkT$ mit N als Teilchenzahl bestimmt. Die Atome bewegen sich dabei gemäß der Newtonschen Bewegungsgleichung

$$\underline{F}_i(t) = m_i \underline{a}_i(t) = m_i \frac{\partial^2 r_i(t)}{\partial t^2} \; . \tag{2.5.19}$$

Dabei ist $\underline{F}_i(t)$ die zur Zeit t auf das i-te Atom wirkende Kraft, $r_i(t)$ und $\underline{a}_i(t)$ die Position und Beschleunigung des Atoms i zur Zeit t und m_i die

Masse des Atoms. Die Kraft $\underline{F}_i$ auf das Atom i zur Zeit t ergibt sich aus der potentiellen Energie $V(R)$ mit R als Kernabstand des Moleküls:

$$\underline{F}_i = -\frac{\partial}{\partial r_i} V(R) \tag{2.5.20}$$

Bei der Molekulardynamikrechnung wird mit diesen Kräften $\underline{F}_i$ die Newtonsche Bewegungsgleichung (2.5.19) über einen bestimmten Zeitraum Δt integriert. Dazu wurde eine Reihe von verschiedenen Algorithmen entwickelt.

Zu Beginn der Rechnung werden alle Ortskoordinaten vorgegeben, die man z.B. aus einer Kraftfeldrechnung erhalten hat. Außerdem wird jedem Atom des Moleküls ein Geschwindigkeitsvektor $\underline{v}_i$ zugeordnet, dessen Betrag und Richtung zunächst rein zufällig gewählt wird. Als Randbedingung wird eingehalten, daß bei einer vorgegebenen Temperatur T die oben erwähnte Bedingung $\overline{E}_{\text{kin}} = \overline{E}_{\text{trans}} = \sum_i E_{\text{kin},i} = 3/2NkT = \text{const}.$ gilt. Außerdem muß die Häufigkeit der einzelnen Geschwindigkeitsbeträge die Maxwell-Boltzmann-Geschwindigkeitsverteilung bei der Temperatur T erfüllen (vgl. dazu [Göp xx]). Während der Simulation der Molekülbewegung durch Integration über Δt werden neue Atompositionen aus diesen Angaben berechnet, deren Spuren im Raum als Trajektorien bezeichnet werden.

Es gibt verschiedene Möglichkeiten, Randbedingungen für diese Berechnungen vorzugeben. Wählt man ein konstantes Volumen und eine konstante Gesamtenergie $\overline{E}_{\text{kin}}$, erhält man Aussagen, die für ein mikrokanonisches Ensemble repräsentativ sind. Weit häufiger führt man jedoch Molekulardynamikrechnungen bei vorgegebener konstanter Temperatur durch. Dies läßt sich in die Simulation dadurch einbringen, daß das molekulare System an ein Wärmebad mit konstanter Temperatur gekoppelt wird (kanonisches Ensemble, vgl. [Göp xx]).

Aus Molekulardynamikrechnungen kann man prinzipiell zwei Informationen erhalten: Einerseits kann man die zeitliche Abfolge von Konformationsänderungen erhalten. Andererseits lassen sich auch thermodynamische Größen über die statistische Thermodynamik bestimmen. Normalerweise geht man in der statistischen Thermodynamik davon aus, daß sich makroskopische Werte bestimmter Größen, z.B. der Energie eines Systems, dadurch ermitteln lassen, daß man über eine große Anzahl von Teilchen mittelt. Nach der ergodischen Hypothese ergeben sich jedoch statistisch die gleichen Mittelwerte, wenn man ein einziges Teilchen über eine genügend lange Zeit verfolgt. Zeichnet man also bei Molekulardynamikrechnungen eine bestimmte Größe über die Zeit der Rechnung auf, so kann man über den Mittelwert auf die entsprechende thermodynamische Größe schließen, wenn das Zeitintervall der Rechnung lange genug gewählt wurde. Hier liegt jedoch, wie bei der Verfolgung von Konformationsänderungen, ein Problem von Molekulardynamikrechnungen. Wie oben erwähnt wird die Newtonsche Bewegungsgleichung (2.5.19) über Algorithmen berechnet, bei denen immer numerisch über ein bestimmtes Zeitintervall Δt integriert wird. Diese Zeitintervalle dürfen nicht zu groß gewählt werden, da sonst eine zu große Mittelung und damit Ungenauigkeit der Rechnung resultiert. Auf der anderen Seite lassen sich computertechnisch aus Zeitgründen nur eine bestimmte Anzahl von Integrationsschritten durchführen, so daß das Zeitintervall auch nicht zu klein gewählt werden darf. Typische Simulationszeiten betragen deswegen nur einige hundert Pikosekunden. Dies kann in vielen Fällen zu kurz für eine ausreichende Mittelung sein. Insbesondere sind solche Zeitintervalle auch zu kurz, um chemische Reaktionen oder kompliziertere Bewegungen wie z.B. die Proteinfaltung in annehmbaren Rechenzeiten ausreichend gut zu beschreiben.

2.5.3.2 Korrelationsfunktionen

Die vollständige Beschreibung von N Atomen in Molekülen erfordert die Bestimmung von $3N$ Koordinaten, die sich mit der Zeit ändern. Wir haben in Abschn. 2.5.3.1 gesehen, daß diese Werte beispielsweise über Molekulardynamikrechnungen zugänglich sind. Als Struktur kann man z.B. eine Momentaufnahme der räumlichen Massen- und Impulsverteilungen und/oder die Mittelwertbildung über diese Größen bezeichnen. Wichtige Charakterisierungsgrößen für letztere sind Korrelationsfunktionen.

Die Paarkorrelationsfunktion (oder radiale Verteilungsfunktion) $g(r)$ beschreibt z.B. die Abweichung der lokalen Teilchendichte in der Umgebung eines bestimmten Zentralatoms von der mittleren Teilchendichte $\overline{N}_{(v)}$. Sind beispielsweise identische Teilchen mit vernachlässigbarem Eigenvolumen völlig regellos verteilt wie im idealen Gas, so ist $g(r) = 1$, da überall im Raum die mittlere Teilchendichte vorhanden ist. In realen Gasen und vor allem Flüssigkeiten besteht jedoch eine Nahordnung mit $g(r) \neq 1$.

Der Verlauf von $g(r)$ kann im Gedankenexperiment dadurch ermittelt werden, daß man den Raum um ein beliebig herausgenommenes Teilchen in konzentrische Kugelschalen der Dicke dr (Volumen $4\pi r^2 dr$) teilt und die Zahl von Teilchenschwerpunkten $dN(r)$ in den einzelnen Kugelschalen zählt. Man erhält so die mittlere lokale Teilchendichte $dN(r)/4\pi r^2 dr$ als Funktion des Abstandes r vom gewählten Teilchen. Betrachtet man nacheinander alle übrigen identischen Teilchen des Systems als Zentralteilchen, so erhält man damit die über alle Teilchen gemittelte lokale Teilchendichte im Abstand r:

$$N_{(v)}(r) = \overline{N}_{(v)} g(r) = \frac{dN(r)}{4\pi r^2 dr} \tag{2.5.21}$$

In Molekülen mit mehreren unterschiedlichen Atomen muß man für jedes ausgewählte Zentralatom eine andere Korrelationsfunktion ansetzen.

Als Beispiel für einatomare Systeme (wie He, Ne, Xe...) ist in Abb. 2.5.8 $g(r)$ in Gasen, Flüssigkeiten und Festkörpern gezeigt.

Der periodische Charakter von $g(r)$ entspricht der Ausbildung einer ersten, zweiten, dritten ... Koordinationssphäre. Während diese bei einatomaren Festkörpern für $T = 0$ K in idealer Weise verwirklicht sind, werden sie bei Flüssigkeiten mit steigendem Abstand immer stärker verschmiert.
Ähnlich lassen sich auch Zeitkorrelationsfunktionen aufstellen, die die Veränderung einer gegebenen räumlichen Konformation mit der Zeit erfassen und u.a. aus Molekulardynamikrechnungen folgen (vgl. Abschn. 2.5.3.1).

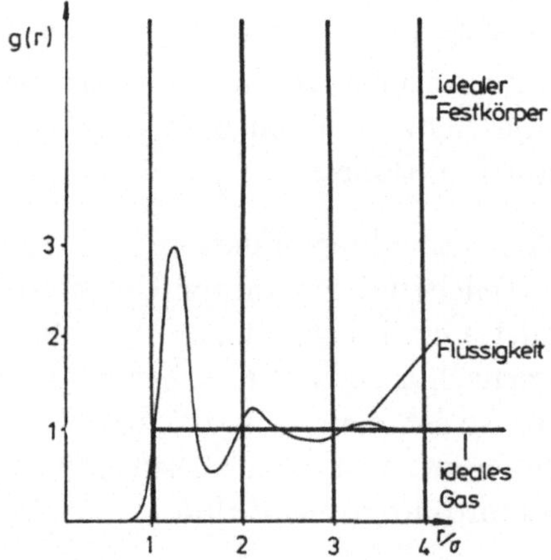

Abb. **2.5.8**
Paarkorrelationsfunktion $g(r)$ als Funktion des Teilchenabstandes r für ideale Gase, Flüssigkeiten und ideale Festkörper. σ ist der in Abschn. 2.5.1.1 definierte kleinste Abstand zwischen zwei Teilchen. Dieser wurde für das ideale Gas im Modell starrer Kugeln als endlich angenommen, um die drei Darstellungen vereinheitlichen zu können. Der Abstand σ ist im Gas sehr groß gegenüber dem mittleren Teilchen/Teilchen-Abstand.

2.6 Festkörper und Oberflächen

Im Gegensatz zu Gasen und Flüssigkeiten besitzen ideale Festkörper bei $T = 0$ K eine zeitlich konstante räumliche Ordnung. Ihre Beschreibung als Vielteilchensysteme ist deshalb relativ einfach und macht ihre räumliche und elektronische Struktur mit quantenmechanischen Näherungen berechenbar. Wir wollen zuerst die geometrische Struktur von Festkörpern und Oberflächen betrachten und dann auf Näherungsmethoden zur Berechnung der Energie von Quasiteilchen eingehen, mit denen u.a. thermische Anregungen in Festkörpern für $T > 0$ K beschrieben werden.

2.6.1 Geometrische Struktur: reales und reziprokes Gitter

Wir werden in diesem Abschnitt zuerst die Beschreibung idealer Gitter kennenlernen. Neben der Darstellung im realen Raum werden wir auch die im reziproken Raum verwenden. Diese reziproken Gitter werden wir bei der Beschreibung der elektronischen Bandstruktur und bei der Erklärung von Beugungsbildern benötigen (vgl. Abschn. 3.3.3). Anschließend werden wir einige Besonderheiten von Oberflächenstrukturen besprechen.

2.6.1.1 Ideales Gitter

2.6.1.1.1 Ideales Gitter im realen Raum

Ein graphisch einfach darstellbares *zweidimensionales Gitter* läßt sich durch zwei Vektoren $\underline{a}_1$ und $\underline{a}_2$ beschreiben. Jeder Punkt des Gitters wird durch einen Vektor

$$\underline{R} = m_1\underline{a}_1 + m_2\underline{a}_2 \tag{2.6.1}$$

angegeben. Als Konvention gilt $|\underline{a}_1| < |\underline{a}_2|$. Der eingeschlossene Winkel γ wird $\geq 90°$ gewählt. Es ergeben sich fünf mögliche konventionelle Elementarzellen, sogenannte Bravaisnetze (Abb. 2.6.1).

In einem *dreidimensionalen Gitter* erhält man entsprechend die Basisvektorsysteme und Bravaisgitter durch einen dritten Basisvektor $\underline{a}_3$ und zwei weitere Winkel α und β (Tab. 2.6.1 und Abb. 2.6.2).

Die bisher besprochenen Einheitszellen waren die sogenannten konventionellen Elementarzellen. Bereits in Abb. 2.6.1 haben wir jedoch auch die primitiven Elementarzellen mit angegeben, in denen keine zentrierten Strukturen vorkommen. Primitive Elementarzellen enthalten immer genau einen Gitterpunkt, wobei Gitterpunkte, die zu N Einheitszellen gehören, nur als $1/N$-Gitterpunkt gezählt wird.

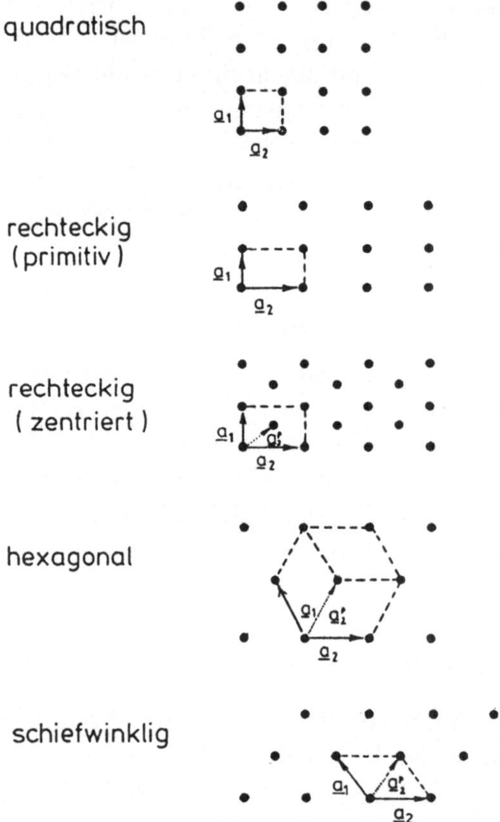

Abb. 2.6.1
Die fünf konventionellen Elementarzellen (Bravaisnetze) von Oberflächenstrukturen mit Einheitsvektoren $\underline{a}_1$, $\underline{a}_2$. Die entsprechenden primitiven Elementarzellen haben die kleinstmögliche Fläche und sind für die unteren drei Beispiele mit $\underline{a}_1$ und dem gepunkteten Vektor $\underline{a}_2^p$ angegeben.

Tab. 2.6.1
Basisvektorsysteme und zugehörige Kristallsysteme für ein dreidimensionales Gitter

Basisvektoren bzw. Kristallachsen	Winkel	Kristallsystem
$a_1 \neq a_2 \neq a_3$	$\alpha \neq \beta \neq \gamma \neq 90°$	triklin
$a_1 \neq a_2 \neq a_3$	$\alpha = \gamma = 90° \beta \neq 90°$	monoklin
$a_1 \neq a_2 \neq a_3$	$\alpha = \beta = \gamma = 90°$	orthorhombisch
$a_1 = a_2 \neq a_3$	$\alpha = \beta = \gamma = 90°$	tetragonal
$a_1 = a_2 \neq a_3$	$\alpha = \beta = 90° \gamma = 120°$	hexagonal
$a_1 = a_2 = a_3$	$\alpha = \beta = \gamma \neq 90°$	rhomboedrisch
$a_1 = a_2 = a_3$	$\alpha = \beta = \gamma = 90°$	kubisch

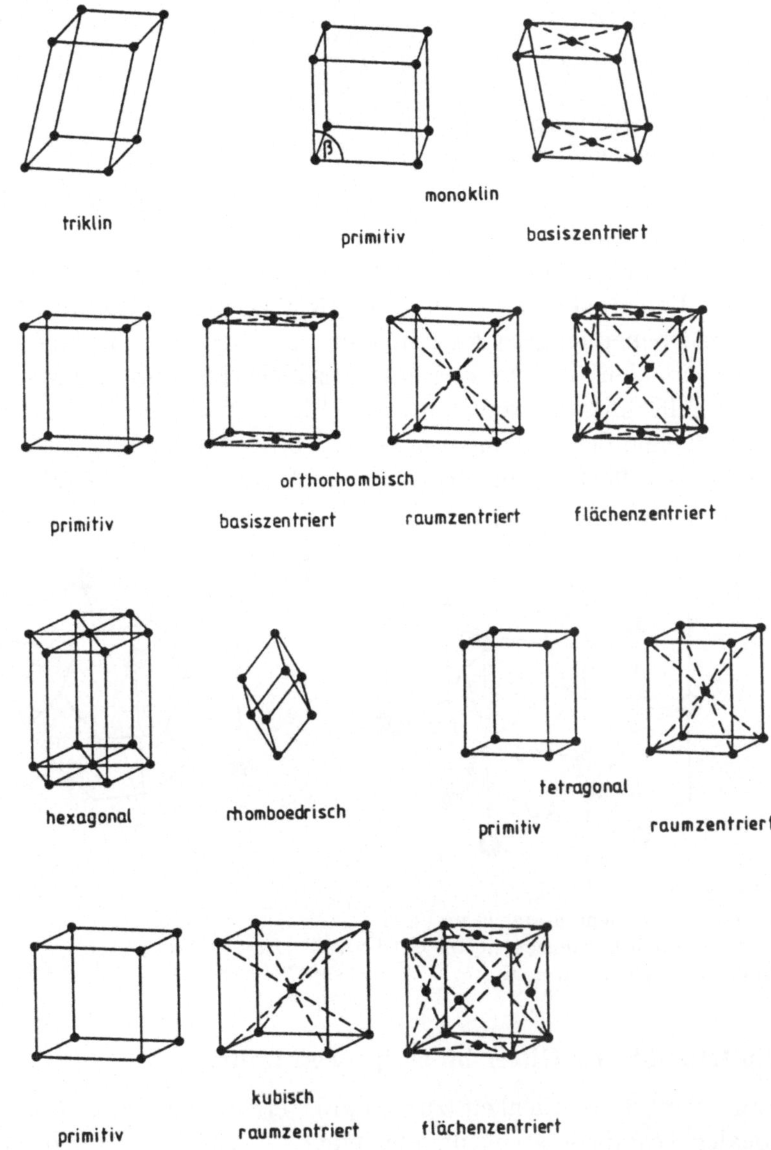

Abb. 2.6.2
Die 14 Translationsgitter des Raumes (Bravaisgitter) [Iba 90]

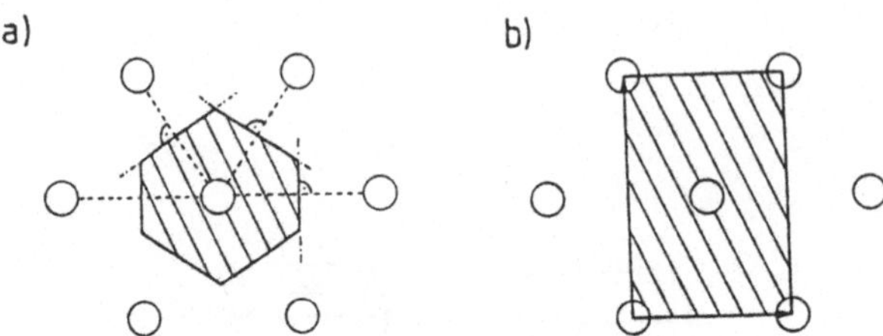

Abb. **2.6.3**
a) Wigner-Seitz-Elementarzelle
b) konventionelle Elementarzelle

Ein besonderer Fall einer primitiven Elementarzelle ist die sogenannte Wigner-Seitz-Zelle. Sie wird konstruiert, indem man von einem Atom ausgehend Verbindungslinien zu den Nachbaratomen zieht und anschließend senkrecht Ebenen (Geraden) durch ihre Mittelpunkte errichtet. Das kleinste von diesen Ebenen eingeschlossene Volumen (bzw. die kleinste Fläche im Zweidimensionalen) ist die Wigner-Seitz-Zelle. In Abb. 2.6.3 sind die Wigner-Seitz-Zelle und die konventionelle Elementarzelle eines zweidimensionalen Gitters einander gegenübergestellt. Abb. 2.6.4 zeigt Wigner-Seitz-Zellen für ein kubisch-flächenzentriertes (Abb. 2.6.4a) und ein kubisch-raumzentriertes (Abb. 2.6.4b) Bravaisgitter.

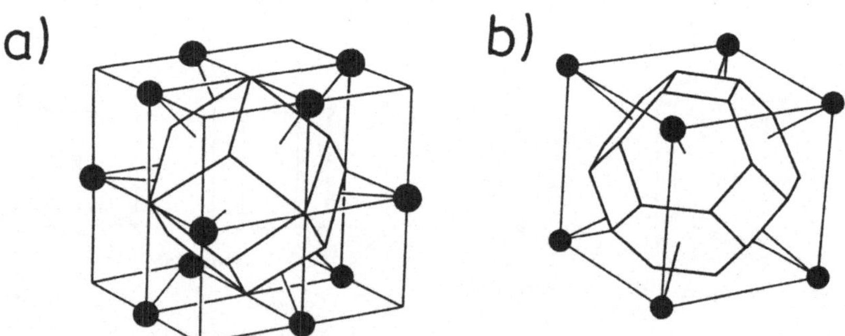

Abb. 2.6.4
Wigner-Seitz-Elementarzelle für
a) ein kubisch-flächenzentriertes Gitter und
b) ein kubisch-raumzentriertes Gitter [Ash 87]

2.6.1.1.2 Ideales Gitter im reziproken Raum

Eine weitere Möglichkeit zur Charakterisierung der Atompositionen einer idealen Festkörperstruktur oder einer Oberfläche bietet die Darstellung im reziproken Raum. Die Gittervektoren bzw. die Netzvektoren $\underline{a}_i$ des reellen Raumes werden durch Vektoren $\underline{a}_i^*$ im reziproken Raum ersetzt.

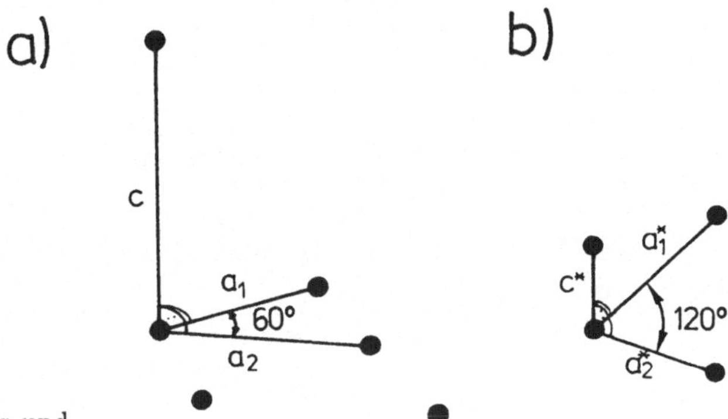

Abb. 2.6.5
Primitive Vektoren für
a) ein hexagonales Bravaisgitter und
b) das entsprechende reziproke Gitter.
Die c- und die c^*-Achse sind parallel. Die a^*-Achsen sind gegenüber den a-Achsen gedreht, so daß $a_1 \perp a_2^*$ und $a_2 \perp a_1^*$, d.h. Gl. (2.6.2) gilt.

Es gilt:

$$\underline{a}_i \cdot \underline{a}_j^* = 2\pi\delta_{ij} = \begin{cases} 2\pi & \text{für } i = j \\ 0 & \text{für } i \neq j \end{cases} \qquad \textbf{(2.6.2)}$$

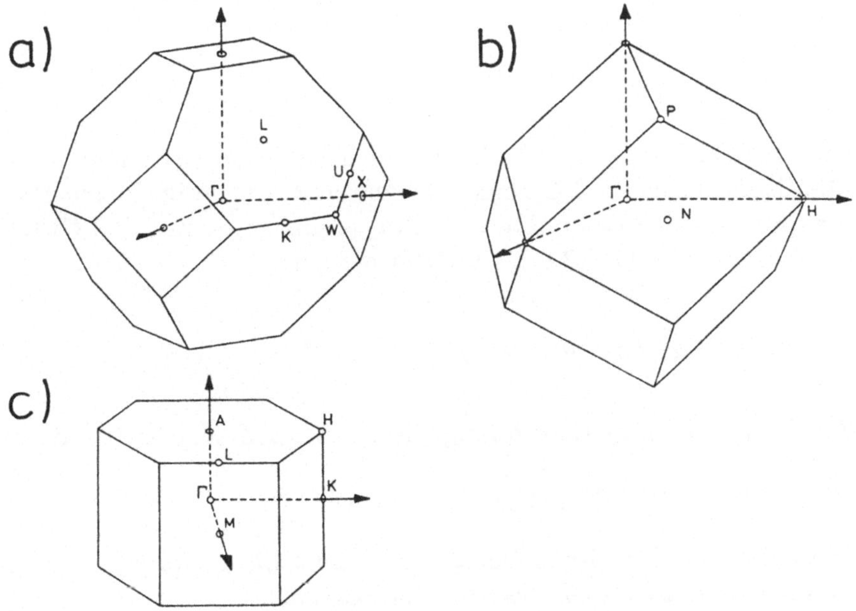

Abb. 2.6.6
Erste Brillouin-Zone in
a) kubisch-flächenzentrierten,
b) kubisch-raumzentrierten und
c) hexagonal dichtest gepackten Strukturen.
Die Buchstaben bezeichnen Punkte hoher Symmetrie [Iba 90].

Die Beträge ergeben sich aus

$$a_1^* = \frac{2\pi}{a_1 \cos\gamma} \quad , \quad a_2^* = \frac{2\pi}{a_2 \cos\gamma} \tag{2.6.3}$$

mit γ als Winkel zwischen $\underline{a}_1$ und $\underline{a}_1^*$, der sich aus Gl. (2.6.2) ergibt, bzw. für $\gamma = 0°$ ($\underline{a}_1 \parallel \underline{a}_1^*$)

$$a_1^* = \frac{2\pi}{a_1} \quad , \quad a_2^* = \frac{2\pi}{a_2} \ . \tag{2.6.4}$$

Man kann auch im reziproken Gitter eine der Wigner-Seitz-Zelle entsprechende Einheitszelle konstruieren. Diese Zellen heißen Brillouinzonen (Abb. 2.6.6). Wir werden in Abschn. 2.6.3 feststellen, daß ihnen eine physikalische Bedeutung zukommt.

Gitterpunkte reziproker Gitter werden durch den Vektor

$$\underline{G} = h_1\underline{a}_1^* + h_2\underline{a}_2^* + h_3\underline{a}_3^* \tag{2.6.5}$$

beschrieben. h_1, h_2 und h_3 haben auch im realen Gitter eine Bedeutung. Man kann zeigen, daß $\underline{G}$ senkrecht auf einer Ebene im *realen* Raum steht, die durch die Schnittpunkte $m_1\underline{a}_1$, $m_2\underline{a}_2$ und $m_3\underline{a}_3$ mit den Gittervektoren gegeben ist (vgl. Gl. (2.6.1)) und für die gilt:

$$h_1 : h_2 : h_3 = m_1^{-1} : m_2^{-1} : m_3^{-1} \tag{2.6.6}$$

Zur Definition und Berechnung dieser sog. „Millerschen Indizes“ werden die Werte von h_i so gewählt, daß sie die kleinsten ganzen Zahlen sind, die Gl. (2.6.6) erfüllen. Ein Beispiel ist in Abb. 2.6.7 gezeigt.

Die Schnittpunkte liegen bei $2a_1$, $2a_2$, $3a_3$, die reziproken Werte von m_i betragen damit $\frac{1}{2}$, $\frac{1}{2}$, $\frac{1}{3}$, die Millerindizes 3,3,2.
Eine spezielle Ebene im Gitter ist die Oberfläche. Sie wird deshalb auch durch Miller-Indizes beschrieben (Abb. 2.6.8).

Flächen und Richtungen werden durch verschiedene Klammern unterschieden: Die Fläche (111) hat die Flächen-Normale [111].

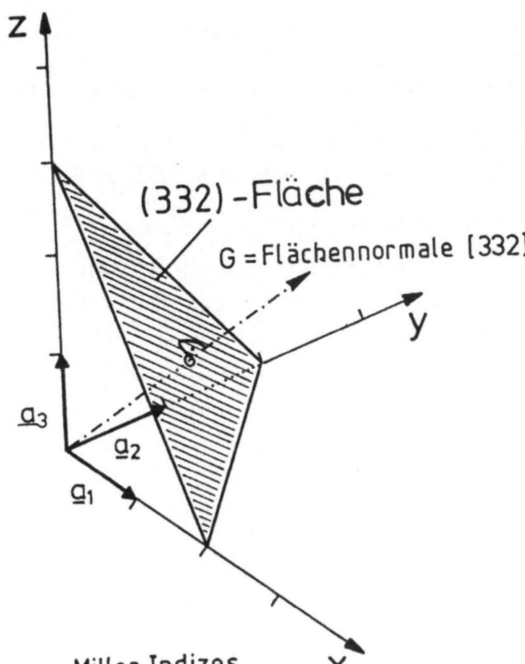

Abb. 2.6.7
Zur Definition der Miller-Indizes

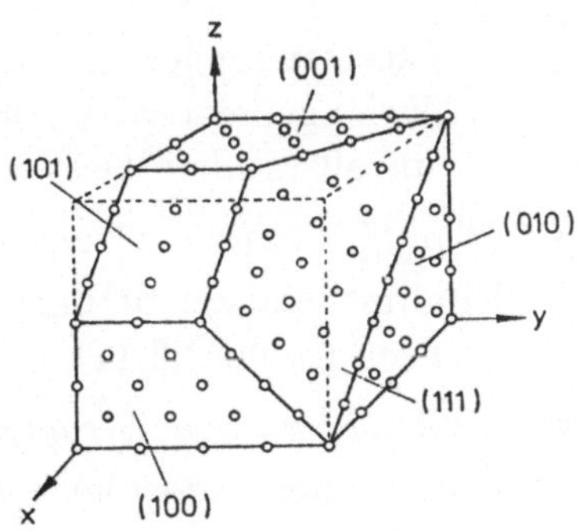

Abb. 2.6.8
Miller-Indizes von Flächen des kubisch-flächenzentrierten Gitters

2.6.1.2 Spezielle geometrische Strukturen an Oberflächen

2.6.1.2.1 Mögliche Anordnungen von Atomen an einer Oberfläche

Die möglichen Strukturelemente an einer Festkörperoberfläche lassen sich nach der Dimension ihrer Periodizität einteilen:

- *Dreidimensionale Strukturen*

  Darunter versteht man Mosaikstrukturen, Stapelfehler einer dicken Schicht, Verspannungen und eine ideale Festkörperoberfläche als vollständige, kristallographisch definierte Anordnung von Atomen durch Fortsetzung der Periodizität der Volumenstruktur (Abb. 2.6.9).

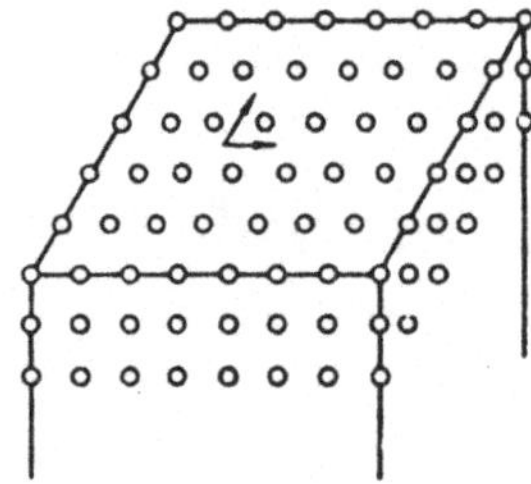

Abb. 2.6.9
Ideale Oberflächenstruktur

- *Zweidimensionale Strukturen*

  Zu den zweidimensionalen Strukturen gehören

  a) deformierte Oberflächen, z.B. eine einheitliche Verschiebung der obersten Lage(n) gegen die Unterlage (Abb. 2.6.10a),
  b) Überstrukturen durch Rekonstruktion, d.h. periodische Verschiebung der Atome in der obersten Schicht (vgl. z.B. Abb. 2.6.39), oder Fremdatomadsorption (Abb. 2.6.10b,c),
  c) Facettenebenen als die gegenüber einer gemeinsamen, idealen Oberfläche geneigten Bereiche (Abb. 2.6.10d),
  d) unvollständige Deckschichten (Abb. 2.6.10e).

- *Eindimensionale Strukturen*

  Eindimensionale Strukturen sind z.B. atomare Stufen und Domänengrenzen (Abb. 2.6.11).

- *Nulldimensionale Strukturen*

  Punktfehler, amorphe Deckschichten, Eckatome an Stufen oder einzelne zusätzliche Atome werden als nulldimensionale Strukturen bezeichnet (Abb. 2.6.12). Alle Strukturen sind durch die Koordinatenangabe aller Atome eindeutig festgelegt. Zum Beispiel lassen sich einzelne Atome durch ihre Position relativ zur Unterlage charakterisieren. wenn letztere als idealer Festkörper angesehen werden kann.

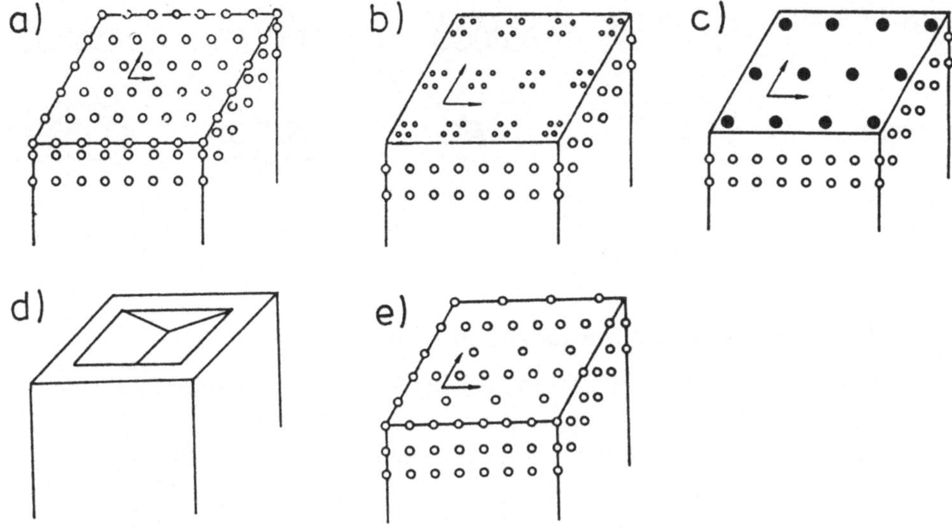

Abb. 2.6.10
Zweidimensionale Oberflächenstrukturen:
a) Deformierung
b) Überstruktur (Rekonstruktion)
c) Überstruktur durch geordnete Adsorption
d) Facette
e) unvollständige Deckschicht

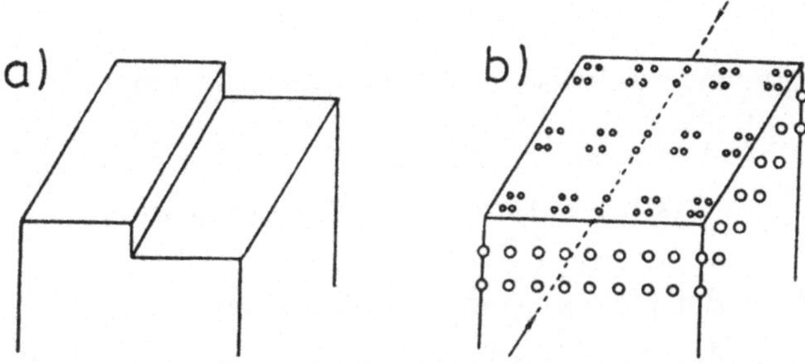

Abb. 2.6.11
Eindimensionale Oberflächenstrukturen:
a) atomare Stufe
b) Domänengrenze

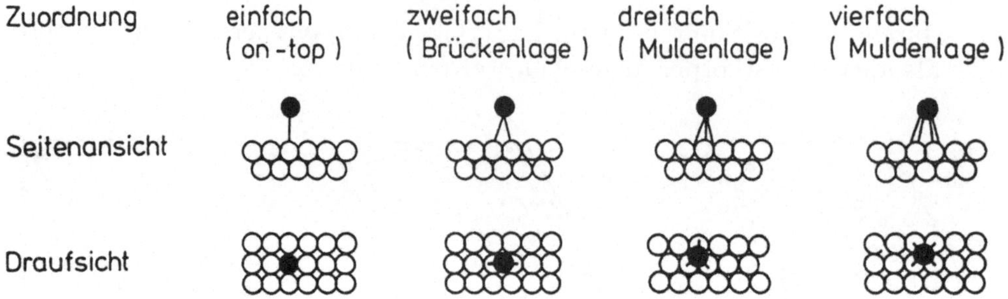

Zuordnung	einfach (on-top)	zweifach (Brückenlage)	dreifach (Muldenlage)	vierfach (Muldenlage)
Seitenansicht				
Draufsicht				

Abb. 2.6.12
Beispiel für lokale Geometrien nulldimensionaler Strukturen: verschiedene Positionen adsorbierter Atome

2.6.1.2.2 Beschreibung von periodischen Überstrukturen

Periodische Überstrukturen lassen sich wie bei der Beschreibung einer idealen Struktur durch die Angabe ihrer Netzvektoren $\underline{b}_1$ und $\underline{b}_2$, des eingeschlossenen Winkels γ' und der Basis darstellen. Dabei ist es gleichgültig, ob die Überstruktur durch Fremdatome oder durch das periodische Verrücken von Atomen der ersten Atomlage (Rekonstruktion) entsteht. Der Zusammenhang zwischen Überstruktur und Unterlage wird durch die Wood- oder Matrix-Notation hergestellt.

Voraussetzung für die *Wood-Notation* ist $\angle(\underline{a}_1, \underline{b}_1) = \angle(\underline{a}_2, \underline{b}_2)$ oder der gleiche Bravaisnetztyp für Unterlage und Überstruktur.

Damit werden folgende Angaben gemacht:

chemische Zusammensetzung der Unterlage	z.B. Si
Millerindizes der idealen Oberfläche	z.B. (111)
Angabe der Basis der Überstruktur	p=primitiv, c=zentriert
Längenverhältnis der Netzvektoren in der Form	$\frac{b_1}{a_1} \times \frac{b_2}{a_2}$
Winkel zwischen $\underline{a}_1$ und $\underline{b}_1$	$R(\angle(\underline{a}_1, \underline{b}_1))$
chemische Bezeichnung der Überstruktur	z.B. Ag

Zwei Beispiele sind in Abb. 2.6.13 gezeigt.

In Abb. 2.6.14 sind weitere Beispiele für die Woodsche Notation gezeigt. Im kubisch-flächenzentrierten Gitter sind die Bezeichnungen $c(2 \times 2)$ und $(\sqrt{2} \times \sqrt{2})R45°$ einander gleichwertig.

Mit der alternativen *Matrix-Notation* können alle möglichen periodischen Überstrukturen beschrieben werden. Die Überstruktur-Netzvektoren $\underline{b}_1$ und

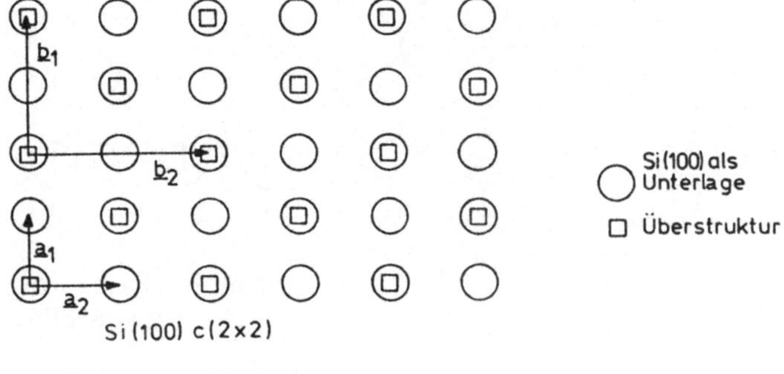

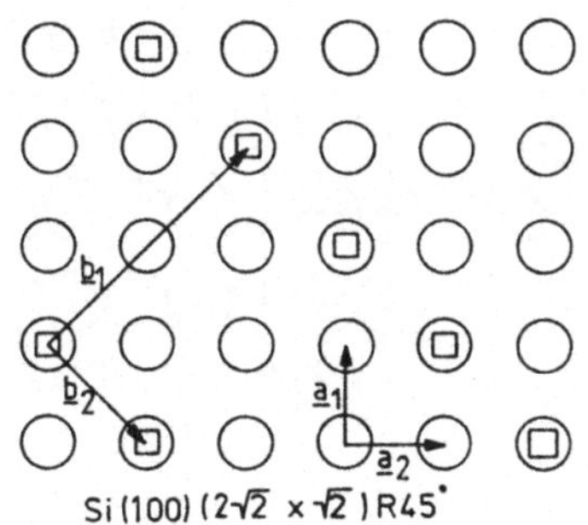

Abb. **2.6.13**
Woodsche Notation am Beispiel zweier Adsorbat-Überstrukturen von Si(100)

$\underline{b}_2$ werden dabei als Linearkombination der Netzvektoren der Unterlage dargestellt:

$$\underline{b}_1 = S_{11}\underline{a}_1 + S_{12}\underline{a}_2 \quad , \quad \underline{b}_2 = S_{21}\underline{a}_1 + S_{22}\underline{a}_2 \tag{2.6.7}$$

oder allgemein

$$\underline{B} = \underline{\underline{S}}\,\underline{A} \tag{2.6.8}$$

mit Angabe der Matrixelemente S_{ij}. Für die Beispiele aus Abb. 2.6.13 gilt damit:

$$1) \quad \underline{\underline{S}}_{ij} = \begin{pmatrix} 2 & 0 \\ 0 & 2 \end{pmatrix}$$

$$2) \quad \underline{\underline{S}}_{ij} = \begin{pmatrix} 2 & 2 \\ -1 & 1 \end{pmatrix}$$

Mit dieser Notation lassen sich je nach den Koeffizienten S_{ij} drei verschiedene Überstrukturen unterscheiden:

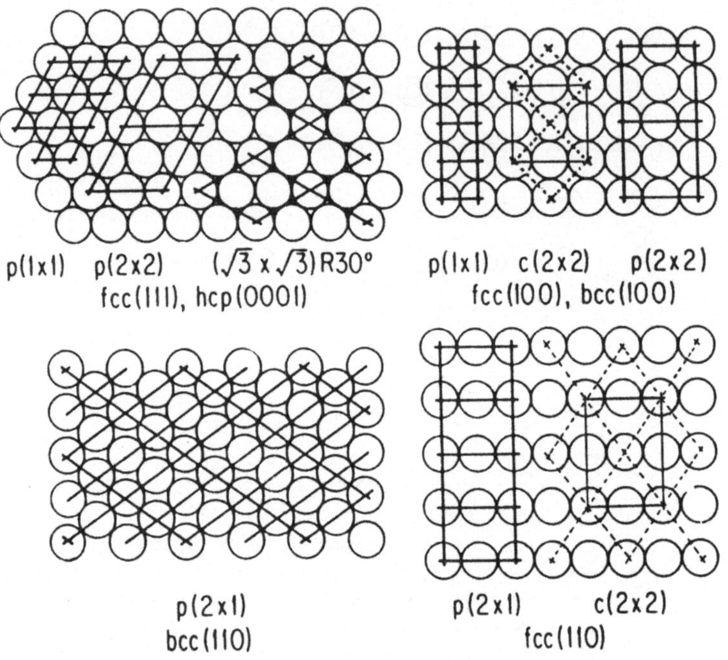

Abb. 2.6.14
Weitere Beispiele für die Woodsche Notation: Überstrukturen von Adsorbaten. Kreise entsprechen Substrat-Atomen, Linien repräsentieren Überstrukturen. An den Schnittpunkten der Linien befinden sich Adsorbat-Atome [VHo 79].

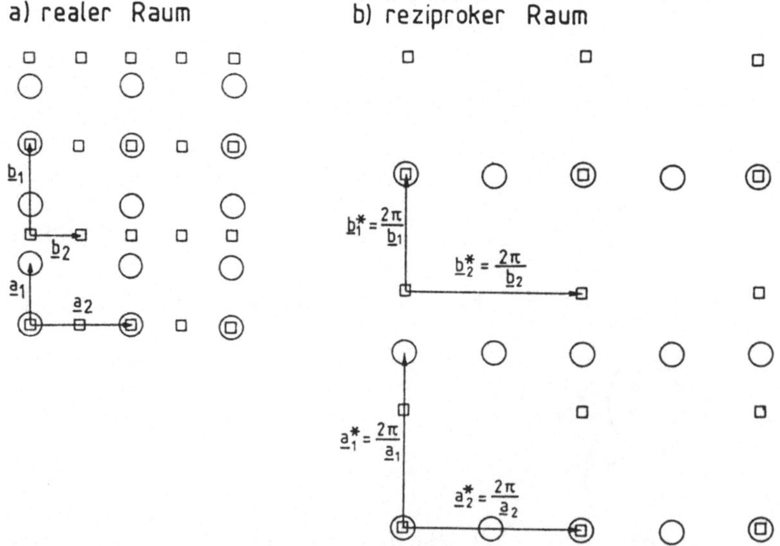

Abb. 2.6.15
Beschreibung einer Überstruktur
a) im realen Raum, b) im reziproken Raum

1) S_{ij} ist eine ganze Zahl: einfache Strukturen, alle Positionen sind gleichwertig
2) S_{ij} ist eine rationale Zahl: Koinzidenzstrukturen, nicht alle Positionen sind gleichwertig
3) S_{ij} ist eine reelle Zahl: inkohärente oder inkommensurable Struktur, die Überstruktur ist unabhängig von der Unterlage

Eine Überstruktur läßt sich im reziproken Gitter durch die Vektoren $\underline{b}_1^*$ und $\underline{b}_2^*$ mit $\underline{b}_i \cdot \underline{b}_j^* = 2\pi\delta_{ij}$ beschreiben (Abb. 2.6.15). Wie im reellen Raum gilt für den Zusammenhang zwischen Überstruktur und Unterlage $\underline{B}^* = \underline{\underline{S}}^* \underline{A}^*$.

2.6.2 Näherungsmethoden zur Berechnung von Festkörperstrukturen

In diesem Abschnitt werden wir zuerst klassische Bindungstypen besprechen, die z.T. auf den in Abschn. 2.5.1 besprochenen Zweiteilchenwechselwirkungen beruhen. Aus dieser Beschreibung erhält man die Gesamtenergie des Festkörpers, nicht jedoch einzelne elektronische Energieniveaus. Anschließend werden wir auf die Grundlagen der quantenmechanischen Behandlung von Festkörpern eingehen. Dazu separiert man in einem ersten Schritt die Hamiltonfunktion der Elektronen von der Gesamthamiltonfunktion mit ihren zusätzlichen Anteilen von Quasiteilchen (Abschn. 2.6.2.2). Für die Lösung der elektronischen Schrödingergleichung stehen verschiedene Ansätze zur Verfügung. Der erste geht vom Extrem stark lokalisierter Elektronen aus, behandelt also den Festkörper als Riesenmolekül („Tight Binding Modell") (Abschn. 2.6.2.3) oder als Molekül-„Cluster". Ein anderer Ansatz geht vom anderen Extrem (quasi-) freier Elektronen aus, die sich in einem von den Atomrümpfen modulierten effektiven Potentialfeld bewegen („Free Electron Approximation") (Abschn. 2.6.2.4). Das Tight-Binding-Modell beschreibt in relativ guter Näherung lokalisierte Elektronenniveaus wie z.B. Rumpfelektronenniveaus. Es wurden eine Reihe von anderen Methoden entwickelt, um die elektronische Struktur im für die chemische Reaktivität interessanten Bereich der (delokalisierten) Valenzelektronen genauer zu berechnen, wie z.B. die „Muffin Tin"- oder die Pseudo-Potentialmethode. Genauere Beschreibungen dieser Methoden finden sich in Lehrbüchern der Festkörperphysik, so z.B. [Ash 87].

2.6.2.1 Klassische Beschreibung von Bindungstypen

Um Kristallstrukturen von Festkörpern zu bestimmen und Abschätzungen über deren Eigenschaften zu machen, werden oft in erster Näherung nur Beiträge von klassischen „Grund"-Bindungstypen berücksichtigt (Abb. 2.6.16).

Um die potentielle Energie des gesamten Festkörpers zu bestimmen, müssen alle (z.T. nicht-additiven) Paarwechselwirkungen betrachtet werden, die z.T. schon in Abschn. 2.5.1 besprochen wurden.

Neben diesen „reinen" Bindungstypen gibt es im Rahmen einer einfachsten Beschreibung in vielen Festkörpern auch „Mischungen" oder mehrere Bindungstypen nebeneinander.

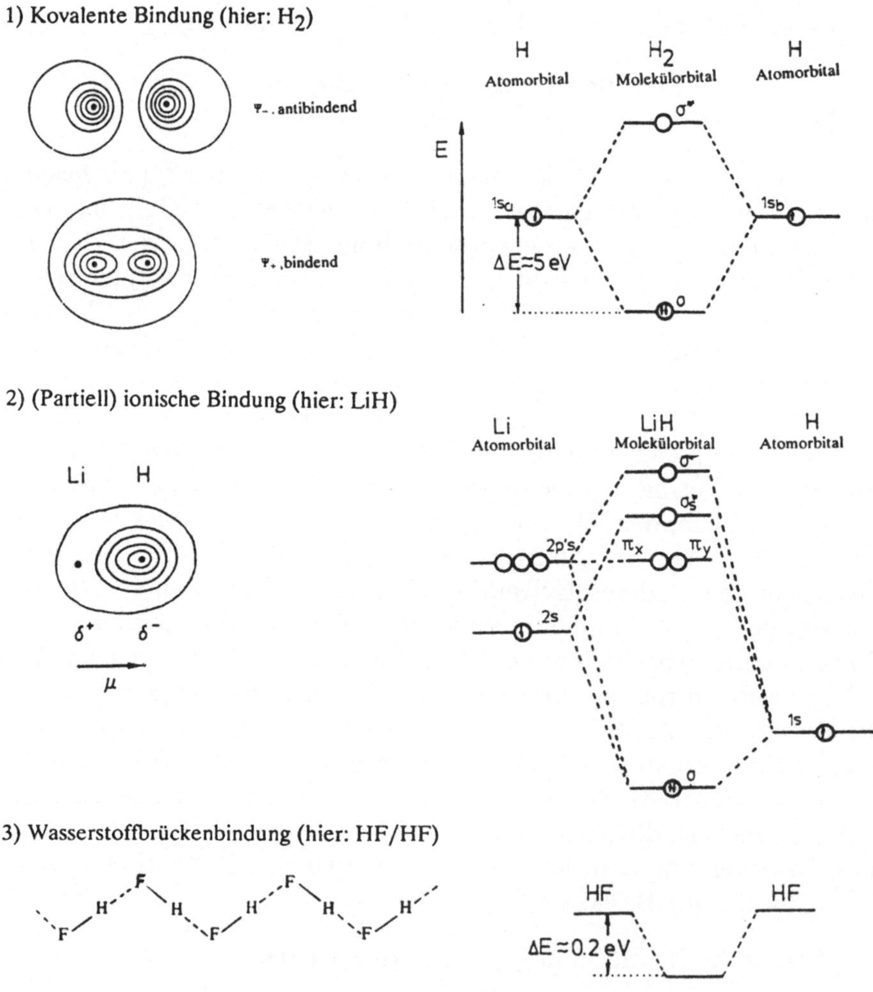

Abb. **2.6.16**
Klassische Bindungstypen, hier am Beispiel von Paarwechselwirkungen

4) Schwache intermolekulare Kräfte

a) Dipol-Dipol-Wechselwirkung (hier: LiH/LiH)

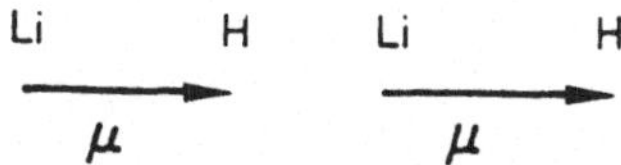

b) Dispersionswechselwirkung (hier: H_2/H_2)

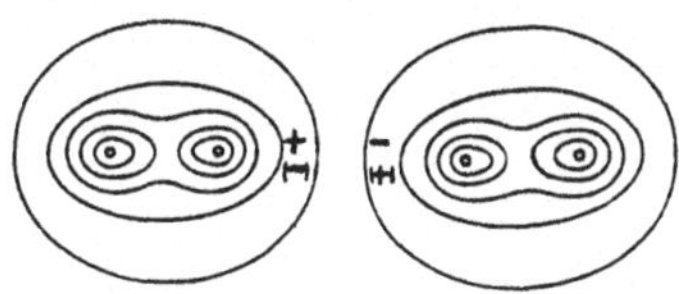

H_2 H_2

$\Delta E \simeq 0.002\,eV$

(größere Moleküle oder Dipol/Dipol: 0.02 eV)

Abb. **2.6.16**
(Fortsetzung)

2.6.2.1.1 Ionenbindung

Eine Ionenbindung entsteht durch elektrostatische, ungerichtete Wechselwirkung zwischen geladenen Teilchen (Ionen). In einem Ionenkristall bilden die Ionen eine Gleichgewichtskonfiguration, in der die anziehenden Kräfte zwischen positiven und negativen Ionen gegenüber abstoßenden Kräften zwischen gleichgeladenen Ionen überwiegen. Typische ionische Festkörper sind z.B. die Alkalihalogenide (NaCl, LiF,...) oder die Oxide (ZnO, SnO_2,...).

Die Gitterenergie eines Ionenkristalls ist die Energie, die im Gedankenexperiment bei der Bildung des Kristalls aus einzelnen neutralen Atomen frei wird. Der Hauptbetrag wird von der elektrostatischen Energie E_C (C steht für Coulomb) geliefert. (Die Van der Waals-Anziehung zwischen benachbarten Ionen (vgl. Abschn. 2.5.1.2) vergrößert die Gitterenergie zusätzlich; die Nullpunktschwingung der Ionen um ihre Gleichgewichtslage verringert sie. Beide Effekte sind energetisch bei Ionenkristallen in erster Näherung vernachlässigbar.)

Für die Wechselwirkungsenergie zwischen zwei Punktladungen gilt (Gl. (5.2.43)):

$$E_C = \frac{1}{4\pi\varepsilon_0}\frac{q_1 q_2}{r} \qquad \textbf{(2.6.9)}$$

Betrachtet man einen ganzen Ionenkristall, so muß man über alle Wechselwirkungen summieren.

Für ein bestimmtes Kation gilt

$$E_{\mathrm{C}}^{+} = \frac{q^{+}}{4\pi\varepsilon_0} \sum_i \frac{q_i}{r_i^{+}} \tag{2.6.10}$$

und für ein bestimmtes Anion

$$E_{\mathrm{C}}^{-} = \frac{q^{-}}{4\pi\varepsilon_0} \sum_i \frac{q_i}{r_i^{-}} \,. \tag{2.6.11}$$

Dabei ist q^+ bzw. q^- die effektive Ladung des betrachteten Kations bzw. Anions, q_i die Ladung des Wechselwirkungspartners und r_i^+ bzw. r_i^- dessen Abstand vom betrachteten Kation bzw. Anion.

Setzt man $r_i^+ = a_i^+ r_0$ und $r_i^- = a_i^- r_0$ mit r_0 als Gitterabstand in der Einheitszelle, so ergibt sich z.B. für kubische Kristalle:

$$\begin{aligned} E_{\mathrm{C}} &= \frac{1}{2}(E_{\mathrm{C}}^{+} + E_{\mathrm{C}}^{-}) \\ &= \frac{q^+ q^-}{4\pi\varepsilon_0 r_0} \cdot \frac{1}{2} \sum_i \left(\frac{q_i/q^-}{a_i^+} + \frac{q_i/q^+}{a_i^-} \right) \\ &= \frac{q^+ q^-}{4\pi\varepsilon_0 r_0} \cdot \alpha \end{aligned} \tag{2.6.12}$$

α heißt Madelung-Konstante, hat für alle Kristalle desselben Typs denselben Wert und kann für beliebige periodische Kristallgitter berechnet werden, wenn die Ladungen sowie a_i^+ und a_i^- bekannt sind.

Da Ionen eine ausgedehnte Elektronenhülle besitzen, die nach außen näherungsweise exponentiell abfällt, treten abstoßende Kräfte auf, die zu einem Abstoßungspotential (Gl. (2.5.14))

$$E_{\mathrm{rep}} = A \cdot e^{-\frac{r}{A'}} \tag{2.6.13}$$

führen. Oft wird vereinfacht

$$E_{\mathrm{rep}} = \frac{C}{r^m} \tag{2.6.14}$$

angesetzt (vgl. Gl. (2.5.15)). m ist dabei eine Zahl ≥ 9 .

2.6.2.1.2 Kovalente Bindung

Die Kovalenzbindung ist eine gerichtete Bindung durch Elektronen zwischen benachbarten Atomen. Jedes an der kovalenten Bindung beteiligte Atom trägt ein Elektron zur Bindung bei. Typische Beispiele sind Bindungen im Si-, Ge- oder Diamantgitter. Die quantenmechanische Behandlung für Moleküle haben wir bereits in Abschn. 2.4 kennengelernt; die für Festkörper entstehende Verbreiterung des Energieniveaus zu Energiebändern wird in Abschn. 2.6.2.3 besprochen. Die Bindungsenergie des Kristalls ergibt sich als Summe der Energien aller Einzelbindungen, wobei typische Einzelbindungsenergien im eV-Bereich liegen (z.B. ~ 5 eV bei H_2).

2.6.2.1.3 Van der Waals-Bindung

Unter der Van der Waals-Bindung versteht man alle Bindungen, die aufgrund der Wechselwirkung von Dipolen (oder allgemeiner: Multipolen) zustandekommen. Dazu gehören Wechselwirkungen permanenter Dipole untereinander, eines permanenten Dipols mit einem induzierten Dipol oder zweier induzierter Dipole. Diese haben wir bereits in Abschn. 2.5.1.2, Gl. (2.5.9), (2.5.12) und (2.5.13) kennengelernt. Beispiele sind Festkörper von Edelgasen oder von Molekülen wie Cl_2, CO oder Benzol.

Von verschiedenen Autoren wird nur die durch Gl. (2.5.13) beschriebene spezifische London-Wechselwirkung zwischen unpolaren Molekülen als „eigentliche“ Van der Waals-Wechselwirkung bezeichnet. Diese ist additiv, d.h. die Bindungsenergie setzt sich bei Vielteilchensystemen aus der Summe der Zweiteilchenpotentiale zusammen: $E_{\text{pot}} = \frac{1}{2}\sum E_{\text{pot}_{ij}}$. Die Energie ist um ca. zwei Zehnerpotenzen kleiner als für kovalente Bindungen, liegt also bei 0,01 eV. Für Wasserstoff liegt sie mit 0,002 eV wegen der sehr geringen Polarisierbarkeit nochmals um etwa eine Zehnerpotenz tiefer. Wegen dieser geringen Wechselwirkungsenergien bleiben die Eigenschaften der einzelnen Atome bzw. Moleküle im Festkörper weitgehend erhalten, und man spricht im letzteren Falle von Molekülkristallen.

2.6.2.1.4 Wasserstoffbrückenbindung

Es gibt Verbindungen wie H_2O, NH_3 und HF, die wesentlich höhere Schmelz- und Siedepunkte besitzen, als von den theoretisch berechneten Van der Waals-Kräften erwartet würde. Die Größenordnung dieser starken intermolekularen Kräfte liegt zwischen der der kovalenten und der der Van der Waals-Kräfte (ca. 0,1 eV). Sie treten zwischen Wasserstoffverbindungen stark elektronegativer Atome auf, bei denen das Wasserstoffatom relativ leicht als Proton abgegeben werden kann, und elektronegativen Molekülen mit einem freien Elektronenpaar. In dieser sog. Wasserstoffbrückenbindung teilen sich dann zwei Elektronenpaare ein Proton. Die Bindung kann dabei asymmetrisch sein, so daß das Proton immer einem Atom mehr zugeordnet ist, oder symmetrisch, wobei das Proton zwischen den beiden Gleichgewichtspositionen tunneln kann. So entstehen binäre Molekülassoziate, bei denen die Bindungslänge kürzer als die Summe der Van der Waals-Radien der beiden elektronegativen Atome ist.

Neben diesen kationischen Wasserstoffbrücken gibt es auch anionische, bei denen hydridischer Wasserstoff mit mehr als einem Bindungspartner in einer sogenannten Dreizentrenbindung vorliegt. Dieser Bindungstyp wird jedoch zu den kovalenten Bindungen gezählt.

2.6.2.1.5 Metallische Bindung

In der metallischen Bindung sind die Valenzelektronen der Metallatome dem Gesamtsystem gemeinsam zugänglich und bewegen sich darin in erster Näherung wie ein Gas aus freien Elektronen. Diese Näherung ist i.allg. für s-Elektronen gut, für d-Elektronen nicht gut erfüllt.
Die Wechselwirkung zwischen dem Elektronengas und den positiven Metallionen führt zu einer starken Anziehung. Diese Wechselwirkung kann z.B. mit dem sog. Jellium-Modell beschrieben werden, in dem das Gitter der Ionenrümpfe im Metall durch einen halbunendlichen konstanten Hintergrund positiver Ladungen ersetzt wird, die mit entsprechenden Elektronenladungen kompensiert sind. Dies ist schematisch in Abb. 2.6.17 dargestellt.

Das Jellium-Modell ermöglicht z.B. auch eine elementare Beschreibung einer Metall-Oberfläche und erlaubt das Studium der chemischen Bindung mit einem Kontinuum von Zuständen ohne die Komplikationen, die bei gerichteter Adatom-Bindung zu berücksichtigen sind (vgl. auch Abschn. 2.6.4.4.2). Die Elektronendichte $Q_{(v)}(z) = \varrho(z)$ im halbunendlichen Jellium-Modell ist in Abb. 2.6.17b gezeigt. Außerhalb des Metalls fällt die Elektronendichte exponentiell ab, innerhalb des Metalls erreicht sie einen konstanten Wert, wobei nahe der Grenzfläche sog. Friedel-Oszillationen auftreten, die bei geringeren Elektronendichten weitreichender sind als bei höheren.

2.6.2.2 Separation der Hamiltonfunktion

Wir wollen nun die wesentlich aufwendigere und detailliertere quantenmechanische Behandlung des Festkörpers besprechen. Die allgemeine Hamiltonfunktion $\hat{H}_{\text{tot}}$ für den Festkörper muß dabei (ähnlich wie beim Molekül mit den elementaren Bewegungen, Elektronen und Kernen) eine Vielzahl

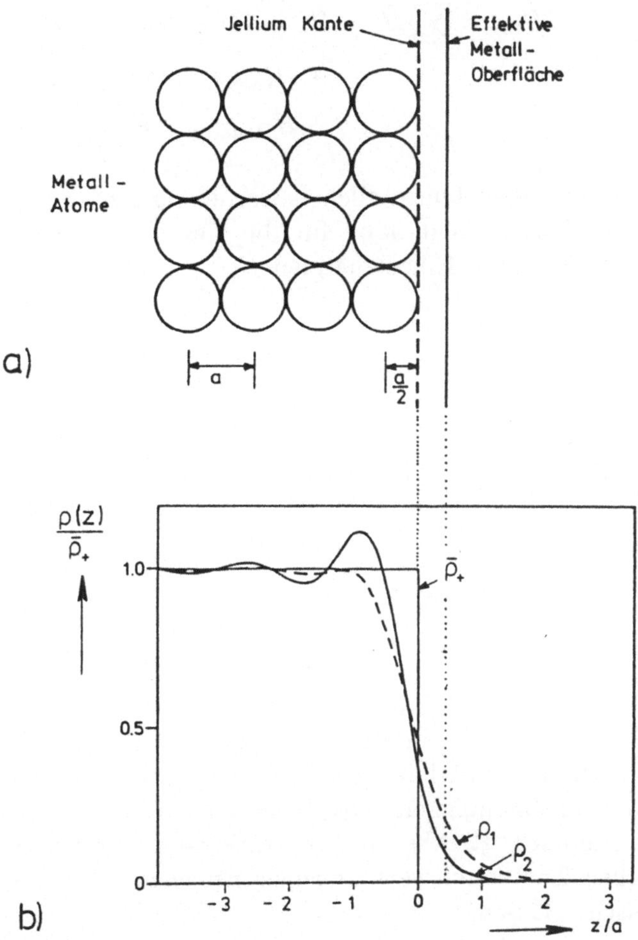

Abb. 2.6.17
a) Schematischer Schnitt durch eine Metall-Oberfläche
b) Ladungsdichten der positiven Atomrümpfe $\bar{\varrho}_+$ und Elektronen $\varrho_{1(2)}$ im Jellium-Modell für zwei charakteristische Elektronendichten mit $\varrho_1 > \varrho_2$. Nach diesem Modell wirkt auf das Elektron im Vakuum außerhalb des Festkörpers eine klassische Bildkraft, wenn das Potential auf die in der Abbildung angegebene effektive Metalloberfläche bezogen wird [Lan 69].

anderer sogenannter Elementaranregungen oder Quasiteilchen berücksichtigen, so z.B. die Gitterschwingungen, Elektronengasschwingungen etc. Diese Anregungen spielen am absoluten Nullpunkt noch keine Rolle, gewinnen aber mit zunehmender Temperatur an Bedeutung und sind u.a. bei spektroskopischer Anregung von Interesse. In erster Näherung kann man die Elementaranregungen des Festkörpers als voneinander unabhängig annehmen:

$$\begin{aligned}\hat{H}_{\text{tot}} = \sum \hat{H}_i = \hat{H}_{\text{el}} + \hat{H}_n + \hat{H}_{\text{Phonon}} + \hat{H}_{\text{Exziton}} + \hat{H}_{\text{Plasmon}} \\ + \hat{H}_{\text{Magnon}} + \hat{H}_{\text{Polaron}} + \hat{H}_{\text{Polariton}} + \hat{H}_{\text{Soliton}} \\ + \hat{H}_{\text{Donator}} + \hat{H}_{\text{Akzeptor}} + \ldots \qquad (2.6.15)\end{aligned}$$

Die einzelnen Quasiteilchen werden in Abschn. 2.6.6 ausführlicher behandelt. Daraus folgt dann für die Gesamtenergie E_{tot} bei einer bestimmten Aufteilung auf Einzelenergien E_i

$$E_{\text{tot}} = \sum E_i \qquad \textbf{(2.6.16)}$$

und für die Wellenfunktion

$$\Psi_{\text{tot}} = \prod \Psi_i \, . \qquad \textbf{(2.6.17)}$$

Bei $T > 0$ K sind viele Aufteilungen der Gesamtenergie oberhalb des Gesamtenergie-Minimums auf Einzelenergien möglich. Ihr Mittelwert bestimmt u.a. mittlere experimentell zugängliche Gesamtenergien E_{tot}. Temperaturabhängigkeit wird über die Berechnung der Zustandssummen beschrieben (vgl. Abschn. 2.7, statistische Thermodynamik). Übergänge zwischen Zuständen verschiedener Einzelenergien lassen sich z.T. spektroskopisch erfassen.

Die Separierbarkeit des Hamiltonoperators $\hat{H}_{\text{tot}}$ ist nicht in allen Fällen gegeben. So läßt sich beispielsweise das Phänomen der Supraleitung nur über eine Kopplung der Elektronen mit den Phononen eines Festkörpers erklären. Für diese und einige andere Phänomene werden daher in der nächsten Näherung Kopplungen zwischen zwei Quasiteilchen berücksichtigt (s. z.B. [Mad 72]).

Im folgenden werden wir uns zunächst nur mit der Berechnung der Energien für Elektronen beschäftigen, da die elektronischen Eigenschaften zur Erklärung des Bindungstyps und der elektrischen und optischen Phänomene von Festkörpern entscheidend sind. Wir werden dann sehen, daß sich die daraus ergebenden theoretischen Konzepte zur Berechnung von Energiezuständen z.T. auch auf andere Quasiteilchen übertragen lassen.

2.6.2.3 Festkörper als Riesenmoleküle

Festkörper mit starken interatomaren Wechselwirkungsenergien bei überwiegend ionischer, kovalenter oder metallischer Bindung kann man als Riesenmoleküle betrachten, die aus einer sehr großen Anzahl von Atomen aufgebaut werden. Konstruiert man MO-Schemata (s. Abschn. 2.4.2 und 2.4.3) für eine zunehmende Anzahl von beteiligten Atomen („Cluster"), so erkennt man, daß sich die MOs des „Gesamtmoleküls" in Bändern gruppieren, wobei die Anzahl der MOs pro Band der Anzahl der Atome im Festkörperverbund entspricht (Abb. 2.6.18).

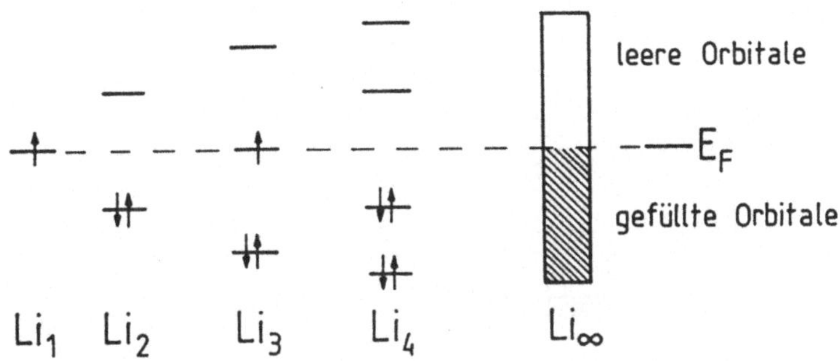

Abb. 2.6.18
Ausbildung von 2s-Energiebändern bei einer linearen Kette von Lithiumatomen

Abb. 2.6.19 zeigt, wie sich die Atomorbitale von Natrium bei abnehmendem Kernabstand zu Bändern verbreitern. Der beobachtete Kernabstand entspricht dabei dem Energieminimum.

In Abb. 2.6.19 kann man auch erkennen, daß sich die Energiebänder überlappen können. Außerdem gibt es Bereiche, die zwischen den Bändern liegen. Sie heißen Bandlücken oder verbotene Zonen und können nicht von Elektronen besetzt werden.

Wir wollen nun überlegen, wie die Wellenfunktionen von solchen eindimensionalen Systemen aussehen. Das Potential eines Wasserstoffatoms haben wir bereits in Abschn. 2.2.6 berechnet. Setzt man nun mehrere solcher Atome nebeneinander, so erhält man in erster Näherung eine Superposition der Atomfunktionen (Abb. 2.6.20a). Diese Abbildung entspricht in sehr grober Näherung einer ebenenWelle mit unendlicher Wellenlänge, da die Kernverbindungslinie nicht geschnitten wird. Für höhere Energien treten nun Knoten in der Wellenfunktion auf (Abb. 2.6.20b). Vergleicht man diese mit einer ebenen Welle, die ihren Knoten an der gleichen Stelle hat, so erkennt man, daß Wellenfunktionen im Festkörper durch ebene Wellen beschrieben werden

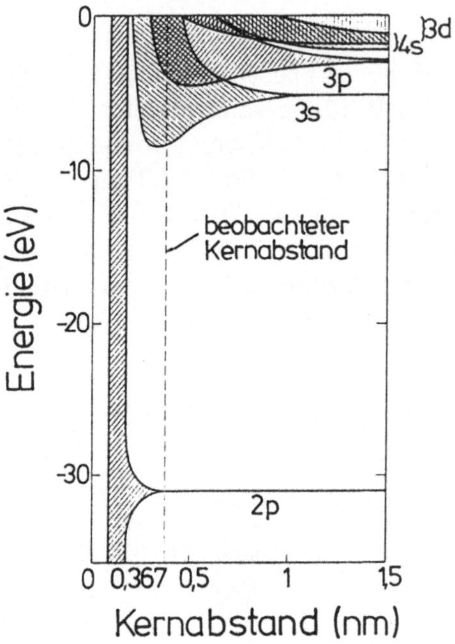

Abb. 2.6.19
Entstehung von Bändern am Beispiel des Natriums [Bei 83]

können, die durch die Atomfunktionen gitterperiodisch moduliert werden. Diese Funktionen heißen Blochfunktionen:

$$\Psi(\underline{r}) = U(\underline{r})e^{i\underline{k}\,\underline{r}} \qquad \textbf{(2.6.18)}$$

mit

$$U(\underline{r}) = U(\underline{r} + \underline{R}) \qquad (2.6.19)$$

Dabei ist $U(\underline{r})$ das räumlich periodische Potential im Festkörper für alle Gittervektoren $\underline{R}$ des Bravaisgitters, die komplexe e-Funktion beschreibt eine ebene Welle. $\Psi(\underline{r})$ in Gl. (2.6.18) ist eine Lösung der Einelektronen-Schrödingergleichung (5.3.15), wobei $V(\underline{r})$ ein periodisches Potential ist, für das analog zu Gl. (2.6.19) $V(\underline{r}) = V(\underline{r} + \underline{R})$ gilt. Obwohl es sich um eine Einelektronennäherung handelt, muß natürlich trotzdem die Elektron-Elektron-Wechselwirkung berücksichtigt werden. Wird dies nicht explizit getan (wie z.B. im Hubbard-Modell, vgl. [Cox 87]), so wird diese durch eine intelligente Wahl des Potentials $V(\underline{r})$ angenähert. Ähnlich wie bei Mehrelektronen-Atomen oder -Molekülen wird dieses Potential meist durch eine SCF-Rechnung bestimmt (vgl. Abschn. 2.3.1.1 und [Ash 87]).

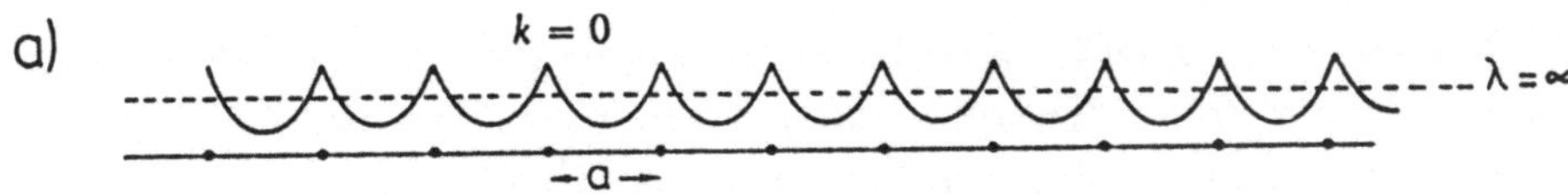

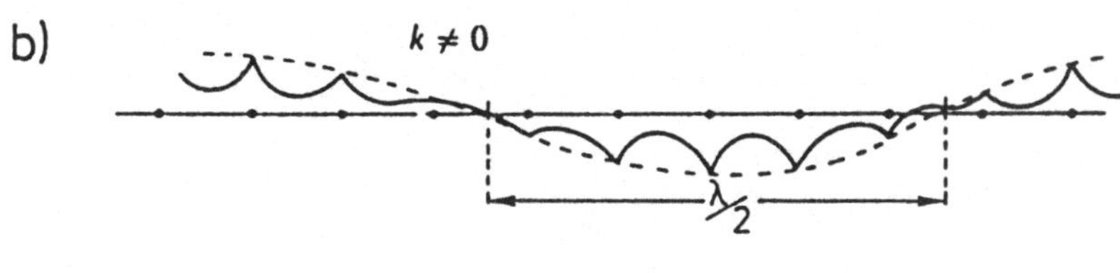

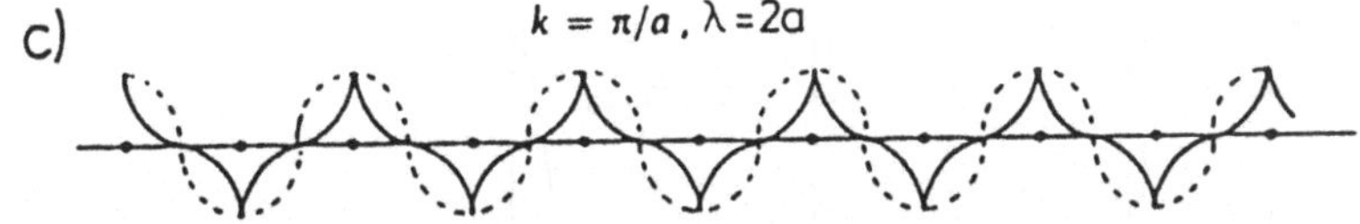

Abb. **2.6.20**
Schematische Darstellung des Vergleichs von Blochfunktionen (durchgezogenen Linien) und ebenen Wellen (gestrichelte Linien)

Die Wellenfunktion mit der höchsten Energie in einem N-atomaren Festkörper besitzt N Knoten (Abb. 2.6.20c).

Man kann aus Abb. 2.6.20 außerdem entnehmen, daß man die Wellenlänge λ oder den Wellenzahlvektor $k = \frac{2\pi}{\lambda}$ als Maß für die Knotenzahl verwenden kann. Trägt man den Verlauf der Energie gegen k auf, so ergeben sich sogenannte Bandstrukturbilder (Abb. 2.6.21), deren Verlauf wir in Abschn. 2.6.3 noch quantitativ berechnen werden.

Man erkennt aus der Abbildung auch schon den qualitativen Verlauf der eindimensionalen Zustandsdichte $D(E)$ (vgl. Abschn. 2.2.2), in der an den

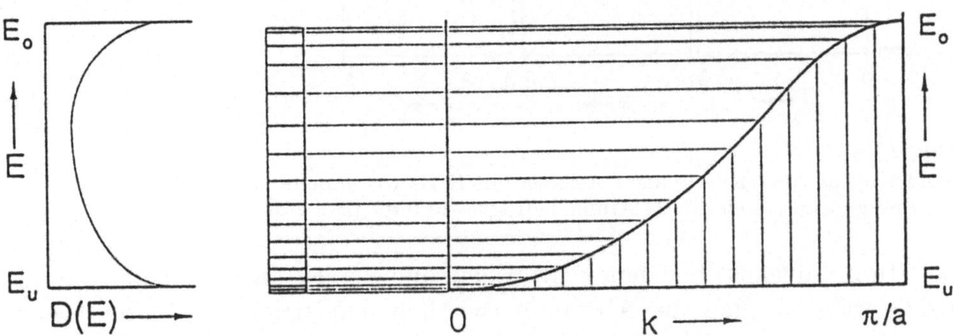

Abb. 2.6.21
E als Funktion von k („Bandstruktur“) für eine eindimensionale Kette. E_o ist die Ober-, E_u die Unterkante des Bandes. Links dargestellt ist die Zustandsdichte $D(E)$.

Bandkanten mehr Zustände vorliegen als in der Bandmitte. Die Wellenfunktion mit $\lambda = \infty$ (ohne Knoten) bildet in einem solchen Band die untere, die Wellenfunktion mit N Knoten die obere Bandkante.

Die Bandbreite, d.h. der Energiebereich, der für einen bestimmten Bereich von k auftritt, hängt von der Stärke der Überlappung ab. Dies kann man z.B. dadurch simulieren, daß man die Atome in einer unendlich langen eindimensionalen Kette in immer näheren Abstand bringt (Abb. 2.6.22).

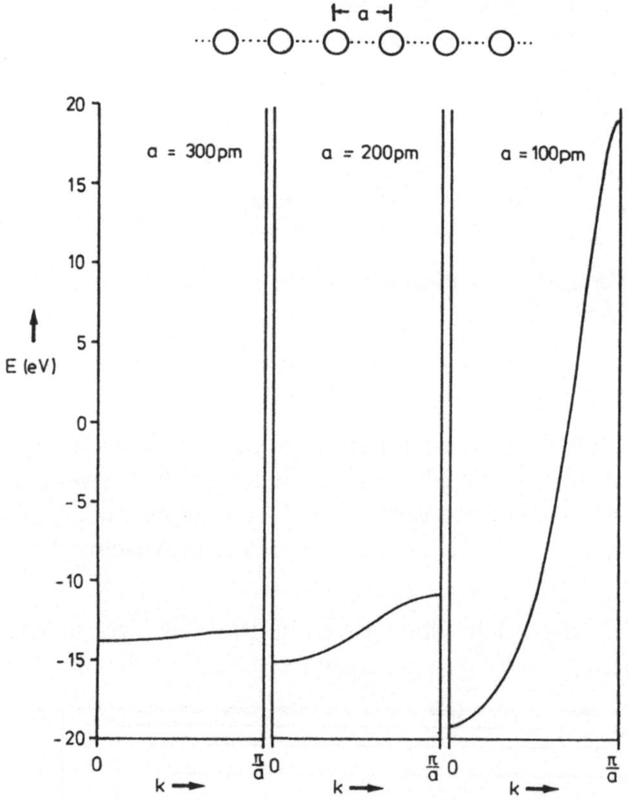

Abb. 2.6.22
Bandstruktur einer Kette von H-Atomen mit H-H-Abständen von 300, 200 und 100 pm. Die Energie eines isolierten H-Atoms beträgt −13.6 eV [Hof 87].

Bei Rumpfniveaus, bei denen die Elektronen stark an den Atomrümpfen lokalisiert sind, sind die Abstände zwischen den zugehörigen Elektronenorbitalen groß. Die Niveaus spalten daher wenig auf und bilden nur schmale Bänder im Vergleich zu energetisch hoch liegenden Valenzelektronenniveaus, die durch starke Überlappung von Elektronenorbitalen entstehen.

2.6.2.4 Festkörper mit (quasi-)freien Elektronen

Im letzten Abschnitt sind wir davon ausgegangen, daß die Elektronen zunächst am Atom lokalisiert sind („Tight Binding Approximation“) und haben dann erst zunehmende Delokalisierung zugelassen. Umgekehrt kann man aber auch vom klassischen Elektronengas ausgehen, in dem die Elektronen in erster Näherung frei sind („Free Electron Approximation“). Die Elektronen bewegen sich dabei im Potential der Gitterionen.

Die einfachste Näherung ist die Betrachtung der Elektronen im Gitter als Elektronen im dreidimensionalen Kasten der Kantenlänge A (vgl. Gl. (2.2.17). Wir wählen hier A, um eine Verwechslung mit der Gitterkonstanten a zu vermeiden):

$$E_{\text{trans}} = \frac{h^2}{8mA^2}(n_1^2 + n_2^2 + n_3^2) = \frac{\hbar^2 k^2}{2m} \qquad \mathbf{(2.6.20)}$$

mit

$$k = \frac{\pi}{A} = \frac{2\pi}{\lambda_{\text{min}}} \,. \qquad \mathbf{(2.6.21)}$$

Für die Energiedifferenz zwischen benachbarten Niveaus gilt:

$$\Delta E = E(n+1) - E(n) \sim \frac{2n+1}{A^2} \qquad (2.6.22)$$

Die Aufspaltung der Niveaus sinkt mit steigender Kastenlänge, so daß sich Energiebänder ausbilden.
Die Anpassung dieses Bildes an die Realität erfolgt über eine Änderung des Potentialverlaufs im Kasten. Man wählt ein periodisches Potential mit Energieschwellen zwischen den Atomen als realistischeres Bild (Abb. 2.6.23).

Hier lassen sich drei Fälle für die Energie des Elektrons relativ zur Potentialbarriere unterscheiden:

1) $V_0 \ll E$: ideales Verhalten eines freien Elektronengases
2) $V_0 \approx E$: Überlappung, schmale Bänder
3) $V_0 \gg E$: isolierte, ungebundene Atome bzw. Moleküle entsprechend unabhängigen Elektronen in atomaren Kästen mit diskreten Energieniveaus

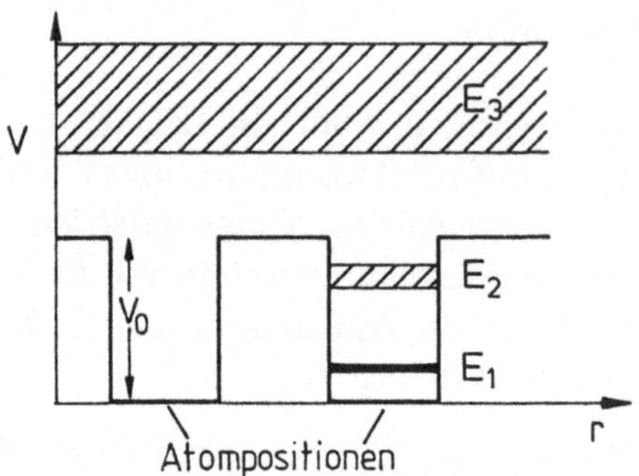

Abb. 2.6.23
Periodisches Potential der Höhe V_0 und Gesamtenergien mit Bandbreiten für drei Fälle: E_1 gilt für A=Atomabstand, E_2 für A=mittlerer Abstand, E_3 für A=Festkörperdimension (Achtung: Der Gitterabstand a bleibt dabei konstant!)

Diese Unterschiede in der Breite der Bänder hatten wir schon im letzten Abschnitt festgestellt.

Einen realistischen Potentialverlauf mit energetischer Lage und Bandbreite möglicher Energieniveaus zeigt Abb. 2.6.24.

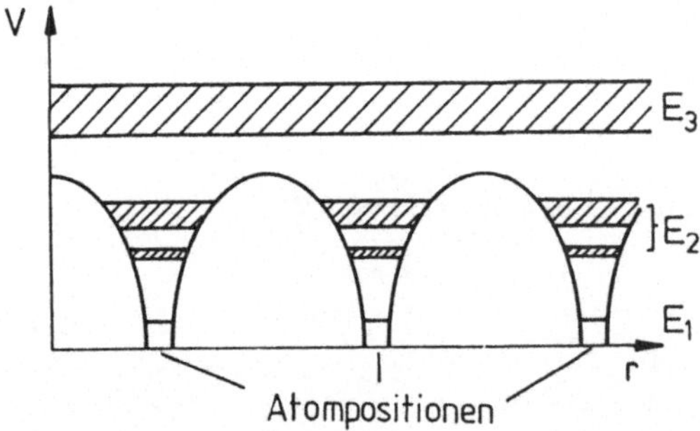

Abb. 2.6.24
Lage der Energieniveaus für einen realistischen Potentialverlauf eines einatomaren Festkörpers

Hier gehen die beiden in den letzten beiden Abschnitten gezeigten Ansätze ineinander über: Im ersten Fall des Abschn. 2.6.2.3 hat man zuerst die Atomfunktionen und läßt die Elektronen durch Überlappung immer freier werden. In diesem Abschnitt haben wir die Bewegung des freien Elektrons durch Einführung der Atompotentiale eingeschränkt. Auch hier kommen wir nun auf die Blochfunktionen, Gl. (2.6.18).

2.6.3 Elektronische Struktur von Festkörpern

Wir wollen jetzt an die Abschnitte 2.6.2.3 und 2.6.2.4 anknüpfen und die Bandstruktur (d.h. die Energie E als Funktion der Wellenzahl k) genauer bestimmen. Dort haben wir bereits gesehen, daß die Elektronen im Festkörper als (Bloch-) Wellen beschrieben werden können. Wir haben außerdem gesehen, daß es Energiebereiche gibt, in denen sich keine Elektronen aufhalten, die sogenannten Bandlücken oder verbotenen Zonen.

Durch das periodische Potential, das durch die Atomrümpfe vorgegeben wird, bewegen sich die Elektronen nicht mehr frei, sondern werden durch Streuung auf bestimmte Wellenlängen bzw. Impulse beschränkt. Bei eindimensionalen Wellen tritt Streuung genau dann auf, wenn $N \cdot \frac{\lambda}{2}$ gerade dem Gitterabstand a entspricht, wenn also stehende Wellen entstehen. Dies ist bei $k_x = \frac{2\pi}{\lambda} = \pm\frac{\pi}{a}, \pm 2\frac{\pi}{a}, \ldots$ gegeben.

Im dreidimensionalen Gitter muß man noch den Winkel Θ zwischen der Bewegungsrichtung des Elektrons und der Gitterebene beachten. Wir werden die Beziehung

$$N \cdot \lambda = 2a \sin\Theta \qquad \textbf{(2.6.23)}$$

in Abschn. 3.3.3 herleiten und als Braggsche Beugungsbedingung kennenlernen.

Für den Wellenzahlvektor gilt dann

$$k = \frac{N\pi}{a\sin\Theta}\,. \qquad (2.6.24)$$

In Abb. 2.6.25 ist die Braggsche Reflexion in einem zweidimensionalen Gitter gezeigt.

Reflexion an den senkrechten Ionenreihen tritt also auf, wenn die x-Komponente k_x von $\underline{k}$ den Wert $\frac{N\pi}{a}$ hat, Reflexion an den waagerechten Reihen, wenn $k_y = \frac{N\pi}{a}$ ist. Für $k < \pm\frac{\pi}{a}$ kann das Elektron ungehindert durch das Gitter, während es sich für $k = \pm\frac{\pi}{a}$ weder in x- noch in y-Richtung bewegen kann. Für k-Werte über $\pm\frac{\pi}{a}$ werden die Bewegungsmöglichkeiten immer stärker eingeschränkt, bis bei $k = \pm\sqrt{2}\frac{\pi}{a}$ $\left(k_x, k_y = \pm\frac{2\pi}{a}\right)$ auch die Elektronen gestreut werden, die sich diagonal durch das Gitter bewegen. Im rechtwinkligen Gitter gilt $|\underline{a}_1| = \frac{2\pi}{|\underline{a}_1^*|}$ und damit für die k_x-Werte $k_x < \pm\frac{a_1^*}{2}$. Der Bereich erlaubter k-Werte (Abb. 2.6.26) entspricht deshalb genau der in Abschn. 2.6.1.1.2 eingeführten Brillouinzone.

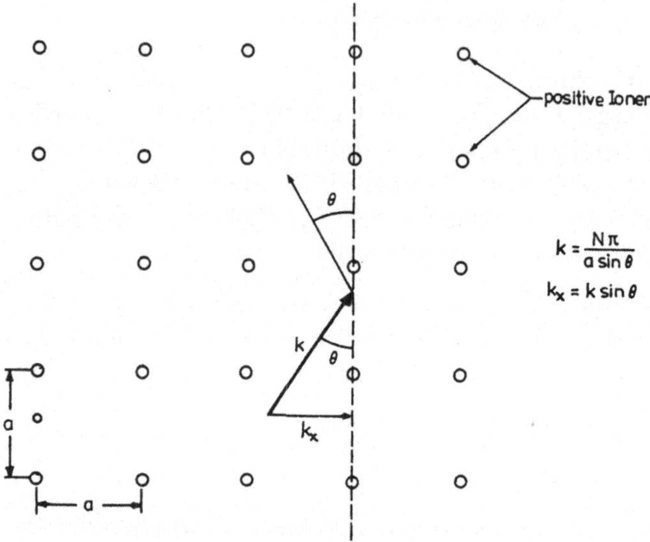

Abb. 2.6.25
Braggsche Reflexion an den senkrechten Ebenen (gestrichelt), die von den positiven Ionen gebildet werden [Bei 83]

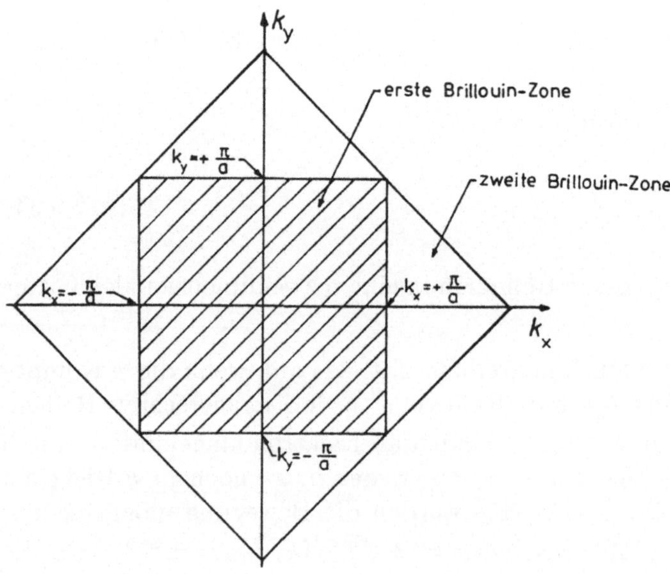

Abb. 2.6.26
Erste (einteilige) und zweite (vierteilige) Brillouinzone in einem zweidimensionalen Gitter. Die erste Brillouinzone ist schraffiert eingezeichnet [Bei 83].

Der Bereich im k-Raum mit $k < \pm\frac{\pi}{a}$ wird erste Brillouinzone genannt. Die zweite Brillouinzone enthält Elektronen mit $k > \pm\frac{\pi}{a}$, die noch nicht von den diagonalen Ebenen gestreut werden. Die zweite Brillouinzone enthält alle Zwischenräume zwischen der ersten Brillouinzone und dem nächsten geschlossenen Raum, der durch Verbindungen aller Punkte $\frac{2\pi}{a_1}$, $\frac{2\pi}{a_2}$, $\frac{2\pi}{a_3}$ und darauf errichteten Schnittebenen entsteht (Abb. 2.6.26). Die zweite Brillouinzone ist also keine zusammenhängende Fläche. Die Gesamtflächen der ersten und zweiten Brillouinzone sind dabei identisch.

Erweitert man die Betrachtung auf dreidimensionale Gitter, so erhält man Brillouinzonen von der Art, wie sie in Abb. 2.6.6 gezeigt wurden.

Wir wollen nun das $E(k)$-Verhalten im eindimensionalen Fall berechnen, das wir bereits in Abschn. 2.6.2.3 kennengelernt haben.
Für freie Elektronen gilt:

$$E = \frac{p^2}{2m} = \frac{\hbar^2 k^2}{2m} \qquad \textbf{(2.6.25)}$$

Für $k \ll \frac{\pi}{a}$ besteht praktisch keine Wechselwirkung mit dem Gitter (s.o.), Gl. (2.6.25) ist gültig, und $E(k)$ hat einen parabelförmigen Verlauf. Für die Wellenfunktionen gilt die Gleichung einer ebenen Welle (vgl. Anhang 5.2.1.4):

$$\Psi = e^{ikx} = \cos(kx) + i\sin(kx) = \Psi_1 + i\Psi_2 \qquad (2.6.26)$$

Wir haben jedoch zu Beginn dieses Abschnitts gesehen, daß sich stehende Elektronenwellen ausbilden können, wenn die Braggsche Bedingung (Gl. (2.6.23)) erfüllt ist. Für diesen Fall ist die Wechselwirkung mit dem Gitter groß, und die Elektronenenergie wird gegenüber dem Fall des freien Elektrons stark beeinflußt.

Die größte Wellenlänge, für die eine stehende Welle zwischen den Atomen im Festkörper resultiert, ist $\frac{\lambda}{2} = a$ und damit $k = \frac{\pi}{a}$. Die einzigen Lösungen der Schrödinger-Gleichung sind dann stehende Wellen, deren halbe Wellenlänge gleich der Gitterkonstanten a ist. Aus Gl. (2.6.26) ergeben sich für den cos- und sin-Anteil zwei Lösungen:

$$\Psi_1 = \cos\frac{\pi x}{a} \qquad (2.6.27a)$$

$$\Psi_2 = \sin\frac{\pi x}{a} \qquad (2.6.27b)$$

Die Wahrscheinlichkeitsdichte $| \Psi_1 |^2$ hat ihre Maxima direkt an den Gitterpunkten, während $| \Psi_2 |^2$ ihre Maxima zwischen den durch positive Ionen besetzten Gitterpunkte besitzt. Dies ist in Abb. 2.6.27 gezeigt.

Die potentielle Energie ist am größten für Elektronen in der Mitte zwischen den positiven Ionen und am geringsten für Elektronen an den Gitterplätzen, so daß aus Ψ_1 und Ψ_2 zwei verschiedene Energien E_1 und E_2 folgen. Da es für $k = \pm\frac{\pi}{a}$ keine weiteren Lösungen gibt, kann das Elektron keine Energie zwischen E_1 und E_2 besitzen. Dies ergibt die verbotene Zone. Wir haben hier die Ableitung mit der Näherung des quasi-freien Elektrons durchgeführt. Die andere Methode der Kombination von Atomorbitalen hätte uns jedoch zum gleichen Ergebnis gebracht. Vergleicht man nun die Vorzeichen der sin- und cos-Funktion mit der von s- bzw. p-Orbitalen, die σ-Bindungen eingehen können, so stellt man fest, daß Ψ_1 dem maximal antibindenden s-Orbital, Ψ_2 dem maximal bindenden p-Orbital entspricht (Abb. 2.6.28). In diesem einfachen eindimensionalen Bild erhält man also getrennte s- und p-Bänder.

In Abb. 2.6.29 ist der Verlauf der Energie in Abhängigkeit des Wellenzahlvektors in x-Richtung gezeigt.

Obwohl zwischen aufeinanderfolgenden Brillouinzonen für feste Richtungen eine Energielücke existieren muß, können diese Lücken mit erlaubten Energien in anderen Richtungen eines dreidimensionalen Kristalls, beschrieben durch den Vektor $\underline{k}$, zusammenfallen, so daß im Gesamtkristall kein verbotenes Band existieren muß.

In Abb. 2.6.30 sollen noch zwei andere Darstellungen neben der aus Abb. 2.6.29 vorgestellt werden, die in der Literatur ebenfalls üblich sind.

Im sogenannten erweiterten oder Brillouin-Zonenschema werden verschiedene Bänder in verschiedenen Zonen des $\underline{k}$-Raumes dargestellt. Im reduzierten Zonenschema sind alle Bänder in der ersten Brillouinzone, im periodischen Zonenschema dagegen jedes Band in jeder Zone gezeichnet. Daß solche Darstellungen äquivalent sind, ergibt sich aus den Blochfunktionen von Gl. (2.6.18), da sich das Potential periodisch mit $\underline{R}$ bzw. eindimensional mit $\underline{a}$ wiederholt.

Wir wollen nun nochmal zu Abb. 2.6.29 bzw. 2.6.21 zurückkehren. Betrachtet man für ein bestimmtes Energieintervall ΔE die Anzahl der möglichen Energieniveaus, abgezählt über die k-Werte, so sieht man, daß diese an den Bandlücken unendlich groß wird (Steigung null), während sie in der Mitte, am Wendepunkt, am kleinsten ist. Diese Zustandsdichte $D(E)$ haben wir bereits in Abschn. 2.2.2 für ein Teilchen im eindimensionalen Kasten kennengelernt. Dort haben wir auch gesehen, daß sich die Zustandsdichte

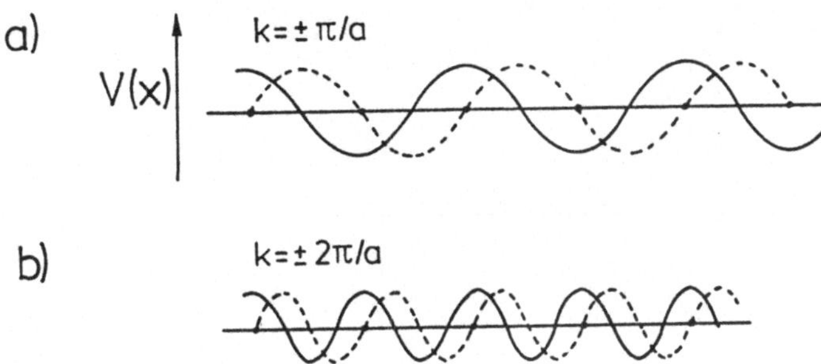

Abb. 2.6.27
Elektronenwellen mit a) $k = \pm\pi/a$ und b) $k = \pm 2\pi/a$, die Sinus- (- - -) und Cosinus (—) Komponenten enthalten [Cox 87]

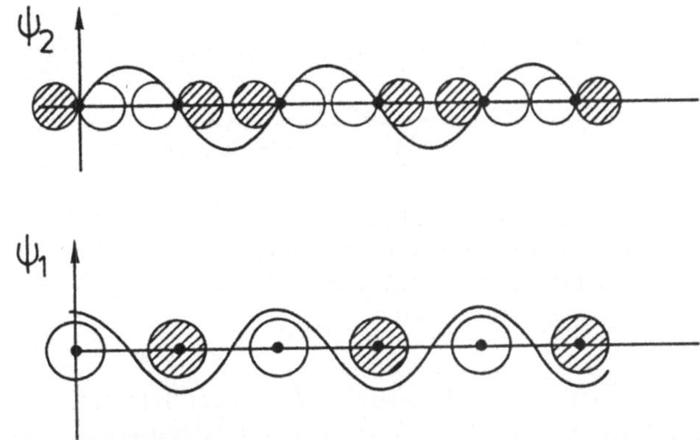

Abb. 2.6.28
Vergleich der cos-Funktion (unten) und sin-Funktion (oben) mit dem maximal antibindenden s- und dem maximal bindenden p-Orbital

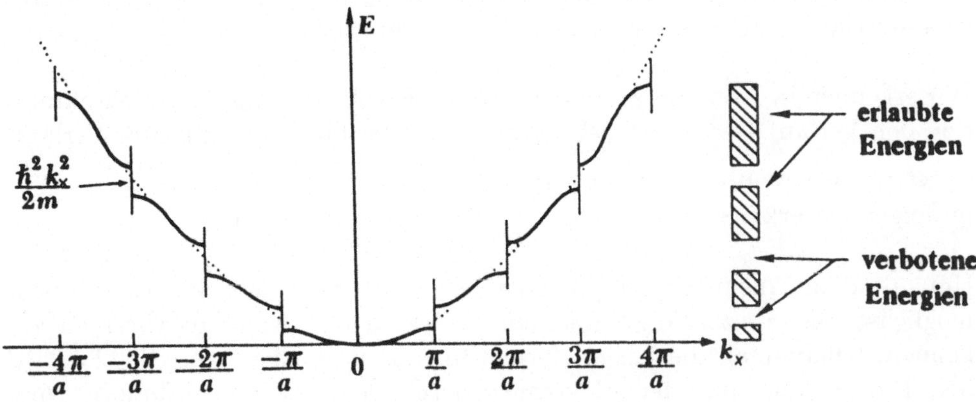

Abb. 2.6.29
Elektronenenergie E in Abhängigkeit von der Wellenzahl k in k_x-Richtung [Bei 83]

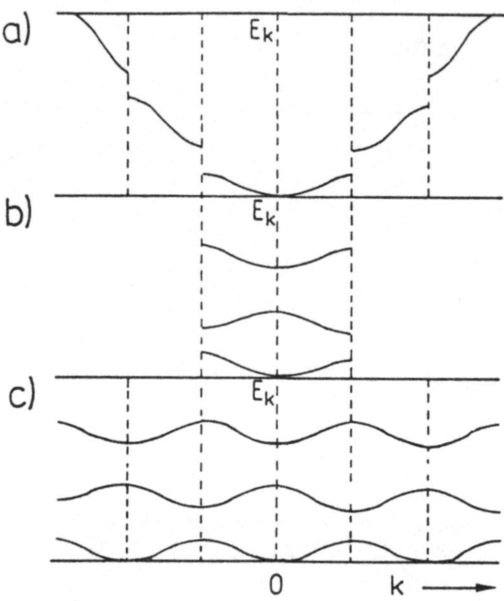

Abb. 2.6.30
Drei Energiebänder eines linearen Gitters [Kit 88]:
a) erweitertes (Brillouin-)Zonenschema
b) reduziertes Zonenschema
c) periodisches Zonenschema

im Dreidimensionalen mit $\sqrt{E}$ vergrößert. Im realen Fall findet man solche „idealen" Zustandsdichten nur bei s-Elektronen, da sich diese durch ihre zentrosymmetrische Verteilung um den Kern noch am ehesten wie freie Teilchen verhalten. Insbesondere bei d- und f-Elektronen, die stark gerichtete Aufenthaltswahrscheinlichkeiten haben, sehen auch die Zustandsdichten stark verändert aus (vgl. z.B. Abb. 2.6.34 weiter unten).

Wir erkennen in Abb. 2.6.21 an der unteren Flanke der Zustandsdichtefunktion den Verlauf $\frac{1}{\sqrt{E-E_u}}$ wieder, während an der oberen Flanke der Verlauf $-\frac{1}{\sqrt{E_o-E}}$ entspricht. Dieses Verhalten an der oberen Bandkante wollen wir im folgenden erklären.

Um mit dem Ausdruck für die kinetische Energie von freien Elektronen möglichst alle Spezialfälle gebundener Elektronen formal beschreiben zu können, behält man die Energieformel für das freie Elektron, Gl. (2.6.25), bei. Die Abweichung der Elektronenenergie an den Zonenrändern vom idealen Wert der kinetischen Energie $p^2/2m_e$ freier Elektronen läßt sich durch Einführen einer effektiven Masse m_e^* formal beseitigen.

Für ein freies Elektron, das sich in einem elektrischen Feld $\mathcal{E}$ bewegt (wir wählen hier ausnahmsweise $\mathcal{E}$ zur Unterscheidung von der Energie E), gilt:

$$q\mathcal{E} = ma = m\frac{dv_{\mathrm{gr}}}{dt} = \frac{dp}{dt} \tag{2.6.28}$$

Die Bewegung eines Elektrons in einem Kristall wird durch ein Wellenpaket beschrieben. Die Gruppengeschwindigkeit beträgt (vgl. Gl. 2.1.20)

$$v_{\mathrm{gr}} = \frac{d\omega}{dk} = \frac{1}{\hbar}\frac{dE}{dk} \tag{2.6.29}$$

mit

$$\omega = 2\pi\nu = \frac{2\pi E}{h} = \frac{E}{\hbar}. \tag{2.6.30}$$

Für $k = \pm\frac{N\pi}{a}$ muß $v_{\mathrm{gr}} = 0$ gelten, da die Elektronenwellen stehende, sich nicht ausbreitende Wellen sind.

Für die Beschleunigung a gilt

$$a = \frac{dv_{\mathrm{gr}}}{dt} = \frac{1}{\hbar}\frac{d^2E}{dk^2}\cdot\frac{dk}{dt} = \frac{1}{\hbar^2}\frac{d^2E}{dk^2}\cdot\frac{dp}{dt} \tag{2.6.31}$$

mit $p = \hbar k$.

Vergleicht man Gl. (2.6.31) mit (2.6.28), so sind beide gleich, wenn die Größe

$$m_e^* = \frac{\hbar^2}{\left(\frac{\partial^2 E}{\partial k^2}\right)} \tag{2.6.32}$$

die Masse der Elektronen im Gitter ist. Dies entspricht Gl. (2.6.25), wenn m_e durch m_e^* ersetzt wird.
Man kann also Elektronen in einem Gitter wie ein freies Elektron mit der Masse m_e^* beschreiben. Je größer die Krümmung der Parabel ist, desto kleiner ist die effektive Masse des Elektrons, und um so größer ist die Beweglichkeit (vgl. Abb. 2.6.31).

Für die obere Grenze einer Brillouinzone ergeben sich formal negative effektive Massen. Auch Festkörper mit fast gefüllten Bändern sind elektrische Leiter. Stromfluß kann man unter diesen Bedingungen über Bewegungen sogenannter Löcher, also unbesetzter Elektronenzustände formal beschreiben, die sich entgegengesetzt dem Elektronen-Stromfluß bewegen. Das Loch hat

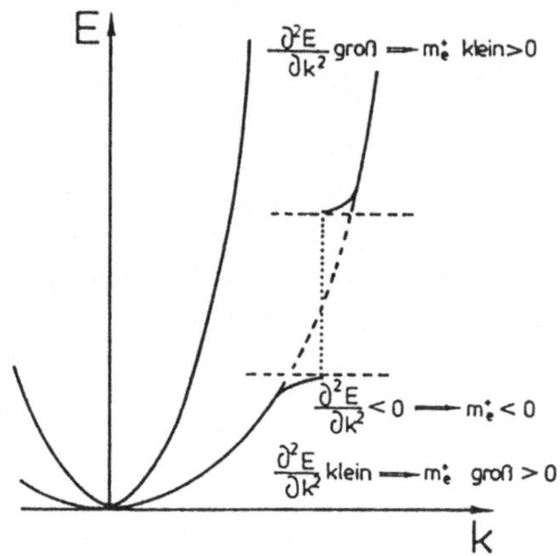

Abb. **2.6.31**
$E(k)$-Dispersion für verschiedene effektive Elektronenmassen

nach Gl. (2.6.28) eine negative effektive Masse m_h^*, da sich das Vorzeichen von q gegenüber dem Elektron ändert:

$$m_h^* = -m_e^* = -\frac{\hbar^2}{\left(\frac{\partial^2 E}{\partial k^2}\right)} \tag{2.6.33}$$

In Abb. 2.6.31 sind die Eigenschaften der Gl. (2.6.32) nochmals zusammengefaßt.

Wir haben die Energie E bisher immer entlang einer kartesischen Koordinate, meist der x-Koordinate, dargestellt. Möchte man nun die Bandstruktur des dreidimensionalen Gitters darstellen, so stößt man auf Schwierigkeiten in der Darstellung, die nur im vierdimensionalen Raum möglich wäre. Es gibt aber in jedem Kristall nur eine endliche Zahl verschiedener Richtungen, in denen $E(k)$ völlig unabhängig verlaufen und aus deren Verlauf das gesamte $E(k)$-Verhalten berechnet werden kann. Die Anzahl der Richtungen ist durch die Kristallsymmetrie bestimmt. Man kann nun bestimmte Symmetriepunkte in der Brillouinzone festlegen, mit denen die ganze Zone beschreibbar ist. Die hierfür gewählten Symbole stammen aus der Gruppentheorie (vgl. Abschn. 5.4.3) und sollen hier nicht näher behandelt werden. Beispiele haben wir bereits in Abb. 2.6.6 kennengelernt. Für die graphisch einfacher darzustellenden zweidimensionalen Gitter, die an der Oberfläche von Kristallen vorkommen, wählt man die entsprechenden Symbole mit einem Strich darüber (Abb. 2.6.32).

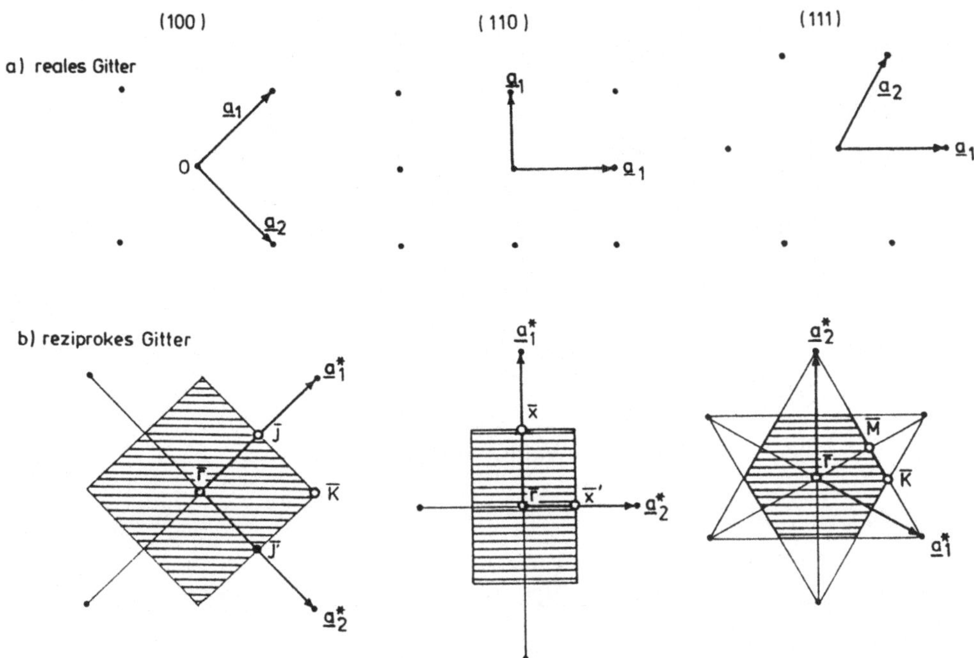

Abb. 2.6.32
Brillouinzonen mit Symmetriepunkten für die drei Flächen des kubisch-flächenzentrierten Gitters [Hen 91]

Man kann nun die Energieniveaus in einem Gitter dadurch beschreiben, daß man die Energien entlang einer Linie zwischen zwei Symmetriepunkten aufzeichnet. Von diesem Symmetriepunkt geht man dann zum nächsten usw. Dadurch erhält man Darstellungen wie Abb. 2.6.33a. Die Koordinate entlang der Symmetriepunkte nennt man reduzierten Wellenvektor. In Teilbild b ist die Fläche konstanter Energie, bis zu der die Bänder bei 0 K aufgefüllt sind (Fermi-Fläche), dargestellt. Sie trennt also Bereiche mit besetzten Energieniveaus, die innerhalb der Fermifläche liegen, von den unbesetzten. Für Metalle darf die Fermifläche nicht genau eine Brillouinzone umfassen, da dies einem vollständig gefüllten Band (und damit dem Nichtvorhandensein freier Ladungsträger) entspricht. Darauf werden wir weiter unten noch näher eingehen.

In Abb. 2.6.34 ist als weiteres Beispiel der Halbleiter Germanium gezeigt. Im linken Teilbild ist dabei die Zustandsdichte gezeigt, die die Anzahl der Energieniveaus pro Energieintervall entlang aller Symmetriepunkte darstellt.

Eine Bandlücke ergibt sich nur bei den Energien, bei denen bei *keinem* Wellenvektor ein erlaubtes Energieniveau vorliegt.

a)

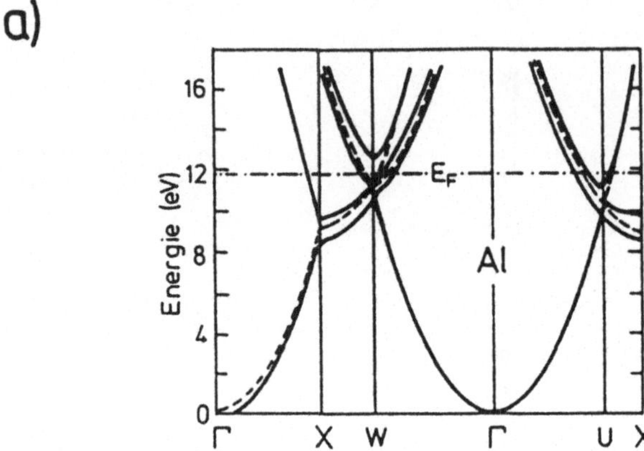

b)

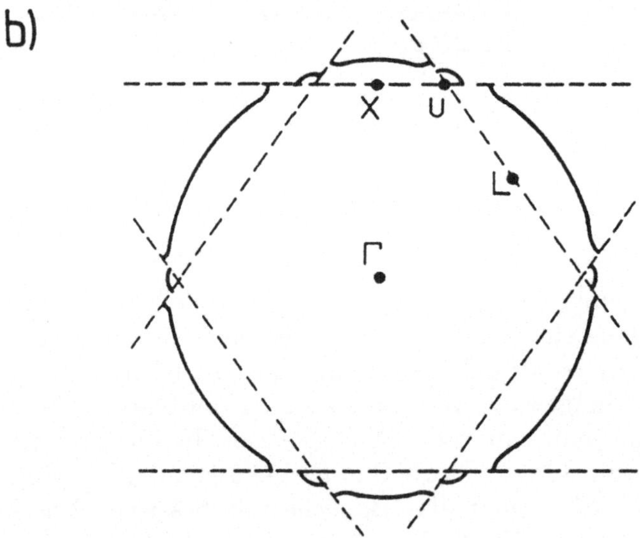

Abb. 2.6.33
a) Valenzbandstruktur von Aluminium (kubisch-flächenzentriertes Gitter). Ebenfalls eingezeichnet ist der Verlauf für freie Elektronen, bei denen keine Bandlücke auftritt (gestrichelte Linie).
b) Schnitt durch die Brillouinzone im reziproken Raum. Die Zonenränder sind gestrichelt gezeichnet. Die „Fermikugel“ (ausgezogene Linie) ragt über die erste Brillouinzone hinaus, füllt die zweite jedoch nicht aus [Iba 90].

Man unterscheidet bei Halbleitern je nach Bandstruktur zwischen direkten und indirekten Halbleitern. Bei direkten Halbleitern liegt das Energieminimum des Leitungsbandes und das Energiemaximum des Valenzbandes

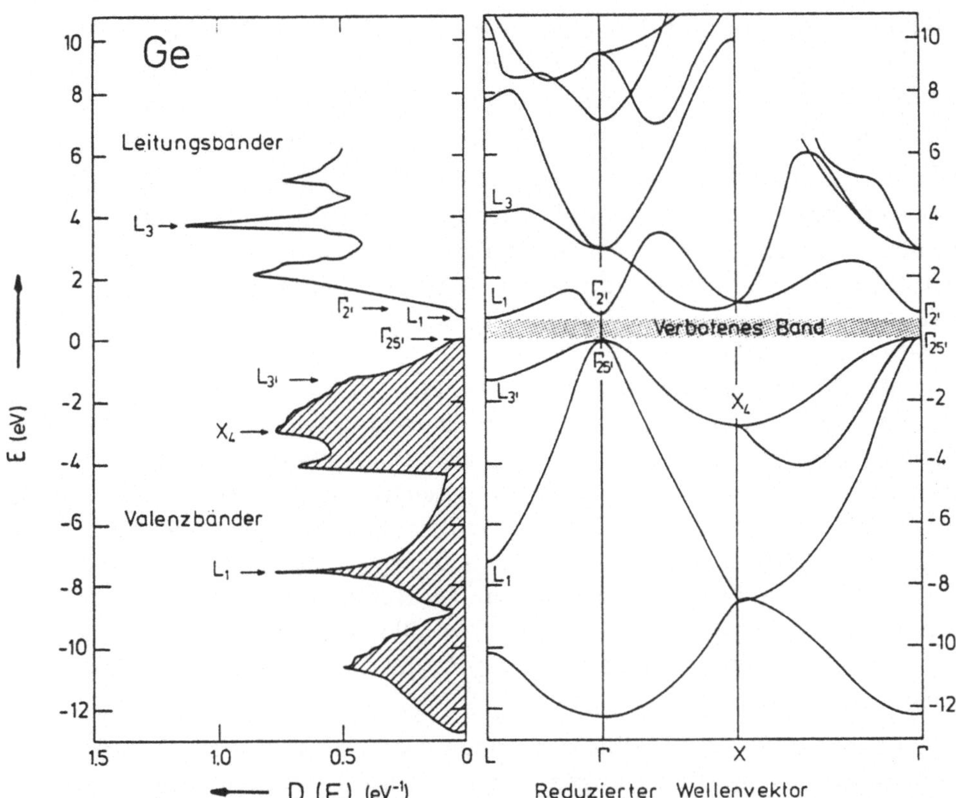

Abb. 2.6.34
Bänderschema $E(k)$ für Germanium (rechts) mit zugehöriger elektronischer Zustandsdichte $D(E)$ (links) [Iba 90]

beim gleichen k-Wert, während dies bei indirekten Halbleitern nicht der Fall ist. GaAs ist ein Beispiel für einen direkten, Silicium für einen indirekten Halbleiter. Dies hat weitreichende Konsequenzen in der Anwendung: Werden durch Anregung Elektronen an die Unterkante des Leitungsbandes gebracht, so fallen diese im Gleichgewicht wieder ins Valenzband zurück (s. auch unten). Die überschüssige Energie kann dabei entweder ans Gitter (Phononen, vgl. Abschn. 2.6.5) oder als Photon abgegeben werden. Da aber Energie- und Impulserhaltungssatz gelten und Photonen dieser Energie einen vernachlässigbar kleinen k-Vektor im Vergleich zu Elektronen in der Brillouinzone haben (vgl. Abb. 2.1.7), sind strahlende Übergänge nur direkt, d.h. ohne Impulsänderung bei gleichem k-Vektor möglich. Da sich Elektronen nur an der Unterkante des Leitungsbandes befinden und freie Plätze (Löcher) nur an der Oberkante des Valenzbandes, sind deshalb strahlende Übergänge nur bei direkten Halbleitern möglich. In indirekten Halbleitern müßten gleichzeitig mit dem Photon ein oder mehrere Phononen abgegeben werden, was sehr unwahrscheinlich ist. Eine Konsequenz ist, daß sich in der Optoelektronik (vgl. [Göp 94]) nur direkte Halbleiter wie GaAs einsetzen lassen, obwohl sie technologisch schwieriger handhabbar sind als Si.

Wir haben uns bisher ausführlich mit dem Zustandekommen von Bändern und der Darstellung im reziproken Raum beschäftigt. Häufig ist es für den Experimentator jedoch gar nicht von Bedeutung, welchen Verlauf $E(\underline{k})$ in der Brillouinzone hat. Es interessiert z.B. nur, bis zu welcher Energie bestimmte Bänder aufgefüllt sind, da dies insbesondere die elektrischen Eigenschaften von Festkörpern bestimmt.
Für *Metalle* ist das oberste besetzte Band nicht vollständig gefüllt, so daß ein einfacher Ladungstransport stattfinden kann. Die höchste bei $T = 0$ K besetzte Energie wird als Fermi-Energie E_F bezeichnet.
Bei *Halbleitern und Isolatoren* ist das oberste besetzte Band dagegen bei $T = 0$ K gefüllt, so daß keine Leitung auftreten kann. Die Elektronen müssen über die Bandlücke in ein unbesetztes Band angeregt werden, um zur Leitfähigkeit beitragen zu können. Bei Halbleitern liegt die Energie der Bandlücke im Bereich von kT mit $T = 300$ K, während sie für Isolatoren wesentlich größer ist und daher bei Raumtemperatur keine Leitfähigkeit meßbar ist.

Die Leitfähigkeit von Halbleitern kann dabei durch geringe Mengen an Fremdatomen (sog. Dotierungen) stark vergrößert werden. Baut man z.B. in Si- oder Ge-Kristalle Atome mit fünf Außenelektronen (z.B. P oder As) ein, so können die Dotieratome nur mit vier Elektronen Bindungen zum Gitter ausbilden. Das fünfte Elektron kann dagegen sehr leicht abgelöst werden. Solche Dotierungen führen deshalb zu sogenannten Donatorniveaus knapp unter dem Leitungsband und zu einer erhöhten Elektronenleitfähigkeit (n-Typ Halbleiter, „n“ für „negativ“). Baut man dagegen ein Atom wie Bor als Dotierung ein, das nur drei Außenelektronen besitzt, so kann dieses einfach ein zusätzliches Elektron aus dem Valenzband aufnehmen und dort ein positives Loch hinterlassen. Dies zeigt sich durch sog. Akzeptorniveaus knapp oberhalb der Valenzbandoberkante. Die Löcher können durch benachbarte Elektronen aufgefüllt werden, die dadurch wieder ein neues Loch hinterlassen, so daß formal positive Löcher (Defektelektronen) die elektrische Leitfähigkeit tragen (p-Typ Halbleiter).

Die Besetzungswahrscheinlichkeit $f(E)$ der Energieniveaus wird durch die Fermi-Dirac-Statistik (vgl. z.B. [Göp xx]) gegeben mit

$$f(E) = \frac{1}{1 + e^{(E-E_F)/kT}} . \qquad \textbf{(2.6.34)}$$

Die Anzahl $N(E)$ der Elektronen bei einer bestimmten Energie ist dann gegeben durch

$$N(E) = 2D(E)f(E) \tag{2.6.35}$$

mit $D(E)$ als Zustandsdichte des Bandes. Der Faktor 2 ergibt sich aus dem Pauli-Prinzip, nach dem jedes Niveau mit zwei Elektronen besetzt werden kann.

Da die Wahrscheinlichkeit, ein Loch in einem Band zu erzeugen, und die, das entsprechende Elektron in ein anderes Band einzubauen, gleich groß sein muß, liegt die Fermienergie immer zwischen den elektronenabgebenden und -aufnehmenden Niveaus. Im Falle eines Eigenhalbleiters ohne Dotierung liegt sie deshalb in erster Näherung in der Mitte der Bandlücke. Bei der exakten Ableitung muß man allerdings die effektiven Massen der Elektronen und Löcher berücksichtigen — nur wenn diese gleich sind, gilt diese Position der Fermienergie exakt. In einem hoch n-dotierten Halbleiter liegt sie dagegen bei tiefen Temperaturen, bei denen praktisch alle Elektronen im Leitungsband aus Donatorniveaus der Energie E_D stammen, nahe der Mitte zwischen Leitungsbandunterkante E_C und Donatorniveaus. Entsprechend liegt E_F in hoch p-dotierten Halbleitern nahe der Mitte zwischen Valenzbandunterkante E_V und Akzeptorniveaus. Wird die Leitfähigkeit sowohl durch die Eigenleitung als auch durch die Dotierungen bestimmt, so liegt E_F zwischen der Bandlückenmitte und der Mitte zwischen Dotierniveaus und Band. Man kann so auch die Temperaturabhängigkeit von E_F in dotierten Halbleitern verstehen: Bei tiefen Temperaturen kann die große Energie der Bandlücke nicht aufgebracht werden, und die Leitfähigkeit wird nur durch die Dotierungen verursacht. Mit zunehmender Temperatur können Elektronen auch direkt vom Valenz- ins Leitungsband angeregt werden. Bei sehr hohen Temperaturen wird die Leitfähigkeit dann nahezu ausschließlich von diesen Elektronen (und Löchern) getragen, da ihre Dichte im Vergleich zu den wenigen Dotieratomelektronen wesentlich größer ist. E_F wandert also mit zunehmender Temperatur in die Mitte der Bandlücke. Damit ergeben sich die charakteristischen Besetzungswahrscheinlichkeiten, die in Bildern der Abb. 2.6.35 schematisch dargestellt sind.

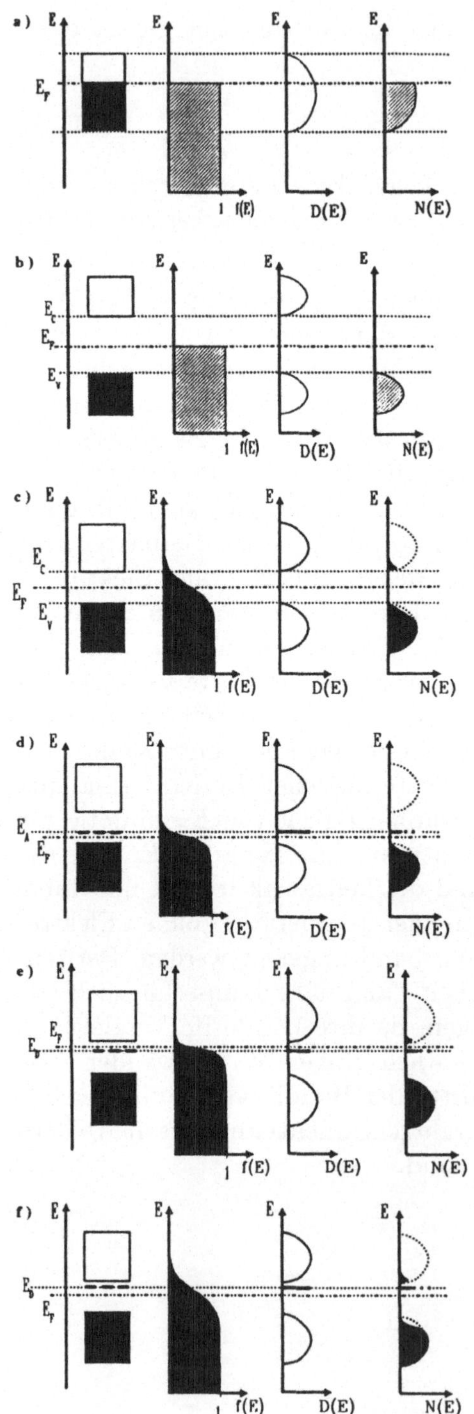

Abb. 2.6.35
Bändermodell und Besetzung der Bänder nach Gl. (2.6.35) für verschiedene Festkörpertypen:

(a) Metall bei $T = 0\text{K}$

(b) Isolator bzw. Halbleiter (je nach Größe der Bandlücke $E_C - E_V = E_g$) bei $T = 0\text{K}$

(c) Eigenhalbleiter bei $T > 0\text{K}$

(d) p-dotierter Halbleiter bei $kT \approx E_A - E_V$

(e) n-dotierter Halbleiter bei $kT \approx E_C - E_D$

(f) n-dotierter Halbleiter bei $kT \approx E_g$

2.6.4 Elektronische Struktur von Oberflächen

An Oberflächen erwartet man in erster Näherung die gleichen Bänder wie im Volumen. Die entsprechende ideale Oberflächenbandstruktur erhält man dann, indem man alle Energiezustände in der z-(Volumen-) Richtung auf die Oberfläche projiziert. Die Bandstruktur für die Oberflächenbrillouinzone wird dann entsprechend zum Volumen dargestellt. Spezifische Abweichungen treten an der Oberfläche durch die veränderten Bindungsverhältnisse auf (s. Abschn. 2.6.4.1). Dies führt zu Oberflächenzuständen. Dadurch können auch in verbotenen Zonen des Volumens Energieniveaus an der Oberfläche vorliegen. Diese nimmt man dann als zusätzliche Niveaus ins Bänderschema auf. Als konkretes Beispiel ist in Abb. 2.6.36 die Bandstruktur für eine ideale (nicht-rekonstruierte, vgl. Abb. 2.6.36 und 2.6.39) Si(100)-Fläche gezeigt. Die schraffierten Bereiche zeigen die Volumenzustände nach Projektion auf die Oberfläche. Die zusätzlichen Oberflächenzustände D, Br und B_i treten durch spezifische Oberflächenbindungen auf, die im linken Teilbild dargestellt sind. Einfache Beispiele für Oberflächenzustände an Modellsystemen sollen nun für ein vertieftes Verständnis vorgestellt werden.

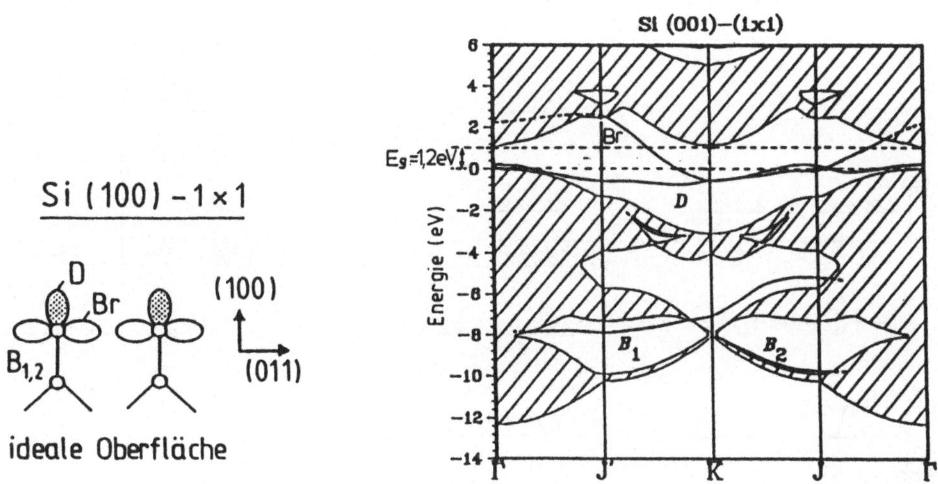

Abb. 2.6.36
Berechnete Bandstruktur für die ideale (unrekonstruierte) Si(100)-Fläche [Pol 86]. Der Nullpunkt der Energieskala ist auf die Valenzbandoberkante gelegt. Links ist ein Schnitt senkrecht zur Oberfläche gezeigt. Die spezifischen Bindungen (Br = Brückenbindung, D = freie Valenzbindung („dangling bond"), B = Bindung zur zweiten Schicht („backbond") werden in Abschn. 2.6.4.1 besprochen.

2.6.4.1 Elektronische und vibronische Oberflächenzustände

Wir haben bereits in Abschn. 2.6.2.3 gesehen, daß die Wellenfunktion eines Elektrons im Kristallgitter mit einem räumlich periodischen Potential über eine sogenannte Bloch-Welle beschrieben werden kann. Ist das Potential nicht mehr in alle Raumrichtungen periodisch, z.B. an einer Oberfläche, so können als Lösung der Schrödingergleichung sowohl für Schwingungs- als auch für Elektronenzustände Energieeigenwerte auftreten, die außerhalb der Energiebänder der Volumenzustände in den Bandlücken liegen (s. Abb. 2.6.37). Wir haben in Abb. 2.6.36 gesehen, daß es spezifische Oberflächenzustände gibt, deren Energien in der Volumenbandlücke liegen können. Wir wollen nun im folgenden den Verlauf der Bänder als Funktion des Abstandes von der Oberfläche bei festgehaltenem k-Vektor (üblicherweise am Γ-Punkt) diskutieren.

Die Wellenfunktion eines elektronischen Oberflächenzustandes ist im Innern

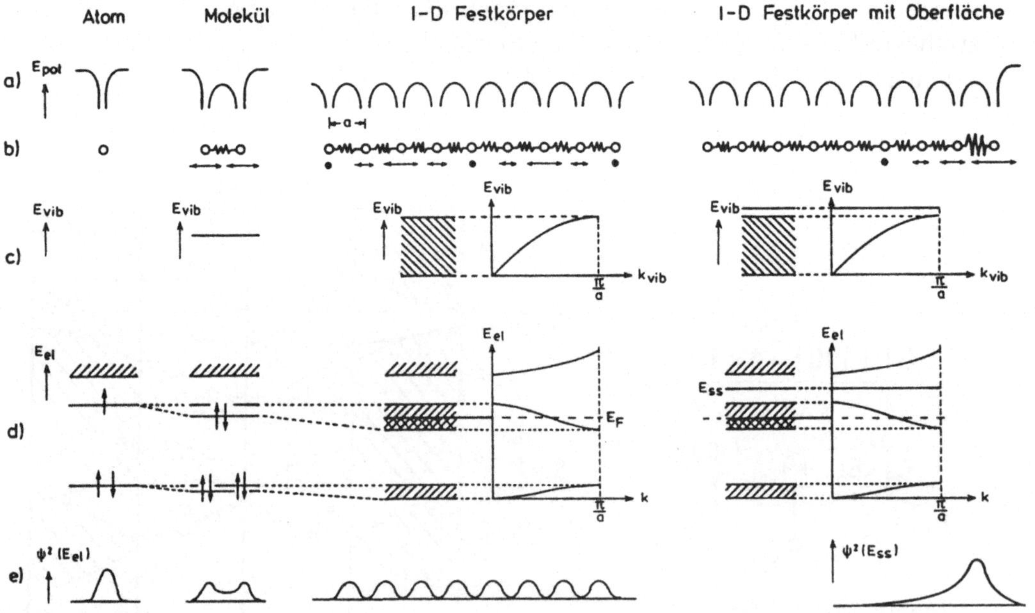

Abb. 2.6.37
Eindimensionales Modell: lineare Kette von Atomen zur schematischen Darstellung vibronischer und elektronischer Oberflächenzustände im Vergleich mit der Anordnung eines Einzelatoms, eines Moleküls und eines unendlich ausgedehnten eindimensionalen Festkörpers [Hen 91]:
a) Verlauf der potentiellen Energie, b) Atomposition, Federkonstante und klassische Schwingungsamplitude, schematisch, c) Schwingungs-Bandstruktur, d) Elektronen-Bandstruktur und e) Aufenthaltswahrscheinlichkeit in einem charakteristischen elektronischen Zustand.

des Kristalls darstellbar durch eine Bloch-Welle des dreidimensionalen Kristalls mit komplexem Wellenvektor, da sie im Kristall verboten ist, d.h. durch eine gitterperiodische Funktion multipliziert mit einer nach innen abfallenden Exponentialfunktion:

$$\Psi(\underline{r}) = U(\underline{r})e^{i(i\underline{k})\underline{r}} = U(\underline{r})e^{-\underline{k}\,\underline{r}} \qquad (2.6.36)$$

Im Außenraum ist einfach eine Exponentialfunktion anzusetzen, da hier ein konstantes Potential der freien Elektronen vorliegt. Beide Bereiche gehen an der Oberfläche stetig ineinander über, wobei der exakte Verlauf ebenso wie die Energie vom Potential abhängt. Ein Elektron in einem Oberflächenzustand ist also mit größter Wahrscheinlichkeit nahe der Oberfläche zu finden. Die Wahrscheinlichkeit, es weiter innen oder außen zu finden, nimmt exponentiell mit zunehmendem Abstand ab. Dabei kann der Zustand im Volumen auf die Wahrscheinlichkeit null bzw. auf einen endlichen Wert abfallen. Ersteres beschreibt „bona fide“ Oberflächenzustände, letzteres Oberflächenresonanzen (s. Abb. 2.6.38).

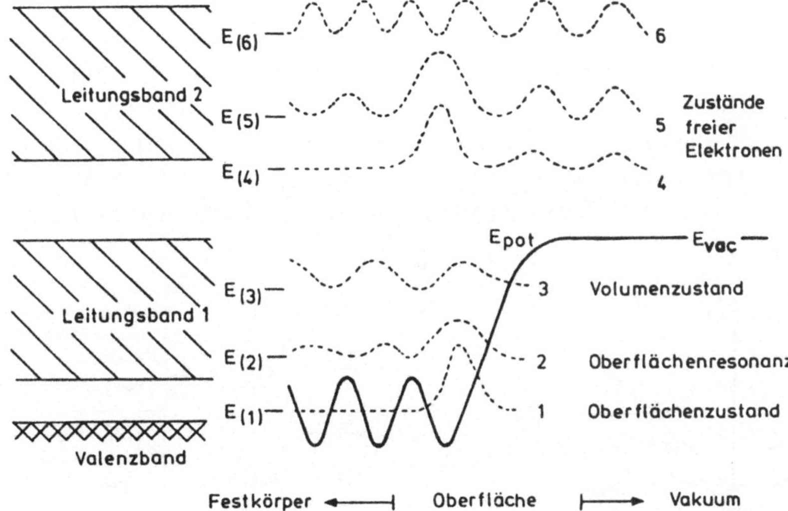

Abb. **2.6.38**
Schematischer Verlauf der potentiellen Energie E_{pot} an einer Festkörperoberfläche mit E_{vac} als Energie der freien Elektronen mit kinetischer Energie null (dicke Linie). Gestrichelt eingezeichnet sind charakteristische Aufenthaltswahrscheinlichkeiten für Oberflächenzustände (1), Oberflächenresonanzen, die mit Volumen-Blochzuständen koppeln (2), und für Volumenzustände (3). Elektronen mit unterschiedlicher kinetischer Energie im Vakuum können in verschiedener Weise an den Festkörper ankoppeln, wie dies in den Beispielen (4)–(6) gezeigt ist. Dabei sind $E_{(1)} - E_{(6)}$ die entsprechenden Elektronenenergien [Hen 91].

In Abb. 2.6.37 sind die wesentlichen elektronischen und analogen vibronischen Strukturen für ein Einzelatom, ein Molekül und einen halbunendlichen Kristall stark vereinfacht nebeneinander dargestellt. Die Oberfläche wird hierbei über den Abbruch der 1-dimensionalen Kette und veränderte Abstände, Federkonstanten und Potentiale des Außenatoms simuliert.

Für viele Experimente sind auch Elektronen in der Nähe der Oberfläche von Bedeutung. Es ist deshalb i.allg. erforderlich, auch den Verlauf der Aufenthaltswahrscheinlichkeiten für Elektronen im Außenraum bzw. in Volumenbändern weiter entfernt von der Oberfläche zu beachten. In Abb. 2.6.38 sind dazu neben dem echten Oberflächenzustand (1) noch die Oberflächenresonanz (2) als Volumenzustand mit erhöhter Amplitude im Oberflächenbereich angegeben. Ebenso können die im Vakuum freien Elektronen, d.h. Elektronen mit Energien $> E_{\text{vac}}$, an Blochwellen des Volumens in verschiedener Weise ankoppeln (4–6). Dies tritt z.B. auf, wenn man Oberflächen mit freien Elektronen aus dem Vakuum beschießt. Wenn im Festkörper keine erlaubten Zustände vorhanden sind, dann werden die Elektronen elastisch reflektiert (4). Liegen erlaubte Zustände vor, so können die Elektronen eindringen, werden aber durch das tiefere Potential des Festkörpers beschleunigt (6).

Der Grad der Störung von Bindungsverhältnissen zwischen benachbarten Atomen an der Oberfläche gegenüber denen im Volumen ist sehr unterschiedlich. Die ausgeprägtesten spezifischen Strukturen von elektronischen Oberflächenzuständen zeigen kovalente Element- oder Verbindungshalbleiter. Die physikalische Ursache dafür ist schematisch in Abb. 2.6.39 gezeigt. Bei den vierwertigen Elementhalbleitern wie Kohlenstoff, Silicium

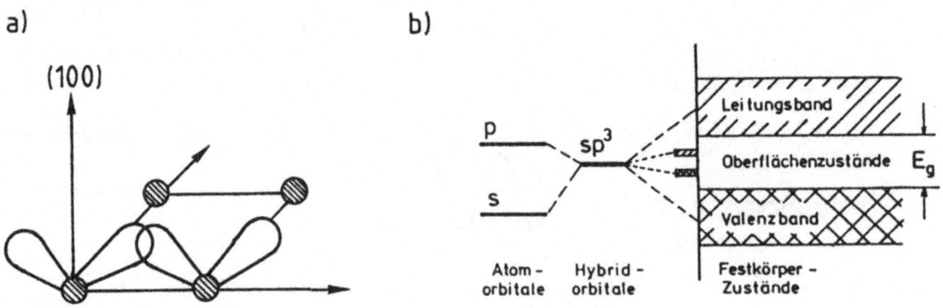

Abb. 2.6.39
a) „dangling-bonds" an der Oberfläche einer (100)-Oberfläche eines Zinkblende-(Diamant-) Gitters mit der möglichen Wechselwirkung der „dangling-bonds" untereinander. Die wechselwirkenden Atome rücken dadurch näher zusammen. Häufig ist es energetisch am günstigsten, wenn die Atome immer reihenweise (z.B. in der [110]-Richtung) paarweise zusammenrücken, so daß sich eine (2 × 1)-Rekonstruktion ergibt (vgl. Abschn. 2.6.1.2).
b) Schematische Darstellung der s- und p-Atomorbitale, der sp^3-Hybridorbitale und der Valenz- und Leitungsbandzustände eines kovalenten Kristalls mit Diamantgitterstruktur (wie z.B. Si oder C)

oder Germanium wird die elektronische Struktur des Festkörpers aus sp^3-Hybridorbitalen der Atome gebildet (vgl. Abschn. 2.4.2.4), aus denen die entsprechenden Bänder aufgebaut werden. Dies führt zu einer tetraedrischen Anordnung der Atome in der Einheitszelle. Oberflächen dieser vierwertigen Elementhalbleiter sind dadurch gekennzeichnet, daß die Überlappung der sp^3-Orbitale nicht so ausgeprägt ist wie im Volumen („dangling bonds") und daher auch elektronische Zustände innerhalb der verbotenen Zone zu erwarten sind.

In Abb. 2.6.40 ist die Ladungsdichteverteilung für einen homöopolaren, einen heteropolar-kovalenten und einen heteropolar-ionischen Kristall gezeigt. Man erkennt, daß bei ionischen Kristallen keine Oberflächenzustände in der Bandlücke auftreten. Perfekte Ionenkristalle sind deshalb chemisch inert.

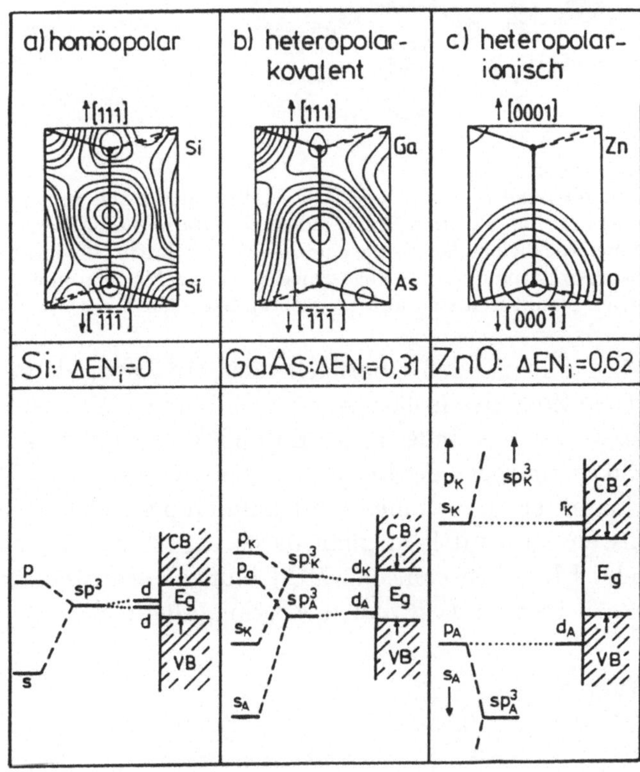

Abb. **2.6.40**
Ladungsdichteverteilung im Valenzbandbereich (oben) und entsprechende elektronische Niveaus von Volumen- und Oberflächenzuständen (unten) für homöopolare, heteropolar-kovalente und heteropolar-ionische Modellsubstanzen mit charakteristischen Differenzen der Elektronegativitäten EN_i zwischen benachbarten Volumenatomen [Hen 91]

Zusätzlich können Änderungen der elektronischen Struktur auch durch Defekte erzeugt werden. Als Beispiel ist in Abb. 2.6.41 die geometrische Struktur der $TiO_2(110)$-Oberfläche mit verschiedenen Defekten und die entsprechende elektronische Struktur gezeigt.

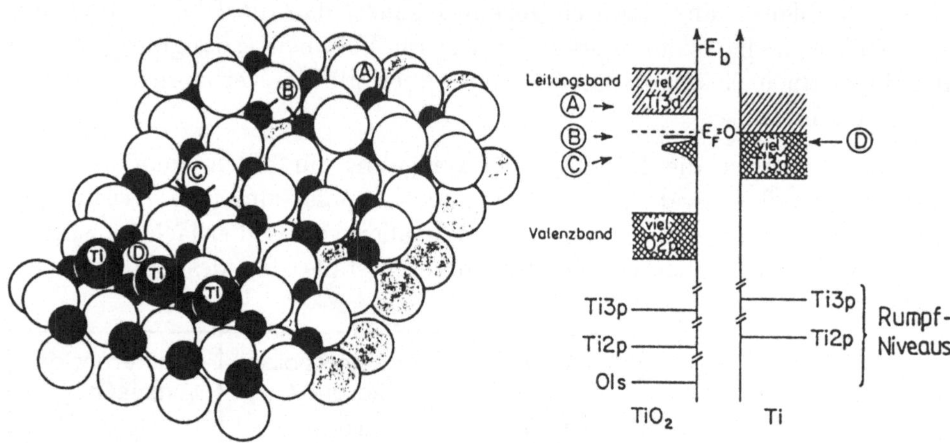

Abb. 2.6.41
Geometrische Struktur von $TiO_2(110)$-Oberflächen mit verschiedenen Defekten. *A* bezeichnet die Position eines idealen Titan-Oberflächenatoms, *B* die Position einer Sauerstoff-Fehlstelle, *C* eine eindimensionale Kette von Titanatomen ohne darüberliegende Sauerstoffatome und *D* abgeschiedene Titan-Metallatome. Die entsprechenden elektronischen Strukturen sind auf der rechten Seite für TiO_2 bzw. Ti angegeben [Göp 84].

Man erkennt, daß Oberflächendefekte Zustände oder Bänder in der verbotenen Zone des Isolators erzeugen können. Ebenso gibt es auch Volumendefekte, die Zustände in der Bandlücke verursachen (Abb. 2.6.42). TiO_2 und ZnO sind wegen der immer vorhandenen Sauerstoff-Fehlstellen mit Donator-Charakter im Volumen bei Raumtemperatur n-Typ-Halbleiter. Die elektronische Struktur kann man dabei experimentell über UPS- (Abschn. 3.5.5) oder ELS- (Abschn. 3.5.7) Messungen ermitteln und über Clusterrechnungen berechnen (vgl. auch Abschn. 2.6.4.4.2).

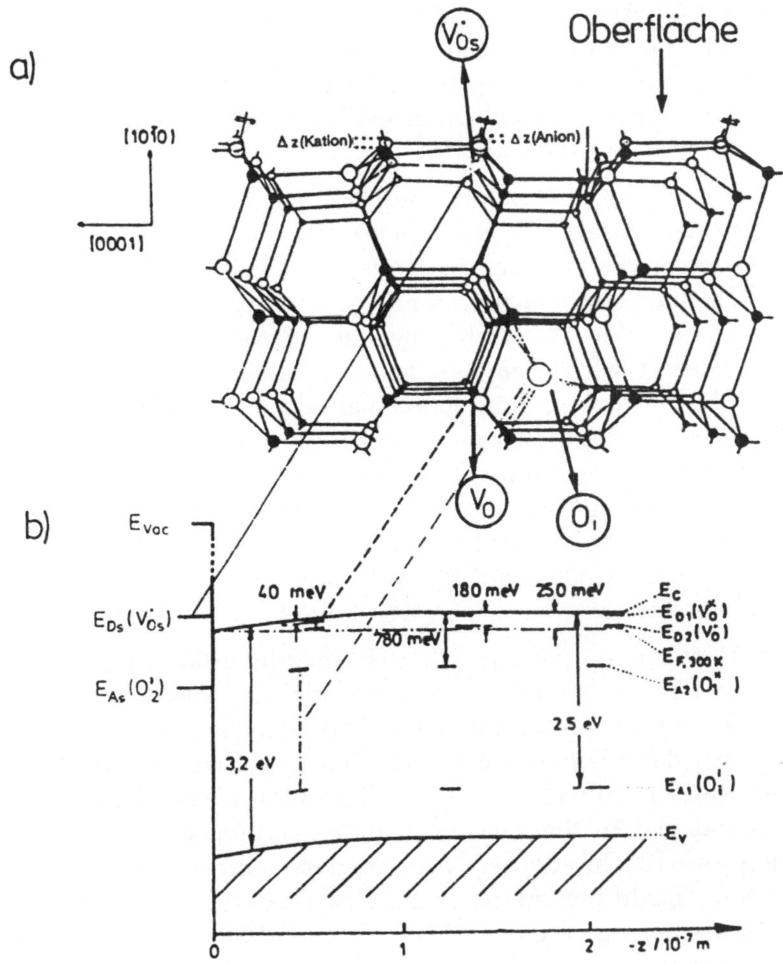

Abb. 2.6.42
Schematische Darstellung der geometrischen und elektronischen Struktur von Defekten an der (10$\bar{1}$0)-Oberfläche und im Volumen von ZnO [Göp 80]. $V_{O_s}^{\cdot}$ ist eine formal einfach positiv geladene Sauerstoffehlstelle an der Oberfläche („s"), V_O ein entsprechender Volumendefekt, der neutral („×") oder einfach positiv geladen ist. O_i ist Sauerstoff auf einem Zwischengitterplatz mit formal ein oder zwei negativen Ladungen („|"). (Zur allg. Kröger-Vink-Notation als Bezeichnung der Defekte und ihrer Ladungszustände vgl. z.B. [Göp 94].)

2.6.4.2 Austrittsarbeit

2.6.4.2.1 Austrittsarbeit an freien Oberflächen

Um den Potentialverlauf für Elektronen eines Kristalls in Oberflächennähe angemessen zu beschreiben, darf man nicht das periodische Volumenpotential am Oberflächenatom abbrechen und konstant in den Außenraum fortsetzen. Man muß vielmehr auch berücksichtigen, daß eine zusätzliche Arbeitsleistung erforderlich ist, um ein Elektron vom Festkörperinnern über die Oberfläche nach außen zu befördern. Diese zusätzliche Energieschwelle hat verschiedene Gründe:

Wie im vorigen Abschnitt beschrieben, treten einerseits im Bereich der Oberfläche zusätzliche, mit Elektronen besetzbare Zustände auf. Andererseits weisen die Volumenzustände im Bereich der Oberfläche eine veränderte Dichte und damit auch veränderte Ladung auf. Die Oberfläche zeigt deshalb i.allg. eine Flächenladung, die durch Ladungen im Festkörperinnern neutralisiert wird. Bei Metallen mit hoher Dichte beweglicher Ladung ist diese Neutralisation innerhalb einer Atomlage möglich (s. Abb. 2.6.17). Bei Isolatoren und Halbleitern erfolgt diese Neutralisation in einer Schicht mit neutralisierender Raumladung, die umso dicker ist, je kleiner die Dichte freier Ladungen im Volumen ist. Die Reichweite der Störung elektrischer Felder als Folge dieser Ladungstrennung an Oberflächen ist in Abb. 2.6.43 mit D gekennzeichnet und wird Debye-Länge genannt. Auf solche Raumladungsrandschichten werden wir in Abschn. 2.6.4.3 noch näher eingehen.

Bei Metallen kommt eine Oberflächenladung dadurch zustande, daß die negative Elektronenwolke über die positiven Atomrümpfe reicht (vgl. Abb. 2.6.17). Sie ist formal durch eine Dipolschicht beschreibbar. Bei Halbleitern entsteht diese Dipolschicht auch. Darüberhinaus können aber selbst bei reinen Halbleiteroberflächen zusätzliche Oberflächenladungen dadurch entstehen, daß in den Oberflächenzuständen Ladungen festgehalten werden. Durch die große Reichweite der entstehenden elektronischen Felder wegen der geringen Anzahl beweglicher kompensierender Ladungsträger findet bei Halbleitern eine sog. Bandverbiegung statt, deren Reichweite die Debye-Länge ist. Dies kann man sich anschaulich so vorstellen: In Abb. 2.6.43 wurde angenommen, daß die Oberflächenladung negativ ist. Im Festkörper ist also eine positive Raumladung vorhanden. Die Abgabe weiterer Elektronen wird also erschwert sein. Eine Bandverbiegung nach oben ist jedoch nichts anderes als eine Barriere für Volumenelektronen, die beim Durchtritt durch die Oberfläche zusätzlich überwunden werden muß. Ist die ganze Oberflächenladung in der Tiefe D kompensiert, so spüren Elektronen, die tiefer im Volumen sind, keinen Einfluß dieses Potentials mehr. Wäre die Oberflächenladung

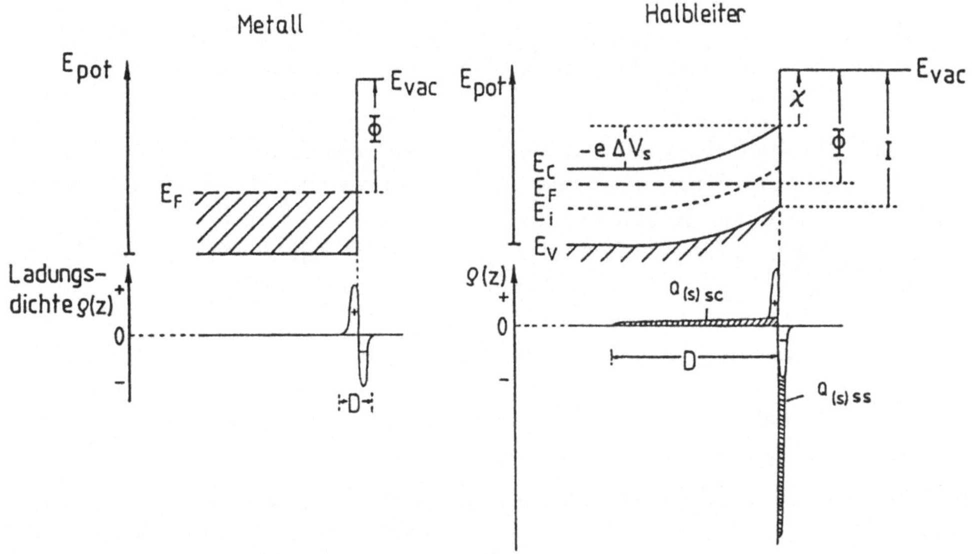

Abb. **2.6.43**
Vergleich des Potentialverlaufs und der Ladungsdichte im Oberflächenbereich für Metalle und Halbleiter (schematisch). Die Potentialvariation zwischen den Atomen ist vernachlässigt. Die Debyelänge D ist bei Metallen im Bereich der Atomabstände, bei Halbleitern je nach Dotierung und Oberflächenkonzentration der Ladungsträger typischerweise 1–1000 nm und bei Isolatoren in der Größenordnung der makroskopischen Probendurchmesser [Hen 91].

positiv, so hätte man umgekehrt eine Bandverbiegung nach unten erhalten, da die Elektronenabgabe erleichtert wäre. Für Halbleiter ist es nun üblich, eine Auftrennung in Oberflächenladungen $Q_{(s)ss}$ pro Flächeneinheit und Raumladungen in einer Schicht im Innern mit der entsprechenden Ladungsdichte $Q_{(s)sc}$ pro Flächeneinheit („ss“ steht für „surface state“, „sc“ für „space charge“) vorzunehmen. Die Oberflächenladung kann dabei so entstehen wie bei Metallen, aber auch durch in Oberflächenzuständen festgehaltene Ladungen. In jedem Fall werden die Effekte, die innerhalb einer Atomlage kompensiert werden, der Dipolschicht zugeordnet.

Der Messung zugänglich ist die sog. Austrittsarbeit (zur Meßtechnik s. Abschn. 3.5.8). Damit wird die minimale Arbeit bezeichnet, die notwendig ist, um ein Elektron vom Festkörperinnern mit $E_{\text{kin}} = 0$ ins Vakuum zu bringen, wobei minimal bedeutet, daß das Elektron unendlich langsam entfernt werden muß. Damit ist die Austrittsarbeit der Energieunterschied zwischen zwei Gleichgewichtszuständen, bei denen zunächst N Elektronen im Kristall und dann $N - 1$ Elektronen im Kristall und ein Elektron ohne kinetische Energie weit davon entfernt vorliegen. Streng genommen ist diese Definition nur für halbunendlich homogene Kristalle brauchbar. Praktisch ist sie auch für kleinere homogene Oberflächenbereiche anwendbar, da das Vakuumpotential schon in einigen 100 nm Abstand von der Oberfläche als konstant angesehen werden kann.

Die Austrittsarbeit Φ ist nach dieser Definition beschreibbar als die Differenz zwischen Vakuumniveau in hinreichend großem Abstand vor der Oberfläche und dem elektrochemischen Potential eines Elektrons an der Oberfläche η_e (vgl. [Göp 94]). η_e/N_L wird in der Festkörperphysik Fermienergie E_F genannt. Es gilt:

$$\Phi = E_{\text{vac}} - (E_N - E_{N-1}) = E_{\text{vac}} - \eta_e/N_L = E_{\text{vac}} - E_F \qquad (\mathbf{2.6.37})$$

Dabei ist es gleichgültig, ob im Bereich des Ferminiveaus elektronische Zustände vorhanden sind oder nicht.

Für Metalle kann die Austrittsarbeit formal in einen Anteil des chemischen Potentials der Elektronen im Volumen des Metalls, $\mu_{e,i}$, und des Kontakt- oder Oberflächenpotentials ψ aufgeteilt werden (Abb. 2.6.44):

$$\Phi = E_{\text{vac}} - E_F = \psi - \mu_{e,i} \qquad (2.6.38)$$

ψ beschreibt dabei die Energie, die aufgewendet werden muß, um die Ladung durch die oben beschriebene Doppelschicht zu transportieren. Diese Auftrennung ist insbesondere in der Elektrochemie von Metallelektroden hilfreich und sinnvoll (s. z.B. [Wed 87]).

Bei Halbleitern liegen im Bereich des Ferminiveaus im allgemeinen keine Zustände. Hier werden die Größen Elektronenaffinität χ als Abstand zwischen Leitungsbandkante und Vakuumniveau und Ionisierungsenergie I als

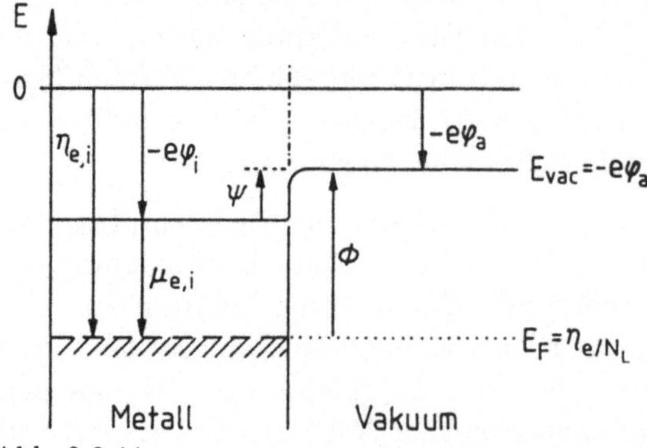

Abb. 2.6.44
Austrittsarbeit von Metallen. E_{vac} ist die potentielle Energie eines Elektrons im Vakuumniveau, φ_a das äußere elektrische Potential im Vakuum (Voltapotential) und φ_i das innere elektrische Potential im Volumen des Metalls (Galvani-Potential)

Abstand zwischen Valenzbandkante und Vakuumniveau eingeführt, wie dies in Abb. 2.6.43 gezeigt wurde. Unter Berücksichtigung der Bandverbiegung ($e\Delta V_s$), deren Vorzeichen bei Bandverbiegung nach oben negativ ist, und der Energie der Bandkanten E_C bzw. E_V im Innern (mit Index b entsprechend „bulk") läßt sich dann Φ angeben als

$$\Phi = E_{\text{vac}} - E_F = \chi + (E_C - E_F)_b - e\Delta V_s = I - (E_F - E_V)_b - e\Delta V_s \,. \quad \mathbf{(2.6.39)}$$

Danach sind Änderungen von Φ auftrennbar in erstens Oberflächendipolanteile, beschrieben über Änderungen von χ oder I, zweitens Bandverbiegungsanteile, beschrieben über Änderungen von $e\Delta V_s$, und drittens Volumenanteile, beschrieben über die Änderung von $(E_C - E_F)_b$ bzw. $(E_V - E_F)_b$, bezogen auf das Volumen des Halbleiters.

2.6.4.2.2 Austrittsarbeit an Oberflächen mit Adsorbat

Bei der Wechselwirkung von Teilchen mit Metalloberflächen ist die beobachtete Änderung $\Delta\Phi$ bei vernachlässigbarer Wechselwirkung der Teilchen untereinander vielfach proportional zum Bedeckungsgrad Θ dieser Teilchen. Die Größe der Austrittsarbeitsänderung hängt dabei stark vom Dipolmoment des adsorbierten Teilchens bzw. genauer dessen Komponente senkrecht zur Oberfläche ab. Die Austrittsarbeitsänderung wird deshalb einer Änderung der Elektronenaffinität zugeschrieben, $\Delta\Phi = \Delta\chi$. Die Orientierung der Moleküle hängt dabei u.a. auch von der Struktur der Unterlage ab. Man kann zeigen, daß rauhe Oberflächen kleinere Austrittsarbeiten besitzen (vgl. auch Abschn. 3.3.1.2, Feldemission).

Für Halbleiteroberflächen ergibt sich ein etwas komplizierteres Bild (Abb. 2.6.45).

Ebenso wie bei Metallen ergibt sich eine Austrittsarbeitsänderung durch lokale Dipolbildung, $\Delta\chi$. Zusätzlich kann jedoch bei Ladungstrennung freier Elektronen eine zusätzliche Bandverbiegung $e\Delta V_s$ durch delokalisierte Trennung von Ladungen auftreten, die ebenfalls zu $\Delta\Phi$ beiträgt. Anschaulich kann man sich die in Abb. 2.6.45 gezeigte Bandverbiegung wieder so vorstellen, daß die Oberfläche nach der Abgabe von negativer Ladung an das Akzeptormolekül eine positive Raumladung besitzt und so eine weitere Elektronenabgabe erschwert sein wird. Wäre X ein Donatormolekül, so würde eine Bandverbiegung nach unten resultieren. In Abb. 2.6.45 wird auch angedeutet, daß sich die Leitfähigkeit an der Oberfläche, $\sigma_\square$, durch Adsorption verändern kann. Man sieht, daß z.B. bei Elektronenleitung vor der Adsorption durch Bandverbiegung nach oben nach der Adsorption die Zahl der Ladungsträger und damit die Leitfähigkeit in der Oberflächenschicht kleiner

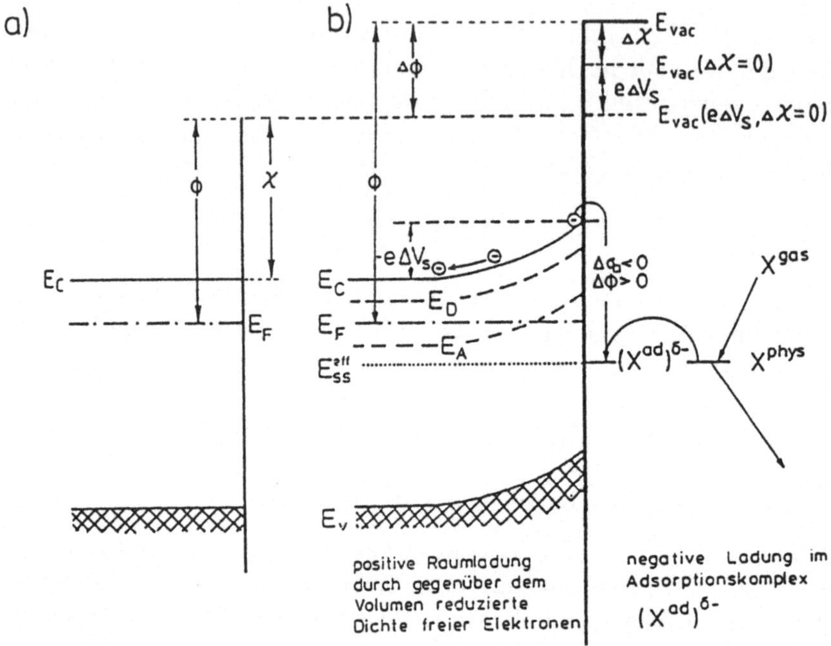

Abb. **2.6.45**
Schematische Darstellung von Ladungstransfer während der Adsorption eines Akzeptormoleküls X an einer n-Typ Halbleiteroberfläche, (a) vor der Adsorption bei angenommener Flachbandsituation, d.h. $e\Delta V_s = 0$, (b) nach der Adsorption [Göp 85]

wird. Die formale Beschreibung der unterschiedlichen Ladungsträgerdichten an der Oberfläche und im Volumen, d.h. von sog. Exzeß-Ladungsträgerdichten, erfolgt in Abschn. 2.6.4.3 in Gl. (2.6.43). Allgemeine Exzeßgrößen und Oberflächenleitfähigkeiten werden ausführlich in [Göp 94] behandelt.

2.6.4.3 Raumladungsrandschichten in Halbleitern

Wie in Abb. 2.6.43 schon angedeutet wurde, kann die Dipolschicht im Halbleiter sehr weit ausgedehnt sein, wenn die Konzentration beweglicher Ladungsträger sehr gering ist. Die so entstehenden weit ausgedehnten Raumladungsschichten sind für den Ladungstransport senkrecht und parallel zur Oberfläche wichtig und sollen im folgenden quantitativ beschrieben werden.

Dabei geht man zunächst von einer als neutral gedachten und vom Volumen entkoppelten Oberfläche und einem neutralen Halbleiterinnern aus. In diesem Fall sind einerseits die Oberflächenzustände bis zu einer Energie E_0 besetzt, wobei E_0 dem Neutralniveau oder dem Ferminiveau der entkoppelten neutralen Oberflächenzustände entspricht. Andererseits verlaufen die Bandkanten im Volumen horizontal. Die Position der Valenzbandkante E_V und der Leitungsbandkante E_C relativ zum Ferminiveau E_F bestimmt die

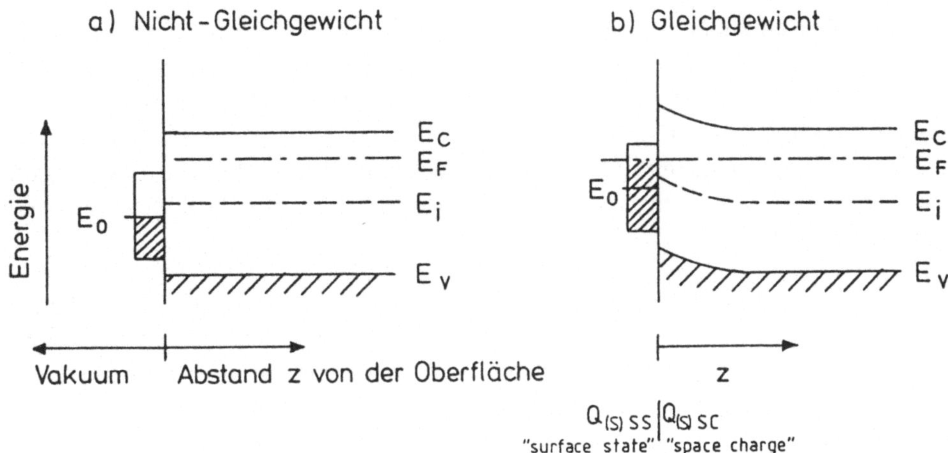

Abb. 2.6.46
Potentialverlauf im Oberflächenbereich eines n-Halbleiters für neutrale Oberflächen, entkoppelt vom Volumen (Nicht-Gleichgewicht) (links) und im thermischen Gleichgewicht (rechts). E_C und E_V sind die Energien der Bandkanten, E_i das Eigenleitungsniveau, d.h. die Lage des Ferminiveaus im Volumen des neutralen Eigenhalbleiters, und E_0 das Neutralniveau der Oberflächenzustände. Schraffiert sind die Bereiche der besetzten Zustände angegeben [Hen 91].

Konzentration freier Ladungsträger. Die Energie E_i in Abb. 2.6.46 charakterisiert das Ferminiveau bei Eigenleitung in Abwesenheit von Dotierungen.

Um thermisches Gleichgewicht herzustellen, müssen ganz allgemein die chemischen Potentiale oder, im Falle von geladenen Teilchen, die elektrochemischen Potentiale in allen Phasen gleich sein. D.h. im Falle eines elektronischen Gleichgewichts müssen die elektrochemischen Potentiale der Elektronen, d.h. die Fermienergien, in allen Phasen identisch sein.

Für den Fall, daß $E_0 < E_F$ gilt, müssen zur Einstellung des elektronischen Gleichgewichts Elektronen vom Halbleiter in die Oberflächenzustände fließen. Für den Fall, daß $E_0 > E_F$ gilt, muß Ladungstransport mit umgekehrtem Vorzeichen erfolgen, um die Oberfläche mit dem Volumen in elektronisches Gleichgewicht zu bringen. Die Folge dieser Ladungsübertragungsreaktionen ist, daß die Oberfläche und der Volumenbereich nahe der Oberfläche nicht mehr neutral sind. Dabei hängt die Ladungsdichte $Q_{(s)ss}$ als Ladung pro Einheitsfläche in den Oberflächenzuständen von der Position des Fermi-Niveaus E_F relativ zu E_0 an der Oberfläche ab. Bei einem Metall werden die Oberflächenzustände bis zum Volumen-Ferminiveau E_F aufgefüllt, da eine relativ hohe Konzentration freier Ladungsträger zur Verfügung steht. Bei einem Halbleiter ist dies nicht möglich, da die Dichte der freien Ladungsträger wegen ihres niedrigen Wertes in einer Schicht erheblicher Dicke durch den Ladungstransport in Oberflächenzustände bzw.

aus Oberflächenzuständen ins Volumen merklich beeinflußt wird. Die Folge dieses Ladungstransports ist die Ausbildung der Raumladungsrandschicht, wobei eine Krümmung des Potentials und damit eine Bandverbiegung nahe der Oberfläche auftritt. Die Ladung $Q_{(s)sc}$ in der Raumladungsrandschicht, bezogen auf die Einheitsfläche, wird eindeutig durch die Bandverbiegung bei gegebenen Volumenparametern bestimmt. Für den Fall des neutralen Halbleiters gilt

$$Q_{(s)ss} + Q_{(s)sc} = 0 \, . \tag{2.6.40}$$

Über diese Gleichung sind elektronisches Gleichgewicht und Ladungen eindeutig festgelegt. Die Raumladungsdichte pro Flächeneinheit $Q_{(s)sc}$ wird als sog. Exzeßgröße (vgl. Gl. (2.6.43) bzw. [Göp 94]) über

$$Q_{(s)sc} = \int_0^\infty Q_{(v)}(z) dz = \int_0^\infty \varrho(z) dz \tag{2.6.41}$$

bestimmt. Darin ist $\varrho(z)$ die auf die Volumeneinheit bezogene Raumladung in der Randschicht mit der Randbedingung, daß im idealen (neutralen) Volumen des Halbleiters ohne Bandverbiegung $\varrho(z) = 0$ ist. Durch die Integration über das ganze Volumen bis zur Oberfläche bei $z = 0$ werden gerade die im Vergleich zum idealen Volumen überschüssigen oder fehlenden Ladungsträger, d.h. die sog. Exzeßladungsträger der Randschicht erfaßt. Deren Gesamtladung wird durch lokalisierte Oberflächenladungen mit der Flächendichte $Q_{(s)ss}$ kompensiert (Gl. (2.6.40)). (In unserer Nomenklatur wäre $\varrho(z) = Q_{(v)}(z)$, wir wählen aber im folgenden die in der Literatur übliche Bezeichnung.) Wir nehmen in Gl. (2.6.41) vereinfachend an, daß die Raumladungsdichte ϱ lediglich z-Abhängigkeit aufweist. Über die Poisson-Gleichung (2.6.42) ist $\varrho(z)$ durch die Überschußladungen beiderlei Vorzeichens in der Randschicht gegenüber dem Festkörperinneren festgelegt. Es gilt für Halbleiter mit einfach geladenen Donatoren und Akzeptoren:

$$\begin{aligned} \varrho(z) &= e\left(N_{(v)p}(z) - N_{(v)n}(z) + N_{(v)D^+}(z) - N_{(v)A^-}(z)\right) \\ &= \varepsilon_r \varepsilon_0 \frac{d^2 V}{dz^2} \end{aligned} \tag{2.6.42}$$

Die Größen $N_{(v)p}$ und $N_{(v)n}$ sind auf das Volumen bezogene Dichten der freien Defektelektronen bzw. Elektronen in der Randschicht und werden in der Literatur üblicherweise mit p und n bezeichnet, die Größen $N_{(v)D^+}$ und $N_{(v)A^-}$ sind die entsprechenden Volumendichten einfach geladener Donatoren bzw. Akzeptoren, ε_r ist die Dielektrizitätskonstante des Materials. Die

Integration von Gl. (2.6.42) liefert unter Berücksichtigung der Ladungsneutralität (Gl. (2.6.40)) den Potentialverlauf und die in Oberflächenzuständen bzw. in der Raumladungsschicht eingefangene Ladung.

Die möglichen Raumladungsschichten lassen sich in drei Gruppen einteilen, in Anreicherungsschichten, in Verarmungsschichten und in Inversionsschichten. Die Einteilung charakterisiert verschiedene Konzentrationen $N^s_{(v)n}$ bzw. $N^s_{(v)p}$ der Elektronen bzw. Defektelektronen nahe der Oberfläche im Vergleich zu entsprechenden Werten im Innern des Kristalls. Dies ist in Abb. 2.6.47 für einige Beispiele dargestellt. In Anreicherungsschichten sind Majoritätsladungsträger im Bereich der Oberfläche angereichert. In Inversionsschichten findet man Minoritätsladungsträger bevorzugt an der Oberfläche, so daß an der Oberfläche eine Inversion des Leitungstyps auftritt.

Als Folge der Bandverbiegung tritt eine Überschuß- (Exzeß-) Ladungsträgerdichte in der Raumladungsschicht auf. Mit Exzeßgrößen werden ganz allgemein die auf die Flächeneinheit bezogenen Änderungen der Eigenschaften gegenüber einer idealen stufenförmigen Änderung der Volumeneigenschaften zum Vakuum hin bezeichnet [Göp 94]. Die auf die Einheitsfläche

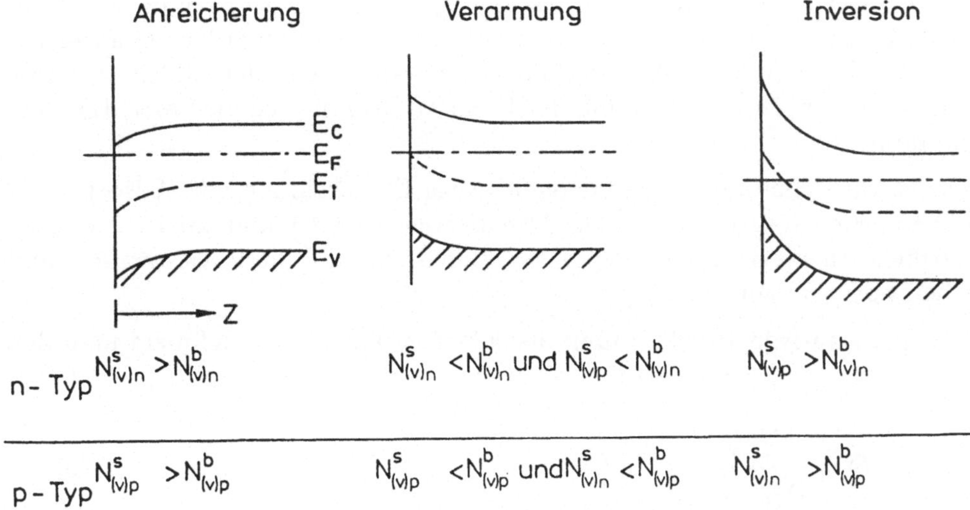

Abb. **2.6.47**
Charakteristische Bandverbiegungen der Anreicherungs-, Verarmungs- und Inversionsschichten. Die gezeigten Bandverbiegungen gelten für n-Leitung. Die gleichen Diagramme gelten nach Drehung um 180° und entsprechendes Umbenennen der Bandkanten auch für p-Leitung [Hen 91].

bezogenen Elektronendichten sind demnach als Oberflächen-Exzeßelektronendichten bestimmt durch

$$\Delta N_{(s)n} = N_{(s)n}^{\text{exc}} = \int_0^\infty \Delta N_{(v)n}(z)dz = \int_0^\infty \left(N_{(v)n}(z) - N_{(v)n}^b\right) dz \qquad (2.6.43)$$

bzw. für Defektelektronen durch

$$\Delta N_{(s)p} = N_{(s)p}^{\text{exc}} = \int_0^\infty \left(N_{(v)p}(z) - N_{(v)p}^b\right) dz \; . \qquad (2.6.44)$$

Beide Werte ergeben sich aus der gegenüber dem idealen Volumenwert $N_{(v)n}^b$ bzw. $N_{(v)p}^b$ abweichenden z-Abhängigkeit von Elektronen- bzw. Defektelektronendichten. Der obere Index „exc“ steht dabei für die Exzeßgröße.

2.6.4.4 Adsorbate

Wir haben schon in den vorangehenden Abschnitten den Einfluß von Adsorbatmolekülen auf die elektronische Struktur der Oberfläche untersucht. In diesem Abschnitt wollen wir uns nun auf die Veränderungen in den Molekülen konzentrieren, wenn diese aus der Gasphase an Oberflächen adsorbieren. An dieser Stelle treffen deshalb die Vorstellungen der Molekülorbitale („bonds“ bzw. Bindungen) und der Bandstrukturen („bands“ bzw. Bänder) zusammen.

Zuerst wird eine kurze phänomenologische Beschreibung von Adsorptionsphänomenen vorgestellt. In den Abschnitten 2.6.4.4.1 und 2.6.4.4.2 werden mögliche theoretische Konzepte zur Beschreibung von Physisorption und Chemisorption vorgestellt.

Zur quantitativen Beschreibung der adsorbierten Menge definiert man den Bedeckungsgrad entweder über

$$\Theta = \frac{N_{(s)}^{\text{ad}}}{N_{(s)\max}^{\text{ad}}} \qquad \textbf{(2.6.45)}$$

oder über

$$\Theta^* = \frac{N_{(s)}^{\text{ad}}}{N_{(s)}^{OF}} \qquad \textbf{(2.6.46)}$$

mit $N^{\mathrm{ad}}_{(s)}$ als (Exzeß-)Flächendichte absorbierter Teilchen, $N^{\mathrm{ad}}_{(s)\,\mathrm{max}}$ als maximale (Exzeß-)Flächendichte adsorbierter Teilchen in der ersten Lage und $N^{OF}_{(s)}$ als Flächendichte der Oberflächenatome. Wir werden im folgenden die Definition nach Gl. (2.6.45) verwenden, da man mit ihr z.B. die sogenannten Adsorptionsisothermen (vgl. z.B. [Göp 94]) besonders einfach darstellen kann.

Bedeckungsgrade können größer oder kleiner als eins sein. Viele Grenzflächenphänomene werden durch spezifische Bindungen in der ersten Schicht ($\Theta < 0$) bedingt. Dafür zeigt Abb. 2.6.48 Beispiele mit periodischer oder statistischer Anordnung von adsorbierten Teilchen.

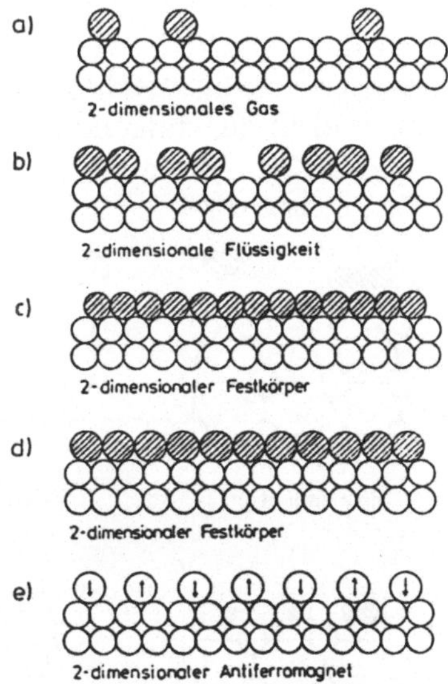

Abb. **2.6.48**
Geometrische Anordnungen von Atomen in adsorbierten Schichten an einigen Modellbeispielen [Hen 91]

Das Beispiel a) zeigt ein zweidimensionales Gas, bei dem angenommen wird, daß die Bewegung der adsorbierten Teilchen parallel zur Oberfläche uneingeschränkt erfolgt und diese Bewegung lediglich senkrecht zur Oberfläche durch eine Potentialbarriere eingeschränkt ist. Dies gilt z.B. für adsorbierte Edelgase auf Graphitoberflächen. Analog können zweidimensionale Flüssigkeiten für den Fall auftreten, daß die Wechselwirkung zwischen den Adsorbatteilchen nicht vernachlässigbar ist und mittlere Adsorbat-Abstände statistisch schwanken (Beispiel b)). Ist die Wechselwirkung so stark, daß die Abstände bis auf Schwingungen der Atome gegeneinander konstant bleiben. so bildet sich ein zweidimensionaler Festkörper (Beispiel c)). Bei diesem speziellen Beispiel sind die Gitterabstände identisch mit den Gitterabständen der Unterlage. Diese Wechselwirkung kann beim Aufwachsen von Adsorbatschichten auf Festkörperunterlagen zu sogenanntem epitaktischem Wachstum, d.h. der Ausbildung von periodischen Schichtstrukturen führen (vgl. [Göp 94]). Das Beispiel d) charakterisiert Systeme, bei denen die Gitterkonstante der geschlossenen Adsorbatschicht von der Unterlage abweicht, wobei das Verhältnis beider Gitterkonstanten keine rationale Zahl sein muß. Im letzteren Fall spricht man von inkommensurablen Adsorbatschichten. die auch epitaktisch sein können. Im Beispiel e) ist als spezieller Fall für die Bildung von Überstrukturen bei niedrigen Bedeckungsgraden eine antiferromagnetische Anordnung der Adsorbatteilchen gezeigt.

Man unterscheidet bei der Adsorption je nach Bindungsstärke verschiedene Wechselwirkungsmechanismen, die in Abb. 2.6.49 schematisch dargestellt sind und in den folgenden Abschnitten besprochen werden.

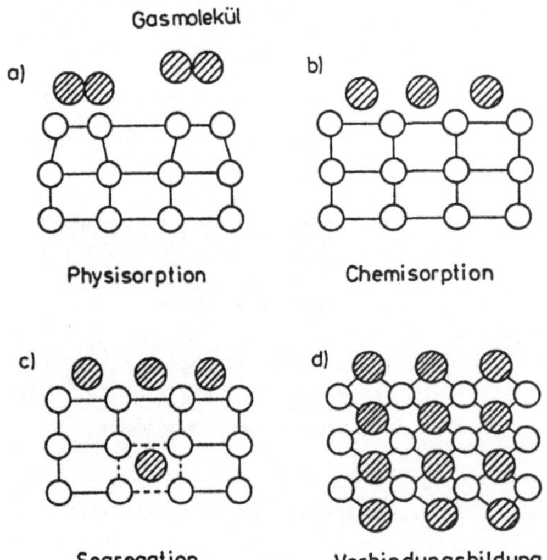

Abb. **2.6.49**
Schematische Darstellung verschiedener Festkörper-Teilchen-Wechselwirkungsmechanismen [Hen 91]

Bei schwacher Wechselwirkung von Teilchen in der Gasphase mit Oberflächenatomen spricht man von *Physisorption* (s. Abb. 2.6.49a). Physisorptionsenergien liegen typischerweise unter 50 kJ/mol. Gut untersuchte Physisorptionssysteme sind Edelgase auf Metallen, Halbleitern oder Isolatoren bei tiefen Temperaturen.

Physikalische Ursache für die Physisorption sind Wechselwirkungen zwischen adsorbierenden Teilchen und Unterlagenatomen, wie sie auch in der Gasphase zwischen den Molekülen auftreten können. Dies wird über das

Lennard-Jones-Potential beschrieben, das wir bereits in Abschn. 2.5.1.1, Gl. (2.5.2) kennengelernt haben.

Als *Chemisorption* bezeichnet man eine starke chemische Wechselwirkung mit Wechselwirkungsenergien von mehr als 50 kJ/mol. Ein Beispiel ist schematisch in Abb. 2.6.49b dargestellt. Dabei kann die Chemisorption von Molekülen einerseits molekular ablaufen, wie dies z.B. am System Platin (111)/Sauerstoff bei tiefen Temperaturen oder am System Nickel (111)/Kohlenmonoxid gefunden wird. Andererseits kann Chemisorption von Molekülen zu deren Dissoziation an der Oberfläche führen. Typische Beispiele sind die Wechselwirkung von Wasserstoff mit Nickel (111)- oder von Sauerstoff mit Platin (111)-Oberflächen bei höheren Temperaturen.

Experimentell findet man häufig, daß verschiedene Wechselwirkungsmechanismen des gleichen Teilchens mit der gleichen Oberfläche auftreten können, wobei Variation von Druck und Temperatur die relativen Anteile der verschiedenen Wechselwirkungen verschiebt.

Als Beispiel dafür charakterisiert Abb. 2.6.50 ein Festkörper-Gas-System, in dem molekulare Adsorption (z.B. Physisorption) und atomare Chemisorption auftreten können. Ein praktisches Beispiel ist die oben diskutierte Wechselwirkung von Sauerstoff mit Platin (111)-Oberflächen, die bei tiefen Temperaturen zu schwachgebundenem molekularen Sauerstoff und bei höheren Temperaturen zu atomarem Sauerstoff führt. In der Abbildung ist die potentielle Energie des Systems „Molekül mit Unterlage“ als Funktion des

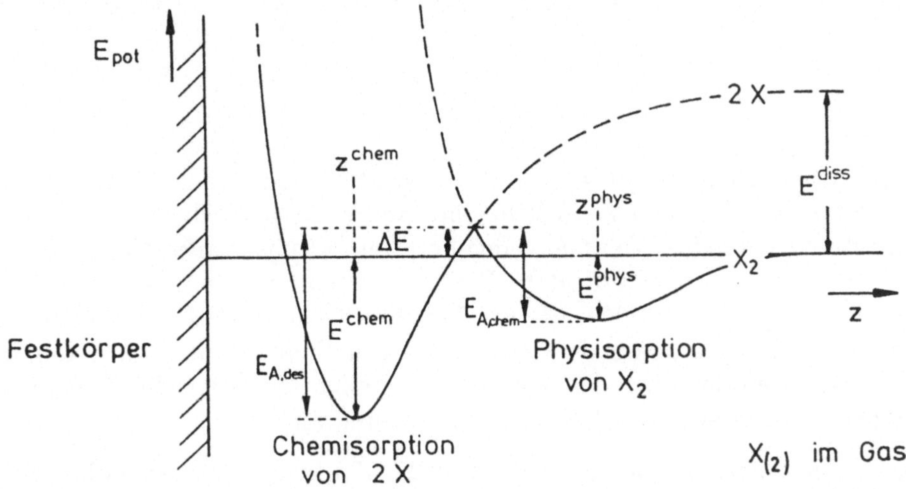

Abb. **2.6.50**
Potentialdiagramm für die dissoziative Chemisorption eines zweiatomigen Moleküls X_2. Dabei ist z der Abstand von der Oberfläche [Hen 91].

Abstandes des Moleküls von der Festkörperunterlage aufgezeichnet. Wenn das Molekül X_2 der Oberfläche genähert wird, so tritt in relativ großem Abstand als Folge der konkurrierenden Einflüsse von (Van der Waals-) Anziehung und (Pauli-Prinzip-) Abstoßung ein Energieminimum in einem Abstand z^{phys} von der Oberfläche auf, das man dem physisorbierten Molekül X_2^{phys} zurordnen kann. Nähert man das Molekül X_2 der Oberfläche über z^{phys} hinaus, so tritt drastisches Ansteigen der Abstoßungskräfte auf. Andererseits kann man in der Gasphase das Molekül X_2 unter Aufwendung der Dissoziationsenergie $E_{A,\text{diss}}$ in zwei Atome spalten und diese der Oberfläche nähern. Die Atome werden dann in einem geringeren Chemisorptionsabstand z^{chem} mit der Energie E^{chem} an der Oberfläche gebunden. Der Schnittpunkt der beiden Energiekurven liegt um die Energie ΔE höher als die Energie ruhender Teilchen X_2 bei unendlicher Entfernung. Diese Energie ΔE muß aufgebracht werden, um die Teilchen beim Stoß in den Chemisorptionszustand zu befördern.

Die Tatsache, daß Teilchen bei höheren Temperaturen von der Oberfläche desorbieren, obwohl die Adsorption nach Abb. 2.6.50 zu Erniedrigung der potentiellen Energie führt, kann nur über die Änderungen der Gibbs-Energien G und damit die Berücksichtigung der Entropieänderung erklärt werden. Gleiches gilt für die Ausbildung intrinsischer Punktdefekte an Festkörperoberflächen bei höheren Temperaturen (vgl. auch [Göp 94]). Für beide Effekte gilt $\Delta S > 0$ und $\Delta H > 0$. Wie chemische Reaktionen allgemein laufen auch Oberflächenreaktionen nur dann ab, wenn

$$\Delta G = \Delta H - T\Delta S < 0 \qquad \textbf{(2.6.47)}$$

gilt.

Das Beispiel in Abb. 2.6.49c zeigt *Segregation* von Teilchen, die auch im Volumen des Festkörpers löslich sind, wobei in der schraffiert gezeigten Umgebung eines ins Volumen eingebetteten Atoms starke elastische Verzerrungen des Gitters auftreten. Bei hohen Temperaturen läßt sich häufig ein Gleichgewicht zwischen der an der Oberfläche segregierten Menge und der im Volumen gelösten Konzentration von Fremdatomen entweder über die Gasphase oder über das Volumen einstellen. Ein typisches Beispiel für ein Segregationssystem ist Kohlenstoff im und am Eisen.

Das zuletzt gezeigte Beispiel in Abb. 2.6.49d zeigt, daß bei hoher Wechselwirkungsenergie der adsorbierten Teilchen mit den Volumenatomen auch *Verbindungsbildung* auftreten kann. Die Folge einer hier gezeigten stöchiometrischen Verbindungsbildung ist die Ausbildung neuer dreidimensionaler

Strukturen mit drastisch veränderten chemischen, elektronischen und magnetischen Eigenschaften nicht nur an der Oberfläche. Beispiele dafür sind Wechselwirkungen von Sauerstoff mit Nickel, Aluminium oder Silicium unter Ausbildung der entsprechenden Oxide NiO, Al_2O_3 oder SiO_2 bei höheren Temperaturen. Die Bildung ist dabei bei hohen Temperaturen thermodynamisch kontrolliert (vgl. [Göp 94]).

Wir wollen nun die mögliche theoretischen Konzepte kennenlernen, mit denen man Physisorption und Chemisorption beschreiben kann.

2.6.4.4.1 Physisorption

Physikalische Ursache für die Physisorption sind Wechselwirkungen zwischen adsorbierenden Teilchen und Unterlagenatomen, wie sie auch in der Gasphase zwischen den Molekülen auftreten können. In Abschn. 2.5.1.1 haben wir in dem Zusammenhang das Lennard-Jones-Potential (Gl. (2.5.2))

$$E_{\text{pot}} = 4E_e \left[\left(\frac{\sigma}{r}\right)^{12} - \left(\frac{\sigma}{r}\right)^{6} \right] \qquad \textbf{(2.6.48)}$$

kennengelernt. Darin entspricht σ dem Teilchendurchmesser (genauer: dem Abstand der Teilchen bei der Wechselwirkungsenergie $E = 0$) und $-E_e$ der Tiefe der Potentialmulde.

Bei der Physisorption und niedrigen Bedeckungsgraden tritt ein adsorbierendes Teilchen (1) mit mehreren Teilchen (2) der Unterlage in Wechselwirkung. Diese Wechselwirkung kann z.B. durch Summation über alle möglichen Zweiteilchenwechselwirkungen aus geeigneten Zweiteilchenpotentialen abgeschätzt werden. So lassen sich z.B. aus den jeweiligen Lennard-Jones-Parametern für die Wechselwirkung gleicher Teilchen die Parameter für die effektive Wechselwirkung von zwei unterschiedlichen Teilchen über

$$\sigma_{\text{eff}} = \frac{(\sigma_1 + \sigma_2)}{2} \qquad (2.6.49)$$

und

$$E_{e,\text{eff}} = \sqrt{E_{e1} \cdot E_{e2}} \qquad (2.6.50)$$

berechnen. Damit kann über eine Summation aller Anteile der attraktiven Wechselwirkung $E_{\text{attr},i}$ und der repulsiven Wechselwirkung $E_{\text{rep},i}$ mit

$$E_{\text{pot,phys}} = \sum_i (E_{\text{attr},i} + E_{\text{rep},i}) = \sum_i 4E_{e,\text{eff}} \left[\left(\frac{\sigma_{\text{eff}}}{r_{1,i}}\right)^{12} - \left(\frac{\sigma_{\text{eff}}}{r_{1,i}}\right)^{6} \right] \qquad (2.6.51)$$

die Physisorptionsenergie unter Berücksichtigung aller Abstände $r_{1,i}$ zwischen adsorbierendem Teilchen 1 und allen Unterlagenatomen i ermittelt werden. Dieses Verfahren setzt die Additivität der Paarwechselwirkungen und vernachlässigbare Wechselwirkung der physisorbierten Teilchen untereinander voraus. Bei höheren Bedeckungsgraden Θ müssen daher die Teilchen-Teilchen-Wechselwirkungen im Adsorbat berücksichtigt werden. Diese Wechselwirkungsenergien lassen sich z.B. bei kondensierten Teilchen bei Bedeckungsgraden $\Theta > 1$ (vgl. [Göp 94]) aus der Kondensationsenergie bestimmen. Bei Metallen ergeben sich zusätzliche Kräfte z.B. durch die Beteiligung von Leitungselektronen.

2.6.4.4.2 Chemisorption

a) Chemisorption an Halbleitern

Die Chemisorptions-Wechselwirkung an Halbleitern kann sehr spezifisch sein, wie dies schematisch in Abb. 2.6.51 dargestellt ist.

In dieser Abbildung soll angedeutet werden, daß bei gegebenen experimentellen Bedingungen unter Umständen nur eine bestimmte Teilchensorte aus der Gasphase an der Oberfläche des Festkörpers adsorbiert wird. Bei der Adsorption bilden sich chemische Bindungen zu den Unterlagenatomen aus, wobei die Geometrie der Atomanordnung der freien Teilchen im Adsorbatzustand geändert wird. Dies ist in Abb. 2.6.51 für das im Gaszustand lineare, dreiatomige Molekül CO_2 gezeigt.

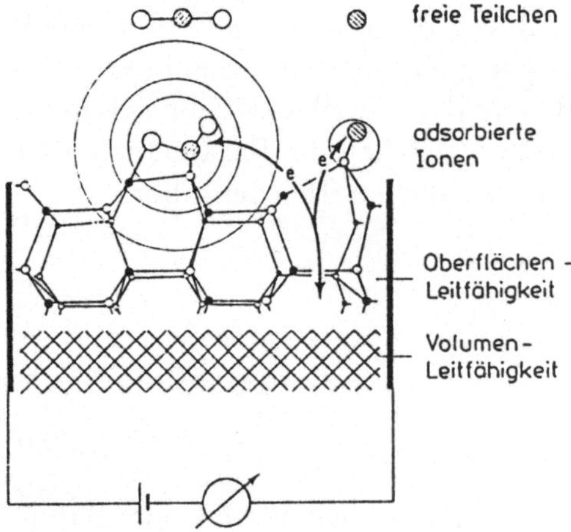

Abb. **2.6.51**
Schematische Darstellung der Adsorption von Teilchen an Festkörperoberflächen wie z.B. CO_2 an $ZnO(10\bar{1}0)$. In diesem speziellen Beispiel ist auch angenommen, daß sich Ladungsträgerkonzentrationen freier Elektronen bei der Adsorption ändern. Dieser Typ der Chemisorption führt zu ionischen Oberflächenbindungen [Göp 85].

Solche Geometrieänderungen können z.B. über sogenannte Clusterrechnungen bestimmt werden, die wir bereits in Abschn. 2.6.2.3 bei der Berechnung von Festkörperbandstrukturen kennengelernt haben. Zur Simulation von Chemisorptionseffekten kann der „Festkörpercluster" im einfachsten Fall durch nur ein Atom charakterisiert werden (vgl. Abb. 2.6.51, innerster Kreis). Dieses Modell zur Beschreibung der Chemisorption ist relativ grob, da die Bindungen des „Festkörperatoms" zu seinem im Realfall vorhandenen nächsten Oberflächen- und Volumennachbarn nicht berücksichtigt werden. Daher ergibt sich eine wesentlich bessere Beschreibung der Chemisorptionsverhältnisse, wenn das Oberflächen- (Substrat-) Atom eines Clusters durch Hinzufügen weiterer Atome in der Weise „abgesättigt" wird, daß die zur Chemisorption zur Verfügung stehenden Elektronen der Oberflächenatome den Bindungsverhältnissen an der realen Festkörperoberfläche entsprechen. Weitere Verbesserungen können daher durch Vergrößern des Molekülclusters zur Charakterisierung des Substrats erzielt werden (Abb. 2.6.51, äußere Kreise).

Beispiele zur Simulation der Chemisorption von Wasserstoff an Si(111)-Oberflächen für unterschiedlich große Substrat-Cluster sind in Abb. 2.6.52 angegeben.

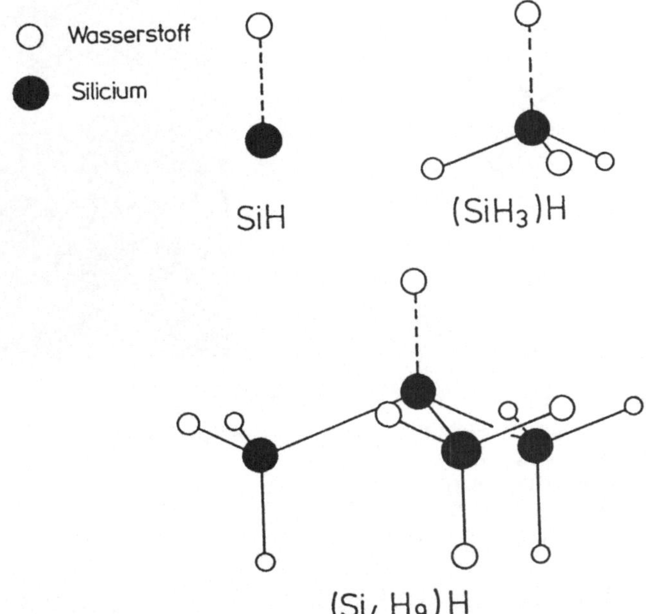

Abb. **2.6.52**
Struktur verschiedener Si-H-Cluster und Ausbildung kovalenter Bindungen zur Charakterisierung von Chemisorptionseffekten am System Si(111)/H [Her 79]

Bei diesen Rechnungen zeigt sich, daß schon im (SiH_3)/H-Cluster der experimentelle Bindungsabstand zwischen dem Oberflächen-Siliciumatom und dem adsorbierenden Wasserstoffatom sowie die Chemisorptionsenergie (als Energiedifferenz zwischen der Energie eines Wasserstoffatoms mit freiem Oberflächencluster und dem Adsorptionscluster) in guter Näherung experimentelle Daten wiedergibt und daß ein Vergrößern des Clusters, etwa zum (Si_4H_9), zu keiner wesentlichen Verbesserung führt. Für dieses konkrete Beispiel scheint es daher gerechtfertigt, das Problem des „Einbettens" der Oberflächenatome („embedding") zur Simulation von festkörperähnlichen Bindungsverhältnissen durch Absättigen der Silicium-Valenzen mit Wasserstoff zu lösen.

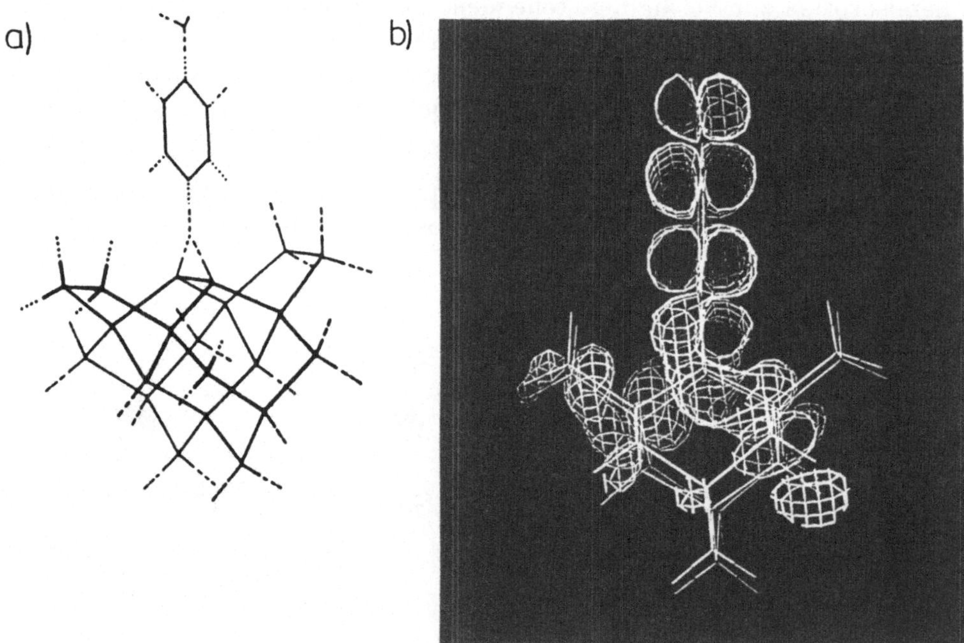

Abb. 2.6.53
Struktur des Adsorptionskomplexes Phenylendiamin/Si(100)(2×1), semiempirische Berechnung [Kug 92]
a) geometrische Struktur
b) HOMO
Details sind im Text beschrieben.

In Abb. 2.6.53 ist als Beispiel für die Chemisorption eines größeren Moleküls die Adsorption von Phenylendiamin an die Si(100)(2×1)-Oberfläche gezeigt. Die Geometrie sowie die elektronischen Niveaus werden semiempirisch mit MNDO-PM3 (vgl. Abschn. 2.4.1.5) für die Adsorption eines Moleküls Phenylendiamin an einen $Si_{21}H_{30}$-Cluster berechnet. Ab-initio-Berechnungen für die Adsorption an einen kleineren Si-Cluster ergeben entsprechende Ergebnisse.

Deutlich zu erkennen ist die Ausbildung eines Si-Si-N-Dreiringes als eine mögliche Adsorptionsgeometrie, in der das Phenylendiamin ein Si-Si-Dimer überbrückt. Das oberste besetzte Molekülorbital („highest occupied MO", HOMO) erstreckt sich sowohl über das Adsorbatmolekül als auch in den Si-Cluster hinein, was typisch für eine kovalente Bindung ist.

In Abb. 2.6.54 sind Ergebnisse einer Berechnung zur CO_2-Adsorption am BeO gezeigt. Diese sollen das Verhalten des in Abb. 2.6.51 gezeigten Adsorptionskomplexes an binären Metalloxiden simulieren.

In Abb. 2.6.54a sind die berechneten Bindungsabstände und -winkel im Gleichgewicht gezeigt. Man erkennt, daß sich aus dem Oxid und CO_2 ein Oberflächenkarbonat bildet, wobei das in der Gasphase lineare CO_2-Molekül stark abgeknickt wird.

Außer geometrischen Änderungen können aber auch elektronische Änderungen auftreten, wenn Elektronen im Adsorptionskomplex eingefangen werden bzw. vom Adsorptionskomplex in das Leitungsband des Halbleiters übergeben werden. Die entsprechende Konzentrationsänderung freier Ladungsträger als Folge der Adsorption läßt sich experimentell über Änderungen der Leitfähigkeit erfassen und beispielsweise als Signal für einen chemischen Sensor zur Detektion des adsorbierten Moleküls ausnutzen [Göp 94].

Akzeptoreffekte können z.B. in Rechnungen durch ein zusätzliches Elektron im Adsorptionskomplex erfaßt werden. Wie man in Abb. 2.6.54b sieht, führt dies zu einer Änderung der gesamten Molekülgeometrie. Das dem neutralen Komplex zusätzlich zugeführte Elektron ist zu 49% im 2s-Orbital des Be und zu je 16% in $2p_x$- bzw. $2p_y$-Orbitalen des Be lokalisiert, wobei sich der Rest der Aufenthaltswahrscheinlichkeit dieses zusätzlichen Elektrons auf die übrigen Atome verteilt. Neben der Angabe der Geometrie des Adsorptionskomplexes ermöglicht diese Rechnung also auch eine Angabe über die Änderung der Ladungsverteilungen im Adsorptionskomplex (und damit Bildung eines Dipolmoments) bei der Ausbildung von Ionen.

Schließlich können Gleichgewichtskonfigurationen unter Einhaltung von Nebenbedingungen berechnet und auf diese Weise Reaktionskoordinaten zur thermischen Desorption (vgl. Abschn. 3.4.1.3) simuliert werden. Abb. 2.6.54c zeigt eine Simulation der thermischen Desorption von CO_2 von einer BeO „Modell-Oberfläche", wobei die energetisch günstigste Anordnung des Gesamtkomplexes mit der Nebenbedingung jeweils konstanten Abstandes zwi-

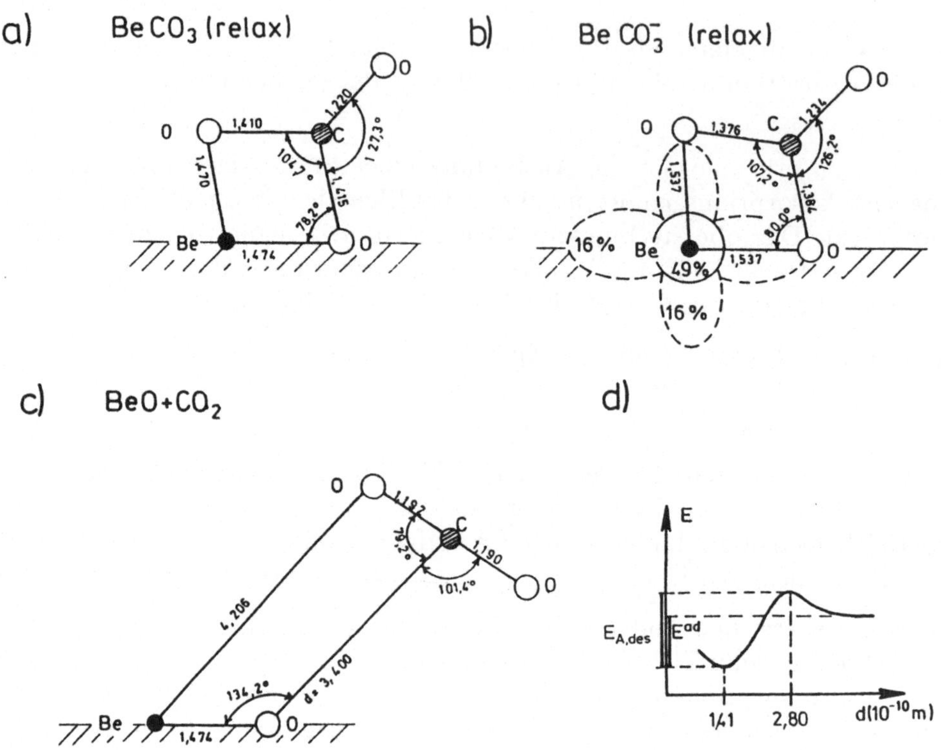

Abb. 2.6.54
Geometrie von Clustern zur Simulation der CO_2-Chemisorption an ionischen Metalloxiden.
a) $BeO + CO_2 \rightleftharpoons BeCO_3$ in der relaxierten Gleichgewichtskonfiguration
b) Wie a), nur mit einem zusätzlichen Elektron (49% s- und 2 × 16% p-Charakter am Be)
c) Gleichgewichtskonfiguration mit den Nebenbedingungen $d = 3,4 \cdot 10^{-10}\,\mathrm{m} = \mathrm{const}$ und $d(\mathrm{Be} - \mathrm{O}) = 1,474 \cdot 10^{-10}\,\mathrm{m} = \mathrm{const}$ zur Simulation einer möglichen Konfiguration während eines thermischen Desorptionsexperimentes zum Ablösen des adsorbierten CO_2-Moleküls
d) Gesamtenergie des Clusters als Funktion des Abstandes d zwischen C (aus CO_2) und O (aus BeO). Daraus ergeben sich Gleichgewichtsabstand, Adsorptionsenergie E^{ad} und Aktivierungsenergie der Desorption $E_{A,\mathrm{des}}$ [Göp 82].

schen C aus CO_2 und O aus BeO berechnet wurde. Das gezeigte Beispiel bezieht sich auf $d = 3,400 \cdot 10^{-10}$ m. Während der Desorption des Moleküls von der Oberfläche ändern sich sämtliche Koordinaten im Gesamtkomplex. Der BeO-Abstand von $1,474 \cdot 10^{-10}$ m wurde konstant gehalten. Gesamtenergien E, die sich als Funktion des Abstandes d aus diesen Rechnungen ergeben, sind in Abb. 2.6.54d dargestellt. Auf diese Weise lassen sich sowohl Adsorptionsenergien als auch Aktivierungsenergien der Desorption und die Konfiguration des Moleküls im aktivierten Zustand abschätzen.

Adsorbieren elektronenaufnehmende (Akzeptor-) und elektronenabgebende (Donator-) Teilchen nebeneinander, so kann über die Festkörperoberfläche das Elektron von einem Teilchen zum anderen übertragen werden, wobei sich eine ionische Bindung in einem Donator-Akzeptor-Komplex ausbilden kann. Desorbiert anschließend dieser Donator-Akzeptor-Komplex als insgesamt neutrales Molekül, so hat die Oberfläche als Katalysator für die Bildung von (X^+Y^-) aus X und Y gewirkt (Abb. 2.6.55, für Details s. z.B. [Göp 94]).

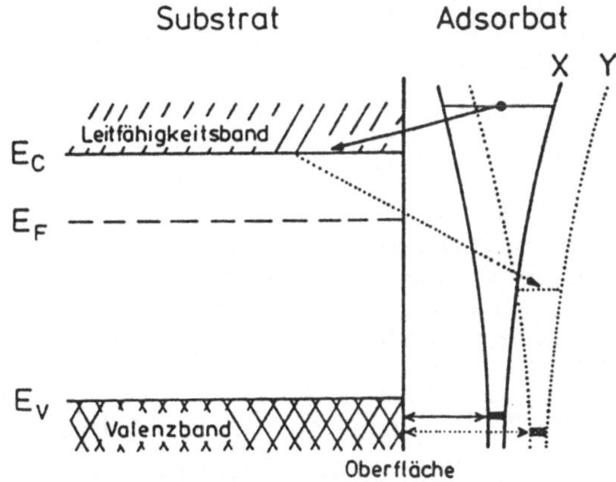

Abb. **2.6.55**
Schematische Darstellung der Wechselwirkung von Atomen mit Donator (X)- bzw. Akzeptor (Y)-Eigenschaften mit Halbleiteroberflächen [Hen 91]

In der schematischen Abb. 2.6.55 wurde vernachlässigt, daß durch die ionische Adsorption Bandverbiegungsänderungen im Halbleiter auftreten. Diese Effekte wurden bereits in Abschn. 2.6.4.3 behandelt und werden deshalb hier nicht weiter ausgeführt.

b) Chemisorption an Metallen

Chemisorptionseffekte an „einfachen Metallen", in denen d-Elektronen keine wesentliche Bedeutung haben (wie z.B. bei Alkalimetallen, Al oder Mg), sind dadurch charakterisiert, daß die Orbitale der adsorbierenden Teilchen mit den Zuständen eines quasi-freien Elektronengases im Metall in Wechselwirkung treten. Aufgrund der starken Delokalisierung der Elektronen sind die entsprechenden Bänder im allgemeinen relativ breit, d.h. $E_F - E_K$ in Abb. 2.6.56 ist groß. In dieser Abbildung sind die prinzipiell zu erwartenden Änderungen in den elektronischen Eigenschaften des adsorbierenden Teilchens bei der Chemisorption schematisch dargestellt.

Man erkennt, daß sich sowohl die Lage der Atomorbitale als auch deren Breite bei der Annäherung des adsorbierenden Teilchens an die Festkör-

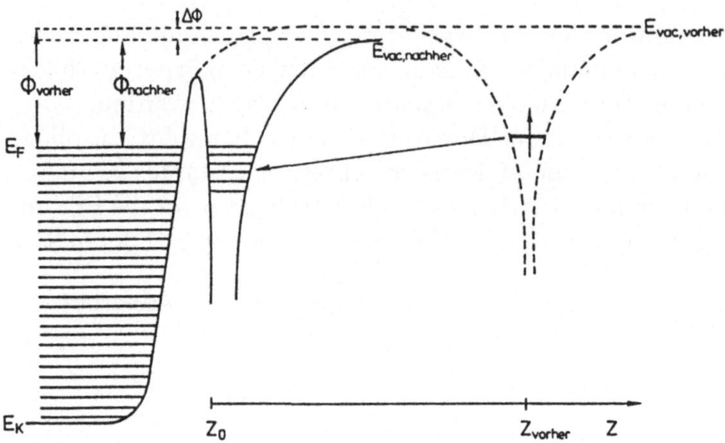

Abb. **2.6.56**
Schematische Darstellung der Wechselwirkung eines Atoms mit einer Metalloberfläche:
a) Vor der Wechselwirkung (gestricheltes Atom rechts)
b) Nach der Wechselwirkung wird das Atomniveau von E_a nach E'_a verschoben und ist im Abstand z_0 verbreitert. Als Folge der Chemisorption tritt eine Austrittsarbeitsänderung $\Delta\Phi$ auf.

peroberfläche verändern. Je nach Lage von E'_a im Vergleich zu E_F wird Ladung entweder vom Festkörper auf das Adsorbatteilchen oder umgekehrt übertragen.

Ergebnisse von Modellrechnungen für Lithium-. Silicium- und Chlor-Atome in ihrer jeweiligen Gleichgewichtslage sind in Abb. 2.6.57 schematisch dar-

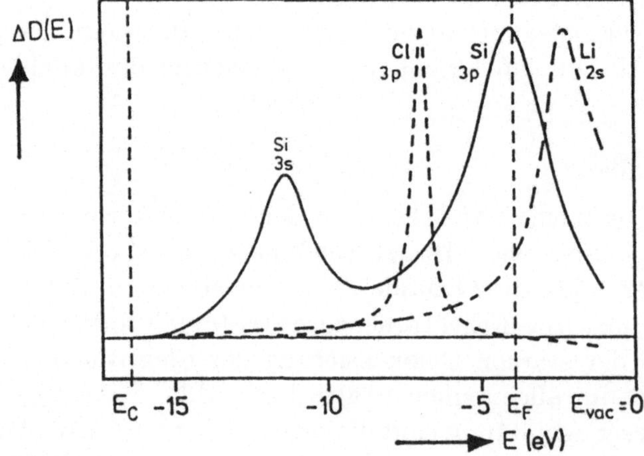

Abb. 2.6.57
Änderung der Zustandsdichte $D(E)$ am Adsorbatatom als Folge der Chemisorption verschiedener Atome an einem Metall mit einer dem Aluminium entsprechenden Elektronendichte. Die Metall/Atom-Abstände sind durch das Minimum der Gesamtenergie bestimmt. E_F ist das Ferminiveau, E_C die untere Leitungsbandkante [Lan 78].

gestellt. Die Elektronendichte für das Metall wurde so gewählt, daß sie der von Aluminium entspricht.

Das Maximum in der Cl-Elektronenverteilung entspricht dem Cl3p-Niveau und liegt unterhalb des Ferminiveaus. Dies deutet darauf hin, daß elektrische Ladung vom Metall zum Cl-Atom übertragen wird. Auf der anderen Seite liegt das Li2s-Niveau im wesentlichen oberhalb des Fermi-Niveaus, was impliziert, daß Ladung vom Li zum Metallsubstrat übertragen wird. Diese beiden Atome repräsentieren daher zwei extreme Typen einer ionischen Wechselwirkung. Das Li-Atom wird positiv und das Cl-Atom negativ geladen im Chemisorptionszustand an der Oberfläche vorliegen, wie wir dies auch aufgrund ihrer Elektronegativitäten relativ zu Aluminium erwarten. Si3p-Niveaus nahe des Fermi-Niveaus sind nur partiell gefüllt und entsprechen damit im wesentlichen einer kovalenten Chemisorptionsbindung.

Clusterrechnungen für die Chemisorption an Metallen sind i.allg. schwieriger durchzuführen als an Halbleitern (s.o.), da hier der Einfluß der freien Leitungselektronen berücksichtigt werden muß. Da diese über einen großen Bereich delokalisiert sind, liefert eine Beschränkung des Clusters auf wenige Atome häufig keine quantitativen Abschätzungen.

Als erste Näherung kann man jedoch aus der anorganischen Chemie bekannte Komplexe als Clustermodelle für die Chemisorption verwenden. Als Beispiel ist in Abb. 2.6.58 der Vergleich von Photoemissionsexperimenten an einem $Rh_6(CO)_{16}$-Komplex und am Chemisorptionssystem Pd(111)/CO gezeigt. Photoemissionsexperimente geben Auskunft über die besetzten MOs bzw. Bänder (vgl. Abschn. 3.5.5). Man kann erkennen, daß die elektronische Struktur beider Systeme ähnlich ist, obwohl die Metallatome nicht identisch sind.

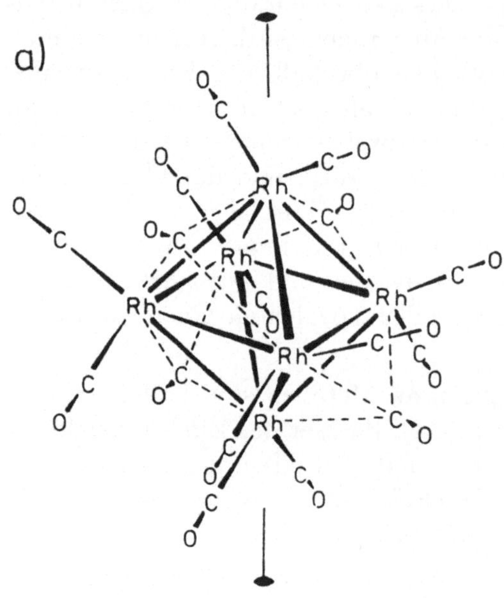

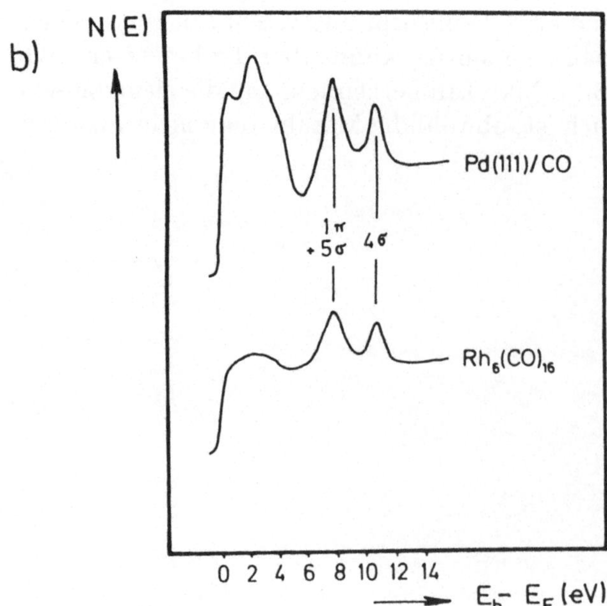

Abb. 2.6.58
Simulation von Chemisorptionseffekten durch Cluster [Ert 79]
a) Struktur des Komplexes $Rh_6(CO)_{16}$
b) Photoelektronen-(UPS-He II-) Spektrum von $Rh_6(CO)_{16}$-Komplexen und vom Chemisorptionssystem Pd(111)/CO

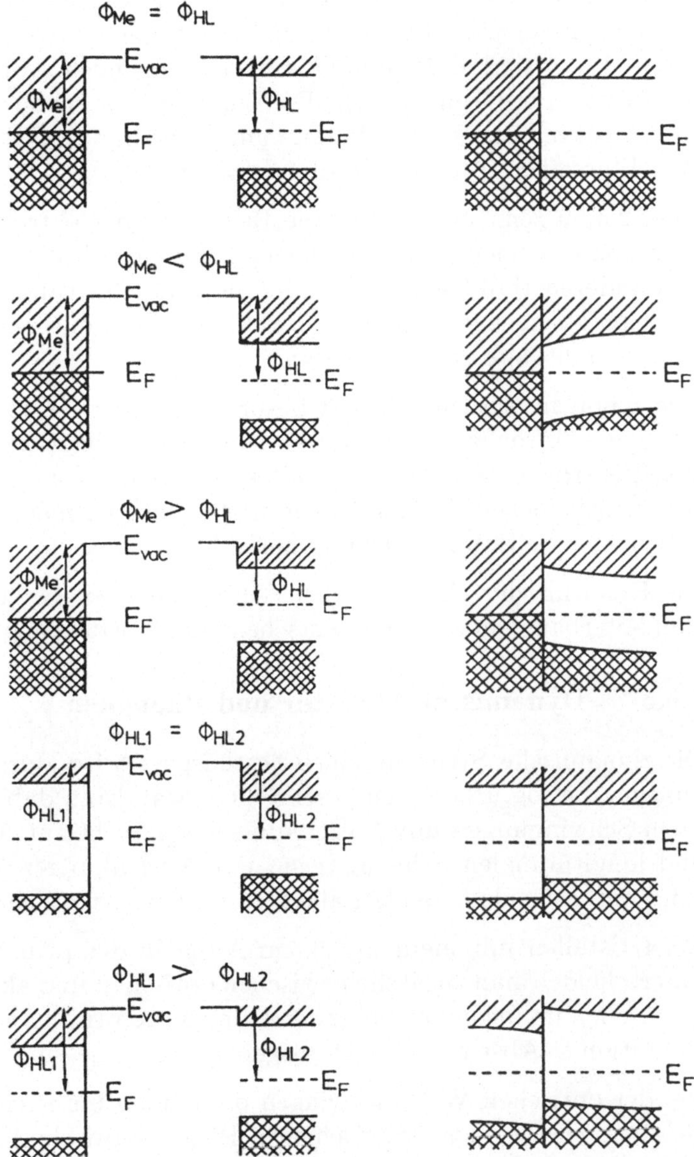

Abb. **2.6.59**
Schematische Darstellung von Festkörper/Festkörper-Grenzflächen zwischen Halbleiter und Metall bzw. Halbleiter für verschiedene relative Austrittsarbeitsverhältnisse. Links ist jeweils der Nichtgleichgewichts-, rechts der Gleichgewichtsfall dargestellt. Der Einfluß von Grenzflächenzuständen ist vernachlässigt.

2.6.4.5 Grenzflächen

Bisher haben wir nur Oberflächen, d.h. Festkörper/Gas-Grenzflächen als einfachsten Spezialfall allgemeiner Grenzflächen besprochen. Relativ einfach beschreibbar sind außer den Oberflächen nur noch atomar abrupte Festkörper/Festkörper-Grenzflächen. Da Flüssigkeiten schon prinzipiell nur komplex beschreibbar sind, gilt dies um so mehr für Festkörper/Flüssigkeits- oder Flüssigkeit/Flüssigkeits-Grenzflächen.

Abb. 2.6.59 zeigt einige typische Beispiele für elektronische Strukturen im Valenzbandbereich von Grenzflächen zwischen Halbleitern bzw. Isolatoren und anderen Halbleitern oder Metallen. Ionenleitung, spezifische Einflüsse von Grenzflächenzuständen in der verbotenen Zone und inhomogene Dotierungen sind dabei vernachlässigt.

Wie schon in Abschn. 2.6.4.3 besprochen, gleichen sich die Ferminiveaus, d.h. die elektrochemischen Potentiale im Gleichgewicht an. Dies bedeutet, daß Elektronen vom Material mit kleinerer ins Material mit größerer Austrittsarbeit fließen. In Halbleitern und Isolatoren macht sich dies durch eine entsprechende Bandverbiegung bemerkbar.

Die Kenntnis der elektronischen Verhältnisse an Grenzflächen ist z.B. bei Halbleiterbauelementen von entscheidender Bedeutung (vgl. [Göp 94]).

2.6.5 Dynamische Struktur und Phononen

Die dynamische Struktur eines Festkörpers wird durch die Gitterschwingungen, die sog. Phononen beschrieben. Man kann dabei zwischen transversalen Schwingungen mit Auslenkungen senkrecht zur Ausbreitungsrichtung und longitudinalen Schwingungen mit Auslenkungen in Ausbreitungsrichtung unterscheiden. Beide Fälle sind in Abb. 2.6.60 gezeigt.

Bei Kristallen mit mehr als einem Atom in der primitiven Elementarzelle unterscheidet man zusätzlich zwischen optischen und akustischen Phononen. Wir wollen im folgenden von zwei Atomen pro primitiver Elementarzelle (zur Definition s. Abschn. 2.6.1.1) ausgehen. Beispiele sind NaCl oder Diamant.

Bei der optischen Welle schwingen die beiden unterschiedlichen Atome gegeneinander, bei der akustischen in Phase. Optische Phononen sind häufig durch fluktuierende Dipolmomente gekennzeichnet, die mit einem äußeren elektromagnetischen Feld wechselwirken können. Es gibt transversale akustische, transversale optische, longitudinale akustische und longitudinale optische Phononen. In Abb. 2.6.61 ist eine transversale optische und akustische Phononenwelle gezeigt.

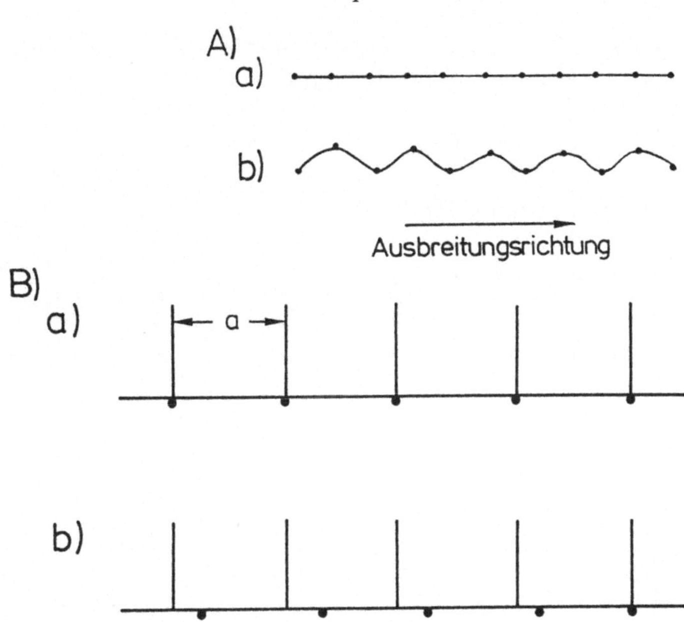

Abb. **2.6.60**
A) Schematische Darstellung einer transversalen und
B) einer longitudinalen Gitterschwingung.
Jeweils dargestellt sind a) Gleichgewichtspositionen und b) Auslenkungen einer angeregten transversalen bzw. longitudinalen Welle

Die Beschreibung von Phononen mit ihren Energien und Wellenlängen erfolgt formal analog zur Beschreibung der elektronischen Struktur mit der Dispersion der Energie $E(k)$. Betrachten wir zur Vereinfachung einen eindimensionalen Kasten mit unendlich hohen Potentialwänden, dessen Kan-

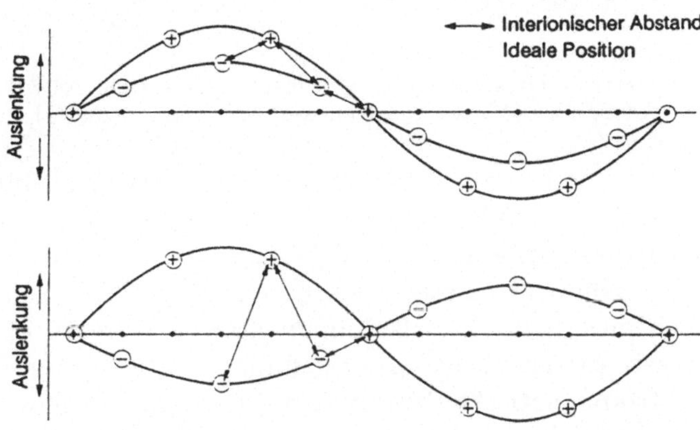

Abb. 2.6.61
Transversale akustische (oben) und transversale optische (unten) Wellen in einem linearen Gitter aus zwei Atomsorten. Die Wellenlänge der beiden Schwingungen ist gleich [And 90].

tenlänge $A = N \cdot a$ (a = Gitterkonstante) beträgt. Die maximale Wellenlänge einer Gitterschwingung ist dann

$$\lambda_{\text{max}} = 2A \tag{2.6.52}$$

und die minimale Wellenlänge

$$\lambda_{\text{min}} = 2\frac{A}{N} = 2a \tag{2.6.53}$$

mit

$$k_{\text{max}} = \frac{\pi}{a} \tag{2.6.54}$$

(vgl. Abb. 2.6.62).

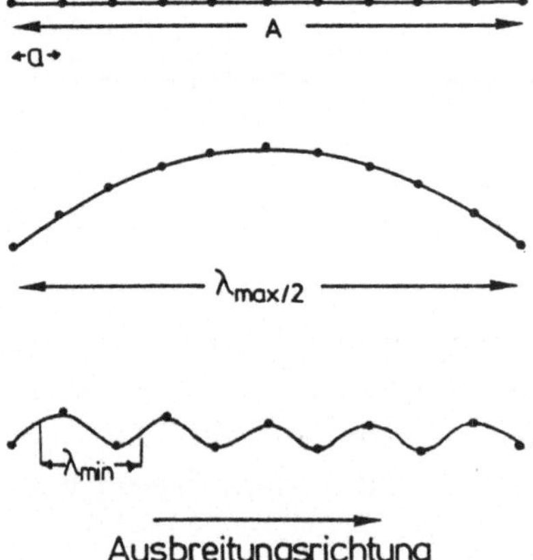

Abb. 2.6.62
Schematische Darstellung der Gleichgewichtsposition (oben) sowie der Gitterschwingungen mit größter (Mitte) und kleinster Wellenlänge (unten)

Dieser Bereich von Wellenlängen λ bzw. Wellenvektoren k entspricht damit genau den erlaubten Wellenlängen und Wellenvektoren von Elektronen in der ersten Brillouinzone (vgl. Abschn. 2.6.3). Wir erwarten also auch bei Phononen ein unstetiges Verhalten bei $k = \pm\frac{\pi}{a}$. Ein Unterschied ergibt sich allerdings dadurch, daß Phononen keine Materiewellen sind wie Elektronen, da kein Materietransport stattfindet. Dadurch weisen sie eine Dispersion wie elektromagnetische Strahlung auf ($\omega \sim$ k, vgl. Abschn. 2.1.1.5, Abb. 2.1.8).

Wir wollen im Rahmen dieses Buches nun nicht die zu den Elektronen entsprechende Ableitung der Dispersion der Energie mit dem Wellenvektor durchführen, sondern gleich die Ergebnisse vorstellen. Bei den Phononen ist es dabei üblich, statt der Energie die dazu proportionale Kreisfrequenz darzustellen. Für eine eindimensionale monoatomare Kette existiert nur ein akustisches Phonon. Im Dreidimensionalen treten bei einem Atom pro Elementarzelle ebenfalls nur akustische Phononen auf, jedoch nun ein longitudinales und zwei transversale. Für jedes weitere Atom in der Elementarzelle treten (im dreidimensionalen Fall) zusätzlich drei optische Phononen auf, die sich dadurch auszeichnen, daß $\omega(k = 0) \neq 0$ ist. (Die oben beschriebenen fluktuierenden Dipole bei optischen Phononen müssen dagegen nicht immer auftreten: Sind die Atome in einer Elementarzelle gleich, z.B. im Diamant, so können keine Dipole entstehen.) In Abb. 2.6.63 ist die Dispersionskurve $\omega(k)$ einer zweiatomigen Elementarzelle mit dem sog. optischen und akustischen Zweig gezeigt. Dabei ist ein Fall angenommen worden, bei dem keine Entartung der Phononen auftritt, d.h. die k-Richtung hat keine hohe Symmetrie.

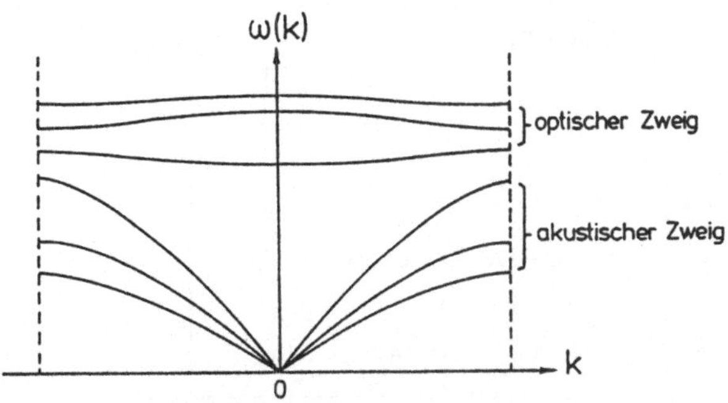

Abb. 2.6.63
Dispersionskurve $\omega(k)$ für ein 3D-Gitter mit zweiatomiger Basis entlang einer k-Richtung, die keine hohe Symmetrie aufweist

Die akustischen Zweige verlaufen für kleine k linear, da wegen der linearen Dispersionsrelation ω und k bei kleinen k-Werten zueinander proportional sind. Die Dispersion der optischen Phononen ist dann besonders schwach, d.h. die Kurven flach, wenn die Wechselwirkung der Atome in der Elementarzelle wesentlich höher ist als zwischen den Zellen.

Die Zustandsdichte $D(\omega)$ von Phononen, d.h. die Anzahl von Phononen in einem Frequenzintervall zwischen ω und $\omega + d\omega$, sieht wie die der Elektronen häufig sehr kompliziert aus (vgl. Abb. 2.6.34). Leitet man jedoch die Zustandsdichte für ein elastisches isotropes Kontinuum mit der Schallgeschwindigkeit c für die Wellen analog zu Gl. (2.2.19) ab (vgl. dazu z.B. [Iba 90]), so erhält man einen einfachen parabolischen Zusammenhang mit der Frequenz. Die Zustandsdichte würde also mit zunehmender Frequenz immer weiter ansteigen. Da aber die Gesamtzahl der Schwingungen in einem N-atomigen Festkörper auf $3N$ beschränkt bleibt, muß die Integration über die Zustandsdichte ebenfalls $3N$ ergeben. Daraus ergibt sich eine maximal mögliche Frequenz. Da die gemachten Annahmen Grundlage der sog. Debyeschen Näherung sind (vgl. [Göp xx]), wird diese Maximalfrequenz ω_D als Debye-Kreisfrequenz bezeichnet. Für die Zustandsdichte $D_D(\omega)$ nach Debye ergibt sich so:

$$D_D(\omega) = \begin{cases} \frac{3}{2\pi^2}\frac{\omega^2}{c^3} & \text{für } \omega < \omega_D \\ 0 & \text{für } \omega > \omega_D \end{cases} \qquad (2.6.55)$$

Man erkennt am Beispiel in Abb. 2.6.64, daß für bestimmte Festkörper sehr starke Abweichungen von dem Idealverhalten nach Gl. (2.6.55) auftreten.

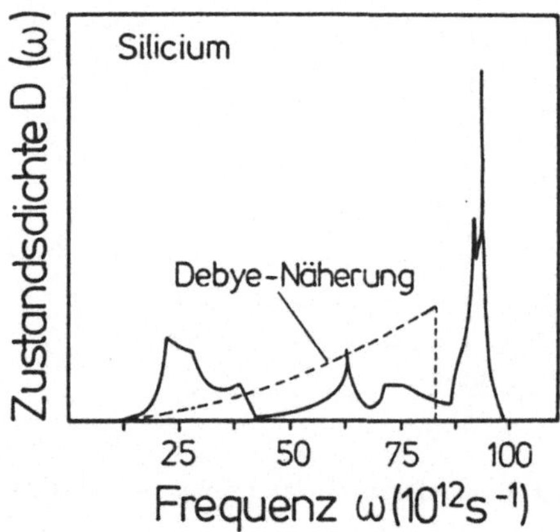

Abb. 2.6.64
Phononenzustandsdichte $D(\omega)$ von Si. Gestrichelt gezeigt ist die Zustandsdichte nach Gl. (2.6.55) [Iba 90]. Die Flächen unter beiden Kurven sind gleich. Sie entsprechen der Gesamtzahl $3N$ unabhängiger Schwingungen im N-atomaren Kristall.

2.6.6 Allgemeine Quasiteilchen in Festkörpern

Wir haben bereits in Abschn. 2.6.2.2 gesehen, daß man in einer ersten Näherung die Gesamtenergie des Festkörpers aus den Beiträgen von Elektronen und von Quasiteilchen zusammensetzt. Wir haben bisher nur die Hauptanteile, den Anteil der Elektronen und der Phononen als wichtiges Beispiel für Quasiteilchen besprochen. In diesem Abschnitt wollen wir noch kurz die Eigenschaften der anderen Quasiteilchen skizzieren.

2.6.6.1 Plasmonen

Eine Plasmaschwingung in einem Metall oder Halbleiter ist eine kollektive longitudinale Anregung des Leitungselektronengases (Abb. 2.6.65). Das Plasmon ist das Quant dieser Plasmaschwingung.

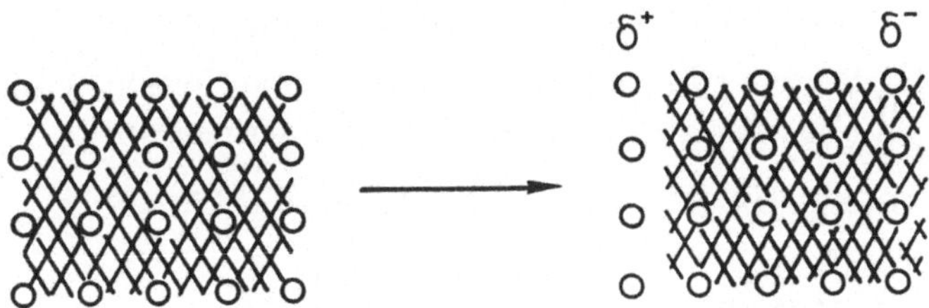

Abb. 2.6.65
Schematische Darstellung einer Plasmaschwingung in einem Metall. Kreise charakterisieren lokalisierte positive Atomrümpfe, Striche die Elektronendichte.

Die Plasmonenenergie E_P liegt für Metalle zwischen 3 und 20 eV, für Halbleiter wegen der geringeren Elektronendichte dotierungsabhängig wesentlich tiefer. Es gilt [Iba 90]:

$$E_P = \hbar e \sqrt{\frac{N_{(v)n}}{m_e \varepsilon_0}} \qquad (2.6.56)$$

mit $N_{(v)n}$ als Elektronendichte und m_e als Elektronenmasse. Experimentelle Werte für Plasmonenanregungen werden bei der Photoelektronenspektroskopie in Abschn. 3.4.3 und bei der Elektronenenergieverlustspektroskopie in Abschn. 3.5.7 vorgestellt.

2.6.6.2 Exzitonen

Das Exziton ist das Quant der Energiezustände eines durch Coulombkräfte gebundenen Elektronen-Loch-Paares.

Durch Bestrahlung mit Photonen kann man in einem Kristall ein Elektronen-Loch-Paar anregen. Ist die Photonenenergie größer als die Energie E_g der Bandlücke, so sind Elektron und Loch frei beweglich. Es ist aber auch möglich, ein gebundenes Elektron-Loch-Paar bei $E < E_g$ zu erzeugen. Dieses Exziton kann die Anregungsenergie durch den Kristall transportieren. Exzitonen besitzen wasserstoffähnliche Energieniveaus [Iba 90]. Diese Energieniveaus sind *Zwei-Teilchen*-Niveaus, sollten also eigentlich nicht in ein Bänderschema eingezeichnet werden, da es von einer Ein-Elektronen-Näherung ausgeht.

Man unterscheidet zwei Grenzfälle (vgl. Abb. 2.6.66):

- Frenkel-Exzitonen: Sie sind stark gebunden, der Abstand r zwischen Elektron und Loch liegt in der Größenordnung der Gitterkonstanten a. Sie treten in Ionen- und Molekülkristallen auf, da dort die interatomare Wechselwirkungsenergie kleiner ist als die Bindungsenergie des Elektrons an seinen Gitterbaustein.
- Wannier-Mott-Exzitonen: Sie sind schwach gebunden ($r > a$) und treten überwiegend in kovalenten Halbleitern auf.

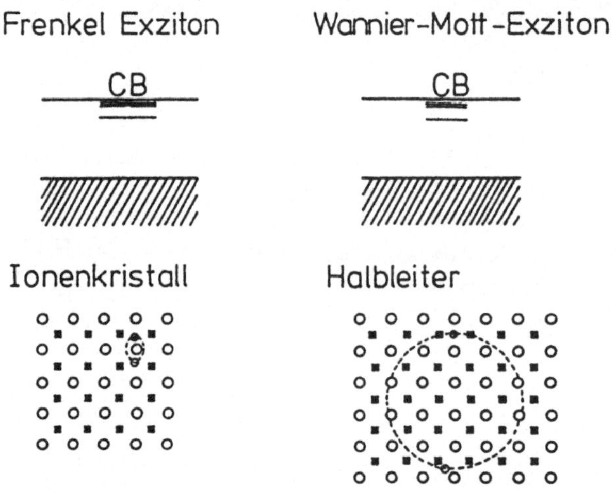

Abb. 2.6.66
Schematische Darstellung der Ausdehnung (unten) und des Bänderschemas (oben) eines lokalisierten Frenkel-Exzitons (links) und eines delokalisierten Wannier-Mott-Exzitons (rechts) mit schematischer Darstellung höherer wasserstoffähnlicher Anregungszustände, die als Zweiteilchen-Energieniveaus eigentlich nicht direkt in einem (Einelektronen-) Bänderschema dargestellt werden dürften

Typische Bindungsenergien der Exzitonen liegen zwischen 1 meV und 1,5 eV.

2.6.6.3 Polaritonen

Das Polariton ist das Quant des gekoppelten Phonon-Photon-Feldes. Bei der Resonanzfrequenz ω_T für transversale optische Phononen werden transversale optische Gitterschwingungen durch Absorption von Photonenenergie angeregt. Diese strahlen Photonenenergie gleicher Frequenz wieder aus. Longitudinale Phononen können durch ein transversales elektromagnetisches Feld nicht angeregt werden.
Außer den Phonon-Polaritonen existieren auch Exziton-Polaritonen, die die Quanten des Exziton-Photon-Feldes sind.

2.6.6.4 Magnonen

Eine Spinwelle ist eine Schwingung im Festkörper, bei der sich die Orientierung von Spins relativ zum Gitter periodisch ändert (vgl. Abb. 2.6.67).

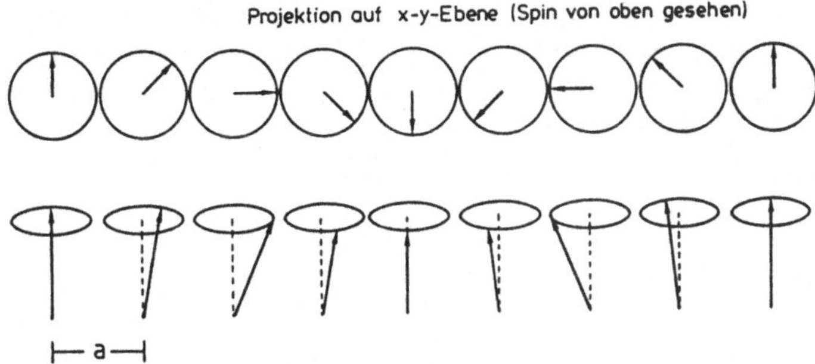

Abb. 2.6.67
Schematische Darstellung der Spinwelle eines Ferromagneten. a ist die Gitterkonstante.

Ein Magnon ist das Quant dieser Spinwellen.
Mathematisch sind Magnonen ähnlich den Gitterschwingungen beschreibbar.

2.6.6.5 Solitonen

Als Soliton wird in der Mathematik und der theoretischen Physik eine Lösung einer nichtlinearen Wellengleichung (z.B. Sine-Gordon-Gleichung, nichtlineare Schrödingergleichung, Kortweg-de-Vries-Gleichung) bezeichnet, die folgende Kennzeichen hat:

- Die Welle ist nicht dispersiv, d.h. Form und Geschwindigkeit einer Wellengruppe bleiben erhalten.
- Alle Eigenfrequenzen der Welle sind reell.

Die Anregung zwischen zwei energetisch entarteten Strukturen eines halbleitenden organischen Moleküls läßt sich ebenfalls durch eine solche nichtlineare Gleichung beschreiben, deren Lösungen Solitonen sind. Zur anschaulichen Erklärung muß man dazu etwas weiter ausholen: All-trans-Polyacetylen (t-PA) besitzt alternierende Einfach- und Doppelbindungen. Man könnte sich nun vorstellen, daß sich die π-Elektronen völlig gleichmäßig über die Kohlenstoffatome verteilen. Dies würde gleichen C-C-Abständen a

und formal einem π-Elektron pro Bindung entsprechen. Eine solche quasiunendliche eindimensionale Kette von Atomrümpfen mit einzelnen Elektronen dazwischen würde aber genau unserem in Abschn. 2.6.3 besprochenen Bild eines eindimensionalen Metalls entsprechen (Abb. 2.6.68a). Aus energetischen Gründen sind solche eindimensionalen Metalle bei üblichen Temperaturen immer instabil, und es stellt sich eine sog. Peierlsverzerrung ein, bei der immer zwei Kohlenstoffatome paarweise zusammenrücken und dazwischen eine Doppelbindung ausbilden. Dadurch wird aber der periodische Gitterabstand doppelt so groß, die Brillouinzone damit halb so groß. Mitten in dem bisherigen Band tut sich eine Bandlücke, das sog. Peierlsgap auf. Das erste Band ist nun vollständig gefüllt, und es liegt ein Isolator vor (Abb. 2.6.68b).

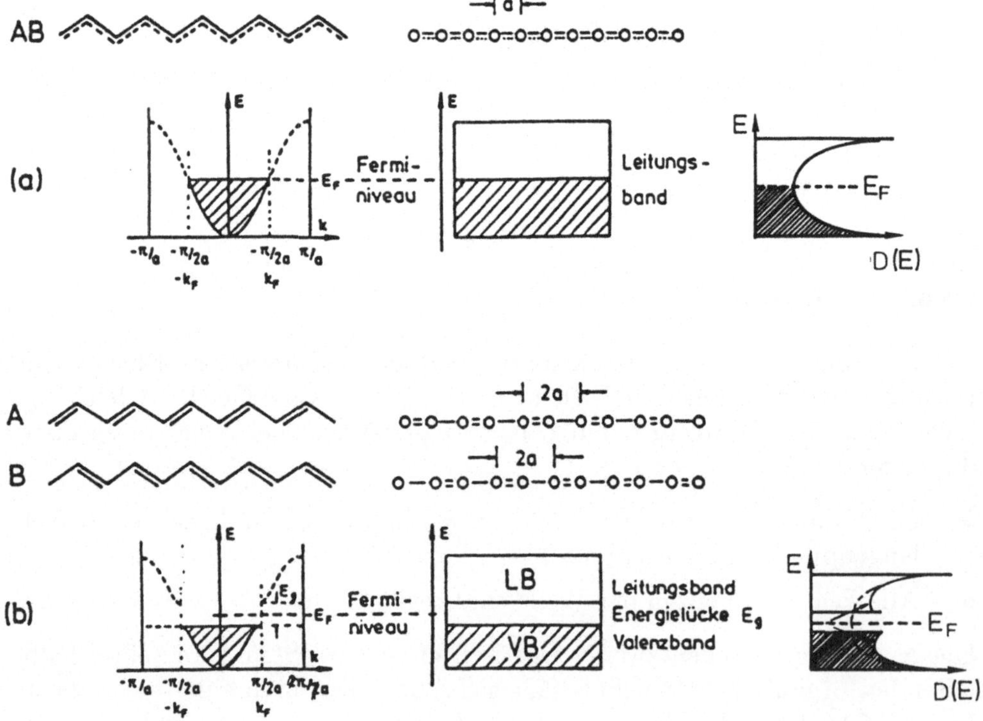

Abb. **2.6.68**
Peierlsverzerrung am Beispiel trans-Polyacetylen (nach [Rot 87])
a) metallischer Zustand
b) peierlsverzerrter Zustand

Betrachtet man die Dichte der π-Elektronen entlang der t-PA-Kette, so kann man diese mit einer einfachen Sinuswelle approximieren (sog. Charge Density Wave (CDW) oder Ladungsdichtewelle, Abb. 2.6.69).

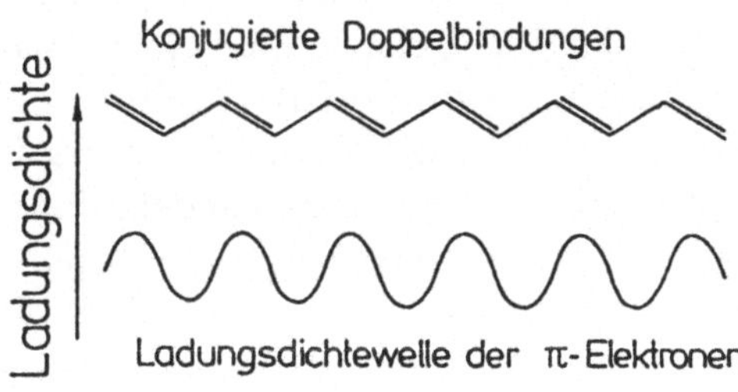

Abb. 2.6.69
Ladungsdichtewelle am Beispiel t-PA [Rot 87]

Hat man nun ein Polyacetylen mit ungerader C-Atom-Anzahl vorliegen, so befindet sich an einem Atom ein Radikal. Rechts und links von diesem (neutralen) Radikal befinden sich zwei topologisch unterschiedliche, aber energetisch entartete Zustände (vgl. auch Abb. 2.6.72 weiter unten). Das Radikal kann sich nun relativ ungehindert in beide Richtungen der Kette ausbreiten, so daß eine sehr hohe Leitfähigkeit resultiert. Diese Anregung zwischen den beiden entarteten Zuständen bezeichnet man als Soliton. An der Stelle des Radikals ist aber auch die Peierlsverzerrung aufgehoben. Das führt dazu, daß ein Zustand, der durch die Peierls-Verzerrung energetisch abgesenkt oder angehoben wurde, nun wieder mitten in der Bandlücke liegt (Abb. 2.6.70). Man kann solche Solitonen auch oxidieren oder reduzieren, wobei positive oder negative Solitonen entstehen.

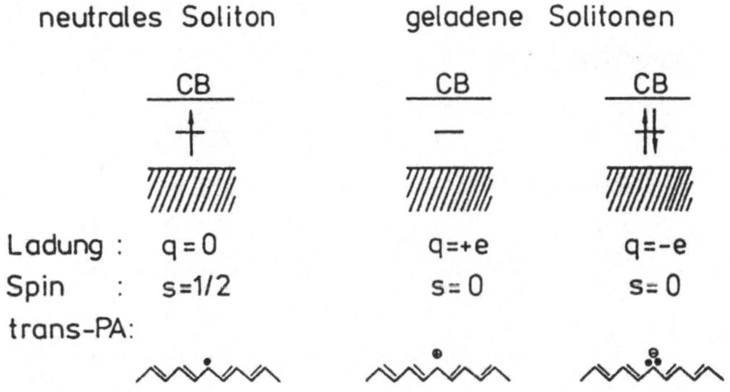

Abb. 2.6.70
Schematische Darstellung des Bänderschemas und der wichtigsten Parameter, die ein Soliton charakterisieren, sowie der chemischen Konstitution am Beispiel trans-PA

Normalerweise wird t-PA aus Acetylen hergestellt, d.h. aus C_2-Einheiten, so daß immer eine gerade C-Atom-Anzahl vorliegt. Man kann nun Solitonen auch dadurch erzeugen, daß man optisch ein Radikalpaar aus einer Doppelbindung erzeugt oder t-PA chemische Oxidations- oder Reduktionsmittel zugibt. Bei Zugabe von Jod wird z.B. I_3^- gebildet. Auf der t-PA-Kette bleibt dann eine positive Ladung, ein Carbokation, sowie ein Radikal, d.h. in der Sprache der Physiker ein positives und ein neutrales Soliton zurück. Wir werden weiter unten sehen, daß zwei solche Solitonen bei starker Wechselwirkung ein neues Quasiteilchen, das Polaron bilden. Die Zugabe von Oxidationsmittel wird in Analogie zur Halbleiterphysik Dotieren genannt, da Zustände in der Bandlücke entstehen und eine höhere Leitfähigkeit resultiert (bis zu 10^5 S/cm bei t-PA). Während bei anorganischen Halbleitern jedoch ppm von Fremdstoffen ausreichen, beträgt der Dotiergrad von Polymeren mehrere zehn Prozent.

Eine Übersicht über Solitonen sowie die im folgenden beschriebenen Polaronen und Bipolaronen findet sich z.B. in [Rot 87] oder [Hee 88].

2.6.6.6 Polaronen

a) Polaronen in anorganischen Materialien

Als Polaron bezeichnet man das Quant einer von einem Elektron (oder Loch) erzeugten Gitterdeformation (vgl. Abb. 2.6.71).

Diese Gitterdeformation führt zu einer Potentialerniedrigung am Ort des Elektrons. Falls diese Potentialmulde tief genug ist, fängt sich das Elektron oder Loch selbst („self trapping").

Abb. 2.6.71
Schematische Darstellung der durch ein einzelnes Elektron hervorgerufenen Gitterdeformation (Polaron) am Beispiel KCl

b) Polaronen in halbleitenden Polymeren

Ein Polaron ist wie ein Soliton ein sogenanntes Quasiteilchen aus der Lösung einer nichtlinearen Wellengleichung. Im Gegensatz zum Soliton ist ein Polaron jedoch keine topologische Anregung, sondern eine energetische und zeigt mathematisch nicht die o.g. Eigenschaften eines Solitons.

Die Entstehung von Polaronen macht man sich wieder am besten am Beispiel des Polyacetylens klar. Betrachtet man nicht trans-Polyacetylen, sondern cis-Polyacetylen, so ergeben sich bei Vorhandensein eines Radikals auf der Kette zwei energetisch nicht äquivalente Zustände (Abb. 2.6.72), von denen nur der energetisch tiefer liegende einer all-cis-Konformation entspricht.

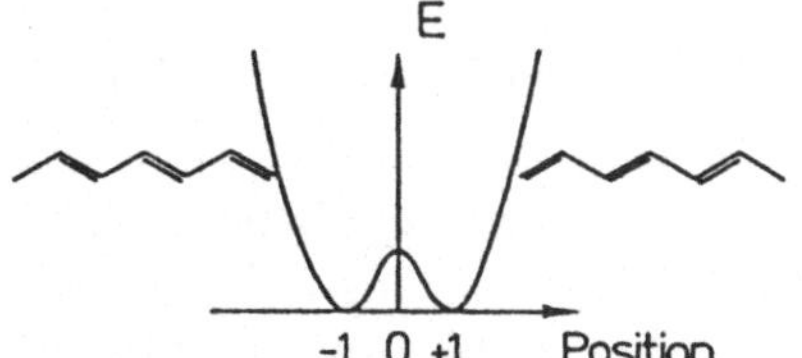

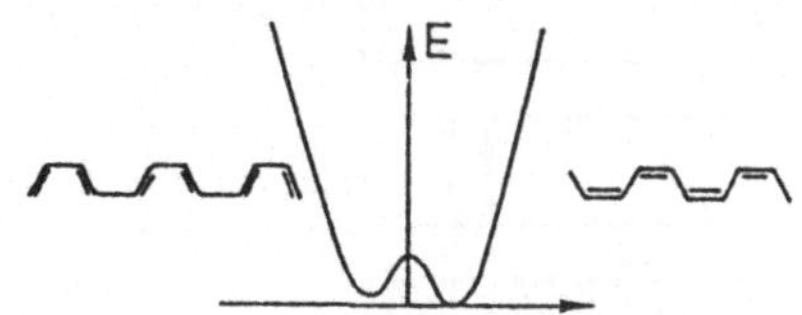

Abb. 2.6.72
Gegenüberstellung der energetischen Verhältnisse bei a) trans-PA und b) cis-PA [Rot 87]

Man kann nun niemals ein einzelnes Radikal in einem solchen Polymer stabil herstellen, da es sofort in die energetisch günstigere Position ans Ende der Kette wandern und dort mit der nächsten Kette rekombinieren würde. Durch chemische Oxidation oder Reduktion kann man aber auch in diesen Polymeren Radikalkationen bzw. Radikalanionen bilden, die man in der Festkörperphysik in Analogie zur Anorganik als Polaron bezeichnet. Ein Polaron ist damit ein einfach geladenes Quasiteilchen mit Spin $s = 1/2$. In einem Polaron wechselwirken das gebildete geladene und das ungeladene Soliton immer stark. Durch diese Wechselwirkung wird die Entartung der beiden Solitonenzustände aufgehoben. Ein Polaron erzeugt deshalb zwei Zustände in der Bandlücke, bei dem einer aus dem Valenz- und einer aus dem Leitungsband stammt (vgl. Abb. 2.6.73).

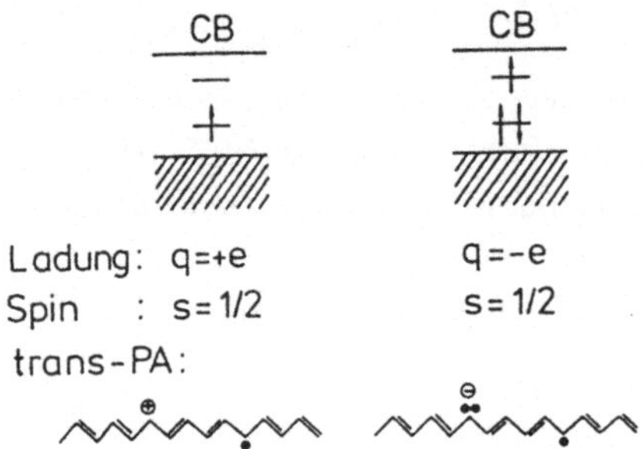

Abb. 2.6.73
Schematische Darstellung des Bänderschemas, der wichtigsten Parameter, die ein Polaron charakterisieren, und der entsprechenden chemischen Konstitution am Beispiel trans-PA

Bei einem Loch-Polaron ist der bindende Zustand einfach besetzt. Im optischen Bereich sind daher maximal drei Übergänge zu sehen (Abb. 2.6.74), wobei die Summe der Energien der beiden niederenergetischen Übergänge gleich der Energie des höherenergetischen Übergangs ist. Es können jedoch Übergangsverbote zum Ausfall von Absorptionslinien führen (vgl. Abschn. 3.1.2.2.2).

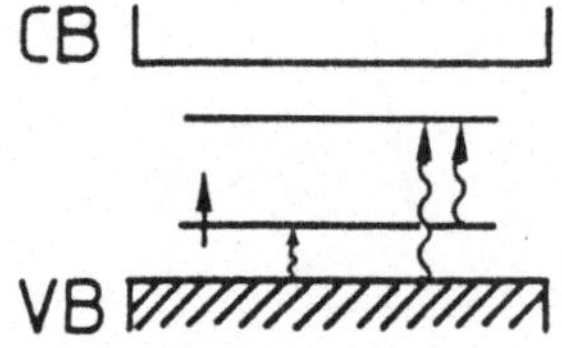

Abb. 2.6.74
Energiediagramm für die möglichen optischen Übergänge bei einem einfach besetzten Polaronenzustand

2.6.6.7 Bipolaronen

Dotiert man einen Halbleiter sehr stark, so „sehen" sich die gebildeten Polaronen, d.h. sie wechselwirken. Es gibt nun zwei Wechselwirkungsmöglichkeiten. Entweder es bildet sich ein Polaronenband aus oder es entstehen die sog. Bipolaronen, die trotz der Coulombabstoßung durch Ladungsträger-Phononen-Wechselwirkung als stabiles Elektronen- oder Loch-Paar erzeugt werden.

Die Bipolaronenzustände liegen in der Bandlücke symmetrisch zur Fermienergie. Sie sind entweder beide unbesetzt oder beide besetzt. Ein Bipolaron ist damit ein zweifach geladenes Quasiteilchen mit dem Spin $s = 0$. Es kann die Ladung $q = +2e$ oder $q = -2e$ tragen (vgl. Abb. 2.6.75).

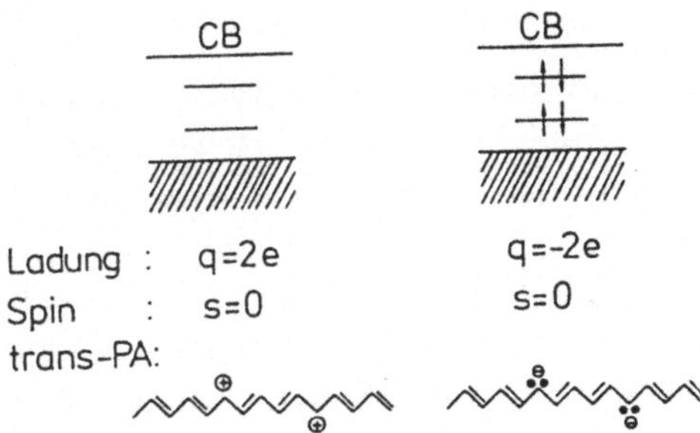

Abb. 2.6.75
Schematische Darstellung der wichtigsten Parameter, die ein Bipolaron charakterisieren, und der entsprechenden chemischen Konstitution am Beispiel trans-PA

Abb. 2.6.76 faßt nochmal die in den letzten Abschnitten eingeführten Quasiteilchen zusammen und stellt dabei die in der Festkörperphysik und die in der Chemie üblichen Bezeichnungen einander gegenüber.

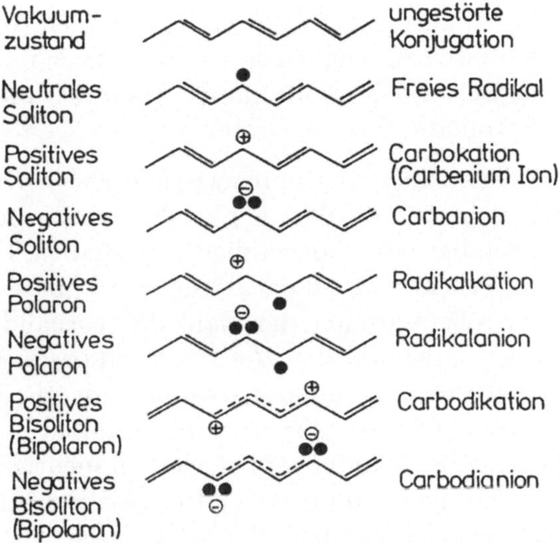

Abb. 2.6.76
Mögliche Quasiteilchen in trans-PA. Auf der linken Seite sind die in der Festkörperphysik, auf der rechten Seite die in der Chemie üblichen Bezeichnungen aufgeführt [Rot 87].

2.7 Quantenzustände und thermische Eigenschaften: das Konzept der statistischen Thermodynamik

Das Konzept der statistischen Thermodynamik wird in anderen Lehrbüchern detailliert behandelt (s. z.B. [Göp xx], [Fin 85], [MCl 73]) und soll an dieser Stelle nur kurz charakterisiert werden.

Das makroskopische Verhalten thermodynamischer Systeme läßt sich auf die Wechselwirkungen und Bewegungen von mikroskopischen Teilchen zurückführen, die letztlich durch die Gesetze der Quantenmechanik beschreibbar sind. Bei der riesigen Teilchenzahl gewöhnlicher chemischer Systeme ist allerdings die Beschreibung aller möglichen mikroskopischen Zustände eines Systems i.allg. eine unlösbare Aufgabe. Darüberhinaus liefert die Lösung der Schrödingergleichung nur die möglichen besetzbaren Energieniveaus, jedoch nicht ihre tatsächlichen temperaturabhängigen Besetzungswahrscheinlichkeiten. Die innere Energie U eines Systems ist jedoch beispielsweise gerade durch die Summe der Energien aller besetzten Energieniveaus gegeben. Die temperaturabhängige Besetzungswahrscheinlichkeit aller Energieniveaus wird durch die statistische Thermodynamik beschrieben. Danach fällt die Besetzungswahrscheinlichkeit exponentiell mit zunehmender Energie (vgl. Gl. (2.7.2)). Die wesentliche Bedeutung der statistischen Thermodynamik liegt darin, daß ein systematisches Konzept die Verknüpfung von quantenmechanischen Energiezuständen (die in einfachen Fällen auch spektroskopisch zugänglich sind, vgl. Kap. 3) mit Mittelwertsdaten der phänomenologischen Thermodynamik erlaubt. Damit lassen sich letztere im Prinzip auf atomarer Ebene verstehen.

Im allgemeinen Fall muß zwischen *Fermi-Dirac-* und *Bose-Einstein-Statistik* unterschieden werden, je nachdem ob die betrachteten Teilchen des Systems halbzahlige oder ganzzahlige Spins haben. Diese Differenzierung ist nur dann erforderlich, wenn die Zahl der verfügbaren Energieniveaus des Systems in die Größenordnung der Zahl der vorhandenen Teilchen kommt. Im klassischen Grenzfall der *Boltzmann-Statistik* haben die betrachteten Systeme wesentlich mehr besetzbare Zustände als Teilchen, so daß die Besetzungswahrscheinlichkeit für einen bestimmten Zustand, charakterisiert durch entsprechende Quantenzahlen, extrem niedrig ist. In diesem für die praktischen Anwendungen von Gas- und Festkörperreaktionen wichtigsten und sehr allgemeinen Fall schlägt die statistische Thermodynamik mit der Definition der Zustandssumme

$$Z = \sum g_i \cdot \exp\left(-\frac{E_i}{kT}\right) \qquad \textbf{(2.7.1)}$$

eine Brücke zwischen der phänomenologischen Thermodynamik und den atomaren Eigenschaften des Systems, ausgedrückt über die gequantelten Energiezustände E_i und Entartungsfaktoren g_i. Für die Besetzungswahrscheinlichkeit des Energieniveaus E_i mit dem Entartungsgrad g_i gilt dann bei einer Quantenzahl N von besetzten Niveaus die Boltzmann-Beziehung

$$\frac{N_i}{N} = \frac{g_i e^{-E_i/kT}}{\sum_i g_i e^{-E_i/kT}} \qquad (\mathbf{2.7.2})$$

(vgl. dazu auch Gl. (1.3.1)).

Wichtige Zusammenhänge zwischen Zustandssumme und thermodynamischen Funktionen von Zustandsgleichungen zeigen Abb. 2.7.1 und Tab. 2.7.1.

Quantitative Berechnungen von Zustandssummen, thermodynamischen Funktionen und Zustandsgleichungen für Gase oder Festkörper sind dann relativ einfach möglich, wenn sich die Gesamtenergie des Systems als Summe von Einzelbeiträgen individueller Teilchen ergibt und damit die Gesamtzustandssumme Z als Produkt von Einzelzustandssummen z schreibbar ist mit

$$Z = \frac{1}{N!} z^N \qquad (\mathbf{2.7.3})$$

für den Fall ununterscheidbarer Teilchen bzw. ohne den Faktor $N!$ für den Fall unterscheidbarer Teilchen. Dabei ist z analog zu Z definiert (Gl. (3.7.1)), nur daß an Stelle der Systemenergien die Einteilchenenergien eingesetzt werden.

a) Am einfachsten ist die *Berechnung der Zustandssumme eines Gases.*

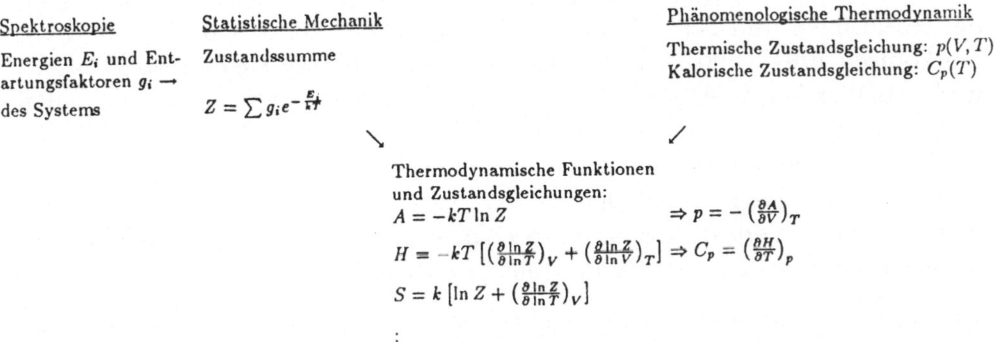

Abb. 2.7.1
Zusammenhang zwischen Spektroskopie, statistischer Mechanik und phänomenologischer Thermodynamik für ein homogenes Einkomponentensystem mit konstanter Teilchenzahl

Tab. 2.7.1
Zusammenhang zwischen Zustandssumme Z und thermodynamischen Funktionen oder Zustandsgrößen mit U (innere Energie), S (Entropie), A (freie Energie), p (Druck), G (freie Enthalpie), H (Enthalpie) und C_V (molare spezifische Wärme) [Göp xx]

$$U = \frac{kT^2\left(\frac{\partial Z}{\partial T}\right)}{Z} = kT^2\left(\frac{\partial \ln Z}{\partial T}\right)_{V,N}$$

$$S = k\left[\left(\frac{\partial \ln Z}{\partial \ln T}\right)_{V,N} + \ln Z\right] = k \cdot \left(\frac{\partial (T \ln Z)}{\partial T}\right)_{V,N}$$

$$A = -kT \ln Z$$

$$p = kT\left(\frac{\partial \ln Z}{\partial V}\right)_{T,N}$$

$$pV = kT\left(\frac{\partial \ln Z}{\partial \ln V}\right)_{T,N}$$

$$G = -kT\left[\ln Z - \left(\frac{\partial \ln Z}{\partial \ln V}\right)_{T,N}\right]$$

$$H = kT\left[\left(\frac{\partial \ln Z}{\partial \ln T}\right)_{V,N} + \left(\frac{\partial \ln Z}{\partial \ln V}\right)_{T,N}\right]$$

$$C_V = 2kT\left(\frac{\partial \ln Z}{\partial T}\right)_{V,N} + kT^2\left(\frac{\partial^2 \ln Z}{\partial T^2}\right)_{V,N}$$

Den überwiegenden Beitrag zur Zustandssumme Z liefert die Translation. Dazu kommen Beiträge aus inneren Freiheitsgraden des Moleküls. Energien der Rotationen und Schwingungen freier Moleküle sind beispielsweise spektroskopisch über Mikrowellen-, IR- oder Raman-Untersuchungen erfaßbar und tabelliert (vgl. Abschn. 3.5). Aus den Spektren lassen sich u.a. auch Kraftkonstanten der Bindungen und Trägheitsmomente herleiten, auf diese Weise Strukturuntersuchungen der Moleküle vornehmen und diese mit thermodynamischen Eigenschaften vergleichen. Unabhängig davon liefern in einfachen Fällen auch quantenmechanische Rechnungen die gleichen Informationen über Energien und Molekülparameter (vgl. Abschn. 2.2).

Bei der quantitativen Berechnung der Zustandssummen machen wir die oben schon erwähnte Annahme, daß in erster Näherung die inneren Molekülbewegungen unabhängig voneinander sind. Dabei dürfen die Teilchen im Zeitmittel keine merkliche Wechselwirkung untereinander zeigen (verdünnte Gase).

Wir nehmen darüber hinaus an, daß die Gesamtenergie eines einzigen freien Teilchens j gleich der Summe der Einzelbeiträge aus den verschiedenen Freiheitsgraden k mit

$$E_{\text{tot},j} = E_{\text{trans},j} + E_{\text{rot},j} + E_{\text{vib},j} + E_{\text{el},j} = \sum_k E_{k,j} \tag{2.7.4}$$

ist. Es ergibt sich damit für die Zustandssumme Z^g des Idealgases mit N Teilchen

$$Z^g = z_j^N \cdot \frac{1}{N!} = (z_{\text{trans},j} \cdot z_{\text{rot},j} \cdot z_{\text{vib},j} \cdot z_{\text{el},j})^N \cdot \frac{1}{N!} = (\prod z_{k,j})^N \frac{1}{N!} \ . \tag{2.7.5}$$

(In der statistischen Thermodynamik unterscheidet man streng zwischen Energien „ε_j" einzelner Teilchen (in Gl. (2.7.3) als $E_{\text{tot},j}$ bezeichnet) und Energien $E_i = \sum \varepsilon_j$ eines Systems vieler Teilchen (in Gl. (2.7.1) oder (2.7.2) als E_i bezeichnet). Da es andererseits in der Quantenmechanik üblich ist, auch für Einteilchenenergien E als Symbol zu benutzen, verzichten wir hier auf die Einführung dieser ε-Nomenklatur und weisen lediglich auf die Mehrdeutigkeit der Symbole hin.)
Die Division durch $N!$ berücksichtigt die Vertauschbarkeit der N identischen Teilchen mit ihrer jeweiligen Einteilchen-Zustandssumme $z = \prod z_i$ und spezifischen Einteilchen-Gesamtenergien $E_{\text{tot},j}$ sowie Energien des Gesamtsystems $E_i = \sum E_{\text{tot},j}$. Die elektronische Einteilchenzustandssumme z_{el} ist i.allg. wegen großer Energiedifferenzen zwischen den elektronischen Niveaus gleich 1, wenn der Energienullpunkt in den elektronischen Grundzustand gelegt wird.

Mögliche Energiezustände E_k der Einzelmoleküle mit Entartungsfaktoren g_k und entsprechenden Einteilchenzustandssummen z_k für den klassischen Grenzfall ($kT \gg \Delta E$ für benachbarte Energieniveaus) sind in Tab. 2.7.2 für zweiatomare Moleküle beispielhaft angegeben. Als quantitatives Beispiel zur Illustration der Größenordnung der verschiedenen Energiewerte hatten wir schon in Abb. 1.1.6 das Energieniveauschema von CO gezeigt.

Wie Abb. 2.7.1 schematisch zeigt, sind über die Zustandssumme Z^g thermodynamische Funktionen und Zustandsgleichungen der Gasphase einfach zugänglich.

Wesentliche Voraussetzung der Gl. (2.7.5) ist die Additivität der verschiedenen Energiebeiträge, aus der sich dann auch die Gesamtenergie (Gl. (2.7.3)) ergibt. Schon bei nicht wechselwirkenden Molekülen in der Gasphase können jedoch zumindest bei höheren Temperaturen Kopplungen

Tab. 2.7.2
Einteilchen-Energien E_k, Entartungsfaktoren g_k und Einteilchen-Zustandssummen z_k für verschiedene Freiheitsgrade nicht wechselwirkender zweiatomarer Moleküle [Hen 91]

Translation (s. Abschn. 2.2.2)			
eindimensional	$E_{\text{trans1}} = \frac{h^2}{8m}\frac{n_x^2}{a^2}$	$g_{n_x} = 1$	$z_{\text{trans1}} = \frac{(2\pi mkT)^{1/2}}{h} \cdot a$
zweidimensional	$E_{\text{trans2}} = \frac{h^2}{8m}\left(\frac{n_x^2}{a^2} + \frac{n_y^2}{b^2}\right)$	$g_{n_i} = 1$	$z_{\text{trans2}} = \frac{2\pi mkT}{h^2} \cdot A$
dreidimensional	$E_{\text{trans3}} = \frac{h^2}{8m}\left(\frac{n_x^2}{x^2} + \frac{n_y^2}{b^2} + \frac{n_z^2}{c^2}\right)$	$g_{n_i} = 1$	$z_{\text{trans3}} = \frac{(2\pi mkT)^{3/2}}{h^3} \cdot V$
Rotation (s. Abschn. 2.2.5)	$E_{\text{rot}} = \frac{J(J+1)h^2}{8\pi^2 I}$	$g_J = 2J + 1$	$z_{\text{rot}} = \frac{8\pi^2 IkT}{\sigma \cdot h^2}$
Schwingung (s. Abschn. 2.2.4)	$E_{\text{vib}} = \left(v + \frac{1}{2}\right) h\nu$	$g_v = 1$	$z_{\text{vib}} = \frac{\exp\left(-\frac{h\nu}{2kT}\right)}{1 - \exp\left(-\frac{h\nu}{kT}\right)}$

Erläuterungen zu Tab. 2.7.2:
n_x, n_y, n_z, J und v sind Quantenzahlen zur Charakterisierung der jeweiligen Energie, a, b und c sind Längen, A und V bedeuten Flächen bzw. Volumina als Aufenthaltsbereiche von Molekülen mit der Masse m, I ist das Trägheitsmoment des Moleküls, σ die Symmetriezahl, d.h. Zahl identischer Atomkonfigurationen im Molekül während der Rotation um 360°. Im allgemeinen beschreiben auf Hauptachsenform gebrachte Trägheitstensoren verschiedene Werte von I, wobei sich die Gesamtenergie der Rotation additiv aus den einzelnen Beiträgen zusammensetzt (vgl. Abschn. 2.4.4.1). Die Schwingungsfrequenz ν ist durch den klassischen Ausdruck $\nu = 1/2\pi \cdot \sqrt{k/\mu}$ mit Kraftkonstante k und reduzierter Masse μ gegeben. Bei komplizierteren Molekülen gehen Beiträge der verschiedenen Normalschwingungen des Moleküls unabhängig ein (vgl. Abschn. 2.4.4.2).

zwischen Rotationen und Schwingungen auftreten, so daß der Produktansatz in Gl. (2.7.5) nur noch näherungsweise gilt. Wechselwirkungen von Teilchen untereinander treten statistisch häufiger bei höheren Gasdichten auf, ergeben abstandsabhängige Mehrteilchenpotentiale und dadurch nach statistisch-mechanischer Behandlung des Problems Realgasgleichungen, Fugazitätskoeffizienten etc. (siehe z.B. [Hil 60], [Hal 70], [MCl 73]).

b) *Berechnungen der Zustandssumme Z^b von Festkörpern* sind i.allg. schwieriger, da hier oft eine starke Kopplung aller Atome untereinander vorliegt. Da das Vielteilchenproblem zur Ermittlung aller Energieniveaus nicht lösbar ist, werden i.allg. verschiedene Untersysteme getrennt statistisch erfaßt. Man nimmt dabei an, daß die Kopplung der Untersysteme untereinander keine wesentliche Änderung in der statistisch-mechanischen Berechnung von thermodynamischen Eigenschaften ergibt. Untersysteme bilden z.B. Phononen, Elektronen, Plasmonen, Magnonen oder Exzitonen (vgl. Abschn. 2.6.6), aus deren Beiträgen sich die Zustandssumme Z^b des Festkörpers zusammensetzt. Hier wie in der Gasphase ist eine Auftrennung der Gesamtenergie in aufsummierte Einzelbeiträge der Quasiteilchen in erster Näherung möglich, bei genauer Analyse müssen jedoch Korrekturen vorgenommen werden (siehe z.B. [Gir 73]).

c) Für *Berechnungen von Adsorptionssystemen* soll die Adsorptionsphase in erster Näherung als ein vom Gas und Festkörper entkoppeltes Teilsystem („Exzeßsystem", vgl. auch [Göp 94]) betrachtet werden (vgl. z.B. [Rus 78]). Der einfachste Fall ist eine „inerte" Unterlage, d.h. ein Festkörper, der keinen Dampfdruck hat, das Gas im Volumen nicht löst und den Molekülen aus der Gasphase lediglich Adsorptionsplätze mit definierter Bindungsenergie zur Verfügung stellt. Dabei gilt für die Exzeßgröße der freien Energie (vgl. Tab. 2.7.1) mit Z^{tot} als Gesamtzustandssumme des Adsorptionssystems, $Z^{\mathrm{ad}} = Z^{\mathrm{exc}}$ als Exzeßzustandssumme und Z^g und Z^b als Zustandssummen des Gases bzw. des inerten Festkörpers vor der Adsorption

$$A^{\mathrm{exc}} = -kT \ln Z^{\mathrm{ad}} = -kT \ln \left(\frac{Z^{\mathrm{tot}}}{Z^g Z^b} \right) . \qquad (2.7.6)$$

d) Wesentlich schwieriger wird die Berechnung von Zustandssummen dann, wenn sich Gesamtenergien nicht über einen Produktansatz schreiben lassen. Dies ist vor allem bei Systemen mit wechselwirkenden Teilchen und im Extremfall in Flüssigkeiten und Polymeren der Fall. Die *Berechnung der Zustandssumme von Flüssigkeiten* ist deshalb nur mit grob vereinfachenden Modellannahmen möglich. Eine Möglichkeit für die Abschätzung thermodynamischer Funktionen bieten molekulardynamische Rechnungen (vgl. Abschn. 2.5.3.1), aus denen sich Zustandssummen abschätzen lassen. Für weitere Details sei auf Lehrbücher der statistischen Thermodynamik hingewiesen, z.B. [Göp xx].

3 Charakterisierung durch Mikroskopie und Spektroskopie

Im letzten Kapitel haben wir *Konzepte und theoretische Methoden* für einfache Modellsysteme kennengelernt. In diesem Kapitel wollen wir nun die *experimentellen Möglichkeiten* kennenlernen, mit denen man physikalische und chemische Eigenschaften nicht nur von einfachen Modellsystemen, sondern von allgemeinen realen Systemen untersuchen, charakterisieren und auf atomarer Ebene verstehen kann. Diese Untersuchungen an freien Molekülen, Flüssigkeiten, Festkörpern oder Grenzflächen erlauben es, die Möglichkeiten und Grenzen von existierenden Theorien zu erkennen, Theorien für komplexere Systeme zu entwickeln und den Einfluß der Messung selbst auf den Zustand der Materie zu erfassen.

Das Kapitel 3 ist wie folgt gegliedert:

- Wir werden im ersten Abschnitt die Grundlagen der Wechselwirkungsprozesse behandeln, die erforderlich sind, um mit verschiedenen Sonden (z.B. Photonen, Elektronen oder Ionen) einen Einblick in den atomaren Aufbau der Materie zu gewinnen (Abschn. 3.1).
- Dazu werden u.a. verschiedene Spektrometeranordnungen zum Studium von Gasen, Flüssigkeiten, Festkörpern und Oberflächen vorgestellt (Abschn. 3.2).
- Es folgen dann verschiedene Untersuchungsmethoden und typische Ergebnisse zur Bestimmung der geometrischen (Abschn. 3.3), chemischen (Abschn. 3.4), elektronischen und dynamischen (Abschn. 3.5) sowie magnetischen Strukturen (Abschn. 3.6).

3.1 Wechselwirkungsprozesse im Überblick

Alle spektroskopischen Untersuchungsmethoden beruhen auf der Wechselwirkung von Sonden mit Materie. Wir werden zuerst allgemeine Streuprozesse dieser Sonden kennenlernen. Anschließend wird die Wechselwirkung von elektromagnetischer Strahlung bei Absorptions- und Emissionsprozessen behandelt.

3.1.1 Streuung

Beschießt man Materie (Gase, Flüssigkeiten oder Festkörper) mit Sonden (Teilchen oder Wellen), so werden die Eigenschaften dieser Sonden i.allg. durch die Wechselwirkung beeinflußt. Aus den Änderungen der Eigenschaften zieht man dann Rückschlüsse auf die untersuchte Materie.

Als Beispiele sind in Abb. 3.1.1 verschiedene Wechselwirkungen gezeigt, bei denen Änderungen der Energie ΔE und der Richtung des Impulses $\Delta\underline{\hat{k}}$ ($\Delta\underline{\hat{k}} = \frac{(\underline{k}-\underline{k}_0)}{(|\underline{k}-\underline{k}_0|)}$ ist der Einheitsvektor, der die Richtungsänderung von $\underline{k}_0$ und $\underline{k}$ beschreibt) entweder auftreten oder nicht auftreten. Anstelle von $\Delta\underline{\hat{k}}$ ist es auch üblich, entweder zwei Streuwinkel ϑ und φ oder einen Raumwinkel Ω zur Charakterisierung der Richtungsänderung durch Wechselwirkung anzugeben (zur Definition vgl. Abschn. 5.1.1).

Man mißt nun die Anzahl der Sonden vor und nach Wechselwirkung mit der Materie. Bei den Teilchen, die nach der Wechselwirkung detektiert werden, kann man dann noch die Unterscheidung treffen, ob die Teilchen Energie verloren und/oder die Richtung geändert haben. In noch allgemeineren Fällen erfolgt der Materiebeschuß durch andere Teilchen als die nach Wechselwirkung detektierten.

Sehr häufig findet man, daß die Intensität I der Sonden mit einer Energie E in Richtung Ω (i.allg. angegeben durch ϑ und φ) in erster Näherung exponentiell mit der Dicke d einer durchstrahlten Probe abfällt:

$$I(d, \Omega, E) = I_0 \cdot e^{-\frac{d}{\Lambda(\Omega,E)}} = I_0 e^{-dN_{(v)}q} \qquad \textbf{(3.1.1)}$$

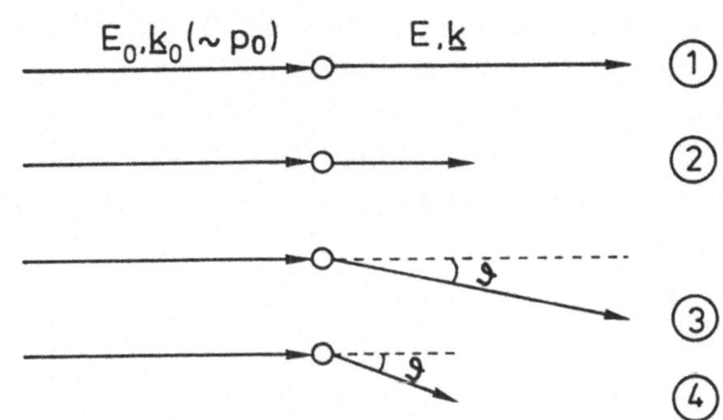

Abb. **3.1.1**
Schematische Darstellung verschiedener Wechselwirkungsprozesse zwischen Sonden (hier als Pfeile dargestellt, die Länge der Pfeile entspricht der Energie) und Materie: 1 : $\Delta E, \Delta\underline{\hat{k}}$ (oder ϑ) $= 0$; 2 : $\Delta E \neq 0, \Delta\underline{\hat{k}}$ (oder ϑ) $= 0$; 3 : $\Delta E = 0, \Delta\underline{\hat{k}}$ (oder ϑ) $\neq 0$; 4 : $\Delta E \neq 0, \Delta\underline{\hat{k}}$ (oder ϑ) $\neq 0$. Zur Vereinfachung sind nur Winkeländerungen in einer Richtung angenommen.

Als substanzspezifische Größen haben wir dabei die sog. mittlere freie Weglänge Λ bzw. den dichteunabhängigen Wirkungsquerschnitt

$$q = \frac{1}{N_{(v)}\Lambda} \tag{3.1.2}$$

eingeführt, wobei $N_{(v)}$ die Volumendichte der beschossenen Materieteilchen ist. Die mittlere freie Weglänge ist die Weglänge, die eine Sonde im Mittel in der Materie zurücklegt, bevor sie einen Streuprozeß bewirkt (Abb. 3.1.2). Beim Streuprozeß werden Ω und/oder E geändert (Abb. 3.1.1).

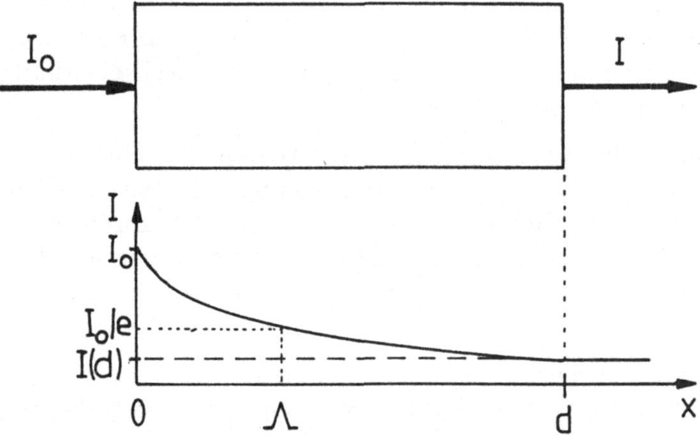

Abb. **3.1.2**
Zur Definition der mittleren freien Weglänge Λ über den Intensitätsabfall von I_0 über eine Probe der Dicke d

Der Streuquerschnitt (auch Stoß- oder Wirkungsquerschnitt) q gibt an, wie groß für die eingesetzte Sonde und den speziell beobachteten Wechselwirkungsmechanismus ein beobachtetes Teilchen effektiv wirkt. Möchte man z.B. den Stoßquerschnitt für den Wechselwirkungsprozeß 3 aus Abb. 3.1.1a bestimmen, so muß man die Teilchen im gesamten Raumwinkel erfassen, die keinen Energieverlust ΔE erlitten haben. Richtungsänderungen $\Delta\underline{\hat{k}}$ werden i.allg. über den Raumwinkel Ω erfaßt. Für den totalen Wirkungsquerschnitt gilt:

$$q = \int\limits_{\Omega}\int\limits_{E} \left(\frac{\partial^2 q(\Omega, E)}{\partial\Omega\partial E}\right) d\Omega dE \tag{3.1.3}$$

Mit ihm wird erfaßt, wieviele Sonden absorbiert und während der Meßzeit nicht mehr abgegeben werden.

Häufig werden Experimente durchgeführt, bei denen

- bei festem Raumwinkel Ω die Energieabhängigkeit analysiert wird ($q = f(E) = \int_\Omega (\frac{\partial q(E)}{\partial \Omega}) d\Omega$, siehe z.B. Elektronenenergieverlustspektroskopie (ELS) in Abschn. 3.5.7),
- bei konstanter Energie die Raumwinkelabhängigkeit analysiert wird ($q = f(\Omega)$, z.B. bei der Beugung langsamer Elektronen (LEED), Abschn. 3.3.3.2.2) oder
- sowohl Winkel- als auch Energieabhängigkeiten analysiert werden ($q = f(\Omega, E)$, z.B. hochaufgelöste ELS (HREELS), Abschn. 3.5.7).

Bei spektroskopischen Methoden, bei denen man nach der Wechselwirkung andere Sonden als die eingesetzten Primärsonden detektiert (z.B. Elektronen nach Photonenbeschuß bei röntgeninduzierter Elektronenemission (XPS), Abschn. 3.4.3) werden häufig relative Streuquerschnitte definiert. Bei XPS ist es z.B. üblich, die Zahl der durch Photoemission ausgelösten Elektronen anzugeben, bezogen auf die entsprechende Zahl an emittierten Kohlenstoff 1s-Elektronen bei gleichem Photonenbeschuß.

Zur quantitativen Beschreibung von Streuprozessen mit Materieteilchen verwendet man häufig den sog. Streuvektor $\underline{K}$ (Abb. 3.1.3).

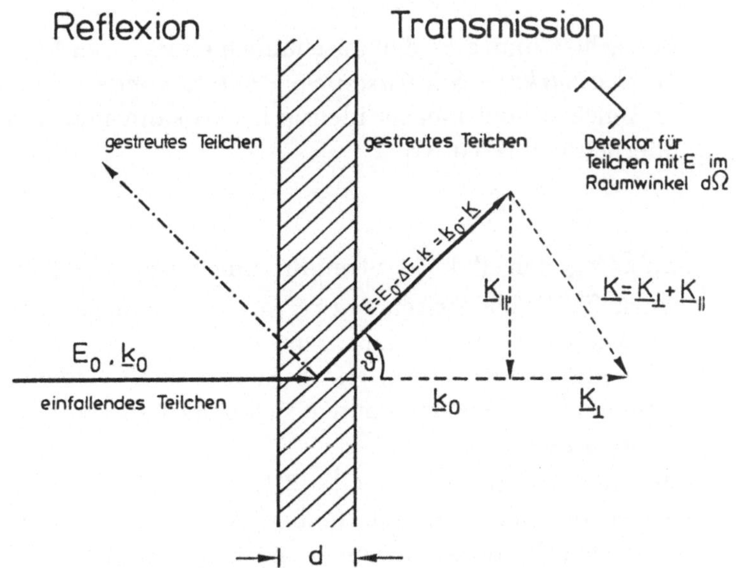

Abb. 3.1.3
Definition von $K_\perp$ und $K_\parallel$ für Fall 4 aus Abb. 3.1.1. $\underline{K}$ wird als Streuvektor bezeichnet.

Es gilt der Energieerhaltungssatz beim Energieverlust $\Delta E = \hbar\omega$:

$$\Delta E = \hbar\omega = E_0 - E = \frac{\hbar^2}{2m}(k_0^2 - k^2) = \frac{\hbar^2}{2m}(k_0 - k)(k_0 + k) \quad (3.1.4)$$

Für geringen Impulsübertrag ($|\underline{K}| \ll |\underline{k}_0|$) und kleine Streuwinkel ϑ gilt vereinfacht:

$$K = k_0 - k \approx K_{\|} \quad (3.1.5)$$

$$k_0 + k \approx 2k_0 \quad (3.1.6)$$

$K_{\|}$ ist dabei die Komponente von $\underline{K}$ parallel zur Oberfläche. Mit diesen Voraussetzungen ergibt sich mit Gl. (3.1.4) und der Näherung $\sin\vartheta \approx \vartheta$ für kleine Winkel ϑ für den Streuvektor $\underline{K}$:

$$K \approx K_{\|} = k_0 \sin\vartheta \approx k_0\vartheta = k_0\left(\frac{\hbar\omega}{2E_0}\right) \quad (3.1.7)$$

Wir wollen nun einige konkrete Beispiele für Wirkungsquerschnitte kennenlernen. Dabei gehen wir nur auf den einfachen Fall ein, daß sich die getroffenen Teilchen in erster Näherung gegenseitig nicht beeinflussen. Bei periodischen Anordnungen der Streuzentren ergeben sich z.T. Abweichungen, die beispielsweise in Abschn. 3.3.3 bei den Beugungsphänomenen diskutiert werden.

1) Betrachtet man z.B. den anschaulich einfachsten Fall von Stößen bei der *Wechselwirkung von Gasteilchen untereinander* (Sonden und untersuchte Teilchen sind hierbei identisch), so kann man q aus der Gaskinetik übernehmen [Wed 87]:

$$q = \pi r_{12}^2 , \quad \mathbf{(3.1.8)}$$

wobei r_{12} der effektive Streudurchmesser der Teilchen ist.

Auch für Stöße zwischen zwei unterschiedlichen starren Teilchen mit den Radien r_1 und r_2 läßt sich der Streuquerschnitt einfach verstehen, denn die Zentren der in erster Näherung als kugelförmig und starr angenommenen Teilchen können sich nicht näher kommen als $r_{12} = r_1 + r_2$ (Abb. 3.1.4).

Bei der Herleitung von Gl. (3.1.2) (s. z.B. [Göp xx] oder [Wed 87]) wurde angenommen, daß die beweglichen Sonden auf ruhende Teilchen auftreffen. Ist diese Voraussetzung wie hier nicht erfüllt, muß man noch die Relativbewegung der Teilchen und Sonden zueinander berücksichtigen. Für den Sonderfall, daß die stoßenden Teilchen gleich sind (z.B.

im idealen Gas), ergibt sich die sogenannte Maxwellsche mittlere freie Weglänge Λ_M [Wed 87]:

$$\Lambda_M = \frac{1}{\sqrt{2}}\Lambda = \frac{1}{\sqrt{2}N_{(v)}q} \qquad \textbf{(3.1.9)}$$

Den Zusammenhang zwischen Λ_M und anderen gaskinetischen Parametern wie Stoßzahl oder Druck werden wir in Abschn. 3.2.5, Abb. 3.2.15 kennenlernen.

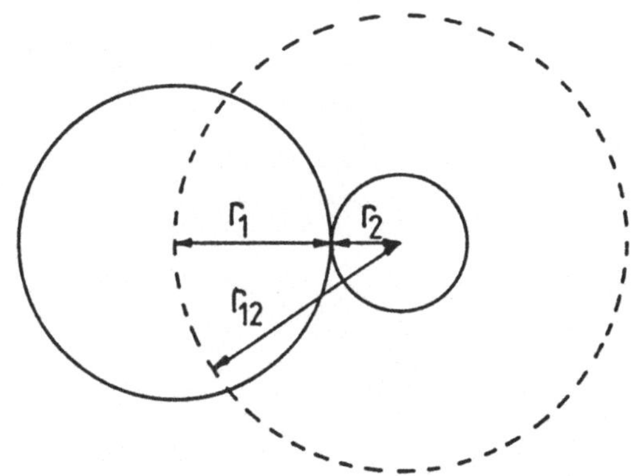

Abb. **3.1.4**
Zur Ableitung des Streuquerschnitts beim Stoß zwischen zwei Gasmolekülen

2) Ein weiterer Spezialfall ist die *Schwächung von Licht in Materie*, wobei Streulicht und Effekte bei extrem hohen Lichtintensitäten zunächst nicht berücksichtigt werden.
Die Intensitätsabnahme $dI(x)$ wird von der Intensität $I(x)$, der Länge der durchstrahlten Probe dx und der Teilchendichte $N_{(v)}$ oder Konzentration c der Probe abhängen:

$$-dI(x) = k(\lambda)I(x)cdx \qquad (3.1.10)$$

Wenn die Konzentrationen in mol $\cdot$ l^{-1} und die Länge der durchstrahlten Probe in cm angegeben werden, ist $k(\lambda)$ der molare Absorptionskoeffizient in (mol l^{-1} cm$)^{-1}$. Integriert man diese Gleichung für die Intensität des einfallenden und austretenden Lichts zwischen 0 und d, so erhält man bei einer Wellenlänge

$$\ln \frac{I(0)}{I(d)} = k(\lambda)cd = \frac{d}{\Lambda} \qquad (3.1.11)$$

und damit

$$\frac{I(d)}{I(0)} = e^{-k(\lambda)cd} = e^{-\frac{d}{\Lambda}} \qquad \textbf{(3.1.12)}$$

mit Λ als mittlerer freier Weglänge (vgl. Abb. 3.1.2 und Gl. (3.1.1)). Das Produkt $k(\lambda) \cdot c$ wird häufig mit μ oder a abgekürzt und Absorptions-

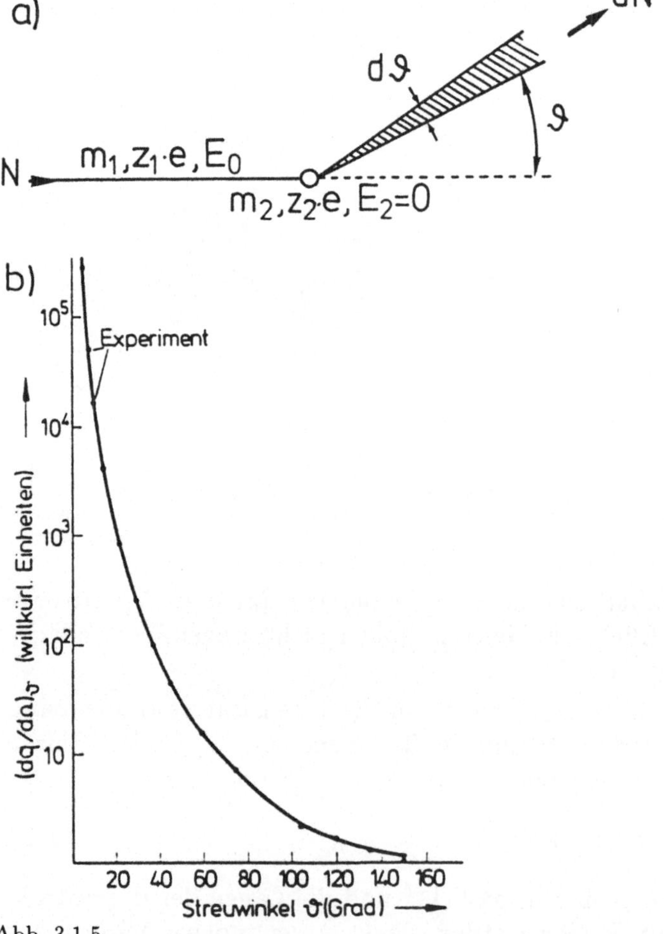

Abb. 3.1.5
a) Ablenkung geladener Teilchen der Masse m_1, Ladung $z_1 \cdot e$ und Energie E_0 durch geladene Teilchen mit Masse m_2 und Ladung $z_i \cdot e$ aufgrund des Coulombgesetzes (Rutherfordstreuung). Für die in $\vartheta \ldots \vartheta + d\vartheta$ abgelenkten Teilchen gilt die vom Azimut-Winkel φ (zur Def. vgl. Abb. 3.2.3) unabhängige Gl. (3.1.14).
b) Ergebnis des Rutherford-Streuexperiments für Streuung von 5,5 MeV α-Teilchen an Gold. Die Punkte folgen aus dem Experiment, die durchgezogene Kurve entspricht der theoretischen Berechnung nach Gl. (3.1.14) [May 79].

koeffizient genannt (vgl. auch Abschn. 3.1.2.4). Die Umrechnung auf dekadische Einheiten ergibt das sogenannte Lambert-Beersche Gesetz:

$$\lg \frac{I(0)}{I} = \varepsilon(\tilde{\nu})cd = E(\tilde{\nu}) \tag{3.1.13}$$

In dieser Gleichung wurde die in der optischen Spektroskopie übliche ε-Abhängigkeit von der Wellenzahl $\tilde{\nu}$ (statt von λ) gewählt. Dabei ist $\varepsilon(\tilde{\nu})$ der molare dekadische Extinktionskoeffizient und $E(\tilde{\nu})$ die dekadische Extinktion. (Achtung! $\varepsilon(\tilde{\nu})$ darf nicht mit der Dielektrizitätskonstante ε_r verwechselt werden, wobei der Imaginärteil der DK prinzipiell mit $\varepsilon(\tilde{\nu})$ zusammenhängt (vgl. Abschn. 3.1.2.4).) Das Lambert-Beersche Gesetz hat in dieser Form nur Gültigkeit für monochromatisches Licht und stark verdünnte Proben. Intermolekulare Wechselwirkungen und Mehrfachstreuungen müssen vernachlässigbar sein (zu experimentellen Voraussetzungen s. z.B. [Gau 83]). Der Einfluß nicht-monochromatischen Lichts wird in Abschn. 3.1.2.3.3 behandelt.

3) Bei der *elastischen Streuung schneller geladener Teilchen* an anderen geladenen Teilchen findet aufgrund der Coulombwechselwirkung eine Änderung der Richtung, aber nicht der Energie statt (Abb. 3.1.5). Für diese sogenannte Rutherfordstreuung gilt [Ger 77]:

$$\frac{\partial q}{\partial \Omega} = \frac{z_1^2 z_2^2 e^4}{(4\pi\varepsilon_0)^2 16 E_0^2} \frac{1}{\left(\sin\frac{\vartheta}{2}\right)^4} \left(\frac{m_1 + m_2}{m_2}\right)^2 \tag{3.1.14}$$

mit z_i als Kernladungen.

Diese Formel gilt nur für die Streuung spinloser Teilchen im Coulombfeld, da bei Teilchen mit Spin bei der Streuung ein Magnetfeld auftritt, das von der bewegten Ladung des Stoßzentrums herrührt. Gl. (3.1.14) muß deswegen z.B. für die Streuung von Elektronen modifiziert werden (Mottsche Streuformel, vgl. z.B. [May 79]), wobei die Modifizierung für nichtrelativistische Elektronengeschwindigkeiten nur gering ist und Gl. (3.1.14) als Näherung verwendet werden kann.

4) Geladene Teilchen wie z.B. Elektronen können bei der Wechselwirkung mit Materie Energieverluste erleiden. Die schematische Abbildung 3.1.6 stellt zusammenfassend typische *inelastische Streuquerschnitte für Elektronen* unterschiedlicher Energie dar.

Der Wirkungsquerschnitt wird immer dann groß, wenn die Elektronenenergie ausreicht, um Übergänge mit der Energie ΔE zwischen

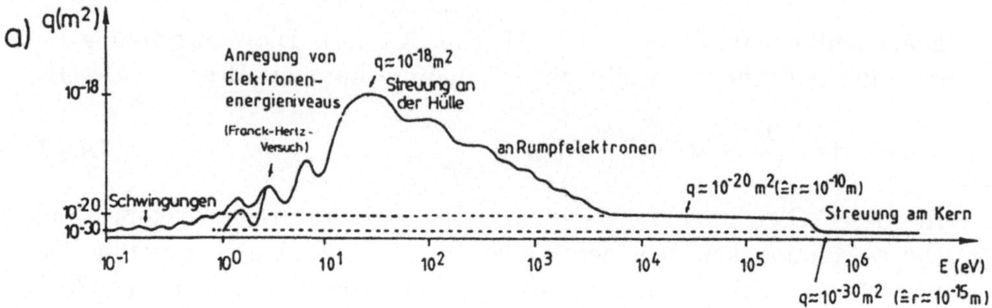

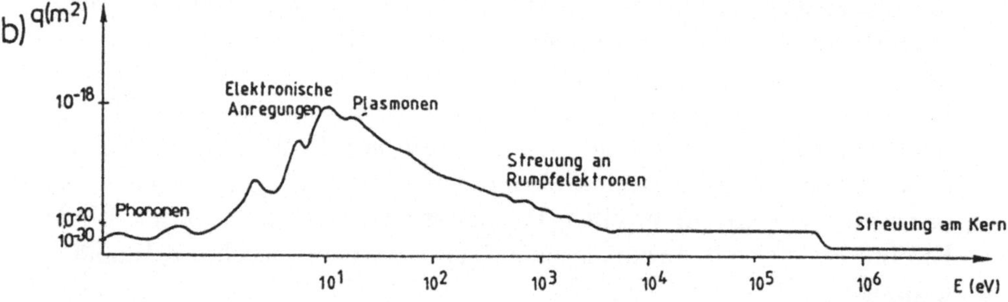

Abb. 3.1.6
Inelastischer Streuquerschnitt q von Elektronen in Abhängigkeit von der Elektronenenergie E, schematisch — (a) im freien Molekül — (b) im Festkörper

zwei verschiedenen stationären Energieniveaus $E_{1,2}$ der Materie anzuregen.

5) Ein typisches Maximum von q wird auch in dem abschließenden Beispiel gefunden, bei dem eingestrahlte und nachgewiesene Teilchen nicht identisch sind. Beim *inelastischen Beschuß von Molekülen mit Elektronen* können erstere ionisiert werden, wenn die Energie der Elektronen größer oder gleich der Ionisierungsenergie ist. In Abb. 3.1.7 ist die Zahl gebildeter Ionen, die bei 1 mbar Druck auf 1 cm Weg gebildet werden, in Abhängigkeit von der Elektronenenergie dargestellt (vgl. auch Gl. (3.2.2)). Diese Abhängigkeit mit dem Maximum um 100 eV wird u.a. bei der Massenspektrometrie ausgenutzt.

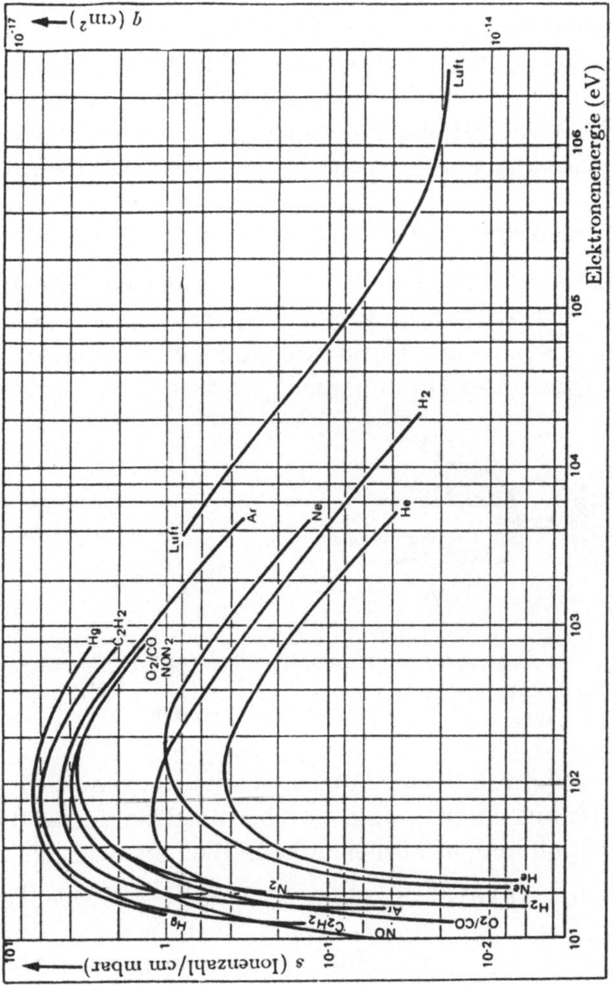

Abb. 3.1.7
Streuquerschnitt q für die Ionisierung von Molekülen durch Elektronenbeschuß und differentielle Ionisierungswahrscheinlichkeit s in Abhängigkeit von der Elektronenenergie (zur Definition von s vgl. Gl. (3.2.2))

3.1.2 Absorption und Emission elektromagnetischer Strahlung (Übersicht)

Trifft elektromagnetische Strahlung auf Materie, so kann sie durchgelassen (transmittiert), reflektiert, gestreut oder absorbiert werden. Viele Spektroskopiearten beruhen darauf, daß Photonen $h\nu$ aus dem Spektrum absorbiert werden. Dabei findet ein Übergang von einem Energieniveau in ein höheres statt, wobei die Resonanzbedingung

$$h\nu = \Delta E \tag{3.1.15}$$

erfüllt sein muß.

Wir werden uns nun zuerst mit einfachen Prozessen bei Anregung eines Zwei-Niveausystems befassen sowie mit den Einflüssen auf die Intensität (Abschn. 3.1.2.2) und Linienbreite (Abschn. 3.1.2.3). Ein generelles Konzept zur Wechselwirkung von elektromagnetischer Strahlung mit Materie wird in Abschn. 3.1.2.4 vorgestellt, in dem das Resonanzverhalten über den Verlauf der frequenzabhängigen Dielektrizitätskonstanten beschrieben wird.

3.1.2.1 Absorptions- und Emissionsprozesse für ein Zwei-Niveausystem

In erster Näherung („Dipolnäherung") können nur schwingende Dipole als zeitlich veränderliche Ladungen mit elektromagnetischen Wellen wechselwirken. Um beispielsweise Rotationen anregen zu können, muß das Molekül daher ein *permanentes* Dipolmoment besitzen. Dies verdeutlicht Abb. 3.1.8.

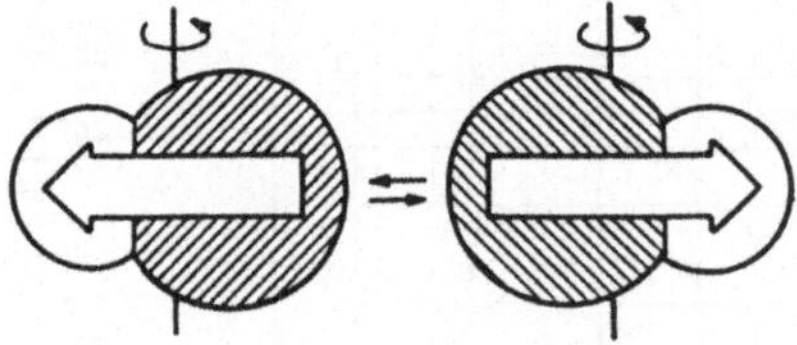

Abb. **3.1.8**
Seitenansicht eines „schwingenden Dipols" durch Rotation eines Moleküls wie CO mit permanentem Dipolmoment, angedeutet durch einen Pfeil im Kalottenmodell. Die schraffierte Fläche deutet die negativere Ladungsdichte an [Atk 90].

Für die Anregung von Schwingungen genügt es, wenn sich das Dipolmoment im Verlauf der Schwingung *ändert*. Abb. 3.1.9 zeigt, daß die Änderung auch von einem Dipolmoment ausgehen kann, das im Gleichgewicht null ist.

Absorbiert ein Molekül Strahlung geeigneter Wellenlänge (gemäß Gl. (3.1.15)), so findet ein Übergang von einem tieferen Energieniveau E_i in ein höheres Niveau E_f statt („induzierte Absorption"). Umgekehrt kann ein

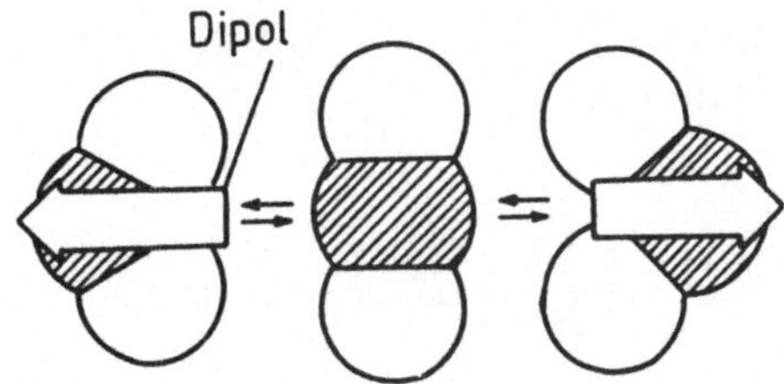

Abb. 3.1.9
Erzeugung eines zeitlich veränderlichen Dipols in einem Molekül (wie CO_2) ohne permanentes Dipolmoment [Atk 90]

Übergang vom höheren in das tiefere Niveau stattfinden, wobei Strahlung der Frequenz $\nu = \frac{\Delta E}{h}$ emittiert wird. Diese Emission kann in Umkehrung des Absorptionsprozesses durch Licht der Frequenz $\nu = \frac{\Delta E}{h}$ induziert werden („induzierte Emission"), sie kann aber auch spontan, ohne Anregung von außen, als „spontane Emission" erfolgen. Die induzierte Emission spielt v.a. bei Lasern und der Kernresonanzspektroskopie eine große Rolle (s. Abschn. 3.5.4.3.1 und 3.6.2.3.2). Diese Absorptions- und Emissionsprozesse sind schematisch in Abb. 3.1.10 gezeigt. Nicht gezeigt ist der ebenfalls mögliche strahlungslose Übergang durch Abgabe der Energie an die Umgebung oder an andere Freiheitsgrade des Moleküls mit nachfolgendem Kaskadenzerfall über verschiedene Energiezwischenstufen (vgl. z.B. Abschn. 3.5.4.1.1).

Die zeitliche Änderung der Besetzung des oberen Niveaus $\frac{dN_f}{dt}$ aufgrund der induzierten Absorption ist proportional zur Besetzungszahl N_i des unteren

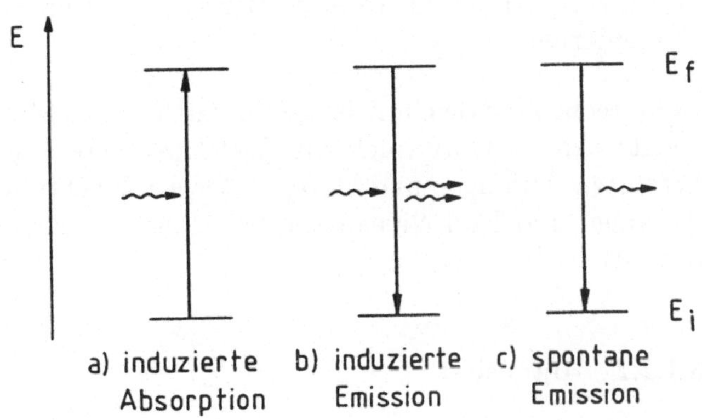

Abb. **3.1.10**
Absorptions- und Emissionsprozesse für ein Molekül M:
a) induzierte Absorption ($M + h\nu \rightarrow M^*$)
b) induzierte Emission ($M^* + h\nu \rightarrow M + 2h\nu$)
c) spontane Emission ($M^* \rightarrow M + h\nu$)

Niveaus und der Strahlungsdichte $u_{(v)}(\nu, T)$ der auf die Probe fallenden Strahlung:

$$\frac{dN_f}{dt} = B_{fi} N_i u_{(v)}(\nu, T) \qquad \textbf{(3.1.16)}$$

Dabei wurde vorausgesetzt, daß das Endniveau unbesetzt oder zumindest nur gering besetzt ist. Ansonsten wäre dN_f/dt zusätzlich von einer Funktion abhängig, die um so größer ist, je kleiner N_f ist. Die Proportionalitätskonstante B_{fi} heißt Einsteinkoeffizient der induzierten Absorption. Ebenso gilt für die Änderung aufgrund der induzierten Emission

$$\frac{dN_f}{dt} = -B_{if} N_f u_{(v)}(\nu, T) \qquad \textbf{(3.1.17)}$$

und aufgrund der spontanen Emission

$$\frac{dN_f}{dt} = -A_{if} N_f \ . \qquad \textbf{(3.1.18)}$$

B_{if} und A_{if} sind die Einsteinkoeffizienten für die induzierte bzw. spontane Emission. Ihre theoretische Berechnung werden wir in Abschn. 3.1.2.2.2 kennenlernen.

Entsprechende Gleichungen gelten auch in der Festkörper- und Oberflächenspektroskopie. Dort spielt die Zustandsdichte und Symmetrie von Bändern besetzter Anfangs- und unbesetzter Endzustände die Rolle der diskreten Anfangs- und End-Niveaus in der Molekülspektroskopie (vgl. z.B. Abschn. 3.5.5.4).

3.1.2.2 Intensität

Die Intensität einzelner Übergänge wird im Experiment von verschiedenen Faktoren beeinflußt. Die wichtigsten sollen im folgenden beschrieben werden. Daraus folgt dann der in Abschn. 3.1.1 besprochene Zusammenhang mit dem Streuquerschnitt bzw. dem dekadischen Absorptionskoeffizienten.

3.1.2.2.1 Abhängigkeit der Intensität von der Besetzungszahl im thermischen Gleichgewicht

Die Intensität einer Linie in der Spektroskopie hängt zunächst davon ab, wieviele Teilchen sich in dem jeweiligen Energieniveau befinden, aus dem der Übergang erfolgt. Die Besetzung eines Energieniveaus E_i im thermischen Gleichgewicht ohne äußere Strahlung ist durch die Boltzmann-Verteilung gegeben (vgl. Gl. (2.7.2) bzw. [Göp xx] oder [Fin 85]) und daher temperaturabhängig:

$$N_i = N_{\text{tot}} \frac{g_i e^{-E_i/kT}}{Z} \qquad \textbf{(3.1.19)}$$

Dabei ist g_i die Entartung des Niveaus i (vgl. z.B. Abschn. 2.2.2), Z die Zustandssumme und N_{tot} die Gesamtzahl der Teilchen.

Wie schon in Abschn. 2.7 besprochen, wird in der statistischen Thermodynamik streng unterschieden zwischen Einteilchenenergien ε_i und Systemenergien E_i. Diese Unterscheidung ist in der folgenden Beschreibung spektroskopischer Eigenschaften von verdünnten Gasen nicht erforderlich, da es sich hier i.allg. nur um Einteilchenenergien handelt. Diese werden zur Vereinfachung im weiteren mit E bezeichnet. Die Art der Einteilchenenergie ergibt sich aus dem jeweiligen Zusammenhang.

Geht man von der Annahme aus, daß das Endniveau der Anregung unbesetzt ist und die Einsteinkoeffizienten für die Absorptionswahrscheinlichkeit aus zwei verschiedenen Anfangszuständen i und j gleich sind, so ist das Intensitätsverhältnis zweier Linien proportional zum Besetzungsverhältnis der beiden Anfangsniveaus:

$$\frac{I_k}{I_j} \sim \frac{N_k}{N_j} = \frac{g_k}{g_j} e^{-(E_k - E_j)/kT} \qquad (3.1.20)$$

Es soll betont werden, daß dieses Ergebnis nur im thermischen Gleichgewicht (d.h. bei niedrigen Lichtintensitäten weit außerhalb der Sättigung) gilt (vgl. Abschn. 3.5.4.3.1 und 3.6.2.3.1 zu Nicht-Gleichgewichtssystemen).

3.1.2.2.2 Abhängigkeit der Intensität vom Übergangsmoment, Auswahlregeln

Wir haben uns in Kap. 2 ausführlich mit der quantenmechanischen Berechnung *stationärer Energiezustände* beschäftigt. In der Spektroskopie werden dagegen *instationäre* Prozesse, d.h. Übergänge zwischen diesen stationären Energieniveaus betrachtet (vgl. Gl. (3.1.15)). Wir haben also bei einem Absorptionsprozeß eine zeitliche Veränderung der Energie unseres Systems, die durch eine Störung des stationären Grundzustands verursacht wird. Zur

Beschreibung muß die zeitabhängige Schrödingergleichung gelöst werden (Gl. (5.3.12) in Anhang 5.3).

Wir werden im folgenden nur die wesentlichen Punkte der theoretischen Behandlung darstellen. Eine ausführlichere Ableitung findet sich in Anhang 5.4.1.

Die Wellenfunktion unseres Systems wird vor der Störung ausschließlich vom stationären Grundzustand i bestimmt, nach der Anregung nur vom stationären angeregten Zustand f. Man kann zeigen (s. z.B. [Bar 62]), daß sich die Wellenfunktion dazwischen als Summe der beiden stationären Funktionen ergibt, wobei jede dieser Funktionen mit einem zeitabhängigen Faktor gewichtet wird:

$$\begin{aligned} \Psi_{fi}(\underline{r},t) &= a_i(t)\Psi_i(\underline{r},t) + a_f(t)\Psi_f(\underline{r},t) \\ &= a_i(t)e^{iE_it/\hbar}\Psi_i(\underline{r}) + a_f(t)e^{iE_ft/\hbar}\Psi_f(\underline{r}) \end{aligned} \tag{3.1.21}$$

mit $a_i(0) = 1$, $a_f(0) = 0$, $a_i(\infty) = 0$ und $a_f(\infty) = 1$.

Wir haben bereits in Abschn. 2.3.1.3 gesehen, daß man bei kleinen Störungen der Energie eines Systems diese am einfachsten über die sog. Störungsrechnung näherungsweise bestimmen kann. Bei der Wechselwirkung mit elektromagnetischer Strahlung wird nun Energie aus dem elektrischen Feld aufgenommen, und es werden dadurch die relativen Anteile der stationären Wellenfunktionen zeitlich geändert. Die entsprechende Schrödingergleichung lautet

$$(\hat{H}_0 + \hat{H}')(a_i(t)\Psi_i(\underline{r},t) + a_f(t)\Psi_f(\underline{r},t)) = E(t)\Psi_{fi}(\underline{r},t) \ . \tag{3.1.22}$$

$\hat{H}'$ ist der Störoperator, der die Änderung der potentiellen Energie des Systems durch die elektromagnetische Strahlung beschreibt. Um nun die zeitliche Änderung der Wellenfunktion zu bestimmen, berechnet man die zeitliche Änderung des Anteils der Wellenfunktion des angeregten Zustands, also $\frac{d(a_f^* a_f)}{dt}$. Man erhält Lösungen (vgl. Anhang 5.4.1), die dann ungleich null sind, wenn das Integral

$$\left[\int \Psi_f^*(\underline{r})\hat{H}'\Psi_i(\underline{r})d\tau\right]^2 \neq 0 \tag{3.1.23}$$

ist.

In vielen Fällen (s. Abschn. 3.1.2.1) haben wir es mit Anregungen von Dipolmomenten zu tun. In diesem Fall der sog. „elektrischen Dipolnäherung" gilt für $\hat{H}'$:

$$\hat{H}' = \underline{E}\hat{\underline{\mu}}_{\text{el}} = \underline{E}\hat{\underline{\mu}}_{\text{perm}} + \underline{E}\,\underbrace{\hat{\underline{\underline{\alpha}}}\underline{E}}_{\hat{\underline{\mu}}_{\text{ind}}} \qquad \textbf{(3.1.24)}$$

Analog lassen sich feldinduzierte Anregungen elektrischer Quadrupole, Oktopole oder höherer Multipole und magnetischer Multipole durch Störoperatoren erfassen. Der wichtigste Fall für letztere ist die magnetische Dipolenergie als Basis für NMR- und ESR-Übergänge (vgl. Abschn. 3.6).

Setzt man Gl. (3.1.24) in Gl. (3.1.23) ein, so gilt für elektrische Dipolübergänge:

$$[\int \Psi_f^* \underline{E}\hat{\underline{\mu}}_{\text{el}}\Psi_i d\tau]^2 = [\underline{E}\int \Psi_f^* \hat{\underline{\mu}}_{\text{el}}\Psi_i d\tau]^2 = [\underline{E}\cdot R_{fi}]^2 \neq 0 \qquad \textbf{(3.1.25)}$$

R_{fi} wird Übergangsdipolmoment oder für allgemeine Übergangsoperatoren Übergangsmoment genannt und ist die zentrale Größe bei der quantitativen Berechnung von Intensitäten. $\hat{\underline{\mu}}_{\text{el}}$ hat drei Komponenten $\hat{\mu}_x = e\hat{x}$, $\hat{\mu}_y = e\hat{y}$, $\hat{\mu}_z = e\hat{z}$. Für jede dieser Komponenten ergibt sich im allgemeinen Fall ein anderes Übergangsmoment. Dies ist wichtig bei der Verwendung von in einer Raumrichtung polarisiertem Licht als Anregungsquelle für orientierte Proben, wobei die Orientierungsabhängigkeit der Wechselwirkung als weitere Informationsquelle genutzt werden kann, um z.B. Symmetrien von Wellenfunktionen zu bestimmen.

Man kann Übergangsmomente also mit Ergebnissen aus der Schrödingergleichung für die stationären Wellenfunktionen berechnen und so feststellen, welche Übergänge erlaubt sind und welche nicht.

Symmetriebetrachtungen

Oft reichen zunächst qualitative Abschätzungen und Symmetriebetrachtungen aus: Das Integral der Gl. (3.1.23) ist nur dann von null verschieden, wenn das Produkt der Funktionen unter dem Integral eine symmetrische Funktion ist (vgl. dazu auch Anhang 5.4.1 und 5.4.2), d.h. gerade Parität g hat. Für die Symmetrie der Operatoren gilt:

Dipolmomentoperator $\hat{\underline{\mu}}$: unsymmetrisch, ungerade Parität (u)
Polarisierbarkeitsoperator $\underline{\underline{\alpha}}$: symmetrisch, gerade Parität (g)

Bei den Wellenfunktionen ist eine Symmetriebetrachtung zumindest für kleinere Systeme einfach, da die Symmetrie häufig aus der Zahl der Knoten von Ψ-Funktionen folgt (gerade Zahl von Knoten = symmetrische und damit gerade Funktion, das Vorgehen für kompliziertere Fälle ist in Anhang 5.4.2 beschrieben). Dies zeigt das Beispiel des harmonischen Oszillators in Abb. 3.1.11.

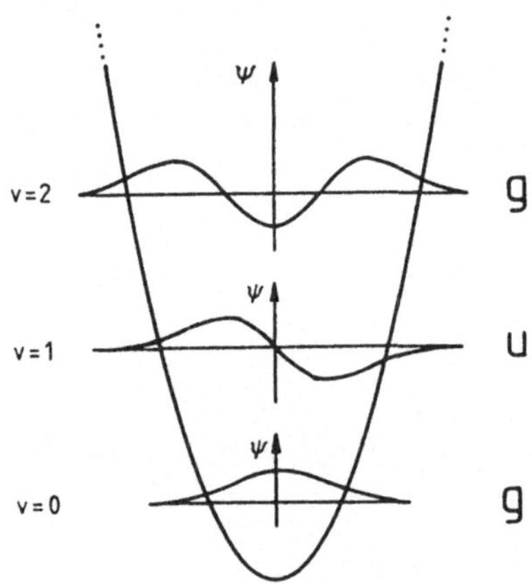

Abb. **3.1.11**
Gerade (g) und ungerade (u) Wellenfunktionen am Beispiel des harmonischen Oszillators

Erlaubte *Schwingungs- und Rotationsdipolübergänge* ergeben sich aus den entsprechenden Wellenfunktionen unter Berücksichtigung der Rechenregeln $g \cdot g = g$, $u \cdot u = g$, $u \cdot g = u$. Wendet man den unsymmetrischen Dipolmomentoperator auf eine ungerade Wellenfunktion (also z.B. das erste angeregte Rotationsniveau) an, so erzeugt man eine symmetrische Funktion, die nur mit einer symmetrischen Funktion (z.B. dem untersten Rotationsniveau) multipliziert die Symmetrie für einen erlaubten Übergang ergibt. Im eindimensionalen Fall gilt:

$$R_{fi} = \int [(u \cdot u) \cdot g] \, d\tau \neq 0$$

- Für die reine *Rotationsabsorptionsspektroskopie*, die auf solchen Dipolübergängen beruht, können danach also nur Übergänge zwischen benachbarten Energieniveaus auftreten (Auswahlregel $\Delta J = \pm 1$, s. Abschn. 3.5.1). (Die nach unseren einfachen Überlegungen ebenfalls erlaubten Übergänge $\Delta J = \pm 3, \pm 5, \ldots$ sind nach einer genauen Rechnung, d.h. nach Einsetzen der expliziten Rotationswellenfunktionen, verboten.)

- Für die *Rotations-Raman-Spektroskopie* ergeben sich andere Auswahlregeln. Der Polarisierbarkeitsoperator ist im Gegensatz zum Dipolmomentoperator symmetrisch, d.h. Übergänge sind nur zwischen Wellenfunktionen gleicher Symmetrie erlaubt (Auswahlregel $\Delta J = 0, \pm 2$, s. Abschn. 3.5.3):

$$R_{fi} = \int [(g \cdot g) \cdot g] \, d\tau \neq 0$$

$$R_{fi} = \int [(u \cdot u) \cdot g] \, d\tau \neq 0$$

Auch hier sind höhere Übergänge wie $\Delta J = \pm 4$ nach explizitem Einsetzen der Wellenfunktionen nicht erlaubt.

- In der *Schwingungsspektroskopie* müssen wir beachten, daß sowohl $\underline{\mu} = f(\underline{R})$ als auch $\underline{\underline{\alpha}} = f(\underline{R})$ gilt. Da sich bei der Schwingung der Abstand R ändert, müssen wir dies über eine Reihenentwicklung berücksichtigen. Für die erste Näherung mit skalarem μ und α gilt:

$$\mu = \mu_0 + \frac{d\mu}{dR} R + \frac{1}{2!} \frac{d^2\mu}{dR^2} R^2 \ldots \tag{3.1.26}$$

$$\alpha = \alpha_0 + \frac{d\alpha}{dR} R + \frac{1}{2!} \frac{d^2\alpha}{dR} R^2 \ldots \tag{3.1.27}$$

Für elektrische Dipolübergänge in der Schwingungsspektroskopie erhalten wir bei Übergängen von einem Zustand mit gerader in einen mit ungerader Symmetrie (oder umgekehrt):

$$\begin{aligned} R_{fi} &= \mu_0 \int (\Psi_f^* \Psi_i) d\tau + \int (\Psi_f^* \frac{d\mu}{dR} R \Psi_i) d\tau + \frac{1}{2!} \int (\Psi_f^* \frac{d^2\mu}{dR^2} R^2 \Psi_i) d\tau + \ldots \\ &= \int (g \cdot u) d\tau + \int (g \cdot u \cdot u) d\tau + \frac{1}{2!} \int (g \cdot g \cdot u) d\tau + \ldots \end{aligned}$$

Das zweite Integral liefert einen endlichen Beitrag, so daß diese Übergänge erlaubt sind.
Für Übergänge zwischen zwei Niveaus mit gerader (und entsprechend auch mit ungerader) Symmetrie gilt:

$$R_{fi} = \int (g \cdot g) d\tau + \int (g \cdot u \cdot g) d\tau + \frac{1}{2!} \int (g \cdot g \cdot g) d\tau + \ldots$$

Auch diese Übergänge sind erlaubt, da das dritte Integral von null verschieden ist (Auswahlregel $\Delta v = \pm 1, \pm 2, \pm 3, \ldots$, s. Abschn. 3.5.2). (Das erste Integral ist trotz der geraden Symmetrie gleich null, da Schwingungsniveaus innerhalb eines elektronischen Niveaus orthonormiert sind (vgl. Abschn. 5.3.2), so daß das Integral gleich null wird.)

Rechnet man alle Integrale explizit aus, so stellt man fest, daß nur Übergänge zwischen benachbarten Niveaus große Intensität aufweisen. Die Übergänge mit höherer Energie („Obertöne") treten mit sehr geringer Intensität auf bzw. sind ab $\Delta v = \pm 3$ für die rein harmonische Wellenfunktionen des harmonischen Oszillators verboten.

- Für die *Schwingungs-Raman-Spektroskopie* erhalten wir genau das gleiche Ergebnis, wenn wir statt Gl. (3.1.26) die Gl. (3.1.27) einsetzen.

An den hier gezeigten einfachen Beispielen für Symmetriebetrachtungen wird schon klar, daß die passende Symmetrie nur eine notwendige, nicht aber eine hinreichende Bedingung für einen erlaubten Übergang darstellt. Für eine exakte Behandlung muß immer das Integral der Gl. (3.1.23) explizit gelöst werden.

Verallgemeinerung

Die Berechnungen von Übergangswahrscheinlichkeiten wurden hier vereinfacht dargestellt, da verschiedene Arten von Übergängen oder Beiträge von verschiedenen inneren Freiheitsgraden der Moleküle nicht immer voneinander getrennt werden können (z.B. erfolgen Elektronenübergänge oft mit gleichzeitiger Schwingungs- und Rotationsanregung, s. Abschn. 3.5.4). Man muß dann i.allg. mit der Gesamtwellenfunktion

$$\Psi_{\text{tot}} = \Psi_{\text{el}} \cdot \Psi_{\text{vib}} \cdot \Psi_{\text{rot}} \cdot \Psi_{s,n} \qquad \textbf{(3.1.28)}$$

rechnen.

Im nächsten Schritt müssen gekoppelte Freiheitsgrade der Molekülenergien berücksichtigt werden, für die der Produktansatz in Gl. (3.1.28) nicht mehr gültig ist.

Einsteinkoeffizienten

Wir wollen abschließend mit den im Prinzip berechenbaren Übergangsmomenten die in Abschn. 3.1.2.1 eingeführten Einsteinkoeffizienten ausdrücken.

Man erhält (vgl. Anhang 5.4.1):

$$\frac{d(a_f^* a_f)}{dt} = \frac{8\pi^3}{3h^2} R_{fi}^2 u_{(v)}(\nu, T) = B_{fi} \cdot u_{(v)}(\nu, T) \qquad (3.1.29)$$

Die letzte Umformung ergab sich durch Vergleich mit Gl. (3.1.16). ($\frac{d(a_f^* a_f)}{dt}$ ist im Vergleich zu $\frac{dN_f}{dt}$ die auf den Anfangszustand bezogene Änderung des Endzustands, so daß N_i herausfällt.)

Man kann die Schwächung der Lichtintensität bei Durchgang durch Materie über B_{fi} ausdrücken. Dazu nimmt man an, daß die Schwächung der Intensität durch die Anzahl möglicher Übergänge pro Volumeneinheit bestimmt ist, multipliziert mit der Schichtdicke dx und der bei jedem Übergang aufgenommenen Energie $h\nu_{fi}$. Mit Gl. (3.1.16) ergibt sich dann:

$$-dI = B_{fi} \cdot N_{(v)i} \cdot u_{(v)}(\nu, T) \cdot h\nu_{fi} dx \tag{3.1.30}$$

Mit Gl. (3.1.29) folgt daraus, daß die Intensität proportional zu R_{fi}^2 ist.

Der Einsteinkoeffizient für die induzierte Emission B_{if} läßt sich analog zu B_{fi} bestimmen, und es gilt

$$B_{if} = B_{fi} \; . \tag{\textbf{3.1.31}}$$

Auch A_{if}, der Einsteinkoeffizient der spontanen Emission, läßt sich durch B_{fi} ausdrücken. Da im stationären Zustand die Zahl der Absorptions- und Emissionsprozesse pro Zeit gleich sein muß, gilt mit Gl. (3.1.17), (3.1.18) und (3.1.30)

$$\begin{aligned} N_i B_{fi} u_{(v)}(\nu, T) &= N_f (B_{if} u_{(v)}(\nu, T) + A_{if}) \\ &= N_f (B_{fi} u_{(v)}(\nu, T) + A_{if}) \; . \end{aligned} \tag{3.1.32}$$

Mit

$$u_{(v)}(\nu, T) = \frac{8\pi h \tilde{\nu}^3}{e^{\frac{h\nu}{kT}} - 1} \tag{3.1.33}$$

als Strahlungsdichte des schwarzen Strahlers (vgl. [Göp xx] oder [Wed 87]) und Gl. (3.1.20) gilt deshalb für gleiche Entartungsgrade $g_i = g_f$:

$$A_{if} = 8\pi h \tilde{\nu}^3 B_{if} \tag{\textbf{3.1.34}}$$

Dieses Ergebnis ist für die natürliche Linienbreite wichtig, die wir im nächsten Abschnitt behandeln werden.

3.1.2.3 Linienbreite und Auflösungsvermögen

Im Idealfall sollte jeder Peak eines Zweiniveau-Spektrums aus einer scharfen Linie bestehen. Tatsächlich gibt es jedoch verschiedene Faktoren, die zu einer sogenannten Linienverbreitung („Bande“) führen.

Ganz allgemein muß man dabei unterscheiden, ob die gemessene Linienbreite durch eine breite Energieverteilung des Anfangs- oder des Endzustandes oder durch den Meßprozeß selbst erzeugt wird. Die Verbreiterung des Anfangszustandes tritt insbesondere bei Molekülen in Lösungen oder in Festkörpern auf, die i.allg. eine Gaußverteilung statistischer Orientierungen um Mittelwertpositionen und dementsprechend auch gaußverteilte Wechselwirkungsenergien sowie sogenannte Banden als Übergänge zwischen breiten Anfangs- und Endzuständen zeigen. Inwieweit die Umgebung von Molekülen die entsprechenden Niveaus beeinflußt, muß daher jeweils überprüft werden. Einige Details dazu werden in Abschn. 3.1.2.4 diskutiert.

Wir werden hier zur Vereinfachung nur auf *Untersuchungen in Gasen* und dabei auf die Verbreiterung des Endzustandes (Abschn. 3.1.2.3.1) sowie die Dopplerverbreiterung in Abschn. 3.1.2.3.2 als spezielles Beispiel meßbedingter Verbreiterungen eingehen und alle apparativen Details außer acht lassen, obwohl diese in der Praxis häufig die gemessene Linienbreite bestimmen.

Man unterscheidet *homogene und inhomogene Verbreiterungen.* Homogen ist ein Verbreiterung, wenn alle Teilchen die gleiche Strahlung absorbieren oder emittieren, wie dies über die Einsteinkoeffizienten beschrieben wurde. Die Form einer solchen Bande entspricht einer Lorentz-Bande. Tragen verschiedene Teilchen nicht mit der gleichen Resonanzfrequenz zur Verbreiterung bei, so ist die Verbreiterung inhomogen, und die Bande besitzt Gauß-Form. Spielen beide Effekte für die Linienbreite eine Rolle, so ergibt sich eine i.allg. nicht in Einzelbeträge separierbare überlagerte Kurve, eine sogenannte Voigt-Bande.

3.1.2.3.1 Natürliche Linienverbreiterung, Druck- und Wandstoßverbreiterung

Nach der Heisenbergschen „Energie-Zeit-Unschärferelation“ (vgl. Gl. (2.1.25))

$$\Delta E \cdot \Delta t \geq \frac{\hbar}{2} \qquad \textbf{(3.1.35)}$$

kann man die Energie nur dann „genau“ bestimmen (also auf $\Delta E \approx 0$), wenn die Lebensdauer $\Delta t = \tau$ des angeregten Zustandes unendlich ist. Für eine endliche Lebensdauer läßt sich die Energiebreite (Linienverbreiterung) abschätzen über

$$\tau \cdot \Delta E \geq \frac{\hbar}{2} \tag{3.1.36}$$

bzw.

$$\tau \Delta\nu \geq \frac{1}{4\pi} \ . \tag{3.1.37}$$

Oft wird in grober Näherung $\tau\Delta\nu = 1$ zur Berechnung benutzt. Diese sog. *natürliche Linienbreite* wird beobachtet, wenn die Lebensdauer τ ausschließlich durch die spontane Emission begrenzt wird.

Ein angeregtes Molekül kann jedoch auch durch andere Prozesse desaktiviert werden. Diese Desaktivierung folgt oft einer Kinetik 1. Ordnung mit einer charakteristischen Zerfallskonzentration k_{coll} (Gl. (3.1.38)), wenn *Stöße der Teilchen* involviert sind. Fouriertransformiert man eine so verbreiterte Kurve (Lorentz-Bande), so folgt in der Zeitdomäne die bekannte e-Funktion für die Kinetik erster Ordnung

$$\frac{-dN_f}{dt} = k_{\text{coll}} N_f \tag{3.1.38}$$

mit

$$N_f(t) = N_f(0) e^{-k_{\text{coll}} t} \ . \tag{3.1.39}$$

Damit folgt für die Halbwertszeit $t_{1/2}$, bei der die Zahl angeregter Teilchen auf die Hälfte abgesunken ist,

$$t_{1/2} = \frac{\ln 2}{k_{\text{coll}}} = \frac{0,693}{k_{\text{coll}}} \tag{3.1.40}$$

oder für die mittlere Lebensdauer τ, bei der sie auf den e-ten Teil abgefallen ist,

$$\tau = \frac{1}{k_{\text{coll}}} \ . \tag{3.1.41}$$

Auch andere Prozesse zeigen Desaktivierung erster Ordnung. Die allgemeine Gesamtgeschwindigkeitskonstante erster Ordnung, k, setzt sich in Gasen daher aus den Geschwindigkeitskonstanten einer Reihe von Teilprozessen zusammen:

$$k = k_{\text{nat}} + k_{\text{rt}} + k_{\text{photo}} + k_{\text{coll,Mol}}(p) + k_{\text{coll,Wand}}(\text{geom.}) + \ldots \quad (3.1.42)$$

Dabei ist $k_{\text{nat}} = \frac{1}{\tau}$ (vgl. Gl. (3.1.43)) gleich dem Einsteinkoeffizient der spontanen Emission A_{if} und k_{rt}, k_{photo} und k_{coll} sind die Zeitkonstanten für strahlungslose Übergänge (**r**adiationless **t**ransitions), **photo**chemische Reaktionen und Stoßprozesse (**coll**isions) mit **Mol**ekülen (abhängig vom Druck p) und mit der Wand (abhängig von der **Geom**etrie).

Die Desaktivierung durch Stöße kann danach entweder durch Zusammenstöße mit anderen Molekülen oder durch Stoß mit der Wand erfolgen. Letzteres führt zur sogenannten Wandstoßverbreiterung und kann durch genügend große Probenzellen vermieden werden. Die Zusammenstöße mit anderen Molekülen werden um so häufiger sein, je größer der Druck p ist. Führt jeder Stoß zu einem Übergang, so ist $\Delta\nu$ proportional zum Druck.
Alle diese Effekte führen zu typischen homogenen Verbreiterungen.

Betrachtet man nur die spontane Emission als Desaktivierungsprozeß, so bezeichnet man τ als *natürliche mittlere Lebensdauer*. Aus Gl. (3.1.18), (3.1.38) und (3.1.41) erhalten wir

$$\tau = \frac{1}{A_{if}} = \frac{1}{k_{\text{nat}}} \,. \quad (3.1.43)$$

Im vorigen Abschnitt haben wir festgestellt, daß A_{if} proportional zu $\tilde{\nu}^3$ (und damit zu ν^3) ist. Je höher die Anregungsenergie und damit die Frequenz ist, um so breiter werden also die Linien.

Dieser Effekt liefert über Gl. (3.1.36) außerordentlich unterschiedliche natürliche Linienbreiten für elektronische und rotatorische Übergänge: Bei einem angeregten elektronischen Grundzustand (hohe Anregungsenergie, s. Abschn. 3.5.4) liegt die natürliche Lebensdauer in der Größenordnung von 10 ns. Damit erhalten wir $\Delta E \geq 5{,}3 \cdot 10^{-27}$ J, $\Delta\tilde{\nu} \geq 5{,}3 \cdot 10^{-4}$ cm^{-1}, $\Delta\nu \geq 16$ MHz. Für einen angeregten Rotationsübergang, der nur sehr wenig Energie erfordert, liegt $\Delta\nu$ im Bereich $10^{-4} - 10^{-5}$ Hz (vgl. auch Tab. 3.1.1).

3.1.2.3.2 Dopplerverbreiterung

Wenn ein freies Molekül Strahlung der Frequenz ν emittiert, so kann ein Detektor diese Wellenlänge nur dann empfangen, wenn das Molekül keine Relativbewegung zur Strahlungsquelle hat. Bewegt sich das Molekül auf den Detektor mit der Geschwindigkeit v zu, so empfängt der Detektor die Frequenz $(1+\frac{v}{c})\nu$, bewegt es sich von ihm weg, die Frequenz $(1-\frac{v}{c})\nu$. Dieser sogenannte Dopplereffekt folgt daraus, daß eine Bewegung der Quelle auf den Detektor zu einer Vergrößerung der Ausbreitungsgeschwindigkeit v und damit der Frequenz mit $(1+\frac{v}{c})\nu$ führt. Die Geschwindigkeitsverteilung von Molekülen ist in der Gasphase durch die Maxwellsche Geschwindigkeitsverteilung gegeben (s. [Göp xx] oder [Fin 85]). Damit ergibt sich für die resultierende Dopplerverbreiterung aus der mittleren thermischen Geschwindigkeit (vgl. Gl. (3.2.13))

$$\Delta\nu \sim \bar{v} \sim \sqrt{\frac{T}{m}} . \qquad (3.1.44)$$

Aus dieser Gleichung kann man entnehmen, daß für schwerere Moleküle und tiefere Temperaturen die Dopplerverbreiterung kleiner wird. Die Dopplerverbreiterung tritt nicht nur in den hier beschriebenen Emissionsspektren auf. Auch die von einem Molekül absorbierte Frequenz hängt davon ab, ob sich das Molekül auf die Strahlungsquelle zu oder von ihr weg bewegt (vgl. Mößbauerspektroskopie, Abschn. 3.5.9).
Der Dopplereffekt ist ein typisches Beispiel für eine inhomogene Verbreiterung.

Tab. 3.1.1
Anteile der Linienverbreiterung für verschiedene Spektroskopiearten

	UV $\nu = 10^{15}\mathrm{s}^{-1}$ ($\lambda = 300\,\mathrm{nm}$)		IR $\nu = 10^{13}\mathrm{s}^{-1}$ ($\lambda = 30\,\mu\mathrm{m}$)		MW $\nu = 10^{11}\mathrm{s}^{-1}$ ($\lambda = 3\,\mathrm{nm}$)	
	$\tau(s)$	$\Delta\nu(s^{-1})$	$\tau(s)$	$\Delta\nu(s^{-1})$	$\tau(s)$	$\Delta\nu(s^{-1})$
natürliche Linienbreite $\Delta\nu \sim \nu^3$	$8 \cdot 10^{-10}$	10^8	$8 \cdot 10^{-4}$	10^2	$8 \cdot 10^2$	10^{-4}
Dopplerverbreiterung $\Delta\nu \sim \nu$	$4 \cdot 10^{-11}$	$2 \cdot 10^9$	$4 \cdot 10^{-9}$	$2 \cdot 10^7$	$4 \cdot 10^{-7}$	$2 \cdot 10^5$
Druckverbreiterung ($p = 1\,\mathrm{bar}$) $\Delta\nu \sim$ const.	$8 \cdot 10^{-11}$	10^9	$8 \cdot 10^{-11}$	10^9	$8 \cdot 10^{-11}$	10^9

In Tab. 3.1.1 sind zum Abschluß in einer Übersicht typische Werte für die einzelnen Anteile an der Linienverbreiterung freier Moleküle aufgelistet.

3.1.2.3.3 Einfluß auf das Lambert-Beersche Gesetz

Die Abhängigkeit der Intensität vom Streuquerschnitt bzw. vom dekadischen Absorptionskoeffizienten und der Konzentration haben wir bereits in Abschn. 3.1.1 besprochen. Dort haben wir angegeben, daß Gl. (3.1.13) nur bei monochromatischem Licht gültig ist. Für nicht monochromatisches Licht und endliche Linienbreite muß man in Gl. (3.1.13) statt ε ein mittleres $\bar{\varepsilon}$ einsetzen, das über eine Bande gemittelt wurde, deren Begrenzung näherungsweise durch $\tilde{\nu}_2 - \tilde{\nu}_1 = 3\Delta\tilde{\nu}_{1/2}$ gegeben ist (vgl. Abb. 3.1.12).

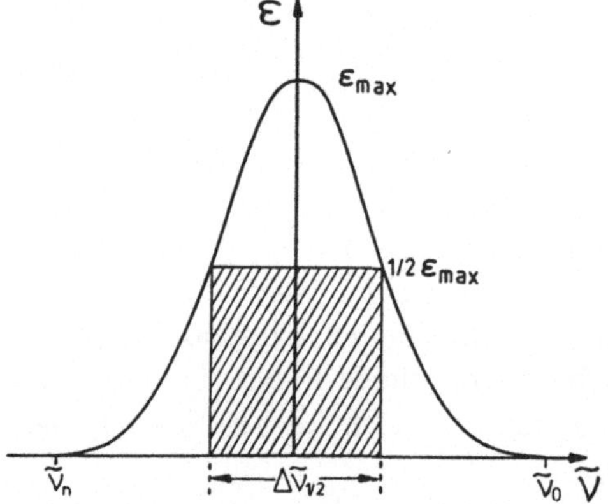

Abb. 3.1.12
Absorptionsbande: Die schraffierte Fläche mit $\bar{\varepsilon} \cdot \Delta\tilde{\nu}_{1/2}$ ist halb so groß wie die Gesamtfläche der Kurve $\int \varepsilon(\tilde{\nu})d\tilde{\nu}$

Mit

$$\frac{\int \varepsilon(\tilde{\nu})d\tilde{\nu}}{2\Delta\tilde{\nu}_{1/2}} = \bar{\varepsilon} \qquad (3.1.45)$$

gilt:

$$\lg \frac{I(0)}{I} = \bar{\varepsilon}(\tilde{\nu})cd = \frac{1}{2\Delta\tilde{\nu}_{1/2}} \left[\int_{\text{Bande}} \varepsilon(\tilde{\nu})d\tilde{\nu} \right] \cdot c \cdot d \qquad (3.1.46)$$

3.1.2.3.4 Definition des Auflösungsvermögens

Die Linienbreite begrenzt das sog. Auflösungsvermögen. Bei experimentellen Daten ist allgemein zwischen dem theoretischen Auflösungsvermögen zu unterscheiden, das durch die natürliche Linienbreite und damit im wesentlichen durch die Wellenlänge der verwendeten Strahlung bestimmt wird, und dem praktischen Auflösungsvermögen, das durch die nicht-idealen Daten des Instruments zusätzlich begrenzt ist. Es gibt unterschiedliche Definitionen dafür, wann zwei nebeneinanderliegende Peaks als aufgelöst gelten und wann nicht. Als ein Beispiel ist in Abb. 3.1.13 die „10%-Tal Definition" gezeigt, die z.B. in der Massenspektrometrie Anwendung findet. Hierbei ist bei „aufgelösten" Peaks die Talsohle zwischen zwei Peaks nicht höher als 10% der Peakhöhe.

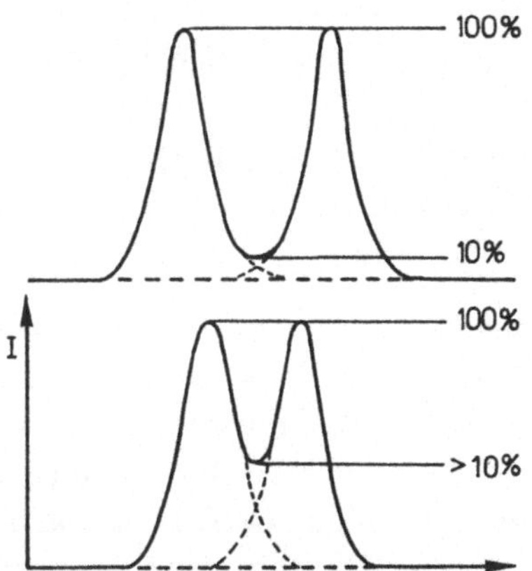

Abb. **3.1.13**
Darstellung eines aufgelösten (a) und eines nicht aufgelösten (b) Peaks nach der 10%-Tal-Definition

3.1.2.4 Elektromagnetische Strahlungsspektren im Überblick: Dispersion der Dielektrizitätskonstanten

Die bisherigen Betrachtungen zur Wechselwirkung von elektromagnetischer Strahlung mit Materie bezogen sich auf ein Zweiniveau-System. Energieabstände zwischen diesen Niveaus können um viele Größenordnungen variieren. Darüberhinaus gibt es noch andere Wechselwirkungsprozesse, die sich in charakteristischen Frequenzbereichen durch Wechselwirkungen mit dieser Strahlung äußern.

Einen guten Überblick aller Prozesse kann man gewinnen, wenn man die Dielektrizitätskonstante (DK) $\tilde{\varepsilon}_r$ als Funktion der Frequenz der elektromagnetischen Strahlung von niedrigen (Radio-) bis zu hohen (Kernstrahlungs-)

Frequenzen aufträgt. Dabei kann insbesondere der Imaginärteil ε_r'' der komplexen Dielektrizitätskonstanten $\tilde{\varepsilon}_r$ mit dem impulsabhängigen Wirkungsquerschnitt q aus Gl. (3.1.3) korreliert werden.

Die Dielektrizitätskonstante (DK) wird häufig nur in einem statischen $\underline{E}$-Feld von Plattenkondensatoren diskutiert (vgl. auch Anhang 5.2.2.6). Wir werden nun sehen, welchen Einfluß ein elektromagnetisches Wechselfeld $E(\omega)$ auf die Polarisation $\underline{P}$ in der untersuchten Substanz und damit auf die DK hat. $\underline{P}$ beruht dabei auf der Verschiebung der Ladungsschwerpunkte im Atom und/oder der Ausrichtung evtl. vorhandener permanenter Dipole im Feld (vgl. Gl. (5.2.67)), d.h. auf Dipoleffekten. Auch in den bisherigen Abschnitten 3.1.2.1–3.1.2.3 sind wir davon ausgegangen, daß elektromagnetische Strahlung, d.h. ein elektromagnetisches Wechselfeld mit Dipolen in der Materie wechselwirkt. Dabei haben wir allerdings immer angenommen, daß die Resonanzbedingung der Gl. (3.1.15) gültig ist. Wir wollen nun ein generelles Konzept kennenlernen, das es erlaubt, sowohl Resonanzphänomene über den ganzen Spektralbereich als auch Relaxationsprozesse zu beschreiben. Letztere werden hier nur qualitativ besprochen, zur quantitativen Beschreibung s. z.B. [Göp 94] oder [Smy 55].

Ein $\underline{E}$-Feld erzeugt durch Induzierung oder Ausrichtung von Dipolen $\underline{\mu}$ eine Polarisation $\underline{P} = \Sigma\underline{\mu}/V$ in einem Dielektrikum. Legt man nun ein Wechselfeld an das Dielektrikum, so wird sich die Richtung der Polarisation mit der gleichen Frequenz ändern wie das eingestrahlte Feld. Man kann sich dabei vorstellen, daß die Polarisation bzw. die dielektrische Verschiebung $\underline{D}$ mit einer Phasenverschiebung auf das Wechselfeld $\underline{E}$ reagiert. Die Dielektrizitätskonstante, die nach Gl. (5.2.64) den Zusammenhang zwischen diesen Größen vermittelt, ist deshalb i. allg. eine komplexe Größe.

Die erzwungene Polarisation wird mit steigender Frequenz des $\underline{E}$-Feldes diesem immer weniger und bei hohen Frequenzen überhaupt nicht mehr folgen. Der langsamste Polarisationsprozeß mit der niedrigsten Frequenz ist die Ausrichtung permanenter Dipole (Orientierungspolarisation, vgl. Anhang 5.2.2.6). Diese ist durch Reibung in kondensierter Materie i.allg. noch verlangsamt, so daß oberhalb einer bestimmten Frequenz nur noch die sog. Verschiebungspolarisation auftritt. Bei noch höheren Frequenzen kann auch die Atom- bzw. Ionen- und bei sehr hohen Frequenzen die Elektronenpolarisation dem Feld nicht mehr folgen. Die Dielektrizitätskonstante besitzt dann den Wert eins des Vakuums. Alle diese Prozesse sind typische Relaxationsprozesse. Man versteht dabei unter dielektrischer Relaxation den exponentiellen zeitlichen Abfall der Polarisation in einem Dielektrikum, wenn das äußere angelegte Feld entfernt wird [Smy 55]. Die Relaxationszeit τ ist dabei definiert als die Zeit, in der die Polarisation auf $1/e$ des Ausgangswertes abgefallen ist.

Bei bestimmten Resonanzfrequenzen reicht die Energie der elektromagnetischen Strahlung gerade aus, um Übergänge zwischen diskreten Energieniveaus in der Materie zu ermöglichen (vgl. Gl. (3.1.15) bzw. zur Berechnung der Energiezustände Kap. 2). An diesen Stellen wird sich deshalb auch die Dielektrizitätskonstante anomal verhalten.

Wir wollen nun mit einem klassischen Oszillatormodell den Verlauf der Dielektrizitätskonstante an solchen Resonanzstellen berechnen. Man stellt sich dabei vor, daß die elektrische Feldkomponente der elektromagnetischen Strahlung, $E = E_0 e^{i\omega t}$, mit den Ladungen der Materie wechselwirkt und diese zu harmonischen Schwingungen der Kreisfrequenz ω anregt. Dies beschreibt die oben beschriebene Reaktion der Verschiebungspolarisation auf das E-Feld. Diese erzwungene Schwingung wird normalerweise gedämpft sein, da immer Energieverluste im System auftreten. Man erhält damit die folgende Differentialgleichung der Kräfte für eine eindimensionale Bewegung mit der von außen mit der Frequenz ω einwirkenden Kraft $q \cdot E_0 e^{i\omega t}$:

$$m\ddot{x} + R\dot{x} + kx = qE_0 e^{i\omega t} \tag{3.1.47}$$

R ist die Dämpfungskonstante.

Die Amplitude $\tilde{x}_0$ der erzwungenen Schwingung ist eine komplexe Größe. Durch Lösen der Differentialgleichung erhalten wir

$$\tilde{x}_0(\omega) = \frac{q}{m} \frac{E_0}{\omega_0^2 - \omega^2 + i\frac{R}{m}\omega} \tag{3.1.48}$$

mit $\omega_0 = \sqrt{\frac{k}{m}}$ als Eigenfrequenz.

Daraus ergibt sich für das Dipolmoment

$$\tilde{\mu}_{\text{el}} = q\tilde{x}_0(\omega) \tag{3.1.49}$$

und für die Polarisation

$$\underline{\tilde{P}} = \frac{\sum \underline{\tilde{\mu}}_{\text{el}}}{V} = \frac{N}{V}\underline{\tilde{\mu}}_{\text{el}} = N_{(v)}\underline{\tilde{\mu}}_{\text{el}} \tag{3.1.50}$$

mit $N_{(v)}$ als Anzahl von Oszillatoren pro Volumen.

Nach Gl. (5.2.64) (Anhang 5.2.2.6) hängen $\underline{P}$ und $\underline{E}$ über die Größe $\tilde{\varepsilon}_r$ zusammen:

$$\underline{\tilde{P}} = (\underline{\underline{\tilde{\varepsilon}}}_r - 1)\varepsilon_0 \underline{E}_0 \tag{3.1.51}$$

Damit folgt für $\tilde{\varepsilon}_r(\omega)$, wenn wir im folgenden isotropes ε_r annehmen:

$$\tilde{\varepsilon}_r(\omega) = 1 + \frac{N_{(v)} q \tilde{x}_0(\omega)}{\varepsilon_0 E} \tag{3.1.52}$$

$\tilde{\varepsilon}_r(\omega)$ kann in den Realteil ε_r' und den Imaginärteil ε_r'' aufgespalten werden:

$$\begin{aligned} \tilde{\varepsilon}_r(\omega) \quad = \quad & 1 + \frac{N_{(v)} q^2}{\varepsilon_0 m} \frac{\omega_0^2 - \omega^2}{(\omega_0^2 - \omega^2)^2 + \frac{R^2}{m^2}\omega^2} \\ & - i \frac{N_{(v)} q^2}{\varepsilon_0 m} \frac{\frac{R}{m}\omega}{(\omega_0^2 - \omega^2)^2 + \frac{R^2}{m^2}\omega^2} \end{aligned} \tag{3.1.53a}$$

$$\tilde{\varepsilon}_r(\omega) = \varepsilon_r'(\omega) - i\varepsilon_r''(\omega) \tag{3.1.53b}$$

Der Brechungsindex und damit verbunden die Ausbreitungsgeschwindigkeit elektromagnetischer Wellen wird durch [Ger 77]

$$n^2 = \varepsilon_r \mu_r \tag{3.1.54}$$

mit μ_r als (magnetische) relative Permeabilitätszahl bzw. bei optischen Frequenzen ($\mu_r \approx 1$) durch

$$n^2 = \varepsilon_r \tag{3.1.55}$$

bestimmt.

Analog zur komplexen Dielektrizitätskonstanten wird ein komplexer Brechungsindex $\tilde{n}$ definiert mit

$$\tilde{n} = n(1 - i\kappa) \ . \tag{3.1.56}$$

Wie sich zeigen wird (s.u.), kann man n mit dem normalen Brechungsindex identifizieren, während κ mit dem Absorptionskoeffizienten zusammenhängt.

Aus den Gleichungen (3.1.53), (3.1.55) und (3.1.56) erhält man die Dispersionsgleichungen:

$$\varepsilon_r' = n^2 - n^2\kappa^2 = 1 + \frac{N_{(v)}q^2}{\varepsilon_0 m} \frac{\omega_0^2 - \omega^2}{(\omega_0^2 - \omega^2)^2 + \frac{R^2}{m^2}\omega^2} \tag{3.1.57}$$

$$\varepsilon_r'' = 2n^2\kappa = \frac{N_{(v)}q^2}{\varepsilon_0 m} \frac{\frac{R}{m}\omega}{(\omega_0^2 - \omega^2)^2 + \frac{R^2}{m^2}\omega^2} \tag{3.1.58}$$

Für sehr hohe Frequenzen geht ε_r'' gegen null (Nenner in Gl. (3.1.58) sehr groß) und ε_r' gegen eins. Bei $\omega = \omega_0$, also an der Resonanzstelle, wird ε_r' ebenfalls gleich 1 und ε_r'' nimmt einen Maximalwert an. Würde das Dämpfungsglied in Gl. (3.1.57) fehlen, so würde ε_r' eine Unstetigkeitsstelle bei ω_0 besitzen und gegen $\pm\infty$ gehen. Dieses Verhalten ist in Abb. 3.1.14 schematisch dargestellt.

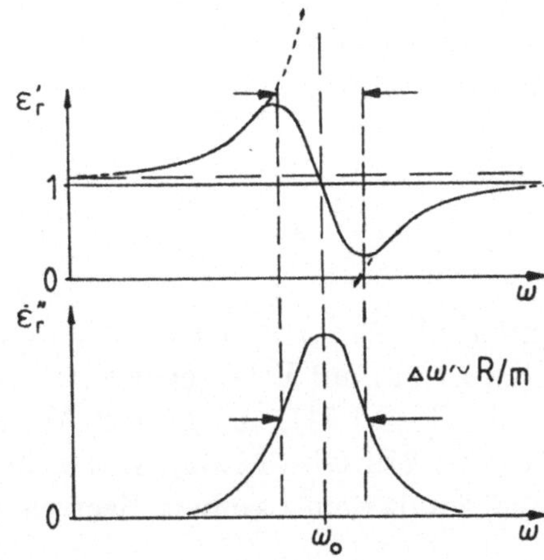

Abb. **3.1.14**
Real- (oben) und Imaginärteil (unten) der Dielektrizitätskonstante als Funktion der Frequenz im Bereich einer einzelnen Resonanzstelle der Resonanzfrequenz ω_0. Die Pfeile an der gestrichelten Kurve deuten an, daß sich bei Fehlen des Dämpfungsgliedes $R\dot{x}$ in Gl. (3.1.57) bei ω_0 eine Unstetigkeitsstelle ergeben würde, bei der ε_r' gegen $\pm\infty$ geht.

Um die Bedeutung der letzten Gleichungen für ein reales Experiment zu verstehen, betrachten wir die Intensität der elektromagnetischen Strahlung. Der Betrag des Wellenzahlvektors k hängt definitionsgemäß mit dem Brechungsindex n zusammen:

$$n = \frac{\lambda_0}{\lambda} = \frac{k}{k_0} = \frac{c_0}{c} \tag{3.1.59}$$

λ_0, k_0 und c_0 sind die Wellenlänge, Wellenzahl und Lichtgeschwindigkeit im Vakuum. Damit gilt:

$$\tilde{k} = k_0\tilde{n} = k_0 n - in\kappa k_0 \tag{3.1.60}$$

Setzt man dies in die Gleichung einer ebenen Welle (s. Anhang 5.2.1.4) ein, so erhält man:

$$\begin{aligned} E &= E_0 e^{i\omega t - i\tilde{k}x} = E_0 e^{i\omega t} e^{-ik_0\tilde{n}x} \\ &= E_0 e^{i\omega t} e^{-ik_0 nx} e^{-n\kappa k_0 x} \end{aligned} \tag{3.1.61}$$

Die Intensität entspricht dem Amplitudenquadrat der Welle, also gilt

$$I(x) \sim (E_0 e^{-n\kappa k_0 x})^2 = E_0^2 \cdot e^{-2n\kappa k_0 x}$$

und mit Gl. (3.1.58) und $E_0^2 = I_0$

$$I(x) \sim I_0 e^{-\frac{\varepsilon_r''(\omega) k_0 x}{n}} = I_0 e^{-\frac{\varepsilon_r''(\omega) 2\pi \cdot x}{n\lambda_0}} = I_0 e^{-\mu x} \tag{3.1.62}$$

mit μ als Absorptionskoeffizienten (häufig auch a genannt, vgl. dazu auch Gl. (3.1.12) mit Erläuterungen). μ ist die reziproke mittlere freie Weglänge Λ (vgl. Gl. (3.1.1)), aus der sich Wirkungsquerschnitte abschätzen lassen (vgl. Gl. (3.1.2)). Gl. (3.1.62) ist damit eine andere Schreibweise von Gl. (3.1.12) und damit dem Lambert Beerschen Gesetz.

Die Intensität der einfallenden Strahlung wird also durch den Imaginärteil von ε_r'' verändert: Bei Frequenzen, bei denen das System keine Resonanzenergie aufnehmen kann, ist $\varepsilon_r'' = 0$ und $I(x) = I_0$. Bei der Resonanzfrequenz besitzt ε_r'' dagegen einen endlichen Wert und I_0 wird geschwächt. Es treten Absorptionsbanden auf, wenn in Materie Resonanzübergänge stattfinden.

Nachdem wir das Verhalten der Dielektrizitätskonstante an einer möglichen Resonanzstelle bei ω_0 berechnet haben, wollen wir das allgemeine Verhalten der Dielektrizitätskonstante mit einer Reihe verschiedener Resonanzphänomene mit Resonanzstellen $\omega_{0,i}$ (bzw. $\nu_{0,i}$) besprechen. Zur Übersicht ist dazu in Abb. 3.1.15 die Frequenzabhängigkeit der Dielektrizitätskonstante für freie Moleküle, Moleküle in Lösung, Halbleiter (bzw. Isolatoren) und Metalle schematisch gezeigt.

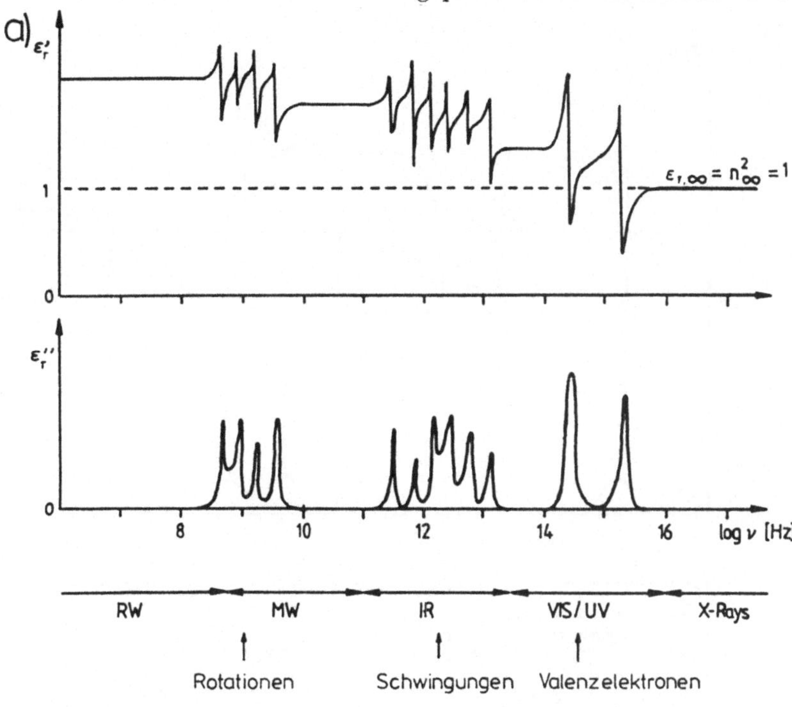

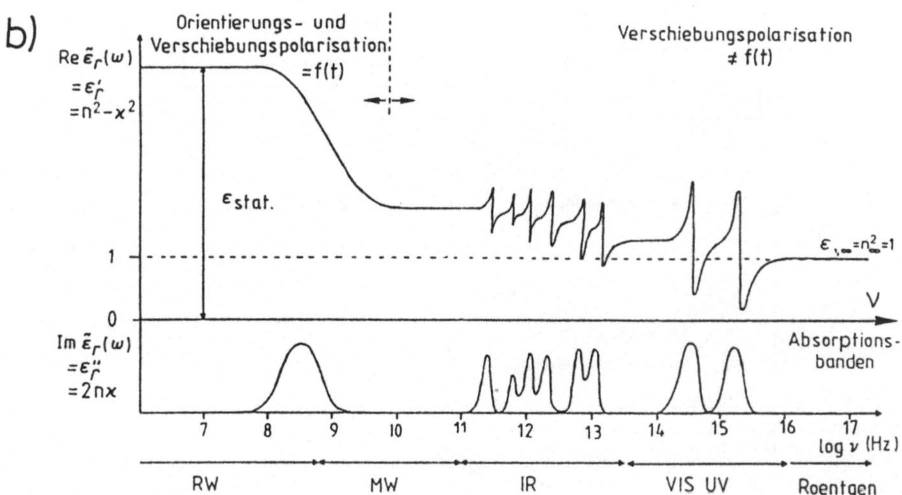

Abb. **3.1.15**
Frequenzabhängigkeit des Real- und Imaginärteils der dielektrischen Konstante für – (a) freie Moleküle – (b) Moleküle in Lösung – (c) Halbleiter und Isolatoren [(1) Einfluß freier Ladungsträger (Elektronen, Ionen), (2) Relaxation von Raumladungen, z.B. an Korngrenzen (s. Detailbild), (3) und (4) Anregung transversaler (TO) und longitudinaler (LO) optischer Phononen (vgl. Abschn. 2.6.5), (5), (6) und (7) elektronische Anregungen (s. Detailbild) und (8) Anregung von Plasmonen (vgl. Abschn. 2.6.6.1)] – (d) Metalle

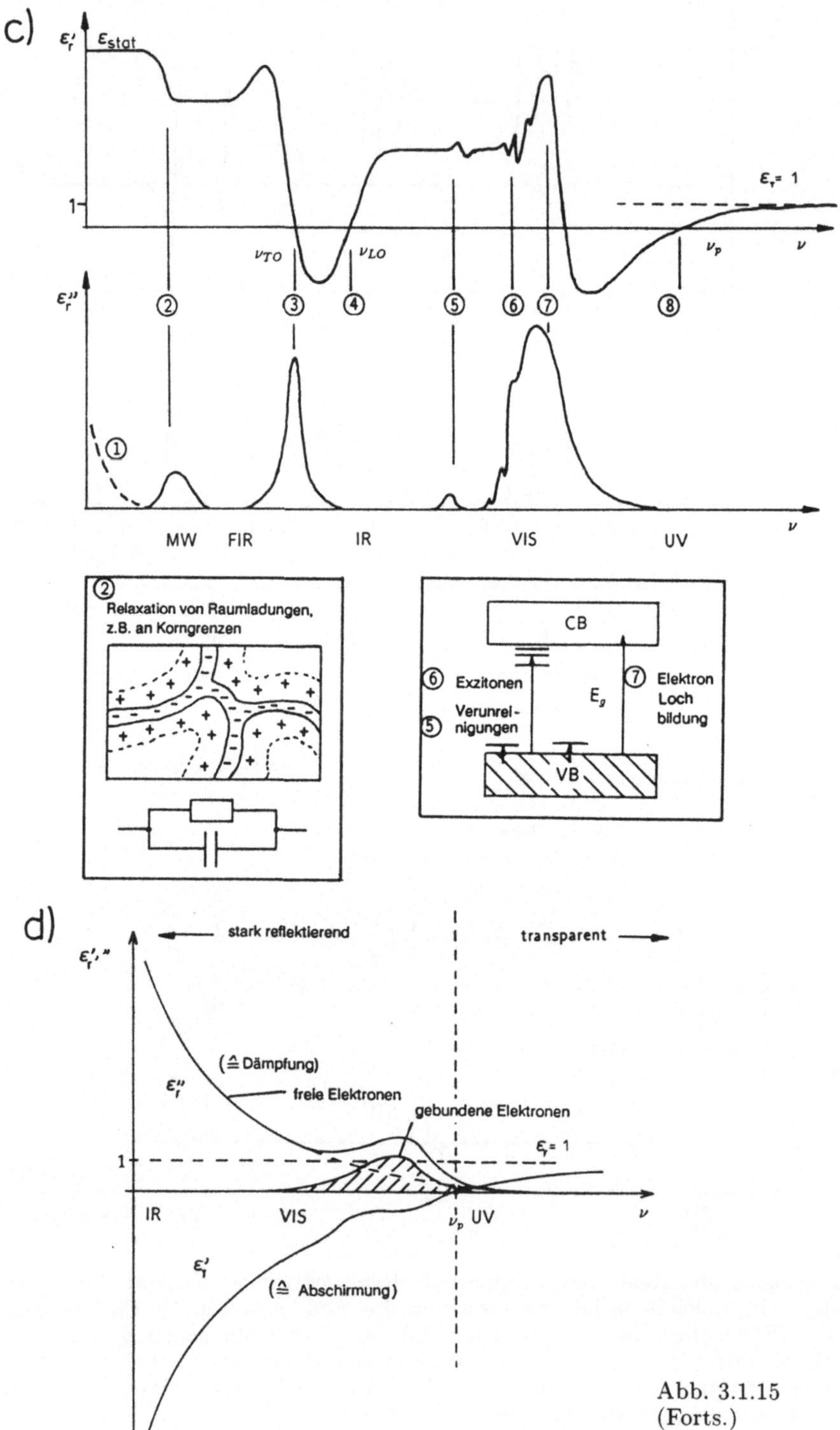

Abb. 3.1.15 (Forts.)

Im Frequenzverlauf für *freie Moleküle* treten charakteristische Resonanzen für Rotationen, Schwingungen und elektronische Niveaus auf, da in einem Molekül verschiedene mögliche Übergänge und damit Beiträge zur Polarisation auftreten. Bei sehr niedrigen Frequenzen tragen alle Beiträge zur Dielektrizitätskonstanten additiv bei, während zu höheren Frequenzen immer weniger Anteile zum Gesamtdipolmoment unterhalb der jeweiligen Resonanzfrequenz von Einzelanregungen induziert werden können und schließlich $\varepsilon = 1$ für große ω folgt.

Bei *Molekülen in Lösung* treten durch die intermolekulare Wechselwirkung keine Rotationen mehr auf. Stattdessen tritt die bereits oben besprochene „Reibung" von permanenten Dipolen bei ihrer Umorientierung im Feld auf. Die Erzeugung von Reibungswärme ist ebenfalls ein Verlustprozeß, so daß ε_r'' ein Maximum zeigt. Das Verhalten von ε_r' ist dabei jedoch in charakteristischer Weise verschieden und läßt sich nicht über das Modell für Resonanzeffekte, sondern nur über das Modell für Relaxationseffekte (s.o. bzw. [Göp 94]) beschreiben.

Auch in *Festkörpern* tragen die verschiedenen Schwingungs- und elektronischen Polarisierungseffekte zur dielektrischen Funktion bei. Allerdings sind die entsprechenden Banden als Folge der „intermolekularen" Wechselwirkung i.allg. wesentlich breiter als bei freien Molekülen. Prozeß (2) in Abb. 3.1.15c beschreibt wieder die für kondensierte Materie typischen Reibungseffekte. Prozeß (1) tritt nur in Halbleitern, jedoch nicht in Isolatoren auf und beschreibt den Einfluß freier Ladungsträger (s.u.). Da nur wenige freie Ladungsträger vorhanden sind, ist der Effekt in ε_r', der alle Prozesse erfaßt, nur gering. Bei den Prozessen (3) und (4) handelt es sich um transversale bzw. longitudinale Schwingungsmoden im Festkörper, deren Dipolmomente mit dem äußeren elektromagnetischen Feld wechselwirken. Die Bildung von Elektron-Loch-Paaren durch optisch induzierte Übergänge zwischen Valenz- und Leitungsband in Halbleitern und Isolatoren ist für die Prozesse (5) und (6) im nahen Infrarotbereich bei Halbleitern bzw. im UV- und sichtbaren Bereich bei Isolatoren verantwortlich. Ein typischer Festkörpereffekt sind resonante Schwingungen des Elektronenkollektivs gegenüber den positiven Ionenrümpfen (8), die Plasmonen (vgl. Abschn. 2.6.6.1).

Metalle zeigen hier ein besonderes Verhalten (s. dazu z.B. auch [Iba 90]). Die hohe Elektronendichte führt zur Abschirmung äußerer elektrischer Felder, die jedoch wegen der Trägheit der Elektronen mit zunehmender Frequenz des eingestrahlten elektromagnetischen Feldes immer wirkungsloser wird. Die Abschirmung findet ihren Ausdruck in einem negativen Realteil der Dielektrizitätskonstante. Oberhalb der Resonanzfrequenz des Elektronenkollektivs — der Plasmafrequenz — wird ε_r' wieder positiv und das Metall durchsichtig.

Quantitativ läßt sich das Verhalten durch die Eigenfrequenz des Systems $\omega_0 = 2\pi\nu_0 = 0$ beschreiben. Nach Gl. (3.1.57) und (3.1.58) bedeutet das, daß ε_r' mit $1 - \frac{1}{\omega^2}$ zu- und ε_r'' mit $\frac{1}{\omega^3}$ bei steigender Frequenz abnimmt. Das Reibungsglied im Nenner ist jeweils vernachlässigbar klein gegenüber dem anderen Faktor. Dies entspricht dem oben berechneten Verhalten für $\omega_0 = 0$, wenn man von hohen Frequenzen kommt. Die zusätzlich vorhandenen gebundenen Elektronen können zusätzlich Absorptionspeaks in ε_r'' erzeugen.

Details zur Feinstruktur von ε bei höheren Frequenzen finden sich in den folgenden Kapiteln bei der Beschreibung der spektroskopischen Methoden, die auf der Absorption von elektromagnetischer Strahlung in bestimmten Frequenzbereichen beruhen.

3.2 Versuchsanordnungen im Überblick

In diesem Abschnitt sollen einige typische Spektrometer und ihre Komponenten vorgestellt werden.

3.2.1 Prinzipieller Spektrometeraufbau

In Abb. 3.2.1 ist der Aufbau eines typischen Spektrometers gezeigt. Als Sonden werden oft Photonen, aber auch Elektronen, Atome, Moleküle oder Ionen verwendet, die entweder selbst oder deren Reaktion auf andere emittierte Teilchen oder Wellen nachgewiesen werden. Durch elektrische und magnetische Zusatzfelder, Untersuchung bei verschiedenen Temperaturen etc. lassen sich zusätzliche Informationen über entsprechende Spektroskopien (wie z.B. NMR, ESR, TDS, DTA, Erklärung der Abkürzungen s. Anhang 5.5.9) erzielen (vgl. auch Abb. 1.1.8).

In Abschn. 3.1.1 haben wir den Begriff des Streuquerschnitts kennengelernt. Über energie- und winkel- (oder wellenvektor-) abhängige Stoßquerschnitte $q(E, \Omega)$ oder $q(E, \underline{k})$ lassen sich die durch unterschiedliche Meßanordnungen erfaßten energie- und winkelabhängigen Wechselwirkungen formal

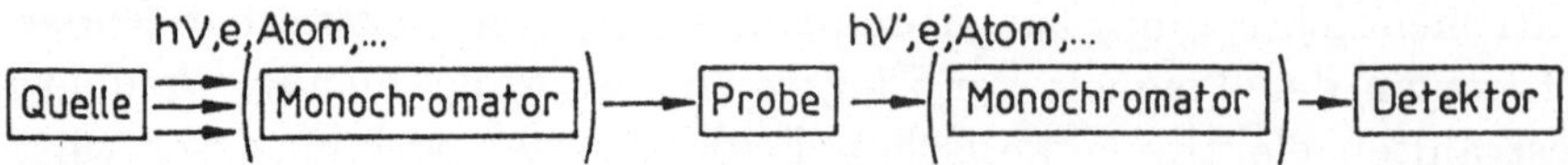

Abb. **3.2.1**
Prinzipieller Aufbau eines Spektrometers

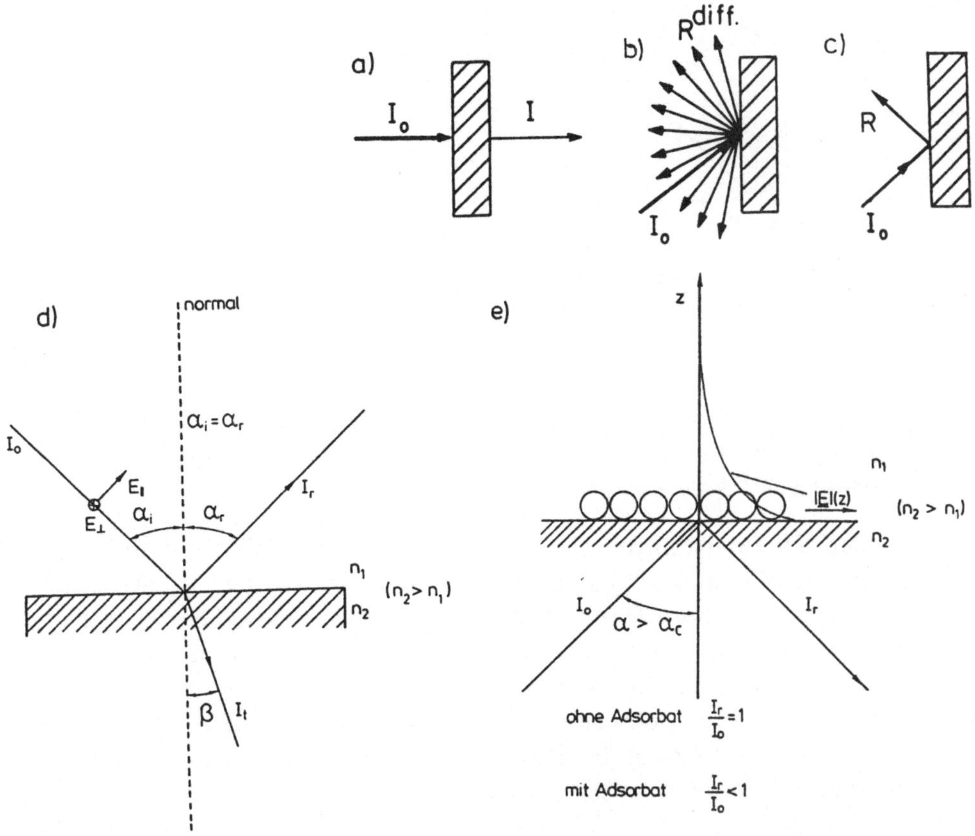

Abb. 3.2.2
Übliche Probenanordnungen in der optischen Spektroskopie – (a) Transmission — (b) diffuse Reflexion — (c) elastische, gerichtete Reflexion — (d) Reflexion und Brechung bei kontrollierter Einstellung des einfallenden elektrischen Feldvektors $\underline{E} = (E_\perp, E_\parallel)$ bezüglich der Einfallsebene. Messung der (frequenzabhängigen) Änderung dieser Komponenten erfolgt in der Ellipsometrie (vgl. Abschn. 3.5.4.3.5). n_1 und n_2 sind Brechungsindizes. — (e) geschwächte Totalreflexion (Attenuated Total Reflection, ATR). α_c ist der kritische Winkel der Totalreflexion, $|\underline{E}|$ das exponentiell abfallende elektrische Feld im Außenraum. Kreise deuten Adsorbatmoleküle an.

beschreiben. In Abb. 3.2.2 sind Beispiele üblicher Probenanordnungen in der *optischen Spektroskopie* gezeigt. Für alle Anordnungen können entweder Photonen detektiert werden, deren Frequenzen sich bei der Wechselwirkung geändert ($\Delta E \neq 0$) oder nicht geändert ($\Delta E = 0$) haben.

In Abb. 3.2.3 ist die schematische Anordnung eines Photoemissionsexperiments gezeigt (vgl. dazu auch Abschn. 3.5.5). In solchen Experimenten wird die Probenoberfläche mit Photonen der Energie $h\nu$ bestrahlt. Durch den äußeren Photoeffekt werden Elektronen emittiert, die anschließend detek-

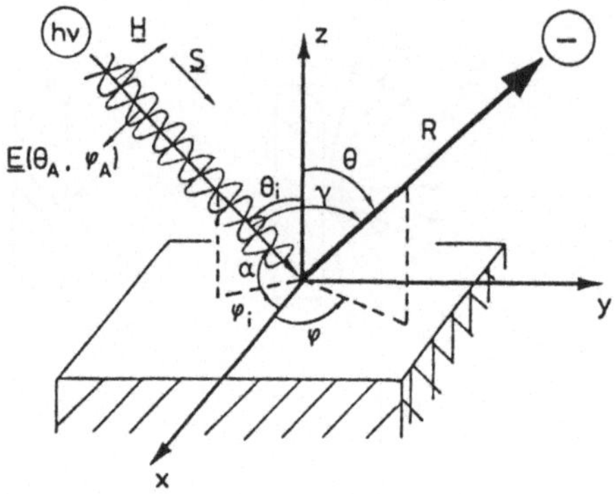

Abb. 3.2.3
Schematische Anordnung eines Photoemissionsexperiments mit definierter Probengeometrie i.B.a. einfallende Photonen $h\nu$ und emittierte Elektronen (−). $\underline{S} = \underline{E} \times \underline{H}$ ist der Pointingvektor zur Charakterisierung von Energiedichte und Ausbreitungsrichtung des elektromagnetischen Feldes, φ der Azimutwinkel.

tiert werden. Die Meßanordnung ist über verschiedene Winkel definiert, die die Einfalls-, Emissions- und Polarisationsrichtung angeben. In Abb. 3.2.3 sind zur vereinheitlichten Darstellung mehr Winkel angegeben, als für eine eindeutige Bestimmung notwendig sind. In besonders aufwendigen Experimenten wird auch die Spinorientierung der emittierten Elektronen gemessen. In üblichen Laborspektrometern wird bei festen Einfalls- und Emissionswinkeln ohne Festlegung der Polarisationsrichtung und Spinorientierung mit konstanter Photonenenergie gemessen.

3.2.2 Typische Quellen

Tab. 3.2.1 gibt eine einfache Übersicht über typische Quellen.

Tab. **3.2.1**
Typische Quellen für Spektrometer

Photonen	Transistoren, Radioröhren, Reflexklystrons, Gundioden, Nernststifte, Globare, Halogen- oder Gasentladungs-Lampen, Röntgenröhren, Gammastrahlung, Synchrotrons, ...
Elektronen	Heiße Drähte (Kathoden), Tunnelemission in hohen elektrischen Feldern, ...
Atome und Moleküle	Molekularstrahlen durch Gasexpansion, Knudsenzellen, ...
Ionen	Atom- und Molekülstrahlen mit Nachionisation durch Elektronen, Plasmaentladungen, Gasentladungsquellen, Flüssigmetallionenquellen, ...
Neutronen	Kernreaktionen

Die verschiedenen *Photonenquellen* sind in Tab. 3.2.1 nach steigender Frequenz geordnet. Besonders vielseitig einsetzbar ist die Synchrotronstrahlung in Kombination mit geeigneten Monochromatoren, da sie den gesamten Energiebereich vom Infraroten bis zur Röntgenstrahlung überstreicht. Dies ist in Abb. 3.2.4 schematisch gezeigt.

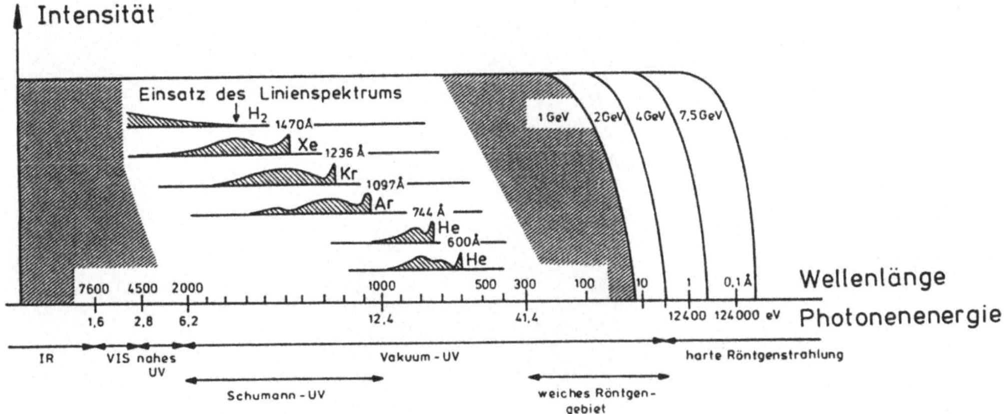

Abb. 3.2.4
Charakteristisches Photonenfrequenzspektrum von Synchrotrons, die bei verschiedenen Elektronenbeschleunigungsenergien (1–7,5 GeV) betrieben werden, und Gasentladungslampen im Vergleich [Ley 79]

Synchrotronstrahlung wird von gepulsten schnellen Elektronen auf Kreisbahnen erzeugt. Bei niedrigeren Geschwindigkeiten weit unter der Lichtgeschwindigkeit sind die Elektronen von einem symmetrischen $\underline{E}$-Feld umgeben (s. Abb. 3.2.5b). Bewegen sich die Elektronen jedoch mit relativistischer Geschwindigkeit, also nahe der Lichtgeschwindigkeit, so strahlen sie elektromagnetische Felder ab mit charakteristischer gepulster Intensität über einen weiten Frequenzbereich mit scharfer Richtungsbündelung und Polarisation (Abb. 3.2.5c).

In Synchrotrons werden die relativistischen Elektronen mit starken Magneten auf enge Kreisbahnen gezwungen (Abb. 3.2.5a). Dadurch wird linear polarisierte, fokussierte Strahlung erzeugt (Abb. 3.2.5d). In den angeschlossenen Labors können über Monochromatoren Teilbereiche des Spektrums für gezielte Spektroskopiearten ausgewählt werden. Typische Beispiele sind PARUPS, PARCFS, PARCIS (vgl. Abschn. 3.5.5.3), (S)EXAFS, NEXAFS (vgl. Abschn. 3.3.4), Röntgenstrukturuntersuchungen kleinster Kristallite mit Durchmesser $< 1\,\mu$m (vgl. Abschn. 3.3.3.2.1) oder das Studium schneller Strukturänderungen mit Zeitkonstanten < 1 ms. Andere Anwendungen nutzen die gezielte Zerstörung von Materie mit Röntgenstrahlen aus, z.B.

bei der Röntgenlithographie im Submikronbereich für die Mikroelektronik (vgl. [Göp 94]).

Elektronenstrahlen werden meist durch thermische Emission aus heißen Kathoden erzeugt. Bei reinem Wolfram sind relativ hohe Temperaturen erfor-

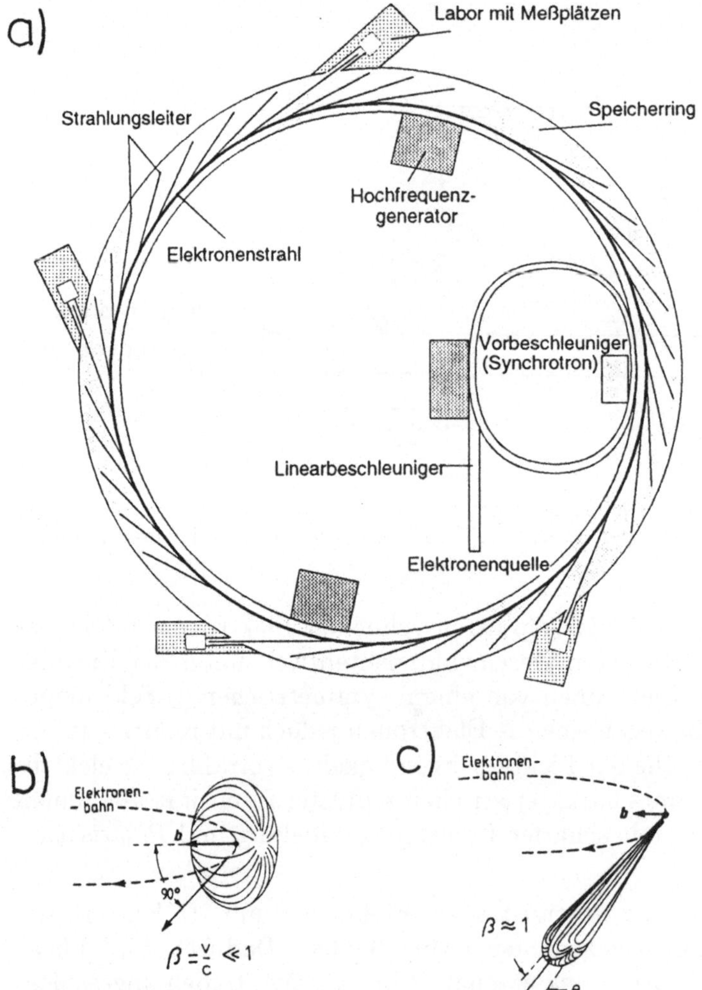

Abb. **3.2.5**
Erzeugung von Synchrotronstrahlung (schematisch). Die dazu erforderlichen Elektronen werden vor dem Linearbeschleuniger als Pulse erzeugt und über diesen und einen Vorbeschleuniger mit hoher Geschwindigkeit ($v \approx c$) in den Speicherring eingeschleust.
a) Gesamtdarstellung mit dem Speicherring, aus dem Strahlung in die einzelnen Labors radial emittiert wird (nach [Win 88])
b) Feldlinien nicht-relativistischer Elektronen
c) Feldlinien relativistischer Elektronen

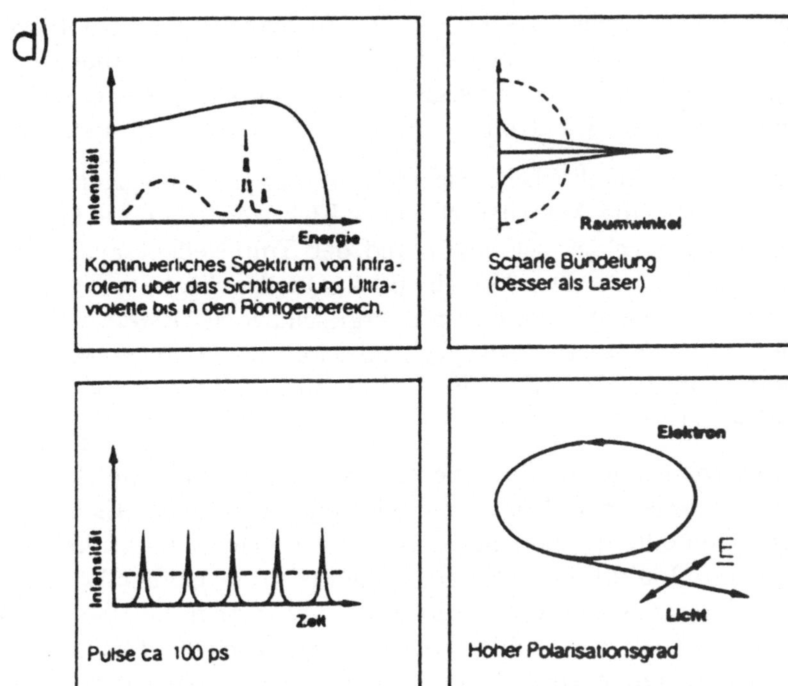

Abb. 3.2.5
d) Zusammenfassende Darstellung der wichtigsten Eigenschaften von Synchrotronstrahlung (durchgezogene Linien) im Vergleich zu konventionellen Gasentladungsquellen (gestrichelte Linien) [Bes 87]

derlich ($T > 2000$ K), um Emissionsströme in der Größenordnung von μA bis mA aus üblichen Kathoden zu erreichen. Der Zusammenhang zwischen Sättigungsstromdichte j_s und Austrittsarbeit Φ wird über die Richardson-Dushman-Gleichung

$$j_s = AT^2 e^{-\frac{\Phi}{RT}} \qquad (3.2.1)$$

mit A als allgemeiner Konstante, die nur gering materialabhängig ist ($A = 120$ AK^{-2} cm^{-2}), und Φ als Austrittsarbeit (s. Abschn. 2.6.4.2) beschrieben. Neben Wolfram werden auch mit Thorium oder Oxiden beschichtetes Wolfram ($T > 1100$ K) oder LaB_6 eingesetzt.

Die Energieunschärfe ΔE bei thermischer Emission beträgt bei einer Maxwell-Boltzmannschen Geschwindigkeitsverteilung der Elektronen etwa 2,5 kT. Werte von ΔE liegen damit bei charakteristischen Kathodentemperaturen in der Größenordnung von 0,3–0,6 eV. Für eine Reihe von Untersuchungsmethoden ist dies ausreichend. Für Messungen von z.B. geringen

Elektronenenergieverlusten bei der Spektroskopie von Oberflächenschwingungen (s. Abschn. 3.5.7) sind jedoch Elektronenstrahlen erforderlich, die eine wesentlich höhere Energieschärfe aufweisen. Dies erfordert Monochromatisierung der Elektronen, auf die in Abschn. 3.2.3 eingegangen wird.

Eine andere Möglichkeit, Elektronenstrahlen zu erzeugen, ist die Feldemission, bei der die Austrittsarbeit der Elektronen durch Anlegen eines hohen elektrischen Feldes verringert und der Tunneleffekt ausgenutzt wird (vgl. Abschn. 3.3.1.2). Der Vorteil dieser Quellen liegt im wesentlich kleineren Durchmesser und der höheren Energieschärfe der Elektronenstrahlen, so daß sie v.a. bei Rasterbetrieb (vgl. Abschn. 3.3.2) eingesetzt werden, obwohl diese Quellen wesentlich aufwendiger in der Herstellung und empfindlicher im Betrieb sind.

Ionenstrahlen werden aus neutralen Atomen oder Molekülen erzeugt. Die Ionisierungsenergie kann dabei entweder von einem Elektronenstrahl, von Photonen oder durch Anlegen eines hohen Feldes zugeführt werden. Die bekannteste Ionisationsmethode ist die Elektronenstoßionisation. Der aus dem Einlaßsystem eintrömende Molekülstrahl trifft in der Ionenquelle senkrecht auf einen Elektronenstrahl, wobei letzterer von einer Glühkathode zur Anode hin beschleunigt wird. Durch Stoß der Elektronen mit den neutralen Molekülen entstehen positiv geladene Molekülionen, die senkrecht zur Stoßebene ohne wesentliche Energieverbreiterung im Feld abgezogen werden können.

Der durch die Ionen hervorgerufene Ionenstrom I^+ ist proportional zum Strom der ionisierenden Elektronen I^-, zur mittleren freien Weglänge Λ_M der Elektronen im Ionisierungsraum, zum Partialdruck p der ionisierten Verbindung und zur differentiellen Ionisierungswahrscheinlichkeit s:

$$I^+ = I^- \cdot \Lambda_M \cdot p \cdot s \qquad (3.2.2)$$

Die differentielle Ionisierungswahrscheinlichkeit s gibt die Zahl der Ionen an, die von einem Elektron auf 1 cm Weg bei einer vorgegebenen Gastemperatur und 1 mbar Druck gebildet wird (vgl. Abb. 3.1.7). Diese Gleichung zeigt, daß durch Strommessung auch Drücke in Vakuumapparaturen gemessen werden können (Ionisationsmanometer). Die kinetische Energie des stoßenden Elektrons e_1^-, vermindert um die Ionisierungsenergie des Moleküls und um die kinetischen Energien der Elektronen e_1^- und e_2^- nach dem Stoß, ist als Anregungsenergie im gebildeten Molekülion enthalten. Die Energie der Ionisierung reicht aus, um Bindungen im Molekül zu brechen (Fragmentierung). Anschließend können noch Umlagerungen stattfinden. Dies stört in Ionenquellen, wenn nur eine Ionenart erwünscht ist, kann aber bei unbekannten

Molekülen zu deren Identifikation ausgenutzt werden (Massenspektrometrie, vgl. Abschn. 3.4.1.1)

Für kleine Primärstrahldurchmesser werden Flüssigmetallionenquellen verwendet. Für verschiedene Metalle, wie z.B. Gallium und Indium, gibt es entsprechende Felddesorptionsquellen. Bei ihnen werden die Ionen von einer mit flüssigem Metall benetzten Spitze über Felddesorption abgesaugt. Mit diesen Quellen lassen sich derzeit minimale Strahldurchmesser von 20 nm erreichen. Der Gesamtstrom ist aber auf einige pA beschränkt.

Als intensive Ionenquellen werden häufig Gasentladungsquellen verwendet. Sie werden für die Erzeugung von Ar^+, He^+, O_2^+, O^-, N_2^+ o.ä. verwendet. Wichtigstes Konstruktionsprinzip ist das Duoplasmatron, in dem bei einem Gasdruck von 10^{-3} mbar zwischen einer Anode und einer Kathode bei etwa 400–800 V ein Plasma gezündet wird. Mit einer Extraktionselektrode werden aus diesem Plasma die Ionen abgesaugt und mit einem Linsensystem fokussiert. Bei Gasentladungsquellen entsteht eine Vielzahl von unterschiedlichen Ionen, auch mehrfachgeladene, so daß zur Homogenisierung eine nachfolgende Massen- und Ladungsfilterung des Primärstrahls sinnvoll ist (Wienfilter). Diese Quellen zeichnen sich durch hohe Strahlströme von bis zu 5 μA und gute Strahlstabilität aus.

3.2.3 Typische Monochromatoren und Filter

Um energieselektiv detektieren zu können, muß die Energie der Sonden und/oder der detektierten Teilchen monochromatisiert werden. Dies betrifft einerseits den Primärstrahl vor der Probe zur Erzeugung monochromatischer Strahlung. Dies betrifft andererseits den Sekundärstrahl nach Probenwechselwirkung, wodurch probenspezifische Änderungen spektroskopisch erfaßt werden können. Zur Energieselektion werden in einfachen Fällen Energiefilter, in aufwendigeren Experimenten Monochromatoren verwendet, von denen einige in Tab. 3.2.2 zusammengefaßt sind.

Tab. **3.2.2**
Typische Monochromatoren für Spektrometer

Photonen	Prismen, Gitter, Beugung an Kristallen, (Filter mit typischen Absorptionskanten) ...
Elektronen	Ablenkung in elektrischen und magnetischen Feldern
Atome	Beugung an Oberflächen, ...
Ionen	Ablenkung in elektrischen und magnetischen Feldern
Neutronen	Beugung an Kristallen

Ein typisches Beispiel ist die Verwendung von Röntgenstrahlung zur Struktur- oder Elementanalyse (vgl. Abschn. 3.3.4). Diese wird im Labor durch Elektronenstoßanregung von Metallen erzeugt. Dabei stört häufig die Röntgenbremsstrahlung, die einen weiten Energiebereich überstreicht. Mit dünnen Metallfolien als Filter kann die Streustrahlung stark unterdrückt werden. Das Prinzip ist schematisch in Abb. 3.2.6 gezeigt. Der hohe Massenabsorptionskoeffizient μ/ϱ (d.h. der Absorptionskoeffizient μ dividiert durch die Dichte ϱ) von Aluminium bei Energien knapp oberhalb von 1,5 keV bis ca. 3 keV ermöglicht es hierbei, den breiten Untergrund der Al- und Mg-Röntgenquellen zu reduzieren. Dies ist z.B. für Röntgenphotoemissionsexperimente von Bedeutung (vgl. Abschn. 3.4.3), bei denen häufig als Anregung Mg- oder Al-K_α-Strahlung verwendet wird und Elektronen mit Energien unter 1,5 keV nachgewiesen werden.

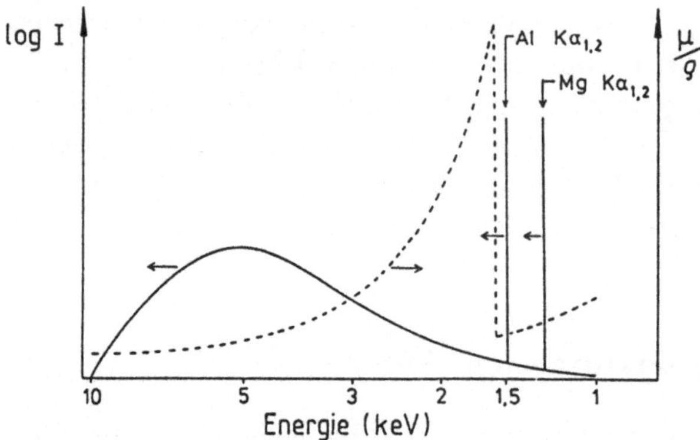

Abb. 3.2.6
Aluminiumfolie als Filter für Al- oder Mg-K_α-Röntgenstrahlung: Energieverteilung einer Aluminium- oder Magnesium-Röntgenquelle bei einer Primärenergie der Elektronen von 10 keV (ausgezogene Kurve). Der Massenabsorptionskoeffizient μ/ρ von Aluminium als Funktion der Energie ist ebenfalls angegeben (gestrichelte Kurve) [Hen 91].

Analog gibt es auch eine Vielzahl optischer Filter, die im IR-, sichtbaren und UV-Bereich nur für Licht höherer oder niedrigerer Wellenlänge als eine bestimmte Wellenlänge durchlässig sind.

Ein typischer *Monochromator für Röntgenquellen* ist in Abb. 3.2.7 dargestellt. Dabei wird die Bragg-Reflexion (vgl. Abschn. 2.6.3 bzw. 3.3.3) der Photonen an den Netzebenen eines Einkristalls ausgenutzt, wobei der Einkristall auf einem sogenannten Rowland-Kreis angeordnet ist. Diese Anordnung ermöglicht die Fokussierung der von der Quelle ausgehenden Strahlung für eine bestimmte Frequenz (hier ν_1) auf die Probe [Kun 79].

Analog gibt es eine Vielzahl optischer Monochromatoren, die im IR-, sichtbaren und UV-Bereich entweder Beugungseffekte (als Gittermonochromatoren) oder wellenlängenabhängige Brechungseffekte (als Prismenmonochromatoren) ausnutzen.

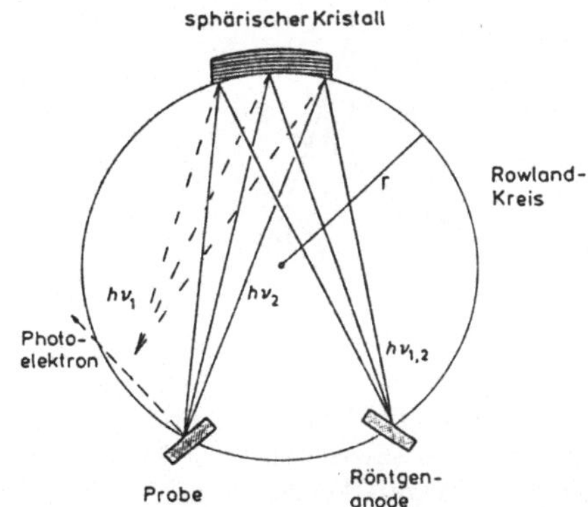

Abb. 3.2.7
Beispiel eines Monochromators für Röntgenquellen. Die Reflexion der Photonen am sphärischen Kristall mit innerem Krümmungsradius $R = 2r$ genügt der Braggbedingung (vgl. Abschn. 2.6.3 bzw. 3.3.3) an den verschiedenen schematisch eingezeichneten Netzebenen des Kristalls. Dies ermöglicht die Richtungsbündelung der Photonen am Ort der Probe [Hen 91].

Monochromatoren für Elektronen lassen sich im einfachsten Fall analog zum optischen Prismenmonochromator unter Ausnutzung elektronenoptischer Brechungsgesetze konstruieren (vgl. Abb. 3.2.8a). Analog zum optischen Brechungsgesetz

$$\frac{\sin\alpha}{\sin\beta} = \frac{n_2}{n_1} = \frac{c_1}{c_2} = n_{12} \qquad \mathbf{(3.2.3)}$$

gilt das elektronenoptische Brechungsgesetz für den beschleunigten Durchtritt von Elektronen durch metallische Maschengitter (vgl. Abb. 3.2.8b)

$$\frac{\sin\alpha}{\sin\beta} = \frac{v_2}{v_1} = \frac{(U+\Delta U)^{\frac{1}{2}}}{U^{\frac{1}{2}}} = \left(1 + \frac{\Delta U}{U}\right)^{\frac{1}{2}} . \qquad (3.2.4)$$

Darin ist ΔU die Beschleunigungsspannung, die die Zunahme kinetischer Energie der Elektronen mit der Geschwindigkeit v_1 auf v_2 bestimmt. Die kinetische Energie vorher ergibt sich aus der Beschleunigungsspannung U über $\frac{1}{2}mv_1^2 = E = eU$, die nachher über $\frac{1}{2}mv_2^2 = e(U + \Delta U)$ (vgl. Gl. (3.2.5)).

In Gl. (3.2.3) sind $n_{1(2)}$ bzw. $c_{1(2)}$ die Brechungsindizes bzw. Lichtgeschwindigkeiten in den beiden Medien.

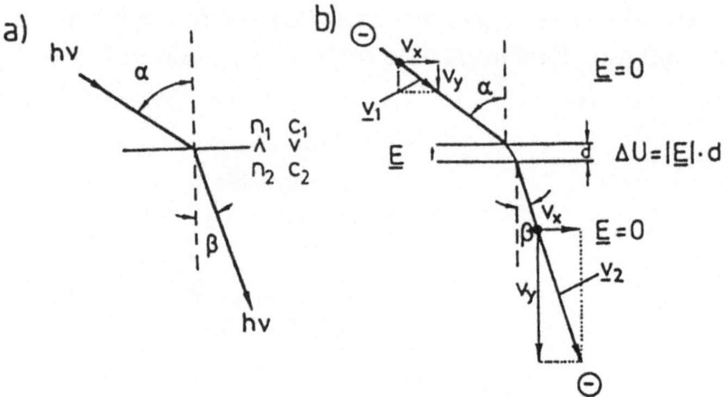

Abb. **3.2.8**
Energiefilter für Photonen und Elektronen: Ausnutzung der Brechung für
a) Photonen (zwischen zwei Medien mit unterschiedlichen Brechungsindizes n_1, n_2 bzw. Lichtgeschwindigkeiten c_1, c_2)
b) Elektronen (Beschleunigung durch ΔU im elektrischen Feld $\underline{E}$ in y-Richtung zwischen transparenten metallischen Netzelektroden, dadurch Änderung der y-Komponente von $\underline{v}_1$ und des Einfallwinkels α)

Analog zu optischen Linsensystemen lassen sich deshalb Elektronenlinsensysteme aufbauen.

Abb. 3.2.9 zeigt eine experimentell einfache Anordnung für einen Elektronenmonochromator. Bei diesem Plattenspiegelfeldanalysator (Parallel **P**late **M**irror **A**nalyzer, PMA) fallen Elektronen durch den Eintrittsspalt unter dem Winkel ϑ mit Geschwindigkeiten v_1, v_2 und v_3 ein. Die Geschwindigkeitskomponente parallel zu den Platten wird beim Durchflug des Platteninneren nicht beeinflußt, senkrecht dazu erfolgt eine konstante Abstoßung aufgrund der negativen Beschleunigung im elektrischen Gegenfeld $\underline{E}$. Kon-

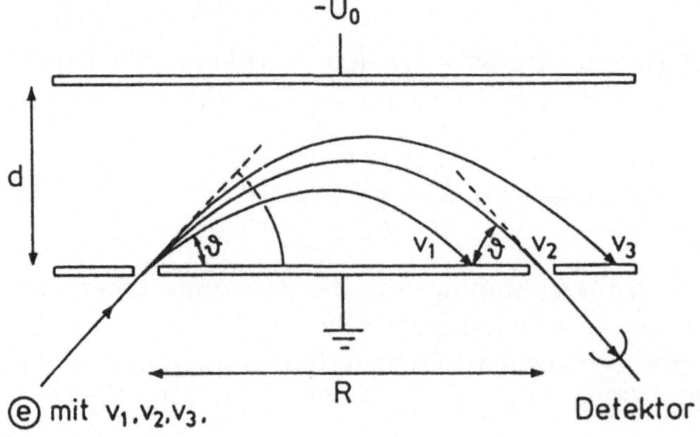

Abb. **3.2.9**
Plattenspiegelfeldanalysator (PMA) [Hen 91]

stante Geschwindigkeit in der einen und konstante Verzögerung (durch Abstoßungskräfte $F = e \cdot U_0/d$ der oberen Elektrode) in der anderen Richtung bewirken wie beim schiefen Wurf eine Parabelbahn, wobei der Abstand R für Elektronen mit einer ganz bestimmten Geschwindigkeit (hier v_2) den Durchtritt in den nachgeschalteten Detektor im feldfreien Raum ermöglicht. Elektronen mit geringerer und höherer Geschwindigkeit sind in Abb. 3.2.9 mit v_1 bzw. v_3 bezeichnet.

Andere Monochromatoren wie der zylindrische Spiegelfeldanalysator (Dispersive **C**ylindrical **M**irror **A**nalyzer, CMA), der zylindrische 127°-Elektronenenergie-Analysator oder der hemisphärische Analysator arbeiten nach einem ähnlichen Prinzip, sind aber doppelfokussierend (für Energie und Richtung) und besitzen deshalb eine wesentlich höhere Selektivität und Nachweisempfindlichkeit [Sev 72].

Die *Energieanalyse von Ionenstrahlen* kann analog erfolgen, da sich Ionen anstelle von Elektronen über die gleichen Linsensysteme bündeln und über die gleichen Energiemonochromatoren nachweisen lassen. Bei positiven Ionen müssen die Potentiale im Vorzeichen umgekehrt werden. Für positive und negative Ionen müssen die entsprechenden Potentiale in ihrem Absolutwert angepaßt werden. Auf diese Weise lassen sich Energieverteilungen von Ionen einer bestimmten Art bestimmen.

In der Massenspektrometrie üblich ist eine Ionenselektion in magnetischen und elektrischen Sektorfeldern. Damit alle Ionen zunächst die gleiche kinetische Energie besitzen, beschleunigt man sie durch Anlegen einer Spannung. Die kinetische Energie der Ionen mit der Ladung $q = z \cdot e$ ist durch Gl. (3.2.5) gegeben:

$$z \cdot e \cdot U = \frac{mv^2}{2} \qquad \textbf{(3.2.5)}$$

Daraus folgt für die Geschwindigkeit:

$$v = \sqrt{\frac{2 \cdot z \cdot e \cdot U}{m}} \qquad (3.2.6)$$

Nur Ionen mit gleichem Verhältnis von Masse und Ladung besitzen die gleiche Geschwindigkeit.

Durch ein homogenes magnetisches Sektorfeld, dessen Feldlinien senkrecht zur Ionenflugbahn stehen, wird der gebündelte Ionenstrahl derart aufgefächert, daß Teilchen mit gleichem Masse-zu-Ladungsverhältnis Bahnen mit gleichem Krümmungsradius durchlaufen (Abb. 3.2.10). Dabei muß die

Zentrifugalkraft $\frac{mv^2}{r}$ gleich der Lorentzkraft $q \cdot (\underline{v} \times \underline{B})$ (Gl. (5.2.74), Anhang 5.2.2.8) sein. Bei obiger Meßanordnung gilt:

$$\frac{mv^2}{r} = qvB = zevB \tag{3.2.7}$$

Mit Gl. (3.2.6) erhält man:

$$r = \frac{mv}{zeB} = \frac{1}{B}\sqrt{\frac{2mU}{ze}} \tag{3.2.8}$$

Dabei ist r der Krümmungsradius, B die magnetische Feldstärke, m die Masse des Ions, U dessen Beschleunigungsspannung, z die Anzahl der Elementarladungen und e die Elementarladung. Mit zunehmender Ionenmasse wächst demnach der Krümmungsradius. Durch Variation der Feldstärke und damit der Bahnradien gelangen Teilchen mit steigendem Masse-zu-Ladungsverhältnis durch den Austrittsspalt auf den Detektor (Abb. 3.2.10). Aus Gl. (3.2.8) folgt:

$$\frac{m}{ze} = \frac{B^2 r^2}{2U} \tag{3.2.9}$$

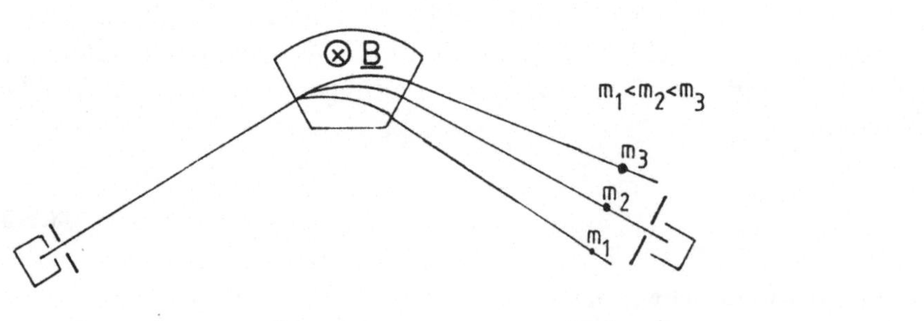

Abb. **3.2.10**
Prinzip der magnetischen Massentrennung (mit Elementarladung e, d.h. $z = 1$)

Die Massentrennung kann auch durch Variation der Beschleunigungsspannung unter Konstanthaltung der Magnetfeldstärke erfolgen.

Eine andere Möglichkeit der Ionenseparation besteht in der Trennung im elektrischen Feld. Dazu muß die Zentrifugalkraft $\frac{mv^2}{r}$ gleich der Kraft $q\underline{E}$ auf eine Ladung im elektrischen Feld sein. Für den Ablenkradius von Ionen im homogenen elektrischen Feld, dessen Feldlinien senkrecht zur Ionenflugbahn stehen, gilt

$$r = \frac{mv^2}{qE} = \frac{2U}{E} \tag{3.2.10}$$

mit U als Beschleunigungsspannung des Ions und E als elektrischer Feldstärke.

Man erkennt, daß durch das elektrische Sektorfeld keine Massen-, sondern eine Energieanalyse erfolgt.

Eine genauere Ionenseparation erzielt man im *doppelfokussierenden Massenspektrometer*. Hier wird mit einem elektrischen und einem magnetischen Feld eine Fokussierung und damit eine Trennung der Massen durchgeführt. Im elektrischen Feld werden schnellere Ionen weniger stark abgelenkt als langsamere, so daß die Ionen nach Passieren des Feldes entsprechend ihrer Geschwindigkeit an verschiedenen Stellen fokussiert sind. Läßt man nun der Energieanalyse eine Massenanalyse im magnetischen Sektorfeld folgen, so erhält man eine deutliche Verbesserung des Auflösungsvermögens $\frac{M}{\Delta M}$ auf bis zu 10^5, d.h. man kann die Masse 100000 von der Masse 100001 unterscheiden.

Heute wird häufig das preisgünstige *Quadrupol-Massenfilter* eingesetzt, das in Abb. 3.2.11 schematisch gezeigt ist.

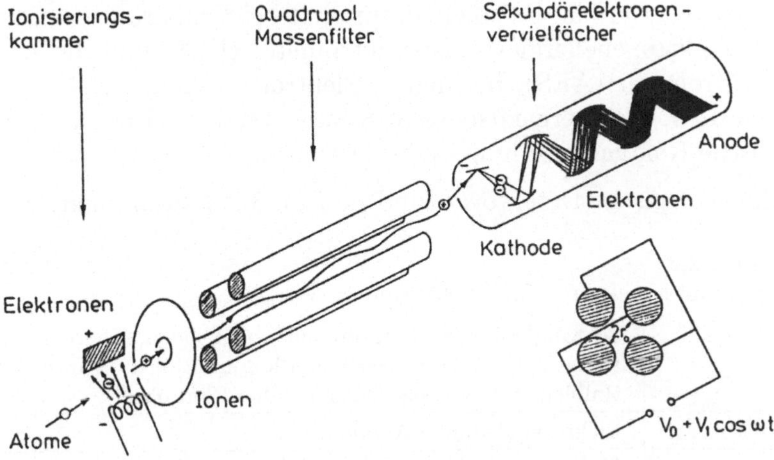

Abb. 3.2.11
Schematischer Aufbau eines Quadrupol-Massenfilters [Hen 91]. Der Sekundärelektronenvervielfacher zur Verstärkung der Detektorsignale ist in Abb. 3.2.12 näher dargestellt.

Durch vier hyperbolische Stabelektroden wird ein hochfrequentes elektrisches Quadrupolfeld erzeugt. An die beiden gegenüberliegenden Stabelektroden wird je eine Gleichspannung V_0 entgegengesetzter Polarität angelegt, der jeweils eine hochfrequente Wechselspannung $V_1 \cos \omega t$ überlagert wird, die gegeneinander eine Phasenverschiebung um 180° besitzen. Werden nun Ionen in Richtung der Feldachse senkrecht zur Bildebene in das Trennsystem eingeschossen, so vollführen sie unter dem Einfluß des Hochfrequenzfeldes Schwingungen senkrecht zur Feldachse. Bei vorgegebenen Feldparametern V_0, V_1, ω, r_0 ($2r_0$ = Scheitelabstand der Stabelektroden) können nur Ionen einer bestimmten Masse das Trennfeld passieren. Nur Schwingungsamplituden dieser Ionen bleiben dabei endlich und kleiner als r_0. Alle anderen Ionen werden aussortiert, da sich bei ihnen die Schwingungsamplituden aufschaukeln, bis sie die Wand berühren und dort entladen werden. Die Massenauflösung $\frac{M}{\Delta M}$ beträgt ca. 500 [Daw 76].

Zum Abschluß ein für den Experimentator wichtiges Detail: Für alle Monochromatoren gilt, daß sie Sonden unterschiedlicher Energie und Richtung mit unterschiedlicher Wahrscheinlichkeit transmittieren. Für eine quantitative Auswertung von Spektren muß deshalb diese Transmissionsfunktion bekannt sein (vgl. z.B. quantitative Auswertung von XPS-Spektren, Abschn. 3.4.3).

3.2.4 Typische Detektoren

Durch geeignete Separation der im Detektor nachgewiesenen Teilchen können bei monochromatischer Anregung hohe Selektivitäten der Spektrometer erzielt werden. Beispiele dafür sind bei Primäranregung mit Elektronen die Elektronenenergieverlustspektrometer (ELS) und die Augerelektronenspektrometer (AES), bei denen Elektronen energieselektiv detektiert werden, bzw. die energiedispersive Röntgenanalyse (EDX), bei der charakteristische Röntgenstrahlung detektiert wird.

Einige typische Detektoren sind in Tab. 3.2.3 zusammengefaßt.

Tab. **3.2.3**
Typische Detektoren für Spektrometer

Photonen	Schwingkreise für Radiofrequenzen, Dioden, Thermoelemente, Photodiodenarrays, Photozellen, Photomultiplier, Szintillationszähler, Halbleiterdetektoren, Geiger-Müller-Zählrohre, Proportionalzähler, ...
Elektronen	Elektronenleitende Anoden, ...
Atome	Massenspektrometer, ...
Ionen	Massenspektrometer, Anoden, ...
Neutronen	Kernreaktionsdetektoren, ...

Als Detektoren für *Elektronen oder Ionen* dienen im einfachsten Fall Kollektoren in der Form eines Faraday-Käfigs oder einer ausgedehnten Elektrode zur direkten Strommessung. Dabei müssen durch Formgebung, Potentiale und Schutzelektroden die Fehler durch Sekundärelektronenemission oder durch andere freie Streuelektronen vermieden werden. Bei geringen Stromstärken kann der Strom über einen offenen Sekundärelektronenvervielfacher (SEV) mit typischerweie 10–16 einzelnen Dynoden oder mit kontinuierlichem Kanal („Channeltron") verstärkt werden.

Am Eingang eines SEV setzt ein auf die sogenannte Konversionselektrode auftreffendes Ion oder Elektron zwei oder mehr Elektronen frei, die auf nachfolgenden Dynoden jeweils wieder mehrere Elektronen auslösen. Es kommt zu einer kaskadenartigen Verstärkung um den Faktor $10^5 - 10^7$ (Abb. 3.2.12).

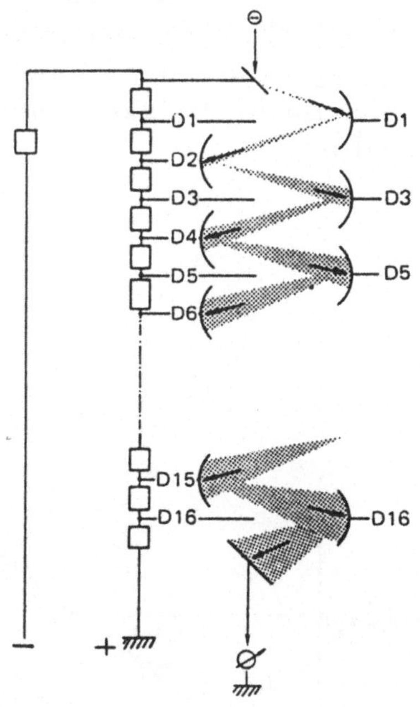

Abb. 3.2.12
Prinzip eines Sekundärelektronenvervielfachers, *D* sind die Dynoden, oben trifft senkrecht ein Elektron auf die erste Dynode

Bei Strömen unter 10^{-14} A wird der Strom durch Zählen der Pulse am Detektorausgang bestimmt, wobei weniger als ein Elektron pro Sekunde am Detektoreingang noch meßbar ist.

Die für den Nachweis von *Atomen und Ionen* verwendeten Massenspektrometer finden auch in der Analytik Verwendung, so daß sie separat in Abschn. 3.4.1 besprochen werden.

Häufig wird eine erhebliche Empfindlichkeitssteigerung über die *Lock-in-Verstärker-Technik* möglich. Dabei wird das Anregungs- oder Monochromatorsignal moduliert. Im Detektor werden nur Signale mit der gleichen Modulationsfrequenz detektiert, so daß Störsignale (Rauschen) weitgehend eliminiert werden. In Abb. 3.2.13 und 3.2.14 ist das Prinzip schematisch gezeigt. Man sieht, daß die Amplitude des modulierten Signals proportional zur Steigung der Kurve ist, die eine nicht modulierte Anregung liefern würde. Man erzeugt mit der Lock-in-Technik also ein differenziertes Spektrum. In der ESR- und AES-Spektroskopie (vgl. Abschnitte 3.6.3 und 3.4.4) ist dies beispielsweise sehr verbreitet, so daß dafür fast ausschließlich differenzierte Spektren tabelliert vorliegen.

Eine Verbesserung des Signal-Rausch-Verhältnisses von Spektrometern ist auch dadurch möglich, daß die Impulse des Ausgangssignals ohne Modulation als Funktion der Durchlaßenergie des Analysators digital in einem Rechner gespeichert werden. Damit kann nachfolgend eine Glättung, Modulation, Untergrundsubtraktion, Vergleich mit früheren Spektren u.ä. durchgeführt werden.

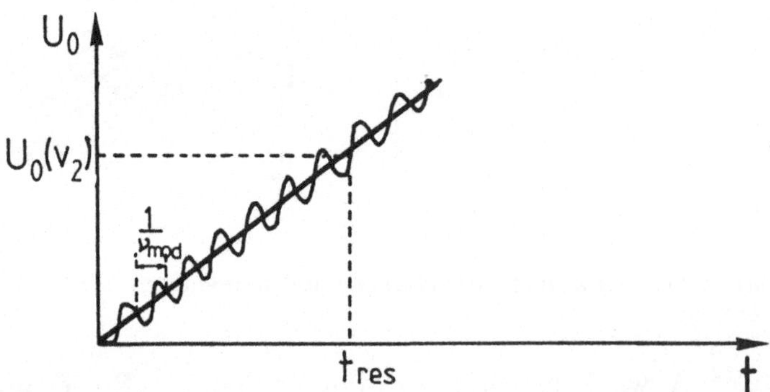

Abb. 3.2.13
Lock-in-Technik am Beispiel des PMA (vgl. Abb. 3.2.9): Die angelegte Spannung U_0 wird linear mit der Zeit erhöht (dicke Linie). Bei $U_0(v_2)$ werden Teilchen der Geschwindigkeit v_2 im Detektor zur Zeit t_{res} nachgewiesen. Bei Anwendung der Lock-in-Technik wird das Signal periodisch mit ν_{mod} um den linearen Vorschub moduliert (dünne Linie). Typische Resultate im Intensitätsspektrum zeigt Abb. 3.2.14.

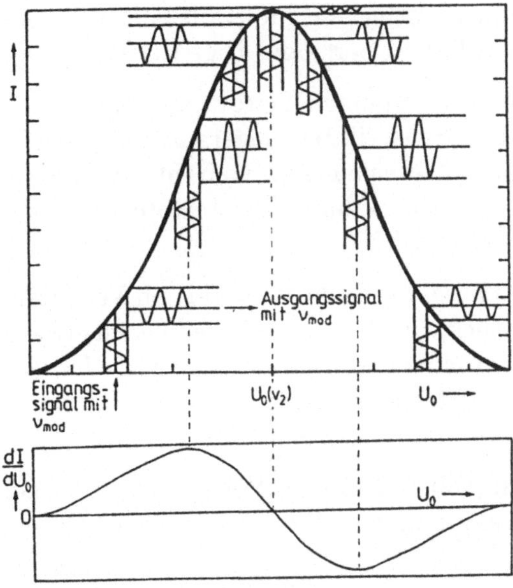

Abb. 3.2.14
Auswirkung der periodischen Anregungssignalmodulation bei Lock-in-Technik an einer Resonanzstelle. Die durchgezogene dicke Kurve würde man bei nichtmodulierter Anregung erhalten. Die Auftragung der gezeigten Amplituden des Meßsignals (Elektronenstrom im PMA) bei modulierter Anregung ergibt die differenzierte Kurve im unteren Teil des Bildes.

3.2.5 Oberflächenempfindliche Untersuchungen

Viele Sonden zum Studium von Molekülen, Flüssigkeiten, Festkörpern oder Oberflächen lassen sich nur einsetzen, wenn die mittlere freie Weglänge (s. Abschn. 3.1.1) der Sonden größer ist als der Abstand zwischen Quelle und Probe bzw. Probe und Detektor. Dies erfordert für die meisten Spektroskopien, v.a. mit Elektronen, Ionen oder Atomen als Sonden, daß die Untersuchungen in gutem Vakuum durchgeführt werden müssen, um Stöße zwischen den Sonden und Luftmolekülen zu vermeiden. Aus dem gleichen Grund ist die Untersuchung kondensierter Materie mit diesen Sonden häufig dann erschwert, wenn die Sonden darin eine relativ geringe mittlere freie Weglänge aufweisen. Ein möglicher Ausweg ist hier die Untersuchung von sehr dünnen Festkörper- oder Flüssigkeitsfilmen.

Ein häufig gewählter anderer Ausweg ist die Untersuchung von Oberflächen unter Ultrahochvakuumbedingungen, da hier auch sehr empfindliche Sonden mit damit zwangsläufig relativ großen Wechselwirkungsquerschnitten eingesetzt werden können. Im zweiten Schritt kann dann aus den Eigenschaften von Festkörperoberflächen mit unterschiedlicher Präparation (z.B. ohne und mit adsorbierten Molekülen) auf die entsprechenden Volumeneigenschaften des Festkörpers oder Eigenschaften der freien Moleküle geschlossen werden.

Auf der anderen Seite interessieren in vielen Bereichen (z.B. in der Katalyse, Sensorik, etc.) gerade die spezifischen Oberflächeneigenschaften und ihre Abweichungen vom idealen Volumenverhalten. Voraussetzungen für oberflächenempfindliche Untersuchungen sind im folgenden kurz zusammengestellt.

a) Die Oberfläche muß frei von Verunreinigungen sein. Da bei einem Restgasdruck von 10^{-6} mbar bereits nach etwa einer Sekunde jedes Oberflächenatom von einem Restgasmolekül getroffen wird, können die Untersuchungen nur im Ultrahochvakuum ($p \leq 10^{-7}$ mbar) durchgeführt werden (Abschätzung über Gl. (3.2.13)-(3.2.15)).

In Abb. 3.2.15 sind Werte physikalischer Größen zur Charakterisierung von Vakuumbedingungen angegeben.

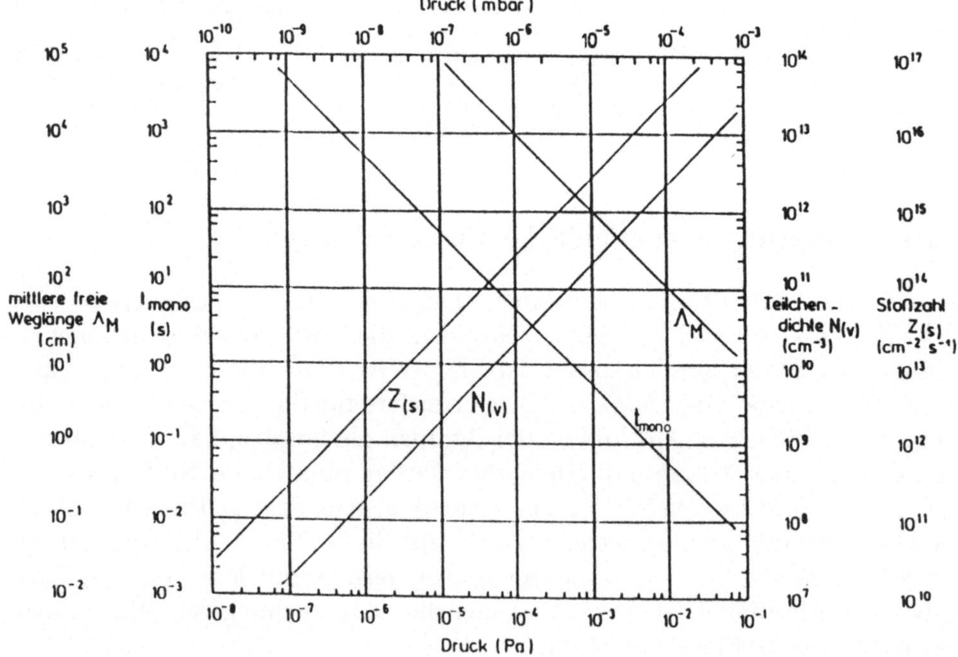

Abb. 3.2.15
Zusammenhänge zwischen $Z_{(s)}$, Λ_M, t_{mono}, $N_{(v)}$ und p für N_2 (Erklärung der Symbole s. Text) [Hen 91]

Die angegebene Zeit t_{mono} für die Ausbildung einer Atomlage (Monolage) ergibt sich in dieser Abbildung aus der Annahme, daß jedes Teilchen beim

Auftreffen auf der Oberfläche bleibt (Haftkoeffizient $S = 1$, zur Definition von S s. Gl. (3.2.12)) und die Teilchen in der Monolage auf der Oberfläche voneinander einen typischen Abstand von $3,75 \times 10^{-10}$ m haben. Die in der Abbildung ebenfalls angegebene Maxwellsche mittlere freie Weglänge Λ_M haben wir bereits in Abschn. 3.1.1 kennengelernt (Gl. (3.1.9)):

$$\Lambda_M = (\sqrt{2} \cdot N_{(v)} \cdot q)^{-1} \quad \textbf{(3.2.11)}$$

Die in Abb. 3.2.15 angegebenen Werte beziehen sich auf molekularen Stickstoff ($m = 28 \times 1,66 \times 10^{-24}$ g, $q = 4,4 \times 10^{-19}\,\text{m}^2$).

Der Haftkoeffizient S ist definiert als Verhältnis der Teilchenstöße, die zu einem Adsorptionskomplex an der Oberfläche führen, zur Gesamtzahl der Stöße aus der Gasphase. Die Adsorptionsgeschwindigkeit R_{ads}, d.h. die Zahl der pro Zeit- und Flächeneinheit adsorbierenden Teilchen, ist demnach

$$R_{\text{ads}} = \frac{dN^{\text{ad}}_{(s)}}{dt} = S \cdot Z_{(s)} \quad \textbf{(3.2.12)}$$

mit $N^{\text{ad}}_{(s)}$ als Flächendichte der adsorbierten Teilchen.

Grundlage der Berechnungen von $\bar{v}$ ist die kinetische Gastheorie, nach der die Maxwell-Boltzmann-Verteilung für die Geschwindigkeit der Teilchen gilt (vgl. [Göp xx]), wobei die mittlere Geschwindigkeit $\bar{v}$ über

$$\bar{v} = \left(\frac{8kT}{\pi m}\right)^{\frac{1}{2}} \quad (3.2.13)$$

gegeben ist. Den Teilchenfluß auf die Oberfläche, d.h. die Zahl der Teilchen, die pro Zeit- und Flächeneinheit die Oberfläche treffen (Stoßzahl), berechnet man über

$$Z_{(s)} = \frac{1}{4} N_{(v)} \bar{v} = \frac{p}{\sqrt{2\pi m k T}} \quad \textbf{(3.2.14)}$$

aus der Teilchendichte $N_{(v)} = \frac{N}{V}$, wobei N die Gesamtzahl der Teilchen im Volumen V ist. Der Gasdruck ergibt sich aus $N_{(v)}$ über das ideale Gasgesetz

$$p = N_{(v)} kT \,. \quad \textbf{(3.2.15)}$$

b) Die Meßgröße muß durch die Atome der Oberfläche bestimmt werden. Dies wird entweder durch eine geringe Austrittstiefe der von der Oberfläche emittierten Strahlung bzw. Teilchen oder eine geringe Eindringtiefe der eingestrahlten Teilchen oder Wellen erreicht. In Abschn. 3.1.1 haben wir gesehen, daß die mittlere freie Weglänge durch den Streuquerschnitt der Teilchen bestimmt wird. Besonders kleine mittlere freie Weglängen haben dabei Elektronen mit Energien um 50 eV (vgl. Abb. 3.1.6 und Abb. 3.2.16) und Atome. Wegen der leichteren Handhabung von Elektronen beruhen deshalb viele Oberflächenspektroskopien auf der Anregung und/oder dem Nachweis von Elektronen.

c) Während der Meßzeit darf es zu keinen irreversiblen Veränderungen der Oberfläche kommen. Eine Ausnahme bilden z.B. Techniken, die durch gezielten Abtrag der Oberfläche durch Teilchenbeschuß eine Tiefenprofilanalyse ermöglichen (z.B. SIMS, s. Abschn. 3.4.1.2).

d) Eine Alternative zur Untersuchung von Oberflächen mit Methoden geringer Nachweistiefe besteht darin, große Probenvolumina von Proben mit einem hohen Oberflächen-zu-Volumenanteil im Vergleich zu Proben mit einem geringen Oberflächen-zu-Volumenanteil zu untersuchen, also z.B. feinkörnige Pulver im Vergleich zu einkristallinen Proben.

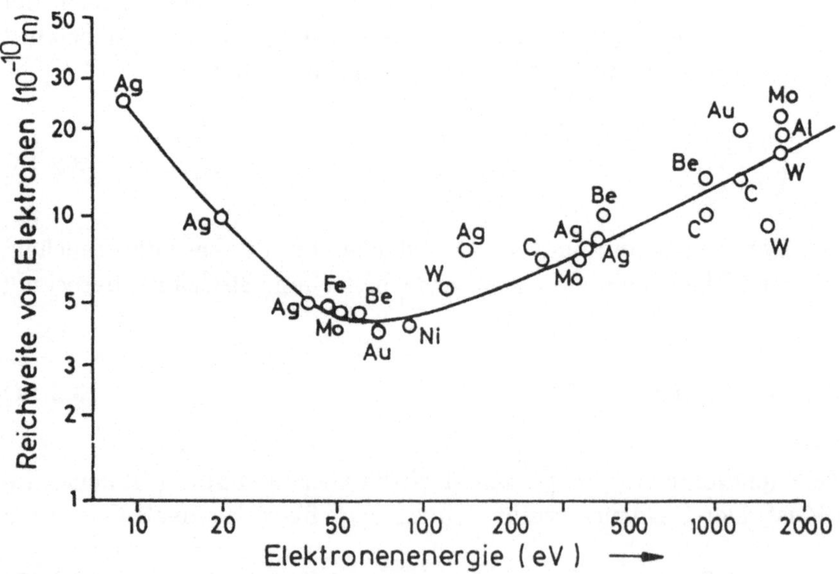

Abb. **3.2.16**
Mittlere freie Weglänge Λ von Elektronen in verschiedenen Festkörpern als Funktion der Elektronenenergie, bestimmt aus Intensitätsverlusten $I = I_0 \cdot e^{-\frac{d}{\Lambda}}$ [Sea 79]

3.3 Geometrische Struktur

Die Untersuchung von Materie beginnt häufig damit, daß man sich die entsprechende Substanz mit dem Auge oder Lichtmikroskop ansieht. Dabei kann man außer der Farbe und der Homogenität der Zusammensetzung vor allem geometrische Parameter wie Rauhigkeit der Oberfläche, Porosität, Korngröße etc. bestimmen. Diese Parameter erhält man quantitativ aus Methoden der direkten Abbildung und aus Rastermethoden, die in den folgenden beiden Abschnitten mit typischen Beispielen besprochen werden. Aussagen über Bindungsabstände zwischen einzelnen Atomen und innerhalb des kristallinen Aufbaus der Materie erhält man über Transmissionselektronenmikroskopie (Abschn. 3.3.1), Rastertunnelmikroskopie (Abschn. 3.3.2) oder über Beugungsmethoden (Abschn. 3.3.3). Bindungsabstände in Molekülen können auch über die Röntgenabsorptionsspektroskopie (Abschn. 3.3.4) oder indirekt über die Analyse von Rotations- und Rotations-Schwingungs-Spektren erhalten werden, die in den Abschnitten 3.5.1 und 3.5.2 besprochen werden.

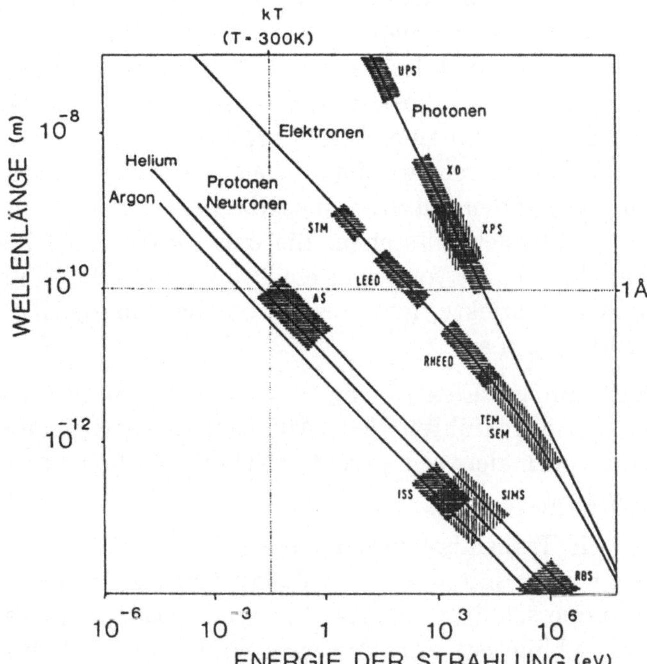

Abb. 3.3.1
Zusammenhang zwischen Wellenlänge und Energie verschiedener Sonden und damit arbeitende Untersuchungsmethoden. (Die Abkürzungen werden in Anhang 5.5.9 erklärt.)

Um prinzipiell atomare Auflösung erhalten zu können, muß bei der Beugung bzw. der direkten Abbildung die verwendete Wellenlänge der Sonden in der Größenordnung bzw. kleiner als der kleinste aufzulösende Abstand sein. In Abb. 3.3.1 sind in einer Übersicht Energien und Wellenlängen verschiedener Sonden und verschiedene damit arbeitende Methoden gezeigt.

Bei den Rastertechniken bestimmen einerseits der Strahldurchmesser oder die Ausdehnung der effektiv abtastenden Spitze die Auflösung. Andererseits kann der durch die Anregung gestörte Probenbereich die Auflösung begrenzen (vgl. Abschn. 3.3.2.1).

3.3.1 Direkte Abbildung

Bei der direkten Abbildung werden alle Punkte eines ausgewählten Bereichs gleichzeitig abgebildet. Die bekannteste Methode ist die Lichtmikroskopie.

3.3.1.1 Transmissionselektronenmikroskopie (TEM)

Die Elektronenmikroskopie arbeitet analog zur Lichtmikroskopie. Anstelle von Lichtwellen werden Elektronenwellen, anstelle von optischen Linsen werden magnetische oder elektrische Linsen zur Abbildung verwendet. Nachteil der Elektronenmikroskopie allgemein ist das benötigte Vakuum für die erforderliche große mittlere freie Weglänge der Elektronen, die nicht an den Luftmolekülen gestreut werden dürfen, sowie die z.T. erforderlichen Leitfähigkeiten von Proben, damit keine inhomogenen Aufladungsfelder beim Beschuß mit Elektronen entstehen, die den Elektronenstrahl unkontrolliert umlenken. Ersteres ist vor allem ein Problem bei der Untersuchung lebender biologischer Objekte, letzteres sowohl bei biologischen Objekten als auch bei Keramiken u.ä.

Man kann die Elektronenmikroskopie sowohl in Reflexion als auch in Transmission durchführen (vgl. Abb. 3.2.2). In Reflexion wird der Abbildungsstrahl normalerweise gerastert. Diese Methode wird in Abschn. 3.3.2.1 besprochen.

Für die Transmissionselektronenmikroskopie werden extrem dünne Proben benötigt, damit der Elektronenstrahl die Probe durchdringen kann (vgl. Streuquerschnitte in Abschn. 3.1.1). Die Präparation der erforderlichen Dünnschliffe ist sehr aufwendig und kann nicht für beliebige Proben ohne Schädigung durchgeführt werden. Außerdem können elektronenstrahlinduzierte Strahlenschäden auftreten, die v.a. organische und biologische Objekte zerstören. Trotzdem ist TEM eine der wichtigsten Untersuchungsmethoden selbst für biologische Objekte (Abb. 3.3.2).

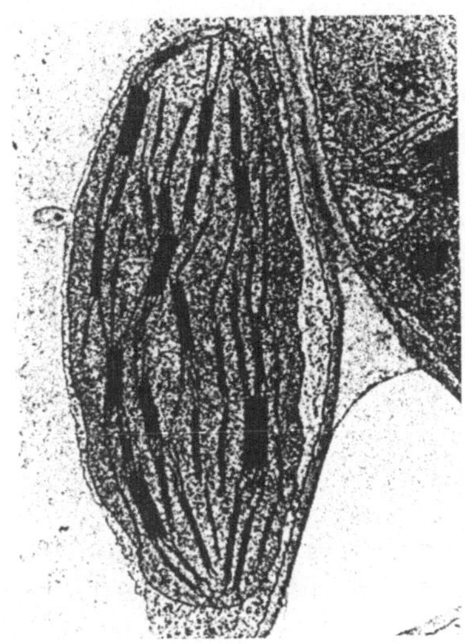

Abb. 3.3.2
TEM-Aufnahme eines Chloroplasten, in dem die Chlorophyllmoleküle enthaltenden Membranstapel des sog. Granum zu sehen sind [Cot 85]

Man kann mit TEM heute Abbildungen von Reihen einzelner Atome bekommen. Ein Beispiel einer anorganischen Probe ist schon in Abb. 1.1.1 gezeigt worden. Ein Beispiel einer organischen Probe zeigt Abb. 3.3.3.

Abb. 3.3.3
TEM-Aufnahme eines Cu-Phthalocyaninfilms (freundlicherweise von N. Uyeda, Kyoto, zur Verfügung gestellt)

3.3.1.2 Feldemissionsmikroskopie (FEM)

Das Feldemissionsmikroskop besteht aus einer evakuierten Glaskugel, deren Innenwand mit Leuchtstoff beschichtet ist. Im Zentrum dieser Kugel befindet sich die Probe, eine sehr feine Drahtspitze von ca. 1 μm Spitzenradius. Zwischen Probe und Kugel liegt Hochspannung. Bei negativer Spitze treten Elektronen durch den Tunneleffekt im hohen Feld aus der Spitze radial aus und lösen auf der Leuchtstoffschicht Photonen aus. Abhängig vom Ort auf der Spitze variiert die Austrittsarbeit für Elektronen (vgl. Abschn. 2.6.4.2) und liefert so einen Kontrast der emittierten Elektronen.

3.3.1.3 Feldionenmikroskopie (FIM)

Die Feldionenmikroskopie ist das älteste Verfahren, mit dem direkt Atompositionen auf einer Oberfläche sichtbar gemacht werden können (1951, Erwin Müller). Der Aufbau ist analog zur Feldemissionsmikroskopie, nur mit umgekehrt gepolter Feldrichtung (vgl. Abb. 3.3.4).

Die Probe wird als Spitze mit einem Krümmungsradius von 10 bis 50 nm bei einem Edelgasdruck (gewöhnlich He oder Ne) von 10^{-3} bis 10^{-2} Pa einer hohen Feldstärke ausgesetzt. Die neutralen Gasatome werden durch das inhomogene Feld polarisiert und in Richtung auf die Spitze beschleunigt.

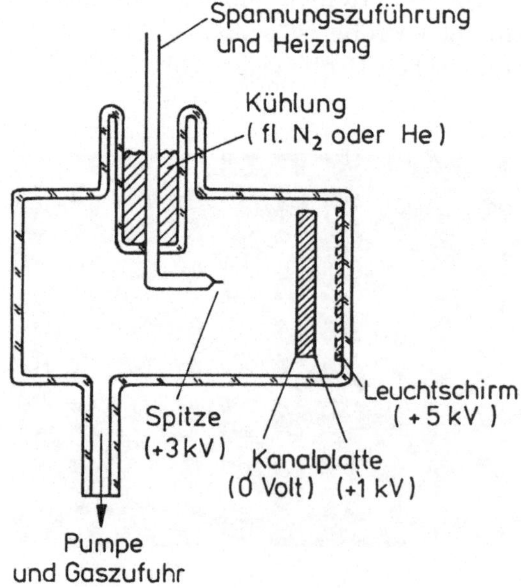

Abb. 3.3.4
Schematischer Aufbau einer FIM-Apparatur [Hen 91]

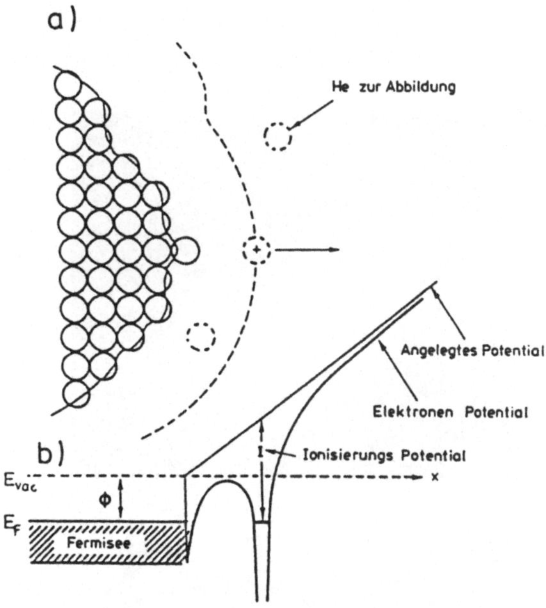

Abb. **3.3.5**
Schematischer Potentialverlauf für das positive Ion (b) in der geometrischen Anordnung aus a) [Hen 91]

Im optimalen Abstand von der Spitze können Elektronen der Gasatome in die Spitze tunneln (vgl. Abb. 3.3.5).

Die so entstandenen positiv geladenen Ionen werden von der Spitze weg zum Leuchtschirm beschleunigt und erzeugen dort ein um den Faktor Abstand/Krümmungsradius der Spitze vergrößertes Bild der Spitze. Die Atome sind einzeln als Kontrastpunkte zu erkennen. Die Bildhelligkeit hängt sowohl von der Gesamtgaskonzentration als auch von der lokalen Ionisierungswahrscheinlichkeit ab.

Bei sehr hohen Feldern können die Atome an der Substratspitze und dabei bevorzugt die Ecken- und Kantenatome ionisiert entfernt werden. Durch Nachweis der Ionen mit einem Massenspektrometer hinter einer Lochblende im Leuchtschirm können auch die Elemente, die feldemittiert wurden, ortsaufgelöst nachgewiesen werden. Dies ist z.B. für die feldinduzierte Desorption von adsorbierten Teilchen von Interesse.

Der Nachteil der Methode liegt darin, daß man keine Bilder von feldfreien Oberflächen erhält. Außerdem können nur stabile Materialien verwendet werden, die zu einer Spitze ausziehbar sind und bei den hohen Feldstärken nicht selbst verdampfen. Beispiele sind Übergangsmetalle und ihre Legierungen. Als Beispiel sind in Abb. 3.3.6 die FIM-Aufnahmen einer Platineinkristallspitze mit der hohen Ordnung eines Einkristalls sowie die ungeordnete Struktur von $Pd_{80}Si_{20}$, einem Glas, gezeigt.

a)

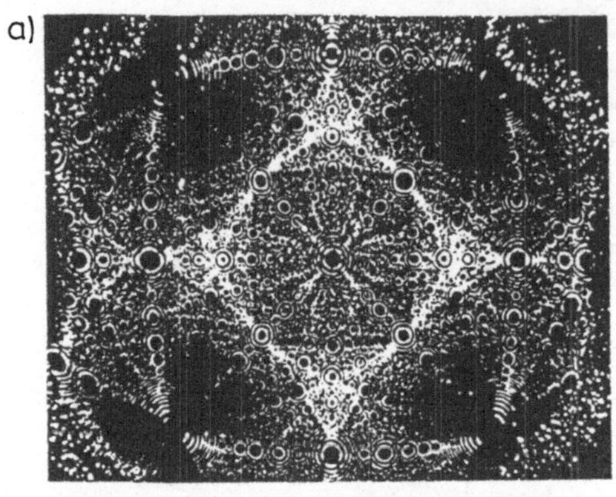

b)

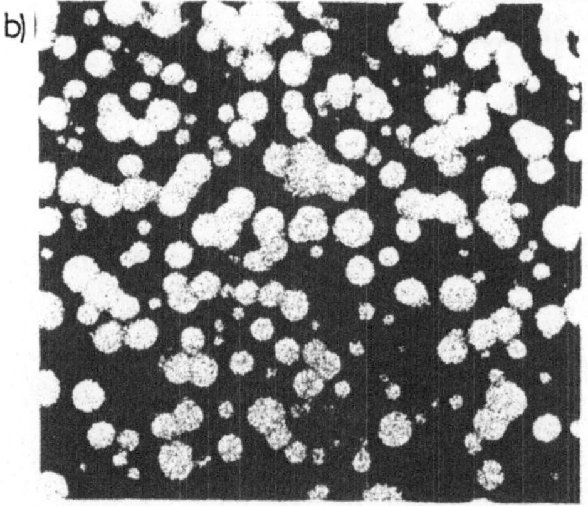

Abb. 3.3.6
Feldionenmikroskopaufnahme a) einer Pt-Einkristallspitze [Mül 70] und b) einer $Pd_{80}Si_{20}$-Glas-Spitze [Cot 85]

3.3.2 Rastermethoden

Allen Rasterverfahren gemeinsam ist das Prinzip, die Probe Punkt für Punkt zeitlich *nacheinander* zu betrachten (vgl. Abb. 1.1.2). Unterschiede bestehen in der Art des Abtastens und in der physikalischen Meßgröße.

3.3.2.1 Rasterelektronenmikroskopie (REM, SEM)

Im Rasterelektronenmikroskop (**S**canning **E**lectron **M**icroscope, SEM) wird ein feiner Elektronenstrahl (Durchmesser typischerweise um 10 nm) rasterförmig Zeile für Zeile über das zu untersuchende Objekt bewegt. Synchron dazu läuft der Schreibstrahl einer Bildröhre. Die einfallenden Elektronen, die Primärelektronen (PE), regen das Objekt zur Abgabe von Sekundärelektronen (SE) an, die zusammen mit den zurückgestreuten Elektronen (RE) des Primärstrahls in den Detektor gelangen. Mit dem Detektorausgang wird dann die Helligkeit der Bildröhre gesteuert. Die Vergrößerung ist durch das Verhältnis von Rastergröße auf dem Objekt zu Bildschirmgröße gegeben und läßt sich in weiten Grenzen variieren (sinnvoll ist $10^1 - 10^5$). Neben dem Elektronendetektor kann auch der Probenstrom oder ein energiedispersiver Röntgendetektor (siehe EDX, Abschn. 3.4.4) zur Helligkeitssteuerung der Bildröhre genutzt werden.

Das einfallende PE kann mehrfach elastisch (am Kern) oder inelastisch (an der Hülle) von Objektatomen gestreut werden, bis es schließlich eingefangen wird. Den charakteristischen Bereich, den es dabei erreicht, nennt man „Streubirne“ (Abb. 3.3.7).

Ihr Radius R hängt von der Primärenergie und der Kernladungszahl des Ob-

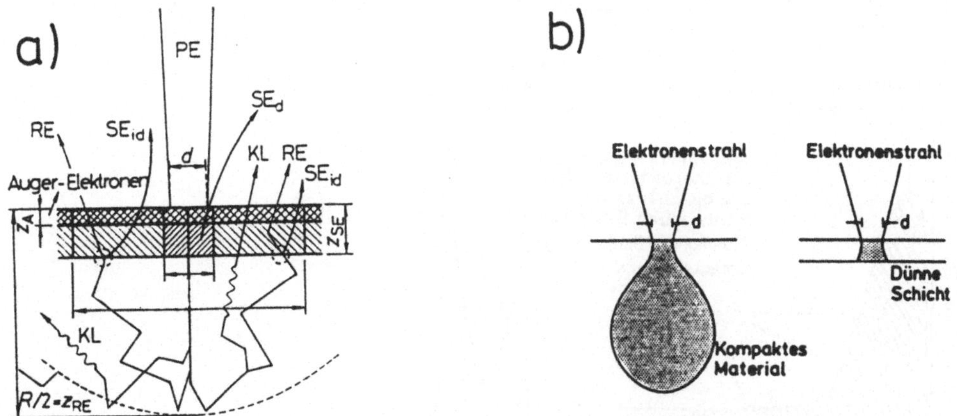

Abb. 3.3.7
a) Übersicht der rückgestreuten (RE) und Sekundärelektronen (SE): Von den Primärelektronen (PE) mit Teilchenstrahldurchmesser d direkt ausgelöste SE_d stammen aus einer typischen Tiefe z_{SE} von 5–50 nm. Aus größerer Tiefe $z_{RE} = 0{,}1$–$10 \mu m$ stammen die RE, die durch die RE (indirekt) ausgelösten SE_{id} und die durch inelastische Prozesse in der Tiefe $z_A = 0{,}4$ - 2nm ausgelösten Augerelektronen (vgl. Abschn. 3.4.4). Durch die Primärelektronen wird in der Probe auch Röntgenstrahlung erzeugt (KL). R ist der Radius der Streubirne [Brü 80].
b) Schematische Darstellung des Objektbereiches, der als Quelle der charakteristischen Röntgenstrahlung bei EDX (vgl. Abschn. 3.4.4) als Folge des Primärelektronenbeschusses wirkt. Im kompakten Material wird der Elektronenstrahl durch Streuprozesse sehr stark verbreitert, während in einer dünnen Folie nur der obere Teil der „birnenförmigen“ Verteilung wirksam wird. Letzteres ermöglicht hohe laterale Auflösung auch mit EDX [Bis 88].

jekts ab und liegt bei etwa 1 μm. Die laterale Auflösung kann daher bei Aufnahme von Rückstreuelektronen an kompakten Proben nicht besser als 1 μm werden. Sekundärelektronen sind Elektronen des Objekts, die durch inelastische Prozesse von PE und RE freigesetzt werden und wegen ihrer geringen Energie (unter 50 eV) nur bis zu einer Tiefe von ca. 10 nm austreten können. Bei Detektion von Sekundärelektronen (zur technischen Lösung s.u.) spielt deshalb die Streubirne kaum eine Rolle, und die Auflösung wird überwiegend durch den Strahldurchmesser der einfallenden Elektronen bestimmt. Die typische Auflösung eines SEM liegt deshalb bei 5–50 nm. Das Problem der Streubirne wird bei TEM (Abschn. 3.3.1.1) nahezu vollständig vermieden, da dort die Proben so dünn sind, daß die Streubirne abgeschnitten wird (Abb. 3.3.7b). Durch inelastische Prozesse entstehen auch Augerelektronen und Röntgenstrahlung, die in zusätzlichen Detektoren nachgewiesen werden können (s. Abschn. 3.4.4), sowie Elektronen, die charakteristische Energieverluste erlitten haben (vgl. Abschn. 3.5.7). Interessant sind dabei v.a. Verluste im keV-Bereich, da diese Energie zur Rumpfelektronenanregung von Substratatomen verbraucht wurde und die Verlustenergien somit einen Rückschluß auf die Elementzusammensetzung zulassen. Abb. 3.3.8

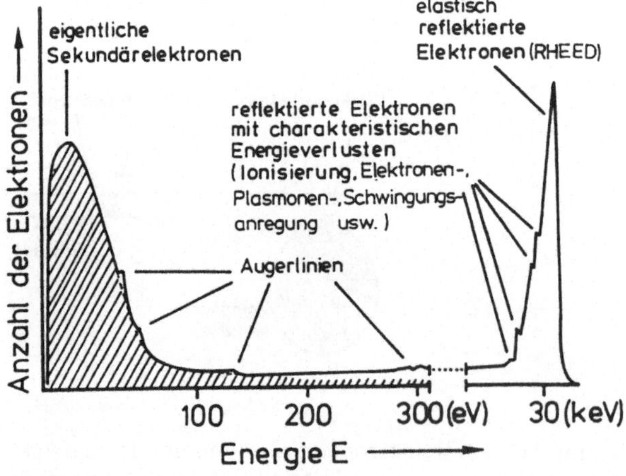

Abb. **3.3.8**
Energieverteilung der von einer Probe emittierten Sekundärelektronen. Von den charakteristischen Energieverlusten können die Rumpfniveauanregungen von Substratatomen in energiedispersiven Detektoren herausgefiltert werden, wodurch eine elementspezifische Detektion mit hoher Ortsauflösung möglich wird („Elektronenenergieverlustspektroskopie", ELS). (Die durch diese Rumpfniveauanregung erlittenen Verluste liegen im keV-Bereich und sind deshalb im hier nicht näher gezeigten gepunkteten Verlauf der Kurve zu finden.) Als Alternative können auch die Augerelektronen oder die hier nicht gezeigte charakteristische Röntgenstrahlung zur Elementidentifizierung nachgewiesen werden. Für Details s. Abschn. 3.4.4 und 3.5.7 [Hen 91].

zeigt die Energieverteilung aller Sekundärelektronen schematisch in einer Übersicht.

Die RE-Ausbeuten sind stark von der Kernladungszahl abhängig, die SE-Ausbeuten fast nicht. Daher zeigen mit negativ vorgespanntem Kollektornetz aufgenommene RE-Bilder stärkeren Materialkontrast als mit schwach positiv vorgespanntem Kollektornetz senkrecht zur Einstrahlrichtung aufgenommene SE-Bilder. Durch das negative Netz werden die niederenergetischen SE abgefangen. Durch die schwache positive Spannung werden nur die niederenergetischen SE in Richtung auf den Detektor abgelenkt, die schnellen RE bleiben weitgehend ungestört und erreichen so den Detektor außerhalb des Rückstreuradius nicht.

Die SE-Ausbeute ist stark vom Einfallswinkel der PE abhängig. Dies führt zum sog. Flächenneigungskontrast. Neben diesem spielt für die Abbildung der Oberflächentopographie der sogenannte Kanteneffekt eine wichtige Rolle. Herausragende Kanten und Spitzen erscheinen besonders hell, da bei ihnen die Schnittfläche mit der Streubirne besonders groß ist. Durch die Lage des Detektors ist der Abschattungskontrast bestimmt. Vom Detektor abgewandte Gebiete der Oberfläche erscheinen dunkel, da von ihnen keine RE und nur wenig SE kommen (Abb. 3.3.9).

Ein großer Vorteil von SEM gegenüber dem Lichtmikroskop ist seine um den Faktor $10^2 - 10^3$ größere Tiefenschärfe. So hat das Lichtmikroskop z.B. bei einer Vergrößerung von 100 eine Tiefenschärfe von etwa 2 μm. Das SEM hat bei derselben Vergrößerung eine Tiefenschärfe von 1 mm.

Abb. 3.3.10 gibt zwei Beispiele für SEM-Bilder von biologischen Objekten. Teilbild a zeigt die große Tiefenschärfe von SEM-Bildern.

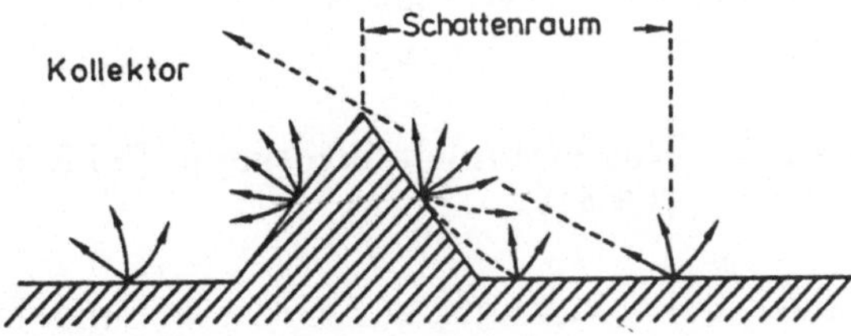

Abb. 3.3.9
Schematische Darstellung zum Kanteneffekt

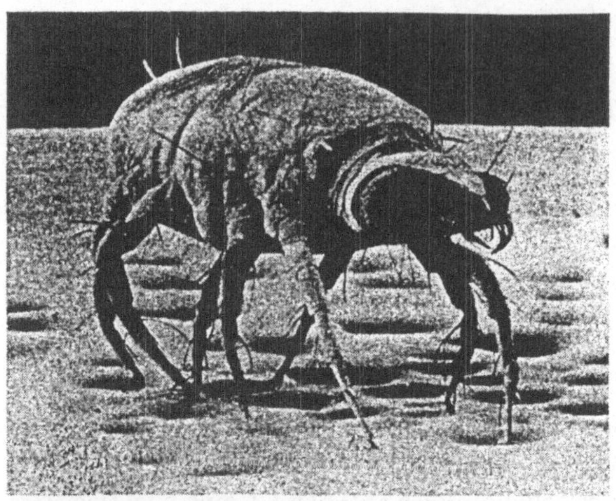

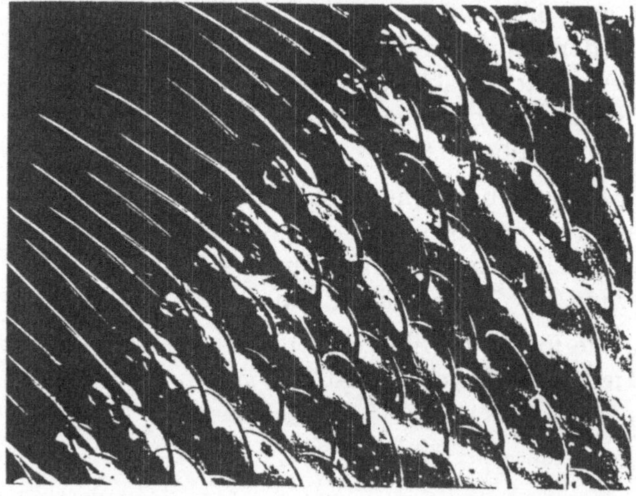

Abb. 3.3.10
SEM-Bild einer Milbe (oben) zur Demonstration der Tiefenschärfe und eines Ausschnitts von einem Fliegenflügel (unten)

3.3.2.2 Rastertunnelmikroskopie (STM) und verwandte Methoden (SXM)

Eine Neuentwicklung zur Untersuchung feinster topographischer Strukturen ist das Rastertunnelmikroskop (**S**canning **T**unneling **M**icroscope, STM) (Binnig, Rohrer, Physiknobelpreis 1986) [Bin 82], [Han 87]. Dieses liefert dreidimensionale Bilder von Oberflächen und kann dabei einzelne Atome auflösen. Eine feine Metallspitze wird mit einem Piezoelement durch Spannungsvariation so weit an die zu untersuchende Oberfläche herangefahren, bis ein Tunnelstrom einsetzt (Abstand $\leq$ 1 nm). Dann wird die Spitze rasterförmig über die Oberfläche bewegt, wobei der Tunnelstrom und damit der Abstand zwischen Spitze und Objekt über einen elektronischen Regelkreis konstant gehalten wird (Abb. 3.3.11).

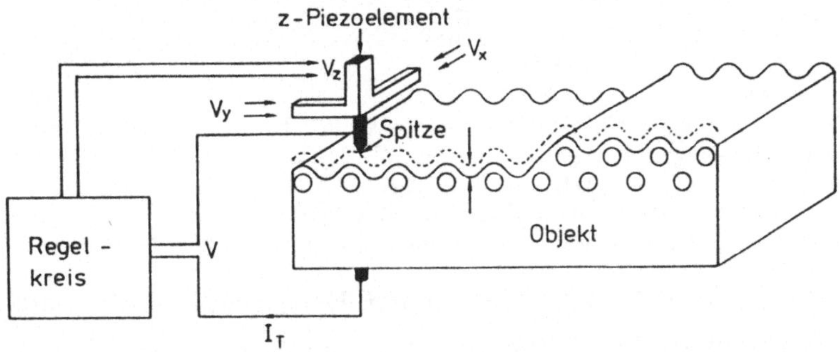

Abb. 3.3.11
Grundprinzip der Rastertunnelmikroskopie (STM). Eine Spannung V_z wird zur mechanischen Verschiebung an das z-Piezoelement gelegt. Mit Hilfe des Regelkreises wird der Tunnelstrom durch Variation des z-Abstandes jeweils konstant eingestellt, während die Spitze über das Objekt durch Variationen von V_x und V_y zeilenförmig gerastert wird [Hen 91].

Durch die Registrierung des Reglersignals erhält man ein direktes Abbild der Oberfläche. Dabei müssen keine Vakuumbedingungen eingehalten werden, und es kann sogar in flüssigem Medium gemessen werden, wobei der Abstand Tunnelspitze - Oberfläche kleiner als die Durchmesser von Flüssigkeitsmolekülen gewählt werden kann.

Neben der Oberflächentopographie enthalten die Bilder u.a. auch indirekt Informationen über Elektronendichteverteilungen und elektronische Austrittspotentiale.

Die physikalische Basis des STM ist der quantenmechanische Tunneleffekt durch die Energiebarriere zwischen Leiterspitze und Probe (Abb. 3.3.12).

Über Gl. (2.2.28) ergibt sich für $V_0 - E = \Phi_{\text{eff}}$ als Potentialbarriere, $s = a$ und die Näherung eV $\ll \Phi$ für den Tunnelstrom I:

$$I \sim \frac{\sqrt{\Phi_{\text{eff}}}}{s} V \cdot \exp(-k\sqrt{\Phi_{\text{eff}}} \cdot s) \tag{3.3.1}$$

Wir haben hier Φ durch $\Phi_{\text{eff}} = \frac{1}{2}(\Phi_1 + \Phi_2)$ als die effektive Austrittsarbeit ersetzt, V ist die angelegte Spannung, s der Tunnelabstand, k eine

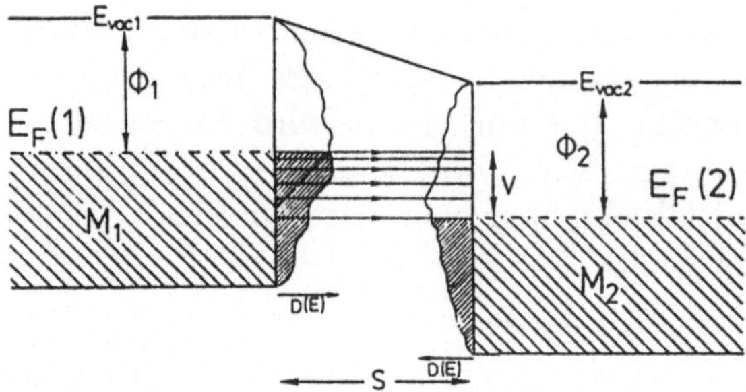

Abb. **3.3.12**
Energiediagramm für eine Tunnelstrecke der Dicke s zwischen zwei Metallen. Elektronen tunneln von Zuständen des Metalls 1 (M_1) zwischen dem Ferminiveau $E_F(1)$ und $E_F(1) - V$ in unbesetzte Zustände des Metalls 2 (M_2). $E_{\text{vac}_{1,2}}$ sind die Vakuumniveaus, $\Phi_{1,2}$ die Austrittsarbeiten. Ebenfalls eingezeichnet sind die Zustandsdichten $D(E)$, wobei schraffierte Bereiche besetzte und offene Bereiche unbesetzte Zustände andeuten [Hen 91].

Konstante. Der Vorfaktor vor der Exponentialfunktion entsteht durch die Umrechnung der Transmissionswahrscheinlichkeit in die Stromdichte bei angelegter Spannung V. Der Proportionalitätsfaktor hängt stark von den experimentellen Gegebenheiten (Spitzenradius etc.) ab und kann deshalb nicht allgemeingültig angegeben werden.

I hängt also in sehr starkem Maße vom Abstand s und von der Austrittsarbeit Φ ab. Für eine Abstandsänderung $\Delta s = 0,1$ nm ergibt sich bei einem Arbeitsabstand von 1 nm eine typische Zunahme des Tunnelstroms um einen Faktor 10. Typische Meßparameter für Metalle sind: $V = 100$ mV, $I = 1$ nA bei $\Phi = 4$ eV. Daraus resultiert ein Arbeitsabstand von ca. 10 Å= 1 nm.

In einer anderen Betrachtungsweise berücksichtigt man, daß der Strom I auch von den Elektronendichten der beteiligten Niveaus vor und nach dem Tunneln („Zahl oder Dichte der Tunnelkanäle") abhängt. Es gilt in erster Näherung (unter Vernachlässigung der Exponentialfunktion in Gl. (3.3.1)):

$$I \sim \sum_{fi} f(E_i)D(E_i)[1 - f(E_f)]D(E_f)R_{fi}^2\delta(E_f - E_i) \qquad (3.3.2)$$

$f(E)$ ist die Fermifunktion, $D(E)$ die Zustandsdichte des Anfangs- bzw. Endzustandes und R_{fi} das Tunnelmatrixelement, das analog zu dem in Abschn. 3.1.2.2.2 eingeführten Übergangsdipolmoment abgeleitet werden kann. $D(E)$ kann dabei allerdings oft nicht gut durch die Zustandsdichte der freien Substratoberfläche oder der Spitze angenähert werden, da das System aus Tunnelspitze und Atomen des Substrats im quantenmechanischen Sinne vor allem bei Stromfluß eigentlich nicht separierbar ist. Die Zustände f, i müssen über alle Zustände der Probe und der Spitze summiert werden, da das Elektron von einem Zustand des einen in einen Zustand des anderen übergeht und sich damit Anfangs- und Endzustand über das Gesamtsystem Probe/Spitze erstrecken.

Mit dem STM können verschiedene Betriebszustände und damit Meßmethoden durchgeführt werden (Abb. 3.3.13).

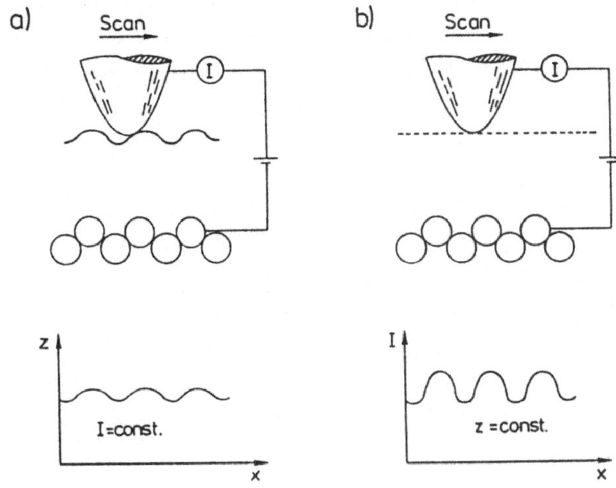

Abb. **3.3.13**
a) Rastern bei konstantem Strom I liefert die Regelspannung $V_z = f(x, y)_I \sim z$
b) Rastern bei konstanter Höhe liefert einen Strom $I = f(x, y)_{z, V_z}$ [Han 87]

a) Rastern bei konstantem Strom (I = const.) (Abb. 3.3.13a)

Bei den meisten Anwendungen wird die Spitze bei konstant gehaltenem Strom (und damit bei gleichen Oberflächenatomen bei konstantem Abstand zwischen Spitze und Oberfläche) an der Oberfläche nachgeführt. Aufgezeichnet wird die Regelspannung zum Nachführen der Spitze bzw. die Änderung der Spitzenposition in der z-Richtung des Laborsystems. Typische Rasterzeiten sind einige Minuten pro Bild. Damit werden bevorzugt Zustandsdichten der Elektronen nahe dem Ferminiveau E_F räumlich abgetastet. Je nach angelegter Spannung können sich sehr unterschiedliche Bilder ergeben.

b) Rastern bei konstanter Höhe (z = const.) (Abb. 3.3.13b)

Die Rasterung kann schneller erfolgen (1 s oder schneller pro Bild), da der Spitzenabstand zur Oberfläche nicht nachgeführt werden muß. Die Änderung des Tunnelstroms aufgrund der Abstandsänderung Δs zwischen Spitze und Probe wird registriert. Das Verfahren läßt sich nur bei sehr ebenen Proben durchführen, führt aber bei diesen zu besseren Abbildungen als bei

Konstant-Strom-Bildern, da die thermische Drift nicht so stark ins Gewicht fällt. Dies ist insbesondere bei hochbeweglichen organischen oder biologischen Proben von Wichtigkeit.

c) Messung der Austrittsarbeit Φ

Liegen Atome an der Oberfläche vor, die die Austrittsarbeit lokal verändern, so können diese starke Kontraste bewirken und so Oberflächenstrukturen vortäuschen, die im Ortsraum nicht existieren (Abb. 3.3.14).

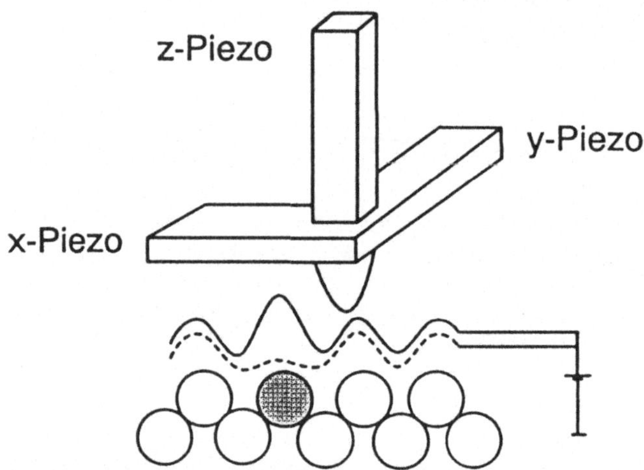

Abb. **3.3.14**
Rastern bei konstanter Stromdichte, wobei ein Fremdatom (dunkel) an der Oberfläche vorliegt. Die obere Kurve entsteht bei kleinerer, die untere bei größerer durch das Fremdatom verursachter Austrittsarbeit [Han 88].

Eine Möglichkeit, geometrische Oberflächenstrukturen von den durch lokale Änderungen der Austrittsarbeit Φ hervorgerufenen Strukturen zu unterscheiden, ergibt sich aus folgendem Zusammenhang (vgl. Gl. (3.3.1)):

$$\frac{d \ln I}{ds} \sim \sqrt{\Phi} \qquad (3.3.3)$$

Durch schnelles periodisches Verändern des Abstandes Spitze - Objekt um ds um den Mittelwert $\bar{s}$ kann bei gleichzeitiger Messung von $d \ln I$ der Verlauf der effektiven Austrittsarbeit entlang der Oberfläche gemessen werden.

d) Tunnelspektroskopie (STS)

Der Quotient $dI/dV = \sigma(V)$ als Leitfähigkeit der Tunnelstrecke wird bei verschiedenen Spannungen V bei jeweils konstantem Abstand s an definierten Oberflächenatompositionen aufgenommen. Auf diese Weise können in speziellen Fällen „Leitfähigkeiten" über unbesetzte Elektronenorbitale an einem festen Ort und, durch Messungen an verschiedenen Positionen, auch laterale Verteilungen von elektronischen Oberflächenzuständen sichtbar gemacht werden (vgl. Gl. (3.3.2) und Abb. 3.3.17). Je nach Polarität können besetzte und unbesetzte elektronische Zustände des Substrats oder der Spitze den Tunnelprozeß bestimmen. In vielen Fällen, insbesondere bei Nichtmetallen, sind die Ergebnisse aus dieser „Tunnelspektroskopie" bisher nicht verstanden. Offensichtlich spielt neben den Zustandsdichten v.a. auch die lokale Austrittsarbeit eine entscheidende Rolle. Dazu kommt die o.g. wechselseitige Beeinflussung von Spitze und Substrat.

Die vertikale Auflösung des STM ist nur durch geometrische und mechanische Eigenschaften der Spitze oder elektrische Störungen begrenzt. Es wurden bereits Werte von 5 pm erreicht. Die laterale Auflösung liegt für eine einatomige Spitze bei 0,2 nm. Das STM gehört damit neben dem Durchstrahlungselektronenmikroskop (TEM, vgl. Abschn. 3.3.1.1) zu den Geräten mit der besten lateralen Auflösung. Die hervorragende Höhenauflösung wird mit keinem anderen Verfahren erreicht. Die praktischen Probleme des Mikroskops liegen bei der Erzeugung einer geeigneten Spitze, welche i.allg. immer noch nur durch Zufall und großes Geschick oder mit großem Aufwand definiert präpariert werden kann.

Während die Erschütterungsempfindlichkeit durch konstruktive Verbesserungen ein beherrschbares Problem ist, spielen die Hysterese der Piezostäbchen und die thermische Drift durch die unterschiedlichen verwendeten Materialien eine auflösungsbegrenzende Rolle. Ebenso sind die Untersuchungsmöglichkeiten sehr rauher Oberflächen und der Einfluß von Adsorbaten noch nicht genau bekannt. Die chemische Identifizierung von gut sichtbaren Verunreinigungen ist meistens ohne andere Hilfsmittel (Charakterisierung der Vorgeschichte bzw. Spektroskopie, wie z.B. AES, s. Abschn. 3.4.4) nicht möglich. Neue Entwicklungen zielen auf schnelle Abtastung (z.B. 50 Bilder/s und schneller), um die Tunnelstrombelastung niedrig zu halten und auch dynamische Vorgänge untersuchen zu können. Daneben sind schlecht leitfähige Proben nicht untersuchbar, so daß neue Methoden entwickelt wurden, die für isolierendes Material anwendbar sind (z.B. AFM, s.u.).

Als Beispiel haben wir die Si(111)-Fläche bereits in Abb. 1.1.2c gezeigt, deren 7×7-Überstruktur vielfach die Teststruktur für atomare Auflösung im UHV darstellt.

Auch komplexere Strukturen sind auflösbar, wenn eine kristalline Struktur vorliegt. In Abb. 3.3.15 ist das Wachstum von drei Monolagen Ag auf

a)

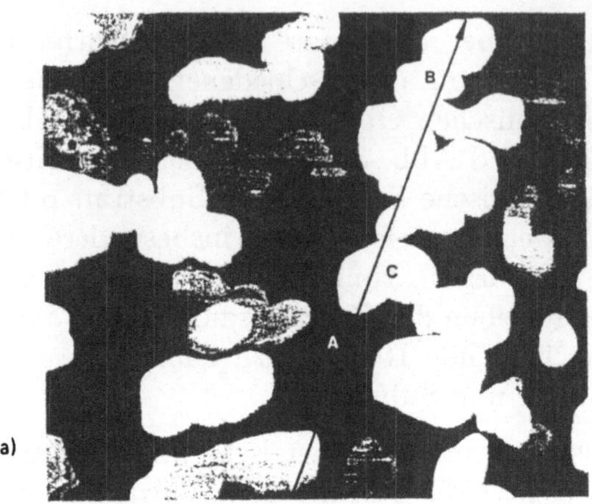

b)

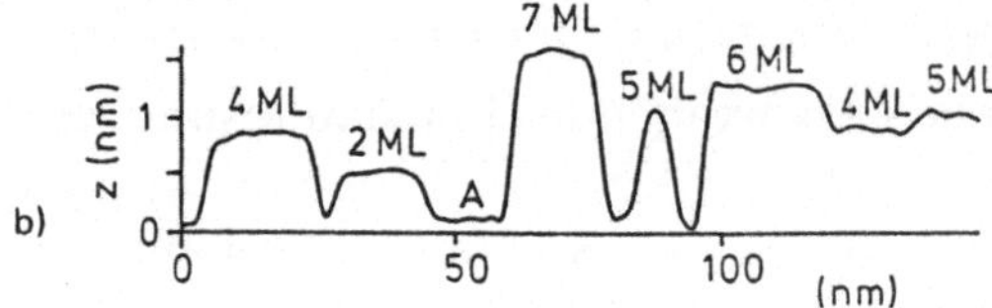

Abb. 3.3.15
a) Silberinseln auf Si(111) nach Aufdampfen von 3 Monolagen bei Raumtemperatur
b) Das Höhenprofil zeigt die unterschiedliche Höhe der Inseln entlang des in a) gezeigten schwarzen Pfeils [Ned 89]

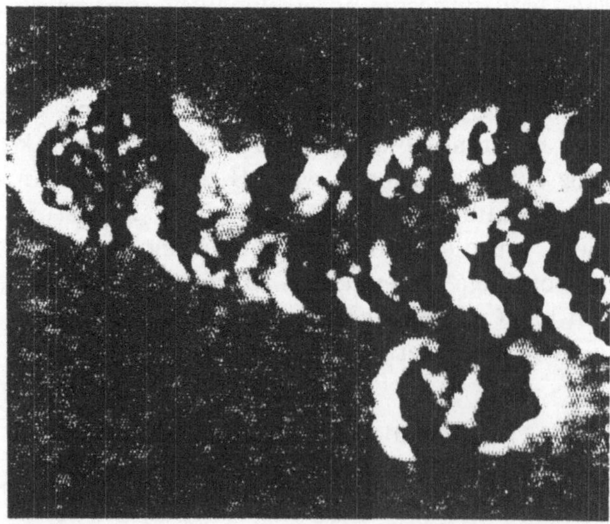

Abb. 3.3.16
Bild einer Schleife der Doppelhelix der DNA. Eine halbe Umdrehung der Wendel mißt 1,73 nm [Kob 89].

Si(111)(7 × 7) gezeigt, das in epitaktischen Inseln mit ebener Oberfläche, aber unterschiedlicher Dicke (0 bis 7 ML) erfolgt, wie an dem unten gezeigten Querschnitt gut zu erkennen ist.

Auch die Abbildung einer Schleife der Doppelhelix der DNA ist gelungen (Abb. 3.3.16).

Wie oben erwähnt, kann durch Variation der Spannung zwischen Spitze und Oberfläche (bei konstantem Abstand) Spektroskopie der Oberflächenzustände (s. Abschn. 2.6.4.1) durchgeführt werden. In Abb. 3.3.17a ist dies für die Au(111)-Fläche als Beispiel gezeigt. Zum Vergleich ist in Abb. 3.3.17b die Elektronendichte besetzter Zustände gezeigt, wie sie aus UPS-Daten erhalten wird (vgl. Abschn. 3.5.5). Man erkennt, daß mit der Tunnelspektroskopie auch unbesetzte Zustände meßbar sind, wenn man positive Spannungen V wählt (vgl. Abb. 3.3.12). Bei Spannung null, d.h. bei angeglichenen Ferminiveaus, kann jedoch nicht gemessen werden, da ohne angelegte Spannung kein Nettostrom fließen kann (vgl. Gl. (3.3.1)).

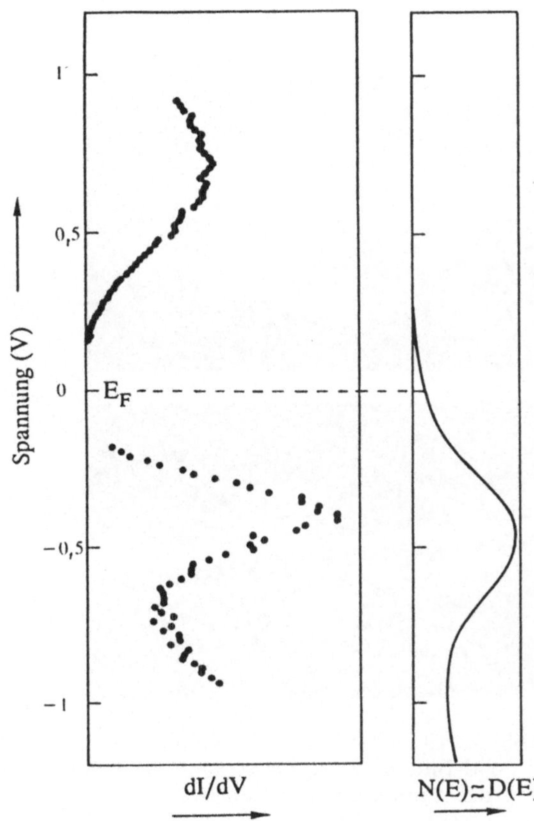

Abb. 3.3.17
a) Beispiel für Tunnelspektroskopie besetzter und unbesetzter Zustände: dI/dV als Funktion der Spannung V für Au(111)
b) Elektronendichte der besetzten Zustände, aus einem UPS-Spektrum erhalten. Details zu UPS werden in Abschn. 3.5.5 behandelt. E_F ist das Ferminiveau [Kai 86].

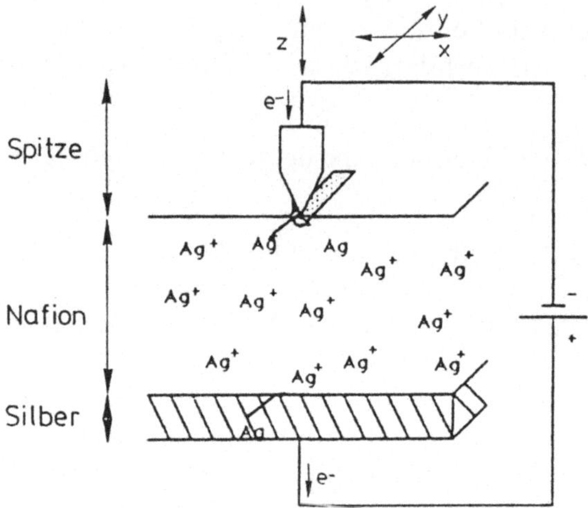

Abb. 3.3.18
Schematische Darstellung einer Methode zur Abscheidung von Silber auf Nafion-Filmen [Cra 88]

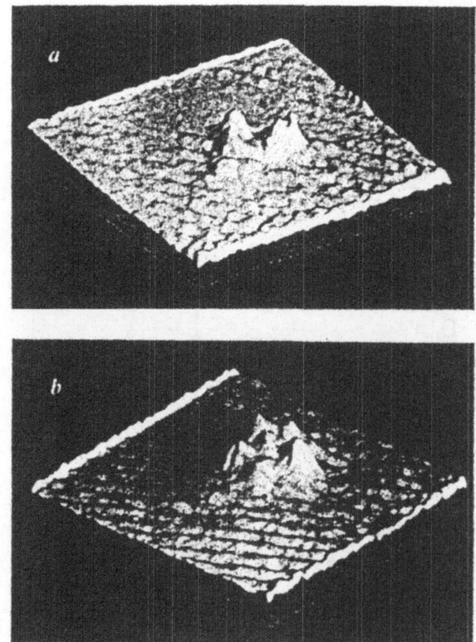

Abb. 3.3.19
a) STM-Bild eines Di(2-ethylhexyl)phthalat-Moleküls, das auf Graphit mit einem 3,7 V-Puls der Tunnelspitze „angeheftet" wurde
b) Ein weiteres Molekül, an einer anderen Stelle „angeheftet" [Fos 88]

In neuerer Zeit werden mit dem STM nicht nur einzelne Moleküle „abgebildet", sondern u.a. auch Mikrostrukturen in Polymere, Legierungen [Sta 87] und Ionenleitern geschrieben (Abb. 3.3.18) oder Einzelmoleküle transferiert und adressiert (Abb. 3.3.19) (vgl. auch [Göp 94] und [Ozi 92]).

Nach der Erfindung des Rastertunnelmikroskops werden nun zahlreiche davon abgeleitete Rastermethoden erprobt und optimiert. Allen gemeinsam ist, daß durch elektrisches Ansteuern von Piezokristallen Abstandsverschiebungen bis in den atomaren Bereich kontrolliert möglich sind. Man bezeichnet sie allgemein als SXM-Techniken, wobei „X" für die zu messende Größe steht.

Zu diesen neueren Entwicklungen gehört das *Atomkraftmikroskop* (**A**tomic **F**orce **M**icroscope, AFM bzw. **S**canning **F**orce **M**icroscope, SFM) mit dem methodischen Vorteil, daß damit auch elektrisch nichtleitende Proben untersucht werden können. Fährt man mit einer feinen Spitze an die Oberfläche heran, so wirkt in erster Näherung ein Lennard-Jones-Potential (vgl. Abschn. 2.5.1.1) zwischen dem vordersten Atom der Spitze und dem Oberflächenatom, d.h. abstandsabhängig wirkt auf die Spitze in einem größeren Abstand zuerst eine anziehende, dann eine abstoßende Kraft. Da die Abstoßungskraft $\sim r^{-12}$ ist, ist auch die Kraft eine extrem empfindliche Abstandssonde. Beim Abtasten der Oberfläche mit einer feinen Spitze, z.B. aus mikromechanisch präpariertem Silicium an einer beweglichen Zunge, wird die Kraft der Spitze in einer nachgeschalteten Servo-Anordnung konstant gehalten. Die sich dadurch verändernde Verbiegung der Zunge wird mit einem Abstands-„Sensor" (z.B. einem Tunnelmikroskop oder einem abgelenkten Laserstrahl) registriert (Abb. 3.3.20).

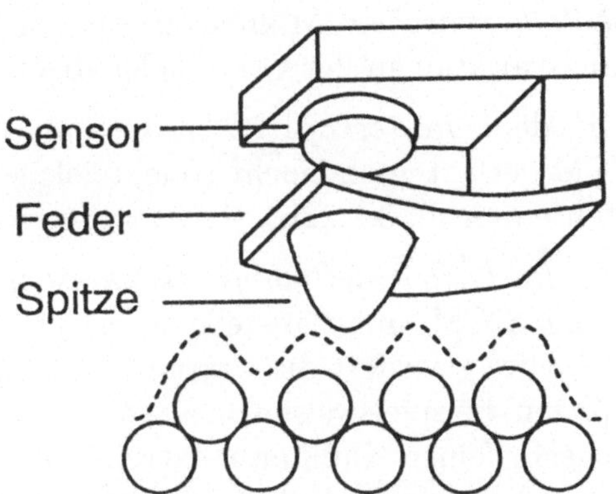

Abb. **3.3.20**
Schematische Darstellung des Grundprinzips des Atomkraftmikroskops. Der Abstandssensor kann z.B. ein Tunnelmikroskop oder ein optisches Interferometer sein [Han 88].

Das AFM wird z.B. zur Abbildung biologischer Präparate häufig angewendet (Abb. 3.3.21). Zwar wird beim AFM nur selten (die theoretisch mögliche) atomare Auflösung erzielt, jedoch kann man im Gegensatz zum Elektronenmikroskop in Luft und v.a. auch in Lösung arbeiten, so daß sich die einzigartige Möglichkeit ergibt, lebende Objekte mit hoher Auflösung abzubilden.

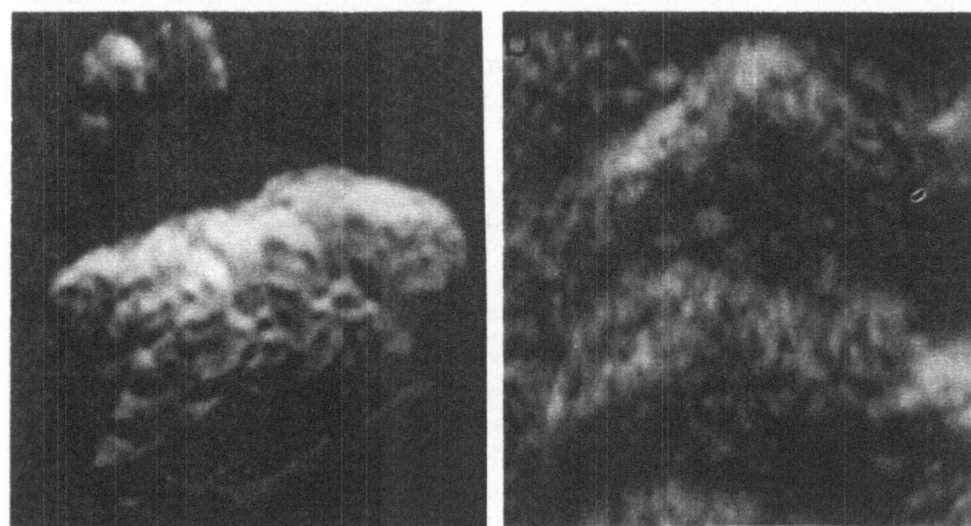

Abb. 3.3.21
AFM-Bild menschlicher Lymphozyten — a) 10 μm, b) 1μm Rasterweite. In b) sind Details im Maßstab von ca. 10 nm aufgelöst [Gou 90].

Mit dem *rasterthermischen-* (**S**canning **Th**ermal **M**icroscope, SThM) oder *photothermischen* Mikroskop werden lokale Temperatur- oder IR-Strahlungsvariationen der Oberfläche abgetastet (Abb. 3.3.22a).

Mit dem *Rasterkapazitätsmikroskop* (**S**canning **C**apacitance **M**icroscope, SCM) erfaßt man hochfrequent lokale Variationen der Dielektrizitätskonstanten (Abb. 3.3.22b).

Das *Rasterionenleitfähigkeitsmikroskop* (**S**canning **I**on **C**onductance **M**icroscope, SICM) nutzt anstelle der Elektronen- die Ionenleitung in Elektrolyten aus. Dies erfordert die Präparation von mikrostrukturierten ionenleitenden Spitzen, beispielsweise von ausgezogenen Glaskapillaren. Da die Ionenströme bei sehr feinen Kapillaren extrem niedrig werden und Spitzen ohnehin nicht wesentlich feiner als 100 nm ausgezogen werden können, liefert dieses Verfahren keine Auflösung bis in den atomaren Bereich (Abb. 3.3.22c).

Dies gilt auch für das *rasternahfeld-optische Mikroskop* (**S**canning **N**earfield

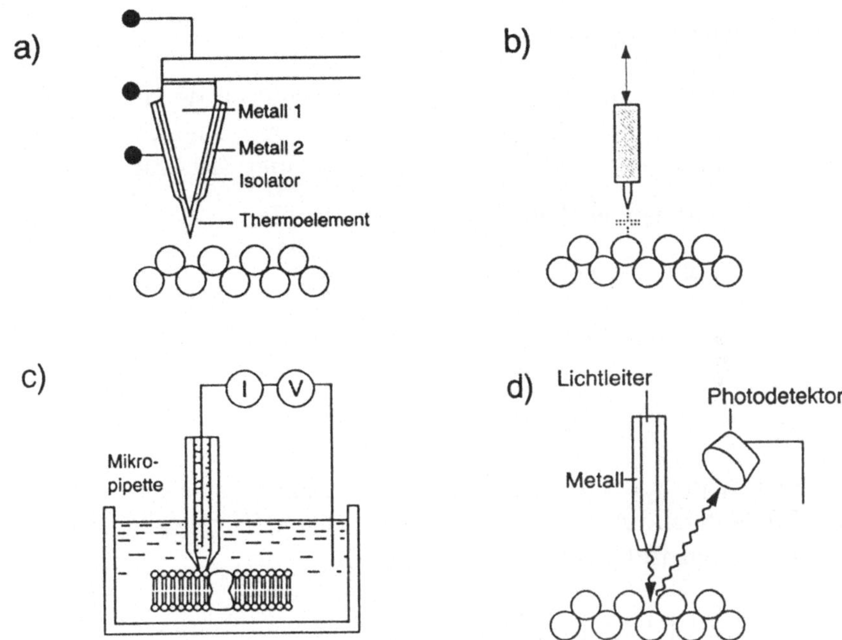

Abb. 3.3.22
Schematischer Aufbau verschiedener SXM-Anordnungen (a)-c) nach [Poh 91])
a) SThM [Wil 86], b) SCM [Kle 88], c) SICM [Han 89], d) SNOM

Optical **M**icroscope, SNOM). Hier wird ausgenutzt, daß bei sehr kleinen Wechselwirkungsabständen, im sog. Nahfeld, das Auflösungsvermögen nicht mehr durch die Wellenlänge des Lichts vorgegeben ist. Man kann z.B. die Bündelung von Licht bei koaxialer Führung in Glas/Metall-Anordnungen ausnutzen, bei denen Licht aus einem Lichtleiter auf die Oberfläche trifft und prinzipiell auf Bereiche fokussiert sein kann, deren Ausdehnung nur Bruchteile der Lichtwellenlänge beträgt. Gemessen wird beim Abrastern der Oberfläche durch den koaxialen Lichtleiter das reflektierte oder transmittierte Licht.

Das *rasternahfeld-akustische Mikroskop* (**S**canning **N**earfield **A**coustical **Mi**croscope, SNAM) nutzt in analoger Weise ortsaufgelöste Änderungen der Reflexion bei akustischer Anregung der Oberfläche aus.

Für weiterführende Details der verschiedenen Rastermethoden sei auf Spezialliteratur verwiesen [Poh 91], [Wic 89].

3.3.3 Beugungsmethoden

Bei der Beugung betrachten wir einen Spezialfall der in Abschn. 3.1.1 beschriebenen Streuung, bei dem die Sonden keine Energie-, sondern nur eine Richtungsänderung erfahren ($\Delta E = 0$; $\Delta \underline{\hat{k}}$ oder $\Delta\vartheta$, $\Delta\varphi \neq 0$).

- Trifft eine ebene Welle mit der Amplitude

$$\Psi(\underline{r}) = \Psi_0 \cdot e^{i\underline{k}_0 \underline{r}} \tag{3.3.4}$$

auf einen *punktförmigen Streuer*, so geht von dort eine *Kugelwelle*

$$\Psi(r) = \Psi_0 \cdot \frac{e^{ikr}}{r} \tag{3.3.5}$$

aus (Abb. 3.3.23). Nach dem Huygensschen Prinzip ist jeder Punkt einer Wellenfläche Ausgangspunkt einer neuen Kugelwelle (Elementarwelle). Die Intensität der Welle ist $|\Psi(r)|^2 = \text{const.}$

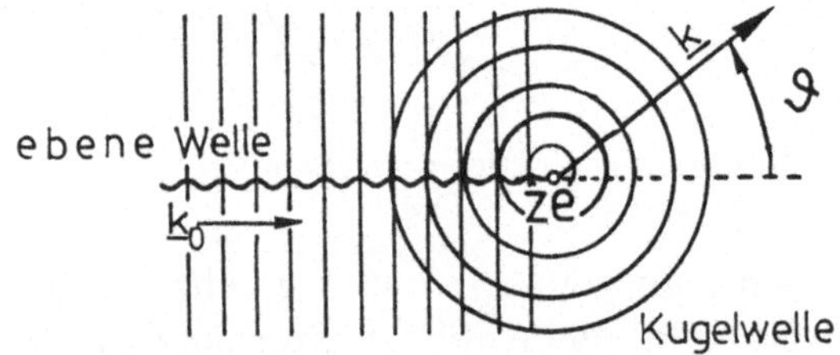

Abb. 3.3.23
Ebene Wellen mit konstanter Intensität $|\Psi_0(\underline{r})|^2$ lösen an Punktobjekten Kugelwellen aus, deren Intensität $|\Psi(r)|^2$ unabhängig von der Richtung ϑ mit $1/r^2$ nach außen abfällt

- Ist der Streuer kein Punkt, sondern z.B. ein *Atom mit endlicher Ausdehnung* und mit nicht kugelförmigen Atomorbitalen, so ist die Amplitude der gestreuten Kugelwelle nicht in alle Raumrichtungen gleich, sondern winkelabhängig. Die Winkelabhängigkeit ist durch die Streuamplitude $f(\vartheta)$ gegeben:

$$|\Psi(r)|^2 \sim \left[f(\vartheta)\frac{e^{ikr}}{r}\right]^2 = \frac{f^2(\vartheta)}{r^2} = \frac{q(\vartheta)}{r^2} \tag{3.3.6}$$

$q(\vartheta)$ ist dabei der im Abschn. 3.1.1 eingeführte Streuquerschnitt, der hier winkelabhängig ist und nur die elastisch gestreuten Sonden erfaßt (vgl. z.B. Gl. (3.1.14)). Für unterschiedliche Sonden, die als Wellen mit dem Atom wechselwirken, haben $f(\vartheta)$ und $q(\vartheta)$ unterschiedliche Absolutwerte und Winkelabhängigkeiten.

Hat man kein isoliertes Einzelatom, sondern zwei oder mehr Atome, die in einer Kette, einem zweidimensionalen Flächen- oder einem dreidimensionalen Raumgitter angeordnet sind, so interferieren die Kugelwellen der einzelnen Objekte miteinander. Nur in den Richtungen, in denen konstruktive Interferenz erfolgt, erhält man Intensitätsmaxima (Reflexe) der Beugung.

- Wir wollen die dazu erforderliche *Interferenzbedingung zwischen zwei Netzebenen* zuerst nach einer einfachen Herleitung von Bragg diskutieren. Dabei denkt man sich einen Kristall aus parallelen Ebenen von Atomen, den sog. Netzebenen aufgebaut, die den Abstand d voneinander besitzen. Die Betrachtung der Streuebene statt einzelner (Atom-) Punkte ist deshalb möglich, weil alle Atome der Ebene das gleiche Streuverhalten besitzen. Man betrachtet zunächst den Fall, bei dem der Einfall- und Ausfallwinkel gleich sind (Spiegelreflexion). Eine konstruktive Interferenz der Teilwellen, die von den einzelnen Netzebenen ausgehen, tritt dann auf, wenn ihr Gangunterschied ein Vielfaches der Wellenlänge ist. Dies ist in Abb. 3.3.24 dargestellt.

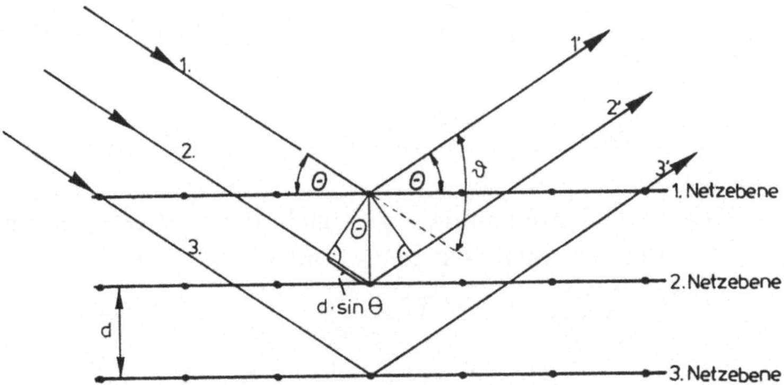

Abb. 3.3.24
Beugungsbedingung für Spiegelreflexion an Netzebenen im Abstand d

Dafür gilt die Braggsche Gleichung

$$2d \sin \Theta = 2d \sin \frac{\vartheta}{2} = n \cdot \lambda \qquad n = 1, 2, 3, \ldots \tag{3.3.7}$$

- Wir wollen nun den Fall betrachten, daß Einfall- und Ausfallwinkel nicht identisch sind und die *Streuung von zwei Punkten interferiert* (Abb. 3.3.25, Punkte 0 und A_i).

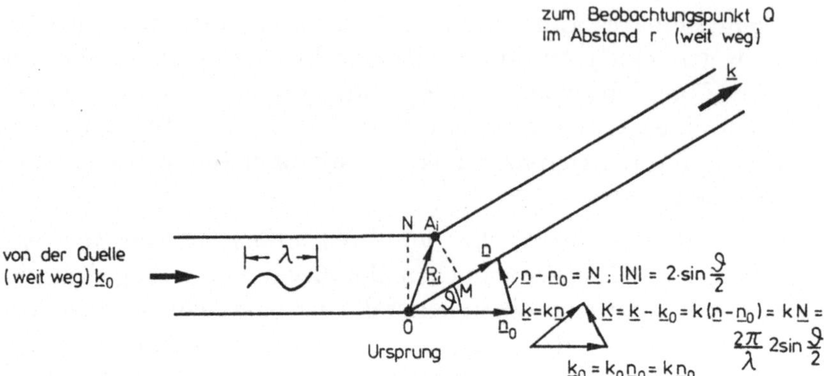

Abb. 3.3.25
Beugung am Ursprung 0 und Atom A zur Herleitung der Streuamplituden von zwei Punkten

Für die Amplitude Ψ_0 der Welle, die im Ursprung 0 gestreut wird, gilt:

$$\Psi_0 = f_0(\vartheta)\frac{e^{ikr}}{r} \tag{3.3.8}$$

Entsprechend gilt für die Amplitude Ψ_i der am Punkt A_i gestreuten Welle:

$$\Psi_i = f_i(\vartheta)\frac{e^{ik(r+g_i)}}{r} = f_i(\vartheta)\frac{e^{ikr}}{r}e^{ikg_i} = f_i(\vartheta)\frac{e^{ikr}}{r}e^{i\underline{K}\underline{R}_i} \tag{3.3.9}$$

Die letzte Umformung ergibt sich aus dem Gangunterschied g_i der Amplituden am Beobachtungspunkt Q:

$$\begin{aligned} g_i &= \overline{0M} - \overline{NA_i} = \underline{R}_i\underline{n} - \underline{R}_i\underline{n}_0 = \underline{R}_i(\underline{n} - \underline{n}_0) \\ &= \underline{R}_i\frac{1}{k}(\underline{k} - \underline{k}_0) = \underline{R}_i\frac{1}{k}\cdot\underline{K} \end{aligned} \tag{3.3.10}$$

$\underline{K}$ wird Streuvektor genannt (vgl. Abb. 3.1.3). $\underline{n}_0$ und $\underline{n}$ sind Einheitsvektoren, die in Richtung der ein- bzw. ausfallenden Wellenfront zeigen. Das Skalarprodukt von $\underline{R}_i$ mit einem der Einheitsvektoren ergibt dann die Projektion von $\underline{R}_i$ auf die jeweilige Normalenrichtung, also gerade $\overline{NA_i}$ bzw. $\overline{0M}$.

- Summiert man zur *Streuung an mehreren Atomen* A_i über alle Ψ_i, so erhält man die Gesamtamplitude Ψ im Punkt Q

$$\Psi = \sum_{i=1}^{N}\Psi_i = \frac{e^{ikr}}{r}\sum_i f_i(\vartheta)e^{i\underline{K}\underline{R}_i} \tag{3.3.11}$$

und durch Quadrieren des Betrags die Intensität

$$I = |\Psi|^2 = \frac{1}{r^2} \sum_{i=1}^{N} \sum_{j=1}^{N} f_i f_j e^{i\underline{K}(\underline{R}_i - \underline{R}_j)} \,. \tag{3.3.12}$$

Bis hierher gilt die Ableitung ganz allgemein. Im folgenden wollen wir jetzt die Spezialfälle für isolierte freie Moleküle in der Gasphase sowie für periodische Gitter besprechen.

3.3.3.1 Beugung an freien Molekülen

Die Doppelsumme in Gl. (3.3.12) kann nun für Gasmoleküle aufgespalten werden:

$$\begin{aligned} I_{\text{tot}}(\vartheta) = |\Psi^2| &= \frac{1}{r^2} \left[\sum_{i}^{N} f_i^2 + \sum_{i \neq j}^{N} \sum_{j}^{N} f_i f_j e^{i\underline{K}(\underline{R}_i - \underline{R}_j)} \right] \\ &= \frac{1}{r^2} \left[I_{\text{Atom}}(\vartheta) + I_{\text{Mol}}(\vartheta) \right] \end{aligned} \tag{3.3.13}$$

Dabei wird über alle N Atome im Molekül aufsummiert.

Gl. (3.3.13) gilt jedoch nur für eine Orientierung der Gasmoleküle. Da die Gasmoleküle statistisch verteilt vorliegen und jede mögliche Orientierung zum einfallenden Sondenstrahl einnehmen, muß man die Streuintensität über alle Richtungen mitteln:

$$I_{\text{tot}} = \frac{1}{4\pi} \int I_{\text{tot}}(\vartheta) d\Omega \tag{3.3.14}$$

Die Integration ergibt

$$I_{\text{tot}} = \frac{1}{r^2} \left[\sum_{i}^{N} f_i^2 + \sum_{i \neq j}^{N} \sum_{j}^{N} f_i f_j \frac{\sin K R_{ij}}{K R_{ij}} \right] \tag{3.3.15}$$

mit $R_{ij} = |\underline{R}_i - \underline{R}_j|$.

Man erkennt, daß sich die Intensitätsmaxima trotz statistischer Verteilung der Gasmoleküle nicht herausmitteln. Für einatomige Gase (nur erster Faktor der Summe) ergibt sich eine monotone Abhängigkeit gemäß Abb. 3.1.5. In Richtung ϑ erhält man die maximale Intensität, die für Elektronen nach der Wechselwirkung mit Atomkernen (nicht, wie in Abb. 3.3.23 angenommen, unabhängig vom Streuwinkel, sondern) mit $\frac{1}{(\sin\frac{\vartheta}{2})^4}$ abfällt (vgl. Gl.

(3.1.14)). Für mehratomige Gase ergibt sich eine Modulation dieses Intensitätsverhaltens. Die Funktion $\frac{\sin x}{x}$ besitzt Nullstellen, so daß nicht ein gleichmäßiger Abfall der Intensität um die Richtung ϑ zu beobachten ist, sondern Ringe auftreten. Abb. 3.3.26 zeigt ein Beispiel einer Elektronenbeugungsaufnahme. (Für Gase ist nur die Beugung von Elektronenstrahlen empfindlich genug, s. Abschn. 3.3.3.2.1.)

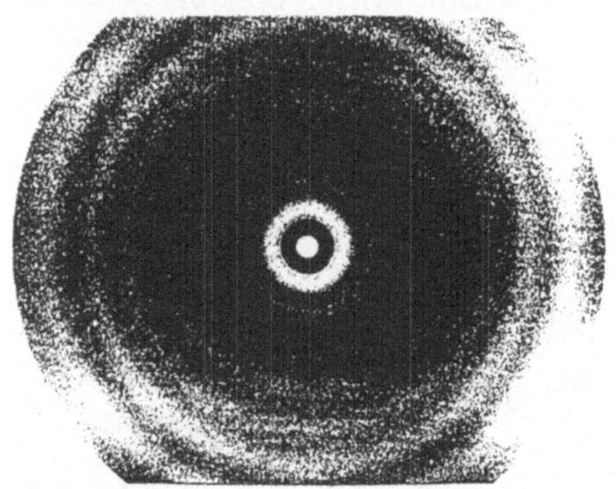

Abb. 3.3.26
Typische Elektronenbeugungsaufnahme eines Moleküls in der Gasphase (freundlicherweise von H. Oberhammer, Tübingen, zur Verfügung gestellt)

Zur Auswertung werden Modelle für die Molekülstruktur aufgestellt und anschließend die für diese Modelle berechneten Streuintensitäten in Abhängigkeit vom Streuvektor $\underline{K}$ mit den experimentellen verglichen. Häufig verwendet man nicht diese Auftragung, sondern die Auftragung im realen Raum, die sich aus der Fourier-Transformation ergibt. Diese Streuintensitäten in Abhängigkeit vom Abstand sind dann die Radialverteilungsfunktionen, die wir bereits in Abschn. 2.5.3.2 kennengelernt haben (Abb. 3.3.27b).

Bisher sind wir nur von starren Molekülen ausgegangen, obwohl die Ergebnisse der Abb. 3.3.26 an Molekülen in der Gasphase durchgeführt wurden. Bei schwingenden Molekülen erhält man statt eines festen Abstandes R_{ij} in Gl. (3.3.15) eine Abstandsverteilung $P_{ij}(r)$. Für Schwingungen, die als Überlagerung harmonischer Normalschwingungen zu beschreiben sind, ist $P_{ij}(r)$ eine Gaußverteilung:

$$P_{ij}(r) = (\pi\langle u_{ij}^2\rangle)^{-1/2} e^{-\frac{(R-R_{ij})^2}{2\langle u_{ij}^2\rangle}} \qquad (3.3.16)$$

$\langle u_{ij}\rangle^2$ ist die mittlere quadratische Abweichung des Atomabstandes vom Gleichgewichtsabstand R_{ij}. Die Klammern $\langle\,\rangle$ deuten dabei an, daß es sich um einen Mittelwert handelt.

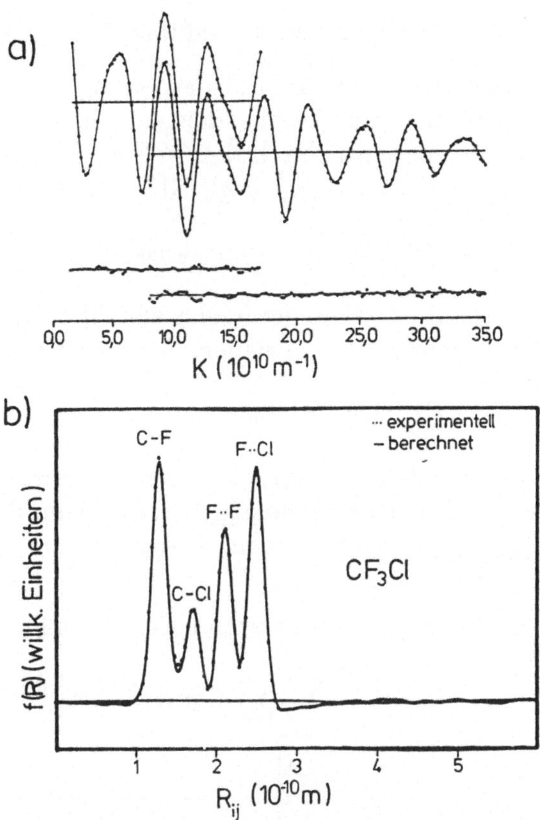

Abb. 3.3.27
a) Experimentelle (Punkte) und theoretisch berechnete (durchgezogene Kurve) molekularer Streuintensitäten von CF_3Cl als Funktion des Streuvektors K (obere Kurven). Aus apparativen Gründen müssen je nach Streuvektorbetrag verschiedene Abstände zwischen Probe und Auffangschirm (Photoplatte) gewählt werden. Dadurch entstehen zwei sich überlappende Meßkurven. Im unteren Teil des Bildes ist die Abweichung zwischen experimentellen und theoretischen Werten angegeben.
b) Fouriertransformierte von a), d.h. die Radialverteilungsfunktion, aus der die Bindungsabstände R_{ij} entnommen werden können (freundlicherweise von H. Oberhammer, Tübingen, zur Verfügung gestellt)

In Gl. (3.3.15) wird der Term $\frac{\sin KR_{ij}}{KR_{ij}}$ durch das Integral über $P_{ij}(r)$ ersetzt:

$$\begin{aligned} I_{\text{tot}} &= \frac{1}{r^2}\left[\sum_i^N f_i^2 + \sum_{i\neq j}^N \sum_j^N f_i f_j \frac{\sin KR_{ij}}{KR_{ij}} \cdot e^{-\frac{K^2\langle u_{ij}^2\rangle}{2}}\right] \\ &= I_0 e^{-\frac{K^2\langle u_{ij}^2\rangle}{2}} \end{aligned} \qquad (3.3.17)$$

3.3.3.2 Beugung an kristallinen Materialien

Ein einkristalliner Festkörper ist aus periodisch aufeinanderfolgenden Elementarzellen mit jeweils gleichem Inhalt aufgebaut. Der Ursprung der Elementarzelle wird durch den Vektor R_{mnp} vom Ursprung des Koordinatensystems aus festgelegt (vgl. Gl.(2.6.1) mit $m_2 = n, m_3 = p$):

$$\underline{R}_{mnp} = m\underline{a}_1 + n\underline{a}_2 + p\underline{a}_3 \tag{3.3.18}$$

Innerhalb der Elementarzelle wird der Ort des Atoms j der Sorte s durch den Vektor $\underline{R}_{sj}$ beschrieben, der vom Ursprung der Elementarzelle ausgeht:

$$\underline{R}_{sj} = x_{sj}\underline{a}_1 + y_{sj}\underline{a}_2 + z_{sj}\underline{a}_3 \tag{3.3.19}$$

$\underline{a}_i$ sind dabei die Basisvektoren der Elementarzelle. Der Ort eines Atoms in der Elementarzelle wird damit vom Ursprung aus durch den Vektor $\underline{R}_{mnp} + \underline{R}_{sj}$ beschrieben. Diese Vektoren sind zusammenfassend in Abb. 3.3.28 gezeigt.

Als Gesamtamplitude ergibt sich deshalb gemäß Gl. (3.3.11):

$$\Psi = \frac{e^{ikr}}{r} \sum_{mnp} \sum_{sj} f_s(\vartheta) e^{i\underline{K}(\underline{R}_{mnp} + \underline{R}_{sj})}$$

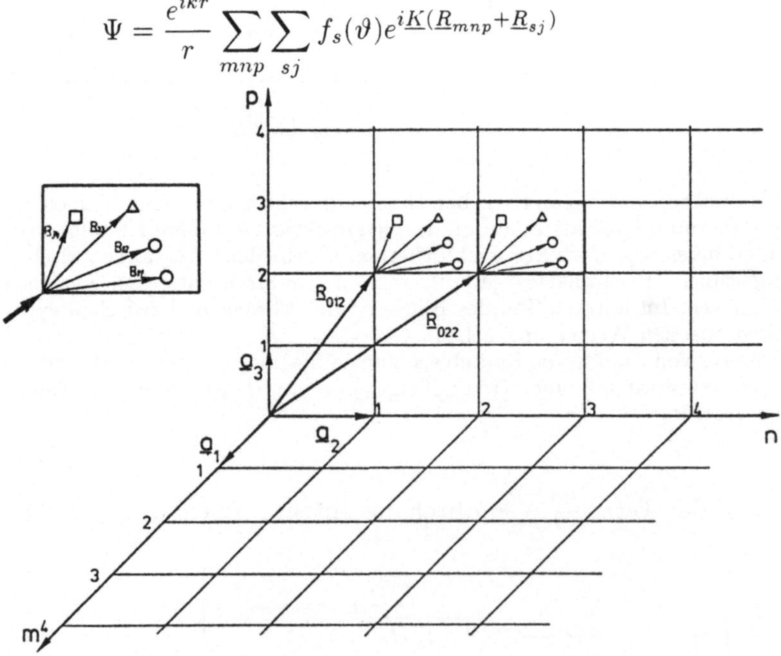

Abb. **3.3.28**
Vektoren zur Beschreibung von Atompositionen in einem Molekülkristall (Kristall = Gitter + Basis). □, △ und ○ sind unterschiedliche Atome der Basis.

$$= \frac{e^{ikr}}{r} \underbrace{\sum_{mnp} e^{i\underline{K}\ \underline{R}_{mnp}}}_{G} \underbrace{\sum_{sj} f_s(\vartheta) e^{i\underline{K}\ \underline{R}_{sj}}}_{F} \tag{3.3.20}$$

Die erste Summe beschreibt dabei nur die Periodizität des primitiven Gitters und damit den Ort der Reflexe. Es gibt keinen Einfluß verschiedener Atomsorten und der Geometrie der Basis. Die Summe wird als Laue-Funktion oder Gitteramplitude G bezeichnet. Die zweite Summe enthält dagegen alle Informationen über die Art (über die Streuamplitude $f_s(\vartheta)$) und über die Position (über die $\underline{R}_{sj}$) der Atome in der Elementarzelle. Die Summe wird Strukturamplitude F genannt und moduliert die Intensität der durch G festgelegten Reflexe für verschiedene Wellenlängen oder Primärstrahlrichtungen.
Allgemein gilt:

$$I_{\text{tot}} = |\Psi|^2 = \frac{1}{r^2}|G|^2 \cdot |F|^2 \tag{3.3.21}$$

Überlegt man sich nun, wann man überhaupt konstruktive Interferenz erhält, so muß man nochmals auf Gl. (3.3.10) zurückgreifen.

Konstruktive Interferenz erhält man, wenn der Gangunterschied g_i ein Vielfaches der Wellenlänge λ ist:

$$g_i = \underline{R}_i \frac{1}{k} \underline{K} = \underline{R}_{mnp} \frac{1}{k} \underline{K} = h_i \lambda = h_i \frac{2\pi}{k}, \quad h_i = 0, 1, 2, 3, \ldots \tag{3.3.22}$$

Es ergibt sich die sog. Laue-Bedingung

$$\underline{K}\,\underline{R}_i = 2\pi h_i \,, \tag{3.3.23}$$

die nach der Definition des reziproken Gitters, $\underline{R}_i\ \underline{R}_j^* = 2\pi\delta_{ij}$ (vgl. Gl. (2.6.2)), gerade dann erfüllt ist, wenn

$$\underline{K} = h_i \underline{R}_i^* = \underline{k} - \underline{k}_0 \tag{3.3.24}$$

gilt (vgl. Abschn. 2.6.1.1.2). Läßt sich $\underline{R}_i$ aus mehreren Einzelkomponenten $\underline{a}_i$ zusammensetzen, wie wir es in Gl. (3.3.18) angenommen haben, so gilt

$$\underline{K} = \sum_i h_i \underline{a}_i^* \,. \tag{3.3.25}$$

Man beschreibt also die Beugung am elegantesten über das reziproke Gitter. Geometrisch veranschaulicht liegen die Streurichtungen mit ihren Intensitätsmaxima auf Kegelmänteln, deren Achse die Richtung von $\underline{R}_i$ besitzt und deren Öffnungswinkel durch die Beugungsordnung h_i bestimmt sind. Dies ist in Abb. 3.3.29 für zwei Atome veranschaulicht (vgl. auch Abb. 3.3.30).

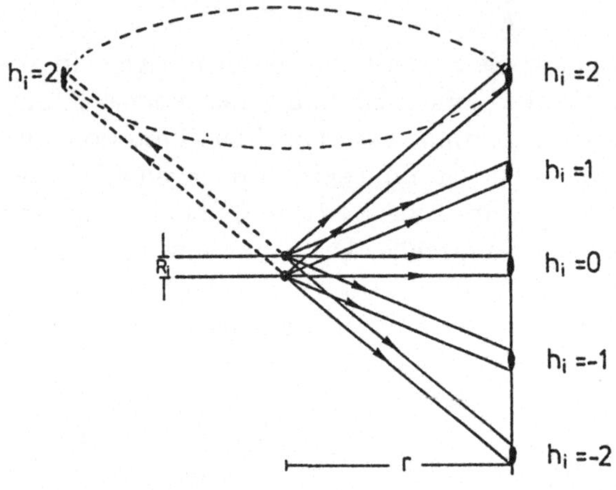

Abb. 3.3.29
Zustandekommen von Beugungsreflexen unterschiedlicher Ordnung in Transmission (durchgezogene Linien) und Reflexion (gestrichelte Linien) an zwei Atomen. Die gleichen Streurichtungen gelten auch für eine lange Kette äquidistanter Atome mit gleichem Abstand. Dabei muß die Beobachtung der Beugungsreflexe in großem Abstand $r \gg R_i$ erfolgen.

Jede Reihe von Atomen erzeugt eine Schar von Kegelmänteln. Ein quadratisches Netz erzeugt zwei Scharen und ein dreidimensionales Gitter drei Scharen. Reflexe erhält man nur dort, wo sich die Kegelmäntel schneiden. Bei einem quadratischen Netz sind es Schnittgeraden, während sich drei Kegel nur noch in einzelnen Punkten schneiden.

Möchte man die Reflexe experimentell beobachten, so muß man einen Detektorschirm in großer Entfernung vom Objekt aufstellen. Abb. 3.3.30 zeigt die auf einem Kugelschirm beobachtbaren Reflexe, d.h. die Schnittpunkte der Reflexe mit dem Schirm. Bei den Kegeln der eindimensionalen Kette erhält man so z.B. Ringe.

Um umgekehrt aus den Beugungsreflexen das reziproke Gitter zu konstruieren, führt man die sog. Ewaldkonstruktion durch. Diese wollen wir im folgenden für ein graphisch noch einfach darstellbares zweidimensionales Gitter durchführen.

Bei einem zweidimensionalen Gitter mit Gittervektoren $\underline{a}_1^*$ und $\underline{a}_2^*$ gilt nach den Laue-Bedingungen

$$\underline{K}_{\|} = h_1\underline{a}_1^* + h_2\underline{a}_2^*(+h_3\underline{a}_3^*). \tag{3.3.26}$$

Da ein zweidimensionales Gitter keine Periodizität in der dritten Raumrichtung besitzt ($\underline{a}_3 \rightarrow \infty, \underline{a}_3^* \rightarrow 0$), ist die Beugungsbedingung senkrecht zur $a_1^*a_2^*$-Ebene immer erfüllt, und h_3 kann beliebig gewählt werden. (Dadurch

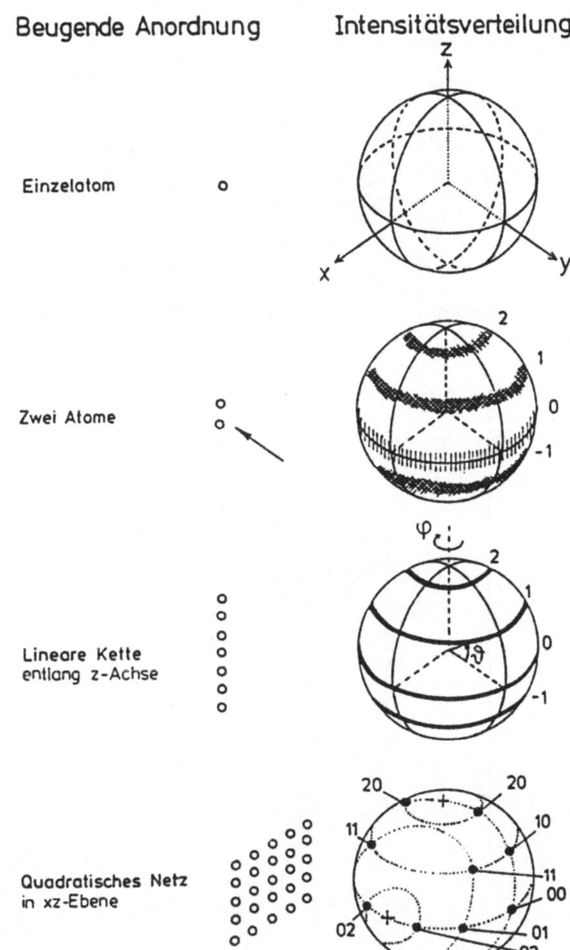

Abb. **3.3.30**
Beugung an Einzelatomen, zwei Atomen, linearen Ketten und quadratischen Netzen. Gezeigt ist der Schnittpunkt der Intensitätsmaxima mit einem kugelförmigen Beobachtungsschirm. Strahlungseinfall erfolgt aus y-Richtung. Die beugenden Anordnungen (links) sind nicht maßstabsgerecht gezeichnet. Sie sind sehr klein gegenüber dem Kugeldurchmesser (rechts) und befinden sich in der Mitte der Kugeln [Hen 91].

gilt die Laue-Bedingung auch nur für den Streuvektor $\underline{K}_{\|}$ parallel zur Oberfläche.) Das reziproke Gitter entartet entlang der $\underline{a}_3^*$-Richtung zu Stangen, wie wir es oben schon für die Beugungsreflexe aus den Lauebedingungen abgeleitet haben. Konstruiert man jetzt im reziproken Gitter einen Kreis mit Radius $|\underline{k}_0|$, da wir ja nur elastisch reflektierte Sonden betrachten, bei dem die Spitze des Vektors $\underline{k}_0$ am Ursprung 00 des reziproken Gitters liegt, so repräsentieren die Schnittpunkte zwischen den Stangen und dem Kreis die Reflexe auf dem Beugungsschirm. Abb. 3.3.31 zeigt den experimentellen Aufbau und diese Ewaldkonstruktion schematisch.

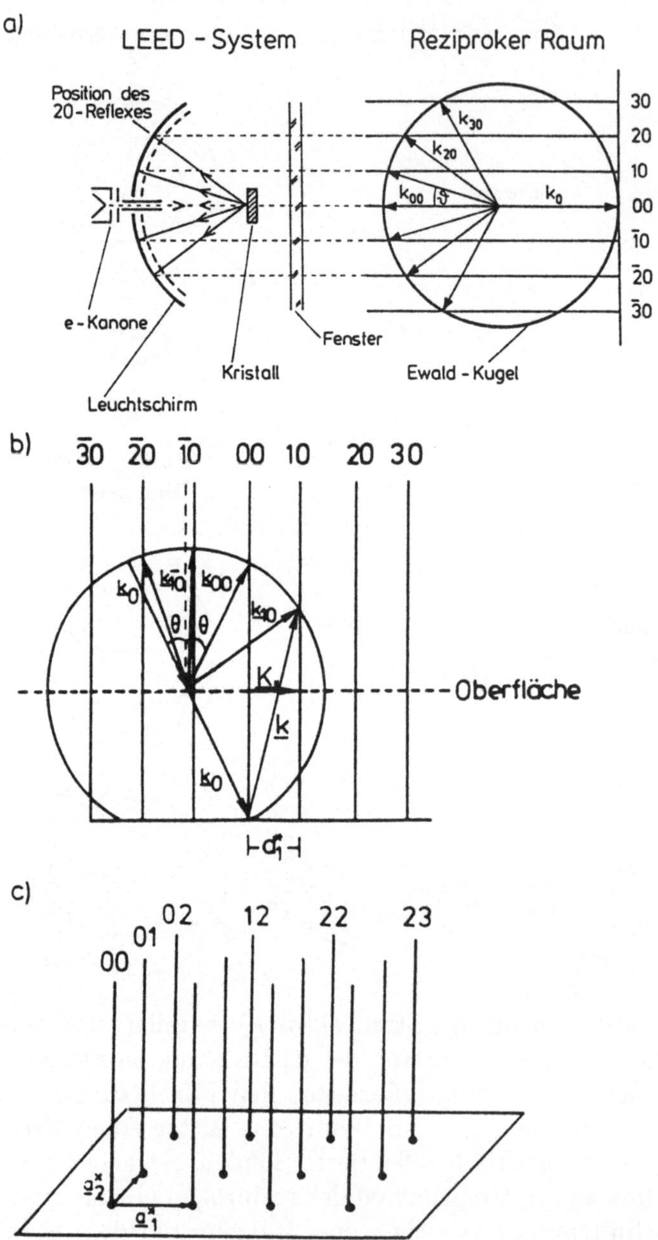

Abb. 3.3.31
a) Schematischer Aufbau einer Elektronenbeugungs-Apparatur (Low Energy Electron Diffraction, LEED) zur Abbildung zweidimensionaler Gitter und Entstehung des Beugungsbildes anhand der Ewaldkonstruktion, die in b) nochmals für einen anderen Einfallswinkel des Elektronenstrahls dargestellt ist. Es ergibt sich das zweidimensionale reziproke Gitter des Teilbildes c) [Hen 91].

Der Spiegelreflex erhält die Indizes $h_1 = h_2 = 0$, die weiteren Reflexe entsprechen Kegelmänteln mit zunehmend größeren Öffnungswinkeln, die entsprechend Abb. 3.3.29–3.3.31 indiziert werden. Führt man die Ewaldkonstruktion auch in der anderen, dazu senkrechten Raumrichtung durch, so kann man alle Punkte des zweidimensionalen Beugungsbildes entsprechend indizieren.

Die Ewaldkonstruktion bei einer Beugung an einem 2D-Gitter ist besonders einfach, da für jeden Betrag von $|\underline{k}_0| > \underline{a}_i^*$ Reflexe erhalten werden. Bei 3D-Gittern, die Punkte im reziproken Raum erzeugen, kann man durch die Variation von $\underline{k}_0$ (z.B. durch Variation der Energie oder, häufiger, der Richtung der einfallenden Strahlung) die einzelnen Reflexe auf der Ewaldkugel bzw. dem Beobachtungsschirm sichtbar machen und variieren.

Bisher sind wir auch bei den Kristallen von statischen Atomgittern ausgegangen. Wie die Moleküle führen aber auch die Gitterbausteine Schwingungen um ihre Ruhelage aus. Dies führt abhängig von der Temperatur zu einer Verringerung der Intensität bei gleichzeitigem Anwachsen des Untergrunds, wobei die Form der Reflexe jedoch erhalten bleibt.

Man kann zeigen, daß für Auslenkungen u_K in Richtung des Streuvektors $\underline{K}$ aus der Ruhelage gilt [Kit 88]:

$$I = I_0 \cdot e^{-\langle u_K^2 \rangle K^2} \qquad (3.3.27)$$

Die Klammern $\langle\,\rangle$ deuten dabei wieder an, daß es sich um Mittelwerte handelt. I_0 ist die bereits besprochene Intensität eines statischen Gitters (Gl. (3.3.21)). Die e-Funktion wird Debye-Waller-Faktor genannt. Für nicht zu niedrige Temperaturen gilt, daß das Quadrat der Schwingungsamplitude (und damit der Auslenkung aus der Ruhelage) proportional mit der Temperatur wächst. Man führt deshalb den Debye-Waller-Faktor im Zusammenhang mit der Debyeschen Theorie der Gitterschwingungen ein. Dies soll kurz dargestellt werden.

Die mittlere potentielle Energie eines klassischen harmonischen Oszillators ist gegeben durch $E_{\text{pot}} = \frac{1}{2}k\langle u^2 \rangle = \frac{1}{2}m\omega^2\langle u^2 \rangle = \frac{3}{2}kT$. Dabei ist $\langle u^2 \rangle = 3 \langle u_K^2 \rangle$ das Quadrat der gesamten Auslenkung, nicht nur entlang des Streuvektors $\underline{K}$. Führt man außerdem die Debye-Temperatur $\Theta_D = \frac{\hbar\omega_D}{k}$ mit ω_D als maximaler Schwingungsfrequenz des Gitters ein und integriert über alle ω, so erhält man aus Gl. (3.3.27):

$$I = I_0 \cdot e^{-\frac{3\hbar^2}{m \cdot k} \frac{T}{\Theta_D^2} \cdot K^2} . \qquad (3.3.28)$$

Der Faktor 3 entsteht durch die Integration über alle Frequenzen (s. z.B. [Hen 91]). Man kann also aus der Temperaturabhängigkeit der Spektren über Θ_D auf Eigenschaften von Gitterschwingungen und damit die Bindungsstärken im Kristall schließen. Hohe Werte von Θ_D entsprechen harten Kristallen (z.B. Diamant), niedrige Werte weichen Kristallen (z.B. Graphit oder Blei) (vgl. [Göp 94]).

Wir wollen nun einige Beispiele für Beugung an kristallinen Materialien besprechen.

3.3.3.2.1 Beugung an kristallinen 3D-Festkörpern

Mit der Röntgen-, Elektronen- und Neutronenbeugung lassen sich durch die Bestimmung der Reflexlage (d.h. Bestimmung von G) Aussagen über die Symmetrie und die Gitterkonstanten des untersuchten Kristalls machen. Der Unterschied dieser drei Methoden liegt in der Art der Wechselwirkung zwischen Sonde und Gitter. Dies drückt sich in unterschiedlichen Streuamplituden $f_s(\vartheta)$ für die einzelnen Methoden aus. Im folgenden sollen deshalb kurz die Besonderheiten der einzelnen Methoden behandelt werden. Für Details s. z.B. [Gui 63], [Aza 74], [War 69] für Röntgenbeugung, [Bac 75], [Dac 78] für Neutronenbeugung, [Vai 64], [Rym 70] für Elektronenbeugung.

Röntgenstrahlen wechselwirken mit den Gitteratomen dadurch, daß sie die Elektronen des Gitters zu erzwungenen Schwingungen anregen. Diese schwingenden Elektronen strahlen als Hertzsche Dipole ihrerseits wieder Röntgenstrahlen mit der gleichen Wellenlänge aus. Die Streuung ist anisotrop. Man kann zeigen, daß die Strukturamplitudenfunktion F die Fouriertransformierte der Elektronendichteverteilung ist. Die Rücktransformation von Intensitäten zur Bestimmung dieser Elektronendichte ist jedoch nicht direkt möglich, da I nur das Betragsquadrat von F enthält. Mit entsprechendem Rechenaufwand können jedoch Elektronendichtebilder erhalten werden. Ein Beispiel haben wir bereits in Abb. 1.1.4 gesehen.

Abb. 3.3.32 zeigt ein weiteres Beispiel, in dem die Röntgenbeugung ausgenutzt wurde, um zwei verschiedene Verbindungen in einer Probe kristallographisch zu identifizieren. Dargestellt ist die Intensität des Beugungsreflexes als Funktion des Streuwinkels $\vartheta = 2\Theta$, der mit Hilfe der Ewaldkonstruktion (vgl. Abb. 3.3.31) bestimmt wurde.

Elektronen wechselwirken über Coulombwechselwirkung sowohl mit den Elektronen als auch den Kernen der Gitteratome. Auch diese Streuung ist anisotrop. Die Elektronenbeugung besitzt gegenüber der Röntgen- und Neutronenbeugung den Vorteil der sehr großen Empfindlichkeit ($f_{\text{Elektron}} : f_{\text{Röntgen}} : f_{\text{Neutron}} = 10^3 : 1 : 10^{-1}$ für typische experimentelle Wellenlängen

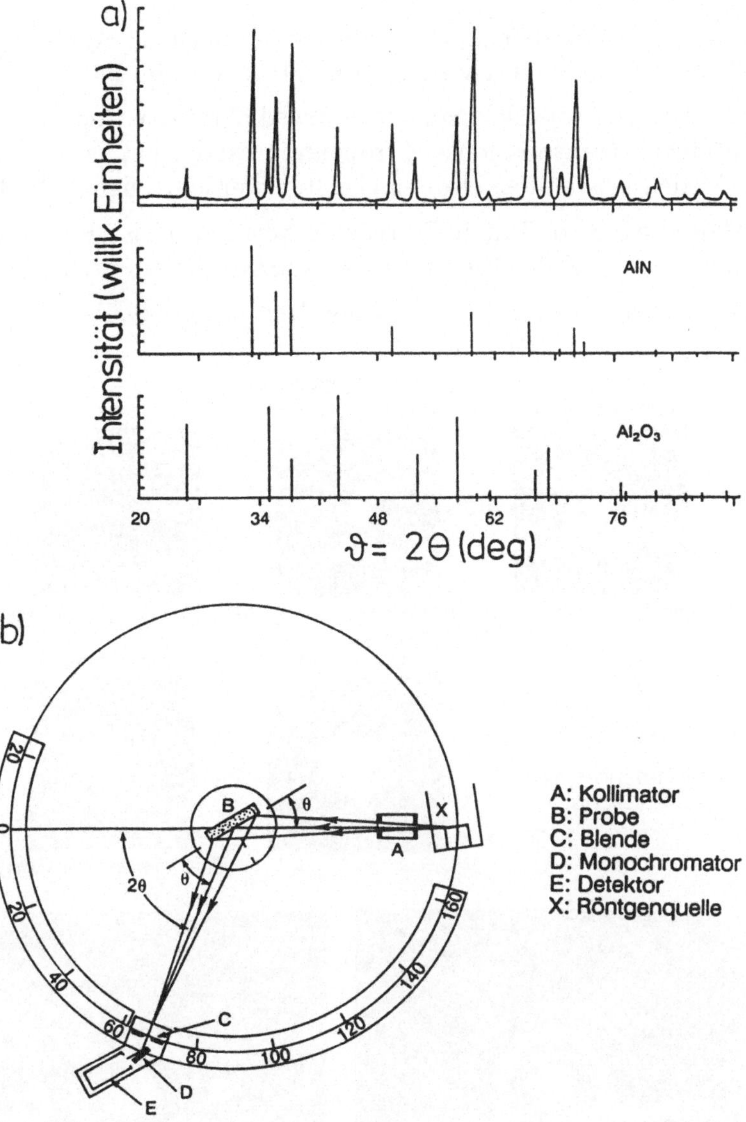

Abb. **3.3.32**
a) Experimentelles Röntgendiffraktogramm eines Pulvergemisches von AlN und Al_2O_3 (oben). Darunter gezeigt sind die theoretisch berechneten Peaklagen der Einzelkomponenten.
b) Experimenteller Aufbau zur Aufnahme von Röntgendiffraktogrammen [Sib 88].

von 0,04 Å, 1–2 Å bzw. 2–3 Å und Atome der ersten Reihe des Periodensystems). Die kleine mittlere Weglänge von Elektronen im Vergleich zu Röntgen- oder Neutronenstrahlen erfordert jedoch dünne Proben (0,05 μm). Sie kann aber andererseits für oberflächenempfindliche Messungen in Reflexion ausgenutzt werden (LEED, s. Abschn. 3.3.3.2.2).

Ein Beispiel für Elektronenbeugungsdiagramme, die in Transmission (z.B. in einem Transmissionselektronenmikroskop, vgl. Abschn. 3.3.1.1) an verschieden kristallinen Proben erhalten werden, zeigt Abb. 3.3.33.

Man erkennt, daß man für regellos verteilte Kristallite ähnliche Beugungsmuster wie bei der Elektronenbeugung an Gasen erhält.

Neutronen wechselwirken mit den Kernen direkt über Kernkräfte. Dadurch

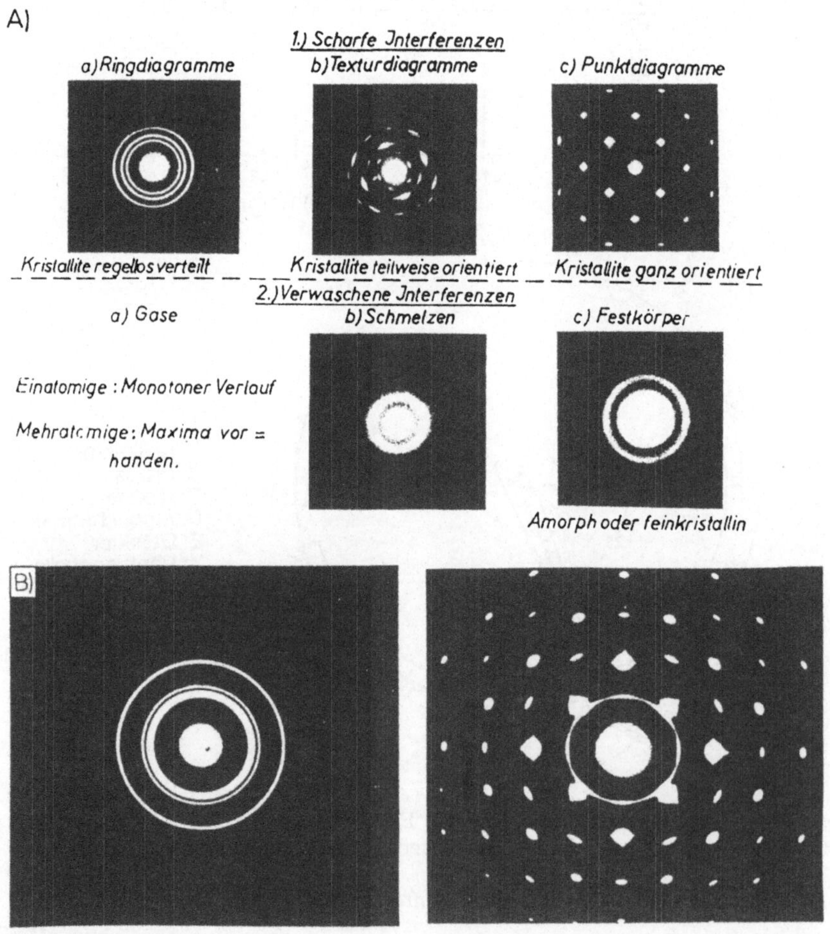

Abb. **3.3.33**
A) Darstellung verschiedener Arten von Elektronenbeugungsdiagrammen
B) Experimentelles Beispiel anhand von UO_2, das einmal bei Raumtemperatur *polykristallin* auf poliertes NaCl aufwächst (links), während es bei 300°C auf einer frisch gespaltenen NaCl(100)-Fläche eine *einkristalline Schicht* auf der Unterlage ausbildet (rechts) [Ste 88]

werden Neutronen isotrop gestreut ($f_{s,\mathrm{Neutron}} \neq f(\vartheta)$). Die Neutronenbeugung hat gegenüber der Röntgenbeugung den Vorteil, daß leichte Elemente mit weniger Elektronen (H, C, O) auch neben Metallen mit vielen Elektronen empfindlich nachweisbar sind. Sie wird deshalb häufig zur Analyse von Metallverbindungen und organischen Kristallen eingesetzt. Nachteile sind die schlechte Verfügbarkeit von monochromatischen Neutronen (Kernreaktor und Kristallgittermonochromatoren sind erforderlich) und die wegen der sehr großen mittleren freien Weglänge benötigten großen Probenmengen (Schichtdicken im cm-Bereich.)

Neben der durch die Kernstreuung erhaltbaren Strukturinformationen kann über die magnetische Streuung von Neutronen auch die magnetische Struktur bestimmt werden. Das magnetische Moment der Neutronen kann mit magnetischen Momenten in der Probe wechselwirken. Bei paramagnetischen Materialien und damit statistisch verteilten Spins findet nur diffuse Streuung statt, während man bei ferro- und antiferromagnetischen Materialien scharfe Beugungsmaxima erhalten kann. Diese magnetische Streuung von Neutronen zeigt wie die Röntgen- und Elektronenbeugung eine Winkelabhängigkeit der Intensität, da die Wechselwirkung mit ungepaarten Elektronen stattfindet.

Neben der elastischen Neutronenbeugung kann man durch die Bestimmung des Energieverlustes von inelastisch gestreuten Neutronen Phononen (Gitterschwingungen) analysieren. Dies gilt analog auch für Elektronen (z.B. bei HREELS, ELS, Abschn. 3.5.7) und Photonen (z.B. bei Ramanspektroskopie, Abschn. 3.5.3).

3.3.3.2.2 Elektronenbeugung an Oberflächen (LEED)

In Abschn. 2.6.1.2 haben wir gesehen, daß die Oberflächengeometrie von der des Volumens abweichen kann. Diese Oberflächengeometrie läßt sich mit Hilfe der Elektronenbeugung bestimmen. Hierfür existieren zwei experimentell unterschiedliche Möglichkeiten.

Wir haben bereits im vorigen Abschnitt besprochen, daß man mit Elektronen wegen ihrer kleinen mittleren freien Weglänge Λ nur geringe Schichtdicken untersuchen kann. Niederenergetische Elektronen (unter 500 eV) werden deshalb nur durch geringe Schichtdicken beeinflußt, und die Beugung erfolgt nur durch das Oberflächengitter (**L**ow **E**nergy **E**lectron **D**iffraction, LEED). Den experimentellen Aufbau haben wir bereits in Abb. 3.3.31 vorgestellt.

Hochenergetische Elektronen werden bei streifendem Einschuß ebenfalls oberflächenempfindlich (**R**eflection **H**igh **E**nergy **E**lectron **D**iffraction, RHEED). Diese Methode läßt sich sehr platzsparend aufbauen, so daß

RHEED v.a. zur In-situ-Schichtkontrolle bei Molekularstrahlepitaxie-Apparaturen (Schichtherstellung im Molekularstrahl, vgl. [Göp 94]) verwendet wird.

Im folgenden wollen wir nur näher auf LEED eingehen.

Wir haben bereits in der Einleitung zu Abschn. 3.3.3.2 gesehen, daß die Beugungsreflexe (bzw. das reziproke Gitter) im zweidimensionalen Fall aus Stangen bestehen. Diese Stangen schneiden die Ewald-Kugel, so daß bei zweidimensional periodischen Gittern Reflexe in Form von Punkten auf dem Beugungsschirm erscheinen. Man sieht also im LEED-Experiment das reziproke Gitter. Abb. 3.3.34 zeigt als Beispiel das Beugungsbild einer Ni(111)-Oberfläche, bei der sich nach Adsorption von Wasserstoff eine Überstruktur ausbildet.

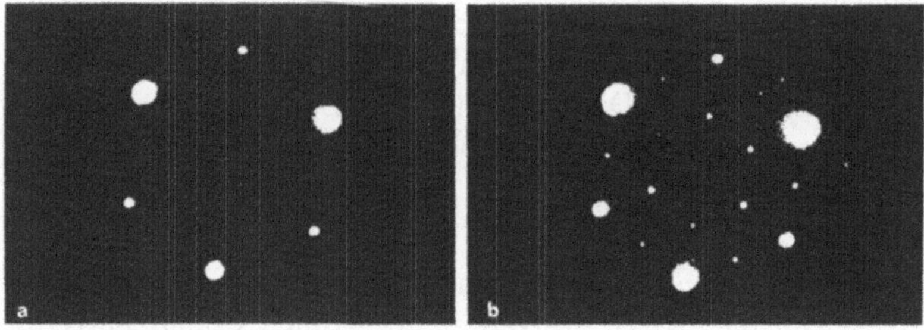

Abb. 3.3.34
a) Beugungsbild einer Ni(111)-Oberfläche, aufgenommen mit $E_{\text{prim}} = 205$ eV
b) Beugungsbild nach Adsorption von Wasserstoff [Iba 90]

Man erkennt deutlich, daß die 2×2 Überstruktur des Wasserstoffs (vgl. dazu Abschn. 2.6.1.2.2) im *realen* Raum zu neuen Reflexen im Beugungsbild, d.h. dem *reziproken* Raum führt, die auf dem halben Abstand zu den alten Reflexen liegen.

Hat man keine „unendlich" ausgedehnte Periodizität in der Ebene, so erhält man eine Verbreiterung der Reflexe (vgl. Lehrbücher der Physik, z.B. [Ger 77]). Dies ist z.B. der Fall, wenn eine Oberfläche regelmäßige Stufen aufweist, so daß immer Terrassen einer bestimmten Breite und Stufenhöhe auftreten. Bestimmt man deshalb nicht nur den Ort der Reflexe, sondern auch das Reflexprofil (**S**pot **P**rofile **A**nalysis-LEED, SPA-LEED), so kann man über die Halbwertsbreite des Reflexes die Terrassenbreite bestimmen. Dies ist in Abb. 3.3.35 schematisch gezeigt.

Die Faltung von Teilbild b) und c) zu d) im realen Gitter führt mathematisch zu einer Multiplikation im reziproken Gitter. Dies ergibt das in Teilbild d) dargestellte Beugungsbild.

Auch die Stufenhöhe läßt sich bestimmen: Bei einer bestimmten Stufenhöhe können nur Elektronen einer bestimmten Wellenlänge von den einzelnen Terrassen aus konstruktiv in einer definierten Richtung interferieren. Aus der Energieabhängigkeit der Reflexprofile kann man deshalb die Stufenhöhe bestimmen.

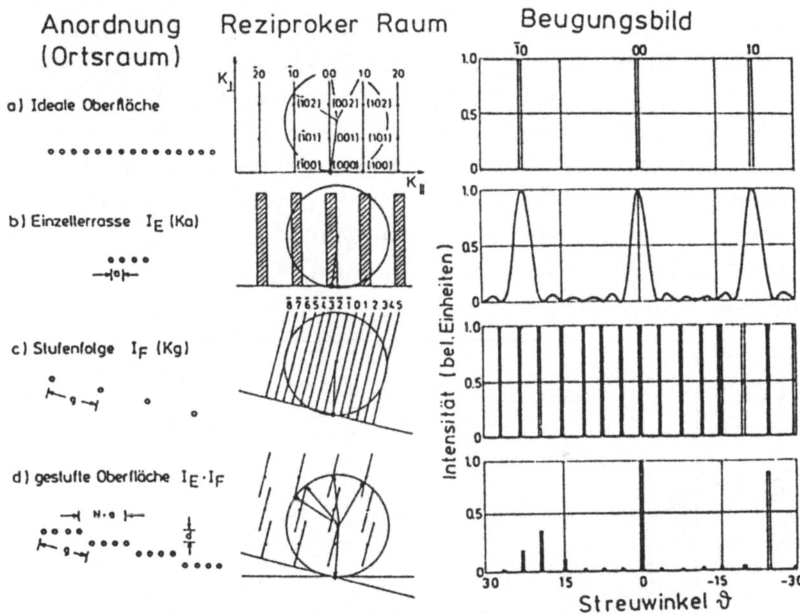

Abb. 3.3.35
Konstruktion einer monotonen Stufenfolge durch Faltung einer einzelnen Terrasse mit denen einer Punktfolge, die die Positionen der einzelnen Terrassen angeben. Rechts ist die Konstruktion des reziproken Gitters durch Multiplikation der entsprechenden Anteile nach dem Fourier-Faltungs-Theorem gezeigt [Hen 91].

3.3.4 Röntgenabsorptionsspektroskopie (XAS) für die Strukturbestimmung: EXAFS

Mit im Festkörper ausgelösten Photoelektronen können Streuexperimente durchgeführt werden, die Aufschluß über die Nahordnung um ein Zentralatom geben. Im Gegensatz zu Beugungsexperimenten ist also keine Fernordnung nötig.

Bestrahlt man einen Festkörper mit Röntgenstrahlung, so kann diese absorbiert werden. Dadurch werden Rumpfelektronen entweder in unbesetzte Energieniveaus unterhalb des Vakuumniveaus angeregt oder sie werden photoemittiert. Die Absorptionskante entspricht der niedrigsten Energie, bei der Anregungen stattfinden können. Findet die Anregung aus einem Rumpfniveau der Hauptquantenzahl $n = 1$ statt, so spricht man von K-Kante, bei $n = 2$ von L-Kante usw. Untersucht man die Absorptionskanten mit niedriger Auflösung, so erhält man für jedes Element charakteristische Werte, so daß man eine chemische Analyse des Festkörpers durchführen kann.

Zum Verständnis dieser Experimente sind zunächst in Abb. 3.3.36 Wechselwirkungsquerschnitte für Rumpfelektronenionisierung gezeigt, wobei μ als reziproke mittlere Eindringtiefe der Strahlung über den experimentellen Abfall der Strahlungsintensität definiert ist (vgl. Gl. (3.1.12) mit $\mu = 1/\Lambda$). Man findet experimentell, daß Wechselwirkungsquerschnitte (bzw. Absorptionskoeffizienten) in der festen Phase in guter Näherung durch entsprechende Werte in der Gasphase oder auch durch entsprechende theoretische Rechnungen approximiert werden können. Dies ist am Beispiel der Abb. 3.3.36 für Aluminium gezeigt.

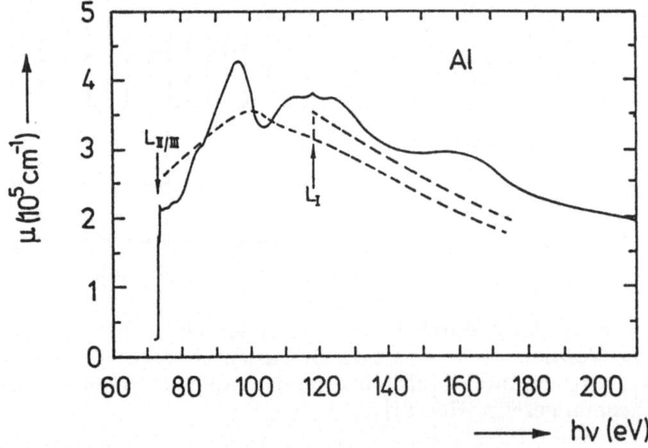

Abb. **3.3.36**
Photonen-Absorptionskoeffizient μ als Funktion der Photonenenergie $h\nu$ für Aluminium. Experimentelle Ergebnisse an festem Aluminium sind ausgezeichnet, theoretische Resultate für freie Aluminiumatome sind gestrichelt angegeben. L_I und $L_{II/III}$ bezeichnen die Röntgenabsorptionskanten [Man 78].

Der Absorptionskoeffizient ist dabei für Elektronen mit unterschiedlichen Quantenzahlen im selben Atom unterschiedlich, wie dies in Abb. 3.3.37 für Ergebnisse an Gold gezeigt ist.

Betrachtet man die Röntgenabsorptionskante jedoch mit einem hochauflösenden Spektrometer, so lassen sich eine Vielzahl von Zusatzinformationen erhalten:

Die Röntenabsorptions*kante* entsteht durch Anregung von Elektronen in

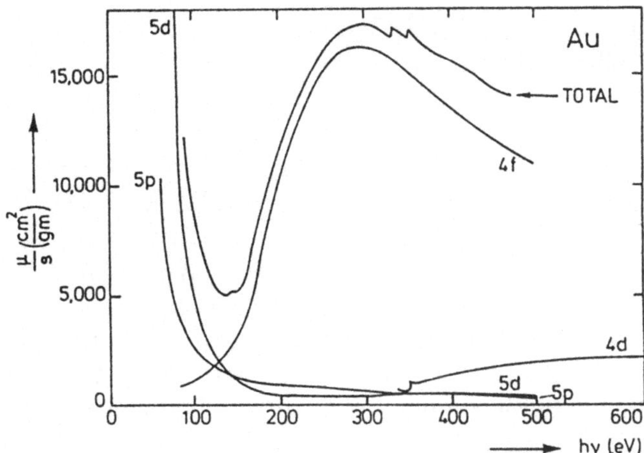

Abb. 3.3.37
Theoretischer Verlauf des Photonen-Absorptionskoeffizienten μ, dividiert durch die Dichte ϱ für Gold. Angegeben sind die Beiträge einzelner Unterschalen der Hauptquantenzahlen 4 und 5 sowie der totale Absorptionskoeffizient [Man 78].

Zustände oberhalb des Ferminiveaus (s.o). Die exakte Lage der Absorptionskante ist abhängig z.B. vom Oxidationszustand des betrachteten Elements, da sich dadurch die Bindungsenergie der Rumpfelektronen leicht verändert („chemische Verschiebung", vgl. XPS, Abschn. 3.4.3).

Der Energiebereich von weniger als 50 eV oberhalb der Absorptionskante läßt sich i.allg. schwerer interpretieren. Dies liegt daran, daß es sich um Elektronenanregungen in Zustände von der Fermienergie bis knapp oberhalb des Vakuumniveaus handelt (Valenzelektronen, tiefliegende Kontinuumszustände). In diesen Zuständen ist die Wechselwirkung der Elektronen mit dem Atom sehr groß, so daß für eine theoretische Analyse dieses Bereiches die Schrödingergleichung mit all diesen Wechselwirkungen gelöst werden muß. Beschreibt man das Experiment über die Streuung der angeregten Elektronen, so treten durch die starken Wechselwirkungen häufig Mehrfachstoßprozesse der Elektronen auf. Untersuchungen, die sich mit diesem Bereich des Spektrums beschäftigen, werden als XANES (**X**-ray **A**bsorption **N**ear **E**dge **S**tructure) oder NEXAFS (**N**ear **E**dge **X**-Ray **A**bsorption **F**ine **S**tructure) bezeichnet. Man erhält aus solchen Spektren u.a. Informationen über die chemische Umgebung und die unbesetzten elektronischen Zustände in der Nähe des Zentralatoms, kann aber auch Informationen über Adsorptionsgeometrien von Molekülen an der Oberfläche erhalten. Letzteres liegt daran, daß kleine Moleküle oberhalb des Vakuumniveaus des Festkörpers Zustände erzeugen, die jedoch in vielen Fällen sogenannte „virtuelle" Bindungszustände sind. Dies ist ein spezieller Typ von Kontinuumzustand direkt oberhalb des Vakuumniveaus, der einen merklichen Überlapp der Wellenfunktion mit gebundenen Elektronenorbitalen hat. Diese virtuellen Zustände oberhalb des Vakuumniveaus haben häufig eine andere Symmetrie als die gebundenen Zustände unterhalb des Vakuumniveaus. Je nachdem, ob ein Rumpfelektron aus einem s-, p- oder d-Orbital emittiert wird, ergeben sich deswegen völlig andere Auswahlregeln. Darüberhinaus ergeben sich bei Einstrahlung mit polarisierter Röntgenstrahlung je nach Einstrahlwinkel ebenfalls deutlich unterschiedliche Auswahlregeln und damit Absorptionskoeffizienten für die einzelnen Übergänge (zur Problematik der Symmetrie von Wellenfunktionen, Übergangswahrscheinlichkeiten etc. vgl. Abschn. 3.1.2.2.2 sowie Anhang 5.4.1 und 5.4.2). Wir wollen hier nicht näher auf diesen Bereich eingehen, s. dazu z.B. [Kon 88].

Bei Energien von mehr als 50 eV oberhalb der Absorptionskante treten sogenannte EXAFS-(**E**xtended **X**-ray **A**bsorption **F**ine **S**tructure-) Oszillationen auf, sofern um die Atome eine Nahordnung besteht. Auf diesen Bereich soll nun näher eingegangen werden.

Die EXAFS-Oszillationen können zur Bestimmung der Nahordnung der Atome in einem Festkörper herangezogen werden. Das aus dem angeregten Atom emittierte Photoelektron mit der kinetischen Energie $h\nu - E_0$ (mit E_0 als Schwellenenergie zur Anregung von Rumpfelektronen an der Röntgenabsorptionskante, wobei jedoch zusätzlich noch Relaxationen und andere Energieverschiebungen berücksichtigt werden müssen) kann als eine sich vom Zentralatom wegbewegende Kugelwelle mit der Materiewellenlänge $\lambda = 2\pi/k = h \cdot p^{-1}$ aufgefaßt werden, wobei k durch

$$k = \sqrt{\frac{2m(h\nu - E_0)}{\hbar^2}} \qquad (3.3.29)$$

gegeben ist (vgl. Gl. (2.2.3)).

Dies führt abhängig von der Wellenlänge zu Interferenzen mit Nachbaratomen, wie dies schematisch in Abb. 3.3.38 gezeigt ist. Die Interferenz der vom Zentralatom ausgehenden und dort wieder ankommenden Elektronenwelle beeinflußt den Wirkungsquerschnitt für die Anregung dieses Photoelektrons. Dies liegt daran, daß der Wirkungsquerschnitt durch das Übergangsmoment (vgl. Abschn. 3.1.2.2.2) und damit auch durch den Endzustand der Anregung bestimmt wird. Der Endzustand des Photoelektrons ist aber gerade durch die interferierende auslaufende und einlaufende Welle charakterisiert. Je nach Abstand der Nachbaratome und Wellenlänge des Photoelektrons ergibt sich so entweder eine konstruktive oder destruktive

Interferenz. Durch kontinuierliche Variation der Photonenenergie und dadurch Elektronenwellenlänge ergeben sich so typische Oszillationen.

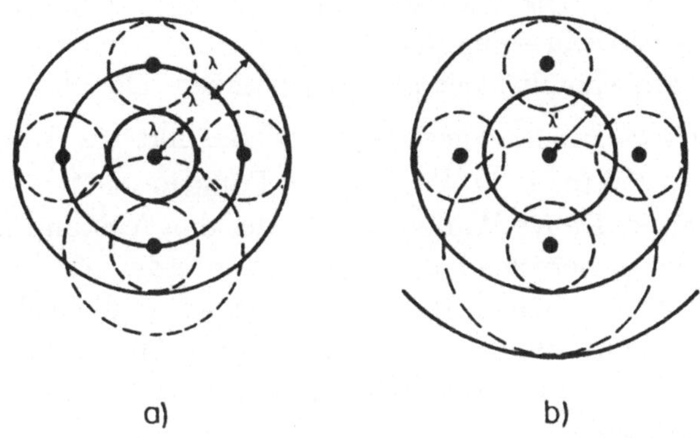

Abb. **3.3.38**
Schematische Darstellung der Interferenzbedingungen bei EXAFS. Ausgezogene Kreise entsprechen den vom angeregten Zentralatom (Punkt in der Mitte) emittierten konzentrischen Materiewellen der Photoelektronen mit λ bzw. λ'. Gestrichelte Kreise entsprechen den von Nachbaratomen reflektierten zurücklaufenden Wellen. — (a) Interferenz ohne und - (b) Interferenz mit Phasendifferenz.

Für den betrachteten Bereich > 50 eV von der Absorptionskante ist die Wechselwirkungsenergie des Photoelektrons mit den Nachbaratomen viel geringer als die Energie des Photoelektrons. Man kann deshalb in guter Näherung von Einfachstreuprozessen ausgehen. Mathematisch lassen sich die Oszillationen über die relative Änderung $\chi(k)$ des Absorptionskoeffizienten μ gegenüber dem Wert des freien Atoms μ_0 mit

$$\chi(k) = [\mu(k) - \mu_0(k)] \cdot \mu_0(k)^{-1} = \frac{\Delta\mu}{\mu_0} \tag{3.3.30}$$

und für Anregung von s-Elektronen (K-Kante) mit

$$\begin{aligned}\chi(k) = \sum N_j(kR_j^2)^{-1}|f_j(k)| \cdot \exp(-2k^2\langle u_j^2\rangle) \\ \times \exp\{-R_j\Lambda(k)^{-1}\}\sin(2kR_j + \alpha_j)\end{aligned} \tag{3.3.31}$$

beschreiben. Darin bedeutet N_j die Zahl der Atome in einer Schale mit dem Radius R_j um das Zentralatom, k den Wellenvektor der Photoelektronen, f_j die Streuamplitude des Nachbaratoms j für Photoelektronen, $\langle u_j^2\rangle$ das mittlere Amplitudenquadrat für Schwingungen des Atoms j um die Ruhelage, $\Lambda(k)$ die wellenlängen- bzw. energieabhängige mittlere freie Weglänge der Elektronen und α_j die doppelte Phasenverschiebung bei der Streuung [Say 71].

Die Schwächung der Intensität ist also um so größer, je mehr Nachbarn um das Zentralatom angeordnet sind und je größer ihre atomaren Streufaktoren sind. Die Wahrscheinlichkeit, an diesen Nachbarn zu streuen, sinkt mit der Vergrößerung der Oberfläche der Kugelwelle, d.h. im Abstand R_j ist die Wahrscheinlichkeit auf $\frac{1}{R_j^2}$ gesunken. Da Photoelektronen auch durch inelastische Prozesse gestreut werden, sinkt die Wahrscheinlichkeit außerdem um den Faktor $e^{-R_j \Lambda(k)^{-1}}$. Die e-Funktion $e^{-2k^2 \langle u_j^2 \rangle}$ ist der aus Gl. (3.3.27) bekannte Debye-Waller-Faktor, der den Abstand R_j moduliert. Der am schwierigsten berechenbare Faktor ist α_j, der die Phasenverschiebung der Streuung am Nachbaratom durch dessen endlich Ausdehnung beschreibt (keine Punktstreuung). Für höhere Kernladungszahlen als $z \approx 10$ ist α_j in erster Näherung eine von der chemischen Umgebung des Atoms unabhängige Konstante.

Zur Auswertung von Gl. (3.3.31) wird eine Fouriertransformation von $\chi(k)$ durchgeführt, aus der sich das Streuprofil $F(R)$ als Funktion der radialen Entfernung vom angeregten Atom ergibt. Darin entsprechen die Peaks der Streuung der Zentralwelle an den das angeregte Atom umgebenden Nachbaratomen. Auf diese Weise lassen sich mittlere Atomabstände und aus den Flächen unter den Kurven auch mittlere Zahlen von streuenden Nachbaratomen ermitteln.

Der prinzipielle Vorteil von EXAFS-Untersuchungen besteht darin, daß die Messungen nicht an einkristallinen Proben durchgeführt werden müssen. Darüberhinaus hat die EXAFS-Methode zur geometrischen Bestimmung von Atompositionen den Vorteil, daß sie die lokale Umgebung der Atome erfaßt und daß die Umgebung einer einzelnen Atomsorte in einem Festkörper studiert werden kann, wenn das Spektrometer auf die entsprechende Absorptionskante des jeweiligen Elements eingestellt wird. Außerdem müssen bei Detektion von Röntgenstrahlung keine UHV-Bedingungen eingehalten werden. Für eine ausführliche Darstellung sei z.B. auf [Lee 81] oder [Kon 88] verwiesen.

Als Beispiel zeigt Abb. 3.3.39b den Verlauf von $\chi(k)$ gegen k von Germanium. Diese Kurve wurde aus dem Spektrum der Abb. 3.3.39a nach Untergrundsubtraktion und Division durch den Absorptionskoeffizienten μ_0 des freien Atoms gewonnen. In Abb. 3.3.39c ist die Fouriertransformierte gezeigt, aus der die interatomaren Abstände direkt entnommen werden können. Die vier nächsten Ge-Nachbarn liegen 245 pm entfernt vom Zentralatom vor. Die Abweichung von 25 pm gegenüber dem Hauptpeak bei 220 pm entsteht durch die Nichtberücksichtigung der Phasenverschiebung α_j.

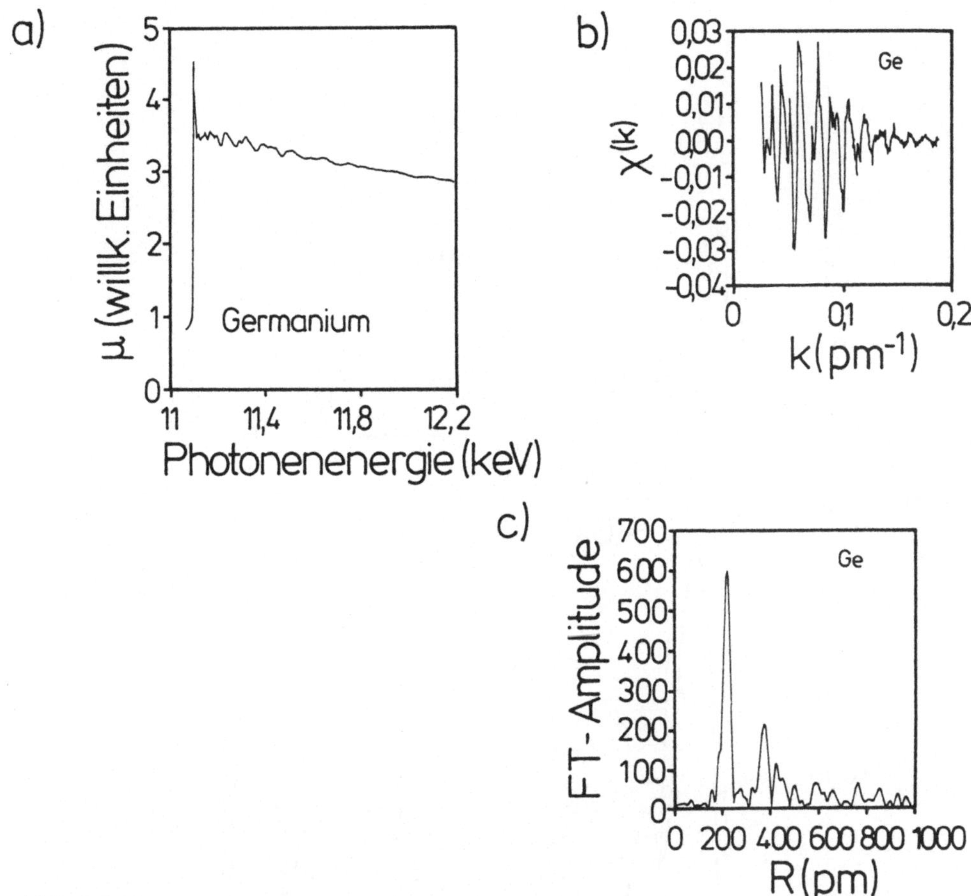

Abb. 3.3.39
a) EXAFS-Spektrum von kristallinem Germanium
b) $\chi(k)$, ermittelt für das in a) gezeigte Spektrum nach Untergrundsubtraktion
c) Fouriertransformierte von $k^3 \cdot \chi(k)$. Die Multiplikation mit k^3 trägt der Tatsache Rechnung, daß die Amplitude der Oszillationen mit steigendem k fällt. Zum Teil wird auch eine Multiplikation mit k statt mit k^3 durchgeführt [Lee 81].

Möchte man Oberflächenuntersuchungen (**S**urface EXAFS, SEXAFS) durchführen, so mißt man EXAFS-Oszillationen nicht durch Modulation des Absorptionskoeffizienten μ, sondern z.B. durch entsprechende Oszillationen im Emissionsspektrum photoemittierter Elektronen. Dabei werden die photoemittierten Elektronen i.allg. in einem wohldefinierten „Energiefenster" aufgefangen und die Elektronenausbeute in diesem Fenster als Funktion der Photonenenergie gemessen. Ein typisches Beispiel ist in Abb. 3.3.40a mit der Auswertung aus der Fourieranalyse in Abb. 3.3.40b gezeigt.

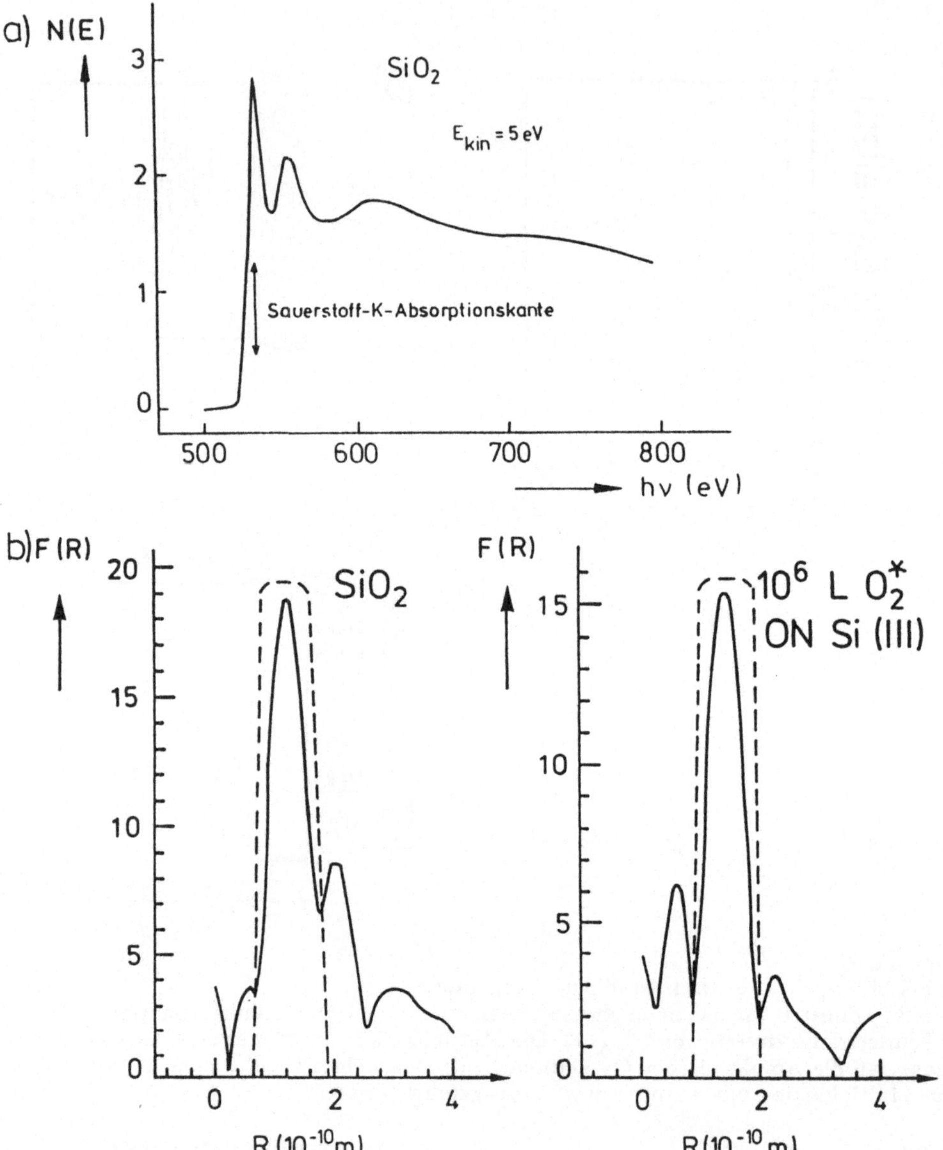

Abb. 3.3.40
a) EXAFS-Spektrum von festem SiO_2, aufgenommen mit einem Energiefenster der emittierten Elektronen bei $E_{\text{kin}} = 5$ eV. Dabei ist $N(E)$ die Zahl der Photoelektronen in willkürlichen Einheiten [Göp 80].
b) Fouriertransformationsspektrum $F(R)$ für das EXAFS-Spektrum aus a) (links) [Göp 80] und für Sauerstoff, adsorbiert auf Silicium(111)-Flächen (rechts) [Stö 79]. Danach beträgt im SiO_2 der Si-O-Abstand für nächste Nachbarn $1,61 \cdot 10^{-10}$ m, der O-O-Abstand $2,11 \cdot 10^{-10}$ m. Die entsprechenden Si-O-Werte für adsorbierten Sauerstoff sind größer.

Da die mittlere freie Weglänge von Elektronen kleiner ist als die entsprechende von Photonen, eignet sich diese Methode besser für Oberflächenuntersuchungen als die Messung von Änderungen der Röntgenabsorption, da Oberflächenatome wesentlich stärker zum Signal beitragen als Atome im Innern. Häufig erweist es sich auch als vorteilhaft, ein EXAFS-Experiment mit emittierten Augerelektronen oder mit der Röntgenfluoreszenzstrahlung durchzuführen.

Möglich ist es auch, EXAFS-analoge Experimente durch Anregung mit Elektronen durchzuführen [DCr 85]. Dabei wird beispielsweise der Energieverlust der transmittierten Elektronen gemessen. Diese Methode wird EXELFS (**Ex**tended **E**lectron Energy **L**oss **F**ine **S**tructure) oder EELFS (**E**lectron **E**nergy **L**oss **F**ine **S**tructure) [Woo 88] genannt. Eine Zusammenfassung EXAFS-ähnlicher Methoden findet sich z.B. in [Ste 86].

3.4 Chemische Zusammensetzung

Bei der Untersuchung unbekannter Substanzen ist die Bestimmung der chemischen Zusammensetzung häufig der erste Schritt. Tab. 3.4.1 zeigt Spezifikationen der in diesem Abschnitt behandelten Methoden.

Massenspektrometrische Analysen ermöglichen meist eine einfache Identifikation der in der Substanz vorhandenen Elemente. Durch die Analyse von Bruchstücken sind auch Rückschlüsse auf die chemische Verbindung selbst möglich. Gase, Flüssigkeiten und verdampfbare Festkörper werden nach Ionisation in der Gasphase direkt massenspektrometrisch nachgewiesen. Bei schwer verdampfbaren Festkörpern und bei der Analyse von Oberflächen kann die Sekundärionenmassenspektrometrie (SIMS) eingesetzt werden. Will man Bindungsenergien von Adsorptionssystemen abschätzen, so findet die Thermodesorptionsspektrometrie (TDS) Anwendung.

Die Ionenrückstreuspektroskopie (ISS) ist eine sehr empfindliche Methode zur Elementcharakterisierung in der ersten Monolage eines Festkörpers, während RBS diese Information aus dem Volumen liefert. Röntgenphotoemissionsspektroskopie (XPS) und Augerelektronenspektroskopie (AES) liefern über die chemische Zusammensetzung hinaus auch Informationen über Bindungstyp und elektronische Struktur. Sie werden wegen ihrer verbreiteten Verwendung zur Elementbestimmung in diesem Kapitel behandelt. Auch die Elektronenstrahl-Mikrosonde (EPMA) mit den beiden Detektionsmöglichkeiten EDX und WDX, die Röntgenfluoreszenzanalyse (RFA)

Tab. 3.4.1
Spezifikationen von Methoden zur Bestimmung der chemischen Zusammensetzung

Methode	Information		Nachweisgrenze$^{O)}$	laterale Auflösung$^{O)}$	vertikale Auflösung$^{O)}$	quantitativ mit Standard$^{O)}$	zerstörungsfrei$^{\nabla)}$
			ppm	μm	nm	%	
SIMS statisch	E$^{*)}$,(C)	$\geq$ H	10^3	1000	0,3 bis 1		(ja)
SIMS dynamisch	E	$\geq$ H	$\lessapprox 0,1$	0,1 bis 10	1 bis 10	3	nein
ISS	E	$\geq$ Li	10^2 bis 10^3	100	0,3 bis 1	10	ja
RBS	E	$\geq$ C	10^2	1 bis 1000	3 bis 20	1	ja
XPS	E,C	$\geq$ He	$3 \cdot 10^3$	15 bis 1000	0,2 bis 5	$\cong 5$	ja
AES	E,(C)	$\geq$ Li	10^3	0,1 bis 3	0,3 bis 3	$\cong 5$	ja
EPMA (EDX)	E	$>$ Na$^{\Delta)}$	$< 10^3$	$\lessapprox 1$	$\cong 1$	10	ja
EPMA (WDX)	E	$\geq$ Be$^{\Delta)}$	10^2	1	$\cong 1$	10	ja
RFA	E	$\geq$ F	0,1	1000	20000	< 1	ja
PIXE	E	$>$ Na$^{\Delta)}$	0,1	2	500	5	(ja)

$^{*)}$ E Elemente, C Chemischer Bindungszustand der Elemente
$^{O)}$ Optimale Werte
$^{\Delta)}$ Mit Be-Fenster, sonst $\geq$ C
$^{\nabla)}$ Im Sinne von Zerstäubung

und der ioneninduzierte Nachweis von Röntgenstrahlung (PIXE) ermöglichen Elementcharakterisierungen. Die ebenfalls einsetzbare Atomabsorptionsspektroskopie (AAS) wird erst in Abschn. 3.5.4.3.4 besprochen. Typische chemisch-analytische Methoden wie chromatographische Verfahren werden im Rahmen dieses Buches nicht behandelt.

3.4.1 Massenspektrometrische Methoden

3.4.1.1 Massenspektrometrie

Die Massenspektrometrie ist ein analytisches Verfahren, bei dem die zu untersuchende Substanz im gasförmigen Zustand unter Hochvakuum ($\simeq 10^{-5}$ Pa) ionisiert und dabei z.T. fragmentiert wird. Nach der Ionisierung werden die meist positiven Molekülionen und ionischen Bruchstücke der Moleküle in einem magnetischen und/oder elektrischen Feld getrennt und nach ihrem Masse-zu-Ladungs-Verhältnis (m/q, meist als m/e bezeichnet) getrennt und registriert.

Für die erforderliche Ionisierung, Fragmentierung, Ionenseparation und den Ionennachweis (vgl. Abb. 3.4.1) gibt es eine Vielzahl verschiedener Methoden.

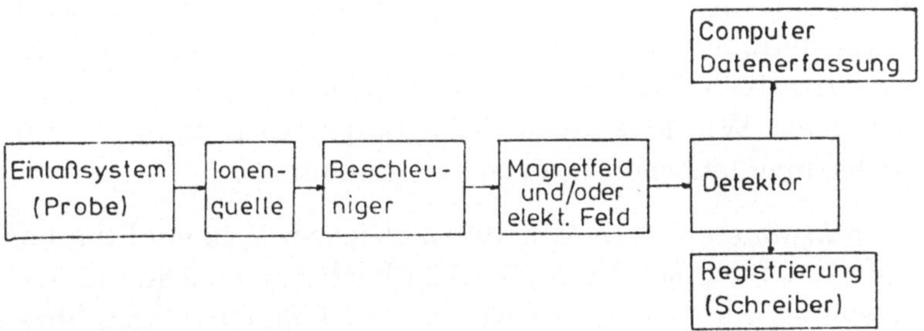

Abb. **3.4.1**
Blockschema eines Massenspektrometers

3.4.1.1.1 Ionenerzeugung

Um die in die Ionenquelle einströmenden Moleküle im Molekularstrahl positiv zu ionisieren, muß mindestens die erste Ionisierungsenergie zugeführt werden. Der größte Teil dieser Ionen trägt eine einzelne positive Elementarladung, in geringem Ausmaß werden aber auch mehrfach geladene Ionen erzeugt. Dies hat zur Folge, daß im Spektrum auch Peaks bei halben und drittel m/e-Verhältnissen erscheinen können. Prinzipiell lassen sich auch negative Ionen durch Elektronenanlagerung erzeugen.

Die *Elektronenstoßionisation* ist die häufigste Ionisationsmethode (vgl. Abschn. 3.2.2). Die ebenfalls schon besprochene *Felddesorption* hat den Vorteil, daß die Probe an der Anode adsorbiert wird und so nicht verdampft werden muß.

Eine weitere Methode ist die *chemische Ionisation*. Dabei wird primär ein Reaktand-Gas (z.B. H_2, H_2O, NH_3, Alkohole, Kohlenwasserstoffe, Edelgase) durch Elektronenstoß ionisiert. Diese Ionen können nun direkt mit den Probenmolekülen reagieren und diese durch Ladungsaustausch ionisieren. Die chemische Ionisation ist eine schonendere Ionisierungsmethode im Vergleich zur Elektronenstoßionisation. Dadurch kommt es zu geringerer Fragmentierung und damit zu einer Erhöhung des Peaks des unfragmentierten Moleküls, was eine Massenbestimmung des unbekannten Moleküls erleichtert. Die durch Fragmentierungen erhaltbare zusätzliche Strukturinformation geht allerdings verloren.

Die Ionisation von Festkörperoberflächen durch Beschuß mit Ionenstrahlen wird in Abschn. 3.4.1.2 beschrieben.

3.4.1.1.2 Ionenseparation und Ionennachweis

Da bei der Ionisierung auf die Moleküle Anregungsenergie übertragen wird, zerfällt bei vielen Verbindungen ein Teil der Molekülionen schon in der Ionenquelle. Zum quantitativen Nachweis der verschiedenen Ionen muß eine Massentrennung erfolgen. Wie in Abschn. 3.2.3 besprochen, kann diese in elektrischen und/oder magnetischen Feldern stattfinden.

Im *Flugzeitmassenspektrometer* treten alle Ionen gleichzeitig in ein Flugrohr ein und werden dann beschleunigt. Nach Gl. (3.2.6) erreichen leichtere Ionen das Ende des Flugrohres schneller als schwerere und können so nach ihrer Masse registriert werden.

Die Ionen können in einem Faraday-Becher oder in einem Sekundärelektronenvervielfacher (vgl. Abschn. 3.2.4) nachgewiesen werden.

3.4.1.1.3 Anwendungsbeispiele

Organische Strukturanalyse

Bei der organischen Strukturanalyse werden vor allem Fragen der Fragmentierungsreaktionen im Zusammenhang mit Bindungsstabilitäten behandelt. Dieses Gebiet ist ausführlich in der Literatur beschrieben (s. z.B. [Bud 80], [Nau 86]).

Chemische Elementanalyse und Isotope

Hochauflösende Massenspektrometer können zur Isotopenbestimmung eingesetzt werden. So lassen sich mit doppelfokussierenden Massenspektrometern relative Isotopenmassen ohne weiteres auf 0,000 001 Atommasseneinheiten [amu] genau bestimmen. Bei der Genauigkeit können u.a. auch Atomkernenergien über Massendefekte ($\Delta E = \Delta m \cdot c^2$) ermittelt werden.

Beispiel Strontium:

Masse	rel. Häufigkeit [%]	Masse [amu]
84	0,56	83,913429
86	9,86	85,909273
87	7,00	86,908890
88	82,58	87,905625

Restgasanalyse

Müssen Werkstoffe unter Hochvakuumbedingungen verarbeitet werden (Chip-Herstellung, Beschichtung von Materialien ...), dann ist meist die Restgaszusammensetzung des mit verschiedenen Vakuumpumpen erzeugten

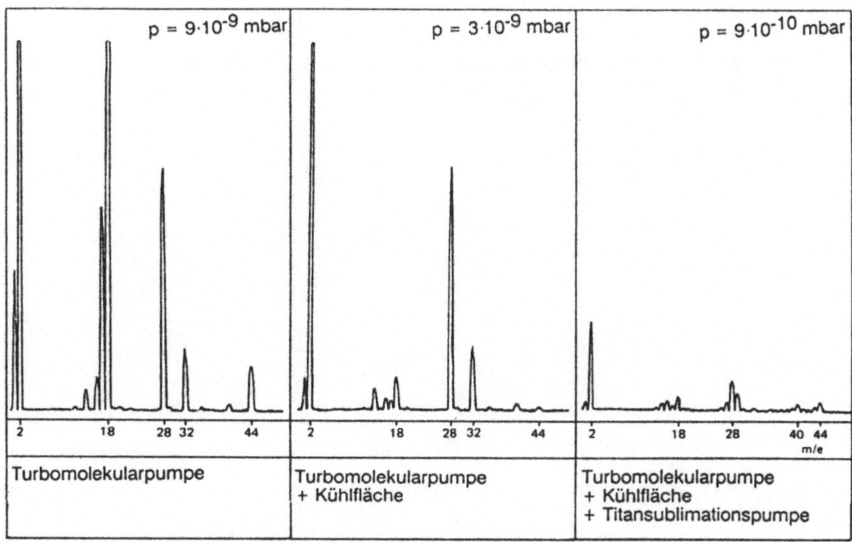

Abb. 3.4.2
Restgasmassenspektren einer ausgeheizten UHV-Apparatur nach Einsatz unterschiedlicher Pumpen:
a) Turbomolekularpumpe
b) Turbomolekularpumpe nach Einbringen einer Kühlfläche
c) Wie b) mit zusätzlichem Einsatz einer Titansublimationspumpe

Vakuums von Interesse. Abb. 3.4.2 zeigt ein typisches Restgasspektrum einer Ultrahochvakuumapparatur bei unterschiedlichen Pumpmethoden. Man sieht, daß nach Einbringen der Kühlfläche (flüssige Luft) die Massen 18 (Wasser) und 44 (CO_2) durch Auskondensation stark zurückgehen.

Reinheit und Stabilität von Substanzen bei thermischer Verdampfung

Möchte man dünne Schichten eines Materials durch thermische Verdampfung präparieren, so muß man sicherstellen, daß die Ausgangssubstanz rein ist und sich unzersetzt verdampfen läßt. Letzteres ist v.a. bei organischen Schichten ein häufiges Problem. Hierzu wird die Substanz in den Aufdampftiegel gebracht und im UHV langsam hochgeheizt. Nach bestimmten Temperaturintervallen nimmt man ein Massenspektrum der Probe auf. Bei verunreinigten Proben wird man häufig feststellen, daß bei bestimmten Temperaturen Peaks mit kleiner Masse, die z.B. Edukt- oder Lösungsmittelmolekülmassen entsprechen, kleiner werden oder verschwinden. Damit hat man die Möglichkeit, Parameter festzulegen, unter denen man die Substanz vorreinigen kann. Bei reinen, nicht verunreinigten Proben sieht man, daß die Intensitäten der einzelnen Massenpeaks gemäß ihrem Dampfdruck zunehmen, daß aber die Intensitätsverhältnisse konstant bleiben (Abb. 3.4.3). Oberhalb einer bestimmten Temperatur ($T \geq 838$ K in Abb. 3.4.3) treten dann vermehrt kleinere Bruchstücke auf, die von einer thermischen Zersetzung der Probe herrühren. Man muß also Aufdampftemperaturen unter dieser kritischen Temperatur wählen.

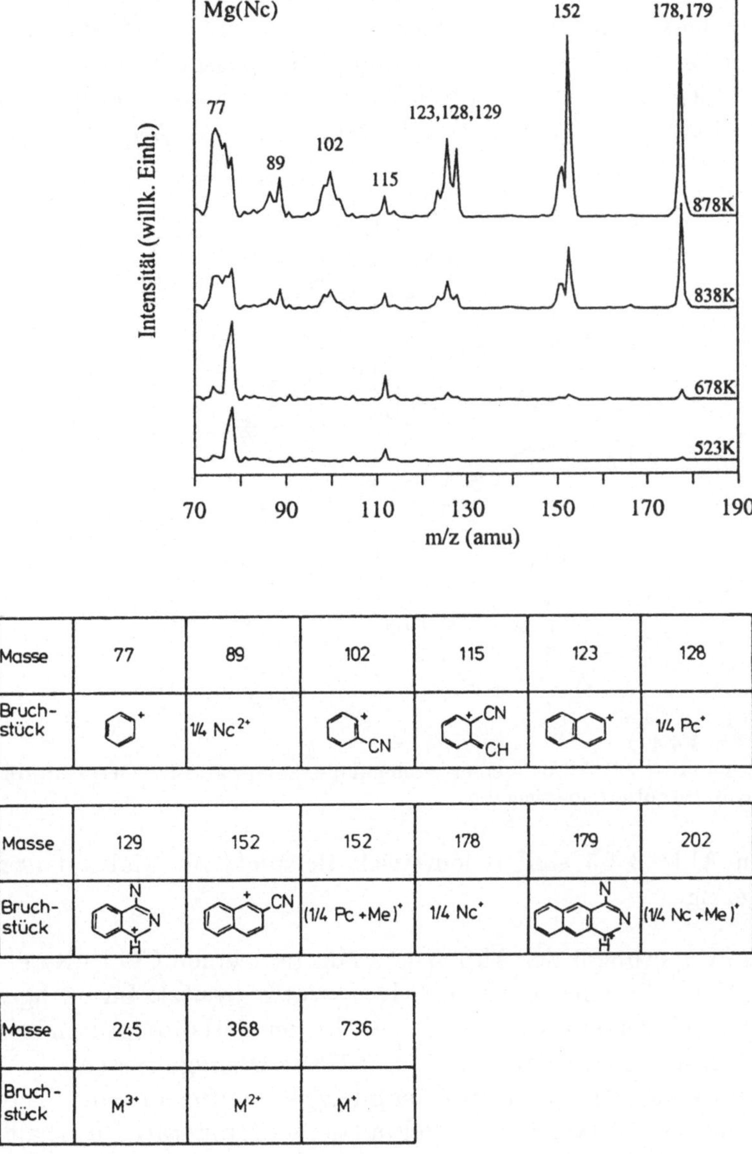

Masse	77	89	102	115	123	128
Bruch-stück	+	1/4 Nc^{2+}	+ CN	+ CN CH	+	1/4 Pc^{+}

Masse	129	152	152	178	179	202
Bruch-stück	N + N H	+ CN	$(1/4\ Pc + Me)^{+}$	1/4 Nc^{+}	N N + H	$(1/4\ Nc + Me)^{+}$

Masse	245	368	736
Bruch-stück	M^{3+}	M^{2+}	M^{+}

Abb. 3.4.3
Massenspektrum einer Mg-Naphthalocyaninschicht (MgNc) bei Verdampfung aus einer Knudsenzelle bei verschiedenen Temperaturen (oben) und Zuordnung der Massepeaks zu Molekülbruchstücken (unten) (freundlicherweise von D. Martin und D. Oeter, Tübingen, zur Verfügung gestellt)

Nachweis von Reaktionsprodukten bei Molekularstrahlexperimenten

Quadrupol-Massenspektrometer können auch als Detektoren für Molekularstrahlexperimente zur Untersuchung chemischer Elementarreaktionen oder von zeitaufgelösten Adsorptions- und Desorptionsprozessen von Gasmolekülen auf Katalysatoroberflächen verwendet werden. Der schematische Aufbau einer Molekularstrahlapparatur ist in Abb. 3.4.4 gezeigt.

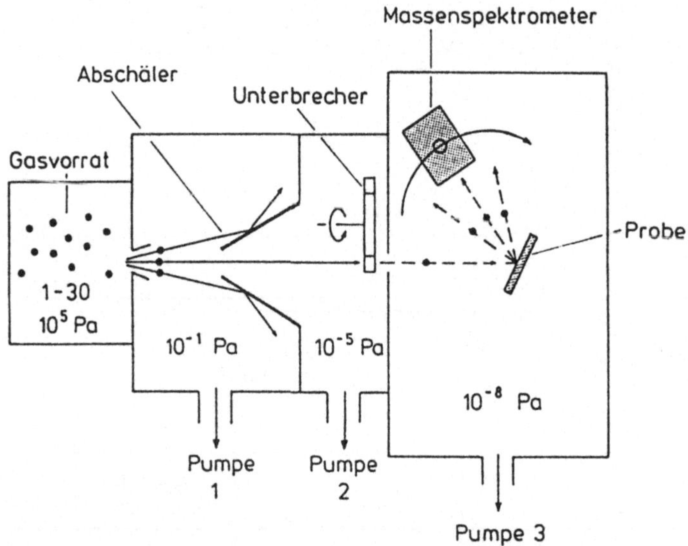

Abb. **3.4.4**
Schematischer Aufbau einer Molekularstrahlapparatur. Der Unterbrecher ist eine geschlitzte rotierende Scheibe.

In Abb. 3.4.5 sind schematisch Beispiele für Molekularstrahlexperimente gezeigt.

Im Experiment der Abb. 3.4.5a läßt man einen CO-Puls auf eine Oberfläche treffen, die eine bestimmte Temperatur besitzt. Im nachgeschalteten Massenspektrometer lassen sich bei sehr tiefen Temperaturen keine CO-Moleküle nachweisen (Haftkoeffizient $S = 1$, zur Def. vgl. Abschn. 3.2.5), während bei sehr hohen Temperaturen der aufgegebene Rechteckpuls detektiert wird (gestrichelte Kurve, $S = 0$). Bei mittleren Temperaturen erhält man die gezeigte ausgezogene Kurve. Aus der Temperaturabhängigkeit des Kurvenverlaufs kann man so Bindungsfestigkeiten von Molekülen an der Oberfläche oder Aktivierungsenergien der Desorption bestimmen. Auf gleiche Weise kann die Funktionsweise eines Katalysators getestet werden, indem man Pulse der Reaktandgase aufgibt und das Produkt detektiert (Abb. 3.4.5b).

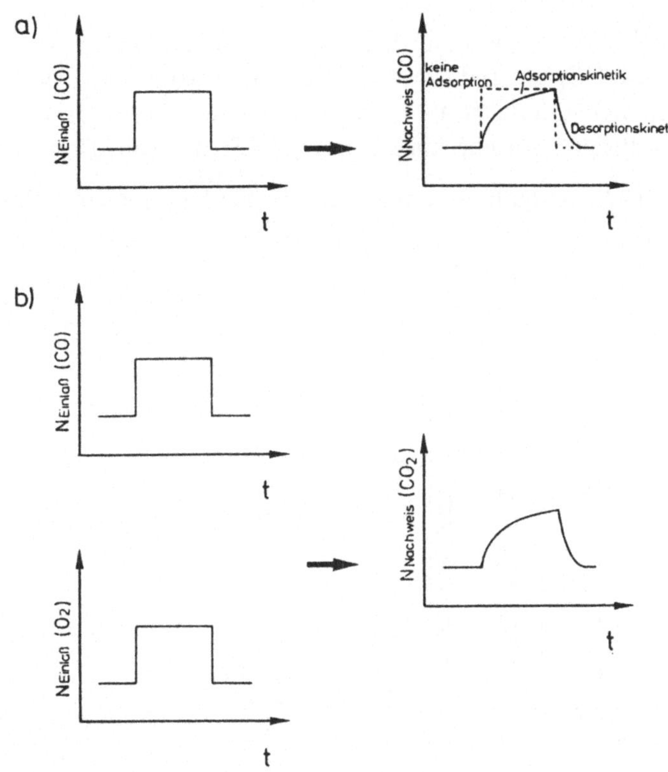

Abb. **3.4.5**
Beispiele für einfache Molekularstrahlexperimente
a) CO eingelassen und nachgewiesen (punktiert: hohe Temperaturen des Substrats, vernachlässigbar kurze Wechselwirkung)
b) CO + O_2 eingelassen, CO_2 nachgewiesen

3.4.1.2 Sekundärionenmassenspektrometrie (SIMS)

Bei SIMS erfolgt ein Beschuß einer festen oder flüssigen Oberfläche mit Primärionen (PI) und eine anschließende massenspektrometrische Analyse der abgetragenen (gesputterten) Sekundärionen SI. Als Primärionen dienen häufig O_2^+, O^-, Ar^+, Cs^+ oder O_2^-. Die Energie der Primärionen liegt im Bereich von 1–15 keV.

Die abgesputterten Teilchen verlassen die Oberfläche vorwiegend als Neutralteilchen (Atome oder Moleküle) und nur zum geringeren Teil als positive oder negative Ionen, deren Ausbeute stark matrixabhängig ist, so daß keine quantitative Auswertung möglich ist. Die Bildung positiver Ionen wird z.B. stark durch die Anwesenheit stark elektronegativer Atome (z.B. Sauerstoff) in der Matrix erhöht. Die Ionen stammen ausschließlich von den ersten 3–5 Atomlagen der Oberfläche. Ohne Nachionisation sind massenspektrometrisch nur die Ionen nachweisbar. Werden die abgesputterten Neutralteilchen nachionisiert, um sie der Analyse zugänglich zu machen, spricht man vom SNMS (**S**puttered **N**eutral **M**ass **S**pectrometry). Wird die Probenoberfläche mit neutralen Atomen beschossen und die dadurch gebildeten Probenionen analysiert, spricht man von FAB (**F**ast **A**tom **B**ombardement).

Je nach Aufgabenstellung unterscheidet man drei Betriebsarten.

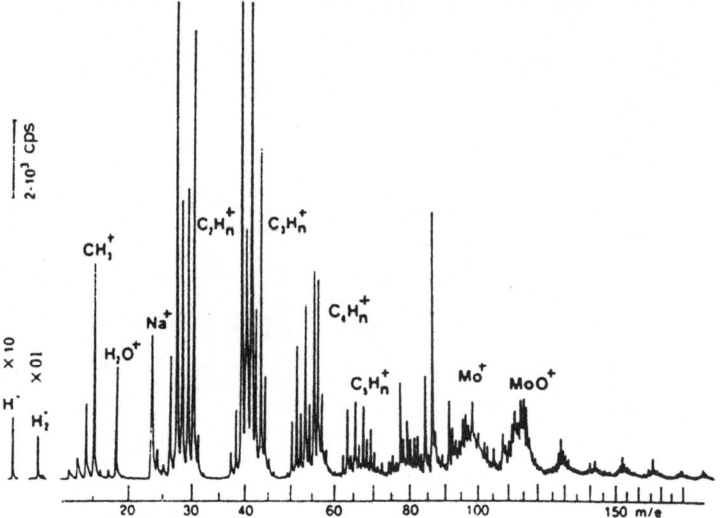

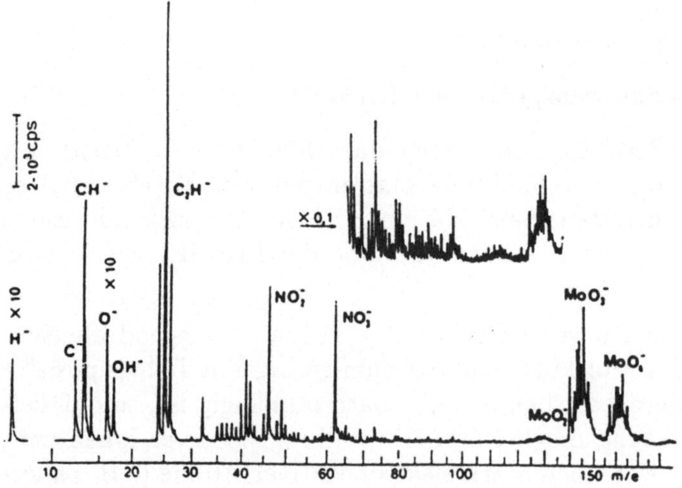

Abb. 3.4.6
Positives (oben) und negatives Massenspektrum (unten) einer kontaminierten Molybdän-Oberfläche [Ben 87]

Statische SIMS

Hierbei beschießt man einen relativ großen Oberflächenbereich (ca. 0,1 cm^2) mit einer sehr geringen Primärionenstromdichte ($\sim 10^{-9}$ A cm^{-2}). Die Sputterrate als Zahl der abgetragenen Teilchen pro Sekunde ist in diesem Fall sehr klein, so daß nur ein Bruchteil der intakten obersten Monolage während der Meßzeit abgetragen wird. Man erhält dabei Informationen über die chemische Zusammensetzung der obersten Monolage. Abb. 3.4.6 zeigt das positive und negative Massenspektrum einer kontaminierten Molybdän-Oberfläche. Die Zuordnung der Massenpeaks ist eingezeichnet. Da Molybdän sieben stabile Isotope besitzt, sind die entsprechenden Massenpeaks leicht zuzuordnen. Die Aufnahmezeit pro Spektrum betrug etwa 400 s. Bei einer Primärstromdichte von 10^{-9} A/cm^2 und einer Sputterrate von 5 Atomen/PI ergibt sich eine Lebensdauer der obersten Monolage von etwa 4×10^4 s. Es wurde also nur etwa 1 % der obersten Monolage während der Aufnahme des Spektrums abgetragen.

Dynamische SIMS

Hier arbeitet man mit Primärionen-(PI-)Stromdichten bis zu 1 A/cm^2 und entsprechend sehr hohen Sputterraten. Dies erreicht man zum einen durch die Erhöhung des PI-Stroms, vor allem aber durch eine Feinfokussierung des

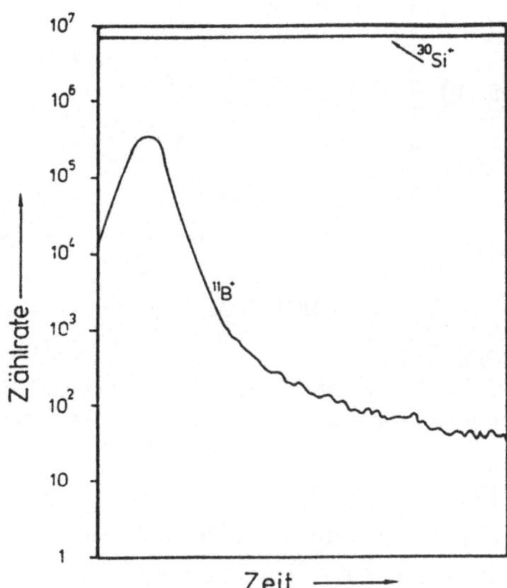

Abb. 3.4.7
SIMS-Tiefenprofil von Bor in Silicium, aufgenommen mit 5,5 keV O_2^+-Primärionen und einer Primärstromdichte von 1A/cm^2. Die maximale Borkonzentration liegt bei etwa 1 μm [Gra 85].

PI-Strahls auf einige μm^2. Rastert man diesen fokussierten Strahl über einen Ausschnitt der Probe, so entsteht ein Krater. Man trägt die Probe während der Meßzeit Schicht für Schicht ab und bekommt so Informationen über die chemische Zusammensetzung in Abhängigkeit von der Tiefe (Tiefenprofil). Als Beispiel ist in Abb. 3.4.7 das Tiefenprofil von ionenimplantiertem Bor in Silicium zu sehen.

Abb. 3.4.8 zeigt als weiteres Beispiel das SIMS-Tiefenprofil, das von der Grenzfläche zwischen einer $YBa_2Cu_3O_{7-x}$-Schicht und einem Silicium-Substrat aufgenommen wurde.

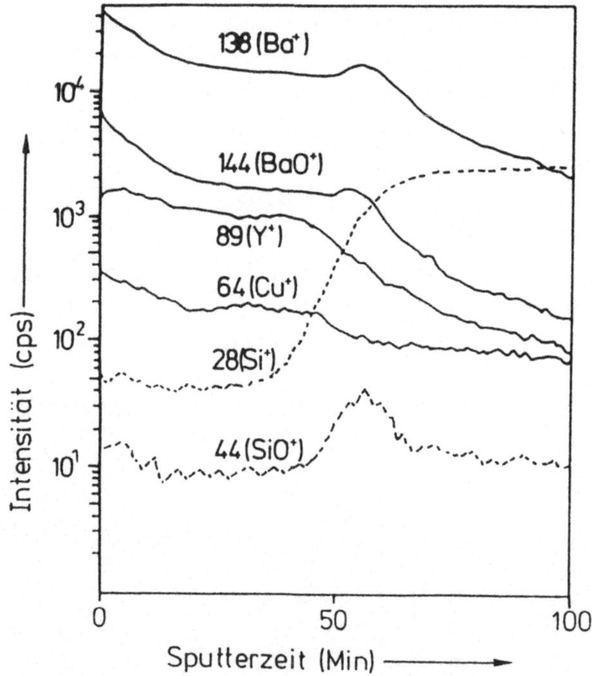

Abb. 3.4.8
SIMS-Tiefenprofil einer 350 nm dicken $YBaCuO_{7-x}$-Schicht auf einem Si(100)-Substrat, aufgenommen mit 5 keV Ar^+-Primärionen [Zie 91]

Die erfolgreiche Präparation einer solchen Hochtemperatur-Supraleiterschicht auf dem Halbleiter Si mit vernachlässigbarer Grenzflächenreaktion wäre die Voraussetzung, um solche Schichten in der Mikroelektronik einsetzbar zu machen. Man erkennt, daß die einzelnen Metallsignale nicht gleichmäßig abfallen und sich an der Grenzfläche Barium angereichert hat. Tatsächlich zeigt diese Probe nur sehr schlechte supraleitende Eigenschaften (vgl. auch Abb. 3.4.36).

Abbildende SIMS

Hier gibt es zwei Bauarten:

a) Rasterbetrieb: Ein fein fokussierter Ionenstrahl wird über die Oberfläche gerastert. Synchron dazu läuft der Strahl einer Bildröhre, deren Helligkeit vom Detektorausgang des Massenspektrometers gesteuert wird. Dies ist das ionenoptische Analogon zu einem Rasterelektronenmikroskop (vgl. Abschn. 3.3.2.1).

b) Direkte Abbildung: Mit einem abbildenden doppelfokussierenden Massenspektrometer kann die mit einem breiten Ionenstrahl (Durchmesser um 1 mm) beschossene (beleuchtete) Oberfläche direkt abgebildet werden. Dies ist das ionenoptische Analogon zu einem Auflicht-Lichtmikroskop. Hierbei werden die Ionen von dem Massenspektrometer nicht nur nach ihrem m/q-Verhältnis sortiert, sondern auch die von einem Punkt auf der Probe kommenden Ionen durch das Massenspektrometer wieder in einem Punkt in der Bildebene fokussiert. Als Detektor dient in diesem Fall eine Fotoplatte oder eine Kanalplatte, auf der das Bild der Probe dann direkt entsteht.

3.4.1.3 Thermodesorptionsspektrometrie (TDS) und verwandte Methoden

In der Thermodesorptionsspektrometrie (TDS) wird die thermische Desorption von Teilchen von der Festkörperoberfläche ausgenutzt, um z.B. Bedeckungsgrade, Bindungsverhältnisse der Teilchen auf der Oberfläche oder etwaige Wechselwirkung der Adsorbatteilchen untereinander zu ermitteln (vgl. Abschn. 2.6.4.4).

Die thermische Desorptionsrate kann dabei wie bei chemischen Reaktionen üblich beschrieben werden:

$$R_{\text{des}} = -\frac{dN_{(s)}^{\text{ad}}}{dt} = k_m \cdot (N_{(s)}^{\text{ad}})^m = k_m^0 \cdot e^{-\frac{E_{A,\text{des}}}{RT}} (N_{(s)}^{\text{ad}})^m \tag{3.4.1}$$

mit den Parametern m als Reaktionsordnung und k_m als Geschwindigkeitskonstante m-ter Ordnung, bestehend aus dem präexponentiellen Faktor k_m^0 und einer Aktivierungsenergie $E_{A,\text{des}}$. $N_{(s)}^{\text{ad}}$ ist die auf eine Einheitsfläche bezogene Teilchendichte adsorbierter Teilchen. Für eine Desorptionskinetik 1. Ordnung bekommen wir

$$k_1 = k_1^0 \cdot e^{-\frac{E_{A,\text{des}}}{RT}} = \frac{1}{\tau} \tag{3.4.2}$$

mit

$$\tau = \left[k_1^0 e^{-\frac{E_{A,\text{des}}}{RT}}\right]^{-1}$$
$$= \tau_0 e^{\frac{E_{A,\text{des}}}{RT}} \tag{3.4.3}$$

als mittlere Verweilzeit der Atome oder Moleküle an der Oberfläche. $k_1^0 = \tau_0^{-1}$ hat die Einheit einer Frequenz $[\text{s}^{-1}]$ und liegt i.allg. in der Größenordnung von Molekül-Schwingungsfrequenzen, d.h. bei ca. 10^{13} s^{-1}.
Bei einer Reaktion 2. Ordnung, wie sie z.B. bei der Desorption eines Moleküls X_2, das sich erst durch die Rekombination zweier Atome X bilden muß, vorliegen kann, ist die Desorptionsrate proportional zu $(N_{(s)}^{\text{ad}})^2$:

$$R_{\text{des}} = -\frac{dN_{(s)}^{\text{ad}}}{dt} = k_2^0 e^{-\frac{E_{A,\text{des}}}{RT}} (N_{(s)}^{\text{ad}})^2 \tag{3.4.4}$$

In Abb. 3.4.9 ist schematisch der Aufbau eines Desorptionsexperiments gezeigt, in Abb. 3.4.10 ist dargestellt, wie Desorptionsexperimente prinzipiell durchgeführt werden können.

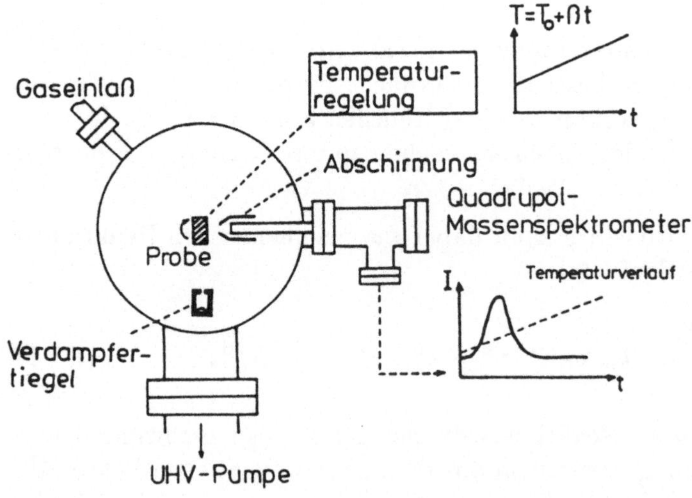

Abb. **3.4.9**
Schematische Darstellung einer TDS-Apparatur. Die wesentlichen Komponenten sind die Temperaturregelung der Probe, das Quadrupolmassenspektrometer und das Gaseinlaßsystem bzw. ein Verdampfertiegel für bei Raumtemperatur nicht-flüchtige Schichtmaterialien und/oder Adsorbate zur Probenmodifizierung. Der Verlauf des Quadrupolstroms $I(t)$ wird massenselektiv als Funktion der Probentemperatur $T(t)$ verfolgt.

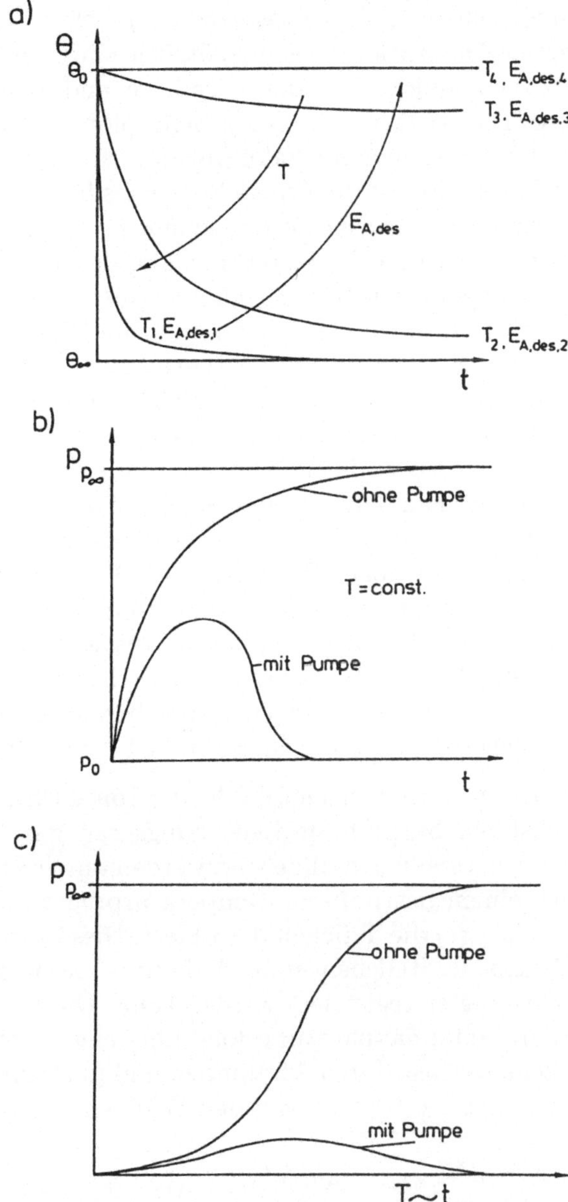

Abb. **3.4.10**
Schematische Darstellung verschiedener Desorptionsspektren [Hen 91]
a) Abhängigkeit des Bedeckungsgrades Θ von der Zeit bei isothermer Desorption. Bei hohen Temperaturen bzw. niedrigen Aktivierungsenergien desorbieren die Teilchen schnell.
b) Verlauf des Drucks bei isothermer Desorption bei Experimenten mit und ohne Pumpe.
c) Verlauf des Drucks bei nicht-isothermer Desorption mit linearem Temperaturanstieg bei Experimenten mit und ohne Pumpe.

Im einfachsten Fall (a) desorbieren Teilchen bei konstanter Temperatur (isotherme Desorption), wenn plötzlich ein Gradient im chemischen Potential zwischen Teilchen in der Gasphase und adsorbierten Teilchen eingestellt wird. Dies tritt zum Beispiel beim plötzlichen Abpumpen des zuvor adsorbierten Gases in einer Vakuumkammer auf. Ein anderes Beispiel für isotherme Desorption ist die Einstellung eines bestimmten Bedeckungsgrades durch Beschuß der Oberfläche mit einem Molekularstrahl des zu adsorbierenden Gases und plötzliche Unterbrechung des Molekularstrahls (vgl. Abb. 3.4.5). Ein drittes Beispiel ist das schnelle Hochheizen eines Adsorptionssystems auf eine definierte Desorptionstemperatur (TDS). Desorption kann auch durch andere, nicht-thermische Prozesse bewirkt werden. So kann Elektronenstoß zu Übergängen in angeregte oder in Ionisationszustände eines Adsorbats führen, deren potentielle Energien im Gleichgewichtszustand des (angeregten) Grundzustandes höher sind als die des entsprechenden freien Teilchens. In diesem Fall können Ionen oder Neutralteilchen durch Elektronenstoß desorbiert werden. Man bezeichnet den Prozeß als Elektronenstoßdesorption (**E**lectron **I**mpact **D**esorption, EID oder **E**lectron **S**timulated **D**esorption, ESD). Auch durch Anregung mit Photonen, Ionen und Neutralteilchen kann Desorption adsorbierter Teilchen ausgelöst werden (**P**hoto-**D**esorption, PD bzw. **I**on **I**mpact **D**esorption, IID) . Die Möglichkeit der Felddesorption in hohen elektrischen Feldern wurde bereits in Abschn. 3.4.1.1.1 besprochen. Im folgenden soll nur näher auf TDS eingegangen werden.

Bei der praktischen Durchführung von TDS-Experimenten wird häufig zunächst ein bestimmter Bedeckungsgrad der Oberfläche mit Adsorbatteilchen eingestellt. Anschließend werden durch Erhöhen der Probentemperatur nach einem bestimmten Temperaturprogramm (meist linearer Anstieg mit $T = T_0 + \beta t$) die Teilchen desorbiert. Dies führt zu einer Erhöhung des Partialdrucks der Teilchen in der Vakuumapparatur, die z.B. mit einem Massenspektrometer registriert werden kann. Die Beschreibung der Teilchenbilanz in der Vakuumapparatur erfolgt über eine Kontinuitätsgleichung, bei der der Teilchenverlust durch Abpumpen und unerwünschte Leckraten des Systems, z.B. durch Desorption von den Wänden, zu berücksichtigen sind:

$$\frac{dN^g_{(v)}}{dt} = -\frac{A}{V}\frac{dN^{\mathrm{ad}}_{(s)}}{dt} - \frac{N^g_{(v)} \cdot S_p}{V} + \frac{L}{V} \qquad (3.4.5)$$

Dabei ist $N^g_{(v)}$ die Teilchendichte im Gasraum, $N^{\mathrm{ad}}_{(s)}$ die Flächendichte der adsorbierten Teilchen, A die Oberfläche des Festkörpers, V das Volumen der Vakuumapparatur, S_p die Pumpgeschwindigkeit und L die Leckrate der Apparatur, die häufig wie auch im folgenden vernachlässigt wird.

Bei der experimentellen Realisierung kann man zwei Extreme einstellen:

- Die Desorption erfolgt so schnell, daß die Pumprate S_p vernachlässigbar ist. Dann ist die Änderung des Partialdrucks proportional zur Desorptionsrate.
- Bei extrem hohen Werten von S_p ist der Partialdruck direkt proportional zur Desorptionsrate.

Im letzteren Fall kann (über die Integration der Gl. (3.4.1)) nach Einführen der idealen Gasgleichung $p = N^g_{(v)}kT$ aus der Fläche unter einer aufgenommenen Desorptionskurve $p(t)$ der Bedeckungsgrad Θ oder die adsorbierte Menge $N^{\mathrm{ad}}_{(s)}$ ermittelt werden:

$$N^{\mathrm{ad}}_{(s)}(t_0) - N^{\mathrm{ad}}_{(s)}(t_{\mathrm{end}}) = \frac{S_p}{ART} \int_{t_0}^{t_{\mathrm{end}}} (p(t) - p_\infty)dt \qquad (3.4.6)$$

Zur Durchführung der Experimente geht man wie folgt vor: Es wird bei linearem Temperaturanstieg so lange desorbiert, bis die Fläche frei von Adsorbat ist, d.h. $N^{\mathrm{ad}}_{(s)}(t_{\mathrm{end}}) = 0$. Die vom Massenspektrometer pro Zeiteinheit detektierte Teilchenzahl muß mit einer vorher durchgeführten Eichmessung mit dem betreffenden Gas in Durckeinheiten umgerechnet werden. Man erhält eine Kurve wie in Abb. 3.4.11 dargestellt.

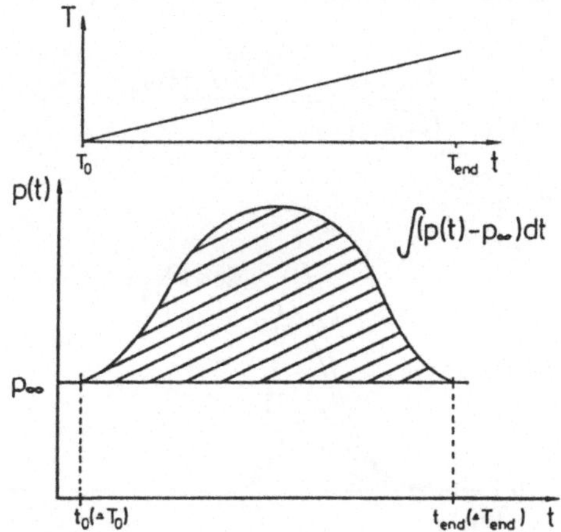

Abb. 3.4.11
Desorptionsspektrum: Aus der Fläche unter der Kurve kann die Zahl der desorbierten Teilchen bestimmt werden. p_∞ ist der Restgasdruck im System.

Für die Temperatur in Gl. (3.4.2) ist in erster Näherung die Raumtemperatur einzusetzen, wenn im Falle der Desorption eines flüchtigen Gases davon ausgegangen werden kann, daß bei den von der Oberfläche desorbierten Teilchen durch eine Vielzahl von Stößen mit der Umgebung eine Thermalisierung stattgefunden hat, bevor sie ins Massenspektrometer gelangen. Da S_p als Apparatekonstante und A als probenspezifische Größe bekannt sind, erhält man aus Gl. (3.4.1) den Wert für $N^{ad}_{(s)}(t_0)$, die Flächendichte an adsorbierten Teilchen vor Desorption.

Erst im Vergleich mit $N^{ad}_{(s)\,max}$, der maximal möglichen Flächendichte an adsorbierten Teilchen, welche in unabhängigen Experimenten bestimmt werden muß, erhält man aus Gl. (2.6.45) den Bedeckungsgrad Θ vor Desorption.

In Abb. 3.4.12 sind theoretisch berechnete Lösungen der Gl. (3.4.1) mit $m = 1$ und Gl. (3.4.4) für einen linearen Temperaturanstieg mit der abnehmenden Anfangsbedeckung als Parameter (a-d) für $p_\infty = 0$ angegeben.

Man erkennt, daß sich bei Veränderung der Anfangsbedeckung für eine Desorption 2. Ordnung die Temperatur des Peakmaximums T_{Peak} verschiebt, während sie für eine Desorption 1. Ordnung unabhängig davon ist. Aus Gl. (3.4.1) mit $m = 1$ und Gl. (3.4.4) folgt für das Peakmaximum T_{Peak} bei linearem Temperaturanstieg $T = T_0 + \beta t$

$$\frac{E_{A,\text{des}}}{RT^2_{\text{Peak}}} = \frac{k^0_1}{\beta} e^{-\frac{E_{A,\text{des}}}{RT_{\text{Peak}}}} \tag{3.4.7}$$

für eine Desorption 1. Ordnung und

$$\frac{E_{A,\text{des}}}{RT^2_{\text{Peak}}} = \frac{N^{ad}_{(s)T=T_{\text{Peak}}} \cdot k^0_2}{\beta} e^{-\frac{E_{A,\text{des}}}{RT_{\text{Peak}}}} \tag{3.4.8}$$

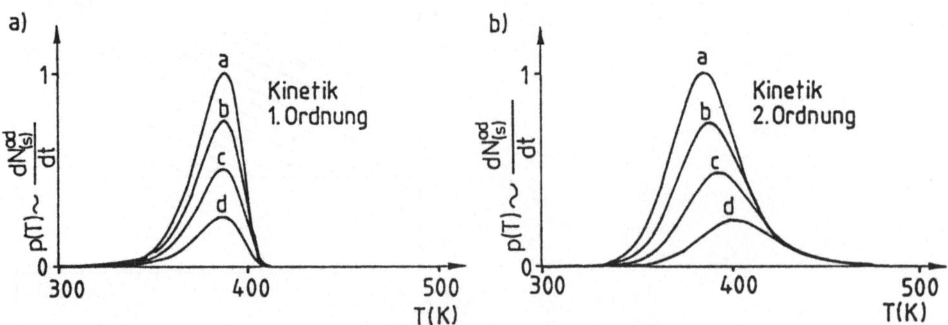

Abb. **3.4.12**
Berechnete Desorptionsraten für eine Kinetik 1. Ordnung (a) und für eine Kinetik 2. Ordnung (b). a,b,c,d entspricht fallenden Bedeckungsgraden Θ [Cha 78].

für eine Desorption 2. Ordnung mit $N^{\text{ad}}_{(s)T=T_{\text{Peak}}}$ als Bedeckung der Oberfläche bei $T = T_{\text{Peak}}$.

In Abb. 3.4.13 ist ein typisches TDS-Spektrum gezeigt, bei dem zwei unterschiedliche Adsorptionszustände vorgelegen haben.

Die einzelnen Kurven unterscheiden sich in der Anfangsbedeckung der Oberfläche. β_1 ist ein Desorptionspeak 1. Ordnung und entspricht der Desorption von H_2. Bei β_2 handelt es sich um einen Desorptionspeak 2. Ordnung. Die Kinetik 2. Ordnung ergibt sich, da H_2-Moleküle auch dissoziativ als H-Atome adsorbieren. Desorbiert wird wieder H_2, wobei die Rekombination als Reaktion 2. Ordnung der geschwindigkeitsbestimmende, d.h. langsamste Schritt ist.

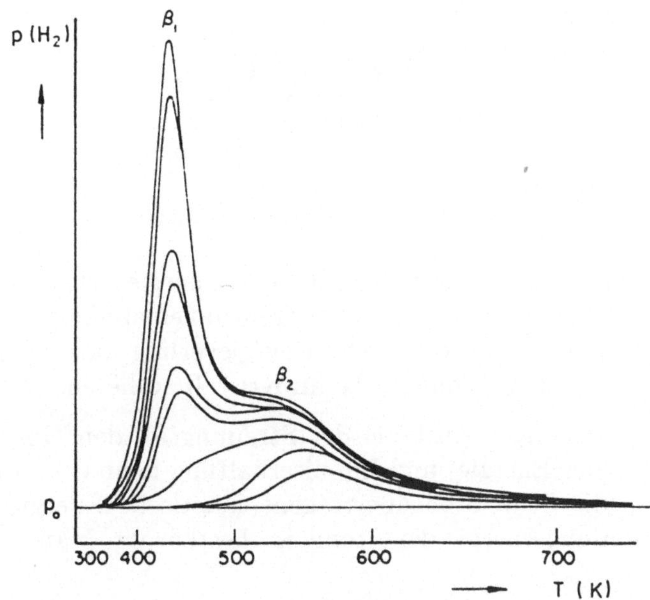

Abb. 3.4.13
TDS-Spektren von H_2 an W(100) bei verschiedener Anfangsbedeckung der Oberfläche [Mad 70]

3.4.2 Streuexperimente mit Ionen (ISS, RBS)

Bei Streuexperimenten mit Ionen werden i.allg. Edelgasionen auf Energien zwischen 300 eV bis 5 MeV beschleunigt, an der Probe gestreut und anschließend in Abhängigkeit von ihrer Energie und/oder ihrem Winkel registriert. Über die Energie des gestreuten Teilchens kann man die Masse des streuenden Atoms bestimmen und so auf die Zusammensetzung der Probe schließen. Abb. 3.4.14 zeigt schematisch den Aufbau des Experiments.

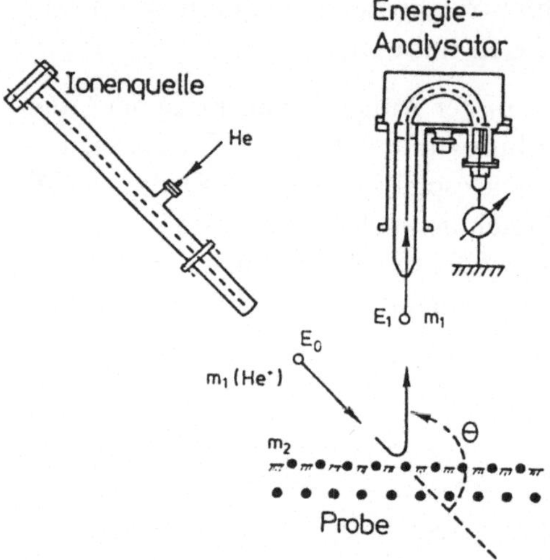

Abb. **3.4.14**
Schematische Anordnung eines ISS-Experiments

Beim elastischen Stoß tritt ein Energieverlust auf, der von den beiden Teilchenmassen und dem Streuwinkel abhängt. Zusätzlich treten niederenergetische elektronische Energieverlust auf, die sich zu einem Wert proportional zur Laufstrecke im Kristall addieren.

Der Energieverlust bei der Streuung an den Oberflächenatomen läßt sich aus der Energie- und Impulserhaltung beim Stoß freier Teilchen berechnen, da die beim Stoß übertragene kinetische Energie groß ist gegenüber der Bindungsenergie der Atome im Festkörper. Man erhält

$$\frac{E_1}{E_0} = \frac{1}{(1+\frac{m_2}{m_1})^2}\left[\cos\Theta + \left(\left(\frac{m_2}{m_1}\right)^2 - \sin^2\Theta\right)^{\frac{1}{2}}\right]^2 \qquad (3.4.9)$$

mit m_1 und E_0 als Masse bzw. Energie des stoßenden Ions, m_2 als Masse des gestoßenen Oberflächenatoms und E_1 als Energie der detektierten Ionen. Der Streuwinkel Θ ist der Winkel zwischen einfallendem und emittiertem Strahl mit $\Theta \geq 90°$. Beträgt $\Theta = 90°$, so vereinfacht sich Gl. (3.4.9):

$$\frac{E_1}{E_0} = \frac{m_2 - m_1}{m_2 + m_1} \qquad (3.4.10)$$

Es können also bei 90° die elastisch reflektierten Teilchen nach einem einfachen Stoß nur beobachtet werden, wenn das gestoßene Teilchen schwerer ist als das stoßende ($m_2 > m_1$).

Man kann damit die Ionenrückstreuung für eine sehr genaue und empfindliche Elementanalyse verwenden.

Abb. 3.4.15 zeigt als Beispiel ISS-Spektren bei der Oxidation von Aluminium im Wasserdampf.

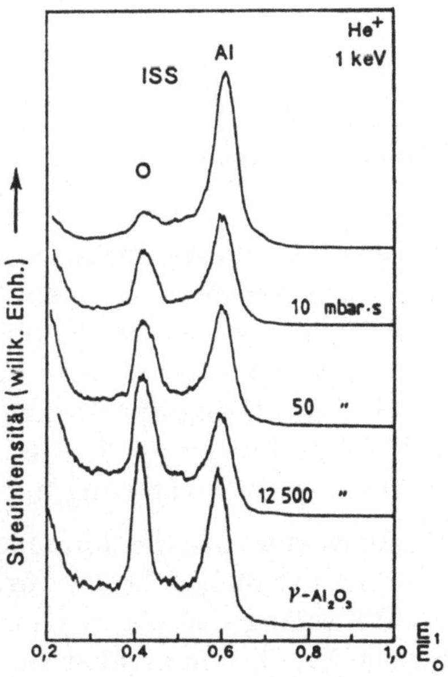

Abb. 3.4.15
ISS-Spektren der thermischen Oxidation bei 350°C von aufgedampften Aluminiumschichten bei der angegebenen H_2O-Dosis [Gon 89]

Stoßen Atome oder Ionen auf einen festen Körper, so hängt der Wechselwirkungsprozeß entscheidend davon ab, ob die minimale Annäherung der Stoßpartner kleiner oder größer als der Atomabstand ist. Anhand von Abb. 3.4.16 läßt sich erkennen, daß bei großem Stoßabstand die Teilchen vor der obersten Atomlage umkehren, also an einem mit der Periodizität des Gitters modulierten Potential gestreut werden. Der Stoßpartner ist das ganze Gitter, so daß elastische Streuung ohne Energieverlust und Verluste über kollektive Anregungen (z.B. Phononen) überwiegen. Dies ist bei der Atombeugung der Fall, die ganz analog zu LEED eingesetzt werden kann, auf die hier jedoch nicht eingegangen werden soll.

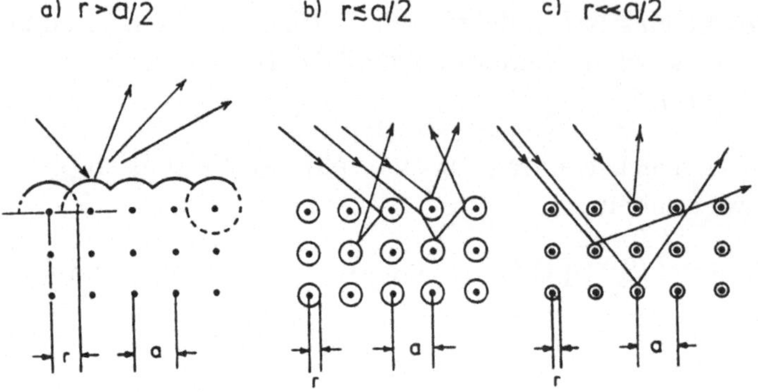

Abb. 3.4.16
Schematische Darstellung der Streuung von Atomen und Ionen an Kristallen. r ist der Streuradius, der sich aus dem Streuquerschnitt $q = \pi r^2$ ergibt. Das gesamte abstoßende Potential ist angenähert durch die Überlagerung von Kugeln mit dem Radius r.

Je höher die Ionenenergie ist, desto „durchsichtiger" ist das Gitter aufgrund kleinerer Streuquerschnitte, so daß die Teilchen tiefer eindringen können und beispielsweise nach einem Zentralstoß mit einem einzelnen Atom den Kristall ohne weitere Stöße verlassen können. Je nach kinetischer Energie der Primärionen spricht man von LEIS (**L**ow **E**nergy **I**on **S**cattering) bzw. ISS (**I**on **S**cattering **S**pectroscopy) bei E_{kin} von 300 eV – 10 keV oder von HEIS (**H**igh **E**nergy **I**on **S**cattering) bzw. bei Verwendung von He^+ von RBS (**R**utherford **B**ackscattering **S**pectroscopy) bei E_{kin} von 100 keV – 5 MeV.

Beugungsbilder zur Bestimmung der geometrischen Struktur erhält man bei der Ionenstreuung nicht, da wegen der relativ hohen Energie und damit kleinen Wellenlänge ($\lambda \ll 1$nm) nur vernachlässigbare Beugungswinkel erhalten werden. Man bekommt aber eine andere Form von Strukturinformation über die sogenannte Schattenwirkung der Gitteratome, sofern kristalline Proben vorliegen.

Betrachtet man die Bahnen von Ionen für verschiedene Stoßpartner, so findet man, daß ein Schattenbereich existiert, in den das Ion nicht eindringen kann (s. Abb. 3.4.17). Wird eine niedrige Energie gewählt ($E < 1$ keV), so ist der Radius des Schattenkegels so groß, daß Atome der zweiten Schicht kaum erreicht werden. Der hohe Wirkungsquerschnitt wird dabei im wesentlichen durch ein modifiziertes Coulombpotential der Probe beschrieben. Für Edelgasionen ist zusätzlich die Neutralisierungswahrscheinlichkeit beim Eindringen in den Kristall so groß, daß nur Atome der obersten Schicht die Energie der gestreuten Ionen bestimmen (ISS oder LEIS). Es ist deshalb eine sehr empfindliche Analyse der obersten Schicht möglich.

Bei hohen Ionenenergien (> 100 keV) wird der Schattenkegel sehr eng, so

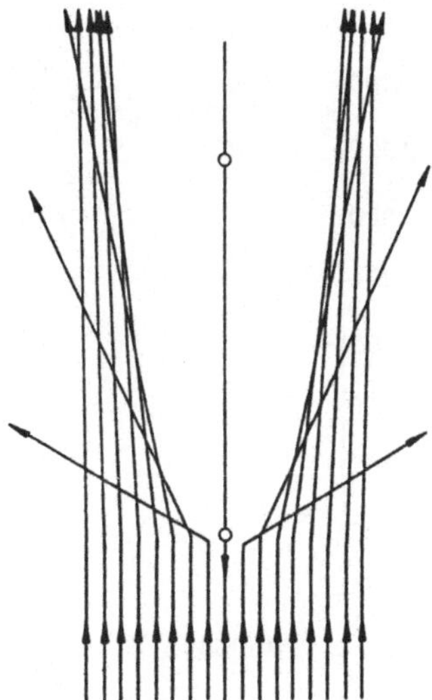

Abb. 3.4.17
Schematische Darstellung des Schatteneffektes bei der Ionenstreuung

daß die Ionen tief in den Kristall eindringen können (HEIS oder RBS). Der Wirkungsquerschnitt ist der der Rutherfordstreuung, den wir bereits in Abb. 3.1.5 und Gl. (3.1.14) beschrieben haben.

Da wegen der hohen Energie auch die Neutralisierung keine Rolle spielt, können auch tief liegende Schichten (einige 100 nm) erfaßt werden. Trotzdem ist eine oberflächenempfindliche oder tiefensensitive Messung möglich: Den engen Schattenkegel kann man bei kristallinen Proben durch geeignete Wahl des Einfallswinkels zur selektiven Untersuchung der Oberflächenatome ausnützen.

Beschreibt man einen Kristall über Reihen von Atomen, die jeweils aus einem Oberflächenatom und den darunter in einer Reihe liegenden Atomen bestehen, so werden bei geeigneter Einschußrichtung nur die Oberflächenatome getroffen. Da die meisten Ionen nur gering abgelenkt werden, werden sie von den Nachbarreihen zurückgestreut, so daß über eine Kanalwirkung („channeling") die meisten Ionen sehr tief eindringen und nicht mehr im Rückstreuraum nachgewiesen werden können. Wird dagegen unter einem beliebigen Winkel eingestrahlt, wobei die Atome in tieferen Schichten i.allg. nicht im Schattenbereich liegen, so tragen alle Schichten zur Streuung bei. Die Intensität der vom Festkörper reflektierten Ionen steigt um Größenordnungen. Da sich das Ion bei einer Streuung in tiefen Schichten auf dem Hin- und Rückweg im Kristall bewegt, erleidet es einen Energieverlust, der dem Weg im Kristall, d.h. der Tiefe der Streustelle proportional ist. In Abb. 3.4.18 ist die Energieverteilung der gestreuten Ionen für eine Richtung mit Kanalwirkung und für eine beliebige Richtung angegeben.

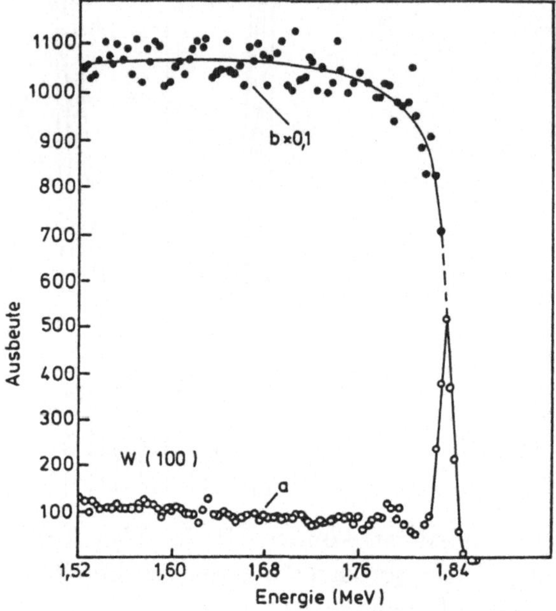

Abb. 3.4.18
Energieverteilung gestreuter He-Ionen mit 2,0 MeV Energie an einer W(100)-Oberfläche [Fel 77]
(○) Strahlrichtung entlang der (100)-Achse
(•) Strahlrichtung außerhalb einer kristallographischen Richtung.
Bei 1,83 MeV werden die He-Ionen an der W(100)-Oberfläche gestreut.

Man sieht, daß im ersten Fall (offene Kreise) fast alle Ionen von der obersten Schicht mit konstanter Energie gestreut werden. Im zweiten Fall treten alle Energien und eine viel höhere Intensität auf. Die im hochenergetischen Maximum enthaltene Intensität (Oberflächenpeak, „surface peak") wird mit Hilfe einer Absoluteichung umgerechnet auf die Zahl der Atome pro Reihe (in den Kristall hinein gesehen), die in der gegebenen Anordnung zur Streuung beiträgt. Da durch thermische Bewegung die Atome der unteren Schicht aus dem Schatten heraustreten können, wird auch für die ideale Fläche und optimale Orientierung je nach Teilchenenergie (d.h. Schattenradius), Gitterstruktur (d.h. Abstand der zweiten Schicht) und Temperatur (d.h. mittlere Auslenkung aus der Ruhelage) mehr als ein Atom pro Reihe nachweisbar (etwa zwischen 1 und 5).

Für die strukturelle Information ist die Variation der Atomzahl pro Reihe entscheidend. Dies ist in Abb. 3.4.19 gezeigt.

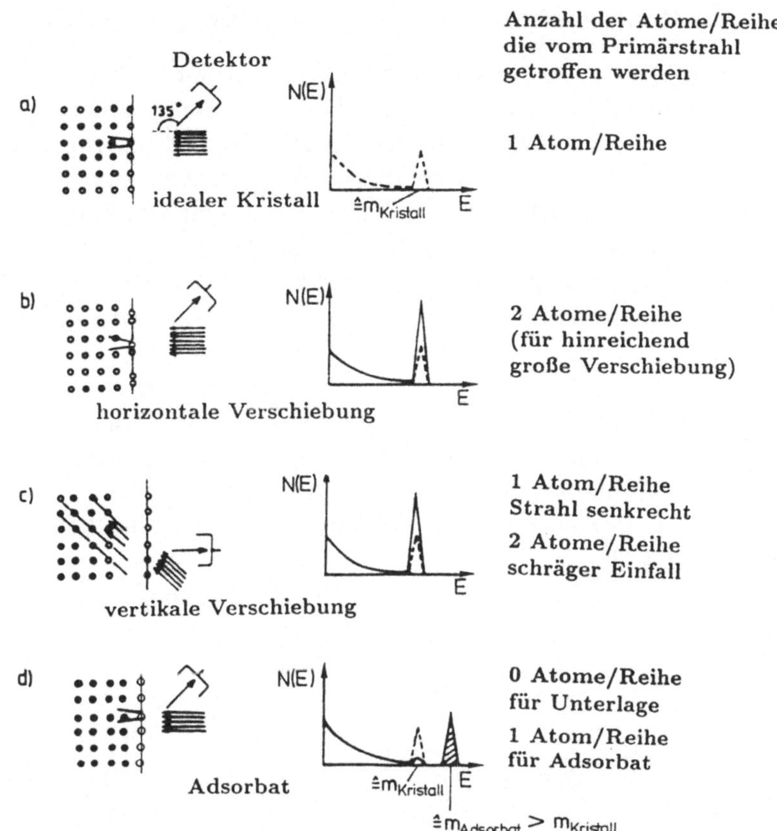

Abb. 3.4.19
Schattenwirkung von Oberflächenatomen. $N(E)$ ist die Anzahl von Ionen, die nach dem Stoß mit der Oberfläche in Reflexion im Detektor mit der Energie E erfaßt werden, wobei der Streuwinkel konstant gehalten wird (hier 135°).

In Abb. 3.4.19b ist zu sehen, daß durch seitwärtige Verrückung der obersten Schicht die nachgewiesene Zahl der Oberflächenatome größer wird. Durch Energievariation (d.h. Variation des Schattenradius) kann die Verrückung der Oberflächenatome quantitativ angegeben werden. Eine vertikale Verschiebung verändert das Signal bei senkrechtem Einschuß nicht, sie wird jedoch bei schrägem Einfall in einer anderen Richtung mit Kanalwirkung sichtbar (Abb. 3.4.19c). Sitzen Adsorbatatome genau auf den Unterlagenatomen, verschwindet das entsprechende Signal, dafür erscheinen Ionen mit der verschobenen Energie durch Streuung an den Adsorbatatomen (Abb. 3.4.19d, gezeigt für Adsorbatatome, die schwerer als die Unterlagenatome sind).

3.4.3 Röntgenphotoelektronenspektroskopie (XPS)

Die Photoelektronenspektroskopie beruht auf dem schon in Abschn. 2.1.1.1 beschriebenen äußeren Photoeffekt. Durch die Anregung mit Photonen werden aus Atomen, Molekülen oder Festkörpern Elektronen emittiert, deren kinetische Energie man bestimmt. Je nach Anregungsquelle unterscheidet man zwischen XPS (**X**-ray **P**hotoelectron **S**pectroscopy, Anregung mit Röntgenstrahlung, $E_{\text{prim}} > 100$ eV) und UPS (**U**ltraviolet **P**hotoelectron **S**pectroscopy, Anregung mit UV-Strahlung, $10\,\text{eV} \leq E_{\text{prim}} \leq 100$ eV). Obwohl mit Synchrotronstrahlung heutzutage eine kontinuierliche Anregungsquelle zur Verfügung steht, wird diese Unterscheidung beibehalten, da man bei XPS v.a. die Rumpfelektronen, bei UPS die Valenzelektronen spektroskopiert und sich deshalb die erhaltenen Informationen in charakteristischer Weise unterscheiden. Bei XPS nutzt man v.a. die Information über die chemische Zusammensetzung der Probe aus, während UPS hauptsächlich zur Bestimmung der elektronischen Struktur von Oberflächen eingesetzt wird (vgl. Abschn. 3.5.5).

In Abb. 3.4.20 wird schematisch die idealisierte Photoemission eines Atoms oder Moleküls (a) und einer Festkörperoberfläche (b) dargestellt.

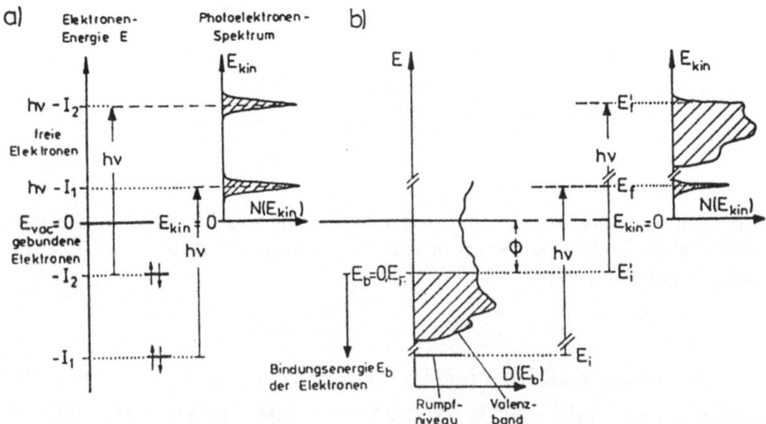

Abb. **3.4.20**
Idealisierte Photoionisationsprozesse und Photoelektronenspektren für Atome bzw. Moleküle (a) und Festkörper (b) mit charakteristischen Übergängen zwischen Ausgangs-(E_i) und End-(E_f)-Niveaus, Ionisierungsenergien I_i, Zustandsdichten $D(E_b)$ bzw. Spektren der kinetischen Energien $N(E_{\text{kin}})$ photoemittierter Elektronen [Hen 91]

Für Atome oder Moleküle ergibt sich für die kinetische Energie der emittierten Elektronen im Vakuum

$$E_{\text{kin},i} = h\nu - I_i = h\nu - E_b^V \quad . \tag{3.4.11}$$

Die Ionisierungsenergie I_i wird gleich der auf das Vakuumniveau bezogenen Bindungsenergie E_b^V gesetzt, wobei man annimmt, daß während des Emissionsprozesses die elektronische Struktur des neutralen Atoms bzw. Moleküls unverändert bleibt (Koopmannsches Theorem).

Für Festkörper wird die Bindungsenergie von Elektronen i.allg. auf die Fermienergie E_F bezogen und mit E_b^F bezeichnet. Es gilt:

$$E_{\text{kin}} = h\nu - E_b^F - \Phi \qquad \textbf{(3.4.12)}$$

Wir werden bei UPS, Abschn. 3.5.5 sehen, daß bei der Messung nicht die Austrittsarbeit der Probe, sondern des Spektrometers eingeht. Zur Kalibrierung der Energieskala verwendet man deshalb eine Referenz bekannter Bindungsenergie und wertet Differenzen von E_{kin} oder E_b^F zwischen Probe und Referenz aus, so daß Φ nicht bekannt sein muß.

Die allgemeine Bedeutung der Röntgenphotoelektronenspektroskopie liegt darin, daß durch Vergleich der experimentell beobachteten Rumpfniveaulinien mit tabellierten Werten für die Bindungsenergien von Elektronen in Atomen eine Elementanalyse des Moleküls, des Festkörpers oder der Festkörperoberfläche vorgenommen werden kann (vgl. Tabellen in Anhang 5.5.9). Wegen dieser Tatsache wird statt XPS auch die Abkürzung ESCA (**E**lectron **S**pectroscopy for **C**hemical **A**nalysis) verwendet.

In Abb. 3.4.21 ist ein typisches XPS-Übersichtsspektrum einer Metalloberfläche dargestellt.

Im Bereich hoher kinetischer Energien der Elektronen treten zunächst typische Strukturen durch Photoemission aus dem Valenzband auf, die charakteristisch für die Bindungen der Atome nahe der Festkörperoberfläche sind (d). Zu niedrigeren kinetischen Energien erscheinen die Rumpfniveaulinien L_I, $L_{II/III}$ und K, die der Emission von Elektronen aus L- bzw. K-Schalen des Atoms entsprechen (b). Außerdem treten in diesem Bereich auch Augerelektronen auf (c), da der Auger-Prozeß (vgl. Abschn. 3.4.5) ein Folgeprozeß der Photoemission ist. Durch Variation der Energie der anregenden Röntgenstrahlung kann man jedoch Augerelektronen leicht von Photoelektronen unterscheiden, da die kinetische Energie der Augerelektronen unabhängig von der Anregungsenergie ist, während sie bei Photoelektronen direkt von dieser abhängt (vgl. Gl. (3.4.12) und (3.4.19)). Auf der niederenergetischen Seite werden Sekundärelektronen registriert (a). Diese sind Elektronen, die durch die photoemittierten Elektronen sekundär angeregt wurden, und Photoelektronen, die elektronische oder vibronische Energieverluste erlitten haben.

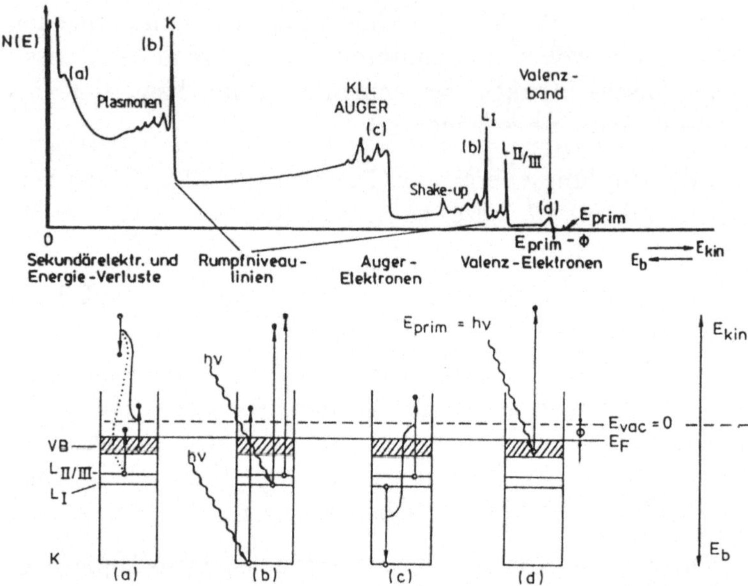

Abb. **3.4.21**
Schematische Übersicht der Zahl $N(E)$ photoemittierter Elektronen („Intensität") und charakteristischer Anregungsprozesse in Metallen. Dabei ist E_{kin} die kinetische Energie photoemittierter Elektronen und E_b die Bindungsenergie der Elektronen im Festkörper.
a) Sekundärelektronenanregung und Energieverluste bei inelastischer Streuung der Elektronen vor dem Emissionsprozeß
b) Emission aus Rumpfniveaus
c) Augerprozesse und
d) Emission aus dem Valenzbandbereich [Hen 91]

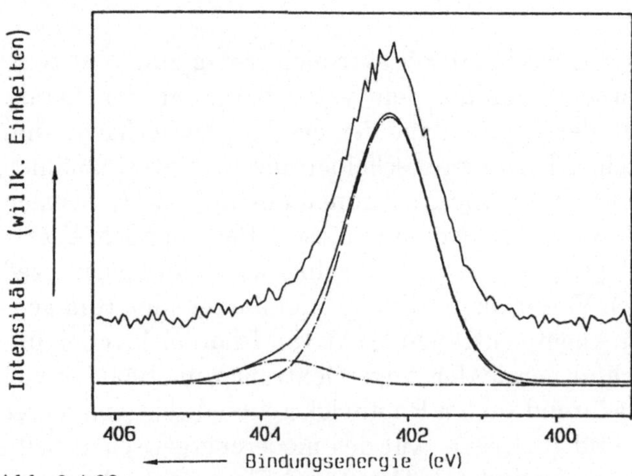

Abb. 3.4.22
N1s-Peak von Gallium-Fluor-Phthalocyanin ($[\text{GaPcF}]_n$) mit Shake-up-Satellit bei 2eV kleinerer Bindungsenergie, mit der ein zweites Elektron vom höchsten besetzten Orbital (HOMO) ins niedrigste unbesetzte Orbital (LUMO) angeregt wurde (freundlicherweise von D. Martin, Tübingen, zur Verfügung gestellt)

Weitere Peaks können auftreten, die im folgenden kurz beschrieben werden sollen.

Zunächst können sogenannten *Shake-up-* und *Shake-off*-Linien auftreten, die sich in Satellitenpeaks mit niedrigerer kinetischer Energie der Größenordnung einiger eV neben dem Primärpeak äußern. Diese Linien resultieren aus Zweielektronenprozessen, bei denen mit der Emission eines Photoelektrons gleichzeitig ein anderes gebundenes Elektron definiert angeregt wird, so daß das Photoelektron mit entsprechend geringerer Energie emittiert wird. Bleibt das zweite Elektron gebunden, so spricht man von Shake-up-, wird es ebenfalls emittiert, von Shake-off-Prozessen.

Abb. 3.4.22 zeigt als Beispiel den Shake-up-Peak eines N1s-Peaks in $[GaPcF]_n$. Der Energieverlust von 2eV entspricht dabei der Anregungsenergie für einen HOMO-LUMO-Übergang, der auch optisch (vgl. Abschn. 3.5.4) nachgewiesen werden kann und ebenfalls im XPS C1s-Peak auftritt.

Darüberhinaus kann eine *Multiplett*-Aufspaltung auftreten. *Eine* Ursache ist die *Spin-Spin-Kopplung* von Elektronen. Beim Photoionisationsprozeß kann das emittierte Elektron mit anderen ungepaarten Elektronen des Atoms in verschiedener Weise koppeln. Je nach Spindrehimpuls des emittierten und des ungepaarten gebundenen Elektrons ergeben sich energetisch günstigere und ungünstigere Fälle. Dies führt zu einer Aufspaltung in den Photoelektronenspektren, für die charakteristische Beispiele in Abb. 3.4.23 gezeigt sind.

Die N1s-Emission aus dem diamagnetischen N_2 ist nicht aufgespalten. Die Linie zeigt die durch die Linienbreite der Primäranregung bestimmte Linienbreite. Im paramagnetischen NO läßt sich die Aufspaltung der N1s-Emission als Folge der zwei unterschiedlichen möglichen Orientierungen des photoemittierten Elektrons relativ zum Spin des Elektrons im 2s-Niveau nachweisen. In der O1s-Emission wird lediglich eine Verbreiterung des Peaks festgestellt, da die beiden Peaks experimentell nicht aufgelöst werden können. Im paramagnetischen O_2-Molekül läßt sich schließlich auch eine Aufspaltung der O1s-Niveaus nachweisen. Dies ist eine Folge der Orientierungsabhängigkeit des Spins des photoemittierten Elektrons relativ zu den beiden parallel angeordneten Spins im O_2 π_g^* 2p-Orbital.

Eine wesentlich häufigere Ursache für ein Mutiplett ist die *Spin-Bahn-Kopplung.* Sie wurde bereits in Abschn. 2.3.2.3 besprochen. Je nachdem, ob ein Elektron mit einer günstigeren ($j = l - s$) oder ungünstigeren ($j = l + s$) Kopplung emittiert wird, wird es mit einer niedrigeren oder höheren kinetischen Energie emittiert. In Abb. 3.4.24 ist der Sn3d-Peak von SnO_2 gezeigt.

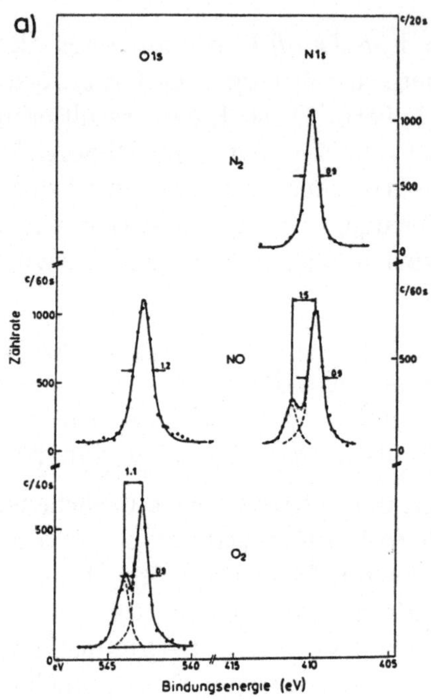

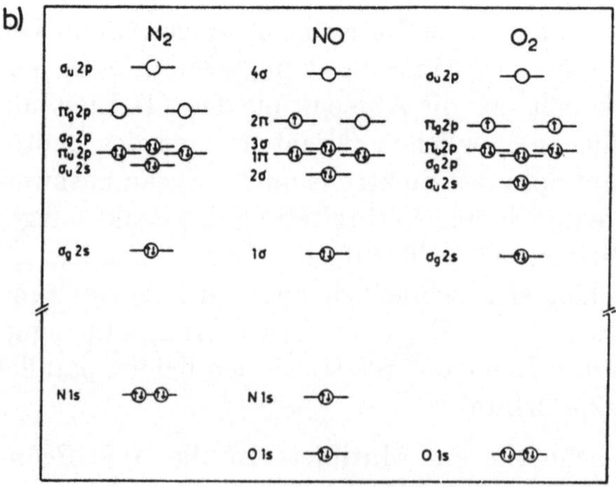

Abb. 3.4.23
a) XPS-Spektren von N_2, NO und O_2 mit der Spin-Spin-Aufspaltung des 1s-Niveaus in paramagnetischen Molekülen
b) Schematisches Orbitaldiagramm von N_2, NO und O_2 [Sie 71]

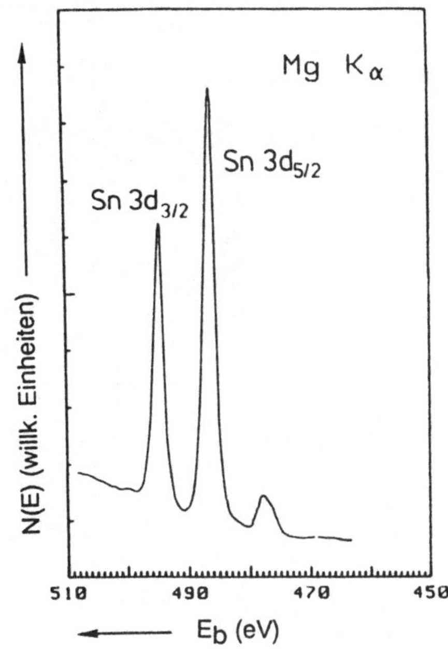

Abb. **3.4.24**
Sn3d-Spektrum von SnO_2, aufgenommen mit Mg-K_α-Strahlung [Sch 87]

Die Flächen unter den Kurven entsprechen dabei der Häufigkeit einer bestimmten Kopplung $2j + 1$, im Falle von $l = 2$ und damit $j = 5/2$ oder $j = 3/2$ also 3:2.

Zudem werden im allgemeinen *Elektronenenergieverlustpeaks* beobachtet, von denen in Metallen Energieverluste als Folge der Plasmonenanregung die häufigsten sind. Plasmonen sind kollektive Elektronenschwingungen (vgl. Abschn. 2.6.6.1). Sie werden dadurch angeregt, daß das Photoelektron beim Verlassen des Festkörpers das restliche Elektronengas stört.

Ein Vorteil der Photoemission liegt darin, daß die Elemente nicht nur einfach identifiziert werden können, sondern daß auch die effektive Ladungsverteilung am Ort dieses Elementes erfaßt wird. Das bedeutet, daß man verschiedene Valenzzustände eines Elementes (meistens) voneinander unterscheiden kann. In Abb. 3.4.25 ist ein typisches Beispiel gezeigt, in dem die Kohlenstoff-1s-Emission je nach lokaler Umgebung der Kohlenstoffatome in dem gezeigten Molekül verschoben auftritt.

Die energetische Verschiebung des C1s-Emission gegenüber dem Kohlenstoff mit weitgehend kovalenter tetraedrischer lokaler Umgebung in der CH_3-Gruppe wird als chemische Verschiebung ΔE_{chem} bezeichnet und ist in erster

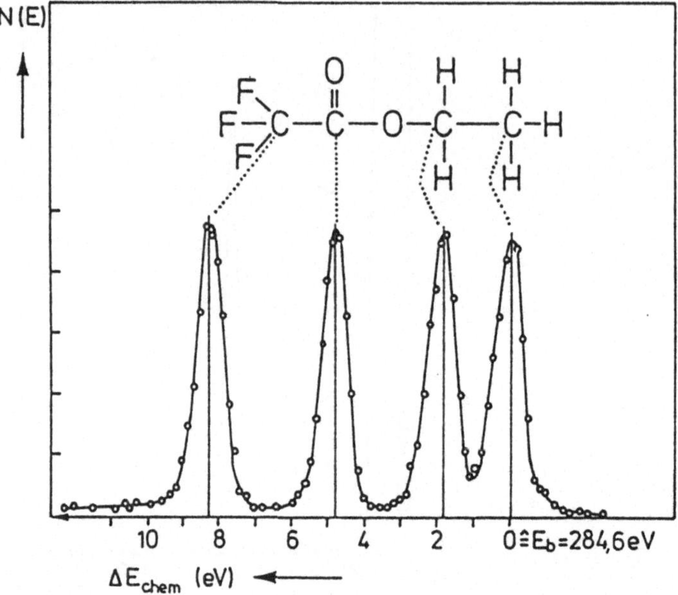

Abb. **3.4.25**
Chemische Verschiebung der C1s-Rumpfniveaus von den verschiedenen Kohlenstoffatomen in Ethylenfluoroacetat. Der Molekülstruktur im oberen Teil des Bildes sind im darunterliegenden XPS-Spektrum die entsprechenden C1s-Emissionspeaks zugeordnet [Sie 67].

Näherung umso größer, je mehr Außenelektronen vom zentralen Kohlenstoffatom durch die benachbarten Atome „abgezogen" werden. Dies führt zu einer effektiv höheren Bindungsenergie der tiefliegenden Rumpfelektronen, da beim Entfernen von Valenzelektronen die effektive Kernladungszahl des Kohlenstoffs für das 1s-Elektron erhöht wird.

Es hat sich historisch in der Chemie (unabhängig von den diskutierten Photoemissionsmessungen an Rumpfniveaus) als vorteilhaft erwiesen, über die Differenz von $\Delta\chi$ von Elektronegativitäten der beteiligten Atome eine effektive Paulingsche Ladung q_p zur formalen Charakterisierung der Bindung zwischen verschiedenen Atomen zu definieren (vgl. Abschn. 2.4.2.3). Der Wert q_p ist gleich 0, wenn dem Zentralatom in einem Molekül oder Kristall (hier dem Kohlenstoffatom) effektiv die gleiche Zahl von Elektronen zugeordnet werden kann wie dem freien Atom. q_p läßt sich über

$$q_{p,A} = q/e + \sum_{B_i} \delta_{AB_i} \tag{3.4.13}$$

mit der Ionizität (vgl. Gl. (2.4.38)

$$\delta_{AB_i} = 1 - \exp[-0,25(EN_A - EN_{B_i})^2] \tag{3.4.14}$$

beschreiben. q/e in Gl. (3.4.13) ist die dem Zentralatom A zugeordnete Ladung, also z.B. -2 im SO_4^{2-}-Ion. Aufsummation der Beiträge des ionischen Charakters δ_{AB_i} der Einzelbindungen vom Zentralatom A zu den Nachbaratomen B_i, die sich aus den entsprechenden Differenzen der Paulingschen Elektronegativitäten EN_A und EN_{B_i} ergeben (vgl. Abschn. 2.4.2.3) und Addition von q/e ergibt q_p. Dabei muß für $EN_A > EN_B$ δ_{AB_i} negativ gesetzt werden. Mit Gl. (3.4.15) kann für jedes beliebig herausgegriffene Zentralatom A eine Paulingsche Ladung $q_{p,A}$ ermittelt werden.

In Abb. 3.4.26 sieht man, wie für Kohlenstoff die Paulingsche Ladung mit der Bindungsenergie korreliert werden kann.

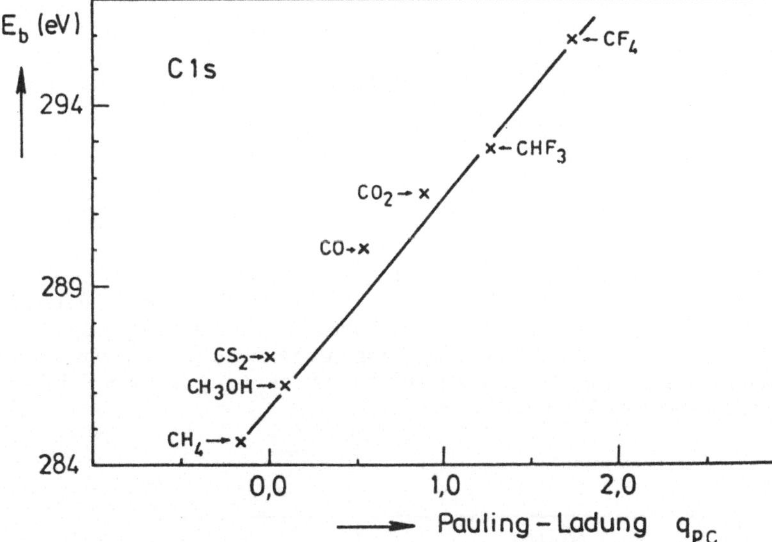

Abb. **3.4.26**
Korrelation zwischen Paulingladung und Bindungsenergie für das C1s-Niveau [Sie 71]

Über die chemische Verschiebung kann man auch Wechselwirkungen von Molekülen aus der Gasphase mit Festkörperoberflächen erfassen. Ein typisches Beispiel, bei der die Untersuchung der Festkörperoberfläche im Vordergrund steht, ist in Abb. 3.4.27 zu sehen, ein Beispiel, bei dem die Adsorbatemission untersucht wurde, zeigt Abb. 3.4.28.

Reines Silicium ergibt als Folge der Multiplettaufspaltung eine Duplettstruktur (s.u.), die der Emission aus den Silicium 2p-Zuständen bei etwa 99,5 eV zugeordnet werden kann. Bei Wechselwirkung von Silicium mit Sauerstoff (Abb. 3.4.27) treten charakteristische Änderungen auf, die über höhere Bindungsenergien der Sauerstoff 2p-Zustände und damit formal über entspre-

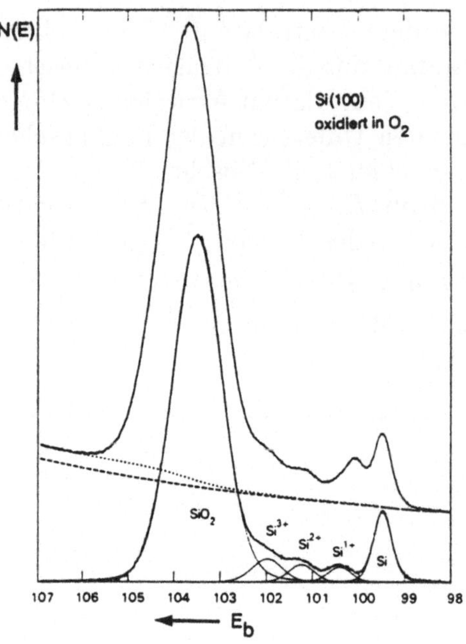

Abb. 3.4.27
Photoemissionsspektren der Silicium 2p-Rumpfniveaus nach Anregung einer Silicium(111)-Oberfläche mit $h\nu = 130$ eV. Die obere Kurve zeigt die Rohdaten, die untere die $Si2p_{3/2}$-Emission nach Abzug des Untergrundes (gepunktete Linie) und der $Si2p_{1/2}$-Emission. Nach Wechselwirkung mit Sauerstoff treten charakteristische chemische Verschiebungen auf, die unterschiedlichen Oxidationsstufen von Si in der Nahordnung zugeordnet werden können [Him 88].

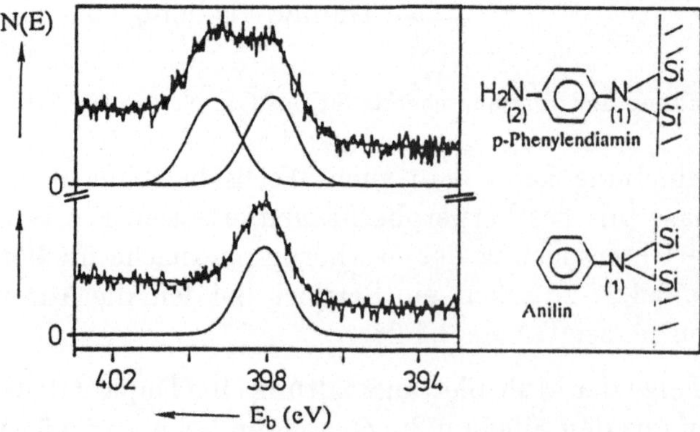

Abb. 3.4.28
N1s-XPS-Spektrum von Anilin (unten) und Phenylendiamin (oben) auf Si(100) mit der rechts schematisch angedeuteten Adsorptionsgeometrie [Göp 92]

chende chemische Verschiebungen diskutiert werden können. Da Sauerstoff elektronegativer ist als Silicium, führt die zunehmende Zahl von Nachbar-Sauerstoffatomen um das Zentralatom Silicium zu zunehmender Verschiebung elektronischer Ladungen vom Silicium zum Sauerstoff und damit zu zunehmendem Oxidationsgrad von Silicium. Dabei läuft die Oxidation über Si_2O ($\Delta E_b = 0,9$ eV), SiO ($\Delta E_b = 1,6$ eV), Si_2O_3 ($\Delta E_b = 2,4$ eV) bis hin zu SiO_2 ($\Delta E_b = 3,6$ eV) ab.

Abb. 3.4.28 zeigt die N1s-Emission von Anilin und Phenylendiamin , die jeweils kovalent an die Si(100)-Oberfläche angekoppelt wurden. Daß die Kopplung durch Ausbildung von Si-N-Bindungen erfolgreich war, konnte unter anderem aus der chemischen Verschiebung der N1s-Emission geschlossen werden: Während Anilin nur einen N1s-Peak zeigt, erhält man bei Phenylendiamin, das über zwei Aminogruppen verfügt, zwei Peaks. Einer ist, entsprechend zu Anilin, den an Si gebundenen Stickstoffatomen zuzuordnen, der andere (bei höherer Bindungsenergie) der freien NH_2-Gruppe. Der Unterschied der Bindungsenergien entspricht dem aus den Pauling-Ladungen für $N\text{-}Si_2$ bzw. NH_2 erwarteten Wert. Zur theoretischen Berechnung des Systems s. Abb. 2.6.53, zur experimentellen Untersuchung mit UPS und HREELS s. Abb. 3.5.51 und 3.5.65.

Außer der chemischen Verschiebung gibt es noch andere Beiträge zur gemessenen Bindungsenergie $E_{b,\text{eff}}$:

$$E_{b,\text{eff}} = E_b(\text{Atom}) + \Delta E_{\text{chem}} + \Delta E_{\text{Mad}} + \Delta E_r \tag{3.4.15}$$

Der Madelung-Term ΔE_{Mad} erfaßt den Anteil des Gesamtgitters an der effektiven Ladungsverteilung am Ort des Kerns, während die chemische Verschiebung nur den Anteil der nächsten Nachbarn enthält. Er hängt also direkt mit dem in Abschn. 2.6.2.1.1 ermittelten Madelungpotential zusammen und tritt nur in ionischen Kristallen auf. Auch in Molekülen kann man den Einfluß Nicht-Nächster-Nachbarn berücksichtigen, wobei dieser Effekt jedoch meist als Korrektur von ΔE_{chem} eingerechnet wird.

Der Relaxationsanteil ΔE_r erfaßt die Tatsache, daß man bei sehr langsamer Anregung immer eine niedrigere Bindungsenergie bestimmt als bei einer sehr schnellen. Dies läßt sich durch eine einfache Beschreibung des Photoemissionsprozesses als Dreistufenprozeß verstehen. Zuerst wird ein stark lokalisiertes positives Loch erzeugt. Das angeregte Elektron muß anschließend durch den gesamten Festkörper zur Oberfläche gelangen und dort durch die Oberfläche hindurchtreten. Eine stark lokalisierte positive Ladung entspricht einer hohen Gesamtenergie (vgl. Teilchen im Kasten, Abschn.

2.2.2), so daß beispielsweise die Ionisierungsenergie von der Valenzbandkante ($E_{vac} - E_V$) und nicht die beim Halbleiter kleinere Austrittsarbeit ($E_{vac} - E_F$) aufgebracht werden muß, um Elektronen aus Halbleiteroberflächen abzulösen (vgl. Abb. 2.6.45). Eine Erniedrigung der Gesamtenergie wird nachfolgend durch verschiedene Relaxationsprozesse erreicht. Zuerst findet dabei eine Abschirmung des Loches durch Polarisation der Umgebung statt. Dies geschieht durch höher liegende Bänder des gesamten Festkörpers oder auch durch π-Elektronenwolken in aromatischen Molekülen, wobei zuerst die inneratomare oder innermolekulare und dann die interatomare oder intermolekulare Abschirmung erfolgt. Nachfolgend können einerseits geometrische Umordnungen (Molekülschwingungen oder Phononen) stattfinden oder die energetisch tiefliegende Löcher durch Elektronen aus höheren Schalen aufgefüllt werden. Findet der gesamte Photoemissionsprozeß so schnell statt, daß noch keine Relaxation innerhalb des Festkörpers oder Moleküls stattfinden konnte, so wird das Elektron mit einer kleineren kinetischen Energie im Detektor nachgewiesen, als wenn durch die Relaxationsprozesse schon Energie frei geworden wäre. Dies haben wir in Gl. (3.4.11) und (3.4.12) vorausgesetzt und als Koopmannsches Theorem kennengelernt. Es ist in sehr vielen Fällen gültig. Bei unendlich langsamer Entfernung des Elektrons muß nur die Austrittsarbeit und nicht die Ionisierungsenergie aufgewendet werden und die Relaxationseffekte deshalb berücksichtigt werden.

Ob Relaxationseffekte berücksichtigt werden müssen oder nicht, hängt also sehr stark von den Zeitkonstanten der ablaufenden Prozesse (sowohl Photoemissionsprozeß als auch Relaxationsprozesse der Elektronen) ab.

In Abb. 3.4.29 sind in einer ganz allgemeinen Übersicht typische Zeitkonstanten solcher Prozesse zusammengefaßt.

Bei UPS-Anregung mit niedrigeren Energien als bei XPS werden häufiger Relaxationsprozesse mit Zeitkonstanten auch unter 10^{-13} s festgestellt.

Zusammenfassend gilt, daß die mit XPS bestimmte Bindungsenergie sowohl durch statische (Anfangszustands-) Effekte, d.h. die chemische Verschiebung und den Madelungeffekt, als auch durch dynamische (Endzustands-) Effekte, die Relaxationseffekte, beeinflußt wird. Letztere sind theoretisch schwierig beschreibbar und in Analysen von Festkörpern häufig vernachlässigbar.

Neben der rein qualitativen XPS-Analyse kann man XPS-Spektren auch quantitativ auswerten. Der Anteil eines Elements A in der Matrix M der untersuchten Probe ist dabei proportional zur Peakintensität I_A, gegeben durch die Peakfläche

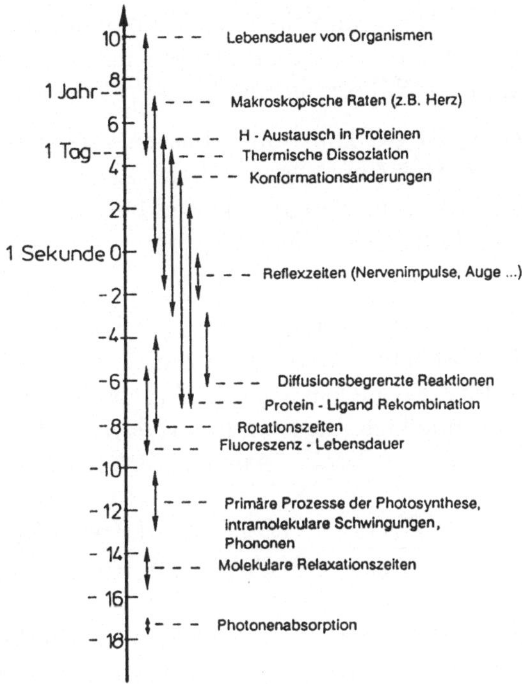

Abb. **3.4.29**
Zeitskala charakteristischer spektroskopischer Prozesse im Vergleich zu chemischen und biologischen Prozessen

$$I(E_A) = q_A D(E_A) \times \int_{y=-\infty}^{\infty} \int_{x=-\infty}^{\infty} J_0(xy) T(xy\gamma\varphi E_A) \times \int_{z=0}^{\infty} N_{(v)A}(xyz) \cdot e^{\frac{-z}{\Lambda(E_A)\cos\Theta}} dz dx dy d\Omega. \qquad (3.4.16)$$

q_A ist der vom Valenzzustand praktisch unabhängige Wirkungsquerschnitt für die Photoionisation aus dem entsprechenden Zustand des Atoms A (vgl. Abschn. 3.1.1), $D(E_A)$ die Empfindlichkeit des Detektors, E_A die kinetische Energie der Elektronen, φ der Azimutwinkel (vgl. Abb. 3.2.3), $\Delta\Omega$ der Akzeptanzwinkel des Analysators, Θ der Winkel zwischen Oberflächennormale und Detektionsrichtung, γ der Winkel zwischen Einfalls- und Ausfallsrichtung, $J_0(x, y)$ der Photonenfluß auf der Probenoberfläche, $T(x, y, \gamma, \varphi, E_A)$ die Transmissionsfunktion des Analysators, die berücksichtigt, daß Elektronen verschiedener kinetischer Energie nicht mit gleicher Wahrscheinlichkeit nachgewiesen werden, $N_{(v)A}$ die Dichte von Atomen A an der Stelle (x, y, z)

und $\Lambda(E_A)$ die mittlere freie Weglänge des Photoelektrons (vgl. Abschn. 3.1.1). Die räumliche Ausdehnung der Atomorbitale sowie der endlichen Öffnungswinkel des Analysators wurden in dieser Gleichung vernachlässigt, was in guter Näherung möglich ist.

$D(E)$ ist bei konstanter Passenergie (vgl. Abschn. 3.2.3) konstant und fällt so bei Relativmessungen heraus, ebenso J_0. Die Werte von σ und Λ sind tabelliert, T muß experimentell bestimmt werden. Die Integration über x und y entfällt, wenn die Anregung und Dektektion über die ganze Probenfläche erfolgt.

Für eine Probe mit homogener Elementverteilung läßt sich aus Gl. (3.4.16) die Konzentration der einzelnen Elemente einfach bestimmen, da das letzte Integral gleich $N_{(v)A}\Lambda(E_A)\cos\Theta$ wird. Besonders einfach ist die nahezu ausschließlich angewendete Relativbestimmung zweier Elemente A und B in der gleichen Probe. Aus Gl. (3.4.16) ergibt sich:

$$\frac{N_{(v)A}}{N_{(v)B}} = \frac{I(E_A)}{I(E_B)} \cdot \frac{q_B\Lambda(E_B)T(E_B)}{q_A\Lambda(E_A)T(E_A)} \qquad (3.4.17)$$

Aus Gl. (3.4.16) folgt außerdem direkt eine Möglichkeit, mit XPS die Schichtdicke d von Aufdampfschichten zu bestimmen: Man nimmt bei gleichen experimentellen Bedingungen Spektren vor und nach dem Aufdampfen der Schicht auf. Die Intensität der Banden der Unterlage sind dann exponentiell mit der Schichtdicke $d(=z)$ geschwächt. Geht man von gleicher Elementverteilung in der Unterlage vor und nach dem Aufdampfen aus, so ergibt sich das Lambert-Beersche-Gesetz in der Form von Gl. (3.1.12):

$$\frac{I_{\text{nach}}}{I_{\text{vor}}} = e^{-\frac{d}{\Lambda(E_A)\cos\Theta}} \qquad (3.4.18)$$

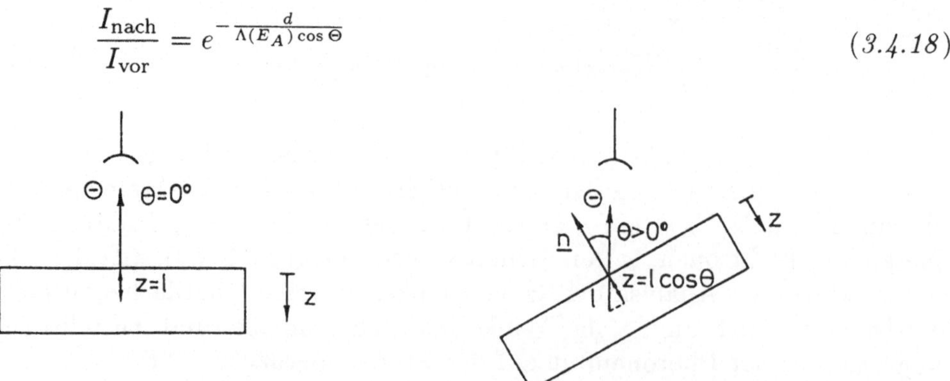

Abb. 3.4.30
Austrittstiefe z als Funktion des Winkels Θ zwischen Oberflächennormale und Detektionsrichtung

Bei der Messung von XPS-Spektren bei verschiedenen Winkeln Θ kann man auch qualitative (zerstörungsfreie) Tiefenprofile aufnehmen, da die Austrittstiefe $z = l \cdot \cos\Theta$ mit $\cos\Theta$ kleiner wird (Abb. 3.4.30).

In Abb. 3.4.31 ist als Beispiel die Oxidschicht an der Oberfläche eines Si-Wafers gezeigt. Man erkennt deutlich, daß der dem Oxid zuzuordnende Peak bei höherer Bindungsenergie (vgl. Abb. 3.4.27) im Vergleich zum niederenergetischen bei steigendem Θ (und damit größerer Oberflächenempfindlichkeit) anwächst.

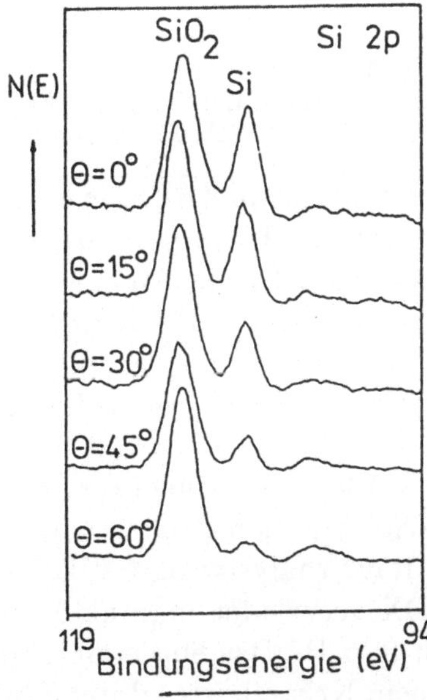

Abb. 3.4.31
Si2p-Spektren einer SiO_2-Schicht an der Oberfläche eines Si-Wafers in Abhängigkeit vom Detektionswinkel Θ [Gra 85]

3.4.4 Augerelektronenspektroskopie (AES), Elektronenstrahl-Mikroanalyse (EDX, WDX) und Röntgenfluoreszenzanalyse (RFA)

Wir haben bei der Röntgenphotoemission (Abschn. 3.4.3) bereits kurz angesprochen, daß nach der Lochbildung im Rumpfniveaubereich Folgeprozesse auftreten: Das Loch wird von einem Elektron aus einer höherliegenden Schale aufgefüllt. Die freiwerdende Energie kann nun über zwei Prozesse abgegeben werden. Entweder sie wird auf ein weiteres Elektron übertragen, das dadurch die Substanz mit einer bestimmten kinetischen Energie

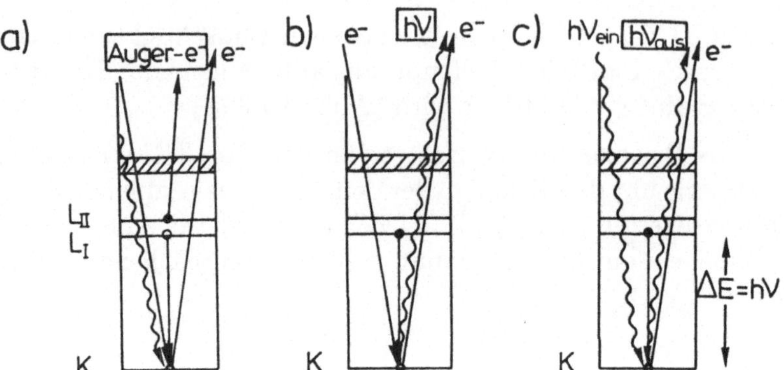

Abb. 3.4.32
Schematische Darstellung der Elementarprozesse — (a) bei AES — (b) bei EDX/WDX und — (c) bei RFA. Eingerahmt sind die nachgewiesenen Sonden.

verlassen kann (AES, **A**uger **E**lectron **S**pectroscopy) (Abb. 3.4.32a), oder sie wird in Form von charakteristischer Röntgenstrahlung emittiert (Abb. 3.4.32b,c). Erfolgte die Anregung des Primärelektrons (wie bei der Photoemission) durch Röntgenstrahlung, so spricht man von Röntgenfluoreszenz (RFA, **R**öntgen**f**luoreszenz-**A**nalyse) (Abb. 3.4.32c). Erfolgte die Primäranregung mit Elektronen hoher kinetischer Energie (E_{prim} = 1–25 keV), so nennt man die Methode Elektronenstrahl-Mikroanalyse (EMA bzw. EPMA, **E**lectron **P**robe **M**icro**a**nalysis) oder kurz Mikrosonde (Abb. 3.4.32b). Je nach Detektionsprinzip unterscheidet man weiter in EDX (**E**nergy **D**ispersive **X**-Ray Analysis) und WDX (**W**avelength **D**ispersive **X**-Ray Analysis). Bei EDX verwendet man als Detektor einen energieselektiven Halbleiterdetektor (s. z.B. [Brü 80]), während man bei WDX eine Wellenlängenselektion an einem Kristallgitter durchführt (vgl. Abb. 3.2.7). WDX zeigt eine wesentlich bessere spektrale Auflösung und Nachweisgrenze (ca. 100 ppm im Vergleich zu 1000 ppm bei EDX), ist aber aufwendiger und teurer.

Die Primärlocherzeugung kann außer durch Elektronen oder Röntgenstrahlung auch durch Ionen erfolgen. Auf die darauf beruhende Technik PIXE (**P**article **I**nduced **X**-Ray **E**mission) soll hier jedoch nicht näher eingegangen werden (z. z.B. [Brü 80] oder [Joh 88]).

In Abb. 3.4.33 sieht man am Beispiel eines Primärlochs in der K-Schale, daß Auger-Elektronen besonders bei leichten Elementen (mit mindestens drei Elektronen), Röntgenstrahlung jedoch bei schweren Elementen mit größerer Ausbeute erhalten werden. AES und Mikrosonde lassen sich also komplementär einsetzen.

Im folgenden soll zuerst die Augerelektronenspektroskopie genauer betrachtet werden und anschließend die Mikrosonde, die Röntgenfluoreszenzanalyse

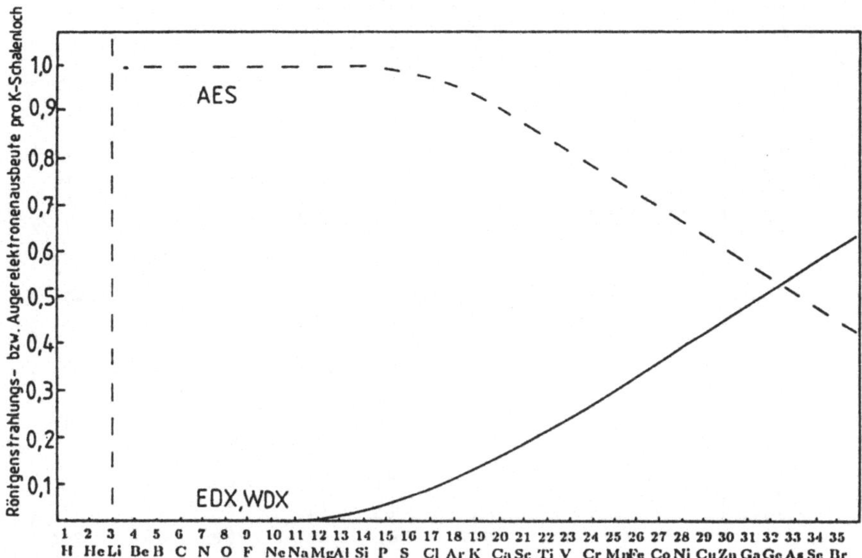

Abb. **3.4.33**
Abhängigkeit der Ausbeute an Augerelektronen bzw. Röntgenstrahlung von der Ordnungszahl bei einem primär erzeugten Loch in der K-Schale

sowie die ortsaufgelöste Spektroskopie mit den oben geschilderten Prozessen besprochen werden.

Die Auger-Elektronen werden nach den Schalen, aus denen sie stammen, bezeichnet. Dabei wählt man nicht die (z.B. bei XPS übliche) „spektroskopische" Bezeichnung nach der in Abschn. 2.3.2.3 eingeführten Termsymbolik, sondern die für Röntgenstrahlen eingeführte Nomenklatur. Dabei wird die Hauptquantenzahl $n = 1, 2, 3, \ldots$ durch einen Großbuchstaben ($K, L, M, \ldots$) gekennzeichnet. Die Kombinationen für die Bahndrehimpulsquantenzahl l und die Gesamtdrehimpulsquantenzahl $j = l + s$ werden nach steigender Energie durchnumeriert. Für den Augerprozeß $1s_{1/2}$ $2s_{1/2}$ $2p_{1/2}$ würde man so die Bezeichnung KL_IL_{II} erhalten. Häufig gibt man auch nur die Hauptschalen an (also z.B. KLL), wobei damit dann alle möglichen Kombinationen von Übergängen und damit auch mehrere Peaks gemeint sind.

Ein Beispiel eines Augerspektrums zeigt Abb. 3.4.34.

Man erkennt, daß die abgeleiteten Spektren dargestellt sind. Dies liegt daran, daß man früher Augerspektren wegen dem hohen Sekundärelektronenuntergrund mit der Lock-in-Technik (vgl. Abschn. 3.2.4) aufgenommen hat, die abgeleitete Spektren erzeugt. Da alle Spektrenkataloge diese Form der Spektrendarstellung haben, werden auch heute trotz verbesserter Aufnahmetech-

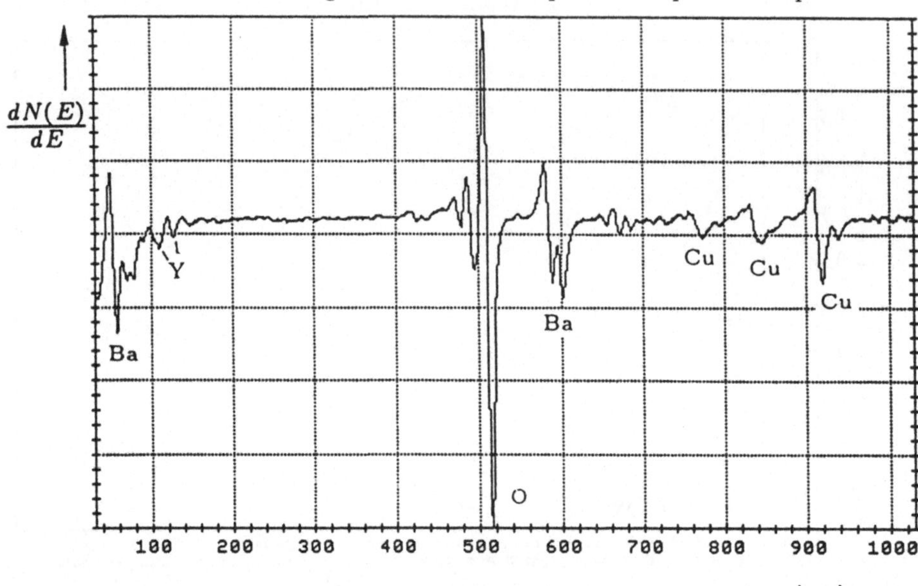

Abb. 3.4.34
Augerspektrum von $YBa_2Cu_3O_{7-x}$, aufgenommen nach Anregung mit Elektronen der Primärenergie 5 keV

nik fast nur abgeleitete Spektren gezeigt, die jedoch häufig nachträglich mit dem Computer numerisch differenziert wurden.

Als grobe Abschätzung der kinetischen Energie der Auger-Elektronen gilt (hier für den speziellen Fall des KL_IL_{II}-Übergangs)

$$E(KL_IL_{II}) = E(K) - E(L_I) - E^*(L_{II}) \quad , \qquad (\mathbf{3.4.19})$$

wobei $E^*(L_{II})$ die effektive Bindungsenergie des emittierten Auger-Elektrons bezeichnet, die stark von der des neutralen Atoms abweicht, da starke Wechselwirkungen zwischen den beiden Endzustandslöchern im Atom auftreten. Die Energien $E(K)$ und $E(L_I)$ sind in erster Näherung die entsprechenden Bindungsenergien des neutralen Atoms, wenn das Auffüllen des K-Lochs schnell gegenüber anderen Relaxationsprozessen ist. Dies entspricht dem bei XPS besprochenen Koopmannschen Theorem (vgl. Abschn. 3.4.3). Ansonsten müssen wie bei XPS Relaxationsenergien des einfach ionisierten Zustandes (hier: K^+), zusätzlich jedoch auch Relaxationsenergien des zweifach ionisierten Endzustandes (hier: $L_I^+L_{II}^+$) berücksichtigt werden. Als Energie des Augerelektrons ergibt sich damit:

$$\begin{aligned} E(KL_IL_{II}) = E(K) - E(L_I) - E(L_{II}) - E_C(L_IL_{II}) \\ + \Delta E_r(K^+) + \Delta E_r(L_I^+L_{II}^+) \end{aligned} \qquad (3.4.20)$$

$E_C(L_I L_{II})$ ist die Coulomb-Wechselwirkungsenergie zwischen den Löchern in der L_I- und der L_{II}-Schale.

Die kinetische Energie der Augerelektronen ist also nur von den Energien der am Augerprozeß beteiligten Orbitale abhängig und nicht von der Anregungsenergie des Photons oder Elektrons.

Aus Gl. (3.4.20) wird deutlich, daß die Augerelektronenspektroskopie neben dem überwiegenden Einsatz zur Elementcharakterisierung auch zur Charakterisierung lokaler Bindungsverhältnisse am Zentralatom herangezogen werden kann, daß dies jedoch aufwendiger ist als bei XPS. Ein Beispiel, wo dies jedoch einfach gelingt, zeigt Abb. 3.4.35 am Beispiel des Si-LMM-Augerpeaks.

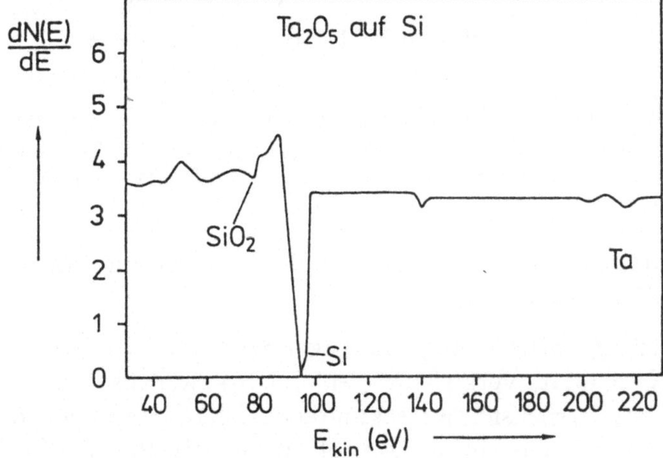

Abb. 3.4.35
Augerspektrum einer Ta_2O_5-Schicht auf einem Si-Wafer mit Oxidschicht

Da man Elektronenstrahlen relativ gut fokussieren kann, lassen sich auch zweidimensionale „Augerbilder" von Oberflächen erzeugen. Dabei wird die Primäranregung mit einem feinfokussierten Elektronenstrahl gerastert auf der Oberfläche vorgenommen, wobei die emittierten Augerelektronen nach ihrer Energie sortiert detektiert werden. Dieses Verfahren wird als „**S**canning **A**uger **M**icroscopy" (SAM) bezeichnet. Beim Auffangen aller Elektronen ist das Verfahren als „Raster-Elektronen-Mikroskopie" bekannt (vgl. Abschn. 3.3.2.1). In Kombination mit einem sputternden Ionenstrahl, mit dem Oberflächenschichten proportional zur Zeit abgetragen werden, ist es möglich, eine Tiefenprofilanalyse elementaufgelöst mit SAM vorzunehmen. Dies zeigt Abb. 3.4.36 an dem bereits in Abschn. 3.4.1.2 vorgestellten Beispiel einer $YBa_2Cu_3O_{7-x}$-Schicht auf Si (vgl. SIMS-Tiefenprofil in Abb. 3.4.8).

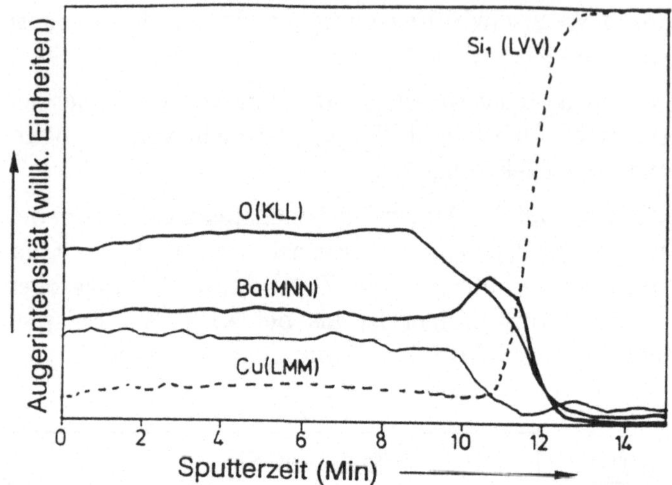

Abb. 3.4.36
AES-Tiefenprofil einer 350 nm dicken $YBa_2Cu_3O_{7-x}$-Schicht auf einem Si(100)-Substrat, angeregt mit Elektronen der Energie $E_{\text{prim}} = 3\,\text{keV}$. Das Bariumsignal ist der Übersichtlichkeit wegen um den Faktor 1,5, das Kupfersignal um den Faktor 3 angehoben worden [Zie 91].

Man erkennt auch hier die Ba-Anreicherung an der Grenzfläche zwischen $YBa_2Cu_3O_{7-x}$ und Si.

Die Quantifizierung von Auger-Spektren ist möglich, aber schwieriger als bei XPS, da im Vergleich zu Gl. (3.4.16) zwei zusätzliche Faktoren auftreten. Der erste berücksichtigt sekundäre Augeranregungen, da ja nach Auffüllen des ersten Lochs ein neues Loch (in obigem Beispiel in der L_I-Schale) entsteht. Dieses kann jetzt als neues „Primärloch" im Augerprozeß wirken. Der zweite Faktor berücksichtigt, daß nicht nur die Primärelektronen, sondern auch die rückgestreuten Sekundärelektronen den Augerprozeß auslösen können. Dieser Faktor, der ≥ 1 ist, ist stark von der Matrix abhängig. Tabellenwerte liegen nur in den seltensten Fällen für die zu messende Probe vor.

Der Verlauf der relativen Intensitäten bei einem Tiefenprofil ist dagegen in ein und derselben Substanz direkt proportional zum Verlauf der relativen Mengen des Elements. An Grenzflächen und beim Übergang in andere Materialien können aber Matrixeffekte auftreten, so daß die Aussagen zu Abb. 3.4.36 nur in Kombination mit Abb. 3.4.8, die die gleichen Aussagen liefert, direkt gemacht werden dürfen.

Parallel zu SAM lassen sich bei Elektronenbeschuß auch Spektren und „Bilder" mit EDX oder WDX erhalten (**S**canning-EDX, SEDX oder SWDX). Die Energie des emittierten Röntgenquants ergibt sich dabei direkt aus der Energiedifferenz zwischen Bindungsenergie des Primärelektrons und des auffüllenden Elektrons, d.h. im Falle eines KL_I-Übergangs (vgl. dazu Gl. (3.4.19)):

$$E(KL_I) = E(K) - E(L_I) \tag{3.4.21}$$

Abb. 3.4.37 zeigt ein EDX-Spektrum von $YBa_2Cu_3O_{7-x}$, gemessen an der gleichen Probe wie das AES-Spektrum aus Abb. 3.4.34.

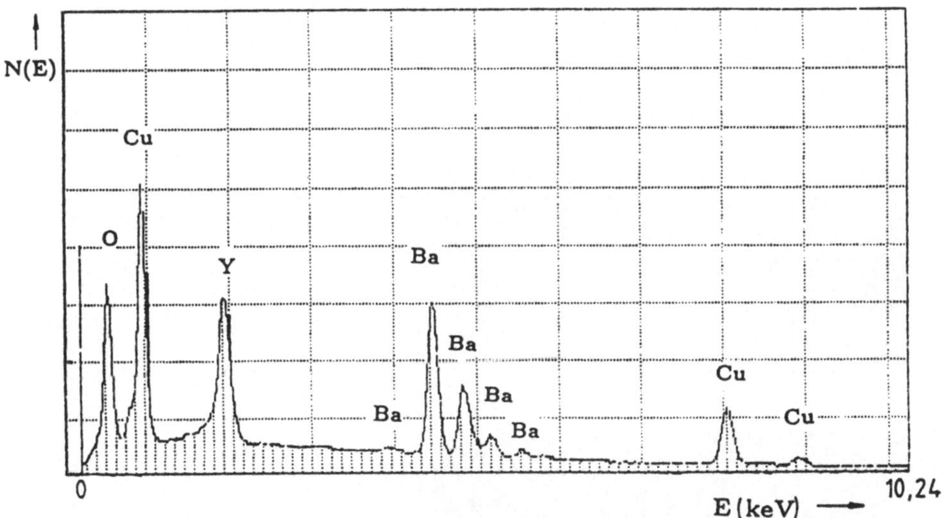

Abb. 3.4.37
EDX-Spektrum von $YBa_2Cu_3O_{7-x}$, aufgenommen mit Elektronen der Energie E_{prim} = 15 keV

Die Quantifizierung von EDX- und WDX-Spektren ist ebenfalls möglich. Die Konzentrationen ergeben sich nach der sog. ZAF-Korrektur aus den Intensitäten der gemessenen Probe im Vergleich zu einer Standardprobe, die das gleiche Element enthält (s. z.B. [Brü 80]). Z steht dabei für die sog. Ordnungszahlkorrektur, die berücksichtigt, daß je nach Matrix unterschiedlich viele Röntgenquanten pro Elektron entstehen. Die Absorptionskorrektur A berücksichtigt einerseits die exponentielle Abschwächung der Röntgenstrahlen beim Austritt durch die Probe, andererseits die Tiefenverteilungsfunktion der primär erzeugten Röntgenintensität $\Phi(z)$, die durch ein Maximum bei geringer Tiefe und einen anschließenden exponentiellen Abfall gekennzeichnet ist. $\Phi(z)$ und die mittlere freie Weglänge Λ sind ebenfalls matrixabhängig. Die Fluoreszenzkorrektur F erfaßt die Sekundäreffekte, die analog zu AES auftreten (s.o.)

In Abb. 3.4.38 ist ein Beispiel für ein EDX-Bild von einem Natriumionenleiter (Nasicon, $Na_{1+x}Zr_2Si_xP_{3-x}O_{12}$, $0 < x < 3$) gezeigt. Deutlich zu sehen ist in der Mitte eine Natriumausscheidung (dunkel bedeutet viel detektierte Substanz). Diese Probe wurde zuvor bei einer SAM-Aufnahme mit einem stark fokussierten Elektronenstrahl beschossen. An dieser Stelle entstand die Natriumausscheidung durch den Elektronenbeschuß (Reduktion von Natriumionen). Dieses Beispiel zeigt, daß man durch die Meßmethode selbst die Probe verändern kann. Eine sorgfältige Analyse möglicher Schäden muß deswegen vor allem bei Methoden, die mit Ionen- oder Elektronenstrahlen arbeiten, durchgeführt werden.

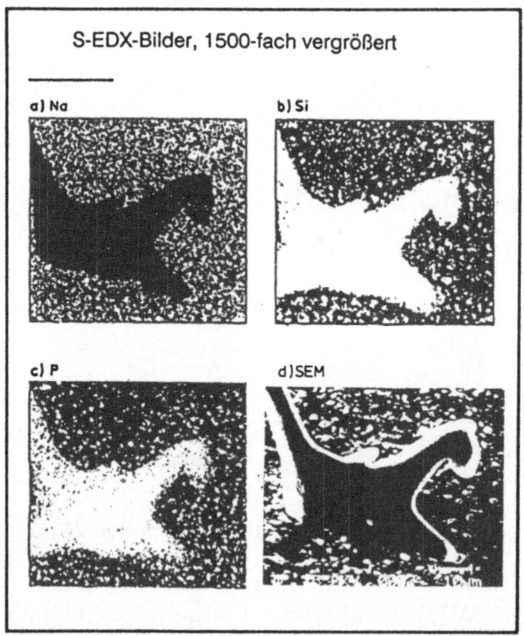

Abb. 3.4.38
EDX-Bild von Nasicon — (a) Na-Verteilung — (b) Si-Verteilung — (c) P-Verteilung — (d) Rasterelektronenmikroskopaufnahme der Probe

Die Röntgenfluoreszenzanalyse liefert gegenüber EDX/WDX sehr ähnliche Ergebnisse, ist aber empfindlicher (0,1–1000 ppm Nachweisgrenze im Vergleich zu 100–1000 ppm), da bei Anregung mit Elektronenstrahlen ein hoher Untergrund durch Röntgenbremsstrahlung entsteht, der bei RFA wegfällt. Die quantitative Analyse erfolgt ebenfalls analog, wobei jedoch nur eine AF-Korrektur nötig ist, da in diesem Fall in der Absorptionskorrektur die Absorption der einfallenden und emittierten Röntgenstrahlung berücksichtigt ist.

Ein wichtiger Unterschied zwischen den Methoden AES, EDX/WDX und RFA liegt in ihrer Informationstiefe. Diese wird bei der Augerelektronenspektroskopie durch die Austrittstiefe der Augerelektronen bestimmt und liegt deswegen in der gleichen Größenordnung wie bei XPS (ca. 10–50 nm). Die charakteristische Röntgenstrahlung, die bei EDX/WDX detektiert wird, entstammt jedoch einer Streubirne um den Primärstrahl, die unabhängig von der Primärenergie der Elektronen immer eine Ausdehnung von ca. 1 μm hat (vgl. Abb. 3.3.7, Abschn. 3.3.2.1). Aus diesem Grunde wird die Information immer aus 1 μm Tiefe erhalten. Mißt man nach Anregung mit Elektronen also an ein und derselben Stelle die emittierten Augerelektronen und die charakteristische Röntgenstrahlung, so erhält man einerseits Informationen von oberflächennahen Bereichen und andererseits Informationen über Bereiche, die nahezu Volumeneigenschaften repräsentieren. Die mittlere freie Weglänge von Röntgenstrahlen beträgt ca. 20–100 μm, so daß es sich bei RFA um eine typische Volumenmethode handelt.

Die Streubirne der Elektronen von 1 μm begrenzt auch die Ortsauflösung von EDX/WDX, die damit wesentlich geringer ist als bei der Augerelektronenspektroskopie ($\geq$ 40 nm bei AES). Da sich Röntgenstrahlen nicht durch Linsen fokussieren lassen, ist eine ortsaufgelöste Messung mit RFA nicht möglich.

3.5 Elektronische und dynamische Struktur

Viele makroskopische und phänomenologische Eigenschaften wie chemische Reaktivität, Farbe, Leitfähigkeit, katalytische Aktivität etc. lassen sich nur über die elektronische und dynamische Struktur der Materie verstehen, die über Methoden bestimmt werden kann, die im folgenden näher besprochen werden sollen. Wir werden dabei v.a. elektromagnetische Strahlung als Sonde verwenden und dabei von kleiner zu großer Energie bzw. Frequenz vorgehen (vgl. Abb. 1.1.8). Die meisten der Methoden beruhen dabei auf einer resonanten Absorption von elektromagnetischer Strahlung. Die NMR- und ESR-Spektroskpie, bei denen Radiowellen bzw. Mikrowellen ebenfalls resonant absorbiert werden, aber nur von Proben, die sich in einem Magnetfeld befinden, werden erst in Abschn. 3.6 besprochen, da sie auf der magnetischen Struktur der Materie beruhen.

Mit steigender Photonenenergie werden im Mikrowellenbereich zuerst Rotationen (Abschn. 3.5.1), dann im Infraroten Schwingungen (Abschn. 3.5.2) und dann im sichtbaren bzw. UV-Bereich Valenzelektronen angeregt (Abschn. 3.5.4). Elektronische Übergänge von Rumpfelektronen werden durch

Röntgenstrahlen angeregt. Diese Röntgenabsorptionsspektroskopie wurde bereits in Abschn. 3.3.4 kurz angesprochen. Im Bereich noch höherer Energie werden durch Gammastrahlen Übergänge zwischen Kernniveaus angeregt. Dies wird in der sogenannten Mößbauerspektroskopie ausgenutzt. Da die exakte Lage der Kernniveaus auch durch die elektronische Struktur beeinflußt ist, wird auch diese Methode in diesem Abschnitt behandelt (Abschn. 3.5.9). Andere in diesem Abschnitt besprochene Methoden sind die Ramanspektroskopie zur Bestimmung von Rotations- und Schwingungsübergängen, die auf der Streuung von Licht beruht (Abschn. 3.5.3), die UV-Photoelektronenspektroskopie, die ebenso wie die UV-Spektroskopie zur Bestimmung der elektronischen Struktur dient, jedoch nicht auf der Anregung, sondern der Emission von Valenzelektronen nach Photonenbeschuß beruht (Abschn. 3.5.5), die Bremsstrahlungsisochromatenspektroskopie zur Bestimmung unbesetzter Niveaus (Abschn. 3.5.6), die Elektronenenergieverlustspektroskopie, mit der man je nach Energie der eingestrahlten Elektronen Übergänge sehr niedriger Energie wie Oberflächenschwingungen, Phononen, Plasmonen oder Valenzelektronenübergänge betrachten, aber auch bei höheren Energien Rumpfelektronen anregen kann (Abschn. 3.5.7), sowie einige spezielle Methoden zur Bestimmung der Austrittsarbeit (Abschn. 3.5.8).

3.5.1 Mikrowellenspektroskopie

Bei der Mikrowellen-(MW-)Gasspektroskopie (auch Rotationsspektroskopie genannt) beobachtet man die Anregung der Rotation von Molekülen durch Absorption von elektromagnetischer Strahlung im Frequenzbereich von etwa 1 bis 1000 GHz. Dies entspricht Wellenlängen im Zentimeter- bis in den Submillimeterbereich (Abb. 1.1.8). In Abschn. 3.1.2.1 wurde gezeigt, daß die Voraussetzung für die Emission oder Absorption von elektromagnetischer Strahlung im MW-Bereich das Vorhandensein eines permanenten elektrischen Dipolmoments des Moleküls ist. Dieses Dipolmoment stellt die Kopplung zum elektromagnetischen Feld her und bestimmt die Auswahlregeln und die Intensität der Absorptionslinien. Nicht mit der Mikrowellenspektroskopie erfaßt werden innere Rotationen von einzelnen Molekülteilen gegeneinander, da diese eine um Größenordnungen höhere Anregungsenergie benötigen (s. Abb. 2.4.18).

3.5.1.1 Starrer linearer Rotator

In Abschn. 2.2.5 wurden die Engergieeigenwerte des einfachen Modells „starrer Rotator mit raumfreier Achse“ ermittelt:

$$E_{\text{rot}} = hcBJ(J+1) \quad ; \quad J = 0, 1, 2, \ldots \qquad \textbf{(3.5.1)}$$

J ist die Rotationsquantenzahl und B eine für jede Molekülart spezifische Konstante, die durch

$$B = \frac{h}{8\pi^2 cI} \qquad \textbf{(3.5.2a)}$$

mit dem Trägheitsmoment I definiert ist.

Die Rotationskonstante B wird in der Literatur verschieden definiert. Man faßt in dieser Konstante normalerweise alle konstanten Größen zusammen, die man in der folgenden Berechnung von Wellenzahlen ($\tilde{\nu}$), Frequenzen (ν) oder Energien (E) nicht benötigt:

$$B = \frac{h}{8\pi^2 Ic} \ [\text{cm}^{-1}] \quad ; \quad E_{\text{rot}} = hcB \cdot J(J+1) = h \cdot c \cdot \tilde{\nu} \qquad (3.5.2a)$$

$$B = \frac{h}{8\pi^2 I} \ [\text{Hz}] \quad ; \quad E_{\text{rot}} = hB \cdot J(J+1) = h \cdot \nu \qquad (3.5.2b)$$

$$B = \frac{\hbar^2}{2I} = \frac{h^2}{8\pi^2 I} \ [\text{J}] \quad ; \quad E_{\text{rot}} = BJ(J+1) \qquad (3.5.2c)$$

Werden die durch J bestimmten Energiezustände durch $h \cdot c$ dividiert, erhält man die sog. Rotationsterme F_{rot}

$$F_{\text{rot}} = \frac{E_{\text{rot}}}{hc} \; . \qquad (3.5.3)$$

Damit folgt aus Gl. (3.5.1):

$$F_{\text{rot}} = BJ(J+1) \qquad (3.5.4)$$

In Abschn. 3.1.2.2.2 haben wir gesehen, daß Übergänge nur zwischen benachbarten Niveaus erlaubt sind; damit ergibt sich die Auswahlregel der Rotation zu

$$\Delta J = \pm 1 \; . \qquad \textbf{(3.5.5)}$$

Bei der Absorption geht nun das Molekül von einem Rotationszustand $F_{\text{rot},i}$ mit J_i in einen Term höherer Energie $F_{\text{rot},f}$ mit $J_f = J_i + 1$ über. Dadurch ist der Absorptionsvorgang als Termdifferenz darstellbar, aus der man direkt die Wellenzahl $\tilde{\nu}$ der Absorptionslinie ermitteln kann:

$$\begin{aligned} \tilde{\nu}_{fi} &= F_{\mathrm{rot},f} - F_{\mathrm{rot},i} = B\left[J_f(J_f+1) - J_i(J_i+1)\right] \\ &= 2B(J_i+1) \end{aligned} \tag{3.5.6}$$

Im reinen Rotationsspektrum liegen folglich Absorptionslinien mit einem Abstand der Wellenzahlen von $2B$ vor. Dies wird in Abb. 3.5.1 verdeutlicht.

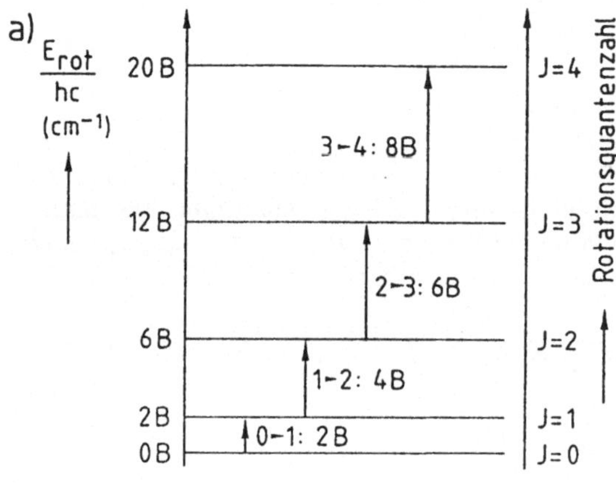

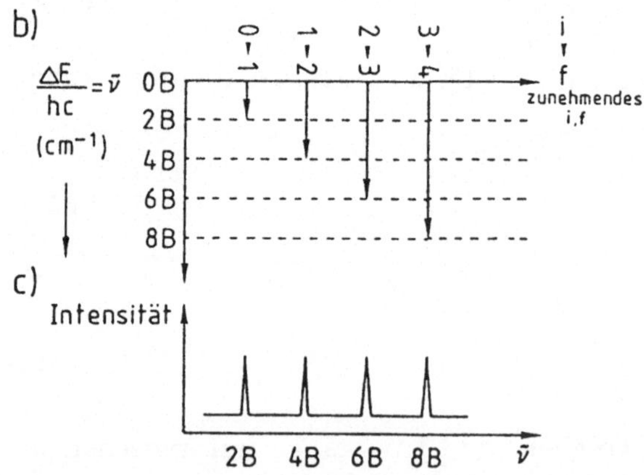

Abb. **3.5.1**
a) Erlaubte elektrische Dipolübergänge für den starren linearen Rotator im reinen Rotations-Termschema
b) Rotationsspektrum im Energieschema der elektromagnetischen Strahlung für verschiedene Übergänge $J_i \rightarrow J_f$
c) Hypothetisches Rotationsspektrum ohne Berücksichtigung der unterschiedlichen Linienintensitäten (vgl. Abb. 3.5.4)

3.5.1.2 Zentrifugalverzerrter linearer Rotator

Mit dem bisher betrachteten Modell des starren zweiatomigen Rotators wurde das Trägheitsmoment I für ein Zwei-Massen-System bestimmt. Damit ist man im Prinzip in der Lage, aus Spektren eines zweiatomigen Moleküls den Kernabstand zu ermitteln. Wir werden bei der Behandlung von Rotations-Schwingungs-Spektren in Abschn. 3.5.2.3 jedoch sehen, daß man direkt aus den Spektren nicht den Gleichgewichtsabstand R_e, sondern einen etwas größeren, R_0 genannten ermittelt.

Darüberhinaus zeigt ein exaktes Ausmessen des Rotationsspektrums, daß keine äquidistanten Abstände der Absorptionslinien vorliegen, sondern daß diese mit zunehmendem J kleiner werden. Dies liegt daran, daß bei hoher Rotationsanregung die Zentrifugalkraft und damit der Atomabstand und das Trägheitsmoment merklich zunehmen, was zu einer Abnahme der Rotationskonstanten B und zu einem Zusammenrücken der Energieniveaus führt (Abb. 3.5.2).

Aus den Spektren kann man jedoch ein mittleres $\bar{B}$ direkt bestimmen. Aus dem in Abb. 3.5.3 gezeigten HCl-Spektrum ermittelt man $\bar{B} = 10,34\,\text{cm}^{-1}$. Daraus ergibt sich aus Gl. (3.5.2a) $I = 2,7 \cdot 10^{-40}\,\text{g} \cdot \text{cm}^2$, mit der Definition der reduzierten Masse (vgl. Gl. (2.2.37)) $\mu = 1,62 \cdot 10^{-24}$ g/Molekül und mit Gl. (2.2.37) $r^2 = 1,67 \cdot 10^{-16}\,\text{cm}^2$ und $r = 1,29 \cdot 10^{-8}\text{cm}$.

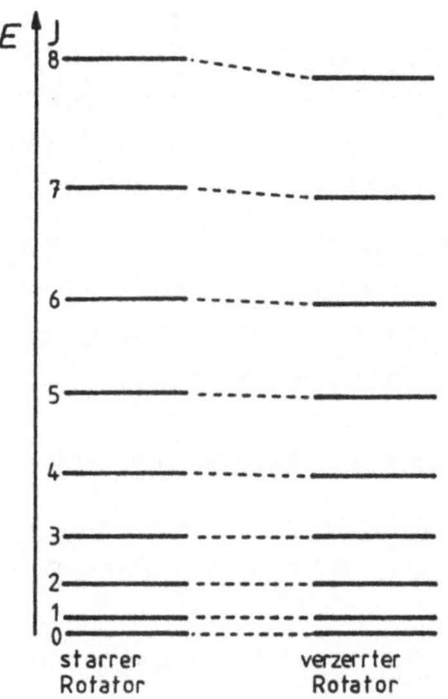

Abb. **3.5.2**
Wirkung der zentrifugalen Verzerrung, dargestellt durch den Vergleich der jeweils erlaubten Energieniveaus

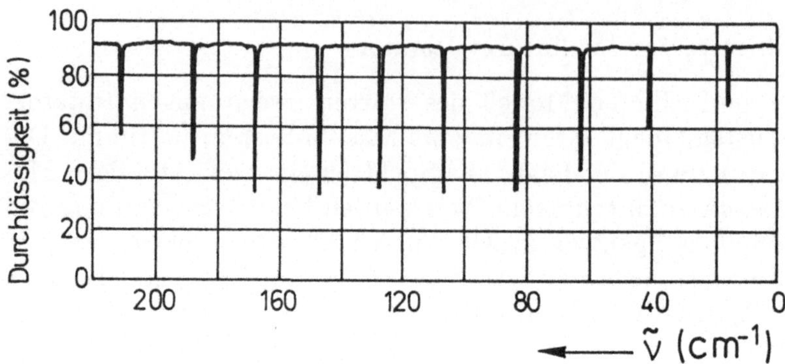

Abb. **3.5.3**
Reines Rotationsspektrum von HCl

Zur Charakterisierung der Energieeigenwerte des zentrifugalverzerrten linearen Rotators dient Gl. (3.5.7):

$$E_{\text{rot}} = hcBJ(J+1) - hcDJ^2(J+1)^2 \tag{3.5.7}$$

Die Größe D nennt man die Zentrifugalverzerrungskonstante, die für zweiatomige Moleküle durch

$$D = \frac{4B^3}{\tilde{\nu}^2} \tag{3.5.8}$$

angenähert werden kann. Sie ist immer viel kleiner als B. Berechnet man die Energieeigenwerte für einen symmetrischen oder asymmetrischen Kreisel über eine Störungsrechnung höherer Ordnung, so erhält man so viele Zentrifugalverzerrungskonstanten, wie es der Ordnung der Rechnung entspricht.

Für hochsymmetrische Moleküle wie Methan (CH_4), die statisch eigentlich kein Dipolmoment besitzen, kann die Zentrifugalverzerrung für $J \neq 0$ ein Dipolmoment hervorrufen, so daß man auch von diesen Molekülen Mikrowellenspektren kennt.

3.5.1.3 Besetzungszahlen und Intensitäten

Für die Besetzung eines Energieniveaus E_{rot} im Vergleich zum Grundzustand $E(J=0)$ gilt die Boltzmann-Verteilung (vgl. Gl. (2.7.2)):

$$\frac{N_J}{N_{J=0}} = \frac{g_J}{g_{J=0}} \cdot e^{-(E_{\text{rot},J} - E_{\text{rot},0})/kT} = (2J+1) \cdot e^{-hcBJ(J+1)/kT} \tag{\textbf{3.5.9}}$$

Für HCl berechnet man aus B für den Zustand ($J = 1$) eine Energie von $E_1 = 0.41 \cdot 10^{-21} J$. Dieser Wert ist nur um etwa eine Zehnerpotenz kleiner als der von kT bei Zimmertemperatur ($kT \sim 4 \times 10^{-21}$ J). Das bedeutet, daß bei Raumtemperatur schon höhere Rotationsniveaus angeregt sind.

Der Exponent der e-Funktion liegt bei kleinem J in der Größenordnung von eins, so daß der Faktor vor der e-Funktion bestimmend wird. Für kleinere J erhalten wir somit einen linearen Anstieg und durchlaufen ein Maximum, bevor die e-Funktion die Form des Spektrums bestimmt. Dies ist in Abb. 3.5.4a gezeigt. In Abb. 3.5.4b ist die Auswirkung dieser Tatsache auf die Form des Spektrums gezeigt: $I(\tilde{\nu})$ ist in erster Näherung direkt proportional zu N_j/N_0 (vgl. Abschn. 3.1.2.2.2, wobei hier jedoch die Forderung nicht erfüllt ist, daß der Endzustand der Anregung unbesetzt ist), $\tilde{\nu}$ steigt mit steigendem Wert von J ebenfalls (vgl. Abb. 3.5.1 und 3.5.2).

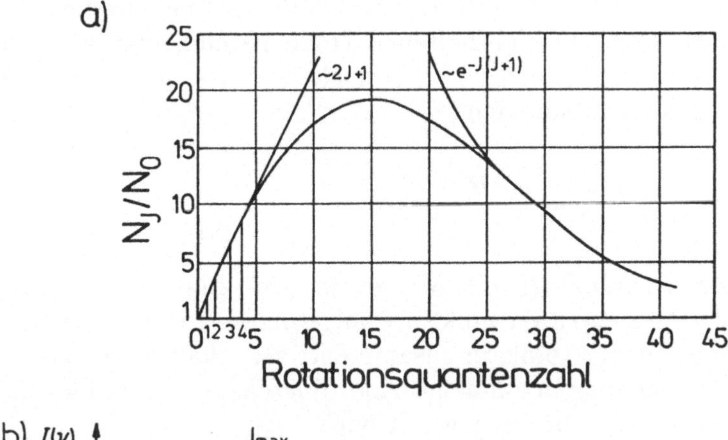

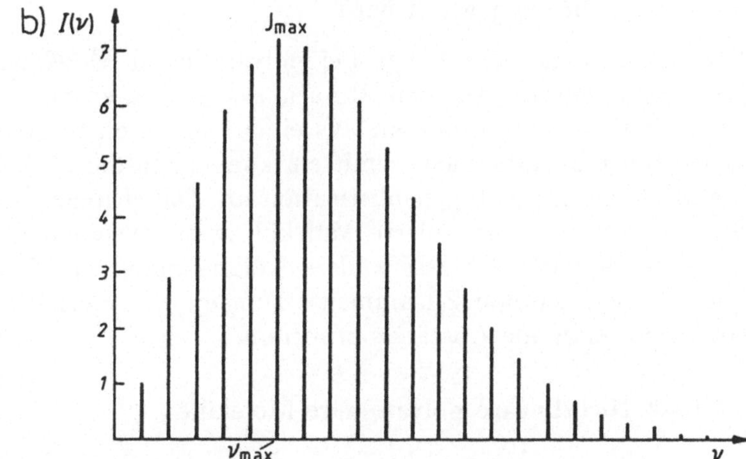

Abb. **3.5.4**
a) Besetzungen der Rotationsniveaus von N_2O bei 298 K
b) Rotationsspektrum für NO bei 120 K oder HCl bei 750 K [Ste 84]

Die Intensität der Absorptionslinien ist außerdem proportional zum Quadrat des elektrischen Dipolmomentes (s. Gl. (3.1.29), (3.1.30) und (3.1.25)):

$$I \sim \mu^2 \tag{3.5.10}$$

Deshalb haben stark polare, unsymmetrische Moleküle im allgemeinen intensive MW-Spektren.

3.5.1.4 Rotationsspektrum polyatomarer Moleküle

3.5.1.4.1 Lineare polyatomare Moleküle

Lineare polyatomare Moleküle lassen sich in erster Näherung mit Hilfe des Modells des starren Rotators (Gl. (3.5.1)) beschreiben. Möchte man nun mit aus den Spektren erhaltenen Trägheitsmomenten Kernabstände polyatomarer Moleküle ausrechnen, so stellt man fest, daß aus der üblichen Definition des Trägheitsmoments

$$I = \sum_i m_i R_i^2 \tag{3.5.11}$$

nur Abstände R_i der Massen m_i vom Massenschwerpunkt resultieren. Da der Massenschwerpunkt bei polyatomaren Molekülen nur in Ausnahmefällen mit einem Atomkern zusammentrifft, erhält man Atomabstände nur durch Umrechnung in ein neues Koordinatensystem, in dem ein Atomkern als Koordinatenursprung gewählt wird.

Das Trägheitsmoment hängt bei polyatomaren Molekülen von mehreren Kernabständen ab. Aus dem Rotationsspektrum erhalten wir aber nur ein Trägheitsmoment, so daß wir aus einem einzelnen Spektrum die verschiedenen Kernabstände nicht ermitteln können. In diesen Fällen wendet man die Methode der Isotopensubstitution an. Dabei macht man sich zunutze, daß das isotopensubstituierte Molekül zwar denselben Kernabstand, aber über die veränderte Masse andere Trägheitsmomente besitzt. Untersucht man so viele isotope Zusammensetzungen, wie Kernabstände vorhanden sind, kann man alle Abstände ermitteln.

3.5.1.4.2 Nichtlineare polyatomare Moleküle

Ein nichtlineares Molekül hat im Gegensatz zu einem linearen keine Achse, um die das Trägheitsmoment verschwindet. Es gibt vielmehr immer drei zueinander senkrechte Richtungen, um die das Trägheitsmoment maximale oder minimale Werte annehmen kann. Dies haben wir bereits in Abschn. 2.4.4.1 besprochen.

Für den symmetrischen Kreisel gilt Gl. (2.4.47):

$$E_{\mathrm{rot}} = hcBJ(J+1) + hc(A-B)K^2 \tag{3.5.12}$$

Die Auswahlregeln sind:

$$\Delta J = 0, \pm 1 \quad \text{und} \quad \Delta K = 0 \tag{3.5.13}$$

Wendet man dies auf Gl. (3.5.12) unter Berücksichtigung von Gl. (3.5.3) an, erhält man für die Absorptionslinien

$$\begin{aligned} \tilde{\nu}_{fi} &= F_{\mathrm{rot},f} - F_{\mathrm{rot},i} \\ &= B(J+1)(J+2) + (A-B)K^2 - \left[BJ(J+1) + (A-B)K^2\right] \\ &= 2B(J+1) \ . \end{aligned} \tag{3.5.14}$$

Daraus folgt, daß die Absorptionslinien im Spektrum unabhängig von der Quantenzahl K sind. Folglich treten im Spektrum keine Absorptionen für die Rotation um die Symmetrieachse auf. Der Grund ist folgender: In Abschn. 3.1.2.1 haben wir gesehen, daß wir einen sich zeitlich ändernden permanenten Dipol zur Rotationsanregung benötigen. Bei der Rotation um die dreizählige Symmetrieachse ändert sich aber das Dipolmoment senkrecht zu dieser Achse nicht. Darum kann die Rotation nicht mit der Strahlung in Wechselwirkung treten. Wir erhalten also das gleiche Spektrum wie für lineare Moleküle, da nur ein Trägheitsmoment — entsprechend der Rotation um die senkrecht zur Molekülsachse stehende Drehachse — gemessen werden kann.

Gl. (3.5.12) wurde für einen starren symmetrischen Kreisel aufgestellt. Berücksichtigt man auch hier die zentrifugale Verzerrung, so erhält man folgende Gleichung für die Energieeigenwerte:

$$\begin{aligned} E_{\mathrm{rot}} = {} & hcBJ(J+1) + hc(A-B)K^2 - hcD_J J^2(J+1)^2 \\ & - D_{JK} J(J+1)K^2 - D_K K^4 \ , \end{aligned} \tag{3.5.15}$$

wobei D_J, D_{JK}, D_K kleine Korrekturterme für die Nichtstarrheit sind.

3.5.1.5 Einfluß von elektrischen Feldern: Stark-Effekt

Wir haben bereits in Kap. 2 mehrfach festgestellt (s. z.B. Abschn. 2.2.5 oder 2.4.4.1), daß Drehimpulse immer eine $2J+1$-fache Entartung besitzen, da sie $2J+1$ Einstellmöglichkeiten gegenüber einer raumfesten Achse haben. Auch der Moleküldrehimpuls zeigt diese Entartung im elektrisch isotropen Raum, wobei die Einstellmöglichkeiten durch die Quantenzahl M_J gekennzeichnet sind. Legt man jedoch ein elektrisches Feld an, so wird die Entartung aufgehoben, und die verschiedenen Orientierungen M_J entsprechen verschiedenen Energien. Die vorher entarteten Energieniveaus spalten auf und werden verschoben, so daß sich die Resonanzfrequenzen gegenüber dem isotropen Fall verändern.

Die Ableitung der Energieverschiebung ist aufwendig (s. z.B. [Gor 70]), so daß wir hier nur das Ergebnis für lineare Moleküle wiedergeben. Für $J \neq 0$ gilt:

$$\Delta\tilde{\nu} \sim \frac{\mu^2 \underline{E}^2}{B}\left(\frac{J(J+1) - 3M_J^2}{J(J+1)(2J-1)(2J+3)}\right) \tag{3.5.16}$$

Für $J = 0$ erhält man:

$$\Delta\tilde{\nu} \sim -\frac{\mu^2 \underline{E}^2}{B} \tag{3.5.17}$$

Abb. 3.5.5 zeigt die Aufspaltung und Verschiebung am Beispiel von HCl.

Mit diesem sog. Starkeffekt zweiter Ordnung (da er mit der Störungsrechnung zweiter Ordnung beschrieben werden kann) kann man somit den Betrag des Dipolmoments bestimmen.

Es existiert auch ein Starkeffekt erster Ordnung, der mit der Störungsrechnung erster Ordnung berechnet werden kann und auch die Bestimmung der Richtung des Dipolmoments zuläßt. Hier folgt

$$\Delta\tilde{\nu} \sim -\frac{\mu \underline{E} K M_J}{J(J+1)}. \tag{3.5.18}$$

Moleküle mit $K = 0$ (z.B. lineare Moleküle) zeigen danach keinen Starkeffekt erster Ordnung.

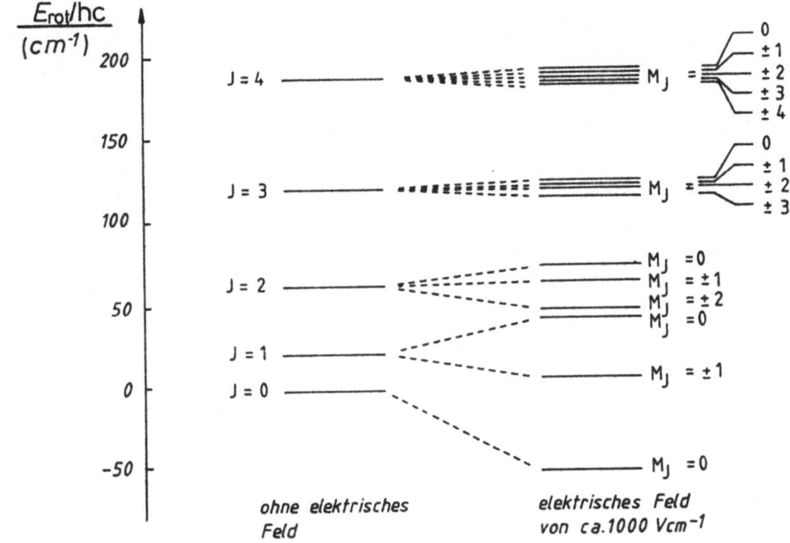

Abb. 3.5.5
Wirkung des Starkfeldes von 1000 V/cm auf die Rotationsniveaus von HCl [Dem 77]

3.5.1.6 Anwendungsbeispiele

Wir haben in den vorangehenden Abschnitten gesehen, daß sich die Mikrowellenspektroskopie vor allem zur Bestimmung von Atomabständen und Valenzwinkeln von Molekülen in der Gasphase einsetzen läßt. Zur chemischen Analyse wird die Mikrowellenspektroskopie nur in begrenztem Maße eingesetzt, da die Apparaturen sehr aufwendig sind und es keine umfassenden Kataloge der Linienfrequenzen gibt. Eine weitere Einsatzmöglichkeit liegt in der Radioastronomie. Um von der Erde aus spektroskopische Untersuchungen im Weltraum durchzuführen, muß man Strahlung detektieren, die ungehindert die Erdatmosphäre durchdringen kann. In Abb. 3.5.6 sieht man, daß sichtbares Licht, Mikrowellen und Radiowellen geeignet sind. Möchte man andere Strahlung nachweisen, muß man über die Atmosphäre gehen.

Mittels der Mikrowellenspektroskopie konnten schon in den frühen 70er Jahren die interstellaren Molekülionen HCO^+, NNH^+, das instabile HNC und andere Moleküle nachgewiesen werden. Diese Entdeckungen verhalfen, Theorien zur interstellaren Molekülbildung über Gasphasenreaktionen zu entwickeln.

Die Rotationsspektren der im Weltraum vorkommenden Cyanpolyine (HC_nN, $n = 1, 3, 5, 7, 9, 11$) sind aufgrund des großen elektrischen Dipolmomentes dieser linearen Moleküle sehr intensiv und erlauben es, Aussagen

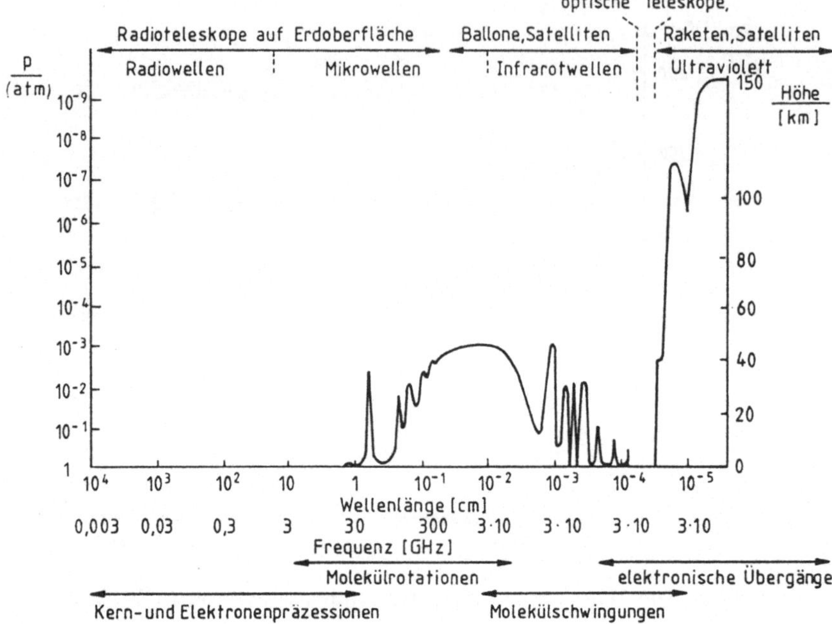

Abb. 3.5.6
Elektromagnetische Dämpfung in der Erdatmosphäre. Die ausgezogene Kurve gibt den Druck (die Höhe) an, in dem (der) die Intensität der externen Strahlung auf die Hälfte ihres Wertes abgesunken ist [Win 84].

über Dichte, Temperatur und Dynamik von interstellaren Molekülwolken zu machen. Weitere Beispiele finden sich z.B. in [Win 84].

3.5.2 Infrarotspektroskopie

Im mittleren IR-Bereich liegt die Frequenz von typischen Molekülschwingungen (s. Abb. 1.1.8). Deshalb wird die IR-Spektroskopie oft Schwingungsspektroskopie genannt.

Wenn wir von den $3N$ Freiheitsgraden eines N-atomigen Moleküls die 3 Translations- und, bei einem nichtlinearen Molekül, die 3 äußeren Rotationsfreiheitsgrade abziehen, so verbleiben $3N - 6$ Freiheitsgrade für die Grundschwingungen des Moleküls. (Für lineare Moleküle sind es $3N - 5$, s. [Göp xx].) In Abschn. 3.1.2.1 haben wir jedoch festgestellt, daß ein sich änderndes Dipolmoment Voraussetzung für die Anregbarkeit einer Schwingung mit elektromagnetischer Strahlung ist, so daß nicht immer alle im Molekül möglichen Schwingungen im Spektrum auftreten.

3.5.2.1 Zweiatomige Moleküle

3.5.2.1.1 Harmonischer Oszillator

In Abschn. 2.2.4 haben wir die Energieeigenwerte des harmonischen Oszillators bestimmt:

$$E_{\text{vib}} = h\nu \left(v + \frac{1}{2} \right) \tag{3.5.19}$$

Führen wir wie in der Rotationsspektroskopie auch hier Terme ein, die man durch Division von Gl. (3.5.19) durch hc erhält, so bekommen wir

$$G_{\text{vib}} = \frac{E_{\text{vib}}}{hc} = \tilde{\nu} \left(v + \frac{1}{2} \right) . \tag{3.5.20}$$

Als spezielle Auswahlregel haben wir in Abschn. 3.1.2.2.2 kennengelernt, daß Übergänge zwischen benachbarten Energieniveaus sowie der erste Oberton erlaubt sind:

$$\Delta v = \pm 1, \pm 2 \tag{3.5.21}$$

Bezeichnen wir das angeregte Niveau wieder mit f, das Ausgangsniveau mit i, so erhalten wir als Wellenzahl $\tilde{\nu}_{fi}$ des intensivsten Überganges mit $\Delta v = \pm 1$

$$\begin{aligned} \tilde{\nu}_{fi} = G_{\text{vib},f} - G_{\text{vib},i} &= \tilde{\nu} \left[\left(v_f + \frac{1}{2} \right) - \left(v_i + \frac{1}{2} \right) \right] \\ &= \tilde{\nu} \left[v_i + 1 + \frac{1}{2} - v_i - \frac{1}{2} \right] \\ &= \tilde{\nu}_0 . \end{aligned} \tag{3.5.22}$$

Dabei haben wir Gl. (3.5.21) berücksichtigt mit $v_f = v_i + 1$. Die Abstände der Schwingungsniveaus bei einem harmonischen Oszillator sind äquidistant. Unter der Annahme, daß wir ein harmonisch schwingendes zweiatomiges Molekül spektroskopieren, sollten wir also nur eine einzige Absorptionslinie erhalten. Außerdem befinden sich bei Raumtemperatur fast alle Moleküle im Schwingungsgrundzustand, was nach Gl. (3.1.20) leicht zu berechnen ist: Aus Gl. (3.5.19) und (3.5.21) erhalten wir für die Energiedifferenz

$$\Delta E_{\text{vib}} = h\nu\Delta v . \tag{3.5.23}$$

Setzen wir dies in Gl. (3.1.20) ein, so ergibt sich

$$\frac{N_k}{N_j} = e^{-h\nu(v_k - v_j)/kT} \,. \qquad \textbf{(3.5.24)}$$

Für die Frequenz setzen wir z.B. den Wert für $H^{35}Cl$ an, der $\nu = 8,67 \cdot 10^{13}$ Hz beträgt. Bei $T = 298$ K ergibt dies ein Besetzungsverhältnis $\frac{N_1}{N_0} = 9 \cdot 10^{-7}$. Thermische Anregungen aus höheren Schwingungsniveaus treten deshalb so gut wie nie auf.

3.5.2.1.2 Anharmonischer Oszillator

Der harmonische Oszillator ist eine nicht exakt realisierte Näherung der tatsächlichen Verhältnisse. Wenn wir einen idealen harmonischen Oszillator (vgl. Abb. 2.2.7) betrachten, so sollte man diesen beliebig hoch anregen können, ohne daß das Molekül zerfällt. Tatsächlich dissoziiert aber jedes Molekül bei entsprechender Anregung. Man kann also schon qualitativ vorhersagen, daß die Potentialkurve bei großen Abständen zwischen den Atomen gegen den Grenzwert der potentiellen Energie der getrennten Atome gehen muß. Ein anderes Problem des harmonischen Ansatzes tritt bei sehr hoch angeregten Schwingungen auf, bei denen durch das Parabelpotential bedingt auch negative Atomabstände auftreten sollten, was physikalisch gesehen Unsinn ist. Diese Tatsache wird in Abb. 3.5.7 nochmals verdeutlicht. Die gestrichelte Kurve entspricht dem harmonischen Parabelpotential, während die ausgezogene Kurve den experimentellen Gegebenheiten Rechnung trägt.

Die anharmonische Kurve kann empirisch über die sogenannte Morsefunktion beschrieben werden:

$$E_{\text{pot}} = D_e \left[1 - e^{-a(R-R_e)}\right]^2 \qquad (3.5.25)$$

a ist eine für die Krümmung maßgebliche Konstante mit dem Wert $a = \sqrt{\frac{k}{2D_e}}$. D_e ist die Dissoziationsenergie bezüglich des Potentialminimums und k die Kraftkonstante. Die beobachtete, thermodynamisch meßbare Dissoziationsenergie ergibt sich zu

$$D_0 = D_e - \frac{1}{2}h\nu \qquad \textbf{(3.5.26)}$$

(vgl. dazu [Göp xx]). Genäherte Lösungen der Eigenwertgleichung mit dieser potentiellen Energie ergeben sich durch Potenzreihenentwicklung und

Lösung der Schrödingergleichung (zur Rechnung s. z.B. [Wed 87]). Als Eigenwerte erhält man

$$E_{\text{vib}} = h\nu\left(v+\frac{1}{2}\right) - h\nu x_e\left(v+\frac{1}{2}\right)^2 + h\nu y_e\left(v+\frac{1}{2}\right)^3 - \ldots \quad (3.5.27)$$

Meist kann man sich auf die Berücksichtigung des quadratischen Terms beschränken:

$$E_{\text{vib}} = h\nu\left(v+\frac{1}{2}\right) - h\nu x_e\left(v+\frac{1}{2}\right)^2 \qquad \mathbf{(3.5.28)}$$

mit $x_e = \frac{h\nu}{4D_e}$ als Anharmonizitätskonstante. Der Morse-Ansatz hat zur Konsequenz, daß die Energieniveaus nicht mehr äquidistant angeordnet sind, sondern der Abstand mit zunehmendem v kleiner wird (vgl. Abb. 3.5.7). Außerdem sind jetzt auch höhere Obertöne erlaubt, d.h.

$$\Delta v = \pm 1, \pm 2, \pm 3, \ldots \qquad \mathbf{(3.5.29)}$$

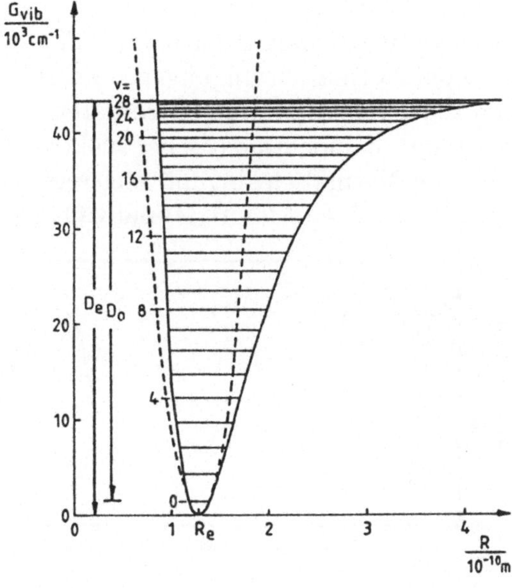

Abb. 3.5.7
Anharmonisches Morsepotential für HCl [Wed 87]

3.5.2.2 Mehratomige Moleküle

Nach der Gleichung

$$\nu = \frac{1}{2\pi}\sqrt{\frac{k}{\mu}} \tag{3.5.30}$$

hängt die Schwingungsfrequenz direkt mit der Kraftkonstanten k zusammen. Die Bestimmung dieser Kraftkonstanten ist eine wichtige Aufgabe der IR-Spektroskopie. Gl. (3.5.30) ist jedoch mit μ als reduzierter Masse nur für zweiatomige Moleküle gültig, für mehratomige Moleküle tritt anstelle von μ eine Matrix.

Zweiatomige Moleküle können nur entlang ihrer Molekülachse eine Streckschwingung ausführen, so daß die Bestimmung der Kraftkonstanten einfach ist. Die Anregung eines mehratomigen Moleküls führt jedoch zu einem Schwingungsverhalten, das aus einer Überlagerung von z.T. miteinander gekoppelten Schwingungen entsteht. Sind die Schwingungen nicht unabhängig voneinander, so erhält man ein sehr komplexes gekoppeltes Gleichungssystem zur Beschreibung allgemeiner Schwingungen.

Dieses Problem tritt auf, wenn man die Koordinaten zur Beschreibung der $3N - 6$ oder $3N - 5$ Schwingungen beliebig wählt. Man kann jedoch das Schwingungsverhalten auch mit $3N - 6$ voneinander unabhängigen sogenannten Normalschwingungen beschreiben (vgl. Anhang 5.4.3), die entlang von sogenannten Normalkoordinaten angeregt werden. Bei der Wechselwirkung mit monochromatischer elektromagnetischer Strahlung wird jeweils nur eine Normalschwingung angeregt. Solche Normalschwingungen hatten wir in Abb. 2.4.19 für H_2O und CO_2 gezeigt.

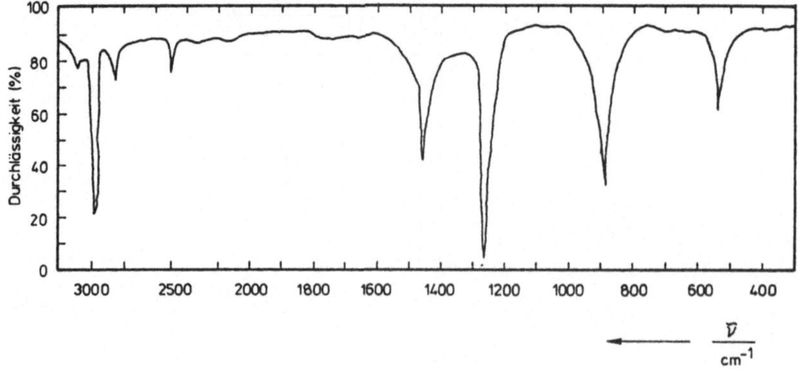

Abb. 3.5.8
IR-Spektrum von flüssigem Methyljodid (CH_3I) [Dem 77]

Als Beispiel eines reinen Schwingungsspektrums ist in Abb. 3.5.8 das Spektrum von Methyljodid als Film (also in flüssigem Zustand) gezeigt. Jede Absorptionsbande entspricht dabei der Anregung einer spezifischen Normalschwingung. Am Ende des nächsten Abschnitts soll als Vergleich ein hochaufgelöstes Gasphasenspektrum von CH_3I gezeigt werden (Abb. 3.5.12).

Eine einfache qualitative Analyse des Spektrums, z.B. zur Identifizierung eines Moleküls, kann mit Hilfe von Tabellen der Art von Tab. 3.5.1 durchgeführt werden, in der typische Frequenzbereiche für Normalschwingungen

Tab. 3.5.1
Frequenzbereiche für Normalschwingungen in organischen Molekülen [Dem 77]

Schwingung	**Bereich** [cm^{-1}]	**Intensität** IR /	Raman
$\nu(CH)$	3100 – 2800	ms	s
$\nu(NH)$	3500 – 3300	m	m
$\nu(OH)$	3650 – 3000	s	w
$\nu(SiH)$	2250 – 2100	m	s
$\nu(PH)$	2440 – 2275	m	s
$\nu(SH)$	2600 – 2550	w	s
$\nu(C{\equiv}C)$	2250 – 2100	w	s
$\nu(C{\equiv}N)$	2255 – 2220	s – w	m – s
$\nu(C{=}C)$	1900 – 1500	w	vs – m
$\nu(C{=}O)$	1820 – 1680	vs	s – w
$\nu(C{=}N)$	1680 – 1610	m	s
$\nu(N{=}O)$	1590 – 1530	s	m
$\delta(CH_3)$	1470 – 1370	m	m
$\delta(C-C_{aromat})$	1600	m – s	m – s
	1500	m – s	m
	1000	w	s – w
$\nu(C-C)$	1100 – 650	m – w	s – m
$\nu(N-N)$	875 – 800	w	s
$\nu_{as}(COC)$	1150 – 1060	s	w
$\nu_s(COC)$	970 – 800	w	ms
$\nu(S-S)$	550 – 430	w	s
$\nu(C-F)$	1400 – 1000	s	w
$\nu(C-S)$	800 – 600	m	s
$\nu(C-Cl)$	800 – 550	s	s
$\nu(C-Br)$	700 – 500	s	s
$\nu(C-I)$	660 – 480	s	s
$\delta_s(CF_3)$	~ 740	m	s
$\delta_{as}(CF_3)$	~ 540	m	w

Intensitäten: vs = sehr stark, s = stark, m = mittelstark, w = schwach, vw = sehr schwach spezifischer Gruppen organischer Moleküle aufgeführt sind. Darüberhinaus kann ein Vergleich mit bekannten Spektren in einer Spektrenkartei (s. z.B. [Sad 75]) zur endgültigen Identifizierung eines Moleküls dienen.

3.5.2.3 Feinstruktur von Schwingungsspektren: Rotations-Schwingungs-Spektren

Da die Anregung einer Schwingung eine viel höhere Energie erfordert als die Anregung von Rotationen (vgl. Abb. 1.1.8), werden bei Schwingungsanregung auch Rotationsanregungen erfolgen und sich überlagern. Die Folge ist eine Feinstruktur eines Schwingungsspektrums, die allerdings nur in Gasphasenspektren aufgelöst werden kann. In kondensierten Phasen ist die Behinderung der Rotation und damit die Rotations-Translations-Schwingungs-Kopplung ($E_{\text{ges}} \neq \sum_i E_i$) zu stark, und man sieht nur eine breite Bande.

Das gleichzeitige Auftreten von Rotationsanregungen läßt sich auch klassisch verstehen: Eine Anregung von einem Schwingungsniveau in ein anderes verursacht im anharmonischen Potential eine Änderung des Bindungsabstandes (s. Abb. 3.5.7). Eine Änderung des Bindungsabstandes bewirkt nach Gl. (3.5.11) aber auch eine Änderung des Trägheitsmomentes I. Der Drehimpuls ist definiert durch (vgl. Gl. (5.2.23) in Anhang 5.2.1.2)

$$\underline{L} = I\underline{\omega}. \tag{3.5.31}$$

Da der Drehimpuls ohne äußere Kräfte erhalten bleiben muß, muß sich bei einer Änderung des Trägheitsmomentes auch die Winkel-(Rotations)-Geschwindigkeit ändern. Im Gegensatz zur reinen Rotationsspektroskopie regt man also nicht in benachbarte Rotationsniveaus eines Schwingungsniveaus an, sondern die Anregung erfolgt in Rotationsniveaus des angeregten Schwingungsniveaus (s. Abb. 3.5.9). Der Einfachheit wegen werden im folgenden die Anharmonizität und die Zentrifugalverzerrung (s. Abschn. 3.5.2.1.2 und 3.5.1.2) vernachlässigt. Bei korrekten Berechnungen müssen sie jedoch berücksichtigt werden. Aus Abb. 3.5.7 und Abb. 1.4.1 läßt sich insbesondere erkennen, daß durch die Anharmonizität der Schwingung sowohl aus reinen Rotations- als auch Rotationsschwingungsspektren nie direkt der Gleichgewichtsabstand R_e, sondern immer ein etwas größerer Abstand bestimmt wird. Dieser wird mit R_0 für $v = 0$, R_1 für $v = 1$ etc. bezeichnet.

3.5.2.3.1 Zweiatomige Moleküle

Quantenmechanische Berechnungen zeigen, daß man als Auswahlregeln ebenfalls

$$\Delta v = \pm 1$$
$$\Delta J = \pm 1 \tag{3.5.32}$$

erhält. Abb. 3.5.9 zeigt die erlaubten Übergänge in Form eines Termschemas.

Eine Ausnahme bilden Moleküle, bei denen ein Drehimpuls um die Molekülachse auftreten kann, d.h. für Moleküle mit ungepaarten Elektronen. Wichtigstes Beispiel ist NO. Für sie gilt die Auswahlregel

$$\Delta J = 0, \pm 1 \ . \tag{3.5.33}$$

Für die Energieeigenwerte müssen ebenso beide Anteile berücksichtigt werden:

$$E_{\text{vib,rot}} = h\nu \left(v + \frac{1}{2} \right) + hcBJ(J+1) \tag{3.5.34}$$

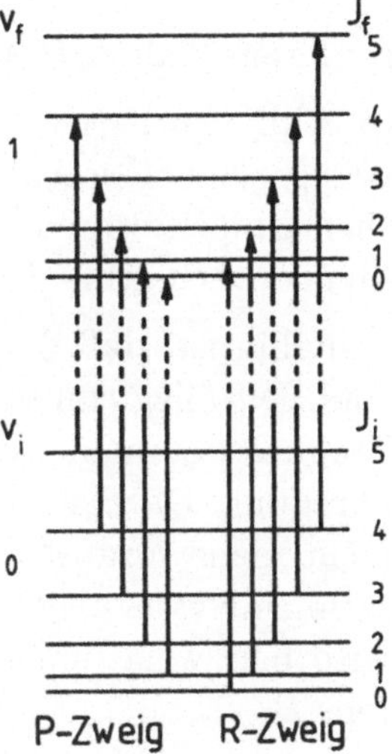

Abb. 3.5.9
Termschema für gleichzeitige Rotations- und Schwingungsanregung ($\Delta J = +1 \Rightarrow R$-Zweig, $\Delta J = -1 \Rightarrow P$-Zweig)

Damit gilt für die Terme:

$$T_{\text{vib,rot}} = T = G_{\text{vib}} + F_{\text{rot}} = \tilde{\nu}\left(v + \frac{1}{2}\right) + BJ(J+1) \qquad (3.5.35)$$

Die Wellenzahl des Überganges $\tilde{\nu}_{fi}$ ist hier

$$\begin{aligned}\tilde{\nu}_{fi} &= T_f - T_i = G_{\text{vib},f} - G_{\text{vib},i} + F_{\text{rot},f} - F_{\text{rot},i} \\ &= \tilde{\nu}(v_f - v_i) + B\left[J_f(J_f+1) - J_i(J_i+1)\right] \ .\end{aligned} \qquad (3.5.36)$$

Mit den Auswahlregeln $\Delta v = +1$, $\Delta J = +1$ gilt

$$\tilde{\nu}_{fi} = \tilde{\nu} + 2B(J_i + 1) \qquad (3.5.37)$$

und mit $\Delta v = +1$, $\Delta J = -1$ gilt

$$\tilde{\nu}_{fi} = \tilde{\nu} - 2BJ_i \quad . \qquad (3.5.38)$$

Man erhält also eine Gruppe von Linien mit größeren Wellenzahlen als der reine Schwingungsübergang $\tilde{\nu}$ für $\Delta J = +1$, den sogenannten R-Zweig, und eine mit kleineren Wellenzahlen für $\Delta J = -1$, den P-Zweig. Tritt auch der Übergang $\Delta J = 0$ auf, so erhält man den sogenannten Q-Zweig, für dessen Wellenzahl gilt:

$$\tilde{\nu}_{fi} = \tilde{\nu} \qquad (3.5.39)$$

In diesem Fall tritt also nur die reine Schwingungsanregung auf.

In Abb. 3.5.10 ist als Beispiel das Rotations-Schwingungs-Spektrum von HCl gezeigt. Die Aufspaltung der Einzellinien kommt von den unterschiedlichen Chlorisotopen ^{35}Cl und ^{37}Cl. Das Intensitätsverhältnis entspricht dem Mengenverhältnis der natürlichen Isotope.

Auffällig ist, daß die Linienabstände in den beiden Zweigen nicht identisch sind. Dies liegt an der schon in der Einleitung beschriebenen Änderung des Trägheitsmomentes durch die Abstandsänderung während der Schwingungsanregung. Da B nach Gl. (3.5.2) umgekehrt proportional zu I ist, kann man nicht mehr voraussetzen, daß die Rotationskonstanten in verschiedenen Rotationsniveaus gleich sind. Die Rotationskonstante B_f des höheren Niveaus wird bei zweiatomigen Molekülen immer niedriger sein als die des niedrigeren, B_i.

Die Rotationskonstanten lassen sich aus einem Rotationsschwingungsspektrum ebenso bestimmen wie aus einem reinen Rotationsspektrum. Der Vorteil liegt hier im experimentell einfacher zugänglichen Spektralbereich.

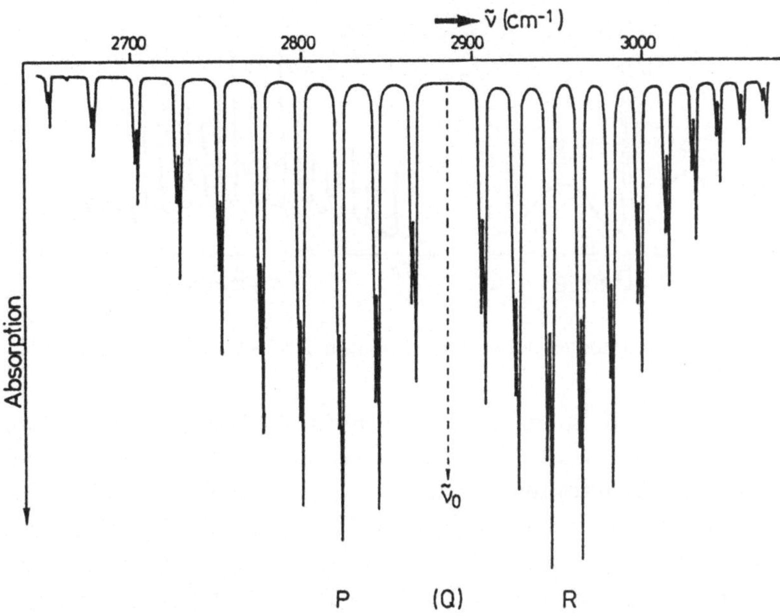

Abb. **3.5.10**
Hochaufgelöstes Rotations-Schwingungsspektrum von HCl

3.5.2.3.2 Mehratomige Moleküle (symmetrische Kreisel)

Die Auswahlregeln der Rotationsübergänge hängen bei größeren Molekülen von zwei Dingen ab: Einerseits spielt es eine Rolle, ob die dazugehörige Schwingung parallel zur Molekülachse oder senkrecht dazu erfolgt. Andererseits hat die Symmetrie des Moleküls einen Einfluß. Ersteres soll am Beispiel von H_2O kurz erläutert werden. In Abb. 2.4.19a haben wir die Normalschwingungen von H_2O kennengelernt. Die symmetrische Streckschwingung ν_s und die Biegeschwingung δ sind dabei Parallelschwingungen, da sich während der Schwingung das Dipolmoment parallel zur Molekülrotationsachse ändert, während die asymmetrische Streckschwingung ν_{as} als Senkrechtschwingung bezeichnet wird. Die Auswahlregel von Rotationsschwingungsbanden von Parallelschwingungen haben deswegen die gleichen Auswahlregeln wie die der reinen Rotationsspektren. Bei Senkrechtschwingungen wird jedoch durch die Schwingung ein Dipolmoment senkrecht zur Molekülachse erzeugt, so daß andere Auswahlregeln auftreten.

Als Beispiel soll nun die Bandenform eines prolaten Kreisels der Symmetrie C_{3v} (z.B. CH_3I) besprochen werden (Abb. 3.5.11).

Parallelschwingungen führen zu den sogenannten π-Banden, die, wie oben besprochen, in ihrer Form den Banden zweiatomiger Moleküle entsprechen:

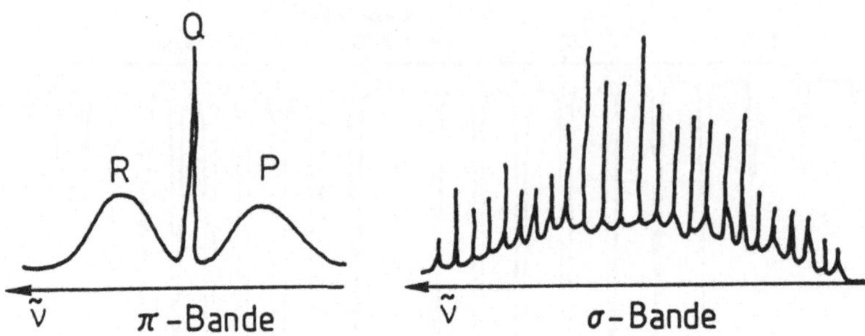

Abb. 3.5.11
Rotationsschwingungsbanden eines prolaten Kreisels der Symmetrie C_{3v} — (a) π-Bande — (b) σ-Bande

In der Mitte befindet sich der scharfe Q-Zweig, daneben der P- bzw. R-Zweig, die hier nicht aufgelöst dargestellt sind. Die Senkrechtschwingungen führen zu sogenannten σ-Banden. Sie sind aus vielen PQR-Banden zusammengesetzt, von denen oft nur die Q-Zweige sichtbar sind. Daß hier so viele Banden auftreten liegt daran, daß nach Gl. (3.5.12) für prolate Kreisel auch die Projektionsquantenzahl K eine Rolle spielt. Für Parallelschwingungen gelten die Auswahlregeln des symmetrischen prolaten Kreisels

$$\begin{aligned} \Delta J &= 0, \pm 1 \\ \Delta K &= 0 \quad , \end{aligned} \tag{3.5.40}$$

während für Senkrechtschwingungen

$$\begin{aligned} \Delta J &= 0, \pm 1 \\ \Delta K &= \pm 1 \end{aligned} \tag{3.5.41}$$

gilt. Man erhält deshalb für jeden Übergang $K \rightarrow K + 1$ bzw. $K \rightarrow K - 1$ eine eigene PQR-Bande.

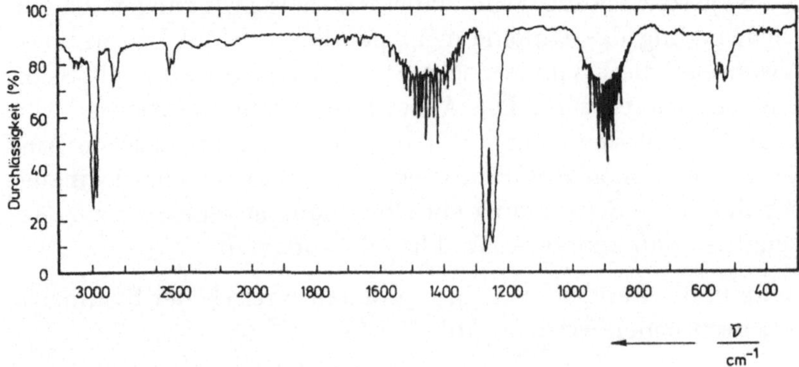

Abb. 3.5.12
Gasspektrum von CH_3I [Dem 77]

Eine ausführliche Darstellung (z.T. auch für andere Kreiseltypen) findet sich z.B. in [Her 73], [Ban 83], [Hol 82].

Als Beispiel eines realen Spektrums zeigt Abb. 3.5.12 das hochaufgelöste Gasspektrum von CH_3I (vgl. dazu das nichtaufgelöste Flüssigkeitsspektrum nach Abb. 3.5.8).

3.5.2.4 FT-IR-Spektroskopie

Das **F**ourier-**T**ransformations-(FT-)IR-Spektrometer bietet entscheidende Vorteile gegenüber dem klassischen Gitterspektrometer. Der wesentliche Teil des FT-IR-Spektrometers ist das sogenannte Interferometer, das bei den meisten der kommerziell erhältlichen Systeme vom Michelson-Typ ist. Dabei wird die Infrarotstrahlung einer breitbandigen Quelle von einem halbdurchlässigen Spiegel in zwei gleiche Teilstrahlen aufgespalten, die senkrecht zueinander angeordnet sind (Abb. 3.5.13).

In einem Strahlengang befindet sich ein ortsfester und im anderen ein beweglicher Spiegel, von denen die Teilstrahlen reflektiert werden. Am Strahlteiler werden die beiden Anteile wieder zusammengeführt und kommen am Detektor zur Interferenz. Die Probe ist entweder zwischen Lichtquelle und Strahlteiler oder zwischen Strahlteiler und Detektor angeordnet. Das im Detektor entstehende intensitätsmodulierte IR-Signal, das Interferogramm, ist eine Funktion der Verschiebung des beweglichen Spiegels und somit über die Spiegelgeschwindigkeit proportional zur Zeit. Der zurückgelegte Weg des einen Spiegels wird durch Fouriertransformation in Wellenzahlen umgerechnet. Damit erhält man ein „normales“ Infrarotspektrum. Die Linienbreite wird dabei über den maximalen Spiegelweg $x_{\max}$ festgelegt. Bei $x_{\max} = \infty$ würde man unendlich schmale Peaks erhalten (vgl. Anhang 5.1.7).

Das Transmissionsspektrum der Probe ergibt sich aus der Verhältnisbildung zweier Einkanalspektren, der Probenmessung gegen die Referenzmessung, wodurch die Spektrometercharakteristik eliminiert wird.

Das Interferometer hat im wesentlichen drei Vorteile gegenüber dem Monochromator als dem zentralen Teil des Gitterspektrometers:

1. Da kein Eingangs- und Ausgangsspalt vorhanden ist, fällt eine deutlich höhere Strahlungsleistung auf die Probe und den Detektor.
2. Anteile aller Frequenzen werden beim Interferometer gleichzeitig registriert und nicht (wie beim Monochromator) nacheinander (vgl. auch Abschn. 3.6.2.3.1). Dies ergibt gegenüber einem herkömmlichen Spektrometer ein verbessertes Signal-Rausch-Verhältnis für die Aufnahme der Spektren.

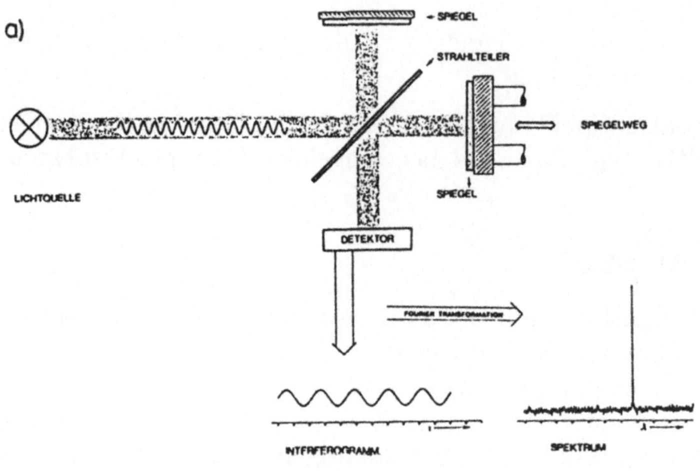
a)
SPIEGEL
STRAHLTEILER
SPIEGELWEG
SPIEGEL
LICHTQUELLE
DETEKTOR
FOURIER TRANSFORMATION
INTERFEROGRAMM
SPEKTRUM

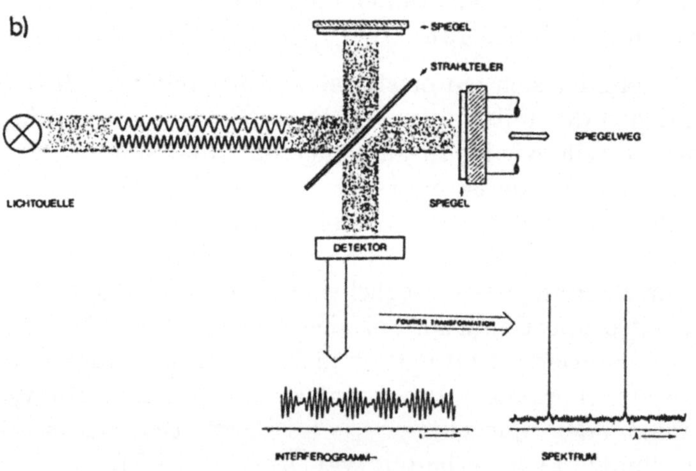
b)
SPIEGEL
STRAHLTEILER
SPIEGELWEG
SPIEGEL
LICHTQUELLE
DETEKTOR
FOURIER TRANSFORMATION
INTERFEROGRAMM
SPEKTRUM

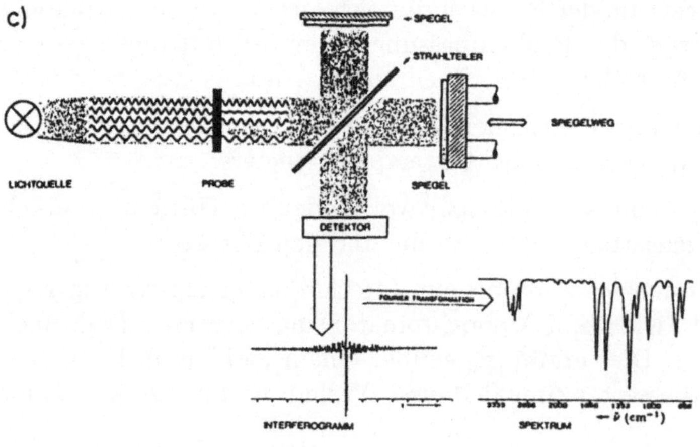
c)
SPIEGEL
STRAHLTEILER
SPIEGELWEG
LICHTQUELLE
PROBE
SPIEGEL
DETEKTOR
FOURIER TRANSFORMATION
INTERFEROGRAMM
SPEKTRUM
← ν̃ (cm⁻¹)

3. Der Spiegelweg des Interferometers kann sehr schnell durchgefahren werden. Durch Spektren-Akkumulation kann damit das Signal-Rausch-Verhältnis weiter verbessert werden.

3.5.2.5 Anwendungsbeispiele

Bereits erwähnt wurde die Bedeutung der IR-Spektroskopie zur Bestimmung von Molekülparametern. Die reine Schwingungsspektroskopie liefert dabei die Kraftkonstanten, die Schwingungs-Rotationsspektroskopie Bindungslängen und -winkel.

Bei Kenntnis der Rotations- und Schwingungsstrukturen lassen sich außerdem thermodynamische Funktionen über Zustandssummen berechnen, da aus den absorbierten bzw. emittierten Frequenzen die Energieeigenwerte direkt erhalten werden. Da das Schwingungsspektrum eines Moleküls mit kleinen Einschränkungen ein getreues Abbild der Molekülstruktur ergibt, wird die Schwingungsspektroskopie häufig zur Bestimmung von Strukturen unbekannter Verbindungen herangezogen. Außerdem wird die IR-Spektroskopie zur Identifizierung bekannter Verbindungen verwendet.

Bei Festkörpern läßt sich die IR-Spektroskopie zur Identifizierung von Kristallmodifikationen einsetzen, da sich in verschiedenen Modifikationen die Atom- bzw. Molekülabstände unterscheiden. Dadurch ändern sich die interatomaren bzw. intermolekularen Kräfte und dadurch die Kraftkonstanten. Außerdem können bei unterschiedlicher Symmetrie der Modifikationen andere Schwingungsmoden erlaubt oder verboten sein (vgl. Anhang 5.4.2). Ein Beispiel zeigt Abb. 3.5.14, in der die charakteristischen Veränderungen der Peaks bei Modifikationswechsel gezeigt sind.

Darüberhinaus lassen sich auch an Oberflächen adsorbierte Moleküle untersuchen, wobei man aus der Anzahl und der Frequenz der Schwingungen auf die Adsorptionsgeometrie schließen kann. Als Beispiel ist in Abb. 3.5.15 die CO-Adsorption auf einer Pt(533)-Oberfläche gezeigt.

Abb. 3.5.13
Schematischer Aufbau eines FTIR-Spektrometers mit Michelson-Interferometer, sich ergebendes Interferogramm und daraus nach Fourier-Transformation resultierendes Spektrum
a) für den theoretischen Fall, daß die Probe nur noch Licht einer Frequenz durchläßt bzw. die Quelle monochromatisches Licht aussendet, das nicht absorbiert wird,
b) wie a), aber für zwei unterschiedliche Frequenzen,
c) für eine realistische Probe, die sich häufig auch zwischen Strahlteiler und Detektor und nicht — wie hier gezeigt — zwischen Quelle und Strahlteiler befindet [Gün 83]

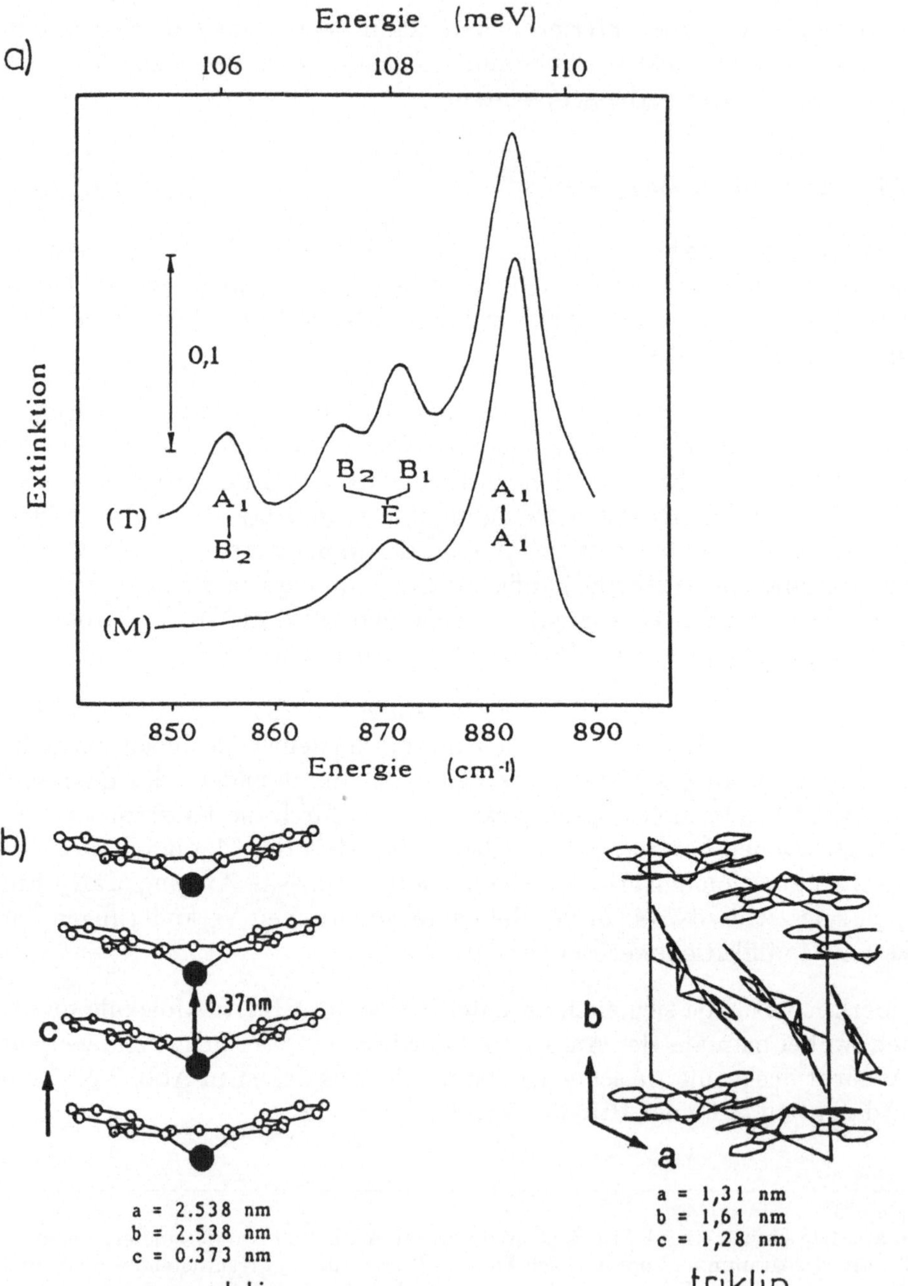

Abb. 3.5.14
a) Charakteristische Strukturen von IR-Spektren der in b) gezeigten Modifikationen von Bleiphthalocyanin (PbPc) [Chr 92]

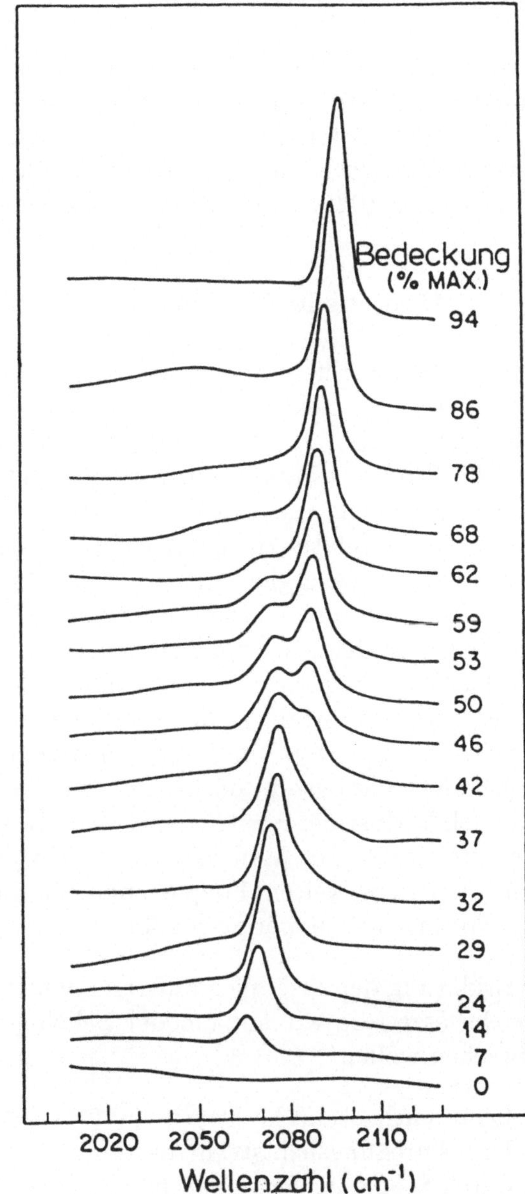

Abb. 3.5.15
IR-Absorptionsspektren der CO-Streckschwingung auf Pt(533) bei steigender Bedeckung. Bei niedriger Bedeckung tritt Adsorption nur an den Stufenplätzen auf. Bei hoher Bedekkung ist durch die Kopplung der CO-Moleküle untereinander nur eine mittlere Streckfrequenz zu sehen, die im wesentlichen durch die Terrassenplätze gegeben ist [Hay 85].

3.5.3 Ramanspektroskopie

Der Raman-Effekt beruht im Gegensatz zu den bisher in Abschn. 3.5 behandelten Spektroskopiearten auf einem Streuvorgang und nicht auf der Absorption und Emission von Lichtquanten. Die auf diesem Effekt basierende spektroskopische Untersuchungsmethode wurde zu Ehren des Entdeckers (C.V. Raman, 1928) Raman-Spektroskopie genannt.

3.5.3.1 Theoretische Grundlagen

Um den Raman-Effekt zu beobachten, bestrahlt man eine Probe mit *monochromatischer* elektromagnetischer Strahlung (Laser). Dabei tritt der weitaus größte Teil der Strahlung ohne Wechselwirkung mit den Molekülen durch die Probe, während ein geringer Anteil in alle Richtungen gestreut wird. Im Streulicht findet man neben der Anregungsfrequenz ν_0 weitere Frequenzen ν_i, die relativ zu ν_0 registriert werden und Hinweise auf Rotations- und Schwingungsenergien ergeben. Die Messung relativ zu ν_0 bedingt die Verwendung von monochromatischer Strahlung. Im Gegensatz zu den anderen Spektroskopiearten wird also kein Spektrum als Funktion verschiedener eingestrahlter Frequenzen aufgenommen, sondern es wird nur eine einzige Frequenz eingestrahlt. Die Anregungsfrequenz ν_0 liegt zwischen denen der Schwingungs- (ν_{vib}) und der Elektronenübergänge (ν_e). Der große Vorteil der Methode besteht darin, daß bei Einstrahlung von sichtbarem Licht auch nach Verlust der Schwingungs- oder Rotationsenergie wieder sichtbares Licht emittiert wird. Man kann also Schwingungs- und Rotationsspektroskopie in einem weiten Frequenzbereich durchführen, ohne daß mehrere Monochromatoren benötigt werden.

Zur Erklärung der zusätzlich auftretenden Frequenzen gibt es zwei verschiedene Ansätze, die wir anhand der Schwingungsramanspektroskopie näher besprechen wollen:

a) Quantentheoretische Deutung:
Der Anregungslichtstrahl besteht aus Photonen der Energie $h\nu_0$, die durch Stöße der Photonen mit den Molekülen gestreut werden.

b) Klassische Deutung:
Man geht von der Wellentheorie des Lichtes aus und postuliert für die Elektronen im elektromagnetischen Feld erzwungene Schwingungen der Frequenz ν_0, die durch die Eigenfrequenz ν_{vib} des Moleküls zu $\nu_0 \pm \nu_{\text{vib}}$ moduliert werden.

Quantentheoretische Beschreibung

Bei den Stößen der Photonen mit den Molekülen muß man prinzipiell zwei Stoßprozesse unterscheiden:

- Die *elastischen Stöße*, bei denen die Energie konstant bleibt und die gestreute Strahlung die gleiche Frequenz wie die Anregerstrahlung hat ($\nu_i = \nu_0$). Diese Streuung bezeichnet man als *Rayleigh-Streuung*. Sie tritt für alle Moleküle auf.
- Die *inelastischen Stöße*, die mit einer Änderung der Energie verbunden sind ($\nu_i \neq \nu_0$). Diese Streuung bezeichnet man für $\nu_i < \nu_0$ als *Stokes-* und für $\nu_i > \nu_0$ als *Anti-Stokes-Streuung*. Diese treten nur bei Molekülen auf, bei denen sich die Polarisierbarkeit zeitlich ändert (s.u.). Zur Verdeutlichung dient Abb. 3.5.16.

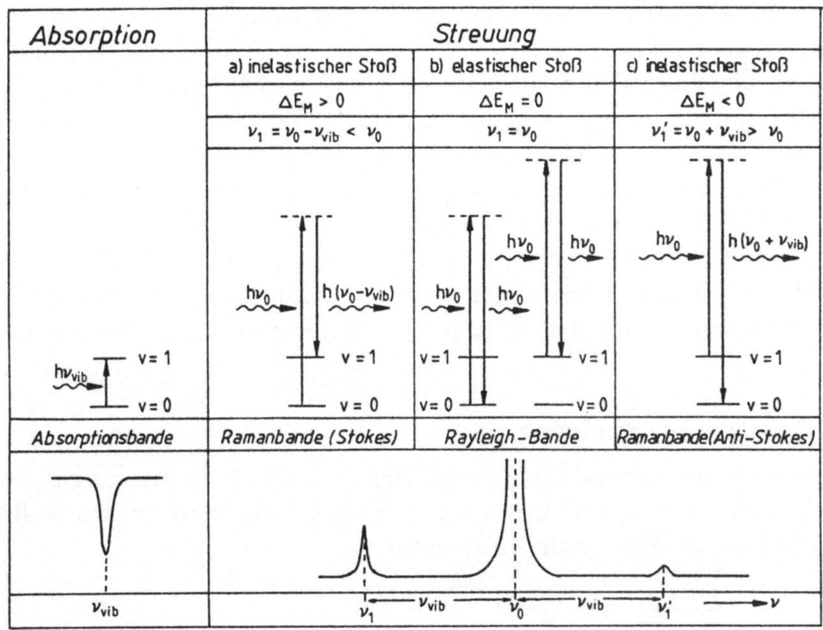

Abb. **3.5.16**
Zur Erläuterung des Raman-Effekts am Beispiel der Schwingungsramanspektroskopie [Sch 85]

Beim elastischen Stoß geht das Molekül aus dem Schwingungszustand $v = 0$ (oder auch aus angeregten Zuständen $v = 1, 2, \ldots$) in einen wesentlich höheren, instabilen Zustand (virtuelles Niveau) über und fällt sofort wieder in das Ausgangsniveau zurück. Es wird ein Photon mit der ursprünglichen Energie emittiert (Rayleigh-Bande) (Abb. 3.5.16b).

Ein kleiner Teil der Moleküle geht beim Stoß in den ersten angeregten Schwingungszustand über ($v = 1$). Es wird ein Photon mit einer um die Energie des Übergangs $v = 0 \rightarrow v = 1$ verkleinerten Energie emittiert. Im Raman-Spektrum erscheint die zu kleinen Frequenzen verschobene Stokes-Linie (Rotverschiebung) (Abb. 3.5.16a).

Auch der umgekehrte Fall, daß das Molekül durch Stoß mit einem Photon von einem angeregten Zustand über einen hypothetischen Zustand in den Grundzustand übergeht, ist möglich. Dabei wird ein Photon mit erhöhter Energie emittiert, und wir erhalten im Spektrum die zu höheren Frequenzen verschobenen Anti-Stokes Linien (Blauverschiebung) (Abb.3.5.16c). Da sich die Moleküle bei Raumtemperatur weitgehend im Schwingungsgrundzustand befinden, sind solche Stöße sehr viel seltener.

Es sei hier nochmals betont, daß die gestrichelten Linien in Abb. 3.5.16 keine stationären Schwingungs- oder Elektronenzustände, sondern Zustände darstellen, die Lösungen der zeit*abhängigen* Schrödingergleichung sind. Man kann sich das anhand von Gl. (3.1.22) verdeutlichen: Das ungestörte System wird durch die Strahlung gestört. Die Energie $\hat{H}$ des Systems wird durch das kurzzeitige „Schlucken“ des Photons um die (Stör-)Energie $\hat{H}'$ vergrößert. Nach der Emission des zweiten Photons ist die Energie wieder verringert. Der virtuelle Zustand besteht deswegen nur kurze Zeit. Die Übergänge dürfen daher nicht mit Absorption und Emission verwechselt werden, die nur zwischen stationären Zuständen auftreten. (Die Ableitung in Abschn. 3.1.2.2.2 gilt jedoch nur für Absorptions-, nicht für Streuvorgänge, s. dazu z.B. [Lon 77].)

Klassische Beschreibung

Monochromatisches Licht wird klassisch durch elektromagnetische Wellen bestimmter Frequenz beschrieben. Dabei kann man sich vorstellen, daß der schwingende elektrische Feldvektor

$$\underline{E} = \underline{E}_0 \cdot \cos 2\pi\nu_0 t \qquad \textbf{(3.5.42)}$$

die leicht bewegliche negative Ladung der äußeren Elektronenhülle periodisch gegen die positiven Atomrümpfe verschiebt (vgl. auch Abschn. 3.1.2.4). Wie leicht sich die Elektronen eines Moleküls in erzwungene Schwingungen versetzen lassen, hängt von ihrer Polarisierbarkeit α ab. Bei dieser Wechselwirkung des elektrischen Feldvektors $\underline{E}$ mit den Elektronen des Moleküls wird ein oszillierendes Dipolmoment induziert

$$\underline{\mu}_{\text{ind}} = \alpha \cdot \underline{E} = \alpha \cdot \underline{E}_0 \cdot \cos 2\pi\nu_0 t \ , \qquad \textbf{(3.5.43)}$$

das seinerseits wieder Licht der gleichen Frequenz abstrahlt. Diese Sekundärstrahlung stellt die mit unverschobener Frequenz ν_0 beobachtete Rayleigh-Streuung dar. Schwingt nun aber das Molekül mit der Frequenz ν_{vib}, so ändert sich die Normalkoordinate der Schwingung q_i gemäß (zur Definition vgl. Anhang 5.4.3)

$$q_i = q_{i,\max} \cos 2\pi \nu_{\text{vib},i} t \; . \tag{3.5.44}$$

Mit der Schwingung kann sich aber auch die Polarisierbarkeit α der Elektronen ändern, die sich jetzt als eine mittlere Polarisierbarkeit in der Gleichgewichtslage α_0 und einen die Änderung bei der Schwingung berücksichtigenden Anteil darstellen läßt:

$$\alpha_i = \alpha_0 + \frac{\partial \alpha}{\partial q_i} q_i \ldots \tag{3.5.45}$$

(Die Reihenentwicklung kann näherungsweise nach dem 2. Glied abgebrochen werden.) Einsetzen von Gl. (3.5.44) und (3.5.45) in (3.5.43) ergibt unter Berücksichtigung der trigonometrischen Beziehung $\cos\alpha \cdot \cos\beta = \frac{1}{2}\left[\cos(\alpha - \beta) + \cos(\alpha + \beta)\right]$

$$\begin{aligned} \underline{\mu}_{\text{ind}} &= \alpha_0 \underline{E}_0 \cos 2\pi\nu_0 t \\ &+ \frac{\underline{E}_0 q_{i.\max}}{2} \frac{\partial \alpha}{\partial q_i} \left[\cos 2\pi(\nu_0 - \nu_{\text{vib},i})t + \cos 2\pi(\nu_0 + \nu_{\text{vib},i})t\right] \; . \end{aligned} \tag{3.5.46}$$

D.h. das induzierte Dipolmoment μ_{ind} oszilliert mit den drei überlagerten Frequenzen ν_0, $\nu_0 - \nu_{\text{vib},i}$ und $\nu_0 + \nu_{\text{vib},i}$, die den Rayleigh-, Stokes- und Anti-Stokes Linien entsprechen.

$$\begin{aligned} \underline{\mu}_{\text{ind}} &= \alpha_0 \underline{E}_0 \cos 2\pi\nu_0 t \\ &+ \frac{1}{2} \underline{E}_0 q_{i,\max} \frac{\partial \alpha}{\partial q_i} \cos 2\pi(\nu_0 - \nu_{\text{vib},i})t \\ &+ \frac{1}{2} \underline{E}_0 q_{i,\max} \frac{\partial \alpha}{\partial q_i} \cos 2\pi(\nu_0 + \nu_{\text{vib},i})t \end{aligned} \tag{3.5.47}$$

Aus Gl. (3.5.47) kann man auch entnehmen, daß die Ramanstreuung (Stokes, Anti-Stokes) nur auftritt, wenn $\partial\alpha/\partial q_i \neq 0$ ist, d.h. wenn sich die Polarisierbarkeit im Verlauf der Molekülschwingung ändert. Entscheidendes Kriterium der Ramanaktivität eines Moleküls ist also die Änderung der Polarisierbarkeit. Man beachte aber, daß nur ein sich zeitlich änderndes Dipolmoment elektromagnetische Strahlung in den Raum abstrahlen kann und die zeitliche Änderung der Polarisierbarkeit an sich nicht dazu in der Lage

ist. Mit Gl. (3.5.43) haben wir aber gesehen, daß die Polarisierbarkeitsänderung einen schwingenden Dipol induziert und somit die Bedingung für das Aussenden von elektromagnetischer Strahlung erfüllt ist.
Normalerweise sind die obigen Ausdrücke in Gl. (3.5.43) bis (3.5.47) durch kompliziertere Formeln zu ersetzen, weil die Polarisierbarkeit in einem Molekül nach Betrag und Richtung unterschiedlich sein kann (Anisotropie), d.h. $\underline{\mu}_{\text{ind}}$ und $\underline{E}$ sind Vektoren, und $\underline{\underline{\alpha}}$ ist als Tensor zu beschreiben. Aus Gl. (3.5.43) wird dadurch

$$\begin{pmatrix} \mu_{\text{ind},x} \\ \mu_{\text{ind},y} \\ \mu_{\text{ind},z} \end{pmatrix} = \begin{pmatrix} \alpha_{xx} & \alpha_{xy} & \alpha_{xz} \\ \alpha_{yx} & \alpha_{yy} & \alpha_{yz} \\ \alpha_{zx} & \alpha_{zy} & \alpha_{zz} \end{pmatrix} \begin{pmatrix} E_x \\ E_y \\ E_z \end{pmatrix} . \tag{3.5.48}$$

Dabei gibt der erste Index an, welche Komponente des induzierten Dipols beeinflußt wird, der zweite Index, von welcher Komponente des Feldes dies ausgeht.

Bisher haben wir die zeitliche Änderung der Polarisierbarkeit auf die Änderung von Schwingungszuständen zurückgeführt. Aber auch bei der Rotation kann sich die Polarisierbarkeit ändern, wenn sie anisotrop ist. Sie ändert sich mit der doppelten Rotationsfrequenz, wie Abb. 3.5.17 zeigt.

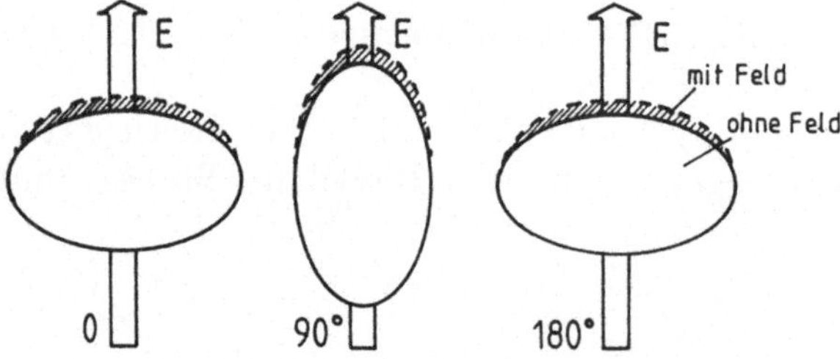

Abb. **3.5.17**
Betrachtet man die Polarisierbarkeit eines linearen Rotators, erhält man nach einer Drehung von nur 180° den Ausgangszustand zurück. Dies bedingt die Auswahlregel $\Delta J = \pm 2$ für die Rotations-Raman-Spektroskopie [Atk 90].

Setzt man in eine zu Gl. (3.5.47) analoge Gleichung $2 \cdot \nu_{\text{rot},i}$ statt $\nu_{\text{vib},i}$ ein, so erhält man drei überlagerte Frequenzen $\nu_0, \nu_0 - 2\nu_{\text{rot},i}$ und $\nu_0 + 2\nu_{\text{rot},i}$.

Aus obigen klassischen Überlegungen, aber auch aus quantenmechanischen Berechnungen (s. Abschn. 3.1.2.2.2) erhält man die Auswahlregeln

$$\Delta v = \pm 1 \tag{3.5.49}$$

für die Schwingung und

$$\Delta J = 0, \pm 2 \qquad (\mathbf{3.5.50})$$

für die Rotation. Die Auswahlregel $\Delta J = 0$ ist also bei der Rotations-Raman-Spektroskopie erlaubt, führt aber zu keiner zusätzlichen Bande der gestreuten Photonen, sondern fällt mit der Rayleighstreuung zusammen. Für die Wellenzahlverschiebung $\Delta\tilde{\nu}_{\text{rot}}$ gegenüber $\tilde{\nu}_0$ im Rotations-Raman-Spektrum erhalten wir aus Gl. (3.5.4) für $\Delta J = +2$ den Ausdruck

$$\Delta\tilde{\nu}_{\text{rot}} = -2B(2J+3) \quad \text{mit} \quad J = 0, 1, 2, \dots \qquad (3.5.51)$$

und für $\Delta J = -2$ den Ausdruck

$$\Delta\tilde{\nu}_{\text{rot}} = 2B(2J-1) \quad \text{mit} \quad J = 2, 3 \dots . \qquad (3.5.52)$$

(Achtung mit den Vorzeichen: Wird $\tilde{\nu}_{\text{rot}}$ kleiner, also bei Stokes-Streuung mit $\Delta J = +2$, so wird $|\Delta\tilde{\nu}_{\text{rot}}| = |F_{\text{rot},f} - F_{\text{rot},i}|$ negativ gesetzt, bei Anti-Stokes-Streuung positiv.)

Der Abstand zweier Rotationslinien beträgt also $4B$, der Abstand der ersten Rotationslinie von der unverschobenen Zentrallinie $6B$ und folglich der Abstand zwischen den ersten Linien des einen und des anderen Zweiges $12B$. In Abb. 3.5.18 ist dies nochmals verdeutlicht.

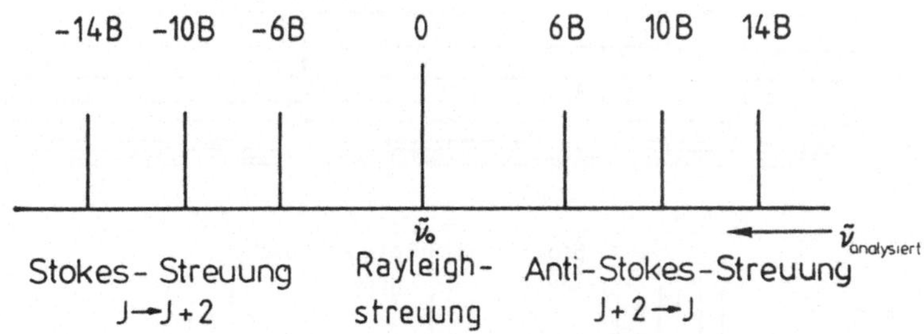

Abb. **3.5.18**
Stokes- und Anti-Stokes-Zweig im Rotations-Raman-Spektrum

Abb. 3.5.19 zeigt das Zustandekommen eines Ramanspektrums anhand der möglichen Rotationsübergänge.

In Abb. 3.5.20 ist der Unterschied zwischen Rotationsabsorptionsübergängen und Rotations-Raman-Übergängen dargestellt.

Abb. 3.5.21 zeigt für verschiedene Aggregatzustände schematisch einen Bereich in Ramanspektren, in dem Schwingungs- und Rotationsenergieverluste detektiert werden.

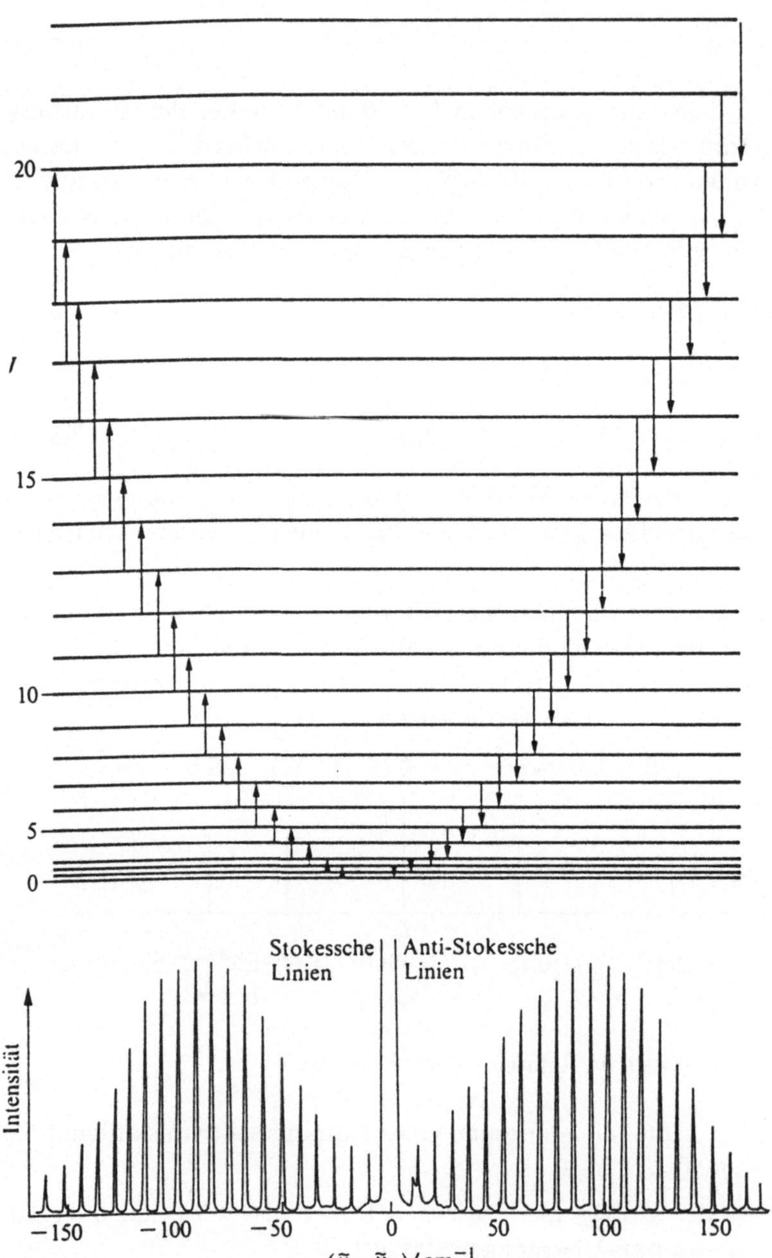

Abb. **3.5.19**
Rotationsramanübergänge mit $\Delta J = 0, \pm 2$. Darunter ist ein typisches Spektrum gezeigt [Atk 90].

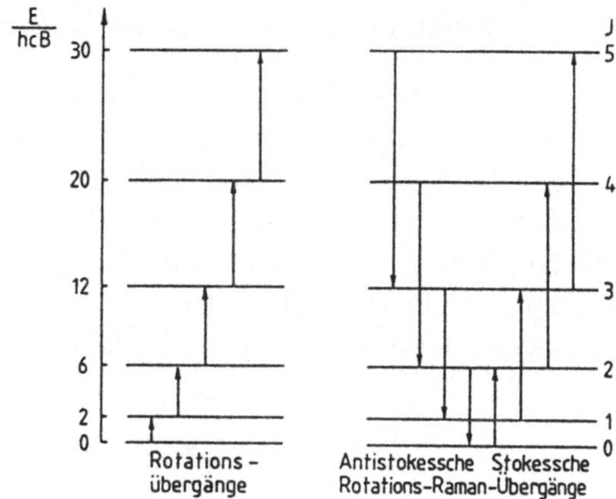

Abb. **3.5.20**
Vergleich zwischen Rotations-Absorptions- und Rotations-Raman-Übergängen

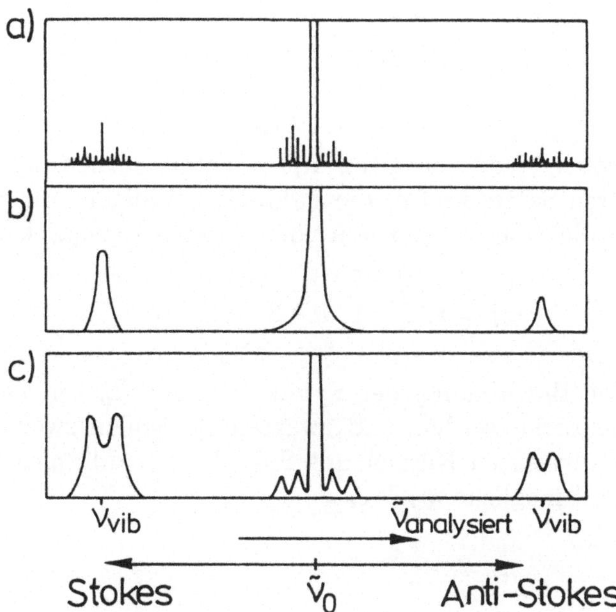

Abb. **3.5.21**
Schematische Darstellung von Ramanspektren für verschiedene Aggregatzustände [Lon 77]
a) hochaufgelöstes Gasphasenspektrum
b) Flüssigkeitsspektrum
c) Kristallspektrum mit im Festkörper zusätzlich auftretenden Anregungen (Librationen)

3.5.3.2 Einfluß des Kernspins auf Rotationsniveaus linearer Moleküle

In der statistischen Thermodynamik wird das Problem behandelt, daß nicht für jedes Molekül alle Werte von J zugelassen sind. Bei Molekülen, bei denen zwei gleiche Kerne durch eine Rotation ineinander überführt werden können, muß das Pauliprinzip beachtet werden: Bei Bosonen (z.B. CO_2, ^4He) muß sich die Gesamtwellenfunktion bei Vertauschung der Kerne symmetrisch, bei Fermionen (z.B. H_2, C_2H_2, ^3He) antisymmetrisch verhalten. Die Gesamtwellenfunktion setzt sich dabei aus folgenden Anteilen zusammen:

$$\Psi_{\text{tot}} = \Psi_{\text{trans}} \cdot \Psi_{\text{vib}} \cdot \Psi_{\text{rot}} \cdot \Psi_{\text{el}} \cdot \Psi_{\text{n}} \qquad \mathbf{(3.5.53)}$$

Ψ_{el}, Ψ_{vib} und Ψ_{trans} sind im Grundzustand fast immer symmetrisch (Ausnahme ist z.B. Ψ_{el} von O_2). Ψ_{rot} ist symmetrisch für gerade J und antisymmetrisch für ungerade J. Für Ψ_{n} lassen sich keine so allgemeinen Aussagen treffen. Bei i verschiedenen äquivalenten Kernen der Anzahl n mit Kernspin I ergibt sich für die Anzahl der möglichen Spinzustände

$$N_I = \prod_i (2I_i + 1)^{n_i} \quad , \qquad (3.5.54)$$

wobei i jeden Satz von äquivalenten Kernen indiziert, I_i den Kernspin des i-ten Satzes und n_i die Zahl der jeweiligen äquivalenten Kerne angibt. Die Projektionsquantenzahl von I wird m_I genannt, und es gilt:

$$m_I = I,\, I-1,\, I-2,\, \ldots,\, -I \qquad (3.5.55)$$

Die Bestimmung der Symmetrie von Ψ_{n} soll hier durch ein Beispiel verdeutlicht werden, und zwar an H_2, einem zweiatomigen Molekül mit zwei äquivalenten Kernen mit Spin $I = \frac{1}{2}$, d.h. also Fermionen. Damit gibt es zwei mögliche m_I-Werte:

$$m_I = +\frac{1}{2} \hookrightarrow \alpha \qquad (3.5.56)$$

$$m_I = -\frac{1}{2} \hookrightarrow \beta \qquad (3.5.57)$$

Bei H_2 gibt es folgende Spinkonfigurationen:

$$\alpha\alpha \;,\; \alpha\beta \;,\; \beta\alpha \;,\; \beta\beta$$

Bei der Permutierung P_{ij} beider Kerne ergeben sich folgende Änderungen:

Kern	1	2	P_{12}	1	2	Kernspinfunktion
	α	α	$\longrightarrow$	α	α	(a)
	α	β	$\longrightarrow$	β	α	(b)
	β	α	$\longrightarrow$	α	β	(c)
	β	β	$\longrightarrow$	β	β	(d)

a und d gehen jeweils in sich über; sie sind *symmetrisch*. b und c gehen jeweils ineinander über, und es gibt keine Möglichkeit einer Symmetriebetrachtung. Weil b und c entartet sind, kann man jedoch nur Linearkombinationen von ihnen betrachten:

$$\frac{1}{\sqrt{2}}(\alpha\beta + \beta\alpha) \longrightarrow \frac{1}{\sqrt{2}}(\beta\alpha + \alpha\beta) \qquad (b') \tag{3.5.58a}$$

und

$$\frac{1}{\sqrt{2}}(\alpha\beta - \beta\alpha) \longrightarrow \frac{1}{\sqrt{2}}(\beta\alpha - \alpha\beta) \qquad (c') \tag{4.5.58b}$$

b' bleibt auch bei der Permutation unverändert, ist damit also *symmetrisch*, während c' das Vorzeichen ändert und damit *antisymmetrisch* ist. Das H_2-System besitzt demnach drei symmetrische Spinfunktionen (a,b' und d, $g_{I,s} = 3$) und eine antisymmetrische Spinfunktion (c', $g_{I,as} = 1$).

Da die Gesamtwellenfunktion für Fermionen antisymmetrisch sein muß, gehören zu den symmetrischen Kernspinfunktion alle ungeraden $J = 1, 3, 5, \ldots$, zur antisymmetrischen alle geraden $J = 0, 2, 4, \ldots$. Das Intensitätsverhältnis der Ramanlinien verhält sich entsprechend dem Entartungsgrad, d.h. das Intensitätsverhältnis ist 3:1.

Bosonen mit Kernspin = 0 haben eine symmetrische Kernspinwellenfunktion $\Psi_{\rm n}$. Da für Bosonen $\Psi_{\rm tot}$ symmetrisch sein muß, muß auch die Rotationswellenfunktion $\Psi_{\rm rot}$ symmetrisch sein. Dies ist aber nur für gerade Rotationsquantenzahlen $J = 0, 2, 4, \ldots$ der Fall. Aus diesem Grund fällt in einem solchen Rotationsspektrum jede zweite Linie aus. Ein Beispiel ist das Molekül $C^{16}O_2$.

Für zwei Bosonen mit je einem Kernspin $I = 1$ und $m_I = 0, \pm 1$ gibt es $(2I + 1)^2 = 9$ Anordnungsmöglichkeiten, von denen 6 symmetrische und 3 antisymmetrische Kernspinwellenfunktionen ergeben. Für die symmetrischen Funktionen ist wieder $J = 0, 2, 4$ erlaubt, für die antisymmetrischen

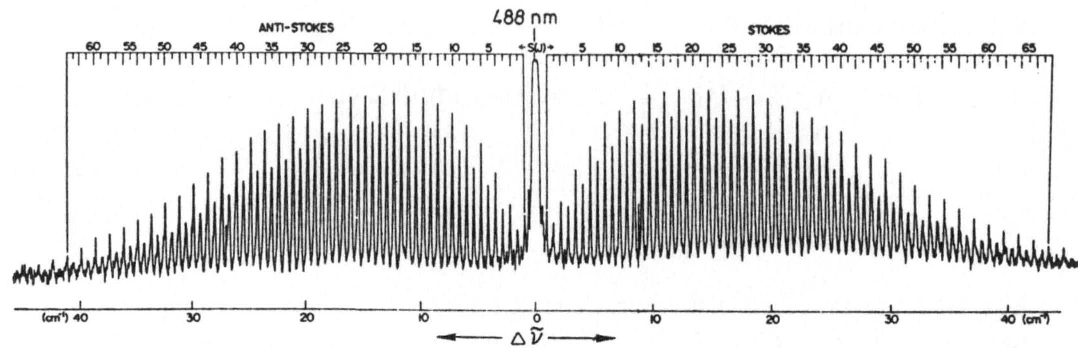

Abb. 3.5.22
Rotations-Ramanspektrum von C_2N_2 [Web 79]

$J = 1, 3, 5$. Die Intensitäten verhalten sich wie 2:1. Als Beispiel ist in Abb. 3.5.22 das Rotations-Raman-Spektrum von C_2N_2 gezeigt.

Für nichtlineare Moleküle treten diese Effekte ebenfalls auf, sie sind aber schwieriger exakt abzuleiten. Man kann jedoch an der Periodizität der Intensitäten die Zähligkeit der Hauptdrehachse erkennen. Acetylen besitzt eine C_2-Achse und hat auch eine Zweierperiode der Intensitätsfolge. Bei C_{3v}-Molekülen (zur Nomenklatur s. Anhang 5.4.1) wie $CHCl_3$ tritt dagegen die Dreierperiode stark, schwach, schwach auf.

3.5.3.3 Anwendungsbeispiele

Wichtigstes Anwendungsgebiet der Ramanspektroskopie ist die Strukturermittlung. Dazu ist i.allg. die gemeinsame Auswertung von Infrarot- und Raman-Spektren notwendig. Aus der Gruppentheorie weiß man z.B., daß bei Molekülen mit Inversionszentrum jede Schwingung nur entweder schwingungs- oder ramanaktiv sein kann, also keine Schwingungsbande in beiden Spektren auftauchen darf (Alternativverbot, vgl. Anhang 5.4.2). Dies ist eine große Hilfe bei der Strukturermittlung. Da die Ramanspektroskopie eine Änderung der Polarisierbarkeit, die IR- oder MW-Spektroskopie eine Änderung des Dipolmomentes voraussetzen, ergänzen sich die Methoden oft.

Außerdem lassen sich wie bei der IR-Spektroskopie an Oberflächen adsorbierte Moleküle untersuchen. Diese Methode ist z.B. für die heterogene Katalyse wichtig. Sie begründet sich darauf, daß die Adsorption eines Moleküls zu einer Erniedrigung seiner Symmetrie und damit in den meisten Fällen zum Auftreten von sonst inaktiven Schwingungen führt und eine geometrisch bedingte Beeinflussung einzelner Schwingungen sich in einer Veränderung der betreffenden Frequenzen äußern kann. Ein Vergleich mit dem Spektrum des freien Moleküls erlaubt daher oft Aussagen über die Orientierung an der

Oberfläche und die damit verbundenen Symmetrieänderungen. Ein Problem stellt allerdings der kleine Wirkungsquerschnitt für den Ramanprozeß an Monolagen dar, so daß man hier zu einer speziellen Technik, der sogenannten *Resonanz-Raman-Methode*, greift. Ganz prinzipiell steigt die Ramanintensität um eine Vielfaches an, wenn man resonant in ein (stationäres, nicht virtuelles!) elektronisches Niveau anregt. Auf diese Weise kann man durch wellenlängenabhängige Messungen auch elektronische Niveaus mit Raman untersuchen. Diesen Effekt kann man auch an der Oberfläche ausnutzen, wenn man resonant in ein elektronisches Niveau eines Adsorbatmoleküls anregt (SERS, „Surface Enhanced Raman Scattering"). Ein Beispiel zeigt Abb. 3.5.23, in der die elektrochemische Reaktion von Nitrobenzol zu Anilin an einer Goldelektrode in-situ verfolgt wurde.

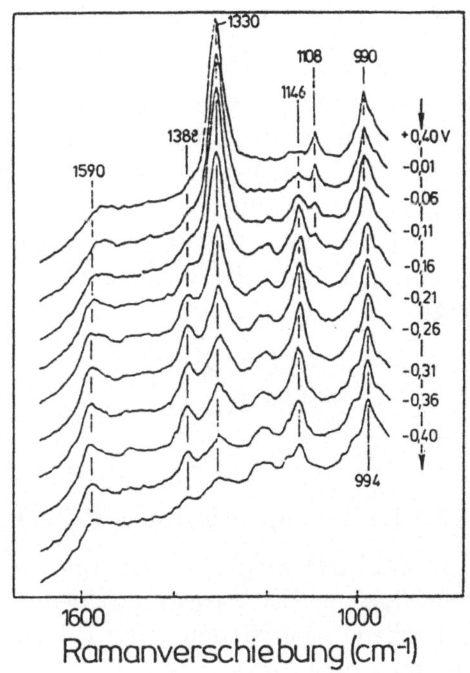

Abb. 3.5.23
SERS-Spektrum der elektrochemischen Reaktion einer 3mM Nitrobenzollösung in 0,1M Schwefelsäure zu Anilin an einer Goldelektrode [Gao 88]

Man erkennt, daß die NO_2-Schwingung bei 1330 cm^{-1} bei der Reduktion langsam verschwindet, während das Zwischenprodukt Nitrosobenzol (1388 cm^{-1}) entsteht und dann ebenfalls verschwindet. Der Benzolring (1590 und 990 cm^{-1}) wird nicht angegriffen.

Darüberhinaus wird die Ramanspektroskopie zur Untersuchung von Festkörperphononen eingesetzt.

3.5.4 Spektroskopie im optischen Bereich

Die Absorption von Molekülen und Komplexverbindungen im sichtbaren (VIS-) und ultravioletten (UV-) Spektralbereich, d.h. bei Wellenzahlen zwischen etwa 10000 und 60000 cm^{-1} ($\hat{=}$150–1000 nm $\hat{=}$ 1–8 eV), führt zu Übergängen zwischen elektronischen Niveaus. Die Spektren werden deshalb Elektronen-, UV- bzw. UV/VIS-Spektren genannt. Im folgenden sollen die Grundlagen der UV-Spektroskopie und ihre Anwendungen besprochen werden. Übliche Spektrometer haben wir bereits in Abb. 3.2.2 kennengelernt.

3.5.4.1 Theorie der Elektronenbandenspektren von Molekülen

Bestrahlen wir ein Molekül mit UV- oder sichtbarem Licht, so kann es Energie zur Elektronenanregung aufnehmen, wobei ein Elektron von einem Orbital in ein energetisch höher gelegenes Orbital übergeht. Anders ausgedrückt findet ein Übergang zwischen sogenannten Elektronentermen T_{el} statt. Der Elektronenanregung können noch Schwingungs- und Rotationsanregungen zwischen Schwingungstermen G und Rotationstermen F überlagert sein, wodurch sich für die Wellenzahl einer Absorptionslinie folgender Ausdruck ergibt:

$$\tilde{\nu} = (T_{\text{el},f} - T_{\text{el},i}) + (G_f - G_i) + (F_f - F_i) \qquad (3.5.59)$$

$$\tilde{\nu} = \tilde{\nu}_{\text{el}} + \tilde{\nu}_{\text{vib}} + \tilde{\nu}_{\text{rot}} \qquad \mathbf{(3.5.60)}$$

3.5.4.1.1 Photophysikalische Primärprozesse

Die Zahl der möglichen Energiezustände in einem Molekül ist durch die verschiedenen Elektronen-, Schwingungs- und Rotationszustände sehr groß. Zwischen ihnen können verschiedene Grundtypen von Übergängen, die sogenannten photophysikalischen Primärprozesse stattfinden, die in Abb. 3.5.24 in einem sogenannten Jablonski-Termschema schematisch dargestellt sind. Sowohl die absolute Lage der einzelnen Energiezustände als auch die Wahrscheinlichkeit für Übergänge zwischen den einzelnen Energieniveaus hängen vom jeweiligen Molekül ab. Darauf werden wir in den nächsten Abschnitten eingehen.

Die Elektronenniveaus lassen sich einteilen in *Singulettzustände* S_0, S_1, S_2 mit antiparallelen Elektronenspins $\downarrow\uparrow$, wobei das Molekül diamagnetisch ist, und *Triplettzustände* T_1, T_2 mit parallelen Elektronenspins $\uparrow\uparrow$, wobei

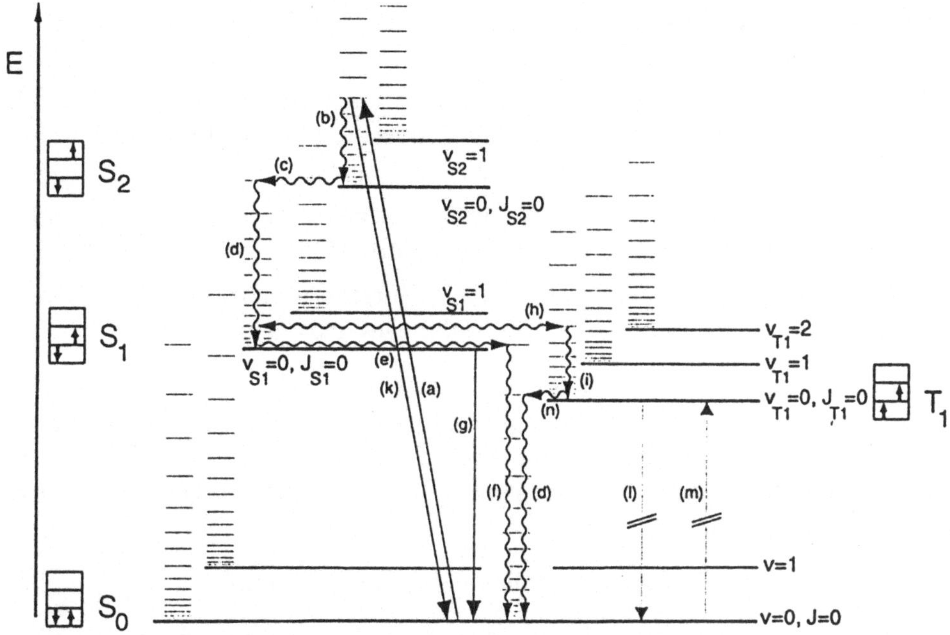

Abb. **3.5.24**
Typisches Jablonski-Termschema für organische Moleküle mit einem π-Elektronensystem, in dem Rotations-, Schwingungs- und Elektronenzustände zweier Spinsysteme (S = Singulett, T = Triplett) eingezeichnet sind. S_0 = Grundzustand, S_1 = erster angeregter Singulettzustand, T_1 = erster angeregter Triplettzustand

das Molekül paramagnetisch ist. Ein Triplett-Grundzustand T_0 kann aufgrund des Pauli-Verbots nicht existieren. Da die Spinpaarungsenergie nicht aufgebracht werden muß, liegt T_1 energetisch unter S_1.

Im Jablonski-Termschema sind die Singulett- und Triplett-„Energieleitern“ aus Gründen der Übersichtlichkeit auseinandergezogen.

Bestrahlt man das Molekül mit UV- oder sichtbarem Licht, so wird es in ca. 10^{-15} s in einen höheren Elektronen-, Schwingungs- und Rotationszustand angeregt (a). Dieser ist kurzlebig und desaktiviert strahlungslos sehr schnell in den Zustand S_1 (b,d), sofern andere Moleküle (z.B. Lösungsmittel) zur Aufnahme der Energie vorhanden sind. Diese Desaktivierung heißt auch vibratorische Relaxation oder thermische Äquilibrierung und läuft typischerweise in 10^{-13}–10^{-12} s ab. Dabei können auch Änderungen des Elektronenzustandes ohne Energieabgabe ablaufen (c) (innere Umwandlung oder „internal conversion“ (IC)).

Der Zustand S_1 ist relativ langlebig (10^{-11}–10^{-7} s), so daß von diesem mehrere Konkurrenzprozesse ausgehen können:

- weitere innere Umwandlung (e) mit nachfolgender *strahlungsloser Desaktivierung* (f)
- Emission von Strahlung, allg. als Lumineszenz bezeichnet, in diesem Fall erlaubter Übergänge ($S_1 \rightarrow S_0$) als *Fluoreszenz* bezeichnet (s. Abschn. 3.5.4.1.5) (g)
- *Photoreaktionen*, bei denen das „elektronisch" aktivierte Molekül andere Reaktionspartner bildet (hier nicht dargestellt)
- Umwandlung in den Triplettzustand (Interkombination, *„intersystem crossing, ISC"*) (h) mit anschließender Desaktivierung (i).

In sehr verdünnten Gasen finden die bis jetzt beschriebenen Desaktivierungsprozesse kaum statt, da eine strahlungslose Desaktivierung nur durch Abgabe der Energie an Nachbarmoleküle möglich ist. In solchen Systemen tritt nach der Anregung (a) sofort wieder Emission auf (k). Diesen Vorgang nennt man Resonanzfluoreszenz.

Wir wollen nun die Triplettzustände genauer betrachten:

Da eine Spinumkehr während eines Elektronenüberganges in erster Näherung „verboten" ist, sind die Strahlungsübergänge (l) und (m) zwischen dem S_0- und T_1-Niveau gestrichelt dargestellt. Die Emission oder Lumineszenz, in diesem Falle ($T_1 \rightarrow S_0$) *Phosphoreszenz* (l), tritt nur dann auf, wenn eine weitere Interkombination ISC (n) und anschließende strahlungslose Desaktivierung (d) nicht auftreten. Die Phosphoreszenz wird in Abschn. 3.5.4.1.5 genauer behandelt.

Da der Triplettzustand wegen des Spinverbotes sehr langlebig ist, d.h. die Lebensdauer in der Größenordnung von Sekunden bis Minuten liegt, können aus diesem ebenfalls verschiedene andere Prozesse ablaufen, die hier nicht im Detail dargestellt sind.

3.5.4.1.2 Auswahlregeln

Auch bei der Elektronenspektroskopie sind nicht alle theoretisch möglichen Übergänge erlaubt. Ganz allgemein bestimmt man die Auswahlregeln wieder über die Berechnung des Übergangsmoments R_{fi} (vgl. Abschn. 3.1.2.2.2). Im allgemeinsten Fall muß dazu das Integral $R_{fi} = \int \Psi^*_{\text{tot},f} \hat{\mu} \Psi^*_{\text{tot},i} d\tau$ gelöst werden, wobei Ψ_{tot} durch $\Psi_{\text{rot}} \cdot \Psi_{\text{vib}} \cdot \Psi_{\text{el}}$ angenähert werden kann. Darauf werden wir in Abschn. 3.5.4.1.4 näher eingehen. Die gruppentheoretische Beschreibung der Bestimmung von Übergangsmomenten und damit der Auswahlregeln ist in Anhang 5.4.2 gegeben. Einfache Regeln lassen sich v.a. für zweiatomige oder lineare mehratomige Moleküle aufstellen. So ergeben sich z.B. wie bei den Atomen aufgrund der *Erhaltung des Drehimpulses* Auswahlregeln für die erlaubten Übergänge:

$$\Delta\Lambda = 0, \pm 1 \tag{3.5.61}$$

Das *Spin-Verbot* besagt, daß sich der Gesamtspin S bzw. die Multiplizität $M = 2S + 1$ während des Übergangs nicht ändern dürfen, d.h. z.B., daß Singulett-Terme nur mit Singulett-Termen kombinieren, während ein Übergang zwischen einem Singulett- und einem Triplett-Term nicht erlaubt ist. Das *Laporte-* oder *Paritätsverbot* besagt, daß Übergänge gleicher Parität verboten sind. Man bezeichnet dabei Moleküle mit dem Paritätssymbol g (gerade), wenn deren Wellenfunktion bezüglich der Inversion symmetrisch ist, bzw. mit u (ungerade), wenn sie antisymmetrisch ist (vgl. Abschn. 2.4.2.1 und Anhang 5.4.2).

$$\begin{array}{llll} \text{erlaubt:} & g \rightarrow u & \text{verboten:} & g \not\rightarrow g \\ & u \rightarrow g & & u \not\rightarrow u \end{array} \tag{3.5.62}$$

Weiterhin wird noch unterschieden, ob die Wellenfunktion der Elektronen symmetrisch oder antisymmetrisch zu einer durch die benachbarten Atome gelegten Spiegelebene ist (vgl. Abschn. 2.4.2.1). (Man indiziert mit einem hochgestellten + die symmetrische und mit einem hochgestellten − die antisymmetrische Wellenfunktion.) Aus *Symmetriegründen* sind nur Übergänge zwischen gleichen Termen erlaubt. Beispiel:

$$\Sigma^+ \rightarrow \Sigma^+ \quad ; \quad \Sigma^+ \not\rightarrow \Sigma^- \tag{3.5.63}$$

Die letzten drei Übergangsverbote gelten prinzipiell auch bei mehratomigen Molekülen, gelten aber durch Spin-Bahn- oder Elektronen-Schwingungskopplung häufig nicht streng.

3.5.4.1.3 Absorptionsspektren

Wir wollen uns zuerst mit Absorptionsbanden von elektronisch niedriger in höher gelegene Niveaus beschäftigen, wobei wir Feinstrukturen durch Schwingungs- oder Rotationsanregung zunächst vernachlässigen, was z.B. bei Molekülen in Lösung häufig erlaubt ist, da dort diese Anregungen durch die Wechselwirkung zu anderen Molekülen stark gehemmt sind. Abb. 3.5.25

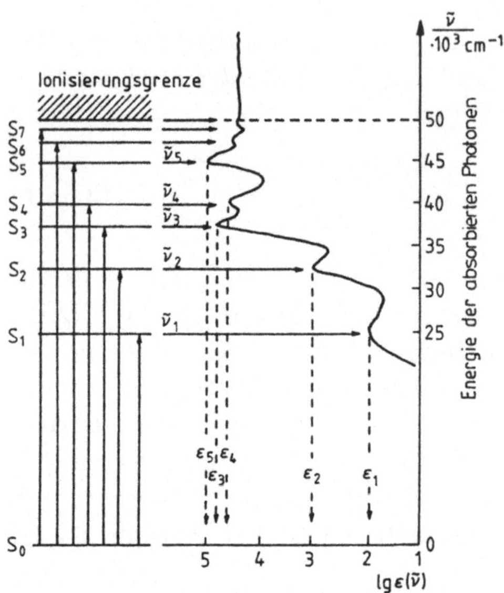

Abb. **3.5.25**
Singulett-Termschema und Zuordnung zum Absorptionsspektrum [Per 86]

verdeutlicht anhand eines einem Singulett-Termschema zugeordneten Absorptionsspektrums, daß die gemessenen Absorptionsmaxima zu ganz bestimmten elektronischen Energiezuständen gehören. Damit können die Werte des Extinktionskoeffizienten $\varepsilon(\tilde{\nu})$ (und damit die Intensität) stark variieren.

Die Lage von UV/VIS-Absorptionsbanden wird stark durch die Matrix beeinflußt, in der die Moleküle vorliegen. Dies ist insbesondere bei Molekülen in Lösung der Fall. Hier stabilisieren Lösungsmittelmoleküle häufig entweder den Grund- oder angeregten Zustand stärker. Abb. 3.5.26 zeigt als ein Beispiel den Einfluß des polaren, protischen Lösungsmittels Ethanol im Vergleich zum unpolaren, aprotischen Cyclohexan.

Man sieht, daß der Grundzustand energetisch in Ethanol leicht stabilisiert wird. Insbesondere wird aber der angeregte Zustand der π–π^*-Anregung, der zu einem hohen Dipolmoment führt, stark abgesenkt, so daß eine Verschiebung zu längeren Wellenlängen (bathochrome Verschiebung) resultiert, während der weit weniger polare Zustand nach einer n–π^*-Anregung (n = nicht-bindendes MO) kaum beeinflußt wird, so daß insgesamt eine hypsochrome Verschiebung ins Kürzerwellige erfolgt.

Obwohl keine allgemeingültige Beziehung zwischen den physikalischen Eigenschaften des Lösungsmittels und der Änderung der Spektren existiert, findet man bei organischen Systemen häufig, daß bei π–π^*-Übergängen

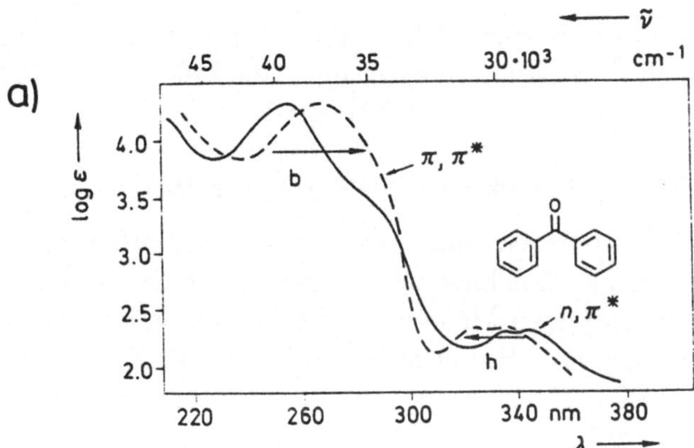

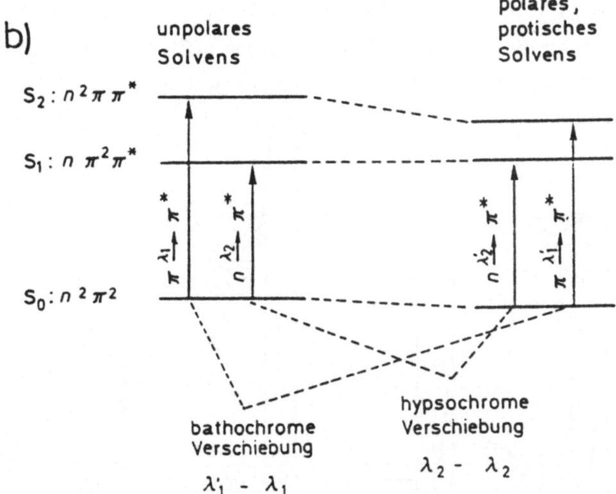

Abb. 3.5.26
a) Absorptionsspektren von Benzophenon, — in Cyclohexan, – – – in Ethanol, „b" bedeutet bathochrome, „h" hypsochrome Verschiebung.
b) Schematische Darstellung zur Erklärung der Verschiebungen [Hes 84]

eine bathochrome, bei n–π^*-Übergängen eine hypsochrome Verschiebung auftritt, wenn man von einem unpolaren zu einem polaren Lösungsmittel übergeht. Dies liegt daran, daß die nichtbindenden Elektronen oft durch H-Brücken oder Dipol-Dipol-Wechselwirkung beansprucht sind. Bei der Anregung des Moleküls muß diese Energie dann zusätzlich überwunden werden. Die π–π^*-Übergänge werden wegen der besseren Stabilisierung der stark polaren angeregten Struktur dagegen einfacher.

Auch beim Übergang zum Festkörper kann man in Molekülkristallen (zu anderen Festkörpern s. Abschn. 3.5.4.2) Verschiebungen der Banden erkennen, wenn durch die Packung der Moleküle der Grund- und angeregte Zustand unterschiedlich stabilisiert werden.

3.5.4.1.4 Franck-Condon-Prinzip, Feinstruktur

Betrachten wir nun einen Elektronenübergang am Beispiel eines zweiatomigen Moleküls bzw. einer herausgegriffenen Normalschwingung eines mehratomigen Moleküls. (Bei mehratomigen Molekülen ergibt sich eine m-dimensionale Hyperfläche, wobei m die Zahl der Normalschwingungen ist.) Abb. 3.5.27a–d zeigt die Potentialkurven zweiatomiger Moleküle für den elektronischen Grund- und den ersten angeregten Zustand.

Im Beispiel a) liegen die Minima der Potentialkurven übereinander, im Beispiel b) ist das Minimum der Potentialkurve des angeregten Zustands zu einem größeren Kernabstand verschoben. Bei beiden Potentialkurven sind die Schwingungsniveaus als Waagerechte eingezeichnet und die Ψ-Funktionen

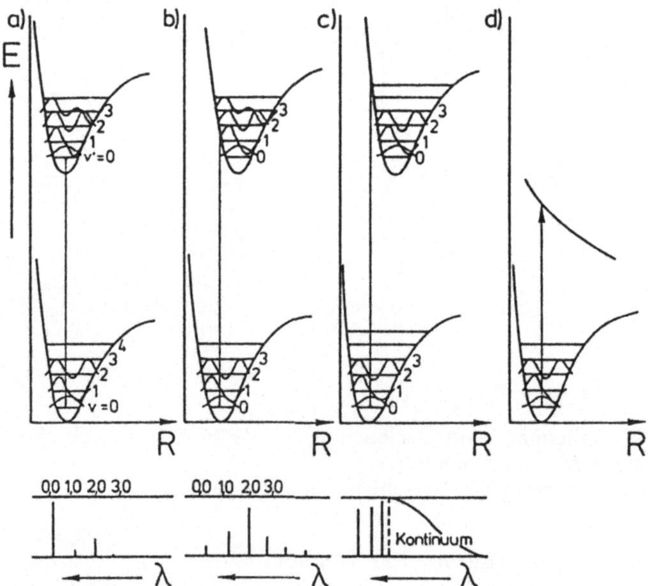

Abb. **3.5.27**
Verschiedene Möglichkeiten der UV-Anregung, dargestellt im Gesamtenergie-Atomabstands-Diagramm, und entsprechende Absorptionsspektren:
a,b) Die Anregung führt in einen höheren stabilen Zustand.
c) Die Anregung führt in einen höheren stabilen Zustand, jedoch zerfällt das Molekül aufgrund zu hoher Schwingungsanregung.
d) Die Anregung führt in einen höheren instabilen Zustand (die Potentialkurve fällt mit zunehmendem Kernabstand monoton ab).

der Schwingungszustände angegeben. Die elektronischen Übergänge führen vom Grundniveau zur Besetzung verschiedener Schwingungszustände im elektronisch angeregten Zustand.

Da es sich um Schwingungen in unterschiedlichen Potentialkurven handelt, ist die Auswahlregel $\Delta v = \pm 1$ nicht mehr gültig. Die Intensität des Übergangs wird nun durch das *Franck-Condon-Prinzip* bestimmt, das besagt, daß der elektronische Übergang in so kurzer Zeit erfolgt, daß die Lage der schweren, trägen Atomkerne sich innerhalb dieser Zeit nicht verändern kann. Dies entspricht der Born-Oppenheimer-Näherung aus der Quantenmechanik, die wir in Abschn. 2.4.1.1 kennengelernt haben. Man kann deshalb den Übergang zwischen Grund- und angeregtem Zustand durch eine Senkrechte darstellen.

Um den wahrscheinlichsten Übergang zu berechnen, müssen wir das Übergangsdipolmoment R_{fi} bestimmen (vgl. Abschn. 3.1.2.2.2). Bei Vernachlässigung der Rotationsfeinstruktur betrachten wir die elektronischen und die Schwingungszustände, die wir mit der Born-Oppenheimer-Näherung separieren können. Mit $\underline{r}$ für die elektronischen und $\underline{R}$ für die Kern-Koordinaten (Achtung mit der Nomenklatur: $R_{fi} \neq \underline{R}$!) erhalten wir damit:

$$\begin{aligned} R_{fi} &= -e \int \{\Psi_{\mathrm{el},f}(\underline{r})\Psi_{\mathrm{vib},f}(\underline{R})\}^* \, \hat{\underline{r}} \, \{\Psi_{\mathrm{el},i}(\underline{r})\Psi_{\mathrm{vib},i}(\underline{R})\} \, d\tau \\ &= -e \int \Psi^*_{\mathrm{el},f}(\underline{r})\hat{\underline{r}}\Psi_{\mathrm{el},i}(\underline{r}) d\tau \int \Psi^*_{\mathrm{vib},f}(\underline{R})\Psi_{\mathrm{vib},i}(\underline{R}) d\tau \end{aligned} \tag{3.5.64}$$

Dabei haben wir nur die Anregung des elektronischen Dipolmoments $e\underline{r}$ und nicht des vibratorischen $e\underline{R}$ berücksichtigt, da $\underline{R}$ ja während der Anregung konstant bleibt. Das erste Integral in Gl. (3.5.64) ist das Übergangsdipolmoment für die reine elektronische Anregung und bestimmt die Auswahlregeln für den elektronischen Übergang (vgl. Abschn. 3.5.4.1.2). Das zweite Integral ist das Überlappungsintegral S zwischen Schwingungsanfangs- und -endzustand und bestimmt die Intensitätsverhältnisse der Schwingungsfeinstruktur. Da die Intensität proportional zu R^2_{fi} ist, ist sie auch proportional zu S^2. Der Wert S^2 wird als Franck-Condon-Faktor bezeichnet.

In Abb. 3.5.27a liegen die Minima der Potentialkurve im Grund- und angeregten Zustand übereinander. Der wahrscheinlichste Übergang ist dabei $v_i = 0 \rightarrow v_f = 0$. Im Spektrum ergeben sich Intensitätsverhältnisse, wie sie in der Abbildung darunter schematisch gezeigt sind. D.h., daß jede zweite Linie sehr intensitätsschwach ist bzw. im rein harmonischen Oszillator völlig ausfällt. Da bei Raumtemperatur nur der Schwingungsgrundzustand besetzt ist, findet die Absorption von diesem Zustand aus statt. Die Schwingungsfeinstruktur der Elektronenbande ist damit durch die Schwingungsenergien im elektronisch angeregten Zustand bestimmt. Dieser Schwingungsfeinstruktur ist noch die Feinaufspaltung durch die Rotationsniveaus überlagert. Diese kann mit Laserspektrometern für Moleküle in der Gasphase gut aufgelöst werden.

In Abb. 3.5.27b ist der wahrscheinlichste Übergang bei einer senkrechten Verbindung der beiden Potentialkurven durch den Übergang $v_i = 0 \rightarrow v_f = 2$ gegeben, da hier S^2 einen maximalen Wert hat. Daneben treten aber auch weniger intensive Übergänge in die Schwingungsniveaus mit $v_f = 0, 1$ und 3,4,5, ... auf, so daß Intensitätsverhältnisse wie in der Abbildung darunter skizziert resultieren.

Außer diesen Elektronenübergängen in stabile gibt es auch Anregungen in instabile Molekülzustände (Abb. 3.5.27d). Außerdem kann ein Übergang in einen stabilen elektronischen Zustand auch so erfolgen, daß die Schwingungsanregung so stark ist, daß das Molekül zerfällt (Abb. 3.5.27c).

Daß sich Aggregatzustand und Lösungsmittel nicht nur auf die Bandenlage, sondern auch auf die Feinstruktur auswirken, zeigt Abb. 3.5.28 am Beispiel von Tetrazen.

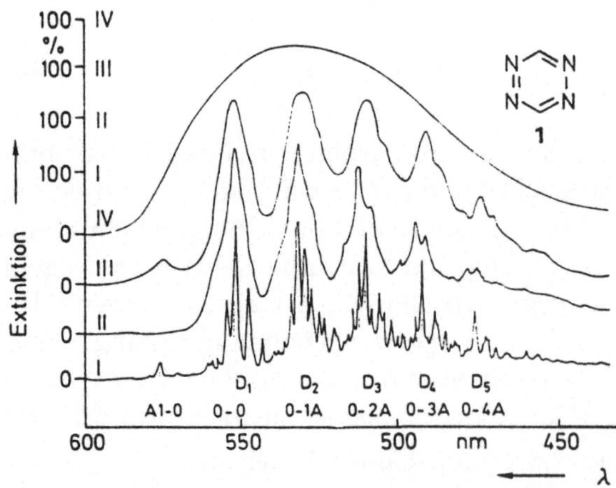

Abb. 3.5.28
Schwingungsfeinstruktur der $n - \pi^*$-Absorptionsbande von 1,2,4,5-Tetrazen [Mas 59]
I Dampfspektrum bei Raumtemperatur (mit Schwingungsmoden)
II Spektrum bei 77 K in einer Isopentan/Methylcyclohexan-Matrix
III Spektrum in Cyclohexan bei Raumtemperatur
IV Spektrum in Wasser bei Raumtemperatur
Die λ-Skala bezieht sich auf I; II ist um 150 cm^{-1}, III um 250 cm^{-1} zu höheren Wellenzahlen verschoben, IV um 750 cm^{-1} zu niedrigen Wellenzahlen

3.5.4.1.5 Emissionsspektren

Im vorigen Abschnitt hatten wir im Zusammenhang mit dem Jablonski-Termschema gesehen, daß ein Übergang zwischen den elektronischen Niveaus nicht nur durch Absorption, sondern auch durch Emission von Strahlung geschehen kann. Dabei wurde der Übergang von $S_1 \rightarrow S_0$ als Fluoreszenz und der Übergang von $T_1 \rightarrow S_0$ als Phosphoreszenz bezeichnet.

Bei der *Fluoreszenz* handelt es sich um Übergänge zwischen Termen gleicher Spinmultiplizität (vgl. Abb. 3.5.29).

Abb. 3.5.29 verdeutlicht, daß die Struktur des Fluoreszenzspektrums durch die Lage der Schwingungsniveaus des elektronischen Grundzustandes und das Absorptionsspektrum durch die Lage der Schwingungsniveaus im elektronisch angeregten Zustand bestimmt sind. Das Fluoreszenzspektrum ist zu kleineren Wellenzahlen hin verschoben, da die bei der Fluoreszenz abgestrahlte Energie wegen der strahlungslosen Energieverluste im elektronisch angeregten Zustand kleiner ist als die bei der Absorption aufgenommene.

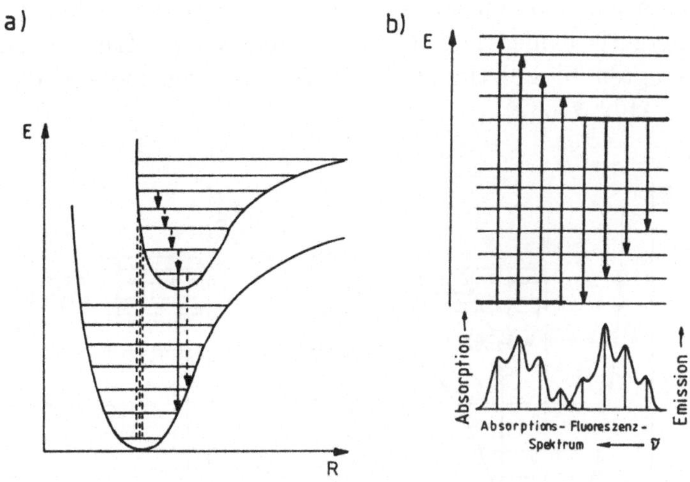

Abb. **3.5.29**
Zur Erläuterung der Fluoreszenz — (a) Potentialkurve — (b) Energieschema mit Absorptions- und Fluoreszenzspektren. Die Intensitäten wurden dabei nicht maßstabsgetreu gezeichnet.

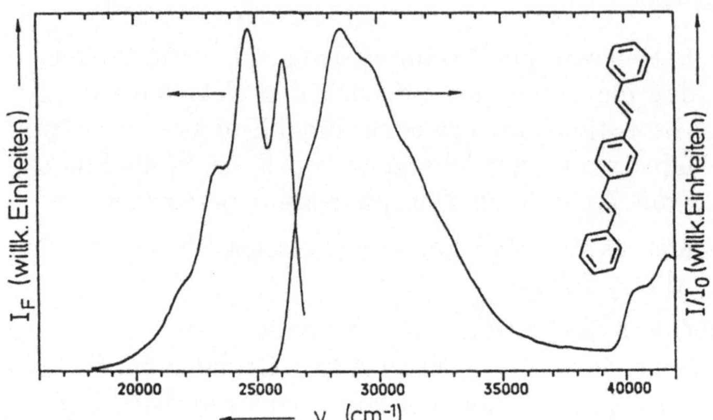

Abb. 3.5.30
Fluoreszenz- (links) und Absorptionsspektrum (rechts) von Distyrylbenzol in n-Hexan-Lösung. Die Spektren wurden auf das gleiche Maximum normiert (freundlicherweise von H.-J. Egelhaaf, Tübingen, überlassen).

Ein Beispiel zeigt Abb. 3.5.30.

Zur Beschreibung der *Phosphoreszenz* dient Abb. 3.5.31.

Abb. 3.5.31a zeigt die Potentialkurven für den Grund- und den angeregten Zustand, wie sie vor allem bei größeren Molekülen und Molekülen mit schweren Atomen vorkommen. Phosphoreszenzspektren sind aufgrund der energetisch niedrigen Lage des angeregten Triplett- im Vergleich zum angeregten Singulettzustand stärker rot-verschoben als Fluoreszenzspektren (s. Abb. 3.5.32).

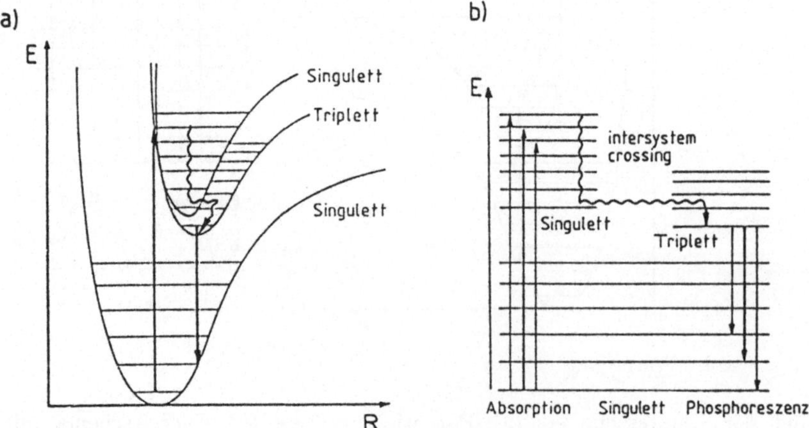

Abb. **3.5.31**
Erläuterung der Phosphoreszenz — (a) Potentialkurven — (b) Energieschema

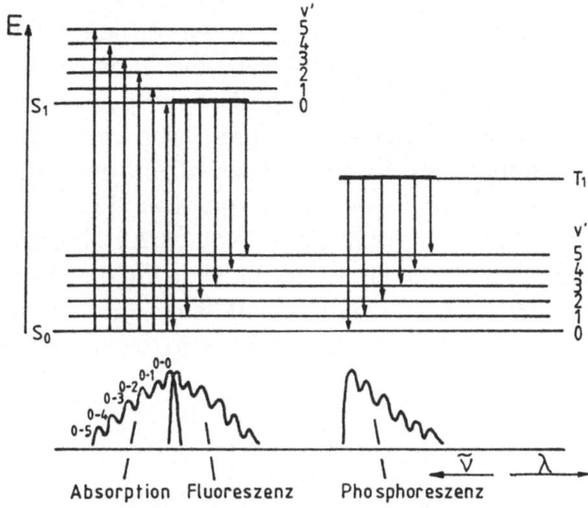

Abb. **3.5.32**
Energieschema unter Berücksichtigung der Schwingungsfeinstruktur. Im Absorptionsspektrum ($S_0 \rightarrow S_1$) beobachtet man die Schwingungsquanten des angeregten Zustandes, im Fluoreszenz- ($S_1 \rightarrow S_0$) und Phosphoreszenzspektrum ($T_1 \rightarrow S_0$) dagegen die des Grundzustandes. Die Intensitäten sind nicht maßstabsgetreu gezeichnet [Per 86]

3.5.4.2 Theorie der optischen Banden von Festkörpern

Optische Elektronenanregungen im sichtbaren und im UV-Bereich erfolgen in kovalenten, ionischen und metallischen Festkörpern zwischen besetzten und unbesetzten Bändern (siehe Abb. 3.5.33 und unten Abb. 3.5.45). Dabei muß, wie in Abschn. 2.6.3 beschrieben, beachtet werden, daß wegen der Impulserhaltung nur direkte Übergänge, d.h. bei festem k-Vektor, erfolgen können. Die in indirekten Halbleitern bestimmten „optischen Bandlücken" sind deswegen immer größer als die tatsächlich vorliegenden Band-Band-Abstände. Vergleicht man diese Band-Band-Übergänge mit den oben beschriebenen Übergängen in Molekülen und Molekülkristallen (zur Definition s. Abschn. 2.6.2.1.3), die zwischen besetzten und unbesetzten Molekülorbitalen stattfinden, so besteht zwischen den beiden Prozessen prinzipiell kein Unterschied. Die optische Anregung im Festkörper wird jedoch häufig über das Frequenzverhalten der dielektrischen Funktion beschrieben (vgl. Abschn. 3.1.2.4), während dies in der Molekülspektroskopie zwar auch möglich, jedoch nicht üblich ist.

Zur Ermittlung der dielektrischen Eigenschaften und Brechungsindizes von Festkörpern, beispielsweise aus Reflexions- und Absorptionsmessungen, kommt man nicht ohne Modellrechnungen aus. Beispielsweise definiert man für ebene Oberflächen, d.h. bei vernachlässigbarer Streuung, sogenannte

Fresnelkoeffizienten $\tilde{r}$, die die Amplitudenschwächung bei der Reflexion an einer Grenzfläche ausdrücken. Sie haben unterschiedliche Werte für senkrecht und parallel zur Einfallsebene polarisiertes Licht. Die tatsächlich gemessene Reflektivität R in paralleler und senkrechter Polarisationsrichtung ist definiert als Intensitätsverhältnis des reflektierten und eingestrahlten Lichts und somit als Betragsquadrat des entsprechenden Fresnelkoeffizienten $|\tilde{r}|^2$. Wählt man die in Abb. 3.2.2 eingeführten Bezeichnungen für die Felder und Winkel, so ergibt sich für das Verhältnis der Feldvektoren des reflektierten („r") und eingefallenen („i") Strahls für zwei isotrope Medien mit komplexem Brechungsindex $\tilde{n}_1$ bzw. $\tilde{n}_2$ [Bor 65]

$$\tilde{r}_{\|} = \frac{\tilde{E}_{\|r}}{\tilde{E}_{\|i}} = \frac{\tilde{n}_2 \cos\alpha_i - \tilde{n}_1 \cos\beta}{\tilde{n}_2 \cos\alpha_i + \tilde{n}_1 \cos\beta} \tag{3.5.65a}$$

$$\tilde{r}_{\perp} = \frac{\tilde{E}_{\perp r}}{\tilde{E}_{\perp i}} = \frac{\tilde{n}_1 \cos\alpha_i - \tilde{n}_2 \cos\beta}{\tilde{n}_1 \cos\alpha_i + \tilde{n}_1 \cos\beta} \tag{3.5.65b}$$

In Bereichen, in denen keine Absorption auftritt, können statt der komplexen die reellen Brechungsindizes verwendet werden.

Entsprechende Beziehungen findet man auch für die Intensitäten bei Transmission über den Brechungsindex. Durch Auswertung der Gl. (3.5.65) kann

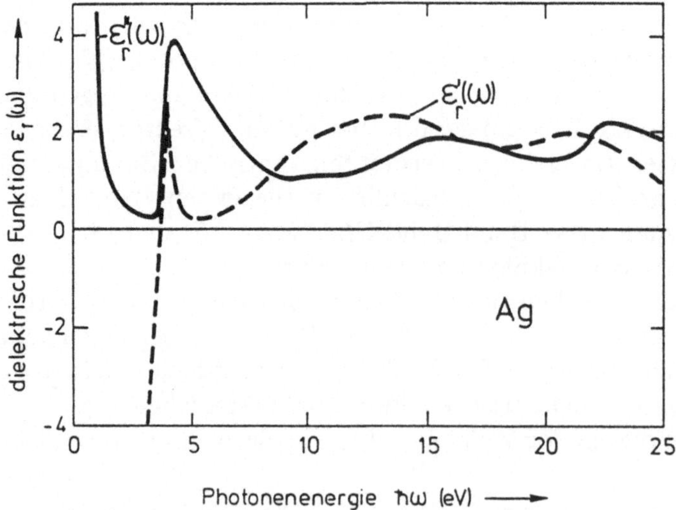

Abb. 3.5.33
Experimentell bestimmtes Spektrum von $\varepsilon_r'(\omega)$ – – – und $\varepsilon_r''(\omega)$ — von Silber. Man erkennt deutlich das Verhalten des freien Elektronengases unterhalb von 4 eV sowie die erste Band-Band-Anregung aus d-Zuständen bei ca. 4 eV [Iba 90].

aus experimentell bestimmten Reflexions- und Transmissionsspektren auf die optischen Parameter geschlossen werden.

Abb. 3.5.33 zeigt ein so bestimmtes Spektrum der dielektrischen Funktion am Beispiel von AgAg, dielektrische Funktion. Man erkennt die in Abb. 3.1.15d gezeigten Charakteristika.

3.5.4.3 Spezielle Methoden, Anwendungsbeispiele

3.5.4.3.1 Laser und Laserspektroskopie

Bei der Fluoreszenz und der Phosphoreszenz handelt es sich um eine spontane Emission von Licht, bei der das Molekül von einem angeregten Zustand in den Grundzustand zurückkehrt. Daneben gibt es auch eine *induzierte (stimulierte) Emission* von Strahlung (vgl. Abschn. 3.1.2.1), die zu einer Lichtverstärkung führen kann. Dies ist das Grundprinzip des Lasers (**L**ight **A**mplification by **S**timulated **E**mission of **R**adiation) (Abb. 3.5.34).

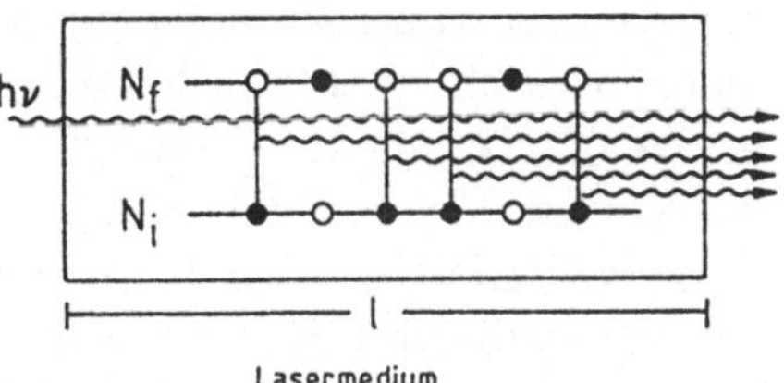

Abb. 3.5.34
Einfache Darstellung des Lasereffekts

Am Beispiel eines Moleküllasers soll der Lasereffekt erläutert werden. Um die stimulierte Emission zu erzeugen, müssen sich Moleküle im angeregten Zustand befinden. Trifft nun Licht geeigneter Frequenz auf diese angeregten Moleküle, kommt es zur Aussendung von Licht mit gleicher Phase und in Richtung des einfallenden Lichtes, wobei das einfallende Licht verstärkt wird. Da die Übergangswahrscheinlichkeiten für Absorption und stimulierte Emission gleich sind ($B_{fi} = B_{if}$, vgl. Gl. (3.1.31)), überwiegt bei einem Ensemble von Molekülen die Zahl der stimulierten Emissionsprozesse nur dann, wenn sich mehr Moleküle im angeregten als im Grundzustand befinden, also eine Besetzungsinversion vorliegt. In einem Zwei-Niveau-System (nur Grund- und angeregter Zustand) kann sich aber nach der Boltzmann-Verteilung maximal eine Gleichbesetzung einstellen. Hat man jedoch ein Drei- oder Vier-Niveausystem, wie es in Abb. 3.5.35 dargestellt ist, dann kann man durch sogenanntes optisches Pumpen eine vom thermischen Gleichgewicht abweichende Besetzung erreichen, bei der $N_f > N_i$ ist.

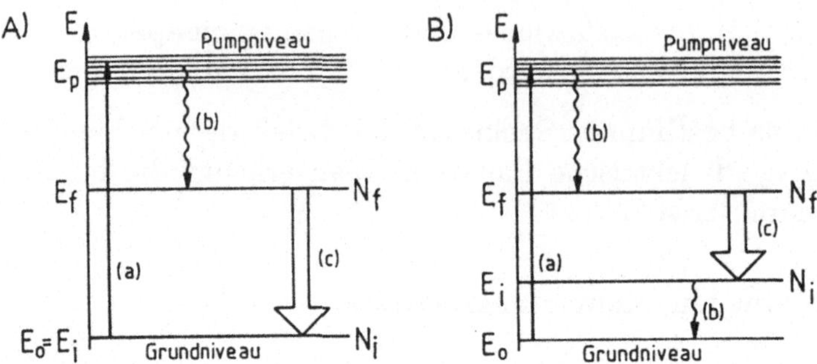

Abb. **3.5.35**
Stimulierte Emission in einem
A) Drei-Niveau-System (z.B. realisiert im Rubin-Laser)
B) Vier-Niveau-System (z.B. realisiert im Nd-YAG-Laser (YAG: Yttrium Aluminium Granat))
(a) Pumpübergang, (b) strahlungsloser Übergang, (c) Laserübergang

Durch Licht, Elektronenstrahlen, Gasentladung o.ä. werden Teilchen aus dem Grundzustand E_0 in das meist breitbandige „Pumpniveau" E_p angeregt. Der Zustand E_p hat eine geringe Lebensdauer, so daß die angeregten Teilchen rasch strahlungslos oder über spontane Emission in das obere Laserniveau E_f relaxieren, welches eine viel höhere Lebensdauer besitzt als das Niveau E_p. Somit kann sich im Zustand E_f eine hohe Population mit $N_f > N_i$ aufbauen. Durch Licht geeigneter Frequenz kann das System nun durch stimulierte Emission in den Grundzustand (3-Niveau-System) oder in den angeregten Zustand E_i (4-Niveau-System) übergehen. Im zweiten Fall muß der Zustand E_i eine wesentlich kleinere Lebensdauer als der Zustand E_f haben, d.h. die Moleküle müssen sehr schnell in den Grundzustand E_0 übergehen.

Die enorme, für den Laser charakteristische Verstärkung erreicht man dadurch, daß die oben beschriebene einmalige Emission zwischen zwei Spiegeln optisch rückgekoppelt wird, so daß ein *Laseroszillator* entsteht (Abb. 3.5.36).

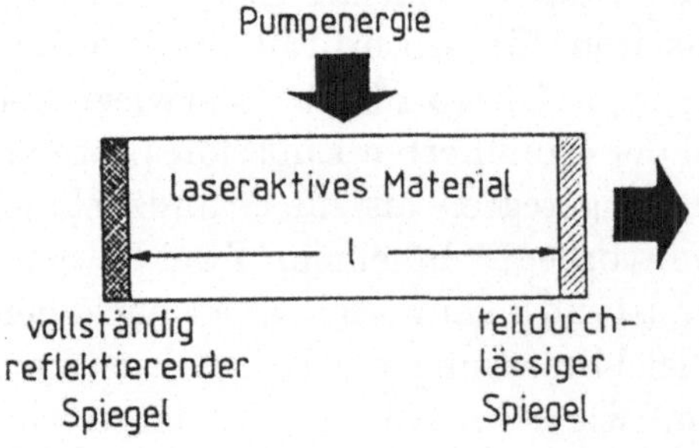

Abb. **3.5.36**
Schematischer Aufbau eines Laseroszillators

Das Lasermedium befindet sich dabei zwischen zwei Spiegeln, von denen der eine eine vollständige Reflexion des Lichts gewährleistet, während der andere mit kleinerem Reflexionsfaktor teildurchlässig ist (Perot-Fabry-Resonator). Das Lasermedium wird zunächst angeregt (z.B. durch eine Blitzlampe). Ein Photon, das spontan zufällig in Richtung der Resonatorachse emittiert wird, regt nun ein Nachbarmolekül zur stimulierten Emission an. Beim Durchlaufen des Mediums tritt Verstärkung ein. Das austretende Licht wird am Spiegel reflektiert und durchläuft das Medium in umgekehrter Richtung, trifft auf den zweiten Spiegel, wird erneut reflektiert und so fort. Wenn die Resonatorlänge l ein ganzzahliges Vielfaches der halben Wellenlänge des Laserlichtes ist, sind hin- und rücklaufendes Licht stets in Phase, so daß sich eine Schwingung aufschaukelt. Durch den teildurchlässigen Spiegel läßt sich kontinuierlich ein Laserstrahl auskoppeln, wenn die Verstärkung Reflexionsverluste kompensiert.

Das Lasermedium kann sehr unterschiedlich sein. So gibt es Gas-, Feststoff- und Flüssigkeitslaser, die Laserlicht unterschiedlicher Wellenlänge emittieren (Tab. 3.5.2).

Ein Ziel der heutigen Laserforschung ist es, durchstimmbare Laser für einen

Tab. 3.5.2
Daten typischer Festkörper- und Gaslaser

	Wellenlänge λ (μm)
a) Festkörperlaser	
Rubin	0,694
	0,347
Nd-YAG	1,06
	0,53
	0,355
	0,26
b) Gaslaser	
He/Ne	3,39
	1,152
	0,6328
Ar^+	0,514
	0,488
	und andere
CO_2	9 – 11

größeren Wellenlängenbereich zu entwickeln. Beispiele dafür sind in Abb. 3.5.37 gezeigt.

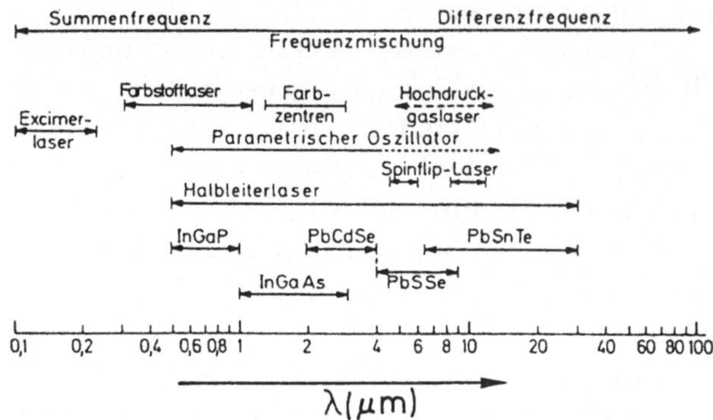

Abb. 3.5.37
Durchstimmbare kohärente Strahlungsquellen und ihr Durchstimmbereich [Dem 77]

Bei Gaslasern, die auf vielen benachbarten Linien oszillieren können (z.B. CO_2), kann man durch Druckerhöhung die Linienbreite so vergrößern (vgl. Abschn. 3.1.2.3.1), daß ein kontinuierlicher Verstärkungsbereich entsteht (*Hochdruck-Gaslaser*). Im sichtbaren Bereich dominieren die *Farbstofflaser*, die aufgrund der durch Lösungsmitteleffekte verbreiterten, eng beieinanderliegenden Rotationsschwingungsniveaus ein breites Spektrum abdecken. Bei *Halbleiterlasern* rekombinieren bei Stromfluß durch einen p-n-Halbleiterübergang die angeregten Elektronen und Löcher, wobei die Rekombinationsenergie als Licht ausgestrahlt wird (vgl. [Göp 94]). Die Wellenlänge kann durch Art und Dotierung des Halbleiters variiert werden. *Spinflip-Ramanlaser* beruhen auf der stimulierten Ramanstreuung von Pumplicht an Leitungselektronen in gekühlten Halbleitern im Magnetfeld, durch das die Elektronenniveaus analog zum Zeeman-Effekt in freien Atomen in sog. Landau-Niveaus aufgespalten werden. Die Feldstärke B bestimmt dabei die Aufspaltung und somit die Wellenlänge der Stokes- bzw. Anti-Stokesstrahlung. Man kann durchstimmbare Laser auch durch *Frequenzmischung* erhalten. Dazu werden die Ausgangswellen ν_1 und ν_2 zweier Laser in einem optisch nichtlinearen Medium (vgl. Anhang 5.2.2.6, Gl. (5.2.66)) überlagert. Wegen der Nichtlinearität enthalten die emittierten Wellen auch die Frequenzanteile $\nu_1 + \nu_2$ und $\nu_1 - \nu_2$. *Parametrische Oszillatoren* beruhen ebenfalls auf optisch nichtlinearen Effekten. Dabei wird das Pumpphoton inelastisch an einem Molekül in einem Kristall mit nichtlinearer Polarisierbarkeit gestreut. Es wird dabei selbst absorbiert, und zwei neue Photonen entstehen (vgl. [Dem 77]). *Excimere* sind Moleküle, die bindende angeregte Zustände besitzen, im Grundzustand bei diesem Bindungsabstand jedoch einen abstoßenden Potentialverlauf haben und nur bei sehr viel größerem Abstand ein sehr wenig ausgeprägtes Van der Waals-Minimum besitzen, so daß sie im Grundzustand nicht stabil sind (Abb. 3.5.38). Beispiele sind die Edelgasdimere He_2 bis Xe_2 sowie die Edelgashalogenide. Dadurch liegt immer Besetzungsumkehr vor, da das Excimer nach einem optischen Übergang ins Grundniveau sofort dissoziiert und so dieser Anregungszustand entvölkert wird.

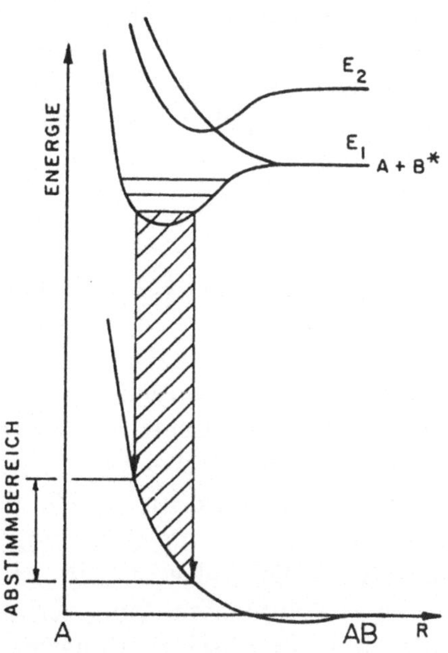

Abb. 3.5.38
Potentialkurvenschema eines zweiatomigen Excimer-Moleküls und spektrale Verteilung des kontinuierlichen Fluoreszenzspektrums (schraffierter Bereich) [Dem 77]

Vorteile beim Einsatz des Lasers in der Spektroskopie sind seine hohe spektrale Leistungsdichte, die gute räumliche Fokussierung, die extrem schmalen Linienbreiten, die Kohärenz der Strahlung und die Möglichkeit, sehr kurze Pulse zu erzeugen.

Neben dem Einsatz durchstimmbarer Laser als Quelle für die *Absorptionsspektroskopie* werden Laser insbesondere in der *Ramanspektroskopie* und in der *Fluoreszenzspektroskopie* eingesetzt. Um intensitätsstarke Fluoreszenzspektren zu erhalten, benutzt man den Laser zum optischen Pumpen. Damit erreicht man Besetzungsumkehr im untersuchten Medium. Erzeugt man mit Lasern sehr kurze Anregungspulse bis in den Pikosekundenbereich, so kann man mit hoher zeitlicher Auflösung die darauf folgenden *Relaxationsprozesse* messen. Dies ermöglicht z.B. die Aufklärung von Elementarschritten von chemischen Reaktionen. Die Kohärenz der Strahlung wird in der *Holographie* ausgenutzt.

Neben seinem Einsatz in der Spektroskopie (s. z.B. [Dem 77], [Hol 82]) wird der Laser beispielsweise auch zur *Mikrostrukturierung* von dünnen Schichten verwendet. Man kann mit Laseranregung auch Moleküle von einer Festkörperoberfläche desorbieren (z.B. durch sehr hohe Schwingungs- oder thermische Anregung) und diese anschließend massenspektrometrisch nachweisen (**L**aser **M**icroprobe **M**ass **A**nalysis, LAMMA, vgl. auch Abschn. 3.4.1 für andere massenspektrometrische Methoden). Auf eine Fülle weiterer Experimente und vor allem Anwendungen von Lasern kann hier nicht im Detail eingegangen werden.

3.5.4.3.2 Photoakustikspektroskopie

Bisher haben wir in der UV-Spektroskopie die Absorption oder Emission von Strahlung betrachtet. Aus dem Jablonski-Termschema folgt jedoch, daß neben den optischen auch strahlungslose Übergänge in einer typischen Zeitspanne von $10^{-14} - 10^{-10}$ Sekunden auftreten. Die Energie wird dabei durch Schwingungen und Stöße mit benachbarten Molekülen (auch Fremdmolekülen) an die Umgebung abgeführt, um ein thermisches Gleichgewicht einzustellen. Die Folge ist, daß sich das Medium erwärmt, was bei einem Gas mit einer Volumenänderung verbunden ist. Erfolgt nun die Anregung einer Probe mit periodisch moduliertem monochromatischem Licht (im UV/VIS oder IR-Bereich), so entsteht phasenverschoben eine entsprechend periodisch modulierte Volumenänderung bzw. bei festem Volumen eine Druckschwankung. Dies hat eine Schallwelle zur Folge, die mit einem Mikrophon nachgewiesen werden kann.

Die Intensität der Druck- oder Schallwelle hängt von der Zahl der Moleküle ab, die pro Zeiteinheit strahlungslos desaktivieren. Da diese Zahl der Moleküle in jedem angegebenen Zustand vom entsprechenden Extinktionskoeffizienten $\varepsilon(\tilde{\nu})$ abhängt, ist qualitativ verständlich, daß zwischen dem Absorptionsspektrum und photoakustischen Spektrum ein einfacher Zusammenhang besteht. In erster Näherung ist die Intensität des akustischen Signals dem Extinktionskoeffizienten proportional, so daß bei Variation der Wellenlänge ein sog. photoakustisches oder optoakustisches Spektrum erhalten wird, das dem Absorptionsspektrum entspricht. Das Prinzip dieser Methode ist in Abb. 3.5.39 für ein spezielles Beispiel gezeigt.

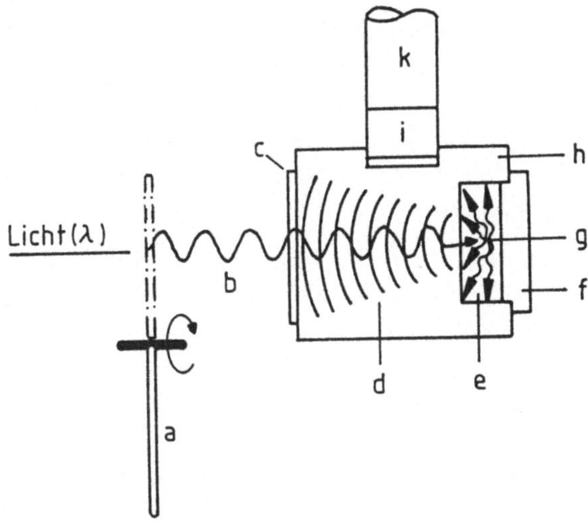

Abb. **3.5.39**
Schematische Darstellung der Erzeugung und des Nachweises des photoakustischen Effekts (a Chopper, b moduliertes Licht, c Quarzfenster, d Druckwelle, e Probe, f Probenhalterung, g erwärmte Probe (hier: Festkörper, auch Gasmoleküle möglich), h geschlossene Zelle, i Mikrophon, k Vorverstärker)

3.5.4.3.3 Analytische Anwendungen der UV/VIS-Spektroskopie und Photometrie

Im folgenden werden einige analytische Einsatzgebiete vorgestellt. Die klassische UV/VIS-Absorptionsspektroskopie ermöglicht es zunächst, Substanzmengen quantitativ zu bestimmen, da das Lambert-Beersche Gesetz (Gl. (3.1.13)) im Normalfall gültig ist. Danach steht die Extinktion E mit der Konzentration c und dem molaren dekadischen Extinktionskoeffizienten in einem einfachen linearen Zusammenhang. Bei Kenntnis des Extinktionskoeffizienten $\varepsilon(\tilde{\nu})$ der zu bestimmenden Substanz ergibt sich somit die Konzentration c zu

$$c = \frac{E}{\varepsilon(\tilde{\nu}) \cdot d} \quad . \qquad \textbf{(3.5.66)}$$

Gl. (3.5.66) zeigt, welche Größenordnungen der Konzentrationen bestimmt werden können. Nimmt man als Grenzwert $\varepsilon(\tilde{\nu}) = 10^5 \text{ l} \cdot \text{mol}^{-1}\text{cm}^{-1}$, als Schichtdicke $d = 1$ cm und als untersten Extinktionswert $E = 0,1$, dann ergibt sich die nachweisbare Konzentration zu $c = 10^{-6} \text{ mol} \cdot \text{l}^{-1}$. Die damit mögliche sogenannte Photometrie ist eine Routinemethode in Forschungs- und Entwicklungslabors, so z.B. in der Produktionskontrolle auch während des Prozeßablaufs oder in der klinischen Chemie, wo über Enzymreaktionen der Blutalkoholgehalt, Leberwerte u.ä. ermittelt werden. Ein weiterer wichtiger Einsatzbereich ist die Chromatographie (Dünnschichtchromatographie und HPLC), bei der die Komponentenauftrennung einer Analysenlösung auf einer mit SiO_2 beschichteten Platte bzw. in einer mit spezifischen Adsorptionsplätzen belegten Säule photometrisch bestimmt wird. Ein Beispiel zeigt Abb. 3.5.40.

Es besteht auch die Möglichkeit, durch Mehrkomponentenanalyse mehr als eine absorbierende Komponente zu untersuchen. Dies geschieht mit zum Teil erheblichem mathematischen Aufwand (siehe dazu [Gau 83], [Per 86]). Die zeitliche Änderung der Konzentration von an einer Reaktion beteiligten Produkten folgt aus der wellenlängenabhängigen Extinktion als eine der jeweiligen Konzentration proportionale Variable. Dieses Meßverfahren hat den Vorteil, daß das zu untersuchende System nicht gestört wird.

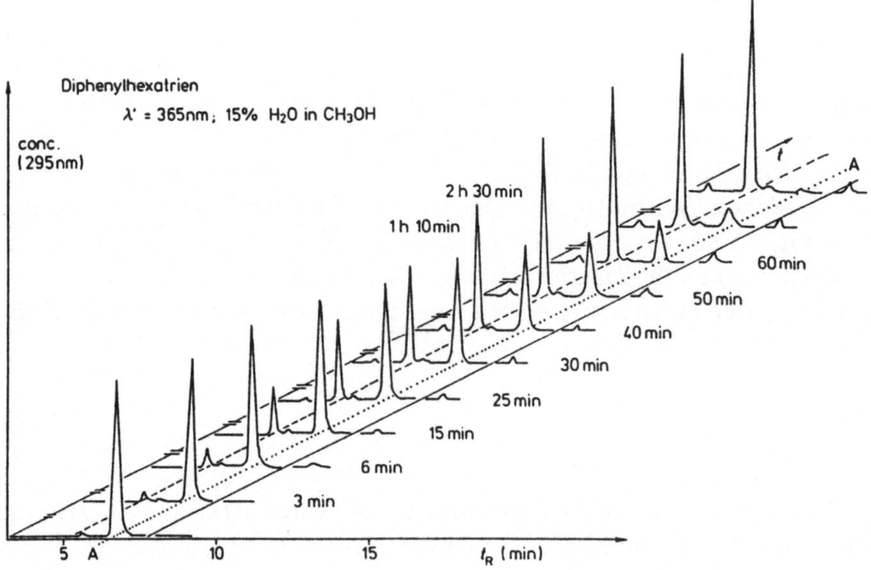

Abb. 3.5.40
Reaktionschromatogramm der Photoreaktion von Diphenylhexatrien in Methanol (Isomerisierung von all-trans-(A) in trans-cis-trans-Konformation). Aufgetragen ist die Retentionszeit t_R auf der Dünnschichtplatte gegen die UV-Peakhöhe nach verschiedenen Bestrahlungszeiten [Sch 83].

3.5.4.3.4 Atomabsorptionsspektroskopie (AAS)

Da die elektronischen Energieniveaus und damit Absorptionslinien für jedes Element charakteristisch sind, läßt sich die Absorption elektromagnetischer Strahlung für eine Elementanalyse einsetzen (Atomabsorptionsspektroskopie). Dazu verwendet man einen Strahler aus dem zu bestimmenden Element. Diese Strahlung trifft auf die zu bestimmende Substanz, die dazu verdampft und in den atomaren Zustand überführt wurde (z.B. in einer Flamme oder einem Graphitrohrofen). Die Schwächung der Strahlung wird gemessen. Mit dem Lambert-Beerschen Gesetz (vgl. Gl. (3.1.13)) kann man so eine sehr empfindliche quantitative Analyse vom Gramm- bis in den Pikogrammbereich durchführen. Nachteile der Methode liegen darin, daß für jedes zu bestimmende Element eine separate Strahlungsquelle benutzt werden muß und verschiedene Elemente nur nacheinander bestimmt werden können.

Eine verwandte Methode ist die Flammenemissions-Spektroskopie, bei der die Emission charakteristischer Strahlung nach Anregung des Atoms zur Elementidentifizierung ausgenutzt wird.

3.5.4.3.5 Ellipsometrie

In Abschn. 3.5.4.2 haben wir die Grundlagen für die optische Spektroskopie an Festkörperoberflächen kennengelernt. Die Ellipsometrie ist ein spezielles optisches Verfahren zur Charakterisierung von Festkörperoberflächen und deren Modifikationen durch Adsorption und Schichtaufbau mit Empfindlichkeiten bis in den Monolagenbereich. Wegen dieser hohen Empfindlichkeit findet sie zunehmend auch Anwendung bei der Charakterisierung von elektrochemischen oder biochemischen Systemen mit Belegungen organischer Moleküle in diesem Bereich.

In der Ellipsometrie werden Änderungen des Polarisationszustandes infolge der Reflexion von linear polarisiertem Lichts an einer Grenzfläche ausgenutzt. Das reflektierte Licht ist im allgemeinen elliptisch polarisiert (Abb. 3.5.41) und dabei dadurch gekennzeichnet, daß der Vektor des $\underline{E}$-Feldes im Raum eine Ellipse beschreibt. Verwendete Photonenenergien liegen zwischen 1,5 und 6 eV, entsprechend sichtbarem Licht mit Überlappung in den Infrarot- und UV-Bereich.

Die theoretische Beschreibung erfolgt im einfachsten Fall über ein Zwei-Phasenmodell der Grenzfläche des Substrats oder in modifizierter Form über Drei-Phasenmodelle, bei denen adsorbierte Schichten mit separaten optischen Konstanten berücksichtigt werden.

Zur folgenden Beschreibung des einfacheren Zwei-Phasenmodells charakterisiert man den Richtungssinn der sich durch den Raum schraubenden Welle über links oder rechts elliptisch polarisiertes Licht.

Beide orthogonalen Komponenten des E-Feld-Vektors werden durch sinusoidale Funktionen gleicher Frequenz, unterschiedlicher Amplitude und Phase beschrieben (vgl. Abb. 3.5.41b).

Bei Reflexion an einer Grenzfläche ändert sich der Polarisationszustand entsprechend den charakteristischen Eigenschaften der Probe.

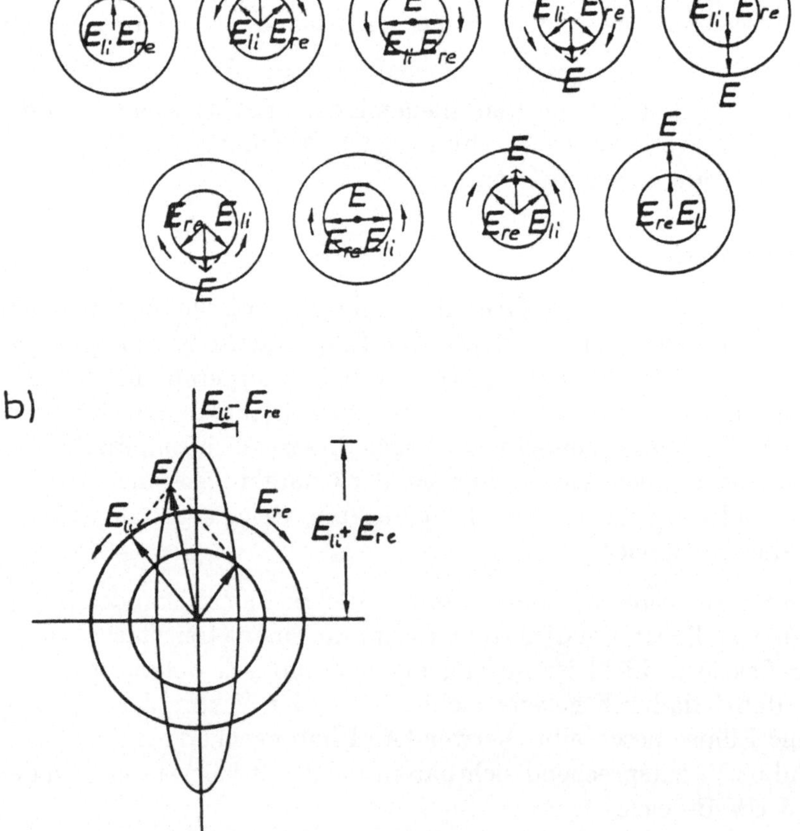

Abb. 3.5.41
Veranschaulichung der Entstehung a) linear und b) elliptisch polarisierten Lichts aus links und rechts zirkular polarisiertem Licht. Der Vektor $\underline{E}$ setzt sich jeweils additiv aus $\underline{E}_{li}$ und $\underline{E}_{re}$ zusammen.

Wird linear polarisiertes Licht auf eine ebene Probenoberfläche geschickt, so erhalten wir die reflektierte Amplitude für jede der zwei orthogonalen Komponenten mit Hilfe der Fresnelkoeffizienten $\tilde{r}_{\|}$ und $\tilde{r}_{\perp}$ (vgl. Gl. (3.5.65)):

$$\tilde{E}_{\|r} = E_{\|0}\tilde{r}_{\|} \exp i\omega t \qquad (3.5.67a)$$

$$\tilde{E}_{\perp r} = E_{\perp 0}\tilde{r}_{\perp} \exp i\omega t \qquad (3.5.67b)$$

In absorptionsfreien Medien verwendet man reelle Brechungsindizes. Dann sind $r_{\|}$ und $r_{\perp}$ reell. Die beiden Komponenten bleiben in Phase, das reflek-

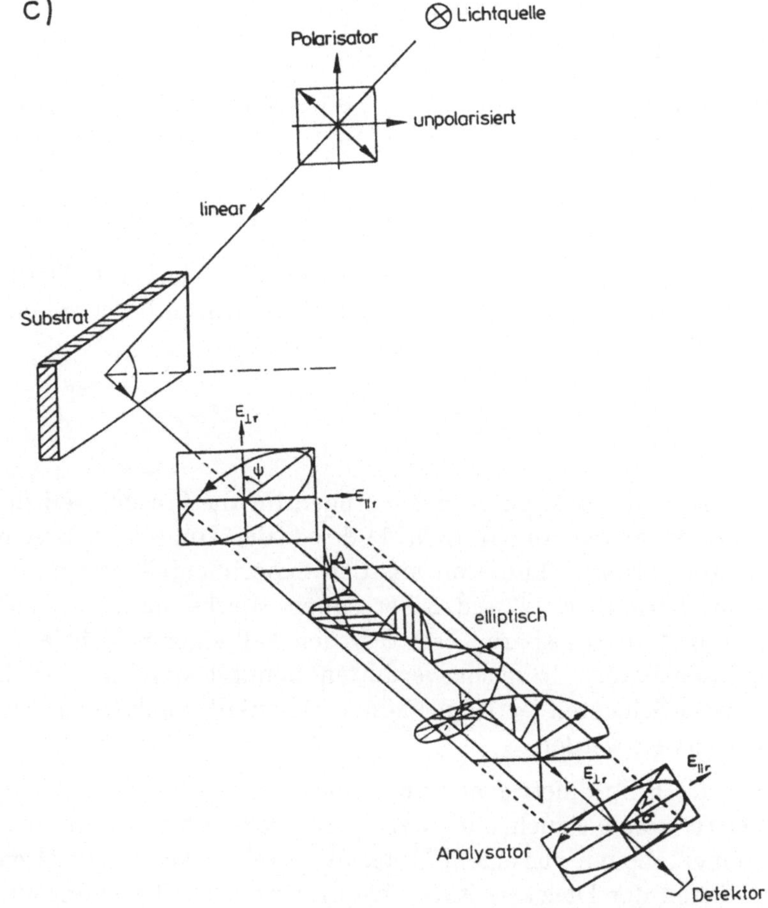

Abb. 3.5.41
c) Schematische Darstellung der Änderung des Polarisationszustandes des Lichts bei Reflexion an einer absorbierenden Grenzfläche. Das einfallende Licht ist linear, das reflektierte elliptisch polarisiert.

tierte Licht bleibt linear polarisiert, ändert jedoch die räumliche Lage seiner Schwingungsebene.

Metalle sind optisch durch einen komplexen Brechungsindex gekennzeichnet. Daraus folgen komplexe Fresnelkoeffizienten für die Reflexion. Diese können in einen Amplitudenterm ϱ und einen Phasenterm δ aufgespalten werden:

$$\tilde{r}_{\|} = \varrho_{\|} \exp i\delta_{\| } \tag{3.5.68a}$$

$$\tilde{r}_{\perp} = \varrho_{\perp} \exp i\delta_{\perp} \tag{3.5.68b}$$

Nach der Reflexion einer linear polarisierten Welle erhält man

$$\tilde{E}_{\|r} = E_{\|0}\varrho_{\|} \exp i(\omega t + \delta_{\|}) \tag{3.5.69a}$$

$$\tilde{E}_{\perp r} = E_{\perp 0}\varrho_{\perp} \exp i(\omega t + \delta_{\perp}) \; . \tag{3.5.69b}$$

Außer einer Amplitudenänderung im Verhältnis $\varrho_{\|}/\varrho_{\perp}$ tritt also eine Phasendifferenz Δ auf:

$$\Delta = \delta_{\|} - \delta_{\perp} \tag{3.5.70}$$

Das reflektierte Licht ist damit elliptisch polarisiert. Diese Änderung des Polarisationszustandes kann durch zwei Größen beschrieben werden, die historisch als Winkel eingeführt wurden:

$$\frac{\tilde{r}_{\|}}{\tilde{r}_{\perp}} = \tan\Psi \exp i\Delta \tag{3.5.71}$$

Mit Hilfe der bekannten Beziehungen für die Fresnelkoeffizienten kann man durch Inversion von Gl. (3.5.71) direkt den komplexen Brechungsindex bzw. die dielektrische Funktion aus den experimentell bestimmten ellipsometrischen Parametern Ψ und Δ berechnen. Hierbei handelt es sich um den einzigen analytisch lösbaren Fall. Für den Fall einer Schicht auf einem Substrat müssen bereits Iterationsverfahren benutzt werden. Für den Fall extrem dünner Schichten ($<$ 10nm) können ebenfalls analytische Näherungsformeln angegeben werden.

Da die Ellipsometrie nur zwei linear unabhängige Parameter (Δ und Ψ) liefert, können auch nur zwei Systemparameter bestimmt werden. Bei Systemen, die nur aus einem Material bestehen, können der Real- und der Imaginärteil der Dielektrizitätskonstante bzw. des Brechungsindexes bestimmt werden. Bei dünnen Schichten auf einem Substrat kann man bei bekannten Substrateigenschaften und bekannter Schichtdicke den Real- und Imaginärteil der DK der Schicht oder bei bekannter dielektrischer Funktion von Substrat und Schicht die Schichtdicke sehr empfindlich bestimmen.

Ein Beispiel für die Bestimmung optischer Konstanten aus ellipsometrischen Daten zeigt Abb. 3.5.42 mit der dielektrischen Funktion eines 16,3 nm dicken Films von Poly-3-hexylthiophen auf Gold. Die Daten wurden nach Subtraktion des Substrat(Au-)Einflusses erzielt. Diese Subtraktion ist durch Messung ellipsometrischer Daten bei unterschiedlichen Schichtdicken auf dem gleichen Au-Substrat möglich.

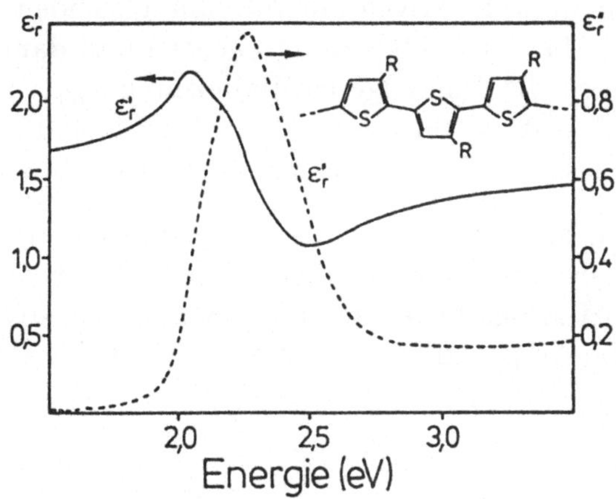

Abb. 3.5.42
Dielektrische Funktion eines 16,3 nm dicken Films von Poly-3-hexylthiophen mit $R = (CH_2)_5{-}CH_3$ auf Au (freundlicherweise von H. Arwin, Linköping, zur Verfügung gestellt)

3.5.4.3.6 Polarimetrie

Wir haben im letzten Abschnitt gesehen, daß linear polarisiertes Licht bei der *Reflexion* an Metallschichten elliptisch polarisiert wird. Es gibt nun auch Materialien, die bei *Transmission* aus linear polarisiertem Licht elliptisch polarisiertes Licht erzeugen. Dieser Effekt ist wellenlängenabhängig und wird Zirkulardichroismus (**C**ircular **D**ichroism, CD) genannt. Die Bezeichnung deutet an, daß elliptisch polarisiertes Licht dadurch entsteht, daß die Absorption von rechts und links polarisiertem Licht unterschiedlich ist (vgl. Abb. 3.5.41b).

In den gleichen Materialien wird bei Transmission die Polarisationsebene linear polarisierten Lichts gedreht (**O**ptische **R**otations**d**ispersion, ORD). Auch dieser Effekt ist wellenlängenabhängig. Stoffe, die diese beiden Eigenschaften zeigen, heißen optisch aktiv. Voraussetzung für optische Aktivität ist eine Struktur, die chiral ist, d.h. die weder spiegel- noch zentrosymmetrisch ist (vgl. Anhang 5.4.2). Das Molekül (oder der Festkörper), das nach Spiegelung erhalten wird, heißt Enantiomer oder optischer Antipode und zeigt ein anderes CD- und ORD-Verhalten (vgl. Abb. 3.5.44).

Wir haben bereits in Abschn. 3.1.2.4 das Phänomen der Dispersion und Absorption von Licht anhand des Modells des klassischen Oszillators kennengelernt. ORD und CD lassen sich durch diese Phänomene erklären.

Beim eingestrahlten linear polarisierten Licht rotieren die Vektoren des links und rechts zirkular polarisierten Lichts gleich schnell (vgl. Abb. 3.5.41b). Im optisch aktiven Medium unterscheiden sich die Brechungsindizes n_{li} und n_{re} für die beiden Komponenten und damit nach Gl. (3.1.59) und (2.1.16) auch die Phasengeschwindigkeiten $v_{ph,li}$ und $v_{ph,re}$. Das gleiche gilt nach Gl. (3.1.55) für die DK (Gl. (3.1.57) und (3.1.58)) und damit den Absorptionskoeffizienten (Gl. (3.1.60) und Gl. (3.1.62)).

Im optisch aktiven Medium bewegen sich damit die beiden Vektoren des E-Feldes unterschiedlich schnell. Dies hat zum einen zur Folge, daß die Polarisationsebene um einen Winkel α gedreht wird. Andererseits wird auch die Amplitude des E-Feldes verändert (Abb. 3.5.43).

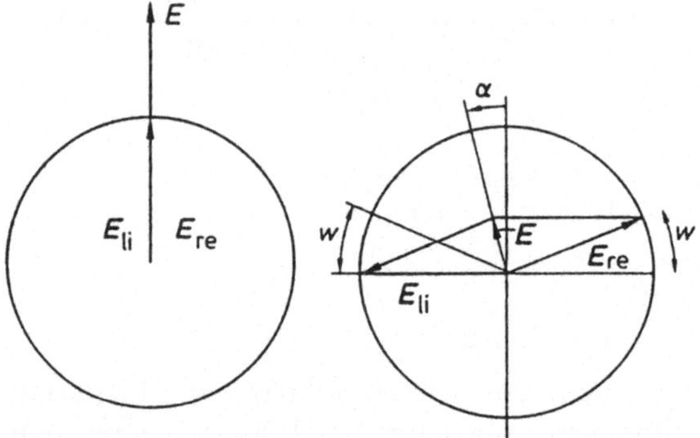

Abb. 3.5.43
Drehung der Polarisationsebene und Änderung der Amplitude beim Durchgang von linear polarisiertem Licht durch ein optisch aktives Medium [Rau 86]

Beide Effekte hängen dabei von der Menge des Stoffes und der durchstrahlten Länge ab. An einer Absorptionsstelle werden nun das links und rechts zirkular polarisierte Licht auch unterschiedlich stark absorbiert, es resultiert elliptisch polarisiertes Licht.

Trägt man nun einerseits den Drehwinkel der Polarisationsrichtung und andererseits die Differenz der DK gegenüber der Wellenlänge auf, so erhält man Kurven, die der Dispersions- und Absorptionskurve der DK (Abb. 3.1.14) sehr ähnlich sind. Während Absorptionsspektren von nicht-polarisiertem Licht jedoch für optische Antipoden identisch sind, zeigen ORD- und CD-Spektren genau die entgegengesetzten Vorzeichen (Abb. 3.5.44). ORD- und

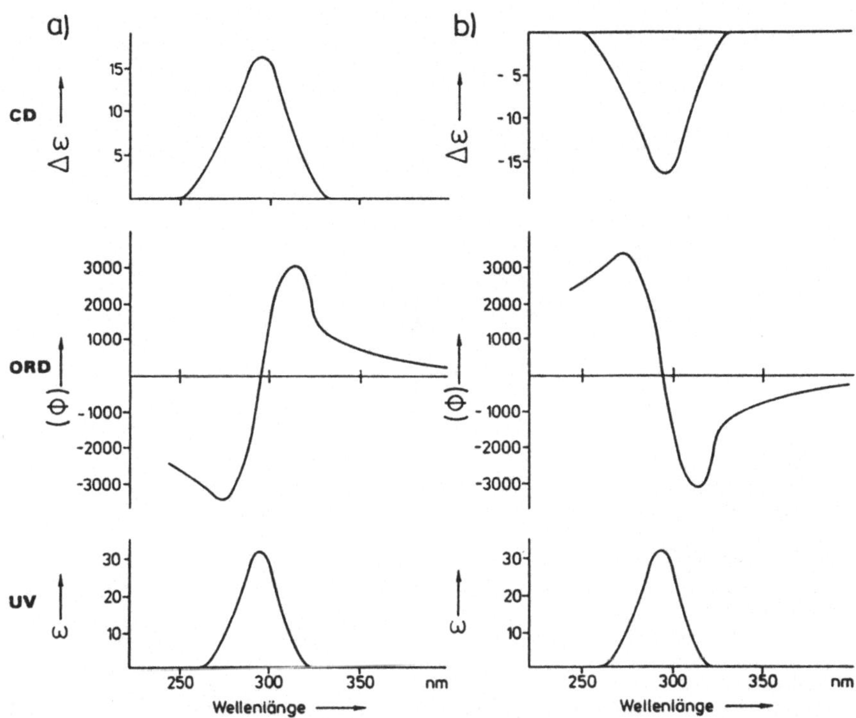

Abb. 3.5.44
ORD-, CD- und UV-Spektren für Enantiomere (a) (+)-Campher, b) (−)-Campher) [Rau 86]. ε und $\Delta\varepsilon$ sind der dekadische Extinktionskoeffizient bzw. dessen Differenz zwischen links- und rechts-zirkular polarisiertem Licht. $\Phi = \frac{\alpha \cdot m_m}{100}$ ist die molare Rotation mit α, definiert in Abb. 3.5.43, und m_m als Molmasse.

CD-Effekte im Bereich einer Absorptionsbande werden Cotton-Effekt genannt.

3.5.5 UV-Photoelektronenspektroskopie (UPS)

Abb. 3.5.45 zeigt den Zusammenhang zwischen optischer Spektroskopie (innerer Photoeffekt) und Photoemission (äußerer Photoeffekt) in Festkörpern.

Man erkennt, daß bei Bestrahlung mit Vakuum-UV-Licht (VUV, $h\nu \geq 10$ eV) ein Spektrum erhalten wird, das weitgehend die Bandstruktur des Festkörpers, d.h. den Anfangszustand der Anregung repräsentiert (vgl. aber Abschn. 3.5.5.3). Bei Anregung mit UV-VIS-Strahlung ($3 \leq h\nu \leq 10$ eV) wird i.allg. lediglich eine Anregung in das nächst höhere Band erreicht, jedoch keine Ionisation. Die Information des optischen Absorptionsspektrums enthält deshalb Angaben zur Zustandsdichte des Anfangs- und Endzustandes sowie zur Übergangswahrscheinlichkeit.

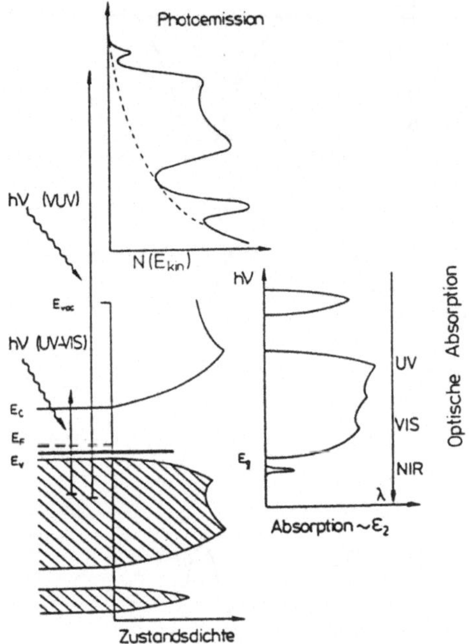

Abb. **3.5.45**
Schematische Darstellung von optischer Absorption und Photoemission in Festkörpern

In Abschn. 3.4.3 haben wir bereits die Röntgenphotoelektronenspektroskopie (XPS) besprochen. Da man durch die geringere Anregungsenergie bei UPS jedoch keine Rumpfelektronen, sondern nur Valenzelektronen spektroskopiert, eignet sich UPS nicht zur Identifizierung von chemischen Elementen, dafür aber hervorragend zur Untersuchung der elektronischen Struktur von Molekülen oder Oberflächen. Durch die geringere Energie der photoemittierten Elektronen werden mit UPS nur 2–3 Atomlagen erfaßt. Durch die gute Energieschärfe ΔE des Primärstrahls von Gasentladungslampen (wie z.B. He) läßt sich zudem im Labor eine wesentlich höhere Auflösung erzielen als bei XPS mit den üblichen Röntgenröhren (wie z.B. Mg oder Al) (vgl. Abb. 3.5.46).

3.5.5.1 Freie Moleküle

In Abb. 3.5.46 ist das Spektrum von CO aus XPS- und aus UPS-Messungen gezeigt.

Man kann deutlich sehen, daß das UPS-Spektrum von Molekülen in der Gasphase eine Schwingungsauflösung des Valenzbandbereiches ermöglicht. Diese Schwingungen werden beim Photoionisationsprozeß angeregt. Dies entspricht der Feinstruktur in UV-Spektren, nur daß hier die Schwingungs-

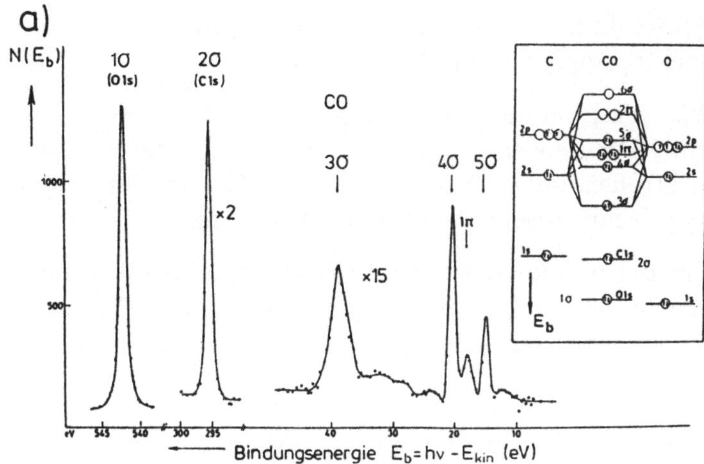

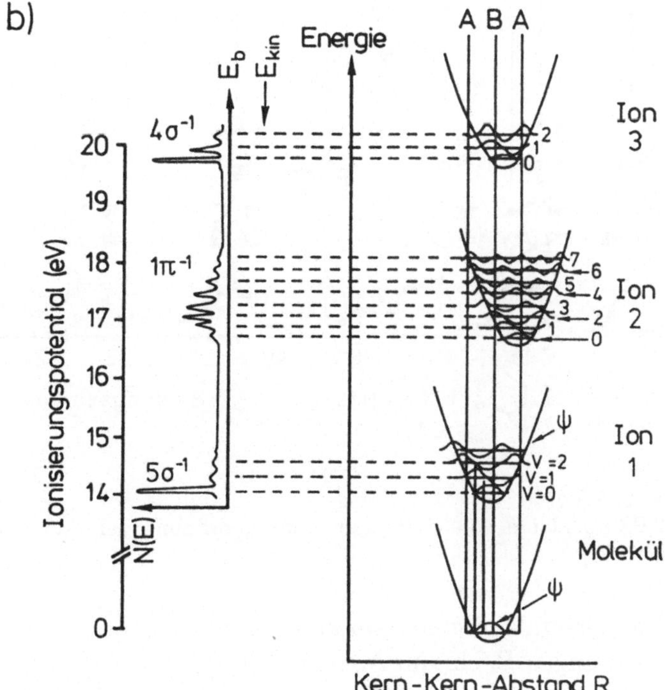

Abb. 3.5.46
Photoelektronenspektren von CO
a) XPS-Spektrum, aufgenommen mit Mg-K_α-Strahlung (Linienbreite zur Anregung: $\Delta E \approx 1$ eV) [Sie 71]
b) UPS-Spektrum, aufgenommen mit He-(I)-Strahlung ($\Delta E \approx 0,05$ eV) mit Schwingungsfeinstruktur [Bru 83]

feinstruktur des *ionisierten* und nicht des *angeregten* (neutralen) Moleküls spektroskopiert wird.

Aus den Bindungsenergien in Abb. 3.5.46 wird nochmals deutlich, daß man mit XPS die elementspezifischen Rumpf- und bindungsspezifischen Valenzelektronen, mit UPS dagegen nur die Valenzelektronen spektroskopiert, diese jedoch mit wesentlich besserer Auflösung.

Ein Beispiel für die Identifizierung von Molekülorbitalen (MOs) aus UPS-Ergebnissen ist in Abb. 3.5.47 zu sehen. Der Peak mit der niedrigsten Bindungsenergie entspricht dabei einer Ionisierung des obersten besetzten Orbitals.

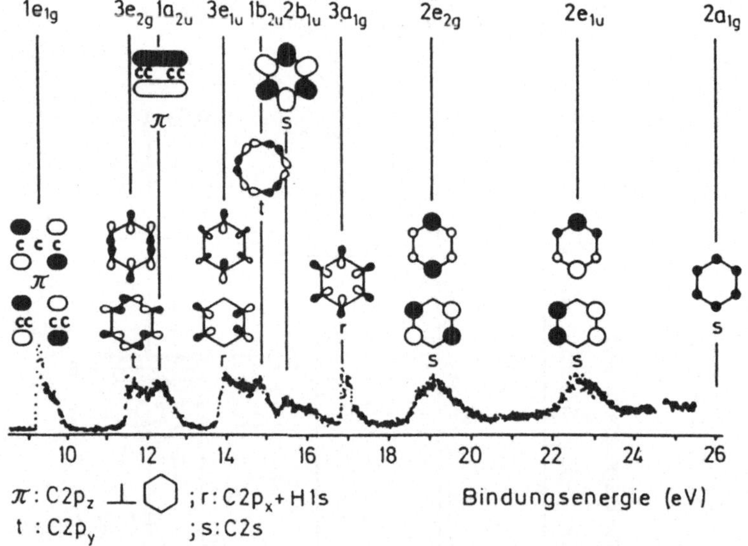

Abb. 3.5.47
UPS-Spektrum von C_6H_6 mit einer Zuordnung der räumlichen Orbitalkonfigurationen [Bru 83]

Die Orbitalenergien (senkrechte Striche oben im Bild) wurden aus unabhängigen Rechnungen ermittelt.

Die Ausbildung einer Festkörperbandstruktur durch zunehmende Delokalisierung von Elektronen bei zunehmender Zahl von Atomen wird an dem in Abb. 3.5.48 gezeigten Beispiel deutlich.

In der Gruppe der C 2p-abgeleiteten Orbitale (bei niedrigeren Bindungsenergien) sind im wesentlichen Elektronen der C 2p / H 1s-Bindungen beteiligt.

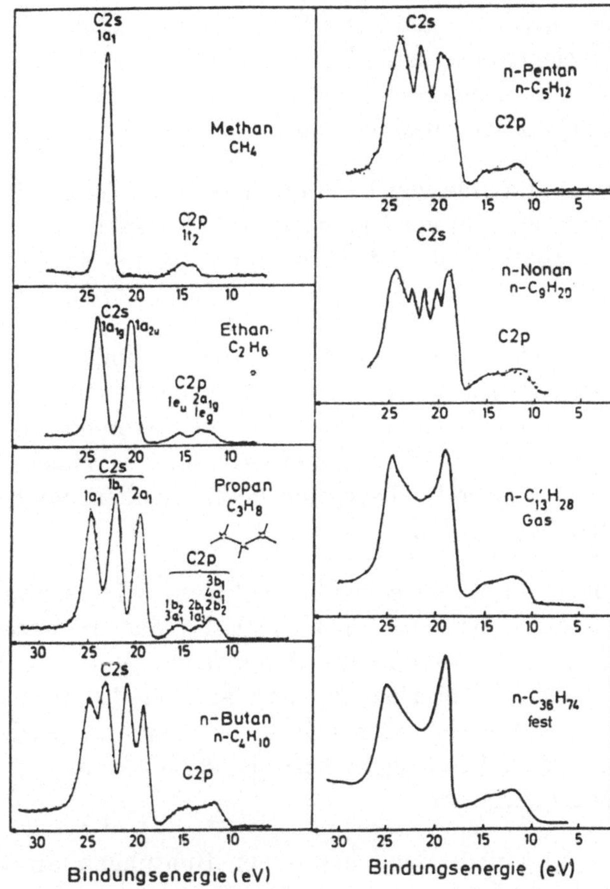

Abb. 3.5.48
Beispiel für Entwicklung einer eindimensionalen (C 2s) Bandstruktur: Valenzelektronenspektren von Alkanen mit C 2s-Bändern aus C 2s-Niveaus [Sie 82]

Auf der höherenergetischen Seite der Bindungsenergien sind im wesentlichen C–C-Bindungselektronen von bindenden und antibindenden Orbitalen aus C 2s-Atomorbitalen beteiligt. Die Zahl der Niveaus in diesem Bereich ist identisch mit der Zahl der Kohlenstoffatome in der Alkankette. Für eine große Anzahl dieser Atome führt dies zu einer eindimensionalen Bandstruktur, die ab etwa 6 Kohlenstoffatomen schon deutlich ausgebildet ist (vgl. Abschn. 2.6.3).

3.5.5.2 Adsorbatsysteme

Ein weiteres Anwendungsgebiet von UPS sind Adsorbatsysteme. Die elektronische Struktur eines freien Moleküls wird bei der Adsorption in charakteristischer Weise verändert. Es erfolgt i.allg. eine Verschiebung der Rumpfniveaulinien (chemische Verschiebung) und eine Änderung in äußeren Valenzelektronenzuständen durch Wechselwirkung mit Leitungs- oder Valenzbandelektronen des Festkörpers. Im Spektrum nach der Adsorption kommt es zu Zusatzemissionen gegenüber der freien Oberfläche (Abb. 3.5.49).

Die Aufnahme von Differenzspektren $\Delta N(E)$ (UPS-Spektrum nachher minus Spektrum vorher) ermöglicht Rückschlüsse auf die Molekülorbitale des Adsorbats. Abb. 3.5.50 zeigt ein solches Differenzspektrum von CO_2 auf ZnO.

Bei der Bildung von Differenzspektren muß eine eventuelle Bandverbiegung (vgl. Abschn. 2.6.4.2) durch Normieren auf gleiche Valenzbandkante oder auf die energetische Position von unbeteiligten Substratemissionen korrigiert werden (vgl. nächsten Abschnitt 3.5.5.3). Auch die Schwächung des Substrats durch Absorption muß, vor allem bei höheren Bedeckungsgraden, korrigiert werden.

Das unter a) zu sehende Spektrum zeigt schwach gebundenes (physisorbiertes, s. Abschn. 2.6.4.4.1) CO_2, das im wesentlichen die elektronische Struktur des freien CO_2-Moleküls (b)) aufweist. Bei stärkerer Bindung des CO_2 an die Unterlage in einem anderen Temperaturbereich beobachtet man ein vollkommen anderes Differenzspektrum, das dem chemisorbierten (s. Abschn. 2.6.4.4.2) CO_2 zugeordnet werden kann (c)). Es entspricht einem Oberflächenkarbonat.

Die Identifizierung chemischer Bindungen an Oberflächen erfolgt dabei am einfachsten über die Betrachtung von Clustern zur Simulation der Festkörperoberfläche vor und nach Ausbildung der Adsorbatbindung. Ein typisches Beispiel für die kovalente Ankopplung eines organischen Moleküls an die technologisch wichtige anorganische Si(100)-Oberfläche zeigt Abb. 3.5.51. Dieses Beispiel haben wir bereits in Abschn. 2.6.4.4.2, Abb. 2.6.53 besprochen. Die experimentell bestimmten UPS-Spektren stimmen im Rahmen der Meßgenauigkeit mit den theoretischen Berechnungen überein. Eine unabhängige Bestätigung der Adsorptionsgeometrie ergibt sich aus N1s-XPS-Spektren im Vergleich mit denen des Anilins (vgl. Abb. 3.3.28) und aus HREELS-Schwingungsspektren des Adsorbatkomplexes (vgl. Abb. 3.5.65).

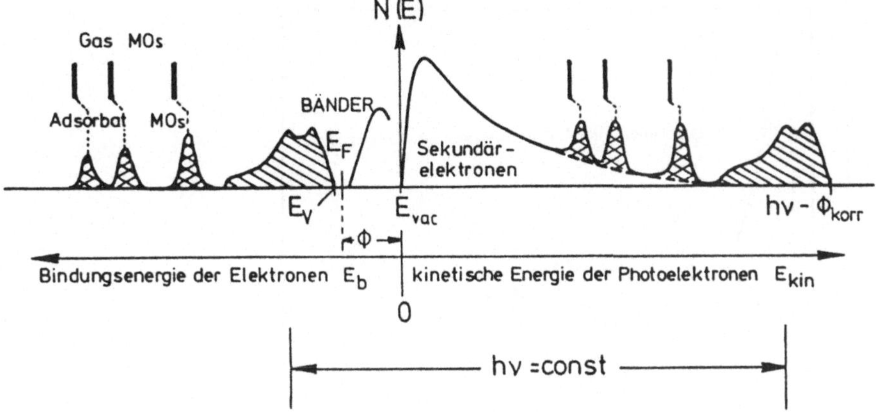

Abb. **3.5.49**
UPS-Zusatzemissionen im Valenzelektronenbereich (doppelt schraffiert) nach der Adsorption eines Gases an einer Oberfläche. Oben sind die entsprechenden Verhältnisse in der Gasphase des freien Moleküls gezeigt [Hen 91].

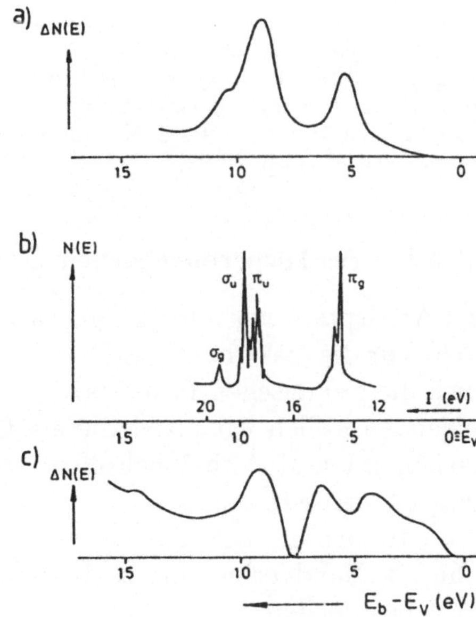

Abb. 3.5.50
Photoemissionsdifferenzspektren, aufgenommen an ZnO(10$\bar{1}$0)-Oberflächen für (a) physisorbiertes CO_2 ($\hat{=}$ freiem CO_2), c) chemisorbiertes CO_2 ($\hat{=}$ „Oberflächenkarbonat") im Vergleich zum (b) UPS-Spektrum $N(E)$ für CO_2 in der Gasphase mit I als Ionisierungsenergie, normiert auf die Valenzbandenergie $E_V = 0$. E_b ist die Bindungsenergie (vgl. Abb. 3.4.20) [Göp 80]

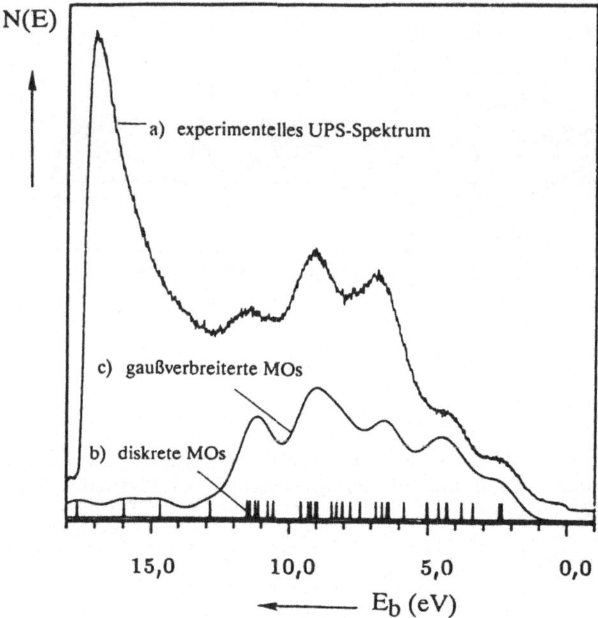

Abb. 3.5.51
Experimentell bestimmtes He(I) UPS-Spektrum (a) von Phenylendiamin, chemisorbiert auf Si(100). Unter dem experimentellen Spektrum ist das aus semiempirischen Rechnungen theoretisch berechnete Spektrum gezeigt. Dazu wurden die aus PM3-Rechnungen (vgl. Abschn. 2.4.1.5 bzw. 2.6.4.4.2) bestimmten MOs (b) mit Gausskurven der Halbwertsbreite 1,4 eV gefaltet (c) [Göp 92].

3.5.5.3 Festkörperoberflächen, Energiebezugspunkte

Bei Adsorption von Molekülen an Festkörperoberflächen ändern sich i.allg. nicht nur die elektronischen Strukturen der adsorbierten Moleküle, sondern auch die elektrischen Potentialverhältnisse an der Festkörperoberfläche. Im folgenden wollen wir unter diesem Gesichtspunkt UPS-Spektren von Oberflächen vor und nach Wechselwirkung mit Adsorbatmolekülen besprechen. Dabei gehen wir zuerst vom einfachen Fall des Metalls aus und besprechen dann Halbleiter. Die Theorie zur elektronischen Struktur mit Elektronenaffinität, Bandverbiegung und Austrittsarbeit haben wir bereits in Abschn. 2.6.4 besprochen.

Abb. 3.5.52 zeigt schematisch das Energieschema und das Photoelektronenspektrum einer geerdeten Metallprobe. Im Energieschema ist auf der linken Seite die metallische Probe mit der Austrittsarbeit Φ_{Pr} zu sehen. Daneben ist das Energieschema des Spektrometers angedeutet. In diesem Fall hat das Spektrometer eine geringere Austrittsarbeit als die Probe. Da im Experi-

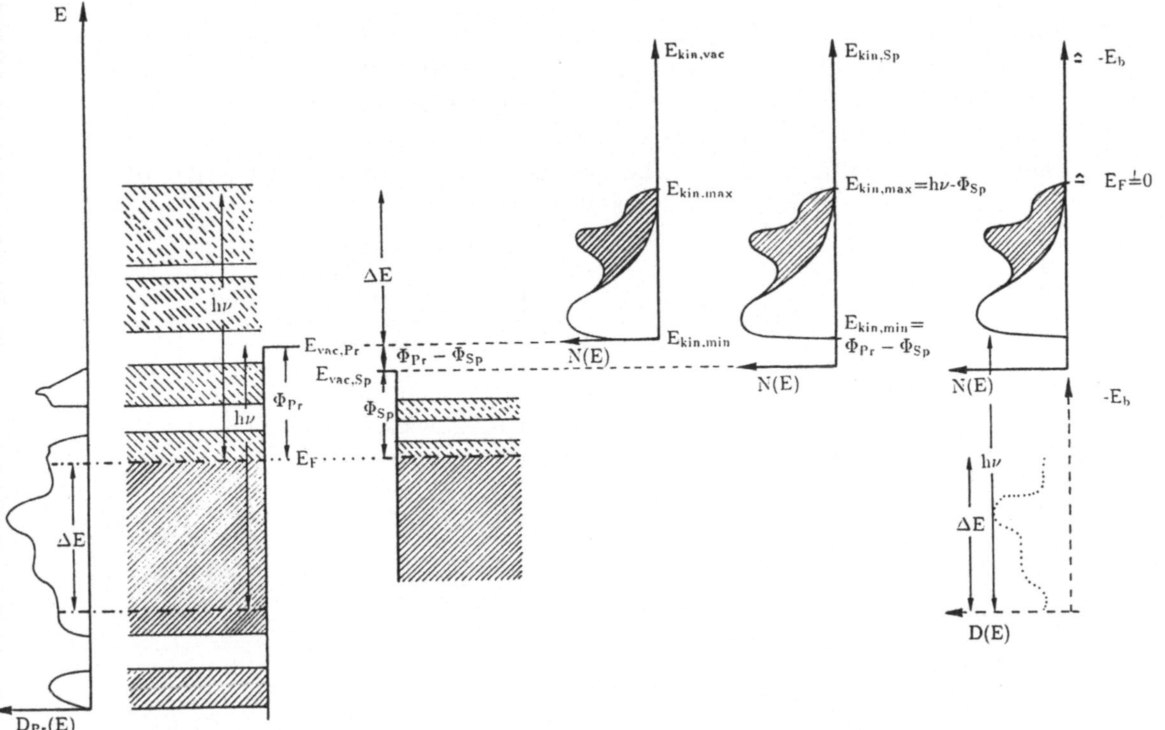

Abb. **3.5.52**
Energieschema und Photoelektronenspektren eines geerdeten Metalls. Das tatsächlich vom Spektrometer aufgenommene Spektrum ist in der Mitte gezeigt. Links ist das (hypothetische) Spektrum zu sehen, das man erhalten würde, wenn man die kinetische Energie der Elektronen direkt im Vakuum berührungslos messen könnte oder wenn zufällig $\Phi_{Pr} = \Phi_{Sp}$ gilt. Rechts ist die Umrechnung der kinetischen Energien in eine äquivalente Bindungsenergieskala gezeigt.

ment sowohl die Probe als auch das Spektrometer geerdet sind, liegen die Ferminiveaus von beiden auf der gleichen Höhe (elektrochemisches Gleichgewicht). Durch die unterschiedlichen Austrittsarbeiten besteht deswegen ein Kontaktpotential zwischen den beiden Materialien. Tritt nun ein Elektron nach der Photoemission aus der Probe aus und fliegt auf das Spektrometer zu, so wird es in diesem Potentialfeld beschleunigt. Ist die Austrittsarbeit des Spektrometers höher als die der Probe, so wird das Elektron in diesem Feld abgebremst. Rechts oben in der Abbildung ist das entstehende Photoelektronenspektrum mit verschiedenen Bezugspunkten gezeigt. Ganz links ist das Spektrum gezeigt, das man erhalten würde, wenn man die kinetische Energie der Elektronen im Vakuum direkt messen könnte. Der Bezugspunkt wäre dann $E_{\text{vac,Pr}} = 0$. Daneben ist das tatsächlich vom Spektrometer aufgenommene Spektrum mit $E_{\text{vac,Sp}} = 0$ abgebildet. Elektronen mit maximaler kinetischer Energie kommen direkt vom Ferminiveau. Elektronen mit minimaler kinetischer Energie konnten den Festkörper gerade noch mit kinetischer Energie null verlassen. Sie besitzen nur die Beschleunigungsenergie $\Phi_{Pr} - \Phi_{Sp}$. Rechts dargestellt ist eine Umrechnung in eine äquivalente Bindungsenergieskala, die angibt, welche Bindungsenergie diese Elektronen *vor* der Emission besessen haben.

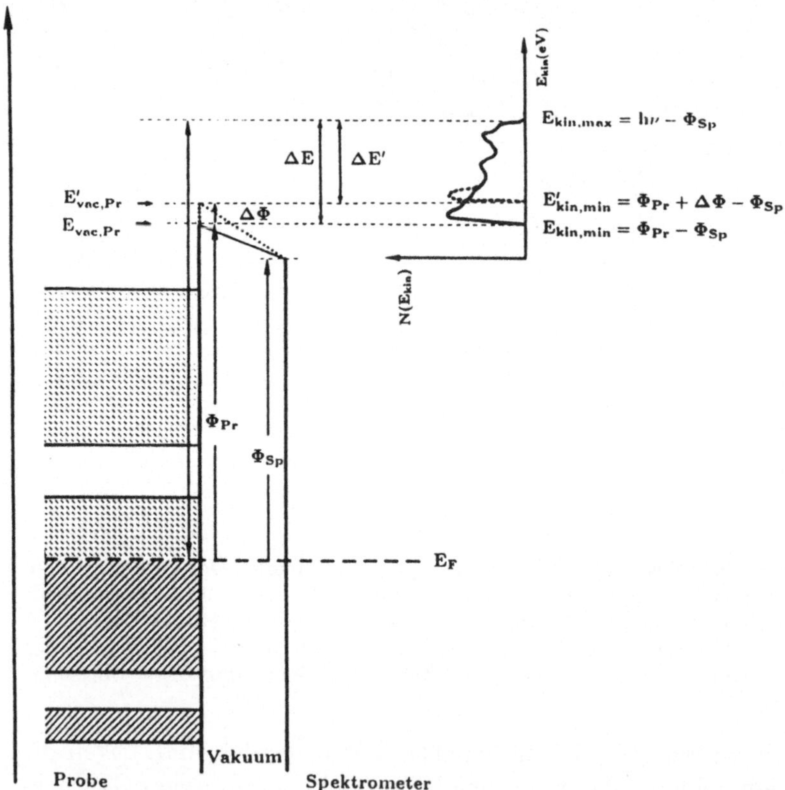

Abb. **3.5.53**
Energieschema und Photoelektronenspektrum eines Metalls vor (durchgezogene Linie) und nach (gepunktete Linie) einer Austrittsarbeitsänderung $\Delta\Phi$ (beispielsweise als Folge der Adsorption von Molekülen)

Wird nun an einem Metall ein Gasmolekül adsorbiert, so verändert sich, wie in Abschn. 2.6.4.2.2 besprochen, die Austrittsarbeit der Probe und damit das gesamte Spektrum. Dieser Effekt ist in Abb. 3.5.53 schematisch gezeigt.

Im gezeigten Beispiel wurde die Austrittsarbeit der Probe nach der Adsorption erhöht. Die Elektronen höchster kinetischer Energie stammen weiterhin vom Ferminiveau. Elektronen, die vor der Adsorption den Festkörper gerade noch mit kinetischer Energie null verlassen konnten, können durch die erhöhte Austrittsarbeit jetzt nicht mehr emittiert werden. Die Elektronen mit minimaler kinetischer Energie erscheinen jetzt bei einer um $\Delta\Phi$ höheren kinetischen Energie.

In Abb. 3.5.54 ist das Zustandekommen des Photoelektronenspektrums bei einem Halbleiter mit Flachbandsituation schematisch gezeigt.

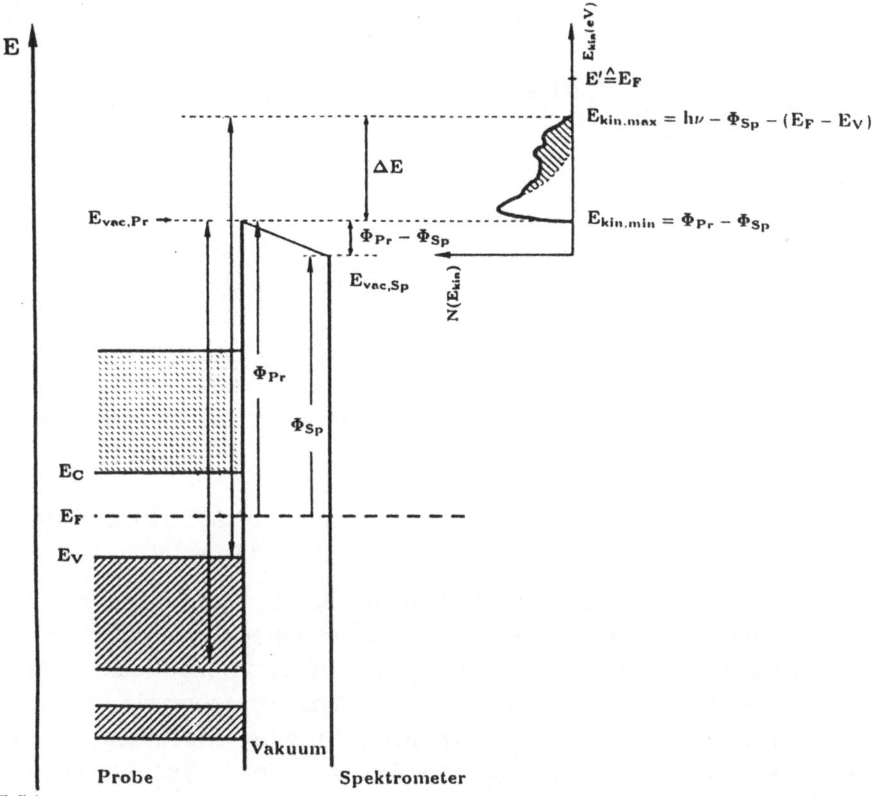

Abb. **3.5.54**
Geerdeter Halbleiter bei Flachbandsituation: Energieschema und Photoelektronenspektrum

Da bei einem Halbleiter keine Elektronen am Ferminiveau lokalisiert sind, stammen die Elektronen mit höchster kinetischer Energie von der Valenzbandoberkante. Die Umrechnung der kinetischen Energien der Photoelektronen in Bindungsenergien bezüglich der Fermienergie läßt sich nur durch Referenzmessung an einem Metall und damit der Festlegung der Lage der Ferminiveaus im Spektrum bestimmen. Abb. 3.5.55 zeigt als Beispiel eines solchen Spektrums das Valenzbandspektrum von α-Sexithiophen und das zugehörige MO-Schema aus quantenchemischen Rechnungen.

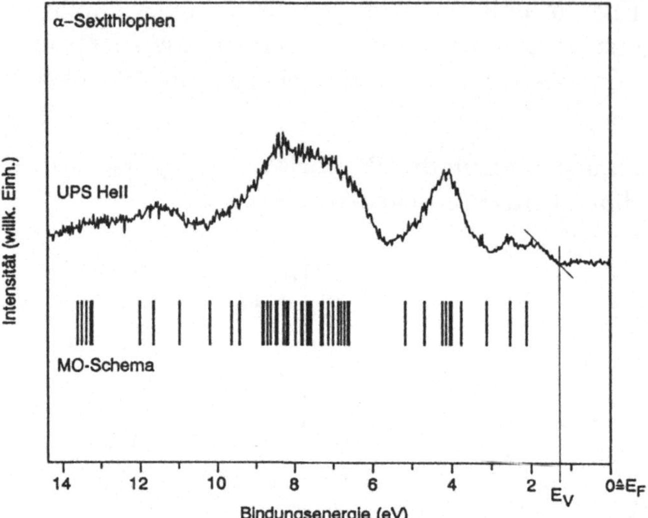

Abb. 3.5.55
He(II)-Spektrum von α-Sexithiophen und zugehöriges MO-Schema. Der Energienullpunkt liegt hier beim Ferminiveau des Festkörpers. Durch experimentell erzeugte Verbreiterung der theoretischen Peaks im unteren Teil erhält man eine sehr gute Übereinstimmung mit dem Experiment in oberen Teil (freundlicherweise von D. Oeter, Tübingen, zur Verfügung gestellt).

Die Veränderungen in UPS-Spektren von Halbleitern, z.B. nach Adsorption von Molekülen, sind in Abb. 3.5.56 schematisch dargestellt.

In der Abbildung ist unter (a) und (b) nochmals zusammenfassend gezeigt, welche Effekte eine Adsorption an einer Festkörperoberfläche haben kann. Sowohl Bandverbiegung als auch Oberflächendipolschicht und Veränderung der Fermienergie im Volumen haben eine Austrittsarbeitsänderung zur Folge. Sie haben auf die Elektronen mit niedrigster kinetischer Energie die gleiche Auswirkung wie in Abb. 3.5.53 beschrieben. Aus der Verschiebung der Einsatzkante des Spektrums vor und nach der Adsorption läßt sich deswegen die Änderung der gesamten Austrittsarbeit bestimmen, die einzelnen Anteile können jedoch so nicht getrennt werden.

Für die Elektronen mit maximaler kinetischer Energie ist nur die Verschiebung der Bänder an der Oberfläche bezüglich der Fermienergie entscheidend. Aus der Verschiebung dieser Abbruchkante des Spektrums läßt sich somit der Anteil aus der Summe von Bandverbiegung ($e\Delta V_s$) und Verschiebung der Fermienergie ($\Delta(E_F - E_V)_b$) im Volumen (genauer: innerhalb der Informationstiefe) bestimmen. Aus dem Unterschied der beiden Verschiebungen bei $E_{\mathrm{kin}} = 0$ und $E_{\mathrm{kin}} = \max$ läßt sich der Anteil der Oberflächendipolschicht $\Delta\chi$ bestimmen.

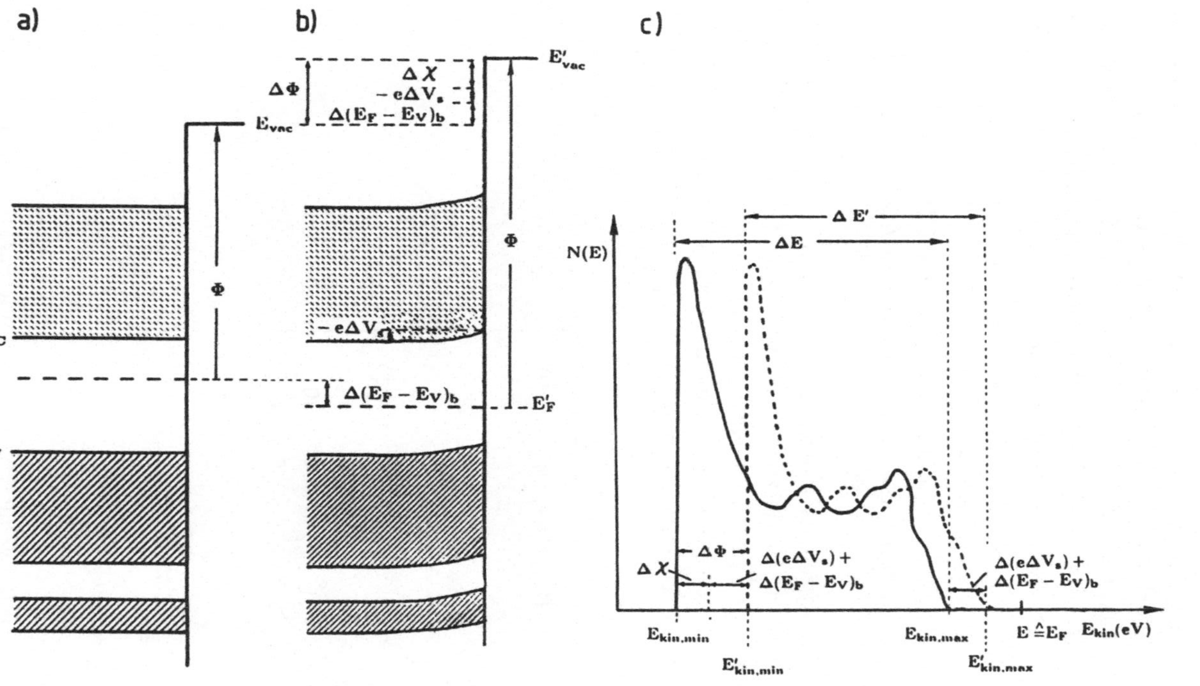

Abb. **3.5.56**
Energieschema eines Halbleiters vor (a) und nach (b) einer Behandlung (z.B. Wechselwirkung mit geladenen Fremdatomen, die einen Oberflächenzustand erzeugen), die i.allg. durch Adsorption zu einer Bandverbiegung ($-e\Delta V_s$) und/oder Änderung der Oberflächendipolschicht ($\Delta\chi$) sowie zu einer Änderung des Volumenanteils $\Delta(E_F - E_V)_b$ als Folge der Eindiffusion und damit Volumendotierung führen kann. (c) Zugehöriges UPS-Spektrum $N(E)$ der emittierten Elektronen als Funktion ihrer kinetischen Energie. Das durchgezogene Spektrum gehört zu (a), das gestrichelte zu (b).

Normalerweise lassen sich die anderen beiden Anteile ($e\Delta V_s$ und $\Delta(E_F - E_V)_b$) nicht separieren. Dies ist jedoch für den Sonderfall möglich, daß die Debyelänge (die Länge, auf die die Bandverbiegung in den Festkörper hinein wirksam ist, vgl. Abschn. 2.6.4.2.1) sehr klein ist. Dann kann man durch Wahl verschiedener Anregungsenergien und damit Informationstiefen (vgl. Abschn. 3.2.5) beide Anteile separieren: Da man mit UPS praktisch nur die oberen Atomlagen erfaßt, erhält man aus dem UPS-Spektrum nur den gesamten Anteil von $e\Delta V_s + \Delta(E_F - E_V)_b$. Steht zusätzlich eine Röntgenquelle für XPS zur Verfügung, bei der die viel schneller emittierten Elektronen aus einer Tiefe kommen, in der keine Bandverbiegung mehr auftritt, so erhält man aus Valenzband-XPS-Spektren nur den Anteil aus der Verschiebung der Fermienergie im Volumen und kann so beide Anteile auftrennen.

Abb. 3.5.57 zeigt als Beispiel für die Veränderung von UPS-Spektren den Bereich zwischen Valenzbandkante E_V und Ferminiveau E_F für verschieden hoch dotiertes Polypyrrol.

Man erkennt deutlich, daß durch die Dotierung die Valenzbandkante in Richtung Fermienergie verschiebt, bis letztlich ab Spektrum c (15% Dotierung) ein metallischer Zustand mit Zustandsdichte bis zum Ferminiveau resultiert. Dies läßt sich durch das Entstehen von Polaronenzuständen durch die Dotierung erklären (vgl. dazu Abschn. 2.6.6.6).

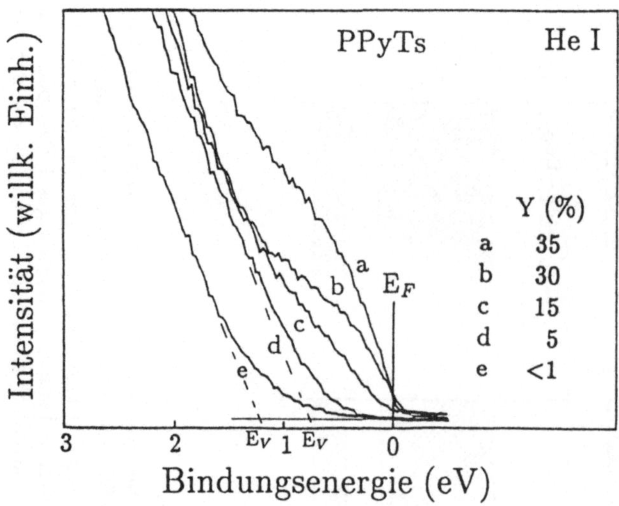

Abb. 3.5.57
He-(I)-Spektren von Polypyrrol (PPy) für verschiedene Dotierungsgrade Y des Elektronenakzeptors Tosylat (Ts) [Bät 90]

3.5.5.4 Übergangswahrscheinlichkeiten und Zustandsdichten

Wir haben bisher angenommen, daß das Spektrum der kinetischen Energien der Elektronen die Zustandsdichte der besetzten Bänder oder Orbitale direkt wiedergibt. Die Anzahl der photoemittierten Elektronen hängt jedoch von verschiedenen Parametern ab. Betrachten wir die Photoemission wie in Abschn. 3.4.3 beschrieben als Drei-Stufen-Prozeß, so können wir die Anzahl photo*angeregter* Elektronen über

$$N(\underline{R}, E_f, h\nu) \sim \int_z D_i(E_i) f(E_i) D_f(E_i - h\nu)(1 - f(E_i - h\nu)) R_{fi}^2 dE_i \qquad (3.5.72)$$

beschreiben. D_i bzw. D_f sind darin die lokalen Zustandsdichten der Anfangs- (i, initial) bzw. End- (f, final) Zustände, die über die mittlere Fluchttiefe z gewichtet sind, $f(E)$ die Fermifunktion und R_{fi}^2 das in Abschn. 3.1.2.2.2 eingeführte Übergangsmoment. Die Anzahl der tatsächlich photo*emittierten* Elektronen hängt noch von vielen anderen Faktoren ab wie der mittleren freien Weglänge (s. Abschn. 3.1.1) und von verschiedenen apparativen Größen [Ert 85].

Um Zustandsdichten von Anfangszuständen bestimmen zu können, muß man Experimente mit konstanter Endzustandsenergie durchführen, um den Einfluß von D_f auszuschließen. Um die Zustandsdichte der Endzustände zu bestimmen, muß man die Elektronen aus dem gleichen Anfangszustand emittieren. Häufig ist die Struktur der Zustandsdichten im Endzustand wesentlich weniger ausgeprägt als die des Anfangszustandes, so daß man zur Bestimmung von $N_i = 2D_i f(E_i)$ näherungsweise den Einfluß von D_f vernachlässigen kann (vgl. Abb. 3.5.45). Für XPS-Messungen ist diese Näherung sehr gut erfüllt, so daß die im folgenden kurz vorgestellten experimentellen Anordnungen v.a. bei UPS-Messungen eine Rolle spielen.

In Abb. 3.2.3 haben wir bereits die Anordnung für definierte Photoemissionsexperimente kennengelernt. Je nach den variierten Parametern unterscheidet man drei verschiedene Typen von Experimenten:

(1) EDC (Energy Distribution Curves)

Bei konstanter Photonen-Anregungsenergie wird die Verteilung $N(E)$ der kinetischen Energie der emittierten Photoelektronen gemessen. Die Intensität der so erhaltenen EDC wird sowohl durch die Zustandsdichte des Anfangs- als auch des Endzustandes bestimmt. Die Zustandsdichte ist in Abb. 3.5.58 durch die Schraffurdichte wiedergegeben. Dargestellt ist auch ein möglicher

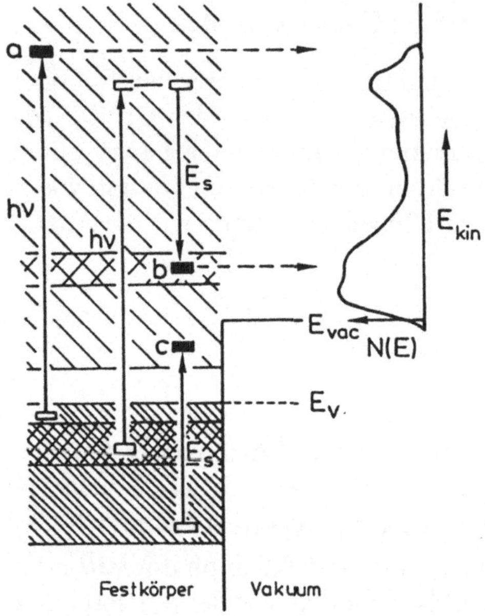

Abb. 3.5.58
Anzahl $N(E)$ photoemittierter Elektronen bei der EDC-(„Energy Distribution Curve"-) Meßanordnung, die bei konstanter Photonenenergie $h\nu$ = const durchgeführt wird. Einfache dichte Schraffur entspricht geringer, doppelte Schraffur hoher Zustandsdichte im Festkörper. Im Bereich oberhalb E_V sind unbesetzte Zustände des Festkörpers in breiter Schraffur gezeigt. E_V ist die Valenzbandkante bei Halbleitern. Angedeutet sind (a) direkte Photoemission aus dem Endzustand und (b) Photoemission nach Energieverlust von E_s an ein Elektron im Valenzband (Shake-up-Anregung, vgl. Abschn. 3.4.3) (c) [Hen 91].

Zweielektronenprozeß zur Erzeugung der breiten niederenergetischen Flanke von Sekundärelektronen.

(2) CFS (Constant Final State)

Bei dieser Methode wird der Beitrag der Zustandsdichte des Endzustandes eliminiert. Dies geschieht dadurch, daß man nur eine feste kinetische Energie der Elektronen detektiert. Durch Variation der Photonenenergie erhält man dabei Elektronen aus verschiedenen Anfangszuständen (Abb. 3.5.59).

(3) CIS (Constant Initial State)

Der Einfluß der Anfangszustände läßt sich durch synchrone Variation der Photonenenergie und der gemessenen kinetischen Energie, also bei konstanter Energiedifferenz $\Delta E = h\nu - E_{\text{kin}}$, ausschalten (Abb. 3.5.60).

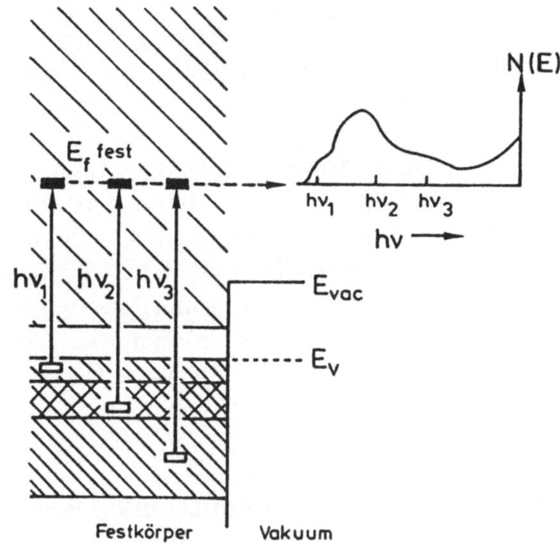

Abb. 3.5.59
Schematische Darstellung der CFS- („Constant Final State"-) Meßanordnung für drei verschiedene Photonenenergien und festgehaltene detektierte Endzustandsenergie E_f [Hen 91]

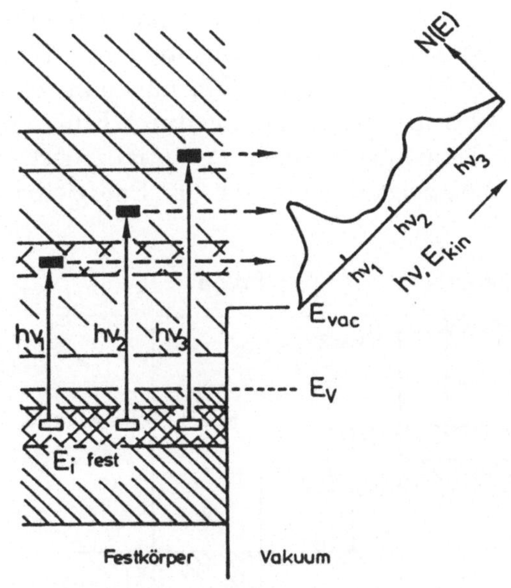

Abb. 3.5.60
Schematische Darstellung der CIS- („Constant Initial State"-) Meßanordnung, bei der nur aus dem festgehaltenen Anfangszustand E_i emittierte Photoelektronen erfaßt werden [Hen 91]

Die unbesetzten Zustände lassen sich auch mit inverser Photoemission (IPE oder **B**remsstrahlungs-**I**sochromaten-**S**pektroskopie, BIS) untersuchen (vgl. Abschn. 3.5.6).

Jeder Typ kann durch definierte Vorgabe sowohl der Polarisationsrichtung der Photonen als auch der Detektionsrichtung der emittierten Elektronen polarisations- und winkelaufgelöst (**P**olarisation and **A**ngular **R**esolved) als PAREDC, PARCIS und PARCFS durchgeführt werden. Zusätzlich kann auch die Spinorientierung photoemittierter Elektronen erfaßt werden. Mit diesen Methoden können v.a. Details von Oberflächenstrukturen und -zuständen erfaßt werden, worauf aber nicht näher eingegangen werden soll (s. z.B. [Hen 91]).

3.5.6 Inverse Photoemissionsspektroskopie (IPE)

Wie die beiden gebräuchlichen Namen **i**nverse **P**hotoemissions-**S**pektroskopie (IPE) oder **B**remsstrahlungs-**I**sochromaten-**S**pektroskopie (BIS) andeuten, wird bei dieser Methode der Festkörper mit monochromatischen Elektronen beschossen, und es werden die dabei entstehenden Photonen nachgewiesen. Dadurch läßt sich die Zustandsdichte unbesetzter Elektronenzustände spektroskopieren, die sich aus anderen Methoden wie CIS-UPS (Abschn. 3.5.5) oder ELS (Abschn. 3.5.7) nur indirekt bestimmen läßt. Monochromatische Elektronen werden dabei durch Emission aus einer heißen Kathode und Beschleunigung in einem Potential zwischen Kathode und Probe erzeugt. Abb. 3.5.61 zeigt schematisch das Energiediagramm der Versuchsanordnung.

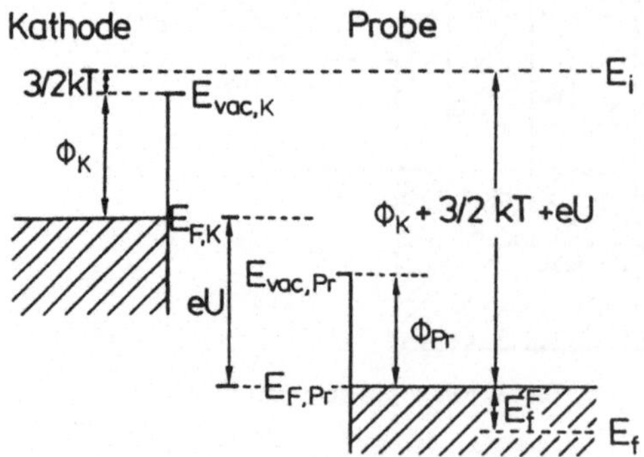

Abb. **3.5.61**
Schematische Darstellung des inversen Photoemissionsprinzips für einen möglichen Endzustand E_f. Weitere Erklärungen s. Text.

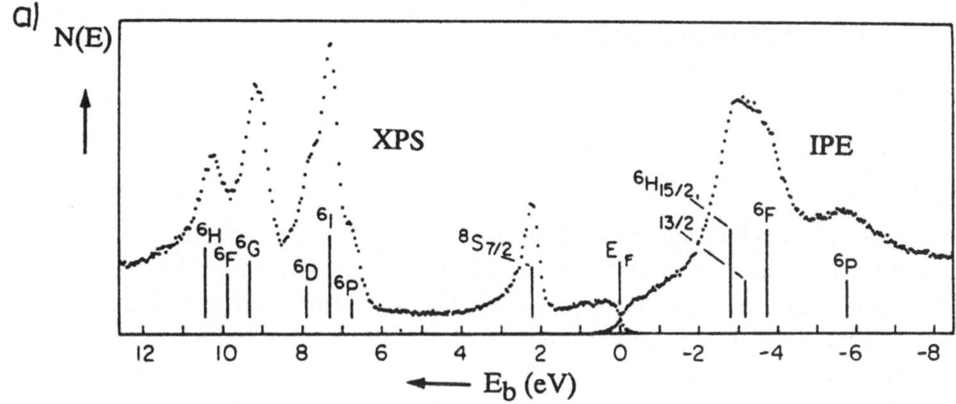

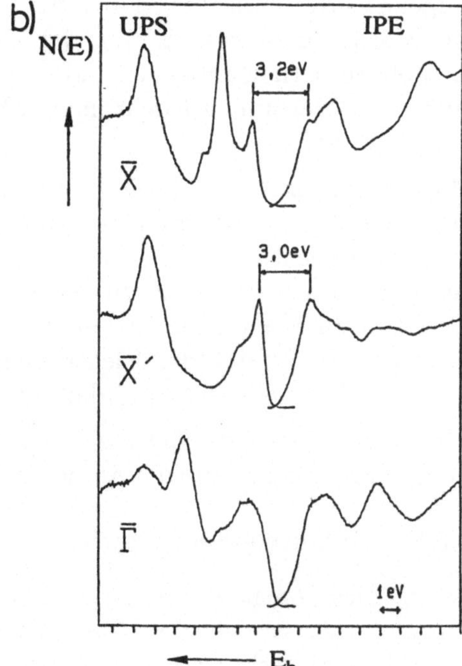

Abb. 3.5.62
Zustandsdichte besetzter und unbesetzter Zustände, aus Photoemissions- und IPE-Messungen angepaßt.
a) Nicht k-aufgelöstes Spektrum von Tb. Die im Vergleich zu XPS breiteren IPE-Peaks entstehen durch die kürzere Lebensdauer der angeregten Zustände (vgl. Abschn. 3.1.2.3.1) [Lan 79].
b) Darstellung der kombinierten Photoemissions- und IPE-Kurven an hochsymmetrischen Punkten der Oberflächen-Brillouin-Zone von GaAs(110) [Car 87].

Die Energie des Photons ist durch

$$h\nu = E_i - E_f = E_i - \left(e\Phi_K + \frac{3}{2}kT + eU\right) - E_f^F \tag{3.5.73}$$

gegeben.

Dabei ist E_i die Energie des Anfangs- und E_f die Energie des Endzustandes, Φ_K die Austrittsarbeit der Kathode, T die Kathodentemperatur, U die Beschleunigungsspannung zwischen Kathode und Probe und E_f^F die auf die Fermienergie bezogene Endzustandsenergie der Elektronen. Um nun die Zustandsdichte der unbesetzten Zustände energieabhängig untersuchen zu können, kann man auf zwei Arten vorgehen: Entweder detektiert man bei festgehaltener Beschleunigungsspannung die emittierten Photonen spektral aufgelöst oder man fährt bei festgehaltener detektierter Photonenfrequenz die Beschleunigungsspannung der Elektronen durch. Letzteres ist experimentell wesentlich einfacher und wird deshalb i.allg. angewandt. Dies führte auch zur Bezeichnung Isochromaten-Spektroskopie, da nur eine Wellenlänge detektiert wird.

Möchte man mit der Methode wellenvektoraufgelöste Bandstrukturen und nicht nur Zustandsdichten bestimmen, so muß auch der Impulserhaltungssatz berücksichtigt werden. Wie schon in Abschn. 2.6.3 beschrieben wurde, haben Photonen der betrachteten Energie von einigen zig Elektronenvolt im Vergleich zu Elektronen nur einen sehr kleinen Impuls, der vernachlässigt werden kann, so daß der Elektronenimpuls bei IPE erhalten bleiben muß. Im $E(k)$-Bild bedeutet dies, daß nur senkrechte Übergänge erlaubt sind.

Abb. 3.5.62 zeigt als Beispiel Spektren, die aus kombinierten Photoemissions- und IPE-Messungen an derselben Probe erhalten wurden.

3.5.7 Elektronenenergieverlustspektroskopie (ELS)

Wenn Elektronen auf eine Festkörperoberfläche treffen, so treten überwiegend inelastische Streueffekte auf. Registriert man die charakteristischen Energieverluste, die ein solches Elektron erleidet, so spricht man von Elektronenenergieverlustspektroskopie (ELS/EELS, **E**lectron **E**nergy **L**oss **S**pectroscopy).

Es gibt verschiedene Prozesse, die zu den Verlusten führen. Sie sind schematisch schon in Abb. 3.3.8 gezeigt worden.

Regt man sehr hochenergetisch an, so erhält man Emission von Rumpfelektronen, aus denen man auf die Elementzusammensetzung schließen kann. Dies läßt sich z.B. als Zusatzinformation im Elektronenmikroskop ausnutzen. Die Energie-Verluste der anregenden Elektronen sind dann in der Größenordnung der Energie von Augerelektronen. Mit diesen Elektronen können entsprechend zu EXAFS (vgl. Abschn. 3.3.4) auch Streuexperimenten durchgeführt werden, die Strukturaussagen liefern (EXEELFS, **Ex**tended **E**lectron **E**nergy **L**oss **F**ine **S**tructure Spectroscopy) [Ert 85].

Ein Elektron aus dem Valenzband kann entweder in ein höheres Niveau des gleichen Bandes (Intraband-Übergang) oder in ein anderes Energieband (Interband-Übergang) angeregt werden. Aus den Energieverlusten kann dann auf die Zustandsdichte der unbesetzten Niveaus geschlossen werden. Entsprechend erhält man Übergänge aus den oberen besetzten MOs in unbesetzte MOs von Molekülkristallen. ELS in diesem Bereich liefert also der UV-Spektroskopie sehr ähnliche, aber oberflächenspezifische Ergebnisse, wobei bei ELS z.T. auch andere Auswahlregeln auftreten können (z.B. kein Spinverbot, da Elektronen im Gegensatz zu Photonen einen halbzahligen Spin besitzen). Ein Beispiel für ein typisches elektronisches (HRE)ELS-Spektrum zeigt Abb. 3.5.63.

Verluste treten auch durch Plasmonenanregung, also kollektive Valenzelektronenanregung auf. Sie liegen je nach Konzentration der freien Ladungs-

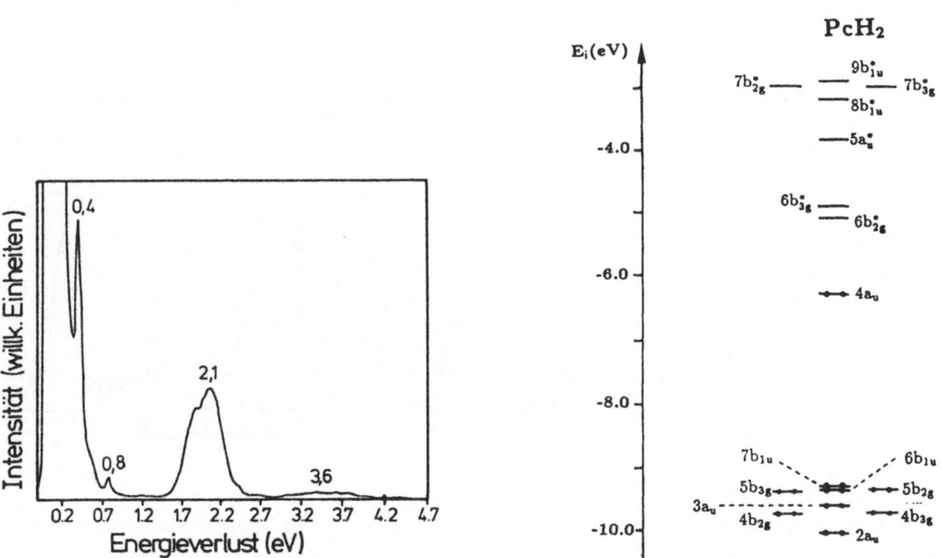

Abb. 3.5.63
(HRE)ELS-Spektrum von metallfreiem Phthalocyanin (H_2-Pc) (links) mit entsprechendem MO-Schema (rechts) (freundlicherweise von A. Severin, Tübingen, zur Verfügung gestellt). Der Peak bei 0,4 eV entspricht der CH-Valenzschwingung, der Peak bei 0,8 eV dem ersten Oberton der Schwingung. Der elektronische Übergang zwischen dem HOMO und LUMO ist bei 2,1 eV zu sehen.

träger im Bereich zwischen meV (bei Halbleitern) und 30 eV (bei guten Leitern) (vgl. Abschn. 2.6.6.1).

Die bisher beschriebenen Prozesse können wegen der relativ hohen Elektronenenergie ohne Hochauflösung, z.B. mit einem normalen AES-Spektrometer erfaßt werden. Sie treten nicht nur durch Beschuß mit Primärelektronen, sondern auch durch Anregung mit Auger- oder Photoelektronen auf (vgl. Satellitenpeaks in XPS, Abschn. 3.4.3).

Ein weiterer Verlustprozeß ist besonders empfindlich bei Anregung mit monochromatischen niederenergetischen ($\sim$ 5 eV) Elektronen zu detektieren. Diese Elektronen werden direkt an der obersten Monolage gestreut und können dort Schwingungen, z.B. von Adsorbatmolekülen oder Oberflächenphononen (Oberflächengitterschwingungen) anregen. Diese Verluste liegen im Bereich von 100 meV, so daß man sehr hochauflösende Spektrometer benötigt. Die Methode wird deshalb HREELS (**H**igh **R**esolution **E**lectron **E**nergy **L**oss **S**pectroscopy) genannt. (Die Bezeichnung EELS wird von vielen Autoren ebenfalls benutzt, die für die niederauflösende Form ELS verwenden, so daß die Bezeichnung EELS zweideutig ist.)

In Abb. 3.5.64 ist ein typisches HREELS-Spektrum gezeigt.

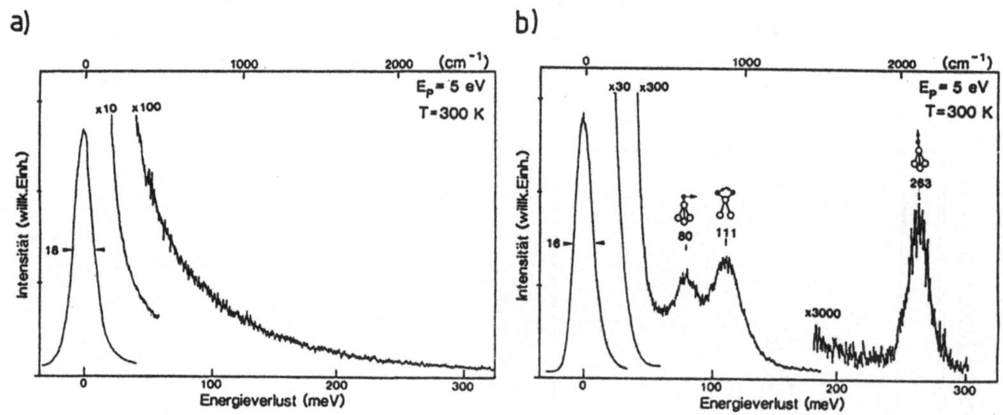

Abb. **3.5.64**
a) HREELS-Spektrum der reinen Si(111)(7×7) Oberfläche
b) Spektrum der gleichen Oberfläche nach Angebot von atomarem Wasserstoff [Sch 86]

In Teilbild a sieht man ein Beispiel für eine kollektive Phononenanregung, die eine wesentliche Verbreiterung des Primärpeaks (bei 0 meV) und einen hohen Untergrund zur Folge hat.

Nach Belegung durch atomaren Wasserstoff (Abb. 3.5.64b) treten zusätzlich die lokalen Energieverlustprozesse durch Schwingungsanregung der gebildeten SiH- und SiH_2-Gruppen auf.

An der cm^{-1}-Skala kann man sehen, daß die maximale Auflösung von 80 cm^{-1} deutlich schlechter ist als die in der IR-Spektroskopie (s. Abschn. 3.5.2) erzielte von 0,01 cm^{-1} oder kleiner. Dafür bestimmt man mit HREELS wegen der geringen Informationstiefe ausschließlich die Schwingungsstruktur der ersten Monolage und erhält so Informationen, die mit der IR-Spektroskopie nicht erzielbar sind.

Als letztes Beispiel soll das HREELS-Spektrum von Phenylendiamin auf Si(100)(2 × 1) vorgestellt werden, dessen geometrische Struktur bereits in Abb. 2.6.53 und die entsprechenden XPS- und UPS-Ergebnisse in Abb. 3.4.28 bzw. 3.5.51 gezeigt wurden. Die Si-N-Schwingung, die die erfolgreiche kovalente Ankopplung anzeigt, ist deutlich zu erkennen.

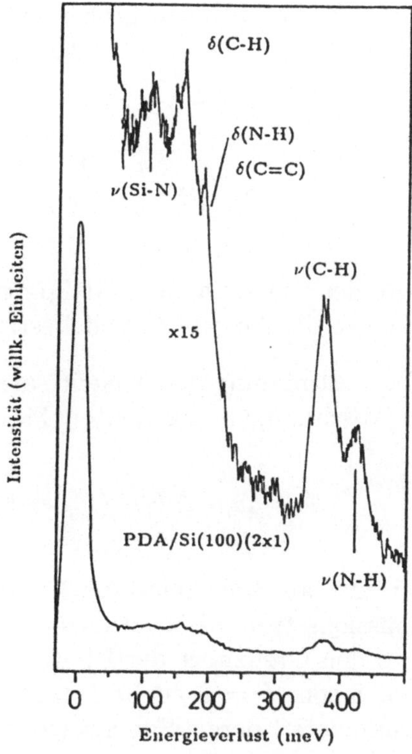

Abb. 3.5.65
HREELS-Spektrum von Phenylendiamin, chemisorbiert auf der Si(100)(2×1)-Oberfläche. Die Primärenergie betrugt 5 eV [Kug 92].

3.5.8 Spezielle Methoden zur Bestimmung der Austrittsarbeit

Methoden zur Messung der Austrittsarbeit kann man einteilen in solche zur Absolutmessung und solche zur Relativmessung:

Zur *Absolutmessung* sind Experimente der Elektronenemission durch Erwärmung (thermische Emission), durch Beleuchtung (Photoemission) oder durch Anlegen hoher elektrischer Felder (Feldemission) geeignet.

Bei der *thermischen Emission* wird ausgenutzt, daß durch Erwärmung des Festkörpers die Besetzung der Zustände über dem Ferminiveau gemäß der Fermistatistik ansteigt, so daß auch der bei Anlegen einer Saugspannung auftretende Sättigungsstrom durch emittierte Elektronen mit steigender Temperatur ansteigt. Nur die Elektronen, deren Energie über dem Vakuumniveau liegt, tragen dabei zum Strom bei, so daß über den Strom die Austrittsarbeit bestimmt werden kann. Die Rechnung ergibt für die Sättigungsstromdichte j_s bei nicht zu großer Feldstärke (so daß Tunnel-Effekte vermieden werden) die in Abschn. 3.2.2 eingeführte Richardson-Dushman-Gleichung (Gl. (3.2.1))

$$j_s = AT^2 \exp\left(-\frac{\Phi}{kT}\right) . \qquad (3.5.74)$$

Aus der Messung des Sättigungsstroms bei verschiedenen Temperaturen kann so die Austrittsarbeit bestimmt werden.

Die Bestimmung der Austrittsarbeit durch *Photoemission* haben wir schon in Abschn. 3.5.5 angedeutet. Man erhält die Austrittsarbeit durch

$$\Phi = h\nu - \Delta E - (E_F - E_V) \qquad \mathbf{(3.5.75)}$$

mit ΔE als Spektrenweite. Es ist auch möglich, den gesamten Elektronenemissionsstrom I bei variierter Energie $h\nu$ des einfallenden Lichtes zu messen und den Grenzwert der Photonenenergie $h\nu_0 = \Phi$ durch Extrapolation auf den Strom $I = 0$ zu bestimmen. Dies ist aber schwieriger, da die durchstimmbare Energie Synchrotronstrahlung erfordert.

Bei der *Feldemission* (vgl. auch Abschn. 3.3.1.2) wird an eine scharfe Spitze eine hohe negative Spannung gelegt, so daß Elektronen aus dem Valenzband ohne Übergang in ein höheres Elektronen-Niveau durch die Potentialbarriere tunneln können. Die Gesamtstromdichte läßt sich aufgrund der Tunnelwahrscheinlichkeit über die Fowler-Nordheim-Gleichung zu

$$j = C_1 \cdot \frac{E^2}{\Phi} \cdot \exp\left(-\frac{C_2 \Phi^{\frac{3}{2}}}{E}\right) \qquad (3.5.76)$$

berechnen, wobei E die elektrische Feldstärke vor der Spitze ist. C_1 und C_2 sind Konstanten.

Bei *Relativmessungen* zur Austrittsarbeit wird ausgenützt, daß zwischen zwei Materialien mit unterschiedlicher Austrittsarbeit im thermischen Gleichgewicht eine elektrische Potentialdifferenz besteht, wie dies in Abb. 3.5.66 schematisch dargestellt ist. Da hierbei die beiden Ferminiveaus energetisch auf gleicher Höhe liegen, ergibt sich durch die Differenz der Austrittsarbeiten $e\Delta V_{12}$ ein elektrisches Feld, das bei sehr kleinem Abstand der beiden Materialien voneinander groß und damit gut meßbar ist.

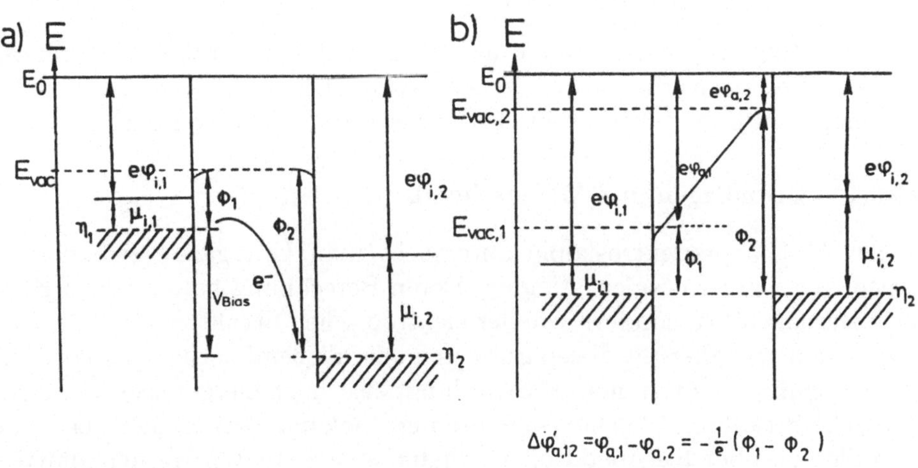

Abb. 3.5.66
Zwei Metalloberflächen (Metall 1, Metall 2) — (a) kein Gleichgewicht der Elektronen — (b) Gleichgewicht der Elektronen

Bei der *Kelvin-Schwingkondensator-Methode* wird der Abstand zwischen einem zu untersuchenden Stoff (1) und einer Referenzelektrode (2) periodisch variiert. Dadurch wird die Kapazität des Kondensators zeitlich verändert (vgl. Abschn. 5.2.2.5):

$$I = \frac{dQ_{\text{in}}}{dt} = \frac{d(C\Delta V)}{dt} = \Delta V \frac{dC}{dt}$$

$$= (\varphi_{a,1} - \varphi_{a,2})\frac{dC}{dt} = \frac{1}{e}(\Phi_2 - \Phi_1)\frac{dC}{dt} \qquad (3.5.77)$$

Man legt dann eine zusätzliche Gleichspannung V_{Bias} an, so daß der induzierte Wechselstrom null ist:

$$\Delta V = \Delta V_{12} - V_{\mathrm{Bias}} \qquad (3.5.78)$$

Aus $I = 0$ folgt

$$\begin{aligned} \Delta V &= 0 \\ V_{\mathrm{Bias}} &= \Delta V_{12} \end{aligned} \qquad (3.5.79)$$

und

$$\Delta\Phi = e\Delta V_{12} = eV_{\mathrm{Bias}} \,. \qquad (3.5.80)$$

3.5.9 Mößbauerspektroskopie

Mit der Mößbauerspektroskopie als resonanter Kernstrahlenspektroskopie können Bindungsverhältnisse, Molekülsymmetrien, dynamische Vorgänge und magnetische Strukturen in Festkörpern untersucht werden.

3.5.9.1 Grundlagen und Meßmethodik

In der Mößbauerspektroskopie untersucht man Übergänge zwischen verschiedenen Kern-Energiezuständen. Deren Berechnung haben wir in Kap. 2 nicht durchgeführt, sondern von der elektronischen Struktur durch die Born-Oppenheimer-Näherung absepariert und anschließend vernachlässigt. Zu ihrer Anregung benötigt man γ-Strahlung, also hochenergetische elektromagnetische Strahlung. Solche γ-Quanten erzeugt man am einfachsten, indem man die von über Kernreaktionen erhaltenen angeregten Kernen emittierte Strahlung verwendet. Durch resonante Absorption kann durch ein solches γ-Quant das gleiche Isotop vom Grund- in den angeregten Zustand gebracht werden. So kann man z.B. durch die Emission angeregter ^{57}Fe-Kerne andere ^{57}Fe-Kerne anregen, sofern die Energiedifferenz zwischen Grund- und angeregtem Zustand nicht durch die elektronische oder magnetische Struktur verändert wurde. Gerade diese Energieunterschiede sind es jedoch, die man bei der Mößbauerspektroskopie ausnutzt, um Informationen z.B. über die Elektronenverteilung um den Kern zu studieren. Auf die einzelnen Effekte werden wir in Abschn. 3.5.9.2 genauer eingehen. Man braucht also in gewissen Bereichen durchstimmbare γ-Strahlung. Dies erreicht man durch

Ausnutzung des Dopplereffekts. Wir haben schon in Abschn. 3.1.2.3.2 besprochen, daß sich die Frequenz einer emittierten Strahlung bei einer Relativbewegung der Quelle gegen einen Absorber verschiebt. Man kann also durch Variation dieser Relativgeschwindigkeit ein Absorptionsspektrum erhalten. Für Routineaufnahmen wird die Relativgeschwindigkeit nicht sukzessiv verändert, sondern man variiert die Relativgeschwindigkeit in einem gewissen Bereich periodisch. Der Detektor ist synchron auf die gleiche Vibrationsfrequenz eingestellt und wertet Signale aus, die der gleichen Relativgeschwindigkeit zuzuordnen sind.

In Abb. 3.5.67 ist schematisch der Aufbau eines Mößbauerspektrometers gezeigt.

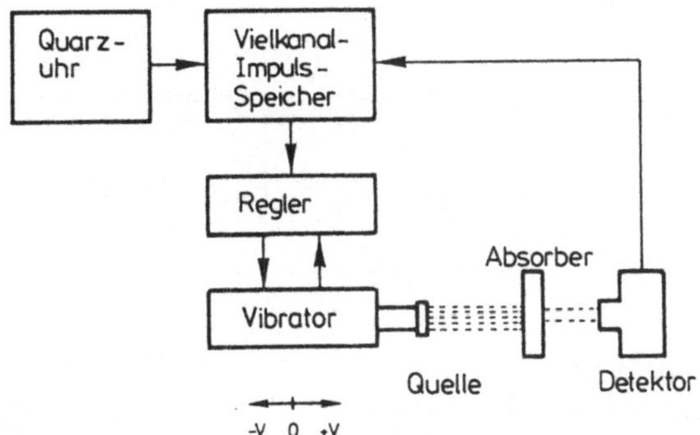

Abb. 3.5.67
Schematischer Aufbau eines Mößbauerspektrometers

Bei der Anregung mit γ-Strahlung tritt jedoch noch ein prinzipielles Problem auf. Wird das Photon emittiert, so muß wegen der Impulserhaltung der entgegengesetzt gerichtete Impuls auf das emittierende Atom oder Molekül übertragen werden. Die Energie für diesen Rückstoß wird vom Photon aufgebracht, so daß es bei Emission eine geringere Energie besitzt. Der gleiche Energiebetrag wird noch einmal verbraucht, wenn das Photon absorbiert wird und den Impuls auf das Absorberatom oder -molekül übertragen muß. Die Energie eines γ-Quants liegt im Bereich von 10^{18} Hz. Bei solch hohen Energien liegen die Energieverluste in der Größenordnung von 10^{11} Hz. (Bei den Resonanzspektroskopien im Valenzelektronen- oder Schwingungsbereich kann man diese Rückstoßeffekte wegen der sehr kleinen Energiebeträge nicht beobachten.) Da die Linienbreite der emittierten Strahlung mit 10^6 Hz sehr klein ist, ist eine Anregung eines Isotops durch emittierte Strahlung aus dem gleichen Isotop nicht möglich, sofern man diese Rückstoßenergie nicht durch das Experiment verhindert. Dies ist schematisch in Abb. 3.5.68 zusammengefaßt.

a)

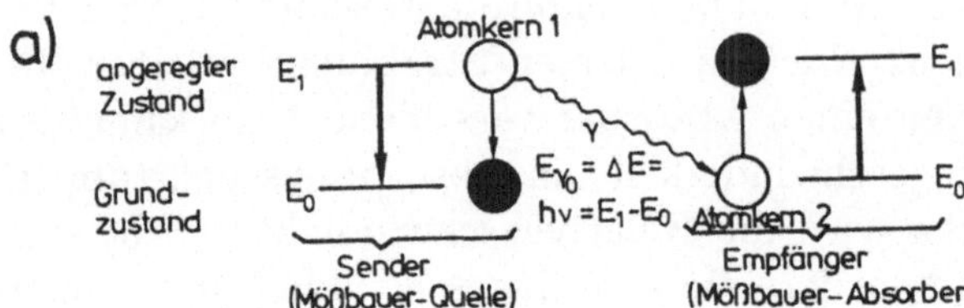

b)

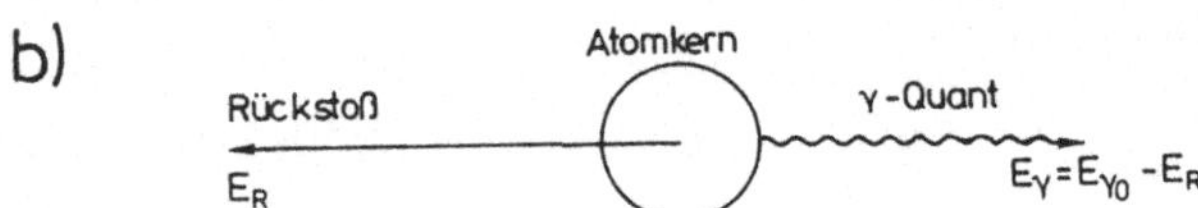

c)

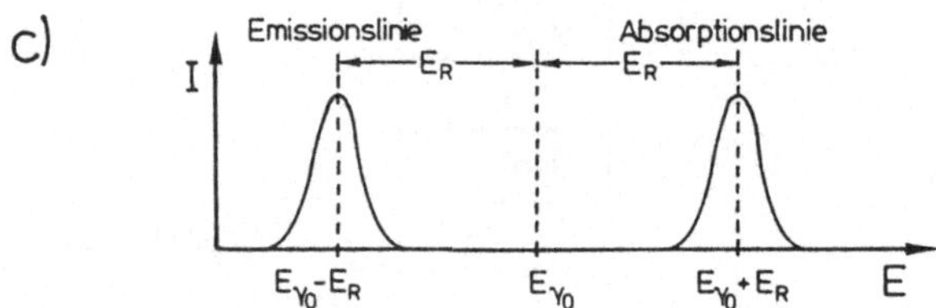

Abb. 3.5.68
Schematische Darstellung
a) des Prinzips der Kernresonanzabsorption von γ-Strahlen,
b) des Rückstoßeffektes bei Emission eines γ-Quants und
c) der Energieskala, in der die Energie der Emissionslinie und der Absorptionslinie im Vergleich zur Energiedifferenz zwischen Grund- und angeregtem Zustand dargestellt ist [Güt 85]

Rückstoßeffekte in der Gasphase lassen sich nicht vermeiden. Emittieren jedoch Atome in einem Kristall, so kann das gesamte Gitter als Stoßpartner wirken. Die Rückstoßenergie wird dabei einerseits in Gitterschwingungen und andererseits in die Translationsenergie des Kristalls gesteckt. Wegen der hohen Masse des Kristalls sind Translationsenergien immer sehr gering. Kann man also die Anregung von Gitterschwingungen vermeiden, so kann das γ-Quant aus einem Festkörper rückstoßfrei emittiert werden. Voraussetzungen dazu sind Elemente mit hohen Massen und insbesondere hohen Debye-Temperaturen, da eine hohe Debye-Temperatur einer hohen Bindungsfestigkeit und damit einer schweren Anregbarkeit von Phononen entspricht (vgl. [Göp 94]). Darüberhinaus sind natürlich tiefe Temperaturen günstig.

Abb. 3.5.69 zeigt grau unterlegt die Elemente im Periodensystem, an denen rückstoßfreie γ-Quantenemission, d.h. der sog. Mößbauereffekt beobachtet wurde.

H																	He
Li	Be											B	C	N	O	F	Ne
Na	Mg											Al	Si	P	S	Cl	Ar
K	Ca	Sc	Ti	V	Cr	Mg	Fe	Co	Ni	Cu	Zn	Ga	Ge	As	Se	Br	Kr
Rb	Sr	Y	Zr	Nb	Mo	Tc		Rh	Pd	Ag	Cd	In	Sn	Sb	Te	I	Xe
Cs	Ba	La	Hf	Ta	W	Re	Os	Ir	Pt	Au	Hg	Tl	Pb	Bi	Po	At	Rn
Fr	Ra	Ac															

Ce	Pr	Nd	Pm	Sm	Eu	Gd	Tb	Dy	Ho	Er	Tm	Yb	Lu
Th	Pa	U	Np	Pu	Am	Cm	Bk	Cf	Es	Fm	Md	No	Lr

Abb. 3.5.69
Übersicht über die Elemente (grau unterlegt), an denen der Mößbauereffekt beobachtet wurde [Wag 86]

Zur rückstoßfreien Absorption muß entsprechend auch der Absorber im festen Zustand vorliegen.

Wir wollen nun im folgenden die chemischen Effekte zur Energieverschiebung diskutieren.

3.5.9.2 Spektrale Information

Energieunterschiede der Kernniveaus werden durch Wechselwirkungen zwischen den Kernen und elektrischen oder magnetischen Feldern am Kernort verursacht. Diese Felder werden überwiegend durch Valenzelektronen verursacht. Drei Mechanismen werden dabei unterschieden.

Die *Isomerieverschiebung* kommt durch elektrische Monopolwechselwirkung und die endliche Ausdehnung der Atomkerne zustande. Da s-Elektronen eine endliche Aufenthaltswahrscheinlichkeit am Kernort haben, treten sie mit dem Kern in coulombsche Wechselwirkung. Da der Atomkern im angeregten Zustand eine andere räumliche Ausdehnung hat, während sich die Elektronendichte am Kern bei Kernübergängen nicht ändert, wird eine unterschiedliche Verschiebung der Energieniveaus des angeregten und des Grundzustands gegenüber einem idealen isolierten Atomkern beobachtet.

Unterscheiden sich die Umgebungen des Kerns in der Quelle und im untersuchten Material, so wird die Isomerieverschiebung δ gemessen. Solche Unterschiede, die durch geänderte Elektronendichten auftreten, können durch unterschiedliche chemische Umgebung (z.B. Oxidationszustand, Bindungsverhältnisse) oder physikalische Umgebung (z.B. unterschiedlicher äußerer Druck) verursacht sein.

Als ein Beispiel sind in Abb. 3.5.70 die Mößbauerspektren von SnO_2 und β-Zinn gezeigt.

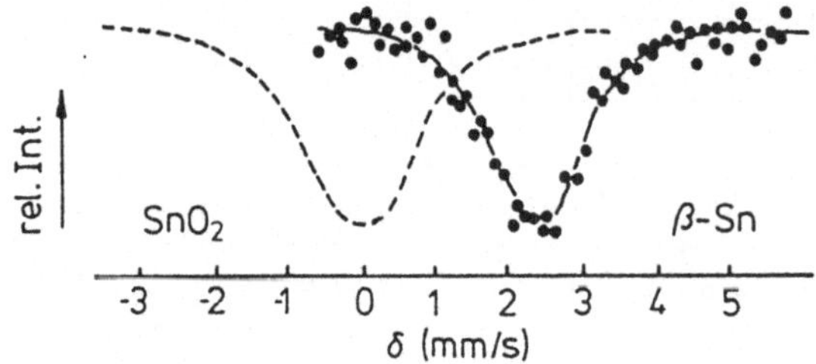

Abb. 3.5.70
Mößbauerspektren von SnO_2 und β-Zinn, gemessen mit ^{119m}Sn-dotiertem SnO_2 als Quelle bei $T = 300$ K. Aufgetragen ist die Absorption in relativen Einheiten als Funktion der Relativgeschwindigkeit bzw. Isomerieverschiebung δ [Gre 67].

Die positive Isomerieverschiebung zeigt, daß die Elektronendichte am ^{119}Sn-Kern in β-Zinn größer als in SnO_2 ist, da letzteres alle vier Valenzelektronen abgegeben hat. In Tab. 3.5.3 sind Mittelwerte von Isomerieverschiebungen δ von Zinnverbindungen angegeben. Man kann daraus entnehmen, daß tatsächlich die Elektronenkonfiguration und nicht die Ladung des Zentralatoms entscheidend ist.

Tab. 3.5.3
Mittelwerte von Isomerieverschiebungen δ in mm/s in Zinnverbindungen relativ zu SnO_2 [Güt 85]

Oxidations-zustand	Sn^{4+} ionisch	Sn(IV) kovalent	Sn(0)	Sn(II) kovalent	Sn^{2+} ionisch
δ (mm/s)	$\sim 0{,}5$	$\sim 1{,}3$	$\sim 2{,}1$	$\sim 3{,}5$	$> 3{,}7$
angenäherte Elektronen-konfiguration	$5s^0$	$(5s^1p^3)$	$5s^1p^3$	$5s^2(p^x)$	$5s^2$
Beispiel	$SnCl_4 \cdot 5\,H_2O$	$(C_2H_5)_4SN$	α-Zinn	SnO	$SnCl_2$

Quadrupolaufspaltung tritt bei Kernen mit $I > \frac{1}{2}$ auf. Durch Wechselwirkung mit einem inhomogenen elektrischen Feld spalten die Kernniveaus dabei in $I + \frac{1}{2}$ Niveaus auf. Die Auswahlregeln sind:

$$\Delta I = \pm 1 \tag{3.5.81}$$

$$\Delta m_I = 0, \pm 1 \tag{3.5.82}$$

Inhomogene elektrische Felder treten dabei i.allg. bei nicht-kugelsymmetrischer Anordnung von Elektronen in nicht vollständig aufgefüllten Valenzschalen oder bei unterschiedlichen Liganden eines Komplexes auf. Man erhält aus solchen Aufspaltungen also Informationen über die Molekülsymmetrie und Ligandenfeldeffekte.

Als Beispiel ist in Abb. 3.5.71 das quadrupolaufgespaltene Mößbauerspektrum von $Na_2[Fe(CN)_5NO]$ und zum Vergleich das wegen der symmetrischen Ligandenumgebung nicht aufgespaltene Spektrum von $Na_4[Fe(CN)_6]$ gezeigt.

Im Gegensatz zu den bisher besprochenen Effekten, die auf einer elektrischen Wechselwirkung beruhen, können Atomkerne mit einem magnetischen Dipolmoment auch eine *magnetische Aufspaltung* zeigen. In einem Magnetfeld

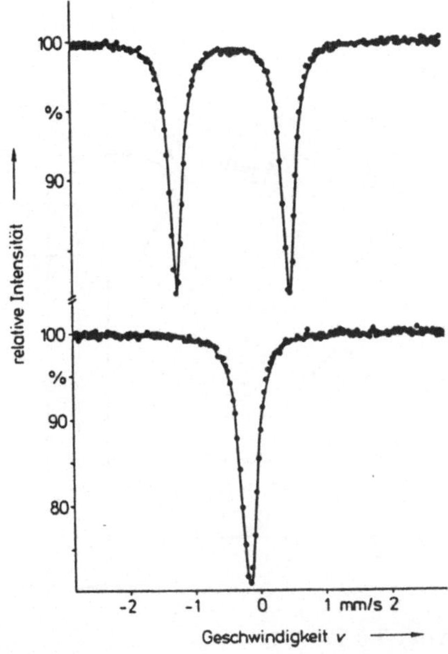

Abb. 3.5.71
Mößbauerspektrum (oben) mit einer Quadrupolaufspaltung von $Na_2[Fe(CN)_5NO] \cdot 2H_2O$, gemessen mit einer Quelle von ^{57}Co in Rh. Zum Vergleich unten das nicht aufgespaltene Spektrum von $Na_4[Fe(CN)_6]$. Beide Messungen erfolgten bei Zimmertemperatur [Wag 86].

werden die Kernniveaus dann in $2I + 1$ Niveaus aufgespalten. Es gelten die gleichen Auswahlregeln wie bei der Quadrupolaufspaltung.

Als Beispiel ist in Abb. 3.5.72a das magnetische Hyperfeinspektrum von metallischem Eisen gezeigt, das im Grundzustand einen Kernspin $I = \frac{1}{2}$ und im angeregten Zustand (14,4 keV) einen Kernspin $I = \frac{3}{2}$ besitzt. Das

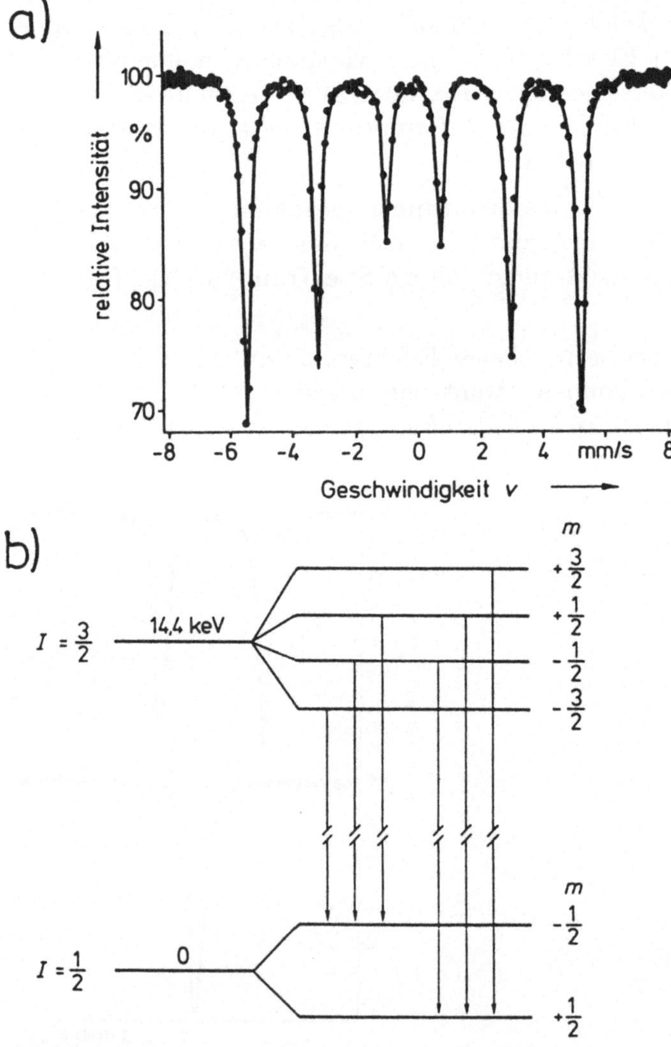

Abb. 3.5.72
a) Magnetisches Hyperfeinspektrum von metallischem Eisen, gemessen mit einer Einlinienquelle von ^{57}Co in Rh bei Raumtemperatur
b) Magnetische Hyperfeinaufspaltung am Beispiel von ^{57}Fe. Die Pfeile kennzeichnen die erlaubten Übergänge, die zum in a) gezeigten Spektrum führen [Wag 86].

Grundniveau spaltet deshalb in zwei, das angeregte in vier Niveaus auf, so daß mit Gl. (3.5.81) und (3.5.82) die sechs in Abb. 3.5.72b gezeigten erlaubten Übergänge resultieren.

Innere Magnetfelder werden durch die chemischen und physikalischen Eigenschaften des Stoffes bestimmt. Diese bestimmen auch das lokale Magnetfeld, wenn ein Magnetfeld von außen angelegt wird (vgl. Abschnitte 3.6.2 und 3.6.3). So kann man mit der Mößbauerspektroskopie auch Untersuchungen zur magnetischen Struktur durchführen.

Über die Auswirkung anderer Parameter, z.B. der Temperatur, siehe weiterführende Lehrbücher, z.B. [Wag 85].

3.6 Magnetische Struktur

Die magnetischen Eigenschaften von Kernen oder Elektronen können ausgenutzt werden, um deren Wechselwirkung untereinander und mit einem extern angelegten Magnetfeld lokal am Kern- oder Elektronenort zu erfassen und damit eine Strukturbestimmung vorzunehmen. Dies wird bei der NMR- und ESR-Spektroskopie ausgenutzt.

Methoden, die darauf abzielen, die magnetische Struktur periodisch angeordneter magnetischer Momente zu bestimmen, wie z.B. die Neutronenbeugung oder die Mößbauerspektroskopie, haben wir bereits in den Abschnitten 3.3.3.2.1 und 3.5.9 kennengelernt.

3.6.1 Übersicht magnetischer Energien ohne und mit externem Magnetfeld

In Abschn. 2.3.2 haben wir gesehen, daß Elektronen und Kerne einen Spin und damit ein magnetisches Moment besitzen. Spin-Resonanz-Spektroskopien oder magnetische Resonanzspektroskopien beruhen auf der Wechselwirkung dieser Elektronen- bzw. Kernspins untereinander sowie mit einem extern angelegten magnetischen Feld. Sowohl die internen als auch die externen Wechselwirkungen können dabei als Störungen der stationären ungestörten Energieniveaus behandelt werden (vgl. dazu Abschn. 2.3.1.3).

Diese statische Wechselwirkung besteht im allgemeinen Fall für ein System, das beispielsweise Elektronen $a(b)$ mit dem Spin $S_{a(b)}$ und Kerne $A(B)$ mit dem Kernspin $I_{A(B)}$ enthält, aus folgenden additiven Beiträgen zum Gesamt-Hamilton-Störoperator $\hat{H}'$ (vgl. Abb. 3.6.1):

$$\begin{aligned}\hat{H}' &= -\underline{B}_0\underline{\hat{\mu}}_{j,a} + \underline{\hat{S}}_a\underline{\underline{D}}_{ab}\underline{\hat{S}}_b + \underline{\hat{I}}_A\underline{\underline{a}}^*_{Ab}\underline{\hat{S}}_b - \underline{B}_0\underline{\hat{\mu}}_{I,A} + \underline{\hat{I}}_A\underline{\underline{J}}^*_{AB}\underline{\hat{I}}_B \\ &= \underline{B}_0\underline{\underline{g}}_{j,a}\mu_B\underline{\hat{S}}_a + \underline{\hat{S}}_a\underline{\underline{D}}_{ab}\hat{S}_b + \underline{\hat{I}}_A\underline{\underline{a}}^*_{Ab}\underline{\hat{S}}_b - \underline{B}_0\underline{\underline{g}}_{I,A}\mu_N\underline{\hat{I}}_A + \underline{\hat{I}}_A\underline{\underline{J}}^*_{AB}\underline{\hat{I}}_B \end{aligned} \quad (3.6.1)$$

Dabei ist $\underline{B}_0$ das extern angelegte homogene stationäre Magnetfeld, $\underline{\mu}$ das magnetische Dipolmoment (wir verzichten im folgenden auf den Index „m" zur Unterscheidung vom elektrischen Dipolmoment $\underline{\mu}_{el}$), $\underline{S}_{a(b)}$ ein dem Elektron $a(b)$ zugeordneter dimensionsloser Vektor mit dem Betrag der Spinquantenzahl $m_s(\pm 1/2)$ und der Orientierung entlang des Elektronenspins $S_{a(b)}$, $\underline{I}_{A(B)}$ ein analoger dimensionsloser Vektor in Richtung des Kernspins $I_{A(B)}$ mit dem Betrag der Quantenzahl m_I (bei Protonen $m_I = \pm 1/2$), $g_{j,a}$ der g-Tensor des a-ten Elektrons, μ_B das Bohrsche (Elektronen) Magneton, $\underline{\underline{D}}_{ab} = D + \underline{\underline{D}}_{ab(\text{aniso})}$ die Elektronenspin-Kopplungskonstante, $\underline{\underline{a}}^*_{Ab} = a + \underline{\underline{a}}_{Ab(\text{aniso})}$ der Hyperfeinkopplungstensor, $\underline{\underline{g}}_{I,A} = g_{I,A} + \underline{\underline{g}}_{I,A(\text{aniso})}$ der g-Tensor des A-ten Kerns, der im allgemeinen isotrop und damit als $g_{I,A}$ angesetzt wird, μ_N das Kernmagneton und $\underline{\underline{J}}^*_{AB} = J^* + \underline{\underline{J}}^*_{AB(\text{aniso})}$ der Kernspinkopplungstensor. (Wir wählen hier a^* und J^*, da J^* und a^* in Gl. (3.6.1) die Dimension einer Energie haben, während die in der NMR-Spektroskopie übliche Angabe der Kopplungskonstante J in Frequenzeinheiten (vgl. Gl.

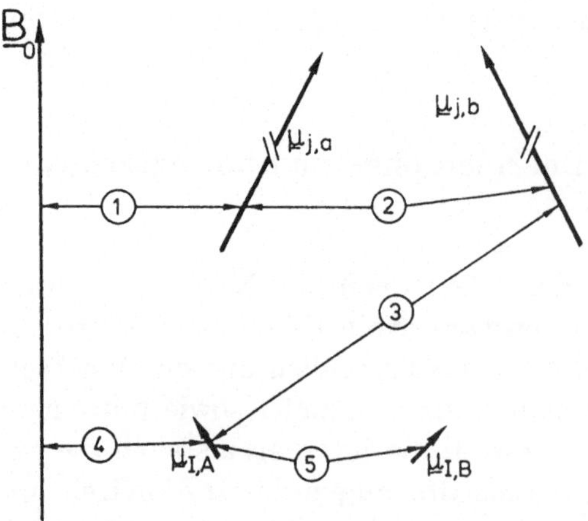

Abb. **3.6.1**
Schematische Darstellung der Wechselwirkungen aus Gl. (3.6.1) ohne Berücksichtigung ihrer Quantisierung bezüglich der $\underline{B}_0$-Feld-Richtung

(3.6.29)) und die in der ESR-Spektroskopie übliche Angabe von a in Magnetfeldeinheiten erfolgt (vgl. Gl. (3.6.37)).

Nur der erste und vierte Term erfaßt die Störung des Elektronen- bzw. Kernspins durch das extern angelegte Magnetfeld $\underline{B}$. Die anderen Terme erfassen Wechselwirkungen zwischen Elektronenspins, Kern- und Elektronenspins bzw. Kernspins verschiedener Atome, die unabhängig vom extern angelegten Magnetfeld $\underline{B}_0$ sind. Diese Wechselwirkungen werden über Kopplungstensoren beschrieben, die sich i.allg. aus einer isotropen Kopplungskonstante (D, a, J) und einem anisotropen Tensor zuammensetzen. Der anisotrope Teil wird oft als zweite Korrektur vernachlässigt. Bei Wechselwirkung mit mehreren anderen Kernen oder Elektronen muß zusätzlich über alle Wechselwirkungen summiert werden, was in Gl. (3.6.1) vernachlässigt wurde.

Die magnetischen Momente μ_B der Elektronen sind entsprechend der geringeren Masse ca. 1800 mal größer als die der Kerne μ_N. Daher kann Kernspinresonanz im allgemeinen nur in Abwesenheit von paramagnetischen Elektronen durchgeführt werden, da insbesondere bei höheren Konzentrationen die Elektronen extrem stören. Für die Kernspinresonanz sind damit nur die letzten beiden Terme von Bedeutung. In Anwesenheit von paramagnetischen Verunreinigungen, die dann allerdings nur in geringen Konzentrationen auftreten dürfen, wird auch der dritte Term wichtig.

Gl. (3.6.1) kann entsprechend erweitert werden, wenn Elektronen bzw. Kerne mit unterschiedlichen Spins $\underline{S}_a$ oder I_A in der Probe vorkommen.

In Abschn. 3.6.2 werden wir uns mit der Kernresonanzspektroskopie (**N**uclear **M**agnetic **R**esonance, NMR) beschäftigen. Die Beschreibung der Elektronenspinresonanzspektroskopie (ESR) folgt in Abschn. 3.6.3.

3.6.2 Kernresonanzspektroskopie (NMR)

3.6.2.1 Grundlagen

Wir werden zuerst nur den Einfluß des Magnetfeldes auf den Kernspin berücksichtigen und erst in Abschn. 3.6.2.4.3 auf die Spin-Spin-Kopplung eingehen. Als potentielle Energie eines Kerns mit Kernspin I im Magnetfeld ergibt sich bei isotropem g-Faktor g_I (vgl. Abschn. 2.3.2.4)

$$E = -\underline{\mu}_I \underline{B}_0 = -\mu_{I,z} B_0 = -\gamma_I \hbar m_I B_0 = -g_I \mu_N m_I B_0 \; . \qquad \textbf{(3.6.2)}$$

Die Werte für den Kernspin (und damit m_I) sowie das magnetogyrische Verhältnis γ_I sind in Tab. 2.3.1 in Abschn. 2.3.2.4 für einige wichtige Kerne aufgeführt.

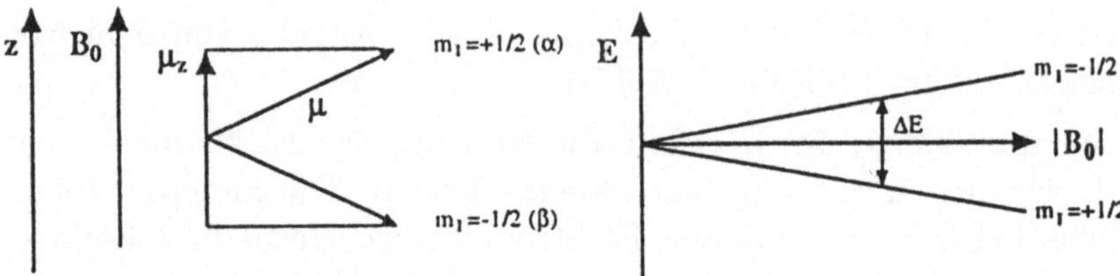

Abb. **3.6.2**
Energetische Aufspaltung der Kernspin-Zustände $m_I = \pm\frac{1}{2}$ für ein Proton mit $I = \frac{1}{2}$

Durch das B_0-Feld ist die $(2I + 1)$-fache Entartung der Energie mit den magnetischen Quantenzahlen $-I \leq m_I \leq I$ aufgehoben. Der Zustand mit positivem m_I ist der energetisch günstigere (Abb. 3.6.2).

Abb. 3.6.3 zeigt im Vergleich die Aufspaltung für zwei Kerne mit unterschiedlichen Quantenzahlen I, z.B. für ^{11}B mit $I = \frac{3}{2}$ und für ^{1}H mit $I = \frac{1}{2}$, wobei ^{1}H das größere magnetogyrische Verhältnis γ_I hat $(26,7519 \cdot 10^7$ rad $T^{-1}s^{-1}$ im Vergleich zu $8,5843 \cdot 10^7$ rad $T^{-1}s^{-1}$, vgl. Tab. 2.3.1).

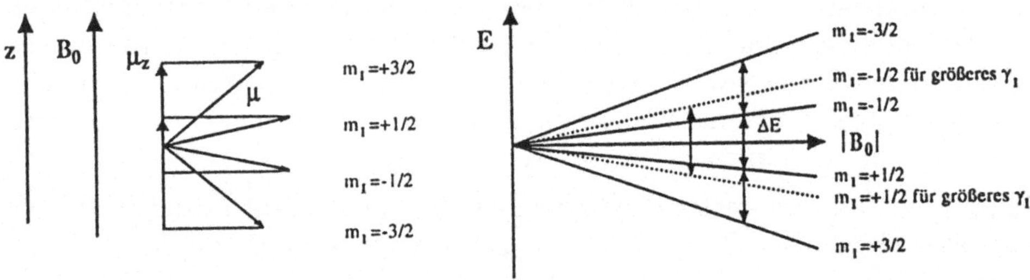

Abb. **3.6.3**
Energetische Aufspaltung der Kernspinzustände von Kernen mit $I = \frac{3}{2}$ (durchgezogen) sowie mit $I = \frac{1}{2}$, aber größerem γ_I (punktiert)

Als Auswahlregel für magnetische Dipolübergänge gilt

$$\Delta m_I = \pm 1 \ , \tag{3.6.3}$$

wobei außerdem die Symmetrie der Kernspin-Wellenfunktion Ψ_i des Anfangszustandes erhalten bleiben muß (vgl. dazu Anhang 5.4.2 und 5.4.4). Für den Resonanzfall ergibt sich damit

$$\Delta E = h\nu_0 = \hbar\omega_0 = |g_I \mu_N B_0| = |\gamma_I \hbar B_0| \ . \tag{3.6.4}$$

Die senkrechten Pfeile in Abb. 3.6.3 charakterisieren die erlaubten Übergänge für bestimmte B_0-Werte. Für ein konstantes Feld $B_0 = 2,35$ T findet danach ^{1}H-Resonanz bei 100 MHz und ^{11}B-Resonanz bei 32 MHz statt.

Wir werden jedoch in Abschn. 3.6.2.4.2 sehen, daß je nach chemischer Umgebung an einem bestimmten Kern ein vom B_0-Feld leicht abweichendes lokales Feld herrscht, so daß man für unterschiedliche chemische Umgebung auch etwas unterschiedliche Resonanzfrequenzen (im Bereich einiger hundert Hz) erhält, die man zur Identifizierung und Charakterisierung einer Substanz heranziehen kann.

Man erkennt aus Gl. (3.6.4), daß man Übergänge mit verschiedenem ΔE entweder durch Veränderung der Frequenz ν bei festem B_0 oder durch Änderung der Feldstärke B bei festem ν_0 erzielen kann. Aus praktischen Gründen wird in der „klassischen“ NMR-Spektroskopie (nächster Abschnitt) die Frequenz, in der ESR-Spektroskopie die Magnetfeldstärke verändert.

3.6.2.2 Spektroskopie bei kontinuierlich veränderter Frequenz (CW-NMR)

Die NMR-Spektroskopie bei kontinuierlich veränderter Frequenz wird oft als CW-NMR (**C**ontinuous **W**ave NMR) bezeichnet. Zur Beschreibung wählt man zweckmäßigerweise ein quasi-klassisches Modell des Resonanzphänomens, das im folgenden für einen $I = \frac{1}{2}$-Kern vorgestellt wird.

3.6.2.2.1 Isolierte Kernmomente

Dem Energieniveauschema der Abb. 3.6.2 bzw. 3.6.3 entspricht die parallele und antiparallele Einstellung der z-Komponente μ_z des magnetischen Kernmoments $\underline{\mu}$ relativ zum äußeren Magnetfeld B_0 (s. Abb. 3.6.4). Ein Magnetfeld $\underline{B}$ bewirkt bei einem Teilchen mit magnetischem Dipolmoment $\underline{\mu}$ ein Drehmoment $\underline{T}$

$$\underline{T} = \underline{\mu} \times \underline{B} \,, \tag{3.6.5}$$

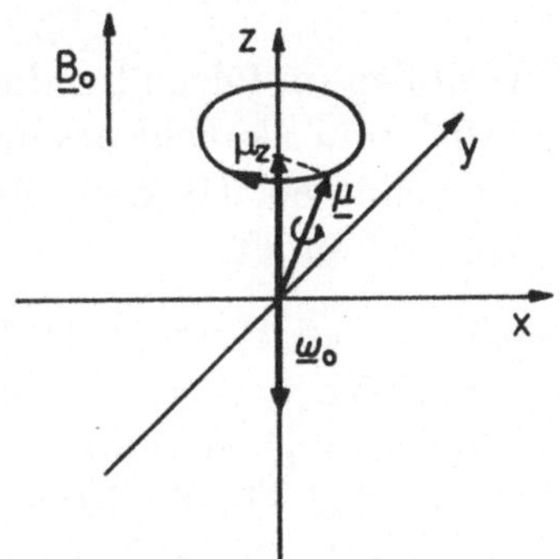

Abb. **3.6.4**
Präzession des Kernmomentvektors $\underline{\mu}$ für $\gamma_I > 0$ ($\gamma_I < 0$ würde den Drehsinn umkehren)

das senkrecht auf $\underline{\mu}$ und $\underline{B}$ steht. Dieses Drehmoment versucht, das magnetische Dipolmoment in Richtung des $\underline{B}$-Feldes auszurichten. Da der magnetische Dipol jedoch einen Eigendrehimpuls besitzt, resultiert eine Präzessionsbewegung um die Feldrichtung, die im folgenden als z-Achse gewählt wird. Das klassische Analogon ist ein schwerer Kreisel unter der Wirkung der Schwerkraft (s. z.B. [Sta 83]). Quantenmechanisch gesehen ist die Kreiselbewegung eine Folge der Heisenbergschen Unschärferelation: Würde μ fest im Raum stehen, so wären die Orientierung und Position im Raum und der (Dreh-) Impuls des magnetischen Dipols festgelegt.

Für die Präzessionsfrequenz („Larmorfrequenz") gilt nach diesem klassischen Modell — interessanterweise in Übereinstimmung mit der Resonanzbedingung aus Gl. (3.6.4) —

$$\underline{\omega}_0 = -\gamma_I \underline{B}_0. \qquad \textbf{(3.6.6)}$$

Ein Kern mit Spin I kann auf $2I+1$ Kegelmänteln präzessieren. Dies ist in Abb. 3.6.5 für den Fall $I = \frac{1}{2}$ dargestellt.

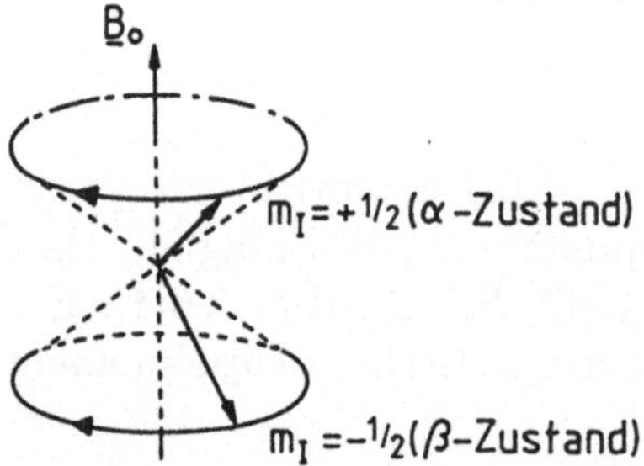

Abb. 3.6.5
Präzession auf Kegelmänteln für einen Kern mit $I = \frac{1}{2}$

Wir wollen im folgenden die in Abb. 3.6.5 eingeführten Bezeichnungen α für parallel zum B_0-Feld orientierten Spin und β für die antiparallele Orientierung benützen. (In der Literatur wird diese Bezeichnung z.T. auch umgekehrt verwendet.)

Nach Gl. (3.6.4) und (3.6.6) ist die Energiedifferenz zwischen dem α- und β-Zustand $\Delta E = \hbar|\underline{\omega}_0| = h\nu_0$. Diese Energie wird im Resonanzfall aus einem zusätzlichen sogenannten B_1-Feld eingestrahlt, das senkrecht zu $\underline{B}_0$ stehen muß, so daß ein Drehmoment senkrecht zur Dipolorientierung einwirken kann (s. z.B. [Sta 83]).

Abb. 3.6.6 zeigt den experimentellen Aufbau eines CW-Spektrometers.

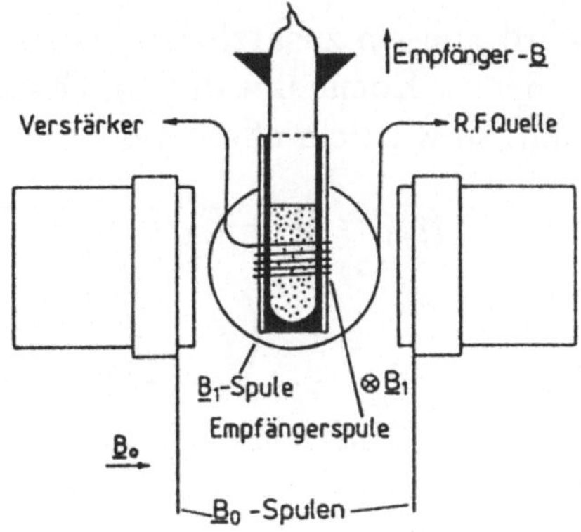

Abb. 3.6.6
Schematischer Aufbau eines CW-NMR-Spektrometers [Har 86]

Im folgenden werden wir diesen Resonanzfall im sog. „rotierenden Koordinatensystem" betrachten. Im Gegensatz zum festen Koordinatensystem $K(x, y, z)$ aus Abb. 3.6.4 denken wir uns ein mit der Winkelgeschwindigkeit ω um die z-Achse rotierendes Koordinatensystem $K'(x', y', z)$, das in Abb. 3.6.7 dargestellt ist.

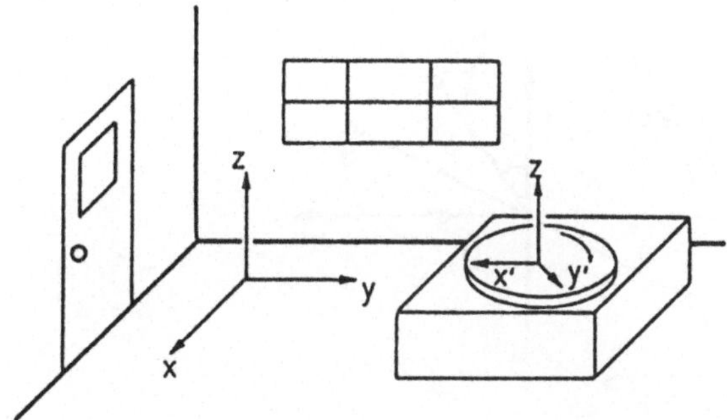

Abb. 3.6.7
Erläuterung des rotierenden Koordinatensystems über einen bewegten Plattenspieler (freundlicherweise von H.-U. Siehl, Tübingen, zur Verfügung gestellt)

In diesem Koordinatensystem ist das Magnetfeld $\underline{B}'$ wirksam:

$$\underline{B}' = -\left(\frac{\underline{\omega}_0 - \underline{\omega}}{\gamma_I}\right) = \underline{B}_0 + \frac{\underline{\omega}}{\gamma_I} \qquad (3.6.7)$$

$\frac{\underline{\omega}}{\gamma_I}$ ist ein fiktives Feld, das durch die Relativbewegung der Koordinatensysteme entsteht. Für $\underline{\omega} = -\gamma_I \underline{B}_0 = \underline{\omega}_0$ ist $\underline{B}' = 0$. Der Vektor $\underline{\mu}$ nimmt also in einem mit der Larmorfrequenz rotierenden Koordinatensystem eine raumfeste Lage ein.

Wird nun ein zusätzliches $\underline{B}_1$-Feld senkrecht zum $\underline{B}_0$-Feld eingestrahlt, das in der xy-Ebene mit der Geschwindigkeit $\underline{\omega}$ rotiert und damit im System K' ruht, so wird ein effektives Feld $\underline{B}_{\text{eff}}$ wirksam:

$$\begin{aligned}\underline{B}_{\text{eff}} &= \underline{B}' + \underline{B}_1 = \underline{B}_0 + \frac{\underline{\omega}}{\gamma_I} + \underline{B}_1 \\ &= \underline{B}_0 \left(1 - \frac{\underline{\omega}}{|\underline{\omega}_0|}\right) + \underline{B}_1 \end{aligned} \tag{3.6.8}$$

Die letzte Umformung erfolgt mit Hilfe von Gl. (3.6.6). Die Richtung von $\underline{B}_{\text{eff}}$ läßt sich über den Winkel zwischen $\underline{B}_{\text{eff}}$ und der z-Achse beschreiben (vgl. Abb. 3.6.8):

$$\tan\vartheta = \frac{|\underline{B}_1|}{|\underline{B}_0|\left(1 - \frac{\underline{\omega}}{\underline{\omega}_0}\right)} \tag{3.6.9}$$

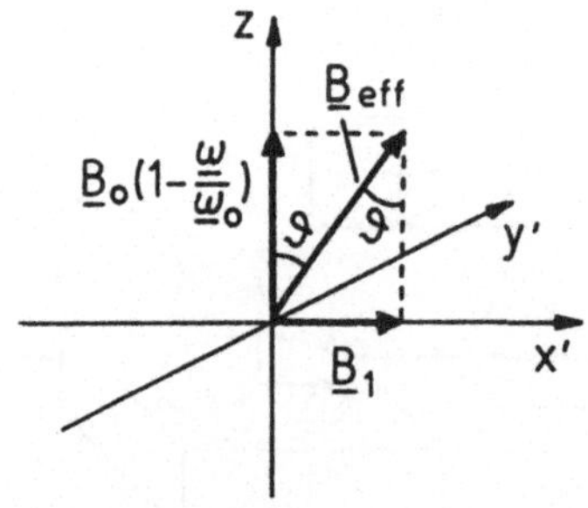

Abb. 3.6.8
Lage des effektiven Magnetfeldes B_{eff} in $K'(x', y', z)$

Im hier beschriebenen Experiment, bei dem das B_1-Feld kontinuierlich eingestrahlt wird (Continuous Wave-(CW-)Experiment), gilt immer $B_0 \gg B_1$. Damit kann man folgende Fälle unterscheiden:

α) ω_0 und ω sind sehr verschieden. Wegen $B_0 \gg B_1$ wird $\tan\vartheta \approx 0$ und $\vartheta = 0°$ oder $180°$. B_{eff} ist also in Richtung z-Achse ausgerichtet.

β) ω_0 ist ungefähr gleich ω. Dann gilt $\tan\vartheta \to \infty$ und $\vartheta = 90°$. Nach Gl. (3.6.8) ist $\underline{B}_{\text{eff}} = \underline{B}_1$. Anschaulich präzessiert $\underline{\mu}$ jetzt um die x'-Achse. Dies würde jedoch eine kontinuierliche Änderung der z-Komponente von $\underline{\mu}$ bedeuten, was quantenmechanisch nicht erlaubt ist. An dieser Stelle versagt das klassische Bild. Statt der Präzession um die x'-Achse tritt ein periodisches Umklappen des magnetischen Moments zwischen $+z$- und $-z$-Richtung auf („Resonanz").

Das magnetische Resonanz-Experiment kann demnach in einem rotierenden B-Feld relativ einfach beschrieben werden. Dieses Feld kann man durch ein in der x-Richtung (des K-Systems!) linear polarisiertes magnetisches Wechselfeld $\underline{B}_x$ der Frequenz ω und Amplitude $2B_1$ erzeugen. Solch ein Magnetfeld kann man durch zwei gegenläufig rotierende Vektoren $B_{1,\mathrm{li}}$ und $B_{1,\mathrm{re}}$ darstellen, von denen eines den passenden Umlaufsinn des Spins besitzt und in Bezug auf x' festliegt (vgl. dazu auch Abb. 3.5.41a mit dem Beispiel des elektrischen Feldes).

3.6.2.2.2 Makroskopische Probe

Im realen Experiment hat man keinen isolierten Kern, sondern viele Kerne, die sich in einem B_0-Feld gemäß der Boltzmannstatistik auf die beiden Niveaus α und β (s.o.) verteilen (s. dazu Abschn. 3.6.2.4.1). Die makroskopische Größe, die sich aus der Überlagerung der einzelnen magnetischen Momente ergibt, ist das magnetische Gesamtdipolmoment $\underline{M}$:

$$\underline{M} = \sum_i \underline{\mu}_i \tag{\textbf{3.6.10}}$$

(In der NMR-Literatur wird $\underline{M}$ häufig mit der Magnetisierung $\underline{M}_{(v)}$ gleichgesetzt. Nach der Definition (vgl. [Göp 94]) ist aber $\underline{M} = \underline{M}_{(v)} \cdot V$.)

Für $|\underline{\mu}_{z\beta}| = |\underline{\mu}_{z\alpha}| = \mu_{z\alpha}$ gilt:

$$|\underline{M}| = N_\alpha \mu_{z\alpha} - N_\beta \mu_{z\beta} = \Delta N \mu_{z\alpha} = \frac{1}{2}\gamma_I \hbar \Delta N \tag{3.6.11}$$

Die Komponenten in x- und y-Richtung mitteln sich durch die statistische Verteilung der Kernmomente auf dem Kegelmantel heraus. $\underline{M}$ hat deshalb nur einen Betrag in z-Richtung (Abb. 3.6.9).

Strahlt man nun das mit $\underline{\omega}_0$ in der xy-Ebene rotierende B_1-Feld ein, so rotieren klassisch alle einzelnen magnetischen Momente μ um das effektive Feld, das bei der Larmorfrequenz in x'-Richtung liegt. Damit rotiert auch die Magnetisierung um die x'-Richtung in der $y'z$-Ebene. Wie oben besprochen versagt an diesem Punkt jedoch die klassische Beschreibung. Eine solche Auslenkung von $\underline{M}$ um mehr als 90° würde einer Höherbesetzung des oberen Energieniveaus entsprechen. Dies widerspricht jedoch dem Boltzmannschen Gleichverteilungssatz. Die Einzelspins können im Gleichgewicht nur in der Anzahl umklappen, daß $\underline{M}$ in $y'z$-Richtung bis maximal in

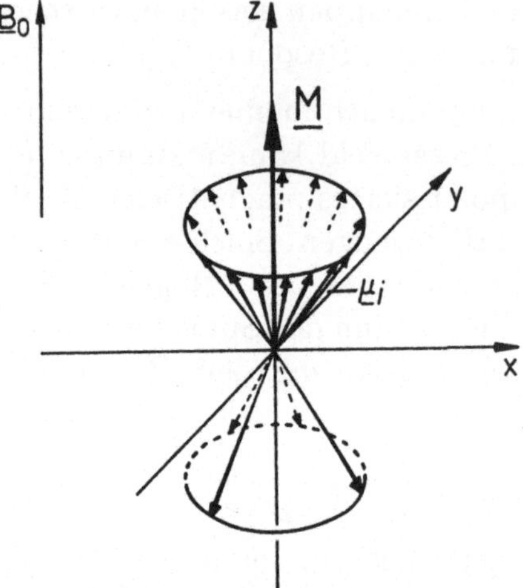

Abb. **3.6.9**
Makroskopische Magnetisierung $\underline{M}$. Der Besetzungsunterschied zwischen α- und β-Zustand wurde der Anschaulichkeit wegen stark übertrieben (vgl. Abschn. 3.6.2.4.1).

y'-Richtung (90° bei Gleichbesetzung) ausgelenkt wird. Im festen Koordinatensystem präzessiert $\underline{M}$ um die z-Achse, wobei die einzelnen magnetischen Momente $\underline{\mu}$ ihrerseits wieder um $\underline{M}$ präzessieren (Abb. 3.6.10). Dies gilt jedoch nur so lange, wie die Resonanzfrequenz $\underline{\omega}_0$ eingestrahlt wird. Da in einem CW-Experiment die Frequenz sukzessive verändert wird, wird $\underline{M}$ nur kurz ausgelenkt und kehrt dann wieder in die z-Richtung zurück (vgl. Abb. 3.6.13).

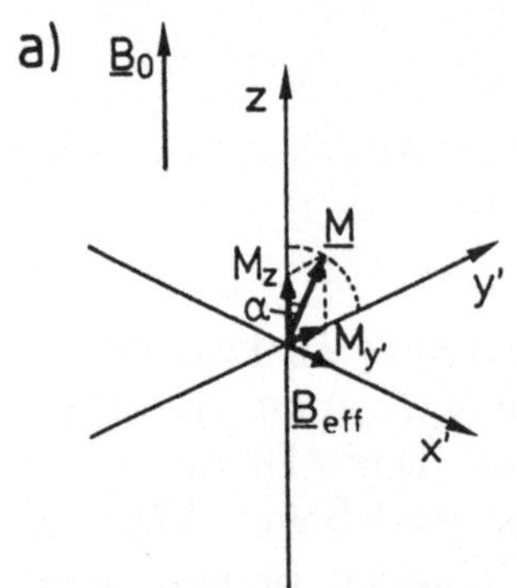

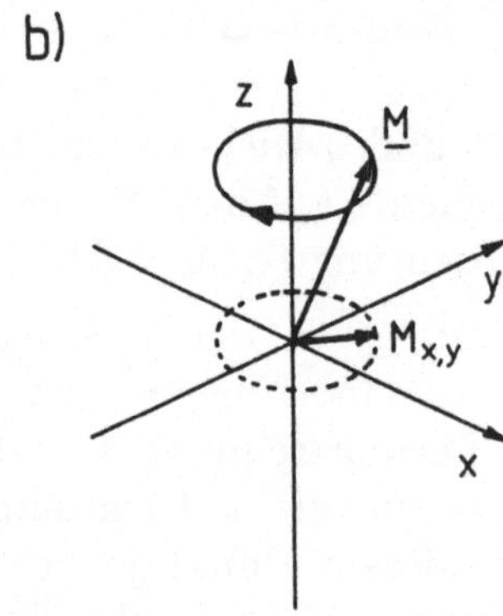

Abb. **3.6.10**
a) Erzeugung der transversalen Magnetisierung $M_{y'}$ durch das effektive B-Feld B_{eff}, dargestellt im rotierenden Koordinatensystem K'
b) Präzession von $\underline{M}$ im festen Koordinatensystem K [Gün 92]

3.6.2.3 Puls-NMR-Spektroskopie: FT-NMR

3.6.2.3.1 Wirkung des Impulses

Bisher haben wir „klassische“ NMR-Experimente besprochen, bei denen ein *schwaches B_1-Feld kontinuierlich* eingestrahlt wurde. Mit *kurzen Pulsen* eines *starken B_1-Feldes* (deren Dauer τ_p klein ist gegen die Relaxationszeiten T_1 und T_2, vgl. Abschn. 3.6.2.3.2), lassen sich ebenfalls NMR-Experimente durchführen. Dies wird heute in der Fouriertransform-(FT-) NMR intensiv ausgenutzt und soll hier beschrieben werden.

Kurze Pulse der Frequenz $\omega_0 = 2\pi\nu_0$ erzeugen ein breites Frequenzspektrum (Abb. 3.6.11), das über die Fouriertransformation der Pulsform in der Zeitdomäne $f(t)$ in die Frequenzdomäne $F(\nu)$ berechnet und formal erklärt werden kann (vgl. Anhang 5.1.7). Für extrem kurze Pulse, bei denen z.B. weniger als eine Wellenlänge eingestrahlt wird, wird in der Frequenzdomäne ein breites Frequenzspektrum erzeugt, da die Frequenz nicht genügend genau vorgegeben ist. Bei „unendlich“ langem Einstrahlen mit fester Frequenz wie im CW-Expermiment ist die Frequenz dagegen exakt definiert.

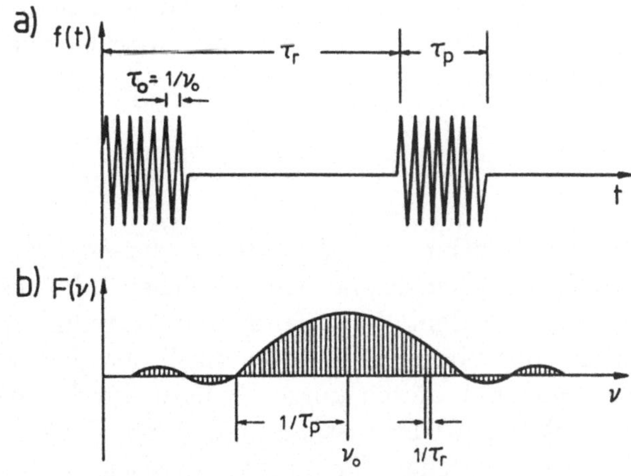

Abb. **3.6.11**
Darstellung eines Pulses der Dauer τ_p, der nach der Repetitionszeit τ_r wiederholt wird [Gün 92]
(a) Intensität $f(t)$ der Impulse als Funktion der Zeit („Zeitdomäne“)
(b) Intensität $F(\nu)$ der Impulse als Funktion der Frequenz („Frequenzdomäne“)

Ein Rechteck-Puls von 10 μs Dauer ergibt z.B. einen Frequenzbereich der Größenordnung von $0\text{–}10^5$ Hz. Dieser reicht aus, um den gesamten Bereich unterschiedlicher Resonanzfrequenzen von unterschiedlich gebundenen Protonen in Molekülen zu erfassen. Beim Pulsen können so alle Kerne mit ihren unterschiedlichen Resonanzfrequenzen gleichzeitig angeregt werden.

Man bekommt damit im Prinzip während der Dauer der Spektrenaufzeichnung zu jeder Zeit von jedem Kern eine Spektren-Information. Nach dem Puls relaxiert das angeregte System wieder in den Grundzustand (s. Abschn. 3.6.2.3.2) und kann anschließend erneut durch einen Puls angeregt werden. Die Pulsrepetitionszeit τ_r kann kurz sein, so daß bei vergleichbarer Gesamtmeßzeit eine Reihe von Einzelspektren aufgenommen werden, die im Vergleich zur CW-Methode ein wesentlich besseres Signal-Rausch-Verhältnis haben (vgl. auch FT-IR-Spektroskopie, Abschn. 3.5.2.4).

Durch einen starken B_1-Puls aus der x'-Richtung wird $\underline{M}$ wie beim CW-Experiment in der $y'z$-Ebene ausgelenkt. Die Winkelgeschwindigkeit $\omega = 2\pi\nu$ dieser Auslenkung wird durch die Stärke des B_1-Feldes bestimmt (vgl. Gl. (3.6.6), dort wird die Winkelgeschwindigkeit durch das B_0-Feld bestimmt):

$$\omega = 2\pi\nu = \gamma_I |\underline{B}_1| \tag{3.6.12}$$

Über die Winkelgeschwindigkeit (Gl. (5.2.18)) ergibt sich bei kleinen Zeiten τ_p der Winkel α (im Bogenmaß) zwischen der z-Achse und $\underline{M}$ nach einer Pulsdauer τ_p:

$$\alpha = \gamma |\underline{B}_1| \tau_p \tag{3.6.13}$$

Durch Variation von $\underline{B}_1$ oder τ_p lassen sich so beliebige Auslenkungen von $\underline{M}$ zwischen 0 und 360° erreichen. Man kann also beispielsweise auch — entgegen dem Boltzmannschen Verteilungsgesetz — durch einen 180°-(π-)Impuls eine Populationsumkehr erreichen. Dies ist deshalb möglich, weil man mit diesen kurzen Pulsen durch die Zusatzenergie immer einen Nichtgleichgewichtszustand und damit Übergänge zwischen instationären Zuständen erzeugt, für die das klassische Boltzmann-Verteilungsgesetz von Gleichgewichtszuständen nicht gültig ist.

Durch einen 90°-($\frac{\pi}{2}$-)Impuls aus der x'-Richtung wird $\underline{M}$ in die xy-Ebene bzw. y'-Richtung gedreht. Dabei läßt sich bei modernen FT-Spektrometern jeder sog. Phasenwinkel zwischen transversaler Magnetisierung und der y'-Richtung erzeugen. Die aus dieser Richtung relaxierende Magnetisierung wird von einer in y-Richtung örtlich fixierten Empfängerspule aufgenommen (Abb. 3.6.12). Das Empfangssignal wird dann mit der Trägerfrequenz ν_0 verglichen. Bei Abweichung der empfangenen Frequenz ν_i von der Trägerfrequenz ν_0 wird die Schwebung mit der Frequenz $\nu_i - \nu_0$ detektiert.

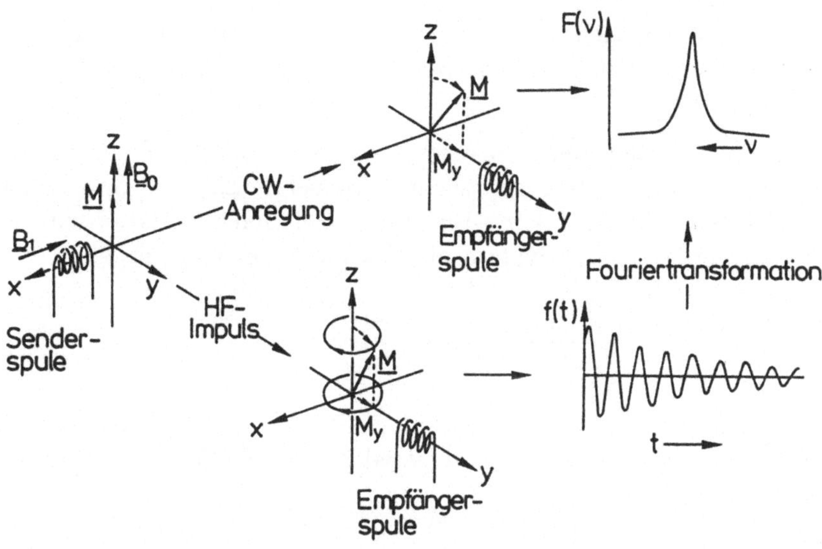

Abb. **3.6.12**
Vergleich der CW- und FT-NMR-Meßanordnung (nach [Gün 92]). Da man bei der FT-NMR-Spektroskopie das Signal in der Zeitdomäne abfragt, beginnt $\underline{M}$, wie in Abschn. 3.6.2.2.2 beschrieben, um die z-Richtung zu rotieren.

3.6.2.3.2 Relaxationsprozesse

Das angeregte System relaxiert nach dem Puls wieder zurück in den Grundzustand. Diese Relaxation findet auch beim CW-Experiment statt. Wie in Abschn. 3.1.2.3.1 besprochen bestimmt die Lebensdauer des angeregten Zustands und damit die Relaxationszeit die Linienbreite, wobei bei NMR nicht die wegen der sehr geringen Energieunterschiede sehr lange natürliche Lebensdauer, sondern die durch die im folgenden besprochenen induzierten Effekte verkürzte Lebensdauer die Linienbreite bestimmt.

a) Longitudinale Relaxation

Durch die Anregung von einzelnen magnetischen Momenten wird die Gesamtmagnetisierung in z-Richtung verändert. Induziert durch zeitlich fluktuierende Magnetfelder in der Probe (s.u.), die u.a. auch die Larmorfrequenz als eine Komponente enthalten, relaxieren die angeregten Kerne nach Abschalten des Feldes wieder in die energetisch günstigere Gleichgewichtsposition ohne $\underline{B}_1$-Feld. Die spontane Emission aus dem angeregten Zustand (vgl. Abschn. 3.1.2.1) ist in der NMR-Spektroskopie im Vergleich zur induzierten Emission völlig unbedeutend, da die Anregungsfrequenz sehr niedrig und damit nach Abschn. 3.1.2.3.1 die natürliche Linienbreite der spontanen Emission sehr schmal und die Relaxationszeiten sehr groß wären. Der induzierte Prozeß heißt longitudinale Relaxation, weil er in Richtung von

$\underline{B}_0$ erfolgt, oder auch Spin-Gitter-Relaxation, weil die Energie an die Umgebung, das sogenannte Gitter abgegeben wird. Es handelt sich also um einen *Enthalpie-Effekt*.

Als longitudinale (oder Spin-Gitter-) Relaxationszeit T_1 bezeichnet man die Zeit, in der der Nichtgleichgewichts-Überschuß ΔN von Spins nach Abschalten des B_0-Feldes auf den e-ten Teil abgefallen ist. Dabei wird die freiwerdende Energie an das System als Wärme abgegeben. Es gilt:

$$\frac{d}{dt}M_z = -\frac{M_z(t) - M(t = \infty)}{T_1} \tag{3.6.14}$$

Die charakteristische Zeit T_1 tritt auch auf, wenn die bei Resonanz plötzlich gestörte Magnetisierung M_z wieder auf den Gleichgewichtswert relaxiert (Abb. 3.6.13).

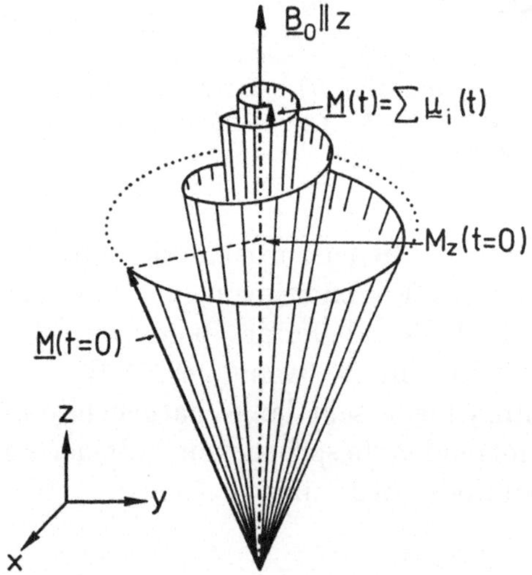

Abb. **3.6.13**
Gedämpfte Präzession des Magnetisierungsvektors $M(t)$ nach einer Störung, die zur Zeit $t = 0$ aufhört [Suh 65]

Typische T_1-Zeiten können sehr groß sein. Sie liegen z.B. bei einigen Sekunden für Protonen in organischen Lösungsmitteln, so daß die longitudinale Relaxation nur wenig zur Linienbreite beiträgt. In diesem Beispiel ist dies weniger als 0,1 Hz.

Die fluktuierenden Felder, die diese Relaxation induzieren, können durch verschiedene Mechanismen erzeugt werden. Der wichtigste ist die *Dipol-Dipol-Relaxation*.

Jeder magnetische Kern erzeugt ein lokales Magnetfeld am Ort eines weiteren Kerns:

$$B_s = \pm\mu_i \frac{3\cos^2\Theta - 1}{R^3} \tag{3.6.15}$$

μ_i ist das (skalare) magnetische Moment des Kerns i, R der Abstand der Kerne untereinander und Θ der Winkel zwischen Kern-Kern-Verbindungslinie und $\underline{B}_0$ (Abb. 3.6.14). Für den Spezialfall des „magischen Winkels" $\Theta = 54,7°$ wird $3\cos^2\Theta - 1 = 0$ und damit auch $B_s = 0$ (vgl. Abschn. 3.6.2.5.4).

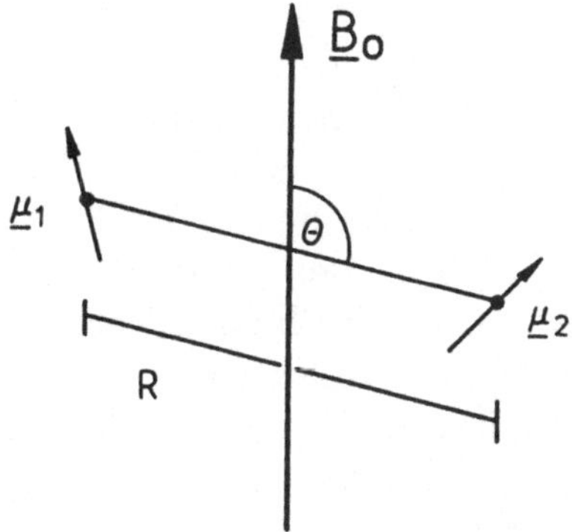

Abb. 3.6.14
Dipol-Dipol-Wechselwirkung mit Definition der Symbole aus Gl. (3.6.15)

In Flüssigkeiten bewegen sich die Moleküle statistisch, so daß schnell fluktuierende lokale Magnetfelder entstehen. Umgekehrt wird über diese Magnetfeldfluktuationen auch Energie aus dem Spinsystem mit $\underline{M}(t)$ an die Bewegung der Moleküle, d.h. das Gitter abgegeben. Abhängig von den temperaturabhängigen charakteristischen Fluktuationszeiten wird dieser Energietransport mehr oder weniger effektiv ablaufen. Diese Zeiten sind auch durch Diffusion oder andere Bewegungen der Moleküle beeinflußt. Vernachlässigt haben wir bei dieser Betrachtung, daß zusätzlich noch andere Wechselwirkungen zwischen den Kernen herrschen können, die eine rein statistische Bewegung beeinflussen (s. z.B. [Har 86]).

Ein weiterer Mechanismus ist die *Quadrupolrelaxation*, die bei Kernen mit $I \geq 1$ auftritt und durch die Wechselwirkung des Kernquadrupolmoments mit dem Gradienten der elektrischen Feldkomponente entsteht. Weitere Relaxationsmechanismen sind in Lehrbüchern detailliert behandelt (s. z.B. [Har 86]).

b) Transversale Relaxation

In Abschn. 3.6.2.2 haben wir gesehen, daß die Gleichgewichtsmagnetisierung $\underline{M}$ durch das Einschalten des B_1-Feldes eine Komponente in y'-(bzw. xy-) Richtung erhält. Diese Quermagnetisierung entsteht dadurch, daß sich die magnetischen Momente nicht statistisch auf einem Kegelmantel verteilen (s.o.), sondern in einer festen Phasenbeziehung zueinander stehen.

Prozesse, die diese Phasenbeziehung stören und damit zu einem Verschwinden der Quermagnetisierung führen, heißen transversale oder Spin-Spin-Relaxationsprozesse (s.u.).

Ein wichtiger Prozeß, der zur Bezeichnung Spin-Spin-Relaxation führte, besteht darin, daß ein Kern im definierten β-Zustand seine Energie an einen Kern im undefinierte α-Zustand abgibt und selbst in den α-Zustand übergeht, während der andere Kern in den β-Zustand angeregt wird. Da dies zu einem beliebigen Zeitpunkt erfolgen kann, verlieren beide Spins ihre feste Phasenbeziehung zu den übrigen. Es tritt *keine* Energieänderung wie bei der longitudinalen Relaxation auf. Es handelt sich um reine *Entropieeffekte*. Die transversale oder Spin-Spin-Relaxationszeit T_2 wird als die Zeit definiert, in der die mit ω_0 rotierende Quermagnetisierung auf den e-ten Teil abgesunken ist.
Es gilt:

$$\frac{d}{dt}M_x = -\frac{M_x}{T_2} \qquad \textbf{(3.6.16)}$$

$$\frac{d}{dt}M_y = -\frac{M_y}{T_2} \qquad \textbf{(3.6.17)}$$

Im einfachsten Fall von Flüssigkeiten relaxiert die transversale Magnetisierung im gleichen Maße wie die longitudinale, da z.B. nach einer Resonanz der ursprüngliche Wert von M_z gerade dann erhalten wird, wenn $M_{x,y} = 0$ geworden ist. Dieser Prozeß wird mit der Relaxationszeit T_1 ablaufen. Es gibt jedoch noch einen zweiten Mechanismus für T_2, der nicht von T_1 abhängt. Da sich selbst identische Kerne nur selten in völlig identischer Umgebung befinden (z.B. weil unterschiedliche Anzahlen von Lösungsmittelmolekülen in der Nachbarschaft vorhanden sind), bewegen sie sich mit unterschiedlicher Geschwindigkeit. Die feste Phasenbeziehung eines Spinensembles wird sich schnell auflösen. Dies ist in Abb. 3.6.15 gezeigt, wobei $T_2 < T_1$ gilt.

Apparaturbedingt wird die transversale Magnetisierung noch sehr stark durch Inhomogenitäten des lokalen B_0-Feldes am Ort der individuellen

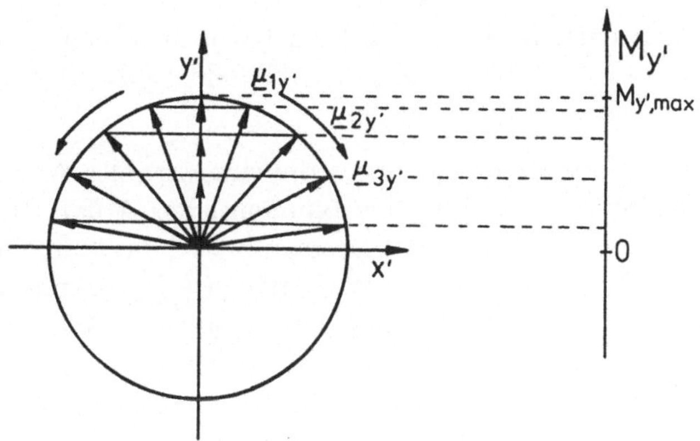

Abb. 3.6.15
Transversale Relaxation im rotierenden Koordinatensystem

Kernmomente beeinflußt. Wird dieser Einfluß experimentell nicht eliminiert, so relaxiert das reale System mit der effektiven Zeit T_2^* (vgl. Abschn. 3.6.2.3.3).

3.6.2.3.3 Das Fouriertransform-(FT-)Spektrum

Die Darstellung der FT-(**F**ourier-**T**ransform-) NMR-Spektren (vgl. Abb. 3.6.17a) unterscheidet sich von der der CW-Spektren (vgl. Abb. 3.6.20), da hier bei festem B_0 die Zeit- und nicht die Frequenzdomäne dargestellt wird.

Der Abfall von $\underline{M}$ nach dem 90°-Impuls als Funktion der Zeit (also die Einhüllende der Kurve aus Abb. 3.6.16) erfolgt mit einer e-Funktion, sofern die Einzelkerne nicht miteinander wechselwirken, und hängt von T_2^* ab (s.o.). Er wird FID (**F**ree **I**nduction **D**ecay) genannt und enthält die Informationen über Intensitäten und Linienbreiten relaxierender magnetischer

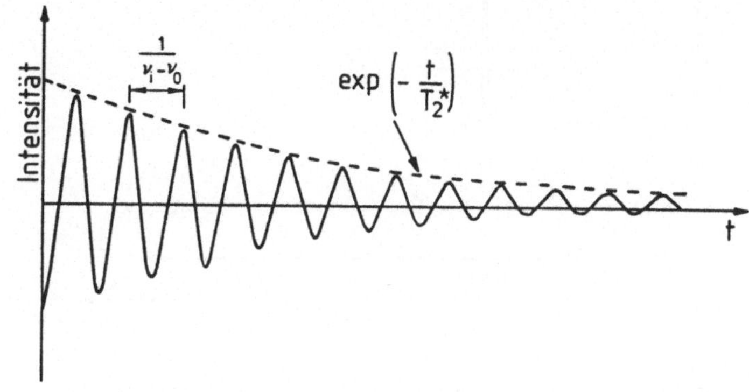

Abb. **3.6.16**
Zeitlicher Verlauf der Intensität für einen FID [Gün 92]

Momente. In Abschn. 3.1.2.3.1 wurde gezeigt, daß die Fouriertransformierte einer e-Funktion eine Lorentzbande ergibt, deren Halbwertsbreite durch die Lebensdauer gegeben ist.

Doch nur wenn alle Spins die eingestrahlte Anregungsfrequenz ν_0 besitzen, ergibt sich ein einfacher exponentieller Abfall. Bei Abweichung der Larmorfrequenz von der Trägerfrequenz wird dagegen eine sinusförmige Modulation der Intensität mit der Wellenlänge $\frac{1}{\nu_i - \nu_0}$ empfangen (vgl. Abb. 3.6.16). Aus dem FID lassen sich deshalb die gleichen Parameter (Frequenz, Intensität) ermitteln wie aus einem CW-Spektrum. Abb. 3.6.17a zeigt das FT-NMR-Spektrum einer Probe mit nur einer Resonanzfrequenz und das entsprechende fouriertransformierte Spektrum in der Frequenzdomäne (Abb. 3.6.17b).

Eine reale Probe zeigt meist viele verschiedene Frequenzen, die in der Zeitdomäne ein typisches Interferogramm ergeben (Abb. 3.6.18 und 3.6.19).

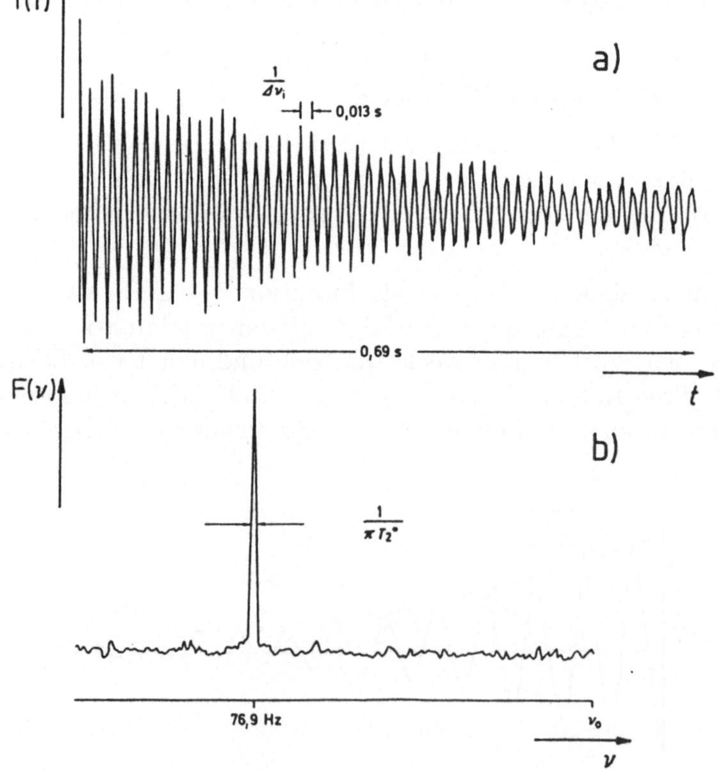

Abb. **3.6.17**
a) FID eines einzelnen NMR-Signals
b) Darstellung von a) in der Frequenzdomäne („Spektrum“) [Gün 92]

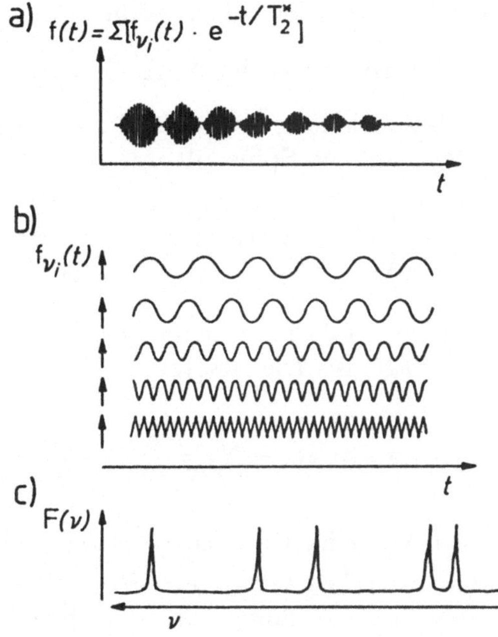

Abb. **3.6.18**
Schematische Darstellung eines Interferogramms (a) mit dazugehörigen verschiedenen Frequenzen (b), die in der Frequenzdomäne dargestellt werden können (c). In (a) ist darüberhinaus auch der exponentielle Abfall durch die endliche Lebensdauer der angeregten Zustände berücksichtigt [Kem 86].

Die FT-NMR-Methode hat wegen ihres wesentlich besseren Signal-Rausch-Verhältnisses die CW-Methode nahezu abgelöst. Die Bedeutung höherer Empfindlichkeit liegt einerseits in dem möglichen Nachweis von Kernen wie ^{13}C, die eine geringe natürliche Häufigkeit haben (^{13}C: 1,108%, s. Tab. 2.3.1) und deren γ_I klein ist (^{13}C: $6,7283 \cdot 10^7$ rad T^{-1}s^{-1}). Außerdem lassen sich durch verschiedene Pulsfolgen eine Vielzahl neuer Experimente durchführen, die zusätzliche Informationen liefern (vgl. Abschn. 3.6.2.5.1).

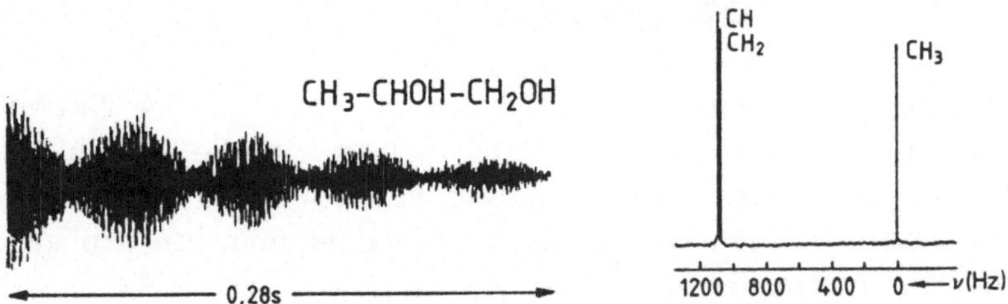

Abb. 3.6.19
FID von CH_3-CHOH-CH_2OH (links) und Darstellung in der Frequenzdomäne, bezogen auf $\nu = 0$ für die CH_3-Gruppe (rechts) [Gün 85]

3.6.2.4 Spektrale Information

3.6.2.4.1 Intensität des NMR-Signals

Für das Verhältnis der parallel (α) und antiparallel (β) zum B_0-Feld orientierten Zahl von Spins gilt mit Gl. (3.1.20)

$$\frac{N_\beta}{N_\alpha} = e^{-\gamma_I \hbar B_0/kT} \approx 1 - \frac{\gamma_I \hbar B_0}{kT}. \qquad \textbf{(3.6.18)}$$

Die letzte Umformung folgt aus der Reihenentwicklung der e-Funktion, da $kT \gg \gamma\hbar B_0$ ist. Die Besetzungsdifferenz

$$\Delta N = N_\alpha - N_\beta = \frac{(N_\alpha + N_\beta)\gamma_I \hbar B_0}{2kT} \qquad (3.6.19)$$

ist extrem klein. Die relative Besetzungsänderung $\frac{\Delta N}{N_\alpha + N_\beta} = \frac{\Delta N}{N}$ gegenüber der thermischen Gleichverteilung ohne Feld liegt bei NMR typischerweise in der Größenordnung von ppm. Für Protonen bei einem Feld von 2,35 T und einer Temperatur von 300 K ergibt sich beispielsweise $\frac{N_\beta}{N_\alpha} = 1 - \frac{1}{160\,052}$ und damit $\frac{\Delta N}{N} = 7$ppm. Mit Gl. (3.6.11) und (3.6.19) ergibt sich für die Magnetisierung

$$|\underline{M}| = \Delta N \mu_{z\alpha} = \frac{N(\gamma_I \hbar)^2 B_0}{4kT} \qquad (3.6.20)$$

mit $N = N_\alpha + N_\beta$. Dies entspricht dem Curie-Gesetz $M \sim \frac{1}{T}$.

Beim Resonanzexperiment wird eine Leistung P als Energie pro Zeit im System absorbiert

$$P = F \cdot \Delta E \cdot \Delta N\,. \qquad (3.6.21)$$

Der Faktor F beinhaltet einerseits das Quadrat des Übergangsmomentes (vgl. Anhang 5.4.4, Gl. (5.4.79)), andererseits die Strahlungsdichte des B-Feldes und die Resonanzbedingung. Er stellt damit eine Art Wahrscheinlichkeitsfaktor für den Übergang dar. Rechnet man ihn explizit aus, so erhält man für P [Har 86]

$$P \sim \frac{\gamma_I^4 B_0^2 (N_\alpha + N_\beta) B_1^2}{T}\,. \qquad (3.6.22)$$

Im NMR-Spektrometer wird nicht P, sondern die Änderung der Magnetisierung in y-Richtung, $dM_y/dt = P/B_1$, registriert. Die Intensität des NMR-Signals ist somit

$$I \sim \frac{\gamma_I^4 B_0^2 N B_1}{T} \,. \tag{3.6.23}$$

Zusätzlich muß man noch beachten, daß der gemessene Peak keiner unendlich scharfen Deltafunktion, sondern wegen der endlichen Lebensdauer des angeregten Zustands einer Lorentzkurve entspricht. Deswegen wird nicht nur bei der exakten Resonanzfrequenz absorbiert. Berücksichtigt man dies durch einen Faktor $g(\nu)$, so erhält man

$$I \sim \frac{\gamma_I^4 B_0^2 N B_1 g(\nu)}{T} \,. \tag{3.6.24}$$

Daraus folgt:

a) Die NMR-Intensitäten lassen sich für quantitative Bestimmungen von Spinkonzentrationen $N = N_\alpha + N_\beta$ heranziehen. Über N ist auch eine direkte Proportionalität zur Anzahl der untersuchten Atome in einem Molekül gegeben.

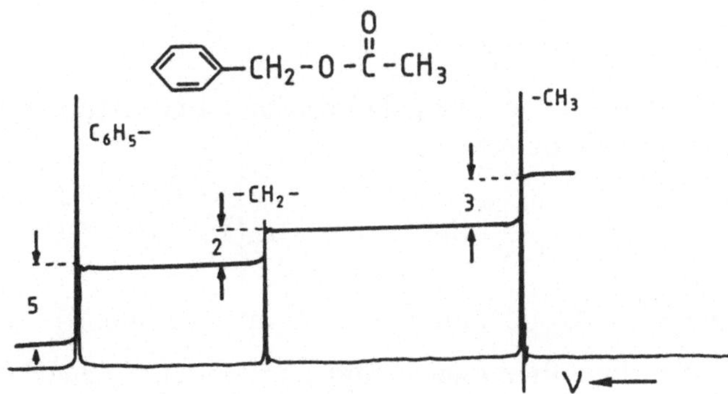

Abb. **3.6.20**
^{1}H-NMR-Spektrum von Benzylacetat mit Integration (vgl. auch Abb. 3.6.21). Die Flächen unter den Kurven sind als Integral mit Stufen der Höhe 5, 2 und 3 ebenfalls eingezeichnet [Gün 92].

Das Beispiel aus Abb. 3.6.20 zeigt, daß die Intensitäten durch die Flächen und nicht die jeweiligen Höhen der Kurven gegeben sind. Nur bei gleichen Halbwertsbreiten kann man auch die Höhen direkt zur Intensitätsbestimmung heranziehen.

b) Isotope mit hohem γ_I-Wert (vgl. Tab. 2.3.1) geben große Nachweisempfindlichkeit ($\sim \gamma_I^4$). Daher ist die ^{1}H-NMR eine sehr empfindliche Methode.

c) Hohe B-Felder sind vorteilhaft. Daher erfolgt zunehmender Einsatz von supraleitenden Magneten mit B_0 bis zu 10T für Hochfrequenz-NMR bei 400 MHz und höher für Protonen.

d) Tiefe Temperaturen erhöhen die Signalintensität.

3.6.2.4.2 Chemische Verschiebung

Wir haben bereits in Abb. 3.6.20 gesehen, daß Protonen in unterschiedlicher chemischer Umgebung nicht bei der gleichen Frequenz in Resonanz kommen. Dies liegt daran, daß lokal an den einzelnen Kernen nicht das äußere Feld B_0 wirksam ist, sondern ein lokales B-Feld B_{loc}, das durch die Elektronenhülle der chemischen Bindungen beeinflußt wird und damit strukturabhängig ist. Dieser Unterschied liegt z.B. daran, daß das äußere Magnetfeld in der Elektronenwolke einen Kreisstrom induziert und damit ein magnetisches Moment μ erzeugt, das gemäß der Lenzschen Regel dem B_0-Feld entgegengerichtet ist (vgl. Anhang 5.2.2.9). Das lokale Feld am Kern ist dann in diesem Fall geringer als das B_0-Feld. Dies wird durch die Abschirmkonstante σ berücksichtigt:

$$\underline{B}_{\text{loc}} = \underline{B}_0(1 - \sigma_i) \qquad \textbf{(3.6.25)}$$

Damit ergibt sich für jede Position i eines Atomkerns im Molekül eine eigene Resonanzfrequenz

$$\nu_i = \left|\frac{\gamma_I}{2\pi}\right| B_0(1 - \sigma_i) = \nu_0(1 - \sigma_i) \ . \qquad (3.6.26)$$

Die letzte Umformung geschah mit Gl. (3.6.4).

Außer dem oben angegebenen „diamagnetischen“ Anteil, der für jeden Kern auftritt, kann es noch weitere lokale Effekte geben, wobei allgemein gilt:

$$\sigma_i = \sigma_{\text{dia,loc}} + \sigma_{\text{para,loc}} + \sigma_m + \sigma_r + \sigma_{\text{el}} + \sigma_s \qquad (3.6.27)$$

$\sigma_{\text{dia,loc}}$ ist der oben besprochene mikroskopische Anteil des Diamagnetismus. $\sigma_{\text{para,loc}}$ ist der paramagnetische Anteil. Er spielt nur bei ungepaarten Elektronen oder niedrig liegenden, elektronisch leicht anregbaren Zuständen eine Rolle, bei denen durch die Anregung ungepaarte Elektronen entstehen. Dadurch, daß sich die magnetischen Momente nicht kompensieren, treten permanente magnetische Dipolmomente auf, die sich im äußeren Magnetfeld ausrichten. σ_m erfaßt Anisotropieeffekte durch unterschiedliche Anteile der magnetischen Suszeptibilität χ_m (vgl. Tab. 5.2.3) in den drei Raumrichtungen, σ_r Ringströme in aromatischen Systemen, σ_{el} elektrische Feldeffekte und σ_s Solvens- bzw. Mediumeffekte [Gün 92].

Zur universellen Tabellierung von chemischen Verschiebungen ist die Frequenz ungeeignet, da die Resonanzfrequenz abhängig von der Feldstärke B_0 ist, so daß bei Verwendung verschiedener Feldstärken Umrechnungen nötig sind. Zudem sind Absolutbestimmungen von Feldstärken und Resonanzfrequenzen meßtechnisch schwierig. Drittens herrscht auch am Ort der Gesamtprobe nicht exakt das von außen angelegte B_0-Feld, da auch die Gesamtprobe das B_0-Feld diamagnetisch abschirmt. Diese Volumenmagnetisierung hängt dabei von der Probengeometrie und der Volumensuszeptibilität χ ab.

Man definiert deshalb eine relative feldunabhängige Verschiebung gegenüber einem der Probe beigegebenen Standard:

$$\delta = 10^6 \frac{\nu_{\text{Pr}} - \nu_{\text{Standard}}}{\nu_{\text{Standard}}} \approx 10^6 \frac{\nu_{\text{Pr}} - \nu_{\text{Standard}}}{\nu_0} . \qquad \textbf{(3.6.28a)}$$

Dabei ist $\nu_{\text{Standard}} \approx \nu_{\text{Standard}}$ (B_0 = const). Da die Abschirmkonstanten klein sind, kann man ν_{Standard} im Nenner auch durch die Betriebsfrequenz ν_0 des verwendeten Spektrometers annähern. Für ^{1}H-NMR ist $Si(CH_3)_4$ (TMS) als Standard üblich. Bei Wahl eines anderen Standards verändert sich dadurch auch die δ-Skala. Gegenüber dem freien Proton sind z.B. alle ^{1}H-Kerne diamagnetisch abgeschirmt, werden also bei kleinerer Frequenz gefunden. In der auf TMS bezogenen δ-Skala befindet sich das freie Proton bei $\delta = 17,8$.

Neben der Definition aus Gl. (3.6.28a) ist es z.T. auch üblich, den Faktor 10^6 wegzulassen. Das so definierte δ^*

$$\delta^* = \frac{\nu_{\text{Pr}} - \nu_{\text{Standard}}}{\nu_{\text{Standard}}} \qquad (3.6.28b)$$

besitzt die Einheit ppm, während δ einheitenlos ist.

In Abb. 3.6.21 sieht man die unterschiedliche chemische Verschiebung am Beispiel von Methyl-, Methylen- und Phenylprotonen.

In Tab. 3.6.1 sind chemische Verschiebungen von einzelnen Inkrementen organischer Verbindungen aufgelistet. Weitere charakteristische Werte für δ finden sich z.B. in [Gün 92] oder [Hes 84].

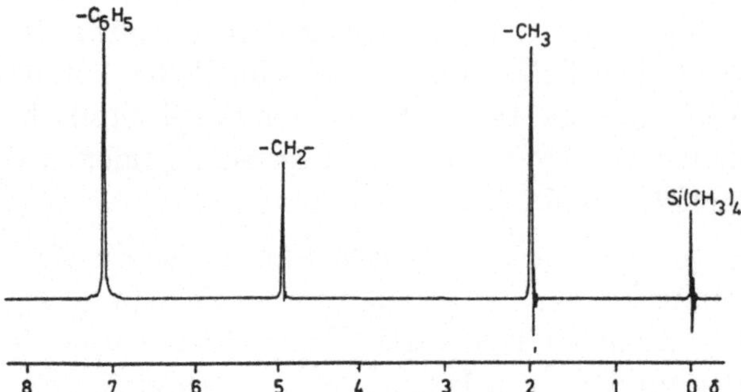

Abb. **3.6.21**
^{1}H-NMR-Spektrum von Benzylacetat mit Tetramethylsilan als innerem Standard bei ν_0 = 60 MHz (vgl. Abb. 3.6.20) [Gün 92]

Tab. 3.6.1
Beispiele für chemische Verschiebungen der ^{1}H-Resonanzfrequenzen in organischen Molekülen [Gün 92]

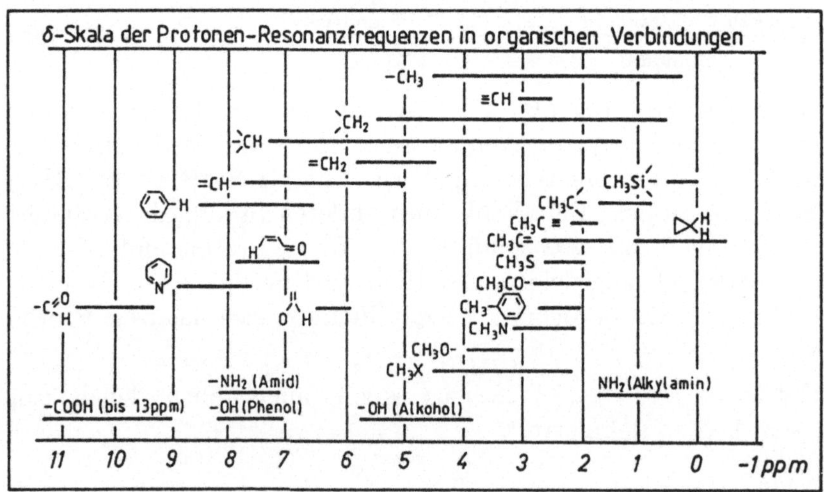

3.6.2.4.3 Feinaufspaltung, Spin-Spin-Kopplung

In vielen Spektren findet man eine Feinaufspaltung der Peaks, die nicht von der Meßfrequenz abhängt. Diese Aufspaltung wird durch eine Spin-Spin-Kopplung erzeugt. Diese Kopplung kommt anschaulich dadurch zustande, daß ein Spin unterschiedliche Energie besitzt, je nachdem, ob ein benachbarter Spin parallel oder antiparallel zu ihm orientiert ist und damit unterschiedliche lokale Magnetfelder eingestellt werden. Die Möglichkeiten unterschiedlicher Einstellung sind in der schematischen Abb. 3.6.22 für zwei benachbarte Kerne am Ort eines dritten Kerns gezeigt.

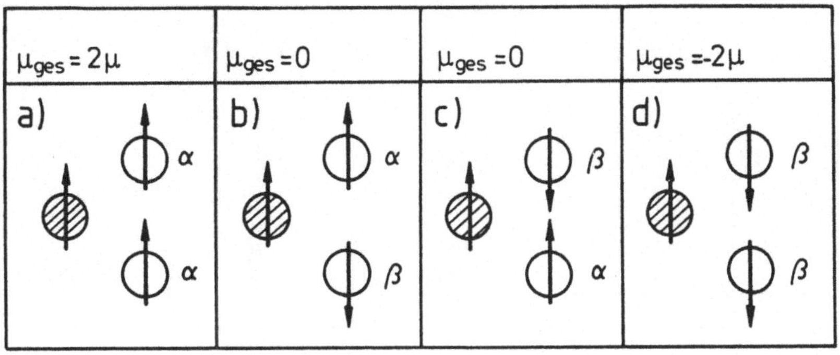

Abb. **3.6.22**
Vier verschiedene Spineinstellungen bei zwei benachbarten Kernen

Die Energie der Zustände b) und c) ist identisch. Wir erhalten also eine Linienaufspaltung im Intensitätsverhältnis 1:2:1. Allgemein erhält man für N benachbarte Kerne $N + 1$ Linien. Ihre Intensität kann man für beliebige N nach dem Pascalschen Dreieck ermitteln (Abb. 3.6.23).

N=													
0							1						
1						1		1					
2					1		2		1				
3				1		3		3		1			
4			1		4		6		4		1		
5		1		5		10		10		5		1	
6	1		6		15		20		15		6		1

Abb. **3.6.23**
Pascalsches Dreieck zur Bestimmung der Zahl der Spinentartungen mit jeweiligen statistischen Gewichten

Abb. 3.6.24 zeigt als Beispiel das ^{1}H-NMR-Spektrum von Ameisensäureethylester.

Der gemessene Frequenzunterschied der verschiedenen Einstellungen wird durch die Kopplungskonstante J_{ij} beschrieben (vgl. Gl. (3.6.1)). Es gilt für zwei Kerne A und X (Nomenklatur s.u.):

$$\nu = E/h = I_A J_{AX} I_X \qquad \textbf{(3.6.29)}$$

I_A und I_X sind die Kernspins, J_{AX} die (hier skalar angenommene) Spin-Spin-(Heisenberg-) Kopplungskonstante zwischen A und X. Da der Effekt feldstärkenunabhängig ist, kann J eindeutig in Hz angegeben werden. (In

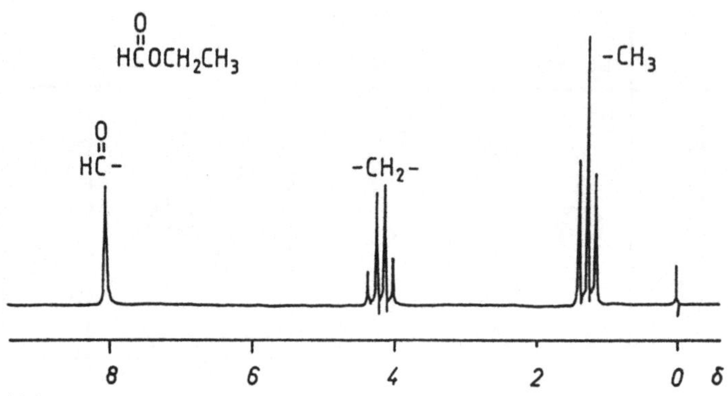

Abb. 3.6.24
^{1}H-NMR-Spektren von Ameisensäureethylester [Gün 92]

Gl. (3.6.1) hat $\underline{\underline{J}}^*_{AB}$ die Dimension einer Energie E, nicht wie J die Dimension einer Frequenz $\nu = \frac{E}{h}$.) Bei Kernen in identischer magnetischer Umgebung tritt keine Aufspaltung der Linien auf, da durch die Spin-Spin-Wechselwirkung Grund- und angeregter Zustand in gleicher Weise energetisch verschoben werden und so die Übergangsenergie zwischen Grund- und angeregtem Zustand gleich bleibt.

In Abb. 3.6.25 sieht man, daß durch Messung bei verschiedenen Magnetfeldstärken Aufspaltungen durch chemische Verschiebung von Aufspaltungen durch Spin-Spin-Kopplung unterschieden und in beiden Fällen einfach separiert werden können.

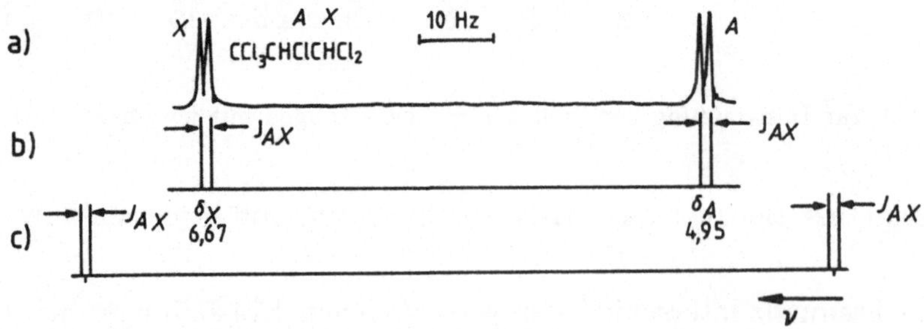

Abb. **3.6.25**
^{1}H-NMR AX-Spektrum von $CCl_3CHClCHCl_2$ bei (a,b) 40 MHz — (c) 60 MHz [Har 86]

Man kann nicht generell sagen, ob eine parallele oder antiparallele Einstellung der Kernspins zueinander energetisch günstiger ist. Dies hängt von der Art der Kopplung ab (s. dazu [Gün 92], [Atk 90]). Ist die antiparallele Einstellung günstiger, so ist J definitionsgemäß positiv. Die Bestimmung von Kopplungskonstanten gibt eine wertvolle Hilfe in der Strukturaufklärung, da verschiedene geometrische Anordnungen (z.B. cis-trans-Isomere) verschiedene J-Werte besitzen.

Die einfachen Aufspaltungsmuster, die oben beschrieben wurden, ergeben sich allerdings nur für den Fall, daß die Differenz der vom B_0-Feld abhängigen chemischen Verschiebung (in Hz) der koppelnden Kerne groß ist gegenüber der vom B_0-Feld unabhängigen J_{AX}-Aufspaltung. Man nennt solche Spektren „Spektren 1. Ordnung". Hohe Felder (und daher große chemische Verschiebungen) erleichtern daher auch die Spektreninterpretation.

Häufig wird eine Nomenklatur verwendet, bei der Kerne mit sehr ähnlicher chemischer Verschiebung mit im Alphabet benachbarten Buchstaben (z.B. A, B) bezeichnet werden, während Kerne mit sehr unterschiedlichem σ_i auch mit im Alphabet weit entfernten Buchstaben benannt werden (z.B. A, X). Spektren 1. Ordnung entsprechen nach dieser Nomenklatur AX-Spektren, Spektren 2. Ordnung AB-Spektren.

Im Gegensatz zu Abb. 3.6.25 zeigt Abb. 3.6.26 Spektren, bei denen die Bedingung $|\nu_i - \nu_j| \gg J_{ij}$ für die Kerne i und j nicht gegeben ist. Das AB-System zeigt dabei einen sogenannten Dacheffekt, d.h. die Intensität der Linien, die den Multiplettlinien der Nachbargruppe am nächsten liegen, ist höher. Dies kann bei der Zuordnung von Peaks hilfreich sein. Außerdem liegen ν_A und ν_B jetzt nicht mehr genau zwischen den Linien, sondern näher am höheren Peak, d.h. im „Schwerpunkt" zwischen den Linien.

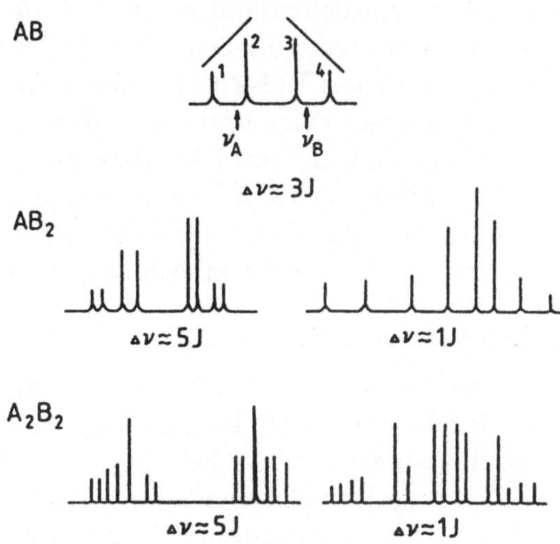

Abb. **3.6.26**
Schematische Darstellung von Spektren höherer Ordnung [Kem 86]

Eine theoretische Behandlung der Analyse solcher Spektren werden wir im Anhang 5.4.4 kennenlernen.

Ein weiterer Effekt, der zur Feinaufspaltung in Festkörpern führt, wird in Abschn. 3.6.2.5.4 besprochen.

Neben der bis jetzt besprochenen Kopplung von magnetischen Kernen einer Art (z.B. ^{1}H-^{1}H-Kopplung) tritt auch die Kopplung zwischen verschiedenen magnetischen Kernen auf, so z.B. die ^{13}C-^{1}H-Kopplung. Für diese Kopplungen gelten die gleichen Regeln, die wir bereits bersprochen haben. In ^{1}H-NMR-Spektren spielen sie nur eine untergeordnete Rolle, da ^{13}C ein seltenes Isotop ist (1,108% relative Häufigkeit) und die Intensität solcher Kopplungslinien deshalb sehr klein ist. Eine große Rolle spielt sie dagegen in ^{13}C-NMR-Spektren durch die Vielzahl der möglichen Protonenkopplungen.

Kopplungen lassen sich experimentell nur dann beobachten, wenn die Lebensdauer einer bestimmten Spinorientierung der koppelnden Kerne größer ist als J^{-1}, da sonst durch die Heisenbergsche Unschärferelation die Linienbreite größer wird als die Multiplettaufspaltung. Dieses Problem tritt häufig bei Quadrupolkernen auf (z.B. ^{14}N).

3.6.2.5 Spezielle Methoden

3.6.2.5.1 Multipulsexperimente: Inversion-recovery- und Spin-Echo-Experimente

In Abschn. 3.6.2.3 haben wir die Pulsspektroskopie kennengelernt. Dort haben wir den speziellen Fall betrachtet, daß ein 90°-Puls aus der x'-Richtung eingestrahlt und anschließend der FID beobachtet wird. Man kann eine Vielzahl verschiedener Pulse mit anderen Winkeln und anderen Richtungen in unterschiedlicher Folge und mit unterschiedlichen Pulsabständen einstrahlen und so eine Vielzahl von Experimenten durchführen. Hier soll exemplarisch nur die einfach verständliche Inversion-recovery- und die häufig verwendete Spin-Echo-Pulsfolge vorgestellt werden. Eine ausführliche Beschreibung verschiedener Multipulsexperimente findet man z.B. in [Fri 88].

a) Inversion-recovery-Technik

Die Inversion-recovery-Technik setzt man zur Bestimmung von T_1 ein. Kippt man durch einen 180°-Impuls aus der x'-Richtung $\underline{M}$ in die negative z-Richtung, so erhält man kein Signal in der Empfängerspule der xy-Ebene, da in der xy-Ebene keine Magnetisierung auftritt. Die Abnahme von $\underline{M}$ wird nur von T_1 bestimmt. Nach einer Zeit τ_i gibt man einen 90°-Impuls aus der x'-Richtung auf, dessen FID aufgezeichnet wird. τ_i wird variiert. Wenn der 90°-Impuls gerade dazugegeben wird, wenn $\underline{M}$ durch null geht,

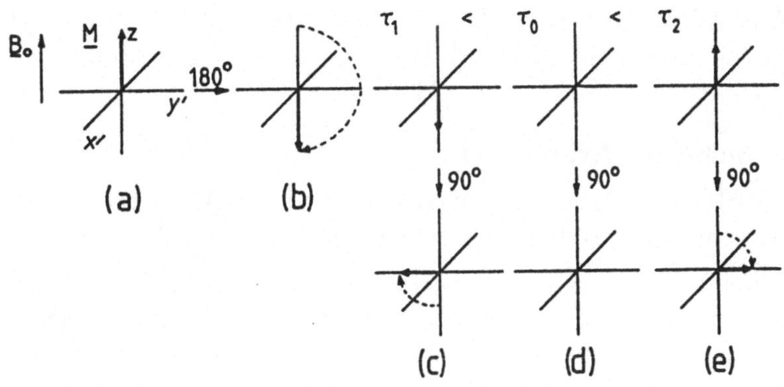

Abb. **3.6.27**
Pulsfolge und Prinzip der Inversion-recovery-Technik [Gün 92]

so erhält man kein Signal, da $\underline{M}$ keine Komponente in der xy-Ebene besitzt (Abb. 3.6.27). Aus dieser Zeit τ_0 läßt sich T_1 einfach berechnen:

$$\tau_0 = T_1 \ln 2 = 0,693 T_1 \qquad (3.6.30)$$

Diese Methode wird Inversion-recovery-Methode genannt.

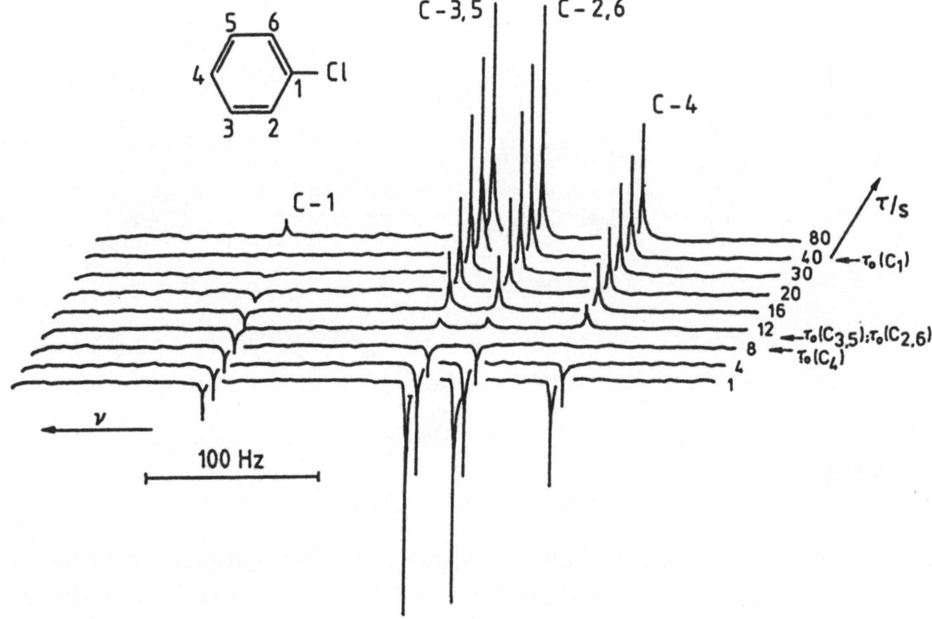

Abb. 3.6.28
Inversion-recovery-Spektrum (^{13}C) von Chlorbenzol [Har 86]

Aus Abb. 3.6.28 wird deutlich, daß die Relaxationszeiten für verschiedene Kerne unterschiedlich sind. Diese Spektren tragen demnach ebenfalls Strukturinformationen.

b) Spin-Echo-Experiment

Ein 90°-Impuls aus der x'-Richtung dreht $\underline{M}$ in die xy-Ebene bzw. in y'-Richtung. Die Relaxation erfolgt mit T_2 bzw. T_2^*.

Schon in Abschn. 3.6.2.3.2 haben wir gesehen, daß die Relaxation der transversalen Magnetisierung auch aufgrund der Feldinhomogenitäten durch ein „Auseinanderlaufen“ der Spins zustandekommt, da es sowohl Spins gibt, die mit etwas höherer als auch welche, die mit etwas geringerer Frequenz als der Larmorfrequenz präzessieren. Wird nach einer Zeit τ ein 180°-Impuls in x'-Richtung eingestrahlt, so kommt es nach Warten von einer weiteren Zeitspanne τ wieder zu einer Fokussierung der Spins, da nun die schnelleren Spins die langsameren „einholen“ (Abb. 3.6.29). Man detektiert dann in $-y'$-Richtung das exponentiell mit T_2 abgefallene $M_{y'}$-Signal, da der Beitrag der Feldinhomogenitätseffekte durch den 180-Impuls eliminiert wurde, nicht jedoch die Spin-Spin-Relaxation. Man kann so Experimente durchführen, in denen nur die reine transversale Relaxationszeit T_2 auftritt, während in FIDs (s. Abschn. 3.6.2.3.3) immer T_2^* den Abfall bestimmt.

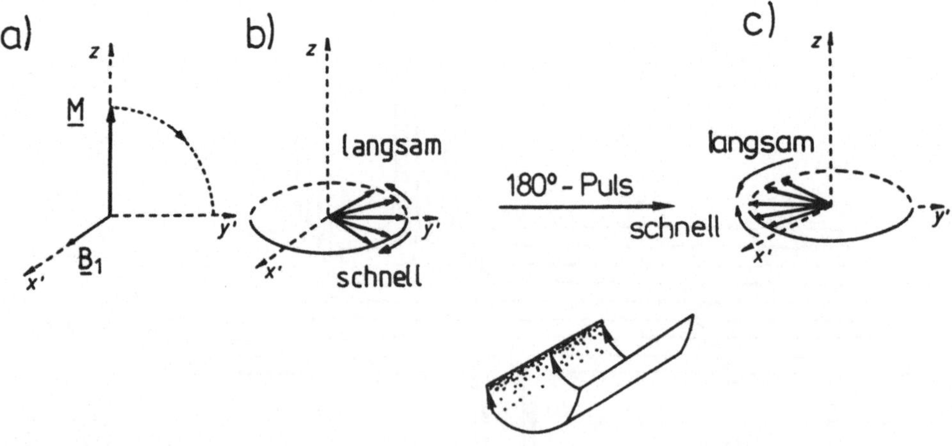

Abb. **3.6.29**
Prinzip des Spin-Echo-Experimentes

Möchte man mit dem Spin-Echo-Experiment die Relaxationszeit T_2 bestimmen, so stört zusätzlich die Diffusion der Moleküle in der Probe, da auch dadurch Kerne in den Einfluß verschiedener effektiver Magnetfelder kommen. Man gibt deshalb eine ganze Folge von 180°-Impulsen auf. Aus dem

Abfall der Intensitäten kann dann auf T_2 rückgeschlossen werden (s. dazu z.B. [Gün 92], [Kem 86]).

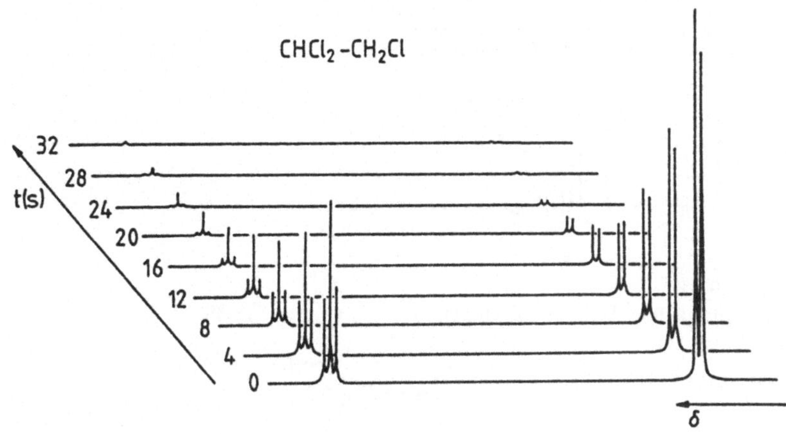

Abb. 3.6.30
^{13}C-Spin-Echo-Spektrum vom $CHCl_2$–CH_2Cl [Kem 86]

Aus Abb. 3.6.30 wird deutlich, daß verschiedene Kerne unterschiedliche T_2-Zeiten besitzen.

3.6.2.5.2 Doppelresonanzexperimente: Breitbandentkopplung

Bei Doppelresonanzexperimenten werden zwei verschiedene Frequenzen eingestrahlt. Auch hier soll aus der Vielzahl möglicher Experimente nur die Breitbandentkopplung exemplarisch vorgestellt werden.

Wir wir in Abschn. 3.6.2.4.3 bereits besprochen haben, treten Signalaufspaltungen durch Wechselwirkungen zwischen benachbarten Kernmomenten nur dann auf, wenn die Lebensdauer einer definierten Spinorientierung größer als J^{-1} ist. Bei ^{1}H- und ^{13}C-Kernen ist dies normalerweise erfüllt. Möchte man nun ein durch ^{1}H-Kopplungen sehr komplexes ^{13}C-Spektrum vereinfachen, so muß man die Lebensdauer der Spinorientierung der ^{1}H-Kerne verkürzen. Dies ist möglich, wenn man außer der (^{13}C-) Beobachtungsfrequenz gleichzeitig eine zweite Frequenz einstrahlt, die genau der Resonanzfrequenz der zu entkoppelnden Kerne entspricht. Dies kann selektiv eine bestimmte ^{1}H-Resonanzfrequenz sein. Meist wird man jedoch zuerst ein völlig entkoppeltes ^{13}C-Spektrum aufnehmen, das einfach zu interpretieren ist. Man strahlt dazu während des gesamten Meßvorgangs ein breites Frequenzband ein, das das ganze ^{1}H-Spektrum abdeckt (^{1}H-Breitband-Entkopplung). Abb. 3.6.31 zeigt das Meßprinzip, Abb. 3.6.32 ein typisches Beispiel.

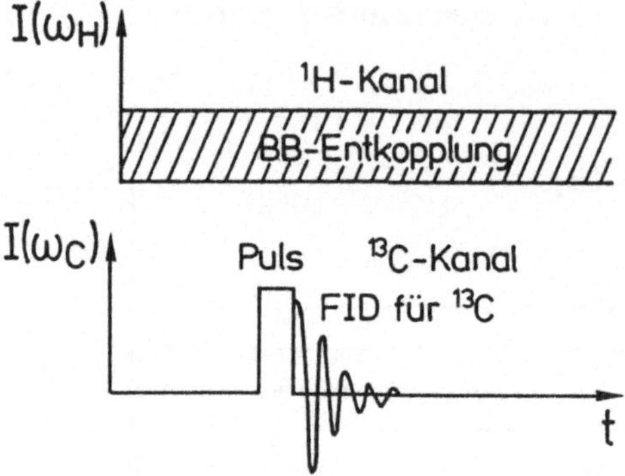

Abb. 3.6.31
Meßprinzip der ¹H-Breitbandentkopplung (nach [Fri 88])

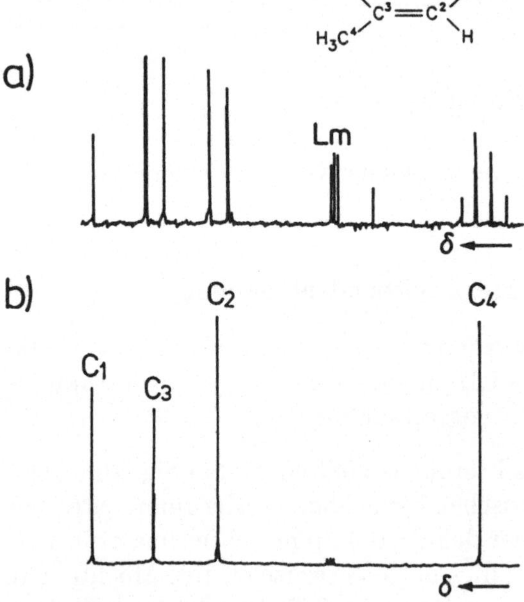

Abb. 3.6.32
22,63 MHz-^{13}C-NMR-Spektren von Crotonsäure in $CDCl_3$ [Fri 88]
a) Spektrum mit C,H-Kopplungen
b) ^{1}H breitband-entkoppeltes Spektrum

3.6.2.5.3 Dynamische NMR-Spektroskopie

Bewegt sich ein Atomkern zwischen zwei (magnetisch) unterschiedlichen Stellen A und B eines Moleküls oder zwischen zwei verschiedenen Molekülen, dann gibt es für diesen Kern den Zustand 1 mit Kern an der Stelle A und den Zustand 2 mit Kern an der Stelle B. Bewegt sich der Atomkern von

A nach B langsam, d.h. ist die mittlere Lebensdauer der Zustände 1 und 2 groß im Vergleich zur Meßzeit, dann beobachtet man zwei Kernresonanzsignale, je eines für jeden Zustand (vgl. Abschn. 3.1.2.3.1). Diese Signale können je nach chemischer Umgebung mit einer chemischen Verschiebung $\Delta\nu_{\text{chem}}$ aufgespalten sein.

Erhöht man die Temperatur und bewegt sich der Atomkern schneller zwischen A und B, wird die Lebensdauer der stationären Zustände 1 und 2 kleiner, und als Folge davon werden die beiden Einzellinien breiter.

Bei weiterer Temperaturerhöhung wird die mittlere Lebensdauer der beiden Zustände 1 und 2 noch kleiner. Im NMR-Experiment verhält sich das System jetzt so, als gäbe es nur noch einen gemittelten Zustand, d.h. anstelle von zwei Linien erhält man nur noch eine, die mit steigender Temperatur schmaler wird. Ihre chemische Verschiebung ist der Mittelwert der chemischen Verschiebungen der Linien für die Zustände 1 und 2.

Mit

$$\Delta E \cdot \Delta t = h\Delta\nu \cdot \Delta t \approx \frac{h}{2\pi \cdot 2} \tag{3.6.31}$$

und

$$\Delta\nu \cdot \Delta t \approx \frac{1}{2\pi \cdot 2} \tag{3.6.32}$$

kann man berechnen, welche Frequenzdifferenzen $\Delta\nu_{\text{chem}}$ bei welcher Lebensdauer $\tau = \Delta t$ noch zu einer Aufspaltung der Linien führen. Wird τ kleiner, so erhält man nur noch ein Mittelwertspektrum. Es ist jedoch noch nicht gesagt, daß bei größerem τ tatsächlich zwei getrennte Linien gesehen werden — dies hängt zusätzlich von der Linienbreite $\Delta\nu_{1/2}$ ab.

In Abb. 3.6.33 ist das ^{1}H-NMR-Spektrum der N-Methylprotonen von N,N-Dimethylacetamid dargestellt. Bei tiefen Temperaturen ist die Rotation um die N-C-Bindung langsam gegenüber der Spektrenaufzeichnung, und die Methylgruppen sehen verschiedene magnetische Umgebungen, während bei höheren Temperaturen (d.h. bei schneller Rotation) nur noch eine mittlere Umgebung der Protonen registriert wird. Durch Tieftemperatur-NMR kann man so z.B. Konformationsanalysen durchführen oder Austauschprozesse erkennen.

Aus der Aufspaltungstemperatur T_c, bei der zwischen den beiden verbreiterten Linien gerade noch eine kleine Einbuchtung sichtbar ist, läßt sich die Geschwindigkeitskonstante k_c des Austausches sowie die zugehörige freie Enthalpie der Aktivierung für die Umlagerung gewinnen [Gün 92].

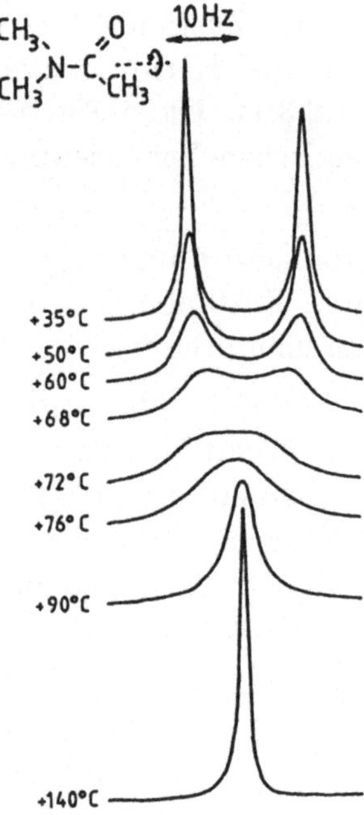

Abb. 3.6.33
Temperatureinfluß auf das ^{1}H-NMR-Spektrum von N,N-Dimethylacetamid (Erklärung s. Text) [Kem 86]

3.6.2.5.4 Festkörper-NMR

Probleme der NMR an Festkörpern ergeben sich hauptsächlich durch breite Absorptionsbanden und damit schlechte Auflösung. Die Bandenverbreiterung wird durch verschiedene Effekte hervorgerufen: Der wichtigste ist die Dipol-Dipol-Wechselwirkung, die bereits in Abschn. 3.6.2.3.2 besprochen wurde. In Flüssigkeiten kann ein Molekül relativ schnell beliebige Orientierung zu $\underline{B}_0$ einnehmen, so daß sich dieser Effekt herausmittelt. In Festkörpern führt diese Wechselwirkung jedoch zu sehr breiten Banden, da sich einerseits unterschiedliche lokale Felder und damit chemische Verschiebungen ergeben und andererseits durch die starke dipolare Kopplung sehr kurze T_2-Relaxationszeiten (ca. 10^{-4} s im Vergleich zu ca. 10^{-1} s in Flüssigkeiten) auftreten, die eine große natürliche Linienbreite zur Folge haben. Neben der Dipol-Dipol-Wechselwirkung führt auch die Anisotropie der chemischen Verschiebung zu Linienverbreiterungen. Sie resultiert daraus, daß bei manchen Molekülgruppen die magnetische Suszeptibilität (und damit die dielektrische Abschirmung und das lokale Feld) nicht isotrop ist, d.h. die Resonanzfrequenz hängt von der relativen Orientierung des Moleküls zum $\underline{B}_0$-Feld ab. Auch hier mittelt sich der Effekt in Flüssigkeiten heraus. Beide

Phänomene verschwinden, wenn man die Probe genau im Winkel $\beta = 54,7°$ zu $\underline{B}_0$ rotieren läßt, da dann nach Abb. 3.6.34 auch der Mittelwert von Θ für jede Kernverbindungslinie 54,7° wird. Diese Meßanordnung heißt MAS (**M**agic **A**ngle **S**pinning) und funktioniert nur dann, wenn über alle Orientierungen während der Meßzeit gemittelt wird. Dazu muß die Rotationsfrequenz der Probe größer sein als die reziproke Repetitionszeit $1/\tau_r$ der Meßpulse.

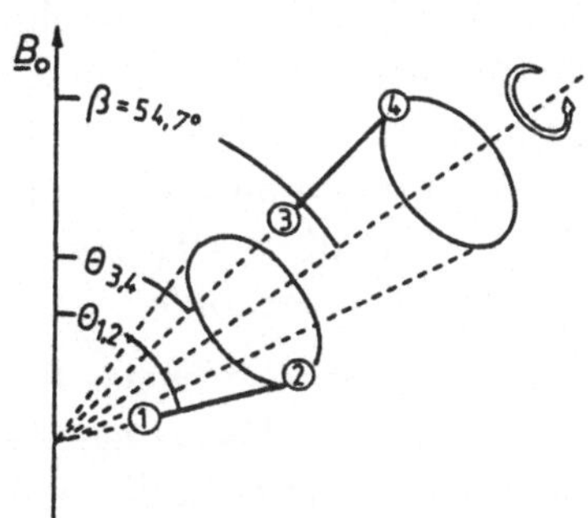

Abb. 3.6.34
Einfluß des MAS auf zwei verschiedene Kernverbindungslinien 1,2 und 3,4

Als Beispiel für den Effekt des MAS ist in Abb. 3.6.35 das ^{19}F-Spektrum von $KAsF_6$ gezeigt.

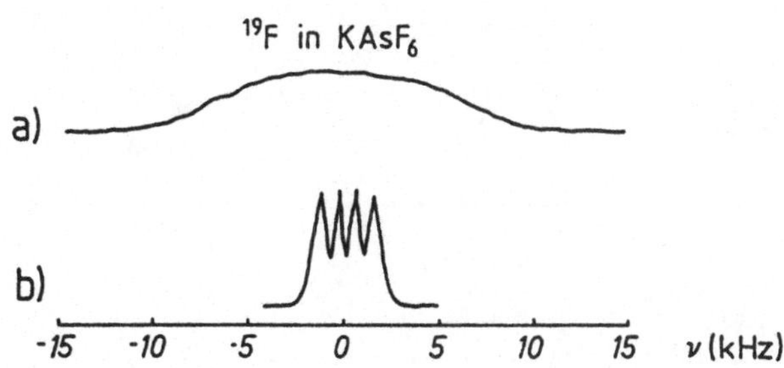

Abb. 3.6.35
^{19}F-NMR-Spektrum von polykristallinem $KAsF_6$ [And 66]
a) statisch
b) MAS

Andere Probleme der Festkörper-NMR sind z.B. sehr lange T_1-Zeiten mancher ^{13}C-Kerne, da wegen der schnellen Sättigung NMR-Experimente nur in Zeitabständen $T > T_1$ durchgeführt werden können. Dieses Problem sowie die geringe Empfindlichkeit der ^{13}C-NMR-Spektroskopie lassen sich über das sog. Kreuzpolarisationsexperiment lösen, bei dem zuerst die Protonen angeregt werden und anschließend die ^{1}H-Magnetisierung auf die ^{13}C-Kerne übertragen wird. Dies soll jedoch im Rahmen dieses Buches nicht näher beschrieben werden (s. z.B. [Har 86] oder [Gün 92]).

3.6.2.5.5 NMR-Tomographie

Biologische Systeme enthalten u.a. sehr viel Wasser und Fettsäuren. Es bietet sich daher an, die NMR-Signale der Protonen dieser Verbindungen zur Darstellung von Gewebeschnitten zu verwenden (Tomographie). Während die Röntgen-Tomographie v.a. das harte Gewebe wie z.B. die Knochen zeigt, wird durch die NMR-Tomographie in erster Linie das weiche, wasserreiche und fette Gewebe dargestellt. Beide Techniken ergänzen sich, aber in der Regel liefert die NMR-Tomographie viel detailliertere Informationen als die Röntgen-Tomographie.

Bringt man wasserreiches Gewebe in ein magnetisches Feld mit einem Feldgradienten in z-Richtung, dann ändert sich die Resonanzfrequenz der Protonen des Wassers in dieser Richtung, da sie sich in Regionen verschiedener Feldstärke befinden (Abb. 3.6.36). Man kann deshalb die relative Anordnung magnetischer Kerne zueinander erkennen.

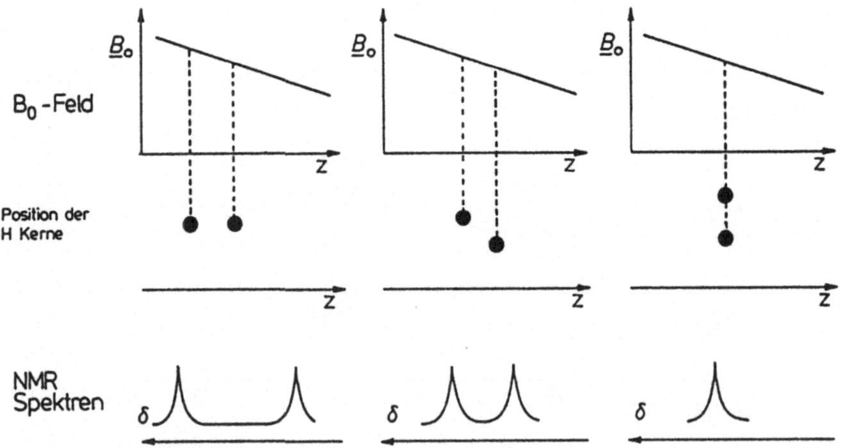

Abb. **3.6.36**
Einfluß der gegenseitigen Orientierung zweier Kerne in einem Gradientenfeld auf das NMR-Spektrum

Bei der NMR-Tomographie werden durch bestimmte Spulenanordnungen Feldgradienten in allen drei Raumrichtungen aufgebaut (Abb. 3.6.37 und 3.6.38). Der z-Gradient bestimmt dabei zunächst den Schnitt durch den Körper, da nur in dieser „Scheibe“ die Resonanzbedingung für die Protonen erfüllt wird. (Man arbeitet in Niederauflösung, so daß alle Protonen bei einer

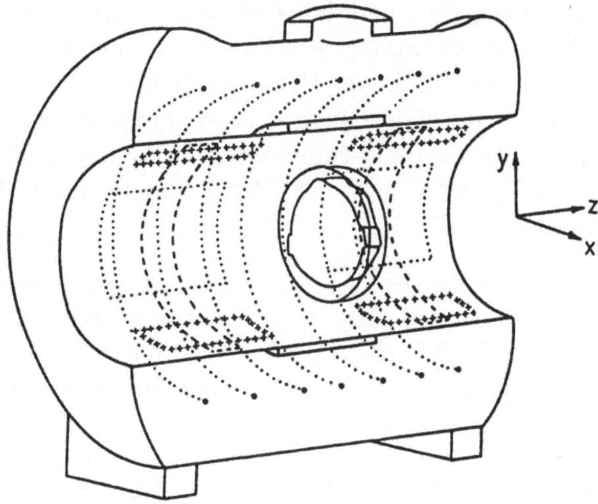

Abb. 3.6.37
Anordnung der Spulen im NMR-Tomographen und Selektion des Schnittes in z-Richtung [Sie 83]

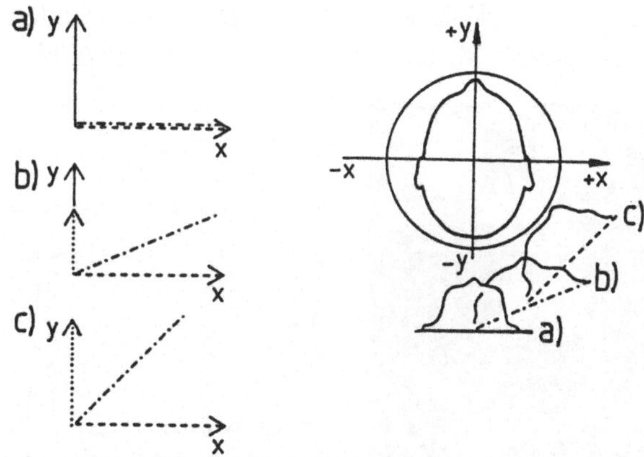

Abb. 3.6.38
Angelegte Gradienten und Richtung der Schnitte (x-Gradient gestrichelt; y-Gradient gepunktet; Resultierende gestrichpunktet)
a) nur x-Gradient erregt
b) zum x-Gradienten kleinen y-Gradienten angelegt
c) zum x-Gradienten größeren y-Gradienten angelegt [Sie 83]

Frequenz erscheinen.) Mit den x- und y-Spulen wählt man anschließend die Richtung des Schnittes durch diese Scheibe.

Regt man Protonen einer Feldrichtung mit einem Impuls an, so erhält man im FID alle Eigenfrequenzen der Protonen, die sich in dieser Richtung verteilen. Durch Fouriertransformation erhält man die Spindichte in dieser Richtung. Ändert man die Feldstärke und die Richtung des Feldgradienten systematisch zwischen den Pulsfolgen, dann lassen sich die Meßergebnisse mit Hilfe eines Computerprogramms zu einem ebenen oder räumlichen Bild zusammensetzen. Solche Protonendichtebilder werden heute aber kaum noch in der medizinischen Diagnostik angewendet. Viel mehr, aber auch schwieriger zu interpretierende Informationen liefert die Bestimmung der Relaxationszeiten T_1 und T_2 durch die Inversion-recovery- bzw. Spin-Echo-Technik (vgl. Abschn. 3.6.2.5.1).

Die Protonen des Wasser zeigen in krankem Gewebe andere Relaxationszeiten T_1 und T_2 als in gesundem Gewebe. Es ist deshalb möglich, durch T_1- und T_2-Bestimmung krankes Gewebe von gesundem zu unterscheiden und so z.B. die Lage und Ausdehnung von Tumoren mit Hilfe der NMR-Tomographie zu bestimmen.

Bis jetzt werden diese Diagnosen jedoch hauptsächlich im „Finger-print"-Verfahren gestellt, in dem man das vorliegende Bild mit Bildern bekannter Diagnose vergleicht, da man noch zu wenig quantitative Beziehungen zwischen NMR-Daten und vorliegendem Gewebe besitzt. Abb. 3.6.39 zeigt jedoch ein Beispiel, bei dem in verschiedenen Bereichen des Gehirns ein „normales", d.h. frequenzabhängiges Spektrum gemessen wurde.

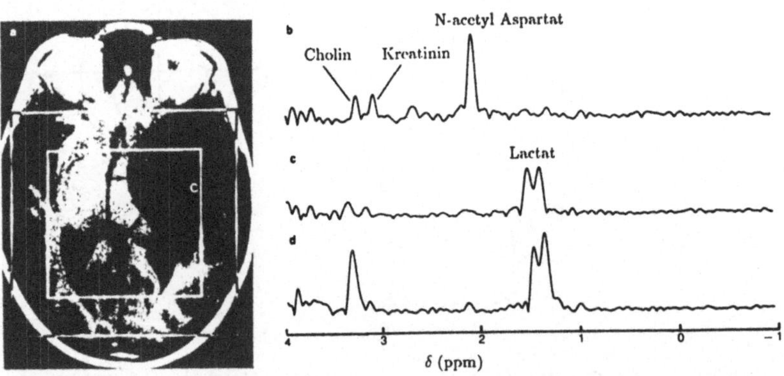

Abb. 3.6.39
a) ^{1}H-NMR-Tomographie eines menschlichen Gehirns, in dem ein Tumor (mit Pfeilen gekennzeichnet) zu erkennen ist. Mit C ist ein Bereich eines chirurgischen Eingriffs gekennzeichnet [Weh 92].
b) ^{1}H-NMR-Spektrum der normalen Hirnregion
c) ^{1}H-NMR-Spektrum im Bereich des chirurgischen Defekts
d) ^{1}H-NMR-Spektrum im Bereich des Tumors
Man erkennt deutliche Unterschiede, die sich klinisch verwerten lassen.

Außer Protonen kann man die in biologischen Systemen vorkommenden Kerne ^{13}C, ^{23}Na, ^{31}P und ^{39}K für die Tomographie nutzbar machen. Wegen der schwachen Signale dieser Kerne ist dies aber mit einem viel größeren

Aufwand verbunden. Das gleiche gilt für fluorhaltige Medikamente, deren Wirkung durch Beobachten ihres NMR-Signals verfolgt werden kann.

Außer in der Biomedizin kann die NMR-Tomographie auch in der Chromatographie und in der Materialwissenschaft eingesetzt werden. So kann z.B. die Flüssigkeitsverteilung in und die Vernetzung von Polymeren bestimmt werden.

3.6.3 Elektronenspinresonanzspektroskopie (ESR)

Nur paramagnetische Moleküle mit ihren ungepaarten Elektronen und damit einem Gesamtelektronenspin ungleich null können Elektronenspinresonanz zeigen. Beispiele sind freie Radikale, Ionen von Übergangsmetallen, Metalle, organische Radikale oder O_2 und NO, aber auch diamagnetische Stoffe nach deren Ionisation, beispielsweise durch Photonen. Dies weist schon auf eine mögliche Anwendung der ESR (neben der Strukturaufklärung) hin: Man kann nachweisen, ob radikalische Strukturen vorliegen, ob metallische Komplexe eine High-spin- oder Low-spin-Konfiguration haben oder wieviele freie Elektronen in einem Festkörper vorliegen.

3.6.3.1 Grundlagen

Für die Elektronenspinresonanzspektroskopie (ESR) sind der erste und dritte Term des allgemeinen Störoperators für Übergänge im Magnetfeld (Abschn. 3.6.1, Gl. (3.6.1)) von Bedeutung. Die direkte Wechselwirkung zwischen zwei Spinmomenten würde nur beim Vorliegen zweier unterschiedlicher ungepaarter Elektronen im Molekül eine Rolle spielen. Dies ist wegen der großen Rekombinationswahrscheinlichkeit nur sehr selten der Fall, so daß wir diese Wechselwirkung im folgenden vernachlässigen.

Wir wollen zunächst wie bei NMR nur den Effekt des Magnetfeldes unter Vernachlässigung von Wechselwirkungen der Elektronen- und Kernspinmomente untereinander betrachten. Ohne Berücksichtigung des Bahnmoments ergibt sich analog zu Gl. (3.6.2):

$$E = -\mu_{z,s} B_0 = -\gamma_e \hbar m_s B_0 = g_s \mu_B m_s B_0 \qquad \mathbf{(3.6.33)}$$

Für ein Elektron ist im Gegensatz zu einem Kern der Zustand mit $m_s = -\frac{1}{2}$ der energetisch günstigere.

Analog zu Gl. (3.6.4) gilt mit $m_s = \pm\frac{1}{2}$ und $\Delta m_s = \pm 1$ für ein freies Elektron

$$\Delta E = h\nu = |g_s \mu_B B_0| \,. \qquad \mathbf{(3.6.34)}$$

Ähnlich wie in der NMR-Spektroskopie die Resonanz im Molekül von der im freien Kern abweicht, ist sie auch in der ESR-Spektroskopie von der des freien Elektrons verschieden. In der ESR-Spektroskopie werden diese Abweichungen jedoch i.allg. nicht über ein lokales B-Feld, sondern über den sogenannten g-Faktor

$$g = (1 - \sigma) g_s \tag{3.6.35}$$

mit der Abschirmkonstante σ beschrieben, der die Abweichung gegenüber dem Wert $g_s = 2,0023$ für ein freies Elektron charakterisiert. Diese Abweichungen treten durch Kopplungen zwischen dem Spin- und dem Bahnmoment der Elektronen im Molekül auf.

Die g-Werte können zur Identifizierung von lokalen Umgebungen von Elektronenspins und damit von unbekannten oder bekannten Substanzen verwendet werden. Beispiele für g-Werte gibt Tab. 3.6.2.

Tab. 3.6.2
Beispiele für g-(Landé-)Faktoren organischer Radikale

Methyl	2,00255
p-Benzosemichinon-Anion	2,004679
Cumylperoxyl	2,0155
Cu^{2+}-Phthalocyanin	2,09

Für die Resonanzbedingung gilt somit für alle Elektronen

$$\Delta E = h\nu = |g \mu_B B_0| \, . \tag{3.6.36}$$

Typische Resonanzfrequenzen liegen im Mikrowellen-(GHz-)Bereich.

Im Gegensatz zur NMR-Spektroskopie ist es deshalb bei ESR üblich, die Frequenz ν_0 des B_1-Feldes konstant zu halten, da es technisch sehr schwierig ist, durchstimmbare Mikrowellenquellen herzustellen, während mit Klystrons Mikrowellensender mit fester Frequenz zur Verfügung stehen. Spektren zeichnet man deshalb in Abhängigkeit der B-Feldstärke auf.

3.6.3.2 Hyperfeinstruktur

Die Hyperfeinstruktur kommt durch Wechselwirkung der Elektronen mit magnetischen Kernen zustande. So ist jedem Kernspin ein magnetisches Feld zugeordnet, das sich je nach Orientierung entweder zum äußeren B_0-Feld der Elektronen addiert oder subtrahiert. Das lokale Feld am Ort der Elektronen ist damit

$$B_{\text{loc}} = B_0 + am_I \qquad \textbf{(3.6.37)}$$

mit $m_I = \pm\frac{1}{2}$ für den Spezialfall von Protonen. a ist die (hier skalar angenommene) sogenannte Hyperfeinkopplungskonstante (vgl. Gl. (3.6.1), dort hatten wir a^* verwendet, das die Einheit „Energie" besitzt) und besitzt die

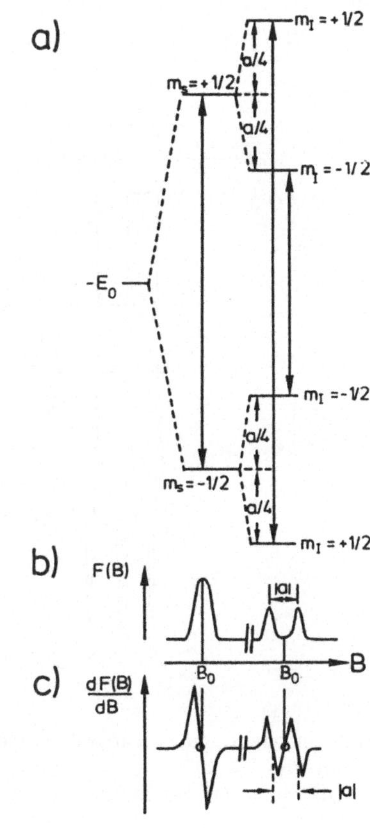

Abb. **3.6.40**
a) Theoretisches Termschema eines Radikalelektrons und Aufspaltung durch Wechselwirkung mit einem Proton ($I = \frac{1}{2}$)
b) Erwartetes Spektrum
c) Spektrum der differenzierten Absorptionssignale [Sch 70]

Dimension eines Magnetfeldes mit typischen Größenordnungen von Bruchteilen bis zu mehreren mT. Als Resonanzbedingung ergibt sich für Protonen:

$$h\nu = g\mu_B \left(B_0 \pm \frac{1}{2}a \right) \tag{3.6.38}$$

Eine Linie wird also in zwei Linien im Abstand a aufgespalten.

Allgemein spaltet eine ESR-Linie durch Wechselwirkung mit Kernen mit Drehimpulsen I in $2I + 1$ Hyperfeinlinien auf. Es gilt die Auswahlregel

$$\Delta m_I = 0 \ . \tag{3.6.39}$$

In Abb. 3.6.40 und 3.6.41 sehen wir die Kernaufspaltung für eine Wechselwirkung mit einem Proton bzw. ^{14}N-Kern. Darunter sind jeweils die ESR-Spektren dargestellt. Im Gegensatz zu NMR-Spektren ist es bei ESR üblich, das differenzierte Absorptionssignal als Funktion der systematisch veränderten Feldstärke bei fester Frequenz aufzuzeichnen, da man ESR-Spektren üblicherweise mit der Lock-in-Technik aufzeichnet (vgl. Abschn. 3.2.4).

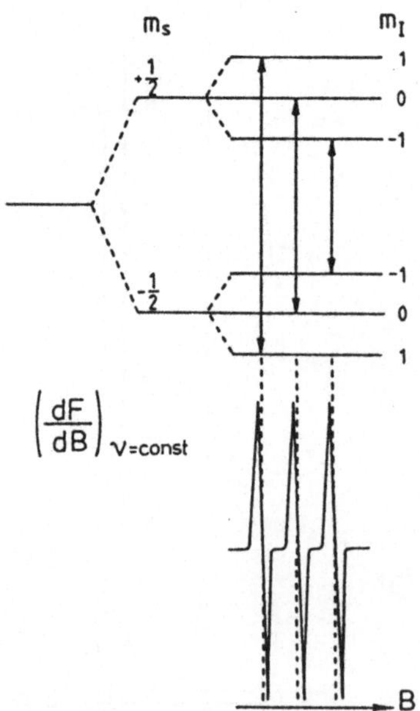

Abb. 3.6.41
a) Termschema eines Radikalelektrons und Aufspaltung durch Wechselwirkung mit einem ^{14}N-Kern ($I = 1$)
b) differenziertes Spektrum [Ste 86]

Die Aufspaltung hängt von der Anzahl der magnetischen Kerne ab, die mit dem Elektron wechselwirken. Für N äquivalente Protonen oder andere Kerne mit $I = 1/2$ erhält man $N+1$ Linien, deren Intensitäten dem Pascalschen Dreieck (vgl. Abb. 3.6.23) entnommen werden können. Ein Beispiel gibt Abb. 3.6.42.

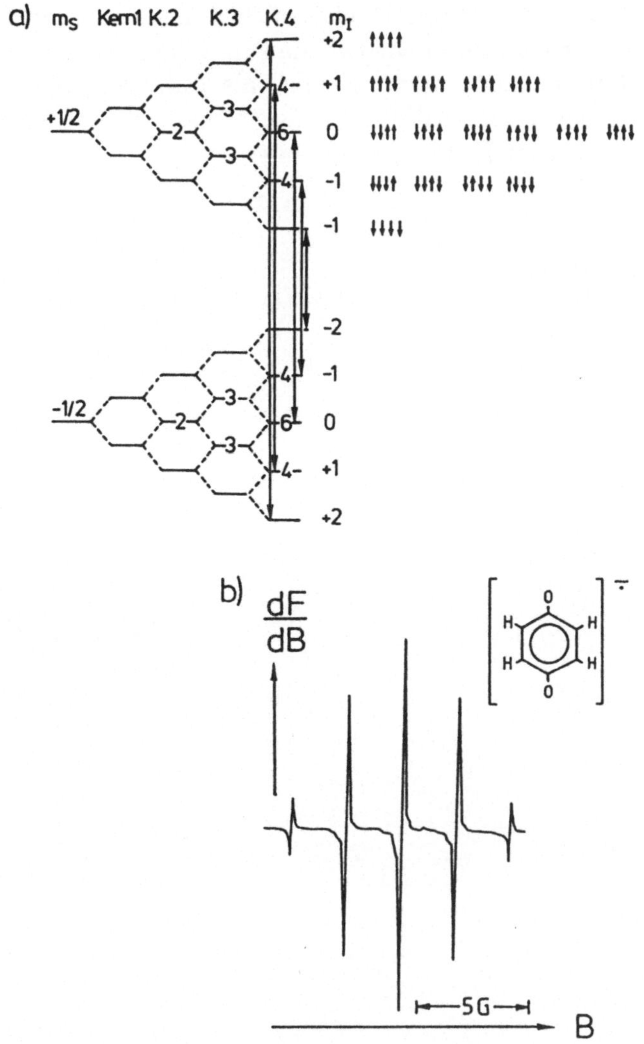

Abb. 3.6.42
a) Termschema eines Radikalelektrons und Aufspaltung durch Wechselwirkung mit vier äquivalenten Protonen.
b) ESR-Spektrum von *p*-Benzosemichinon. Die Kopplung mit vier äquivalenten Protonen spaltet das Spektrum in $N + 1 = 5$ Linien auf, deren Intensitäten sich wie 1:4:6:4:1 verhalten [Car 67].

Für nichtäquivalente $I_{1/2}$-Kerne und Kerne mit $I > \frac{1}{2}$ ergeben sich andere Beziehungen, die man sich in einfachen Fällen mit einem Termschema wie in Abb. 3.6.42a ableiten kann. Für N äquivalente Kerne ergeben sich so z.B. $2IN + 1$ Linien.

Auf ESR-Spektren komplexerer Moleküle oder von Festkörpern wollen wir im Rahmen dieses Buches nicht eingehen (s. dazu z.B. [Sch 70] und [Car 67]). Es sei nur bemerkt, daß im allgemeinen weder der g-Faktor noch die Hyperfeinkopplungskonstante als skalar angenommen werden können. Ganz im Gegenteil wird diese Anisotropie zur Charakterisierung biologischer und chemischer Festkörper herangezogen.

4 Literatur

[And 66] E.R. Andrew, S. Clough, L.F. Farnell, T.D. Gledhill, I. Roberts, „Resonant Rotational Broadening of Nuclear Magnetic Resonance Spectra", Phys. Lett. **20** (1966) 505

[And 81] H.L. Anderson (Ed.), „Physics Vademecum", AIP (Am. Inst. Phys.) 50th Anniversary, USA 1981

[And 90] J.C. Anderson, K.D. Leaver, R.D. Rawlings, J.M. Alexander, „Materials Science", 4. Auflage, Chapman and Hall, London 1990

[And 91] „Quantum Chemistry Aided Design of Organic Polymers", J.M. André, J. Delhalle, J.-L. Brédas, World Scientific, Singapore 1991

[Ash 87] M.B. Ashcroft, N.D. Mermin, „Solid State Physics", Holt, Rinehart & Winston, Hongkong 1987

[Atk 78] P.W. Atkins, M.S. Child, C.S.G. Phillips, „Tables for Group Theory", Oxford University Press, Oxford 1978

[Atk 83] P.W. Atkins, „Molecular Quantum Mechanics", 2. Aufl., Oxford University Press, Oxford 1983

[Atk 90] P.W. Atkins, „Physikalische Chemie", VCH, Weinheim 1990

[Atk 91] P.W. Atkins, „Quanta", Oxford University Press, Oxford 1991

[Aza 74] C.V. Azároff, R. Kaplow, N. Kato, R.J. Weiss, A.J.C. Wilson, R.A. Young, „X-Ray Diffraction", McGraw-Hill, New York, 1974

[Bac 75] G.E. Bacon, „Neutron Diffraction", 3. Aufl., Clarendon, Oxford 1975

[Bät 90] P. Bätz, D. Schmeißer, W. Göpel, „Polaron-Induced Metallic Polypyrrole", Sol. State. Comm. **74** (1990) 461

[Ban 83] C.N. Banwell, „Fundamentals of Molecular Spectroscopy", 3. Aufl., McGraw Hill, London 1983

[Bar 62] G.M. Barrow, „Introduction to Molecular Spectroscopy", McGraw-Hill, New York 1962

[Bei 83] A. Beiser, „Atome, Moleküle, Festkörper", Vieweg, Braunschweig 1983

[Ben 87] A. Benninghoven, F.G. Rüdenauer, H.G. Werner, „Secondary Ion Mass Spectrometry", Wiley, New York 1987

[Bes 87] Bessy-Journal, 1. Aufl., Berlin 1987

[Bin 82] G. Binnig, H. Rohrer, Ch. Gerber, E. Weibel, „Surface Studies by Scanning Tunneling Microscopy", Phys. Rev. Lett. **49** (1982) 57

[Bis 88] E. Bischoff, M. Rühle, „Elektronenmikroskopie", in: S. Steeb (Ed.), „Physikalische Analytik", Expert, Esslingen 1988

[Bor 65] M. Born, I. Wolf, „Principles of Optics", Pergamon, New York 1965

[Brd 67] R. Brdička, „Grundlagen der Physikalischen Chemie", 6. Aufl., VEB, Berlin 1967

[Bro 81] I.N. Bronstein, K.A. Semendjajew, „Taschenbuch der Mathematik", 20. Aufl., Harry Deutsch, Thun 1981

[Brü 80] U. Brümmer (Ed.), „Handbuch der Festkörperanalyse mit Elektronen-, Ionen- und Röntgenstrahlen", Vieweg, Braunschweig 1980

[Bru 83] C.R. Brundle, H. Morawitz (Eds.), „Vibrations at Surfaces", Elsevier, Amsterdam 1983

[Bud 63] A. Budó, „Theoretische Mechanik", VEB, Berlin 1963

[Bud 80] H. Budzikiewicz, „Massenspektrometrie, eine Einführung", VCH, Weinheim 1980

[Car 67] A. Carrington, A.E. McLachlan, „Introduction to Magnetic Resonance", Harper International, New York 1967

[Car 87] H. Carstensen, Diplomarbeit, Universität Kiel 1987

[Cha 78] C.-M. Chan, R. Aris, W. Weinberg, „An Analysis of Thermal Desorption Mass Spectra. I.", Appl. Surf. Sci. **1** (1978) 360

[Chr 92] D. Christen, V. Hoffmann, A. Rager, W. Göpel, „Oriented Structures of Lead Phthalocyanine Thin Films: IR-Studies and Normal Coordinate Calculations of the Non-planar Porphin Ring System", Thin Solid Films **208** (1992) 284

[Cot 85] R. Cotterill, „The Cambridge Guide to the Material World", Cambridge University Press, Cambridge 1985

[Cox 87] P.A. Cox, „The Electronic Structure and Chemistry of Solids", Oxford University Press, Oxford 1987

[Cra 88] D.H. Craston, C.W. Li, A.J. Bard, „High Resolution Deposition of Silver in Nafion Films with the Scanning Tunneling Microscope", J. Electrochem. Soc. **135** (1988) 785

[Dac 78] H. Dachs (Ed.), „Neutron Diffraction", Topics in Current Physics **6**, Springer, Berlin 1978

[Dav 78] L.E. Davis, N.C. MacDonald, P.W. Palmberg, G.E. Riach, R.E. Weber, „Handbook of Auger Electron Spectroscopy", 2. Aufl., Perkin-Elmer Corp., Eden Prairie 1978

[Daw 76] P.H. Dawson, „Quadrupol Mass Spectrometry", Elsevier, Amsterdam 1976

[DCr 85] M. De Crescenzi, G. Chiarello, „Extended Energy Loss Fine Structure Measurement Above Shallow and Deep Core Levels of 3d Transition Metals“, J. Phys. C. **18** (1985) 3595

[Dem 77] R. Demuth, F. Kober, „Grundlagen der Spektroskopie“, Diesterweg/Salle, Sauerländer, Frankfurt 1977

[Dem 77] W. Demtröder, „Grundlagen und Techniken der Laserspektrokopie“, Springer, Berlin 1977

[Ern 87] R.R. Ernst, G. Bodenhausen, A. Wokhaun, „Principles of Nuclear Magnetic Resonance in One and Two Dimensions“, Clarendon Press, Oxford 1987

[Ert 77] G. Ertl, M. Neumann, K.N. Streit, „Chemisorption of CO on the Pt(111)-Surface“, Surf. Sci. **64** (1977) 393

[Ert 79] G. Ertl, „Energetics of Chemisorption on Metals“, in: T.N. Rhodin, G. Ertl (Eds.), „The Nature of the Surface Chemical Bond“, North-Holland, Amsterdam 1979

[Ert 85] G. Ertl, J. Küppers, „Low Energy Electrons and Surface Chemistry“, VCH, Weinheim 1985

[Fad 85] A. Fadini, F.-M. Schnepel, „Schwingungsspektroskopie“, Thieme, Stuttgart 1985

[Fel 77] L.C. Feldman, R.L. Kauffman, P.J. Silverman, R.A. Zuhr, J.H. Barrett, „Surface Scattering from W Single Crystals by MeV He^{+1}“, Phys. Rev. Lett. **39** (1977) 38

[Fin 67] W. Finkelnburg, „Einführung in die Atomphysik“, 11. und 12. Aufl., Springer, Berlin 1967

[Fin 85] G.H. Findenegg, „Statistische Thermodynamik“, Steinkopf, Darmstadt 1985

[Fos 88] J.S. Foster, J.E. Frommer, P.C. Arnett, „Molecular Manipulation Using a Tunneling Microscope“, Nature **331** (1988) 324

[Fri 88] H. Friebolin, „Ein- und zweidimensionale NMR-Spektroskopie“, VCH, Weinheim 1988

[Gao 88] P. Gao, D. Gosztola, M.J. Weaver, „Surface Enhanced Raman Spectroscopy as a Probe of Electroorganic Reaction Pathways. 1. Processes Involving Adsorbed Nitrobenzene, Azobenzene, and Related Species“, J. Phys. Chem. **92** (1988) 7122

[Gau 83] G. Gauglitz, „Praktische Spektroskopie“, Attempto, Tübingen 1983

[Gau 86] G. Gauglitz, „Wechselwirkung zwischen Strahlung und Materie“, in: H. Naumer, W. Heller (Eds.), „Untersuchungsmethoden in der Chemie“, Thieme, Stuttgart 1986

[Ger 77] C. Gerthsen, H.O. Kneser, H. Vogel, „Physik“, 13. Aufl., Springer, Berlin 1977

[Gir 73] L.A. Girifalco, „Statistical Physics of Materials", Wiley, New York 1973

[God 63] I.N. Godnew, „Berechnung thermodynamischer Funktionen aus Moleküldaten", VEB, Berlin 1963

[Göp 78] W. Göpel, „Reactions of Oxygen with ZnO-10$\bar{1}$0 Surfaces", J. Vac. Sci. Technol. **15** (1978) 1298

[Göp 80] W. Göpel, „Charge Transfer Reactions on Semiconductor Surfaces", in: J. Treusch, „Festkörperprobleme XX", Vieweg, Braunschweig 1980

[Göp 82] W. Göpel, G. Rocker, „Localized and Delocalized Charge Transfer During Adsorption on Semiconductors", J. Vac. Sci. Technol. **21** (1982) 389

[Göp 84] W. Göpel, J.A. Anderson, D. Frankel, M. Jaehnig, K. Phillips, J.A. Schäfer, G. Rocker, „Localized and Delocalized Vibrations at TiO_2(110) Studied by High-Resolution Electron-Energy-Loss Spectroscopy (EELS)", Surf. Sci. **139** (1984) 333

[Göp 85] W. Göpel, „Chemisorption and Charge Transfer at Ionic Semiconductor Surfaces: Implications in Designing Gas Sensors", Progr. Surf. Sci. **20** (1985) 9

[Göp 92] W. Göpel, Ch. Ziegler (Eds.), „Nanostructures Based on Molecular Materials", VCH, Weinheim 1992

[Göp xx] W. Göpel, H.D. Wiemhöfer, U. Vohrer, „Statistische Thermodynamik", Teubner, Stuttgart, in Vorbereitung

[Göp 94] W. Göpel, Ch. Ziegler, „Einführung in die Materialwissenschaften: Physikalisch-chemische Grundlagen und Anwendungen", Teubner, Stuttgart, im Druck

[Gon 89] A.E.J. González, „Phänomenologische und spektroskopische Charakterisierung von Al_2O_3-Modellkatalysatoren", Dissertation, Universität Tübingen 1989

[Gou 90] S.A.C. Gould, B. Drake, C.P. Prater, A.L. Weisenhorn, S. Manne, H. Hansma, P.K. Hansma, J. Massie, M. Longmire, V. Elings, B. Dixon Northern, B. Mukergee, C.M. Peterson, W. Stoeckenius, T.R. Albrecht, C.F. Quate, „From Atoms to Integrated Circuit Chips, Blood Cells and Bacteria with the Atomic Force Microscope", J. Vac. Sci. Technol. A **8** (1990) 369

[Gor 70] W. Gordy, R.C. Cook, „Microwave Molecular Spectra", Wiley, Chichester 1970

[Gra 85] M. Grasserbauer, H.J. Dudek, M.F. Ebel, „Angewandte Oberflächenanalyse", Springer, Berlin 1985

[Gre 67] N.N. Greenwood, „The Mössbauer Spectra of Chemical Compounds", Chem. Brit. **3** (1967) 56

[Gro 81] S. Großmann, „Mathematischer Einführungskurs für die Physik", Teubner, Stuttgart 1981

[Gui 63] A. Guinier, „X-Ray Diffraction“, Freeman, San Francisco 1963

[Gün 83] H. Günzler, H. Böck, „IR-Spektroskopie“, 2. Aufl., VCH, Weinheim 1983

[Gün 85] H. Günther, „Kohlenstoff-13-NMR-Spektroskopie“, in: B. Schröder, J. Rudolph (Eds.), „Physikalische Methoden in der Chemie“, VCH, Weinheim 1985

[Gün 92] H. Günther, „NMR-Spektroskopie“, 3. Aufl., Thieme, Stuttgart 1992

[Güt 85] P.H. Gütlich, „Mößbauerspektroskopie“, in: B. Schröder, J. Rudolph (Eds.), „Physikalische Methoden in der Chemie“, VCH, Weinheim 1985

[Hak 90] H. Haken, H.C. Wolf, „Atom- und Quantenphysik“, 4. Aufl., Springer, Berlin 1990

[Hal 70] E. Hala, T. Boublik, „Einführung in die statistische Thermodynamik“, Vieweg, Braunschweig 1970

[Han 87] P.K. Hansma, J. Tersoff, „Scanning Tunneling Microscopy“, J. Appl. Phys. **61** (1987) R1

[Han 88] P.K. Hansma, V.B. Elings, O. Marti, C.E. Bracker, „Scanning Tunneling Microscopy and Atomic Force Microscopy: Application to Biology and Technology Science“, Science **242** (1988) 209

[Han 89] P.K. Hansma, B. Drake, O. Marti, S.A.C. Gould, C.B. Prater, „The Scanning Ion-Conductance Microscope“, Science **243** (1989) 641

[Har 85] G. Harsch, „Vom Würfelspiel zum Naturgesetz“, VCH, Weinheim 1985

[Har 86] R.K. Harris, „Nuclear Magnetic Resonance Spectroscopy“, Longman Scientific and Technical, Essex 1986

[Hay 85] B.E. Hayden, K. Kretzschmar, A.M. Bradshaw, R.G. Greenler, „An Infrared Study of the Adsorption of CO on a Stepped Platinum Surface“, Surf. Sci. **149** (1985) 394

[Hee 88] A. Heeger, S. Kivelson, J.R. Schrieffer, W.-P. Su, „Solitons in Conducting Polymers“, Rev. Mod. Phys. **60** (1988) 781

[Hel 88] K.-H. Hellwege, „Einführung in die Festkörperphysik“, 3. Aufl., Springer, Berlin 1988

[Hen 91] M. Henzler, W. Göpel, „Oberflächenphysik des Festkörpers“, Teubner, Stuttgart 1991

[Her 73] G. Herzberg, „Einführung in die Molekülspektroskopie“, Steinkopff, Darmstadt 1973

[Her 79] K. Hermann, P.S. Bagus, „Localized Model for Hydrogen Chemisorption on the Silicon (111) Surface“, Phys. Rev. B **20** (1979) 1603

[Hes 84] M. Hesse, H. Meier, B. Zeeh, „Spektroskopische Methoden in der organischen Chemie“, 2. Aufl., Thieme, Stuttgart 1984

[Hil 60] T.L. Hill, „An Introduction to Statistical Thermodynamics“, Addison-Wesley, Reading 1960

[Him 88] F.J. Himpsel, F.R. McFeely, A. Taleb-Ibrahimi, J.A. Jarmoff, „Microscopic Structure of the SiO_2/Si-Interface“, Phys. Rev. B **38** (1988) 6084

[Hir 64] J.O. Hirschfelder, Ch.F. Curtiss, R.B. Bird, „Molecular Theory of Gases and Liquids“, Wiley, New York 1964

[Hof 87] R. Hoffmann, „Die Begegnung Chemie von Chemie und Physik im Festkörper“, Angew. Chem. **99** (1987) 871

[Hol 82] J.M. Hollas, „High Resolution Spectroscopy“, Butterworths, London 1982

[Iba 90] H. Ibach, H. Lüth, „Festkörperphysik“, 3. Aufl., Springer, Berlin 1990

[Joh 88] S.A.E. Johansson, J.L. Campbell, „PIXE: A Novel Technique for Elemental Analysis“, Wiley, Chichester 1988

[Joo 64] G. Joos, „Lehrbuch der Theoretischen Physik“, Akademische Verlagsgesellschaft, Leipzig 1964

[Jor 74] W.L. Jorgensen, L. Salem, „Orbitale organischer Molelküle“, VCH, Weinheim 1974

[Kai 86] W.J. Kaiser, R.C. Jaklevic, „Spectroscopy of Electronic States of Metals with a Scanning Tunneling Microscope“, IBM J. Res. Develop. **30** (1986) 411

[Kem 86] W. Kemp, „NMR in Chemistry, a Multinuclear Introduction“, McMillon, Houndmills 1986

[Kit 88] Ch. Kittel, „Einführung in die Festkörperphysik“, Oldenbourg, München 1988

[Kle 88] H.P. Kleinknecht, J.R. Sandercock, H. Meier, „An Experimental Scanning Capacitance Microscope“, Scann. Microscopy **2** (1988) 1839

[Kob 89] B. Kobbe, „Das erste Foto von den Bausteinen des Lebens“, Bild Wissensch. **4** (1989) 12

[Kon 88] D.C. Koningsberger, R. Prins, „X-Ray Absorption“, Wiley, New York 1988

[Kug 92] Th. Kugler, U. Thibaut, M. Abraham, G. Folkers, W. Göpel, „Chemically Modified Semiconductor Surfaces: 1,4-Phenylenediamine on Si(100)“, Surf. Sci. **210** (1992) 64

[Kun 79] C. Kunz, „Synchrotron Radiation (Techniques and Applications)“, in: C. Kunz, „Topics in Current Physics 10“, Springer, Berlin 1979

[Lan 69] N.D. Lang, „Self-Consistent Properties of the Electron Distribution at a Metal Surface“, Sol. State. Comm. **7** (1969) 1047

[Lan 78] U. Landmann, G.G. Kleimann, „Microscopic Approaches to Physisorption: Theoretical and Experimental Aspects", in: M.W. Roberts (Ed.), „Surface and Defect Properties of Solids", Vol. 6, Am. Soc. of Chemistry, Washington 1978

[Lan 79] J.K. Lang, Y. Baer, C.A. Cox, „Study of the 4f Levels in Rare-Earth Metals by High-Energy Spectroscopies", Phys. Rev. Lett. **42** (1979) 74

[Lee 81] P.A. Lee, P.H. Citrin, P. Eisenberger, B.M. Kincaid, „Extended X-Ray Absorption Fine Structure — its Strengths and Limitations as a Structural Tool", Rev. Mod. Phys. **53** (1981) 769

[Leh 88] J.M. Lehn, „Supramolekulare Chemie — Moleküle, Übermoleküle und molekulare Funktionseinheiten (Nobelvortrag)", Angew. Chem. **100** (1988) 92

[Ley 79] L. Ley, M. Cardona (Eds.), „Photoemission in Solids II (Case Studies)", Topics in Applied Physics, Vol. 27, Springer, Berlin 1979

[Lie 86] G.L. Liedl, „Die Wissenschaft von den Werkstoffen", Spektrum **12** (1986) 96

[Lip 90] K.B. Lipkovitz, D.B. Boys, „Reviews in Computational Chemistry", VCH, Weinheim 1990

[Lip 91] K.B. Lipkovitz, D.B. Boys, „Reviews in Computational Chemistry II", VCH, Weinheim 1991

[Lon 77] D.A. Long, „Raman Spectroscopy", McGraw-Hill, New York 1977

[Mad 70] T.E. Madey, J.T. Yates, „Structure et Propriétes des Surface des Solides", Coll. CNRS **187**, Paris (1970) 155

[Mad 72] O. Madelung, „Festkörpertheorie II", Springer, Berlin 1972

[Man 78] S.T. Manson, „The Calculation of Photoionization Cross Sections: An Atomic View", in: M. Cardona, L. Ley (Eds.), „Photoemission in Solids I", Topics in Applied Physics, Vol. 26, Springer, Berlin 1978

[Mas 59] S.F. Mason, „The Electronic Spectra of N-Heteroaromatic Systems. Part IV. The Vibrational Structure of the $n \rightarrow \pi$ Band of sym-Tetrazine", J. Chem. Soc. (1959) 1263

[May 79] T.H. Mayer-Kuckuck, „Kernphysik", 3. Aufl., Teubner, Stuttgart 1979

[May 80] T.H. Mayer-Kuckuck, „Atomphysik", 2. Aufl., Teubner, Stuttgart 1980

[MCl 73] B.J. McClelland, „Statistical Thermodynamics", Chapman and Hall, London 1973

[Moo 86] W.J. Moore, D.O. Hummel, „Physikalische Chemie", 4. Aufl., de Gruyter, Berlin 1986

[Moo 90] W.J. Moore, „Grundlagen der physikalischen Chemie", de Gruyter, Berlin 1990

[Mül 70] E.W. Müller, „Principles of Field Ion Microscopy", in: S. Amelinckx, R. Gevers, G. Remault, J. Van Landuyt, „Modern Diffraction and Imaging Techniques in Materials Science", North Holland, Amsterdam 1970

[Nau 86] H. Naumer, W. Heller (Eds.), „Untersuchungsmethoden in der Chemie", Thieme, Stuttgart 1986

[Ned 89] H. Neddermeyer, S. Tosch, „Scanning Tunneling Microscopy and Spectroscopy on Clean and Metal-covered Si surfaces", in: U. Rössler (Ed.), „Festkörperprobleme 29", Springer, Berlin 1989

[Ozi 92] G.A. Ozin, „Nanochemistry: Synthesis in Diminishing Dimensions", Adv. Mat. **4** (1992) 612

[Per 86] H.-H. Perkampus, „UV-VIS Spektroskopie und ihre Anwendungen", Springer, Berlin 1986

[Poh 91] D.W. Pohl, „SXM-Rastermikroskopien für x-beliebige Oberflächeneigenschaften", Phys. Bl. **47** (1991) 517

[Pol 86] J. Pollmann, R. Kalla, P. Krüger, A. Mazur, G. Wolfgarten, „Atomic, Electronic, and Vibronic Structure of Semiconductor Surfaces", Appl. Phys. A **41** (1986) 21

[Rau 86] H. Rau, „Optische Aktivität und Polarimetrie", in: H. Naumer, W. Heller (Eds.), „Untersuchungsmethoden in der Chemie", Thieme, Stuttgart 1986

[Rei 85] L. Reimer, „Scanning Electron Microscopy", Springer, Berlin 1985

[Rot 87] S. Roth, H. Bleier, „Solitons in Polyacetylene", Adv. Phys. **36** (1987) 385

[Rym 70] T.B. Rymer, „Electron Diffraction", Methuen & Co., London 1970

[Sad 75] Sadtler Research Laboratories, „The Sadtler Standard Spectra", Sadtler, Philadelphia 1975

[Say 71] D.E. Sayers, E.A. Stern, F.W. Lytle, „New Technique for Investigating Noncrystalline Structures: Fourier Analysis of Extended X-Ray-Absorption Fine Structure", Phys. Rev. Lett. **27** (1971) 1204

[Sch 70] K. Scheffler, H.B. Stegmann, „Elektronenspinresonanz", Springer, Berlin 1970

[Sch 83] W. Schmid, Diplomarbeit, Universität Tübingen 1983

[Sch 85] B. Schröder, J. Rudolph (Eds.), „Physikalische Methoden in der Chemie", VCH, Weinheim 1985

[Sch 86] B. Schleich, „Struktur und Reaktivität des Systems Pd/SiO_2: vergleichende XPS-, UPS-, LEED- und HREELS-Studien", Dissertation, Universtität Tübingen 1986

[Sch 87] H.H. Schmidtke, „Quantenchemie", VCH, Weinheim 1987

[Sch 87] K.D. Schierbaum, „Elektrische und spektroskopische Untersuchung an Dünnschicht-SnO_2-Gassensoren“, Dissertation, Universität Tübingen 1987

[Sch 92] K.D. Schierbaum, A. Gerlach, M. Haug, W. Göpel, „Selective Detection of Organic Molecules with Polymers and Supramolecular Compounds: Application of Capacitance, Quartz Microbalance and Calorimetric Transducers“, Sens. Act. A **31** (1992) 130

[Sco 76] J.H. Scofield, „Hartree-Slater Subshell Photoionization Cross-Sections at 1254 and 1847 eV“, J. Electron. Spectrosc. Relat. Phenom. **8** (1976) 129

[Sea 79] M.P. Seah, W.A. Dench, „Quantitative Electron Spectroscopy of Surfaces: A Standard Data Base for Electron Inelastic Mean Free Paths in Solids“, Surf. Interface Anal. **1** (1979) 2

[Sev 72] K.D. Sevier, „Low Energy Electron Spectrometry“, Wiley Interscience, New York 1972

[Sib 88] J.P. Sibilia, „A Guide to Materials Characterization and Chemical Analysis“, VCH, Weinheim 1988

[Sie 67] K. Siegbahn, C. Nordling, A. Fahlman, R. Nordberg, K. Hamrin, J. Hedman, G. Johansson, T. Bergmark, S.-E. Karlsson, I. Lindgren, B. Lindberg, „ESCA: Atomic, Molecular and Solid State Structure Studied by Means of Electron Spectroscopy“, Nova Acta Reg. Soc. Upsaliensis, Ser. IV, Vol. 20, Alqvist & Wiksells, Uppsala 1967

[Sie 71] K. Siegbahn, C. Nordling, G. Johansson, J. Hedman, P.F. Hedén, K. Hamrin, U. Gelins, T. Bergmark, L.O. Werme, R. Manne, Y. Baer, „ESCA, Applied to Free Molecules“, North-Holland, Amsterdam 1971

[Sie 82] K. Siegbahn, L. Karlsson, „Photoelectron Spectroscopy“, in: S. Flügge (Ed.), „Handbuch der Physik, Bd. XXI: Korpuskeln und Strahlung der Materie I“, Springer, Berlin 1982

[Sie 83] Siemens AG, Bereich Medizinische Technik, Diavortrag „Magnetom: Grundprinzipien 1 & 2“, M-R36/8144, Ausgabe 12.83, Siemens, Erlangen 1983

[Sin 50] V.L. Sinclair, J.M. Robertson, A.McL. Mathieson, „The Crystal and Molecular Structure of Anthracene. II. Structure Investigation by the Triple Fourier Series Method“, Acta Cryst. **3** (1950) 251

[Smy 55] C.T. Smyth, „Dielectric Behavior and Structure“, McGraw-Hill, New York 1955

[Sta 83] G. Staudt (Ed.), „Experimentalphysik II“, 2. Aufl., Attempto, Tübingen 1983

[Sta 87] U. Staufer, R. Wiesendanger, L. Eng, L. Rosenthaler, H.R. Hidber, H.H. Güntherodt, N. Garcia, „Nanonmeter Scaled Structure Fabrication with the Scanning Tunneling Microscope“, Appl. Phys. Lett. **51** (1987) 244

[Ste 84] J.I. Steinfeld, „Molecules and Radiation", MIT Press, Cambridge 1984

[Ste 86] E.A. Stern, „Other EXAFS-Like Phenomena", J. de Phys., Suppl. **12**, **47** (1986) C 8-3

[Ste 86] H.B. Stegmann, „Elektronenspinresonanz", in: H. Naumer, W. Heller (Eds.), „Untersuchungsmethoden in der Chemie", Thieme, Stuttgart 1986

[Ste 88] S. Steeb (Ed.), „Physikalische Analytik", Expert, Esslingen 1988

[Sti 89] K. Stierstadt, „Physik der Materie", VCH, Weinheim 1989

[Stö 79] J. Stöhr, L.I. Johansson, I. Lindau, P. Pianetta, „EXAFS Studies of the Bounding Geometry of Oxygen on Si(100) Using Electron Yield Detection", J. Vac. Sci. Technol. **16** (1979) 1221

[Suh 65] H. Suhr, „Anwendungen der kernmagnetischen Resonanz in der organischen Chemie", Springer, Berlin 1965

[Vai 64] B.A. Vainshtein, „Structure Analysis for Electron Diffraction", Pergamon Press, Oxford 1964

[VHo 79] M.A. Van Hove, „Surface Crystallography and Bonding", in: Th. Rodin, G. Ertl (Eds.), „The Nature of the Surface Chemical Bond", North Holland, Amsterdam 1979

[Vög 89] F. Vögtle, „Supramolekulare Chemie", Teubner, Stuttgart 1989

[Wag 86] F.E. Wagner, „Mößbauerspektroskopie", in: H. Naumer, W. Heller (Eds.), „Untersuchungsmethoden in der Chemie", Thieme, Stuttgart 1986

[War 69] B.E. Warren, „X-Ray Diffraction", Addison-Wesley, Reading 1969

[Web 79] A. Weber (Ed.), „Raman Spectroscopy of Gases and Liquids", Springer, Berlin 1979

[Wed 87] G. Wedler, „Lehrbuch der physikalischen Chemie", 3. Aufl., VCH, Weinheim 1987

[Weh 92] F.W. Wehrli, „The Origins and Future of Nuclear Magnetic Resonance Imaging", Phys. Today **45** (1992) 34

[Wic 89] H.K. Wickramasinghe, „Raster-Sonden-Mikroskopie", Spektrum **12** (1989) 62

[Wil 55] E.B. Wilson Jr., J.C. Decius, P.C. Cross, McGraw-Hill, New York 1955

[Wil 86] C.C. Williams, H.K. Wickramsinghe, „Scanning Thermal Profiler", Appl. Phys. Lett. **49** (1986) 1587

[Win 84] M. Winnewisser, „Interstellare Moleküle und Mikrowellen-Spektroskopie", Chem. unserer Zeit **18** (1984) 1, 55

[Win 88] H. Winick, „Synchrotronstrahlung", Spektrum **1** (1988) 74

[Woo 88] D.P. Woodruff, „From SEXAFS to SEELFS", Surf. Interface Anal. **11** (1988) 25

[Zac 81] H.G. Zachmann, „Mathematik für Chemiker", VCH, Weinheim 1981

[Zie 84] E. Ziegler (Ed.), „Computer in der Chemie", Springer, Berlin 1984

[Zie 91] Ch. Ziegler, F. Baudenbacher, H. Karl, H. Kinder, W. Göpel, „Interface Analysis of the System Si/$YBa_2Cu_3O_{7-x}$", Fres. J. Anal. Chem. **341** (1991) 308

5 Anhang

In diesem Kapitel werden in den ersten drei Abschnitten 5.1–5.3 die wesentlichen Grundlagen der *Mathematik*, der *klassischen Physik* und der *Quantenmechanik* zusammenfassend vorgestellt, die zum Verständnis des Stoffs benötigt werden, aber im Hauptteil nicht abgehandelt wurden. Dabei wird auf umfangreiche Herleitungen verzichtet, die detailliert in Lehrbüchern der Mathematik und Physik aufgeführt sind. Der vierte Abschnitt 5.4 enthält ausgewählte *Ableitungen* und *Details aus der Spektroskopie* (Kap. 3). In Abschn. 5.5 finden sich *Tabellen* und *Stoffdaten*.

5.1 Mathematik

5.1.1 Skalare

Skalare sind reelle Zahlen. Damit beschreibt man z.B. *Temperaturen*, *elektrische Potentiale*, *Entropien* oder *Energien*.

Im kartesischen Koordinatensystem sind Skalare durch die Angabe der kartesischen Koordinaten x, y und z bzw. einen Ursprungsvektor (vgl. Abschn. 5.1.2) $\underline{r} = (x, y, z)$ festgelegt. Wird jedem Punkt P des Raumes eine skalare Größe $U(P)$ zugeordnet, dann liegt ein *skalares Feld* vor (Temperaturfeld, Potential eines Kraftfeldes, vgl. auch Abb. 5.1.3c).

In Kugelkoordinaten wird die Lage eines Punktes P_0 durch Angabe der drei Größen r_0, φ_0, ϑ_0 festgelegt. Die Beziehungen zwischen den kartesischen Koordinaten x_0, y_0, z_0 und den Kugelkoordinaten $r_0, \varphi_0, \vartheta_0$ des Vektors $\underline{r}_0$ lauten:

$$x_0 = r_0 \cdot \cos\varphi_0 \cdot \sin\vartheta_0$$
$$y_0 = r_0 \cdot \sin\varphi_0 \cdot \sin\vartheta_0$$
$$z_0 = r_0 \cdot \cos\vartheta_0$$

Je nach Problemstellung vereinfachen sich die Rechnungen durch Wahl des einen oder anderen Koordinatensystems.

Abb. 5.1.1 zeigt schematisch die Darstellung eines Punktes P_0 mit dem Vektor $\underline{r}_0 = (x_0, y_0, z_0)$ eines Skalarfeldes in kartesischen und Kugelkoordinaten.

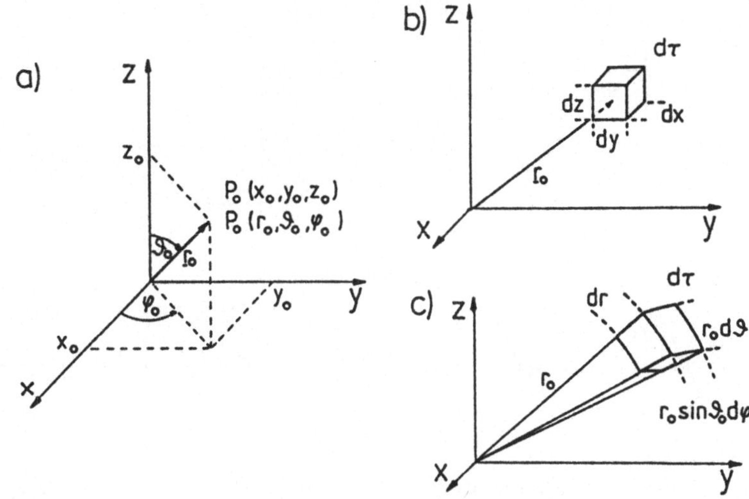

Abb. 5.1.1
Schematische Darstellung eines Punktes P_0 in kartesischen Koordinaten (a) und eines Volumenelements $d\tau$ im Punkt P_0 in kartesischen (b) und in Kugelkoordinaten (c)

Im kartesischen Koordinatensystem ist das Volumenelement $d\tau$ durch $d\tau = dxdydz$ gegeben, während es in Kugelkoordinaten durch $d\tau = r_0^2 \sin\vartheta_0 d\vartheta d\varphi dr = r_0^2 d\Omega dr$ definiert ist. Der Raumwinkel $d\Omega$ ist dabei definiert als $d\Omega = \sin\vartheta_0 d\vartheta d\varphi$.

5.1.2 Vektoren

Vektoren sind richtungsabhängige Größen, beschreibbar durch

a) Angabe der Richtung (beispielsweise über die Winkel ϑ und φ) und des Betrags des Vektors oder

b) Angabe der Komponenten in einem vorgegebenen Koordinatensystem, z.B. bei 3 Komponenten des Vektors $\underline{a}$ über

$$\underline{a} = (x, y, z) = \begin{pmatrix} a_x \\ a_y \\ a_z \end{pmatrix} = a_x \underline{\hat{x}} + a_y \underline{\hat{y}} + a_z \underline{\hat{z}} \tag{5.1.1}$$

mit $\underline{\hat{x}}$, $\underline{\hat{y}}$, $\underline{\hat{z}}$ als Einheitsvektoren.

Abb. 5.1.2a zeigt die Darstellung des Vektors $\underline{a}$ im kartesischen Koordinatensystem. In Teilbild b ist am Beispiel einer Parallelverschiebung im zweidimensionalen Koordinatensystem gezeigt, daß sich dadurch die Komponenten a_x und a_y des Vektors nicht verändern.

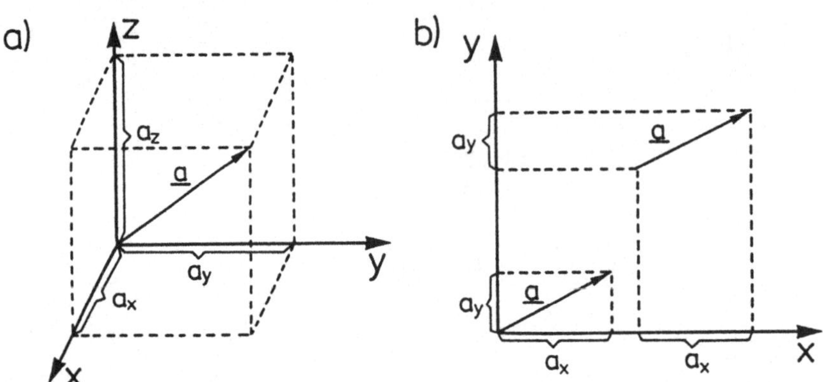

Abb. 5.1.2
a) Schematische Darstellung eines (Ursprungs-)Vektors $\underline{a} = (a_x, a_y, a_z)$
b) Zur Erläuterung der Unabhängigkeit der Komponenten eines Vektors von dessen Ansatzpunkt [Zac 81]

Mit Vektoren beschreibt man z.B. *Ortspositionen* ($\underline{a} = \underline{r}$, s.o.), *Geschwindigkeiten* und *Impulse, Kräfte, elektrische* und *magnetische Felder, Ströme* oder *elektrische* und *magnetische Dipolmomente.*

Ein *Vektorfeld* erhält man, wenn man jedem Punkt P des Ortsraumes einen Vektor $\underline{a}$ zuordnet (z.B. Geschwindigkeitsfeld einer strömenden Flüssigkeit, elektrisches Feld ...). Um ein Vektorfeld zu beschreiben, muß man Größe und Richtung des entsprechenden Vektors als Funktion der Ortskoordinaten x, y und z angeben. Das Feld, das der Vektor $\underline{a}$ bildet, ist deswegen durch die drei Funktionen

$$\begin{aligned} a_x &= a_x(x, y, z) \\ a_y &= a_y(x, y, z) \\ a_z &= a_z(x, y, z) \end{aligned} \tag{5.1.2}$$

vollständig beschrieben, die die Abhängigkeit der Komponenten von $\underline{a}$ in Abhängigkeit von x, y und z angeben.

Graphisch stellt man Vektorfelder entweder durch Feldlinien dar, die nur die Richtung der Vektoren zeigen, oder durch die tatsächliche Darstellung aller Vektoren an jedem Raumpunkt.

Abb. 5.1.3 zeigt am Beispiel des Feldes einer Punktladung beide Darstellungen sowie im Vergleich dazu das skalare Feld des elektrischen Potentials dieser Ladung.

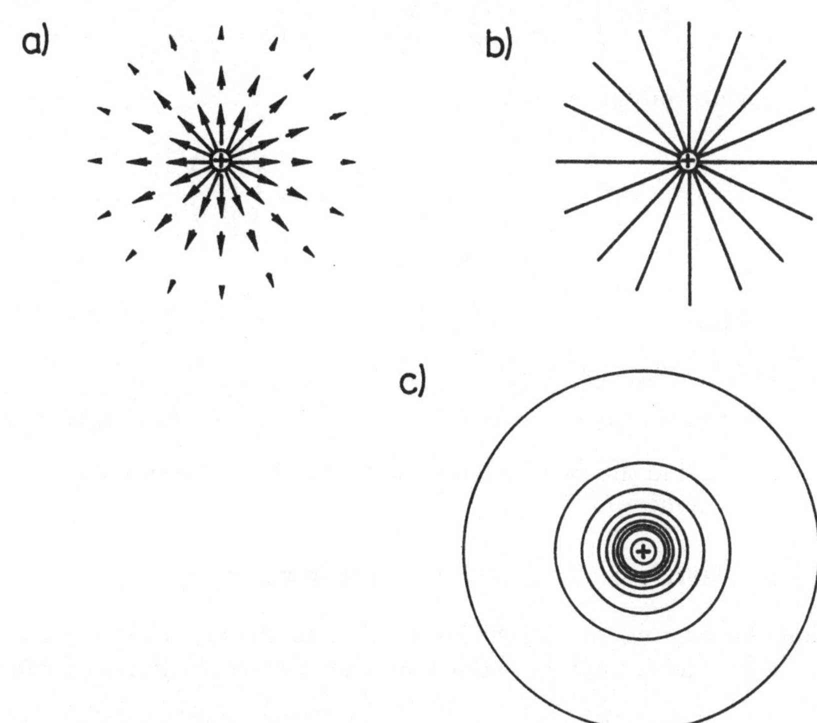

Abb. 5.1.3
a) Elektrisches Feld einer Punktladung als Beispiel für ein Vektorfeld, dargestellt durch Vektoren (die Länge der Vektoren im inneren Kreis ist um den Faktor 10 kürzer dargestellt) [Zac 81]
b) wie a), aber Darstellung durch Feldlinien
c) Elektrisches Potential einer Punktladung als Beispiel für ein Skalarfeld

Verknüpfung von Vektoren

Vektoren können addiert, subtrahiert oder miteinander multipliziert werden (vgl. dazu auch Operationen mit komplexen Zahlen in Abschn. 5.1.5):

Rechenregeln:

1) Betrag

$$|\underline{a}| = a = \sqrt{a_x^2 + a_y^2 + a_z^2} \tag{5.1.3}$$

2) Addition

$$\begin{pmatrix} a_x \\ a_y \\ a_z \end{pmatrix} + \begin{pmatrix} b_x \\ b_y \\ b_z \end{pmatrix} = \begin{pmatrix} a_x + b_x \\ a_y + b_y \\ a_z + b_z \end{pmatrix} \tag{5.1.4}$$

3) Skalarprodukt

$$\begin{aligned} \underline{a} \cdot \underline{b} = |\underline{a}| \cdot |\underline{b}| \cdot \cos\varphi &= (a_x a_y a_z) \begin{pmatrix} b_x \\ b_y \\ b_z \end{pmatrix} \\ &= a_x b_x + a_y b_y + a_z b_z \end{aligned} \tag{5.1.5}$$

4) Vektorprodukt

$$|\underline{a} \times \underline{b}| = |\underline{a}| \cdot |\underline{b}| \cdot \sin\varphi \tag{5.1.6}$$

$$\underline{a} \times \underline{b} = (a_y b_z - a_z b_y)\hat{\underline{x}} + (a_z b_x - a_x b_z)\hat{\underline{y}} + (a_x b_y - a_y b_x)\hat{\underline{z}} \tag{5.1.7}$$

$\hat{\underline{x}}, \hat{\underline{y}}, \hat{\underline{z}}$ sind die Basisvektoren des Koordinatensystems, $\underline{a} \times \underline{b}$ steht senkrecht auf $\underline{a}$ und $\underline{b}$.

5.1.3 Matrizen, Tensoren und Eigenwerte

Eine Anordnung von $m \cdot n$ Ausdrücken in einem rechteckigen Schema von m Zeilen und n Spalten nennt man eine Matrix $\underline{\underline{A}}$ mit den Elementen a_{mn}:

$$\underline{\underline{A}} = \begin{pmatrix} a_{11} & a_{12} & \dots & a_{1n} \\ a_{21} & a_{22} & \dots & a_{2n} \\ \dots & \dots & \dots & \dots \\ a_{m1} & a_{m2} & \dots & a_{mn} \end{pmatrix} \tag{5.1.8}$$

Alle a_{mn} zum gleichen m, also einer Zeile, bilden einen Zeilenvektor, ebenso alle a_{mn} zum gleichen n einen Spaltenvektor (vgl. Vektordefinition Gl. (5.1.1)). Bei symmetrischen Matrizen ist $a_{mn} = a_{nm}$.

Von besonderer Bedeutung sind quadratische Matrizen mit $m = n$.

Rechenregeln:

1) Addition

$$\begin{aligned} &\begin{pmatrix} a_{11} & a_{12} & a_{13} \\ a_{21} & a_{22} & a_{23} \end{pmatrix} + \begin{pmatrix} b_{11} & b_{12} & b_{13} \\ b_{21} & b_{22} & b_{23} \end{pmatrix} \\ &= \begin{pmatrix} a_{11} + b_{11} & a_{12} + b_{12} & a_{13} + b_{13} \\ a_{21} + b_{21} & a_{22} + b_{22} & a_{23} + b_{23} \end{pmatrix} \end{aligned} \tag{5.1.9}$$

Für die Addition gilt das Kommutativ- und das Assoziativgesetz, d.h.

$$\underline{\underline{A}} + \underline{\underline{B}} = \underline{\underline{B}} + \underline{\underline{A}} \tag{5.1.10}$$

bzw.

$$\underline{\underline{A}} + (\underline{\underline{B}} + \underline{\underline{C}}) = (\underline{\underline{A}} + \underline{\underline{B}}) + \underline{\underline{C}} \,. \tag{5.1.11}$$

2) Produkt zweier Matrizen
Eine Multiplikation zweier Matrizen ist nur möglich, wenn die Zahl der Spalten der ersten Matrix mit der Zahl der Zeilen der zweiten Matrix übereinstimmt. Dann gilt:

$$\begin{pmatrix} a_{11} & a_{12} \\ a_{21} & a_{22} \\ a_{31} & a_{32} \end{pmatrix} \cdot \begin{pmatrix} b_{11} & b_{12} \\ b_{21} & b_{22} \end{pmatrix} = \begin{pmatrix} a_{11}b_{11} + a_{12}b_{21} & a_{11}b_{12} + a_{12}b_{22} \\ a_{21}b_{11} + a_{22}b_{21} & a_{21}b_{12} + a_{22}b_{22} \\ a_{31}b_{11} + a_{32}b_{21} & a_{31}b_{12} + a_{32}b_{22} \end{pmatrix} \tag{5.1.12}$$

Für die Multiplikation gilt nur das Assoziativgesetz, das Kommutativgesetz ist nicht gültig.

3) Produkt aus einem Vektor und einer Matrix
Mit Hilfe von Matrizen können Vektoren aufeinander abgebildet werden:

$$\underline{y} = \underline{\underline{A}}\, \underline{x} \tag{5.1.13}$$

mit $\underline{x}$, $\underline{y}$ als Vektoren, d.h. Betrag und Richtung des Vektors $\underline{x}$ können durch Multiplikation mit $\underline{\underline{A}}$ gegenüber dem Vektor $\underline{y}$ geändert werden.

Besonders wichtig sind orthogonale Matrizen, da durch sie der Übergang von einem rechtwinkligen Koordinatensystem zu einem anderen beschrieben werden kann. Bedingung für eine orthogonale Matrix ist $\underline{\underline{A}}^T = \underline{\underline{A}}^{-1}$, d.h. die transponierte Matrix $\underline{\underline{A}}^T$ ist gleich der inversen. Dabei gilt für $\underline{\underline{A}}^T$, daß Zeilen-und Spaltenvektoren gegeneinander vertauscht sind, d.h. a_{mn} geht über in a_{nm}. Für $\underline{\underline{A}}^{-1}$ gilt, daß das Produkt $\underline{\underline{A}}^{-1} \cdot \underline{\underline{A}} = \underline{\underline{1}}$ ist.

Für die Beschreibung von anisotropen Materialeigenschaften in der Kristallphysik oder in der Kontinuumsmechanik macht man Gebrauch vom Begriff des Tensorfeldes $T(\underline{r})$. Unter einem Tensor $\underline{\underline{T}}$ zweiter Stufe versteht man eine Größe, die jedem Vektor $\underline{a}$ einen Vektor $\underline{b}$ mit gleicher Anzahl von Elementen wie $\underline{a}$ zuordnet. Ein Tensor ist also eine spezielle

Abbildungsmatrix. Mit Tensoren beschreibt man allgemeine *Dielektrizitäten. Suszeptibilitäten, Leitfähigkeiten, Beweglichkeiten* oder *Polarisierbarkeiten*, wenn die beiden untereinander verknüpften Vektorgrößen nicht parallele Richtung haben.

Es gilt für ortsunabhängige Tensorfelder $\underline{\underline{T}}$:

$$\begin{pmatrix} b_1 \\ b_2 \\ b_3 \end{pmatrix} = \underline{\underline{T}} \begin{pmatrix} a_1 \\ a_2 \\ a_3 \end{pmatrix} = \begin{pmatrix} t_{11} & t_{12} & t_{13} \\ t_{21} & t_{22} & t_{23} \\ t_{31} & t_{32} & t_{33} \end{pmatrix} \cdot \begin{pmatrix} a_1 \\ a_2 \\ a_3 \end{pmatrix} \tag{5.1.14}$$

Bei einer Drehung des Koordinatensystems durch eine Matrix $\underline{\underline{S}}$ gilt für den Tensor $\hat{\underline{\underline{T}}}$ im gedrehten Koordinatensystem [Zac 81]:

$$\hat{\underline{\underline{T}}} = \underline{\underline{S}}\ \underline{\underline{T}}\ \underline{\underline{S}}^{-1} \tag{5.1.15}$$

Nur Matrizen, die Gl.(5.1.15) gehorchen, sind Tensoren. Außer Tensoren zweiter Stufe gibt es auch solche n-ter Stufe mit i.allg. 3^n Komponenten. Damit lassen sich Skalare und Vektoren als Tensoren nullter und erster Stufe einordnen.

4) Eigenwerte von Matrizen

Für eine quadratische Matrix läßt sich ein Eigenwertproblem der Form

$$\underline{\underline{A}}\ \underline{x} = \lambda \underline{x} \tag{5.1.16}$$

formulieren. Dabei ist $\underline{\underline{A}}$ der Operator, $\underline{x}$ die Eigenfunktion und λ der Eigenwert. Eigenwertprobleme werden häufig in der Quantenmechanik gelöst. Handelt es sich um eine symmetrische Matrix mit $a_{mn} = a_{nm}$, so sind die Eigenwerte reell und die zu verschiedenen Eigenwerten gehörenden Eigenvektoren orthogonal zueinander. (Im allgemeinsten Fall treten reelle Eigenwerte bei hermiteschen Matrizen auf, vgl. Abschn. 5.3.2.) Mit Hilfe der Lösungen dieses Eigenwertproblems läßt sich eine Hauptachsentransformation durchführen, so daß die transformierte Matrix $\underline{\underline{A}}'$ nur Diagonalelemente enthält. Die Eigenvektoren bilden dabei die neue Basis des Systems.

5.1.4 Vektoranalysis

Ausgangspunkt ist ein skalares Feld wie z.B. das elektrische Potential $\varphi(\underline{r}) = \varphi(x, y, z)$ oder die Wellenfunktion der Schrödingergleichung im Ortsraum. Der *Gradient* des Skalarfeldes g ist ein zugeordnetes Vektorfeld und definiert als

$$\text{grad } g = \frac{\partial g}{\partial x}\hat{\underline{x}} + \frac{\partial g}{\partial y}\hat{\underline{y}} + \frac{\partial g}{\partial z}\hat{\underline{z}} \tag{5.1.17a}$$

mit $\underline{\hat{x}}, \underline{\hat{y}}, \underline{\hat{z}}$ als Einheitsvektoren.

Eine andere Schreibweise dafür ist

$$\underline{\nabla} g = \begin{pmatrix} \partial g/\partial x \\ \partial g/\partial y \\ \partial g/\partial z \end{pmatrix} \tag{5.1.17b}$$

mit $\underline{\nabla}$ als Nablaoperator.

Es handelt sich bei grad g um einen Vektor (im Fall des elektrischen Potentials entspricht dieser dem negativen elektrischen Feldstärkevektor $\underline{E}(r)$, vgl. Abb. 5.1.3). Der Vektor zeigt in Richtung der größten Änderung der Funktion g bei Variation von $\underline{r}$, und sein Betrag ist ein Maß für die Größe dieser Änderung. Veranschaulicht man sich die Ortsfunktion g als das Höhenprofil einer Landschaft, das in diesem Fall nur von den beiden Koordinaten x und y abhängt, so zeigt der Gradientenvektor in Richtung des steilsten Anstieges.

Die Operation *Divergenz* wirkt auf ein Vektorfeld und ergibt ein Skalarfeld:

$$\text{div } \underline{a} = \underline{\nabla} \cdot \underline{a} = \frac{\partial a_x}{\partial x} + \frac{\partial a_y}{\partial y} + \frac{\partial a_z}{\partial z} \quad \text{mit} \quad \underline{a} = \begin{pmatrix} a_x \\ a_y \\ a_z \end{pmatrix} \tag{5.1.18}$$

Die skalare Größe $\underline{\nabla}\,\underline{a}$ ist ein Maß für die Quellenstärke des Vektorfeldes $\underline{a}$ am Punkt $\underline{r}$:

div $\underline{a} = 0$	das Feld ist quellenfrei
div $\underline{a} > 0$	Quellen
div $\underline{a} < 0$	negative Quellen = Senken

Die *Rotation* ist eine Differentialoperation, durch die einem Vektorfeld $\underline{a}$ ein anderes Vektorfeld zugeordnet wird:

$$\text{rot } \underline{a} = \underline{\nabla} \times \underline{a} = \begin{pmatrix} \partial/\partial x \\ \partial/\partial y \\ \partial/\partial z \end{pmatrix} \times \begin{pmatrix} a_x \\ a_y \\ a_z \end{pmatrix} \tag{5.1.19}$$

Wie die Abkürzung schon andeutet, sagt die Größe rot $\underline{a}$ ewas über die Wirbel eines Vektorfeldes aus. rot $\underline{a} = 0$ bedeutet, daß das Feld wirbelfrei ist. Mit Hilfe der Identität rot grad $g \equiv 0$ läßt sich zeigen, daß jedes wirbelfreie Feld $\underline{a}$ aus einem skalaren Potentialfeld g abgegleitet werden kann über $\underline{a} =$ grad g.

Die Kombination der beiden Operatoren grad und div zu dem nach Laplace benannten Operator Delta (Δ) ist für skalare Felder in kartesischen Koordinaten über

$$\Delta g = \frac{\partial^2 g}{\partial x^2} + \frac{\partial^2 g}{\partial y^2} + \frac{\partial^2 g}{\partial z^2} \tag{5.1.20a}$$

oder in Kugelkoordinaten (vgl. Abschn. 5.1.1) über

$$\Delta g = \frac{1}{r^2}\frac{\partial}{\partial r}\left(r^2 \frac{\partial g}{\partial r}\right) + \frac{1}{r^2 \sin\vartheta}\frac{\partial}{\partial \vartheta}\left(\sin\vartheta \frac{\partial g}{\partial \vartheta}\right) + \frac{1}{r^2 \sin^2\vartheta}\frac{\partial^2 g}{\partial \varphi^2} \tag{5.1.20b}$$

definiert. Analog gilt für Vektorfelder in kartesischen Koordinaten

$$\Delta \underline{a} = \frac{\partial^2 \underline{a}}{\partial x^2} + \frac{\partial^2 \underline{a}}{\partial y^2} + \frac{\partial^2 \underline{a}}{\partial z^2} \tag{5.1.21}$$

(beachte: $\Delta \underline{a} = \text{grad div } \underline{a} - \text{rot rot } \underline{a}$).

5.1.5 Komplexe Zahlen und Funktionen

Der Zahlenbereich der reellen Zahlen, in dessen Rahmen z.B. die Wurzel aus einer negativen Zahl nicht definiert ist, kann erweitert werden auf die komplexen Zahlen. Eine komplexe Zahl $\tilde{z}$ kann wie ein Vektor als geordnetes Paar (a,b) beschrieben werden, wobei a dem Realteil entspricht ((a,0) ist eine rein reelle Zahl) und b dem Imaginärteil ((0,b) ist eine rein imaginäre Zahl). Dargestellt werden komplexe Zahlen häufig durch

$$\tilde{z} = \mathrm{Re}\tilde{z} + i\mathrm{Im}\tilde{z} = a + ib. \tag{5.1.22}$$

Aus Abb. 5.1.4 kann man erkennen, daß $\tilde{z}$ auch durch Angabe der Größen r (= Länge des Ortsvektors zum Punkt P, Betrag der komplexen Zahl $\tilde{z}$) und des Winkels φ eindeutig festgelegt ist. Für die Umrechung gilt die sog. *Eulersche Formel*:

$$\tilde{z} = a + ib = r(\cos\varphi + i\sin\varphi) = r \cdot e^{i\varphi} \tag{5.1.23}$$

mit $r^2 = a^2 + b^2$ und $\tan\varphi = \frac{b}{a}$.

Wichtige Rechenregeln:

a) Addition (Subtraktion analog mit Minuszeichen)

$$\tilde{z}_1 + \tilde{z}_2 = (a_1 + a_2, b_1 + b_2) = (a_1 + a_2) + i(b_1 + b_2) \tag{5.1.24}$$

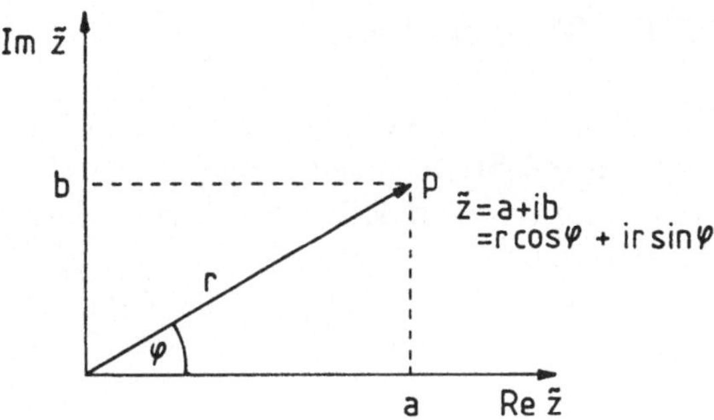

Abb. 5.1.4
Komplexe Zahlen, dargestellt in der Gaußschen Zahlenebene

b) Multiplikation

$$\tilde{z}_1 \cdot \tilde{z}_2 = r_1 e^{i\varphi_1} \cdot r_2 e^{i\varphi_2} = (r_1 \cdot r_2) e^{i(\varphi_1 + \varphi_2)} \tag{5.1.25}$$

c) Division

$$\frac{\tilde{z}_1}{\tilde{z}_2} = \frac{r_1}{r_2} e^{i(\varphi_1 - \varphi_2)} \tag{5.1.26}$$

d) Potenz

$$\tilde{z}^n = r^n e^{i\varphi n} \tag{5.1.27}$$

e) Konjugiert komplexe Zahl $\tilde{z}^*$

$$\tilde{z}^* = a - ib = re^{-i\varphi} \tag{5.1.28}$$

f) Betrag

$$\sqrt{|\tilde{z}|^2} = \sqrt{\tilde{z}\tilde{z}^*} = \sqrt{re^{i\varphi} re^{-i\varphi}} = r \tag{5.1.29}$$

g) Polardarstellung von i

$$i = e^{i\pi/2} \quad \text{mit} \quad i^2 = -1 \tag{5.1.30}$$

Die komplexe Zahlendarstellung wird z.B. angewendet, um *Phasenverschiebungen zwischen Wechselströmen und -spannungen* (über komplexe Widerstände = Impedanzen) oder zwischen anregendem *elektrischen Wechselfeld und induzierter Polarisation* (über komplexe Dielektrizitätskonstanten) zu beschreiben. Ganz allgemein wird die komplexe Schreibweise häufig für die Beschreibung periodischer Vorgänge über e-Funktionen verwendet, wobei die Eulersche Formel (Gl. (5.1.23)) zur Umrechnung in Real- und Imaginärteil der Amplituden dient.

5.1.6 Taylorreihen

Häufig hat man das Problem, einen komplizierten Funktionsverlauf an einer bestimmten Stelle vereinfacht darzustellen. Bei Funktionen einer Variablen kann man dies mit Hilfe der Taylorschen Formel lösen. In vielen Fällen (zu den genauen Voraussetzungen s. z.B. [Gro 81]) läßt sich eine hinreichend oft differenzierbare Funktion in der Nähe des Wertes x_0 durch ihre Taylorreihe darstellen:

$$f(x_0 + \Delta x) = f(x_0) + \frac{\Delta x}{1!}\left(\frac{df}{\partial x}\right)_{x_0}(x) + \frac{(\Delta x)^2}{2!}\left(\frac{d^2 f}{\partial x^2}\right)_{x_0}(x) + \ldots \tag{5.1.31}$$

Für kleine Δx kann man die Reihe nach dem quadratischen oder sogar schon nach dem linearen Term abbrechen. Häufig vorkommende Beispiele für $x_0 = 0$ und kleine Werte $\Delta x = x$ sind:

$$f(x) = \frac{1}{1-x} \approx 1 + x + x^2 + \ldots \; ; \; |x| < 1 \tag{5.1.32}$$

$$f(x) = (1+x)^n \approx 1 + nx + \frac{1}{2}n(n-1)x^2 + \ldots \; ; \; |x| < 1 \tag{5.1.33}$$

$$f(x) = \sin x \approx x - \frac{1}{3!}x^3 + - \ldots \tag{5.1.34}$$

$$f(x) = \cos x \approx 1 - \frac{1}{2!}x^2 + \frac{1}{4!}x^4 - + \ldots \; ; \; |x| < \infty \tag{5.1.35}$$

$$f(x) = e^x \approx 1 + x + \frac{1}{2!}x^2 + \ldots \; ; \; |x| \text{ reell} \tag{5.1.36}$$

$$f(x) = \ln(1+x) \approx x - \frac{x^2}{2} + - \ldots \; ; \; |x| < 1 \tag{5.1.37}$$

Weitere Funktionen finden sich z.B. in [Bro 81].

5.1.7 Fourieranalysen

In Abschn. 5.1.6 haben wir gesehen, daß sich Funktionen angenähert als Potenzreihen darstellen lassen. Periodische Funktionen lassen sich in eine Reihe von Sinus- und Cosinusfunktionen entwickeln:

$$f(x) = \sum_{n=0}^{\infty} (a_n \sin(n \cdot k_0 \cdot x) + b_n \cos(n \cdot k_0 \cdot x)) \tag{5.1.38}$$

Mit der Eulerschen Gleichung (5.1.23) gilt damit:

$$f(x) = \sum_{n=-\infty}^{\infty} c_n(nk_0)e^{ink_0x} \tag{5.1.39}$$

Für den Koeffizienten c_n gilt für eine Funktion der Periode λ (s. [Zac 81]):

$$c_n(n \cdot k_0) = \frac{k_0}{2\pi} \int_{-\lambda/2}^{\lambda/2} f(x)e^{-i \cdot n \cdot k_0 \cdot x} dx \tag{5.1.40}$$

Abb. 5.1.5 zeigt am Beispiel einer Schwebung, welche Auswirkung die Fouriertransformation einer Funktion $f(x)$ auf die Funktion $c_n(n \cdot k_0)$ hat.

Man sieht, daß der Welle mit Wellenlänge λ_n im Ortsraum eine einzelne Linie an der Stelle $n \cdot k_0$ zugeordnet ist. Dabei ist $n \cdot k_0 = k = \frac{2\pi}{\lambda} = 2\pi\tilde{\nu}$ der Betrag des Wellenvektors. Man ordnet also einer Wellenlänge λ eine bestimmte Wellenzahl $\tilde{\nu} = n \cdot \tilde{\nu}_0$ zu. Allgemein ordnet man mit der Fouriertransformation kanonisch konjugierte Variablen einander zu (zur Def. vgl. Abschn. 5.3.2,

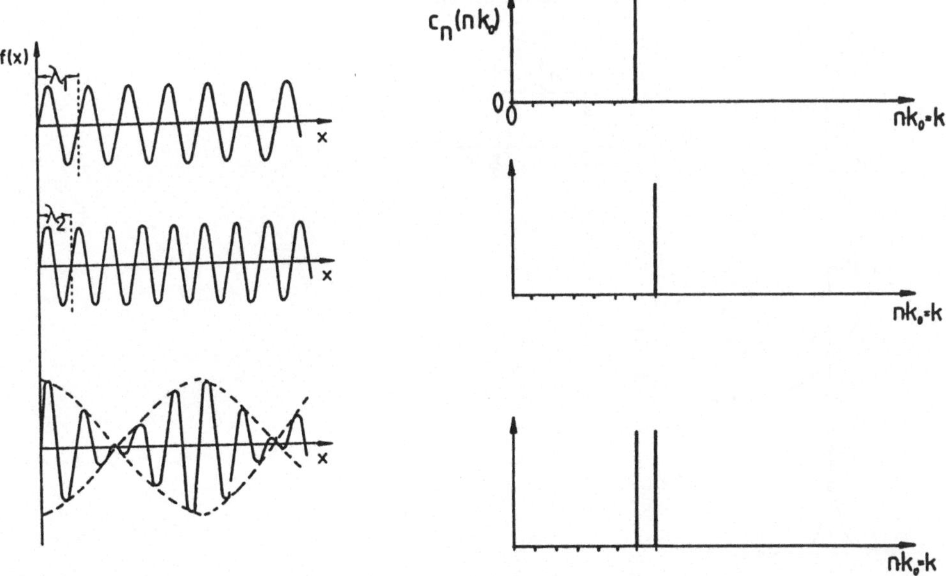

Abb. 5.1.5
Darstellung der Fourieranalyse: Schwebung durch Superposition von zwei stehenden Wellen mit nahe zusammenliegenden Frequenzen. Dargestellt sind Amplituden $f(x)$ im Ortsraum (links) und zugehörige Gewichtsfaktoren $c_n(n \cdot k_0)$ der verschiedenen Wellenanteile mit Wellenlängen $\lambda_n = 2\pi/k_0 \cdot n$ (rechts).

Gl. (5.3.37)). Aus dem unteren Teilbild kann man einen großen Vorteil der Fouriertransformation erkennen: Man erhält direkt die Wellenzahlen der superponierten Wellen. Dies ist bei der Interpretation komplizierter Spektren von großem Nutzen (vgl. Abschn. 3.5.2.4 und 3.6.2.3).

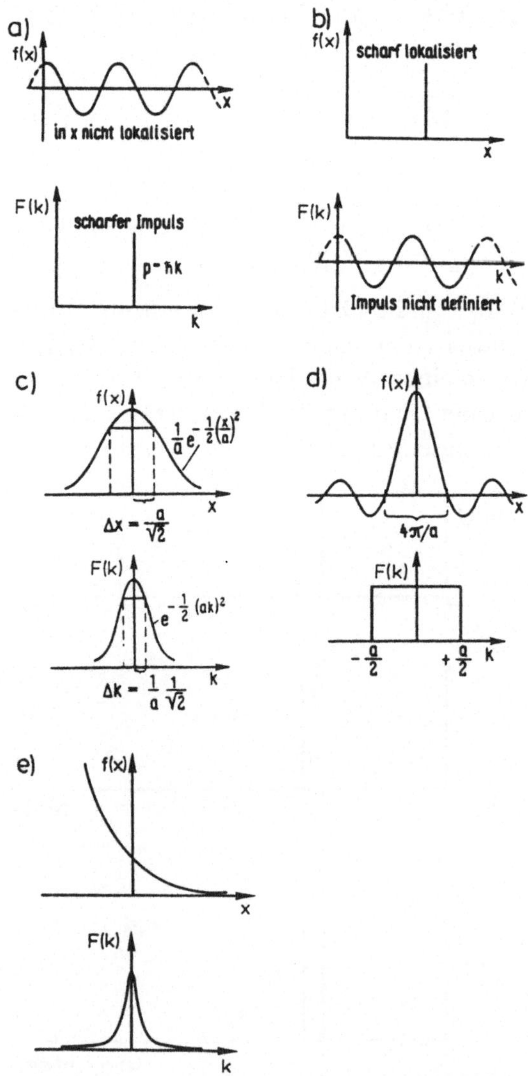

Abb. 5.1.6
Beispiele für Ortsfunktionen $f(x)$ und die Fouriertransformierten $F(k)$ im Impuls- bzw. Wellenzahlraum [May 80]. Aus c) sieht man, daß die Fouriertransformierte einer Gaußfunktion wieder eine Gaußfunktion, die Fouriertransformierte einer e-Funktion eine Lorentzkurve ist.

Bei aperiodischen Funktionen wird aus der Summe ein Integral und aus dem Koeffizienten eine Funktion:

$$f(x) = \frac{1}{\sqrt{2\pi}} \int_{-\infty}^{+\infty} F(k)e^{-ikx}dk \tag{5.1.41}$$

$$F(k) = \frac{1}{\sqrt{2\pi}} \int_{-\infty}^{+\infty} f(x)e^{ikx}dx \tag{5.1.42}$$

In Abb. 5.1.6 sind Beispiele für Fourieranalysen gezeigt, auf die in Abschn. 2.1.1.5 z.T. näher eingegangen wurde.

5.2 Physik

5.2.1 Mechanik

Im folgenden werden die wichtigsten Gesetze der klassischen Mechanik zusammengefaßt, die für die Beschreibung des atomistischen Aufbaus der Materie benötigt werden. Dabei werden die Statik, die Dynamik mit einer Gegenüberstellung von linearen und Drehbewegungen und Schwingungen und Wellen vorgestellt.

Wir haben in Kap. 2 dazu analoge quantenmechanische Beschreibungen für die lineare Bewegung (Translation), für die Drehbewegung (starrer Rotator) und für die Schwingung (harmonischer Oszillator) kennengelernt. Diese Beschreibungen waren wesentlich für das Verständnis der i.allg. gequantelten äußeren und inneren Bewegungen von Molekülen oder Festkörpern. Diese Quantelung wird im folgenden vernachlässigt.

5.2.1.1 Statik des starren Körpers

Die Statik beschreibt die Gleichgewichtsbedingungen, bei denen ein Körper keine Beschleunigung erfährt. Dazu dürfen auf diesen Körper effektiv weder eine Kraft noch ein Drehmoment wirken, d.h. die Summe aller Kräfte $\underline{F}_i$ und die Summe aller Drehmomente $\underline{T}_i$ muß null sein:

$$\sum_i \underline{F}_i = 0 \tag{5.2.1}$$

$$\sum_i \underline{T}_i = 0 \tag{5.2.2}$$

Im Rahmen des hier behandelten Stoffes spielen diese Gleichungen bei der Bestimmung des Schwerpunktes eines Moleküls eine Rolle. Dieser kann aus Abb. 5.2.1 ermittelt werden.

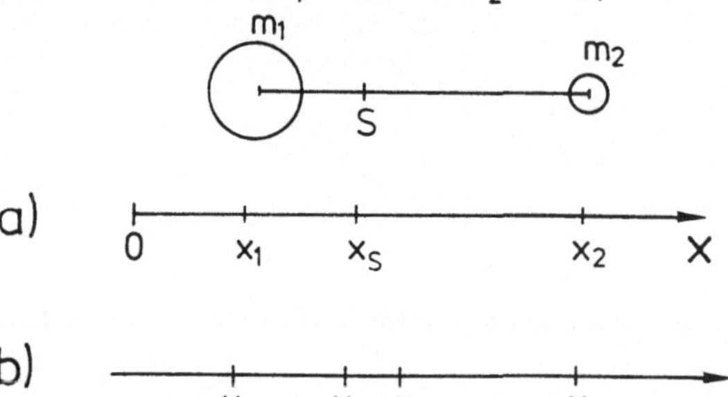

Abb. 5.2.1
Zweiatomiges Molekül, bestehend aus zwei Atomen der Massen m_1 und m_2 im Abstand r_1 und r_2 vom Schwerpunkt S. a) und b) zeigen die x-Koordinaten in zwei verschiedenen Koordinatensystemen.

Nach Gl. (5.2.1) gilt

$$r_1 m_1 g = r_2 m_2 g \tag{5.2.3}$$

bzw.

$$\frac{r_1}{r_2} = \frac{m_2}{m_1} \tag{5.2.4}$$

sowie

$$\frac{(x_S - x_1)}{(x_2 - x_S)} = \frac{m_2}{m_1} \tag{5.2.5}$$

bzw.

$$x_S = \frac{m_1 x_1 + m_2 x_2}{m_1 + m_2} \; . \tag{5.2.6}$$

Allg. gilt:

$$x_S = \frac{\sum_i m_i x_i}{\sum_i m_i} \quad ; \quad y_S = \frac{\sum_i m_i y_i}{\sum_i m_i} \quad ; \quad z_S = \frac{\sum_i m_i z_i}{\sum_i m_i} \tag{5.2.7}$$

5.2.1.2 Lineare und Drehbewegungen

Tab. 5.2.1 gibt einen Überblick über Definitionen wichtiger Größen, die lineare oder Drehbewegungen beschreiben.

$\underline{\hat{n}}$ ist ein Einheitsvektor in Richtung der angreifenden Kraft. Abb. 5.2.2 zeigt schematisch die Bedeutung der Größen für Drehbewegungen.

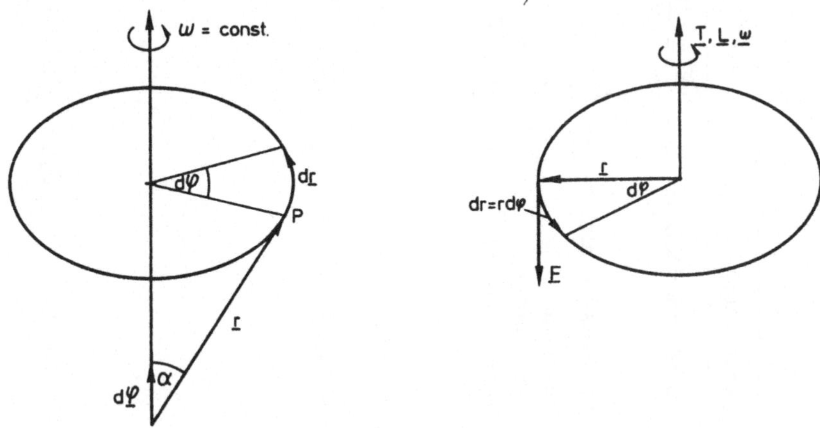

Abb. 5.2.2
Zur Beschreibung der Winkelgeschwindigkeit ω (a) bzw. des Drehmoments T und des Drehimpulses L (b)

Tab. 5.2.1
Vergleich wichtiger mechanischer Größen für lineare und Drehbewegungen

	lineare Bewegung		Drehbewegung		
Geschwindigkeit	$\underline{v} = \frac{d\underline{r}}{dt}$	(5.2.8)	Winkelgeschwindigkeit	$\omega = \frac{d\lvert\underline{\varphi}\rvert}{dt} = \frac{\lvert\underline{v}\rvert}{r} = 2\pi\nu$	(5.2.18)
				$\underline{v} = \underline{\omega} \times \underline{r}$	(5.2.19)
Beschleunigung	$\underline{a} = \frac{d\underline{v}}{dt}$	(5.2.9)	Winkelbeschleunigung	$\underline{\beta} = \frac{d\underline{\omega}}{dt}$	(5.2.20)
			Zentripetal-beschleunigung	$\underline{a}_z = \omega^2 + \underline{\hat{n}} = \frac{v^2}{r}\underline{\hat{n}}(t)$	(5.2.21)
Masse	m	(5.2.10)	Trägheitsmoment	$I = \sum m_i r_i^2$	(5.2.22)
relativistische Masse	$m(v) = \frac{m_0}{\sqrt{1 - \frac{v^2}{c^2}}}$	(5.2.11)			
Impuls	$\underline{p} = m\underline{v}$	(5.2.12)	Drehimpuls	$\underline{L} = \underline{r} \times \underline{p} = m(\underline{r} \times \underline{v}) = I\underline{\omega}$	(5.2.23)
Kraft (Newtonsches Gesetz)	$\underline{F} = m\underline{a} = \frac{d\underline{p}}{dt}$	(5.2.13)	Zentripetalkraft	$\underline{F}_Z = m\underline{a}_z = m\frac{v^2}{r}\underline{\hat{n}}(t)$	(5.2.24)
Drehmoment	$\underline{T} = \underline{r} \times \underline{F} = \frac{d\underline{L}}{dt}$	(5.2.25)			
Arbeit	$W_{21} = \int_1^2 \underline{F} d\underline{s}$	(5.2.14)			
Leistung	$P = \frac{dW}{dt}$	(5.2.15)			
kin. Energie	$E_{\text{kin}} = \frac{1}{2}mv^2 = \frac{p^2}{2m}$	(5.2.16)	kin. Energie	$E_{\text{kin}} = \frac{1}{2}I\omega^2 = \frac{L^2}{2I}$	(5.2.26)
pot. Energie	$E_{\text{pot}} = W_{12} = -W_{21} = -\int_1^2 \underline{F} d\underline{s}$	(5.2.17)			

5.2.1.3 Schwingungen

Zur Beschreibung von Schwingungsbewegungen betrachten wir die Auslenkung einer elastischen Feder. Sie ist proportional zur Kraft:

$$\underline{F} = -k\underline{x} = m\underline{a} = m\underline{\ddot{x}} \tag{5.2.27}$$

mit der Eigenfrequenz

$$\omega = \sqrt{\frac{k}{m}} = 2\pi\nu \tag{5.2.28}$$

und der Lösung

$$x = x_0 \sin(\omega t + \varphi) \tag{5.2.29}$$

oder in komplexer Schreibweise

$$\tilde{x} = x_0 e^{i(\omega t + \varphi)} \; . \tag{5.2.30}$$

k heißt Kraftkonstante der Schwingung.

Während der Schwingung wird kinetische in potentielle Energie umgewandelt und umgekehrt. Die Gesamtenergie muß jedoch nach dem Energieerhaltungssatz konstant bleiben. Dies kann über die Lagrangesche Bewegungsgleichung beschrieben werden, die viel allgemeiner für die Beschreibung konservativer Kräfte verwendet werden kann (s. Lehrbücher der theoretischen Physik, z.B. [Bud 63], [Joo 64]).

Für die potentielle Energie gilt Gl. (5.2.17):

$$E_{\text{pot}} = -\int_1^2 F dx = \frac{1}{2}kx^2 \tag{5.2.31}$$

$$\frac{\partial E_{\text{pot}}}{\partial x} = -F \tag{5.2.32}$$

Mit Gl. (5.2.13) ergibt sich

$$\frac{\partial E_{\text{pot}}}{\partial x} = -m\ddot{x} \tag{5.2.33}$$

mit $a = \frac{\partial^2 x}{\partial t^2} = \ddot{x}$.

Für die kinetische Energie gilt Gl. (5.2.16) und somit

$$\frac{\partial E_{\text{kin}}}{\partial \dot{x}} = m\dot{x} \tag{5.2.34}$$

mit $v = \dot{x}$.

Vergleicht man Gl. (5.2.33) mit Gl. (5.2.34), so erkennt man, daß

$$\frac{\partial E_{\text{pot}}}{\partial x} = -\frac{\partial}{\partial t}\frac{\partial E_{\text{kin}}}{\partial \dot{x}} \tag{5.2.35}$$

und somit

$$\frac{\partial}{\partial t}\frac{\partial E_{\text{kin}}}{\partial \dot{x}} + \frac{\partial E_{\text{pot}}}{\partial x} = 0 \tag{5.2.36}$$

gilt. Dies ist die *Lagrangesche Bewegungsgleichung.* Wir werden sie bei der Normalkoordinatenanalyse von Schwingungen (Abschn. 5.4.3) verwenden.

Für eine gedämpfte Schwingung mit R als Dämpfungskonstante gilt die Differentialgleichung

$$m\ddot{x} + R\dot{x} + kx = 0\ . \tag{5.2.37}$$

Man erhält als Lösung in komplexer Schreibweise

$$\tilde{x} = x_0 e^{i(\omega t+\varphi)} e^{-\frac{t}{\tau}} \tag{5.2.38}$$

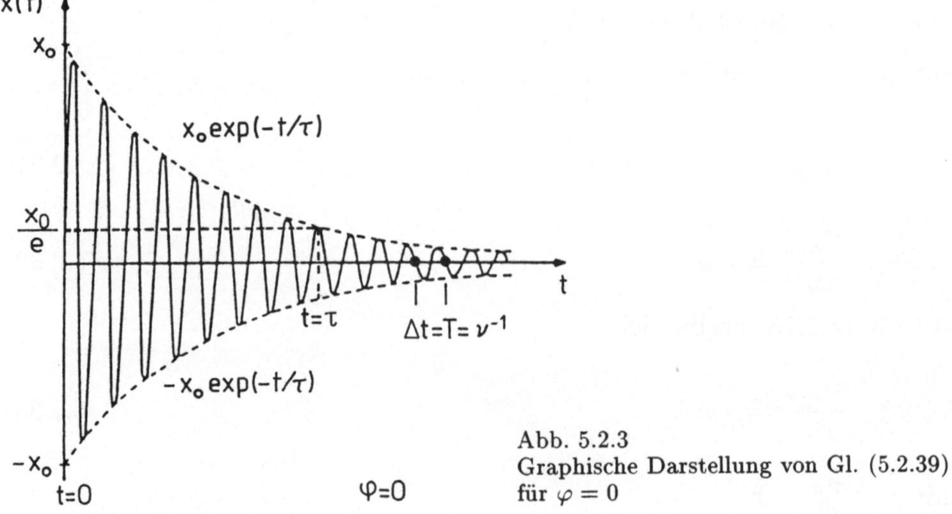

Abb. 5.2.3
Graphische Darstellung von Gl. (5.2.39) für $\varphi = 0$

oder in reeller Schreibweise

$$x = x_0 \sin(\omega t + \varphi) \cdot e^{-\frac{t}{\tau}} \tag{5.2.39}$$

mit x als Amplitude zur Zeit $t = 0$, $\omega = 2\pi\nu = \sqrt{\frac{k}{m} - \frac{R^2}{4m^2}}$ als Frequenz der gedämpften Schwingung und $\tau = \frac{2m}{R}$ als Zeitkonstante der Dämpfung. Durch geeignete Wahl des Zeitnullpunktes kann man $\varphi = 0$ setzen. Für $\tau \to \infty$ (d.h. $R \to 0$) ist die Schwingung ungedämpft. Die graphische Darstellung ist in Abb. 5.2.3 gezeigt.

5.2.1.4 Wellen

Wenn im Innern eines deformierbaren Mediums eine Verschiebung aus der Ruhelage (Deformation) erfolgt, so bleibt sie nicht auf das Erregerzentrum beschränkt, sondern teilt sich den Nachbargebieten mit, indem diese zeitlich verzögert ebenfalls deformiert werden. Je nach Orientierung von Schwingungsrichtung und Ausbreitungsrichtung unterscheidet man Transversalwellen (Auslenkung senkrecht zur Ausbreitungsrichtung) und Longitudinalwellen (Auslenkung parallel) (vgl. auch Abb. 2.6.60). Die Auslenkung ist für eine Welle also nicht nur eine Funktion der Zeit wie für eine Schwingung, sondern zusätzlich eine Funktion des Ortes. Für den ungedämpften Fall gilt:

$$\Psi = \Psi_0 e^{i(\underline{k}\,\underline{x} - \omega t - \varphi)} = \Psi_0 e^{i\left(\frac{2\pi \underline{n}\,\underline{x}}{\lambda} - 2\pi\nu t - \varphi\right)} \tag{5.2.40}$$

mit Ψ_0 als Amplitude, $\omega = 2\pi\nu = \frac{2\pi}{T}$ als Kreisfrequenz mit ν als Schwingungsfrequenz und T als Schwingungsdauer, $\underline{k}$ als Wellenvektor mit $|\underline{k}| = \left|\frac{2\pi \underline{n}}{\lambda}\right| = \frac{2\pi}{\lambda}$, der in Ausbreitungsrichtung $\underline{x}$ der Welle zeigt (nicht zu verwechseln mit der Federkonstante k (Gl. (5.2.27)), im folgenden wird k den Wellenvektor repräsentieren), $\underline{n}$ als entsprechendem Normalenvektor und φ als beliebiger Phase, die häufig null gesetzt wird. (Achtung: Bei Wellen wird üblicherweise die Ausbreitungsrichtung mit x, die Amplitude mit Ψ bezeichnet, während man bei Schwingungen die Amplitude mit x beschreibt!) Ein negatives Vorzeichen in der Funktion bedeutet dabei, daß sich die Welle in Richtung größerer x-Werte ausbreitet.

Diese Beziehung ist eine Lösung der allgemeinen Wellengleichung für drei Dimensionen:

$$\frac{\partial^2 \Psi}{\partial t^2} = v_{\text{ph}}^2 \left(\frac{\partial^2 \Psi}{\partial x^2} + \frac{\partial^2 \Psi}{\partial y^2} + \frac{\partial^2 \Psi}{\partial z^2} \right) = v_{\text{ph}}^2 \cdot \Delta\Psi \tag{5.2.41}$$

$$v_{\text{ph}} = \lambda\nu = \frac{\omega}{k} \tag{5.2.42}$$

ist die Phasengeschwindigkeit, λ die Wellenlänge und ν die Frequenz der Welle.

Im Vakuum breiten sich alle elektromagnetischen Wellen mit unterschiedlicher Frequenz mit derselben Geschwindigkeit, der Vakuumlichtgeschwindigkeit c aus. In Materie dagegen beobachtet man Dispersion, das bedeutet, daß Wellen unterschiedlicher Frequenzen verschiedene Ausbreitungsgeschwindigkeiten besitzen (vgl. Abschn. 2.1.1.5).

Man unterscheidet Wellen häufig nach der Form ihrer Wellenflächen, d.h. den Flächen, deren Punkte mit gleicher Phase φ schwingen. Sie umschließen das Erregungszentrum. So ergeben sich bei punktförmigen Zentren Kugelwellen, da die Ausbreitungsgeschwindigkeit richtungsunabhängig und dadurch überall konstant ist. Liegt das Zentrum sehr weit entfernt vor, dann sind die Wellenflächen Ebenen, und man spricht von ebenen Wellen.

Sowohl Teilchen- als auch elektromagnetische Wellen haben uns v.a. in der Spektroskopie beschäftigt, da deren Wechselwirkungen mit Materie häufig nur über ihren Wellencharakter verstanden werden können. Beispiele sind die Beugung (Abschn. 3.3.3) oder die Dispersion der Dielektrizitätskonstante (Abschn. 3.1.2.4).

5.2.2 Elektrizität und Magnetismus

Im folgenden werden die wichtigsten Gesetze der Elektrizitätslehre zusammengefaßt, die für eine Beschreibung des atomistischen Aufbaus der Materie oder zum Verständnis der Meßmethoden benötigt werden. Dabei werden die wichtigsten Gesetze der Elektrostatik, Gleich- und Wechselströme und die Magnetostatik vorgestellt.

5.2.2.1 Coulomb-Gesetz

Das Coulombsche Gesetz beschreibt die Kraft $\underline{F}_{12}$ zwischen zwei punktförmigen Ladungen q_1 und q_2 in Abhängigkeit von ihrem Abstand $\underline{r}_{12}$:

$$\underline{F}_{12} = \frac{1}{4\pi\varepsilon_0\varepsilon_r}\frac{q_1 q_2}{r_{12}^2}\frac{\underline{r}_{12}}{r_{12}} = -\underline{F}_{21} = q_1 \cdot \underline{E}_2 \tag{5.2.43}$$

mit $\underline{r}_{12}/r_{12}$ als Einheitsvektor, $\varepsilon_0 = 8,854\ 10^{-12} \cdot \mathrm{CV}^{-1}\ \mathrm{m}^{-1}$ als Influenzkonstante, ε_r als relative Dielektrizitätskonstante und $\underline{E}$ als elektrisches Feld.

Die Coulombkräfte bestimmen den Atom- und Molekülbau (vgl. Abschn. 2.2.6 und 2.4.1), die Gitterenergie von Ionenkristallen (vgl. Abschn. 2.6.2.1.1) sowie die Wechselwirkung von Elektronen und Ionen mit Materie.

5.2.2.2 Kräfte, elektrische Felder, Potentiale

Die Einführung eines Feldes $\underline{E}(\underline{r})$ ermöglicht es, jedem Punkt des Raumes die Kraftwirkung auf eine Probeladung q zuzuordnen:

$$\underline{F}(\underline{r}) = \underline{E}(\underline{r})q = -\operatorname{grad}\varphi \cdot q = -\operatorname{grad} E_{\text{pot}} \tag{5.2.44}$$

mit

$$E_{\text{pot}} = \frac{q_1 q_2}{4\pi\varepsilon_0\varepsilon_r} \cdot \frac{1}{r_{12}}, \tag{5.2.45}$$

ohne die Kraftbeiträge aller q_i, die dieses elektrische Feld erzeugen, auf die Probeladung q entsprechend dem Coulombschen Gesetz einzeln aufsummieren zu müssen. Am einfachsten läßt sich $\underline{E}$ durch sog. Feldlinien graphisch darstellen, die an jedem Punkt der Feldstärke bzw. Kraft folgen (vgl. Abb. 5.2.5). Die Feldlinien von $\underline{E}$ zeigen dabei immer von den positiven zu den negativen Ladungen, die das Feld erzeugen. Die Größe der Ladung wird durch die Anzahl in ihr endenden Feldlinien dargestellt. Je größer die Dichte der Feldlinien ist, desto größer ist deshalb auch die Feldstärke. φ ist das elektrische Potential (vgl. auch Abschn. 5.2.2.3).

5.2.2.3 Arbeit und Energie

Bewegt man eine Ladung q in einem elektrischen Feld $\underline{E}(\underline{r})$ von Punkt 1 zu Punkt 2, so verrichtet das Feld $\underline{E}(\underline{r})$ an der Ladung eine Arbeit

$$W_{21} = \int_{r_1}^{r_2} \underline{F}(\underline{r})d\underline{r} = q\int_{r_1}^{r_2} \underline{E}(r)d\underline{r}\,. \tag{5.2.46}$$

Elektrostatische Kräfte sind konservative Kräfte. Darunter versteht man, daß in ihrem Kraftfeld der Satz der Erhaltung der mechanischen Energie gilt, daß also insbesondere keine Reibungskräfte auftreten. Damit ist der Wert W_{21} nur eine Funktion von Anfangs- und Endpunkt und unabhängig vom eingeschlagenen Weg ($\oint \underline{E}d\underline{r} = 0$) (Abb. 5.2.4).

Definiert man Punkt 1 als Bezugspunkt, so kann man jedem Punkt P_i des Raumes mit dem Ortsvektor $\underline{r}$ ein elektrisches Potential φ_i zuordnen:

$$\varphi_i(\underline{r}) = -\frac{W_{P_i}}{q} = -\int_{\underline{r}_1}^{\underline{r}} \underline{E}(\underline{r}')d\underline{r}' + C_i$$

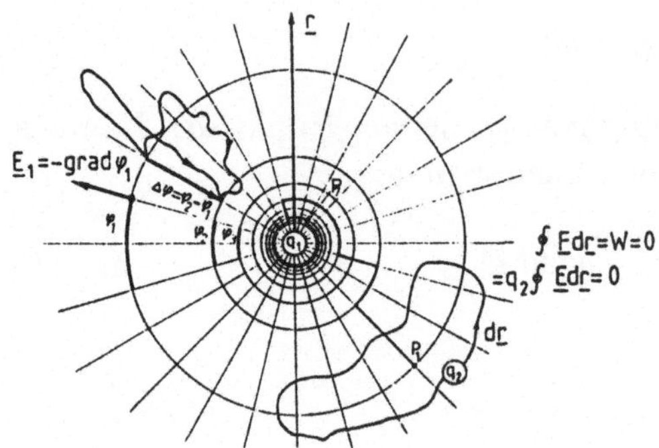

Abb. 5.2.4
In einem kugel- oder zylindersymmetrischen Feld ist die Verschiebungsarbeit von P_1 nach P_7 wegunabhängig. Es gilt $\oint \underline{F}d\underline{r}$ oder $\oint \underline{E}d\underline{r} = 0$.

$$= \frac{q}{4\pi\varepsilon_0\varepsilon_r}\frac{1}{r} \tag{5.2.47}$$

Bei fest vorgegebenem Feld unterscheiden sich die Potentialfunktionen $\varphi_i^{\mathrm{el}}(\underline{r})$ für verschiedene Bezugspunkte i nur um die additive Konstante C_i.
Die *Spannung* zwischen zwei Punkten P_1 und P_2 mit den Ortsvektoren $\underline{r}_1$ und $\underline{r}_2$ läßt sich als Differenz der Potentiale dieser beiden Punkte angeben:

$$U = \varphi(\underline{r}_2) - \varphi(\underline{r}_1) = \varphi_2 - \varphi_1 = \Delta\varphi \tag{5.2.48}$$

Durch die Differenzbildung fällt der Einfluß des oben gewählten Bezugspunktes, d.h. die Konstante C_i wieder heraus. Beim Überführen einer Ladung q von P_1 nach P_2 wird vom Feld eine *Arbeit*

$$\begin{aligned} W_{21} &= \int_{r_1}^{r_2} F(\underline{r})d\underline{r} = q\int_{r_1}^{r_2} \underline{E}(r)d\underline{r} = -q\int_{r_1}^{r_2} \operatorname{grad}\varphi d\underline{r} \\ &= -q\int_{r_1}^{r_2} \frac{d\varphi}{dr}d\underline{r} = -q(\varphi_2 - \varphi_1) \\ &= -q\Delta\varphi = -Uq \end{aligned} \tag{5.2.49}$$

geleistet. Die kinetische Energie ist

$$E_{\mathrm{kin}} = \frac{1}{2}mv^2 = |q|U\ . \tag{5.2.50}$$

Daraus leitet sich die besonders für Physiker wichtige Energieeinheit Elektronenvolt (eV) ab (1 eV $= 1,602 \cdot 10^{-19}$ J). Sie entspricht der Energie, die ein Elektron beim Beschleunigen über eine Potentialdifferenz von 1 Volt im Vakuum gewinnt.

Die Beschleunigung geladener Teilchen in einem elektrischen Feld wird häufig benutzt, um Ionen- oder Elektronenstrahlen mit definierter kinetischer Energie herzustellen. Dies ist insbesondere dann von Interesse, wenn nach Wechselwirkung mit Materie charakteristische Energieverluste von geladenen Teilchen gemessen werden sollen (vgl. z.B. Elektronenenergieverlustspektroskopie, Abschn. 3.5.7).

Typische $\underline{E}$- und φ-Verhältnisse für elektrische Monopole und Dipole zeigt Abb. 5.2.5 in einer Zusammenfassung.

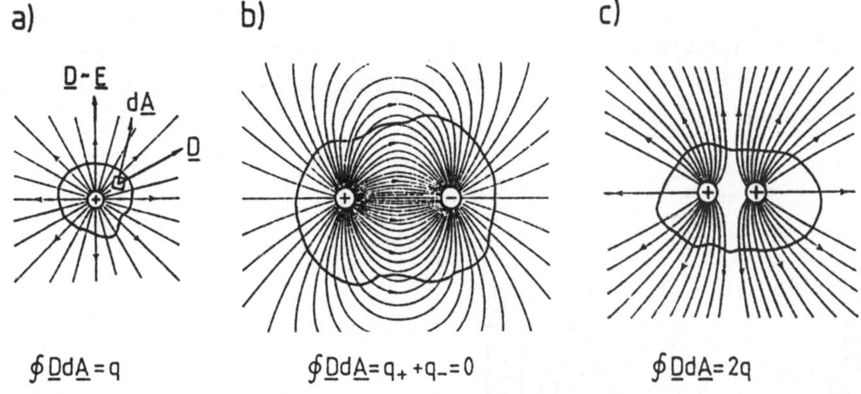

Abb. 5.2.5
Feldlinien (a) einer Punktladung — (b) eines Dipols — (c) zwischen zwei gleichen positiven Ladungen. $d\underline{A}$ ist das Flächenelement und zeigt in Richtung der Oberflächennormalen $\underline{n}$. (Zur Definition der Verschiebungsdichte D s. Gl. (5.2.60)).

5.2.2.4 Elektrischer Dipol

Das Dipolmoment eines Paars ungleichnamiger, aber gleich großer Ladungen q und $-q$ im Abstand d (mit dem Vektor $\underline{d}$, gemessen von der negativen zur positiven Ladung, im Gegensatz zum elektrischen Feld $\underline{E}$, dessen positive Richtung von der positiven zur negativen Ladung zeigt) ist dabei definiert als

$$\underline{\mu}_{\text{el}} = \underline{\mu} = q\underline{d} \; . \tag{5.2.51}$$

(Wir werden den Index „el" für die Unterscheidung des elektrischen vom magnetischen Dipolmoment nur dort verwenden, wo Verwechslungen auftreten können.) Ein Dipol aus den Elementarladungen $+e$ und $-e$, die sich in einem typischen atomaren Abstand von 0,1 nm befinden, würde ein Dipolmoment von $16,21 \cdot 10^{-30}$ C·m (= 4,8 Debye im cgs-System) besitzen.

Im allgemeinen Fall einer kontinuierlichen Ladungsverteilung, beispielsweise in einem Molekül, ist $\underline{d}$ der Abstand zwischen den Schwerpunkten aller positiven und aller negativen Ladungen. Ursache für permanente Dipolmomente in Molekülen sind v.a. die unterschiedlichen Elektronegativitäten der Bindungspartner, die dazu führen, daß die Elektronenverteilung in Richtung der elektronegativeren Partner verschoben wird (vgl. Abschn. 2.4.2.3). (Zur Erzeugung eines Dipols durch Polarisation s. Abschn. 5.2.2.6.)

Bringt man einen Dipol in ein homogenes elektrisches Feld $\underline{E}$ (Abb. 5.2.6), so sind die Kräfte auf die beiden Ladungsschwerpunkte entgegengesetzt gleich groß, und die Gesamtkraft ist null. Zeigen die Kräfte aber nicht in Richtung der Verbindungslinie $\underline{d}$ der Ladungsschwerpunkte, so erfährt der Körper ein *Drehmoment* $\underline{T}$ mit

$$\underline{T} = \sum_i (\underline{r}_i \times \underline{F}_i) = \sum_i (\underline{r}_i \times q_1 \underline{E}) = \underline{\mu}_{\text{el}} \times \underline{E} \ . \tag{5.2.52}$$

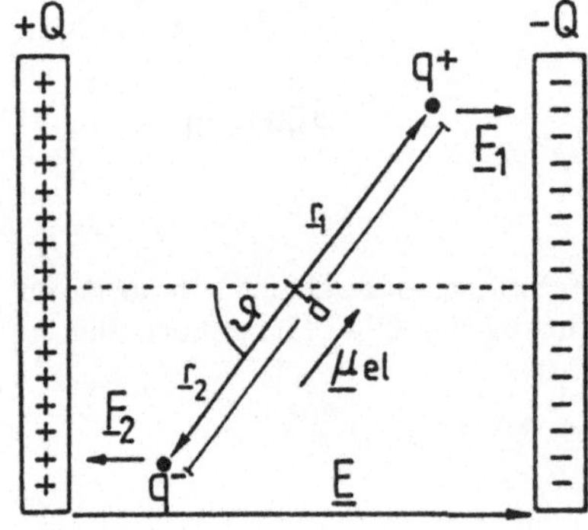

Abb. 5.2.6
Dipol im homogenen Feld eines Kondensators. Elementarladungen sind hier wie im Text mit q, makroskopische Ladungen von vielen q mit Q bezeichnet.

Das Drehmoment versucht, das Dipolmoment parallel zum Feld auszurichten. Dies entspricht einer Gleichgewichtslage mit minimaler potentieller Energie. Abhängig vom Drehwinkel ϑ des Dipols aus der stabilen Gleichgewichtslage steigt die potentielle Energie an:

$$E_{\text{pot}} = -\mu_{\text{el}} E \cos\vartheta = -\underline{\mu}_{\text{el}} \underline{E} \ , \tag{5.2.53}$$

d.h. E_{pot} ist minimal für parallele und maximal für antiparallele Ausrichtung.

Im inhomogenen elektrischen Feld ist das elektrische Feld am Ort der beiden Ladungsschwerpunkte i.allg. verschieden groß, so daß der Dipol neben einem Drehmoment auch noch eine Kraft erfährt, deren Größe vom Gradienten des Felds abhängt.

5.2.2.5 Leiter im elektrostatischen Feld, Kondensator

Elektrische Leiter sind im Inneren feldfrei. Elektrische Felder im Innern würden zu einem Stromfluß, also zu einem Nichtgleichgewichtszustand führen, der durch Ausgleich der Ladungen und damit das Vernichten des Feldes den Gleichgewichtszustand wieder herstellen würde.

Überschußladungen befinden sich an der Oberfläche. Man definiert eine Flächenladungsdichte $Q_{(s)}$ mit

$$Q_{(s)} = \frac{dQ}{dA} = D \; . \tag{5.2.54}$$

Das elektrische Feld $\underline{E}$ an der Oberfläche eines Leiters hat nur eine Normalkomponente $E_\perp$ (d.h. steht senkrecht auf der Oberfläche, vgl. Abb. 5.2.7) und hängt im Vakuum folgendermaßen mit der Fächenladungsdichte zusammen:

$$E_\perp = \frac{D}{\varepsilon_0} \tag{5.2.55}$$

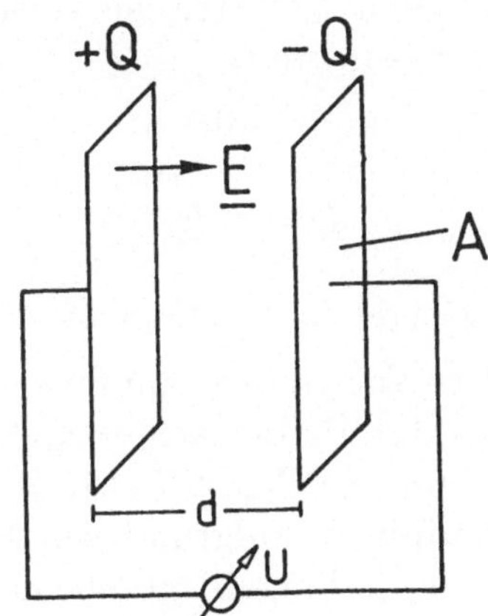

Abb. 5.2.7
Schematische Darstellung eines Kondensators

Mit Hilfe dieser Beziehung läßt sich auch die Kapazität C eines Plattenkondensators im Vakuum einfach ableiten:

$$E = \frac{U}{d} \tag{5.2.56}$$

$$Q = Q_{(s)}A = DA \tag{5.2.57}$$

mit A als Fläche der Kondensatorplatten. Für die Kapazität C gilt:

$$C = \frac{Q}{U} = \frac{DA}{Ed} = \varepsilon_0 \frac{A}{d} \; . \tag{5.2.58}$$

Beim Aufladen des Kondensators läßt sich Q bestimmen über

$$Q = \int_{t=0}^{\infty} I dt \; . \tag{5.2.59}$$

5.2.2.6 Dielektrika

Das elektrische Feld $\underline{E}$ übt auf Ladungen Kräfte aus. Es wird materialabhängig von Ladungen erzeugt, die Quellen und Senken dieses Feldes sind.

Man definiert einen zweiten Feldvektor $\underline{D}$, der direkt mit der felderzeugenden, makroskopischen, auf das Volumen bezogenen Ladungsdichte $Q_{(v)}(\underline{r}) = \varrho$ zusammenhängt (vgl. Abb. 5.2.5) über

$$\oint \underline{D} d\underline{A} = Q = \int Q_{(v)} dV = \int \varrho dV \; . \tag{5.2.60}$$

$\underline{D}$ heißt dielektrische Verschiebung und hat die Dimension einer Flächenladungsdichte $Q_{(s)}$.

Im Vakuum gilt:

$$\underline{D} = \varepsilon_0 \underline{E} \tag{5.2.61}$$

ε_0 heißt Influenzkonstante oder el. Feldkonstante.

Der Vorteil der Einführung von $\underline{D}$ zeigt sich, wenn man das elektrische Feld in Materie betrachtet: Befinden sich zwei Ladungen q_1 und q_2 in einem Medium wie Gas, Flüssigkeit oder Festkörper, so werden die makroskopischen Ladungen aufgrund von Polarisationseffekten der Materie (= mikroskopische Ladungen) gegeneinander abgeschirmt. Als Folge davon ist das Feld der Ladung q_1 am Ort der Ladung q_2 um den Faktor $1/\varepsilon_r$ geringer als im Vakuum (siehe Coulombgesetz Gl. (5.2.43)). ε_r ist die relative Dielektrizitätskonstante (DK); sie stellt ein Maß für die Polarisierbarkeit der Materie dar.

In Materie gilt:

$$\underline{D} = \varepsilon_0 \underline{\underline{\varepsilon}}_r \underline{E} \tag{5.2.62}$$

$\underline{\underline{\varepsilon}}_r$ ist im allgemeinen Fall ein Tensor.

Tab. 5.2.2 zeigt typische Werte.

Tab. 5.2.2
Statische Dielektrizitätskonstante verschiedener Materialien

Material	ε_r
Vakuum	1
Wasserdampf, 1 bar	1,00705
Polystyrrol	2,4 – 2,75
Eis, $T = 268$ K	2,9
Nylon	3,4 – 3,5
SiO_2	4,5
TiO_2	14 – 110
H_2O, flüssig	81

Die Bedeutung von Gl. (5.2.62) soll am Beispiel eines Plattenkondensators mit und ohne Dielektrikum erläutert werden. Für das Feld im Plattenkondensator gilt dabei Gl. (5.2.56). Es lassen sich zwei verschiedene Experimente realisieren.

Der erste Fall ist in Abb. 5.2.8 dargestellt. Die beiden Kondensatorplatten sind an eine Spannungsquelle angeschlossen, die eine konstante Spannung $U = \text{const}$. aufrecht erhält. Dies bedeutet, daß in diesem Experiment auch das elektrische Feld zwischen den Platten konstant bleibt. Dies heißt weiterhin, daß während des gesamten Experiments zwischen den beiden Platten die gleiche Feldliniendichte herrscht (vgl. Abschn. 5.2.2.2).

Im linken Teilbild ist die Situation für einen Kondensator im Vakuum ($\varepsilon_r = 1$) dargestellt. Bringt man nun ein Dielektrikum zwischen die isolierten Platten, so wird die Materie im Dielektrikum durch das elektrische Feld polarisiert werden, d.h. negative Ladungen werden in Richtung der positiven Platte und positive Ladungen in Richtung der negativen Platte verschoben.

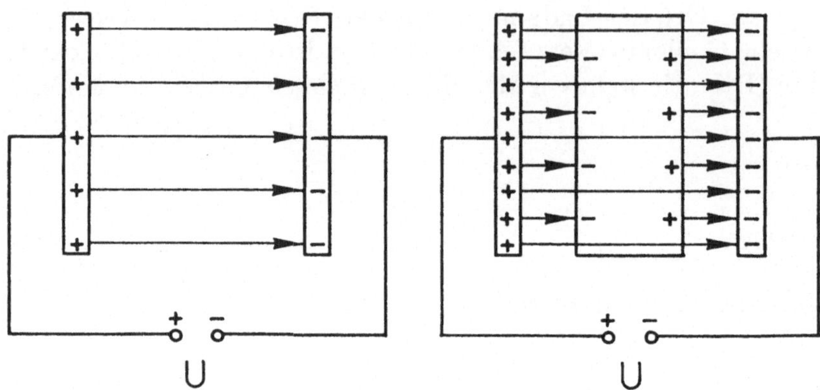

Abb. **5.2.8**
Kondensator ohne und mit Dielektrikum bei $U = E = \text{const.}$

Das atomistische Verständnis für diese Auslenkungen und die einzelnen Mechanismen besprechen wir weiter unten.

Das Auftreten von Ladungen an der Oberfläche des Dielektrikums bedeutet, daß ein zusätzliches Feld zwischen den Platten des Kondensators und dem Dielektrikum besteht. Wollen wir die Spannung zwischen den Kondensatorplatten konstant halten, ist dies nur dann möglich, wenn zusätzliche Ladungen von der Spannungsquelle auf die Kondensatorplatten fließen. Dies bedeutet jedoch, daß die dielektrische Verschiebung größer geworden ist. Da wir E konstant gehalten haben, muß sich nach Gl. (5.2.62) ε_r vergrößert haben.

In einem zweiten Experiment wird ein Kondensator mit einer bestimmten Spannung U aufgeladen und anschließend die Quelle entfernt. In diesem Falle ist also die Anzahl der Ladungen auf den Platten und damit auch D konstant. In Abb. 5.2.9 ist das entsprechende Experiment gezeigt.

Bringt man nun ein Dielektrikum zwischen die isolierten Platten, ändert sich an den Ladungen auf den Platten nichts. Das Dielektrikum wird jedoch

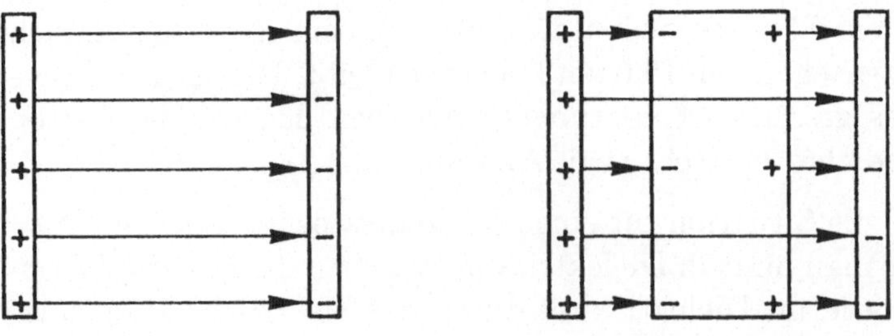

Abb. **5.2.9**
Kondensator ohne und mit Dielektrikum bei $D = Q_{(s)} = \text{const}.$

genauso polarisiert wie im Experiment der Abb. 5.2.8. Dies bedeutet, daß einige Feldlinien jetzt nur zwischen den Kondensatorplatten und dem Dielektrikum und nicht von einer Kondensatorplatte bis zur anderen auftreten und somit das elektrische Feld im Medium geschwächt wird.

Man kann den Zusammenhang zwischen $\underline{D}$ und $\underline{E}$ auch über die sog. dielektrische Polarisation ausdrücken:

$$\underline{D} = \varepsilon_0 \underline{E} + \underline{P} \tag{5.2.63}$$

Für kleine Feldstärken kann man i.allg. davon ausgehen, daß P proportional zu $\varepsilon_0 \underline{E}$ ansteigt. Die Proportionalitätskonstante ist die dielektrische Suszeptibilität χ_{el}. Im allgemeinen Fall ist dies ein Tensor $\underline{\underline{\chi}}_{\mathrm{el}}$, der beschreibt, wie leicht oder schwer ein Material in welcher Richtung polarisierbar ist.

Gl. (5.2.63) kann damit folgendermaßen geschrieben werden:

$$\begin{aligned} \underline{D} = \varepsilon_0 \underline{E} + \underline{P} &= \varepsilon_0 \underline{E} + \varepsilon_0 \underline{\underline{\chi}}_{\mathrm{el}} \underline{E} \\ &= \varepsilon_0 (1 + \underline{\underline{\chi}}_{\mathrm{el}}) \underline{E} \\ &= \varepsilon_0 \underline{\underline{\varepsilon}}_r \underline{E} \end{aligned} \tag{5.2.64}$$

Man beachte, daß es sich bei $\underline{E}$ um das tatsächlich im Inneren des Dielektrikums vorhandene Feld handelt, das sich aus der Überlagerung des im Vakuum vorhandenen Felds der äußeren Ladungen mit dem Polarisationsfeld des Dielektrikums ergibt.

Bei sehr hohen Feldstärken, d.h. z.B. im $\underline{E}$-Feld eines Lasers, gilt die oben angenommene Proportionalität von $\underline{P}$ und $\underline{E}$ nicht mehr, sondern χ wird eine Funktion von $\underline{E}$:

$$\underline{P} = \varepsilon_0 (\underline{\underline{\varepsilon}}_r - 1) \underline{E} = \varepsilon_0 \underline{\underline{\chi}}(E) \underline{E} \tag{5.2.65}$$

Diese Funktion kann in eine Taylor-Reihe entwickelt werden. Bei Vernachlässigung des Vektorcharakters von $\underline{P}$ und $\underline{E}$ gilt dann:

$$P = \varepsilon_0 (\chi \cdot E + \chi' E^2 + \chi'' E^3 + \ldots) \tag{5.2.66}$$

Für Festkörper sind die Größenordnungen für die Konstanten $\chi \approx 1$, $\chi' \approx 10^{-10} \frac{\mathrm{cm}}{V}$ und $\chi'' \approx 10^{-17} \frac{\mathrm{cm}^2}{V^2}$.

Die aus dieser Nichtlinearität zwischen P und E folgenden Effekte werden in der nichtlinearen Optik behandelt und beschreiben Effekte wie den Starkeffekt (vgl. Abschn. 3.5.1.5), den Ramaneffekt (vgl. Abschn. 3.5.3) und die Frequenzverdopplung.

Mikroskopisch betrachtet setzt sich die Polarisation aus der vektoriellen Summe der Dipolmomente (vgl. Gl. (5.2.51)) pro Volumeneinheit zusammen:

$$\underline{P}_{(v)} = \underline{P} = \frac{\sum \underline{\mu}_{\mathrm{el}}}{V} \tag{5.2.67}$$

Der untere Index (v) deutet an, daß es sich um eine auf das Einheitsvolumen bezogene Größe handelt. Diese Bezeichnung ist in der Literatur jedoch nicht üblich, so daß wir im folgenden vereinfacht die gebräuchlichere Bezeichnung $\underline{P}$ verwenden.

Mikroskopisch unterscheidet man verschiedene Mechanismen der Polarisation von freien Molekülen

- *Verschiebungspolarisation:*
  Ein elektrisches Feld bewirkt eine Polarisation durch eine geringe Verschiebung der Elektronenwolke gegenüber den Atomrümpfen (Elektronenpolarisation), der Atomrümpfe gegeneinander (Atompolarisation) bzw. in Ionenkristallen durch Verschiebung der positiven und negativen Ionen gegeneinander (Ionenpolarisation). Das so induzierte Dipolmoment ist proportional zur lokalen Feldstärke

  $$\underline{\mu}_{\mathrm{ind}} = \underline{\underline{\alpha}}\underline{E}_{\mathrm{loc}} \tag{5.2.68}$$

  mit $\underline{\underline{\alpha}}$ als Polarisierbarkeit.
  Für Gase unter sehr niedrigem Druck ist das lokale Feld an einem Dipol kaum durch die anderen Dipole beeinflußt und somit identisch mit dem makroskopischen Feld $\underline{E}$, das im Plattenkondensator herrscht. Die Polarisierbarkeit ist dann einfach über Gl. (5.2.56) und (5.2.68) mit $\underline{E}_{\mathrm{loc}} = \underline{E}$ gegeben.
  Liegt das Dielektrikum in höherer Dichte vor, so gilt diese Näherung nicht mehr, und man muß das lokale Feld erst aus der Feldstärke $\underline{E}$ berechnen. Dieses Problem läßt sich einfach lösen, wenn man annimmt, daß sich das betrachtete Molekül in einem winzigen kugelförmigen Hohlraum im Dielektrikum befindet. Das lokale Feld in solch einem Hohlraum ergibt sich zu [Sta 83]

  $$E_{\mathrm{loc}} = E + \frac{1}{3}\frac{P}{\varepsilon_0}\ . \tag{5.2.69}$$

Daraus folgt unter Berücksichtigung von Gl. (5.2.65), (5.2.67), (5.2.68), (5.2.69) und der Beziehung $N_{(v)} = \frac{N_L}{V_m}$ mit V_m als Molvolumen die sog. Clausius-Mossotti-Gleichung (zur Herleitung s. auch [Wed 87]):

$$\frac{\varepsilon_r - 1}{\varepsilon_r + 2} V_m = \frac{1}{3\varepsilon_0} N_L \bar{\alpha} = P_V \neq f(T) \tag{5.2.70}$$

$\bar{\alpha}$ ist die mittlere statische „Polarisierbarkeit" oder, besser gesagt, das Polarisierbarkeitsvolumen mit der Einheit $[\alpha] = \mathrm{m}^3$. α hängt mit der eigentlichen Polarisierbarkeit über $\bar{\alpha} = \frac{\alpha}{4\pi\varepsilon_0}$ zusammen. P_V wird als Molpolarisation bezeichnet, besitzt jedoch ebenfalls nicht die Einheit der Polarisation ($[P] = \mathrm{C/m^2}$), sondern ist eine auf ein Einheitsfeld bezogene Größe mit der Einheit $[P_V] = \frac{\mathrm{m}^3}{\mathrm{mol}}$.

- *Orientierungspolarisation:*

  Bei Anwesenheit eines elektrischen Feldes richten sich permanente Dipole $\underline{\mu}$ im Feld aus. Diesem Orientierungsvorgang wirkt die Wärmebewegung entgegen. Die effektive Orientierungspolarisation hängt deshalb von der Temperatur ab. Für hohe Temperaturen beträgt der Polarisationsanteil durch Dipolorientierung [Wed 87]

$$P_O = \frac{1}{3\varepsilon_0} N_L \frac{\mu^2}{3kT} = f(T) \; . \tag{5.2.71}$$

  In einem polaren Molekül tritt neben der Orientierungspolarisation zusätzlich auch die Verschiebungspolarisation auf, so daß die Gesamtpolarisation durch

$$P_{\text{ges}} = P_V + P_O = \frac{\varepsilon_r - 1}{\varepsilon_r + 2} V_m = \frac{1}{3\varepsilon_0} N_L \left(\bar{\alpha} + \frac{\mu^2}{3kT} \right) \tag{5.2.72}$$

  gegeben ist. Auch P_O und P_{ges} besitzen nicht die Einheit der Polarisation.

5.2.2.7 Magnetostatik

Die Kraft je Länge zwischen zwei stromführenden parallelen Leitern im Abstand r beträgt

$$\frac{\underline{F}}{l} = \frac{\mu_0}{2\pi} \frac{I_1 I_2}{r} \frac{\underline{r}}{r} \; . \tag{5.2.73}$$

Zur Definition der Größen und ihrer Richtung vgl. Abb. 5.2.10.

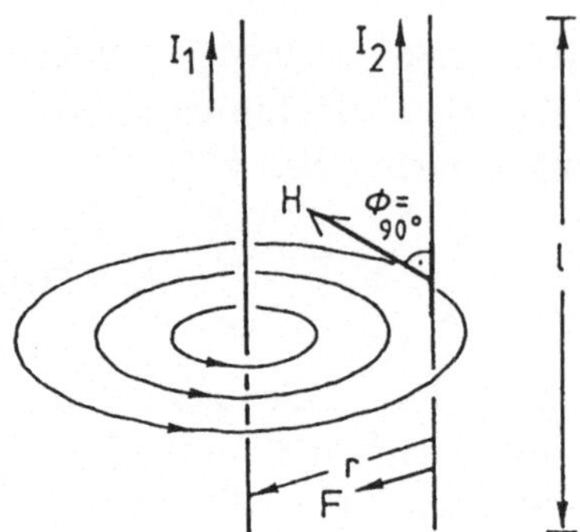

Abb. 5.2.10
Zur Definition der Stromstärke

Über diese Beziehung wird die Einheit 1A im Rahmen des SI-Systems folgendermaßen definiert: Die Proportionalitätskonstante μ_0 als Permeabilitätskonstante im Vakuum hat per Definition den Wert $\mu_0 = 4\pi \cdot 10^{-7} \frac{\mathrm{N}}{\mathrm{A}^2}$. Beträgt der Abstand zwischen den beiden Leitern 1 m und üben sie aufeinander eine Kraft von $F = 2 \cdot 10^{-7}$ N pro m Leiterlänge aus, so fließt durch beide ein Strom von 1 A unter der Annahme, daß $I_1 = I_2$.

Analog zur Elektrostatik führt man ein Magnetfeld ein und beschreibt so die Wechselwirkung zwischen zwei Magneten als Wechselwirkung zwischen Magnet und Feld. Die Feldrichtung wird willkürlich vom Nord- zum Südpol weisend festgelegt.

5.2.2.8 Lorentzkraft

Bewegt man einen Ladungsträger q mit der Geschwindigkeit $\underline{v}$ senkrecht zu einem Magnetfeld $\underline{B}$, so erfährt dieser eine Kraft $\underline{F}_L$, deren Richtung senkrecht sowohl zu $\underline{v}$ als auch zu $\underline{B}$ ist:

$$\underline{F}_L = q(\underline{v} \times \underline{B}) \tag{5.2.74}$$

Sind $\underline{v}$ und $\underline{B}$ parallel, so verschwindet das Vektorprodukt, und der Ladungsträger erfährt keine Kraft.

$\underline{F}_L$ und $\underline{v}$ stehen immer senkrecht aufeinander. Das Magnetfeld verrichtet deshalb keine Arbeit an dem Ladungsträger, sondern ändert nur seine Bewegungsrichtung.

Die Lorentzkraft wird z.B. in magnetischen Massenspektrometern ausgenutzt (vgl. Abschn. 3.2.3).

5.2.2.9 Induktionsgesetz

Gegeben sei eine Leiterschleife mit einer einzigen Windung. Durch diese tritt ein magnetischer Fluß Φ mit $\Phi = \int_A \underline{B} d\underline{A}$, wobei $\underline{A}$ die Flächennormale zur Fläche A ist, deren Betrag $|\underline{A}|$ dem Flächeninhalt entspricht. Ändert sich dieser Fluß, so wird an den Enden der Leiterschleife eine Spannung

$$U_{\text{ind}} = -\dot{\Phi} = -\frac{d}{dt} \int_A \underline{B} d\underline{A} = \oint \underline{E} d\underline{s} \tag{5.2.75}$$

induziert.

Es existieren somit mehrere Möglichkeiten, in einer Leiterschleife eine Spannung zu induzieren:

- Zeitliche Änderung von $\underline{B}$, d.h. $\dot{\underline{B}} \neq 0$ durch Einschalten oder Ausschalten des Magnetfelds oder durch Verschieben der Leiterschleife in einen Raumbereich mit anderer Flußdichte $\underline{B}$.
- Zeitliche Änderung von $\underline{A}$, d.h. $\dot{\underline{A}} \neq 0$ durch Deformieren der Schleife oder durch Verdrehen der Leiterschleife und Ändern des Winkels zwischen $\underline{B}$ und $\underline{A}$.

Ändert man den Strom durch die Wicklung einer Zylinderspule, so ändert sich damit auch das magnetische Induktionsfeld und der magnetische Fluß. Diese zeitliche Änderung verursacht an den Spulenenden eine Induktionsspannung U_{ind}

$$U_{\text{ind}} = -L\frac{dI}{dt} \tag{5.2.76}$$

mit L als Selbstinduktionskoeffizient der Spule.

Über das Vorzeichen dieser induzierten Spannung besagt die Lenzsche Regel, daß die durch die Induktion entstehenden Felder, Spannungen, Ströme und Kräfte stets so gerichtet sind, daß sie dem die Induktion auslösenden Vorgang entgegenwirken.

Man erkennt am Induktionsgesetz (Gl. (5.2.76)), daß elektrische und magnetische Felder nicht unabhängig voneinander sind, sondern sich gegenseitig beeinflussen. So erzeugt ein sich zeitlich änderndes elektrisches Feld ein magnetisches Wirbelfeld und umgekehrt: Ein sich zeitlich änderndes magnetische Feld erzeugt ein elektrisches Wirbelfeld. Die vollständige Beschreibung der Wechselwirkung zwischen diesen beiden Feldern sowie ihre Abhängigkeit von den elektrischen Ladungen und Strömen wird durch die Maxwellgleichungen gegeben. Für eine umfassende Darstellung der Maxwellgleichungen

Tab. 5.2.3
Vergleich elektrischer und magnetischer Größen

Elektrostatik		**Magnetostatik**	
el. Feldstärke	$\underline{E} = -\operatorname{grad}\varphi$	magn. Feldstärke	$\underline{H}$
el. Verschiebungsdichte	$\underline{D} = \underline{\underline{\varepsilon}}\underline{E} = \underline{\underline{\varepsilon}}_r \varepsilon_0 \underline{E} = \varepsilon_0 \underline{E} + \underline{P}$	magn. Flußdichte	$\underline{B} = \underline{\underline{\mu}}\underline{H} = \underline{\underline{\mu}}_r \mu_0 \underline{H} = \mu_0(\underline{H} + \underline{M}_{(v)})$
el. Feldkonstante	ε_0	magn. Feldkonstante	μ_0
Dielektrizitätstensor	$\underline{\underline{\varepsilon}}$	Permeabilitätstensor	$\underline{\underline{\mu}}$
el. Polarisation	$\underline{P} = \underline{\underline{\chi}}_{\text{el}} \varepsilon_0 \underline{E} = \frac{\Sigma \underline{\mu}_{\text{el}}}{V}$	Magnetisierung	$\underline{M}_{(v)} = \underline{\underline{\chi}}_m \underline{H} = \frac{\Sigma \underline{\mu}_m}{V}$
nichtlineare el. Polarisation	$P = \chi_{\text{el}} \varepsilon_0 E + \chi_{el}^{(2)} E^2 + \ldots$		
el. Suszeptibilität	$\underline{\underline{\chi}}_{\text{el}}$	magn. Suszeptibilität	$\underline{\underline{\chi}}_m$
Kraft auf Ladung im el. Feld	$\underline{F} = q \cdot \underline{E}$	Kraft auf Ladung im magn. Feld	$\underline{F}_L = q(\underline{v} \times \underline{B})$
kin. Energie der Ladung im el. Feld	$E_{\text{kin}} = \frac{1}{2} m v^2 = q(\varphi_1 - \varphi_2) = q \cdot U$		
el. Dipol	$\underline{\mu}_{\text{el}} (= q \cdot \underline{d})$	magn. Dipol	$\underline{\mu}_m (= I \cdot A \cdot \underline{n})$
Stromdichte	$\underline{j} = \underline{\underline{\sigma}} \cdot \underline{E} = N_{(v)} \cdot q \cdot \underline{\underline{u}} \cdot \underline{E}$		
Drehmoment auf einen el. Dipol im homogenen Feld	$\underline{T} = \underline{\mu}_{\text{el}} \times \underline{E}$	Drehmoment auf einen magn. Dipol im homogenen Feld	$\underline{T} = \underline{\mu}_m \times \underline{B}$
Energie eines el. Dipols im homogenen el. Feld	$E_{\text{pot}} = -\underline{\mu}_{\text{el}} \cdot \underline{E}$	Energie eines magn. Dipols im homogenen Magnetfeld	$E_{\text{pot}} = -\underline{\mu}_m \cdot \underline{B}$
Kraft auf einen el. Dipol im inhomogenen elektr. Feld	$\underline{F} = \operatorname{grad} \underline{E} \cdot \underline{\mu}_{\text{el}}$	Kraft auf einen magn. Dipol im inhomogenen Magnetfeld	$\underline{F} = \operatorname{grad} \underline{B} \cdot \underline{\mu}_m$
el. Feldenergiedichte	$\frac{E_{\text{el}}}{V} = \frac{1}{2} \underline{E} \cdot \underline{D}$	magn. Feldenergiedichte	$\frac{E_m}{V} = \frac{1}{2} \underline{B} \cdot \underline{H}$

sei auf physikalische Lehrbücher verwiesen (z.B. [Ger 77]). Abb. 5.2.11 zeigt zusammenfassend ihren physikalischen Inhalt.

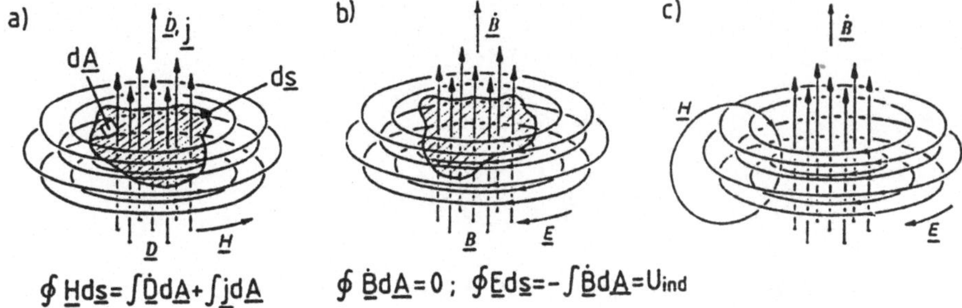

Abb. 5.2.11
Veranschaulichung der Maxwellschen Gleichungen [Ger 77].
a) Ein sich änderndes elektrisches Feld erzeugt ein Magnetfeld.
b) Ein sich änderndes Magnetfeld erzeugt ein elektrisches Feld.
c) Bei nicht konstantem B erzeugt ein veränderliches E ein weiteres Magnetfeld H.

5.2.2.10 Vergleich elektrischer und magnetischer Größen

In Tab. 5.2.3 sind die wichtigsten Größen einander gegenübergestellt.

5.3 Schrödingergleichung

In diesem Abschnitt soll die Analogie zwischen der klassischen Wellengleichung und der Schrödingergleichung über die Energie- und Impulsbeziehung der Materiewellen sowie den klassischen Energiesatz gezeigt werden. Außerdem wird ein kurzer Überblick über wichtige quantenmechanische Begriffe und Definitionen gegeben.

5.3.1 Formaler Zusammenhang zwischen klassischer Wellengleichung und Schrödingergleichung

Um die in Abschn. 2.1 beschriebene Wellennatur von Materie berücksichtigen zu können, wird eine allgemeine Gleichung gesucht, die materielle Teilchen und alle quantenmechanischen Erscheinungen beschreibt. Man kann diese Gleichung nicht herleiten, sondern sich nur plausibel machen. Dazu kann man von der eindimensionalen Wellengleichung ausgehen (vgl. Gl.(5.2.41):

$$\frac{\partial^2 \Psi}{\partial x^2} = \frac{1}{c^2} \frac{\partial^2 \Psi}{\partial t^2} \tag{5.3.1}$$

Eine mögliche Lösung ist (vgl. Gl. 5.2.40):

$$\Psi(x,t) = c \cdot e^{i\alpha} \tag{5.3.2}$$

mit

$$\alpha = kx - \omega t - \varphi \tag{5.3.3}$$

bei einer beliebigen Phasenverschiebung φ, die im folgenden null gesetzt wird.

Mit den aus Experimenten belegten Beziehungen (Gl. (3.1.15))

$$E = h\nu = \hbar\omega \tag{5.3.4}$$

und Gl. (2.1.13)

$$p = \frac{h}{\lambda} = \hbar k \tag{5.3.5}$$

gilt:

$$\alpha = \frac{(px - Et)}{\hbar} \tag{5.3.6}$$

Eingesetzt in Gl. (5.3.2) ergibt dies

$$\Psi(x,t) = c \cdot e^{i\left(\frac{px - Et}{\hbar}\right)} \tag{5.3.7}$$

Die gesuchte allgemeine Wellengleichung für Ψ mit der Phase φ muß nun die eindimensionale Wellengleichung (5.3.1) und den klassischen Energiesatz

$$E = T + V = \frac{p^2}{2m} + V \tag{5.3.8}$$

mit T als kinetischer und V als potentieller Energie erfüllen. Um einen

Ausdruck für E und p^2 zu bekommen. muß man Gl. (5.3.7) einmal nach der Zeit und zweimal nach dem Ort ableiten:

$$\begin{aligned} \frac{\partial \Psi}{\partial t} &= -\frac{iE}{\hbar}\Psi \\ E &= -\frac{\hbar}{i}\frac{\partial \Psi}{\partial t}\cdot \Psi^{-1} \end{aligned} \tag{5.3.9}$$

$$\frac{\partial \Psi}{\partial x} = \frac{ip}{\hbar}\Psi$$

$$\frac{\partial^2 \Psi}{\partial x^2} = -\frac{p^2}{\hbar^2}\Psi$$

$$-\hbar^2 \frac{\partial^2 \Psi}{\partial x^2}\cdot \Psi^{-1} = p^2 \tag{5.3.10}$$

Setzt man Gl. (5.3.9) und (5.3.10) in Gl. (5.3.8) ein, so ergibt sich die eindimensionale Schrödingergleichung

$$-\frac{\hbar^2}{2m}\frac{\partial^2 \Psi}{\partial x^2}\Psi^{-1} + V(x) = -\frac{\hbar}{i}\frac{\partial \Psi}{\partial t}\cdot \Psi^{-1} \tag{5.3.11a}$$

bzw.

$$\left[-\frac{\hbar^2}{2m}\frac{\partial^2}{\partial x^2} + V(x)\right]\Psi = i\hbar\frac{\partial \Psi}{\partial t}\,. \tag{5.3.11b}$$

Analog lautet die dreidimensionale Schrödingergleichung in kartesischen Koordinaten:

$$\begin{aligned} &\left[-\frac{\hbar^2}{2m}\left(\frac{\partial^2}{\partial x^2} + \frac{\partial^2}{\partial y^2} + \frac{\partial^2}{\partial z^2}\right) + V(\underline{r},t)\right]\Psi(\underline{r},t) \\ &\quad = \hat{H}\Psi(\underline{r},t) = \left[-\frac{\hbar^2}{2m}\Delta + V(\underline{r},t)\right]\Psi(\underline{r},t) = i\hbar\frac{\partial \Psi(\underline{r},t)}{\partial t} \end{aligned} \tag{5.3.12a}$$

Dabei haben wir den in Gl. (5.1.20a) eingeführten Laplace-Operator Δ verwendet. Analog kann sie auch in Kugelkoordinaten formuliert werden, wenn wir Δ aus Gl. (5.1.20b) einsetzen:

$$\begin{aligned} \hat{H}\Psi(\underline{r},t) &= \left[-\frac{\hbar^2}{2m}\left[\frac{1}{r^2}\left(r^2\frac{\partial}{\partial r}\right) + \frac{1}{r^2\sin\vartheta}\left(\sin\vartheta\frac{\partial}{\partial\vartheta}\right)\right.\right. \\ &\qquad \left.\left. + \frac{1}{r^2\sin^2\vartheta}\frac{\partial^2}{\partial\varphi^2}\right] + V(\underline{r},t)\right]\Psi(\underline{r},t) \\ &= i\hbar\frac{\partial \Psi(\underline{r},t)}{\partial t} \end{aligned} \tag{5.3.12b}$$

$\hat{H}$ ist der sog. Hamiltonoperator (zur Definition des Operators s. Abschn. 5.3.2).

Ist die Potentialfunktion $V(\underline{r})$ nicht zeitabhängig, so können Zeit- und Ortsabhängigkeit voneinander separiert werden:

$$\Psi(\underline{r}, t) = \Psi(\underline{r})\Psi(t) \qquad (5.3.13a)$$

und mit Gl. (5.3.7)

$$\Psi(\underline{r}, t) = \underbrace{c \cdot e^{\frac{ipx}{\hbar}}}_{\Psi(\underline{r})} \cdot \underbrace{e^{-\frac{iEt}{\hbar}}}_{\Psi(t)} \qquad (5.3.13b)$$

Eingesetzt in Gl. (5.3.12) ergibt sich

$$\frac{1}{\Psi(\underline{r})}\left[-\frac{\hbar^2}{2m}\left(\frac{\partial^2}{\partial x^2} + \frac{\partial^2}{\partial y^2} + \frac{\partial^2}{\partial z^2}\right)\Psi(\underline{r}) + V(\underline{r})\Psi(\underline{r})\right]$$
$$= i\hbar\frac{1}{\Psi(t)}\frac{\partial\Psi(t)}{\partial t} = E \qquad (5.3.14)$$

Die linke Seite der Gleichung ist nur orts-, der mittlere Teil nur zeitabhängig. Dies ist nur möglich, wenn beide Seiten eine Konstante sind. In diesem Fall ist die Konstante die Energie E. Betrachtet man nur den zeitunabhängigen Teil, so erhält man die zeitunabhängige Schrödingergleichung für stationäre Zustände:

$$\left[-\frac{\hbar^2}{2m}\left(\frac{\partial^2}{\partial x^2} + \frac{\partial^2}{\partial y^2} + \frac{\partial^2}{\partial z^2}\right) + V(\underline{r})\right]\Psi(\underline{r}) = E\Psi(\underline{r}) \qquad (5.3.15)$$

bzw.

$$\hat{H}\Psi(\underline{r}) = E\Psi(\underline{r}) \qquad (5.3.16)$$

5.3.2 Begriffe und Definitionen der Quantenmechanik

In diesem Abschnitt sollen die wichtigsten Begriffe der Quantenmechanik, die in Kap. 2 benötigt wurden, kurz zusammengefaßt werden.

Postulate bestehen aus einem Satz grundlegender, nicht ableitbarer Aussagen. Sie können nur durch den Vergleich mit experimentellen Ergebnissen auf ihre Plausibilität getestet werden. Die vier Postulate der Quantenmechanik sind:

1) Der Zustand eines physikalischen Systems wird durch eine Zustandsfunktion Ψ repräsentiert (Bedeutung siehe unten), die alle meßbaren Größen des Systems bestimmt.

2) Jede Observable (meßbare Größe) A wird durch einen linearen, hermiteschen Operator (Definition siehe unten) $\hat{A}$ ausgedrückt.

3) Der Zustand eines Systems, in dem eine physikalische Größe einen exakten Wert a hat, muß durch eine *Eigenfunktion* des entsprechenden Operators beschrieben sein. Der Wert der Größe a ist der dazugehörige Eigenwert:

$$\hat{A}\Psi_a = a\Psi_a \tag{5.3.17}$$

Bei der Messung der zum Operator $\hat{A}$ gehörenden Observablen erhält man *immer* das Resultat a (Eigenwert ist Meßwert).

4) Wenn sich ein System in den Zuständen Ψ_k befinden kann, d.h.

$$\hat{A}\Psi_k = a_k\Psi_k \quad \text{und} \quad \int \Psi_k\Psi_k^* d\tau = 1 \ , \tag{5.3.18}$$

so ist auch eine beliebige Linearkombination Ψ

$$\Psi = \sum_k c_k\Psi_k \tag{5.3.19}$$

ein möglicher Zustand des Systems.

Entartung:

Unter *Entartung* versteht man, daß zu einem Eigenwert mehrere Eigenfunktionen gehören.

Erwartungswert

Für Mikrosysteme ist typisch, daß ein Meßvorgang das Verhalten der zu messenden physikalischen Größe wesentlich beeinflußt. Weiterhin kann man bei wiederholten Messungen nicht erwarten, immer den gleichen Wert der Meßgröße (Observablen) zu erhalten, auch wenn die Meßbedingungen völlig identisch sind.

Befindet sich das System im Zustand Ψ gemäß Gl. (5.3.19), so wird man bei der Messung der Observablen A mit einer bestimmten Wahrscheinlichkeit einen der Eigenwerte a des Operators $\hat{A}$ feststellen. Im Mittel findet man

$$\bar{a} = \langle\hat{A}\rangle = \int \Psi^*\hat{A}\Psi d\tau = \sum_k a_k(c_k^*c_k) \quad . \tag{5.3.20}$$

Eigenschaften der Zustandsfunktion Ψ:

Die Zustandsfunktion Ψ soll ein dynamisches System so vollständig wie möglich beschreiben. Im Gegensatz zur klassischen Mechanik bedeutet dies für ein quantenmechanisches System, daß z.B. die Orts- und Impulskoordinaten nicht mehr exakt, sondern nur innerhalb der durch die Unschärferelation gegebenen Grenzen der Genauigkeit festgelegt sind.

Die Größe $\Psi^* \; \Psi \; d\tau$ für ein einzelnes Teilchen beschreibt die Wahrscheinlichkeit, das Teilchen zum Zeitpunkt t im Volumen $d\tau$ vorzufinden. $\Psi^*\Psi$ ist eine Wahrscheinlichkeitsdichte.

Damit die Funktion Ψ zur Beschreibung physikalischer Realität geeignet ist, unterliegt sie den folgenden Bedingungen.

- Ψ muß überall stetig und eindeutig sein, einen endlichen Wert und eine kontinuierliche Steigung besitzen. (Ausnahmen sind: Ψ muß über einen unendlichen Bereich keinen endlichen Wert haben; eine diskontinuierliche Steigung tritt dort auf, wo das Potential unendlich wird.)
- Damit man die Größe $\Psi^*\Psi d\tau$ sinnvoll als Wahrscheinlichkeit interpretieren kann, muß Ψ normierbar sein, d.h.:

$$\int_V \Psi^*\Psi d\tau = 1 \tag{5.3.21}$$

  V ist der gesamte Raum.

Die Wahrscheinlichkeit, das Teilchen irgendwo zu finden, ist 1.

Das führt dazu, daß bei jedem speziellen Beispiel bestimmte *Randbedingungen* eingehalten werden müssen, um diese Bedingungen zu erfüllen.

Separation von Variablen:

Oft interessiert es, ob eine Funktion $\Psi(x, y)$, die von den zwei Variablen x und y abhängt, in zwei Funktionen separiert werden kann, die jeweils nur von x oder y abhängig sind. Dies soll am Beispiel der zweidimensionalen Schrödingergleichung gezeigt werden:

Ansatz:

$$\Psi(x, y) \stackrel{!}{=} X(x)Y(y) \tag{5.3.22}$$

Daraus folgt:

$$\frac{\partial^2 \Psi}{\partial x^2} = Y \frac{d^2 X}{dx^2} \tag{5.3.23}$$

$$\frac{\partial^2 \Psi}{\partial y^2} = X \frac{d^2 Y}{dy^2} \tag{5.3.24}$$

Damit gilt:

$$-\left(\frac{\hbar^2}{2m}\right)\left[\left(\frac{\partial^2 \Psi}{\partial x^2}\right) + \left(\frac{\partial^2 \Psi}{\partial y^2}\right)\right] = E\Psi \tag{5.3.25}$$

$$-\left(\frac{\hbar^2}{2m}\right)\left[Y\left(\frac{d^2 X}{dx^2}\right) + X\left(\frac{d^2 Y}{dy^2}\right)\right] = EXY \tag{5.3.26}$$

Teilen durch XY ergibt:

$$-\left(\frac{\hbar^2}{2m}\right)\left[\left(\frac{X''}{X}\right) + \frac{Y''}{Y}\right] = E \tag{5.3.27}$$

$\frac{X''}{X}$ ist unabhängig von y. Variiert man y, so kann man nur $\frac{Y''}{Y}$ ändern. Da die Gesamtsumme aber wegen der Energiekonstanz gleich bleiben muß, ist auch $\frac{Y''}{Y}$ eine Konstante. Damit sind die beiden Funktionen unabhängig, und Gl. (5.3.22) ist gültig.

Orthogonalität:

Zwei verschiedene Wellenfunktionen Ψ_n und Ψ_m sind orthogonal, wenn gilt:

$$\int \Psi_n^* \Psi_m d\tau = 0 \tag{5.3.28}$$

Sind sie zusätzlich auf 1 normiert, so spricht man von orthonormalen Funktionen:

$$\int \Psi_n^* \Psi_m d\tau = \delta_{nm} \tag{5.3.29}$$

mit dem Kroneckerdelta δ_{nm}. Für δ_{nm} gilt:

$$\delta_{nm} \begin{cases} = 0 & \text{für } n \neq m \\ = 1 & \text{für } n = m \end{cases} \tag{5.3.30}$$

Eigenschaften von Operatoren:

Ein Operator $\hat{O}$ stellt eine Rechenvorschrift dar, die auf eine Funktion F_1 angewendet wird und eine neue Funktion F_2 erzeugt:

$$F_2 = \hat{O}F_1 \tag{5.3.31}$$

Beispiel: Der Impulsoperator $\hat{p} = \frac{\hbar}{i}\frac{d}{dx}$ erzeugt bei der Anwendung auf die Wellenfunktion

$$\Psi(x,t) = e^{i(\frac{p}{\hbar}x - \frac{E}{\hbar}t)}$$

dieselbe Wellenfunktion, multipliziert mit dem Impuls p des Teilchens (Spezialfall: Ψ ist Eigenfunktion zu $\hat{p}$):

$$\hat{p}\Psi = \frac{\hbar}{i}\frac{\partial}{\partial x}e^{i(\frac{p}{\hbar}x - \frac{E}{\hbar}t)} = \frac{\hbar}{i}i\frac{p}{\hbar}e^{i(px - \frac{E}{\hbar}t)} = p\Psi \tag{5.3.32}$$

Linearität

In Axiom 2 wurde die Linearität und die Hermitizität der Operatoren gefordert. Die Linearität ist erforderlich, um die Superpositionsmöglichkeit von Wellenfunktionen zu gewährleisten.
Für die Linearität müssen die folgenden Bedingungen erfüllt sein:

$$\hat{O}(F_1 + F_2) = \hat{O}F_1 + \hat{O}F_2 \tag{5.3.33}$$

$$\hat{O}(cF_1) = c \cdot \hat{O}F_1 \quad (c = \text{const.}) \tag{5.3.34}$$

Hermitizität:

In Gl. (5.3.20) wurde der Begriff des Erwartungswerts definiert. Da der Erwartungswert einem Meßergebnis entsprechen soll, muß er sinnvollerweise eine *reelle Zahl* sein. Bei linearen hermiteschen Operatoren ist diese Forderung immer erfüllt. Die Bedingung für Hermitizität läßt sich folgendermaßen schreiben:

$$\int \Psi_i^* \hat{O}\Psi_j d\tau = \int \hat{O}^* \Psi_i^* \Psi_j d\tau \tag{5.3.35}$$

Summe zweier Operatoren:

Die Summe $\hat{C}$ aus zwei hermiteschen Operatoren $\hat{A}$ und $\hat{B}$ ist wiederum ein hermitescher Operator:

$$\hat{C}\Psi = (\hat{A} + \hat{B})\Psi = \hat{A}\Psi + \hat{B}\Psi \tag{5.3.36}$$

Produkte aus Operatoren, Vertauschungsrelationen:

Das Produkt $\hat{B}\hat{A}$ aus zwei Operatoren entspricht der Vorschrift: Zunächst $\hat{A}$ auf Ψ anwenden, danach $\hat{B}$. Die Reihenfolge ist dabei von entscheidender Bedeutung. Anschauliche Begründung: Bei der Messung der Observablen A wird das System Ψ_a des Operators $\hat{A}$ erfaßt. Ist diese Wellenfunktion Ψ_a zugleich Eigenfunktion des zweiten Operators $\hat{B}$, so wird das System bei der zweiten Messung von $\hat{B}$ nicht mehr verändert. Das Ergebnis der ersten Messung bleibt erhalten: „Die beiden Messungen stören sich nicht.“ Im anderen Fall ist das Endergebnis von der Reihenfolge der Messungen abhängig.

Formal läßt sich dies mit Hilfe der Vertauschungsrelationen beschreiben. Man definiert dazu den *Kommutator* für zwei Operatoren $\hat{A}$ und $\hat{B}$ in der Form:

$$[\hat{A}, \hat{B}] = \hat{A}\hat{B} - \hat{B}\hat{A} \tag{5.3.37}$$

Beispiel: $\hat{A} = \hat{p}_x = \frac{\hbar}{i}\frac{\partial}{\partial x} = -i\hbar\frac{\partial}{\partial x}$; $\hat{B} = \hat{X} = x$

$$[\hat{p}_x, \hat{x}]\Psi = -i\hbar\frac{\partial}{\partial x}x\Psi + xi\hbar\frac{\partial}{\partial x}\Psi \tag{5.3.38}$$

$$= -i\hbar\left(\Psi + x\frac{\partial}{\partial x}\Psi\right) + i\hbar x\frac{\partial}{\partial x}\Psi = -i\hbar\Psi$$

$$[\hat{p}_x, \hat{x}] = -i\hbar \tag{5.3.39}$$

Es gilt nun die folgende allgemeine Regel:

Sind zwei Operatoren $\hat{A}$ und $\hat{B}$ nicht vertauschbar ($[\hat{A}, \hat{B}] \neq 0$), so lassen sich die entsprechenden physikalischen Größen durch Messung nicht gleichzeitig mit beliebiger Genauigkeit beobachten.

Gl. (5.3.39) stellt eine abstrakte Formulierung der Heisenbergschen Unschärferelation dar. Bestimmt man die Größe p exakt (dies läßt die Unschärferelation zu), so ist die kanonisch konjugierte Größe x völlig unbestimmt (Beispiel: ebene Welle).

Um nun die quantenmechanischen Operatoren zu finden, werden zunächst den klassischen Größen Ort x und Impuls $\underline{p}$ die Rechenvorschriften

$$\hat{x} = x \tag{5.3.40}$$

und

$$\hat{p} = \frac{\hbar}{i}\underline{\nabla} = \frac{\hbar}{i}\left(\frac{\partial}{\partial x}, \frac{\partial}{\partial y}, \frac{\partial}{\partial z}\right) \tag{5.3.41}$$

zugeordnet. Weitere Operatoren erhält man nun, indem man in den entsprechenden Ausdrücken der klassischen Größen (z.B. kinetische Energie $T = \frac{p^2}{2m}$) p und x durch obige Rechenvorschriften ersetzt:

$$\hat{T} = \frac{1}{2m}\hat{p}^2 = \frac{1}{2m}\left(\frac{\hbar}{i}\underline{\nabla}\right)^2 = -\frac{\hbar^2}{2m}\Delta \tag{5.3.42}$$

In Tab. 5.3.1 sind die wichtigsten quantenmechanischen Operatoren zusammengestellt.

Tab. 5.3.1
Klassische Größen und die zugehörigen quantenmechanischen Operatoren

	Eindimensionaler Operator	Dreidimensionaler Operator in kartesischen Koordinaten
Ort	$\hat{x} = x$	$\hat{r} = \underline{r}$
Impuls	$\hat{p} = -i\hbar\frac{\partial}{\partial x}$	$\hat{p} = -i\hbar \cdot \text{grad} = -i\hbar\underline{\nabla}$
Energie	$\hat{H} = -\frac{\hbar^2}{2m}\frac{\partial^2}{\partial x^2} + V(x)$	$\hat{H} = -\frac{\hbar^2}{2m}\left(\frac{\partial^2}{\partial x^2} + \frac{\partial^2}{\partial y^2} + \frac{\partial^2}{\partial z^2}\right) + V(\underline{r})$ $= -\frac{\hbar^2}{2m}\underline{\nabla}^2 + V(\underline{r}) = -\frac{\hbar^2}{2m}\Delta + V(\underline{r})$
Drehimpuls		$\hat{l} = \hat{r} \times \hat{p}$

Damit kann die zeitunabhängige Schrödingergleichung in verschiedenen Formen ausgedrückt werden

$$\hat{H}\Psi = E\Psi \tag{5.3.43}$$

$$(\hat{T} + V)\Psi = E\Psi \tag{5.3.44}$$

$$\left(\frac{\hat{p}^2}{2m} + V\right)\Psi = E\Psi \tag{5.3.45}$$

$$\left(-\frac{\hbar^2}{2m}\Delta + V\right)\Psi = E\Psi \tag{5.3.46}$$

Häufig wird Δ aus praktischen Gründen nicht in kartesischen, sondern in Kugelkoordinaten ausgedrückt. Es gilt mit Gl. (5.1.20b)

$$\begin{aligned}\hat{H}\Psi(\underline{r}) &= \left[-\frac{\hbar^2}{2m}\left[\frac{1}{r^2}\left(r^2\frac{\partial}{\partial r}\right) + \frac{1}{r^2 \sin\vartheta}\left(\sin\vartheta\frac{\partial}{\partial\vartheta}\right) + \frac{1}{r^2\sin^2\vartheta}\frac{\partial^2}{\partial\varphi^2}\right] + V(\underline{r})\right]\Psi(\underline{r}) \\ &= i\hbar\frac{\partial\Psi(\underline{r})}{\partial t}\end{aligned} \tag{5.3.47}$$

5.4 Ausgewählte Probleme aus der Spektroskopie

5.4.1 Übergangsmoment

Wir haben bereits in Abschn. 3.1.2.2.2 die zeitabhängige Schrödingergleichung verwendet, um Auswahlregeln und Intensitäten von spektroskopischen Resonanzanregungen quantenmechanisch zu beschreiben. Wir wollen jetzt die Ableitung etwas ausführlicher durchführen. Wir setzen die eindimensionale zeitabhängige Schrödingergleichung (Gl. (5.3.11b))

$$\left[-\frac{\hbar^2}{2m}\frac{\partial^2}{\partial x^2}+V(x)\right]\Psi(x,t)=-\frac{\hbar}{i}\frac{\partial\Psi(x,t)}{\partial t} \tag{5.4.1}$$

mit der Wellenfunktion

$$\begin{aligned}\Psi_{fi}(x,t)&=a_i(t)\Psi_i(x,t)+a_f(t)\Psi_f(x,t)\\&=a_i(t)\Psi_i(x)e^{-(i/\hbar)E_it}+a_f(t)\Psi_f(x)e^{-(i/\hbar)E_ft}\end{aligned} \tag{5.4.2}$$

für $a_i(0)=1$ und $a_f(0)=0$ an. (In Abschn. 3.1.2.2.2 hatten wir allgemeiner die dreidimensionale Form verwendet, wollen hier jedoch die mathematisch einfacher zu handhabende eindimensionale Form wählen.) Dabei waren $\Psi_i(x)$ und $\Psi_f(x)$ die stationären Lösungen der zeitunabhängigen Schrödingergleichung, die die Energieeigenwerte des Anfangs- bzw. Endzustandes liefern. (Die Gleichung gilt jedoch auch für gemischte Zustände, mit denen man die Dynamik von Systemen beschreiben kann, z.B. in der Pulsspektroskopie (zum Beispiel NMR, s. z.B. [Ern 87].) Die letzte Umformung ergab sich mit Gl. (5.3.7). Ψ_{fi} ist die zeitabhängige Wellenfunktion, die sich während der Störung durch das anregende Feld ergibt. Wir hatten das Problem deshalb als Störungsrechnung angesetzt:

$$\begin{aligned}&(\hat{H}_0+H')(a_i(t)\Psi_i(x,t)+a_f(t)\Psi_f(x,t))\\&\quad=-\frac{\hbar}{i}\frac{\partial}{\partial t}(a_i(t)\Psi_i(x,t)+a_f(t)\Psi_f(x,t))\end{aligned} \tag{5.4.3}$$

und somit

$$\begin{aligned}&a_i(t)\hat{H}_0\Psi_i(x,t)+a_f(t)\hat{H}_0\Psi_f(x,t)+a_i(t)H'\Psi_i(x,t)+a_f(t)H'\Psi_f(x,t)\\&=-\frac{\hbar}{i}\Psi_i(x,t)\frac{da_i(t)}{dt}-\frac{\hbar}{i}\Psi_f(x,t)\frac{da_f(t)}{dt}\\&\quad-\frac{\hbar}{i}a_i(t)\frac{\partial\Psi_i(x,t)}{\partial t}-\frac{\hbar}{i}a_f(t)\frac{\partial\Psi_f(x,t)}{\partial t}.\end{aligned} \tag{5.4.4}$$

Die ersten beiden Terme auf der linken Gleichungsseite und die letzten beiden Terme auf der rechten Seite heben sich gegenseitig auf, da sie die Lösung der ungestörten Schrödingergleichung

$$\hat{H}_0\Psi(x,t) = -\frac{\hbar}{i}\frac{\partial\Psi(x,t)}{\partial t} \tag{5.4.5}$$

sind.

Die restlichen Terme von Gl. (5.4.4) werden mit Ψ_f^* multipliziert und über den ganzen Raum, das heißt von $-\infty \leq x \leq +\infty$ integriert:

$$\begin{aligned} \frac{da_f}{dt} &= -\frac{i}{\hbar}a_i e^{-(i/\hbar)(E_i-E_f)t}\int_{-\infty}^{+\infty}\Psi_f^*(x)\hat{H}'\Psi_i(x)dx \\ &\quad -\frac{i}{\hbar}a_f\int_{-\infty}^{+\infty}\Psi_f^*(x)\hat{H}'\Psi_f(x)dx \\ &\approx -\frac{i}{\hbar}a_i e^{-(i/\hbar)(E_i-E_f)t}\int_{-\infty}^{+\infty}\Psi_f^*(x)\hat{H}'\Psi_i(x)dx \end{aligned} \tag{5.4.6}$$

Dabei verschwand ein Integral durch die Orthogonalität von Ψ_f und Ψ_i (vgl. Abschn. 5.3.2). Man kann nun zeigen, daß der letzte Term nicht nur zu Beginn null ist ($a_f(0) = 0$), sondern daß er auch bei längeren Zeiten nicht wesentlich zu $\frac{da_f}{dt}$ beiträgt. Damit erhält man die letzte Umformung, die einem die Rate angibt, mit der das System vom Anfangs- zum Endzustand übergeht. Ist diese Rate null, so findet der Übergang nicht statt, und man spricht von verbotenen Übergängen. Man erkennt aus Gl. (5.4.6), daß das Integral der letzten Zeile die entscheidende Rolle bei der Berechnung von Auswahlregeln spielt.

Wir wollen nun wie in Abschn. 3.1.2.2.2 das Beispiel behandeln, daß ein elektrischer Dipolübergang stattfindet. Zur Vereinfachung betrachten wir zuerst nur den Einfluß des x-Komponente des $\underline{E}$-Feldes,

$$E_x = 2E_{x,0}\cos 2\pi\nu t = E_{x,0}(e^{2\pi i\nu t} - e^{2\pi i\nu t}), \tag{5.4.7}$$

da wir bisher nur die eindimensionale Schrödingergleichung zur Ableitung verwendet haben.

Die potentielle Energie des Systems wird dann um die Störung

$$\hat{H}' = E_x\hat{\mu}_x = E_{x,0}(e^{2\pi i\nu t} + e^{-2\pi i\nu t})\hat{\mu}_x \tag{5.4.8}$$

verändert.

Setzen wir Gl. (5.4.8) in Gl. (5.4.6) ein, so erhalten wir

$$\frac{da_f}{dt} = -\frac{i}{\hbar}E_{x,0}\int\limits_{-\infty}^{+\infty}\Psi_f^*(x)\hat{\mu}_x\Psi_i(x)dx \\ \times\left[e^{(i/\hbar)(E_f-E_i+h\nu)t}+e^{(i/\hbar)(E_f-E_i-h\nu)}\right]. \qquad (5.4.9)$$

Das Integral wird Übergangsmoment bzw. in diesem speziellen Fall elektrisches Übergangsdipolmoment genannt und allgemein mit R_{fi}, hier im eindimensionalen Fall mit $R_{fi,x}$ abgekürzt. Integriert man nun Gl. (5.4.9) über die Zeit von 0 bis t, so erhält man

$$a_f(t) = R_{fi,x}E_{x,0}\left[\frac{1-e^{(i/\hbar)(E_f-E_i+h\nu)t}}{E_f-E_i+h\nu}+\frac{1-e^{(i/\hbar)(E_f-E_i-h\nu)t}}{E_f-E_i-h\nu}\right]. \qquad (5.4.10)$$

Bei Absorption besitzt E_f eine höhere Energie als E_i. Dann wird der Nenner des zweiten Summanden bei Resonanz, d.h. $E_f - E_i = h\nu$ (Gl. (3.1.15)), gleich null und der zweite Summand sehr groß. Bei Emission ist dagegen $E_f < E_i$, und der erste Term ist entscheidend. Wir wollen uns im folgenden auf die Absorption und damit den zweiten Summanden beschränken.
Wollen wir ein reales System beschreiben, so müssen wir die Wahrscheinlichkeitsdichte $\Psi^*\Psi$ betrachten, wobei Ψ durch Gl. (5.4.2) gegeben ist. Die Integration über alle x ergibt die zeitabhängige Beschreibung:

$$\int\limits_{x=-\infty}^{+\infty}\Psi_{fi}^*(x,t)\Psi_{fi}(x,t)dx = a_i^*(t)a_i(t)+a_f^*(t)a_f(t) \qquad (5.4.11)$$

Mit Gl. (5.4.10) gilt:

$$a_f^*(t)a_f(t) = R_{fi,x}^2E_{x,0}^2\left[\frac{2-e^{(i/\hbar)(E_f-E_i-h\nu)t}-e^{-(i/\hbar)(E_f-E_i-h\nu)t}}{(E_f-E_i-h\nu)^2}\right] \\ = 4R_{fi,x}^2E_{x,0}^2\left[\frac{\sin^2\left(\frac{1}{2\hbar}\right)(E_f-E_i-h\nu)t}{(E_f-E_i-h\nu)^2}\right] \qquad (5.4.12)$$

Das Integral über alle Frequenzen mit $E_{x,0} = \text{const}$. liefert mit

$$\int\limits_{\nu=-\infty}^{+\infty}\frac{\sin^2\nu}{\nu^2}d\nu = \pi \qquad (5.4.13)$$

das Ergebnis

$$a_f^*(t)a_f(t) = \frac{1}{\hbar^2}R_{fi,x}^2 E_{x,0}^2 t \tag{5.4.14}$$

und mit der Strahlungsdichte

$$u_{(v)}(\nu, T) = \frac{6}{4\pi}E_{x,0}^2 \tag{5.4.15}$$

$$\frac{d(a_f^*(t)a_f(t))}{dt} = \frac{8\pi^3}{3h^2}R_{fi,x}^2 u_{(v)}(\nu, T)\ . \tag{5.4.16}$$

Meist sind die Strahlung und die Wechselwirkung isotrop. Damit läßt sich schreiben:

$$\begin{aligned} \frac{d(a_f^*(t)a_f(t))}{dt} &= \frac{8\pi^3}{3h^2}(R_{fi,x}^2 + R_{fi,y}^2 + R_{fi,z}^2)u_{(v)}(\nu, T) \\ &= \frac{8\pi^3}{3h^2}R_{fi}^2 u_{(v)}(\nu, T) \end{aligned} \tag{5.4.17}$$

5.4.2 Symmetrie

Wir haben in den Molekülspektroskopiekapiteln gesehen, daß sich manche Eigenschaften von Molekülen direkt aus ihrer Symmetrie ableiten, ohne daß man Näheres über das Molekül wissen muß. In diesem Kapitel wollen wir nun einen kurzen Überblick über die Einteilung von Molekülen nach ihren Symmetrielementen kennenlernen.

Man versteht dabei unter einer *Symmetrieoperation* eine Operation, wie z.B. Drehen des Moleküls um eine Achse oder Spiegeln an einer Ebene, die das Aussehen des Körpers nicht ändert. Die Punkte, Achsen oder Ebenen, an denen diese Symmetrieoperationen durchgeführt werden, nennt man *Symmetrielemente.* Insgesamt gibt es fünf Arten von Symmetrieoperationen und damit auch Symmetrieelementen, die durch die gleichen Symbole gekennzeichnet werden. Es gibt dabei zwei Nomenklaturen: Die bei Molekülen gebräuchliche Schoenflies-Symbolik, die wir im folgenden überwiegend verwenden werden, und die in der Kristallographie übliche Symbolik nach Hermann und Mauguin, die auch internationale Symbolik genannt wird. Die internationalen Bezeichnungen geben wir in Klammern an.

Man unterscheidet:

- Identität E (1)

  Der Körper bleibt unverändert.

- Rotation um eine Drehachse C_n (n)
  Ein Molekül besitzt eine Drehachse C_n, wenn es bei Rotation um $\frac{360°}{n}$ um diese Achse seine Gestalt nicht ändert. Nach n Operationen liegt das Molekül wieder in der Ausgangslage vor. Bei Rotationen mit $n > 2$ muß man dabei unterscheiden, ob diese im Uhrzeigersinn oder dagegen ausgeführt wird. Besitzt ein Molekül mehrere Drehachsen, so gilt die Achse mit größtem n als Hauptachse.

- Spiegelebene σ (m)
  Bei einer Spiegelung bleiben die Atome in der Ebene erhalten. Atome außerhalb der Ebene wechseln das Vorzeichen ihrer Atomkoordinate. Enthält die Spiegelebene die Hauptachse des Moleküls, so spricht man von vertikaler Spiegelebene σ_v, liegt sie senkrecht dazu, so hat man eine horizontale Spiegelebene σ_h vorliegen. Neben den σ_v definiert man z.T. bei Vorliegen mehrerer verschiedener vertikaler Spiegelebenen oder von C_2-Achsen sog. diagonale Spiegelebenen σ_d.

- Inversionszentrum i ($\bar{1}$)
  Wenn man von jedem Punkt des Körpers eine Linie durch das Inversionszentrum zieht, so liegt auf der anderen Seite in gleichem Abstand ein identischer Punkt. Moleküle mit Inversionszentrum müssen deshalb außer dem Atom im Inversionszentrum alle Atome paarweise enthalten.

- Drehspiegelachse S_n ($\tilde{n}$)
  Die Drehspiegelung ist eine Kombination einer n-zähligen Rotation und einer anschließenden Spiegelung an einer horizontalen Spiegelebene. In der Kristallographie üblicher ist die Drehinversionsachse ($\bar{n}$), bei der eine Rotation mit einer Inversion verknüpft wird.

Abb. 5.4.1 zeigt Moleküle mit einigen der genannten Symmetrieelementen.

Man faßt Moleküle, die die gleichen Symmetrieelemente besitzen, als Punktgruppen zusammen. Der Name bedeutet, daß alle Symmetrieelemente mindestens einen gemeinsamen Punkt besitzen und daß die zugehörigen Operationen eine *Gruppe* bilden. Eine Gruppe muß dabei bestimmte Bedingungen erfüllen:

1. Verknüpfungsbedingung:
   Die Verknüpfung zweier Elemente A, B der Gruppe M ergibt ein drittes Element C, das ebenfalls zur Gruppe gehört:

$$A \circ B = C, \quad \text{mit} \quad A, B, C \in M \tag{5.4.18}$$

   In unserem Falle bedeutet das, daß zwei Symmetrieoperationen, die hintereinander ausgeführt werden, auch durch eine einzige Operation,

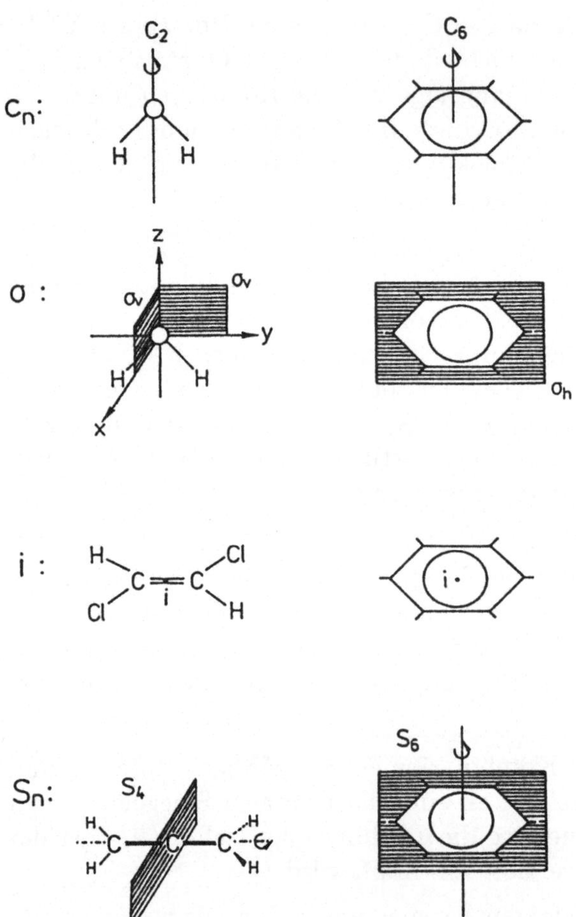

Abb. 5.4.1
Beispiele für Moleküle, bei denen exemplarisch je ein Symmetrieelement gezeigt ist

die zu dieser Gruppe gehört, ersetzt werden können. Die Verknüpfung „∘" bedeutet dabei, daß *zuerst* B, dann A ausgeführt wird.

2. Assoziativgesetz:
   Es gilt:

$$(A \circ B) \circ C = A \circ (B \circ C) \tag{5.4.19}$$

3. Eine Gruppe muß ein Identitätselement E enthalten, das durch Verknüpfung mit jedem Element A das Produkt

$$E \cdot A = A \cdot E = A \qquad (5.4.20)$$

bildet.

4. Zu jedem Element A gibt es ein inverses Element A^{-1}, für das gilt:

$$A^{-1} \circ A = A \circ A^{-1} = E \qquad (5.4.21)$$

5. Das Kommutativgesetz

$$A \circ B = B \circ A \qquad (5.4.22)$$

muß *nicht* gelten. Ist es gültig, so spricht man von abelschen Gruppen.

Man erhält nun folgende Typen von Punktgruppen:

Nichtaxiale Gruppen

In nichtaxialen Gruppe ist keine Drehachse vorhanden.

C_1: Keine eigentlichen Symmetrieelemente = *asymmetrisches* Molekül (optisch aktiv)

C_s: Nur eine Spiegelebene σ_h $(= C_h)$

C_i: Nur Inversionszentrum i $(= S_2)$

C-Gruppen

C heißt *cyclische Gruppe*. In ihnen ist eine Drehachse vorhanden.

C_n: Nur eine Drehachse C_n mit $n > 1$
Solche Moleküle sind *dissymmetrisch* und damit optisch aktiv.

S_n: Relativ selten. Nur Moleküle mit $2n$ $(n > 1)$, also geradzahliger Drehspiegelachse, bilden eigene Punktgruppen $(S_4, S_6, S_8, \ldots)$ $(S_2 = C_i)$. Die ungeraden Drehspiegelachsen S_{2n+1} sind identisch mit den entsprechenden C_{nh}-Gruppen und werden dort eingereiht.

C_{nv}: Elemente C_n, $n \cdot \sigma_v$ für ungerades n
C_n, $\frac{n}{2} \cdot \sigma_v$, $\frac{n}{2} \cdot \sigma_d$ für gerades n $(\sigma_v, \sigma_d \parallel C_p)$
Bei geraden n treten zwei verschiedene Sätze (Klassen) von vertikalen Ebenen auf, da diese eine unterschiedliche Anzahl von Atomen enthalten.

C_{nh}: Die Kombination von $C_n + \sigma_h$ ergibt automatisch eine S_n. Bei geradem n ist stets in Inversionszentrum i (S_2) enthalten.

D-Gruppen

D heißt *Diedergruppe*. Diese enthalten eine n-zählige Achse und n zweizählige Achsen senkrecht zur Hauptachse:

$$C_n + n \cdot C_2 \perp C_n \quad (n > 1)$$

D_n: Elemente $C_n, n \cdot C_2 \perp C_n$ für ungerades n
$C_n; \frac{n}{2} \cdot C_2', \frac{n}{2} \cdot C_2''$ für gerades n
Moleküle mit D_n-Symmetrie enthalten nur Drehachsen und sind daher wie bei C_n *dissymmetrisch* und optisch aktiv. Für gerades n treten zwei verschiedene Sätze von zweizähligen Nebenachsen auf. D_2 wird auch mit V bezeichnet.

D_{nh}: Elemente $C_n, n \cdot C_2 \perp C_n, \sigma_h$ für ungerades n
$C_n, \frac{n}{2} \cdot C_2', \frac{n}{2} \cdot C_2'', \sigma_h$ für gerades n
Für ungerades n werden zusätzlich $n \cdot \sigma_v$ und S_n, für gerades n $\frac{n}{2} \cdot \sigma_v, \frac{n}{2} \cdot \sigma_d, S_n$ und ein Inversionszentrum i erzeugt.

D_{nd}: $C_n, n \cdot C_2 \perp C_n, n \cdot \sigma_d$ (zwischen $n \cdot C_2$), *keine* σ_h
Zusätzlich werden S_{2n} (für beliebiges n) und ein Inversionszentrum für ungerades n erzeugt (vgl. D_{nh}). Alle C_2 und σ_d sind äquivalent (für gerades n kennzeichnet man die Nebenachsen mit C_2').

Kubische Gruppen

Mehrere (räumlich verschiedene) Drehachsen $C_n (n > 2)$:

T_d: Reguläres Tetraeder
Elemente und Operationen:
$8C_3 (= 4C_3 + C_3^2), 6S_4 (= 3S_4 + 3S_4^3)$
$3C_2 (= 3S_4^2), 6\sigma_d, E (= 24$ Symmetrieoperationen).

T_h: Die Gruppe T_h leitet sich von der T_d-Symmetrie durch Hinzufügen eines Inversionszentrums ab.
Operationen: $4C_3, 4C_3^2, 3C_2, 4S_6, 4S_6^5, 3\sigma_d, I, E (= 24)$.

O_h: Reguläres Oktaeder, regulärer Würfel (Hexaeder)
Operationen:
$6C_4 (= 3C_4 + 3C_4^3), 3C_2 (= 3C_4^2), 8C_3 (= 4C_3$
$+ 3C_3^2), 6S_4 (= 3S_4 + 3S_4^3), 8S_6 (= 4S_6 +$
$4S_6^5), 6C_2' \perp C_4, 3\sigma_h, 6\sigma_d, i, E (= 48)$.
Die σ_d verlaufen durch zwei gegenüberliegende Ecken und zwei Kantenmitten ($\perp \sigma_h$); die C_2' durch je zwei gegenüberliegende Kantenmitten.

I_h: Reguläres Ikosaeder, reguläres (Pentagon-)Dodekaeder

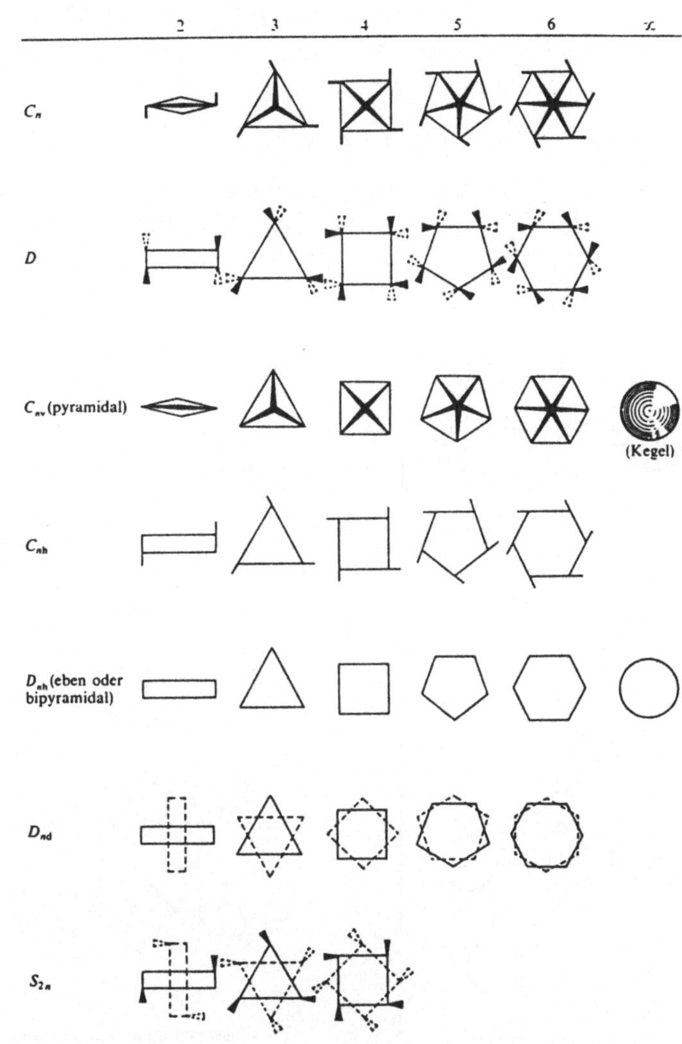

Abb. 5.4.2
Zusammenstellung von Figuren, die zu den verschiedenen Punktgruppen gehören [Atk 90]

Unendlich viele Symmetrieelemente:

$C_{\infty v}$: Rotationssymmetrische Körper mit einer Vorzugsachse *ohne* Inversionszentrum
Elemente: $E, 2C_{\infty}^{\phi *} \ldots, \infty\sigma_v$ (gleichwertig)

$D_{\infty h}$: wie $C_{\infty v}$, aber *mit* Inversionszentrum
Elemente: $E, 2C_{\infty}^{\phi *} \ldots, \infty\sigma_i, i, 2S_{\infty}^{\phi *} \ldots, C_2$ (gleichw.)
In diesem speziellen Fall schreibt man σ_i statt σ_v oder σ_d; $S_{\infty} = \sigma_h$.

K_h: Rotationssymmetrischer Körper ohne Vorzugsachse mit unendlich vielen und verschiedenen Symmetrieelementen (Kugelsymmetrie). (* bedeutet Paar aus konjugierten Elementen.)

Beispiele sind in Abb. 5.4.2 gegeben.

Wenn man die Punktgruppen eines Moleküls zu bestimmen hat, empfiehlt es sich, das Diagramm nach Abb. 5.4.3 durchzuarbeiten.

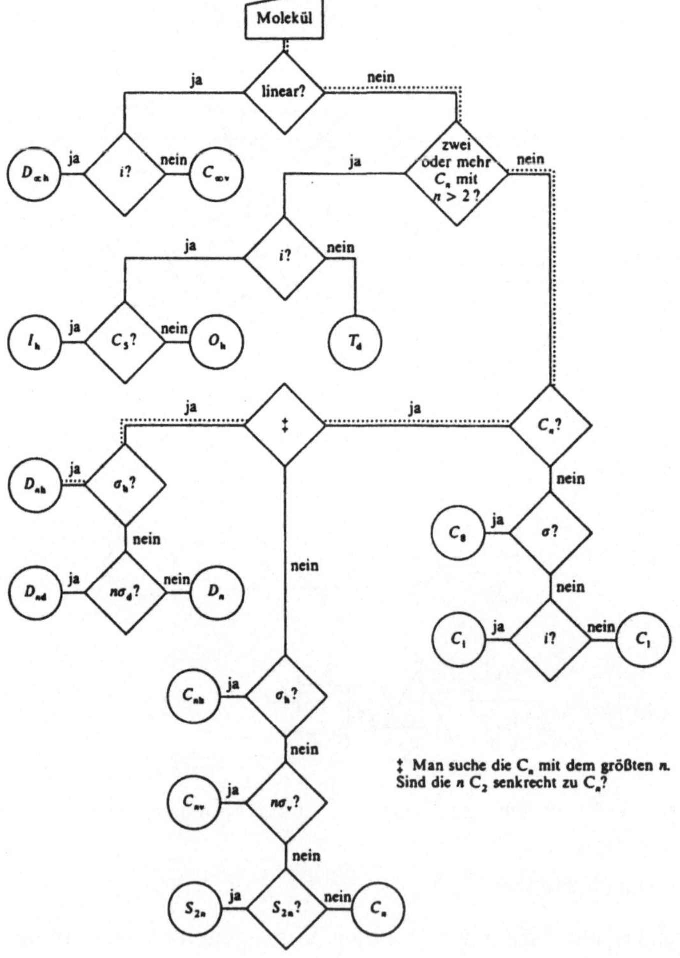

Abb. 5.4.3
Fließdiagramm zur Bestimmung der Punktgruppe eines Moleküls [Atk 90]

In Kristallen muß man drei weitere Symmetrieelemente neben den oben besprochenen berücksichtigen:

- Translation entlang eines Vektors (P, A, B, C, F, I oder R)

  Unter einer Translation versteht man eine parallele Verschiebung in einer definierten Richtung um einen definierten Betrag. Kristalle besitzen Translationssymmetrie in drei Dimensionen. Die Translationsvektoren entsprechen den drei Basisvektoren (vgl. Abschn. 2.6.1.1). Das Hermann-Mauguin-Symbol legt als Großbuchstabe fest, welcher Typ von Kristallgitter vorliegt:

  P: primitives Gitter

  A, B oder C: basiszentriert in der a_2a_3-(bc-), a_1a_3-(ac-) oder a_1a_2-(ab-) Ebene (In Abschn. 2.6.1.1 hatten wir a_1, a_2, a_3 als Symbole für die Basisvektoren gewählt, während in der Literatur auch häufig a, b, c verwendet werden.)

  F: flächenzentriert

  I: innen- bzw. raumzentriert

  R: rhomboedrisch

- Schraubung um eine Achse (n_m)

  Ist in einer Achsenrichtung Translationssymmetrie vorhanden, so kann zusätzlich eine Schraubung auftreten. Eine Schraubenachse entsteht, wenn eine Drehung um $\frac{360}{n}$ Grad mit einer Verschiebung längs der Achse gekoppelt wird. Das Hermann-Mauguin-Symbol n_m beschreibt mit n die Drehkomponente ($\frac{360}{n}$ Grad), der Bruch $\frac{m}{n}$ gibt die Verschiebung als Bruchteil des Translationsvektors an.

- Gleitspiegelebene (a, b, c, n oder d)

  Eine Gleitspiegelebene kann nur auftreten, wenn parallel zur Ebene Translationssymmetrie vorhanden ist. Bei einer Gleitspiegelebene wird anschließend an eine Spiegelung an der Ebene eine Verschiebung parallel zur Ebene durchgeführt. Das Hermann-Mauguin-Symbol gibt die Gleitrichtung bezüglich der Elementarzelle an:

  a, b oder c: Gleiten parallel zu den Basisvektoren um $\frac{1}{2}a_1$, $\frac{1}{2}a_2(b)$ oder $\frac{1}{2}a_3(c)$

  n: Verschiebung in diagonaler Richtung um $\frac{1}{2}$ Translationsvektor in dieser Richtung

  d: Verschiebung in diagonaler Richtung um $\frac{1}{4}$ Translationsvektor in dieser Richtung

Unter Einbeziehung der Translationssymmetrie erhält man aus den Punktgruppen die sog. *Raumgruppen*. Da in Kristallen wegen dem Prinzip der größten Raumerfüllung nur 1-, 2-, 3-, 4- und 6-zählige Drehachsen vorhanden sein können, ergeben sich 230 verschiedene Raumgruppentypen. Die

Bezeichnung der Raumgruppen erfolgt nur in der Hermann-Mauguin- (und nicht in der Schoenflies-) Symbolik, wobei der Großbuchstabe für die Translationssymmetrie vorneweg gestellt wird. Anschließend folgt die Punktgruppenbezeichnung.
Läßt man die Translationssymmetriebezeichnung weg, so erhält man das Symbol für die sog. *Faktorgruppe.*
Kristalle teilt man in bestimmte *Kristallklassen* ein. Da ein Kristall wegen seiner endlichen Ausdehnung keine Translationssymmetrie besitzt, gehört ein Kristall zu der Kristallklasse, die der Punktgruppe entspricht, die sich aus der Raumgruppe nach Weglassen der Translationssymmetrie und Ersetzen von Schraubenachsen durch Drehachsen und von Gleitspiegelebenen durch Spiegelebenen ergibt. Aus den 230 Raumgruppentypen ergeben sich so 32 Kristallklassen.
Darüberhinaus gehört zu jeder Raumgruppe ein spezielles Koordinatensystem, das durch die drei Basisvektoren a_1, a_2 und a_3 aufgespannt wird. Man kann durch bestimmte Beziehungen zwischen diesen Vektoren alle Raumgruppen einem von sieben *Kristallsystemen* zuordnen. Diese haben wir bereits in Tab. 2.6.1 kennengelernt.
Befindet sich ein Atom in einem Kristall auf einem Symmetriezentrum, auf einer Drehachse oder auf einer Spiegelebene, so besitzt es eine spezielle Punktlage mit einer definierten *Punktlagensymmetrie* (engl. „site symmetry"). Die Punktlagensymmetrie eines Atoms in einem Molekülkristall kann dabei nie höher sein als die Symmetrie des freien Moleküls.

Wir wollen uns nun damit beschäftigen, wie man Symmetrieoperationen mathematisch darstellt. Hierzu muß man zuerst die Lage des Moleküls in einem kartesischen Koordinatensystem festlegen. Dabei gilt:

- Der Ursprung des Koordinatensystems liegt im Zentrum des Moleküls.
- Die z-Achse liegt wie folgt:
  - Bei nur einer Drehachse ist diese die z-Achse.
  - Bei mehreren Drehachsen ist die mit größter Zähligkeit, also die Hauptachse die z-Achse.
  - Gibt es mehrere C_n mit gleicher maximaler Zähligkeit, so ist die mit der größten Anzahl an Atomen die z-Achse.
  - Bei ebenen Molekülen wird die z-Richtung häufig als senkrecht zur Molekülebene stehend gewählt.
- Die x-Achse liegt bei ebenen Molekülen, bei denen z senkrecht auf der Molekülebene steht, auf der Achse mit größter Anzahl von Atomen. Liegt z in der Molekülebene, so ist die x-Achse senkrecht zu dieser Ebene. Bei nichtebenen Molekülen ist die Zuordnung häufig willkürlich.

Jedes Atom kann nun durch einen Vektor $\underline{a} = \begin{pmatrix} x_i \\ y_i \\ z_i \end{pmatrix}$ definiert werden, der vom Ursprung auf das Atom zeigt (vgl. Abschn. 5.1.2). Bei einer Symmetrieoperation werden die Koordinaten x, y und z, die nicht notwendigerweise kartesische Koordinaten sein müssen, in neue Koordinaten x', y' und z' transformiert. Dies läßt sich nach Abschn. 5.1.3 besonders übersichtlich durch eine Matrixschreibweise ausdrücken:

$$\begin{pmatrix} x_i' \\ y_i' \\ z_i' \end{pmatrix} = \begin{pmatrix} a_{11} & a_{12} & a_{13} \\ a_{21} & a_{22} & a_{23} \\ a_{31} & a_{32} & a_{33} \end{pmatrix} \begin{pmatrix} x_i \\ y_i \\ z_i \end{pmatrix}$$

$$\underline{a}' = \underline{\underline{T}}\,\underline{a} \tag{5.4.23}$$

Wir wollen nun die Transformationsmatrix für die Symmetrieoperatoren bestimmen. Im Falle der Identitätsoperation ist sie immer

$$\underline{\underline{T}}_E = \begin{pmatrix} 1 & 0 & 0 \\ 0 & 1 & 0 \\ 0 & 0 & 1 \end{pmatrix} . \tag{5.4.24}$$

Für die anderen Symmetrieoperation müssen wir uns nun eine spezielle Punktgruppe als Beispiel nehmen. Wir wählen hier die Punktgruppe C_{3v}. Für die Punktgruppe betrachten wir die Operation der Spiegelung an einer Spiegelebene σ. Dazu führen wir einen Satz von kartesischen Achsen mit den Einheitsvektoren $\underline{i}$, $\underline{j}$ und $\underline{k}$ in Richtung dieser Achsen ein (Abb. 5.4.4).

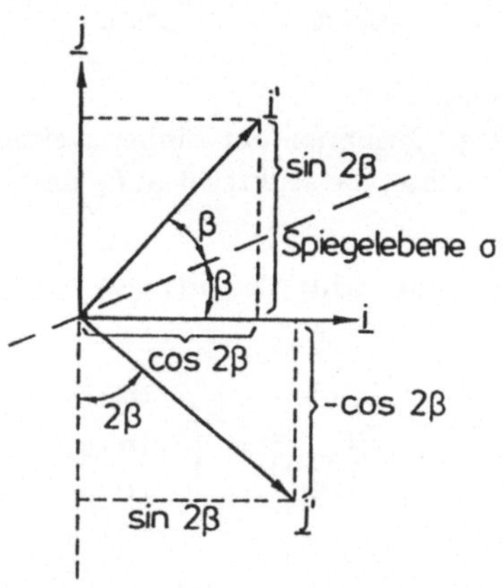

Abb. 5.4.4
Transformation der Einheitsvektoren $\underline{i}$ und $\underline{j}$ durch eine Spiegelebene σ, die senkrecht zur Bildebene verläuft und den Einheitsvektor $\underline{k}$ enthält [Moo 90]

Der Vektor $\underline{k}$ (z-Achse) liegt in der Spiegelebene, die mit dem Vektor $\underline{i}$ (x-Achse) den Winkel β einschließt. Wir betrachten nun die Wirkung der Symmetrieoperation σ auf jeden der drei Einheitsvektoren. Die transformierten Vektoren bezeichnen wir mit $\underline{i}'$, $\underline{j}'$ und $\underline{k}'$. Mit Hilfe der Abbildung finden wir die Beziehungen

$$\begin{aligned} \underline{i}' &= (\cos 2\beta)\underline{i} + (\sin 2\beta)\underline{j} + (0)\underline{k} \\ \underline{j}' &= (\sin 2\beta)\underline{i} - (\cos 2\beta)\underline{j} + (0)\underline{k} \\ \underline{k}' &= 0(\underline{i}) + (0)\underline{j} + (1)\underline{k}\ . \end{aligned} \tag{5.4.25}$$

Die Transformationsmatrix für σ ist daher:

$$\underline{\underline{T}}_{\sigma} = \begin{pmatrix} \cos 2\beta & \sin 2\beta & 0 \\ \sin 2\beta & -\cos 2\beta & 0 \\ 0 & 0 & 1 \end{pmatrix} \tag{5.4.26}$$

Die Transformationsmatrix für die Drehung um eine Achse in Richtung des Vektors $\underline{k}$ läßt sich anhand von Abb. 5.4.5 ableiten.

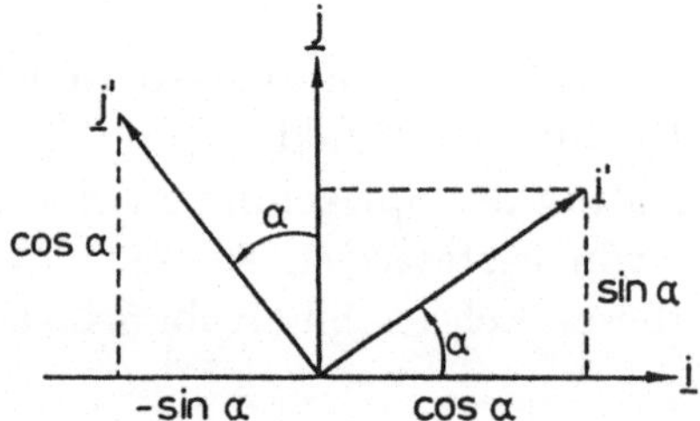

Abb. 5.4.5
Transformation der Einheitsvektoren $\underline{i}$ und $\underline{j}$ durch eine Drehachse $C(\alpha)$ in Richtung der $\underline{k}$-Achse, die senkrecht auf $\underline{i}$ und $\underline{j}$ steht, bei einer Drehung um den Winkel α [Moo 90]

Für die Matrix gilt:

$$\underline{\underline{T}}_{C(\alpha)} = \begin{pmatrix} \cos\alpha & -\sin\alpha & 0 \\ \sin\alpha & \cos\alpha & 0 \\ 0 & 0 & 1 \end{pmatrix} \tag{5.4.27}$$

Wählt man nun ein konkretes Molekül, so kann man explizit Matrizen angeben, die die Gruppe C_{3v} repräsentieren. In Abb. 5.4.6 ist das Molekül CH_3Cl als Beispiel gezeigt.

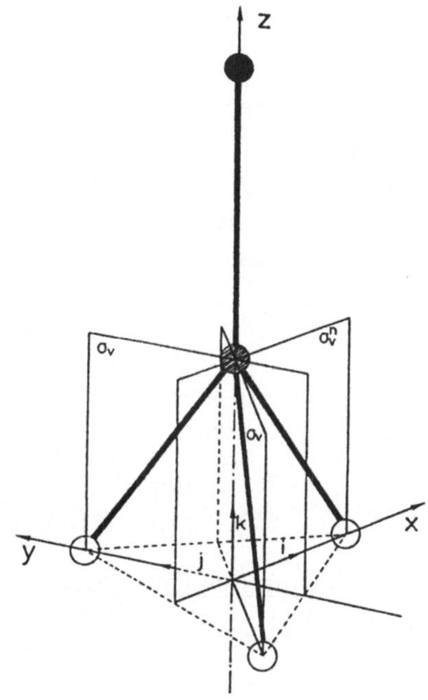

Abb. 5.4.6
Die Einheitsvektoren $\underline{i}, \underline{j}, \underline{k}$ in einem Molekül mit C_{3v}-Symmetrie, hier z.B. CH_3Cl

Für die Spiegelebenen folgt $\beta_1 = 0^o$, $\beta_2 = 60^o$, $\beta_3 = -60^o$, für die Drehung folgt für C_3 $\alpha = 120^o$ und für C_3^2 $\alpha = -120^o$. Damit ergibt sich folgende Matrixrepräsentation der Gruppe C_{3v}:

$$E = \begin{pmatrix} 1 & 0 & 0 \\ 0 & 1 & 0 \\ 0 & 0 & 1 \end{pmatrix} \quad C_3 = \begin{pmatrix} -1/2 & -\sqrt{3}/2 & 0 \\ \sqrt{3}/2 & -1/2 & 0 \\ 0 & 0 & 1 \end{pmatrix} \quad \bar{C}_3 = \begin{pmatrix} -1/2 & \sqrt{3}/2 & 0 \\ -\sqrt{3}/2 & -1/2 & 0 \\ 0 & 0 & 1 \end{pmatrix}$$

$$\sigma_1 = \begin{pmatrix} 1 & 0 & 0 \\ 0 & -1 & 0 \\ 0 & 0 & 1 \end{pmatrix} \quad \sigma_2 = \begin{pmatrix} -1/2 & -\sqrt{3}/2 & 0 \\ -\sqrt{3}/2 & 1/2 & 0 \\ 0 & 0 & 1 \end{pmatrix} \quad \sigma_3 = \begin{pmatrix} -1/2 & \sqrt{3}/2 & 0 \\ \sqrt{3}/2 & 1/2 & 0 \\ 0 & 0 & 1 \end{pmatrix}$$

Diese Matrix haben wir mit der Basis $x_i y_i z_i$ aufgestellt. Genausogut hätten wir die Symmetrieoperation anhand aller oder auch nur eines Atomorbitals darstellen können. Zu jeder Basis hätten wir eine eigene Matrixdarstellung der Gruppe C_{3v} erhalten. Wir wollen nun zum Abschluß die wichtigste Matrixdarstellung, die irreduzible Darstellung kennenlernen.

Tab. 5.4.1
Mulliken-Symbole (zur Definition des Charakters χ s. Text)

1) Hauptsymbol

Eindimensionale Charaktere	A, B (Σ in $C_{\infty v}, D_{\infty h}$; s in K_h)*
Zweidimensionale Charaktere	E (Π in $C_{\infty v}, D_{\infty h}$; p in K_h)
Drei-, vier-, fünfdim. Charaktere	F (oder T), G, H ($\Delta, \Phi, \ldots$ in $C_{\infty v}, D_{\infty h}$; d, f, ... in K_h)

2) Indizierung der Hauptachse

Ist C_n die Hauptachse, bezeichnet man die eindimensionalen Charaktere mit A und B, und zwar

für $\chi(C_n) = 1$ mit A (Vektor symmetrisch zu C_n)
für $\chi(C_n) = -1$ mit B (Vektor antisymmetrisch zu C_n)

3) Indizierung des Inversionszentrums

Man indiziert

$\chi(i) = 1$ mit g (gerade)
$\chi(i) = -1$ mit u (ungerade)

4) Indizierung der Horizontalebene

Ist eine horizontale Spiegelebene vorhanden, so bezeichnet man symmetrisches Verhalten bezüglich σ_h mit einem hochgestellten Strich und antisymmetrisches Verhalten mit einem Doppelstrich. Man erhält z.B. für das Grundsymbol A:

$\chi(\sigma_h) = 1$ A'
$\chi(\sigma_h) = -1$ A''

5) Indizierung der zweizähligen Nebenachsen bzw. vertikalen Ebenen

Beim Vorhandensein von $C_2 \perp C_n$ (D-Gruppen) indiziert man folgendermaßen:

für $\chi(C_2) = 1$ mit Index 1, z.B. A_1, B_1
für $\chi(C_2) = -1$ mit Index 2, z.B. A_2, B_2

Sind keine solchen C_2 vorhanden, kann man bezüglich σ_v indizieren. Da C_2 und σ_v mehrfach auftreten, ist die Zuordnung willkürlich.

*$C_{\infty v}$ und $D_{\infty h}$ sind die Punktgruppen für zweiatomige hetero- bzw. homonukleare Moleküle, K_h die Punktgruppe für Atome, so daß deswegen die Symmetriebezeichnungen für MOs bzw. AOs auftreten.

Man erkennt in obiger Matrixrepräsentation, daß alle Matrizen die Form

$$\underline{\underline{T}} = \begin{pmatrix} a_{11} & a_{12} & 0 \\ a_{21} & a_{22} & 0 \\ 0 & 0 & 1 \end{pmatrix} \tag{5.4.28}$$

besitzen. Man sieht, daß sowohl der Block oben links als auch unten rechts je für sich gesehen eine Darstellung der Gruppe C_{3v} ist. Man kann also die dreidimensionale Darstellung von Gl. (5.4.26) und (5.4.27) auf eine zweidimensionale und eine eindimensionale Darstellung reduzieren. Wir haben es also mit *reduziblen* Darstellungen zu tun. Die zwei- und eindimensionalen Darstellungen können nicht weiter reduziert werden. Sie heißen *irreduzibel.* Die eindimensionale Darstellung, in der jedes Element durch „1" repräsentiert wird, heißt *identische Darstellung.* Die irreduziblen Darstellungen heißen auch *Symmetrierassen.* Sie werden durch die sog. Mullikensymbole gekennzeichnet. Das Hauptsymbol gibt dabei die Dimension der Matrix, d.h. den Entartungsgrad an, der Index das Symmetrieverhalten bzgl. C_n, i, σ_n und σ_v. Die Nomenklatur ist in Tab. 5.4.1 zusammengefaßt.

Bei vielen Anwendungen benötigen wir jedoch nicht die irreduziblen Darstellungen, sondern nur deren *Charaktere* χ. Der *Charakter* eines Elements in der Matrixdarstellung einer Gruppe ist als die *Spur* der Matrix für dieses Element definiert, d.h. als die Summe der Diagonalglieder der Matrix. Diese sind in den sogenannten Charakterentafeln (oder auch Charaktertafeln genannt) zusammengefaßt. Ein Beispiel für die Gruppe C_{3v} zeigt Tab. 5.4.2, weitere Beispiele finden sich im Tabellenanhang 5.5.12.

Tab. 5.4.2
Charakterentafel der Gruppe C_{3v}

C_{3v}	E	$2C_3$	$3\sigma_v$		
A_1	1	1	1	z	x^2+y^2, z^2
A_2	1	1	−1	R_z	
E	2	−1	0	$(x,y)(R_x,R_y)$	$(xy, x^2-y^2)(xz, yz)$

Man sieht, daß in der Charakterentafel noch weitere Angaben zu finden sind. Links sind die Mullikensymbole angegeben. Rechts ist gezeigt, wie die kartesischen Koordinaten x, y und z, Funktionen dieser Koordinaten sowie die Rotationen R_i um diese Achsen, die die Drehimpulse p_i repräsentieren, transformieren. Diese Angaben sind aus verschiedenen Gründen sehr nützlich. Einerseits transformieren p-Orbitale wie die kartesischen Koordinaten und d-Orbitale wie die angegebenen Funktionen dieser Koordinaten, die der Indizierung der d-Orbitale entsprechen (s-Orbitale transformieren immer nach A_1). Man bezeichnet deshalb Orbitale auch mit den entsprechenden Mullikensymbolen wie die Symmetrierassen, wählt aber Kleinbuchstaben. Ganz allgemein können nur Orbitale der gleichen Rasse so überlappen, daß das Überlappungsintegral (vgl. Abschn. 2.4.1.3) von null verschieden ist. Um das quantitativ verstehen zu können, z.B. auch bei Hybridorbitalen oder Mehrfachbindungen, müssen wir das Überlappungsintegral (vgl. Gl. (2.4.24))

$$S = \int \Psi_1 \Psi_2 d\tau \tag{5.4.29}$$

genauer betrachten. Der Zahlenwert von S hängt in keiner Weise von der Orientierung des Moleküls ab. Dies bedeutet, daß der Zahlenwert von S bei keiner Symmetrieoperation des Moleküls verändert wird. Da auch $d\tau$ nicht verändert wird, muß auch $\Psi_1\Psi_2$ unverändert bleiben, damit S nicht null wird. $\Psi_1\Psi_2$ muß deshalb zur Symmetrierasse A_1 gehören. Dazu müssen wir nun Regeln haben, nach denen man ermitteln kann, wie das Produkt zweier Funktionen transformiert.

a) Produkt von nichtentarteten Rassen oder einer nichtentarteten mit einer entarteten Rasse

Man kann eine direkte Multiplikation ohne Einschränkung durchführen,

C_{2v}	E	C_2	σ_{xz}	σ_{yz}
A_2	1	1	−1	−1
B_1	1	−1	1	−1
$A_2 \times B_1$	1	−1	−1	1

d.h. das Produkt zweier Normalkoordinaten der Rassen A_2 und B_1 besitzt die Symmetrierasse B_2. Letzteres ergibt sich durch Vergleich mit der ganzen Charakterentafel für die Punktgruppe C_{2v} (vgl. Anhang 5.5.12). Die direkten Produkte der einzelnen Punktgruppen sind tabelliert. Man kann für jede Gruppe eine Multiplikationstabelle aufstellen, z.B.

C_{2v}	A_1	A_2	B_1	B_2
A_1	A_1	A_2	B_1	B_2
A_2	A_2	A_1	B_2	B_1
B_1	B_1	B_2	A_1	A_2
B_2	B_2	B_1	A_2	A_1

Man sieht, daß

$$A_1 \times A_1 = A_1$$
$$B_1 \times B_1 = A_1 \ldots ,$$

d.h. das Quadrat einer nichtentarteten Rasse ist totalsymmetrisch.

$$B_1 \times A_1 = B_1$$
$$B_2 \times A_1 = B_2 \ldots ,$$

d.h. bei Multiplikation mit der totalsymmetrischen Rasse bleibt die ursprüngliche Spezies erhalten.

Rechenregeln für nichtentartete Rassen (entsprechend den allgemeinen algebraischen Vorzeichenregeln):

$$\begin{array}{llll} i: & g \times g = g, & u \times u = g, & g \times u = u \times g = u \\ \sigma_h: & (') \times (') = ('), & ('') \times ('') = ('), & (') \times ('') = ('') \\ C_p: & A \times A = A, & B \times B = A, & A \times B = B \times A = B \\ C_2: & 1 \times 1 = 1, & 2 \times 2 = 1, & 1 \times 2 = 2 \times 1 = 2 \end{array}$$

Ausnahme:

$$D_{2h}: \quad 1 \times 2 = 3, \quad 2 \times 3 = 1, \quad 3 \times 1 = 2 \quad \text{cycl. Vertauschung}$$

b) Produkt von entarteten Rassen

Hier sind die Regeln etwas komplizierter. Man muß zwischen Produkt und Potenz entarteter Rassen unterscheiden. Bei letzterer kombiniert man zwei indentische entartete Rassen.

Produkt $e_m \times e_0$ (für $m = 0$ und $m \neq 0$)

Das Produkt $e_m \times e_0$ wird bei gleichnamigen Indizes durch Quadrieren der irreduziblen Darstellung von e, bei ungleichnamigen durch Multiplizieren der irreduziblen Darstellungen e_m und e_0 erhalten. Die entsprechende Kombination an Rassen ergibt sich durch Probieren, also $E_{2g} \times E_{2u} = A_{1u} + A_{2u} + E_{2u}$ (nur ungerade Indizes, $g \times u = u$). Diese Regeln gelten auch für die drei- und mehrfach entarteten Rassen F, G, H ....

Beispiele:

C_{3v}	E	$2C_3$	$3\sigma_v$
A_1	1	1	1
A_2	1	1	−1
E	2	−1	0
$E \times E$	4	1	0

also $E \times E = A_1 + A_2 + E$

D_{6h}	$2C_3$	C_2	$3C_2'$	i	σ_h	$3\sigma_v \ldots$
E_{2g}	−1	2	0	2	2	0
E_{2u}	−1	2	0	−2	−2	0
$E_{2g} \times E_{2u}$	1	4	0	−4	−4	0

Durch Vergleich mit der Charakterentafel ergibt sich

E_{2u}	−1	2	0	−2	−2	0
A_{1u}	1	1	1	−1	−1	−1
A_{2u}	1	1	−1	−1	−1	1
	1	4	0	−4	−4	0

also $E_{2g} \times E_{2u} = A_{1u} + A_{2u} + E_{2u}$

Potenz e^2

Man ermittelt zunächst $e \times e$ nach obiger Anweisung und separiert die nicht totalsymmetrische A-Spezies. Der Rest entspricht e^2. (Diese Regel gilt nur für zweifach entartete Charaktere.)

Beispiele:

C_{3v}:

$$\begin{array}{rcccc} e \times e = A_1 & + & A_2 & + & E \\ & - & A_2 & & \\ \hline e^2 = A_1 & + & E & & \end{array}$$

$\underline{C_{4v}}$:

$e \times e$	$= A_1$	$+$	A_2	$+$	B_1	$+$	B_2
		$-$	A_2				
e^2	$= A_1$	$+$	B_1	$+$	B_2		

Außer der Überlappung von Atomorbitalen sind diese Multiplikationsregeln z.B. auch wichtig, um die Auswahlregeln (vgl. Abschn. 3.1.2.2.2 und Anhang 5.4.1) aus Symmetriebetrachtungen abzuleiten. Das Übergangsdipolmoment haben wir dort zu

$$R_{fi} = \int \Psi_f^* \hat{\underline{\mu}}_{\text{el}} \Psi_i d\tau \tag{5.4.30}$$

bestimmt. Dieses Integral entspricht in seiner Form demjenigen aus Gl. (5.4.29). Auch hier muß die Rasse A_1 im Produkt $\Psi_f^* \Psi_i$ enthalten sein, damit R_{fi} von null verschieden und der Übergang dadurch erlaubt ist. Noch einfacher läßt sich mit den Charakterentafeln die Frage beantworten, ob eine Schwingung IR- oder raman-aktiv ist. Man bestimmt zuerst die Symmetrierasse der Normalschwingung (vgl. Abschn. 5.4.3). Um IR-aktiv zu sein, muß sich bei der Schwingung das Dipolmoment ändern. Die Symmetrierassen der Komponenten μ_x, μ_y und μ_z des Dipolmomentoperators sind dabei identisch mit denen der kartesischen Koordinaten x, y und z. Die Schwingung muß also die gleiche Symmetrierasse wie eine dieser Koordinaten besitzen, um IR-aktiv zu sein. Entsprechend ergibt sich aus Gl. (3.5.48) die Ramanaktivität: Die Schwingung muß dann so transformieren wie eine der quadratischen Formen x^2, y^2, z^2, xy, xz, yz.

Bei einem Molekül mit C_{3v}-Symmetrie sind deshalb nach Tab. 5.4.2 Schwingungen der Rasse A_1 und E sowohl IR- als auch raman-aktiv, Schwingungen der Rasse A_2 sind inaktiv.

Häufig ist es auch wichtig, die Veränderung einer Symmetrierasse beim Übergang von einer höheren zu einer niedrigeren Symmetrie oder umgekehrt zu verstehen. Dies kann z.B. durch Substitution eines Atoms in einem Molekül oder durch Verzerrung eines Moleküls, z.B. in einem elektrischen oder magnetischen Feld oder durch den Jahn-Teller-Effekt geschehen. Oder man interessiert sich für die Änderung der Symmetrierasse einer Normalschwingung, wenn man freie Moleküle zu einem Festkörper kondensiert. In allen diesen Fällen muß man die *Korrelationen* zwischen Punktgruppen hoher Symmetrie und deren Untergruppen mit niedrigerer Symmetrie kennen.

Diese sind in sog. Korrelationstabellen zusammengefaßt, die sich im Anhang 5.5.13 befinden. Häufig werden beim Übergang zu niedrigerer Symmetrie entartete zu nicht-entarteten Rassen, so daß man z.B. neue Schwingungsbanden erhält. In anderem Zusammenhang haben wir Korrelationen schon in Abschn. 2.4.2.2 kennengelernt, wo die Korrelation von Atomorbitalen gleicher oder unterschiedlicher Symmetrie zu Molekülorbitalen graphisch erfolgte.

5.4.3 Normalkoordinatenanalyse

Die Bewegung jedes Atoms kann durch drei kartesische Verschiebungskoordinaten x_i, y_i, z_i mit $i = 1, \ldots, N$ beschrieben werden. Um nur eine Variable benutzen zu müssen, wählen wir im folgenden eine Beschreibung der Atombewegung mit der Verschiebungskoordinate x_j mit $j = 1, \ldots, 3N$, wobei jeweils drei aufeinanderfolgende j ein Atom beschreiben ($x_1 y_1 z_1 \Rightarrow x_1 x_2 x_3$).

Ebenso kann man massegewichtete kartesische Verschiebungskoordinaten

$$q_j = \sqrt{m_j} x_j \tag{5.4.31}$$

verwenden mit $j = 1, \ldots 3N$.

Diese lassen sich in Form eines Vektors anordnen:

$$\underline{q} = \underline{m}^{1/2} \underline{\underline{E}}\, \underline{x}\ , \tag{5.4.32}$$

wobei $\underline{\underline{E}}$ die Einheitsmatrix ist.

Entsprechend dem zweiatomigen harmonischen Oszillator (vgl. Gl. (5.4.31)) kann man für die potentielle Energie schreiben:

$$\begin{aligned} 2V &= \underline{q}^T \underline{m}^{-1/2} \underline{\underline{f}}^x \underline{m}^{-1/2} \underline{q} = \sum_{i,j=1}^{3N} f_{ij}^x m_i^{-1/2} q_i m_j^{-1/2} q_j \\ &= \underline{q}^T \underline{\underline{f}}^q \underline{q} = \sum_{i,j=1}^{3N} f_{ij}^q q_i q_j \end{aligned} \tag{5.4.33}$$

$\underline{\underline{f}}$ ist die Kraftkonstantenmatrix mit $\underline{\underline{f}}^q = \underline{m}^{-1/2} \underline{\underline{f}}^x \underline{m}^{-1/2}$.

Dieser Ausdruck läßt sich für kleine Auslenkung als Reihenentwicklung der potentiellen Energie in kartesischen Verschiebungskoordinaten um die Ruhelage darstellen:

$$2V = 2V_0 + 2\sum_{i=1}^{3N}\left(\frac{\partial V}{\partial x_i}\right)_{x_i=0} m_i^{-1/2} q_i + \sum_{i,j=1}^{3N}\left(\frac{\partial^2 V}{\partial x_i \partial x_j}\right)_{x_i,x_j=0} m_i^{-1/2} q_i m_j^{-1/2} q_j + \dots \qquad (5.4.34)$$

Durch Festlegung des Koordinatenursprungs kann man $V_0 = 0$ setzen. In der Gleichgewichtslage befindet sich das Molekül im Minimum der potentiellen Energie, also ist $(\frac{\partial V}{\partial x_i})_{x_i=0} = 0$. Der erste nicht verschwindende Term in der Reihenentwicklung ist demnach das quadratische Glied mit $(\frac{\partial^2 V}{\partial x_i \partial x_j})_{x_i,x_j=0} = f_{ij}^x$, alle höheren Potenzen werden vernachlässigt. Die Elemente von $\underline{\underline{f}}^q$ sind dann durch die Ableitungen der potentiellen Energie nach den massegewichteten Koordinaten gegeben.

$\underline{\underline{f}}$ stellt eine symmetrische Matrix dar, deren Diagonalglieder f_{ii} den Kraftkonstanten k eines zweiatomigen Oszillators entsprechen. Das Außerdiagonalelement f_{ij} beschreibt den Einfluß einer Änderung der Koordinate x_i auf die rücktreibende Kraft in Richtung der Koordinate x_j.

Für die kinetische Energie gilt:

$$2T = \dot{\underline{q}}^T \dot{\underline{q}} = \sum_{j=1}^{3N} \dot{q}_j^2 = \dot{\underline{q}}^2 \qquad (5.4.35)$$

Die Lagrangesche Bewegungsgleichung (Gl. 5.2.36) lautet dann:

$$\frac{d}{dt}\frac{\partial T}{\partial \dot{q}_j} + \frac{\partial V}{\partial q_j} = 0 \quad \text{für} \quad j = 1, \dots, 3N \qquad (5.4.36)$$

Mit

$$\frac{d}{dt}\frac{\partial T}{\partial \dot{q}_j} = \frac{d}{dt}\dot{q}_j = \ddot{q}_j \qquad j = 1, \dots, 3N \qquad (5.4.37)$$

und

$$\frac{\partial V}{\partial q_j} = \sum_{i=1}^{3N} f_{ij}^q q_i \qquad j = 1, \dots, 3N \qquad (5.4.38)$$

folgt

$$\ddot{q}_j + \sum_{i=1}^{3N} f_{ij}^q q_i = 0 \qquad j = 1, \ldots, 3N \tag{5.4.39}$$

oder

$$\ddot{\underline{q}} + \underline{\underline{f}}^q \underline{q} = 0 \; . \tag{5.4.40}$$

Diese Bewegungsgleichungen stellen ein System von $3N$ gekoppelten Differentialgleichungen dar, wobei die Kopplung über die symmetrische Matrix $\underline{\underline{f}}^q$ der Kraftkonstanten erfolgt. Nun läßt sich jede symmetrische Matrix durch eine orthogonale Transformation auf ein geeignetes Koordinatensystem diagonalisieren. Diese Transformation erfolgt mit Hilfe der Koeffizienten l_{jk}, die sich in einer orthogonalen Transformationsmatrix $\underline{\underline{l}}$ anordnen lassen:

$$\underline{q} = \underline{\underline{l}}\, \underline{Q} \tag{5.4.41}$$

oder

$$q_j = \sum_{k=1}^{3N} l_{jk} Q_k \tag{5.4.42}$$

Damit folgt für die potentielle Energie

$$2V = \underline{q}^T \underline{\underline{f}}^q \underline{q} = \underline{Q}^T \underline{\underline{l}}^T \underline{\underline{f}}^q \underline{\underline{l}}\, \underline{Q} = \underline{Q}^T \underline{\underline{\Lambda}}\, \underline{Q} \; . \tag{5.4.43}$$

$\underline{\underline{\Lambda}} = \underline{\underline{l}}^T \underline{\underline{f}}^q \underline{\underline{l}}$ ist eine Diagonalmatrix, also

$$2V = \sum_{k=1}^{3N} \lambda_k Q_k^2 \; . \tag{5.4.44}$$

Dies entspricht Gl. (5.2.31) für einen zweiatomigen Oszillator.

Für die kinetische Energie folgt:

$$\begin{aligned} 2T &= \dot{\underline{q}}^T \dot{\underline{q}} = \dot{\underline{Q}}^T \underline{\underline{l}}^T \underline{\underline{l}}\, \dot{\underline{Q}} = \dot{\underline{Q}}^2 \\ &= \sum_{k=1}^{3N} \dot{Q}_k^2 \quad \text{da} \quad \underline{\underline{l}}^T \underline{\underline{l}} = \underline{\underline{E}} \end{aligned} \tag{5.4.45}$$

($\underline{\underline{l}}$ ist orthogonal bzw. unitär.) Dies entspricht Gl. (5.2.16) für einen zweiatomigen Oszillator.

Die Lagrange-Gleichung lautet dann

$$\ddot{\underline{Q}} + \underline{\underline{\Lambda}}\,\underline{Q} = 0 \tag{5.4.46}$$

oder

$$\ddot{Q}_k + \lambda_k Q_k = 0 \quad ; \quad k = 1, \ldots, 3N \ . \tag{5.4.47}$$

Man erhält somit $3N$ entkoppelte Bewegungsgleichungen harmonischer Oszillatoren, wie sie beim zweiatomigen Oszillator auftraten, wenn man zu einem neuen Koordinatensystem, den Normalkoordinaten übergeht. Potentielle und kinetische Energie des schwingenden Moleküls lassen sich im System der Normalkoordinaten dann als Summe der potentiellen und kinetischen Energien entkoppelter harmonischer Oszillatoren darstellen.

Ein Vergleich mit dem zweiatomigen harmonischen Oszillator zeigt, daß die diagonale Eigenwertmatrix $\underline{\underline{\Lambda}}$ gleichzeitig die Schwingungsfrequenzen dieser entkoppelten Oszillatoren wiedergibt, es ist nämlich

$$\lambda_k = (2\pi\nu_k)^2 \ , \tag{5.4.48}$$

wobei ν_k die Frequenz der k-ten Normalschwingung ist (vgl. Gl. (5.2.28) für einen zweiatomigen Oszillator).

Die Lösung der Bewegungsgleichung ist dann

$$Q_k = K_k \cos(\lambda_k^{1/2} t + \alpha_k) \qquad k = 1, \ldots, 3N \tag{5.4.49}$$

und

$$q_j = \sum_{k=1}^{3N} l_{jk} K_k \cos(\lambda_k^{1/2} t + \alpha_k) \ , \tag{5.4.50}$$

die l_{jk} stellen also gleichzeitig ein Maß für den Beitrag der einzelnen Verschiebungskoordinaten zur Schwingungsamplitude dar. Alle Atome schwingen bei der Normalschwingung mit gleicher Frequenz und Phase.

Wir wollen nun noch eine weitere Möglichkeit zur Lösung der Bewegungsgleichungen kennenlernen, die sich bei einem Lösungsansatz über die sogenannte Säkulargleichung ergibt:

$$\left| \underline{\underline{f}}^q - \underline{\underline{E}}\lambda_k \right| = 0 \tag{5.4.51}$$

Die $3N$ „Normalschwingungen" des Moleküls enthalten drei Translationen und drei (bzw. bei linearen Molekülen zwei) Rotationen des Moleküls. Für diese äußeren Bewegungen des Moleküls erhält man für die Frequenz den Wert null. Man kann das Problem auch von vornherein auf $3N-6$ (bzw. $3N-5$) Koordinaten reduzieren, wenn man zu inneren Verschiebungskoordinaten übergeht, die nur die inneren Molekülbewegungen beschreiben.

Wenn man als innere Verschiebungskoordinaten die Änderungen von Bindungslängen und Bindungswinkeln benutzt, zeigt sich noch ein weiterer Vorteil dieser inneren Koordinaten. Während die Kraftkonstanten in einem kartesischen Koordinatensystem für jede Verbindung unterschiedlich sind, lassen sich die Kraftkonstanten im System der inneren Koordinaten (allgemeines Valenzkraftfeld) für ähnliche Bindungstypen von einem Molekül auf ein ähnliches Molekül übertragen. Man findet diese Kraftkonstanten für spezielle Bindungstypen tabelliert [Fad 85], [Wil 55].

Der Nachteil dieser inneren Koordinaten besteht darin, daß die kinetische Energie sich nicht mehr wie im System kartesischer Koordinaten als Summe von Geschwindigkeitsquadraten darstellen läßt; wie für die potentielle Energie enthält man auch für die kinetische Energie gemischtquadratische Ausdrücke.

Man kann die Bewegungsgleichungen dann über einen recht komplizierten Formalismus, den GF-Formalismus lösen (s.u), oder man transformiert die Matrix der Kraftkonstanten in das System der massegewichteten kartesischen Verschiebungskoordinaten und kann dann den bereits bekannten Lösungsweg einschlagen.

Die inneren Koordinaten R_t ergeben sich durch Transformation aus den kartesischen Verschiebungskoordinaten:

$$R_t = \sum_{j=1}^{3N} B_{tj} x_j \qquad t = 1, \ldots, (3N-6) \tag{5.4.52}$$

Für die potentielle Energie folgt damit

$$\begin{aligned} 2V &= \sum_{s,t} F_{st} R_s R_t = \underline{R}^T \underline{\underline{F}}\, \underline{R} \\ &= \sum_{s,t} F_{st} \left(\sum_{i=1}^{3N} B_{si} x_i \right) \left(\sum_{j=1}^{3N} B_{tj} x_j \right) \\ &= \sum_{i,j} \sum_{s,t} \left(B_{si} F_{st} B_{tj} \right) x_i x_j \end{aligned}$$

$$
\begin{aligned}
&= \sum_{i,j} f_{ij}^x x_i x_j = \underline{x}^T \underline{\underline{f}}^x \underline{x} \\
&= \underline{q}^T \underline{m}^{-1/2} \underline{\underline{f}}^x \underline{m}^{-1/2} \underline{q} \\
&= \underline{q}^T \underline{\underline{f}}^q \underline{q}
\end{aligned}
\tag{5.4.53}
$$

mit $f_{ij}^x = \sum_{s,t} B_{si} F_{st} B_{tj}$ oder $\underline{\underline{f}}^x = \underline{\underline{B}}^T \underline{\underline{F}}\,\underline{\underline{B}}$.

Die kinetische Energie läßt sich entsprechend schreiben:

$$
\begin{aligned}
2T &= \sum_{s,t} (G^{-1})_{st} \dot{R}_s \dot{R}_t = \underline{\dot{R}}^T \underline{\underline{G}}^{-1} \underline{\dot{R}} \\
&= \sum_{s,t} (G^{-1})_{st} \left(\sum_{i=1}^{3N} B_{si} \dot{x}_i \right) \left(\sum_{j=1}^{3N} B_{tj} \dot{x}_j \right) \\
&= \sum_{i,j} \sum_{s,t} \left[B_{si} (G^{-1})_{st} B_{tj} \right] \dot{x}_i \dot{x}_j \\
&= \sum_j m_j \dot{x}_j^2 = \underline{m}\, \underline{\dot{x}}^2 = \underline{\dot{q}}^2
\end{aligned}
\tag{5.4.54}
$$

Daraus folgt

$$
G_{st} = \sum_{j=1}^{3N} \frac{1}{m_j} B_{sj} B_{tj} \qquad s,t = 1, \ldots, (3N-6)
\tag{5.4.55}
$$

oder

$$
\underline{\underline{G}} = \underline{\underline{B}}^T (\underline{m}^{-1} \underline{\underline{E}}) \underline{\underline{B}} \, .
\tag{5.4.56}
$$

Eine Zusammenfassung der verwendeten Koordinaten und Transformationsmatrizen sieht folgendermaßen aus:

$$
\begin{array}{ccccc}
 & & \underline{m}^{-1/2}\underline{\underline{E}} & & \\
 & \underline{x} & \longrightarrow & \underline{q} & \\
\underline{\underline{B}} & \uparrow & & \downarrow & \underline{\underline{l}} \\
 & \underline{R} & \longrightarrow & \underline{Q} & \\
 & & \underline{\underline{L}} & &
\end{array}
$$

Die Pfeile sind wie folgt zu verstehen:

$$
a \xrightarrow{\underline{\underline{T}}} b : \quad \underline{a} = \underline{\underline{T}}\, \underline{b}
\tag{5.4.57}
$$

Daraus läßt sich sehen, daß sich die Transformationsmatrix L zwischen inneren Koordinaten (R) und Normalkoordinaten (Q) folgendermaßen berechnen läßt:

$$\underline{\underline{L}} = \underline{\underline{B}}\,\underline{\underline{m}}^{-1/2}\underline{\underline{l}} \tag{5.4.58}$$

5.4.4 Analyse hochaufgelöster NMR-Spektren

Die Analyse hochaufgelöster NMR-Spektren läßt sich am besten anhand des Hamilton-Stör-Operators der Gl. (3.6.1) durchführen. Es gilt für die NMR-Spektroskopie mit Gl. (3.6.2), (3.6.4) und (3.6.29):

$$\begin{aligned} \hat{H}' = \hat{H}'_B + \hat{H}'_J &= \sum_A -\underline{B}_0\,\underline{\mu}_{I,A} + \sum_A \sum_B J^*_{AB}\hat{\underline{I}}_A\hat{\underline{I}}_B \\ &= \sum_A -\frac{2\pi\nu_A}{\gamma}\gamma\hbar\hat{I}_z + \sum_A \sum_B J^*_{AB}\hat{\underline{I}}_A\hat{\underline{I}}_B \\ &= \sum_A -\nu_A h\hat{I}_z + \sum_A \sum_B J^*_{AB}\hat{\underline{I}}_A\hat{\underline{I}}_B \end{aligned} \tag{5.4.59}$$

$\hat{I}_z$ und $\hat{\underline{I}}$ sind Kernspinoperatoren, deren Eigenschaften wir für ^{1}H-NMR postulieren. Wir führen dazu die Wellenfunktionen α und β ein:

$$\begin{aligned} &\hat{I}_x\alpha = \frac{1}{2}\beta\ ; \quad \hat{I}_y\alpha = i\frac{1}{2}\beta\ ; \quad \hat{I}_z\alpha = \frac{1}{2}\alpha \\ &\hat{I}_x\beta = \frac{1}{2}\alpha\ ; \quad \hat{I}_y\beta = -i\frac{1}{2}\alpha\ ; \quad \hat{I}_z\beta = -\frac{1}{2}\beta \end{aligned} \tag{5.4.60}$$

$\hat{\underline{I}}$ ist durch seine Komponenten $\hat{I}_x$, $\hat{I}_y$ und $\hat{I}_z$ definiert. α und β sind die Eigenfunktionen zu den Eigenwerten m_I von $\hat{I}_z$ (vgl. Abschn. 5.3.2). α und β sollen orthonormiert sein (vgl. Abschn. 5.3.2):

$$\int_V \alpha\alpha d\tau = \int_V \beta\beta d\tau = 1 \tag{5.4.61}$$

und

$$\int_V \alpha\beta d\tau = \int_V \beta\alpha d\tau = 0 \tag{5.4.62}$$

Gl (5.4.59) liefert nur relative Energien, da $\hat{H}'$ nur der Störoperator ist und nicht die ungestörten Energien enthält.

Wir wollen nun das Energieniveauschema eines Systems aus zwei Kernen A und B berechnen. In erster Näherung kann man die Wellenfunktionen als Produktfunktionen einführen:

$$\begin{aligned}
\varphi_1 &= \alpha(A)\alpha(B) \quad , \quad \sum m_I = 1 \\
\varphi_2' &= \alpha(A)\beta(B) \quad , \quad \sum m_I = 0 \\
\varphi_3' &= \beta(A)\alpha(B) \quad , \quad \sum m_I = 0 \\
\varphi_4 &= \beta(A)\beta(B) \quad , \quad \sum m_I = -1
\end{aligned} \tag{5.4.63}$$

Da φ_2' und φ_3' zum gleichen Totalspin 0 gehören, muß man hier im allgemeinen Fall eine Linearkombination ansetzen, deren Koeffizienten nach dem Variationsprinzip (vgl. Abschn. 2.3.1.2) bestimmt werden:

$$\varphi_{2,3} = c_2(\alpha(A)\beta(B)) + c_3(\beta(A)\alpha(B)) \tag{5.4.64}$$

Für die Energie gilt dann (vgl. Gl. (2.3.6))

$$\begin{aligned}
E_v &= \frac{\int [c_2(\alpha(A)\beta(B))+c_3(\beta(A)\alpha(B))]\hat{H}'[c_2(\alpha(A)\beta(B))+c_3(\beta(A)\alpha(B))]d\tau}{\int [c_2(\alpha(A)\beta(B)) + c_3(\beta(A)\alpha(B))]^2 d\tau} \\
&= \Big(c_2^2 \int [\alpha(A)\beta(B)]\hat{H}'[\alpha(A)\beta(B)]d\tau \\
&\quad + c_2c_3 \int [\alpha(A)\beta(B)]\hat{H}'[\beta(A)\alpha(B)]d\tau \\
&\quad + c_3c_2 \int [\beta(A)\alpha(B)]\hat{H}'[\alpha(A)\beta(B)]d\tau \\
&\quad + c_3^2 \int [\beta(A)\alpha(B)]\hat{H}'[\beta(A)\alpha(B)]d\tau\Big) \\
&\quad \times \Big(c_2^2 \int [\alpha(A)\beta(B)]^2 d\tau + c_2c_3 \int [\alpha(A)\beta(B)] \cdot [\beta(A)\alpha(B)]d\tau \\
&\quad + c_3c_2 \int [\beta(A)\alpha(B)] \cdot [\alpha(A)\beta(B)]d\tau \\
&\quad + c_3^2 \int [\beta(A)\alpha(B)]^2 d\tau\Big)^{-1}
\end{aligned} \tag{5.4.65}$$

Für die Integrale kürzen wir wie in Abschn. 2.4.1.3 ab:

$$\int [\alpha(A)\beta(B)]\hat{H}'[\alpha(A)\beta(B)]d\tau = H_{22}$$

$$\int [\alpha(A)\beta(B)]\hat{H}'[\beta(A)\alpha(B)]d\tau = H_{23}$$
$$= \int [\beta(A)\alpha(B)]\hat{H}'[\alpha(A)\beta(B)]d\tau = H_{32}$$
$$\int [\beta(A)\alpha(B)]\hat{H}'[\beta(A)\alpha(B)]d\tau = H_{33} \tag{5.4.66}$$

$H_{23} = H_{32}$ gilt, da $\hat{H}'$ ein hermitescher Operator ist (vgl. Abschn. 5.3.2). Damit und mit Gl. (5.4.61) und (5.4.62) gilt:

$$E = \frac{c_2^2 H_{22} + 2c_2c_3H_{23} + c_3^2 H_{33}}{c_2^2 + c_3^2} \tag{5.4.67}$$

Es muß nun gelten:

$$\left(\frac{\partial E_v}{\partial c_2}\right)_{c_3} = \left(\frac{\partial E_v}{\partial c_3}\right)_{c_2} \stackrel{!}{=} 0 \tag{5.4.68}$$

Nach Ableitung und Umformung erhält man wieder Säkulargleichungen (vgl. Gl. (2.4.26) und (2.4.27))

$$c_2(H_{22} - E_v) + c_3H_{23} = 0 \tag{5.4.69}$$
$$c_2H_{32} + c_3(H_{33} - E_v) = 0 \tag{5.4.70}$$

bzw. die Säkulardeterminante

$$\begin{vmatrix} H_{22} - E_v & H_{23} \\ H_{32} & H_{33} - E_v \end{vmatrix} = 0 \, . \tag{5.4.71}$$

Wir müssen nun die H_{ij} explizit mit Gl. (5.4.59) einsetzen. Dabei wollen wir die einzelnen Summanden getrennt bestimmen:

$$\int [\alpha(A)\beta(B)]\hat{H}'_B[\alpha(A)\beta(B)]d\tau$$
$$= \int [\alpha(A)\beta(B)][h\nu_A\hat{I}_z(A) + h\nu_B\hat{I}_z(B)] \cdot [\alpha(A)\beta(B)]d\tau$$
$$= \int [\alpha(A)\beta(B)] \left[\frac{1}{2}h\nu_A - \frac{1}{2}h\nu_B\right] [\alpha(A)\beta(B)]d\tau$$
$$= \frac{1}{2}h\nu_0\delta^* \tag{5.4.72}$$

Die letzte Umformung geschah mit Gl. (3.6.28b).

$$\begin{aligned}
&\int [\alpha(A)\beta(B)]\hat{H}'_J[\alpha(A)\beta(B)]d\tau \\
&= \int [\alpha(A)\beta(B)][J^*_{AB}\hat{\underline{I}}(A)\hat{\underline{I}}(B)][\alpha(A)\beta(B)]d\tau \\
&= J^*_{AB}\int [\alpha(A)\beta(B)][\hat{I}_x(A)\hat{I}_x(B)+\hat{I}_y(A)\hat{I}_y(B)+\hat{I}_z(A)\hat{I}_z(B)] \\
&\qquad \times [\alpha(A)\beta(B)]d\tau \\
&= J^*_{AB}\left[\int [\alpha(A)\beta(B)][\hat{I}_x(A)\hat{I}_x(B)][\alpha(A)\beta(B)]d\tau\right. \\
&\qquad + \int [\alpha(A)\beta(B)][\hat{I}_y(A)\hat{I}_y(B)][\alpha(A)\beta(B)]d\tau \\
&\qquad \left. + \int [\alpha(A)\beta(B)][\hat{I}_z(A)\hat{I}_z(B)][\alpha(A)\beta(B)]d\tau\right] \\
&= J^*_{AB}\left[\frac{1}{4}\int [\alpha(A)\beta(B)][\beta(A)\alpha(B)]d\tau + \frac{1}{4}\int [\alpha(A)\beta(B)][\beta(A)\alpha(B)]d\tau\right. \\
&\qquad \left. - \frac{1}{4}\int [\alpha(A)\beta(B)][\alpha(A)\beta(B)]d\tau\right] \\
&= -\frac{1}{4}J^*_{AB}
\end{aligned} \tag{5.4.73}$$

Für H_{22} erhält man damit $H_{22} = \frac{1}{2}h\nu_0\delta^* - \frac{1}{4}J^*_{AB}$.

Analog erhält man

$$\begin{aligned}
H_{23} &= H_{32} = \frac{1}{2}J^*_{AB} \\
H_{33} &= -\frac{1}{2}h\nu_0\delta^* - \frac{1}{4}J^*_{AB}\ .
\end{aligned}$$

Die Determinante lautet

$$\begin{vmatrix} \left(\frac{1}{2}h\nu_0\delta^* - \frac{1}{4}J^*_{AB}\right) - E_v & \frac{1}{2}J^*_{AB} \\ \frac{1}{2}J^*_{AB} & \left(-\frac{1}{2}h\nu_0\delta^* - \frac{1}{4}J^*_{AB}\right) - E_v \end{vmatrix} = 0 \tag{5.4.74}$$

Dies liefert die quadratische Gleichung

$$E_v^2 + \frac{1}{2}J^*_{AB}E_v - \frac{1}{4}(h\nu_0\delta^*)^2 - \frac{3}{16}(J^*_{AB})^2 = 0 \tag{5.4.75}$$

mit den Lösungen

$$E_{v(2,3)} = -\frac{1}{4}J^*_{AB} \pm \frac{1}{2}\sqrt{(J^*_{AB})^2 + (h\nu_0\delta^*)^2}\ . \tag{5.4.76}$$

Die Eigenwerte für φ_1 und φ_4 sind

$$E_{v(1)} = \frac{1}{2}h(\nu_A + \nu_B) + \frac{1}{4}J^*_{AB} \tag{5.4.77}$$

$$E_{v(4)} = -\frac{1}{2}h(\nu_A + \nu_B) + \frac{1}{4}J^*_{AB}\ . \tag{5.4.78}$$

Dies ist in Abb. 5.4.7 gezeigt.

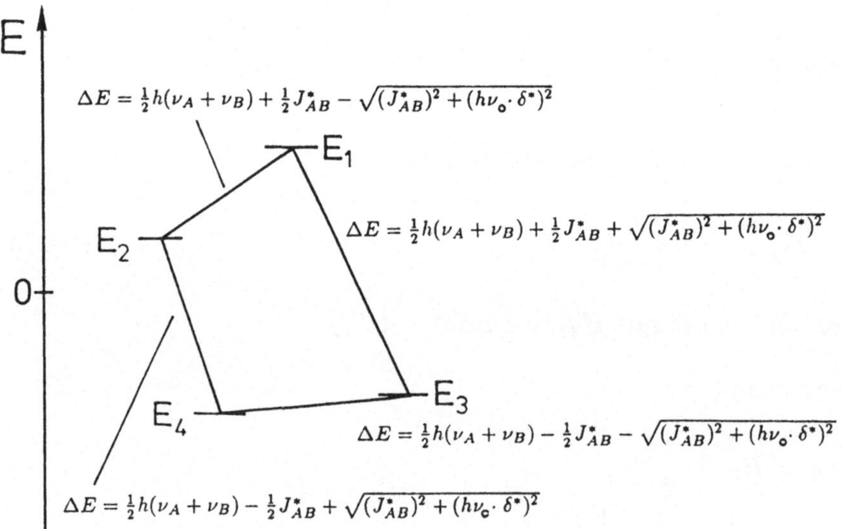

Abb. 5.4.7
Energieniveauschema für das AB-System

Für die Berechnung der relativen Intensitäten benötigen wir Gl. (3.1.25), hier allerdings mit dem magnetischen Spinoperator:

$$R_{fi} = \int \Psi_f^*[\Sigma\hat{I}_x(i)]\Psi_i d\tau \tag{5.4.79}$$

Die Intensität ist dann proportional zu R_{fi}^2.

Zur Berechnung von R_{fi} müssen wir die expliziten Wellenfunktionen und deshalb die Koeffizienten c_2 und c_3 unserer Variationsrechnung kennen. Dazu setzen wir zunächst die Lösung $E_{v(2)}$ in Gl. (5.4.69) ein. Zur Abkürzung verwenden wir

$$u = \frac{1}{2}\sqrt{(J_{AB}^*)^2 + (h\nu_0\delta^*)^2} \tag{5.4.80}$$

und erhalten

$$c_2(h\nu_0\delta^* - u) + c_3\frac{1}{2}J_{AB}^* = 0 \; . \tag{5.4.81}$$

Die weitere Rechnung läßt sich vereinfachen, wenn ein Winkel 2θ eingeführt und durch folgende Beziehungen definiert wird:

$$h\nu_0\delta^*/2u = \cos 2\theta \quad \text{und} \quad J_{AB}^*/2u = \sin 2\theta \tag{5.4.82}$$

Damit folgt

$$c_2(1 - \cos 2\theta) - c_3 \sin 2\theta = 0 \tag{5.4.83}$$

bzw.

$$c_2 = c_3 \sin 2\theta/(1 - \cos 2\theta) \; . \tag{5.4.84}$$

Mit $\sin 2\theta = 2\cos\theta\sin\theta$ und $\cos 2\theta = \cos^2\theta - \sin^2\theta$ gilt

$$c_2 = c_3 \cos\theta/\sin\theta \; , \tag{5.4.85}$$

und mit Hilfe der Normierungsbedingungen $c_2^2 + c_3^2 = 1$ erhält man schließlich für die Koeffizienten $c_2 = \cos\theta$ und $c_3 = \sin\theta$.

Einsetzen von $E_{v(3)}$ ergibt in analoger Weise die Koeffizienten $c_2 = -\sin\theta$ und $c_3 = \cos\theta$. Die Wellenfunktionen lauten somit

$$\begin{aligned}
\varphi_2 &= \cos\theta(\alpha(A)\beta(B)) + \sin\theta(\beta(A)\alpha(B)) \\
\varphi_3 &= -\sin\theta(\alpha(A)\beta(B)) + \cos\theta(\beta(A)\alpha(B)) \; .
\end{aligned}$$

Für die Berechnung der relativen Intensitäten verwenden wir nun Gl. (5.4.79). Man erhält z.B. für den Übergang von φ_2 nach φ_1:

$$\begin{aligned} R_{21}^2 &= \left[\int [\cos\theta(\alpha(A)\beta(B)) + \sin\theta(\beta(A)\alpha(B))][\hat{I}_x(A)+\hat{I}_x(B)][\alpha(A)\alpha(B)]d\tau\right]^2 \\ &= \left(\frac{1}{2}\sin\theta + \frac{1}{2}\cos\theta\right)^2 \\ &= \frac{1}{4}(1+\sin 2\theta) \end{aligned} \tag{5.4.86}$$

Entsprechend ergibt sich R_{42}^2 zu $\frac{1}{4}(1+\sin 2\theta)$ und $R_{31}^2 = R_{43}^2$ zu $\frac{1}{4}(1-\sin 2\theta)$. Das aus Abb. 5.4.7 und diesen Intensitäten folgende schematische Spektrum ist in Abb. 5.4.8 gezeigt. Der Dacheffekt (vgl. Abschn. 3.6.2.4.3) ist deutlich zu erkennen.

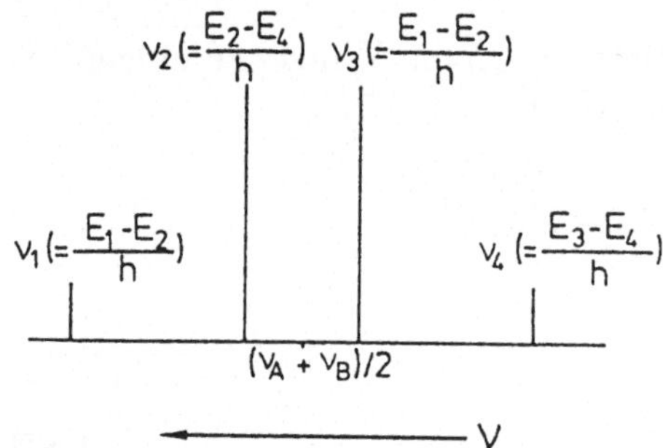

Abb. 5.4.8
Schematisches Spektrum des AB-Systems mit $J_{AB}^* > 0$ [Gün 92]

Als Spezialfall des allgemeinen AB-Systems kann man nun das AX-System betrachten, in dem $h\nu_0\delta^*$ sehr groß gegenüber der Kopplungskonstante J^* wird. In Gl. (5.4.80) geht u dann gegen $\frac{1}{2}h\nu_0\delta^*$, und der Ausdruck sin2$\theta$ aus Gl. (5.4.82) geht gegen null. Mit sinθ = 2sinθcosθ = 0 gilt, daß entweder sinθ oder cosθ gleich null sein muß. Mit sinθ=0 erhält man so cosθ=1. Damit erhält man die Eigenfunktionen und Eigenwerte des AX-Falls:

$$\begin{aligned} \varphi_1 &= \alpha(A)\alpha(X) \quad , \quad E_{v(1)} = \tfrac{1}{2}h(\nu_A + \nu_X) + \tfrac{1}{4}J_{AX}^* \\ \varphi_2 &= \alpha(A)\beta(X) \quad , \quad E_{v(2)} = \tfrac{1}{2}h(\nu_A - \nu_X) - \tfrac{1}{4}J_{AX}^* \\ \varphi_3 &= \beta(A)\alpha(X) \quad , \quad E_{v(3)} = -\tfrac{1}{2}h(\nu_A - \nu_X) - \tfrac{1}{4}J_{AX}^* \\ \varphi_4 &= \beta(A)\beta(X) \quad , \quad E_{v(4)} = -\tfrac{1}{2}h(\nu_A + \nu_X) + \tfrac{1}{4}J_{AX}^* \end{aligned} \tag{5.4.87}$$

Man erhält demnach die Eigenwerte und Eigenfunktionen für das AX-System, wenn man in Gl. (5.4.74) die nichtdiagonalen Elemente null setzt. Berechnet man die Koeffizienten der Variationsrechnung für das AX-System nach dem oben beschriebenen Formalismus, so sieht man, daß φ_2 und φ_3 bereits die gesuchten Wellenfunktionen sind.

Die Berechnung größerer Spinsysteme verläuft im Prinzip analog. Beispiele finden sich z.B. in [Gün 92].

5.5 Tabellen

5.5.1 Physikalische Größen im SI-System

Größen	Definitionsgleichung	Einheit	Ausdruck in Basisgrößen	Ausdruck in Basisgrößen
Arbeit W (mech.) (Energie E) (el.)	$W = F \cdot s$ $W = Q \cdot U$ $= I \cdot t \cdot U$	Joule J	$m^2 kg \cdot s^{-2}$	$N \cdot m$ $W \cdot s$
Beleuchtungsdichte D	—	Lux lx	—	$cd \cdot m^{-2} \cdot sr$ $= W \cdot m^{-2}$ $= lm \cdot m^{-2}$
Beschleunigung a	$a = v/t$	—	$m \cdot s^{-2}$	—
Dichte ϱ	$\varrho = m/V$	—	$kg \cdot m^{-3}$	—
Diel. Verschiebungs-dichte D	$D = Q/A = \varepsilon_r \varepsilon_0 E$ $= \varepsilon_0 E + P$	—	$A \cdot s \cdot m^{-2}$	$C \cdot m^{-2}$
Drehimpuls L	$L = I \cdot \omega$	—	$m^2 \cdot kg \cdot s^{-1}$	$J \cdot s$
Drehmoment T	$T = J \cdot \beta$	—	$m^2 \cdot kg \cdot s^{-2}$	$N \cdot m$
Druck p	$p = F/A$	Pascal Pa	$m^{-1} \cdot kg \cdot s^{-2}$	$N \cdot m^{-2}$
Dynamische Viskosität η	$\eta = F \cdot \Delta x / A \cdot \Delta v$	Poise P	$m^{-1} \cdot kg \cdot s^{-1}$	$N \cdot s \cdot m^{-2} = Pa \cdot s$
Ebener Winkel α	$\alpha = s/r$	Radian rad	$m \cdot m^{-1}$	—
Elastizitätsmodul E	—	—	$m^{-1} \cdot kg \cdot s^{-2}$	$N \cdot m^{-2}$
El. Dipolmoment μ_{el}	$\mu_{el} = q \cdot d$	Debye D	—	$C \cdot m$
El. Feldstärke E	$E = F/Q$	—	$m \cdot kg \cdot s^{-3} \cdot A^{-1}$	$N \cdot C^{-1}$ (Vm^{-1})
El. Kapazität C	$C = Q/U$	Farad F	$m^{-2} \cdot kg^{-1} \cdot s^4 \cdot A^2$	$C \cdot V^{-1} = s \cdot \Omega^{-1}$
El. Ladung Q, q	$Q = I \cdot t$	Coulomb C	$A \cdot s$	—

Größen	Definitions-gleichung	Einheit	Ausdruck in Basisgrößen	Ausdruck in Basisgrößen
El. Leitfähigkeit σ	$\sigma = 1/\varrho = R \cdot A/l$	—	$A^2 \cdot s^3 \cdot m^{-3} \cdot kg^{-1}$	$\Omega^{-1} \cdot m^{-1} = S \cdot m^{-1}$
El. Leitwert G	$G = I/U = 1/R$	Siemens S	$A^2 \cdot s^3 \cdot m^{-2} \cdot kg^{-1}$	$A \cdot V^{-1} = \Omega^{-1}$
El. Polarisation P	$P = \chi \cdot \varepsilon_0 \cdot E$	—	$A \cdot s \cdot m^{-2}$	$C \cdot m^{-2}$
El. Spannung U	$U = W/Q$	Volt V	$m^2 \cdot kg \cdot s^{-3} \cdot A^{-1}$	$W \cdot A^{-1} = J \cdot C^{-1}$
El. Stromstärke I	—	Ampere A	A	—
El. Widerstand R	$R = U/I = \varrho \cdot l/A$	Ohm Ω	$m^2 \cdot kg \cdot s^{-3} \cdot A^{-2}$	$V \cdot A^{-1}$
El. spezifischer Widerstand ϱ_{el}	$\varrho_{el} = E/j$	—	$m^3 \cdot kg \cdot s^{-3} \cdot A^{-2}$	$\Omega \cdot m$
Energiedosis	—	Gray Gy	$m^2 \cdot s^{-2}$	$J \cdot kg^{-1}$
Energiedosisleistung	—	—	—	$W \cdot kg^{-1}$
Energieflußdichte S	$S = E \cdot v/V$	—	$N \cdot m^{-1} \cdot s^{-1}$	$J \cdot m^{-2} \cdot s^{-1} = W \cdot m^{-2}$
Federkonstante k	$k = F/x$	—	$N \cdot m^{-1}$	—
Fläche A	$A = a \cdot b$	—	m^2	—
Flächenladungs-dichte σ_{el}	$\sigma_{el} = Q/A$	—	—	$C \cdot m^{-2}$
Frequenz ν	$\nu = 1/t$	Hertz Hz	s^{-1}	—
Geschwindigkeit v	$v = s/t$	—	$m \cdot s^{-1}$	—
Impuls p	$p = m \cdot v$	—	$m \cdot kg \cdot s^{-1}$	$N \cdot s$
Induktivität L	$L = \Phi/I$	Henry H	$m^2 \cdot kg \cdot s^{-2} \cdot A^{-2}$	$Wb \cdot A^{-1} = V \cdot s \cdot A^{-1}$
Ionendosis	—	—	—	$C \cdot kg^{-1}$
Ionendosisleistung	—	—	—	$C \cdot kg^{-1} \cdot s^{-1}$
Kraft F (mech.)	$F = m \cdot a$	Newton N	$m \cdot kg \cdot s^{-2}$	$J \cdot m^{-1}$
(el.)	$F = W/s$			$W \cdot s \cdot m^{-1}$
Länge l (a, b, c)	—	Meter m	m	—
Leistung P (mech.)	$P = W \cdot t^{-1}$	Watt W	$m^2 \cdot kg \cdot s^{-3}$	$J \cdot s^{-1}$
(el.)	$P = I^2 \cdot R = I \cdot U$			$V \cdot A$
Leuchtdichte B	—	Stilb sb	$cd \cdot m^{-2}$	$W \cdot sr^{-1} \cdot m^{-2}$
Lichtmenge Q	—	—	$lm \cdot s$	$W \cdot s$
Lichtstärke I_v	$I_v = \Phi/\Omega$	Candela cd	—	$W \cdot sr^{-1}$
Lichtstrom Φ	—	Lumen lm	—	$cd \cdot sr = W$
Magn. Dipolmoment μ_m	$\mu_m = \Phi \cdot S$	—	—	$Wb \cdot m$
Magn. Feldstärke H	—	—	$A \cdot m^{-1}$	—
Magn. Induktion B	$B = \mu_r \mu_0 H$	Tesla T	$kg \cdot s^{-2} \cdot A^{-1}$	$Wb \cdot m^{-2} = V \cdot s \cdot m^{-2}$
Magn. Induktions-fluß Φ	$\Phi = \mu_r \mu_0 A H = A \cdot B$	Weber Wb	$m^2 \cdot kg \cdot s^{-2} \cdot A^{-1}$	$V \cdot s$
Magnetisierung $M_{(v)}$	$M_{(v)} = \chi \cdot \mu_0 \cdot H$	Tesla T	$kg \cdot s^{-2} \cdot A^{-1}$	$V \cdot s \cdot m^{-2}$
Masse m	—	Kilogramm kg	kg	—
Raumwinkel Ω	$\Omega = A/r^2$	Steradian sr	$m^2 \cdot m^{-2}$	—
Schubmodul G	—	—	$m^{-1} \cdot kg \cdot s^{-2}$	$N \cdot m^{-2}$
Temperatur T	—	Kelvin K	K	—
Thermischer Aus-dehnungskoeffizient α	—	—	K^{-1}	—
Trägheitsmoment I	$I = mr^2$	—	$kg \cdot m^2$	—
Volumen V	$V = a \cdot b \cdot c$	—	m^3	—
Wärmeleitfähigkeit λ	—	—	$m \cdot kg \cdot s^{-3} \cdot K^{-1}$	$J \cdot K^{-1} \cdot m^{-1} \cdot s^{-1}$
Winkelbeschleunigung β	$\beta = \omega/t$	—	s^{-2}	—
Winkelgeschwindigkeit ω	$\omega = v/r$	—	s^{-1}	—
Zeit t	—	Sekunde s	s	—

5.5.2 Physikalische Konstanten im SI-System

Größe	Symbol	Wert
Atommasseneinheit	u	$1{,}6605655 \cdot 10^{-27}$ kg
		$\hat{=}\ 931{,}5016\,\mathrm{MeV/c^2}$
Avogadrosche Konstante	N_L	$6{,}022045 \cdot 10^{23}\,\mathrm{mol^{-1}}$
Bohrscher Radius	a_0	$5{,}2917706 \cdot 10^{-11}$ m
Bohrsches Magneton	μ_B	$9{,}274078 \cdot 10^{-24}\,\mathrm{A \cdot m^2}$ $(= \mathrm{J \cdot T^{-1}})$
Boltzmannsche Konstante	k	$1{,}380662 \cdot 10^{-23}\,\mathrm{J \cdot K^{-1}}$
Drehimpulsquantum	$h/2m_e$	$3{,}6369455 \cdot 10^{-4}\,\mathrm{J \cdot Hz^{-1} \cdot kg^{-1}}$
Einsteinsche Konstante	$E = N_L \cdot h$	$3{,}990313\,\mathrm{J \cdot s \cdot mol^{-1}}$
Elektrische Feldkonstante	$\varepsilon_0 = \mu_0 c^2$	$8{,}85418782 \cdot 10^{-12}\,\mathrm{F \cdot m^{-1}}$
Elektron e		
-, Comptonwellenlänge	$\lambda_c = \alpha^2/2R_H$	$2{,}4263089 \cdot 10^{-12}$ m
-, Energieäquivalent	$E_e = m_e \cdot c^2$	$0{,}5110034$ MeV
-, Ladung	e	$1{,}6021892 \cdot 10^{-19}$ C
-, magn. Moment	μ_s	$1{,}001160\,\mu_B$
		$= 9{,}284832 \cdot 10^{-24}\,\mathrm{A \cdot m^2}$
-, magnetogyr. Verhältnis	γ_s	$1{,}76084431 \cdot 10^{11}\,\mathrm{s^{-1} \cdot T^{-1}}$
-, Radius	r_e	$> 10^{-19}$ m
-, relative Masse	$m_{e,\mathrm{rel}}$	$0{,}00054858026$
-, Ruhemasse	m_e	$9{,}109534 \cdot 10^{-31}$ kg
-, spezifische Ladung	e/m_e	$1{,}7588047 \cdot 10^{11}\,\mathrm{C \cdot kg^{-1}}$
Elementarladung	e	$1{,}6021892 \cdot 10^{-19}$ C
Elementarlänge, Plancksche	$\sqrt{G \cdot \hbar \cdot c^3}$	$1{,}617 \cdot 10^{-35}$ m
Elementarzeit, Plancksche	$\sqrt{G \cdot \hbar \cdot c^5}$	$5{,}394 \cdot 10^{-44}$ s
Faradaysche Konstante	$F = N_L \cdot e$	$96484{,}56\,\mathrm{C \cdot mol^{-1}}$
Gaskonstante	$R = N_L \cdot k$	$8{,}31441\,\mathrm{J \cdot K^{-1} \cdot mol^{-1}}$
		$0{,}0820571\,\mathrm{atm\,K^{-1} \cdot mol^{-1}}$
		$0{,}0831441\,\mathrm{bar\,K^{-1} \cdot mol^{-1}}$
Gravitationskonstante	G	$6{,}6720 \cdot 10^{-11}\,\mathrm{m^3 \cdot kg^{-1} \cdot s^{-2}}$
Kern-Magneton	μ_N	$5{,}050824 \cdot 10^{-27}\,\mathrm{A \cdot m^2}(= \mathrm{J \cdot T^{-1}})$
Landé-Faktor	g_s	$2{,}0023193134$
Lichtgeschwindigkeit (Vak.)	c	$2{,}99792458 \cdot 10^8\,\mathrm{m \cdot s^{-1}}$
Magnetische Feldkonstante	μ_0	$4\pi \cdot 10^{-7}\,\mathrm{H \cdot m^{-1}}$
Molares Gasvolumen	$V_m = RT_0/p_0$	$22{,}413831\,\mathrm{mol^{-1}}$
Neutron n		
-, Comptonwellenlänge	$\lambda_{c,n} = h/m_n c$	$1{,}3195909 \cdot 10^{-15}$ m
-, Energieäquivalent	$E_n = m_n \cdot c^2$	$939{,}5731$ MeV
-, magnet. Moment	μ_n	$1{,}913148\,\mu_N$
		$= 0{,}966326 \cdot 10^{-26}\,\mathrm{A \cdot m^2}$
-, Radius	r_n	$\approx 1{,}3 \cdot 10^{-15}$ m
-, relative Masse	$m_{n,\mathrm{rel}}$	$1{,}008665012$
-, Ruhemasse	m_n	$1{,}6749543 \cdot 10^{-27}$ kg

Größe	**Symbol**	**Wert**
Normalfallbeschleunigung	g	$9,80665\,\mathrm{ms}^{-2}$
Physikal. Normdruck	p_0	$1,013 \cdot 10^5\,\mathrm{Pa}$
		$= 1\,\mathrm{atm} = 760\mathrm{Torr}$
Physikal. Normtemperatur	T_0	$0°\mathrm{C} = 273,16\,\mathrm{K}$
Plancksches Wirkungsquantum	h	$6,626176 \cdot 10^{-34}\,\mathrm{J} \cdot \mathrm{s}$
	$\hbar = h/2\pi$	$1,0545887 \cdot 10^{-34}\,\mathrm{J} \cdot \mathrm{s}$
Proton p		
-, Comptonwellenlänge	$\lambda_{c,p} = h/m_p c$	$1,3214099 \cdot 10^{-15}\,\mathrm{m}$
-, Energieäquivalent	$E_p = m_p \cdot c^2$	$938,2796\,\mathrm{MeV}$
-, magn. Moment	μ_p	$2,792763\,\mu_N$
		$= 1,410617 \cdot 10^{-26}\,\mathrm{A} \cdot \mathrm{m}^3$
-, magnetogyr. Verhältnis	γ_p	$2,6751987 \cdot 10^8\,\mathrm{s}^{-1} \cdot \mathrm{T}^{-1}$
-, Radius	r_p	$\approx 1,3 \cdot 10^{-15}\,\mathrm{m}$
-, relative Masse	$m_{p,\mathrm{rel}}$	$1,007276470$
-, Ruhemasse	m_p	$1,6726485 \cdot 10^{-27}\,\mathrm{kg}$
Rydbergsche Konstante	R_H	$1,097373177 \cdot 10^7\,\mathrm{m}^{-1}$
Sommerfeldsche Feinstrukturkonstante	α	$0,007973506$
Wasserstoffatom $^1_1\mathrm{H}$		
-, Energieäquivalent	$E_H = m_H \cdot c^2$	$938,7906\,\mathrm{MeV}$
-, Ionisierungsenergie	E_I	$13,595\,\mathrm{eV}$
-, relative Masse	$m_{\mathrm{H,rel}}$	$1,007825036$
-, Ruhemasse	m_{H}	$1,6735596 \cdot 10^{-27}\,\mathrm{kg}$

5.5.3 Dezimale Vielfache und Teile von Einheiten

Multiplikator	Vorsatz	Zeichen	Multiplikator	Vorsatz	Zeichen
10^{18}	Exa	E	10^{-1}	Dezi	d
10^{15}	Peta	P	10^{-2}	Zenti	c
10^{12}	Tera	T	10^{-3}	Milli	m
10^{9}	Giga	G	10^{-6}	Mikro	μ
19^{6}	Mega	M	10^{-9}	Nano	n
10^{3}	Kilo	k	10^{-12}	Pico	p
10^{2}	Hekto	h	10^{-15}	Femto	f
10^{1}	Deka	da	10^{-18}	Atto	a

5.5.4 Druckdimensionen — Umrechnungsfaktoren

Druck	Pascal (Pa)	Physikalische Atmosphäre (atm)	Technische Atmosphäre (at)	Bar (bar)	Torr (Torr)
Pascal (Pa)	1	$0{,}986923 \cdot 10^{-5}$	$1{,}019716 \cdot 10^{-5}$	10^{-5}	$7{,}50062 \cdot 10^{-3}$
Physik. Atmosph. (atm)	$1{,}0132504 \cdot 10^{5}$	1	1,03323	1,013250	760
Techn. Atmosph. (at)	$9{,}80665 \cdot 10^{4}$	0,967839	1	0,980665	735,559
Bar (bar)	10^{5}	0,986923	1,019716	1	750,062
Torr (Torr)	$1{,}333223 \cdot 10^{2}$	$1{,}315789 \cdot 10^{-3}$	$1{,}35951 \cdot 10^{-3}$	$1{,}333223 \cdot 10^{-3}$	1

5.5.5 Kraftdimensionen — Umrechnungsfaktoren

Kraft	Newton (N)	Dyn (dyn)	Pond (p)
Newton (N)	1	10^{5}	$1,019716 \cdot 10^{2}$
Dyn (dyn)	10^{-5}	1	$1,019716 \cdot 10^{-3}$
Pond (p)	$9,80665 \cdot 10^{-3}$	$9,80665 \cdot 10^{2}$	1

5.5.6 Ladungsdimensionen — Umrechnungsfaktoren

Ladung	Coulomb (C)	Faraday (F)	Elementarladung (e)
Coulomb (C)	1	$1,036435 \cdot 10^{-5}$	$6,241460 \cdot 10^{18}$
Faraday (F)	$9,648456 \cdot 10^{4}$	1	$6,0220467 \cdot 10^{23}$
Elementarladung (e)	$1,602189 \cdot 10^{-19}$	$1,6605650 \cdot 10^{-24}$	1

5.5.7 Energiedimensionen — Umrechnungsfaktoren

Energie	Joule (J)	Erg (erg)	Kalorie (cal)	Elektronenvolt (eV)	Kilopondmeter (kpm)	Kilowattstunde (kWh)	Wellenzahl (cm^{-1})	Hertz (Hz)
Joule (J)	1	10^{7}	0,238846	$6{,}24146 \cdot 10^{18}$	0,1019716	$2{,}777777 \cdot 10^{-7}$	$5{,}034 \cdot 10^{22}$	$1{,}509 \cdot 10^{33}$
Erg (erg)	10^{-7}	1	$2{,}38846 \cdot 10^{-8}$	$6{,}24146 \cdot 10^{11}$	$1{,}019716 \cdot 10^{-8}$	$2{,}777777 \cdot 10^{-14}$	$5{,}034 \cdot 10^{15}$	$1{,}509 \cdot 10^{26}$
Kalorie (cal)	4,18680	$4{,}1868 \cdot 10^{7}$	1	$2{,}61316 \cdot 10^{19}$	0,426935	$1{,}162999 \cdot 10^{-6}$	$2{,}106 \cdot 10^{23}$	$6{,}317 \cdot 10^{33}$
Elektronenvolt eV	$1{,}602189 \cdot 10^{-19}$	$1{,}602189 \cdot 10^{-12}$	$3{,}82678 \cdot 10^{20}$	1	$1{,}63378 \cdot 10^{-20}$	$4{,}4505 \cdot 10^{-26}$	$8{,}065 \cdot 10^{3}$	$2{,}418 \cdot 10^{14}$
Kilopondmeter (kpm)	9,80665	$9{,}80665 \cdot 10^{7}$	2,34227	$6{,}12078 \cdot 10^{19}$	1	$2{,}72407 \cdot 10^{-6}$	$4{,}938 \cdot 10^{23}$	$1{,}480 \cdot 10^{34}$
Kilowattstunde (kWh)	$3{,}6000 \cdot 10^{6}$	$3{,}6000 \cdot 10^{13}$	$8{,}598460 \cdot 10^{5}$	$2{,}2469 \cdot 10^{25}$	$3{,}67098 \cdot 10^{5}$	1	$1{,}813 \cdot 10^{-30}$	$5{,}433 \cdot 10^{39}$
Wellenzahl (cm^{-1})	$1{,}986 \cdot 10^{-23}$	$1{,}986 \cdot 10^{-16}$	$4{,}748 \cdot 10^{-24}$	$1{,}24 \cdot 10^{-4}$	$2{,}035 \cdot 10^{-24}$	$5{,}517 \cdot 10^{-30}$	1	$2{,}997 \cdot 10^{10}$
Hertz (Hz)	$6{,}626 \cdot 10^{-34}$	$6{,}626 \cdot 10^{-27}$	$1{,}58 \cdot 10^{-37}$	$4{,}136 \cdot 10^{-15}$	$6{,}76 \cdot 10^{-35}$	$1{,}84 \cdot 10^{-40}$	$3{,}336 \cdot 10^{-11}$	1

5.5.8 Die Funktionen kT und RT in Abhängigkeit von der Temperatur

T in °C	T in K	kT in eV	RT in $J \cdot mol^{-1}$	T in °C	T in K	kT in eV	RT in $J \cdot mol^{-1}$
−273,16	0,00	0	0	200,00	473,16	0,041	3934,046
−200,00	73,16	0,006	608,280	300,00	573,16	0,049	4765,487
−150,00	123,16	0,011	1024,001	400,00	673,16	0,058	5596,928
−100,00	173,16	0,015	1439,723	500,00	773,16	0,067	6428,369
−50,00	223,16	0,019	1855,444	600,00	873,16	0,075	7259,810
0,00	273,16	0,024	2271,164	700,00	973,16	0,084	8091,251
25,00	298,16	0,026	2479,025	800,00	1073,16	0,092	8922,692
50,00	323,16	0,028	2686,885	900,00	1173,16	0.101	9754,133
100,00	373,16	0,032	3102,605	1000,00	1273,16	0,110	10585,574
150,00	423,16	0,036	3518,326				

5.5.9 Gebräuchliche Untersuchungsmethoden, Erklärung von Abkürzungen

AAS	Atomabsorptionsspektroskopie
AEAPS	Auger Electron Appearance Potential Spectroscopy
AEM	Augerelektronenmikroskopie (→ SAM)
AES	Augerelektronenspektroskopie
AES	Atomemissionsspektroskopie
AFM	Atomic Force Microscopy
AFS	Atomfluoreszenzspektroskopie
AIM	Adsorption Isotherm Measurements
AIS	Atom Inelastic Scattering
ALICISS	Alkali-ICISS
APS	Appearance Potential Spectroscopy
ASW	Acoustic Surface-Wave Measurements
ATR	Attenuated Total Reflection
BIS	Bremsstrahlungs-Isochromatenspektroskopie
BLE	Bombardment Induced Light Emission (→ IBLE)
CDS	Corona Discharge Spectroscopy
CFS	Constant Final State Spectroscopy
CIS	Constant Initial State Spectroscopy
CIS	Charakteristische Isochromatenspektroskopie
CL	Cathode Luminescence
CM	Conductance Measurement
CPD	Contact Potential Difference
DLEED	Diffuse LEED
DM	Diffusion Measurements
DTA	Differentialthermoanalyse
EBIC	Electron Beam Induced Current
EDX(S)	Energy Dispersive X-ray Spectroscopy
EELS	Electron Energy Loss Spectroscopy
EL	Electro Luminescence
ELEED	Elastic LEED
ELL	Ellipsometrie
ELS	Electron Energy Loss Spectroscopy (→ EELS)
EM	Elektronenmikroskopie
EMA	Electron Microprobe Analysis
EPMA	Electron Probe Microanalysis
EPR	Electron Paramagnetic Resonance
ESCA	Elektronenspektroskopie für chemische Analyse (→ XPS)
ESC	Electron Stimulated Desorption
ESR	Elektronenspinresonanz
EXAFS	Extended X-ray Absorption Fine Structure
FAB-MS	Fast Atom Bombardment Mass Spectrometry
FDM	Felddesorptions-Mikroskopie
FEC	Field Effect of Conductance
FEM	Feldemissionsmikroskopie
FER	Field Effect of Reflectance
FES	Feldemissionsspektroskopie

FIAP	Field Ionization Atom Probe
FIM	Feldionenmikroskopie
FIMS	Feldionen-Massenspektrometrie
GDMS	Glow-Discharge Mass Spectrometry
GDNS	Glow-Discharge Neutral Spectrometry
GDOS	Glow-Discharge Optical Spectroscopy
HAM	Heat of Adsorption Measurements
HE	Halleffekt
HEED	High Energy Electron Diffraction
HEIS	High Energy Ion Scattering (→ RBS)
HOL	Holographie
HREELS	High Resolution Electron Energy Loss Spectroscopy
IBLE	Ion Bombardment (Induced) Light Emission
ICISS	Impact Collission Ion Scattering Spectroscopy
IE	Isotopic Exchange Measurements
IEE	Induzierte Elektronenemission
IETS	Inelastic Electron Tunneling Spectroscopy
IEX	Ion Excited X-ray Fluorescence
IID	Ion Impact Desorption
IIRS	Ion Impact Radiation Spectroscopy
IIXS	Ion Induced X-ray Spectroscopy
ILEED	Inelastic LEED
IMMA	Ion Microprobe Mass Analysis
IMPA	Ion Microprobe Analysis
IMXA	Ion Microprobe for X-ray Analysis
INMS	Ionisierte Neutralteilchen-Massenspektrometrie
INS	Ion Neutralisation Spectroscopy
IR(S)	Infra-Rot-Spektroskopie
IRAS	Infrarot-Reflexions-Absorptions-Spektroskopie
ISD	Ion Stimulated Desorption
ISS	Ion Scattering Spectroscopy (→ LEIS)
ITS	Inelastic Tunneling Spectroscopy
LAMMA	Laser Microprobe Mass Analysis
LEED	Low Energy Electron Diffraction
LEIS	Low Energy Ion Scattering Spectroscopy (→ ISS)
LM	Lichtmikroskop
LMA	Laser Microprobe Analysis
MBT	Molecular Beam Techniques
MPS	Modulated Photoconductivity Spectroscopy
MS	Mößbauer-Spektroskopie
MS	Massenspektrometrie
MSM	Magnetic Saturation Measurements
NIS	Neutron Inelastic Scattering
NMR	Nuclear Magnetic Resonance
NQR	Nuclear Quadrupole Resonance
OES	Optische Emissionsspektroskopie
OS	Optische Spektroskopie
PARUPS	Polarisation and Angle Resolved UPS
PAS	Photoakustische Spektroskopie

PC	Photoconductivity
PD	Photodesorption
PDS	Photodischarge Spectroscopy
PES	Photoelektronenspektroskopie
PIXE	Proton/Particle Induced X-ray Emission
PM	Permeation Measurements
PVS	Photovoltage Spectroscopy
RBS	Rutherford Backscattering (→ HEIS)
REM	Rasterelektronenmikroskopie (→ SEM)
RFA	Röntgenfluoreszenzanalyse (→ XRF)
RFS	Röntgenfluoreszenzspektroskopie
RHEED	Reflection High Energy Electron Diffraction
RTM	Rastertunnelmikroskopie (→ STM)
SAM	Scanning-Auger Microscopy (→ AEM)
SAM	Scanning Acoustic Microscopy
SDS	Surface Discharge Spectroscopy
SEM	Scanning Electron Microscopy (→ REM)
SERS	Surface Enhanced Raman Spectroscopy
SES	Spin Echo Spectroscopy
SES	Secondary Electron Spectroscopy
SIMS	Sekundärionenmassenspektrometrie
SNMS	Sputtered Neutral Mass Spectrometry
SNMS	Secondary Neutral Mass Spectrometry
SPA-LEED	Spot Profile Analysis-LEED
SP-LEED	Spin Polarized-LEED
SRS	Surface Reflectance Spectroscopy
STEM	Scanning Transmission Electron Microscopy
STM	Scanning Tunneling Microscopy
STS	Scanning Tunneling Spectroscopy
SXAPS	Soft X-ray Appearance Potential Spectroscopy
TDS	Thermodesorptionsspektroskopie
TE	Thermionic Emission
TEM	Transmissionselektronenmikroskopie
TG	Thermogravimetrie
TL	Thermoluminescence
UPS	Ultraviolett-Photoelektronenspektroskopie
UV-VIS	Spektroskopie im ultravioletten und sichtbaren Bereich
WDX	Wavelength Dispersive X-ray Spectroscopy
X-AES	X-ray Induced AES
XD	X-ray Diffraction (→ XRD)
XPS	X-ray Photoelectron Spectroscopy (→ ESCA)
XRD	X-ray Diffraction (→ XD)
XRF	X-ray Fluorescence (→ RFA)

5.5.10 Bindungsenergien und Wirkungsquerschnitte für die Röntgenphotoemission

	$1S_{1/2}$	$2S_{1/2}$	$2P_{1/2}$	$2P_{3/2}$	$3S_{1/2}$	$3P_{1/2}$	$3P_{3/2}$	$3D_{3/2}$	$3D_{5/2}$
H	14 .0002	1)							
He	25 .0082	2)							
Li	55 .0568								
Be	111 .1947								
B	188 .486			5 .0002					
C	284 1.00			7 .0015					
N	399 1.80			9 .0065					
O	532 2.93	24 .1405		7 .0193					
F	686 4.43	31 .210		9 .0478					
Ne	867 6.30	45 .296		18 .103					
Na	1072 8.52	63 .422		31 .1941	1 .0064				
Mg		89 .575		52 .3335	2 .0285				
Al		118 .753	74 .1811	73 .356	1 .0535				
Si		149 .955	100 .276	99 .541	8 .0808		3 .014		
P		189 1.18	136 .403	135 .789	16 .1116		10 .0368		
S		229 1.43	165 .567	164 1.11	16 .1465		8 .0774		
Cl		270 1.69	202 .775	200 1.51	18 .1852		7 .1433		
Ar		320 1.97	247 1.03	245 2.01	25 .227		12 .2418		
K		377 2.27	297 1.35	294 2.62	34 .286		18 .3619		
Ca		438 2.59	350 1.72	347 3.35	44 .351		26 .507		5
Sc		500 2.91	407 2.17	402 4.21	54 .411		32 .650		7 .0042
Ti		564 3.24	461 2.69	455 5.22	59 .473		34 .813		3 .0136
V		628 3.57	520 3.29	513 6.37	66 .538		38 .996		2 .0309
Cr		695 3.91	584 3.98	575 7.69	74 .596		43 1.173		2 .0651
Mn		769 4.23	652 4.74	641 9.17	84 .674		49 1.423		4 .1046
Fe		846 4.57	723 5.60	710 10.82	95 .745		56 1.669		6 .1711
Co		926 4.88	794 6.54	779 12.62	101 .818		60 1.930		3 .2664
Ni		1008 5.16	872 7.57	855 14.61	112 .892		68 2.217		4 .3979
Cu		1096 5.46	951 8.66	931 16.73	120 .957		74 2.478		2 .589
Zn		1194 5.76	1044 9.80	1021 18.92	137 1.04		87 2.828		9 .81

1) Bindungsenergie nach [Sie 67]

2) Streuquerschnitt nach [Sco 76]

	$2P_{1/2}$	$2P_{3/2}$	$3S_{1/2}$	$3P_{1/2}$	$3P_{3/2}$	$3D_{3/2}$	$3D_{5/2}$	$4S_{1/2}$	$4P_{1/2}$	$4P_{3/2}$	$4D_{3/2}$	$4D_{5/2}$	4F's	$5S_{1/2}$	$5P_{1/2}$	$5P_{3/2}$
Ga	1143 11.09	1116 21.40	158 1.13	107 1.10	103 2.11	18 1.085			1 .018							
Ge	1249 12.52	1217 24.15	181 1.23	129 1.24	122 2.39	29 1.42			3 .058							
As			204 1.32	147 1.39	141 2.68	41 1.82			3 .121							
Se			232 1.43	168 1.55	162 2.98	57 2.29			6 .210							
Br			257 1.53	189 1.72	182 3.31	70 1.16	69 1.68	27 .1863	5 .328							
Kr			289 1.64	223 1.89	214 3.65	89 3.48		24 .213	11 .476							
Rb			322 1.75	248 2.07	239 4.00	112 1.72	111 2.49	30 .251	15 .214	14 .411						
Sr			358 1.86	280 2.25	269 4.37	135 2.06	133 2.99	38 .291	20 .775							
Y			395 1.98	313 2.44	301 4.75	160 2.44	158 3.54	46 .329	26 .091		3 .031					
Zr			431 2.10	345 2.64	331 5.14	183 2.87	180 4.17	52 .367	29 1.05		3 .085					
Nb			469 2.22	379 2.84	363 5.53	208 3.35	205 4.86	58 .402	34 1.17		4 .198					
Mo			505 2.34	410 3.04	393 5.94	230 3.88	227 5.62	62 .440	35 1.31		2 .316					
Tc			544 2.45	445 3.23	425 6.36	257 4.46	253 6.47	68 .479	39 1.45		2 .470					
Ru			585 2.57	483 3.44	461 6.78	284 5.10	279 7.39	75 .519	43 1.59		2 .667					
Rh			627 2.70	521 3.64	496 7.21	312 5.80	307 8.39	81 .560	48 1.75		3 .908					
Pd			670 2.81	559 3.83	531 7.63	340 6.56	335 9.48	86 .598	51 1.88		1 1.24					
Ag			717 2.93	602 4.03	571 8.06	373 7.38	367 10.66	95 .644	62 .700	56 1.36	3 1.55					
Cd			770 3.04	651 4.22	617 8.50	411 8.27	404 11.95	108 .692	67 2.25		9 1.89				2	
In			826 3.16	702 4.40	664 8.93	451 9.22	443 13.32	122 .742	77 2.45		16 2.28				1 .0195	
Sn			884 3.26	757 4.58	715 9.35	494 10.25	485 14.80	137 .794	89 2.67		24 2.70			1 .0922	1 .058	
Sb			944 3.36	812 4.76	766 9.77	537 11.35	528 16.39	152 .848	99 2.88		32 3.14			7 .1085	2 .1145	
Te			1006 3.46	870 4.92	819 10.21	582 12.52	572 18.06	168 .903	110 3.11		40 3.63			12 .1251	2 .189	
I			1072 3.53	931 5.06	875 10.62	631 13.77	620 19.87	186 .959	123 3.34		50 4.13			14 .1421	3 .2828	
Xe			1145 3.62	999 5.20	937 10.99	685 15.10	672 21.79	208 1.02	147 3.58		63 4.68			18 .1596	7 .3961	
Cs			1217 3.73	1065 5.29	998 11.38	740 16.46	726 23.76	231 1.08	172 1.27	162 2.56	79 2.15	77 3.10		23 .1843	13 .1697	12 .332
Ba				1137 5.42	1063 11.71	796 17.92	781 25.84	253 1.13	192 1.34	180 2.73	93 2.40	90 3.46		40 .210	17 .202	15 .400
La				1205 5.55	1124 12.11	849 19.50	832 28.12	271 1.19	206 1.42	192 2.91	99 6.52			33 .234	15 .688	
Ce					1186 12.53	902 21.12	884 30.50	290 1.24	224 1.47	208 3.03	111 6.93		1 .1389	38 .230	20 .660	
Pr					1243 12.94	951 22.72	931 32.85	305 1.28	237 1.53	218 3.17	114 7.48		2 .2545	38 .238	23 .685	
Nd						1000 24.27	978 35.29	316 1.33	244 1.59	225 3.31	118 8.03		2 .4068	38 .247	22 .708	

	$3D_{3/2}$	$3D_{5/2}$	$4S_{1/2}$	$4P_{1/2}$	$4P_{3/2}$	$4D_{3/2}$	$4D_{5/2}$	$4F_{5/2}$	$4F_{7/2}$	$5S_{1/2}$	$5P_{1/2}$	$5P_{3/2}$	$5D_{3/2}$	$5D_{5/2}$	$6S_{1/2}$	6P's
Pm	1052 26.08	1027 37.65	331 1.38	255 1.64	237 3.45	121 8.59		4 .604		38 .254	22 .730					
Sm	1107 27.96	1081 40.37	347 1.42	267 1.70	249 3.59	130 9.16		7 .851		39 .261	22 .750					
Eu	1161 29.91	1131 43.24	360 1.46	284 1.75	257 3.72	134 9.73		0 1.155		32 .268	22 .770					
Gd	1218 31.98	1186 46.23	376 1.51	289 1.80	271 3.88	141 10.40		0 1.434		36 .288	21 .847					
Tb		1242 49.42	398 1.54	311 1.84	286 3.99	148 10.87		3 1.967		40 .281	26 .804					
Dy			416 1.58	332 1.88	293 4.12	154 11.43		4 2.49		63 .287	26 .821					
Ho			436 1.61	343 1.91	306 4.24	161 12.00		4 3.10		51 .293	20 .836					
Er			449 1.64	366 1.95	320 4.37	177 5.15	168 7.41	4 3.82		60 .298	29 .849					
Tm			472 1.67	386 1.98	337 4.48	180 13.12		5 4.64		53 .303	32 .864					
Yb			487 1.70	396 2.00	343 4.60	197 5.61	184 8.07	6 5.58		53 .308	23 .876					
Lu			506 1.73	410 2.03	359 4.74	205 5.87	195 8.45	7 6.50		57 .326	28 .949		5 .0593			
Hf			538 1.76	437 2.06	380 4.88	224 6.13	214 8.84	19 3.32	18 4.20	65 .344	38 .325	31 .699	7 .1526			
Ta			566 1.79	465 2.08	405 5.02	242 6.40	230 9.24	27 3.80	25 4.82	71 .363	45 .346	37 .754	6 .2778			
W			595 1.81	492 2.10	426 5.16	259 6.68	246 9.65	37 4.32	34 5.48	77 .383	47 .367	37 .811	6 .4344			
Re			625 1.84	518 2.12	445 5.30	274 6.95	260 10.06	47 4.88	45 6.20	83 .402	46 .387	35 .869	4 .624			
Os			655 1.86	547 2.13	469 5.45	290 7.23	273 10.48	52 5.48	50 6.96	84 .422	58 .408	46 .928	0 .847			
Ir			690 1.88	577 2.14	495 5.59	312 7.51	295 10.90	63 6.12	60 7.78	96 .438	63 .422	51 .967	4 1.238			
Pt			724 1.90	608 2.14	519 5.74	331 7.78	314 11.32	74 6.81	70 8.65	102 .459	66 .444	51 1.04	2 1.477			
Au			759 1.92	644 2.14	546 5.89	352 8.06	334 11.74	87 7.54	83 9.58	108 .479	72 .463	54 1.10	3 1.808			
Hg			800 1.94	677 2.14	571 6.04	379 8.33	360 12.17	103 8.32	99 10.57	120 .500	81 .484	58 1.17	7 2.079			
Tl			846 1.95	722 2.13	609 6.19	407 8.60	386 12.60	122 9.14	118 11.62	137 .520	100 .505	76 1.25	16 .991	13 1.39		
Pb			894 1.96	764 2.12	645 6.33	435 8.87	413 13.02	143 10.01	138 12.73	148 .542	105 .526	86 1.33	22 1.11	20 1.58	3 .0742	1 .0439
Bi			939 1.96	806 2.10	679 6.48	464 9.14	440 13.44	163 10.93	158 13.90	160 .563	117 .546	93 1.41	27 1.24	25 1.76	8 .0840	3 .0841
Po			995 1.97	851 2.07	705 6.62	500 9.40	473 13.87	184 27.04		177 .584	132 .566	104 1.50	31 3.31		12 .0937	5 .1356
At			1042 1.96	886 2.04	740 6.77	533 9.65	507 14.29	210 29.36		195 .605	148 .584	115 1.58	40 3.63		18 .1033	8 .1892
Rn			1097 1.95	929 2 00	768 6.92	567 9.90	541 14.70	238 31.81		214 .625	164 .602	127 1.67	48 3.95		26 .1129	11 .2719
Fr			1153 1.95	980 1.97	810 7.07	603 10.16	577 15.11	268 34.36		234 .645	182 .618	140 1.77	58 4.28		34 .1257	15 .3366
Ra			1208 1.95	1058 1.91	879 7.20	636 10.40	603 15.53	299 37.04		254 .665	200 .633	153 1.86	68 4.61		44 .1383	19 .3959
Ac				1080 1.86	890 7.33	675 10.61	639 15.93	319 39.83		272 .684	215 .647	167 1.95	80 4.96			
Th				1168 1.80	968 7.46	714 10.82	677 16.31	344 18.81	335 23.94	290 .702	229 .660	182 2.05	95 2.15	88 3.15	60 .1625	49,43 .133,.366

5.5.11 **Augerelektronenenergien** (nach [Dav 78])

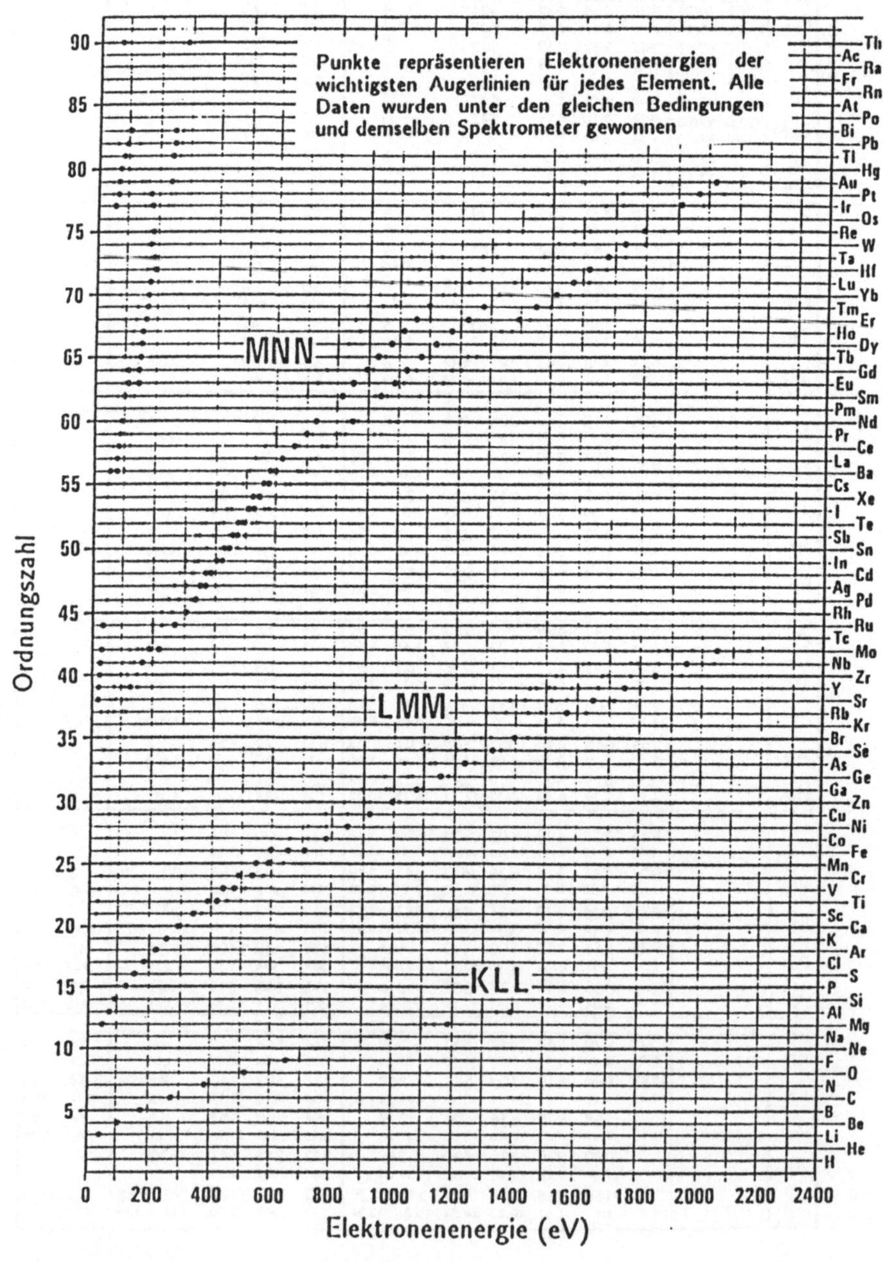

5.5.12 Charakterentafeln (Auswahl)

Der vollständige Satz von Charakterentafeln und weitere nützliche Angaben sind z.B. in [Atk 78] zu finden.

C_1 (1)	E
A	1

$C_s = C_h$ (m)	E	σ_h		
A'	1	1	x, y, R_z	x^2, y^2, z^2, xy
A''	1	−1	z, R_x, R_y	yz, xz

$C_i = S_2$ (1)	E	i		
A_g	1	1	R_x, R_y, R_z	$x^2, y^2, z^2, xy, xz, yz$
A_u	1	−1	x, y, z	

C_2 (2)	E	C_2		
A	1	1	z, R_z	x^2, y^2, z^2, xy
B	1	−1	x, y, R_x, R_y	yz, xz

C_3 (3)	E	C_3	C_3^2		$\epsilon = \exp(2\pi i/3)$
A	1	1	1	z, R_z	$x^2 + y^2, z$
E	$\left\{\begin{matrix} 1 \\ 1 \end{matrix}\right.$	$\begin{matrix} \epsilon \\ \epsilon^* \end{matrix}$	$\left.\begin{matrix} \epsilon^* \\ \epsilon \end{matrix}\right\}$	$(x, y)(R_x, R_y)$	$(x^2 - y^2, xy)(yz, xz)$

C_4 (4)	E	C_4	C_2	C_4^3		
A	1	1	1	1	z, R_z	$x^2 + y^2, z^2$
B	1	−1	1	−1		$x^2 - y^2, xy$
E	$\left\{\begin{matrix} 1 \\ 1 \end{matrix}\right.$	$\begin{matrix} i \\ -i \end{matrix}$	$\begin{matrix} -1 \\ -1 \end{matrix}$	$\left.\begin{matrix} -i \\ i \end{matrix}\right\}$	$(x, y)(R_x, R_y)$	(yz, xz)

D_2 (222)	E	$C_2(z)$	$C_2(y)$	$C_2(x)$		
A	1	1	1	1		x^2, y^2, z^2
B_1	1	1	−1	−1	z, R_z	xy
B_2	1	−1	1	−1	y, R_y	xz
B_3	1	−1	−1	1	x, R_x	yz

D_3 (32)	E	$2C_3$	$3C_2$		
A_1	1	1	1		x^2+y^2, z^2
A_2	1	1	−1	z, R_z	
E	2	−1	0	$(x,y)(R_x,R_y)$	$(x^2-y^2, xy)(xz, yz)$

D_4 (422)	E	$2C_4$	$C_2(=C_4^2)$	$2C_2'$	$2C_2''$		
A_1	1	1	1	1	1		x^2+y^2, z^2
A_2	1	1	1	−1	−1	z, R^z	
B_1	1	−1	1	1	−1		x^2-y^2
B_2	1	−1	1	−1	1		xy
E	2	0	−2	0	0	$(x,y)(R_x,R_y)$	(xz, yz)

C_{2v} (2mm)	E	C_2	$\sigma_v(xz)$	$\sigma_v'(yz)$		
A_1	1	1	1	1	z	x^2, y^2, z^2
A_2	1	1	−1	−1	R_z	xy
B_1	1	−1	1	−1	x, R_y	xz
B_2	1	−1	−1	1	y, R_x	yz

C_{3v} (3m)	E	$2C_3$	$3\sigma_v$		
A_1	1	1	1	z	x^2+y^2, z^2
A_2	1	1	−1	R_z	
E	2	−1	0	$(x,y)(R_x,R_y)$	$(x^2-y^2, xy)(xz, yz)$

C_{4v} (4mm)	E	$2C_4$	C_2	$2\sigma_v$	$2\sigma_d$		
A_1	1	1	1	1	1	z	x^2+y^2, z^2
A_2	1	1	1	−1	−1	R_z	
B_1	1	−1	1	1	−1		x^2-y^2
B_2	1	−1	1	−1	1		xy
E	2	0	−2	0	0	$(x,y)(R_x,R_y)$	(xz, yz)

C_{2h} (2/m)	E	C_2	i	σ_h		
A_g	1	1	1	1	R_z	x^2, y^2, z^2, xy
B_g	1	−1	1	−1	R_x, R_y	xz, yz
A_u	1	1	−1	−1	z	
B_u	1	−1	−1	1	x, y	

C_{3h} ($\overline{6}$)	E	C_3	C_3^2	σ_h	S_3	S_3^5	$\epsilon = \exp(2\pi i/3)$	
A'	1	1	1	1	1	1	R_z	x^2+y^2, z^2
E'	1	ϵ	ϵ^*	1	ϵ	ϵ^*	(x,y)	(x^2-y^2, xy)
	1	ϵ^*	ϵ	1	ϵ^*	ϵ		
A''	1	1	1	−1	−1	−1	z	
E''	1	ϵ	ϵ^*	−1	$-\epsilon$	$-\epsilon^*$	(R_x, R_y)	(xz, yz)
	1	ϵ^*	ϵ	−1	$-\epsilon^*$	$-\epsilon$		

C_{4h} ($4/m$)	E	C_4	C_2	C_4^3	i	S_4^3	σ_h	S_4		
A_g	1	1	1	1	1	1	1	1	R_z	x^2+y^2, z^2
B_g	1	−1	1	−1	1	−1	1	−1		x^2-y^2, xy
E_g	1	i	−1	$-i$	1	i	−1	$-i$	(R_x, R_y)	(xz, yz)
	1	$-i$	−1	i	1	$-i$	−1	i		
A_u	1	1	1	1	−1	−1	−1	−1	z	
B_u	1	−1	1	−1	−1	1	−1	1		
E_u	1	i	−1	$-i$	−1	$-i$	1	i	(x,y)	
	1	$-i$	−1	i	−1	i	1	$-i$		

D_{2h} (mmm)	E	$C_2(z)$	$C_2(y)$	$C_2(x)$	i	$\sigma(xy)$	$\sigma(xz)$	$\sigma(yz)$		
A_g	1	1	1	1	1	1	1	1		x^2, y^2, z^2
B_{1g}	1	1	−1	−1	1	1	−1	−1	R_z	xy
B_{2g}	1	−1	1	−1	1	−1	1	−1	R_y	xz
B_{3g}	1	−1	−1	1	1	−1	−1	1	R_x	yz
A_u	1	1	1	1	−1	−1	−1	−1		
B_{1u}	1	1	−1	−1	−1	−1	1	1	z	
B_{2u}	1	−1	1	−1	−1	1	−1	1	y	
B_{3u}	1	−1	−1	1	−1	1	1	−1	x	

D_{3h} ($\overline{6}m2$)	E	$2C_3$	$3C_2$	σ_h	$2S_3$	$3\sigma_v$		
A_1'	1	1	1	1	1	1		x^2+y^2, z^2
A_2'	1	1	−1	1	1	−1	R_z	
E'	2	−1	0	2	−1	0	(x,y)	(x^2-y^2, xy)
A_1''	1	1	1	−1	−1	−1		
A_2''	1	1	−1	−1	−1	1	z	
E''	2	−1	0	−2	1	0	(R_x, R_y)	(xz, yz)

D_{4h} (4/mmm)	E	$2C_4$	C_2	$2C'_2$	$2C''_2$	i	$2S_4$	σ_h	$2\sigma_v$	$2\sigma_d$		
A_{1g}	1	1	1	1	1	1	1	1	1	1		x^2+y^2, z^2
A_{2g}	1	1	1	−1	−1	1	1	1	−1	−1	R_z	
B_{1g}	1	−1	1	1	−1	1	−1	1	1	−1		x^2-y^2
B_{2g}	1	−1	1	−1	1	1	−1	1	−1	1		xy
E_g	2	0	−2	0	0	2	0	−2	0	0	(R_x, R_y)	(xz, yz)
A_{1u}	1	1	1	1	1	−1	−1	−1	−1	−1		
A_{2u}	1	1	1	−1	−1	−1	−1	−1	1	1	z	
B_{1u}	1	−1	1	1	−1	−1	1	−1	−1	1		
B_{2u}	1	−1	1	−1	1	−1	1	−1	1	−1		
E_u	2	0	−2	0	0	−2	0	2	0	0	(x, y)	

$D_{2d} = V_d$ ($\overline{4}2m$)	E	$2S_4$	C_2	$2C'_2$	$2\sigma_d$		
A_1	1	1	1	1	1		x^2+y^2, z^2
A_2	1	1	1	−1	−1	R_z	
B_1	1	−1	1	1	−1		x^2-y^2
B_2	1	−1	1	−1	1	z	xy
E	2	0	−2	0	0	(x, y) (R_x, R_y)	(xz, yz)

D_{3d} ($\overline{3}m$)	E	$2C_3$	$3C_2$	i	$2S_6$	$3\sigma_d$		
A_{1g}	1	1	1	1	1	1		x^2+y^2, z^2
A_{2g}	1	1	−1	1	1	−1	R_z	
E_g	2	−1	0	2	−1	0	(R_x, R_y)	(x^2-y^2, xy) (xz, yz)
A_{1u}	1	1	1	−1	−1	−1		
A_{2u}	1	1	−1	−1	−1	1	z	
E_u	2	−1	0	−2	1	0	(x, y)	

D_{4d}	E	$2S_8$	$2C_4$	$2S_8^3$	C_2	$4C'_2$	$4\sigma_d$		
A_1	1	1	1	1	1	1	1		x^2+y^2, z^2
A_2	1	1	1	1	1	−1	−1	R_z	
B_1	1	−1	1	−1	1	1	−1		
B_2	1	−1	1	−1	1	−1	1	z	
E_1	2	$\sqrt{2}$	0	$-\sqrt{2}$	−2	0	0	(x, y)	
E_2	2	0	−2	0	2	0	0		(x^2-y^2, xy)
E_3	2	$-\sqrt{2}$	0	$\sqrt{2}$	−2	0	0	(R_x, R_y)	(xz, yz)

S_4 ($\bar{4}$)	E	S_4	C_2	S_4^3		
A	1	1	1	1	R_z	x^2+y^2, z^2
B	1	-1	1	-1	z	x^2-y^2, xy
E	1	i	-1	$-i$	$(x,y)(R_x,R_y)$	(xz, yz)
	1	$-i$	-1	i		

T (23)	E	$4C_3$	$4C_3^2$	$3C_2$	$\epsilon=\exp(2\pi i/3)$	
A	1	1	1	1		$x^2+y^2+z^2$
E	1	ϵ	ϵ^*	1		$(x^2-y^2, 2z^2-x^2-y^2)$
	1	ϵ^*	ϵ	1		
T	3	0	0	-1	(x,y,z) (R_x,R_y,R_z)	(xy, xz, yz)

T_d ($\bar{4}3m$)	E	$8C_3$	$3C_2$	$6S_4$	$6\sigma_d$		
A_1	1	1	1	1	1		$x^2+y^2+z^2$
A_2	1	1	1	-1	-1		
E	2	-1	2	0	0		$(2z^2-x^2-y^2, x^2-y^2)$
T_1	3	0	-1	1	-1	(R_x,R_y,R_z)	
T_2	3	0	-1	-1	1	(x,y,z)	(xy, xz, yz)

T_h ($m3$)	E	$4C_3$	$4C_3^2$	$3C_2$	i	$4S_6$	$4S_6^2$	$3\sigma_d$	$\epsilon=\exp(2\pi i/3)$	
A_g	1	1	1	1	1	1	1	1		$x^2+y^2+z^2$
E_g	1	ϵ	ϵ^*	1	1	ϵ	ϵ^*	1		$(2z^2-x^2-y^2, x^2-y^2)$
	1	ϵ^*	ϵ	1	1	ϵ^*	ϵ	1		
T_g	3	0	0	-1	3	0	0	-1	(R_x,R_y,R_z)	(xy, yz, xz)
A_u	1	1	1	1	-1	-1	-1	-1		
E_u	1	ϵ	ϵ^*	1	-1	$-\epsilon$	$-\epsilon^*$	-1		
	1	ϵ^*	ϵ	1	-1	$-\epsilon^*$	$-\epsilon$	-1		
T_u	3	0	0	-1	-3	0	0	1	(x,y,z)	

O (432)	E	$8C_3$	$3C_2$	$6C_4$	$6C_2'$		
A_1	1	1	1	1	1		$x^2+y^2+z^2$
A_2	1	1	1	−1	−1		
E	2	−1	2	0	0		$(2z^2-x^2-y^2, x^2-y^2)$
T_1	3	0	−1	1	−1	(x,y,z) (R_x,R_y,R_z)	
T_2	3	0	−1	−1	−1		(xy,xz,yz)

O_h $(m3m)$	E	$8C_3$	$6C_2$	$6C_4$	$3C_2$ $(=C_4^2)$	i	$6S_4$	$8S_6$	$3\sigma_h$	$6\sigma_d$		
A_{1g}	1	1	1	1	1	1	1	1	1	1		$x^2+y^2+z^2$
A_{2g}	1	1	−1	−1	1	1	−1	1	1	−1		
E_g	2	−1	0	0	2	2	0	−1	2	0		$(2z^2-x^2-y^2, x^2-y^2)$
T_{1g}	3	0	−1	1	−1	3	1	0	−1	−1	(R_x,R_y,R_z)	
T_{2g}	3	0	1	−1	−1	3	−1	0	−1	1		(xz,yz,xy)
A_{1u}	1	1	1	1	1	−1	−1	−1	−1	−1		
A_{2u}	1	1	−1	−1	1	−1	1	−1	−1	1		
E_u	2	−1	0	0	2	−2	0	1	−2	0		
T_{1u}	3	0	−1	1	−1	−3	−1	0	1	1	(x,y,z)	
T_{2u}	3	0	1	−1	−1	−3	1	0	1	−1		

I	E	$12C_5$	$12C_5^2$	$20C_3$	$15C_2$		$\eta^\pm=\frac{1}{2}(1\pm5^{\frac{1}{2}})$
A	1	1	1	1	1		$x^2+y^2+z^2$
T_1	3	η^+	η^-	0	−1	(x,y,z) (R_x,R_y,R_z)	
T_2	3	η^-	η^+	0	−1		
G	4	−1	−1	1	0		
H	5	0	0	−1	1		$(2z^2-x^2-y^2, x^2-y^2, xy,yz,zx)$

I_h	E	$12C_5$	$12C_5^2$	$20C_3$	$15C_2$	i	$12S_{10}$	$12S_{10}^3$	$20S_6$	15σ	$\eta^{\pm} = \frac{1}{2}(1 \pm 5^{\frac{1}{2}})$	
A_g	1	1	1	1	1	1	1	1	1	1		$x^2+y^2+z^2$
T_{1g}	3	η^+	η^-	0	-1	3	η^-	η^+	0	-1	(R_x, R_y, R_z)	
T_{2g}	3	η^-	η^+	0	-1	3	η^+	η^-	0	-1		
G_g	4	-1	-1	1	0	4	-1	-1	1	0		
H_g	5	0	0	-1	1	5	0	0	-1	1		$(2z^2-x^2-y^2,$ $x^2-y^2,$ $xy, yz, zx)$
A_u	1	1	1	1	1	-1	-1	-1	-1	-1		
T_{1u}	3	η^+	η^-	0	-1	-3	$-\eta^-$	$-\eta^+$	0	1	(x, y, z)	
T_{2u}	3	η^-	η^+	0	-1	-3	$-\eta^+$	$-\eta^-$	0	1		
G_u	4	-1	-1	1	0	-4	1	1	-1	0		
H_u	5	0	0	-1	1	-5	0	0	1	-1		

$C_{\infty v}$	E	$2C_\infty^\phi$	$\cdots$	$\infty\sigma_v$		
$A_1 \equiv \Sigma^+$	1	1	$\cdots$	1	z	x^2+y^2, z^2
$A_2 \equiv \Sigma^-$	1	1	$\cdots$	-1	R_z	
$E_1 \equiv \Pi$	2	$2\cos\phi$	$\cdots$	0	$(x, y)(R_x, R_y)$	(xz, yz)
$E_2 \equiv \Delta$	2	$2\cos 2\phi$	$\cdots$	0		(x^2-y^2, xy)
$E_3 \equiv \Phi$	2	$2\cos 3\phi$	$\cdots$	0		
$\cdots$	$\cdots$	$\cdots$	$\cdots$	$\cdots$		

$D_{\infty h}$	E	$2C_\infty^\phi$	$\cdots$	$\infty\sigma_\nu$	i	$2S_\infty^\phi$	$\cdots$	∞C_2		
Σ_g^+	1	1	$\cdots$	1	1	1	$\cdots$	1		$x^2+y^2,$ z^2
Σ_g^-	1	1	$\cdots$	-1	1	1	$\cdots$	-1	R_z	
Π_g	2	$2\cos\phi$	$\cdots$	0	2	$-2\cos\phi$	$\cdots$	0	(R_x, R_y)	(yz, yz)
Δ_g	2	$2\cos 2\phi$	$\cdots$	0	2	$2\cos 2\phi$	$\cdots$	0		$(x^2-y^2,$ $xy)$
$\cdots$	$\cdots$	$\cdots$	$\cdots$	$\cdots$	$\cdots$	$\cdots$ $\cdots$	$\cdots$	$\cdots$		
Σ_u^+	1	1	$\cdots$	1	-1	-1	$\cdots$	-1	z	
Σ_u^-	1	1	$\cdots$	-1	-1	-1	$\cdots$	1		
Π_u	2	$2\cos\phi$	$\cdots$	0	-2	$2\cos\phi$	$\cdots$	0	(x, y)	
Δ_u	2	$2\cos 2\phi$	$\cdots$	0	-2	$-2\cos 2\phi$	$\cdots$	0		
$\cdots$	$\cdots$	$\cdots$	$\cdots$	$\cdots$	$\cdots$	$\cdots$	$\cdots$	$\cdots$		

5.5.13 **Korrelationstabellen** (nach [Atk 78])

Die folgenden Tabellen zeigen die Korrelation zwischen der irreduziblen Darstellung einer Hauptgruppe (jeweils linke Spalte) und denen einiger Untergruppen mit geringerer Symmetrie. In einigen Fällen besteht mehr als eine Korrelation zwischen den Gruppen. Bei der Untergruppe C_s gibt deswegen σ im Tabellenkopf an, welche der Ebenen der Hauptgruppe zur Ebene von C_s wird. Bei der Untergruppe C_{2v} zeigt σ im Tabellenkopf die beibehaltene Ebene an. Welche der beiden Ebenen in C_{2v} gemeint ist, muß zusätzlich angegeben werden. Wenn mehrere Möglichkeiten für die Korrelation von C_2-Achsen und σ-Ebenen in D_{4h} und D_{6h} und ihren Untergruppen bestehen, ist im Tabellenkopf die Symmetrieoperation der Hauptgruppe angegeben, die in der Untergruppe beibehalten ist.

C_{2v}	C_2	C_s $\sigma(zx)$	C_s $\sigma(yz)$
A_1	A	A'	A'
A_2	A	A''	A''
B_1	B	A'	A''
B_2	B	A''	A'

C_{3v}	C_3	C_s
A_1	A	A'
A_2	A	A''
E	E	$A' + A''$

C_{4v}	C_{2v} σ_v	C_{2v} σ_d
A_1	A_1	A_1
A_2	A_2	A_2
B_1	A_1	A_2
B_2	A_2	A_1
E	$B_1 + B_2$	$B_1 + B_2$

Andere Untergruppen: C_3, C_2, C_s

D_{3h}	C_{3h}	C_{3v}	C_{2v} $\sigma_h \to \sigma_v$	C_s σ_h	C_s σ_v
A_1'	A_1'	A_1	A_1	A'	A'
A_2'	A'	A_2	B_2	A'	A''
E'	E'	E	$A_1 + B_2$	$2A'$	$A' + A''$
A_1''	A''	A_2	A_2	A''	A''
A_2''	A''	A_1	B_1	A''	A'
E''	E''	E	$A_2 + B_1$	$2A''$	$A' + A''$

Andere Untergruppen: D_3, C_3, C_2

D_{4h}	D_{2d} $C_2'(\to C_2')$	D_{2d} $C_2''(\to C_2')$	D_{2h} C_2'	D_{2h} C_2''	D_2 C_2'	D_2 C_2''	C_{4h}	C_{4v}	C_{2v} C_2, σ_v	C_{2v} C_2, σ_d
A_{1g}	A_1	A_1	A_g	A_g	A	A	A_g	A_1	A_1	A_1
A_{2g}	A_2	A_2	B_{1g}	B_{1g}	B_1	B_1	A_g	A_2	A_2	A_2
B_{1g}	B_1	B_2	A_g	B_{1g}	A	B_1	B_g	B_1	A_1	A_2
B_{2g}	B_2	B_1	B_{1g}	A_g	B_1	A	B_g	B_1	A_1	A_1
E_g	E	E	$B_{2g} + B_{3g}$	$B_{2g} + B_{3g}$	$B_2 + B_3$	$B_2 + B_3$	E_g	E	$B_1 + B_2$	$B_1 + B_2$
A_{1u}	B_1	B_1	A_u	A_u	A	A	A_u	A_2	A_2	A_2
A_{2u}	B_2	B_2	B_{1u}	B_{1u}	B_1	B_1	A_u	A_1	A_1	A_1
B_{1u}	A_1	A_2	A_u	B_{1u}	A	B_1	B_u	B_2	A_2	A_1
B_{2u}	A_2	A_1	B_{1u}	A_u	B_1	A	B_u	B_1	A_1	A_2
E_u	E	E	$B_{2u} + B_{3u}$	$B_{2u} + B_{3u}$	$B_2 + B_3$	$B_2 + B_3$	E_u	E	$B_1 + B_2$	$B_1 + B_2$

Andere Untergruppen: $D_4, C_4, S_4, 3C_{2h}, 3C_s, 3C_2, C_i, (2C_{2v})$

5.5.14 Periodensystem der Elemente [Hen 91]

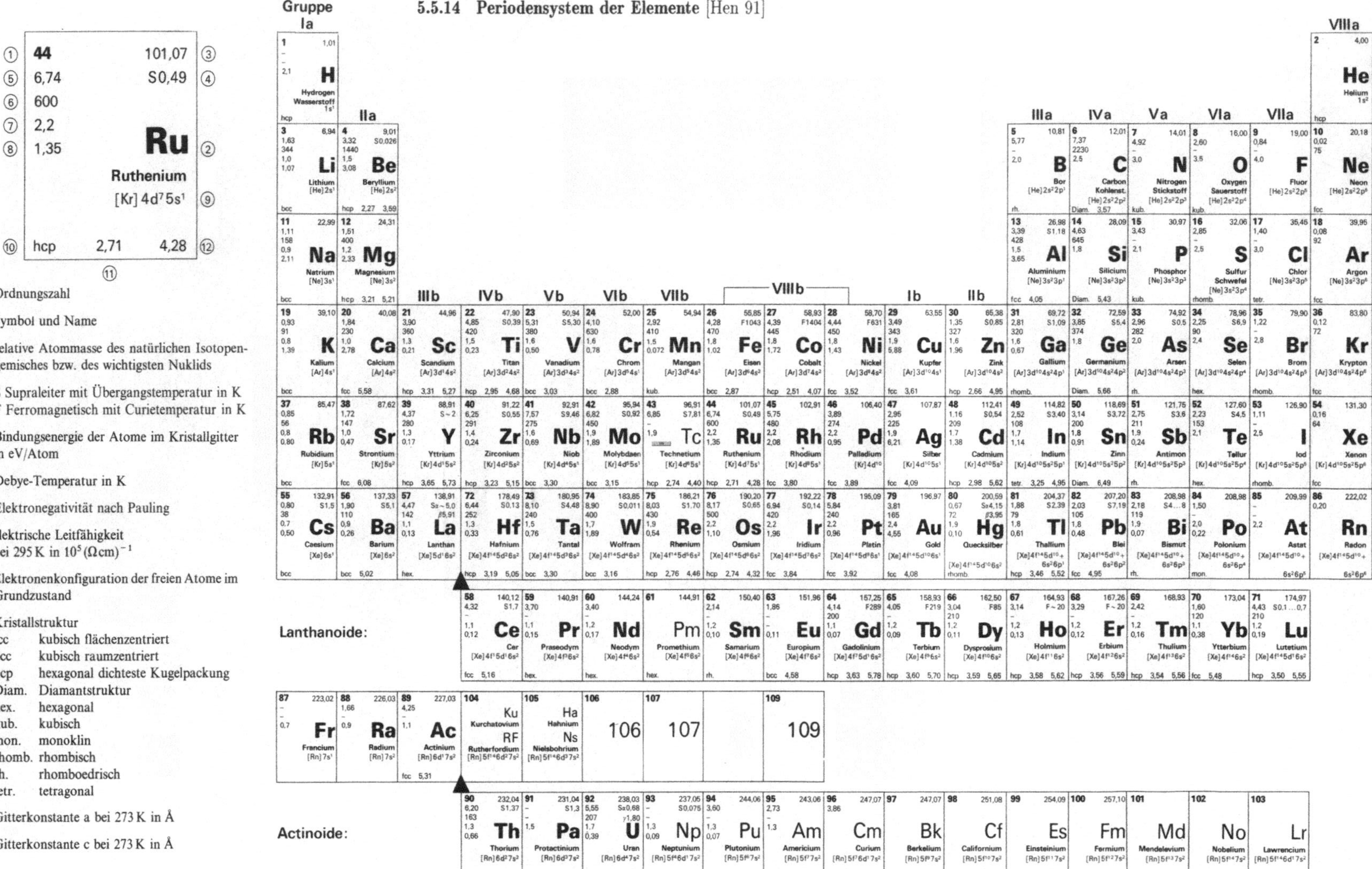

① 44		101,07	③
⑤ 6,74		S0,49	④
⑥ 600			
⑦ 2,2			
⑧ 1,35		Ru	②
		Ruthenium	
		[Kr] $4d^7 5s^1$	⑨
⑩ hcp	2,71	4,28	⑫
	⑪		

① Ordnungszahl

② Symbol und Name

③ relative Atommasse des natürlichen Isotopengemisches bzw. des wichtigsten Nuklids

④ S Supraleiter mit Übergangstemperatur in K
F Ferromagnetisch mit Curietemperatur in K

⑤ Bindungsenergie der Atome im Kristallgitter in eV/Atom

⑥ Debye-Temperatur in K

⑦ Elektronegativität nach Pauling

⑧ elektrische Leitfähigkeit bei 295 K in $10^5 (\Omega cm)^{-1}$

⑨ Elektronenkonfiguration der freien Atome im Grundzustand

⑩ Kristallstruktur

- fcc kubisch flächenzentriert
- bcc kubisch raumzentriert
- hcp hexagonal dichteste Kugelpackung
- Diam. Diamantstruktur
- hex. hexagonal
- kub. kubisch
- mon. monoklin
- rhomb. rhombisch
- rh. rhomboedrisch
- tetr. tetragonal

⑪ Gitterkonstante a bei 273 K in Å

⑫ Gitterkonstante c bei 273 K in Å

D_{6h}	D_{3d} C_2''	D_{3d} C_2'	D_{2h} $\sigma_h \to \sigma(xy)$ $\sigma_v \to \sigma(yz)$	C_{6v}	C_{3v} σ_v	C_{2v} C_2'	C_{2v} C_2''	C_{2h} C_2	C_{2h} C_2'	C_{2h} C_2''
A_{1g}	A_{1g}	A_{1g}	A_g	A_1	A_1	A_1	A_1	A_g	A_g	A_g
A_{2g}	A_{2g}	A_{2g}	B_{1g}	A_2	A_2	B_1	B_1	A_g	B_g	B_g
B_{1g}	A_{2g}	A_{1g}	B_{2g}	B_2	A_2	A_2	B_2	B_g	A_g	B_g
B_{2g}	A_{1g}	A_{2g}	B_{3g}	B_1	A_1	B_2	A_2	B_g	B_g	A_g
E_{1g}	E_g	E_g	$B_{2g} + B_{3g}$	E_1	E	$A_2 + B_2$	$A_2 + B_2$	$2B_g$	$A_g + B_g$	$A_g + B_g$
E_{2g}	E_g	E_g	$A_g + B_{1g}$	E_2	E	$A_1 + B_1$	$A_1 + B_1$	$2A_g$	$A_g + B_g$	$A_g + B_g$
A_{1u}	A_{1u}	A_{1u}	A_u	A_2	A_2	A_2	A_2	A_u	A_u	A_u
A_{2u}	A_{2u}	A_{2u}	B_{1u}	A_1	A_1	B_2	B_2	A_u	B_u	B_u
B_{1u}	A_{2u}	A_{1u}	B_{2u}	B_1	A_1	A_1	B_1	B_u	A_u	B_u
B_{2u}	A_{1u}	A_{2u}	B_{3u}	B_2	A_2	B_1	A_1	B_u	B_u	A_u
E_{1u}	E_u	E_u	$B_{2u} + B_{3u}$	E_1	E	$A_1 + B_1$	$A_1 + B_1$	$2B_u$	$A_u + B_u$	$A_u + B_u$
E_{2u}	E_u	E_u	$A_u + B_{1u}$	E_2	E	$A_2 + B_2$	$A_2 + B_2$	$2A_u$	$A_u + B_u$	$A_u + B_u$

Andere Untergruppen: $D_6, 2D_{3h}, C_{6h}, C_6, C_{3h}, 2D_3, S_6, D_2, C_3, 3C_2, 3C_s, C_i$.

T_d	T	D_{2d}	C_{3v}	C_{2v}
A_1	A	A_1	A_1	A_1
A_2	A	B_1	A_2	A_2
E	E	$A_1 + B_1$	E	$A_1 + A_2$
T_1	T	$A_2 + E$	$A_2 + E$	$A_2 + B_1 + B_2$
T_2	T	$B_2 + E$	$A_1 + E$	$A_1 + B_2 + B_1$

Andere Untergruppen: S_4, D_2, C_3, C_2, C_s.

O_h	O	T_d	T_h	D_{4h}	D_{3d}
A_{1g}	A_1	A_1	A_g	A_{1g}	A_{1g}
A_{2g}	A_2	A_2	A_g	B_{1g}	A_{2g}
E_g	E	E	E_g	$A_{1g} + B_{1g}$	E_g
T_{1g}	T_1	T_1	T_g	$A_{2g} + E_g$	$A_{2g} + E_g$
T_{2g}	T_2	T_2	T_g	$B_{2g} + E_g$	$A_{1g} + E_g$
A_{1u}	A_1	A_2	A_u	A_{1u}	A_{1u}
A_{2u}	A_2	A_1	A_u	B_{1u}	B_{1u}
E_u	E	E	E_u	$A_{1u} + B_{1u}$	E_u
T_{1u}	T_1	T_2	T_u	$A_{2u} + E_u$	$A_{2u} + E_u$
T_{2u}	T_2	T_1	T_u	$B_{2u} + E_u$	$A_{1u} + E_u$

Andere Untergruppen:
$T, D_4, D_{2d}, C_{4h}, C_{4v}, 2D_{2h}, D_3, C_{3v}, S_6,$
$C_4, S_4, 3C_{2v}, 2D_2, 2C_{2h}, C_3, 2C_2, S_2, C_s$.

R_3	O	D_4	D_3
S	A_1	A_1	A_1
P	T_1	$A_2 + E$	$A_2 + E$
D	$E + T_2$	$A_1 + B_1 + B_2 + E$	$A_1 + 2E$
F	$A_2 + T_1 + T_2$	$A_2 + B_1 + B_2 + 2E$	$A_1 + 2A_2 + 2E$
G	$A_1 + E + T_1 + T_2$	$2A_1 + A_2 + B_1 + B_2 + 2E$	$2A_1 + A_2 + 3E$
H	$E + 2T_1 + T_2$	$A_1 + 2A_2 + B_1 + B_2 + 3E$	$A_1 + 2A_2 + 4E$

Sachverzeichnis

Müller

Anorganische Strukturchemie

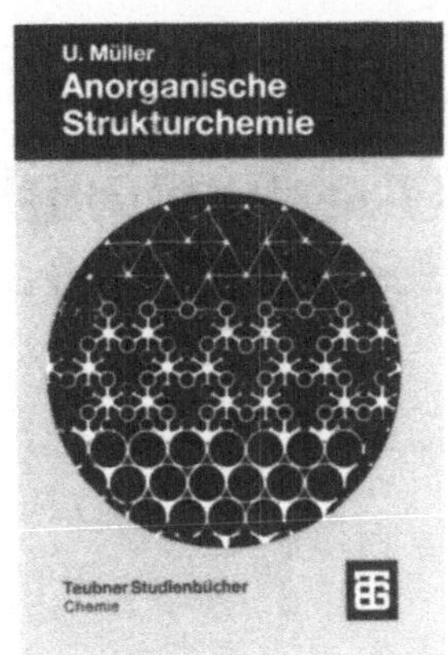

In dem Lehrbuch für Studenten der Chemie werden wichtige Aspekte und Zusammenhänge der Strukturen anorganisch-chemischer Verbindungen dargelegt. Die Strukturmerkmale von Molekülverbindungen wie auch von Festkörpern werden behandelt und an anschaulichen Beispielen erläutert. So weit wie möglich, werden diese Strukturen mit einfachen und eingängigen Theorien erklärt (Gillespie-Nyholm-Theorie, Ligandenfeldtheorie, Ionenradienverhältnisse, Pauling-Regeln, (8-N)-Regel u. ä.), es wird aber auch auf die moderne Bindungstheorie eingegangen. Wichtige Festkörperstrukturen werden wiederholte Male und dabei jedes Mal von einem anderen Standpunkt betrachtet. Zusammenhänge zwischen Struktur und physikalischen Eigenschaften werden herausgearbeitet.

Aus dem Inhalt

Beschreibung chemischer Strukturen – Polymorphie, Phasendiagramme – Struktur, Energie und chemische Bindung – Ionenverbindungen – Molekülstrukturen – Elementstrukturen der Nichtmetalle – Diamantartige Strukturen – Polyanionische und polykationische Verbindungen, Zintl-Phasen – Kugelpackungen, Metallstrukturen – Kugelpackungen bei Verbindungen – Verknüpfte Polyeder – Kugelpackungen mit besetzten Lücken – Physikalische Eigenschaften von Festkörpern – Symmetrie – Symmetrie als Ordnungsprinzip für Kristallstrukturen

Von Prof. Dr.
Ulrich Müller,
Universität Marburg

2., durchgesehene Auflage.
1992. 318 Seiten mit zahlreichen Abbildungen.
13,7 x 20,5 cm.
Kart. DM 36,–
ÖS 281,– / SFr 36,–
ISBN 3-519-13512-4

(Teubner Studienbücher)

Ausgezeichnet mit dem Literaturpreis 1992 des Fonds der Chemischen Industrie

Preisänderungen vorbehalten.

B. G. Teubner Stuttgart